Nr. 20 1956
S. 5455—5726 16. Mai

Chemisches Zentralblatt

Vollständiges Repertorium für alle Zweige der reinen und angewandten Chemie

1830 gegründet. 1897—1945 von der Deutschen Chemischen Gesellschaft fortgeführt.
Im Auftrage der Deutschen Akademie der Wissenschaften zu Berlin, der Chemischen Gesellschaft in der Deutschen Demokratischen Republik, der Akademie der Wissenschaften zu Göttingen und der Gesellschaft Deutscher Chemiker
herausgegeben von Prof. Dr. Maximilian Pflücke

127. Jahrgang

1 9 5 6

Chefredakteure: Dr. Eugen Klever und Prof. Dr. Maximilian Pflücke

Akademie-Verlag GmbH., Berlin — Verlag Chemie, GmbH., Weinheim/Bergstr.

Inhalt

Namenregister

Chemisches Zentralblatt

1956 Nr. 20 16. Mai

A. Allgemeine, physikalische und anorganische Chemie.

A_1. Kernphysik und Kernchemie.

Peter Meyer und **J. A. Simpson**, *Veränderungen in der Amplitude der 27 Tage-Variation der Höhenstrahlenintensität mit der Sonnenaktivität.* (Vgl. C. **1956.** 4033.) Die Messungen der Höhenstrahlenintensität mit der Ionisationskammer an den Stationen Huancayo, Cheltenham u. Christchurch von 1936—1946 sowie die Daten über die Neutronenintensität in Chicago von 1951—1954 wurden analysiert. Es zeigte sich, daß die Amplitude der 27 Tage-Variation 1938 u. 1949 ein Maximum u. 1944 ein Minimum aufweist. Die Kurve läuft derjenigen der Sonnenfleckenzahlen parallel. (Physic. Rev. [2] **96.** 1085—88. 15/11. 1954. Chicago, Ill., Univ., Inst. for Nucl. Stud.) M. WIEDEMANN. 85

E. Fermi, *Galaktische magnetische Felder und der Ursprung der Höhenstrahlung.* Die Theorie der Beschleunigung der Teilchen der Höhenstrahlung durch galakt. Magnetfelder wird erweitert. Die Feldstärke dürfte $6 \cdot 10^{-6}$ Gauß betragen. Der Verlauf der Kraftlinien wird diskutiert, ferner die Geschwindigkeit des Energiegewinns u. des Entweichens der Teilchen. Die wichtige Rolle der Fallen (traps) wird betont. (Astrophysic. J. **119.** 1—6. Jan. 1954. Chicago, Ill., Univ., Inst. for Nucl. Stud.) M. WIEDEMANN. 85

R. K. Soberman und **S. A. Korff**, *Intensitätsänderungen der Höhenstrahlneutronen in großen Höhen.* (Sitzungsbericht.) (Physic. Rev. [2] **100.** 959. 1/11. 1955. New York, N. Y., Univ.) GERHARD SCHMIDT. 85

H. V. Neher, *Zeitliche Aufladung des energiearmen Teils des Höhenstrahlspektrums.* (Sitzungsbericht.) (Physic. Rev. [2] **100.** 959. 1/11. 1955. California Inst. of Technol.) GERHARD SCHMIDT. 85

M. Ageno, G. Cortellessa und **R. Querzoli**, *Über das γ-Spektrum niedriger Energie in der Höhenstrahlung.* Mit einem Einkanal-Scintillationsspektrometer u. einem NaJ-Kristall wird das Energiespektr. der ultraweichen Komponente der Höhenstrahlung auf Seehöhe u. auf ~ 100 g/cm² untersucht. Diese Komponente besteht im wesentlichen aus sek. Photonen, deren Energie überwiegend zwischen 50 u. 200 keV liegt. Das Maximum liegt auf Seehöhe bei 80, auf 100 g/cm² bei 90 keV. Die einfallende Intensität von ~ 100 Quanten/Min./cm² entspricht bei isotroper Strahlung einem Energieeinfluß von ~ 1% der gesamten auf die Bodenfläche auftreffenden Energie. Die photon. Natur der ultraweichen Komponente wird durch Messungen in Pb bestätigt. (Nuovo Cimento [10] **1.** 453—67. 1/3. 1955. Roma, Ist. sup. di Sanità, Labor. di Fis.) R. K. MÜLLER. 85

I. Higashino, M. Oda, T. Oshio, H. Shibata und **Y. Watase**, *Eine vorläufige Untersuchung über die anomale Streuung der Höhenstrahlen in 50 m Wasseräquivalent unter der Erde.* Unter 19 Streuereignissen innerhalb 990 Std. in 15 cm Pb unter 50 m Wasseräquivalent wurden durch Koinzidenzmessungen 11 als anomale Streuung identifiziert. Ihre räumliche Verteilung wurde bestimmt. Der obere Grenzwert der anomalen Streuung der durchdringenden Komponente der Höhenstrahlung unter der Erde wurde zu $\sigma\,(>20^0) \approx 55 \pm 19$ μbarn/Nucleon berechnet. (J. physic. Soc. Japan **7.** 436—37. Juli/Aug. 1952. Osaka, Univ., u. Osaka City Univ. [Orig.: engl.]) M. WIEDEMANN. 85

Seinosuke Ozaki, Shuji Fukui und **Takashi Kitamura**, *Über die Untersuchung der durchdringenden Stöße auf großen Höhen.* Auf 2740 m Höhe wurden ~ 5000 durchdringende Stöße mittels einer zylindr. Ionisationskammer von 20 cm Durchmesser u. 20 cm Tiefe, gefüllt mit Ar von 7 at, untersucht. Oberhalb der Kammer befand sich ein Pb-Absorber von 15 cm u. unter der Kammer ein solcher von 7 cm Dicke. Zur Best., ob das Primärteilchen geladen oder neutral ist, u. zur Zählung der durchdringenden Teilchen in den Stößen dienten Zählerkreise. Die Schauer mit 1 oder 0 durchdringenden Sekundärteilchen werden als Sterne, die in der Wand der Ionisationskammer ausgelöst wurden, interpretiert. Bei den Stößen mit 2 oder mehreren durchdringenden Teilchen dürfte es sich um Elektronenschauer, begleitet von harten Schauern, handeln, wobei wahrscheinlich der γ-Zerfall des π^0 eine Rolle spielt. (J. physic. Soc. Japan **7.** 344—47. Juli/Aug. 1952. Osaka, Univ., u. Osaka City Univ., Dep. of Phys. [Orig.: engl.]) M. WIEDEMANN. 85

Goro Fujuoka, *Die seitliche Verteilung verschiedener Komponenten in ausgedehnten Luftschauern auf Seehöhe.* Die Verteilung von Elektronen, μ-Mesonen u. N-Komponenten wurde in Abständen bis zu 50 m vom Kern der ausgedehnten Luftschauer auf Seehöhe mittels Zählerhodoskopen gemessen. Die Anordnung bestand aus 4 Schauerkernselektoren, 4 Elektronendichtedetektoren u. einem Detektor für durchdringende Teilchen. Die Verteilung der Elektronen entspricht der Kaskadentheorie, die der N-Komponenten scheint ähnlich zu sein. Die Verteilung der μ-Mesonen ist dagegen flacher u. läßt sich durch $r^{-0,7}$ ausdrücken. Die Zahl der μ-Mesonen u. der N-Komponenten ist in einigen Metern vom Schauerkern etwa gleich, sie liegt größenordnungsmäßig bei 1% der Elektronenkomponente. (J. physic. Soc. Japan **10.** 245—49. April 1955. Kobe Univ., Dep. of Phys. [Orig.: engl.]) M. Wiedemann. 85

E. Lohrmann, *Räumliche Verteilung in Höhenstrahlsternen.* Die räumliche Verteilung der sternerzeugenden Teilchen u. der grauen Bahnen wurde in Ilford G5-Emulsionen von 5 × 5 cm u. 0,5 mm Dicke untersucht, die auf 2960 u. 420 m Höhe unter Fe-, Sn- u. C-Absorbern exponiert worden waren. Die räumliche Verteilung der ionisierenden sternerzeugenden Teilchen folgt näherungsweise einem cos-Gesetz mit dem Exponenten 6 auf 2960 m u. 5,7 auf 420 m. Die energiereicheren Teilchen mit über 1 GeV scheinen stärker senkrecht gerichtet zu sein als die mit 350 MeV bis 1 GeV. Die räumliche Verteilung der grauen Bahnen mit 70—350 MeV zur Vertikalen wurde für durch Neutronen u. Protonen ausgelöste Sterne ermittelt. Die räumliche Verteilung der grauen Bahnen gegenüber der Richtung des Primärteilchens scheint von dessen Energie unabhängig zu sein, die Winkel nehmen mit zunehmender Energie der Sekundärteilchen ab. Die räumliche Verteilung der neutralen sternerzeugenden Teilchen wurde aus der ihrer grauen Rückstoßprotonen ermittelt, der Exponent im cos-Gesetz liegt zwischen 1 u. 4. (Nuovo Cimento [10] **1.** 1126—40. April 1955. Hechingen, MPI für Physik der Stratosphäre, Hochspannungslabor.) M. Wiedemann. 85

E. Lohrmann, *Über die topographische Verteilung von Höhenstrahlsternen in Kernemulsionen.* (Vgl. vorst. Ref.) Auf 472 cm² der bis zu 50 Tagen auf 2960 m exponierten Emulsionen wurden 9364 Sterne analysiert. Es ergab sich für Abstände unter 0,5 mm eine vollkommen willkürliche Verteilung der Sterne u. kein Einfl. des Übergangseffektes unter verschied. Absorbern. (Nuovo Cimento [10] **1.** 1141—45. April 1955.) M. Wiedemann. 85

D. E. Nagle und **R. H. Hildebrand,** *Beobachtungen an Pionenbahnen in einer Blasenkammer mit flüssigem Wasserstoff.* (Sitzungsbericht.) (Physic. Rev. [2] **100.** 959. 1/11. 1955. Univ. of Chicago.) Gerhard Schmidt. 85

D. Kessler und **R. Maze,** *Bemerkungen über die multiplen elektromagnetischen Wechselwirkungen der μ-Mesonen.* Die elektromagnet. Sekundäreffekte der μ-Mesonen, wie sie mittels Zähleranordnungen in durchdringenden Schauern nachgewiesen werden, sind nicht voneinander unabhängig. Vff. vergleichen für Doppel- u. Dreifacheffekte die berechneten u. die gemessenen Auswahleffekte u. weisen auf den Einfl. der Anordnung, bes. von Pb-Trennwänden zwischen den Zählern, hin. (Nuovo Cimento [10] **1.** 966—67. 1/5. 1955. Paris, École Norm. Sup.) M. Wiedemann. 85

Shin-ichi Kaneko, *Eine Eichmessung der Mehrfachstreuung langsamer μ-Mesonen nach der Methode des konstanten Pfeils.* An 103 langsamen Höhenstrahl-μ-Mesonen, die in Ilford G5-Emulsionen nach Reichweiten >2 mm zur Ruhe gekommen waren, wurden Messungen der Mehrfachstreuung nach der Meth. des konstanten Pfeils (Göttinger-Zellenschema) durchgeführt. Dieses Schema gab zumindest im Geschwindigkeitsbereich β zwischen 0 u. 0,46 befriedigende Resultate. Zum Vgl. wurden an 81 μ-Mesonen mit mehr als 1,5 mm Reichweite Messungen der Mehrfachstreuung auf der Grundlage der Williams-Streutheorie u. der Reichweite–Energie-Beziehung von Bradner durchgeführt. Die Emulsionen der Dimension 3 in. × 3 in. × 0,5 mm wurden in 17 m Wasseräquivalent unter der Erde exponiert. (J. physic. Soc. Japan **10.** 325—33. Mai 1955. Osaka City Univ., Inst. of Polytechn.) M. Wiedemann. 85

G. N. Fowler, *Über die Sternerzeugung durch μ-Mesonen unter der Erde.* Die Sternerzeugung durch μ-Mesonen unter der Erde wird als Kernphoto-Rk. analysiert. Die Sternerzeugung unter der Erde kann ebensowenig wie die anomale Streuung der Mesonen durch elektromagnet. Wechselwirkungen erklärt werden, beide Prozesse sind jedoch mit der gleichen anomalen μ-Meson–Nucleon-Wechselwrkg. in Einklang. (Proc. physic. Soc., Sect. A **68.** 482—88. 1/6. 1955. Manchester, Univ., Physic. Laborr.) M. Wiedemann. 85

—, *Beobachtungen über schwere Mesonen und Hyperonen.* Überblick über die Ergebnisse eines Ballonflugs in Norditalien im Oktober 1954, wobei ein Stapel aus 250 Emulsionen von 0,6 mm Dicke mit den Dimensionen 37 × 27 × 15 cm u. 62 kg Gewicht für 6 Std. 85000—78000 ft erreichte. Behandelt werden der χ- u. der K_μ-Zerfall der

K-Mesonen, das Vork. von Hyperonen, die gleichzeitige Entstehung von K-Mesonen u. Hyperonen sowie die Paarerzeugung von K-Mesonen, ferner das Auftreten instabiler Kernfragmente. (Nature [London] **175.** 971—73. 4/6. 1955.) M. WIEDEMANN. 85

D. B. Gayther und **C. C. Butler,** *Bemerkungen über die Energiespektren und Häufigkeiten von V^0-Teilchen.* In einer im Magnetfeld befindlichen Nebelkammer von 40 × 30 × 20 cm wurden 45 V^0-Teilchen beobachtet, die bei Kernwechselwirkungen in einer Pb-Platte von 4 cm Dicke entstanden. Die Primärteilchen sind wahrscheinlich Protonen u. Pionen. Unter den V^0 konnten 21 als Λ^0 u. 8 als Θ^0 identifiziert werden. Das Energiespektr. der ersteren reicht von 20—470 MeV; die letzteren haben Energien zwischen 18 MeV u. 1,3 GeV. Die räumliche Verteilung gegenüber der Bahn der Primärteilchen entspricht bei den Λ^0 der der grauen Teilchen bei Kern-Rkk. u. bei den Θ^0 der der Schauerteilchen. Die Häufigkeit der Erzeugung beider Typen von V^0 liegt bei 3% der der geladenen Pionen in Kern-Rkk. von 5—10 GeV. Die Art der Erzeugung der V^0, bes. die Frage der paarweisen Entstehung wird diskutiert. (Philos. Mag. [7] **46.** 467—81. Mai 1955. Manchester, Univ., Physic. Laborr.; London, Imp. Coll., Phys. Dep.) M. WIEDEMANN. 85

A. Bonetti, R. Levi Setti und **B. Locatelli,** *Ergebnisse an einigen Sekundärteilchen von K-Mesonen aus Stapeln vom Flug in Sardinien 1953.* In insgesamt 72 cm³ Emulsion wurden 16 K_L-Teilchen identifiziert. Bei 8 Primärteilchen wurden Massenbestimmungen durchgeführt. Bei 8 Sekundärteilchen wurde die Streuung nach der Meth. des konstanten Pfeils u. die Ionisation durch Messung der Korndichte bestimmt. In einem Falle mit $p\beta = 174 \pm 16$ MeV/c dürfte es sich um ein π handeln u. demnach um einen Zerfall nach $\chi \rightarrow \pi + \pi_0$, in einem anderen Fall um ein μ mit $p\beta = 144 \pm 12$ MeV/c. Die übrigen 6 Sekundärteilchen haben $p\beta$-Werte um 200 MeV/c u. eine Ionisation nahe dem Schwellenwert. Wahrscheinlich handelt es sich um Rkk. nach $K_\mu \rightarrow \mu + \nu$, die M. der Primärteilchen beträgt $945 \pm 25\ m_e$. (Nuovo Cimento [10] **1.** 904—14. 1/5. 1955. Milano, Univ., Ist. di Sci. Fis., Ist. Naz. di Fis. Nucl.) M. WIEDEMANN. 85

A. De Marco, A. Milone und **M. Reinharz,** *Beispiel eines vermutlichen Λ_0-Teilchens hoher Energie.* Auf einer Kernplatte G5 wird nach 6 Std. 40 Min. Exposition in 24000 m Höhe ein Teilchenpaar im Ionisationsminimum gefunden, wobei die 2 Bahnen über 5000 μ ungetrennt verlaufen, u. bei 4700 μ Abstand von der Spitze eine weitere Bahn beginnt. Es wird angenommen, daß es sich um die Zertrümmerung eines Λ_0-Teilchens im Flug von einer Energie von $\sim 5 \pm 1$ GeV handelt, wobei ein leichtes Meson u. ein Proton entsteht. (Nuovo Cimento [10] **1.** 744—45. April 1955. Genova, Univ., Ist. di Fis., Ist. Naz. di Fis. Nucl.) R. K. MÜLLER. 85

B. Stiller, N. Seeman und **M. M. Shapiro,** *Nichtmesonischer Zerfall eines Heliumhyperfragments.* (Sitzungsbericht.) (Physic. Rev. [2] **100.** 959. 1/11. 1955. Naval Res. Labor.) GERHARD SCHMIDT. 85

N. Dallaporta, *Über die mittleren Lebensdauern schwerer instabiler Teilchen.* (Vgl. C. **1955.** 10665.) Der Widerspruch zwischen der relativ häufigen Erzeugung bei Kernereignissen u. der langen mittleren Lebensdauer der instabilen schweren Teilchen kann durch die Theorie von GELL-MANN u. PAIS behoben werden, die für die starke u. die elektromagnet. Wechselwrkg. Auswahlregeln annimmt, nach denen diese Teilchen nur paarweise erzeugt werden können. Vf. zeigt, daß sich aus dieser Hypothese ohne Einführung unbekannter Wechselwirkungskonstanten die richtige Größenordnung der Lebensdauer verschied. dieser Teilchen ableiten läßt. Für Θ erhält Vf. eine mittlere Lebensdauer von 10^{-8}, für τ eine solche von $4{,}5 \cdot 10^{-8}$ Sekunden. (Nuovo Cimento [10] **1.** 962—65. 1/5. 1955. Padova, Univ., Ist. di Fis., Ist. Naz. di Fis. Nucl.) M. WIEDEMANN. 85

Fernando E. Prieto, *Über das Feld der Bhabha-Gleichung.* (Sitzungsbericht.) (Physic. Rev. [2] **100.** 974. 1/11. 1955. Univ. de Méxica de Inst. Nac. de la Invest. Cient.) GERHARD SCHMIDT. 90

Erich Vogt, *Nucleon–Kern-Wechselwirkung mit Polarisation.* (Sitzungsbericht.) (Physic. Rev. [2] **100.** 957. 1/11. 1955. Princeton Univ.) GERHARD SCHMIDT. 90

E. G. Fuller und **Evans Hayward,** *Selbstabsorption oder Selbstanzeige beim Versuch der elastischen Kernstreuung.* (Sitzungsbericht.) (Physic. Rev. [2] **98.** 1537—38. 1/6. 1955. Nat. Bur. of Stand.) GERHARD SCHMIDT. 90

G. C. Phillips, J. L. Russell und **C. W. Reich,** *Streuung der α-Teilchen aus Helium und der 3 MeV-Zustand in ^8Be.* (Sitzungsbericht.) (Physic. Rev. [2] **100.** 960. 1/11. 1955. Rice Inst.) GERHARD SCHMIDT. 90

P. Caldirola, *Über die Einführung eines fundamentalen Zeitintervalls in die Theorie des Elektrons.* (Vgl. C. **1955.** 734 u. 11144.) Mit Hilfe der Unschärferelation von HEISENBERG wird gezeigt, daß das in die Bewegungsgleichung des Elektrons im Rahmen der klass. Theorie eingeführte fundamentale Zeitintervall τ_0 auch im Quantengebiet eine merkliche Bedeutung hat. Der Wert der Ruhmasse eines Elektrons kann nicht für einen bestimmten Augenblick gegeben werden, sondern nur für ein Zeitintervall $\Delta\tau \cong (2/3)(e^2/m_0c^3)$. (Nuovo Cimento [10] **1.** 742—43. April 1955. Milano, Univ., Ist. di Fis., Ist. Naz. di Fis. Nucl.) R. K. MÜLLER. 90

Walter Glaser, *Zur Begründung der wellenmechanischen Elektronentheorie.* (Vgl. C. **1956.** 325.) Verallgemeinerung der MAXWELL-LORENTZschen Elektronentheorie dadurch, daß auch dem Vakuum eine Magnetisierung u. eine Elektrisierung zugeschrieben wird, deren Verteilung so gewählt wird, daß sie in den makroskop. LORENTZschen Bewegungsgleichungen nicht in Erscheinung tritt. Die derart verallgemeinerten MAXWELL-LORENTZschen Feldgleichungen sind relativist. invariant, u. mittels der darin vorkommenden Feldgrößen können zunächst Strom- u. Ladungsdichte definiert u. daraus die charakterist. Eigg. des einzelnen Elektrons berechnet werden. (Z. Physik **139.** 276—301. 1954. New York, N. Y., Farrand Optical Co.) F. LENZ. 90

Frank N. Edmonds jr., *Compton-Streuung durch Elektronenatmosphären.* 1. Mitt. *Das Schuster-Problem.* (Vgl. C. **1954.** 1638.) Die Übertragung monochromat. Strahlung durch eine planparallele Atmosphäre freier Elektronen wird analysiert. Die Nichtkohärenz der Elektronenstreuung infolge der DOPPLER-Verschiebungen, der Rotverschiebung des COMPTON-Effektes u. einer Nicht-DOPPLER-Blauverschiebung wird berücksichtigt. Die beiden letzten Effekte, die sogenannte COMPTON-Streuung, verursachen eine Asymmetrie der Spektrallinien. Bei 80000° K würde diese nach der blauen Seite liegen u. 10^{-3} der therm. Verbreiterung betragen. (Astrophysic. J. **119.** 58—69. Jan. 1954. Austin, Tex., Univ. of Texas, Dep. of Math. and Astron.) M. WIEDEMANN. 90

Kázmér Nagy, *Quantenmechanische Kräfte, die auf Photonen wirken.* Zur Beschreibung des statist. Verh. von Photonen wird unter Zuhilfenahme der skalaren Darst. des elektromagnet. Feldes ein statist. Modell entworfen. Auch hier wird die Bewegung eines einzelnen Photons durch quantenmechan. Kräfte bewirkt. (Acta physica Acad. Sci. hung. **4.** 327—31. 1955. Budapest, Central Res. Inst. for Phys., Dep. for Cosmic Rays.) D. HAHN. 90

Richard A. Ferrell, *Coulomb-Verstärkung der Positronenvernichtung in Metallen.* (Sitzungsbericht.) (Physic. Rev. [2] **100.** 973. 1/11. 1955. Univ. of Maryland.) GERHARD SCHMIDT. 90

J. K. Basson, *Direkte quantitative Beobachtung der Drei-Quanten-Vernichtung eines Positron–Negatron-Paares.* Drei NaJ(Tl)-Scintillationszähler wurden im Abstand von 120° um die ^{22}Na-e^+-Quelle aufgestellt. Diese befand sich in einem Al-Behälter, der keine Positronen durchließ. Das Auflösungsvermögen der Anordnung betrug $4{,}5 \cdot 10^{-7}$ Sekunden. Die Zahl der Dreifachkoinzidenzen war 1,28/Minute. Hieraus ergibt sich ein Verhältnis der Wirkungsquerschnitte für die Vernichtung eines Positron–Negatron-Paares unter Aussendung von zwei Quanten zu der unter Aussendung von drei Quanten zu 402 ± 50 in Übereinstimmung mit dem theoret. Wert von 370 von ORE u. POWELL (Physic. Rev. [2] **75.** [1949.] 1696). (Physic. Rev. [2] **96.** 691—96. 1/11. 1954. Pretoria, Counc. for Sci. and Ind. Res., Nat. Physic. Labor.) M. WIEDEMANN. 90

L. A. Page, M. Heinberg, J. Wallace und **T. Trout,** *Winkelbeziehung bei der Zweiphotonenvernichtung in Quarz.* Vff. beobachten in der Winkelbeziehung der Zweiquantenvernichtungsstrahlung in geschmolzenem Quarz bei Zimmertemp. eine schmale Komponente, die kristalliner Quarz nicht aufweist. Es wird angenommen, daß die schmale Komponente der zwei Photonen von einem einfachen e^+–e^--Syst. mit $v/c < 1/137$ herrührt u. daß ein Teil der Zweiquantenereignisse aus dem Triplettzustand, der in der schmalen Komponente erscheint, entstanden ist. (Physic. Rev. [2] **98.** 206—08. 1/4. 1955. Pittsburgh, Pa., Univ.) E. HAHN. 90

J. V. Jelley, *Čerenkov-Strahlung und ihre Anwendungen.* Überblick über die Theorie der Strahlung, ihre Bedeutung in der Höhenstrahlenforschung u. für Detektoren. Vf. berichtet über neue Verss. über Lichtimpulse vom Nachthimmel, die mit Höhenstrahlenschauern verbunden sind u. auf ČERENKOV-Strahlung in der Atmosphäre zurückgeführt werden. — 28 Literaturzitate. (Brit. J. appl. Physics **6.** 227—32. Juli 1955. Harwell, Berks., AERE.) H. LIEPACK. 90

J. G. Linhart, *Čerenkov-Strahlung von Elektronen, die sich parallel zu einer dielektrischen Grenzfläche bewegen.* Vf. untersucht die Strahlung, die von einem Elektron emittiert wird, das sich gleichförmig u. geradlinig parallel zu der ebenen Oberfläche einer halbunendlichen dielektr. Platte bewegt. Der Effekt ist ähnlich der Anregung von Oberflächenwellen in einer Wanderwellenröhre. (J. appl. Physics **26.** 527—33. Mai 1955. Rugby, Brit. Thomson-Houston Co. Ltd., Res. Labors.) H. LIEPACK. 90

Philip C. Fisher, *Bremsstrahlungs- und Elektronenstreuquerschnitte in Au für 247 MeV-Elektronen und Positronen.* Vf. bestimmt die absol. Wirkungsquerschnitte von Au für die oberen 40% des Bremsstrahlungsspektr. für Elektronen u. Positronen mit einer mittleren Energie von 247 MeV mittels einer magnet. Nebelkammer. Mit der möglichen Ausnahme der oberen 2% des Spektr. liefern Elektronen u. Positronen das gleiche Ergebnis. Das Bethe-Heitler-Spektr. liegt mindestens 8,7±2,7% oberhalb des experimentellen Spektrums. Die Streuung durch Elektronen wird ebenfalls als eine Funktion der Energie des getroffenen oder des Elektrons niedrigster Energie beobachtet. Für diese Teilchen mit Energien zwischen 20 u. 130 MeV sind die Streuquerschnittsverhältnisse von Experiment zu Theorie für einfallende Elektronen u. Positronen 0,96±0,06 bzw. 1,06±0,08. Das Querschnittsverhältnis von Elektronen zu Positronen im gleichen Energieintervall ist 1,31±0,13 für das Experiment u. 1,46 für die Theorie. (Physic. Rev. [2] **92.** 420—27. 15/10. Sitzungsbericht; 853. 1/11. 1953. Univ. of Illinois.) Gerhard Schmidt. 90

E. A. Edelsack und **W. E. Kreger,** *Bremsstrahlungsspektren für 1,00-, 1,50- und 2,00 MeV-Elektronen bei dicken Targets.* (Sitzungsbericht.) (Physic. Rev. [2] **100.** 973. 1/11. 1955. U. S. Naval Radiolog. Defense Labor.) Gerhard Schmidt. 90

C. L. Oxley und **V. L. Telegdi,** *Streuung von 30—90 MeV-γ-Strahlen durch Protonen.* (Sitzungsbericht.) (Physic. Rev. [2] **100.** 962. 1/11. 1955. Univ. of Chicago.) Gerhard Schmidt. 90

Roger W. Wallace, Malvern H. L. Jestér und **John M. Brabant,** *Spektrometermessungen der Gesamtabsorption für γ-Strahlen, die aus Targets beim Beschuß mit 6,2 GeV-Protonen emittiert worden sind.* (Sitzungsbericht.) (Physic. Rev. [2] **100.** 962. 1/11. 1955. Berkeley, Calif., Univ. of California.) Gerhard Schmidt. 90

M. Cini und **A. Gamba,** *Hat der Isotopenspin eine Bedeutung für leichte Teilchen?* Die Möglichkeit der Erweiterung des Begriffs des Isotopenspins auf die Zerfallsprodd. des π-, μ-, β- u. μ-Kerneinfangs wird untersucht. Bei Ladungsunabhängigkeit der Rkk. ergibt sich der Isotopenspin 1/2 für alle Fermionen. Aus der Hypothese der isotop. Unabhängigkeit der Fermionen läßt sich eine eindeutige Zuordnung des Isotopenspins für alle Elementarteilchen herleiten. Gleichzeitig wird daraus auf die Existenz zweier neutraler Fermionen mit verschwindender Ruhmasse, die nicht als Teilchen u. Antiteilchen anzusehen sind, geschlossen. (Nuovo Cimento [9] **10.** 1040—46. 1/8. 1953. Torino, Univ., Ist. di Fis., Ist. Naz. di Fis. Nucl.) W. Gans. 90

A. M. Lane und **L. Verlet,** *Polarisation in der Theorie der Riesenresonanzen der Neutronenstreuung.* (Sitzungsbericht.) (Physic. Rev. [2] **100.** 956—57. 1/11. 1955. MIT.) Gerhard Schmidt. 90

R. D. Lawson, *Energiearme Neutronenstreuung und das Problem des gebundenen Zustandes.* (Sitzungsbericht.) (Physic. Rev. [2] **100.** 957. 1/11. 1955. Berkeley, Calif., Univ. of California.) Gerhard Schmidt. 90

J. S. Dwork und **H. Hurwitz jr.,** *Neutronenabsorption im halbunendlichen Raum.* Vff. berechnen die Neutronenabsorption im Halbraum 1 ($z < 0$), wenn der Halbraum 2 ($z > 0$) eine gleichmäßig verteilte Neutronenquelle darstellt, nach der Wiener-Hopf-Methode. Das Verhältnis p_1 des Streuquerschnitts zum totalen Wirkungsquerschnitt im Raum 1 wird verschieden vom gleichen Verhältnis p_2 im Raum 2 angenommen. (J. appl. Physics **26.** 642—43. Mai 1955. Burlington, Vt., Univ. of Vermont; Schenectady, N. Y., Knolls Atom. Power Labor.) H. C. Wolf. 90

T. Regge und **M. Verde,** *Streuprobleme bei Spin–Bahn-Kopplungen.* Vff. geben eine Variationsmeth. zur Behandlung der Neutronenstreuung an Deuteronen bei Ggw. von Tensorkräften oder Spin–Bahn-Kopplung. Das Verf. stellt eine Erweiterung der Hulthénschen Meth. dar. Es werden das Zweikörperproblem bei Ggw. von Tensorkräften, das Dreikörperproblem bei Zentralkräften u. der allg. Fall der Neutron–Deuteron-Streuung unter Spin–Bahn-Kopplung behandelt. (Nuovo Cimento [9] **10.** 997—1011. 1/8. 1953. Torino, Univ., Ist. di Fis., Ist. Naz. di Fis. Nucl.) W. Gans. 90

R. E. Fields und **M. Walt,** *Neutronengesamtstreuquerschnitt von Magnesium und Silicium.* In Erweiterung früherer Messungen von Freier u. Mitarbeitern (C. **1951.** I. 556) wurden die Querschnitte für Neutronenenergien von 135—800 keV aus Durchlässigkeitsmessungen mit einem BF_3-Proportionalzähler bestimmt. Bei Si ergeben sich zwei ausgeprägte Maxima bei 195 bzw. 570 keV. Der Compoundkern wird mit Spin $J = 1/2$ für 195 u. $J > 1/2$ bei 570 keV angenommen. Für Mg werden Maxima bei 85, 275 u. 430 keV gefunden, die ^{24}Mg zugeordnet werden, wobei die Form der 275 keV-Spitze auf nichtaufgelöste Einzelmaxima hindeutet. (Physic. Rev. [2] **83.** 479. 15/7. 1951. Madison, Wis., Univ. of Wisconsin.) W. Gans. 90

R. N. Little jr., B. P. Leonard jr., J. T. Prud'homme und **L. D. Vincent,** *Messungen der elastischen Winkelstreuung von Neutronen an Kohlenstoff, Aluminium und Schwefel* *mit einem Flüssigkeitsscintillationszähler.* Die Messung der Winkelverteilung des elast. Querschnitts für die Streuung von 2,7 MeV-Neutronen der Rk. D (d, n) an Molekularstrahlen von C, Al u. S erfolgt mit einem fl. Scintillationszähler (Terphenyl in Xylol). Durch Vgl. mit ^{60}Co-γ-Strahlen wird die Möglichkeit ausgeschlossen, daß im Zähler auch γ-Strahlen außer den Neutronen gemessen werden. (Physic. Rev. [2] **98.** 634—38. 1/5. 1955. Austin, Tex., Univ. of Texas.) H. C. Wolf. 90

M. Walt und **J. R. Beyster,** *Wechselwirkung der 4,1 MeV-Neutronen mit Kernen.* Vff. messen die differentiellen Querschnitte für die elast. Streuung von 4,1 MeV-Neutronen an *Be, C, Al, Ti, Fe, Zn, Zr, Cd, Sn, Ta, W, Au, Pb* u. *Bi.* Korrekturen werden vorgenommen, die unelast. Stoßquerschnitte u. die elast. Transportquerschnitte berechnet. Die experimentellen Ergebnisse werden mit den theoret. verglichen, die nach der Kontinuumstheorie von Feshbach, Porter u. Weisskopf berechnet worden sind. (Physic. Rev. [2] **98.** 677—84. 1/5. 1955. Los Alamos, N. Mex., Univ. of California, LASL.) E. Hahn. 90

B. Jennings, J. Weddell, I. Alexeff und **R. L. Hellens,** *Streuung von 4,4 MeV-Neutronen an Eisen und Kohlenstoff.* (Vgl. C. **1955.** 3789.) Die Ergebnisse photograph. Messungen des Neutronenspektr. aus der Streuung von 4,4 MeV-Neutronen an Fe unter 90° werden mit den Energiemessungen an Abklingungs-γ-Strahlen aus dem gleichen Prozeß (vgl. Griffith, C. **1956.** 4898) zur Best. der Anregungsniveaus in ^{56}Fe kombiniert. Die $(d\sigma/d\Omega)_{90^0}$-Werte für die verschied. Prozesse werden aus den Flächen unter den Maxima im Histogramm abgeschätzt. Die Energieniveaus u. entsprechend $(d\sigma/d\Omega)_{90^0}$ in barn/Raumwinkel für ^{56}Fe sind (elast.): 0,076 ± 0,02; (unelast.) 0,85 ± 0,02 MeV, 0,036 ± 0,010; 2,05 ± 0,036 MeV, 0,021 ± 0,007; 2,58 ± 0,054 MeV, 0,012 ± 0,006; 2,90 MeV, 0,020 ± 0,013. An C wird nach der gleichen Meth. $(d\sigma/d\Omega)_{90^0} = (0,061 \pm 0,016)$ barn/Raumwinkel erhalten. (Physic. Rev. [2] **98.** 582—85. 1/5. 1955. East Pittsburgh, Pa., Westinghouse Res. Labor.; Pittsburgh, Pa., WAPD.) F. Weigel. 90

A. T. Peaslee jr., *Erzeugung von Paaren beim Einfang langsamer Neutronen durch Protonen.* (Sitzungsbericht.) (Physic. Rev. [2] **100.** 974. 1/11. 1955. Harvard Univ.) Gerhard Schmidt. 90

J. Lindhard und **M. Scharff,** *Energieverlust schneller Teilchen niedriger Ladung in Materie.* Vff. untersuchen mit halbklass. Methoden Energieabsorption u. Reichweite schwerer Teilchen, hauptsächlich Protonen u. α-Teilchen. Eine Entw. aus der allg. Resonanzformel von Bethe ergibt gute Übereinstimmung mit den experimentellen Werten. Die mittlere Streuung der Energieabsorption u. Reichweite für höhere Geschwindigkeiten wird abgeleitet. (Kgl. danske Vidensk. Selsk., mat.-fysiske Medd. **27.** Nr. 15. 1—31. 1953. Kopenhagen, Univ., Inst. for Theoret. Phys.) W. Gans. 90

C. F. Barnett und **P. M. Stier,** *Elektroneneinfangquerschnitt für Protonen.* (Sitzungsbericht.) (Physic. Rev. [2] **98.** 1537. 1/6. 1955. Oak Ridge Nat. Labor.) Gerhard Schmidt. 90

L. W. Smith, A. W. McReynolds und **G. Snow,** *Elastische p–p-Winkelverteilung bei 440—1000 MeV.* Vff. beschießen ein CH_2-Target ($^1/_4 \times {}^1/_4 \times 0{,}514$ in.) mit Cosmotronprotonen von 440, 590, 800 u. 1000 MeV u. untersuchen die auftretenden Streuprotonen mit einer speziellen Koinzidenztechnik. Die Koinzidenzzahl bei 440 MeV als Funktion des Winkels zeigt ein Maximum in der Gegend von $\Phi = 51^0$. Der differentielle elast. Streuquerschnitt als Funktion der Primärenergie unter $\Theta = 90^0$ im Schwerpunktssyst. sinkt von $\sim 3{,}5$ (440 MeV) auf $\sim 0{,}6$ mbarn/Raumwinkel bei 1000 MeV ab, ein ähnliches Absinken ist beim Anwachsen des Schwerpunktswinkels von 30 auf 90° zu beobachten. Die integrierten elast., totalen u. unelast. Streuquerschnitte lassen sich durch lineare Extrapolation der Funktion $\sigma(\Theta) = \sigma(1 - \cos\Theta)$ erhalten. (Physic. Rev. [2] **97.** 1186—88. 15/2. 1955. Upton, N. Y., BNL.) F. Weigel. 90

Bruce Cork und **W. A. Wenzel,** *Elastische Proton–Proton-Streuung im GeV-Bereich.* (Sitzungsbericht.) (Physic. Rev. [2] **100.** 962. 1/11. 1955. Berkeley, Univ. of California.) Gerhard Schmidt. 90

J. C. Allred, A. H. Armstrong, A. M. Hudson, R. M. Potter, E. S. Robinson, Louis Rosen und **E. J. Stovall jr.,** *Elastische Streuung von 10 MeV-Deuteronen an ^{3}H und ^{3}He.* Vff. messen die differentiellen Querschnitte der elast. Streuung von d–t u. d–^{3}He für 10 MeV-Deuteronen des äußeren Bündels des Cyclotrons. Mit Kernemulsionen werden die geladenen Teilchen im Winkelbereich von 30—40° (Schwerpunktssyst.) nachgewiesen. Obgleich der Querschnitt als eine Funktion des Winkels ausgeprägte Asymmetrie aufweist, wodurch Streubeiträge aus Partialwellen mit hohem Drehimpuls angezeigt werden, sind beide Kurven oberhalb 45° identisch. (Physic. Rev. [2] **88.** 425—30. 1/11. 1952. Los Alamos, N. Mex., Univ. of California, LASL.) Gerhard Schmidt. 90

Louis Rosen und **J. C. Allred,** *Elastische d–d-Streuung bei 10,5 MeV.* (Vgl. vorst. Ref. u. C. **1952.** 6165.) Deuteronen aus dem 42 in.-Cyclotron werden an einem dünnen D_2-Gastarget gestreut. Die gestreuten Teilchen werden durch photograph. Emulsionen in einer Mehrplattenkamera nachgewiesen. Der differentielle Querschnitt für die elast. Streuung wird in 5°-Intervallen (im Schwerpunktssyst.) von 25—145° gemessen, die Standardabweichung der gemessenen Querschnitte wird auf ±3,1% geschätzt. Die Messungen erweitern frühere, bis 10,8 MeV durchgeführte Bestimmungen u. stimmen unter Berücksichtigung der verschied. Beschußenergien überein. (Physic. Rev. [2] **88.** 431—32. 1/11. 1952.) Gerhard Schmidt. 90

J. C. Allred, A. H. Armstrong, R. O. Bondelid und **Louis Rosen,** *Elastische Streuung von 9,7 MeV-Protonen durch Deuterium und Wasserstoff.* (Vgl. vorst. Reff.) Vff. messen die differentiellen Querschnitte für p–d- u. p–p-Streuung mit einem 9,7 MeV-Cyclotronprotonenbündel u. mit photograph. Platten als Detektoren der gestreuten Teilchen. In beiden Wechselwirkungen gleichen die Winkelverteilungen den bei niedrigen Energien beobachteten u. die totalen Querschnitte stimmen bei geeigneten Extrapolationen der Daten für niedrige Energien überein. Die p–d-Daten deuten auf d-Zertrümmerung hin. Bei Vernachlässigung der Spin–Bahn-Kopplung sind die p–p-Daten mit reiner S-Wellenstreuung mit einer Phasenverschiebung von 57,8±1,2° in Einklang. (Physic. Rev. [2] **88.** 433—38. 1/11. 1952.) Gerhard Schmidt. 90

R. M. Frank und **J. F. Gammel,** *Die T–T-Wechselwirkung.* (Sitzungsbericht.) (Physic. Rev. [2] **100.** 973—74. 1/11. 1955. Los Alamos Scient. Labor.) Gerhard Schmidt. 90

Maarten Bogaardt und **Bob Koudijs,** *Berechnung der Reichweite–Energie-Beziehung für photographische Emulsionen verschiedener Zusammensetzung. Vergleich mit experimentellen Bestimmungen.* (Vgl. Vigneron u. Philbert, C. **1955.** 4027.) Angabe von neuen Werten für die Ionisationspotentiale leichter Elemente u. die „empir. Ionisationspotentiale" schwerer Elemente in eV: *H* 17,5, *C* 75, *N* 76, *O* 96, *S* 197, *Br* 425, *Ag* 556 u. *J* 600. Mit diesen Werten wird die Energie–Reichweite-Beziehung für n. u. verd. Ilford C 2-Emulsionen berechnet u. eine vollkommene Übereinstimmung mit den experimentellen Werten (l. c.) festgestellt. (C. R. hebd. Séances Acad. Sci. **237.** 1678—79. 21/12. 1953.) H.-J. Eichhoff. 90

Eduardo Vitoria, *Der Atomkern.* Übersicht. (Afinidad [3] **31.** 383—95. Mai/Juni 1954.) R. K. Müller. 95

M. N. Hack, *Theorie der mehrfachen Quantenübergänge.* (Sitzungsbericht.) (Physic. Rev. [2] **100.** 975. 1/11. 1955. Princeton Univ.) Gerhard Schmidt. 95

Takashi Shibata, *System von Differentialgleichungen, die der Dirac-Gleichung für das Wasserstoffatom äquivalent sind.* Theoret. Ableitungen. (J. Sci. Hiroshima Univ., Ser. A **17.** 371—76. März 1954. [Orig.: engl.]) Gerhard Schmidt. 95

L. Estrada, *Elektrisches Quadrupolmoment und Korrekturen am magnetischen Moment des Deuterons für geschwindigkeitsabhängige Tensorkräfte.* (Sitzungsbericht.) (Physic. Rev. [2] **100.** 956. 1/11. 1955. México, Inst. de Fís.) Gerhard Schmidt. 95

A. Mondragón, *Streulänge und effektive Reichweite für geschwindigkeitsabhängige Tensorkräfte.* (Vgl. vorst. Ref.) (Sitzungsbericht.) (Physic. Rev. [2] **100.** 956. 1/11. 1955.) Gerhard Schmidt. 95

Ignacio Renero, *Streuung durch ein geschwindigkeitsabhängiges Potential.* (Vgl. vorst. Reff.) (Sitzungsbericht.) (Physic. Rev. [2] **100.** 956. 1/11. 1955.) Gerhard Schmidt. 95

F. Duimio, *Über die Bindungsenergie von $^3H^*$.* Durch Unterss. an stark vereinfachten Vergleichsmodellen von paarigen u. unpaarigen Systemen werden die Bindungsenergien von D* u. ^{3}H* mit denjenigen von D u. ^{3}H verglichen. Dabei ergibt sich, daß bei D* keine gebundenen Zustände vorliegen, bei ^{3}H* die Bindungsenergie in Übereinstimmung mit den experimentellen Beobachtungen klein ist. (Nuovo Cimento [10] **1.** 688—93. April 1955. Milano, Univ., Ist. di Sci. fis., Ist. Naz. di Fis. Nucl.) R. K. Müller. 95

J. Callaway und **R. D. Woods,** *Nucleonenverteilung in ^{40}Ca.* (Sitzungsbericht.) (Physic. Rev. [2] **100.** 956. 1/11. 1955. Univ. of Miami.) Gerhard Schmidt. 95

Frank Stern, *Valenzwellenfunktionen für die 3 $d^7$4 s- und 4 d^8-Konfigurationen von atomarem Eisen.* (Sitzungsbericht.) (Physic. Rev. [2] **98.** 1552. 1/6. 1955. U. S. Naval Ordnance Labor.) R. Stein. 95

Harrison C. White, *Eine quantenmechanische Berechnung der interatomaren Kraftkonstanten in Kupfer.* (Sitzungsbericht.) (Physic. Rev. [2] **98.** 1552. 1/6. 1955. MIT.) R. Stein. 95

R. E. Wood, H. H. Landon und **V. L. Sailor,** *Parameter für die Neutronenresonanz in Gold.* Die Resonanz des Wirkungsquerschnitts von ^{197}Au für 4,906 eV-Neutronen mit einem Kristallspektrometer hoher Auflsg. soll als Standardresonanz zum Vgl. der Messungen an verschied. Neutronenspektrometern dienen. Das Auflösungsvermögen des Kollimators beträgt 1,6 Bogenminuten, die Energieauflsg. 0,0105 u. die Dicke der Au-Schichten 0,0131—0,00668 g/cm³. Folgende Parameter werden angegeben: $E_0 = 4{,}906 \pm 0{,}010$ eV; $\sigma_{to}\Gamma^2 = (725 \pm 15)\cdot 10^{-24}$ cm² eV²; $\sigma_{to} = (37000 \pm 500)\cdot 10^{-24}$ cm²; $\Gamma = 0{,}140 \pm 0{,}003$ eV; $\sigma_p = (11{,}1 \pm 0{,}8)\cdot 10^{-24}$ cm². Von 0,35—15 eV läßt sich mit diesen Daten die Breit-Wigner-Einniveauformel anwenden. Für beide möglichen Spinorientierungen der Neutronen erhält man die gleichen Kernradien. (Physic. Rev. [2] **98.** 639—45. 1/5. 1955. Upton, N. Y., BNL.) H. C. Wolf. 95

Juan Manuel Lozano, *Pole der S-Matrix für das Kugelmodell des opaken Kristalls.* (Sitzungsbericht.) (Physic. Rev. [2] **100.** 956. 1/11. 1955. Ohio State Univ.) Gerhard Schmidt. 95

R. M. Eisberg, G. Igo und **H. E. Wegner,** *Protonen aus dem Beschuß verschiedener Elemente mit 40 MeV-α-Teilchen.* (Sitzungsbericht.) (Physic. Rev. [2] **100.** 961—62. 1/11. 1955. Brookhaven Nat. Labor.) Gerhard Schmidt. 103

M. Mazari, F. Alba und **V. Serment,** *Messungen des Gesamtquerschnittes von Neutronen zwischen 13,0 und 16,2 MeV.* (Sitzungsbericht.) (Physic. Rev. [2] **100.** 972—73. 1/11. 1955. Nat. Univ. of Mexico.) Gerhard Schmidt. 103

R. E. Segel und **S. S. Hanna,** *Polarisationsmessung bei der Reaktion $D(d, p)^3H$.* (Sitzungsbericht.) (Physic. Rev. [2] **98.** 1538. 1/6. 1955. Johns Hopkins Univ.) Gerhard Schmidt. 103

J. P. Conner, T. W. Bonner und **J. R. Smith,** *Eine Untersuchung der Reaktion $^3H(d, n)^4He$.* Vff. untersuchen die Rk. ^{3}H(d, n)^{4}He für E_d von 10—1732 keV. Die Ausbeutekurve zeigt ein Maximum bei $E_d = 109$ keV, der totale Wirkungsquerschnitt beträgt bei dieser Energie $5{,}1 \pm 0{,}1\cdot 10^{-24}$ cm². Die experimentellen Daten passen sich exakt einer Einniveau-Breit-Wigner-Resonanzkurve für Deuteronenenergien unterhalb 500 keV an. Oberhalb dieser Energie ist der experimentelle Querschnitt größer als der durch ein einfaches Niveau im ^{5}He-Compoundkern vorausgesagte. (Physic. Rev. [2] **88.** 468—73. 1/11. 1952. Houston, Tex., Rice Inst.) Gerhard Schmidt. 103

T. W. Bonner, J. P. Conner und **A. B. Lillie,** *Wirkungsquerschnitt und Winkelverteilung der Kernreaktion $^3He(d, p)^4He$.* (Vgl. vorst. Ref. u. Yarnell u. Mitarbeiter, C. **1954.** 5679.) Vff. untersuchen den Querschnitt für die Rk. ^{3}He(d, p)^{4}He für E_d von 188—1597 keV. Die Protonenausbeute bei 0° zum Deuteronenbündel zeigt ein Maximum bei $E_d = 400$ keV. Bei dieser Energie ist die Winkelverteilung der Zertrümmerungsteilchen sphär. symm., der totale Querschnitt ist $0{,}69\cdot 10^{-24}$ cm². Bei höheren Energien tritt vorzugsweise Protonenemission bei 0° auf. Bei 1600 keV ist das Verhältnis der Protonenzahl bei 0° zu der bei 90° 1,08. Die Änderung des totalen Querschnitts mit der Beschußenergie stimmt mit einer berechneten Einniveauresonanzformel von 188 bis 600 keV überein. Bei höheren Energien liefern die theoret. Werte einen zu kleinen Wirkungsquerschnitt. (Physic. Rev. [2] **88.** 473—76. 1/11. 1952.) Gerhard Schmidt. 103

J. Dabrowski und **J. Sawicki,** *Bemerkung zur Reaktion $^6Li(n, d)^5He$.* Eine Formel für den differentiellen Wirkungsquerschnitt wird abgeleitet, numer. ausgewertet u. mit den experimentellen Werten von Frye jr. (C. **1955.** 2355) verglichen. (Bull. Acad. polon. Sci., Cl. III **3.** 91—94. 1955. Polish Acad. of Sci., Inst. of Theoret. Phys.) H. Menke. 103

Abdul R. Sattar, Ira L. Morgan und **Emmett L. Hudspeth,** *Anregungskurve für $^9Be(n, \alpha)^6He$.* (Sitzungsbericht.) (Physic. Rev. [2] **100.** 960. 1/11. 1955. Univ. of Texas.) Gerhard Schmidt. 103

O. Lönsjö, O. Os und **R. Tangen,** *Ausbeute von energiereichen γ-Strahlen aus dem Protoneneinfang in ^9Be.* Die γ-Ausbeute in ^{9}Be beim Beschuß mit Protonen zwischen 150 u. 520 keV aus einem 0,5 MeV-van de Graaff wird mit NaJ-Scintillationszählern gemessen. Oberhalb 2,5 MeV zeigt die γ-Kurve eine einfache breite Resonanz um 330 keV Protonenenergie. Nach einer Korrektur für die Schwellendurchdringung kann die Kurve durch eine Breit-Wigner-Formel mit der Resonanzenergie von 307 keV u. mit der Halbwertsbreite von 160 keV dargestellt werden. Die γ-Kurve oberhalb 5,6 MeV zeigt eine Strahlung ohne Resonanz, die aus mehreren energet. Komponenten besteht. (Physic. Rev. [2] **98.** 727—28. 1/5. 1955. Blindern, Univ. of Oslo, Dep. of Phys.) E. Hahn. 103

F. Ajzenberg, A. Rubin, G. D. Johnson und **M. Mazari,** *Neutronen aus dem Protonenbeschuß von ^{11}B.* (Sitzungsbericht.) (Physic. Rev. [2] **100.** 960—61. 1/11. 1955. Boston, Mass., Univ., MIT.) Gerhard Schmidt. 103

John Logan Need, *Mechanismus der Reaktion $^{12}C + p \rightarrow p + 3\,\alpha$ bei 32 MeV.* (Sitzungsbericht.) (Physic. Rev. [2] **98.** 1538. 1/6. 1955. Berkeley, Calif., Univ. of California.) GERHARD SCHMIDT. 103

H. H. Forster und **A. Oswald,** *β-Spektrum von ^{14}C.* Das β-Spektr. von dünnen ^{14}C-Strahlern wird in einem Doppellinsen-β-Spektrometer ausgemessen. Es werden die Impulsverteilung u. das FERMI-Diagramm angegeben. Letzteres besteht aus einer Geraden bis 30 keV bei einem Strahler von 15 μg/cm^2, das Experiment zeigt demnach einen erlaubten Verlauf für das β-Spektr. von ^{14}C. (Physic. Rev. [2] **96.** 1030—31. 15/11. 1954. Los Angeles, Calif., Univ. of Southern California, Dep. of Phys.) E. HAHN. 103

H. A. Hill und **J. M. Blair,** *Energieniveaus in ^{19}F.* (Sitzungsbericht. (Physic. Rev. [2] **100.** 961. 1/11. 1955. Univ. of Minnesota.) GERHARD SCHMIDT. 103

R. J. Prestwood, *(n, 2 n)-Wirkungsquerschnitt von ^{23}Na bei 14,1 MeV.* Der absol. Wirkungsquerschnitt der Rk. ^{23}Na(n, 2n)^{22}Na für Neutronen bei 14,1 MeV wird an 6 Proben bestimmt. Neutronenquelle, Bestrahlung, Herst. der ^{22}Na-Proben sowie der Detektor, ein rauscharmer Methan-Proportionalzähler, werden angegeben. Als Ergebnis der Unterss. wird der Wert 13,8 $\pm$ 2,2 mbarn gefunden. (Physic. Rev. [2] **98.** 47—49. 1/4. 1955. Los Alamos, N. Mex., Univ. of California, LASL.) E. HAHN. 103

H. Daniel, *Der β^+-Zerfall des ^{47}V.* Bei der Unters. des Zerfallsschemas von ^{47}V mit einem magnet. Doppellinsen-β-Spektrometer ergab sich, daß keine γ-Strahlung auftritt, sondern lediglich ein einfaches erlaubtes β-Spektr. mit 1,89 $\pm$ 0,01 MeV Grenzenergie, das zum Grundzustand von *^{47}Ti* führt. (Z. Naturforsch. **9a.** 974—75. Nov. 1954. Heidelberg, MPI für med. Forsch., Inst. für Phys.) E. HAHN. 103

Joseph R. Wilkinson und **Raymond K. Sheline,** *Aus dem Zerfall von ^{48}Cr bestimmte Kernniveaus in ^{48}V.* (Sitzungsbericht.) (Physic. Rev. [2] **98.** 1538. 1/6. 1955. Florida State Univ.) GERHARD SCHMIDT. 103

B. Kahn und **W. S. Lyon,** *Zerfall von ^{91}Y.* Vff. bestimmen die Halbwertszeit des 1,55 MeV-β-Zerfalls von ^{91}Y zu 57,5 $\pm$ 0,5 Tagen. Weitere Zerfallscharakteristika von ^{91}Y sind γ-Halbwertszeit 58,0 $\pm$ 1 Tage, β_1-Strahlung von 0,36 $\pm$ 0,02 MeV, β_2-Strahlung von 1,55 MeV, γ-Strahlung von 1,190 $\pm$ 0,005 MeV u. eine weitere γ-Strahlung von 0,1 bis 2,0 MeV. 0,22 $\pm$ 0,01% des ^{91}Y-Zerfalls besteht aus der β_1-Gruppe in Koinzidenz mit der 1,190 $\pm$ 0,005 MeV-γ-Strahlung. (Physic. Rev. [2] **98.** 58—59. 1/4. 1955. Oak Ridge, Tenn., ORNL., Health Phys. and Analyt. Chem. Labor.) E. HAHN. 103

G. M. Temmer und **N. P. Heydenburg,** *Coulomb-Anregung von Cu, Zn, As, Se und Ru.* (Sitzungsbericht.) (Physic. Rev. [2] **100.** 961. 1/11. 1955. Carnegie Inst. of Technol.) GERHARD SCHMIDT. 103

J. M. Cork, M. K. Brice, L. C. Schmid und **R. G. Helmer,** *γ-Energien in ^{97}Tc beim K-Einfang in ^{97}Ru.* (Sitzungsbericht.) (Physic. Rev. [2] **100.** 955. 1/11. 1955. Univ. of Michigan.) GERHARD SCHMIDT. 103

L. M. Noble und **R. M. Steffen,** *Richtungskorrelation der γ–γ-Korrelation von ^{111}Cd mit gasförmigen ^{111}In-Quellen.* (Sitzungsbericht.) (Physic. Rev. [2] **100.** 955. 1/11. 1955. Purdue Univ.) GERHARD SCHMIDT. 103

Robert S. Caird und **C. G. Mitchell,** *Der Zerfall von ^{55}Co und ^{130}J.* (Vgl. DEUTSCH u. HEDGRAN, Physic. Rev. [2] **75.** [1949.] 1443.) Vff. untersuchen erneut den Zerfall von ^{55}Co u. ^{130}J mit Hilfe von magnet. Linsen, Koinzidenzlinsen u. Scintillationszählern, um sowohl das Teilchen- als auch das γ-Spektr. zu erfassen. Frühere Ergebnisse anderer Autoren (l. c.) werden bestätigt u. ergänzt. Für beide Isotope werden Zerfallsschemate angegeben. Die γ-Energien betragen bei ^{55}Co 0,477, 0,935, 1,41, 0,253, 1,84 u. 2,17 MeV, bei ^{130}J 0,409, 0,528, 0,660, 0,744 u. 1,15 MeV. Die β-Energien bei ^{130}J sind 1,02 u. 0,597 MeV. (Physic. Rev. [2] **94.** 412—19. 15/4. 1954. Bloomington, Ind., Indiana Univ., Phys. Dep.) J. VOITLÄNDER. 103

N. Benczer, B. Farrelly, L. Koerts und **C. S. Wu,** *Untersuchung von ^{128}J.* (Sitzungsbericht.) (Physic. Rev. [2] **100.** 955. 1/11. 1955. Columbia Univ.) GERHARD SCHMIDT. 103

A. E. Everett und **M. J. Glaubman,** *γ–γ-Richtungskorrelation in ^{134}Cs.* (Sitzungsbericht.) (Physic. Rev. [2] **100.** 955. 1/11. 1955. Princeton Univ.) GERHARD SCHMIDT. 103

W. E. Kreger, L. D. McIsaac, J. L. Mackin und **J. R. Lai,** *Radioaktiver Zerfall von ^{181}W und ^{185}W.* (Sitzungsbericht.) (Physic. Rev. [2] **100.** 955. 1/11. 1955. U. S. Naval Radiolog. Defense Labor.) GERHARD SCHMIDT. 103

C. E. Mandeville, Jagdish Varma und **Babulal Saraf,** *Iridium 194.* Zur Unters. werden elektromagnet. mit ^{194}Ir angereicherte ^{193}Ir-Proben für Zeitintervalle von 0,5—2,0 Std. im Reaktor bestrahlt. Das γ-Spektr. von ^{194}Ir wird in NaJ-Scintillationsspektrometern beobachtet u. die γ-γ-Koinzidenzen mit zwei derartigen Spektrometern erhalten. Die vom 19 Std.-^{194}Ir ausgesandten γ-Strahlen besitzen Energien von 0,295, 0,325, 0,635, 0,640, 0,93, 1,14, 1,28, 1,45, 1,58, 1,77 u. ~2,00 MeV. Bei 325 u. 620 keV liegen die ersten u. zweiten angeregten Zustände des Restkerns. Die Winkelkorrelationsfunktion der 0,295—0,325 MeV-Kaskade wird als zu einer 2 → 2 → 0-Verteilung zugehörig gefunden, welche die Spins der ersten beiden angeregten Zustände von ^{194}*Pt* ergibt. (Physic. Rev. [2] **98.** 94—99. 1/4. 1955. Swarthmore, Pa., Bartol. Res. Found. of the Franklin Inst.) E. Hahn. 103

E. P. Tomlinson und **R. A. Naumann,** *Zerfall von* ^{191}*Pt.* (Vgl. C. **1955.** 7366.) (Sitzungsbericht.) (Physic. Rev. [2] **100.** 955. 1/11. 1955. Princeton Univ.) Gerhard Schmidt. 103

L. Meyer-Schützmeister und **V. L. Telegdi,** *Unelastische Streuung von Photonen aus* ^{197}*Au.* (Sitzungsbericht.) (Physic. Rev. [2] **100.** 961. 1/11. 1955. Univ. of Chicago.) Gerhard Schmidt. 103

Howard A. Tewes, *Anregungsfunktionen für einige protoneninduzierte Reaktionen von Thorium.* (Vgl. C. **1954.** 5933.) Vff. beschießen einen Stapel $2 \cdot 10^{-3}$ in. dicker Th-Folien mit Protonen einer Energie bis zu 32 MeV u. messen die Anregungsfunktionen der Rkk. (p, f) (**I**), (p, n) (**II**) u. (p, 3n) (**III**), nachdem die auf Grund dieser Rkk. gebildeten Folgeprodd. ^{97}*Zr* u. ^{232}*Pa* wie folgt chem. abgetrennt wurden: Das Th wird in HF/HCl-Gemisch gelöst, eine unwägbare Menge ^{231}Pa als Indicator u. 10 mg Zr als Träger zugegeben u. aus 6 mol. HCl das Pa in Diisopropylketon extrahiert. Aus der organ. Phase extrahiert man das Pa in 2 mol. $HClO_4$ zurück u. aus $HClO_4$ nochmals in eine 0,4 mol. Lsg. von Thenoyltrifluoraceton (TTA) in Benzol. Aus der benzol. Lsg. wird das Pa mit 6 mol. HCl + 0,1 mol. HF ausgeschüttelt u. auf Pt abgeschieden. Die bei der 1. Extraktion erhaltene wss. Phase, die das Zr enthält, wird 3 mol. an HCl gemacht, Zr mit 0,4 mol. TTA in Bzl. extrahiert, die benzol. Lsg. zur Trockne gedampft u. der Rückstand zu ZrO_2 verglüht. Die erhaltenen Werte für σ_I, σ_{II} u. σ_{III} im Bereich von 5,3 ± 1,2 bis 31,3 ± 0,4 MeV sind tabelliert, die Anregungskurven werden mitgeteilt. (Physic. Rev. [2] **98.** 25—27. 1/4. 1955. Livermore, Calif., California Res. and Developm. Co.) F. Weigel. 103

Bernard L. Cohen, *Winkelverteilungen und Neutronenausbeuten von (p, n)-Reaktionen.* Die Neutronenwinkelverteilungen aus (p, n)-Rkk. an *Mg, Al, Cu, Mo, Ag, Ta, Au, Th* u. *U* werden für 23 MeV-Protonen gemessen, die auf dicke Proben fallen. Alle Spitzen der Winkelverteilungen weisen nach vorn. Außer für Mg u. Al variiert das 0°/180°-Intensitätsverhältnis von 5—15 für ~13 MeV-Neutronen u. von 1,3—5 für ~8 MeV-Neutronen. Die Neutronenzahl pro Kern-Rk. wächst mit der Kernladungszahl von ~0,25 für Ag u. Al bis ~2,0 für die meisten schweren Elemente u. auf mehr als 4 für Th u. U. Die Tempp. der Neutronenenergieverteilungen werden für die schweren Elemente zu ~0,85 MeV bei $E_n = 3$ MeV u. zu ~1,9 MeV bei $E_n = 10$ MeV geschätzt. (Physic. Rev. [2] **98.** 49—55. 1/4. 1955. Oak Ridge, Tenn., ORNL.) E. Hahn. 103

Bernard G. Harvey, Stanley G. Thompson, Albert Ghiorso und **Gregory R. Choppin,** *Weitere Erzeugung von Transcuriumkernen durch Neutronenbestrahlung.* (Vgl. Thompson u. Mitarbeiter, C. **1955.** 976.) Vff. erzeugen durch Neutronenbeschuß von schweren *Cf*-Isotopen ein Isotop mit der Ordnungszahl Z = 100. Die chem. Isolation erfolgt durch Fällung u. Ionenaustauschprozesse. Die α-Aktivität des neuen Isotops erlaubt die Best. von Z. Folgender Reaktionsverlauf wird für wahrscheinlich gehalten: $^{252}\mathrm{Cf}(n,\gamma)^{253}\mathrm{Cf} \xrightarrow{\beta^-} {}^{253}99(n,\gamma)^{254}99 \xrightarrow{\beta^-} {}^{254}100$. (Physic. Rev. [2] **93.** 1129. 1/3. 1954. Berkeley, Calif., Univ. of California, Radiat. Labor. and Dep. of Chem.) J. Voitländer. 103

M. Huaringa, *Neue Methode zur Trennung des UX_2 aus einem Gemisch der UX.* $UO_2(NO_3)_2 \cdot 6H_2O$ wird in Ae. gelöst u. mit einigen Tropfen W. versetzt. Die wss. Phase wird nochmals mit Ae. extrahiert, dann verd. u. aus 2 ml 2 Tropfen H_2SO_4 zugegeben. Dann wird wenig gepulvertes MnO_2 zugesetzt, 15 Sek. gerührt u. das MnO_2, das das UX_2 adsorbiert hat, abfiltriert; Ausbeute 81%. (Bull. Soc. roy. Sci. Liège **24.** 189—91. Mai 1955. Liège, Univ., Inst. de Phys. Nucl.) G. Herrmann. 104

Helen P. Raaen und **P. F. Thomason,** *Radioisotopenuntersuchung über Uranabtrennungen. Trennungen durch Filtrierpapierverteilungschromatographie* mit 2-Methyltetrahydrofuran. Vff. untersuchen die Trennung kleiner U-Mengen durch Papierchromatographie mit 2-Methyltetrahydrofuran (**I**). Für U wird ^{233}U als Indicator verwendet, zugesetzt werden die Elemente Na, K, Sc, Cr, Mn, Fe, Co, Ni, Zn, As, Se, Sr, Y, Zr, Nb, Ru, Rh, Ag, Sn, In, Cd, Sb, Te, Cs, Ba, La, Ce, Pr, Pm, Ta, W, Ir, Hg u. Tl, die markiert sind. Die Proben werden auf 2×30 cm-Streifen von Whatman Nr. 1-Papier aufgetragen u. absteigend bei 25 ± 2° chromatographiert. Die Auswertung erfolgt durch Autoradiographie mit Röntgenfilm, U wird lokalisiert u. mit einem α-Proportionalzählrohr bestimmt. Die schärfsten

U-Banden werden erhalten, wenn zum mit W. gesätt. I 2,5 Vol.-% konz. HNO_3 gegeben werden u. mindestens $1^3/_4$ Std. chromatographiert wird. Das Alter der Mischung von I u. HNO_3 ist nicht ohne Einfluß. Aus zugespitzten Papierstreifen können $0,5\,\gamma$ U noch quantitativ auf dieselbe Weise herausgelöst werden. Der R_f-Wert für U beträgt 0,95. Von den zugesetzten Elementen begleitet Hg vollständig, Ru, Rh, W, Sb, Sn, die sehr breite oder mehrere Banden bilden, teilweise das U. Th würde ebenfalls stören. (Analytic. Chem. **27.** 936—44. Juni 1955. Oak Ridge, Tenn., ORNL., Analyt. Chem. Div.) G. HERRMANN. 104

W. Hanle, *Physikalische und chemische Wirkung energiereicher Strahlung.* Übersicht. (Pharmazie **9.** 869—76. Nov. 1954. Gießen, Justus-Liebig-Hochschule, Physik. Inst.) GERHARD SCHMIDT. 108

E. W. Becker, *Die Herstellung von Schwerem Wasser.* Die zur techn. Gewinnung von D_2O anwendbaren Verff. werden beschrieben u. nach techn. sowie wirtschaftlichen Gesichtspunkten miteinander verglichen. In Betracht kommen: Wasserelektrolyse mit chem. Austausch zwischen Wasserstoff u. Wasserdampf, Wasserdest., Tieftemperaturtrennung u. chem. Austausch in Heiß-Kalt-Systemen. (Angew. Chem. **68.** 6—13. 7/1. 1956. Marburg, Univ., Phys. Inst.) I. KARUTZ. 110

Tasso Springer, *Physik und Technik von Atomreaktoren.* Zusammenfassender Bericht über die allg. Grundlagen der Reaktoren. Die krit. Gleichung für Reaktoren $\eta\varepsilon pfP = 1$ mit η = therm. Spaltausbeute, ε = schneller Spaltungsfaktor, p = Resonanzfluchtfaktor, f = therm. Nutzung u. P = Leckfaktor sowie die Möglichkeiten zur Best. der einzelnen Faktoren werden diskutiert. (Angew. Chem. **68.** 1—5. 7/1. 1956. München, TH, Labor. für Techn. Phys.) I. KARUTZ. 110

D. E. Ferguson, *Die Wirtschaftlichkeit der Verarbeitung bei Leistungsreaktoren.* Vf. behandelt die wirtschaftlichen Fragen bei der chem. Aufarbeitung von Spaltstoff u. Brutmaterial eines therm. Brüters. Die maximal für die Verarbeitung aufwendbaren Kosten werden abgeschätzt. (Sci. Monthly **79.** 125—28. Aug. 1954. Oak Ridge, Tenn., ORNL, Chem. Technol. Div.) G. HERRMANN. 110

Harold P. Eubank, *Eine Radiofrequenzionenquelle hoher Ausbeute.* (Sitzungsbericht.) Vf. untersucht die Arbeitscharakteristika einer Radiofrequenzionenquelle zur Herst. ausreichender Ionenströme für die Unters. von (n, p)-Reaktionen. Die Quelle liefert bis zu 15 mA Ionenstrom, von dem 80—90% aus Atomionen besteht. Obgleich die Ionisationsdichte stetig sowohl mit dem Druck als auch mit der Leistung zunimmt, zeigt der Ionenstrom ein klar definiertes Maximum innerhalb des Bereichs jeder der verwendeten Parameter. (Physic. Rev. [2] **92.** 853. 1/11. 1953. Brown Univ.) GERHARD SCHMIDT. 112

F. Marcel Devienne, *Änderung des Kondensationsfaktors von Antimon- und Cadmiummolekularstrahlen mit der Unterlage und der Schichtdicke.* Verwendung künstlicher radioakt. Isotope nach der früher beschriebenen Meth. (vgl. J. Physique Radium **13.** [1952.] 52) zur Messung des Kondensationsfaktors von Sb u. Cd auf verschied. Unterlagen. Der Faktor hängt stark von der Art der Unterlage ab, zumindest für dünne Schichten. Er nimmt mit wachsender Schichtdicke zu. Alle Messungen sind bei Zimmertemp. durchgeführt. (J. Physique Radium **14.** 257—59. April 1953. Centre Nat. de la Rech. sci.) F. LENZ. 112

Andrew D. Suttle jr. und **W. F. Libby,** *Absolute Bestimmung der β-Radioaktivität in dicken festen Proben. Anwendung auf das natürliche radioaktive Kalium.* Vff. zeigen, daß bei Absorptionsmessungen von einfachen β-Strahlern in Al in halblogarithm. Darst. lineare Absorptionskurven erhalten werden, wenn die Proben zylindr. um das Zählrohr angeordnet u. die Absorber auf die Proben gelegt werden. Aus der Halbwertsdicke d läßt sich die Energie der β-Strahlen bestimmen. Die Korrektur der Selbstabsorption ist einfach, es gilt $R = A\cdot\sigma\cdot\lambda\,[1 - \exp.(-x/\lambda)]/G$, wobei R die Zählrate (Impulse/Min.), A die Fläche (cm^2), x die Dicke des Präp., G der Bruchteil der unter $4\,\pi$ ausgesandten Strahlung, der geometr. ins Zählrohr gelangen kann, σ die absol. spezif. Aktivität (Impulse/Min./g) u. $\lambda = d/ln\,2$. Vff. bestimmen hieraus σ für ^{32}P in Na(u. K)H_2PO_4 u. finden innerhalb 10% Übereinstimmung mit den durch Gaszählung von PF_3 gefundenen Werten. Darst. u. Reinigung von PF_3 aus rotem ^{32}P werden beschrieben. Vff. bestimmen mit dem Verf. die absol. β^-- u. γ-Aktivität von ^{40}K u. finden $29,6 \pm 0,7$ bzw. $2,96 \pm 0,04$ Zerfälle/Sek./g K. Daraus folgt ein Verzweigungsverhältnis von 0,10 für den K-Einfang u. β^--Zerfall von ^{40}K u. eine Gesamthalbwertszeit von $1,25(\pm 0,04)\cdot 10^9$ Jahren. (Analytic. Chem. **27.** 921—27. Juni 1955. Chicago, Ill., Univ., Dep. of Chem. u. Inst. for Nucl. Stud.) G. HERRMANN. 112

E. W. Emery, J. E. S. Bradley und **N. Veall,** *Strahlungsdosierung von Rubidium 86.* Vff. messen die γ-Ausbeute u. die mittlere β-Energie von ^{86}Rb, das unter Emission einer 1,80 MeV-β-Strahlung oder einer 0,72 MeV-β-Strahlung, gefolgt von einer 1,08 MeV-

γ-Strahlung, zerfällt. Die γ-Strahlung tritt bei ~8,4% der Zerfälle auf. Die Proben werden durch Neutronenbestrahlung von reinstem RbCl erzeugt u. zur Entfernung der noch beträchtlichen ^{134}Cs-Aktivität durch 7maliges Umkristallisieren der sauren Tartrate gereinigt. Die Halbwertszeit des ^{86}Rb beträgt 18,74 ± 0,026 Tage bzw. 18,66 Tage, wenn die 0,05%ig. Verunreinigung durch ^{134}Cs berücksichtigt wird. (Nature [London] **175.** 34. 1/1. 1955. Manchester, Univ., Dep. of Med.; London, Postgraduate Med. School; Guys Hosp., Med. School, Phys. Dep.) G. TÖLG. 112

A. M. Hudson und **F. X. Roser,** *Einheitlichkeit der Impulshöhen aus einem großflächigen Photomultiplier.* (Sitzungsbericht.) Auf Grund einer Anregung von HOFSTADTER wird eine bes. gebaute Lichtblende (light baffle) für einen Großflächenphotomultiplier (Typ RCA C 7157) konstruiert. Der Schirm erhöht die Gleichmäßigkeit der Impulshöhen für Scintillationsprozesse, die sich in verschied. Bereichen in der Umgebung der Photokathode abspielen. Ein Ende einer 2×4×4 in. Flüssigkeitsscintillatorzelle wird von der 2×4 in. großen Oberfläche der Photokathode erfaßt. Werden ^{60}Co-γ-Strahlen in verschied. Teile der Zelle eingestrahlt, so erweisen sich die Impulshöhen für solche Prozesse, die in der Nähe der Enden der Photokathode auftreten, als um 14% niedriger als für solche, die in der Nähe der Kathodenmitte vor sich gehen. Mit eingeschalteter Blende beträgt die gleiche Variation $<3\%$. Ähnliche Messungen werden mit Hilfe eines 5819-Photomultipliers ausgeführt. (Physic. Rev. [2] **93.** 941—42. 15/2. 1954. Stanford, Univ., Dep. of Phys., Labor. of Phys.) F. WEIGEL. 112

George R. Meneely und **Homer L. Jones,** *Drehkugelabtaster mit Kathodenstrahlröhre.* An Hand von 4 Abbildungen wird eine Vorr. beschrieben, mittels derer die örtlich verteilte Radioaktivität in bestimmten Körpergebieten (Beispiel Leber–Milz ist dargestellt) abgetastet werden kann. Durch eine motor. angetriebene Kugel mit Bohrungen für den Strahldurchgang wird die vom Meßfeld ausgehende Strahlung punktweise auf einen NaJ-Kristall mit Photomultiplier geführt. Die aufgenommene Intensität steuert nach Verstärkung die Helligkeit einer Kathodenstrahlröhre, deren Elektronenstrahl synchron mit der Bewegung der Drehkugel über das Gesichtsfeld bewegt wird. (Nucleonics **13.** Nr. 8. 39. Aug. 1955. Nashville, Tenn., Vanderbilt Univ., u. Thayer Veterans Administr. Hosp., Radioisotope Unit and Med. Illustr. Labor.) W. REUSSE. 112

D. V. Breitenbecher, *Gesteuerte Photoröhren für schnelle Impulsvorgänge.* (Sitzungsbericht.) (Physic. Rev. [2] **100.** 978. 1/11. 1955. Wright Air Developm. Center, Aeronautical Res. Labor., Phys. Res. Branch.) H. LIEPACK. 112

T. A. Brody, *Sichtbare Länge von Bahnen in Kernemulsionen.* (Sitzungsbericht.) (Physic. Rev. [2] **100.** 972. 1/11. 1955. Nat. Univ. of Mexico.)
GERHARD SCHMIDT. 112

T. Matitsch, Ch. Matiasek und **B. Karlik,** *Beseitigung des Untergrundes in β-empfindlichen Kernemulsionen.* Die von mehreren Autoren vorgeschlagene Meth., den Untergrund von ILFORD G 5-Platten vor der Belichtung durch Behandlung der Platten mit Wasserdampf zu beseitigen, gelingt nur dann, wenn das zur Wasserdampferzeugung verwendete W. chlorhaltig ist. Verwendet man W. mit 12 mg Cl pro Liter, so verschwindet der Plattenuntergrund bei 60° nach 5 Std. u. anschließendem Trocknen, ohne daß die β-Strahlenempfindlichkeit beeinflußt wird. α-Bahnen widerstehen der Behandlung. (Nature [London] **175.** 35. 1/1. 1955. Wien, Inst. für Radiumforsch. der Akad. der Wiss.)
G. TÖLG. 112

A. A. Silvidi, G. K. Schoepfle, K. L. Warren, F. L. Brooks und **M. Horowitz,** *Instrument zur Messung der auf photographischem Film erhaltenen Information.* (Sitzungsbericht.) (Physic. Rev. [2] **100.** 979. 1/11. 1955. Kent, O., Kent State Univ.; Goodyear Aircraft Corp., Aerophys. Dep.) GERHARD SCHMIDT. 112

Santimay Chatterjee, A. P. Patro, Binayak Basu, R. L. Bhattacharyya und **Manoj K. Banerjee,** *Datierung einer Kernexplosion.* Vff. beschreiben eine Meth. zur Datierung von Atombombenexplosionen aus Messungen des Aktivitätsabfalls von Staub oder Regenwasser. In der Beziehung $A = k \cdot T^{-\alpha}$ (A Aktivität, T Zeit) wird $\alpha = 1{,}6$—$1{,}7$ bestimmt. (Sci. and Cult. **20.** 403—04. Febr. 1955. Calcutta, Inst. of Nucl. Phys.)
G. HERRMANN. 112

G. M. Corney und **H. M. Cleare,** *Gefahrenwarnung mittels handelsüblicher und Amateurphotofilme.* Es wurden Schwärzungskurven von handelsüblichen, nicht für Röntgenstrahlen sensibilisierten Photofilmen bei Bestrahlung mit 1000 kV-Röntgenstrahlen aufgenommen (KODAK Super Panchro-Press-Film Type B; KODAK Super XX Panchromat. Film; KODAK Verichrom-Film; KODALITH Ortho Film Type 2). Vff. diskutieren die Möglichkeit, die Schwärzung dieser Filme als Gefahrenindicator bei atomtechn. Unglücksfällen zu benutzen. (Nucleonics **13.** Nr. 8. 40—41. Aug. 1955. Rochester, N. Y., Eastman Kodak Co., Res. Labors.) W. REUSSE. 112

Eugene V. Barry und **Leonard R. Solon,** *Radioaktive Verunreinigungssammlung durch Schmiermittel und Haftscheiben.* Filterpapierschmiermittel, gummiertes Papier u. Haftscheibchen werden zur Reinigung der gleichmäßig verseuchten Oberfläche von U-Platten ($3^1/_4 \times 3^1/_2$in., 0,025 in. dick) verwendet. Aus den Ergebnissen der Probenteste u. der Häufigkeitsverteilung der Beobachtungen vom Mittelwert geht hervor, daß Schmiermittel reproduzierbare Ergebnisse an Oberflächen gleichmäßiger Verunreinigung liefern, wenn das Verf. sorgfältig wiederholt wird. Sämtliche 31 Proben liegen innerhalb 30% des Mittelwertes. (Nucleonics **11.** Nr. 10. 60. 62. Okt. 1953. New York, N. Y., U. S. AEC., New York Operat. Off., Health and Safety Div.) GERHARD SCHMIDT. 112

Siegfried Wiechowski, Atomkraft heute und morgen. Das Atom im Wandel der Zeiten. Stuttgart, Wien: Humboldt-Verl. 1953. (149 S. m. Abb.) kl. 8°. = Humboldt-Taschenbücher. 20. DM 1,95.

A_2. Optisches Verhalten der Materie.

Delphine Jehoulet, *Die Emissionslinien im RU camelopardalis.* Spektralaufnahmen des Emissionslichtes von RU camelopardalis während einer Lichtwechselperiode ergeben eine anomale asymm. Lichtkurve mit scharfem Minimum. In bestimmten Phasen treten H-Emissionslinien (H_β schwach, H_γ u. H_δ stark) sowie eine Emissionskomponente im Absorptionsgebiet der K-Linie des Ca II auf. Es bestätigt sich damit, daß RU cam zum Typ II der Cepheïden gehört. (Bull. Cl. Sci., Acad. roy. Belgique [5] **40.** 377—81. 1954. Liège, Inst. d'Astrophys.) J. RUDOLPH. 113

E. T. Byram, T. A. Chubb und **H. Friedman,** *γ-Absorptionsmessungen der Dichte der oberen Atmosphäre.* (Sitzungsbericht.) (Physic. Rev. [2] **100.** 963—64. 1/11. 1955. U. S. Naval Res. Labor.) GERHARD SCHMIDT. 113

W. I. Krassowski, *Über die Hydroxylkonzentration in der oberen Atmosphäre.* Es wird gezeigt, daß die Rotations-Schwingungs-Banden des OH in der oberen Atmosphäre nur schwer durch die O_3—H-Rk. zu deuten sind, während die O_2—H-Hypothese der OH-Emission des Nachthimmels als die wahrscheinlichere anzusehen ist, da der Annahme einer Entstehung der OH-Emission in einer Höhe von 100 km sich keine theoret. Schwierigkeiten entgegenstellen. (Доклады Академии Наук СССР [Ber. Akad. Wiss. UdSSR] [N. S.] **99.** 979—81. 21/12. 1954. Geophysikal. Inst. der Akad. der Wiss. der UdSSR.) A. v. WILPERT. 113

M. F. Romanowa, *Der heutige Stand der Frage zur Bestimmung des Meters aus der Länge der Lichtwelle.* Übersicht. — 17 Literaturangaben. (Успехи Физических Наук [Fortschr. physik. Wiss.] **56.** 257—64. Juni 1955.) E. KLEVER. 114

N. R. Batartschukowa, *Einisotopenlichtquellen in der Metrologie.* Übersicht über die in der Metrologie angewandten Einisotopenlichtquellen unter Verwendung von Isotopen des *Hg* (^{198}Hg u. ^{202}Hg), des *Kr* (^{84}Kr u. ^{86}Kr) u. des *Cd* (^{112}Cd, ^{114}Cd u. ^{116}Cd) bes. zur Ermittlung der Längeneinheit aus einfachen Spektrallinien. — 43 Literaturangaben. (Успехи Физических Наук [Fortschr. physik. Wiss.] **56.** 265—82. Juni 1955.) E. KLEVER. 114

J. M. Jauch und **F. Rohrlich,** *Die Infrarotdivergenz.* Vff. untersuchten das Problem der Infrarotdivergenz in der Quantenelektrodynamik u. geben einen allg. Beweis für Auslöschung der Infrarot-Divergenz bei reellen u. virtuellen Vorgängen. Dieser Beweis trifft für sämtliche Ordnungen der Kopplungskonstanten u. für alle Arten von Streuungserscheinungen zu. Das Problem wird gelöst sowohl mittels der Iterationslösung der gewöhnlichen Störungstheorie oder nach dem Vorgang von BLOCH u. NORDSIECK (Physic. Rev. [2] **52.** [1937.] 54) sowie PAULI u. FIERZ (Nuovo Cimento **15.** [1938.] 167). Die Äquivalenz beider Methoden wird diskutiert; die Ergebnisse von BLOCH u. NORDSIECK sind richtig, falls die Strahlungskorrekturen unberücksichtigt bleiben. Die von PAULI u. FIERZ gefundenen UV-Divergenzen haben nichts mit derjenigen im Infrarot zu tun u. können auch nicht als schwer deutbar im Rahmen der Theorie betrachtet werden, da die angewandte Rechenmeth. für höhere Frequenzen nicht anwendbar ist. Die Anwendung der exakten Berechnung (Iterationsmeth.) zeigt, daß die renormalisierte Theorie völlig frei von Divergenzen sowohl bei kleinen als auch bei hohen Frequenzen ist, wobei ein Wahrscheinlichkeitsbeweis für die Konvergenz in gewissen Fällen gegeben wird. (Helv. physica Acta **27.** 613—36. 31/12. 1954. Iowa City, Io., State Univ., Dep. of Phys.) B. GNAUCK. 114

Hassan F. Zandy, *Die M IV- und M V-Absorptionslinien und -kanten von ^{64}Gd, ^{66}Dy und ^{70}Yb.* (Sitzungsbericht.) (Physic. Rev. [2] **100.** 1549. 1/12. 1955. Univ. of Bridgeport.) H. LIEPACK. 116

J. Korringa, *Satelliten im weichen Röntgenspektrum von Zr.* (Sitzungsbericht.) (Physic. Rev. [2] **98.** 1556. 1/6. 1955. Ohio State Univ.) G. RUBAN. 116

Louis C. Green, Margaret N. Lewis, Marjorie M. Mulder, Cynthia W. Wyeth und **John W. Woll jr.**, *Korrelationsenergien und Winkelkomponenten der Wellenfunktionen der Grundzustände des H^-, He I und Li II.* Für die Unters. der Einfll. der Konfigurationswechselwrkg. im Grundzustand der drei einfachen Atomsysteme H^-, He I u. Li II entwickeln Vff. eine dreiparametrige Funktion, die einen symm. Exponentialausdruck der Kernabstände u. einen linearen Faktor der interelektron. Abstände enthält, für He I u. Li II. Diese Funktionen u. die entsprechende, bereits früher für H^- entwickelte (C. **1954.** 9453) werden in Gruppen von LEGENDRE-Funktionen vom Cosinus des Winkels zwischen den beiden Radiusvektoren entwickelt. Die Koeffizienten in diesen Entwicklungen sind Funktionen der Kernabstände der beiden Elektronen. Vff. geben die einzelnen auftretenden Funktionen zusammen mit ihren Koeffizienten, mit denen sie in die Entw. eingehen, u. ihre Beiträge zu den gesamten Energien an. Es wird eine Abschätzungsmeth. für die Größe der vollständigen Korrelation oder Konfigurationswechselwrkg., der Entropie u. ihrer radialen, winkelabhängigen u. gemischten Teile diskutiert. Vff. geben eine Tabelle mit Werten der Korrelationsenergie u. ihren verschied. Teilen für H^-, He I u. Li II an. (Physic. Rev. [2] **93.** 273—79. 15/1. 1954. Haverford, Pa., Haverford Coll., Strawbridge Observ.) E. WASSERROTH. 118

G. W. Robinson, *Die Emissionsspektren einiger polyatomarer Moleküle.* (Sitzungsbericht.) (Physic. Rev. [2] **98.** 1550. 1/6. 1955.) E. KLEVER. 118

Charles J. Koester und **M. Parker Givens**, *Absorptionsspektrum von Silberchlorid im extremen Ultraviolett.* (Sitzungsbericht.) (Physic. Rev. [2] **98.** 1543. 1/6. 1955. Univ. of Rochester.) G. RUBAN. 118

A. Halperin und **A. Braner**, *Thermische Entfärbung von Farbzentren.* Die Registrierung der Absorption eines unverfärbten *KCl*-Kristalls bei kontinuierlicher Erwärmung von 90 auf 500° K zeigt bei ca. 220° K das Auftreten einer Absorptionsspitze als Folge der Bldg. eines Filmes aus kondensierten Dämpfen. Die Spitze tritt nicht auf, wenn in der Meßanordnung eine Kühlfalle vorhanden ist. Die Wiederholung des Vers. von HESKETH u. SCHNEIDER (C. **1955.** 10918), die bei der therm. Entfärbung von farbzentrenhaltigen, röntgenstrahlverfärbten KCl-Kristallen eine Spitze der 5500 Å-Absorption bei 170° K beobachteten, ergeben, daß die offenbar ebenfalls durch kondensierte Dämpfe verursachte Absorptionsspitze bei Verwendung einer geeigneten Ausfrierfalle nicht auftritt. Der Absorptionsverlauf mit der Temp. zeigt indessen, daß die Elektronen die Haftstellen bevorzugt bei bestimmten Tempp. verlassen, was auf das Vorhandensein mehrerer Aktivierungsenergien deutet. (Physic. Rev. [2] **98.** 1135—36. 15/5. 1955. Jerusalem, Hebrew Univ., Dep. of Phys.) J. RUDOLPH. 119

Hyman Rosenwasser und **Paul W. Levy**, *Durch Strahlung induzierte Verfärbung von Natriumazid.* (Sitzungsbericht.) (Physic. Rev. [2] **98.** 1541. 1/6. 1955. Brookhaven Nat. Labor.) G. RUBAN. 119

Russell W. Dreyfus und **Paul W. Levy**, *Wärmebehandlung von bestrahltem Natriumazid.* (Vgl. vorst. Ref.) (Sitzungsbericht.) (Physic. Rev. [2] **98.** 1541. 1/6. 1955.) G. RUBAN. 119

Paul W. Levy, *Durch Reaktor- und γ-Strahlung induzierte Verfärbung in umgeschmolzener Corning-Kieselsäure.* (Vgl. C. **1956.** 3209.) (Sitzungsbericht.) (Physic. Rev. [2] **98.** 1541. 1/6. 1955. Brookhaven Nat. Labor.) G. RUBAN. 119

R. G. Giovanelli und **J. T. Jefferies**, *Die optischen Eigenschaften der Komponenten für doppelbrechende Filter.* Es werden Ausdrücke für das Streulicht in doppelbrechenden Filtern (Polaroide), das durch unvollständige Polarisation u. nichtachromat. $\lambda/2$-Platten hervorgerufen wird, entwickelt. Durch passende Orientierung der phasenverzögernden Platten kann bei unvollständiger Polarisation weniger Streulicht auftreten als bei vollkommener Polarisation. Der Einfl. ungenauer Orientierung der opt. Achse in der Oberfläche der Elemente wird diskutiert. (Austral. J. Physics **7.** 254—67. Juni 1954. Sydney, Univ. Grounds, C. S. I. R. O., Div. of Phys.) H. LINDBERG. 119

W. S. Benedict, G. E. Moore und **S. Silverman**, *Breiten und Formen der Stoßlinien in den Schwingungs-Rotations-Banden von HCl.* (Sitzungsbericht.) (Physic. Rev. [2] **98.** 1551. 1/6. 1955. Johns Hopkins Univ., Appl. Phys. Labor.) H. LIEPACK. 120

R. Herman, G. E. Moore, S. Silverman und **R. F. Wallis**, *Schwingungs-Rotations-Linienintensitäten in HCl und DCl.* (Sitzungsbericht.) (Physic. Rev. [2] **98.** 1550—51. 1/6. 1955.) E. KLEVER. 120

Charles A. Burrus, Walter Gordy, Ben Benjamin und **Ralph Livingston**, *Das Spektrum des TCl und TBr bei 1—2 mm Wellenlänge.* Der $J = 0 \rightarrow 1$-Rotationsübergang wird an TCl u. TBr bei einer Wellenlänge von 1,36 bzw. 1,74 mm gemessen. Daraus werden mit α_e u. D aus Ultrarotmessungen die Größen der Konstanten ν_0 $(0 \rightarrow 1)$, B_0, B_e, r_0, r_e u.

e Q q für $T^{35}Cl$, $T^{37}Cl$, $T^{79}Br$ u. $T^{81}Br$ errechnet. Aus den Messungen an TBr u. ähnlichen, früher durchgeführten, an DBr ergibt sich für das Massenverhältnis m_T/m_D der Wert 1,49747. (Physic. Rev. [2] 97. 1661—64. 15/3. 1955. Durham, N. C., Duke Univ., Dep. of Phys.; u. Oak Ridge, Tenn., ORNL.) ROLAND HÜTTENRAUCH. 121

J. J. Gallagher, W. C. King und **C. M. Johnson,** *Das Mikrowellenspektrum von* $^{15}N^{16}O$. (Vgl. C. **1954.** 11364.) (Sitzungsbericht.) (Physic. Rev. [2] **98.** 1551. 1/6. 1955. Johns Hopkins Univ.) H. LIEPACK. 121

Daniel Curie, *Der Mechanismus der Phosphorescenz in Kristallphosphoren.* Vf. vergleicht an ZnS : Cu u. CaS : Bi die theoret. aus dem Abklinggesetz ermittelte Haftstellenverteilung mit der experimentell aus Glowkurven erhaltenen unter der Annahme eines monomol. Reaktionsmechanismus u. findet gute Übereinstimmung. Das gleichzeitige Auftreten von Photoleitfähigkeit u. „retrapping" weise jedoch auf das Vorliegen von bimol. Störmechanismen hin. In der oben zitierten Arbeit werden der Einfl. des „retrapping" auf den Verlauf der Abklingkurve theoret. untersucht. (Physic. Rev. [2] **90.** 154—55. 1/4. 1953. Paris, Sorbonne, Labor. de Luminescence.) H. RUFFLER. 125

Claus H. Haake, *Temperaturabhängigkeit der Elektroluminescenz.* (Sitzungsbericht.) (Physic. Rev. [2] **98.** 1544—45. 1/6. 1955. Westinghouse Electr. Corp.) E. KLEVER. 125

E. E. Loebner und **H. Freund,** *Geschichtete Schranken in einem elektroluminescierenden Zinksulfidkristall.* (Vgl. C. **1954.** 10881.) (Sitzungsbericht.) (Physik Rev. [2] **98.** 1945. 1./6. 1955.) E. KLEVER. 125

A₃. Elektrizität. Magnetismus. Elektrochemie.

S. N. Goswami, *Einfluß eines gleichförmigen magnetischen Feldes auf den Entladungsstrom in einem Ozonisator.* Es wurde der Einfl. eines Magnetfeldes von 850 Gauß auf den durch 2 kV-Wechselspannung, 50 Hz, erregten Entladungsstrom in trockener Luft verschied. Druckes untersucht. Die bei Erniedrigung des Druckes im allg. bei 2 verschied. Phasen der Anregungsspannung aus schwachen Linienpaaren bestehenden HF-Impulse werden bei Einschalten des Magnetfeldes stationär u. erscheinen als einzelne starke Linien. In dem Druckbereich, in dem eine Druckerniedrigung die Zahl der Impulse stark anwachsen läßt, werden durch das Magnetfeld Zahl u. Höhe der Impulse erniedrigt. Die Beobachtungen werden auf Grund der Theorie elektron. Oberflächenladung erklärt. (Sci. and Cult. **20.** 97—98. Aug. 1954. Calcutta, Inst. of Radio Phys. u. Electronics.) H. LIEPACK. 131

Henry C. Bourne jr., *Die Zusammensetzung des zwischenelektrodischen Vorentladungsstroms im Hochvakuum.* Temperaturmessungen an vakuumisolierten Elektroden bei Spannungen von 80—100 kV zeigten, daß der Vorentladungsstrom hauptsächlich aus negativ geladenen Teilchen besteht. Das Verhältnis der negativen Teilchen zu den positiven Ionen beträgt bei *Al*-Elektroden ca. 300:1, bei *Stahl*-Elektroden mehr als 1000:1. (J. appl. Physics **26.** 625—26. Mai 1955. Cambridge, Mass., MIT, High Voltage Labor.) H. LIEPACK. 131

J. Brillié, *Untersuchung über den elektrischen Lichtbogen in einer Argonatmosphäre.* Inhaltsgleich mit der C. **1955.** 7071 referierten Arbeit. (Mém. Soc. Ing. Civils France **107.** 63—72. Jan./März 1954.) W. WESLY. 131

H. Maecker, *Plasmaströmungen in Lichtbögen infolge eigenmagnetischer Kompression.* Vf. bringt Beweise für die Existenz der negativen Flamme im Hochstromkohlebogen. Die Einschnürung der Säule durch eine durchbohrte Cu-Platte zeigt, daß die Strömung eine Folge des Überdrucks ist, der an Engstellen der Entladung durch das magnet. Eigenfeld des Bogens hervorgerufen wird. Aus einer für diesen Effekt entwickelten Theorie wird für I = 200 A u. 0,24 cm Brennfleckdurchmesser an der Kathode ein Druck von ~7 mm Hg berechnet u. eine Rückstoßkraft auf die Kathode von ~1 pond. Die Höchstwerte der Geschwindigkeiten liegen bei 10^4—10^5 cm/Sekunde. Die Verdichtung der Stromfäden an der Engstelle wird als Ursache des hellen Kerns angesehen. (Z. Physik **141.** 198—216. 1955. Erlangen, Siemens-Schuckertwerke Akt.-Ges., Forschungslabor.) H. LIEPACK. 131

W. A. Newcomb, *Magnetohydrodynamische Wellen in einem ionisierten Plasma.* (Sitzungsbericht.) (Physic. Rev. [2] **100.** 968—69. 1/11. 1955. Livermore, Calif., Univ. of California.) H. LIEPACK. 131

J. D. Craggs und **J. Marriott,** *Gasförmige elektrische Isolation.* Zusammenfassung über den Durchschlag in gasförmigen isolierenden Medien. — 24 Literaturzitate. (Research **8.** 122—29. April 1955. Liverpool, Univ.) H. LIEPACK. 131

F. Kirchner, *Ionisation durch starke elektrische Felder.* Im Feldelektronenmikroskop beobachtet man nach Steigerung der elektr. Feldstärke Bildänderungen. Zur Deutung der Bildänderungen bei positiver Metallspitze nimmt Vf. an, daß adsorbierte Atome im

Feld spontan Elektronen an das Metall abgeben. Die verbleibenden Ionen sollen fester an der Oberfläche gebunden sein. (Naturwissenschaften **41.** 136—37. März 1954. Köln, Univ., 1. Phys. Inst.) M. DRECHSLER. 131

Capucine Inchauspé und **Nicolas Inchauspé,** *Polarisation in isolierenden Kristallen.* (Sitzungsbericht.) (Physic. Rev. [2] **98.** 1543. 1/6. 1955. Univ. of Illinois.) G. RUBAN. 132

W. A. Tschujenkow, *Heutiger Stand der Theorie des elektrischen Durchschlags fester Dielektrika.* Zusammenfassende Übersicht. — 66 Literaturangaben. (Успехи Физических Наук [Fortschr. physik. Wiss.] **54.** 185—230. Okt. 1954.) E. KLEVER. 132

Thomas D. Callinan, *Die elektrischen Eigenschaften von Pentachlordiphenyl-getränktem Glasfaserpapier.* Es wird über elektr. Messungen an den einzelnen Komponenten des als Kondensatordielektrikum verwendeten Pentachlordiphenyl-getränkten Glasfaserpapiers berichtet. Daten für die Glasfaser: D. 2,54, Brechungsindex 1,52, Erweichungstemp. 855°, Ausdehnungskoeff. $4{,}91 \cdot 10^{-6}$ cm/Grad, Elastizitätsmodul 7500 kg/mm², Dehnungsmodul 10000 lbs./sq.in. An geschmolzenem Material wurde die DK. zu 6,1 bis 6,5 zwischen —60 u. 120° bei den Frequenzen 60, 1000 u. 10000 Hz bestimmt. Der Verlustfaktor betrug dabei 0,01—0,3. Glasfaserpapier hat eine DK. von 1,07 u. einen Verlustfaktor von 0,0001—0,0005. Die elektr. Daten von Pentachlordiphenyl wurden nach Reinigung in einer Brückenschaltung bestimmt: DK. 3,0—5,5, Verlustfaktor von 0,05—1,0. Das fertige getränkte Papier besitzt eine DK. von 1,07 u. einen Verlustfaktor von1—$7 \cdot 10^{-5}$ im oben genannten Frequenz- u. Temperaturbereich. Die Berechnung von DK. u. tg δ nach den Beziehungen von ENDICOTT ergibt höhere Werte. (J. electrochem. Soc. **100.** 141—45. April 1953. Washington, D. C., Naval Res. Labor.) W. REUSSE. 132

J. Homilius und **W. Franz,** *Theorie der inneren Feldemission in kubischen Kristallen.* FRANZ (Z. Physik **113.** [1939.] 607) hat die Durchschlagsfeldstärke für rein kub. Kristalle in Abhängigkeit von der Orientierung berechnet. Vff. korr. diese Formel u. berechnen außerdem die Durchschlagsfeldstärke für kub. raumzentrierte u. kub. flächenzentrierte Kristalle. Die erhaltenen Formeln werden auf den Durchschlag bei *PbS, PbTe, Ge* u. *Si* angewendet. Für die kristallograph. Orientierung der Durchschlagsfeldstärke bei Si u. Ge ergibt sich: $F_{100}:F_{110}:F_{111} = 1{,}36:1{,}00:1{,}20$. Voraussichtlich wird man aus Messungen der Richtungsabhängigkeit der Durchschlagsfeldstärke Rückschlüsse über die Zonenstruktur des Wellenzahlraumes ziehen können. (Z. Naturforsch. **9 a.** 205—10. März 1954. Münster/Westf., Univ., Inst. für theoret. Physik.) M. DRECHSLER. 134

Ss. M. Karalnik, N. G. Nachodkin und **L. I. Meleschko,** *Mikroradiographie mit Sekundärelektronen von verschiedenen einfachen Stoffen in Abhängigkeit von der Atomzahl der letzteren.* Durch radiograph. Unters. der Röntgen-Photoelektronenemission in Abhängigkeit von der Atomzahl der Substanz wird festgestellt, daß die Intensität der Elektronenemission bei der Einw. harter Röntgenstrahlen mit steigender Atomzahl linear zunimmt. Aus den Kurven für die „Horizontal"-Komplexe geht hervor, daß beim Übergang von einer Elementengruppe zur anderen (Cu–Zn, Ag–Cd, Au–Hg) diese Zunahme sprunghaft kleiner wird. Die Intensität der Emission von Photoelektronen u. sek. Elektronen nimmt bei jenen Elementen ab, bei welchen die Außenhüllen durch Elektronen voll besetzt werden (Übergang von $3d^{10}\,4s^1$ bei Cu zu $3d^{10}\,4s^2$ bei Zn usw.). Der Einfl. der Außenhüllen auf die photoelektr. Emission erklärt sich daraus, daß die bei der harten Röntgenbestrahlung ausgesandten Elektronen vorwiegend sek. Natur sind. (Доповіді Академії Наук Української РСР [Ber. Akad. Wiss. UkrSSR] **1955.** 255—57. Kiew, Univ.) O. LEBTAG. 134

Paul Miller, *Differenz der Austrittsarbeiten von Gold und Goldoxyd aus Kontaktpotentialen mit Beziehung auf Germanium und Platin.* (Sitzungsbericht.) (Physic. Rev. [2] **98.** 1552. 1/6. 1955. Univ. of Pennsylvania.) R. STEIN. 134

L. J. Herbst und **J. E. Houldin,** *Der Widerstand von oxydbedeckten Kathoden bei Ultrahochfrequenzen.* In Trioden ähnlich der CV 273 wurden die Wechselstromwiderstände der Oxydkathoden für Frequenzen 730—2360 MHz u. bei Tempp. 1250—1400° K gemessen. Die Konstanthaltung der Kathodentemp. erfolgte über eine Photozelle, die Änderungen von 0,5° K registrierte. Das Verh. der Schicht entspricht dem eines Kreises aus der Kapazität Gitter–Kathode in Reihe mit dem Schichtwiderstand R. Die Werte von R entsprechen bei 1250° K einer spezif. Leitfähigkeit zwischen 0,5 u. 0,4 $\Omega^{-1} \cdot m^{-1}$; R nimmt mit der Temp. ab. (Brit. J. appl. Physics **6.** 236—38. Juli 1955. Birmingham, Coll. of Technol., Dep. of Phys. and Math.) H. LIEPACK. 135

L. Pincherle, *Auger-Effekt in Halbleitern.* Das Charakteristikum des AUGER-Effekts, der als eine Umkehrung der Stoßionisation betrachtet werden kann, ist, daß die Lebensdauer der Minoritätsträger umgekehrt proportional dem Quadrat der D. der Majoritätsträger ist, wie MOOS (C. **1954.** 6665) u. HAYNES u. HORNBECK (Physic. Rev. [2] **97.**

[1955.] 311) gefunden haben. Vf. vergleicht diese Ergebnisse mit der Theorie u. findet eine in Anbetracht der vielen Unsicherheitsfaktoren in der Rechnung zufriedenstellende Übereinstimmung. (Proc. physic. Soc., Sect. B **68.** 319—20. 1/5. 1955. Malvern, Worcs., Radar Res. Establ.) H. W. LEVI. 135

D. J. Howarth und **E. H. Sondheimer,** *Die Theorie der Elektronenleitung in polaren Halbleitern.* Rein theoret. Arbeit über das Leitfähigkeitsverh. eines Kristalles, bei dem die Streuung durch die Polarisationsgitterwellen zustande kommt. Für die Leitungselektronen wird die BOLTZMANN-Gleichung angesetzt. Bei tiefen Tempp. kann keine einfache Relaxationszeit für die Streuvorgänge mehr definiert werden. Für die elektr. Leitfähigkeit u. die Thermospannung werden Beziehungen abgeleitet. Die Abhängigkeit der Leitfähigkeit von der Temp. u. von dem Grad der Entartung des Elektronengases wird näherungsweise berechnet. (Proc. Roy. Soc. [London], Ser. A **219.** 53—74. 11/8. 1953. London, Imp. Coll., Dep. of Math.) O. FUCHS. 135

P. J. Price, *Konfigurationswechselwirkung und Defektelektronen.* (Sitzungsbericht.) (Physic. Rev. [2] **98.** 1533. 1/6. 1955. IBM Watson Labor.) R. STEIN. 135

J. P. McKelvey und **R. L. Longini,** *Rekombination injizierter Ladungsträger an Versetzungskanten in Halbleitern.* (Sitzungsbericht.) (Physic. Rev. [2] **98.** 1566. 1/6. 1955. Westinghouse Res. Labors.) R. STEIN. 135

Jakob Zawels, *Physikalische Theorie der neuen Stromdarstellung für Kontakttransistoren.* Vf. leitet eine Stromdarst. für einen Kontakttransistor ab, die den Mechanismus der Transistortätigkeit deutlich macht. Der Strom ist eine direkte Interpretation der Diffusionsgleichung u. der Grenzbedingungen, die den Effekt der Modulation der Basisbreite einschließen. Es zeigt sich, daß der akt. Teil des Stromes frequenzunabhängig ist. Eine Modifikation des Stromes für gewöhnliche Emittortätigkeit u. experimentelle Ergebnisse werden angegeben. (J. appl. Physics **25.** 976—81. Aug. 1954. Camden, N. J., Radio Corp. of America, Victor Div.) H. W. LEVI. 135

Alan Fowler und **Pascal Levesque,** *Optische Bestimmung der Basisbreite in gewachsenen n-p-n-Siliciumkristallen.* Vff. beschreiben eine Meth. zur Ermittlung der Basisbreite, d. h. des Abstandes zweier Donator- bzw. Acceptorkontakte, bei dem der Kristall angeätzt wird u. die beiden Kontakte durch Abscheidung von *Ba-Titanat* sichtbar gemacht werden. (J. appl. Physics **26.** 641—42. Mai 1955. Waltham, Mass., Raytheon Manufacturing Co., Res. Div.) H. W. LEVI. 135

H. Ehrenreich und **A. W. Overhauser,** *Beweglichkeit von Defektelektronen in Si und Ge.* (Sitzungsbericht.) (Physic. Rev. [2] **98.** 1533. 1/6. 1955. Cornell Univ.) R. STEIN. 135

E. M. Pell, *Gegenläufiger Strom und Lebensdauer der Ladungsträger als Funktion der Temperatur in Germanium- und Siliciumkontaktdioden.* (Sitzungsbericht.) (Physic. Rev. [2] **98.** 1536. 1/6. 1955. Gen. Electric Res. Labor.) R. LEVI. 135

K. Lark-Horovitz und **H. Fritzsche,** *Hall-Effekt und Widerstand von p-Typ-Germanium bei tiefen Temperaturen.* (Sitzungsbericht.) (Physic. Rev. [2] **98.** 1536. 1/6. 1955. Purdue Univ.) R. LEVI. 135

E. A. Kmetko, *Eigenschaften von gepulvertem Germanium und Temperungseffekte.* (Sitzungsbericht.) (Physic. Rev. [2] **98.** 1535. 1/6. 1955. Sylvania Electric Products, Inc.) R. LEVI. 135

O. G. Folberth, O. Madelung und **H. Weiss,** *Die elektrischen Eigenschaften von Indiumarsenid.* 2. Mitt. (1. vgl. C. **1954.** 9458.) In Fortführung ihrer Unterss. berichten Vff. über Messungen der spezif. Leitfähigkeit u. des HALL-Koeff. von InAs (l. c.). Für die Breite der verbotenen Zone bei 0^0 K ergibt sich ein Wert von $0{,}47 \pm 0{,}02$ eV mit einer Temperaturabhängigkeit von ca. $-4{,}5 \cdot 10^{-4}$ eV/^{0} K. Die Elektronenbeweglichkeit hat bei Zimmertemp. einen Maximalwert von ca. $3 \cdot 10^4$ cm^2/V·sec, die Löcherbeweglichkeit von ca. 200 cm^2/V·sec. Das Beweglichkeitsverhältnis ist größer als bei InSb (bei 300^0 K ca. 150) u. nimmt mit wachsender Temp. zu. Für das geometr. Mittel der scheinbaren Massen der Elektronen u. Löcher ergibt sich der Wert 0,1 m. (Vgl. hierzu C. **1955.** 7845.) (Z. Naturforsch. **9a.** 954—58. Nov. 1954. Erlangen, Siemens-Schuckertwerke AG., Forschungslabor.) R. STEIN. 135

T. C. Harman, R. K. Willardson und **A. C. Beer,** *Einfluß von Störstellen auf die Beweglichkeit in n-leitendem InSb.* (Sitzungsbericht.) (Physic. Rev. [2] **98.** 1532. 1/6. 1955. Battelle Mem. Inst.) R. STEIN. 135

T. Fields, E. J. Schillinger und **J. Kenski,** *Impulscharakteristiken von CdSe-Kristallen.* (Sitzungsbericht.) (Physic. Rev. [2] **100.** 964. 1/11. 1955. Hines, V. A. H. u. De Paul Univ.) H. LIEPACK. 135

M. A. Pomerantz, J. F. Marshall und **R. A. Shatas,** *Leitfähigkeit von MgO-Kristallen nach Beschuß.* (Vgl. C. **1956.** 635.) (Sitzungsbericht.) (Physic. Rev. [2] **100.** 964. 1/11. 1955. Bartol Res. Found.) H. Liepack. 135

A. Ss. Milner und **A. P. Kiritschenko,** *Temperaturabhängigkeit des elektrischen Widerstandes von Ferriten.* Die Unters. der Temperaturabhängigkeit des elektr. Widerstandes von $NiO \cdot Fe_2O_3$ (I) ergab, daß im Temperaturbereich 100—350° u. 450—850° die exponentielle Beziehung $R\,e^{B/T}$ besteht. Bei 350—370° beobachtet man einen Knickpunkt der Kurve ln R — 1000/T. Bei $CoO \cdot Fe_2O_3$ (II) liegen die Knickpunkte bei 390 u. 680°. Auch bei II besteht eine exponentielle Beziehung. In der Nähe der Curie-Punkte (650° bei I, 580—600° bei II) ist keine Anomalie der Temperaturabhängigkeit von R festzustellen. Damit ist der Befund von Komar u. Kljuschin (C. **1955.** 6457) widerlegt. (Доповіді Академії Наук Української РСР [Ber. Akad. Wiss. UkrSSR] **1955.** 258—59. Charkow, Univ.) O. Lebtag. 135

R. B. Dingle, *Diamagnetische Resonanz in elektronischen Leitern.* Vf. teilt mit, daß er, unabhängig von Dorfman (vgl. C. **1955.** 10196) u. erstmalig zur etwa gleichen Zeit (1951), den Effekt der diamagnet. (Cyclotron-) Resonanz in elektron. Leitern beschrieben u. auf die Möglichkeit der Abschätzung der effektiven Massen von Ladungsträgern hingewiesen hat. (Physic. Rev. [2] **98.** 550. 15/4. 1955. Nedlands, Australia, Univ. of Western Australia, Dep. of Phys.) J. Rudolph. 137

Hans Meissner, *Eine Theorie des paramagnetischen Effekts in Supraleitern.* (Sitzungsbericht.) (Physic. Rev. [2] **98.** 1539. 1/6. 1955. Johns Hopkins Univ.) E. Klever. 137

T. R. McGuire, E. J. Scott und **F. H. Grannis,** *Antiferromagnetismus in einem Cr_2O_3-Kristall.* (Sitzungsbericht.) (Physic. Rev. [2] **98.** 1562. 1/6. 1955. U. S. Naval Ordnance Labor.) R. Stein. 137

I. A. Bildsjukewitsch, *Änderung der Feinstruktur und die koerzitiven Kräfte in reinem und in chromhaltigem Eisen.* (Vgl. C. **1955.** 9502.) Untersucht wurden Kristallfeinstruktur u. Koerzitivkraft H_k von *Armcoeisen* (0,04% C), *Fe–Cr-Legierung* (8,3% Cr, 0,04% C) u. Fe–Cr-Legierung (8,3% Cr, 0,02% C) im verfestigten Zustand u. während der Entfestigung durch Erhitzen auf 100—500°. In allen Fällen war bei der Entfestigung die Abnahme von H_k von einer starken Abnahme der Störungen 2. Art begleitet. Die Abnahme von H_k begann bei den gehärteten Proben bei höheren Tempp. als bei den deformierten. Die Größe der Mosaikblöcke nahm im reinen Fe zu; in der Fe–Cr-Legierung blieb sie unverändert oder nahm zu. Hier ist H_k stärker von den Spannungen 2. Art abhängig als von der Blockgröße. Vf. nimmt an, daß die C-Auflsg. in der festen Lsg. infolge der Zunahme der Spannungen 2. Art zu einer Zunahme von H_k führt. Die verminderte Abnahme von H_k beim Anlassen der gehärteten Proben erklärt sich daraus, daß C in der festen Lsg. bei den erhöhten Anlaßtempp. erhalten bleibt. (Доповіді Академії Наук Української РСР [Ber. Akad. Wiss. UkrSSR] **1955.** 265—70. Inst. für Metallphys. der Akad. der Wiss. der UkrSSR.) O. Lebtag. 137

J. Owen, M. E. Browne und **A. F. Kip,** *Elektronenspinresonanz in Cu–Mn- und Ag–Mn-Legierungen.* (Sitzungsbericht.) (Physic. Rev. [2] **100.** 965. 1/11. 1955. Berkeley, Calif., Univ. of California.) H. Liepack. 137

C. J. Kriessman, S. E. Harrison und **H. B. Callen,** *Ionenverteilung in Magnesiumferrit.* (Sitzungsbericht.) (Physic. Rev. [2] **98.** 1562. 1/6. 1955. Remington Rand, Inc., u. Univ. of Pennsylvania.) R. Stein. 137

E. Schulz-Du Bois, M. Nisenoff, H. Y. Fan und **K. Lark-Horovitz,** *Spinresonanz in mit Neutronen bestrahltem Silicium.* (Sitzungsbericht.) (Physic. Rev. [2] **98.** 1561. 1/6. 1955. Purdue Univ.) H. Liepack. 137

D. K. Stevens, *Magnetische Susceptibilität von mit schnellen Neutronen beschossenem kristallinem Quarz.* (Sitzungsbericht.) (Physic. Rev. [2] **98.** 1541. 1/6. 1955. Oak Ridge Nat. Labor.) G. Ruban. 137

R. H. Stokes, *Leitfähigkeit und Diffusion in konzentrierten Elektrolytlösungen.* Die Begriffe Viscosität, Ionenbeweglichkeit, Äquivalentleitfähigkeit u. Diffusionskoeff. werden definiert u. für unendlich verd. Elektrolytlsgg. diskutiert. Die Auswirkungen der interion. Wechselwirkungen auf die Diffusion u. die Leitfähigkeit von Elektrolytlsgg. werden auf Grund der Theorie von Debye u. Hückel diskutiert u. verglichen mit den Ansätzen verschied. Autoren aus den letzten 6 Jahren zur Ausweitung der Theorie auf konz. Lösungen. Es werden die verschied. Gleichungen von Onsager [1927], Falkenhagen (C. **1953.** 5778) u. Vf. (C. **1954.** 4791) für den Relaxationseffekt u. auch die für den elektrophoret. Effekt miteinander verglichen u. der Einfl. dieser Effekte auf die Leitfähigkeit, Überführungszahlen u. Diffusionskoeffizienten besprochen. Der Einfl. der Viscositätsänderung mit der Konz. auf Diffusion u. Leitfähigkeit u. die entsprechenden Gleichungen werden diskutiert. (Rev. pure appl. Chem. **5.** 60—76. März 1955. Univ. of Western Australia.) R. Lacmann. 138

A. N. Campbell, A. P. Gray und **E. M. Kartzmark,** *Leitfähigkeit, Dichte und Fluidität von Silbernitrat- und Ammoniumnitratlösungen bei 35°.* Die Äquivalentleitfähigkeiten von wss. NH_4NO_3 (I)- u. $AgNO_3$ (II)-Lsgg. bei 35° sind für 11 bzw. 10 verschied. Konzz. von 0,4324–66,012 bzw. 1,6612–64,283% mit einer Genauigkeit von 0,1% bestimmt worden. Die Äquivalentleitfähigkeiten sind in Lsgg. höherer Konz. linear abhängig von der Konz., was bei starken Elektrolyten n. ist. Die Viscositäten u. Beweglichkeiten dieser Lsgg. wurden ebenfalls bestimmt bei 25 u. 35° mit einem Fehler von 0,2%. Lsg. I zeigt das Phänomen der negativen Viscosität. Das Viscositätsminimum bzw. das Beweglichkeitsmaximum der Lsg. liegt für 25° bei 1,9184 mol. u. für 35° bei 1,6940 molar. Es verschiebt sich mit steigender Temp. zu niedrigeren Konzentrationen. Die Beweglichkeit der Lsg. II fällt ständig mit steigender Konz., zeigt jedoch selbst bei höherer Konz. weniger Neigung zu einer linearen Beziehung als die I-Lösung. Es wurden ferner bei 25 u. 35° für beide Lsgg. bei den verschied. Konzz. die Dichten mit einem Fehler von 0,02% bestimmt. Daraus wurde das scheinbare Mol.-Gew. von I zu 48,2 ± 2 bis 51,57 ± 0,2 u. von II zu 31,6 ± 1 bis 35,53 ± 0,3 berechnet. Für die bei diesen beiden Tempp. gesätt. Lsgg. wurden die Sättigungskonzz. zu 67,3 u. 71,5% (I) u. 71,0 u. 75,4% (II), die Dichten zu 1,3174 u. 1,3384 $g \cdot ml^{-1}$ (I) u. 2,3019 u. 2,4530 $g \cdot ml^{-1}$ (II), die Leitfähigkeiten zu 31,76 u. 30,98 $\Omega^{-1} \cdot cm^{-1}$ (I) u. 26,10 u. 27,00 $\Omega^{-1} \cdot cm^{-1}$ (II) u. die Beweglichkeiten zu 50,05 u. 48,06 rhes (I) u. 33,25 u. 33,09 rhes (II) bestimmt. Ferner wurden die mittleren Temperaturkoeffizienten der Leitfähigkeit (α) u. der Beweglichkeit (β) für beide Stoffe bestimmt. Der Quotient α/β ist bei Konzz. über 2 mol. für beide Lsgg. etwa gleich 1,12, wogegen die Koeffizienten selbst für I u. II sehr unterschiedlich sind. (Canad. J. Chem. **31.** 617–30. Juli 1953. Manitoba, Winnipeg, Univ., Chem. Dep.) G. MAIER. 138

Eijiro Haga, *Über die Theorie verdünnter Ionenlösungen von Mayer.* Nach einer kurzen Einführung in die Theorie verd. Ionenlsgg. von MAYER (C. **1951.** II. 781) leitet Vf. mit Hilfe der FOURIER-Transformation explizite Ausdrücke für den Logarithmus des Aktivitäts koeff. verd. Ionenlsgg. bis zu $c^{3/2}$ u. für den osmot. Druck bis zu $c^{5/2}$ ab. Dabei werden die beiden von MAYER vorgeschlagenen Prototypen, die zu den Gliedern höherer Ordnung führen sollen, mit in die Näherungsberechnung einbezogen. Die Ergebnisse der Rechnung werden mit denen bestehender Theorien verglichen sowie die berechneten osmot. Koeffizienten für 1–1-Elektrolyte den experimentell erhaltenen Werten gegenübergestellt. Dabei zeigt sich, daß die so ermittelten Werte für den mittleren Ionendurchmesser einen höheren Grad von Wahrscheinlichkeit besitzen als die aus der Theorie von DEBYE-HÜCKEL abgeleiteten. (J. physic. Soc. Japan **8.** 714–23. Nov./Dez. 1953. Niigata, Univ., Fac. of Sci., Dep. of Phys. [Orig.: engl.]) W. NIEMITZ. 139

I. I. Moissejew und **R. M. Flid,** *Abhängigkeit der Säurefunktion von der Ionenstärke einer Lösung.* Photocolorimetr. wurde nach dem Verf. von HAMMETT (J. Amer. chem. Soc. **54.** [1932.] 2721) die Säurefunktion von 0,86–3,23 mol. *HCl* u. H_2SO_4 (bis 2 mol.) in Ggw. verschied. Salze untersucht. Als Indicator diente p-Nitranilin. Die gefundenen Werte der Säurefunktion zeigten eine ausreichende Übereinstimmung mit jenen Werten, die aus nachst. Gleichung ermittelt wurden: $y = \lg c_H + pK_a + L\,\mu$, wo K_a die thermodynam. Gleichgewichtskonstante bedeutet, μ die Ionenstärke der Lösung. (Журнал Прикладной Химии [J. angew. Chem.] **27.** 1110–13. Okt. 1954. Moskau, Lomonossow-Inst. für chem. Feintechnol., Lehrstuhl für organ. Grundsynth.) O. LEBTAG. 139

M. Eigen und **L. De Maeyer,** *Untersuchungen über die Kinetik der Neutralisation.* 1. Mitt. Mittels rechteckiger Hochspannungsimpulse wurde die Zeitabhängigkeit des Dissoziationsfeldeffekts in sehr reinem *W.* (spezif. Leitfähigkeit $5{,}7 \cdot 10^{-8}\ \Omega^{-1}cm^{-1}$ bei 25°) gemessen. Die Meßanordnung, die allg. zur Unters. zeitabhängiger Feldeffekte in fl. u. festen Systemen (Halbleiter) geeignet ist, wird eingehend beschrieben. Aus der gefundenen Relaxation wurden die Geschwindigkeitskonstanten k_A (hin) u. k_D (rück) für die Gleichgewichtseinstellung $H^+ + OH^- \rightleftharpoons H_2O$ bestimmt. Es ergab sich für die Neutralisations-Rk. $k_A = 1{,}3\ (\pm 0{,}2) \cdot 10^{11}$ Liter/Mol·sec bei 25° u. für die Dissoziations-Rk. $k_D = 2{,}6 \cdot 10^{-5} \cdot sec^{-1}$. Der Mechanismus der Neutralisations-Rk., die nach den vorliegenden Ergebnissen eine der schnellsten Lösungs-Rkk. ist, wird eingehend diskutiert. (Z. Elektrochem., Ber. Bunsenges. physik. Chem. **59.** 986–93. Dez. 1955. Göttingen, Max-Planck-Inst. für physikal. Chem.) I. KARUTZ. 139

P. Souchay und **A. Hessaby,** *Bestätigung und Natur der schwachen Aciditäten der Perjod- und Tellursäure.* Nach der Meth. von SOUCHAY-SCHAAL bestimmen Vff. kryoskop. im Umwandlungspunkt des $Na_2SO_4 \cdot 10\,H_2O$ die zweite Dissoziationskonstante von H_3AsO_3 (I) zu $1{,}7 \cdot 10^{-14}$ u. elektrometr. die dritte Konstante von H_5JO_6 (II) zu $2{,}5 \cdot 10^{-13}$. Es wird gezeigt, daß es wegen der schwachen Dissoziation unmöglich ist, von I u. II Konstanten höherer Ordnung nachzuweisen. In gleicher Weise lassen sich leitfähigkeitsmäßig auch von H_6TeO_6 (III) keine Säuregrade über den zweiten hinaus finden. Obgleich schwache Aciditäten mit den gewöhnlichen Methoden nicht meßbar sind, treten sie doch bei der Bldg. stabiler Metallkomplexe im alkal. Gebiet in Erscheinung. Polarograph. u. bes. spektroskop. Unterss. beweisen, daß diese Komplexe den durch Oxysäuren analog gebildeten sehr ähnlich sind, woraus sich ergibt, daß die schwächsten Säuregrade von **I**, **II** u. **III** mit den Alkoholfunktionen organ. Oxysäuren vergleichbar sind. Vff. messen kryoskop. die Aciditäten der alkoh. OH-Gruppen der *Weinsäure* (**IV**) zu $0{,}17 \cdot 10^{-14}$ u. der *Zuckersäure* (**V**) zu $1{,}0 \cdot 10^{-14}$ u. bestimmen nach der gleichen Meth. die Struktur der im alkal. Bereich von **IV**, **V** u. *Äpfelsäure* gebildeten Cu-Komplexe. Reaktionsgleichung für **IV**: Na-Tartrat + $CuSO_4$ + 2 NaOH → $NaCO_2$–CH(O)–CH(O)–CO_2Na (beide O an Cu gebunden) + Na_2SO_4 + 2 H_2O u. für **V**: $NaCO_2$–$[CH(OH)]_4$–CO_2Na + 2 $CuSO_4$ + 4 NaOH → $NaCO_2$–CH(O)–CH(O)–CH(O)–CH(O)–CO_2Na (je zwei O an ein Cu gebunden) + 2 Na_2SO_4 + 4 H_2O. (Bull. Soc. chim. France, Mém. [5] **20.** 614–21. Juni 1953.) H. SURAWSKI. 139

Robert L. Scott, *Die Acidität der Halogene.* Eine Betrachtung der freien Energien bei der Bldg. von Trihalogenidionen, sowie der Gleichgewichtskonstanten bei der Komplexbldg. der Halogene mit den organ. Verbb. *Bzl.*, *p-Xylol*, *Hexamethylbenzol* u. *Naphthalin* zeigt, daß die Halogene als Elektronenacceptoren auftreten u. als LEWIS-Säuren anzusehen sind. Sie lassen sich nach dem Grad der Acidität ordnen: $JCl \gg BrCl > JBr \gg J_2 > Br_2 \gg Cl_2$, wie sich auch die Halogenionen, die als Elektronendonator fungieren, nach steigender Basizität ordnen lassen: J^- (aq) $\gg$ Br^- (aq) $>$ Cl^- (aq) $>$ H_2O (fl.). Eine Berechnung der freien Energie der isomeren Trihalogenidionen zeigt, daß nur die Trihalogenidionen mit dem schwersten Atom in der Mittelstellung beständig sein können, was die experimentellen Erfahrungen bestätigt. (J. Amer. chem. Soc. **75.** 1550–52. 5/4. 1953. Los Angeles, Calif., Univ. of California, Dep. of Chem.) G. MAIER. 139

Jacques Faucherre, *Erweiterung der p_H-Messungen in Abhängigkeit von der Verdünnung auf Metallelektroden.* Durch Messung des p_H in Abhängigkeit von der Verdünnung kann die Struktur von Komplexionen auf Grund allg., von BYÉ u. SOUCHAY aufgestellter Beziehungen bestimmt werden. Vf. zeigt, daß diese Beziehungen, da das H^+-Ion selbst nur als ein besonderer Fall des Metallions anzusehen ist, auf jedes Metallion, dessen Konz. oder Aktivität mittels einer reversiblen, aus dem gleichen Metall bestehenden Elektrode zu messen ist, ausgedehnt werden können. Zum Beweis der Anwendbarkeit der Beziehungen wird eine bestimmte Zahl von Elektroden an Hand einiger schon bekannter Komplexsysteme untersucht u. die Konst. der nachfolgenden Komplexe richtig bestimmt: $[Sn(C_2O_4)_2]^{2-}$, $[Ag(S_2O_3)_2]^{3-}$, $[Pb(C_4H_4O_6)O]^{2-}$, $[HgJ_4]^{2-}$, $[Hg(CN)_4]^{2-}$, $[Hg(S_2O_3)_3]^{4-}$, $[BiJ_6]^{3-}$, $[Cd(NH_2-CH_2-CH_2-NH_2)_3]^{2+}$ u. $[Cd(CN)_4]^{2-}$. Aus Reversibilitätsgründen scheint die Verwendung von Metallelektroden weniger allg. als die der H-Elektrode zu sein. (Bull. Soc. chim. France, Mém. [5] **20.** 448–57. April 1953. Paris, Labor. des Travaux prat. de chim. gén.) H. SURAWSKI. 140

A. K. Wiebe und **C. A. Winkler,** *Das Verhalten einer Platinelektrode.* Es wurde die zeitliche Einstellung einer Pt-Elektrode auf ein Kathoden- u. ein Anodenpotential in einer n/5 H_2SO_4, die mit H_2, N_2 oder O_2 gesätt. war, verfolgt. Das Kathodenpotential einer frisch bereiteten Pt-Kathode in einer mit H_2 gesätt. n/5 H_2SO_4 stellte sich schon nach 30 Sek. zu $0{,}305 \pm 0{,}005$ V ein. Wurde der Elektrolyt mit N_2 oder O_2 gesätt., so wurden Potentiale von $0{,}05 \pm 0{,}01$ u. $0{,}745 \pm 0{,}005$ erhalten. Sie stellten sich jedoch nur langsam ein. Die Einstellzeit t_{max} erwies sich als abhängig von der Vorbehandlung der Elektrode. Für die Einstellung vom Kathoden- auf den Anodenpotential war unter etwa gleichen Bedingungen die dreifache Zeit erforderlich, nämlich $t_{max} = 15{,}3$ Minuten. Durch die Best. von t_{max}-Werten scheint ein Weg zur Best. der wahren Elektrodenoberflächen gegeben zu sein. (Canad. J. Chem. **31.** 665–72. Juli 1953. Montreal, Que., Can., McGill Univ., Phys. Chem. Labor.) G. MAIER. 140

D. M. Fegredo und **J. Balachandra,** *Elektrolytische Abscheidung von Kobalt aus Fluoroboratbädern.* Zahlreiche Verss. zur Abscheidung von Co aus *Fluoroborat* (**I**)-Bädern mit verschied. Variationen der Temp., Stromstärke, Rührung u. Zus. der Bäder ergaben, daß die optimalen Bedingungen folgende sind: eine Badzus. von 116–154 g/Liter Co-**I**, 15 g/Liter Borsäure sowie ein p_H von 3,5 u. eine kathod. Stromdichte von 50 bis 60 A/ft². Das Bad ist haltbar, nicht zersetzlich, leicht zu überwachen u. konstant zu halten. Die erhaltenen Überzüge von Co haften gut, sind feinkörnig u. leicht zu polieren. Bei verschied. Variationen der Badkonz., der Temp. u. der Rührung wurden die spezif.

Leitfähigkeit, die Stromausbeute, die Haltbarkeit der Überzüge u. die Polarisation bestimmt. (J. Indian Inst. Sci. **35.** B 191—B 201. Okt. 1953. Bangalore, Indian Inst. of Sci., Dep. of Metall.) G. MAIER. 141

Jan Doležal, *Anwendung der Aminoverbindungen in der Polarographie der anorganischen Stoffe.* 1. Mitt. *Polarographisches Verhalten des zwei- und dreiwertigen Kobalts in den Äthylendiaminlösungen.* Das Redoxsystem der zwei- u. dreiwertigen Komplexe des Co mit Äthylendiamin ist nicht als völlig reversibel gefunden worden. Der Unterschied zwischen den Halbstufenpotentialen der anod. u. kathod. Stufe unter gleichen Bedingungen ist 30 mV. Die anod. Stufe ist bei $p_H > 8$ gut entwickelt. Bei $p_H < 6$ verschwindet diese Stufe. Die kathod. Stufe des dreiwertigen Komplexes ist höher als die der entsprechenden anod. Stufe. Dieses Verh. ist durch die Regeneration von Co(III) erklärt worden, welches aus dem durch Reduktion an der Tropfelektrode entstehenden Co(II) durch anwesendes H_2O_2 regeneriert wird. (Chem. Listy **49.** 1017—25. Juli 1955. Praha, Karlova univ., Ústav pro chem. analyt. [Orig.: tschech.]) V. KAČENA/Prag. 142

Ralph B. Mason, *Die die Bildung anodischer Oxydbedeckungen in Schwefelsäureelektrolyten beeinflussenden Faktoren.* Vf. untersuchte die Bldg. von Oxydschichten auf reinen Al-Anoden in 15%ig. H_2SO_4 bei wechselnder Stromdichte, Temp. (1—21°) u. Dauer der Elektrolyse. Der Sulfatgeh. der Oxydschichten stieg mit steigender Stromdichte u. mit steigender Säurekonz., wie eine Messung bei 25% H_2SO_4 u. 10° ergab. Bei steigender Temp. nahm der Sulfatgeh. ab. Die chem. Analyse ergab, daß die Überzüge im wesentlichen aus $Al_2O_3 + SO_3$ bestanden u. prakt. kein W. enthielten. Vf. untersuchte ebenfalls die Faktoren, die die Löslichkeit der Oxydschichten beeinflussen: innerhalb der Schicht entwickelte Wärme, Immersionszeit. Schnelle Strom- u. Spannungsänderungen innerhalb der ersten 15 Sek. nach Einsetzen des Stromes gaben gewisse Anhaltspunkte über den Mechanismus der Porenbildung. (J. electrochem. Soc. **102.** 671—75. Dez. 1955. New Kensington, Pa., Aluminum Res. Labors.) I. KARUTZ. 142

Karel Micka, *Depolarisation der Quecksilbertropfelektrode durch Suspensionen unlöslicher Stoffe.* 1. Mitt. *Allgemeine Beobachtungen.* Bei Mischung der Lsg. wurde nach Zugabe von Aktivkohle eine Erhöhung des Grenzstromes beobachtet. Ähnlich wirkt auch feinverteilter Graphit. Bei frisch gefällten Sulfiden wurden auf den Kurven scharfe, reproduzierbare Maxima beobachtet (z. B. bei *HgS, PbS, CuS,* Ag_2S, *FeS, CoS, NiS*). Das Potential der Maxima ist für die Metalle charakterist. u. hängt auch von den Grund elektrolyten ab. Bei Ag_2O, *AgCl*, $PbCrO_4$ wurde ein zeitlich veränderlicher Strom beobachtet. Dagegen sind Suspensionen von $BaSO_4$, $PbSO_4$ u. CdS auch bei 1 std. Rühren der Lsg. unreduzierbar. (Chem. Listy **49.** 1144—47. Aug. 1955. Praha, Českoslov. akademie věd, Polarografický ústav. [Orig.: tschech.]) P. ZUMAN/Prag. 142

Karel Micka, *Polarographische Maxima II. Art in Lösungen, welche durch Zugabe von Aktivkohle gereinigt wurden.* (Vgl. vorst. Ref.) Nach Zugabe von Aktivkohle erhält man eine Erhöhung der Maxima II. Art. Die Maxima sind auch in einem breiteren Potentialbereich erfaßbar. Die Aktivkohle reinigt die Lsg. von oberflächenakt. Substanzen besser als andere Reinigungsmethoden. Es werden Maxima gefunden, die durch unregelmäßiges Wirbeln u. durch Unabhängigkeit von Grundelektrolytkonzz. charakterisiert sind. (Chem. Listy **49.** 1148—51. Aug. 1955. [Orig.: tschech.]) P. ZUMAN/Prag. 142

Detlef Winkelmann, *Der Einfluß der Reaktionsgeschwindigkeit auf die Stromdichte beim Verfolgen von Reaktionsverläufen durch den Diffusionsgrenzstrom.* Es wird berechnet, wieweit die n. Beziehung zwischen Grenzstrom u. Konz. gilt, wenn der elektrochem. angezeigte Stoff durch eine chem. Rk. verbraucht wird. Zwei Fälle werden diskutiert: 1. die Rk. verläuft homogen, u. 2. es liegt ein katalyt. Einfl. der Elektrodenoberfläche vor. Als Ergebnis der Betrachtung resultiert, daß man den Verlauf von Rkk., die Halbwertszeiten von einigen Sekunden haben, ohne merkliche Störung mittels Diffusionsgrenzstrommessung verfolgen kann. (Z. Elektrochem., Ber. Bunsenges. physik. Chem. **59.** 895—97. Nov. 1955. Berlin-Dahlem, Bundesanstalt für mechan. u. chem. Materialprüfung, Labor. für elektrochem. Sonderverfahren.) W. KRÖNERT. 142

J. J. Lander, *Anodische Korrosion von Blei in Schwefelsäurelösungen.* Reines, anod. geschaltetes Blei wurde bei konstanten Potentialen, zwischen 1,0 u. 0,1 V, in H_2SO_4-Lsgg. untersucht. Bei Stromdurchgang bildet sich auf dem Blei eine Schicht von tetragonalem PbO u. als Außenschicht $PbSO_4$, das möglicherweise durch chem. Rk. zwischen H_2SO_4 u. der PbO-Schicht entstanden ist. Die Korrosionsgeschwindigkeit in diesem Spannungsbereich steigt mit zunehmender Temp. u. abnehmender Säurekonz. u. wird durch die Gleichung $w = ct^n$ wiedergegeben, wobei w = Gewichtsverlust u. n = Wert zwischen 0,55 u. 0,90. Der letztere Effekt läßt sich durch eine lineare Beziehung zwischen der Geschwindigkeit u. dem Quadrat der Aktivität des Elektrolytwassers erklären. Bei konstanten Reaktionszeiten läßt sich der Gewichtsverlust durch die empir. Beziehung log w = A + BV wiedergeben. Bei höheren Potentialen wird ein schützender Film, vermutlich PbO_2, gebildet. (Vgl. hierzu C. **1956**. 5199.) (J. electrochem. Soc. **98**. 213—19. Juni 1951. Washington, D. C., Naval Res. Labor.) S. HÜTTIG. 142

J. J. Lander, *Einige vorläufige Untersuchungen über die Korrosion der positiven Platten in Blei–Säure-Zellen.* Die Unters. der Korrosion an den positiven Platten von Pb-Elementen zeigte, daß PbO_2 u. Pb durch Festkörper-Rk. tetragonales PbO bilden; für den Reaktionsmechanismus wird als Basis der VOLTA-Effekt vorgeschlagen, wonach ein Kontaktpotential zwischen Pb u. PbO_2 die Selbstentladung u. die Entladungs-Rk. an der positiven Elektrode erklärt. Durch den Korrosionsprozeß wird an der positiven Platte vorübergehend ein PbO_2-Film gebildet, der beim Entladecyclus nicht vollständig zu $PbSO_4$ umgesetzt wird. Dieser Film stellt einen guten elektr. Leiter dar u. kann während längerer Messungen für die langsamer werdende Plattenkorrosion verantwortlich gemacht werden. Als bedeutende Faktoren des Korrosionsprozesses bei konstanter Säurekonz. sind die Elektrolytkonzz. u. die Zeit des Lade- u. Entladecyclus anzusehen. Diese Effekte werden zusammen mit der Entladungs-Rk. an der positiven Elektrode diskutiert. (J. electrochem. Soc. **98**. 220—24. Juni 1951. Washington, D. C., Naval Res. Labor.) S. HÜTTIG. 142

Milton Stern, *Der Einfluß von Legierungselementen in Eisen auf die Wasserstoffüberspannung und Korrosionsgeschwindigkeit in sauren Medien.* Reines Fe wurde mit 0,11% *Cu*, 0,08% *Si*, 0,017% *P*, 0,02% *S*, 0,11% *Mn*, 0,11% *C*, 0,11% Mn + 0,032% S, 0,08% Cu + 0,022% S u. 0,10% Cu + 0,028% P im Vakuum verschmolzen. Mittels dieser Legierungen untersuchte Vf. den Einfl. der Legierungszusätze auf die H-Überspannung u. Korrosionsgeschwindigkeit in 0,1 mol. Citronensäure (p_H 2,06), 0,1 mol. Malonsäure (p_H 2,24) u. 4% NaCl bei p_H-Werten 1 u. 2. Zusätze von S, P u. C erwiesen sich als nachteilig für die Korrosionsfestigkeit. Durch Cu u. Mn konnte der schädliche Einfl. von S gemindert werden. Die H-Überspannungsdaten werden zur Erklärung der speziellen, für die einzelnen Zusatzelemente gefundenen Effekte herangezogen. (J. electrochem. Soc. **102**. 663—68. Dez. 1955. Cambridge, Mass., MIT, Corros. Labor.) I. KARUTZ. 143

H. Gerischer und **W. Mehl**, *Zum Mechanismus der kathodischen Wasserstoffabscheidung an Quecksilber, Silber und Kupfer.* Vff. zeigen, daß die Unters. des potentiostat. Einschaltvorganges bei Metallen mit größerer H-Überspannung Aufschluß darüber gibt, ob als Durchtritts-Rk. die VOLMER-Rk. $H^+ \cdot solv + e^- \rightarrow H_{ad}$ oder die HORIUTI-Rk. $H^+ \cdot solv + H_{ad} + e^- \rightarrow H_{2ad}$ vorliegt. Die Theorie des potentiostat. Einschaltvorganges u. des Verh. gegenüber Wechselstrom wird für die hier in Betracht kommenden Reaktionsfolgen abgeleitet. Nach den Versuchsergebnissen ist in saurer Lsg. am Hg u. Ag die VOLMER-Rk. geschwindigkeitsbestimmend, am Cu dagegen die HORIUTI-Reaktion. Die TAFELsche Rekombinations-Rk. am Ag kann höchstens bei sehr niedrigen Stromdichten wesentlich an der Molekülbldg. beteiligt sein. Die H-Abscheidung verläuft also sowohl bei Ag wie bei Cu über den VOLMER-HORIUTI-Mechanismus. Allg. ist bei allen Metallen, bei denen eine starke Chemisorption von H_2 unter Aufspaltung der Molekülbindung erfolgt, die HORIUTI-Rk. stärker gehemmt als die VOLMER-Rk.; umgekehrt ist es bei Metallen mit geringer Adsorptionsenergie. Bei einer mittleren Adsorptionsenergie kommt es zu einer Überschneidung im Verlauf der Aktivierungsenergien beider Entladungsreaktionen. In diesem Gebiet befinden sich gerade Cu u. Ag, so daß beide Teil-Rkk. gut nachweisbar sind. Dagegen ist beim Hg mit seiner weit kleineren Adsorptionsenergie die VOLMER-Rk. viel stärker gehemmt. (Z. Elektrochem., Ber. Bunsenges. physik. Chem. **59**. 1049—59. Dez. 1955. Göttingen, Max-Plank-Inst. für Phys. Chem.) W. KRÖNERT. 143

A₄. Thermodynamik. Thermochemie.

Shizuo Fujiwara, *Formel für die Schmelzpunkte von anorganischen Verbindungen vom Typ MXO_n.* (Bull. chem. Soc. Japan **25**. 347—51. Okt. 1952. [Orig.: engl.] — C. **1953**. 3041.) H. PLUSKAL. 148

A. W. Saenz, *Quantenstatistische Ableitung der Transportgleichung für Mischungen flüssiger Gase mit Molekülen beliebigen Spins.* (Sitzungsbericht.) (Physic. Rev. [2] **100**. 975. 1/11. 1955. Labor. Naval de Investigac.) GERHARD SCHMIDT. 149

Pekka Jauho, *Eine Bemerkung über die Definition der Entropie in der Bose-Einstein- und Fermi-Dirac-Statistik.* Energieberechnungen nach der BOSE-EINSTEIN-Statistik. (Suomalaisen Tiedeakatemian Toimituksia [Ann. Acad. Sci. fenicae], Sarja A. I. **1954**. Nr. 180. 1—6.) GERHARD SCHMIDT. 149

Je. I. Achumow und **N. Ss. Spiro,** *Über die Druckkurve gesättigter zweikomponentiger wässeriger Lösungen.* (Vgl. C. **1956.** 2946.) Wenn in zweikomponentigen wss. Lsgg. leichtlösl. nichtflüchtiger Salze krit. Erscheinungen fehlen, so nimmt der Druck P des gesätt. Dampfdruckes über der gesätt. Lsg. bei steigender Temp. nur bis zu einer gewissen Grenze zu u. fällt dann bis zum Nullwert beim Schmelzpunkt. Zur Erklärung wird nachstehende Formel abgeleitet: $\Delta P = \exp\{[-(A_1^0 + A_2)/T] + B_1^0 + B_2\}$, wo A_1^0, A_2, B_1^0 u. B_2 empir. Konstanten bedeuten. Für T_m gilt: $T_m = A_2/B_2 + \ln[1 + A_2/A_1^0]$. Die hieraus berechneten T_m-Werte für *NaCl*–H_2O, *KCl*–H_2O u. *NaBr*–H_2O weichen von den tatsächlichen Werten um ca. 50° ab. Aus den Kurven 1000/T gegen lg ΔP geht hervor, daß die Formel für ΔP für den gesamten Temperaturbereich gilt, innerhalb dessen die zweikomponentige gesätt. Lsg. existenzfähig ist. (Доклады Академии Наук СССР [Ber. Akad. Wiss. UdSSR] [N. S.] **97.** 269–72. 11/7. 1954. Leningrad, Elektrotechn. Uljanow-Inst.)] O. LEBTAG. 150

Antonín Tockstein, *Beitrag zur Theorie der Phasenübergänge höherer Ordnungen.* Es wurden die Beziehungen zwischen den partiellen Differentialquotienten der Differenzen der freien Enthalpie der beiden Phasen abgeleitet. Alle partiell Abgeleiteten n-ter Ordnung haben von Null verschied. Werte, alle Abgeleiteten niedrigerer Ordnungen gleichen aber Null. Die entwickelten Beziehungen ermöglichen es, die Experimentalwerte zu analysieren u. die Phasenübergänge höherer Ordnungen zu charakterisieren, die mit üblicherweise zur Beschreibung herangezogenen Berechnungen nicht genügend bewiesen werden können. (Chem. Listy **49.** 1107–11. Sept. 1955. Praha, Karlova univ., Ústav pro fys. chemii. [Orig.: tschech.]) L. MATOUŠEK/Prag. 150

Hans Dieter Baehr, *Zur Thermodynamik der Zweiphasengleichgewichte. Über Umwandlungen höherer Ordnungen, über das Verdampfungsgleichgewicht und den Aufbau der Dampfdruckformel.* Der Vf. bringt in dieser Arbeit eine umfassende Unters. der Thermodynamik von Zweiphasengleichgewichten unter Benutzung der modernen Literatur bis 1951: 1. Thermodynamik der Zweiphasengleichgewichte (Bedingungen des thermodynam. Gleichgewichts; charakterist. Funktionen; Bedingungen des Zweiphasengleichgewichts; Einteilung der Zweiphasengleichgewichte; Umwandlungen höherer Ordnung). 2. Über das Verdampfungsgleichgewicht (Temperaturabhängigkeit der Sättigungsgrößen; Grenzwerte der Sättigungsgrößen für T = 0 u. am krit. Punkt; die logarithm. Ableitung der Dampfdruckkurve u. das α-Kriterium; Fortsetzung der Dampfdruckkurve). 3. Aufbau der Dampfdruckformel (Bemerkungen zur Aufstellung rationeller Dampfdruckformeln; thermodynam. Dampfdruckgleichungen für niedrige Drucke; Dampfdruckformeln für höhere Drucke u. bis zum krit. Punkt; Berechnungen des Dampfdrucks aus der Zustandsgleichung; einige empir. u. halbempir. Dampfdruckformeln; Ableitung einer neuen Dampfdruckformel aus der Temperaturabhängigkeit der α-Werte; Prüfung der vorgeschlagenen Formeln an Meßwerten). — 105 Literaturangaben. (Abh. Akad. Wiss. Lit., math.-naturwiss. Kl. **1952.** 233–313. Karlsruhe, TH, Lehrstuhl für Thermodynamik.) G. MAIER. 150

W. W. Mansfield, *Einfluß von monomolekularen Schichten auf die natürliche Verdampfungsgeschwindigkeit des Wassers.* An einen Film, der die natürliche Verdampfung von W. verhindert, müssen folgende Bedingungen gestellt werden: genügender Widerstand gegen Wind u. Staub, geringe Beeinträchtigung des Zutritts von Luft u. Licht zum W. u. leichte u. wirtschaftliche Anwendungsmöglichkeiten. Unter diesen Gesichtspunkten hat Vf. eine Reihe von Substanzen untersucht. Geradkettige Alkohole üben eine stärkere Wrkg. auf die Verdampfung aus als verzweigte. *Cetylalkohol* entspricht den obigen Bedingungen am besten u. vermag die Verdampfung des W. um 70% herabzusetzen. Die Ergebnisse von Verss. mit Cetylalkohol im größeren Maßstab in verschied. Jahreszeiten werden mitgeteilt. (Nature [London] **175.** 247–49. 5/2. 1955. Melbourne, Commonwealth Sci. and Ind. Res. Org., Div. of Ind. Chem.) H.-U. WOELK. 150

A. I. Johnson und **Chen-Jung Huang,** *Eine graphische Methode zur Berechnung der Destillation binärer Mischungen mit konstanter relativer Flüchtigkeit.* Es wird eine einfache graph. Meth. zur Berechnung des Destillationsvorganges bin. Mischungen mit konstanter relativer Flüchtigkeit entwickelt, die auf den gleichen Voraussetzungen beruht wie die Meth. von THIELE-MCCABE [1925], aber die etwas umständliche Berechnung und Aufzeichnung der Gleichgewichtskurve erspart. (Canad. J. Technol. **32.** 187–92. Sept. 1954. Toronto, Ontario, Univ. of Toronto, Dep. of Chem. Engng.) W. BLAUHUT. 150

R. Haase und **G. Rehage,** *Allgemeine Betrachtungen über das Vorzeichen der Mischungsentropie.* Vff. zeigen, daß die Mischungsentropie sowohl positiv als auch negativ sein kann u. welche Vorzeichenkombinationen von Mischungswärme u. Mischungsentropie möglich sind. Das System *Methanol–Cyclohexan* wird für den Fall, daß die

Zusatzentropie positiv u. größer als der Idealwert der Mischungswärme ist, u. die Systeme *W.-Diäthylamin*, W.-*Triäthylamin*, *A.*-Diäthylamin, *Mg–Bi* u. Mg–*Sb* werden für den Fall, daß die Zusatzentropie negativ u. dem Betrage nach größer ist als der Idealwert (Mischungsentropie negativ), als Beispiele angeführt u. diskutiert. Unter Benutzung allg. empir. Befunde wird abgeleitet, daß für bin. fl. Gemische an einem oberen bzw. unteren krit. Entwicklungspunkt Mischungsentropie u. Mischungsenthalpie positive bzw. negative Werte annehmen. Vff. weisen darauf hin, daß im Falle der Existenz von kondensierten Mischphasen mit negativer Mischungsentropie am absol. Nullpunkt die konventionelle Nullpunktsentropie solcher Mischungen negativ werden kann, was für eine hinreichend allg. Formulierung des NERNSTschen Wärmesatzes zu beachten ist. (Z. Elektrochem., Ber. Bunsenges. physik. Chem. **59.** 994—97. Dez. 1955. Aachen, TH, Inst. für theoret. Hüttenkunde u. phys. Chemie.) I. KARUTZ 154

H. M. Hulburt und **T. P. Forbath**, *Angewandte Thermodynamik in der chemischen Technik.* Mit Hilfe von Diagrammen, die die Enthalpie in Abhängigkeit von der Konz. darstellen, wird die Verdünnungswärme von H_2SO_4 u. die Dest. u. Trennung eines Gemisches aus 2 vollständig mischbaren Fll. berechnet. Der Abkühlungseffekt bei der Expansion von Gasen zum Zweck der Trennung von Gemischen u. die Rk. der Bldg. von SO_3 aus SO_2 u. $\frac{1}{2}$ O_2 werden mit Hilfe von Entropie u. Enthalpie erklärt. Die GIBBSsche Phasenregel wird thermodynam. an dem Beispiel der folgenden Rkk. erläutert: $3\,Fe_2O_3 + H_2 = 2\,Fe_3O_4 + H_2O$; $Fe_3O_4 + H_2 = 3\,FeO + H_2O$ u. $FeO + H_2 = Fe + H_2O$. Die Beständigkeit der verschied. Eisenoxyde in Abhängigkeit von der Temp. wird dabei graph. veranschaulicht. Zum Schluß werden einige Beispiele von reversiblen Rkk. erwähnt, bei denen deduktive Schlüsse aus der Thermodynamik, wie Reibungskoeff., Viscosität u. konvektive Wärmeübertragung, nicht gezogen werden können. (Research **6.** 473—80. Dez. 1953. New York, Chem. Constr. Corp.) H. MIETHING. 156

H. Gg. Wagner, *Einige Beobachtungen an Kohlenoxyd–Sauerstoff-Detonationen.* Vf. untersucht die Dicke der Reaktionszone von $CO–O_2$-Detonationen sowie den Einfl. von H_2O u. H_2 auf diese Detonationen u. detonationsartige Vorgänge in Gemischen an den Rändern des Detonationsbereiches. Aus Aufnahmen von reflektierten Detonationen u. Stoßwellen ergibt sich, daß bei stabilen Detonationen die Rk. unmittelbar hinter der Stoßfront einsetzt. Bei Gemischen, die auf der Detonationsgrenze liegen, sind Stoßwelle u. Rk. voneinander getrennt. In letzterem Fall ist die Detonation instabil, kann sich jedoch über lange Strecken fortpflanzen. (Z. Elektrochem., Ber. Bunsenges. physik. Chem. **59.** 906—09. Dez. 1955. Göttingen, Univ., Inst. für Phys. Chem.) I. KARUTZ. 157

Heinz Freiwald und **Hans Ude**, *Über die Initiierung kugelförmiger Detonationswellen in Gasgemischen.* (Vgl. C. **1955.** 9031.) Im Gegensatz zur bisherigen Auffassung, daß eine Detonationswelle beim Übertreten aus einem engeren in ein weiteres Rohr verlischt u. in Verbrennung übergeht, stellen Vff. an $C_2H_2–O_2–N_2$-, $C_3H_8–O_2–N_2$- u. $H_2–O_2$-Gemischen fest, daß sich eine in einem Rohr laufende Detonation am Rohrende kugelförmig im Raum ausbreitet. Die Grenzen der Zusammensetzung für diesen Übergang werden angegeben. Ferner wurden in $C_2H_2–O_2–N_2$-Gemischen verschiedener Zus. durch elektrischen Funken hügelförmige Detonationswellen gezündet. Dabei konnte der Übergang von einer Verbrennung zur instabilen bzw. stabilen Detonation beobachtet werden. (Z. Elektrochem., Ber. Bunsenges. physik. Chem. **59.** 910—13. Dez. 1955. Weil/Rh.) I. KARUTZ. 157

Everett F. Cox, *Ein Änderungsvorschlag für Meßregeln für Explosionserscheinungen.* (Sitzungsbericht.) (Physic. Rev. [2] **100.** 967—68. 1/11. 1955. Sandia Corp.) H. LIEPACK. 157

Alan W. Smith, *Zwei-Medien-Theorie der Wärmeleitfähigkeit von künstlichem Graphit: Experimentelles.* (Sitzungsbericht.) (Physic. Rev. [2] **98.** 1563. 1/6. 1955. North American Aviation, Inc.) R. STEIN. 158

John E. Hove, *Zwei-Medien-Theorie der Wärmeleitfähigkeit von künstlichem Graphit: Interpretation.* (Sitzungsbericht.) (Physic. Rev. [2] **98.** 1563—64. 1/6. 1955. North American Aviation, Inc.) R. STEIN. 158

C. P. Jamieson, *Thermische Leitfähigkeit von Kohlen und Graphiten.* (Sitzungsbericht.) (Physic. Rev. [2] **98.** 1564. 1/6. 1955. Univ. of Buffalo.) R. STEIN. 158

Vito Bellavita, F. A. Levi und **Nerina Cagnoli**, *Einwirkung von Ultraschall auf destilliertes Wasser und auf wässerige Lösungen von Elektrolyten.* Von Luft befreites, dreifach dest. W. ändert bei der Einw. von Ultraschall (US) seinen p_H nur wenig, z. B. in Gefäßen aus Hysil oder Quarz von 6,35 nach 7. Bei lufthaltigem W. fällt der p_H von 6,35 auf 3—2,81. In Abwesenheit von O_2 in W. findet bei der Einw. von US auf wss. Lsgg. keine Oxydation statt. Eine Reduktionswrkg. gegenüber MnO^{4-} tritt nur in

Ggw. von O_2 beim Behandeln mit US auf, was auf der Bldg. von H_2O_2 beruht. Im O_2-Strom bilden sich während 90 Min. in Ggw. von dreifachdest. W. 36 ml n/100 H_2O_2, wenn mit 1000 kHz und 7 W/cm² bestrahlt wird. Auf die Bldg. von H_2O_2 hat die Ggw. von Elektrolyten (Natriumphosphat, H_3BO_3, $KHSO_4$, $Na_2B_4O_7$ u. KCl) keinen Einfluß. (Ann. Chimica **45.** 248—50. Febr./März 1955. Perugia, Univ., Ist. di Chim. gen. e inorg.) H. Nöth. 159

M. Cevolani und **S. Petralia,** *Ultraschallgeschwindigkeit in Systemen teilweise mischbarer Flüssigkeiten.* In den 4 Systemen *Phenol* (I)–*W.* (70°), *Cyclohexan* (II)–*Methanol* (III) (50°), *CS_2*–III (36,5°) u. *Anilin* (IV)–II (35 u. 50°) werden die Fortpflanzungsgeschwindigkeit des Ultraschalls (Frequenz 3 MHz), die D., die Kompressibilität bei verschied. Konzz., die mol. Schallgeschwindigkeit (R) nach Rao u. die Volumenänderung beim Mischen bestimmt. Die Kompressibilität ist hier im allg. größer, als für ideale Gemische zu erwarten wäre, die mol. Kohäsionsenergie nimmt beim Mischen ab. Im Syst. I–W. ist die Kompressibilität bei geringen I-Konzz. etwas vermindert, im Syst. IV–II scheint sie sich linear mit der Konz. zu ändern. Die experimentellen Werte von R stimmen mit den nach dem Additivitätsgesetz berechneten gut überein; bei Gemischen von Fll. ähnlicher D. (I–W., II–III) ändern sie sich linear mit der Zusammensetzung. (Nuovo Cimento [10] **1.** 705—16. April 1955. Bologna, Univ., Ist. di Fis.) R. K. Müller. 159

G. F. Alfrey und **W. G. Schneider,** *Ultraschallabsorption in binären flüssigen Systemen in der Nähe der kritischen Lösungstemperatur.* Fortführung der C. **1954.** 953 von Chynoweth u. Schneider beschriebenen Versuche. Die untere krit. Lösungstemp. t_c' des Syst. (= I) 34,0% *Triäthylamin* + 66,0% *W.* liegt bei 19,5° u. die obere krit. Lösungstemp. t_c'' des Syst. (= II) 53,2% *Nitrobenzol* + 46,8% *Hexan* bei 23,2°. Von I u. II wurde in unmittelbarer Umgebung von t_c' u. t_c'' für verschied. Frequenzen f (1—9 MHz) der Ultraschallabsorptionskoeff. α gemessen. α steigt bei Annäherung an t_c' u. t_c'' sehr stark an, u. zwar um so stärker, je höher f. Der gemessene α-Wert wird in die drei Summanden α_v (= viscosimetr. Anteil von α), α_c (= Beitrag zu α im krit. Gebiet) u. α_s (= Beitrag der n. Lsg.) zerlegt. Es wird gezeigt, daß $\alpha_v \ll \alpha_c + \alpha_s$ ist (nach Stokesschem Gesetz). α_s ergibt sich aus dem in genügend großem Abstand von t_c' bzw. t_c'' gemessenen α-Wert. Für α_c ergibt sich daraus für die verschied. Tempp. eine lineare Abhängigkeit von f. Die hohen α_c-Werte können somit nicht durch eine Schallstreuung verursacht sein. Vff. nehmen vielmehr in Übereinstimmung mit den früheren Ergebnissen (vgl. l. c. u. früher) an, daß die starke Schallabsorption bei t_c auf einen Relaxationsmechanismus der Struktur von I u. II zurückzuführen ist (Vorliegen eines Spektr. von Relaxationszeiten). (Discuss. Faraday Soc. 1953. Nr. **15.** 218—25. Ottawa, Nat. Res. Labor.) O. Fuchs. 159

L. Prigogine, Introduction to thermodynamics of irreversible processes. Springfield, Ill.: C. C. Thomas. 1955. (128 S.) 8°. $ 4,75.

A_5. Kolloidchemie. Grenzschichtforschung.

A. S. C. Lawrence und **O. S. Mills,** *Kolloide und Oberflächenchemie.* Zusammenfassender Bericht über Fortschritte auf den Gebieten der Koagulation, Stabilität u. Theorie von lyophilen Kolloiden, der Oberflächenaktivität, der Eigg. micellarer Kolloide, der Löslichmachung u. der Emulsionen. — 83 Zitate. (Annu. Rep. Progr. Chem. **48.** 78—86. 1951, ausg. 1952.) B. Gnauck. 160

Per Ekwall, *Konzentrationsgrenzen in den Lösungen der Assoziationskolloide.* Inhaltlich ident. mit der C. **1955.** 2610 referierten Arbeit. (Kolloid-Z. **136.** 37—45. April 1954. Åbo, Finnland, Åbo Åkademi, Inst. of Phys. Chem.) H. List. 162

Kōzō Shinoda, *Die kritischen Micellenkonzentrationen in wässerigen Lösungen von Kaliumalkylmalonaten.* Der Logarithmus der krit. Micellenkonz. wss. K-Alkylmalonate (*Octyl-*, *Dodecyl-*, *Tetradecyl-*, *Hexadecyl-* u. *Octadecylmalonat*) zeigt eine lineare Abhängigkeit von der Zahl der C-Atome der KW-stoffkette, die Neigung der Geraden beträgt 0,51. Bei Aufrechterhaltung einer definierten Konz. von Gegenionen wird die Neigung der Geraden 1,07. Die Energieänderung bei der Micellbldg. beträgt pro CH_3-Gruppe 1,08 kT. Auch zwischen dem Logarithmus der krit Micellenkonz. u. dem Logarithmus der Gesamtkonz. der Gegenionen erhält man eine lineare Beziehung mit der Neigung 1,12, die doppelt so groß ist wie im Falle einbas. Fettsäurereste an Stelle der Malonsäure. (J. physic. Chem. **59.** 432—35. Mai 1955. Yokohama, Japan, Yokohama National Univ. Minamaku, Dep. of Phys. Chem.) P. Wolf. 162

Shashanka Shekhar Mitra und **Surendra Nath Srivastava,** *Abhängigkeit der Oberflächenspannung von der Temperatur.* (J. chem. Physics **22.** 1134—35. Juni 1954. — C. **1954.** 8753.) R. Levi. 166

M. Je. Posin und **Je. Ss. Tumarkina,** *Über den Einfluß der physikalischen Eigenschaften einer Flüssigkeit auf die Bildung von beweglichem Schaum.* Untersucht wurde an verschied. konz. Elektrolytlsgg. der Einfl. der Oberflächenspannung, Viscosität u. D. auf die Eigg. des dynam. stabilen Schaumes, der beim Durchleiten von Gas durch eine von einem Gitter festgehaltene Flüssigkeitsschicht entsteht. Es zeigte sich, daß die Höhe der Schaumschicht um so größer ist, je geringer die Oberflächenspannung u. die Viscosisät der Fl. ist. Mit zunehmender Viscosität der Fl. nimmt der hydraul. Widerstand der Schaumschicht zu. Bei hohen Gasgeschwindigkeiten sind die hydrodynam. Verhältnisse von stärkerem Einfl. auf Höhe u. Struktur der Schaumschicht als die Eigg. der Flüssigkeit. (Журнал Прикладной Химии [J. angew. Chem.] **27.** 1170—79. Nov. 1954. Leningrad, Technol. Lensowjet-Inst.) O. LEBTAG. 166

M. Je. Posin und **Je. Ss. Tumarkina,** *Über die Schaumunterdrückung durch gut lösliche Gase.* Untersucht wurde die Bldg. von beweglichem Schaum (Halbschwebezustand) im Syst. W.–Luft u. in W.–NH_3 (I)–Luft-Gemischen beim Durchleiten des Gases durch eine am horizontalen Gitter haftende Wasserschicht. Bei Zusatz von nur 1 % I zur Luft wurde die Schaumhöhe fast bis auf $^1/_4$ verringert, wobei sich die Schaumstruktur stark verschlechterte. Oberhalb 0,5 Vol.-% I blieb die Schaumhöhe annähernd konstant. Aus der Unters. der Schaumbldg. durch Luft in verschied. konz. I-Lsgg. geht hervor, daß die starke Änderung der Schaumbldg. durch I nicht auf die Veränderungen der Oberflächenspannung der Fl. zurückzuführen ist. Die wss. I-Lsgg. mit mehr als 1% I zeigten sogar eine bessere Schaumbldg. als reines Wasser. Bei gleicher Oberflächenspannung u. sonst gleichen Bedingungen war die Schaumhöhe bei der I-Desorption aus der wss. Lsg. viel höher als bei der Absorption. Eine Unterdrückung der Schaumbldg. wurde hierbei nicht beobachtet. Die Annahme, daß alle leichtlösl. Gase die Schaumbldg. unterdrücken, die Ggw. schwerlösl. Gase dagegen ohne Einfl. ist, wurde durch Verss. mit SO_2, CO_2, HCl u. H_2SO_4 bestätigt. Durch Zusatz von 0,5—30 Vol.-% SO_2 oder CO_2 wurde die Schaumbldg. nicht beeinflußt, durch geringe Mengen HCl oder H_2SO_4-Nebel dagegen stark. (Журнал Прикладной Химии [J. angew. Chem.] **27.** 1180—83. Nov. 1954.) O. LEBTAG. 166

A. G. Winger, G. W. Bodamer, R. Kunin, C. J. Prizer und **G. W. Harmon,** *Elektrodialyse des Wassers unter Verwendung einer Vielfachmembranzelle.* Vff. benutzen die elektrochem. Eigg. der kürzlich entwickelten synthet. Ionenaustauschermembranen zur theoret. Voraussage des Wirkungsgrades einer Vielfachmembranzelle zur Elektrodialyse von NaCl-Lsgg. u. damit Entsalzung von W. u. zeigen an Hand von Gleichungen die Zusammenhänge zwischen Energiebedarf u. Kapazität in Abhängigkeit von Konzentrationsänderungen, Konzentrationsbereich, Spannung, Zellengeometrie u. Eigg. der Membranen u. der Lsgg. auf. An Hand der Versuchsergebnisse an einer aus *Amberplex A-1-* u. *Amberplex C-1-*Membranen aufgebauten Batterie mit insgesamt 50 Zelleinheiten werden die theoret. Voraussagen geprüft, wobei sich ergibt, daß in bezug auf den Kraftbedarf pro Vol. entsalzten W. gute Übereinstimmung zwischen Theorie u. Experiment besteht, dagegen bedeutend weniger in bezug auf die Kapazität der Batterie. Die vermutlichen Ursachen hierfür werden diskutiert. (Ind. Engng. Chem. **47.** 50—60. Jan. 1955. Philadelphia, Pa., Rohm & Haas Co.) W. NIEMITZ. 170

N. N. Dolgopolow, W. M. Fridman und **N. M. Karawajew,** *Über die Einwirkung von Ultraschallwellen auf Diffusionsprozesse.* (Vgl. C. **1954.** 11128.) Bericht über 2 Verss.: 1. Eine frisch hergestellte Gelatineplatte wurde in eine $CuSO_4$-Lsg. eingetaucht u. die erfolgte Diffusion nach einer (nicht angegebenen) gewissen Versuchsdauer gemessen. Es waren 0,18 g $CuSO_4$ 7 mm tief in die Gelatineschicht eingedrungen, die Konstante der Diffusionsgeschwindigkeit betrug $0{,}51 \cdot 10^{-4}$; mechan. Rühren bis 1500 U/Min. steigerte die Werte bis 0,23 g, 8,6 mm u. $0{,}62 \cdot 10^{-4}$; Einw. von Ultraschall: 0,26 g, 9,6 mm u. $0{,}8 \cdot 10^{-4}$. 2. Diffusion von $Na_2S_2O_3$ durch einen Gelatinefilm, 3—15 Min.; ohne Rühren 0,051 bis 0,174 g $Na_2S_2O_3$; Diffusionsgeschwindigkeitskonstante $2{,}6 \cdot 10^{-4}$; Rühren mit 300 U/Min. 0,096—0,289 g, $4{,}33 \cdot 10^{-4}$, mit 1500 U/Min. 0,194—0,563 g, $8{,}6 \cdot 10^{-4}$; Ultraschall (1200 kHz, 8 W/cm²): 0,287—0,761 g, $11{,}7 \cdot 10^{-4}$. Die erhebliche Wrkg. des Ultraschalls tritt sehr deutlich in Erscheinung. (Доклады Академии Наук СССР [Ber. Akad. Wiss. UdSSR] [N. S.] **93.** 305—06. 11/11. 1953.) A. v. WILPERT. 171

Arnold M. Friedman und **Joseph W. Kennedy,** *Die Selbstdiffusionskoeffizienten von Kalium-, Caesium-, Jodid- und Chloridionen in wässerigen Lösungen.* Es werden Messungen der Selbstdiffusionskoeffizienten von K^+, Cs^+, J^- u. Cl^- bei 25° in ^{42}K-, ^{36}Cl-, ^{134}Cs- u. ^{131}J-markierten mäßig bis hoch konz. wss. Lsgg. der entsprechenden Salze mittels der Capillarmeth. beschrieben u. diskutiert. Die Selbstdiffusionskoeffizienten großer u. nicht hydratisierter Ionen ergeben im $D\eta/D_0 \cdot \eta_0 - c^{1/2}$-Diagramm die gleiche Art linearer Beziehungen, wie sie von MILLS u. KENNEDY (vgl. C. **1954.** 8294) berichtet wird. Eine mögliche Deutung der Maxima, die bei hydratisierten Ionen in gleichen Diagrammen auftreten, wird gegeben u. auf einige Unterss. der Fehlerquellen der Capillarmeth. kurz eingegangen. (J. Amer. chem. Soc. **77.** 4499–4501. 5/9. 1955. St. Louis, Mo., Washington Univ., Dep. of Chem.) H. HOFMANN. 171

Gert Ehrlich, *Über die Kinetik der Chemisorption.* Unter der Voraussetzung, daß physikal. Adsorption eine notwendige Vorbedingung der Chemisorption ist, eine Annahme, die erstmals BECKER u. HARTMANN (C. **1953.** 8022) äußerten, wird ein Geschwindigkeitsgesetz abgeleitet, das grundsätzlich von jenen verschieden ist, die auf die Annahme gestützt sind, daß nur Moll., die aus dem Gasraum auf günstige Oberflächenplätze stoßen, chemisorbiert werden. Die Abhängigkeit der Geschwindigkeit von der Temp. wird bestimmt durch die Differenz zwischen der Aktivierungsenergie der Desorption physikal. adsorbierter Moll. u. der Aktivierungsenergie der Chemisorption. Es wird im Gegensatz zu LANGMUIR festgestellt, daß die Geschwindigkeit der Chemisorption unempfindlich in bezug auf Änderungen des Bedeckungsgrades sein kann. Die Ergebnisse werden mit der klass. Theorie u. Verss. der Chemisorption von N_2 an W verglichen. (J. physic. Chem. **59.** 473–77. Mai 1955. Schenectady, N. Y., General Electric Res. Labor.) P. WOLF. 176

Lun Hsiao und **H. N. Dunning,** *Eine vergleichende Untersuchung der Adsorption nichtionischer Reinigungsmittel mit Hilfe von Radiotracern, spektrophotometrischen und Oberflächenspannungsmethoden.* Die Adsorption zweier verschied. nichtion. Reinigungsmittel (*Igepal CO-710* u. *RLS 3066-90*) an Sand haben Vff. radiochem. (mit ^{14}C in den hydrophilen Ketten), spektrophotometr. (durch Best. der hydrophoben Phenolgruppen) u. durch Oberflächenspannungsbestimmungen untersucht. Letztere Meth. führt zu den höchsten, die Radiotracermeth. zu den niedrigsten Adsorptionswerten. Für Igepal (10,5 Mol Alkylenoxyde pro Mol Alkylphenol) werden die Flächen berechnet, die ein adsorbiertes Mol. einnimmt. Unter der Annahme eines der obigen Zus. entsprechenden durchschnittlichen Mol.-Gew. u. monomol. Filme werden folgende Werte erhalten: aus den Adsorptionswerten nach der spektrophotometr. Meth. 39–101 Å^2; denen der Oberflächenspannungsmessungen 26–42 Å^2 u. aus den Messungen mit ^{14}C 53–77 Å^2. Aus den Ergebnissen schließen Vff. auf eine selektive Adsorption der einzelnen Molekülgattungen der untersuchten Reinigungsmittel, die aus Moll. mit verschied. Alkylenoxydkettenlängen bestehen. Auch die für Igepal gefundenen Minima u. Maxima der Adsorptionsisothermen lassen sich durch selektive Adsorptionsvorgänge u. Adsorption von Vielfachschichten deuten. Vff. weisen darauf hin, daß sich die Fehler der spektrophotometr. u. der Radiotracermeth., die durch die POISSON-Verteilung der Kettenlängen verursacht werden, aufheben. Beide Methoden zusammen vermögen dadurch am besten ein Bild der wahren Adsorptionsverhältnisse zu vermitteln. (J. physic. Chem. **59.** 362–66. April 1955. Bartlesville, Okla., Bureau of Mines, Petroleum Exp. Station, Surface Chem. Lab.) H.-U. WOELK. 176

F. H. Healey, Yung-Fang Yu und **J. J. Chessick,** *Das Auffinden hydrophiler Inhomogenitäten auf einer Kohleoberfläche.* Die Oberflächenoxydation von Gasruß (Graphon) wurde untersucht u. die Wasserdampfadsorption an hydrophilen Zentren sowie die Tauchwärme gemessen. Die Oxydation wurde in strömender oder ruhender O_2-Atmosphäre bei 530° durchgeführt. Der dabei unterschiedliche Gewichtsverlust ist eine lineare Funktion der Zeit, die Bldg. von Oberflächenoxyd scheint eine Parabelfunktion zu sein. Durch späteres 12std. Entgasen bei 900° wird durch Verflüchtigen der Oxydkomplexe eine beträchtliche Abnahme der hydrophilen Zentren bewirkt. Die Tauchwärme in W. erwies sich als nichtlineare Funktion des Anteils der hydrophilen Oberfläche. (J. physic. Chem. **59.** 399–402. Mai 1955. Bethlehem, Pa., Lehigh Univ., Surface Chem. Labor.) P. WOLF. 176

Kl. Schäfer und **H. Gerstacker,** *Echte Adsorption und Akkommodation einiger Gase an Glasoberflächen.* Durch Messung der mittleren therm. Akkommodationskoeffizienten von Kr, Ar, O_2, N_2, Ne, He u. H_2 im Temperaturbereich 286–384° K an Glasoberflächen wird gezeigt, daß die an einer Festkörperoberfläche auf adsorbierte Gasmoleküle stattfindende Energieübertragung aufgeteilt werden kann in eine mit echter u. eine mit unechter Adsorption verbundene Akkommodation. Die schon früher aus Strömungsverss. in engen Röhren von SCHÄFER u. TEGGERS (C. **1954.** 2567) abgeleiteten Größen für die Akkommodationskoeffizienten der Übertragung von Translationsenergie werden an den Edelgasen Ar, Ne u. He experimentell bestätigt. Für N_2 u. O_2 wird das Problem der Übertragung von Rotationsenergie diskutiert, wobei sich eine einfache Darst. für die Akkommodationskoeffizienten der Rotationsenergie ergibt. (Z. Elektrochem., Ber. Bunsenges. physik. Chem. **59.** 1023–29. Dez. 1955. Heidelberg, Univ., Phys.-Chem. Inst.) I. KARUTZ. 176

Marvin L. Granstrom und **Bernd Kahn,** *Die Adsorption von Cäsium niedriger Konzentration an Papier.* Radioakt. Cs läßt sich äußerst schwer aus Erdböden entfernen; der Mechanismus der Adsorption wird untersucht. Trägerfreies ^{137}Cs wurde an genormtem Filterpapier aus wss. Lsgg. verschied. p_H-Werte u. verschied. Cs-Konzz. adsorbiert. Es wurde festgestellt, daß die Adsorption durch Ionenaustausch zustande kommt u. die LANGMUIR-Isotherme Gültigkeit besitzt. Radioakt.-koll. Eigg. wurden nicht beobachtet. Die Kapazität des Filterpapiers wächst mit der Cs-Konz. u. ist abhängig von der Art des durch die Vorbehandlung anwesenden Papierkations; sie ist am größten für Li u. nimmt in der Reihenfolge Na — K — H ab. (J. physic. Chem. **59.** 408—10. Mai 1955. Oak Ridge, Tenn., National Labor.) P. WOLF. 176

F. Helfferich, *Berücksichtigung anhaftender Flüssigkeitsfilme bei Messungen an Ionenaustauschermembranen.* Zur Messung der Selbstdiffusionskoeffizienten in Ionenaustauschermembranen mit radioakt. Isotopen wird ein Korrekturverf. angegeben für die Konzentrationsbereiche, bei denen auch die Filmkinetik berücksichtigt werden muß. Dazu wird eine Formel für den stationären Fluß Φ des Indicators durch die Membran angeführt, die auch die Grenzfälle der idealen Gel- bzw. idealen Filmkinetik beschreibt. Die Dicke des Flüssigkeitsfilmes muß dazu in einem besonderen Vers. aus der Abhängigkeit von Φ von der Rührgeschwindigkeit ermittelt werden. (Z. physik. Chem., Frankf. Ausg. [N. F.] **4.** 386—87. Juli 1955. Göttingen, Max-Planck-Inst. für physik. Chem.) GÜNTER LANGE. 177

A$_6$. Strukturforschung.

M. D. Gabowitsch, *Einfluß der Volumenladung bei der Ausbreitung intensiver Bündel geladener Teilchen.* Zusammenfassende Übersicht über den Einfl. der Volumenladung bei der Ausbreitung intensiver Elektronen- u. Ionenbündel, wie sie bei der Elektronenoptik verwendet werden. — 81 Literaturangaben. (Успехи Физических Наук [Fortschr. physik. Wiss.] **56.** 215—56. Juni 1955.) E. KLEVER. 181

Walter Glaser und **Günther Braun,** *Zur wellenmechanischen Theorie der elektronenoptischen Abbildung.* 1. Mitt. Ist die der SCHRÖDINGER-Gleichung gehorchende Wellenfunktion unmittelbar hinter der Objektebene eines elektronenopt. Abbildungssyst. aus der Streuungs- u. Beugungstheorie bekannt, so läßt sich daraus mit Hilfe einer Verallgemeinerung der KIRCHHOFFschen Formel die Wellenfunktion im übrigen Raum berechnen u. damit auch näherungsweise die in der Bildebene. Die Best. der GREENschen Funktion geschieht in einer dem W. K. B.-Verf. analogen Weise. Die physikal. Bedeutung der angewandten mathemat. Methoden wird ausführlich diskutiert. (Acta physica austriaca **9.** 41—74. Dez. 1954. Wien, TH, Inst. für angew. Phys., u. Berlin, Abt. für Elektronenoptik der Siemens & Halske A.G.) F. LENZ. 181

P. P. Kassjankow, *Über Elektronenlinsen, deren sphärische Aberration beliebig klein ist.* Für den Achsenabstand r(z) einer in der Objektebene z_0 u. der Bildebene z_1 die Achse schneidenden paraxialen Elektronenbahn wird ein für $z = z_1$ verschwindendes Polynom vom k-ten Grade in $(z - z_0)$ angesetzt. Die Öffnungsfehlerkonstante bei der Abb. von z_0 auf z_1 wird somit eine Funktion der Koeffizienten dieses Polynoms. Durch Variation dieser Koeffizienten wird unter der Nebenbedingung, daß das Polynom zwischen z_0 u. z_1 keine weiteren Nullstellen besitzt, die jeweils minimale Öffnungsfehlerkonstante bestimmt Sie ist eine für $k \to \infty$ gegen Null konvergierende Funktion von k. Daraus folgt, daß es für vorgegebenen Objekt- u. Bildort immer möglich ist, eine Feldverteilung anzugeben, für die die Öffnungsfehlerkonstante einen beliebig kleinen Wert unterschreitet. (Журнал Технической Физики [J. techn. Physik] **25.** 1639—48. Sept. 1955.) F. LENZ. 181

H. Grümm und **J. Wagner,** *Die Deformation von Elektronenbeugungsringen durch Linsenfehler.* (Vgl. C. **1955.** 31.) Verwendet man in Elektronenbeugungsgeräten zwischen Objekt u. Endbild Elektronenlinsen, um die durch Geschwindigkeitsinhomogenität des Primärstrahls verursachten Unschärfen zu korrigieren oder den Maßstab des Beugungsbildes zu vergrößern, so können infolge der Linsenfehler unerwünschte Verzerrungen des Beugungsbildes auftreten. Vor allem verursacht der axiale Astigmatismus Deformationen der Beugungsringe. Für schwache Linsen läßt sich aus den beobachteten Deformationen auf den axialen Astigmatismus schließen. Weiter wird der Einfl. der Bildfehler 3. Ordnung berechnet. Eine Abschätzung für ein typ. Beispiel zeigt, daß dieser Einfl. (es kommt in erster Linie der Öffnungsfehler in Betracht) relativ gering ist. (Acta physica austriaca **9.** 33—40. 1954. Graz, TH, Forschungsstelle für Elektronenmikroskopie.) F. LENZ. 181

J.-G. Helmcke und **H. J. Orthmann,** *Theorie und Praxis der elektronenmikroskopischen Stereoaufnahmen.* 2. Mitt. *Fehler bei der Tiefenbestimmung elektronenmikroskopischer Stereoaufnahmen.* (1. vgl. C. **1955.** 2373.) Die relative Genauigkeit, mit welcher aus einem Stereobildpaar die Tiefenausdehnung des Objektes photogrammetr. ausgewertet werden kann, ist im wesentlichen durch den mittleren relativen Fehler des Konvergenzwinkels gegeben. (Optik **11.** 562—77. 1954. Berlin-Dahlem, Max-Planck-Ges., Forschungsstelle für Mikromorphol. u. Fritz-Haber-Inst.) F. LENZ. 181

V. Vand und **R. Pepinsky,** *Entwicklungen in der statistischen Näherung in bezug auf Röntgenkristallanalyse.* (Vgl. C. **1956.** 3504.) (Sitzungsbericht.) (Physic. Rev. [2] **100.** 970. 1/11. 1955. Pennsylvania State Univ.) H. LIEPACK. 181

W. H. Robinson und **R. Smoluchowski,** *Kleinwinkelstreuung von Röntgenstrahlen durch Oberflächenunregelmäßigkeiten.* (Sitzungsbericht.) (Physic. Rev. [2] **98.** 1555. 1/6. 1955. Carnegie Inst. of Technol.) G. RUBAN. 181

J. Hoerni und **W. A. Wooster,** *Die Deutung diffuser Röntgenreflexe an Einkristallen.* 2. Mitt. (1. vgl. C. **1954.** 5701.) Vff. untersuchen die Faktoren, die die Intensität diffuser Einkristallreflexe beeinflussen. Die Beobachtungsmeth. ändert sich, je nachdem ob das diffus streuende reziproke Gebiet die Form einer Wolke, einer Scheibe, eines Stabes oder eines Punktes hat. Die jeweils geeignete Meth. wird mitgeteilt. Es werden Divergenzkorrekturen beschrieben, die der Tatsache Rechnung tragen, daß der Strahl nicht unendlich schmal u. der Kristall nicht ideal ist. (Acta crystallogr. [Copenhagen] **6.** 543—47. 10/6. 1953. Cambridge, Cavendish Labor., Crystallogr. Labor.) H. W. LEVI. 181

H. T. Heal und **H. Mykura,** *Eine Röntgenmethode für die Untersuchung von Phasenänderungen bei hohen Temperaturen.* Vff. geben eine Röntgenmeth. zur Unters. der Phasenumwandlungen von Stahl bei hohen Tempp. an. Die Versuchsanordnung besteht aus einer Röntgenröhre mit Kristallmonochromator u. fokussierender Anordnung von Röntgenstrahlenbündel, Probe u. GEIGER-Zählrohr in einer Vakuumheizkamera. Die Intensität der Primärstrahlung wird mit einem Monitor überwacht. Vor- u. Nachteile gegenüber anderen Untersuchungsmethoden werden ausführlich diskutiert u. die isothermen Umwandlungskurven von 2,5% Ni-Stahl mit Hilfe genauer Intensitätsmessungen der Interferenzen (220) bei Austenit u. (200) bei Martensit bzw. Ferrit diskutiert u. verglichen. Vff. gehen auf das Problem der Beheizung u. Abkühlung der Proben ein u. liefern genaue Arbeitsanweisungen. Weitere Anwendungsmöglichkeiten der angeführten Methoden werden erörtert. Weiter diskutieren Vff. die Genauigkeit der Resultate u. geben die theoret. Begründung dafür, daß die Oberflächenentkohlung während der Austenitisierung vernachlässigt werden darf. (Metal Treatment Drop Forging **17.** 129—35. Herbst 1950. London, BISRA Phys. Laborr.) E. SCHIEBOLD. 181

Y. Saito, Y. Okaya und **R. Pepinsky,** *Direkte Bestimmung der absoluten Konfigurationen von optisch aktiven Molekülen durch Röntgenstrahlen* (Sitzungsbericht.) (Physic. Rev. [2] **100.** 970—71. 1/11. 1955. Pennsylvania State Univ.) H. LIEPACK. 181

Alfred J. Frueh jr., *Eine Erweiterung der „Differenz-Patterson" zur Erleichterung der Lösung von Ordnungs-Unordnungs-Problemen.* (Vgl. C. **1954.** 2123.) In geordneten u. ungeordneten Phasen von solchen Mineralien, deren Gitter auf einer dichten Anionenpackung aufgebaut sind, ist es oft schwierig, die Kationen zu lokalisieren. PATTERSON-Projektionen oder -Schnitte versagen hier leicht, da die interatomaren Abstandsvektoren vielfach ident. sind. Das beschriebene Verf. besteht darin, daß an Stelle der normalerweise üblichen ausschließlichen Berücksichtigung der Fundamentalreflexe nur die Überstrukturreflexe benutzt werden. Damit werden also alle Abstandsvektoren vernachlässigt, deren Atome von dem betreffenden Ordnungsprozeß nicht berührt werden. Am Beispiel des *Chalkopyrits* wird die Meth. demonstriert. (Acta crystallogr. [Copenhagen] **6.** 454—56. 10/6. 1953. Chicago, Ill., Univ., Dep. of Geol.) H. W. LEVI. 181

A. J. E. Welch, *Ein dreidimensionales Koordinatenmodell zur Demonstration anorganischer Kristallstrukturen.* Es wird ein durchsichtiges Gitterwerk aus Plastik beschrieben, in das zur Markierung der Atomanordnung in einfachen Elementarzellen Nadeln mit großen farbigen Köpfen eingestochen werden. (Acta crystallogr. [Copenhagen] **6.** 476—77. 10/6. 1953. London, Imperial Coll., Dep. of Inorgan. and Phys. Chem.) H. W. LEVI. 181

Kazuhisa Tomita, *Über den Zustand von festem Wasserstoff.* Energet. Betrachtung über die Rotation von H_2-Moll. in reinen o-H_2-Kristallen sowie in Mischkristallen, in denen die o-H_2-Moll. gleichmäßig verteilt sind. (Proc. physic. Soc., Sect. A **68.** 214—28. 1/3. 1955. Oxford, Math. Inst.) G. KIRSCHSTEIN. 182

C. A. McDowell, *Molekularstruktur.* Zusammenfassende Übersicht über die Fortschritte auf den Gebieten der Elektronen-, RAMAN-, Infrarot- u. Mikrowellenspektren, der Dipolmomente u. Elektronenbeugung einschließlich Theorie u. Meßtechnik. — 336 Zitate. (Annu. Rep. Progr. Chem. **48.** 16—38. 1951, ausg. 1952.) B. GNAUCK. 182

R. J. W. Le Fèvre und **D. A. A. S. Narayana Rao,** *Die Berechnung der Atompolarisation.* Vff. berechneten die Atompolarisation P_A nach der Meth. von ROLLEFSON u. HAVENS durch Aufstellen einer Gleichung für die potentielle Energie des betrachteten Mol., wobei diese im Gleichgewichtsfall ein Minimum darstellen muß. Folgende Mol.-Typen wurden untersucht: X_2Y_4 (z. B. C_2H_4), XY_2 linear u. gewinkelt, XYZ, linear, X_2Y_2 linear, X_3Y_2 linear, XY_3 planar u. pyramidal, XYZ_2 planar u. XY_4 tetraedrisch. In die Gleichungen gehen Bindungsabstände, Valenzwinkel, Bindungsmomente u. Kraftkonstanten ein. Die berechneten Werte P_A werden mit den experimentellen verglichen. Die Übereinstimmung zwischen Theorie u. Experiment ist nicht gut, was jedoch z. T. auf die Unsicherheit von experimentellen Werten zurückgeführt werden kann, d. h. auf die Ungenauigkeit der Best. von P_A selbst. Für CO_2, CS_2, BF_3, BCl_3, SiH_4, SiF_4, $SiCl_4$, $GeCl_4$ u. $TiCl_4$ wurden die Bindungsmomente aus P_A berechnet. Sie liegen höher als die aus den Elektronegativitäten berechneten. Die Gesamtpolarisierbarkeit von CCl_4, $SiCl_4$, CS_2, BCl_3 u. CH_3NO_2 wurde neu gemessen. (Austral. J. Chem. **7.** 135—45. Mai 1954. Sydney, Univ., School of Chem.) H. NÖTH. 182

G. A. Gallup, W. R. Gilkerson und **M. M. Jones,** *Theoretische Formulierung der Hammett-Gleichung.* Vff. leiten eine der HAMMETT-Gleichung analoge Beziehung für Ionen–Dipol- u. Dipol–Dipol-Rkk. her. Es werden folgende Annahmen gemacht: Die Aktivierungsenergie läßt sich additiv in die der Bindungsspaltung bzw. -bldg. u. in die der elektr. Wechselwrkg. zerlegen; Übergangskoeff. u. Aktivierungsentropie für eine bestimmte Rk. sind von der Art des Substituenten unabhängig; die stärkste Annäherung der Reaktanten beträgt 4 Å; als DK. wird die des Bereichs zwischen dem Dipol im aromat. Ring u. dem Ion oder Dipol genommen; die Funktion von Θ in der Energie der Dipol–Dipol-Wechselwrkg. ist die von MOELWYN-HUGHES. (Trans. Kansas Acad. Sci. **55.** 232—36. Juni 1952.) F. W. KRÜGER. 182

J. H. van Santen und **J. S. van Wieringen,** *Einige Bemerkungen zu den Ionenradien der Elemente der Eisengruppe. Der Einfluß des Feldes im Kristall.* Die Ionenradien der Elemente der Eisengruppe nehmen nicht monoton vom Ca zum Zn ab, sondern zeigen bei den Konfigurationen d^4, d^5 u. vielleicht auch d^9 u. d^{10} Maxima. An Hand eines heteropolaren Modells, in dem nur der reine elektrostat. Einfl. der anderen Ionen auf die Elektronenverteilung der 3d-Elektronen betrachtet wird, können die Maxima durch den Einfl. eines vorwiegend kub. Kristallfeldes sowohl für verschwindend kleine als auch starke Elektronenwechselwrkg. erklärt werden. (Recueil Trav. chim. Pays-Bas **71.** 420 bis 430. März 1952. Eindhoven, Philips Res. Labors.) K. PLIETH. 182

H. C. Longuet-Higgins, *Die Quantentheorie der Valenz.* Zusammenfassender Überblick über neuere Fortschritte der mathemat. Bewältigung der Quantentheorie der chem. Bindung, wie Näherungslsgg. zur SCHROEDINGER-Wellengleichung, u. der Theorie der Valenz, Methoden zur Unters. der Elektronenstruktur, Anwendung der M. O.-Theorie auf angeregte Moll., die „self-consistent"-M. O.-Theorie, Best. der Bindungskräfte mittels Überlappungsintegralen, die Hybridisierung u. damit zusammenhängende Probleme. — 71 Zitate. (Annu. Rep. Progr. Chem. **48.** 7—16. 1951, ausg. 1952.) B. GNAUCK. 182

N. W. Luft, *Potentialbarrieren an Doppelbindungen.* Theoret. über die energet. Verhältnisse infolge von Torsionsbarrieren in Moll. mit Doppelbindungen. (J. physic. Chem. **59.** 572—74. Juni 1955. Cheadle Hulme, Cheshire.) H. W. LEVI. 182

R. Finkelstein und **A. Mencher,** *Interatomare elektrische Quadrupol–Quadrupol-Kopplung in Cersalzen.* Da Salze von *Seltenen Erden* im allg. durch sehr schwache interatomare Kopplungskräfte charakterisiert sind, lassen sich magnet. Eigg. nach dem „Ein-Atom-Modell" berechnen. Vff. berechnen die magnet. Eigg. eines Ce-Salzes nach diesem Modell. Es wurde das *Ce-Äthylsulfat*, $Ce(C_2H_5SO_4)_3 \cdot 9\,H_2O$ (I) benutzt. Den Berechnungen wurde das Ein-Atom-Modell bei Tempp. $> 1^0$ K zugrunde gelegt. Die Elektronenladungsverteilung in Ce-Salzen besitzt ein Quadrupolmoment, weil sich das Ce^{3+}-Ion nicht in einem S-Zustand befindet. Im einzelnen bestimmten Vff. den Einfl. der interatomaren elektr. Quadrupol–Quadrupol-Wirkungen auf das magnet. Moment u. die opt. Rotation bei den erwähnten sehr tiefen Temperaturen. In I ist diese Kopplungskraft antiferromagnet. mit einer charakterist. Temp. von $\tau = 0{,}01\ (r^2)^4$Grad, wobei $(r^2)^{1/2}$ den Radius der 4 f-Bahn in Å-Einheiten bedeutet. Diese Kopplung muß mindestens teilweise für die Tieftemperaturanomalie von **I**, die von BECQUEREL, DE HAAS u. VAN DEN HANDEL (Physica **5.** [1938.] 864) festgestellt wurde, verantwortlich gemacht werden. Ebenso dürfte diese der Grund für das plötzliche scharfe Ansteigen der spezif. Wärme während der adiabat. Entmagnetisierung sein. Es besteht die Möglichkeit, daß τ in anderen Salzen von entgegengesetztem Vorzeichen (ferromagnet.) u. wahrscheinlich viel größer ist. (J. chem. Physics **21.** 472—79. März 1953. Los Angeles, Calif., Univ. of California.) H. ZIMMER. 182

A. G. Repa, *Das Sauerstoffpotential von Gläsern.* Durch Einführung einer neuen Größe, nämlich des „Sauerstoffpotentials" (SP), kann die Zus. aller Gläser in den weitesten Grenzen charakterisiert werden, ferner kann man für verschiedenste Gläser Zus.-Eig.-Diagramme konstruieren. SP wird ausgedrückt durch das Verhältnis des gesamten O im Glas zur Summe aller seiner Kationen: SP = ΣO/(Σ Kationen + Si), wobei die Zus. des Glases in Mol-% ausgedrückt wird. Im experimentellen Teil wird das Problem behandelt, wie man bei der Ersetzung von Na_2O durch MgO, CaO u. BaO Gläser mit gleichen Eigg. erhalten kann. Es ergibt sich, daß bei gleichen Werten von SP die Eigg. der Gläser sich nahezu nicht verändern (Schmelzdauer, Ausdehnungskoeff.). Gläser mit gleichem Ausdehnungskoeff., aber höherem Wert von SP besitzen günstigere Eigg. hinsichtlich Schmelzbarkeit, Rissigwerden, therm. Bearbeitung. (Журнал Прикладной Химии [J. angew. Chem.] **28.** 694—99. Juli 1955.) W. OESTREICH. 186

N. Cabrera und **M. M. Levine,** *Polytypie und Versetzungen.* (Sitzungsbericht.) (Physic. Rev. [2] **98.** 1543. 1/6. 1955. Univ. of Virginia.) G. RUBAN. 190

M. A. Kanter, *Selbstdiffusion in natürlichen Graphitkristallen.* (Sitzungsbericht.) (Physic. Rev. [2] **98.** 1563. 1/6. 1955. Argonne Nat. Labor. u. Illinois Inst. of Technol.) R. STEIN. 190

William M. Portnoy, Harry Letaw jr. und **Lawrence Slifkin,** *Selbstdiffusion in Germanium.* (Sitzungsbericht.) (Physic. Rev. [2] **98.** 1536. 1/6. 1955. Univ. of Illinois.) R. LEVI. 190

W. Dale Compton, *Selbstdiffusion von Silber in Silberchlorid.* (Sitzungsbericht.) (Physic. Rev. [2] **98.** 1543. 1/6. 1955. Univ. of Illinois.) G. RUBAN. 190

Norman H. Nachtrieb, Edward Catalano und **John A. Weil,** *Selbstdiffusion in festem Natrium.* 1. Mitt. Messungen der Selbstdiffusion in festem Natrium im Temperaturbereich von 0—95° werden mit radioakt. Na durchgeführt. Die Ergebnisse befriedigen die empir. Gleichung D = 0,242 exp(—10450/RT) für den Diffusionskoeff., mit einer Unsicherheit für die Aktivierungsenergie von ± 300 cal/Mol. Berechnung der Aktivierungsentropie auf Grund der verschied. theoret. Vorstellungen u. Vgl. der Werte. (J. chem. Physics **20.** 1185—88. Aug. 1952. Chicago, Ill., Univ. of Chicago, Inst. for the Study of Metals.) K. RUMPF. 190

N. H. Nachtrieb, J. A. Weil, E. Catalano und **A. W. Lawson,** *Selbstdiffusion in festem Natrium.* 2. Mitt. *Der Druckeffekt.* (1. vgl. vorst. Ref.) Unters. der Druckabhängigkeit der Selbstdiffusion des Na bei Drucken bis zu 12000 kg/cm². Für die Isobare mit p = 8000 kg/cm² gilt D = 0,176 exp(—12060/RT). Die freie Energie der Aktivierung ist eine lineare Funktion des F., u. die Enthalpie der Aktivierung ist dem F. proportional. Bei Na u. allen anderen kub. Metallen außer Pb u. W gilt, soweit Selbstdiffusionsdaten bekannt sind, für die Aktivierungsenthalpie u. die latente Schmelzwärme $H = 16{,}5\ L_{Schmelz.}$. Die Abhängigkeit des Diffusionskoeff. D vom Druck kann als Funktion der Kompressibilität u. der Änderung der Aktivierungsentropie dargestellt werden. (J. chem. Physics **20.** 1189—94. Aug. 1952.) K. RUMPF. 190

Arnošt Bergstein, *Untersuchung der Reaktionen im Verlaufe des Glühens eines äquimolaren Gemisches von Bariumcarbonat und Titandioxyd (Anatas) mit Hilfe von Messungen der dielektrischen Eigenschaften.* Mit Hilfe von Messungen der DK., ihrer Temperaturabhängigkeit u. der Abhängigkeit der Polarisation von der äußeren Spannung wurde die Bldg. von Bariumtitanat (I) aus $BaCO_3$ u. TiO_2 untersucht. Die angegebene Meth. — die bis 700° anwendbar ist — ist empfindlicher für die Best. der niedrigsten Temp., bei der die Rk. stattfindet, u. für die Unterscheidung verschied. Typen der Kristallgitteränderungen als die röntgenograph. Methode. Die Meth. (dielektr. therm. Analyse) ist auch für solche Systeme benutzbar, bei denen keine seignetteelektr. Stoffe entstehen. Bei der Rk., die bei 400° beginnt, entstehen nacheinander drei wenig unterschiedliche Modifikationen von **I**, von denen bei Zimmertemp. keine rein kub. ist. Die Temperaturabhängigkeit der DK. von allen drei Formen von **I** hat den für seignetteelektr. Stoffe charakterist. Verlauf. (Chem. Listy **49.** 1117—32. Sept. 1955 [Orig.: tschech.]; Collect. Czechoslov. chem. Commun. **20.** 1041—58. Okt. 1955. Praha, Výzk. ústav vakuové techniky a technol. součástek.) L. MATOUŠEK/Prag. 190

Arnošt Bergstein, *Untersuchung der Bildung fester Lösungen von Bleititanat in Bariumtitanat mit Hilfe von Messungen der seignetteelektrischen Eigenschaften.* (Vgl. vorst. Ref.) Die Rk. zwischen Bariumtitanat u. Bleititanat kann durch die Messung der DK. verfolgt werden. Die Inhomogenität der Präpp., die mehr als eine seignetteelektr. Komponente enthalten, ist aus der Vermehrung der Maxima auf der Abhängigkeitskurve der DK. von der Temp. ersichtlich. Aus der Form der Maxima kann auf die Temp., bei der die Rk. einsetzt, geschlossen werden. Die Abhängigkeit der Polarisation von der

Intensität des äußeren elektr. Feldes ermöglicht es, die Anwesenheit der festen Lsgg. der beiden Komponenten zu identifizieren. (Chem. Listy **49.** 1133–38. Sept. 1955. [Orig.: tschech.]) L. MATOUŠEK/Prag. 190

George S. Durham, Leroy Alexander, Douglas T. Pitman, Helen Golob und **Harold P. Klug,** *Feste Lösungen der Alkalihalogenide.* 3. Mitt. *Gitterkonstanten von festen RbBr–RbCl- und RbBr–KBr-Lösungen.* (2. vgl. C. **1953.** 2402.) Vff. untersuchen nach DURHAM, ROCK u. FRAYN (C. **1955.** 307) dargestellte feste RbBr–RbCl- u. RbBr–KBr-Lösungen. Die benutzten analyt. u. röntgenograph. Methoden werden angegeben. Die Gitterkonstantenwerte für verschied. Zuss. werden in Tabellen zusammengestellt. Die Ergebnisse werden mit den auf Grund der VEGARDschen Regel sowie der Neunten-Potenz-Mischungsregel berechneten Werten verglichen, wobei sich die VEGARDsche Regel als die wesentlich bessere erweist. (J. physic. Chem. **59.** 561–63. Juni 1955. Pittsburgh, Pa., Mellon Inst., Dep. of Res. in Chem. Phys.; Nothampton, Mass., Smith Coll., Dep. of Chem.) H. W. LEVI. 195

C. E. Holley jr., R. N. R. Mulford, F. H. Ellinger, W. C. Koehler und **W. H. Zachariasen,** *Die Kristallstruktur einiger Hydride von Seltenen Erden.* Untersucht wurden die Hydride von *La, Ce, Pr, Nd* u. *Sm* der Formel MH_x, worin $2 \leq x < 3$ ist. Röntgen- u. Neutronenbeugungsaufnahmen führten zu dem Ergebnis, daß alle untersuchten Verbb. isomorph sind u. im CaF_2-Gitter kristallisieren. Die Gitterkonstanten der MH_2-Verbb. liegen zwischen 5,667 Å für LaH_2 u. 5,376 Å für SmH_2. Jede Elementarzelle enthält 4 Metallatome, u. zwar in (0 0 0); (½ ½ 0); (½ 0 ½); (0 ½ ½). H, der über die Formel MH_2 hinaus aufgenommen wird, wird statist. in die Oktaederlücken des CaF_2-Gitters eingebaut u. führt zu einer Gitterkontraktion. Die Neutronenbeugungsunterss., die auch auf die Deuteriumverbb. ausgedehnt wurden, brachten einige Aufschlüsse über die Lage der H-Atome. Atomabstände u. -radien in den Hydriden sowie der metallähnliche Charakter der Verbb. werden diskutiert. (J. physic. Chem. **59.** 1226–28. Dez. 1955. Los Alamos, N. Mex, Univ. of California, Los Alamos Scient. Labor.; Oak Ridge, Tenn., Oak Ridge Nat. Labor.; Chicago, Ill., Univ.) H. W. LEVI. 195

W. Rostoker, *Beobachtungen über Gitterparameter der α- und TiO-Phase im Titan–Sauerstoff-System.* Die Gitterparameter der α- u. TiO-Phase im Ti–O-Syst. wurden röntgenograph. gemessen u. mit den an unreinem Ti gewonnenen Werten von EHRLICH verglichen. Die Messungsergebnisse wurden graph. dargestellt. Hieraus zeigt sich, daß O eine deutliche Verzerrung des c-Parameters der hexagonalen α-Phase hervorruft. Die α-Phase von Ti kann die ungewöhnlich hohe Sättigungslöslichkeit von ca. 34 At.-% O besitzen. Aus den Unterss. ist erstmals die rechner. Best. des wirksamen Atomdurchmessers von O bei seiner Lsg. in einem Gitter mit metall. Bindung möglich. Die TiO-Phase hat in Übereinstimmung mit der Feststellung von EHRLICH eine kub. Struktur vom NaCl-Typ. Hierbei zeigt sich u. a., daß bei Vorliegen von O als O^{2+}-Ion in der TiO-Struktur die Elektronenkonz. pro Atom ca. 3 beträgt. Es wird eine tabellar. Zusammenstellung der Berechnungen der Elektronenkonzz. je Elementarzelle gebracht, die zeigt, daß diese Konzz. fast konstant sind. (J. Metals **4.** 981–82. Sept. 1952. Chicago, Ill., Inst. of Technol.) H. HOCHSTEIN. 195

J. N. van Niekerk, F. R. L. Schoening und **J. F. de Wet,** *Die Struktur des kristallinen Chrom(II)-acetats mit gepaarten Chromatomen.* $Cr(CH_3CO_2)_2$ krist. monoklin in der Raumgruppe C 2/c. Die Elementarzelle enthält 4 Formeleinheiten $Cr_2(CH_3CO_2)_4 \cdot 2\,H_2O$, die Gitterkonstanten sind a = 13,15; b = 8,55; c = 13,94 Å; β = 117° 0′. Aus Projektionen der Struktur auf 2 kristallograph. Ebenen wird festgestellt, daß $Cr(CH_3CO_2)_2$ u. *$Cu(CH_3CO_2)_2$* isostrukturell kristallisieren. Das bemerkenswerteste Merkmal der Struktur ist die enge Nachbarschaft der beiden Cr-Atome in der Elementarzelle, deren Abstand 2,64 Å beträgt. Diese Tatsache läßt ähnlich wie beim $Cu(CH_3CO_2)_2$ eine direkte Wechselwrkg. zwischen den beiden Atomen vermuten. (Acta crystallogr. [Copenhagen] **6.** 501–04. 10/6. 1953. Pretoria, Council for Sci. and Ind. Res., Nat. Phys. Labor., u. Nat. Chem. Res. Labor.) H. W. LEVI. 195

G. Gattow und **J. Zemann,** *Beitrag zur Kristallchemie komplexer Wismutchalkogenverbindungen.* (Vgl. C. **1955.** 8559.) Untersucht wurden die Verbb. *$LiBiS_2$*, *$NaBiSe_2$* u. *$KBiSe_2$*, die aus gepulvertem Bi, S bzw. Se u. dem entsprechenden Alkalicarbonat durch Erhitzen auf 850° dargestellt wurden. Für das $NaBiSe_2$ wird eine pyknometr. D. von 6,40 gefunden u. daraus Z = 2 ermittelt u. für die beiden anderen Verbb. ohne Prüfung übernommen. Aus DEBYE-SCHERRER-Aufnahmen ergibt sich, daß es sich um ein NaCl-Gitter handelt, bei dem auf einer der beiden 4-zähligen Punktlagen 2 Alkali- u. 2 Bi-Atome statist. verteilt sind. Entsprechendes ist für die Verbb. *$NaBiS_2$* u. *$KBiS_2$* bereits von BOON (Recueil Trav. chim. Pays-Bas **63.** [1944.] 32) gefunden worden. Es wird vermutet, daß das $LiBiS_2$ eine Hochtemperaturmodifikation darstellt u. bei tieferer Temp. in eine

Modifikation mit geordneter Verteilung der Li- u. Bi-Atome übergeht. (Z. anorg. allg. Chem. **279.** 324—27. Juli 1955. Göttingen, Univ., Mineralog.-Kristallograph. Inst.) H. W. LEVI. 195

D. Grdenić und **S. Šćavničar,** *Quecksilberoxychlorid als Trichlorquecksilberoxonium-chlorid.* (Vgl. C. **1954.** 5953.) Ein Einkristall des Quecksilberoxychlorids $2 HgCl_2 \cdot HgO$ wird röntgenograph. untersucht. Die Gitterkonstante der kub. Elementarzelle beträgt 9,22 Å in Übereinstimmung mit dem Wert von GAWRYCH (C. **1939.** II. 2618). Die Raumgruppe ist T^4 — $P\,2_1\,3$ u. $Z = 4$. Mit den einer WEISSENBERG-Aufnahme entnommenen Intensitäten werden PATTERSON- u. FOURIER-Synthesen gerechnet u. die Atomparameter bestimmt. Das O-Atom liegt auf der Schraubungsachse u. wird von 3 Hg-Atomen in der gleichen Ebene umgeben. Der Abstand O—Hg beträgt 2,03 Å. Jedes Hg-Atom ist im Abstand von 2,28 Å mit einem Cl-Atom verbunden. O—Hg—Cl liegen annähernd auf einer Geraden. Das vierte Cl-Atom liegt wie das O-Atom auf der Schraubungsachse (Abstand O—Cl = 3,47 Å) u. ist kristallograph. den anderen nicht gleichwertig. Die Abstände des 4. Cl-Atoms zu den 3 Hg-Atomen betragen 2,94 u. 3,13 Å. Die Verschiedenheit der Cl-Atome wird durch Formulierung des Oxychlorids als Komplex $[(ClHg)_3O]Cl$ zum Ausdruck gebracht. (Nature [London] **172.** 584—85. 26/9. 1953. Zagreb, Yugoslavia, Univ., Fac. of Sci., Labor. for General and Inorganic Chem.; Mineralog. and Petrolog. Inst.) W. KRÖNERT. 195

Hideo Tazaki und **Shigeya Kuwabara,** *Eine Untersuchung von Stoffen mit Spinellstruktur.* Folgende Spinelle wurden hergestellt: $ZnAl_2O_4$ aus ZnO u. γ-Al_2O_3, $CuAl_2O_4$ aus CuO u. γ-Al_2O_3, $CuFe_2O_4$ aus CuO u. Fe_2O_3, $ZnFe_2O_4$ aus ZnO u. Fe_2O_3, $FeAl_2O_4$ aus ½ Fe_2O_3 u. γ-Al_2O_3, $SnMg_2O_4$ aus 2 MgO u. SnO_2, $SnZn_2O_4$ aus 2 ZnO u. SnO_2, $MgAl_2O_4$ aus MgO u. γ-Al_2O_3 u. $MgFe_2O_4$ aus MgO u. Fe_2O_3. Es wird das Reaktionsprod. nach verschied. Erhitzungsdauer in Abhängigkeit von der Temp. u. dem Druck angegeben. Die Proben werden um so schneller homogen, je höher Druck u. Temp. sind. (J. Sci. Hiroshima Univ., Ser. A **15.** 263—67. 2 Tafeln. Febr. 1952. Hiroshima, Univ., Phys. Labor.) K. SCHUBERT. 195

Helen D. Megaw und **C. H. Kelsey,** *Eine genaue Bestimmung der Zelldimensionen von Bultfonteinit,* $Ca_4Si_2O_{10}H_6F_2$. Bultfonteinit von der Bultfontein-Mine Kimberley wurde röntgenograph. untersucht. Die triklinen Gitterkonstanten sind a = 10,992, b = 8,183, c = 5,671 Å; $\alpha = 93^0\,57'$, $\beta = 91^0\,19'$, $\gamma = 89^0\,51'$. Die Formel soll zur Analogie mit Afwillit geschrieben werden: $Ca_3[SiO_3(OH)]_2 \cdot 2 H_2O \cdot CaF_2$. Bei beiden Mineralen ist die Gitterkonstante der Faserachse ähnlich. Bei *Afwillit* ist b = 5,63 Å. (Mineralog. Mag. J. mineralog. Soc. **30.** 569—73. März 1955. Cambridge, Univ., Cavendish Labor., Cristallogr. Labor.) J.-E. HILLER. 195

A. D. Wadsley, *Die Kristallstruktur von Psilomelan,* $(Ba, H_2O)_2Mn_5O_{10}$. (Vgl. C. **1953.** 8296.) Psilomelan krist. monoklin in der Raumgruppe A 2/m, die Gitterkonstanten sind a = 9,56; b = 2,88; c = 13,85 Å; $\beta = 92^0\,30'$. Die Verb. enthält Ba u. H_2O ungefähr im Verhältnis 1 : 2. Die Struktur besteht aus dreifachen u. doppelten Bändern von MnO_6-Oktaedern, die so miteinander verbunden sind, daß eine Reihe von Röhren entstehen, die in Richtung der b-Achse laufen. Diese Tunnels werden von einer Doppelreihe von Ba-Ionen u. H_2O-Moll. besetzt, die kristallograph. nicht unterscheidbar sind. Es erscheint wahrscheinlich, daß jeder Tunnel eine geordnete Folge von Ba-Ionen u. H_2O-Moll. enthält, die aber ungeordnet im Hinblick auf die Struktur als Ganzes ist. Die Beziehung des Psilomelans zu seinem Entwässerungsprod., das mit dem Mineral *Hollandit* ident. ist, wird kurz erörtert. (Acta crystallogr. [Copenhagen] **6.** 433—38. 10/6. 1953. Melbourne, Commonwealth Sci. and Ind. Res. Organizat., Div. of Ind. Chem.) H. W. LEVI. 195

Pontus Ljunggren, *Differentialthermoanalyse und Röntgenuntersuchung von Fe- und Mn-Sumpferzen.* (Vgl. C. **1955.** 11356.) Mit Hilfe der Differentialthermoanalyse werden eine Reihe schwed. Sumpferze untersucht. Sie zeigen eine endotherme Spitze, die eine bis zu 100° niedrigere Temp. zeigt als *Lepidokrokit* u. *Goethit.* Trotzdem zeigen die Röntgendiagramme, daß die Erze, soweit krist., aus Goethit bestehen. Eine Altersbest. der Sumpferze mit der Differentialthermoanalyse ist nicht möglich. Eine bei höherer Temp. auftretende exotherme Spitze wird auf die Umwandlung des *Hämatits* zu *Maghemit* zurückgeführt. Die Mn-Sumpferze bestehen aus hydratisierten Komponenten, wobei röntgenograph. die Ggw. von δ-MnO_2 u. von $4 MnO_2 \cdot Mn(OH)_2$ nachgewiesen wurde. (Geol. Fören. Stockholm Förh. **77.** 135—47. März/April 1955.) J.-E. HILLER. 195

D. E. Henshaw, *Die Struktur von Wadeit.* Von Wadeit aus Leucitlamproiten von Westkimberley, Westaustralien, wird die Struktur bestimmt. Die Raumgruppe ist $P\,6_3/m$ mit den Gitterkonstanten a = 6,893, c = 10,172 Å. Die ideale Formel lautet $Zr_2K_4Si_6O_{18}$. Das Grundbaumotiv sind $(Si_3O_9)^{6-}$-Ringe, wie sie im Benitoit vorliegen. Die einzelnen SiO_4-Tetraeder sind etwas verzerrt, weil ²/₃ der O-Atome näher an die

Zr- u. K-Ionen gebunden sind. (Mineralog. Mag. J. mineralog. Soc. **30.** 585—95. März 1955. Univ. of Western Australia, Dep. of Phys.) J.-E. Hiller. 195

G. R. Holzman und **K. H. Moore**, *Elektronenbeugungsuntersuchung der Reorientierung gewisser auf Glimmer und auf von organischen Filmen bedeckte Glimmeroberflächen aufgedampfter Alkalihalogenide.* (Vgl. C. **1952.** 5539.) Die von Bradley (C. **1937.** II. 1745) unter dem Lichtmikroskop gemachte Beobachtung, daß einige Alkalihalogenide nach Aufdampfung auf mit organ. Folien bedeckte frische Glimmerspaltflächen zunächst keine, nach Einw. von Wasserdampf aber eine sehr deutliche Ausrichtung (Epitaxie) zeigen, wird mit Hilfe der Elektronenbeugung an *KJ*, *RbJ* u. NH_4J weiter untersucht. Für die völlige Ausrichtung genügt es bereits, wenn ein Finger kurzzeitig in ca. 1 cm Abstand von der Oberfläche gehalten wird. Die Dicke der organ. Folien, durch welche hindurch die Oberflächenkräfte des Glimmers noch eine nachweisbare ausrichtende Wrkg. auf die Jodidkristalle haben, liegt zwischen 200 Å (Formvar, chlorierter Kautschuk) u. 1500 Å (Celluloseacetat). (J. Colloid Sci. **7.** 396—406. Aug. 1952. Troy, N. Y., Rensselaer Polytechn. Inst., Phys. Dep.) F. Lenz. 196

E. C. Williams, *Anisotrope Gitterverzerrung in aufgedampften Abscheidungen kubischflächenzentrierter Metalle.* Aufgedampfte Filme von *Cu*, *Ag* u. *Au* werden mit Hilfe von Elektronenbeugung untersucht. Durchstrahlungsaufnahmen lassen das Vorliegen von Gitterverzerrungen erkennen, die nach Ansicht des Vf. von Versetzungen herrühren. Voraussetzung für das Erkennen der Gitterverzerrungen ist, daß reflektierende Kristallflächen parallel zur freien Oberfläche vorliegen. Die Erscheinungen werden auf das Vorhandensein elast. Spannungen senkrecht zur freien Oberfläche zurückgeführt u. im Zusammenhang mit der Frankschen Theorie des Kristallwachstums (Discuss. Faraday Soc. **5.** [1949.] 48) diskutiert. (Research **5.** 392—93. Aug. 1952. Birmingham, Imp. Chem. Ind. Ltd., Kynoch Works, Met. Div.) W. Krönert. 196

Ned S. Rasor, *Kinetik des Ausglühens von Gitterfehlern in aufgedampften Kupferfilmen.* (Sitzungsbericht.) (Physic. Rev. [2] **98.** 1555. 1/6. 1955. Case Inst. of Technol.) G. Ruban. 196

R. E. Schlier, *Struktur von auf Titan aufgedampften Kupferfilmen.* (Sitzungsbericht.) (Physic. Rev. [2] **98.** 1555. 1/6. 1955. Brown Univ.) G. Ruban. 196

H. Göttsche und **H. Raether**, *Die Struktur dünner Aluminium–Silber-Schichten.* Kurze Mitt. zu der C. **1955.** 3570 referierten Arbeit. (Acta crystallogr. [Copenhagen] **6.** 568. 10/6. 1953. Hamburg, Univ., Inst. für angewandte Physik.) H. W. Levi. 196

Carl J. McHargue, *Die Kristallographie der Titanumwandlung.* Als Orientierungsbeziehung zwischen hexagonal dicht gepacktem u. kub. raumzentriertem Ti wurde gefunden, daß (0 0 0 1) u. (1 1 0) einerseits u. [1 1 $\bar{2}$ 0] u. [1 1 1] andererseits parallel sind. Diese Beziehung wurde durch Vgl. zwischen mehreren großen α-Körnern, die aus einem einzelnen β-Korn entstanden waren, gefunden; sie stimmt mit denen überein, die für *Zr* u. *Li* bekannt sind. Es kann ferner gezeigt werden, daß die Habitusfläche von Ti (3 3 1) ist. (Acta crystallogr. [Copenhagen] **6.** 529—30. 10/6. 1953. Lexington, Ky., Univ. of Kentucky.) H. W. Levi. 197

C. J. McHargue und **J. P. Hammond**, *Der Deformationsmechanismus des Titans bei höheren Temperaturen.* Unters. des Deformationsvorganges grobkörniger, spannungsverformter Ti-Proben bei 815°. Gleitebenen sind (1 0 $\bar{1}$ 0) u. (1 0 $\bar{1}$ 1), letztere häufiger als bei Zimmertemp.; Zwillingsebenen sind (1 1 $\bar{2}$ 1) u. (1 1 $\bar{2}$ 2); die Zwillingsbldg. ist schwächer als bei Zimmertemperatur. Gleitung längs der Basisfläche u. Zwillingsbldg. nach (1 0 $\bar{1}$ 2) konnten an den 14 untersuchten Körnern nicht beobachtet werden. Aus Unterss. bei 565 u. 790° geht hervor, daß die Möglichkeit zur Zwillingsbldg. nach (1 0 $\bar{1}$ 2) zwischen diesen beiden Tempp. aufhört. (Acta metallurg. [New York] **1.** 700—05. Nov. 1953. Lexington, Ky., Univ. of Kentucky, Dep. of Min. and Metallurg. Engng.) H. C. Wolf. 197

U. Dehlinger und **H. Schenk**, *Zur Theorie der Gitterstrukturen der vierwertigen Elemente.* Es wird die schon bei Diamant entwickelte Meth. zur Berechnung der Bänder auf das tetragonale weiße *Sn* angewandt. Als Atomfunktion werden dieselben q-Funktionen wie für das Diamantgitter genommen, wobei mit wachsender Hauptquantenzahl die Unschärfe ihrer Vorzugsrichtungen in entscheidender Weise zunimmt. Die in der Störungsrechnung auftretenden Integrale werden diskutiert. Gegenüber dem Diamantgitter des grauen Sn ergibt sich eine zusätzliche Aufspaltung der Bänder, die zu einer Überschneidung der bindenden u. lockernden Teilbänder führt. (Z. Physik **136.** 344—51. 1953. Stuttgart, TH, Inst. für theoret. u. angew. Phys.) W. Swinne. 197

Namio Kawashima und **Yuzô Nakamura**, *Untersuchung der Rekristallisationstemperatur von raffiniertem Aluminium hoher Reinheit.* 6. Mitt. *Einfluß der anfänglichen*

Korngröße. Messung des Einfl. der ursprünglichen Korngröße auf die Rekristallisationstemp. von Al. Je größer die ursprüngliche Korngröße ist, desto höher liegt die Rekristallisationstemperatur. Al der Reinheit 99,9% zeigt Rekristallisationstempp. zwischen 360 u. 300° bei Korngrößen zwischen 6 u. 400 Körnern/mm²; bei weniger reinem Al (99,3%) wurden 320 bzw. 280° bei 420 bzw. 600 Körnern/mm² gemessen. Die rekrist. Körner sind gleichmäßig in ihrer Größe auch bei uneinheitlichem Ausgangsmaterial. (Nippon Kinzoku Gakkai-Si [J. Japan Inst. Metals] **16.** 246—49. Mai 1952. Osaka, Tokyo Aluminium K. K. [Orig.: engl.]) H. C. WOLF. 197

C. Coleman und **R. Smoluchowski,** *Korngrenzendiffusion im System Al–Cu.* (Sitzungsbericht.) (Physic. Rev. [2] **98.** 1555. 1/6. 1955. Carnegie Inst. of Technol.) G. RUBAN. 197

Chi Yao Li und **A. S. Nowick,** *Einfluß von Abschreckung und Neutronenbestrahlung auf die Atombeweglichkeit in einer Cu–Al-Legierung.* (Sitzungsbericht.) (Physic. Rev. [2] **98.** 1531. 1/6. 1955. Yale Univ.) R. STEIN. 197

Guido Bassi, *Sekundärrekristallisation in Kupferdraht.* Beim Glühen von Cu-Draht bei 400° zeigt das rekrist. Gefüge zunächst eine [1 0 0]-Textur, sowie aber die Glühzeit verlängert wird, wandelt sich das feinkörnige Gefüge in ein grobkörniges um, das eine neue bevorzugte Orientierung hat. Diese entspricht der [1 1 2]-Richtung. Nur wenn das Glühen, das die Primärrekristallisation ergibt, 6 Wochen bei 200° durchgeführt wird, resultiert die gleiche sek. Rekristallisationstextur, als wenn die Glühung bei 400° fortgesetzt wird. Wenn hartgezogener Draht zunächst 6 Std. bei 200° geglüht wird, entsteht die [1 0 0]-Textur. Nach einer anschließenden weiteren Verformung um ca. 10% tritt Sekundärrekristallisation mit der [1 1 2]-Textur ebenfalls bei 200° auf. (J. Metals **3.** 533—34. Juli 1951; **4.** 515. Mai 1952. Västerås, Schweden, AB Svenska Metallverken.) H. HOCHSTEIN. 197

Asutosh Pal, *Die Wirkung von Nickel auf Bronze.* Verss. über den Einfl. steigender Mengen (1—5%) Ni auf das Verh. von Bronze (in %: 85,1 Cu, 7,0 Sn, 4,15 Pb, 0,14 Fe, 3,27 Zn, 0—0,34 Verunreinigungen) zeigen, daß einige mechan. Eigg. verbessert, andere verschlechtert werden. Die günstigsten Ergebnisse bewirkt ein Zusatz von ca. 3% Ni. Dieser Geh. bewirkt die Bldg. einer festen Lsg. mit α-Kristallen. Der Ni-Zusatz scheint die gleichmäßige Pb-Verteilung zu begünstigen u. dadurch Pb-Seigerungen zu verhindern. Steigende Ni-Mengen verfeinern das Korn der Legierung. (Sci. and Cult. **17.** 174—75. Okt. 1951. Sibpore, Howrah, B. E. Coll.) W. WESLY. 197

Jerome Rothstein, *Beziehung zwischen der Anomalie des Ausdehnungskoeffizienten von abgeschrecktem Cu_3Au und den Eigenschaften von geordnetem Cu_3Au.* (Sitzungsbericht.) (Physic. Rev. [2] **98.** 1554. 1/6. 1955. Signal Corps Engng. Labors.) G. RUBAN. 197

E. E. Fletcher und **A. R. Elsea,** *Die Einflüsse von Wolfram oder Molybdän auf die α–β-Umwandlung und die γ-Ausscheidung in Kobalt–Chrom-Legierungen.* Erörtert wird eine metallograph. Unters. über den Einfl. von W- oder Mo-Zusätzen auf die Umwandlungs- u. Ausscheidungsvorgänge, wie sie in Co-reichen Co–Cr-Legierungen auftreten. Es wird gezeigt, daß W einen geringen Einfl. auf das α–β-Umwandlungstemperaturgebiet hat, während Mo es zu erhöhen strebt. Beide Elemente fördern die Bldg. der γ-Phase, wobei in dieser Beziehung Mo wirkungsvoller ist als W. (J. Metals **3.** 897—902. Okt. 1951; **4.** 524—26. Mai 1952.) H. HOCHSTEIN. 197

O. Krisement, *Zur Kohlenstoffausscheidung aus dem α-Eisen.* Nach Glühungen von Eisenproben mit 0,020 Gew.-% C bei verschied. Tempp. wurde die durch die C-Ausscheidung bei 103° frei werdende Wärmemenge mikrocalorimetr. bestimmt. Diese Wärmemenge nimmt nicht durchweg monoton mit der Glühtemp. zu, sondern zeigt zwischen den Glühtempp. von 218 u. 230° einen Abfall. Vf. interpretiert diesen Befund so, daß oberhalb dieser Tempp. C als Zementit, Fe_3C, unterhalb in Form eines anderen Carbids, etwa ε-Carbid, ausgeschieden wird. (Ark. Fysik **7.** Nr. 27. 353—55. 1954.) O. KRISEMENT. 197

P. O. Paschkow, *Über die Festigkeit von zweiphasigen, aus harten und weichen Kristallkörnern bestehenden Metallen.* Die Ergebnisse von Zerreißverss., ergänzt durch metallograph. Unterss., mit einer Reihe unlegierter u. legierter Stähle, die auf Mischgefüge (Ferrit–Perlit, Ferrit–Martensit) behandelt worden waren, werden, wie folgt, zusammengefaßt: Die Fließgrenze von einer grobkörnigen Legierung, bestehend aus einem Gemisch von harten (im Anfangsstadium des Fließprozesses sich nicht verformenden) u. weichen Kristallkörnern, ist der Streckgrenze der weichen Phase direkt u. deren relativem Anteil im Gefüge umgekehrt proportional. Bei Vorliegen feinkörniger Struktur gilt diese Beziehung nur vorbehaltlich einer Korrektur, welche die die plast. Verformung der weichen Phase hemmende Wrkg. der harten Kristallkörner berücksichtigt; eine entsprechende Formel wird vorgeschlagen. Am Beispiel eines ferrit.-martensit. Stahles wird auf die prakt. Bedeutung einer getrennten Betrachtung der gleichmäßigen u. der, im Einschnürungsbereich lokal konz., plast. Verformung für Festigkeitsunterss. hingewiesen. (Журнал Технической Физики [J. techn. Physik] **24.** 433—44. März 1954.) V. Ehmcke. 197

W. N. Swetschnikow und **Ss. Ss. Golubew,** *Über die Kaltbrüchigkeit von hochphosphorhaltigem Stahl.* Ausgehend von der bekannten Eig. des P, die Kaltbrüchigkeit eines Stahles zu erhöhen, führten Vff. Kerbschlagverss. mit 2 normalisierend behandelten Stählen verschied. P-Geh. (0,014 u. 0,15%), sonst gleicher Zus. (0,45—0,50% C, 0,2% Si, 0,50% Mn) bei Tempp. von —75 bis +100° durch. In Verbindung mit metallograph. Unterss. wird festgestellt: P erhöht die Kaltbrüchigkeit eines Stahles durch Steigerung seines Widerstandes gegenüber Schubbeanspruchung sowie durch Verstärkung seiner Neigung zur Bldg. eines groben Austenitkornes. Das Vorhandensein eines feinkörnigen ferrit.-perlit. Gefüges erhöht die Widerstandsfähigkeit eines Stahles gegenüber Sprödzerstörung nur dann, wenn innerhalb der einzelnen Bereiche mit einer Vielzahl feiner Kristallkörner keine angenäherte kristallograph. Orientierung besteht. Für die Bewertung eines bestimmten Feinkörnigkeitsgrades des Gefüges bzgl. der Neigung eines Stahles zur Kaltsprödigkeit ist es daher von Bedeutung, wie dieser Gefügezustand erreicht worden ist, z. B. ob durch Verformung kurz oberhalb Ac_3 mit dem sich hieraus ergebenden feinen Austenitkorn vor der Umwandlung oder durch Rekristallisation aus hoher Austenitisierungstemp. u. der hiermit verbundenen gleichen Kristallorientierung innerhalb der ursprünglichen Austenitkorngrenzen. (Журнал Технической Физики [J. techn. Physik] **24.** 467—72. März 1954.) V. Ehmcke. 197

Je. M. Schewandin und **Je. W. Filatowa,** *Einige Daten über den Einfluß der Oberfläche auf die Kaltbrüchigkeit von Stahl.* Mit Probestreifen aus plattiertem Bimetall, Stahl mit 0,30% C (3 mm dick)-Cu (bis 1 mm dick), durchgeführte Schlagbiegeverss. bei Tempp. bis —190° zeigen, daß durch eine dicht aufgetragene Cu-Schicht die krit. Temp. für den Zähigkeitsabfall des Stahles aus der Hoch- in die Tieflage sehr erheblich herabgesetzt wird. (Журнал Технической Физики [J. techn. Physik] **24.** 511—16. März 1954.) V. Ehmcke. 200

W. W. Ssatschkow und **Ja. M. Potak,** *Über die Rolle der mechanischen Zwillingsbildung bei Sprödbruch von Eisen.* Zur Überprüfung der von verschied. Forschern ausgesprochenen Ansicht, daß der Sprödbruch von kaltbrüchigen Metallen durch ihre Fähigkeit zur Zwillingsbldg. bei mechan. Beanspruchung bestimmt wird, wurden Zerreißverss. bei —196° mit Probestäben aus *Armco-Fe* u. *Cr-* bzw. *P-legiertem Fe* (0,02% C, 1,96% Cr u. 0,03% C, 0,28% P) im grob- u. feinkörnigen Zustand durchgeführt. In Verbindung mit anschließend vorgenommener mkr. Unters. der Probestäbe wird festgestellt: Die Zwillingsbldg. kommt unter der Einw. von Schubspannungen zustande, die Korngröße ist ohne Einfl. auf dieselbe. Weiches Fe neigt in erheblich stärkerem Maße zur Zwillingsbldg. als Cr- u. bes. P-legiertes Fe; indessen ist erwiesen, daß die Sprödbruchfestigkeit des letzteren erheblich geringer ist als die des ersteren. Bei gleicher Beanspruchung tritt Zwillingsbldg. nur in dem zerstörten Bereich des Zerreißstabes auf, während in dem nicht zerstörten Teil eine solche nicht beobachtet wurde. An Flachproben aus Armco-Fe, die bei —196° gebrochen wurden, wird mkr. nachgewiesen, daß zwischen Zwillingsebene u. Bruchebenen durch die Körner in den meisten Fällen keine Parallelität besteht. In Abweichung von der eingangs erwähnten Hypothese wird die Vermutung ausgesprochen, daß die Zwillingsbldg. im Augenblick des Auftretens des Sprödbruches unter dem Einfl. hoher Konz. von Schubspannungen an der Spitze des schnell fortschreitenden Anrisses zustande kommt. (Журнал Технической Физики [J. techn. Physik] **24.** 460—66. März 1954.) V. Ehmcke. 200

N. F. Laschko und **E. M. Radetzkaja,** *Ermüdungszerstörungsprozesse in Legierungen mit „Glühzwillingen“.* Vff. verfolgten metallograph. an flachen Probestäben aus der austenit. Legierung EJ-437, die auf grobes Korn mit mehrfach vorkommender Zwillingsbldg. behandelt worden war, den Verlauf des Zerstörungsprozesses bei in einer Ebene angesetzter Biegewechselbeanspruchung. An Hand von period. aufgenommenen Schliffbildern wird gezeigt, daß bei Legierungen mit flächenzentriertem Gitter die Zwillingsebenen in der Regel den Ausgang für die ersten Gleitvorgänge u. somit Entstehung lokaler Gitterverzerrung darstellen. Im weiteren Verlauf schreitet die Materialauflockerung in zunehmendem Maß durch Entstehung u. Ausweitung von Ermüdungsrissen längs der Gleitebenen auch anderer Kristalle fort, bis schließlich völlige Zerstörung eintritt. Gegenüber den Vorgängen bei Legierungen mit raumzentriertem Gitter (Stählen auf α-Fe-Basis) besteht insofern ein Unterschied, als dort der Auflockerungsprozeß direkt durch Anhäufung von lokalen Verformungen in den günstig zur Kraftwrkg. gelegenen Gleitebenen eingeleitet wird. (Журнал Технической Физики [J. techn. Physik] **24.** 417—24. März 1954.) V. Ehmcke. 200

W. Ss. Posstnikow, *Relaxationserscheinungen in deformierten Metallen und Legierungen.* (Fortschr. Physik **2.** 309–28. 1954. – C. **1955.** 9975.) E. KLEVER. 200

T. Vreeland jr., D. S. Wood und **D. S. Clark,** *Plastizität vor dem Fließen und unelastische Mikrodehnungen in Stahl mit niedrigem Kohlenstoffgehalt.* Es wird das Verh. von geglühtem Stahl mit niedrigem C-Geh. beschrieben, der plötzlicher Zugbeanspruchung unterhalb der Streckgrenze unterworfen wurde. Durch genaue Messungen der plast. u. unelast. Mikrodehnungen konnte eine Beziehung zwischen der angewandten Spannung u. der Mikrodehnung im Gleichgewicht gefunden werden. Die Versetzungen im Kristallgitter vermögen die experimentell beobachtete Mikrodehnung quantitativ zu erklären. Die Anzahl der Versetzungsschlingen im Gleichgewicht wird als Funktion der angewandten Spannung u. der Länge der Versetzungsquelle abgeschätzt. Der Vgl. der Theorie u. der gefundenen Werte führt zur Best. einer charakterist. Versetzungslänge, die mit früheren Ideen einer Mosaikblockstruktur im Einklang steht. (Acta metallurg. [New York] **1.** 414–21. Juli 1953.) H. SCHÖBERL. 200

M. Kornfeld, *Methoden und Ergebnisse von Untersuchungen der Volumenelastizität von Substanzen.* Übersicht. – 24 Literaturangaben. (Успехи Физических Наук [Fortschr. physik. Wiss.] **54.** 315–42. Okt. 1954.) E. KLEVER. 200

A₇. Gleichgewichte. Kinetik.

Henry Taube, *Anionen als brückenbildende und nicht brückenbildende Liganden bei Reaktionen von Co(III)-Verbindungen mit Cr^{2+}.* Es werden im wesentlichen qualitative Unterss. über Rkk. von Cr^{2+} mit substitutionsinerten kation. Oxydationsmitteln vom Typ $[Co(III)(en)_3]^{3+}$ (**I**) (en = Äthylendiamin), $[Co(III)(en)_2$(*o-Phenanthrolin*)$]^{3+}$ (**II**) u. $[Co(III)(NH_3)_5X]$ (**III**) [X = N_3^-, SCN^-, NO_3^-, *Acetat* (**IV**), *n-Butyrat* (**V**), *Crotonat* (**VI**), *Oxalat* (**VII**), *Succinat* (**VIII**), *Malonat* (**IX**) oder $P_2O_7^{4-}$] beschrieben u. eingehend unter Berücksichtigung ster. u. elektronentheoret. Gesichtspunkte im Hinblick auf intermediäre „aktivierte Brückenkomplexe" mit gemeinsamer Gruppe zwischen Co u. Cr während des Elektronenübergangsprozesses diskutiert. Auf die Darst. der einzelnen Komplexe wird kurz eingegangen. Art u. Menge der gebildeten $[Cr(H_2O)_6]^{3+}$-Substitutionsprodd. werden mittels Ionenaustauschverf. untersucht. Die Best. der Reaktionsgeschwindigkeiten erfolgt durch Reaktionsabbruch bei Zugabe von Fe^{3+} u. amperometr. Titration des durch nicht oxydiertes Cr^{2+} gebildeten Fe^{2+}. Bei den Rkk. zwischen Cr^{2+} u. **III** findet im Falle von X = SCN^-, N_3^-, PO_4^{3-}, $P_2O_7^{4-}$, **IV, V, VI, VII, VIII** u. **IX** ein Übergang des betreffenden Anions vom Co zum Cr statt. Die Reaktionsgeschwindigkeiten sind für X = **IV, V, VI** u. **VIII** etwa gleich, für **VII** bzw. **IX** ca. 100mal größer. Es wird gezeigt, daß im Falle einiger Anionen der Austausch ohne intermediäre Brückenbldg. stattfindet. Der Übergang von $P_2O_7^{4-}$ an Cr erfolgt bei Rk. von **III** mit Cr^{2+} fast vollständig, während SO_4^{2-} nur teilweise übergeführt wird. Bei $[Co(NH_3)_5Cl]^{2+}$ als Oxydationsmittel findet in Ggw. von $P_2O_7^{4-}$ Übergang von Cl^- u. $P_2O_7^{4-}$ statt. Cr^{2+} reagiert mit **II** schneller als mit **I**. (J. Amer. chem. Soc. **77.** 4481–84. 5/9. 1955. Chicago, Ill., Univ., George Herbert Jones Labors.) H. HOFMANN. 223

Peter E. Yankwich und **John E. McNamara,** *Isotopeneffekte bei der Austauschreaktion zwischen nichtkomplexen Carbonat–Bicarbonat-Ionen und dem Carbonato-bis-äthylendiamin-kobalt(III)-ion.* Für die Austausch-Rk. $Co(en)_2{}^nCO_3^+ + H^xCO_3^- = H^nCO_3^- + Co(en)_2{}^xCO_3^+$ mit n = n. Gemisch stabiler Kerne, x = 13 oder 14 wurden die Gleichgewichtskonstanten K u. die relativen Austauschgeschwindigkeiten für ^{13}C u. ^{14}C bestimmt unter Änderung der Konzz. für den Komplex u. für freies Carbonat–Bicarbonat von 0,01–0,05 mol. u. für H^+ von $2 \cdot 10^{-11}$ bis $9 \cdot 10^{-10}$ molar. Bei 25° ist die Austauschkonstante für ^{13}C $K = 0{,}99_1 \pm 0{,}01_4$, für ^{14}C $K = 0{,}99_0 \pm 0{,}01_3$ u. das Verhältnis der Austauschgeschwindigkeiten ist $1{,}03_3 \pm 0{,}02_8$, wonach der Austausch des leichteren Isotops etwas rascher vor sich geht. (J. chem. Physics **20.** 1325. Aug. 1952. Urbana, Ill., Univ. of Illinois, Dep. of Chem.) K. RUMPF. 223

J. Timmermans und **J. Lewin,** *Eine vergessene Theorie: die „negative Sättigungskurve".* Von TIMMERMANNS wurde früher (J. Chim. physique **20.** [1923.] 491 u. vorher) gezeigt, daß die Mischbarkeit bin. Systeme mit einer oberen u. einer unteren Lösungstemp. T_c durch Druckeinfl. verändert wird. Bei Systemen mit negativer Sättigungskurve (z. B. W. + tert.-Butanol) kann durch den Zusatz einer dritten Komponente (z. B. von KCl) die Sättigungskurve bei gewöhnlichem Druck nach negativen Druckwerten verschoben werden, wobei eine Phasentrennung erfolgt. Verss. werden für folgende Systeme beschrieben (Abhängigkeit der oberen u. unteren T_c-Werte von der zugesetzten Salzmenge, z. T. auch für verschied. Mengen der organ. Komponente): *W.* + *Isopropanol* + *KCl*; W. + *Allylalkohol* + KCl (bzw. + *KF*); W. + *Aceton* + KCl; W. + *Methoxy*-

äthanol (I) + KCl (bzw. + KF bzw. + Na_2CO_3 bzw. + Na_2SO_4); W. + *Äthoxyäthanol* + KF; W. + *n-Propoxyäthanol* + KCl (bzw. + KF); W. + *Isopropoxyäthanol* + KCl. Bei allen Systemen wird bei wachsender Salzmenge der untere T_c-Wert erniedrigt u. der obere erhöht. Bei den genannten Systemen mit **I** erfolgte keine Phasentrennung. Zum Vgl. werden zahlreiche weitere Literaturdaten herangezogen. (Discuss. Faraday Soc. Nr. **15.** 195—201. 1953. Brüssel, Univ., Sci. Fac., Labor. Phys. Chem.) O. Fuchs. 224

H. M. Irving, F. J. C. Rossotti und **J. G. Drysdale,** *Lösungsmittelextraktion von Indium.* In-Halogenide können durch Ausschütteln mit Ae. der wss. Phase entzogen werden. Die geringsten Ausbeuten werden beim Chlorid, 100%ig. Ausbeute beim Jodid erhalten, u. zwar in einer 0,5—2,5n HJ-Lsg. (Optimum 1,5n). Die Extraktion kann auch in 0,5—7,0n H_2SO_4-Lsg. mit KJ-Zusatz vorgenommen werden. Die Ggw. von 0,5mol. F^-, Cl^-, Br^-, CN^-, PO_4^{3-} oder Citrationen stört nicht, Fe u. Be bleiben in der wss. Phase. Diese vorläufigen Unterss. wurden mit ^{144}In in Konzz. von 30 mg/Liter durchgeführt. (Vgl. hierzu C. **1956.** 4939.) (Nature [London] **169.** 619—20. 12/4. 1952. Oxford, Univ., Inorgan. Chem. Labor.) H.-G. Moslé. 224

Murrell L. Salutsky, Joseph G. Stites jr. und **A. W. Martin,** *Fraktionierung von Barium–Radium-Mischungen als Chromate durch Fällung aus homogener Lösung.* Vff. untersuchen die Fällung von Ba^{2+} u. Ra^{2+} mit Chromat aus homogener wss. Lsg. in Abhängigkeit von dem Ausgangsverhältnis Ba : Ra, der Ba^{2+}-Konz. der Lsg. u. der Temperatur. Eine Meth. zur Anreicherung von Ra^{2+} wird mitgeteilt. — Etwa 100 g $(Ba, Ra)CO_3$ (Ba : Ra 96930 : 1) werden mit 250 ml W. versetzt, in 100 ml konz. HNO_3 gelöst u. auf 3 Liter mit W. aufgefüllt. Bei 95° werden 5 g K_2CrO_4, in 200 ml heißer verd. HNO_3 (1 : 3) gelöst, 192 g *Harnstoff* (**I**) hinzugegeben u. so lange auf 100° erhitzt, bis durch die Hydrolyse von **I** p_H 5 erreicht ist. Das Filtrat (ca. 50% der Ba-Ausgangsmenge enthaltend) wird in derselben Weise weiterbehandelt unter Verwendung der halben Gewichtsmengen der Reagentien usw. Die 19. Fraktion ergab $(Ba, Ra)CrO_4$ mit dem Ba : Ra-Verhältnis 0,18 : 1. Bei dieser Meth. bleibt der logarithm. Verteilungskoeff. λ nach Doerner u. Hoskins nahezu konstant, ca. 4,5, während der einfache Verteilungskoeff. mit steigender Ba-Fällungsmenge größer wird. Die Ba-Konz. der Ausgangslsg. hat ebenso wie die Ra-Konz. keinen Einfl. auf λ. Mit fallender Temp. nimmt λ zu (λ bei 100° = 4,5; bei 25° = 5,5; bei 0° = 8,0). Die idealen λ-Werte (bei 0% Fällung in gesätt. Lsg.) werden durch Extrapolation zu 5,16, 6,09 u. 8,85 bestimmt. Diese von Vff. mit Grenzverteilungskoeffizienten bezeichneten Werte (λ = D) werden für verschied. Ra/Ba-Salze bei verschied. Tempp. berechnet. Es zeigte sich, daß zur Anreicherung die beschriebene Chromatmeth. ebenso erfolgreich ist, wie die Fraktionierung der Bromide, u. daß sie besser ist als die Fraktionierung der Chloride u. Nitrate. — Die Fällungen bei 25 u. 0° wurden nicht durch **I**-Zusatz, sondern durch Zugabe von KCNO zur mit Essigsäure angesäuerten Lsg. erreicht. (Analytic. Chem. **25.** 1677—81. Nov. 1953. Miamisburg, O., Monsanto Chem. Co., Mound Labor.) H.-G. Moslé. 224

G. Narsimhan, *Unbeständigkeit von selbstangeregten Systemen.* Es wird eine mathemat. Gleichung abgeleitet, die auf Messungen von irreversiblen Schnellfluß-Rkk. angewandt wird. (J. physic. Chem. **59.** 574—75. Juni 1955. Nagpur, Univ., Laxminarayan Inst. of Technol., Dep. of Chem.) H. W. Levi. 225

C. E. H. Bawn, *Der Mechanismus der chemischen Umwandlung.* Zusammengefaßt werden die Fortschritte auf folgenden Gebieten: Kinetik homogener Rkk., Messung der Bindungsdissoziationsenergien, Kinetik von unimol. Rkk., kinet. Isotopeneffekte, atomare u. freie Radikal-Rkk., Polymerisationen, Elektronenübertragungs-Rkk. in Lsg., Isotopenaustausch-Rkk., Ionen-Rkk. in Lsgg., Photo- u. Strahlenchemie, Photo- u. therm. Rkk. von Aldehyden u. Ketonen, Katalyse u. Oberflächenchemie sowie Rkk. im festen Zustand. — 224 Zitate. (Annu. Rep. Progr. Chem. **48.** 38—73. 1951, ausg. 1952.) B. Gnauck. 225

Detlef Winkelmann, *Die elektrochemische Messung der Oxydationsgeschwindigkeit von Na_2SO_3 durch gelösten Sauerstoff.* Die Rk. zwischen Na_2SO_3 u. gelöstem O_2 wird in Abhängigkeit von der Zeit durch Messung der jeweiligen O_2-Konz. verfolgt. Als Meßanordnung dient ein Element aus einer leicht polarisierbaren Ni-Kathode u. einer unpolarisierbaren Zn-Anode. Diese Kombination ist so gewählt, daß das Kathodenpotential im Diffusionsgrenzstromgebiet der O_2-Red. an Ni liegt u. daher Linearität zwischen der O_2-Konz. u. dem durch das Element fließenden Strom besteht. Der Reaktionsverlauf wird sowohl unter Ausschluß der Gasphase als auch unter Durchleitung eines N_2–O_2-Gemisches durch die Lsg. untersucht. Es zeigt sich, daß die Brutto-Rk. durch $2\,SO_3^{2-} + O_2 \rightarrow 2\,SO_4^{2-}$ wiedergegeben wird. Die Rk. ist 1. Ordnung bzgl. SO_3^{2-} u. 0. Ordnung bzgl. O_2. Für die Reaktionsgeschwindigkeitskonstante werden Werte zwischen $3\cdot10^{-3}$ u. $18\cdot10^{-3}\,sec^{-1}$ bestimmt. Schwermetallspuren üben einen katalyt. Einfl. auf die Rk. aus. (Z. Elektrochem., Ber. Bunsenges. physik. Chem. **59.** 891—95. Nov. 1955. Berlin-Dahlem, Bundesanstalt für mechan. u. chem. Materialprüf.) W. KRÖNERT. 225

A. M. Posner, *Die Kinetik der Autoxydation von Eisen(II)-Ionen in konzentrierten HCl-Lösungen.* Bei 18° wurde die Geschwindigkeit der Oxydation von Fe^{2+}-Ionen ($FeCl_2$) mit O_2 in Abhängigkeit von der HCl-Konz. (4—8n Lsgg.), vom O_2-Druck (0,2 bis 1,0 at) u. von der Fe^{2+}-Konz. gemessen. Einige Messungen wurden auch zwischen 0 u. 34° ausgeführt. Die Rk. ist von 1. Ordnung in bezug auf die Konz. von Fe^{2+} u. auf den O_2-Druck, während die Abhängigkeit von der HCl-Konz. durch eine kompliziertere Funktion dargestellt wird. Wahrscheinlich verläuft die Rk. über einen HCl–Fe^{2+}-Komplex. Die Aktivierungsenergie ergibt sich zu 14,6 kcal/Mol. Die einzelnen Reaktionsstufen werden diskutiert. (Trans. Faraday Soc. **49.** 382—88. April 1953. London, King's Coll., Dep. of Phys. Chem.) O. FUCHS. 225

U. R. Evans, *Die Oxydation von Metallen, eine vereinfachte quantitative Diskussion.* Vf. stellt auf Grund der verschied. Reaktionsmechanismen bei der isothermen Metalloxydation die mathemat. Beziehungen zwischen der Dicke der Oxydschicht (y) bzw. der Oxydmenge (w) u. der Zeit (t) zusammen. 1. Wird die Oxydationsgeschwindigkeit durch Teilchenbewegung durch den Oxydfilm, bei konstanter Oberfläche u. unter Ausschluß von Rand-Rkk., bestimmt, so existiert eine allg. Differentialgleichung als Reihenentwicklung. Als Grenzfall existiert bei freier Bewegung der Teilchen ohne Potentialgefälle die einfache parabol. Gleichung $y^2 = k\,t + k'$. Ist die Bewegung der Teilchen nur bei einem Potentialgefälle möglich, so erhält man die umgekehrt logarithm. Gleichung $1/y = k - k' \log (t - k'')$. 2. Andere geschwindigkeitsbestimmende Faktoren verändern diese Gleichungen. Sind Rand-Rkk. mit geschwindigkeitsbestimmend, so gilt die gemischt parabol. Gleichung $y^2 + k\,y = k'\,t$. Ist allein die Rand-Rk. geschwindigkeitsbestimmend, so kann die Oxydation durch die lineare Gleichung $y = k\,t + k'$ wiedergegeben werden. Oxydationen, bei denen der Elektronentransport geschwindigkeitsbestimmend ist, gehorchen der direkt logarithm. Gleichung $y = k \log (k'\,t + k'')$. 3. Diese direkt logarithm. Gleichung gilt auch, wenn sich die Größe der Oberfläche mit der Zeit ändert u. keine Durchdringung des Oxydfilmes stattfindet. Eine etwas modifizierte logarithm. Gleichung $w = k + k' \log (t^{1/2} + k'')$ gibt die Oxydationen wieder, bei denen im Oxydfilm Hohlräume entstanden sind. Ferner wird die dreidimensionale Oxydation, die von einem Kern ausgeht, besprochen. (Rev. pure appl. Chem. **5.** 1—21. März 1955. Cambridge, Univ.) R. LACMANN. 225

Jerzy Kroh, *Untersuchung des Mechanismus einiger chemischer Reaktionen durch Messung der dabei auftretenden sichtbaren Strahlung.* Es wird die theoret.-mathemat. Behandlungsweise von Rkk. mit Chemiluminescenz beschrieben. Durch Messung von Intensität u. spektraler Verteilung in Abhängigkeit von Temp., Katalysator, Konz. u. Lösungsm. lassen sich Schlüsse auf den Reaktionsmechanismus u. auf die Größe der Aktivierungsenergie ziehen. — 10 Literaturangaben. (Wiadomości chem. **7.** 23—34. 1953, Łodź, Zakł. Chem. Fiz. Politechn.) F. URBAN. 225

A. Krause, A. Świda und **A. Hermannówna,** *Die Benzidinreaktion der Hydroxyde und Oxyde des Eisens.* Vff. zeigen, daß die Oxydation von Benzidin (**I**)-Lsgg. (Blaufärbung) mit H_2O_2 durch Fe-Hydroxyde u. -Oxyde u. nicht nur durch Fe-Ionen katalysiert wird. Die Verss. erstrecken sich auf röntgenamorphe u. kristalline Hydroxyde, auf Oxyde, Salze ($FeCl_3$, $FeSO_4$) sowie zum Vgl. auf die organ. Katalysatoren der Rk., wie Blut u. Kartoffelsaft (Peroxydase). Festes **I** wird mit dem Katalysator u. einigen Tropfen Lösungsm. (CH_3COOH 0,001n bis 96%, H_2O, NaOH 0,001—0,1n) in Ggw. von 6%ig. H_2O_2 auf SS-Filtrierpapier Nr. 589 aufgetragen u. die Ausdehnung der Blaufärbung beobachtet. Die beste katalyt. Wrkg. zeigen die nicht ionisierten Verbindungen. Als Reaktionsmechanismus wird deshalb angenommen, daß der Peroxyd-O über Radikalbldg. gemäß Fe-OH + OOH_2 = Fe-OHO + H_2O auf **I** übertragen wird. Die ferromagnet. Fe-Oxyde haben schon teilweise Radikalstruktur, Fe(III)-Salze sind in Lsg. teilhydrolysiert, enthalten also akt. Fe-OH-Gruppen, für beide kann also obige Annahme beibehalten werden. Fe^{2+} zeigt dagegen einen Induktionseffekt, es überträgt den im Überschuß aufgenommenen O direkt auf **I.** (Vgl. hierzu C. **1955.** 9753.) (Roczniki Chem. [Ann. Soc. chim. Polonorum] **24.** 77—87. 1950. Poznań, Uniw., Zakł. Chem. nieorgan.) F. URBAN. 227

Sterling E. Voltz und **Sol W. Weller,** *Die Oxydation von Kohlenmonoxyd über Chrom(III)-oxyd.* Die Oxydation von CO wurde bei 100° sowohl über oxydierten als auch über red. Cr_2O_3-Katalysatoren untersucht. Der ursprüngliche Zustand des red. Katalysators, der durch eine Vorbehandlung bei 500° erzielt wurde, wird während der Oxydation verändert. Die elementare Stoffbilanz u. Messungen des elektr. Widerstandes zeigen, daß an dem red. Katalysator eine beträchtliche Rk. zwischen O_2 u. adsorbiertem H_2, der aus der Vorbehandlung stammt, stattfindet. Diese Rk. führt zur Bldg. von W., das noch bei 100° am Katalysator verbleibt. Der Zustand des oxydierten Cr_2O_3-Katalysators dagegen ändert sich bei der CO-Oxydation nicht merklich. Die Reaktionsgeschwindigkeiten über beiden Katalysatortypen sind so ähnlich, daß sich daraus keine Schlüsse auf die Wirkungen der verschied. Vorbehandlungen ziehen lassen. (J. physic. Chem. **59.** 566–69. Juni 1955. Marcus Hook, Pa., Houdry Process Corp.) H. W. LEVI. 227

Sterling E. Voltz und **Sol W. Weller**, *Die Wirkungen von Kalium auf Chrom(III)-oxydkatalysatoren.* Vff. untersuchen den Einfl. des K auf die Oberflächeneigg. u. die katalyt. Aktivität von Cr_2O_3- u. *Cr_2O_3–Al_2O_3*-Katalysatoren. K begünstigt die Oberflächenoxydation von Cr_2O_3 u. stabilisiert die oxydierten Präpp. teilweise gegen Reduktion. Die Röntgenaufnahmen zeigen nur die Linien des α-Cr_2O_3 bzw. des α-Al_2O_3, die von Kaliumchromaten sind nicht erkennbar. Die Aktivität der Cr_2O_3-Katalysatoren für die C_2H_4-Hydrierung, die C_6H_{12}-Dehydrierung, die Doppelbindungsisomerisierung u. die *CO*-Oxydation wird durch K-Zusatz vermindert, für die Zers. von wss. H_2O_2 dagegen wird sie erhöht. Die Wrkg. des K wird durch die Bldg. von K_2CrO_4, $K_2Cr_2O_7$ oder deren Homologen auf der Oberfläche des Katalysators erklärt, zumal K_2CrO_4 u. $K_2Cr_2O_7$ allein die H_2O_2-Zers. katalysieren u. die anderen untersuchten Rkk. entweder gar nicht oder negativ beeinflussen. (J. physic. Chem. **59.** 569–71. Juni 1955. Marcus Hook, Pa., Houdry Process Corp.) H. W. LEVI. 227

Joseph D. Danforth, *Die Struktur der Siliciumdioxyd–Aluminiumoxyd-Crackkatalysatoren.* Vff. untersuchen die bei der Hydrolyse von gewissen *Methylsiloxanen* u. *Al-Isopropoxyd* entstehenden Prodd. u. stellen die beobachtete Acidität in Abhängigkeit vom Al-Geh. in einem Diagramm dar. Es zeigt sich dabei, daß das Atomverhältnis Al : Si in den entstehenden Verbb. von der am Si verfügbaren Zahl von OH-Gruppen abhängt. Die Strukturen der verschied. Prodd. werden erörtert, die akt. Zentren der SiO_2–Al_2O_3-Katalysatoren können als eine Kombination einer LEWIS-Säure (3fach koordiniertes Al) u. einer BRÖNSTED-Säure dargestellt werden. Die angenommene Struktur zeigt Zusammenhänge mit vielen bekannten Daten anderer Crackkatalysatoren. (J. physic. Chem. **59.** 564–66. Juni 1955. Grinnell, Io., Grinnell Coll., Dep. of Chem.) H. W. LEVI. 227

F. L. Hahn, *Nachweis der Keimwirkung bei der katalytischen Goldreaktion.* (Vgl. C. **1955.** 2265.) Vf. beschreibt einige Verss. zur Prüfung der Abhängigkeit der katalyt. Wrkg. von Au-Spuren bei der Red. von $AgNO_3$ durch $FeSO_4$ in saurer Lsg. zu metall. Ag von der Ggw. von Trägerkeimen. Zusatz bestimmter kleinster $Ba(NO_3)_2$-Mengen ergibt eine geregelte Keimzahl in Form einer kaum wahrnehmbaren $BaSO_4$-Trübung. Die Grenzkonz. an Au liegt dann bei 10^{-11} bis 10^{-12}, bei Abwesenheit der Keime bei 10^{-8} Mol/Liter. Zur Vermeidung der Störung der Rk. durch Halogenid wird für die prakt. Anwendung Hydrazin in alkal., Tartrat u. NH_3 enthaltender Lsg. als Reduktor empfohlen. (Mikrochim. Acta [Wien] **1955.** 170–75. Mexico.) H. MENKE. 227

A_8. Präparative anorganische Chemie. Komplexchemie. Metallorganische Verbindungen.

Jan Kubík und **Walter Waněk**, *Über die Stickstoffschwefelverbindungen.* 1. Mitt. *Über die Umwandlung der Amidosulfonsäure durch Schmelzen und ein neues Verfahren zur Herstellung von Sulfamid.* Vff. untersuchten die therm. Umwandlung der *Amidosulfonsäure* (**I**) bei Tempp., die dicht über ihrem F. liegen. Es hat sich gezeigt, daß durch Schmelzen ein Gemisch entsteht, aus welchem durch Hydrolyse *Sulfamid* gewonnen werden konnte. Auf Grund von analyt. Angaben wurde die Vermutung ausgesprochen, daß das Schmelzen der **I** zur Bldg. von *Pentasulfimid* bzw. von *Pentasulfimidsulfonsäure* u. NH_4HSO_4 führt. Diese neue Sulfamidherst. könnte im großtechn. Maßstab bei der Erzeugung dieser Verb. Anwendung finden. (Chem. Listy **49.** 1193–97. Aug. 1955. Ústí nad Labem, Výzkumný ústav anorg. chem. [Orig.: tschech.]) V. RŮŽIČKA/Prag. 253

A. J. Owen, K. W. Sykes, D. J. D. Thomas und **P. White**, *Die Reaktionen von Kohlenstoff mit Schwefelverbindungen.* 2. Mitt. *Die Reaktion von Schwefelwasserstoff mit verschiedenen Kohlesorten.* (1. vgl. C. **1952.** 3618.) Die direkte Synth. des CS_2 aus Kohlenstoff u. H_2S ist thermodynam. bei hohen Tempp. möglich. Vff. untersuchten, inwieweit die theoret. Gleichgewichte prakt. erreicht werden können. Hierbei berücksichtigen sie den Einfl. verschied. Kohlesorten u. ihrer Struktureigenschaften. Es werden die Herst. u. Aufbewahrung des reinen H_2S mit 2 Typen von Reaktionsgefäßen für hohe Tempp. sowie die analyt. Best. des H_2S u. der Reaktionsprodd. beschrieben. Untersucht wurde das Temperaturgebiet von 1000–1600°. Oberhalb 1000° steigt die Reaktionsgeschwindigkeit mit der Temp. rasch an, bei 1200° beträgt die Umwandlung des H_2S

in CS_2 35,7—30,8%, in S 4,0—2,0% (bei H_2S-Anfangsdrucken zwischen 0,2 u. 0,5 at). Die Abweichungen vom theoret. Gleichgewicht betragen damit ~1%. Oberhalb dieser Temp. werden sie jedoch größer. Vff. zeigen, daß die Zers. des H_2S eine bedeutende Rolle im Gesamtreaktionsablauf spielt, eine kinet. Deutung der CS_2-Bldg. ist jedoch nicht möglich. Zwischen der Aktivität der verwendeten Kohlesorten u. ihrer Struktur (die Porenradien liegen zwischen 9 u. 167 Å, die Oberflächen zwischen 6 u. 856 $m^2 \cdot g^{-1}$) bestehen Zusammenhänge. (Trans. Faraday Soc. **49.** 1198—1206. Okt. 1953. Swansea, Univ. Coll., Chem. Dep.) H.-U. Woelk. 253

A. J. Owen, K. W. Sykes und **D. J. D. Thomas,** *Die Reaktionen von Kohlenstoff mit Schwefelverbindungen.* 3. Mitt. *Die Reaktion zwischen Sauerstoff + Schwefelwasserstoff + Kohle: eine exotherme Synthese von Schwefelkohlenstoff.* (2. vgl. vorst. Ref.) Durch Zugabe von O_2 kann die endotherme Rk. zwischen C u. H_2S theoret. in eine exotherme übergeführt werden, ohne daß erhebliche Abnahmen der CS_2-Ausbeuten bewirkt werden. Die thermodynam. Berechnung der Rk. durch Vff. berücksichtigt folgende Teil-Rkk.: $2C + O_2 = 2CO$ (k_1), $C + 2H_2S = CS_2 + 2H_2$ (k_2), $C + S_2 = CS_2$ (k_3), $C + H_2O = CO + H_2$ (k_4), $C + CO_2 = 2CO$ (k_5) u. $2COS = 2CO + S_2$ (k_6) u. erstreckt sich auf das Temperaturgebiet von 1200—1600° K bei O_2-Drucken bis zu 0,4 at. Bei 1200° K bewirkt die Zugabe von 0,4 at O_2 ein Absinken der CS_2-Ausbeuten von 36,5 auf 24%, bei 1600° K bleiben sie, unabhängig vom O_2-Druck, nahezu konstant bei 69%. Die mit dem O_2-Druck steigende COS-Bldg. wird bei 0,4 at O_2 durch Temperaturanstieg (1200—1600° K) von 22,8 auf 3,9% zurückgedrängt. Die mit höherer Temp. steigende S-Bldg. nimmt mit dem O_2-Druck ab, jedoch macht sich dieser Einfl. bei den höheren Tempp. kaum bemerkbar. Die Gesamt-Rk. wird durch die O_2-Zugabe exotherm. Für das therm. Gleichgewicht sind bei 1200° K 0,029 at, bei 1400° K 0,047 u. bei 1600° K 0,06 at O_2 erforderlich. Die experimentelle Prüfung dieser Ergebnisse an Koks ergibt bei 1600° K u. 0,14 at O_2 einen Umsatz des H_2S zu CS_2 von 55%, zu COS von 4% u. zu S von 8%. Vff. vermuten auf Grund der Tatsache, daß die bei der direkten Rk. $C + H_2S$ inaktivste Kohle hier die besten Umsätze ergibt, daß die Auswahl der Kohle für die Rk. in Ggw. von O_2 nicht eng begrenzt ist. (Trans. Faraday Soc. **49.** 1207—12. Okt. 1953.) H.-U. Woelk. 253

A. W. Martin, *Bestimmung der Formel eines Oxydes von Polonium.* Vf. beschreibt Darst. u. Eigg. eines *Poloniumoxydes* (I) u. bestimmt die Zus. von I zu *PoO_2*. Die Arbeitsmethodik wird beschrieben. Zur Darst. von I wird auf Pt-Folie abgeschiedenes metall. Po (~10 μMol = 2,1 mg) bei 500—600° in eine Quarzcapillare sublimiert u. diese in ein mit trockenem O_2 gefülltes Gasmanipulationssyst. eingeführt. Das Po wird in O_2 auf verschied. Tempp. zwischen Zimmertemp. u. 300° erhitzt u. nach dem Abkühlen der O_2-Verbrauch durch Messung des im Syst. herrschenden Druckes an einem Bourdon-Manometer ermittelt. Die Rk. $Po + O_2 = PoO_2$ erfolgt langsam bereits bei Zimmertemp., ihre Geschwindigkeit wächst mit steigender Temperatur. PoO_2 ist gelb bis orangefarben. Die röntgenograph. Unterss. deuten auf 2 Modifikationen, eine tetragonale u. eine kubische. Letztere krist. im CaF_2-Gitter mit $a_0 = 5{,}59$ Å; die D. beträgt 9,18 $g \cdot cm^{-3}$, der Po^{4+}-Radius 1,02 Å. Das Radienverhältnis nach Pauling $r/x = 0{,}73$ liegt an der unteren Grenze für den Existenzbereich der kub. Struktur, was das gleichzeitige Auftreten der beiden Modifikationen erklärt. Die Struktur von PoO_2 (kub.) u. ThO_2 sind fast ident.; die Gitterparameter unterscheiden sich um <0,5%. Das durch Oxydation von Po hergestellte PoO_2 ist auf Grund röntgenograph. Unterss. ident. mit dem durch therm. Abbau von Po-Nitrat gewonnenen. (J. physic. Chem. **58.** 911—13. Okt. 1954. Mound Labor. Report MLM-855. 7/7. 1953. Miamisburg, O., Monsanto Chem. Co., Mound Labor.) F. Weigel. 256

John O. Edwards, *Der Nachweis von Anionenkomplexen mittels p_H-Messungen.* 1. Mitt. *Polymere Borate.* (Vgl. Stetten, C. **1953.** 1859.) Vf. untersucht den Polymerisationsgrad polymerer Säuren in konz. H_3BO_3-Lsgg. (Konzz. von 0,0301—0,753 mol.) durch Messung der Aciditätswerte mittels Glaselektrode bei 25° u. schließt auf Grund der Versuchsergebnisse, daß in konz. wss. Borsäurelsgg. zwei Polyborationen enthalten sind. Berechnete Werte, die unter der Annahme eines einfach dissoziierten Trimeren u. eines einfach dissoziierten Hexameren erhalten wurden, stimmen mit den beobachteten Aciditäten gut überein. Bei Konzz. der H_3BO_3-Lsgg. von 0,06—0,6 mol. liegt in der Hauptsache trimeres Borat vor, oberhalb 0,6 mol. das Hexamere. Gleichgewichtseinstellung zwischen der Borsäure u. den Polymeren wird in der Mischungszeit erreicht. (J. Amer. chem. Soc. **75.** 6151—54. 20/12. 1953. Providence, R. I., Brown Univ., Metcalf Chem. Labors.) K. Gedschold. 258

John O. Edwards, *Der Nachweis von Anionenkomplexen mittels p_H-Messungen.* 2. Mitt. *Anzeichen für Peroxyborate.* (1. vgl. vorst. Ref.) Die Ergebnisse von Aciditätsmessungen an wss., entweder H_2O_2 u. Borsäure oder H_2O_2 u. Borate enthaltenden Lsgg.

sprechen für das Vorliegen von Peroxyboraten. Die quantitative Interpretierung der Resultate wird durch ihre Komplexität begrenzt. Gleichgewichtseinstellung erfolgt anscheinend rasch. (J. Amer. chem. Soc. **75.** 6154—55. 20/12. 1953.) K. Gedschold. 258

C. H. Lemke, *Kationenaustauschprozeß für die Darstellung von Kaliumcyanid.* Die Darst. von Cl^--freiem KCN aus KCl u. NaCN mittels einer sogenannten Legierungsbrücke wird beschrieben. Die Vorr. besteht aus 2 benachbarten Kammern, von denen die eine die KCl-, die andere die NaCN-Schmelze enthält. Die beiden Schmelzen werden durch zugesetztes, an die Oberfläche steigendes Na- u. K-Metall verbunden. Durch diese Brücke hindurch findet die Diffusion des K zur Cyanidschmelze u. des Na zur Chloridschmelze hin statt. Die Gleichgewichtskonstante der Rk. $NaCN + K \rightleftharpoons KCN + Na$ wird bestimmt. Hiermit u. mit Hilfe bekannter Konstanten werden die Gleichgewichtskonstanten der Rkk. $KCl + NaCN \rightleftharpoons KCN + NaCl$ sowie $KOH + NaCN \rightleftharpoons KCN + NaOH$ berechnet u. experimentell bestimmt. Ferner wird gezeigt, daß die Geschwindigkeit der Gesamt-Rk. sich nach Einstellen des Gleichgewichts nicht verlangsamt. Der Umsatz beträgt ca. 200 g KCN/Std. u. dm^2 Kontaktfläche. (J. electrochem. Soc. **101.** 203—07. April 1954. Niagara Falls, N. Y., E. I. du Pont de Nemours & Co., Inc., Res. Div., Electrochem. Dep.) Günter Lange. 275

Trambaklal Mohanlal Oza und **Shivabhai A. Patel,** *Thermische Zersetzung von Strontiumnitrit.* (Vgl. C. **1954.** 32; **1956.** 2969.) Vff. untersuchen die therm. Zers. von $Sr(NO_2)_2$ (hergestellt nach Oza u. Dipali, C. **1952.** 7143); diese vollzieht sich bei ca. 540° mit meßbarer Geschwindigkeit. Die Unterss. wurden bei Tempp. von 540—700°, meist jedoch bei 600° durchgeführt. Als Reaktionsprodd. treten $Sr(NO_3)_2$, SrO, N_2, NO u. NO_2 auf. Die N_2-Menge macht stets mehr als 20% der gasförmigen Prodd. aus. Der NO_2-Anteil ändert sich mit der Temp., die N_2- u. NO-Anteile kaum. Bei 700° wird 6mal soviel Nitrit verbraucht u. 12mal soviel Oxyd sowie fast 4mal soviel Nitrat gebildet wie bei 540°. Mit erhöhter Reaktionszeit steigt die gebildete NO-Menge, die N_2- u. die NO_2-Menge nimmt dagegen ab. Eine Vergrößerung der zu zers. Menge an $Sr(NO_2)_2$ um das 16fache verursacht eine sehr erhebliche Vergrößerung des N_2-Anteils (unter den angewandten Bedingungen von 5 auf 66%), die gebildeten NO- u. NO_2-Mengen ändern sich ebenfalls. Bei der N_2-Bldg. wird ein Masseneffekt u. ein Oberflächeneffekt angenommen. Ferner werden Verss. in NO-Atmosphäre durchgeführt. Die sich abspielenden Rkk. werden mit Reaktionsgleichungen formuliert. Bei der Zers. von $Sr(NO_2)_2$ werden viel größere Mengen N_2 gebildet, als dies früher bei Nitriten beobachtet wurde. $Ca(NO_2)_2$ erzeugt bei 490° u. gleicher Reaktionszeit nur 2—3% N_2. Es scheint aus den Verss. hervorzugehen, daß die Nitratbldg. aus dem Oxyd eher nach $M_2O + 2\,NO_2 + O \rightarrow 2\,MNO_3$ als nach $M_2O + 2\,NO_2 \rightarrow MNO_2 + MNO_3$ abläuft. (J. Indian chem. Soc. **31.** 519—23. Juli 1954. Ahmedabad, Gujarat Coll., M. R. Sci. Inst., Inorg. and Phys. Chem. Res. Labor.) R. Mattner. 284

Trambaklal Mohanlal Oza und **Shivabhai A. Patel,** *Thermische Zersetzung von Strontiumhyponitrit.* (Vgl. vorst. Ref.). Bei der therm. Zers. von $SrN_2O_2 \cdot 5\,H_2O$ bei Temp. von 280—350° entsteht SrO, $Sr(NO_2)_2$, N_2O u. N_2. NO u. $Sr(NO_3)_2$ wurden nicht gefunden. Wenn der Zersetzungsrückstand auf 620° erhitzt wird, so entsteht N_2. Wenn $SrN_2O_2 \cdot 5\,H_2O$ plötzlich bei 620° zers. wird, so sind geringe Mengen NO u. N_2 in den Zersetzungsprodd. anwesend. Aus den Unterss. geht hervor, daß das NO u. das Nitrat aus dem Nitrit entsteht, welches sich bei der Zers. des Hyponitrits gebildet hat. (J. Indian chem. Soc. **31.** 523—26. Juli 1954.) R. Mattner. 284

M. L. Scholochowitsch und **I. N. Beljajew,** *Umsetzung von Bariumnitrat mit den Fluoriden und Pyrophosphaten des Natriums und Kaliums.* Die Kristallisationsflächen von Na_4F_4 (**I**)–$Na_4P_2O_7$ (**II**)–$(BaTiO_3)_2$ (**III**) u. K_4F_4 (**IV**)—$K_4P_2O_7$ (**V**)–**III** wurden bis 1100° visuell-polytherm. untersucht. Es wurde festgestellt, daß die Systeme **I–II–III** u. **IV–V–III** instabile Prismenschnitte von Na, Ba ‖ F, P_2O_7, TiO_3 u. K, Ba ‖ F, P_2O_7, TiO_3 sind. In **I–II–III** gibt es 4 Kristallisationsfelder: **I** 8,10%, **II** 3,05%, **III** größter Teil des Syst. u. nicht näher bestimmte Phase. Es gibt hier je einen monovarianten Punkt bei 776 u. 714°, entsprechend 48% **II**, 8% **III**, 44% **I** bzw. 64% **II**, 3,5% **III** u. 32,5% **I**. Im Unterschied zum Syst. **I–II** enthält das bin. Syst. **IV–V** die unter Zers. schm. Verb. $3\,K_4F_4 \cdot K_4P_2O_7$, die auch innerhalb des Schnittes **I–III–II** auftritt. Das Syst. **III–IV–V** besitzt 3 monovariante Punkte: 780°, 19% **V**, 70,5% **IV** u. 10,5% **III**; 768°, 24% **V**, 73,5% **IV** u. 2,5% **III**; 695°, 54% **V**, 45% **IV** u. 1,0% **III**. (Журнал Общей Химии [J. allg. Chem.] **24 (86).** 1118—23. Juli 1954. Rostow/Don, Univ.) O. Lebtag. 285

Haldun N. Terem und **Ayse Tarlan,** *Über die Konstitution der basischen Zinkcarbonate.* Vff. untersuchen den Einfl. der Reaktionsbedingungen wie Konz., Temp., Anion des Zinksalzes u. p_H bei der Fällung auf die Zus. von bas. Zinkcarbonat (**I**). Die jeweilige Zn-Lsg. wurde in eine Na_2CO_3-Lsg. eingetragen. Die Prodd. der Zus. 5 ZnO·

2 CO_2·4 H_2O u. 5 ZnO·2 CO_2·3 H_2O entstehen am häufigsten u. scheinen die stabilsten zu sein. An einem aus $ZnSO_4$ dargestellten wasserreichen Prod. wurde der Verlauf der therm. Zers. von 80—340° untersucht. Die H_2O- u. CO_2-Abgabe wurde ständig während der Rk. gemessen. Die Temperatursteigerung betrug 240°/Stunde. Bei 1,5 Mol H_2O/Zn u. 180° tritt eine scharfe Stufe in der Entwässerungskurve auf. In 2 Vergleichsverss. wurde Zinkhydroxyd (II) therm. entwässert. Während ein aus $Zn(NO_3)_2$ dargestelltes II in Übereinstimmung mit früheren Ergebnissen bei 180° die Zus. ZnO·1 H_2O besitzt, wurde für ein aus $ZnSO_4$ mit reinem NH_3 hergestelltes II eine Stufe in der Entwässerungskurve gefunden, die der Zus. 2 ZnO·3 H_2O entspricht. Es wird daraus geschlossen, daß I ein Gemisch von neutralem $ZnCO_3$ u. II ist. Die therm. Zers. von $ZnCO_3$ in Mischung mit II verläuft zwischen 180 u. 320° ohne Bldg. von basischeren Zwischenprodukten. Die Messung der Reaktionsgeschwindigkeit bei 4 verschied. konstanten Tempp. ergab eine Aktivierungsenergie von 16000 cal für die Rk. $ZnCO_3 = ZnO + CO_2$. (Istanbul Üniv. Fen Fak. Mecmuasi [Rev. Fac. Sci. Univ. Istanbul], Ser. A **17.** 403—11. Okt. 1952. Istanbul, Üniv., Inst. de Chim. Ind. et de Chim. Gén.) K. SCHILLER. 288

G. W. Brindley und **K. Hunter,** *Die thermischen Reaktionen von Nakrit und die Bildung von Metakaolin, γ-Aluminiumoxyd und Mullit.* Es werden die therm. Rkk. von Nakrit untersucht. Oberhalb 650° bildet sich Metakaolinit, aus dem sich bei 900° γ-Al_2O_3 entwickelt. Letzteres ist nach dem Ausgangsmaterial orientiert. Bei derselben Temp. oder ein wenig höher beginnen sich Mullitkerne zu bilden, deren exotherme Rk. beobachtbar ist. Ihr Wachstum zu röntgenograph. beobachtbarer Größe hängt von der Kristallinität des Ausgangsmaterials u. des Metakaolinits ab. Unverbundenes SiO_2 existiert als Cristobalit. Bei ca. 1150° bildet sich aus γ-Al_2O_3 u. SiO_2 weiterer Mullit. (Mineralog. Mag. J. mineralog. Soc. **30.** 574—84. März 1955. Pennsylvania State Univ., Coll. of Min. Ind.; Leeds, Univ., Phys. Dep.) J.-E. HILLER. 294

R. Greene-Kelly, *Entwässerung von Montmorillonitmineralien.* Vf. untersucht die verwandten Systeme Li–Montmorillonit–*Beidellit* u. Li–Na–Montmorillonit. Beide sind nicht einheitlich. In dem ersten müssen Unterschiede in der Zus. der Kieselsäureschichten desselben Kristallits angenommen werden, bei letztem bilden die Na-Ionen eine Na-reiche Phase. (Mineralog. Mag. J. mineralog. Soc. **30.** 604—15. März 1955. Harpenden, Herts., Rothamsted, Exp. Stat.) J.-E. HILLER. 294

Marc Foex, Stanislas Goldsztaub, Raymond Wey, Jean Jaffray, Raymond Lyand und **Jules Wucher,** *Untersuchung über die Änderung einiger Eigenschaften des Vanadin(III)-oxyds in der Nähe seiner Umwandlungspunkte.* Einleitung für die nachst. referierten speziellen Arbeiten zu diesem Thema. — Zusammenfassung u. gemeinsames Literaturverzeichnis (47 Zitate). (J. Rech. Centre nat. Rech. sci. **4.** 237. 258—59. Dez. 1952.) K. SCHILLER. 330

Marc Foex, *Dilatometrische und elektrische Anomalien des Vanadin(III)-oxyds.* (Vgl. vorst. Ref.) V_2O_3 wurde durch Red. von V_2O_5 mit gereinigtem H_2 im Quarzrohr bei 700—1800° hergestellt. Die Zus. ist von der Reaktionstemp. abhängig. Bei 1300° u. 1 Std. Reaktionsdauer entspricht das Prod. der Formel $V_2O_{3,00}$. Die bei verschied. Tempp. hergestellten Proben wurden zu Stäbchen gepreßt u. ihr Ausdehnungskoeff. in H_2-Atmosphäre gemessen. Der erste Umwandlungspunkt liegt je nach der Probe bei —99 bis —110°. Bei steigender Temp. tritt hier eine Verkleinerung des Ausdehnungskoeff. $(l_t - l_0)/l_0$ von > 0,2% für die Prodd. mit O-Überschuß, von < 0,2% für die mit O-Unterschuß ein. Das 1800°-Prod. der Zus. $V_2O_{2,97}$ zeigt dagegen eine sprunghafte Vergrößerung um 0,1%. Zwischen 100 u. > 200° tritt bei allen Proben eine Vergrößerung des Ausdehnungskoeff. von der Art einer λ-Transformation 2. Ordnung auf. Die Leitfähigkeitsmessungen an gepreßten Pillen ergaben bis —120° ein Abnehmen des Widerstands von 10^8 auf 10^3 Ω nach der Formel $\varrho = ae^{\varepsilon/2kT}$. Bei —110° tritt eine Vergrößerung der Leitfähigkeit um 10^4—10^5 ein. Im Bereich von —25 bis + 235° (für das 1100°-Prod.) vergrößert sich der Widerstand auf das Doppelte. V_2O_3 verhält sich hier wie ein metall. Leiter. Oberhalb 300° vermindert sich wieder der Widerstand wie bei den n. Halbleitern. Die dilatometr. u. elektr. Eigg. des V_2O_3 werden mit denen einer Reihe anderer Oxyde verglichen (Ti_2O_3 usw.). (J. Rech. Centre nat. Rech. sci. **4.** 238—46. Dez. 1952. École nat. sup. de Chim., Labor. des hautes Tempp.) K. SCHILLER. 330

Stanislas Goldsztaub und **Raymond Wey,** *Röntgenuntersuchung des Vanadin(III)-oxyds bei tiefer Temperatur.* (Vgl. vorst. Reff.) Die Debyeogramme von V_2O_3 wurden bei —130° u. Zimmertemp. mit CuK_α-Strahlung (Ni-Filter) aufgenommen u. vermessen. Bei —130° hat V_2O_3 eine andere kompliziertere Struktur. Das Gitter ist auch weniger geordnet als bei n. Temp., da Reflexe mit größeren Winkeln nicht auftreten. (J. Rech. Centre nat. Rech. sci. **4.** 247—48. Dez. 1952. Strasbourg, Fac. des Sci., Labor. de Minéral.) K. SCHILLER. 330

Jean Jaffray und **Raymond Lyand**, *Die spezifische Wärme des Vanadin(III)-oxyds.* (Vgl. vorst. Reff.) Die spezif. Wärme C_p von V_2O_3 wurde im Bereich von 70—300° differential-thermoanalyt. bestimmt. Bei 112° tritt ein flaches Maximum auf, dessen Bedeutung nicht geklärt ist. Ein zweites scharfes Maximum befindet sich bei 260°. Es entspricht einer Umwandlung 2. Ordnung. (J. Rech. Centre nat. Rech. sci. **4.** 249—53. Dez. 1952. Clermont-Ferrand, Fac. des Sci., Labor. de Phys.) K. SCHILLER. 330

Jules Wucher, *Über das magnetische Verhalten des Vanadin(III)-oxyds zwischen —170° und +600°.* (Vgl. vorst. Reff.) Vf. untersuchte das magnet. Verh. 4 verschied. Proben von V_2O_3 (Darst. vgl. drittvorst. Ref.) in einem Feld von ~8500 Gauß. Alle Proben zeigen gleiches Verh., die magnet. Konstanten sind etwas verschieden. V_2O_3 besitzt bei tiefer Temp. einen Antiferromagnetismus. Wahrscheinlich sind die V^{3+}-Ionen antiparallel gekoppelt. Bei 167,7° K steigt die mol. Susceptibilität sprunghaft an. Zwischen 170 u. 380° K besteht ein WEISSscher Paramagnetismus mit den Konstanten (für das 1300°-Prod.) $C_m = 1{,}226$, $\Theta_1 = -917$, $\mu_W = 15{,}54$ für den Bereich 170 bis 318° K, u. $C_m = 2{,}216$, $\Theta_2 = -1924$, $\mu_W = 20{,}9$, für 320—380° K. Von 383—523° K (= +110—250°) ist der Paramagnetismus von der Temp. unabhängig mit $\bar{\chi} = 961{,}1 \cdot 10^{-6}$. Oberhalb 523° K gehorcht das V_2O_3 wieder dem Gesetz von WEISS mit $C_m = 1{,}406$, $\Theta_3 = -940$, $\mu_W = 16{,}64$. Die beobachteten Werte von 15 u. 17 WEISSschen Magnetonen sind n. für das 3wertige Vanadin. (J. Rech. Centre nat. Rech. sci. **4.** 254—57. Dez. 1952. Strasbourg, Fac. des Sci., Inst. de Phys.) K. SCHILLER. 330

Mark M. Jones, *Einige Vanadylkomplexe mit β-Diketonen.* Das aus $VOSO_4$ u. Acetylaceton leicht darstellbare, türkisblaue Vanadyl-bis-acetylacetonat besitzt nach MORGAN u. MOSS (J. chem. Soc. [London] **103.** [1914.] 78) die Zus. $VO(C_5H_7O_2)_2$ (**Ia**) mit koordinativ 5wertigem V, nach ROSENHEIM u. HSING YU MONG (Z. anorg. allg. Chem. **148.** [1925.] 34) die Zus. $VO(C_5H_7O_2)_2 \cdot H_2O$ (**Ib**) mit koordinativ 6wertigem V.

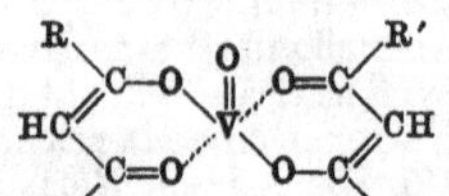

VI

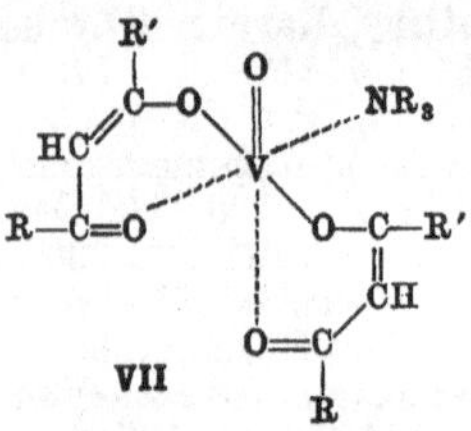

VII

An Hand sorgfältiger Analysen konnte Vf. die Formel **Ia** bestätigen. Ebullioskop. Mol.-Gew.-Bestimmungen in Bzl. zeigten, daß kein 2kerniger Komplex mit koordinativ 6wertigem V vorliegt. Infrarotspektren ließen die für koordinativ gebundenes W. charakterist. Frequenz bei 3200—3600 cm^{-1} in **I** nicht erkennen. Sie trat gleichfalls nicht in den Infrarotspektren von Vanadyl-bis-[2-thenoylperfluorobutyrylacetonat] (**II**), Vanadyl-bis-[benzoylacetonat] (**III**) u. Vanadyl-bis-[dibenzoylmethanat] auf, war jedoch bei Vanadyl-bis-[2-furoyltrifluoracetonat] (**IV**; 3530 cm^{-1}) u. bei Vanadyl-bis-[2-furoylperfluorobutyrylacetonat] (**V**; 3570 cm^{-1}) vorhanden, so daß hier eine **Ib** analoge Zus. anzunehmen ist. **I** u. auch **IV** addieren 1 Mol einer stickstoffhaltigen organ. Base unter Ausbldg. von koordinativ 6wertigem V, wobei die Bldg. des Komplexes von der Basenstärke des Addenden abhängig ist, ferner von ster. Faktoren, die für eine cis-Konfiguration des Vanadylsauerstoffs u. des Amins im Komplex sprechen (**VII**). Für **I** diskutiert Vf. auch eine trigonale bipyramidale Struktur.

V e r s u c h e : A. Vanadyl-bis-[β-diketonate] (**VI**): a) **Ia**, türkisblau; b) -[2-thenoyltrifluoracetonat], olivgrau; c) **II**, hellgrün; d) **III**, dunkelgrün; e) **IV**, hellgrün; f) **V**, bräunlichgrün. B. Durch Addition an **Ia** bzw. an **III** wurden die Verbb. **VII** erhalten: a) mit Isochinolin, $VO(C_5H_7O_2)_2(NC_9H_7)$, graugrün, bzw. $VO(C_{10}H_9O_2)_2(NC_9H_7)$, braun; b) mit Methylamin, $VO(C_5H_7O_2)_2(NH_2CH_3)$, dunkelgrün, bzw. $VO(C_{10}H_9O_2)_2(NH_2CH_3)$, braun; c) mit γ-Picolin, $VO(C_5H_7O_2)_2(NC_6H_7)$, hellgrün, bzw. $VO(C_{10}H_9O_2)_2(NC_6H_7)$, braun; d) mit Piperidin, $VO(C_5H_7O_2)_2(NC_5H_{11})$, hellgrün; e) mit Pyridin, $VO(C_{10}H_9O_2)_2 \cdot (NC_5H_5)$, braun. Keine Addition bewirkten Acridin, $N(C_2H_5)_3$, 2.5-Dimethylpyridin, CH_3OH, A., H_2S, Triphenylarsin u. Triphenylphosphin. Hydrazin wirkte heftig ein unter Gasentw., Bldg. eines braunen Nd. u. Red. zu V(III). (J. Amer. chem. Soc. **76.** 5995—97. 5/12. 1954. Urbana, Ill., Univ. of Illinois, Dep. of Chem.) U. WANNAGAT. 330

A. G. Bergman, A. I. Kisslowa und **J. I. Korobka**, *Untersuchung des ternären reziproken Systems vom adiagonalen Gürteltyp aus Sulfaten und Molybdaten des Lithiums und Kaliums.* Erstmalig untersucht wurde das bin. Syst. Li_2MoO_4 (**I**)–Li_2SO_4 (**II**), außerdem die Systeme **II**–K_2SO_4 (**III**), K_2MoO_4 (**IV**)–**III** u. **I**–**IV**, für welche die gleichen Ergebnisse wie in der Literatur erzielt wurden. Das Syst. **I**–**II** ist nach der visuell-polytherm. Unters. ein einfaches eutekt. Syst. mit dem eutekt. Punkt 564° u. 62,5% **II**. **I** zeigt eine amorphe Umwandlung bei 630°. Die Diagonalschnitte **I**–**III** u. **II**–**IV** schneiden das Feld des Komplexes $Li_2SO_4 \cdot K_2SO_4$ (**V**) u. sind deshalb nicht stabil u. an der Triangulation des Syst. unbeteiligt. In den 10 inneren Schnitten gibt es 8 Kristallisationsfelder: 2,44% α-**II**,

3,80% β-II, 2,99% α-I, 18,46% β-I, 0,81% β-III, 23,38% V, 6,77% $Li_2MoO_4 \cdot K_2MoO_4$ (VI), 43,35% feste Lsgg. $K_2[MoO_4, \alpha\text{-}SO_4]$ zusammen mit den Zerfallsprodd. IV u. α-III. Der „Gürtelschnitt" von V u. VI ist ein einfaches eutekt. Syst. u. teilt das Zusammensetzungsquadrat in 2 Tetragone. Das untersuchte Syst. gehört zu den adiagonalen Gürtelsystemen, wo die Komplexbldg. auf den 2 gegenüberliegenden Seiten stärker ist als die Austauschzersetzung. Die festen Lsgg. von α-III u. IV kommen auch innerhalb des Syst. vor, werden jedoch mit der Zunahme der 3. Komponente unbeständig. (Журнал Общей Химии [J. allg. Chem.] **24** (86). 1127–35. Juli 1954. Kuban. Landw. Inst.)
O. LEBTAG. 336

Je. A. Nikitina und **O. N. Ssokolowa,** *Über die Gewinnung und einige Eigenschaften von Phosphor-9-molybdaten (Luteophosphormolybdaten) des Rubidiums und Caesiums.* Die von Vff. hergestellten Salze $Cs_3H_4[P(Mo_2O_7)_6] \cdot xH_2O$ u. $Rb_3H_4[P(Mo_2O_7)_6] \cdot xH_2O$ hatten bei 25° eine Löslichkeit von 0,013 bzw. 0,021%. Die ebenfalls hergestellten Salze $Cs_6H_6 \cdot [P_2O_2(Mo_2O_7)_9] \cdot xH_2O$ u. $Rb_6H_6[P_2O_2(Mo_2O_7)_9] \cdot xH_2O$ zeigten bei 25° eine Löslichkeit von 5,08 bzw. 4,17%. Die von O'LEARY u. PAPISH (Ind. Engng. Chem., analyt. Edit. **6.** [1934.] 107) vorgeschlagene quantitative Best. von Rb u. Cs mittels $H_{12}[P_2O_2(Mo_2O_7)_9] \cdot xH_2O$ ist demnach nicht durchführbar. In Abwesenheit von K können Rb u. Cs mit Hilfe von $H_7[P(Mo_2O_7)_6] \cdot xH_2O$ bestimmt werden. (Журнал Общей Химии [J. allg. Chem.] **24** (86). 1123–27. Juli 1954. Inst. für chem. Reagentien.) O. LEBTAG. 336

John L. Hague, Eric D. Brown und **Harry A. Bright,** *Trennung von Titan, Wolfram, Molybdän und Niob durch Anionenaustausch.* Die Trennung von Mo, Ti, W u. Nb mittels verschied. HCl–HF-Mischungen an *Dowex 1* wird beschrieben. Die Elutionskurven von Mo u. Ti einerseits u. von W u. Nb andererseits werden in dem Mischungsbereich 5–20 Vol.-% HF (48%ig) u. 10–60 Vol.-% HCl (36%ig) ermittelt. Dabei ergibt sich, daß Ti u. Nb in allen untersuchten Mischungsverhältnissen gut zu trennen sind, wobei Ti stets zuerst eluiert wird. Mo u. W sind bes. bei einem großen HCl–HF-Verhältnis gut zu trennen. Lediglich die Trennung Ti–W ist schwierig. Schließlich wird die Trennung der 4 Elemente voneinander auch in größeren Mengen (bis zu 200 mg) durch verschieden zusammengesetzte HCl–HF-Mischungen beschrieben. Die einzelnen Elemente werden dabei in der Reihenfolge Ti–W–Mo–Nb eluiert. (J. Res. nat. Bur. Standards **53.** 261–62. Okt. 1954. Washington.) GÜNTER LANGE. 337

Arthur E. Newkirk, *Die Oxydation von Wolframcarbid.* Kurze Notiz über Unterss. der Oxydation von W-Carbid verschied. Herkunft mit Hilfe der Thermowaage. Die Ergebnisse zeigen, daß sich WC in Pulverform bereits bei 500–520° an der Luft rasch zu oxydieren beginnt u. bei 529° vollständig oxydiert werden kann. (J. Amer. chem. Soc. **77.** 4521–22. 5/9. 1955. Schenectady, N. Y., General Electric Res. Labor.)
R. STEIN. 337

Charles L. Rulfs und **Robert J. Meyer,** *Rhenium(IV)-Verbindungen: Synthese und Eigenschaften.* Vff. beschreiben ein verbessertes Herstellungsverf. für Hexahalogenorhenate(IV), bei dem zur Red. des Perrhenats an Stelle des sonst üblichen Jodids eine wss. H_3PO_2-Lsg. verwendet wird. Die Meth. ergibt gute Ausbeuten bei den Chloro- u. Bromokomplexen, während bei den Jodoverbb. die Jodidmeth. vorzuziehen ist. Vff. berichten ferner über Messungen der Absorptionsspektren von K_2ReCl_6 (I), K_2ReBr_6 (II) u. K_2ReJ_6 sowie über Löslichkeitsbestimmungen, nach denen sich bei 25° 83,3 g I pro Liter 0,01n HCl, 0,188 g Ag_2ReCl_6 pro Liter 0,01n H_2SO_4 u. 107 g II pro Liter 3n HBr lösen; in reinem W. tritt Hydrolyse unter Bldg. von ReO_2 ein. Auf Grund konduktometr. Unterss. der Hydrolyse von I nehmen Vff. an, daß als letzte Zwischenstufe vor der Ausfällung von ReO_2 ein komplexes Kation der Zus. $[Re(OH)_3(H_2O)_3]^+$ auftritt. (J. Amer. chem. Soc. **77.** 4505–07. 5/9. 1955. Ann Arbor, Mich., Univ. of Michigan, Dep. of Chem.)
R. STEIN. 352

A. I. Zwetkow und **Je. P. Waljaschichina,** *Über Phasenumwandlungen von wasserhaltigen Sulfaten des Eisens [Fibroferrit, $Fe(SO_4)(OH) \cdot 4{,}5H_2O$ und Melanterit $FeSO_4 \cdot 7H_2O$] beim Erhitzen.* Aufnahme von Erhitzungskurven sowie Deutung der endotherm. Punkte (eP) der Kurven (abweichend von anderweitigen Veröffentlichungen): 1. *Fibroferrit* (I): 3 eP 50–270° (50–80 120, 190°), Abzug des hygroskop. W. sowie von $9H_2O$ aus 2 Moll. I; eP 515–560° (525°), Fortgang des letzten Mol. H_2O u. Ausscheidung von Fe_2O_3; eP 600–740°, Austritt von SO_3. 2. *Melanterit* (II): geglüht in N_2; eP 90°, Umwandlung in Monohydrat; eP 90–260°, Abgabe von $6H_2O$; eP 260–320°, Austreten von 1 H_2O; eP 425–550°, Oxydation $Fe^{2+} \rightarrow Fe^{3+}$ u. Abgabe der letzten Reste H_2O; eP 650–750°, Fortgehen des SO_3. Die Gewichtsverluste werden angegeben u. die möglichen Phasenumwandlungen bei I u. II diskutiert. (Доклады Академии Наук СССР [Ber. Akad. Wiss. UdSSR] [N. S.] **93.** 343–46. 11/11. 1953.) A. v. WILPERT. 354

Lamberto Malatesta, *Metallisonitrilkomplexe.* 1. Mitt. *Die Pentaisonitrilo-Co(I)-Salze.* 2. Mitt. *Die Nitrosylisonitrilverbindungen des Kobalts und Eisens und die Polarität* *der Nitrosylgruppe.* Die 1. Mitt. ist im wesentlichen ident. mit der C. **1954.** 4346 referierten Arbeit. Nachzutragen ist: Während die Co(I)-Komplexe $Co(CNR)_5X$ stabil sind, gelingt es, nur wenige stabile Co(II)-Komplexe mit bestimmten Anionen unter besonderen Bedingungen zu isolieren {bes. Jodide u. die mit einigen aromat. Isonitrilen erhaltenen blauen Verbb. $Co(CNR)_5(ClO_4)_2$, gut krist., $\mu = 1{,}80$ BOHR-Magnetonen; dagegen werden bei anderen Co-Salzen u. mit anderen Isonitrilen bei Co(II)-Perchlorat die zunächst entstandenen $[Co(CNR)_5]^{2+}$-Derivv. sofort durch das Lösungsm. red. — Umschlag von Blau nach Gelb}. In Ggw. von Oxydationsmitteln können die Co(II)-Komplexe in Co(III)-Verbb. der Typen $Co(CNR)_5J(ClO_4)_2$, $Co(CNR)_4J_2ClO_4$ u. $Co(CNR)_5J_3$ übergeführt werden [bisher also nur in Verbb. mit wenigstens 4 (CNR)-Gruppen u. 1 Halogenanion; keine Derivv. von $Co(CNR)_6^{3+}$]. — Die 2. Mitt. entspricht der C. **1954.** 6191 referierten Arbeit. (Gazz. chim. ital. **83.** 958—65. Okt./Nov. 1953. Milano, Univ., Ist. di Chim. ind.) G. v. DECHEND. 355

Adriano Sacco, *Isonitrilkomplexe des Kobalts.* 2. Mitt. *Pentaarylisonitrilkobalt(II)-perchlorate.* (1. vgl. C. **1955. 541.**) Einige Isonitrile reagieren mit *Co-Perchlorat* (**I**) in alkoh. Lsg. unter Bldg. von in der Kälte beständigen *Pentaarylisonitril-Co(II)-Perchloraten* (**II**), die in Nitrobenzol elektrolyt. vollständig dissoziiert sind u. die in der Wärme zu den entsprechenden Co(I)-Verbb. red. werden, während andere in der Kälte die Bldg. der **II** nur durch vorübergehende Blaufärbung anzeigen, um dann unter Bldg. der gelben Co(I)-Verbb. zu zerfallen (vgl. C. **1954. 4346**). Die **II** sind das erste Beispiel von Durchdringungskomplexen des Co(II) mit der Koordinationszahl 5. Im Vgl. zur geschlossenen Elektronenstruktur haben sie 1 Elektron zu wenig, während die Co(II)-Komplexe mit der Koordinationszahl 6 eine Elektron zuviel haben. Bei diesen letzten muß das überschüssige Elektron die Bahn 4d einnehmen, damit die 6 Liganden sich zur oktaedr. Struktur $3d^2 4s 4p^3$ ordnen können. Jenes schwach gebundene Elektron wird leicht durch Oxydation abgespalten, wodurch die entsprechenden Komplexe des Co(III) mit der Elektronenstruktur des Kr gebildet werden. Bei den pentakoordinierten Co(II)-Verbb. befinden sich die 5 Liganden an den Ecken einer trigonalen Doppelpyramide, wie im Fe-Pentacarbonyl, auf den Bahnen $3d 4s 4p^3$, während sich das freie Elektron auf der Bahn 3d bewegt. Dieses wird infolge Red. zur entsprechenden Co(I)-Verb. leicht zum Elektronenpaar red., womit wieder die Elektronenstruktur des Kr erreicht wird. Die **II** sind paramagnet., ihre mol. Susceptibilität entspricht rechnungsmäßig der dem Metall zugeschriebenen Elektronenkonfiguration.

Versuche: *Penta-(phenylisonitril)-Co(II)-Perchlorat,* $C_{35}H_{25}O_8N_5Cl_2Co$; aus ca. 3 g **I** in 60 ml 95%ig. A. durch Zutropfen bei 0—5° der berechneten Menge alkoh. Phenylisonitrillsg., durch Lösen der Kristalle in CH_2Cl_2 u. Umkristallisieren durch Zugabe von A.; grünblaue, nadelförmige Kristalle, in der Kälte lösl. in $CHCl_3$ u. CH_2Cl_2, unlösl. in A. u. Ae.; mol. magnet. Susceptibilität bei 20° (χ_u) $1270 \cdot 10^{-6}$. — *Penta-(p-tolylisonitril)-Co(II)-Perchlorat,* $C_{40}H_{35}O_8N_5Cl_2Co$, in entsprechender Weise aus **I** u. p-Tolylisonitril; Farbe u. Löslichkeit wie bei vorst. Verb.; $1293 \cdot 10^{-6}$. — *Penta-(o-tolylisonitril)-Co(II)-Perchlorat,* Darst. u. Eigg. wie vorst.; $1286 \cdot 10^{-6}$; elektr. Leitfähigkeit der nitrobenzol. Lsgg. bei 20° (λ) 10,7 bei 0,015 mol., 28,8 bei 0,00023 molar. (Gazz. chim. ital. **84.** 370—72. März/April 1954. Milano, Univ., Ist. Chim. gener.)
W. METZENER. 355

R. Näsänen und **B. Klaile,** *Spektrophotometrische Untersuchungen von Kupfer(II)-sulfatkomplexen.* Mittels eines Unicam-Spektrophotometers Modell S. P. 500 untersuchen Vff. $CuSO_4$-Lsgg. bei p_H 2 im Bereich 240—300 mμ. Den Unterss. nach existiert in den Lsgg. nur ein absorbierender Komplex, der vermutlich die Zus. $CuSO_4$ besitzt. Dessen Stabilitätskonstante wurde zu $k = 127$ ($\mu = 0{,}5$—$1{,}5$) bestimmt. (Suomen Kemistilehti **27.** B50—B54. 1954. Helsinki, Inst. of Techn., Labor. of Phys. Chem.)
H.-G. PLUST. 358

Asit Kumar Ray, *Komplexverbindungen des p-Chlorphenylisopropylbiguanids oder Paludrins mit 2wertigen Metallen.* Unterss. über die Komplexbldg. des Cu^{2+} mit Paludrin (**I**) ergaben, daß sich zwei Komplexe, ein roter u. ein blauer, gleicher Zus. bilden. Vf. sieht diese als planare cis-trans-Isomere mit dsp^2-Bindungen an. Durch vorsichtiges Erwärmen in alkoh. Medien läßt sich der blaue Komplex in den roten überführen. Die Darst. der Komplexe erfolgt aus **I**-Hydrochlorid (2 Mol) u. $CuCl_2$ (1 Mol) in A. u. anschließender Behandlung mit alkoh. NaOH. Dabei fällt der blaue Komplex aus, während der rote aus der Mutterlauge isoliert wird. (Sci. and Cult. **20.** 35. Juli 1954. Calcutta, Jadavpur, Ind. Assoc. for Cult. of Sci.) H.-G. PLUST. 358

Norman Suhr, *Das System Ag_2S–Cu_2S.* Die Mischungsreihe Ag_2S (*Akanthit*) zu Cu_2S (*Chalkocit*) ist charakterisiert durch die Zwischenglieder Ag_3CuS_2 (*Jalpait*) u. $Ag_{18}Cu_{22}S_{20}$ (*Stromeyerit*), mit eigenen Linien im Pulverdiagramm. Die zwischen diesen

Verbb. liegenden Phasen zeigen die Linien der benachbarten Einzelglieder in mehr oder weniger ausgeprägter Form, je nachdem welchem Einzelglied sie in der Zus. am nächsten kommen. (Econ. Geol. **50.** 347—50. Mai 1955. Chicago, Ill., Univ., Dep. of Geol.) K. LÖFFLER. 359

J. J. Scheer, A. E. van Arkel und **R. D. Heyding,** *Oxydkomplexe in den Systemen Platinmetalle–Alkalicarbonate–Sauerstoff.* Beim Erhitzen von feinverteiltem Pd, Pt, Rh u. Ir mit Na_2CO_3 u. Li_2CO_3 im O_2-Strom zwischen 600 u. 1000° wird die Bldg. folgender Verbb. beobachtet: 1. $Na_xPt_3O_4$ u. $Na_xPd_3O_4$, kub. (a_0 = 5,67 bzw. 5,64 Å) u. 2. Verbb. der allg. Form ABO_2 u. ABO_3, die mit Na_2SnO_3 isomorph sind. Die röntgenograph. Daten für Na_2PtO_3, Na_2IrO_3, $NaRhO_2$, Li_2PtO_3, Li_2RhO_3 u. $LiRhO_2$ werden angegeben. (Canad. J. Chem. **33.** 683—86. April 1955.) R. NEEB. 362

Fritz Ephraim, Ephraim's inorganic chemistry. 6th ed., rev. ed. by P. C. L. Thorne and E. R. Roberts. New York: Interscience. 1955. (963 S. m. Abb.) 8°. $ 6,25.

Paul Pascal (sous la dir.), Nouveau traité de chimie minérale. T. I.: Généralités. Air. Eau. Hydrogène. Deutérium. Tritium. Hélium et gaz inertes. Paris: Masson et Cie. 1955. (1102 S. m. 275 Abb.) fr. 8400,—.

A₉. Mineralogische und geologische Chemie.

F. Karl, *Über Hoch- und Tieftemperaturoptik von Plagioklasen und deren petrographische und geologische Auswertung am Beispiel einiger alpiner Ergußgesteine. (Die Existenz von Übergangslagen.)* Die Arbeit sucht Zusammenhänge zwischen der Metamorphose des Ergußgesteins u. der Hochtemperaturoptik der Plagioklase aufzuklären, wobei auch die Frage der Übergangsformen zwischen Hoch- u. Tieftemperaturoptik behandelt wird. Als Untersuchungsmaterial diente bes. der Bozener Quarzporphyr. (Tschermaks mineralog. petrogr. Mitt. [3] **4.** 320—27. 1954. Innsbruck, Univ., Inst. für Min. u. Petrogr.) O. BÄR. 372

I. D. Muir, *Übergangsoptik von einigen Andesinen und Labradoriten.* Im Hinblick auf die Hoch- u. Tieftemp. der Optik der Plagioklase werden eine Reihe von Andesinen u. Labradoriten von verschied. Fundorten opt. untersucht u. beschrieben. (Mineralog. Mag. J. mineralog. Soc. **30.** 545—68. März 1955. Cambridge, Univ., Dep. of Mineralogy and Petrology.) J.-E. HILLER. 372

Ciro Andreatta, *Über die Verglimmerung der Plagioklase in der tektonischen Metamorphose.* Neuere Beobachtungen des Vf. bestätigen die schon 1933 von ihm mitgeteilten Regeln, nach denen eine Verglimmerung der Plagioklase stattfindet. Die Arbeit gibt Erklärung zu den einzelnen Regeln. (Tschermaks mineralog. petrogr. Mitt. [3] **4.** 350—59. 1954. Bologna, Univ., Inst. für Min. u. Petrogr.) O. BÄR. 378

Sándor Koch, *Die Rolle der Geochemie in den geologischen Forschungen.* Geochemie u. Geophysik sind berufen, neue Erzlagerstätten zu erforschen. Da sogar die Metalle bis zu einem gewissen Grad in W. lösl. sind, gelangen Spuren in die Erzlager überdeckenden Erdschichten, in das Grundwasser, Bäche, sogar in die Pflanzen, deren Metallgeh. über den Erzlagern am größten ist u. je weiter davon entfernt kleiner wird. Systemat. Unters. von Pflanzenaschen u. Bodenproben führten oft zur Entdeckung neuer Erzlager. (Földtani Közlöny **83.** 78—86. Jan./März 1953.) J. PLANK. 378

Edward D. Goldberg und **Douglas L. Inman,** *Neutronenbestrahlter Quarz als Tracer von Sandbewegungen.* Es wurden Verss. angestellt, Quarzkörner durch Neutronenbeschuß strahlend zu machen u. mit ihrer Hilfe Bewegungen in Sanden festzustellen. Die Eignung des Quarzes ist abhängig von Spurengehh. von Phosphor. (Bull. geol. Soc. America **66.** 611—13. Mai 1955. La Jolla, Calif., Scripps Inst. of Oceanogr.) J.-E. HILLER. 378

Randolph W. Chapman, David Gottfried und **Claude L. Waring,** *Altersbestimmungen einiger Gesteine vom Boulderbatholithen und anderen Batholithen Westmontanas.* Aus dem Pb-Geh. von *Zirkon* u. *Monazit* werden an Quarzmonzoniten u. Alaskiten Altersbestimmungen durchgeführt. Für den Boulderbatholith ergeben sich Werte zwischen 61 u. 72, für den Philipsburgbatholithen von 50, für den Idahobatholithen 51 u. 54 Millionen Jahre. (Bull. geol. Soc. America **66.** 607—09. Mai 1955. Washington, D. C., U. S. Geol. Survey; Hartford, Conn., Trinity Coll.) J.-E. HILLER. 378

George W. DeVore, *Die Rolle der Adsorption bei der Fraktionierung und Verteilung der Elemente.* Die Wrkg. der Adsorption bei der Kernbldg. u. dem Kristallwachstum, bes. in Hinblick auf die Spurenelemente, wird als wichtiger Faktor bei der Darst. der Zusammensetzungsverhältnisse paragenet. Mineralien u. bei der Bldg. bestimmter Mineralparagenesen betrachtet. Dabei ist wichtig, daß durch die Adsorption während des Kristallwachstums gewisse Ungleichgewichte entstehen. Diese Verhältnisse werden an den Beispielen *Plagioklas–Olivin* u. *Plagioklas–Orthopyroxen* untersucht. Da die Hauptbestandteile eines Minerals den Spurenelementgeh. bestimmen, können bei metamorphen Umwandlungen größere Materialmengen in dispersem Zustand entstehen, die dann als Erzlagerstätten aufzutreten vermögen. So wird gezeigt, daß Cr, Cu, Co u. Ni durch fortschreitende metamorphe Umwandlungen von *Hornblende* u. *Biotit* u. Zn, Pb, Mn, Fe u. Ti bei rückschreitender Metamorphose dieser Minerale frei werden. Die gewöhnliche Vergesellschaftung von Ti-Eisenerzen mit Anorthositen ist ein Beispiel für das Freiwerden des Ti während der Feldspatformung. (J. Geology **63**. 159—90. März 1955. Chicago, Ill.) J.-E. Hiller. 378

G. D. Nicholls, *Die Mineralogie des Gesteinsmagnetismus.* In der umfangreichen Arbeit behandelt Vf. zunächst die Methoden zur Identifizierung ferromagnet. Mineralien. Dann werden die wichtigsten Mineralien im einzelnen besprochen u. die Zusammenhänge zwischen Struktur u. magnet. Eigg. herausgestellt. Den größten Raum nehmen dabei die Verb. des Syst. $FeO-Fe_2O_3-TiO_2$ u. bei den Sulfidmineralien FeS ein. Weiterhin wird das Vork. der magnet. Mineralien in magmat. Gesteinen, Sedimentgesteinen u. Metamorphiten behandelt. (Advances Physics **4**. 113—90. April 1955. Manchester, Univ.) J.-E. Hiller. 378

Louis Néel, *Einige theoretische Gesichtspunkte zum Gesteinsmagnetismus.* Vf. erläutert eine Reihe theoret. Fragen zum Gesteinsmagnetismus. Zunächst werden Probleme des Ferrimagnetismus an Ferriten, auch solchen, die nichtmagnet. Elemente, wie Al u. Ti, enthalten, u. an *Hämatit, Ilmenit* usw. behandelt. Sodann wird auf das Verh. der einzelnen Körner im Gesteinsverband u. das Zusammenwirken der magnet. Minerale eingegangen. (Advances Physics **4**. 191—243. April 1955. Grenoble, Frankreich, Labor. d'Electrostatique et de Phys. du Métal.) J.-E. Hiller. 378

S. K. Runcorn, *Gesteinsmagnetismus — geophysikalische Gesichtspunkte.* Vf. behandelt das Auftreten von Ferromagnetismus an Gesteinen u. die Aussagen, die sich aus diesem über die Entstehungsbedingungen u. über die erdgeolog. Verhältnisse seit der Zeit der Entstehung machen lassen. (Advances Physics **4**. 244—91. April 1955. Cambridge, Univ., Dep. of Geodesy and Geophys.) J.-E. Hiller. 378

Gunnar Kautsyk, *Die Anorthosite des Sulitelma-Salojauregebietes, Kaledoniden, Nordschweden.* Gesteine der Anorthositgruppe wurden im Sulitelma-Salojauregebiet in 3 verschied. Decken angetroffen, die alle Teildecken der großen Sevedecke sind. Während die Vorkk. in den beiden untersten Decken (Pieske- u. Vastendecke) deutlich intrusiv in Glimmerschiefern u. Phylliten sind, besteht das in der hochmetamorphen Gasakdecke aus tief verwitterten Anorthositen. Sie alle zeigen petrolog. große Ähnlichkeiten u. sind stark umgewandelt. Die Plagioklase sind abgekalkt u. liegen als große *Albite* u. *Oligoklase* mit reichlich *Zoisit-* u. *Muskovit*-Einschlüssen vor. Bei der Umwandlung ist teilweise auch farbloser eisenarmer *Chlorit* entstanden. (Geol. Fören. Stockholm Förh. **77**. 204—08. März/April 1955.) J.-E. Hiller. 380

George Baker, *Australite von Harrow, Victoria.* Es werden 34 Proben von Australit beschrieben, die bei Harrow, West-Victoria, gefunden wurden. Das Gesamtgewicht beträgt 305,05 g, Die D. schwankt zwischen 2,386 u. 2,440, Durchschnitt 2,42. Als Lichtbrechung wird angegeben für 2 Stücke 1,512 u. 1,517. (Mineralog. Mag. J. mineralog. Soc. **30**. 596—603. März 1955. Melbourne, Australien, Univ., Dep. of Geol.)
J.-E. Hiller. 380

Christof Exner, *Über Muskovit–Epidot–Albit-Kornbildung im Mauthausener Granit. (Südliche Böhmische Masse.)* Zum Vgl. über Beobachtungen über pneumatolyt.-hydrothermale Spätkristallisation im mitteldeutschen varisz. Gebirge berichtet Vf. über Studien im varisz. Granitgebiet der südlichen böhm. M. in Oberösterreich. Bes. werden die Muskovit–Epidot–Albit-Paragenesen im Mauthausener Granit behandelt. (Tschermaks mineralog. petrogr. Mitt. [3] **4**. 312—19. 1954. Wien, Geolog. Bundesanst.) O. Bär. 380

Verne C. Fryklund jr. und **Richard S. Harner,** *Bemerkungen über Spurenelemente in Pyrrhotin.* Die spektroskop. Unters. des Pyrrhotins der Highland-Surprise Mine, Coeur d'Alene district, Id., ergab einen Geh. von 0,0042—0,11% Ni, 0,003—0,010% Co u. 0,0056—0,034% Cu sowie Spuren von Ag, Pb, Mn, Al, Mg u. Ba. Die ermittelten Verhältnisse von Ni zu Co lassen keine Beziehungen zur Temp. u. dem Druck während der Bldg. des Pyrrhotins erkennen. (Econ. Geol. **50**. 339—44. Mai 1955. Spokane, Wash., U. S. Geol. Survey, u. Wyndmoor, Pa., Pennsylvania Salt Mfg. Co.) K. Löffler. 380

H. Mohr, *Über die Schwerspatlagerstätten des Semmeringgebietes (N.-Ö.) (nebst einigen Erwägungen über die Entstehung dieses Lagerstättentypus).* Mehrere Schwerspatlagerstätten des Semmeringgebietes werden beschrieben u. liefern einen Baryt von durchschnittlich über 85% $BaSO_4$ neben wenig SiO_2 u. Carbonaten. Eine wesentliche Barytführung war an den stratigraph. Verknüpfungspunkten der Semmeringquarzitgruppe mit den Schiefern der Wechselserie zu beobachten. Vf. vermutet, daß entweder das Ba aus den Feldspäten magmat. Gesteine herausgelöst wurde oder daß es im Hinblick auf die weitverbreitete Horizontbeständigkeit von Barytausscheidungen im Perm bzw. Devon u. der Verknüpfung mit marinen Sedimenten sedimentärer Natur ist. (Berg- u. hüttenmänn. Mh. montan. Hochschule Leoben **99.** 101—12. Juni. 132—37. Juli 1954. Wien, Österreich.) K. Löffler. 380

Clifford Frondel und **Frank Cuttitta,** *Untersuchungen von Uranmineralien.* 14. Mitt. *Renardit.* (12. vgl. C. **1954.** 3890.) Vff. untersuchten Renardit von Katanga. Die chem. Analyse ergab die folgenden Werte: UO_3 68,92 (%); PbO 12,95; BaO 0,91; P_2O_5 9,17; H_2O^+ 3,11; H_2O^- 4,78. Durch diese Analyse wird die von anderer Seite angegebene Formel $Pb(UO_2)_4(PO_4)_2(OH)_4 \cdot 7\,H_2O$ bestätigt. Dreh- u. Weissenberg-Aufnahmen ergeben rhomb. Symmetrie mit der Elementarzelle a = 16,01 Å; b = 17,5 Å; c = 13,7 Å; Z = 6. Die Zelldimensionen sind mit denen von Dewindtit u. Phosphoruranylit nahezu vollkommen identisch. Wenn die 3 Mineralien isostrukturell wären, dann müßten sie auch analoge chem. Formeln haben, was jedoch nicht der Fall ist. Die größten Abweichungen in dieser Beziehung zeigt der Dewindtit. Der Phosphoruranylit scheint das dem Renardit analoge Ca-Salz mit der Formel $Ca(UO_2)_4(PO_4)_2(OH)_4 \cdot 7\,H_2O$ zu sein. Vorläufige Unterss. an *Dumontit*, $Pb_2(UO_2)_3(PO_4)_2(OH)_4 \cdot 3\,H_2O$ u. *Parsonsit*, $Pb_2(UO_2)(PO_4)_2 \cdot 2\,H_2O$, zeigen, daß sie mit den 3 obigen Mineralien nicht verwandt sind. (Amer. Mineralogist **39.** 448—51. Mai/Juni 1954. Cambridge, Mass., Harvard Univ., Dep. of Mineral. and Petrography, u. Washington, D. C., U. S. Geol. Surv.) C. Gottfried. 380

Kálmán Méhes, *Uranhaltiges Wismutcarbonat.* Bei der Unters. verschied. Mineralien mit einer Geiger-Müller-Röhre zeigte *Waltherit* eine beträchtliche Aktivität. U konnte qualitativ nachgewiesen werden, die fluorometr. Unters. zeigte, daß das U in der grünen Kristallkomponente zugegen ist. Quantitativ wurde U mit dem Zählrohr bestimmt, woraus sich ein U-Geh. von 6,79% U_3O_8 ergab. Vf. beantragt für den uranhaltigen Waltherit den Namen *Uranowaltherit.* (Földtani Közlöny **83.** 67—68. Jan./März 1953.) J. Plank. 380

J. Sircar, *Schwarzsand vom Puri-Seestrand.* Es wird die Analyse eines Seesandes der Puri-Seeküste gegeben: SiO_2 25,64, TiO_2 25,52, Fe_2O_3 30,46, Al_2O_3 15,39, Glühverlust 1,59, ThO_2 0,09, Seltene Erdoxyde 0,295, U_3O_8 0,0022%, P_2O_5 u. CO_2 in Spuren. SiO_2 kommt vom n. Quarzsand, der Ti-Geh. des *Ilmenits* ist höher als erwartet, so daß auch *Rutil* angenommen wird, ThO_2 u. die Seltenen Erden sind im *Monazit* enthalten, daneben Th wohl auch in *Zirkon.* (Sci. and Cult. **18.** 88. Aug. 1952. Calcutta, Bose Inst.) J.-E. Hiller. 382

P. Viswanathan, *Schwarzsand vom Puri-Seestrand.* Bezugnehmend auf eine Mitt. von Sircar (vgl. vorst. Ref.) macht Vf. Angaben für eine mineralog. Meth. zur Trennung des Mineralinhaltes des Schwarzsandes. (Sci. and Cult. **18.** 294—95. Dez. 1952.) J.-E. Hiller. 382

J. Sircar, *Schwarzsand vom Puri-Seestrand.* Erwiderung auf vorst. Bemerkung. (Sci. and Cult. **18.** 295. Dez. 1952.) J.-E. Hiller. 382

N. W. Paschaly, *Zur Lithologie der quarternären Sedimente des Baku-Archipels.* Litholog. vorherrschend sind nach den Unterss. an Bohrkernen von der Insel Bulla die Lehmgebilde, die nach unten an Sand–Aleurit-Material angereichert werden, an Carbonat abnehmen. In der Sand–Aleurit-Fraktion nimmt von oben nach unten der Geh. an *Muskovit, Biotit, Epidot* zu, an *Magnetit, Pyrit* u. *Limonit* ab. Die Mineralfazies der feindispersen Fraktion der Gesteine enthält hauptsächlich *Kaolin–Hydroglimmer*-Assoziationen. Stark vertreten sind *Anhydrit,* Muskovit, SiO_2-Modifikationen; vereinzelt kommen Feldspat, Zirkon, Rutil, Turmalin u. Apatit vor. Von oben nach unten nimmt der Geh. an Hydroglimmer zu, der von Anhydrit ab. (Доклады Академии Наук Азербайджанской ССР [Ber. Akad. Wiss. AserbaidshanSSR] **11.** 255—65. 1955. Geol. Inst. der Akad. der Wiss. der AserbaidshanSSR.) O. Lebtag. 382

Géza Kisvarsányi, *Die geologischen Verhältnisse der Umgebung von Szarvaskő.* Das Sedimentgestein besteht aus sehr feinkörnigem Tonschiefer, teils durch fein verteilten Kohlenstoff dunkelgrauschwarz, teils infolge gleichmäßig verteilter sehr kleiner *Pyrit*-Körner lichtgrau, bläulich, stellenweise grüngrau gefärbt. Neben dem dunklen Tonschiefer kommt stellenweise gelbbrauner Sandstein vor, darin gut entwickelte 1,5—2 cm große, bei niedriger Temp. gebildete Quarzkristalle. Die magmat. Gesteine dringen in die Schichten der Sedimentgesteine. Der mittlere Teil besteht aus *Diabas,* an den Seiten ist bas. Gabbro mit relativ hohem Na-Geh. vorhanden. Dieser ist schwarzgrau, die Menge des bas. *Plagioklases* überwiegt oft die farbigen Gemischteile. In den tieferen Tälern befinden sich ultrabas. Gesteine neben wenig Pyroxenit u. Amphibolit, hauptsächlich *Wehrlit–Peridotit.* Wehrlit ist beinahe feldspatfrei, seine wichtigsten Bestand-

teile sind *Ilmenit*, *Titanomagnetit* u. in untergeordneter Menge *Magnetit*. Im Wehrlit herrschen die Metalloxyde vor, aber vom genet. Standpunkte sind auch die Sulfide, sowie *Pyrrhotin*, *Chalkopyrit*, *Chalkopyrrhotin* u. *Pentlandit* zu erwähnen. Der Vanadingeh. beträgt im Durchschnitt 0,2%. (Földtani Közlöny **83.** 24—34. Jan./März 1953.)
J. Plank. 385

H. Leitmeier und **W. Zwicker**, *Ein sehr frischer Nephelinsyenitporphyr (Tinguait) von der Rollepaßstraße bei Predazzo.* Die Arbeit gibt eine Beschreibung des Vork. u. des Aufbaus eines frischen Nephelinsyenitporphyrs nach mineralog. u. chem.-analyt. Gesichtspunkten. (Tschermaks mineralog. petrogr. Mitt. [3] **4.** 420—29. 1954. Wien, Univ., Mineralog.-petrograph. Inst.) O. Bär. 385

Georg Fischer und **J. Nothhaft**, *Natronamphibol-(Osannit-)Ägirinschiefer in den Tarntaler Bergen.* Vff. teilen Ergebnisse aus Schliffunterss. von Gesteinsproben des Tarntaler Gebiets mit u. ziehen hieraus Schlußfolgerungen zur Entstehung der Natron-Amphibol- u. Natronpyroxengesteine des Tarntaler Gebiets. (Tschermaks mineralog. petrogr. Mitt. [3] **4.** 396—419. 1954. München, Univ., Inst. für Gesteinskunde.)
O. Bär. 385

A. P. Lissitzyn, *Die Verteilung von organischem Kohlenstoff in den Ablagerungen des Beringmeeres.* 138 Analysenergebnisse zeigen, daß in der oberen 0—3 cm-Schicht der Ablagerungen der Geh. an C_{org} stark schwankt. Mit 2,56% ist dieser Wert im Aleurit-Lehmschlamm am höchsten, in den groben Aleuriten mit 0,08% am geringsten. In den einzelnen Ablagerungen differiert der Geh. an C_{org} um das 40—60fache, bedingt durch die Art der Zufuhr u. der Verschüttung von C_{org}. Im Vgl. zu anderen Meeren u. Seen sind die Ablagerungen des Beringmeeres reich an organ. Substanz. (Доклады Академии Наук СССР [Ber. Akad. Wiss. UdSSR] **103.** 299—302. 11/7. 1955. Inst. für Ozeanol. der Akad. der Wiss. der UdSSR.) O. Lebtag. 393

R. Neuwirth, *Unterschiede im Luftaustausch einer Gipfel- und einer Hochtalstation, nachgewiesen durch Messungen des bodennahen Ozons.* Die Messung des O_3-Geh. der bodennahen Luftschichten ergab, daß in der Hochtalstation (St. Blasien) die therm. Konvektion u. in der Gipfelstation (Feldberg) die großräumige Zirkulation für die Schwankungen des O_3-Geh. von Bedeutung sind. (Meteorol. Rdsch. **6.** 201—04. Nov./Dez. 1953. Freiburg/Br.) F. Ensslin. 396

H. Erhart, La Génèse des sols en tant que phénomène géologique. Esquisse d'une théorie géologique et géochimique. Biostasie et Rhexistasie. Coll. „Evolution des Sciences". Paris: Masson et Cie. 1955. (90 S.) fr. 560,—.

B. Allgemeine und theoretische organische Chemie.

J. I. Fernández Alonso und **J. Mira**, *Moleküldiagramme von p- und o-Benzochinodimethan und von 3-Methylenpentadien-(1.4).* Vff. verbessern die MO-LCAO-Näherung zur Berechnung der Elektronenverteilung obenst. Moll. (vgl. Berthier u. Pullmann, C. **1949.** I. 1231; **1950.** I. 1586) durch Berücksichtigung der Wechselwrkg. nichtgebundener Atome. Es ergeben sich für die Ladungen q, die freie-Valenz-Indices F (N_{max} 4,680) u. die Bindungsindices p folgende Werte: *p-Chinodimethan* (I) Stellung 1 (CH_2-Gruppe): q 1,137, F 0,830, p (Bindung 1—2) 0,850; 2: 0,973, 0,164, 0,333 (2—3); 3: 0,945, 0,450, 0,897 (3—4). — *o-Chinodimethan* 1: 1,070, 0,841, 0,839 (1—2); 2: 0,963, 0,051, 0,414 (2—3), 0,376 (2—7); 3: 1,012, 0,457, 0,813 (3—4); 4: 0,954, 0,311, 0,556 (4—5). — *3-Methylenpentadien-(1.4)* 1: 0,989, 0,830, 0,850 (1—2); 2: 1,088, 0,455, 0,375 (2—3); 3: 0,952, 0,085, 0,845 (3—6); 6 (Methylengruppe an 3) 0,893, 0,787. — I-*Diradikal* 1: 1,111, 1,060, 0,620 (1—2); 2: 0,998, 0,162, 0,449 (2—3); 3: 0,960, 0,528, 0,740 (3—4). (An. Real Soc. españ. Física Quím., Ser. B **50.** 7—10. Jan. 1954. Valencia, C. S. I. C., Ist. „A. de G. Rocasolano".) G. Kresze. B 10

Isabel Estellés, J. I. Fernández Alonso und **J. Mira**, *Moleküldiagramme von Pleïaden und Pleïadendion.* (Vgl. vorst. Ref.) Nach der MO-LCAO-Näherung ergeben sich für *Pleïaden* (I) u. *Pleïadendion-(7.12)* (II) mit S = 0, N_{max} 4,732, $\alpha_0 = \alpha_c + 2$ u. $\beta_{co} = \beta_{cc}\sqrt{2}$ folgende Werte für formelle Ladung q, freie-Valenz-Indices F u. Bindungsindices p: I, Stellung 1: q 1,091, F 0,487, p 0,644 (Bindung 1—2) 0,601 (1—18); 2: 0,996, 0,413, 0,675 (2—3); 3: 1,083, 0,499, 0,548 (3 bis 13); 7: 0,934, 0,577, 0,642 (12—17), 0,513 (12—18); 8: 0,990, 0,683, 0,746 (10—11), 0,303 (11—17); 9: 0,986, 0,418, 0,568 (9—10); 13: 1,001, 0,099, 0,537 (13—14); 14: 0,917, 0,189, 0,503 (14—18); 15: 0,982, 0,115, —; 16: 0,979, 0,347, 0,440 (16—17). — **II** 1: 0,883, 0,478, 0,630 (1—2), 0,624 (1—18); 2: 1,004, 0,458, 0,644 (2—3); 3: 0,894, 0,542, 0,546 (3—13); 7: 0,653, —, 0,342 (12—17), 0,302 (12—18); 8: 0,939, 0,601, 0,616 (11—17),

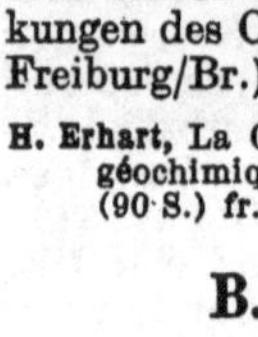

I

0,480 (10—11); 9: 0,955, 0,601, 0,651 (9—10); 13: 1,001, 0,051, 0,589 (13—14); 14: 0,943, 0,099, 0,522 (14—18); 15: 1,032, 0,284, —; 16: 0,968, 0,205, 0,569 (16—17); O: 1,699, —, 0,711 (C—O). Daraus berechnen sich die Werte 4,71 bzw. 4,92 D für die Dipolmomente von **I** u. **II**. — Vorhersagen über die Reaktivität der Verbb. auf Grund ihrer F- u. p-Werte werden diskutiert. (An. Real Soc. españ. Física Quím., Ser. B **50.** 11—16. Jan. 1954.) G. KRESZE. B 10

Jerome W. Sidman, *Schwingungsanalyse des Emissionsspektrums von Coronen, das einem verbotenen Übergang zuzuordnen ist.* Vf. führt eine Schwingungsanalyse des Emissionsspektr. von *Coronen* (**I**), das in Heptan bei —180° zwischen 4261 u. 5060 Å zahlreiche Banden zeigt (vgl. BOWEN u. BROCKLEHURST, C. **1955.** 5504), unter Berücksichtigung des Lösungsmitteleinfl. durch. Danach tritt die 0—0-Bande, die aus Symmetriegründen verboten ist, als sehr schwache Bande bei 4261 Å auf. Die meisten Banden von **I** ergeben sich durch Schwingungsaddition zu dem Dublett 4315—4328 Å. Dieses Dublett wird zurückgeführt auf Kopplung des Elektronenüberganges mit einer e_g^+-Schwingung, deren Entartung durch Wechselwrkg. mit dem Lösungsm. aufgehoben ist. Die Störung durch das Lösungsm. erklärt auch das Auftreten der 0—0-Bande. (J. chem. Physics **23.** 1365—66. Juli 1955. Berkeley, Calif., Univ., Dep. of Chem. and Chem. Engng.) L. FISCHER. B 114

C. Eaborn, *Siliciumorganische Verbindungen.* 13. Mitt. *Koordination mit Silicium.* (12. vgl. J. chem. Soc. [London] **1955.** 1420.) Die UV-Absorptionsspektren von *p-Toluidin* u. *Pyridin* in verschied. fl., siliciumorgan. Verbb. als Lösungsm. unterscheiden sich nicht wesentlich von denen in Hexan. Demnach scheint die Koordination mit Si (speziell N → Si) nicht so leicht zu erfolgen, wie oft angenommen wird. — *Cyclohexylsilan*, $C_6H_{14}Si$, Kp. 118°, aus Cyclohexyltrichlorsilan mit $LiAlH_4$, n_D^{25} 1,4471; 90% (Ausbeute). (J. chem. Soc. [London] **1955.** 2047—48. Juni. Leicester, Univ. Coll.) G. LOHAUS. B 118

D. F. Eggers jr., *Anomale Infrarotintensität in Äthylen.* Die Bindungsmomente, die sich aus der Intensität der ν_7- (949 cm^{-1}), ν_{10}- (810) u. ν_{12}- (1444) Banden des *Äthylens* (**I**, Spreizschwingungen) ergeben, zeigen sehr unterschiedliche Größe (vgl. ARNETT u. CRAWFORD, C. **1951.** II. 2572). Unter Benutzung der Annahme von WHEATLEY u. LIEMETT (Trans. Faraday Soc. **45.** [1949.] 897), daß die p-Zustände der π-Bindung in **I** auch während der Schwingung senkrecht zu den CH_2-Ebenen bleiben, diesen also „folgen", berechnet Vf. das durch dieses „Folgen" hervorgerufene zusätzliche Moment μ. Die Komponenten von μ in Richtung der CH-Bindung sind danach 1,36 D, der aus den Intensitäten von ν_7 u. ν_{10} erschlossene Wert dafür ist ungefähr halb so groß, die Divergenz erklärt sich durch Nichtberücksichtigung von Wechselwrkg. der p-Elektronen u. von Polarisation bei der Berechnung. — Bei der nichtebenen δ(CH)-Bindung von *Bzl.* ergibt sich analog ein zusätzliches Moment von 0,63 D, bei *Formaldehyd* 1,23 D. (J. chem. Physics **23.** 221—22. Jan. 1955. Seattle, Wash., Univ., Dep. of Chem.) G. KRESZE. B 120

P. G. Puranik, *Raman-Effekt in Gemischen von Aceton mit Alkoholen. Bildung von Wasserstoffbrückenbindungen.* Vf. stellte RAMAN-Aufnahmen von Gemischen verschied. Alkohole [*Methyl-* (**I**), *Äthyl-*, *n-Propyl-* (**III**), *n-Butylalkohol* (**IV**)] bzw. von *W.* mit *Aceton* (**II**) her u. beobachtete bei den Gemischen mit W. u. **I** eine Abnahme der C=O-Frequenz u. Zunahme der C—C-Frequenz (788 cm^{-1}) sowie der CH-Frequenz (2925 cm^{-1}) im **II**-Spektr., was auf die Möglichkeit zur Bldg. von Wasserstoffbrückenbindungen in diesen Gemischen hinweist; A. u. die höheren Alkohole hatten keinen Einfl. auf die RAMAN-Frequenzen des **II** bei hohen **II**-Konzz., **III** u. **IV** bewirkten bei kleinen **II**-Konzz. Verschiebung der C—C-Frequenz. (Proc. Indian Acad. Sci., Sect. A **37.** 499—503. April 1953. Hyderabad, Osmania Univ., Phys. Labors.) L. MEYER. B 120

P. G. Puranik, *Raman-Effekt in Mischungen von Benzaldehyd mit Alkoholen und Phenol. Bildung von Wasserstoffbrückenbindungen.* (Vgl. vorst. Ref.) Vf. untersuchte die RAMAN-Spektren verschied. Mischungen von *Benzaldehyd* (**I**) mit *Methyl-*, *Äthyl-* u. *n-Propylalkohol* bzw. *Phenol* (**II**) u. stellte im Syst. **I-II** eine Zunahme der C—C-Frequenz (1197 cm^{-1}) des **I** u. Abnahme der C=O-Frequenz fest, die auf die Möglichkeit zur Bldg. einer Wasserstoffbrückenbindung hinweist. Die Alkohole beeinflussen die C—C- u. C=O-Frequenzen des **I** nicht. (Proc. Indian Acad. Sci., Sect. A **38.** 233—38. Sept. 1953.) L. MEYER. B 120

Camille Duculot, *Strukturbestimmung von Acetylmethylcarbinol durch Infrarotspektroskopie.* Ein Vgl. der Infrarotspektren von n. u. an der OH-Gruppe deuteriertem *Acetylmethylcarbinol* (**I**) mit den Spektren von *Butanol-(2)* (**II**) u. *Butanon-(2)* weist darauf hin, daß **I** in 2 Mol.-Formen, einer „offenen" u. einer „chelatisierten" existiert. Die **I**-Banden bei 3616 u. 3481 cm^{-1} werden den Valenzschwingungen der freien bzw. chelatisierten OH-Gruppe zugeordnet, die entsprechenden OD-Banden liegen bei 2673 bzw. 2577 cm^{-1}. Die ν(CO) von **II** (1721 cm^{-1}) ist bei der Chelatform von **I** nach 1713,4 cm^{-1} verschoben. Krist. **I** zeigt eine OH-Bande bei 3555 cm^{-1}, die durch eine intermol. Bindung erklärt wird. Die 4 I-Banden bei 1045 u. 1250 cm^{-1} („offenes" Tautomeres) u. bei 1230 u. 1355 cm^{-1} (chelatisiertes Tautomeres) werden auf die mit einer CH_3-Deformationsschwingung gekoppelte OH-Deformationsschwingung zurückgeführt. Sie verschwinden bei der Deuterierung von **I.** (C. R. hebd. Séances Acad. Sci. **241.** 1738 bis 1740. 14/12. 1955.) U. John. B 120

K. J. Wilmshurst, *Schwingungszuordnung für Natriumacetat.* Vf. untersucht das Infrarotspektr. von Na-Acetat (I) im Bereich 4000—400 cm^{-1}, sowie das Raman-Spektr. u. bestimmt für einige Raman-Linien qualitative Depolarisationswerte. — Unter Vernachlässigung der die Wechselwirkungen zwischen Methyl- u. Carboxylgruppe beschreibenden Kraftkonstanten kann die Säkulargleichung behandelt werden, als ob **I** die Symmetrie C_{2v} besäße (vgl. Crawford u. Wilson, J. chem. Physics **9.** [1941.] 323). Vf. vergleicht die Pendel- u. symm. Spreizschwingungen der Methylgruppe in **I** mit den entsprechenden Frequenzen in Methylchlorid (**II**) u. Nitrobenzol (**III**). Die Ähnlichkeit der Lage der betreffenden Frequenzen von **I** u. **II** bestätigt die getroffene Zuordnung u. ist in Übereinstimmung mit dem geringeren Beitrag der Struktur $H^+CH_2 = C\langle^{O^-}_{O^-}$ zu dem Resonanzhybrid von **I,** verglichen mit dem größeren Beitrag einer ähnlichen Struktur in **III.** — Zuordnung der Frequenzen für **I:** Klasse A_1: 2941 (alle Werte in cm^{-1}), CH_3-symm. Valenz-; 1422, CO_2^--symm. Valenz-; 1341, CH_3-symm. Spreiz-; 923, C—C-Valenz-; 651, CO_2^--symm. Spreizschwingung. Klasse A_2: Torsion um C—C, —. Klasse B_1: 3006, CH_3-asymm. Valenz-; 1575, CO_2^--asymm. Valenz-; 1407, CH_3-asymm. Spreiz-; 1014, CH_3-Pendel-; 463, CO_2^--Pendelschwingung. Klasse B_2: 3006, CH_3-asymm. Valenz-; 1438, CH_3-asymm. Spreiz-; 1046, CH_3-Pendel-; 620, CO_2-Pendelschwingung. (J. chem. Physics **23.** 2463. Dez. 1955. Auckland, New Zealand, Univ. Coll., Chem. Dep.) G. Winkler. B 120

S. C. Sirkar und **G. S. Kastha,** *Raman-Spektrum einer eingefrorenen Lösung von CS_2 in Methylcyclohexan.* (Vgl. Majumdar, Indian J. Physics Proc. Indian Assoc. Cultivat. Sci. **23.** [1949.] 253; Sirkar, Indian J. Phys. **10.** [1936.] 189.) Vff. untersuchen das Raman-Spektr. einer eingefrorenen Lsg. von CS_2 in Methylcyclohexan bei -180^0, um festzustellen, ob die Intensitäten u. Lage der bei 70 u. 81 cm^{-1} in festem CS_2 gefundenen Linien (l. c.) von der Umgebung der Moll. abhängen. In der 50%ig. Lsg. (inhomogen) bleiben die beiden Linien mit fast unveränderter Intensität bestehen; die erste Linie ist intensiver als die Linie 653 cm^{-1}. In der 20%ig. Lsg. (Vol.-%) sind bei -180^0 die Linien 70 u. 81 cm^- vollständig abwesend, dagegen ist die Linie 653 cm^{-1} mit mäßiger Intensität vorhanden; d. h. in einem homogenen Medium finden die Oscillationen, welche die Linien 70 u. 81 cm^{-1} hervorrufen, nicht statt. Von den beiden alternativen Erklärungsmöglichkeiten ist diejenige wahrscheinlicher, welche die Entstehung der Linien der Oscillation in assoziierten Molekülgruppen zuschreibt, die bei größerer Verdünnung in Einzelmoll. aufspalten. Kaum wahrscheinlich ist dagegen die Annahme von Angularoscillation der Moll. im Gitter. (J. chem. Physics **23.** 2439. Dez. 1955. Jadavpur, Calcutta, Indien, Ind. Assoc. for Cultivat. of Sci., Optics Dep.) G. Winkler. B 120

R. Mecke und **G. Rossmy,** *Infrarotspektroskopische Untersuchungen an aromatischen Hydroxyl- und Deuteroxylverbindungen.* 1. Mitt. *Zuordnung der ebenen OH-Deformationsschwingung.* Die Unters. der Infrarotspektren von Phenolen u. ihren an der Hydroxylgruppe deuterierten Analoga zeigt, daß die ebene OH-Deformationsschwingung, δ_{OH}, nicht einer einzigen Bande zugeordnet werden kann, sondern daß sie sich durch Kopplung vor allem auf 2 Schwingungen (Absorptionen bei 1180 u. 1330 cm^{-1}) verteilt. Da die 1180 cm^{-1}-Bande den stärkeren „OH-Charakter" besitzt (stärkere Beeinflussung durch Assoziationserscheinungen), wird sie mit „δ_{OH}" bezeichnet. Die Ringschwingung des Benzolgerüstes, die sich von der B_{2u}-Schwingung des Bzl. bei 1310 cm^{-1} ableitet, ist vermutlich Hauptkopplungspartner. In schwächerem Maße werden auch andere Schwingungen des Molekülrestes von der Kopplung betroffen. — Die Infrarotspektren von *Phenol, p-* u. *o-Jodphenol, p-* u. *o-Nitrophenol,* den entsprechenden OD-Verbb. sowie von *Dichloraluminiumphenolat* werden graph. wiedergegeben. Die Darst. der OD-Verbb. erfolgte durch wiederholtes Schütteln der Phenole wenig oberhalb des F. mit $\sim$4fachem Überschuß an D_2O; bei der Zers. von Dichloraluminiumphenolat mit D_2O wurde neben dem H der OH-Gruppe auch H der CH-Gruppen durch D ersetzt, das zuerst genannte Verf. führte dagegen nur beim α-Naphthol zu Kerndeuterierung. (Z. Elektrochem., Ber. Bunsenges. physik. Chem. **59.** 866—72. Nov. 1955. Freiburg/Br., Univ., Inst. für Physikal. Chem.) U. John. B 120

A. R. H. Cole, *Infrarotspektren und Struktur von Steroiden.* Zusammenfassender Überblick. Nach einer allg. Einführung wird die Lage der charakterist. Banden einzeln besprochen u. ihre Anwendbarkeit bei Konstitutions- u. Konformationsermittlungen diskutiert. Im einzelnen werden angegeben die Lage von *OH-* u. *CH-Valenzschwingung* (bes. bei Ggw. von Doppelbindungen): 3-fach substituiert; 3010—40 [cm^{-1}]; Doppelbindung im Ring D 3055; >C=CH_2 3070—85; —C≡C—H 3308—10; 1.2-cis-disubstituierte Doppelbindungen (Δ^2- u. Δ^6-Sterine) 3022 u. 3015, CH_2-Gruppe in 3-Ringsystemen (Isosterine) 3040 bis 3055. — *Carbonylabsorptionsfrequenzen* in CCl_4 oder CS_2 (in Klammern Werte für $CHCl_3$-Lsg.): γ-Lactone 1774—80 (1775—80); Naphthol-3-acetate 1770 (1762); Phenol-3-acetate 1764—67 (1753—62); 2.4-Dibrom-3-keton 1756—58 (1752); 21-Acetoxy-keton 1754—58 (1745—50); α.β-ungesätt. γ-Lactone 1757; $\Delta^{17,20}$-20-Enolacetate 1753—56; $\Delta^{14,17}$-Keton 1754; $\Delta^{3,5}$-Dien-3-ol-acetate 1754; 11.17-Diketon 1754; 16-Ketone 1749 (1742); Phenolbenzoate 1745—56 (1740); δ-Lactone 1742—49; 17-Ketone 1741—45 (1732—39); ε-Lactone 1744; 17-Acetoxy-20-ketone 1742 (1730); Methylester 1737—42 (1722); Acetate u. Propionate 1732—42 (1719—24); Hexahydrobenzoesäureester 1735—39 (1719); 11α-Brom-12-ketone 1736; 2.2-Dibrom-3-ketone 1735 (1732); 2-Brom-3-ketone 1733 (1722—25); 4-Brom-3-ketone 1733 (1729); 21-Acetoxy-20-ketone 1729 bis 1732 (1720—27); Ameisensäureester 1729; 11.12-Diketone 1726; 2-Jod-3-ketone 1724; Benzoate 1719—24 (1713); 3.6-Diketone 1723; 17β-Acetoxy-20-ketone 1719 (1712—14); 3-Ketone 1714—20 (1702—05); 11.17-Diketone 1713—19; Δ^{15}-17-Ketone 1715—16; 12α-Brom-11-ketone 1714; 11-Ketone 1710—16 (1703—06); 7-Ketone 1710 bis 1713; 6-Ketone (A/B trans) 1713—14; 4-Ketone 1712; 20-Keton 1706—10 (1698 bis 1704); 12-Ketone 1705—10 (1701—06); Carbonsäuren, dimer 1703—10; 6-Ketone (A/B cis) 1706—08; 11β-Brom-12-ketone 1706; 17-Brom-20-ketone 1705; Δ^1-2.4-Dibrom-3-keton 1702 (1700); Δ^4-3.6-Dione 1700; Δ^1-2-Brom-3-keton 1697 (1685); Δ^4-2-Brom-3-keton 1697 (1680—85); Δ^4-3.6-Dione 1680; Δ^1-3-Ketone 1680—84 (1670—72); $\Delta^{9,11}$-12-Ketone 1680—84; Δ^5-7-Ketone 1677; Δ^4-3-Ketone 1674—78 (1656—60); Δ^{16}-20-Ketone 1666—70 (1652—56); $\Delta^{4,6}$-Dien-3-ketone 1666—64; $\Delta^{1,4}$-Dien-3-ketone 1663—66 (1661); $\Delta^{3,5}$-Dien-7-keton 1663. — In gewissen 6-Ringketonen (in Stellung 3, 4, 6, 7, 11, 12 u. 20) können Carbonylgruppen nicht mit Sicherheit allein aus ihren C=O-Frequenzen bestimmt werden, jedoch ist es oft möglich, durch Beobachtung der CH-Valenzabsorptionen bei 1400 cm^{-1} den Typ zu charakterisieren. — *Intensitäten von Carbonylfrequenzen*, vgl. RAMSAY (J. Amer. chem. Soc. **74**. [1952.] 72). — Besonderheiten bei *Polycarbonylverbb.* der Sterinreihe u. *α-Bromcarbonylverbb.* [äquatoriale Lage des Bromsubstituenten ergibt Erhöhung der Frequenz um ca. 17 cm^{-1}, polare Lage hat dagegen keinen Einfl.; bei 2.2-Dibromketonen (1755 cm^{-1}) ist, da nur ein Bromatom in äquatorialer Lage ist, der Unterschied zum Monobromid gering]. — *C=C-Doppelbindungsfrequenzen*: Δ^2 1654—57; Δ^4 1657; Δ^5 1667—72; Δ^6 1645; Δ^7 1664—66; Δ^8 keine Absorption; $\Delta^{8,14}$ keine Absorption; $\Delta^{9,11}$ 1643—45; Δ^{11} 1624—28; Δ^{14} 1646—48; Δ^{16} 1621. Konjugation mit einer C=O-Gruppe führt zu einer Rotverschiebung u. Zunahme der Intensität: Δ^4-3-Keton 1613—18; Δ^{16}-20-Keton 1587. — *CH-Deformationsschwingungsfrequenzen*, speziell *Methyl-* u. *Methylendeformationsschwingungen* (in Klammern die Überschneidungsbereiche): Seitenketten-CH_2- 1468 (1462—70); Ringsyst.-CH_2- 1450 (1446—64); Methylester 1438 (1435—40); CH_2- neben Doppelbindung 1438 (1432—45), Ketosterine mit α-CH_2- neben C=O-Gruppe am $C_{(4)}$, $C_{(6)}$, $C_{(7)}$, $C_{(11)}$ oder $C_{(12)}$ 1434 (1426—38). — 3-Ketosterine mit α-CH_2- am $C_{(2)}$ oder $C_{(4)}$ 1422 (1415 bis 1426); 17-Ketosterine mit α-CH_2- am $C_{(16)}$ 1408 (1404—11); anguläre CH_3- am $C_{(19)}$ 1385 (1374—92); Seitenketten-CH_2- am $C_{(21)}$ u. $C_{(28)}$ 1380 (1374—86); anguläre CH_3- am $C_{(18)}$ 1377 (1372—83); Acetat-CH_3-1375 (1369—82); geminale Dimethylgruppe am Seitenkettenende 1368 (1360—74); Acetat-CH_3- 1365 (1360—70); CH_3- von —CO—CH_3 in Seitenkette 1357 (1356—59). Mit Hilfe der Absorption einer benachbarten CH_2-Gruppe läßt sich ein 3-Keton (C=O 1714 cm^{-1}) von einem 7-Keton (C=O 1710 cm^{-1}) unterscheiden. Aus der Bande bei 1357 cm^{-1} läßt sich die —CO—CH_3-Gruppe in 20-Ketosterinen bestimmen; die C=O-Frequenz liegt hier bei 1706—10 cm^{-1}, im Gebiet der 6-Ringketone. — Spezif. Absorption von *Acetaten* u. *Benzoaten*, Wahl des Deriv., das die wenigsten störenden Banden im speziellen Fall besitzt. — *Stereochemie der Steroide* (*Ringverknüpfung*): Bei äquatorialer Lage der Acetatgruppe am $C_{(3)}$ zeigt die Bande bei 1240 cm^{-1} nur eine Spitze (einfach), bei polarer Lage ist die Bande in 2 oder 3 Spitzen aufgespalten (Komplex). Absorption der C—OH-Gruppe u. Stereochemie des Ringes *A/B* [Zahlen bzw. Buchstaben geben an: Ringverknüpfung A/B, C—O-Konfiguration, Konformation, C—O-Frequenz (CS_2) u. Acetatbandentyp]: trans, 3β e, 1037—40, einfach; trans, 3α p, 996—1002, komplex; cis, 3α e, 1037—44, einfach; cis, 3β p, 1032 bis 1036, komplex; Δ^5 C=C, 3β e, 1050—52, einfach; Δ^5 C=C, 3α p, 1034, komplex; trans, 2α e, 1030—35, einfach; trans, 2β p, 1010, komplex; trans, 4α e, 1040, komplex; trans, 4β p, 1000, komplex. — Vf. gibt Ausschnitte aus den Absorptionsspektren an, von *Isoandrosteron*; *Androsteron*; *Ätiocholan-3α-ol-17-on*; *Ätiocholan-3β-ol-17-on*; *11-Dehydrocorticosteron* u. *Δ^4-19-Norpregnen-3.20-dion*. — 59 Literaturzitate. (Rev. pure appl. Chem. **4**. 111—32. Juni 1954. Univ. of Western Australia.) H. ENCHELMAIER. B 120

P. J. C. Fierens, *Sterischer Effekt und ebene Darstellung.* Kurze Schilderung der Bedeutung des vom Vf. (C. **1955.** 1933) angegebenen Verf., Raumstrukturen von Moll. als Aufrisse eben darzustellen. (Bull. Soc. chim. belges **60.** 255. April/Juni 1951. Bruxelles, Univ. Libre, Fac. des Sci.) G. Kresze. B 123

Raymond J. W. Le Fèvre und Thomas H. Liddicoet, *Die Möglichkeit geometrischer Isomerie bei den 1-Aryl-3.3-dimethyltriazenen.* Zur Best. der Stereochemie von Triazenen wurden die Eigg. von *1-Aryl-3.3-dimethyltriazenen* untersucht: Bei Verbb., die am Phenylkern verschieden substituiert waren, wurden die Dipolmomente (μ) in Bzl. bestimmt, u. zwar von der frisch bereiteten Lsg., nach 4std. Einw. von Tageslicht u. nachfolgender 20—24std. Aufbewahrung im Dunkeln. Durch Lichteinw. findet Zers. statt, wobei mit Ausnahme der o- u. p-substituierten Verbb. Zunahme der DK. beobachtet wurde. Die folgende Aufbewahrung im Dunkeln brachte entweder keine Veränderung oder weitere Zunahme der DK., ausgenommen *m-Nitrophenyl-3.3-dimethyltriazen,* dessen DK. im Dunkeln wieder abnimmt. Vff. deuten die Meßergebnisse so, daß bei Bestrahlung neben einer irreversiblen Zers. eine teilweise Umlagerung der trans-Form in das cis-Isomere stattfindet (vgl. Freeman u. Mitarbeiter, C. **1952.** 1794). Sie zeigen durch Vgl. der μ mit den analog substituierten Dimethylanilinen bzw. Anilinen, daß die Triazene vor Lichteinw. in trans-Form vorliegen: Die μ der Triazene sind größer, mit Ausnahme der o-NO_2-Verb.; dies erklären Vff. durch Hinderung der Mesomerie. — Die Triazene sind blaßgelbe Fll. u. absorbieren im Blau. Die K-Banden, die der Konjugation zwischen —N=N-Syst. u. Arylkern zuzuschreiben sind, liegen für *1-Phenyl-3.3-dimethyltriazen* (I) bei 300 mμ, für p-substituierte Verbb. bei größeren Wellenlängen (p-NO_2: λ_{max} 360 mμ) u. für das o-Cl u. o-Phenylderiv. kurzwelliger. Das Spektr. von *1-o-Carboxyphenyl-3.3-dimethyltriazen* (II) deuten Vff. durch die Annahme, daß ein inneres Salz vorliegt. — In trockenem Bzl. bilden die Triazene mit β-Naphthol langsam Azoverbindungen, die Rk. wird durch Lichteinw. etwas beschleunigt.

Versuche: Folgende *1-Aryl-3.3-dimethyltriazene* der Zus. R—C_6H_4—N=N—N·$(CH_3)_2$ wurden nach Elks u. Hey (vgl. Elks u. Hey, J. chem. Soc. [London] **1943. 441**) dargestellt, ihre Dipolmomente (μ) wurden in Bzl. bei 25°, ihre UV-Spektren in 95%ig. A. bestimmt. — I: μ 2,28 [D]; λ_{max} 225, 285, 308 [mμ]; *1-o-Chlor-*, μ 2,85; 232, 281, 289, 311; *-m-Chlor-*, $C_8H_{10}N_3Cl$, Kp.$_{20}$ 148—151°, μ 3,52; 232, 285, 292, 309; *-p-Chlor-*, $C_8H_{10}N_3Cl$, Kp.$_{27-28}$ 164—166°, μ 4,01; < 224, 287, 314; *-p-Brom-*, μ 3,91; < 230, 291, 320; *-o-Nitro-*, $C_8H_{10}O_2N_4$, F. 31—32° (PAe.), blaßgelbe Prismen, μ 4,31; <224, ca. 280, 295; *-m-Nitro-*, μ 5,76; <225, 277, 286, 290, 300; *-p-Nitro-*, μ 7,04; 240, 275, 360; *-p-Methyl-*, μ 1,95; 225, 285, 313; *-p-Methoxyphenyl-*, $C_9H_{13}ON_3$, Kp.$_{29}$ 174—177°, μ 2,3; ca. 222, 288, 324; *-o-Diphenylyl-*, $C_{14}H_{15}N_3$, Kp.$_1$ 143—145°, μ 2,32; <232, 292, 299; *-p-Diphenylyl-3.3-dimethyltriazen,* $C_{14}H_{15}N_3$, F. 70—71° (wss. A.), rötliche Plättchen, μ 2,61; 240, ca. 305, ca. 325; **II**-, 240, 320, 338. — *1-β-Naphthyl-3.3-dimethyltriazen*: μ 2,38; <226, ca. 272, 280, 315. — *1-Methylbenzo-1.2.3-triazol,* F. 64° (Ligroin), aus Benzotriazol u. Methylsulfat, μ 4,61 D. — Folgende Kupplungsprodd. R—C_6H_4—N=N—$C_{10}H_6$·OH wurden aus β-Naphthol u. entsprechenden Triazenen in Bzl. dargestellt: *Benzol-*, F. 132°; R = Cl, F. 155—157°; *p-Brombenzol-*, F. 171°; *p-Toluol-*, F. 133—134°, *p-Anisolazo-β-naphthol,* F. 139—140°. (J. chem. Soc. [London] **1951.** 2743—48. Okt. Sydney, Univ.) W. Ulrichs. B 123

J. Momigny, *Verhalten des halogensubstituierten Benzolkerns unter Elektronenbeschuß.* 1. Mitt. Vf. untersucht mit Hilfe der Massenspektroskopie das Verh. von *Fluor-* (I, Kp. 85,5°, durch Diazotieren von Anilin u. Umsetzen des Diazoniumhydrochlorids mit HBF_4) u. *Jodbenzol* gegen Elektronenstoß. Auf Grund der erhaltenen Ergebnisse wird die Stabilität der verschied. Molekülionen sowie der vielen erhaltenen Fragmentionen verglichen. Zwischen den Ionengruppen des *Bzl.* u. des **I** einerseits sowie zwischen solchen der anderen 3 Halogenbenzole andererseits werden Ähnlichkeiten festgestellt. Die Bldg. der Ionen in beiden Fällen dürfte nach Meinung des Vf. daher auch nach verschiedenartigen Mechanismen erfolgen. (Bull. Soc. chim. belges **64.** 144—65. März/April 1955. Liège, Univ., Centre des Spectrométrie de Masse.) R. Mattner. B 131

J. Momigny, *Verhalten des halogensubstituierten Benzolkerns unter Elektronenbeschuß.* 2. Mitt. *Einfluß der Energie der ionisierenden Elektronen auf die Massenspektren.* (1. vgl. vorst. Ref.) Es wird der Einfl. der Größe der Energie (E) ionisierender Elektronen (10—70 eV) auf das Verh. von *Fluor-* (I), *Chlor-*, *Brom-*, u. *Jodbenzol* (II) untersucht. In dem Verhältnis, wie E fällt, steigt die Stabilität der entstehenden Molekülionen; immer jedoch fällt deren Stabilität vom **I** zum **II**. Die relativen Häufigkeiten H von verschied. Ionengruppen für eine gegebene Substanz gehen bei Änderung von E durch ein Minimum; so gibt es allg. 2 verschied. Werte dieses Potentials, für welche H den gleichen Wert annimmt. (Bull. Soc. chim. belges **64.** 166—72. März/April 1955.) R. Mattner. B 131

L. Reinisch, *Dielektrisches Verhalten des flüssigen und festen Isoamylalkohols. Beitrag zur Untersuchung einiger flüssiger Alkohole.* Es wird die komplexe DK. von *Isoamylalkohol* (Kp. 130,5°, F. −117°, n_D^{18} 1,4084; fl. u. fest) für Frequenzen von 80 Hz bis 40 MHz bei Tempp. zwischen derjenigen des fl. N_2 u. Zimmertemp. gemessen. Die Messungen werden durch solche an *n-Pentanol* (Kp. 138,0°, F. −78°, n_D^{20} 1,4099), *n-Butanol* (Kp. 117,5°, F. −83°, n_D^{22} 1,3973), *n-Propanol* (Kp. 97,5°, F. −127°, n_D^{20} 1,3854), *n-Hexanol* (Kp. 157,3°, F. −52°, n_D^{20} 1,4165) u. *Isobutanol* (Kp. 108,4°, F. −108°, n_D^{18} 1,3968) in engerem Temperaturbereich ergänzt. Die Messungen werden sowohl im Hinblick auf Zahl u. Verteilung der Dispersionsbereiche wie auf die Aktivierungsenergie im einzelnen diskutiert u. mit früheren Ergebnissen (vgl. DALBERT, C. **1954**. 5261 u. früher) verglichen. (J. Chim. physique Physico-Chim. biol. **51**. 113−21. März 1954. Paris, Fac. des Sci., Labor. der Chim.-Phys.) K. L. WOLF. B 132

Shoji Shida und **Saburo Fujii**, *Magnetische Eigenschaft und Resonanzcharakter von Cyclooctatetraen* (C_8H_8). Mit einer verfeinerten WEISS-FOËX-App. wird die mol. magnet. Susceptibilität des *Cyclooctatetraens* (F. −7,5°, $Kp._{185}$ 95,6°) bestimmt zu $-53{,}9\cdot10^{-6}$. Eine nachweisbare Temperaturabhängigkeit zwischen 30 u. 80° besteht nicht; damit scheidet die Möglichkeit eines überlagerten Spinparamagnetismus aus. Die magnet. Anisotropie wird zu $-12{,}6\cdot10^{-6}$/Mol geschätzt, die Resonanzenergie zu 2,9 kcal/Mol. Beide Größen können mit den Werten der Resonanzintegrale der π-Elektronen in Beziehung gesetzt werden, zur Erklärung der kleinen Anisotropie erwiesen sich jedoch die LANGEVINsche Theorie sowie die Meth. von LONDON als nicht geeignet. (Bull. chem. Soc. Japan **24**. 173−77. Sept. 1951. Tokyo, Inst. of Technol., Labor. of phys. Chem. [Orig.: engl.]) K. L. WOLF. B 137

Hidemasa Honda und **Kōji Ōuchi**, *Magnetische Eigenschaften kondensierter aromatischer Kohlenwasserstoffe mit vier Benzolkernen.* 1. Mitt. *Über den Diamagnetismus von Chrysen.* Mit einer GOUY-App. wird die mol. magnet. Susceptibilität von *Chrysen* (F. 250°, Kp. 448°) bestimmt zu $-166{,}67\cdot10^{-6}$. Dieser Wert stimmt brauchbar mit dem nach LONDONs Theorie berechneten überein. (Bull. chem. Soc. Japan **24**. 181−83. Sept. 1952. Kawaguschi, Neuryo-Kenkyusho. [Orig.: engl.]) K. L. WOLF. B 137

Lila M. Hall, John E. De Vries und **E. St. Clair Gantz**, *Basische Gleichgewichtskonstanten von Nitroguanidin und Nitroaminoguanidin. Nitroguanidin* (I) zeigt in saurer Lsg. zwei Absorptionsmaxima bei 220−225 u. bei 265 mμ. Die Extinktion im ersten sinkt bei Verringerung von [H⁺] unter geringer Verschiebung von λ_{max} nach kürzeren Wellenlängen, während die des zweiten ansteigt. Dazwischen laufen sämtliche Absorptionskurven durch einen isosbest. Punkt bei 240 mμ. Aus den Absorptionswerten von λ_{max} in Abhängigkeit von [H⁺] errechnete sich in HCl bzw. H_2SO_4 für I pKβ zu 14,45 bzw. 14,55. Analog wurde für *Nitroaminoguanidin* pKβ zu 15,0 bestimmt. (J. Amer. chem. Soc. **77**. 6507−08. 20/12. 1955. China Lake, Calif., U. S. Naval Ordnance Test. Stat., Analyt. Chem. Branch.) L. FISCHER. B 139

R. Dean Taylor, B. H. Johnson und **John E. Kilpatrick**, *Entropie, Wärmekapazität und Umwandlungswärmen von 1.2.3-Trimethylbenzol.* Vff. haben die Molwärmen C_p der genannten Verb. zwischen 20 u. 300° K gemessen. In der festen Phase traten 2 Umwandlungspunkte, II bei 218,70 ± 0,03° K u. I bei 230,27 ± 0,06° K, auf (die Tempp. beziehen sich jeweils auf 50%ig. Umwandlung). Der Tripelpunkt wurde bei 247,809 ± 0,002° K festgestellt. Die Umwandlungswärmen betrugen bei II 157,4 ± 3,0 u. bei I 319,3 ± 3,0 cal/Mol. Die Schmelzwärme wurde zu 1955,1 ± 2,0 cal/Mol ermittelt. Mit Hilfe einer DEBYE-Funktion mit 6 Freiheitsgraden u. Θ = 120° K für den Bereich bis zu 30° K aufwärts u. den gemessenen calor. Werten wurde die Entropie der fl. Phase $S_{298,16}$ zu 64,04 ± 0,1 u. für den idealen Gaszustand $S^0_{298,16}$ zu 91,98 ± 0,15 cal/Grad·Mol berechnet. (J. chem. Physics **23**. 1225−31. Juli 1955. Houston, Tex., Rice Inst., Dep. of Chem.) L. FISCHER. B 146

R. Dean Taylor und **John E. Kilpatrick**, *Entropie, Wärmekapazität und Umwandlungswärmen von 1.3.5-Trimethylbenzol.* (Vgl. vorst. Ref.) Von genannter Verb. wurden die Molwärmen C_p zwischen 20 u. 300° K gemessen. Es wurden 3 FF. festgestellt: $F._I$ 228,424 ± 0,004° K, $F._{II}$ 223,346 ± 0,004° K u. $F._{III}$ 221,462 ± 0,004° K. Aus der Schärfe der FF. ergaben sich die zugehörigen Verunreinigungen 0,059 ± 0,005, 0,023 ± 0,003 u. 0,032 ± 0,004 Mol-%. Die einzige feste Phase mit reproduzierbaren C_p-Werten ist die mit F_I, die beiden anderen festen Phasen sind metastabil. Die Schmelzwärmen berechneten sich zu ΔH_I 2274,1 ± 3,0, ΔH_{II} 1932 ± 10 u. ΔH_{III} 1892 ± 8 cal/Mol u. die Entropie der fl. Phase $S_{298,16}$ 65,38 ± 0,1 u. für den idealen Gaszustand $S^0_{298,16}$ 92,09 ± 0,15 cal/Grad·Mol (mittels DEBYE-Funktion mit 8 Freiheitsgraden bei 30° K aufwärts u. Θ = 126,7° K). (J. chem. Physics **23**. 1232−35. Juli 1955.) L. FISCHER. B 146

R. Singh und **L. W. Shemilt**, *Kritische Konstanten von n-Butanol.* Vff. ermittelten folgende krit. Daten von *n-Butanol* ($Kp._{760}$ 117,5°, n_D^{25} 1,3973); krit. Temp. 286,95 ± 0,05°, krit. Druck 48,60 ± 0,05 at u. krit. D. 0,2700 ± 0,0002 g·cm^{-3}. (J. chem. Physics **23.** 1370—71. Juli 1955. Vancouver, Can., Univ., Dep. of Chem. Engng.) L. FISCHER. B 150

George T. Furukawa, Robert E. McCoskey und **Martin L. Reilly,** *Spezifische, Umwandlungs-, Schmelz- und Verdampfungswärme und Dampfdruck von Oktafluorcyclobutan.* Vff. bestimmen die therm. Eigg. von Oktafluorcyclobutan (Reinheit $99,98_9$ Mol-%) zwischen 17 u. 270° K in einem Calorimeter. Der F. liegt bei 232,96 ± 0,05° K u. die Schmelzwärme beträgt 2768,2 ± 2,0 Joule/Mol. Die Umwandlungspunkte liegen bei 141,3 ± 0,2° K, 174,6 ± 0,2° K, 214,84 ± 0,05° K u. 216,99 ± 0,05° K. Die spezif. Wärme (c) wird zwischen 17 (~16 Joule/Mol·Grad) u. 270° K (~210 Joule/Mol·Grad) bestimmt. Das c-T-Diagramm zeigt bei 97° K einen Knick, der ähnlich einer Glastransformation in organ. Gläsern ist (vgl. PARKS u. Mitarbeiter, J. physic. Chem. **32.** [1928.] 1366). Die Enthalpieänderungen in den Temperaturbereichen der Umwandlungs- (130 bis 150; 170—180; 210—220° K) u. des Transformationspunktes (90—105° K) werden berechnet. Die Verdampfungswärme bei 261,25° K (p = 590,9 mm Hg) beträgt 23721 ± 20 Joule/Mol. Der Dampfdruck der fl. Verb. (mm Hg) wird wiedergegeben durch $\lg p = 6{,}70267 - 1315{,}906/T + 8{,}778482 \cdot 10^{-3}\,T - 1{,}739691 \cdot 10^{-5}\,T^2$. Der Kp. (760 mm Hg) liegt bei 267,17 ± 0,01° K. Die aus den calor. Daten berechnete Entropie der Verb. bei 261,25° K im idealen Gaszustand (90,95 cal/Mol·Grad) wird mit der aus spektroskop. Daten ermittelten (87,83 cal/Mol·Grad) verglichen. (J. Res. nat. Bur. Standards **52.** 11—16. Jan. 1954. Washington, D. C.) R. LACMANN. B 156

N. N. Feodossjew, O. A. Ossipow und **G. K. Morosowa,** *Mischungswärme von Dioxan mit Wasser.* Die Kurve Mischungswärme von *Dioxan* (I)–W. gegen H_2O–I-Geh. (Mol-%) ist S-förmig. Der hohen I-Konzz. entsprechende Kurventeil liegt unterhalb der Abscisse (betr. Konzz.). Der negative Teil der Kurve entspricht dem Zerfall der assoziierten H_2O-Moll., der positive Teil einer Rk. zwischen **I** u. H_2O unter Bldg. eines therm. wenig stabilen Komplexes mit intermol. H-Bindungen. Wahrscheinlich entsteht hierbei **A.** (Журнал Общей Химии [J. allg. Chem.] **24 (86).** 1540—41. Sept. 1954. Rostow/Don, Univ.) O. LEBTAG. B 156

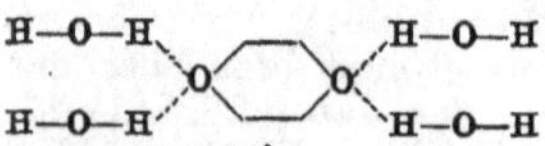
A

K. Altenburg, *Die Druckabhängigkeit der Ultraschallgeschwindigkeit in Flüssigkeiten. Zur molekular-kinetischen Auffassung der Flüssigkeiten.* 4. Mitt. (3. vgl. C. **1956.** 5511.) Im Anschluß an die l. c. geschilderten Überlegungen beschreibt Vf. jetzt die Ableitung einer Formel für die Druckabhängigkeit der Ultraschallgeschwindigkeit (u) in Fll.; zugrunde gelegt wird dabei ein Flüssigkeitsmodell, das sich eng an die Vorstellung vom Aufbau der Festkörper anschließt. Die Änderung von u pro at Druckerhöhung (γ) ergibt sich dann als abhängig von der Kompressibilität k u. einer für alle organ. Fll. gleichen Funktion Φ der red. Temp. Θ; $\gamma = 19/6\, k \cdot \Phi(\Theta)$. Für C_2H_5Br, CCl_4, *Chlf.*, *Ae.*, *n*-C_5H_{12}, CS_2, *Bzl.*, *Toluol* u. *Anilin* werden die γ-Werte berechnet u. mit den von SWANSON (J. chem. Physics **2** [1934.] 689) gefundenen verglichen; die Übereinstimmung ist gut. (Kolloid-Z. **122.** 35—36. April 1951.) G. KRESZE. B 159

Günther Weitzel, Anna-Maria Fretzdorff und **Siegfried Heller,** *Biochemie verzweigter Carbonsäuren.* 9. Mitt. *Monomolekulare Filme der einfach methylierten Palmitinsäuren.* (8. vgl. C. **1955.** 6543.) Bei sämtlichen 14 DL-*Monomethylpalmitinsäuren* werden bei 10, 20 u. 30° durch Spreitungsverss. die F/A-Isothermen bestimmt, wobei F die Kraft in Dyn/cm ist, die für den Zusammenbruch des monomol. Films auf W. erforderlich ist, u. A die zu jeder Schubgröße gehörende filmbedeckte Wasserfläche pro Einzelmol. [in Å²]. Der Flächenbedarf des Einzelmol. bei verzweigten Fettsäuren ist im ganzen Verlauf der F/A-Isotherme höher, der zum Zusammenbruch des Films erforderliche Schub ist niedriger als bei geradkettigen Fettsäuren. Je weiter die Methylgruppe von der Carboxylgruppe entfernt ist, um so kleiner ist der Flächenbedarf des Moleküls. Der A-Wert hängt stark von der Temp. ab, er ist bei 10° geringer als bei 30°. F/A ist größer bei Methylgruppen, die an den carboxylnahen geradzahligen C-Atomen in 2-, 4- u. 6-Stellung sitzen, als bei 3-, 5- u. 7-Methylverbb., oscilliert also in Carboxylnähe. (Hoppe-Seyler's Z. physiol. Chem. **288.** 189—200. Nov. 1951. Göttingen, Med. Forschungsanst. der Max-Planck-Ges., Biochem. Abt.) V. KLINGMÜLLER. B 166

Günther Weitzel, Anna-Maria Fretzdorff und **Siegfried Heller,** *Biochemie verzweigter Carbonsäuren.* 10. Mitt. *Monomolekulare Filme der einfach methylierten Stearinsäuren.* (9. vgl. vorst. Ref.) Die F/A-Isothermen bei 10° zeigen, daß alle 16 *Monomethylstearinsäuren* bei 10° fl. Filme bilden. Bei mittelständiger Methylierung ist die Aneinanderlagerung der Moll. am meisten gestört u. der Flächenbedarf am größten. Bei Methylierung der Stearinsäure in Carboxylnähe oscilliert der Flächenbedarf beim Zusammenbruch des Films: er ist höher bei geradzahliger als bei ungeradzahliger Stellung der Methylgruppe; dann nimmt er mit Entfernung vom Carboxylende ab u. ist bei endständiger Methylierung am niedrigsten. — Nach den Berechnungen, strukturellen Erwägungen u. gesetzmäßigen Beobachtungen in diesen Arbeiten läßt sich für die Theorie verzweigter Carbonsäurefilme folgendes zusammenfassend sagen: Die Unterschiede in den Filmeigg. bei homologen Alkylstearinsäuren, die sich um je eine CH_2-Gruppe unterscheiden, sind größer, als wenn sich nur die Stellung des seitenständigen Methylrestes im Mol. ändert. Bei fortlaufender Vergrößerung der Seitenkette von Methyl bis Butyl usw. nimmt der Flächenbedarf beim Zusammenbruch gesetzmäßig zu; es treten Flächenwerte auf, bei denen Filme geradkettiger Säuren noch expandiert sind u. diejenigen methylverzweigter Säuren gerade eben zu kondensieren beginnen, aber noch weit vom Kollaps selber entfernt sind. Der Flächenbedarf nimmt mit Verlängerung der Seitenkette bis zum Octyl bei α-Alkylstearinsäuren zu, dann aber nicht mehr. Die Moll. rotieren weitgehend vollständig, die Hauptkette liegt auch zu Kondensationsbeginn vertikal zur Wasserfläche. Die Rotationsachse wird durch die ungeradzahligen C-Atome der Kette gebildet, so daß bei carboxylnaher Methylierung der Radius der Mol.-Querschnittsfläche größer bei Substitution an den C-Atomen 2 u. 4 als an 3 u. 5 ist. — Der zum Zusammenbruch des Films erforderliche Schub ist bei geradkettigen Fettsäuren eine Funktion der Kettenlänge, die Dynwerte steigen beim Kollaps an; bei Verlängerung der Seitenkette C_n von C_2—C_{12} sinken sie exponentiell nach $6{,}55/e^{n-2} + 5{,}8$. (Hoppe-Seyler's Z. physiol. Chem. **288**. 200—15. Nov. 1951.) V. Klingmüller. B 166

K. Altenburg, *Die Möglichkeiten der Konstitutionsbestimmung organischer Flüssigkeiten aus physikalischen Eigenschaften, insbesondere den Kohäsionskräften. Zur molekularkinetischen Auffassung der Flüssigkeiten.* 3. Mitt. (2. vgl. C. **1955**. 3338.) Vf. diskutiert krit. die Möglichkeiten, aus Kohäsionseigg., wie Viscosität, Oberflächenspannung, Wärmeausdehnung, Schallgeschwindigkeit u. Dampfdruck, Aussagen über die Mol.-Struktur in Fll. zu machen. Anziehende u. abstoßende zwischenmol. Kräfte, die diese Eigg. bestimmen, gehen eindeutiger in Mol.-Refr. bzw. Parachor ein, Vf. hält es für unwahrscheinlich, daß aus den anderen Eigg. weitergehende Folgerungen gezogen werden können als aus den letztgenannten. (Kolloid-Z. **119**. 38—42. Okt. 1950.) G. Kresze. B 182

Walter C. McCrone und **John H. Andreen,** *2.6-Dinitrotoluol (2.6-DNT).* 2.6-Dinitrotoluol tritt in wenigstens 3 polymorphen Formen auf. Die Form I (F. 56,6°) ist stabil unterhalb ca. 40°, II (F. 64,7°) oberhalb ca. 40° u. III (F. 45,9°) scheint bei allen Tempp. bis zum F. instabil zu sein. I krist. aus A. in rhomb. Tafeln oder Stäbchen. Das Achsenverhältnis ist a:b:c = 0,571:1:0,539. Die Elementarzelle hat die Dimensionen a = 7,82 Å; b = 13,70 Å; c = 7,39 Å. Mit D. 1,536 ist Z = 4. Die Daten des Pulverdiagramms sind angegeben. Die Brechungsindices für 5893 Å u. 25° sind $\alpha = 1{,}479 \pm 0{,}002$; $\beta = 1{,}697 \pm 0{,}003$; $\gamma = 1{,}750 \pm 0{,}005$. $2V = 53°$; $2E = 99°$. Dispersion $v > r$. Opt. Achsenebene ist 100; Doppelbrechung negativ. Spitze Bisektrix $\gamma = b$. (Analytic. Chem. **26**. 1997—98. Dez. 1954. Chicago, Ill., Inst. of Technol., Armour Res. Found.) C. Gottfried. B 195

H. Schlief, *Harnstoffeinschlußverbindungen von n-Butan und -Propan.* Die Harnstoffaddukte des n-Butans u. des -Propans, deren Bildungswärmen bereits von Schlenk (Liebigs Ann. Chem. **565**. [1949.] 204) berechnet worden waren, wurden hergestellt. Das Mol-Verhältnis Harnstoff zu KW-stoff beträgt für das n-Butanaddukt 4,5 (bei 20° bestimmt), für das Propanaddukt 4,1. Die Darst. der Addukte erfolgt in fl. Phase unterhalb des Kp. des KW-stoffs, beim n-Butan auch unter Verwendung von Lösungsmitteln. Die Addukte sind aber auch bei höheren Tempp. (—15° für Propan) durch Leiten des KW-stoffgases über trockenen Harnstoff erhältlich. (J. prakt. Chem. [4] **2**. 337—39. Nov. 1955. Leipzig, Inst. für organ.-chem. Ind.) S. Brandt. B 223

J. W. Teter und **W. P. Hettinger jr.,** *Thioharnstoffaddukte von 1.2.4.5-Tetramethylbenzol.* Aus einer Lsg. von 1.2.4.5-Tetramethylbenzol (I) in Toluol ließ sich mit Thioharnstoff (II) in trockenem Methanol ein *Thioharnstoffaddukt* von I ausfällen. Auch das Röntgenbeugungsspektr. bestätigte die Bldg. eines Adduktes aus I u. II. Dieses Addukt kann zur Isolierung von I aus Gemischen mit Prodd. dienen, die die Octanzahl verbessern u. deren Kp. bei 196° liegt. (J. Amer. chem. Soc. **77**. 6695. 20/12. 1955. Harvey, Ill., Sinclair Res. Labor., Inc., Catalysis Res. Div.) L. Fischer. B 223

Charles Prévost, *Der Elementarprozeß der heterolytischen organischen Reaktion in der flüssigen Phase.* (Vgl. C. **1956**. 2131.) Überblick (Vortrag) über die Entw. der Auffassung vom Elementarprozeß der heterolyt. organ. Rk. in der fl. Phase mit krit. Diskussion der neueren Theorien u. Anregungen zur Weiterentwicklung. (Cahiers de Physique **1954**. Nr. 52. 58—68. Nov.) W. Niemitz. B 225

Sara Jane Rhoads und **Robert L. Crecelius,** *Die para-Claisen-Umlagerung.* 2. Mitt. *Die α- und γ-Methylallyläther von o-Kresotinsäuremethylester.* (1. vgl. C. **1955.** 9548.) Die Darst. des α- (I) u. des *γ-Methylallyläthers* (II) des *o-Kresotinsäuremethylesters* erfolgte, wie l. c. beschrieben. Herst. u. Umlagerung von II verlief in Übereinstimmung mit MUMM u. MOLLER (Ber. dtsch. chem. Ges. **70.** [1937.] 2214) gut; bei der Herst. von I entstehen dagegen sehr viele Nebenprodd.; es wurden neben I auch II, die entsprechenden Umlagerungsprodd. u. höhersd. diallylierte Prodd. erhalten. Die Ggw. von I wird durch Ozonolyse, Infrarotspektren u. Umlagerung der Mischung von I u. II, wobei auch *2-Carbomethoxy-4-[α-methylallyl]-6-methylphenol* (III) erhalten wurde, bewiesen. III ist mit dem aus II erhaltenen Umlagerungsprod. nicht identisch. Die Umlagerungs-Rk. von I bzw. II verläuft nicht so glatt wie bei den Äthylhomologen (l. c.), ferner ist bei I u. II die Differenz zwischen den Umlagerungsgeschwindigkeiten geringer.

Versuche: *α-Methylallylchlorid,* $Kp._{585}$ 56,2—56,5°, n_D^{20} 1,4152. — *γ-Methylallylchlorid,* $Kp._{585}$ 76,4—76,6°, n_D^{20} 1,4354, beide nach KEPNER u. Mitarbeitern (C. **1950.** II. 159). *o-Kresotinsäuremethylester* (VIII), $Kp._{54}$ 145—146°, Darst. wie l. c. beschrieben, jedoch 33 Std. kochen; n_D^{20} 1,5345; 72% (Ausbeute). — *γ-Methylallyl-2-carbomethoxy-6-methylphenyläther* (II), $Kp._{0,3}$ 94,5—95,5°, nach MUMM u. MOLLER (l. c.), n_D^{20} 1,5178; 66%. *Freie Säure* (IIa), F. 74,4—75,2° (Hexan), durch Hydrolyse von II mit methanol. KOH. — *2-Carbomethoxy-4-[γ-methylallyl]-6-methylphenol* (IV), $Kp._{1,7}$ 127—129,5°, aus II durch 3std. Kochen mit Diäthylanilin, n_D^{20} 1,5351, mit $FeCl_3$ dunkelblau; 73%. — *2-Carboxy-4-[γ-methylallyl]-6-methylphenol* (V), F. 133,4—134,6°, aus IV durch Hydrolyse. — *2-Carboxy-4-butyl-6-methylphenol* (VI), $C_{12}H_{16}O_3$, F. 108—108,6° (Hexan), durch Hydrierung von V in Ggw. von ADAMS PtO_2. — Rk. von VIII mit α-Methylallylchlorid (30% Überschuß, 39 Std. kochen), Trennung der Reaktionsprodd. mit CLAISEN-Alkali in eine phenol. u. eine äther. Fraktion ergab (phenol. Fraktion): *o-Kresotinsäure;* V, F. 133,5—135,8° u. (nach Hydrolyse) *2-Carboxy-4-[α-methylallyl]-6-methylphenol* (VII), F. 92,4—93,3° (Hexan); (äther. Fraktion: nach Hydrolyse) IIa, ferner diallylierte u. andere nicht definierte Produkte. — Durch Umlagerung einer Probe des niedrigsd. äther. Materials der obenst. Rk. (27 Std. bei 120°) entstand *2-Carbomethoxy-4-[α-methylallyl]-6-methylphenol* (III), $Kp._{0,9}$ 97—103°, n_D^{20} 1,5196, 23%, daraus VIII. — *2-Carboxy-4-[butyl-(2)]-6-methylphenol,* $C_{12}H_{16}O_3$, F. 94,4—95,1°, durch Mikrohydrierung von VII. (J. Amer. chem. Soc. **77.** 5183—85. 5/10. 1955. Laramie, Wyo., Univ. of Wyoming, Dep. of Chem.) R. MATTNER. B 225

Sara Jane Rhoads und **Robert L. Crecelius,** *Die para-Claisen-Umlagerung.* 3. Mitt. *Kinetik der Umlagerung von einigen γ-substituierten Allyläthern von Methyl-o-kresotinat.* (2. vgl. vorst. Ref.) Die Umlagerungsgeschwindigkeiten des *Allyl-* (I; n_D^{20} 1,5180), des *γ-Methylallyl-* (II; n_D^{20} 1,5178) u. des *γ-Äthylallyläthers* (III; n_D^{20} 1,5140) von *o-Kresotinsäuremethylester* wurden zwischen 140,0 u. 187,7 bzw. 178,6° refraktometr. gemessen. Daraus errechnen sich folgende Aktivierungsenergien E_a (kcal/Mol) u. Aktivierungsentropien $\Delta S^{\neq}$ (cal/Grad, berechnet für T = 168,2°): I [E_a] 31,1 ± 0,3, [$\Delta S^{\neq}$] —9,6 ± 0,6; II 30,4 ± 0,3, —9,9 ± 0,6; III 29,8 ± 0,4, —13,1 ± 0,8. — Diese Ergebnisse werden mit der Struktur der Verbb. in Verbindung gebracht, für den Mechanismus der Umlagerungen wird auf Grund der E_a- u. $\Delta S^{\neq}$-Werte ein cycl. Übergangszustand angenommen. — Die I—III entsprechenden Phenole hatten folgende n_D^{20}-Werte: 1,5367, 1,5351 bzw. 1,5297. (J. Amer. chem. Soc. **77.** 5057—59. 5/10. 1955.)

R. MATTNER. B 225

Sara Jane Rhoads und **Robert L. Crecelius,** *Die para-Claisen-Umlagerung.* 4. Mitt. *Beweis der Intramolekularität.* (3. vgl. vorst. Ref.) Vff. führen mit einer Mischung des *γ-Äthylallyläthers* von *2.6-Dimethylphenol* mit dem *γ-Methylallyläther* von *o-Kresotinsäuremethylester* die CLAISEN-Umlagerung durch. Aus der Abwesenheit irgendwelcher Prodd., die aus einer Rk. der beiden Ausgangsstoffe untereinander entstanden sein könnten, wird gefolgert, daß die Para-CLAISEN-Umlagerung γ-substituierter Allyläther streng intramol. abläuft.

Versuche: *2.6-Dimethylphenol* (I), F. 45,2—45,7°. — Herst. der γ-Alkylallyläther des I durch Zugabe von I zu einer frisch hergestellten Lsg. von Na-Methylat in Methanol, Zugabe des entsprechenden Allylchlorids (20 Min., unter Sieden des Reaktionsgemisches) u. 1—2 Std. Kochen; nebenher 5—10% höhersd. diallylierte Prodd.: *γ-Methylallyl-2.6-dimethylphenyläther* (II), $Kp._{0,3}$ 55—56°; n_D^{20} 1,5075; 43% (Ausbeute). — *γ-Äthylallyl-2.6-dimethylphenyläther* (III), $C_{13}H_{18}O$, $Kp._{0,6}$ 75—77,5°; n_D^{20} 1,5044; 47%. — Umlagerung von II u. III durch 3 Std. Kochen in Diäthylanilin: *2.6-Dimethyl-4-[γ-methylallyl]-phenol* (IV), $Kp._{0,5}$ 89—90°; n_D^{20} 1,5370; 67%; *3.5-Dinitrobenzoat,* F. 117,9—118,6° (A.); u. *2.6-Dimethyl-4-[γ-äthylallyl]-phenol* (V), $C_{13}H_{18}O$, $Kp._{1,5}$ 115 bis 118°, F. 46,1—46,6°; n_D^{20} 1,5312; 78,5%; *3.5-Dinitrobenzoat,* $C_{20}H_{20}O_6N_2$, F. 148,2 bis 149,4° (A.). — *2.6-Dimethyl-4-pentylphenol* (**VI**), F. 46,2—47,2°, durch Hydrierung von **V**. — [*2.6-Dimethyl-4-butylphenyl*]-*3.5-dinitrobenzoat*, F. 118,4—119,3° (Hexan), durch Hydrierung von **IV** u. nachfolgender Veresterung. — [*2.6-Dimethyl-4-pentylphenyl*]-*3.5-dinitrobenzoat*, $C_{20}H_{22}O_6N_2$, F. 129,0—129,4° (95%ig. A.), aus **VI**. — Bei der gemischten Umlagerung wurde in der bicarbonatlösl. Fraktion *2-Carboxy-4-[γ-methylallyl]-6-methylphenol*, F. 132,6—134,4° (Hexan) in hoher Ausbeute gefunden; daneben aus der bicarbonatunlösl. Fraktion wurde **V** erhalten u. durch Hydrierung, Umsetzung mit 3.5-Dinitrobenzoylchlorid u. Infrarotspektr. identifiziert. — Die Umlagerungsgeschwindigkeiten von **IV** u. **V** bei 158,4° wurden gemessen, die Konstanten 1. Ordnung steigen im Verlauf der Rk. für die reinen Fll. an. (J. Amer. chem. Soc. **77**. 5060—62. 5/10. 1955.) R. MATTNER. B 225

Hans Heinrich Schlubach und **Volker Franzen**, *Untersuchungen über Acetylene. 6. Mitt. Die Reaktion der Acetylene mit Persäuren. Acetylenoxyde.* (5. vgl. C. **1953**. 1005.) Bei 19 verschied. substituierten Acetylenen wurde unter gleichen Bedingungen der Verbrauch an Benzopersäure (**I**) verfolgt. Es wurden die Zeiten gemessen, in denen 1 Mol Acetylenverb. bei 45° 1 Mol Persäure verbraucht, wobei der Selbstzerfall von **I** durch Blindverss. ermittelt wurde. Als Einheit diente der Zeitwert des *Dipropylacetylens* (**II**). Folgende Zeitwerte wurden bestimmt: *Acetylen* ∞; *Propylacetylen* 7; *Phenyl-* 38; *Phenylpropyl-* 1,1; *Diphenyl-* 10; *Dimethyl-* 8; *Diphenyldi-* 15; *Diphenyltriacetylen* 45; *Propargylalkohol* 8; *Octin-(4)-ol-(3)* 0,85; *Butin-(2)-diol-(1.4)* 1,4; *Hexin-(3)-diol-(1.5)* 1; *Hexadiin-(2.4)-diol-(1.6)* 5; *Butin-(2)-diol-(1.4)-diacetat* 21; *Butin-(2)-dial-(1.4)-tetraäthylacetal, Octin-(4)-on-(3), 1.4-Dichlorbutin-(2)* u. *Propargylbromid* ∞. — Wenn man annimmt, daß **II** in bimol. Rk. reagiert, erhält man bei 45° eine Geschwindigkeitskonstante $k = 4 \cdot 10^{-4}$ (Einheiten nicht angegeben), während z. B. für Propylbutyläthylen bei 25,8° $k = 1{,}05 \cdot 10^{-1}$ beträgt (SWERN, C. **1948**. I. 538). Dieser Unterschied in der Reaktionsgeschwindigkeit erlaubt eine Unterscheidung von Verbb. mit doppelten u. dreifachen Bindungen durch Persäuren. — Es wird angenommen, daß für die Reaktionsfreudigkeit von Mehrfachbindungen der Grad ihrer Polarisierbarkeit maßgebend ist. Auch Spektren (vgl. C. **1953**. 1005) lassen auf erschwertes Auftreten polarer Strukturen bei Acetylenen schließen. — Der Reaktionsverlauf von **II**, *Dibutyl-* (**III**) u. *Phenylbutylacetylen* (**IV**) mit 10%ig. *Peressigsäure* (**V**) wurde näher verfolgt. Bei **II** war nach Verbrauch von 3 Mol Persäure die Rk. beendet, nach Veresterung wurde neben viel Buttersäureester α-Äthylvaleriansäuremethylester isoliert; neben der Spaltung der Acetylenbindung findet also eine Umlagerung u. Abspaltung eines C-Atoms als Ameisensäure statt (vgl. dagegen BOESEKEN u. SLOOFF, Recueil Trav. chim. Pays-Bas **49**. [1930.] 95). — Aus **III** entsteht analog ca. 60% Valeriansäure u. eine wahrscheinlich verzweigte Säure, $C_9H_{18}O_2$, u. aus **IV** neben ca. 65% Benzoe- u. Valeriansäure eine Phenylvaleriansäure. — Bei Einw. von nur 0,8 Mol **V** auf **III** konnte ein Zwischenprod. der Zus. $C_{10}H_{18}O$ (**VI**, $Kp._{0,01}$ 42°; D. 0,8625; n_D^{20} 1,4441) gewonnen werden mit einer Absorptionsbande im UV von 2230 Å u. $\varepsilon = 9650$. Analog wurde von **II** ein Anlagerungsprod. mit einem O mit einer Absorptionsbande bei 2220 Å u. $\varepsilon = 10700$ erhalten. Auch **IV** reagiert analog (Verb. **VII**, $C_{12}H_{14}O$, $Kp._{0,05}$ 68°), vom Butylacetylen konnte kein Zwischenprod. erfaßt werden. — Die Anlagerungsverbb. vermögen unter dem katalyt. Einfl. von Platinoxyd H aufzunehmen (aus **VI**: *Verb.* $C_{10}H_{20}O$, $Kp._{0,01}$ 44°; n_D^{20} 1,4220; *2.4-Dinitrophenylhydrazon*, F. 90°; aus **VII**: *Verb.*, *2.4-Dinitrophenylhydrazon*, $C_9H_{10}O_4N_4$, F. 119°, unscharf); Vff. halten sie für Acetylenoxyde. — Bei Zugrundelegung eines Reaktionsschemas nach BOESEKEN müßten Acyloine als Zwischenprodd. auftreten, die durch ihr Reduktionsvermögen kenntlich wären. Tatsächlich erhält man bei Einw. von 0,8 Mol **V** auf **III** noch eine Verb., $C_{12}H_{22}O_3$ ($Kp._{0,01}$ 88—92°; n_D^{20} 1,4340), die FEHLINGsche Lsg. stark red., neutral reagiert u. beim Kochen mit NaOH OH^- verbraucht (mit alkoh. KOH → *Verb.* $C_{10}H_{20}O_2$, $Kp._{0,01}$ 86°; n_D^{20} 1,4412). Läßt man darauf weitere **V** einwirken, erhält man dieselben Säuren wie bei sofortiger Einw. von 3 Mol **V** auf **III**. — **II** u. **IV** reagieren analog. Die aus **IV** gebildete reduzierende Verb. (Prod., $Kp._{0,05}$ 117°) bildet mit 2.4-Dinitrophenylhydrazin ein Osazon, F. 222°. — *Octin-(4)-on-(3)*, $Kp._{15}$ 72,5°, aus Octin-(4)-ol-(3) in Eisessig mit CrO_3 unter Eiskühlung (Temp. nicht über 50°); n_D^{20} 1,4445; *2.4-Dinitrophenylhydrazon*, $C_{14}H_{16}O_4N_4$, F. 81°. (Liebigs Ann. Chem. **577**. 60—68. 1952. Hamburg, Univ., Chem. Staatsinst.) R. BORCHARDT. B 225

Milton D. Scheer, *Gasphasenoxydation von Formaldehyd.* Im Gegensatz zu HORNER, STYLE u. SUMMERS (C. **1955**. 3597) schlägt Vf. für die therm. Oxydation von *Formaldehyd* (**I**) auf Grund experimenteller Ergebnisse bei 300—400° folgenden Mechanismus vor: Perameisensäure (**II**) entsteht durch eine einfache, homogene Radikalkette, die HCO u. HCO_3 als Kettenträger umfaßt. **II** kann dann weiter unter Wrkg. von Hg-Dampf oder der Gefäßwandung in CO, H_2O, CO_2 u. H_2 zerfallen. Reichert sich jedoch **II** an, dann kann **II** mit **I** unter Bldg. von $(CH_2OH)_2O_2$ reagieren, das im weiteren Verlauf der

Rk. sich in Ameisensäure, CO_2 u. H_2 umwandelt. (J. chem. Physics **23.** 1357–58. Juli 1955. Evendale, O., Gen. Electr. Comp., Aircraft Gas Turbine Div.)

L. FISCHER. B 225

Friedrich Oehme, *Über das dielektrische Verhalten von Aldehyden bei der Autoxydation.* Langkettige Aldehyde unterliegen in offenem Kolben der Autoxydation, deren zeitlicher Ablauf durch fortlaufende Messung der DK. verfolgt werden kann. Nach 82 Tagen ist die Oxydation zu den Fettsäuren abgeschlossen. Die Autoxydation läßt, außer bei dem C_{10}-Aldehyd, ausgesprochene Anlaufszeiten erkennen. Im einzelnen untersucht wurden [in () DK bei 20° u. einer Meßfrequenz von 3 MHz]: *Heptyl-* (7,90), *„Octyl"-* (8,00), *Nonyl-* (7,23), *Decyl-* (6,14), *Caprylaldehyd* (7,78) u. *Methylnonylacetaldehyd* (5,92). (Naturwissenschaften **42.** 14. Jan. 1955. Jena, Univ., Inst. für Mikrobiol. u. exp. Therapie.)

K. L. WOLF. B 225

Y. Knoller und **B. Perlmutter-Hayman,** *Die Oxydation von Oxalsäure und Oxalat durch Brom und die Rolle des positiven Bromions.* Die Oxydation von *Oxalsäure* (I) zu CO_2 durch Br_2 wurde in wss. Lsg. unter Lichtausschluß im p_H-Intervall 1–5 ($HClO_4$, Chloracetat-, Acetat-, Phosphatpuffer) meist bei 20° kinet. untersucht mit dem Ziel, zwischen zwei in der Literatur beschriebenen Mechanismen zu unterscheiden, deren einer die Rk. des sauren Oxalations mit HOBr, der andere die Oxydation des 2wertigen Oxalations durch positives Brom als geschwindigkeitsbestimmenden Schritt annimmt. Variierung der Ionenstärke zwischen 0,15 u. 0,24 verändert die Reaktionsgeschwindigkeit nicht, auch der Einfl. der $[Br^-]$ ist gering. In HOBr-Lsgg. in Ggw. von Ag^+ (zur Verhinderung der Bldg. von freiem Br_2) verläuft die Oxydation bei 0° fast augenblicklich. Falls HOBr das oxydierende Agens ist, dann werden nur I u. $COOH \cdot COO^-$, nicht aber $COO^- \cdot COO^-$ mit meßbarer Geschwindigkeit angegriffen, während bei Br^+ bzw. H_2BrO^+ die Oxydation von $COOH \cdot COO^-$ u. $COO^- \cdot COO^-$ geschwindigkeitsbestimmend für die Gesamt-Rk. sein würde. Es wird gezeigt, daß eine kinet. Unterscheidung zwischen den beiden Mechanismen nicht möglich ist, da beide zu aktivierten Komplexen mit der gleichen Zus. u. Ladung führen. Jedoch ist die aus Literaturdaten errechnete Maximalkonz. des Br^+ so gering, daß die beobachtete Geschwindigkeit der Oxydation von I nicht auf die Wrkg. dieses Kations zurückgeführt werden kann. (J. Amer. chem. Soc. **77.** 3212–14. 20/6. 1955. Jerusalem, Hebrew Univ., Dep. of Phys. Chem.)

G. LOHAUS. B 225

Ss. W. Gorbatschew und **Ja. I. Wabel,** *Anwendung der potentiometrischen Methode zur Untersuchung der Kinetik der irreversiblen Oxydation von Naphthalin in Lösungen.* Die vorgeschlagene Rücktitration zur Best. der Konz. des Oxydationsmittels beruht darauf, daß die Menge des Oxydationsmittels, die dem Reaktionsgemisch von *Naphthalin* (I) zugesetzt wurde, mit einem Reduktionsmittel bekannter Konz. titriert wird. Die erhaltenen Eichkurven ermöglichen die Ermittlung jener Konz. des Oxydans, die einem beliebigen Potential bei gegebener Temp. entspricht. Die Oxydation der essigsauren 0,001 mol. Lsg. von I durch 0,1 n $Ce(SO_4)_2$ (II) verläuft als bimol. Rk. mit einer Aktivierungsenergie von 14000 ± 500 cal, die Oxydation von I durch 0,1 n $KMnO_4$ (III) mit einer Aktivierungsenergie von 15000 ± 500 cal. Die Oxydation durch III verläuft selbstbeschleunigend. Die potentiometr. Meth. erlaubt, die Energieschwelle der irreversiblen Oxydations-Rk. auch aus der Differenz zwischen kinet. Potential u. Gleichgewichtspotential der Oxydation zu berechnen. Für die I-Oxydation durch II ergibt sich ein Wert von 14070 cal/g Äquivalent der in Rk. getretenen Substanz. Dieser Wert deckt sich mit obigem Wert, der sich aus der Temperaturabhängigkeit der Geschwindigkeitskonstante der Rk. ergibt. (Журнал Физической Химии [J. physik. Chem.] **28.** 1782–88. Okt. 1954. Moskau, Chem.-Technol. Mendelejew-Inst.)

O. LEBTAG. B 225

John D. Drumheller und **Lawrence J. Andrews,** *Die Hydrolyse der Acetale von Methylvinylcarbinol, Phenylvinylcarbinol und α-Phenyläthylalkohol.* Durch Hydrolyse von *Methylvinylcarbinylacetal* (I), *Phenylvinylcarbinylacetal* (II) u. *α-Phenyläthylacetal* (III) in wss. verd. H_2SO_4 mit oder ohne Zusatz von Dioxan sollte untersucht werden, ob der allg. angenommene Mechanismus der Hydrolyse von Acetalen mit $RCH(OR')(\overset{+}{O}R'H) \rightarrow [R\overset{+}{C}HOR' \longleftrightarrow RCH{=}\overset{+}{O}R'] + R'OH$ als geschwindigkeitsbestimmendem Schritt in solchen Fällen, in denen die Alkoholkomponente leicht S_N1-Substitutionen unterliegt, zugunsten eines Carbeniumionenmechanismus aufzugeben ist. Bei der Hydrolyse von I entstand *Methylvinylcarbinol* als einziges alkoh. Prod., während aus dem Methylvinylcarbeniumion als Zwischenprod. auch Crotylalkohol hätte entstehen müssen. Bei der Hydrolyse von II wurde zwar Zimtalkohol in beträchtlicher Menge gefunden, jedoch konnte kinet. nachgewiesen werden, daß er unter den Reaktionsbedingungen ausschließlich durch nachträgliche Isomerisierung des prim. gebildeten Phenylvinylcarbinols entstanden sein muß. Die Möglichkeit, daß die Hydrolyse über einen bimol. Angriff von H_2O an R' verläuft, wird durch die Beobachtung ausgeschlossen, daß aus rechtsdrehendem **III** der (+)-*α-Phenyläthylalkohol* ohne Inversion zurückgebildet wird u. bei der Methanolyse dieses Acetals kein α-Phenyläthylmethyläther entsteht. Demnach findet bei der Hydrolyse aller 3 Acetate keine Spaltung der O–R'-Bindung statt.

Versuche: Darst. der Acetale aus Acetaldehyd u. den entsprechenden Alkoholen in Ggw. von HCl u. $CaCl_2$ *Methylvinylcarbinylacetal* (I), $C_{10}H_{18}O_2$, Kp. 161,5°, n_D^{22} 1,4192, $D._4^{22}$ 0,8455; 79% (Ausbeute). — *α-Phenyläthylacetal* (III), $C_{18}H_{22}O_2$, $Kp._{4,6}$ 152,2°, n_D^{23} 1,5210, $D._4^{23}$ 1,0062; 58%. — *Phenylvinylcarbinylacetal* (II), $C_{20}H_{22}O_2$, $Kp._{0,55}$ 120°, n_D^{22} 1,5364, $D._4^{22}$ 1,0217; 65%. — *1-Phenylpropylacetal*, $C_{20}H_{26}O_2$, $Kp_{0,75}$ 129—129,5°, n_D^{25} 1,5160, $D._4^{25}$ 1,0026; 38%. (J. Amer. chem. Soc. **77.** 3290—93. 20/6. 1955. Davis, Calif., Univ., Dep. of Chem.) G. LOHAUS. B 225

H. K. Hall jr., *Mechanismus der Hydrolyse von Carbonylchloriden.* Vf. bestimmte die Hydrolysengeschwindigkeiten von *Dimethylcarbamylchlorid* (**I**) u. *Chlorameisensäureäthylester* (**II**) u. verglich sie mit den für Acetylchlorid (**III**) u. Benzoylchlorid (**IV**) von SWAIN u. SCOTT (vgl. C. **1953.** 3701) erhaltenen Werten. Die Geschwindigkeiten der neutralen Hydrolyse ordnen sich in die Reihe **III** > **IV** > **II** ≪ **I**. Die hieraus resultierende Annahme eines Wechsels im Mechanismus wird bestätigt durch das Verh. gegenüber nucleophilen Reagentien. Während **II**—**IV** äußerst reaktionsfähig gegenüber OH^- u. Aminen in W. sind, wird die Geschwindigkeit der Hydrolyse von **I** durch Pyrrolidin (**V**) u. Hydroxylamin (**VI**) nicht beeinflußt. Bei der Hydrolyse von **I** in Ggw. von **V** konnte *1.1-Dimethyl-3.3-tetramethylenharnstoff* isoliert werden, in Ggw. von **VI** wurde die entstandene Hydroxamsäure durch $FeCl_3$ nachgewiesen. Benzylamin u. p-Anisidin waren ebenfalls ohne Einfl. auf die Geschwindigkeit der Hydrolyse von **I**. Reaktionsprodd. konnten hier nicht isoliert werden. Die Aktivierungsenergien u. -entropien für die neutrale Hydrolyse betragen für **I**: $\Delta E^{\ddagger}$ 21,6 [kcal/Mol], $\Delta S^{\ddagger}$ +5,6 [cal/Mol·Grad]; für **II**: 19,0; —12,4. Vf. nimmt an, daß **I** nach einem S_N1-Mechanismus hydrolysiert wird, während **II**—**IV** nach S_N2 reagieren. Ein Vgl. der untersuchten Carbonylchloride mit den analogen Alkylhalogeniden zeigt, daß der Wechsel im Mechanismus der Hydrolyse innerhalb der Reihe **III**—**IV**—**II**—**I** weiter rechts erfolgt als bei den Alkylverbindungen.

Versuche: *1.1-Dimethyl-3.3-tetramethylenharnstoff*, $C_7H_{14}ON_2$, $Kp._9$ 103—105°, aus **I** ($Kp._1$ 34°, n_D^{20} 1,4511) u. **V** in W. bei 8,5°, 30 Min. Rühren u. Extraktion mit Methylenchlorid, n_D^{20} 1,4852; 52,3% (Ausbeute). (J. Amer. chem. Soc. **77.** 5993—96. 20/11. 1955. Wilmington, Del., E. I. du Pont de Nemours & Comp., Inc., Pioneer Res. Div., Textile Fibers Dep.) J. KNAUL. B 225

Lennart Larsson, *Die Hydrolyse einiger Cholinester.* Vf. untersucht die Hydrolyse von *Acetyl-β-methylcholin* (I), *Propionylcholin* (II) u. *Butyrylcholin* (III) in Pufferlsgg. bei p_H-Werten von 1—8 u. Tempp. von 60—90°. Die Rkk. wurden colorimetr. verfolgt, indem Proben der Reaktionslsg. mit Hydroxylamin zur Hydroxamsäure umgesetzt wurden, die mit Fe^{3+}-Ionen farbige Komplexe bildet. Die Rkk. waren erster Ordnung, da in den Pufferlsgg. $[H_3O^+]$ u. [OH'], die beide katalyt. wirken, konstant blieben. Vf. gibt folgende Werte für die Größen A u. B der ARRHENIUSschen Gleichung u. die Aktivierungsenergie: **I**, A_{H^+} 7,377, B_{H^+} 3621, E_{H^+} (cal) 16600, A_{OH^-} 7,266, B_{OH^-} 2150, E_{OH^-} 9800; **II**, A_{H^+} 8,541, B_{H^+} 3920, E_{H^+} 17900, A_{OH^-} 7,843, B_{OH^-} 2190, E_{OH^-} 10000; **III**, A_{H^+} 7,933, B_{H^+} 3780, E_{H^+} 17300, A_{OH^-} 7,653, B_{OH^-} 2203, E_{OH^-} 10100. — Wie hieraus hervorgeht, ist die Reaktionsgeschwindigkeit (v) der sauren Hydrolyse etwa die gleiche, wie bei neutralen Estern. Die Kettenlänge der Säure u. Verzweigungen im Alkoholrest scheinen bei **I**, **II** u. **III** eine geringe Rolle zu spielen. Für die alkal. Hydrolyse ist v infolge der Affinität des positiv geladenen Cholinions zu OH^--Ionen größer als bei neutralen Estern. Kettenlänge u. Verzweigungen spielen hier eine größere Rolle. (Acta chem. scand. **8.** 1017—20. 1954. Sundbyberg, Schweden, Res. Inst. of Nat. Def., Div. of Org. Chem.) J. KLEINWÄCHTER. B 225

C. Eaborn und **S. H. Parker**, *Siliciumorganische Verbindungen.* 11. Mitt. *Die alkalikatalysierte Spaltung von substituierten Benzyltrimethylsilanen.* (10. vgl. C. **1956.** 2134.) Die Spaltung von 17 substituierten Benzyltrimethylsilanen durch wss.-methanol. NaOH nach der Gleichung $XC_6H_4CH_2Si(CH_3)_3 + HOY \xrightarrow{OY^-} XC_6H_4CH_3 + YOSi(CH_3)_3$ (Y = H oder CH_3) wurde kinet. untersucht. Die Verss. wurden bei 49,7° durchgeführt u. der Fortgang der Solvolyse spektrophotometr. (zwischen 230 u. 330 μ) verfolgt. Die Rk. ist 1. Ordnung hinsichtlich der Konz. des Silans u. des Alkalis, letztere bleibt jedoch innerhalb eines Vers. konstant. Nur im Falle der Anionen $X = CO_2^-$ zeigt die Geschwindigkeitskonstante einen merklichen Anstieg mit der Ionenstärke. Die Rk. gehorcht der HAMMETTschen Gleichung mit $\varrho = 4{,}88$, dabei ist für p-NO_2 durch Verwendung des σ^*-Werts (vgl. JAFFÉ, Chem. Reviews **53.** [1953.] 191) die Wechselwrkg. der beiden

Substituenten zu berücksichtigen. Für einige weitere Substituenten wurden σ^*-Werte errechnet. Geschwindigkeitskonstanten in Liter·Mol^{-1}·min^{-1}, Aktivierungsenergien in kcal/Mol u. Häufigkeitsfaktoren log A (t in Min.) der Rk. mit NaOH in wss. Methanol (39 Gew.-% W.): X = *p-NO₂*, k = 52,6, E = 13,7, log A = 8,84; *o-NO₂*, 14,1, 13,7, 8,30; *p-CONHC₆H₅*, 0,201, 18,4, 11,72, $\sigma^* = 0{,}786$; *p-CONH₂*, 0,183, —, —, $\sigma^* = 0{,}766$; *o-CONHC₆H₅*, $1{,}53\cdot10^{-2}$, 23,9, 14,37; *p-CO₂⁻*, $9{,}40\cdot10^{-3}$, 19,7, 11,32; *o-Cl*, $2{,}26\cdot10^{-3}$, —, —; *m-Cl*, $1{,}83\cdot10^{-3}$, 28,2, 16,5; *m-CONHC₆H₅*, $9{,}1\cdot10^{-4}$, —, —, $\sigma^* = 0{,}29$; *p-Br*, $5{,}61\cdot10^{-4}$, —, —; *p-Cl*, $4{,}03\cdot10^{-4}$, 25,9, 14,14; *p-Si(CH₃)₃*, $2{,}80\cdot10^{-4}$, 29,3, 16,25; *o-CO₂⁻*, $1{,}39\cdot10^{-4}$, 22,9, 11,61; *m-CO₂⁻*, $5{,}95\cdot10^{-5}$, 21,5, 10,32; *H*, $2{,}90\cdot10^{-5}$, 29,5, 15,43; *p-CH₃*, $5{,}6\cdot10^{-6}$, —, —; *p-CH₃O*, ca. $7\cdot10^{-7}$, —, —. Die [NaOH] betrug für p- u. o-NO_2 $7{,}4\cdot10^{-3}$, für p-$CONHC_6H_5$ u. p-$CONH_2$ 0,13 u. für die übrigen Substituenten 0,97 bis 1,0 Mol/Liter. Die 10fache Erhöhung der Reaktionsgeschwindigkeit durch p-$Si(CH_3)_3$ trotz des +I-Effekts dieser Gruppe ist durch die Fähigkeit des Si, sein Oktett auszuweiten u. dadurch Elektronen abzuziehen, zu erklären. Die experimentellen Befunde sind im Einklang mit einem S_N2-Mechanismus (Zwischenstand $\overset{\delta-}{YO}\cdots SiR_3\cdots\overset{\delta-}{CH_2}\cdot C_6H_4X$) wie auch mit einem, der die schnelle Bldg. u. langsamen Zerfall eines Zwischenprod. $YO-\overset{(-)}{R_3Si}-CH_2C_6H_4X$ mit 5fach kovalentem Si einschließt, wie es ähnlich schon früher für verschied. Rkk. gefordert wurde. Vff. bevorzugen den ersten Mechanismus. Die beschleunigende Wrkg. elektronenanziehender Gruppen X auf die Spaltung ist in erster Linie auf die durch p-Substituenten hervorgerufene Resonanzstabilisierung des Übergangszustands u. des Benzylanions zurückzuführen, wodurch dessen Abspaltung erleichtert wird. Für die log A-Werte gilt in guter Näherung eine lineare Abhängigkeit von der Aktivierungsenergie, bedingt durch die größere Starrheit u. damit geringere Entropie des Übergangszustands mit zunehmender Resonanzstabilisierung. Die erwartete ster. Hinderung der Rk. durch große Gruppen R wurde im Fall des *Benzyl-n-propyldiisopropylsilans* beobachtet. Erhöhung des Wassergeh. der methanol. NaOH von 5 auf 39 Gew.-% vergrößert die Reaktionsgeschwindigkeit um das ca. 1,7fache. Im Gegensatz zum C scheint demnach gegenüber Si OH^- stärker nucleophil zu sein als OCH_3^-. Da das Reaktionszentrum durch eine Methylengruppe vom aromat. Ring getrennt ist, sind die prim. ster. Effekte durch o-Substituenten gering, jedoch können sek. Effekte, wie z. B. ster. Hinderung der Resonanz im Übergangszustand, Bedeutung erlangen. E- u. I-Effekt sowie Chelatbldg. werden ebenfalls herangezogen, um die Reihenfolge der Wirksamkeit von o-Substituenten zu erklären.

V e r s u c h e (FF. u. Kpp. korr.): *Benzyltriphenylsilan*, $C_{25}H_{22}Si$, F. 99° (A.), 50% (Ausbeute), *Benzyltri-p-tolylsilan*, $C_{28}H_{28}Si$, F. 105° (PAe.), 70%, *Benzylfluordiisopropylsilan*, $C_{13}H_{21}FSi$, Kp. 256°, n_D^{25} 1,4874, 70% aus überschüssigem $C_6H_5CH_2MgCl$ in Ae. mit Fluortriphenylsilan, Fluortri-p-tolylsilan bzw. Difluordiisopropylsilan. — *p-Methylbenzyltrimethylsilan*, $C_{11}H_{18}Si$, Kp. 211,5°, n_D^{25} 1,4917, 45%, *p-Methoxybenzyltrimethylsilan*, $C_{11}H_{18}OSi$, Kp. 238°, $Kp._{44}$ 142°, n_D^{25} 1,5002, 10%, *Trimethyl-p-trimethylsilylbenzylsilan*, $C_{13}H_{24}Si_2$, Kp. 250°, $Kp._{45}$ 151,5°, n_D^{25} 1,4915, 53%, aus Chlortrimethylsilan in Ae. u. p-$CH_3C_6H_4CH_2MgBr$, p-$CH_3OC_6H_4CH_2MgCl$ bzw. dem Li-Aryl aus p-Chlorbenzyltrimethylsilan. — *Benzyl-n-propyldiisopropylsilan*, $C_{16}H_{28}Si$, Kp. 292°, $Kp._{46}$ 187°, n_D^{25} 1,5050, 80%, aus Benzylfluordiisopropylsilan u. n-Propyl-Li in Ae., anfangs bei −20°, dann 2 Std. Kochen. *Trimethyl-o-nitrobenzylsilan*, $Kp._{10}$ 124°, n_D^{25} 1,5258, 65,3%, u. *Trimethyl-p-nitrobenzylsilan*, $Kp._{10}$ 146—147°, n_D^{25} 1,5395, 11,2% durch Nitrierung von 82 g Benzyltrimethylsilan mit 53 g 95%ig. HNO_3 in 23 g Acetanhydrid unterhalb 10°, Trennung durch fraktionierte Destillation. (J. chem. Soc. [London] **1955**. 126—31. Jan. Leicester, Univ. Coll.) G. LOHAUS. B 225

Arthur Lüttringhaus und **Dieter Ambros**, *Über die Nebenprodukte der alkalischen Chlorbenzolhydrolyse und ihren Bildungschemismus.* Vff. untersuchten die Zus. der höher sd. Fraktionen des „Druck–Phenol-Prozesses", der techn. Chlorbenzolhydrolyse durch NaOH. Der Rückstand von der Dest. des Phenols hatte folgende Zus.: 93% *4-Oxybiphenyl* [**I**, enthielt nur Spuren von *2-Oxybiphenyl* (**II**)], <0,3% *3-Oxybiphenyl* (**III**), 4% höher sd. Anteile u. 1% feste Bestandteile (größtenteils Kohlenstoff); der „Neutral"-Rückstand von der Dest. des als Nebenprod. entstehenden Diphenyläthers (**VII**) bestand aus 30% **II** (enthielt nur Spuren von **I**), 9% *2.6-Diphenylphenol* (**IV**), 45% *2-Phenoxybiphenyl* (**V**), ~8% *4-Phenoxybiphenyl* (**VI**), 2,9 % Na (als Phenolat gebunden) u. 4% Rückstand. Der Nachw. der Prodd. erfolgte z. T. papierchromatograph., z. T. spektrophotometr.; die UV-Spektren von **I, II, IV, V** u. **VI** sind wiedergegeben. **III** u. **IV** wurden bei der Rk. erstmalig als Nebenprodd. aufgefunden. **IV** erwies sich gegenüber elektrophiler Substitution in p-Stellung schwer zugänglich, wie Verss. der Alkylierung, Chlormethylierung, Formylierung, Kondensation mit Formaldehyd u. Aceton zeigten; dagegen erfolgte Nitrierung in 4-Stellung; mit Br_2 in Eisessig wurde *2.6-Diphenylbenzochinon* erhalten. Der aufgestellte Bildungsmechanismus der Haupt- u. Nebenprodd., nach dem die Phenolbldg. über das „Benzin“ C_6H_4 als Zwischenprod. verläuft, welches außerdem mit dem Phenolatanion bzw. dem o- oder p-anionisierten **VII** weiterreagiert, geht von der Tatsache aus, daß sämtliche Reaktionsprodd. übereinstimmen mit denen, die Vff. früher (vgl. Liebigs Ann. Chem. **542.** [1939.] 241) bei der „Arylphenolumlagerung“ von **VII** mit Hilfe von Phenyl-Na u. -K erhalten hatten.

Versuche: *2-Phenoxybiphenyl* (**V**), $C_{18}H_{14}O$, F. 49—49,5° (PAe.), Kp.$_{16}$ 204 bis 209°, aus dem Rückstand der **VII**-Dest. nach mehrmaliger Extraktion der benzol. Lsg. mit NaOH u. CLAISEN-KOH; 45%; daneben ~8% *4-Phenoxybiphenyl* (**VI**), F. 68° (A.), Kp.$_{16}$ 215—226°. — *2-Phenylphenol* (**II**), F. 57—57,5° (PAe.), Kp.$_{15}$ 150 bis 153°, aus dem NaOH-Auszug vorst. Extraktion, Nadeln; 30%. — *2.6-Diphenylphenol* (**IV**), $C_{18}H_{14}O$, F. 101° (A., PAe.), Kp.$_{14}$ 230—235°, aus dem CLAISEN-Laugenauszug vorst. Extraktion, Prismen; 9%. — *4-Nitro-2.6-diphenylphenol*, F. 136°, aus 2,46 g **IV** mit H_2SO_4–HNO_3, 5 Min. bei 45°, derbe Spieße; 2,3 g (Ausbeute). — *2.6-Diphenylbenzochinon*, $C_{18}H_{12}O_2$, F. 138°, aus 2,5 g **IV** mit Br_2 in Eisessig, 10 Min. bei 15—20°, orangerote Nadeln; 2,2 g, UV-Spektr. (λ_{max} 332, 295 mμ), Infrarotspektr. (1650 cm^{-1}). (Chem. Ber. **89.** 463—74. 1956. Freiburg/Br., Univ., Chem. Labor.) J. KNAUL. B 225

Henry G. Kuivila, *Elektrophile Substitutionsreaktionen.* 6. Mitt. *Katalyse der Reaktion zwischen Wasserstoffperoxyd und Benzolboronsäure durch starke Säuren.* (5. vgl. C. **1955.** 8825.) Die Unterss. der Rk. zwischen H_2O_2 u. *Benzolboronsäure* (vgl. 3. Mitt., C. **1955.** 8824), in der Phenol u. Borsäure gebildet werden, wurde auf das stärker saure Gebiet zwischen p_H 3 u. 9mol. wss. Lsgg. von $HClO_4$, H_3PO_4 u. H_2SO_4 ausgedehnt. In den Verss. mit $HClO_4$ wurde bei p_H 2,32 ein Minimum der Geschwindigkeit mit $k = 7{,}7 \cdot 10^{-4}$ Liter·Mol^{-1}·sec^{-1} (keine Temperaturangabe) ermittelt. Es wird angenommen, daß dieses die Geschwindigkeit der unkatalysierten Rk. ist. Es besteht keine direkte Beziehung zwischen der Geschwindigkeit der katalysierten Rk. u. der Säurekonz. bzw. der HAMMETTschen Säurefunktion, wohl aber zu den Aktivitäten von W. u. $HClO_4$ nach der Gleichung $\log k_a = -2{,}42 + \log (a_{H_2O} \cdot a_{HClO_4})$. Im Falle der H_3PO_4 dagegen gelingt eine eindeutige Zuordnung zur Säurefunktion ($\log k_a = -1{,}59 - H_0$) wie auch zu den Aktivitäten von W. u. H_3PO_4 [$\log k_a = -2{,}40 + \log (a_{H_3PO_4}/a_{H_2O})$]. Die Konsequenzen dieser Beziehungen hinsichtlich Reaktionsmechanismus u. Konst. des Übergangszustands werden erörtert. Der Unterschied im Mechanismus zwischen der Katalyse durch $HClO_4$ u. H_3PO_4 kann auf das Vorhandensein von viel undissoziierter Säure im letzteren Fall zurückgeführt werden. Bei Katalyse durch H_2SO_4 ist im ganzen Bereich die Beziehung $\log k_a = -0{,}86 + \log[(a_{H_2O})^{1/2} \cdot (a_{H_2SO_4})^{3/2}]$ gut erfüllt, jedoch ist die mechanist. Bedeutung der gebrochenen Exponenten nicht klar. (J. Amer. chem. Soc. **77.** 4014—16. 5/8. 1955. Durham, Univ. of New Hampshire, Dep. of Chem.) G. LOHAUS. B 225

Donald W. Wujciak, Robert L. Feller und **John F. Lane,** *Über cyclische Zwischenprodukte bei Substitutionsreaktionen.* 2. Mitt. *Sterische Einflüsse bei der alkalischen Hydrolyse der epimeren 3-Chlor-6||7-cholestandicarbonsäuren.* (1. vgl. LANE u. HEINE, C. **1954.** 977.) Vff. bestimmten die Verseifungsgeschwindigkeit von *3α-Chlor-6.7-secocholestandicarbonsäure* (**I**; $C_{27}H_{45}O_4Cl$, F. 242—243°) u. *3β-Chlor-6.7-secocholestandicarbonsäure* (**II**; $C_{27}H_{45}O_4Cl$, F. 266—268°), die nach bekannten Verff. dargestellt wurden. Die Hydrolyse von **I** wurde in 6% Dioxan enthaltender 0,2mol. $NaHCO_3$-Lsg. bei 30,3°, die Hydrolyse von **II** in 0,170mol. NaOH oder 0,085mol. NaOH + 0,085mol. $NaNO_3$ bei 60,0° durchgeführt. Die Aktivierungsenergie (berechnet für eine Rk. 1. Ordnung) von **I** ist um $6 \pm 0{,}5$ kcal niedriger als die von **II**, da die trans-Konfiguration von Cl u. COOH im Ring A von **I** die Bldg. eines relativ ungespannten, intermediären cis-Lactons gestattet. Vff. vermuten im Gegensatz zu SHOPPEE (J. chem. Soc. [London] **1948.** 1032), daß die Rk. nicht nach dem S_N2-Mechanismus abläuft. — Als Reaktionsprod. von **II** wurde *3α-Oxy-6.7-secocholestandicarbonsäure*, F. 217—218°, isoliert. (J. Amer. chem. Soc. **73.** 2392—94. Mai 1951. New Brunswick, N. J., Rutgers Univ., School of Chem.)
W. FRUHSTORFER. B 225

W. J. Svirbely und **Fred H. Brock,** *Carbonylreaktionen.* 2. Mitt. *Kinetik der Bildung des Cyanhydrins des Propionaldehyds in Methanol.* (1. vgl. C. **1953.** 8046.) Es wurde die Kinetik der Rk. von *Propionaldehyd* mit *HCN* in CH_3OH bei 25° bei verschied. Ionenstärken u. Pufferzuss. (Essigsäure + Na-Acetat) untersucht. Die Rkk. waren immer von 2. Ordnung u. verliefen vollständig. Bei wechselnder Ionenstärke von $\mu = 0{,}050$, 0,100 u. 0,200 (Neutralsalze: $NaNO_3$ oder NaCl) u. konstanter Pufferzus. zeigte sich ein geringer Einfl. auf die Geschwindigkeitskonstante k. Bei Verss. mit konstanter Ionenstärke ($\mu =$ 0,200, $NaNO_3$) u. konstanter Pufferzus. stiegen die k-Werte bei wachsender Pufferkonz., was auf allg. Katalyse schließen läßt. Die Katalysenkonstanten k_i der katalyt. wirkenden

Bestandteile (H^+, CH_3O^-, CH_3COOH u. CH_3COO^-) wurden graph. bestimmt. Dabei wurde festgestellt, daß die Rk. durch CH_3COO^- beschleunigt u. durch H^+ gehemmt wird. Die k-Werte sind außerdem von den CH_3O^--Ionen abhängig. Der Mechanismus entspricht dem l. c. angegebenen. Aus den Verss. in W. (vgl. l. c.) u. in CH_3OH ergibt sich, daß für Essigsäure $k_{HOAc} = 0$ ist. Deshalb wird geschlossen, daß die Rk. nur einer allg. Basenkatalyse unterliegt. (J. Amer. chem. Soc. **77.** 5789—92. 20/11. 1955. College Park, Md., Univ. of Maryland, Chem. Dep.) G. Cleve. B 225

F. G. Mann und **F. H. C. Stewart,** *Eine abnorme Grignard-Reaktion.* Vff. stellten fest, daß *o-Methoxymethylbenzylchlorid* (**I**) mit Mg unter Bldg. eines Ae.-unlösl. Polymeren der Zus. $(C_8H_8)_x$ reagiert, obwohl seine Homologen, o-Brombenzylmethyläther, 2-o-Methoxymethylphenyläthylchlorid u. o-[2-Methoxyäthyl]-benzylchlorid Grignard-Reagentien bilden. Nach dem von den Vff. angenommenen Reaktionsmechanismus entsteht aus **I** das o-Chinodimethan, dessen freie, reaktionsfähige $=CH_2$-Gruppen schnelle Polymerisierung zu einer Substanz bewirken, die bei 60° zu einer plast. M. erweicht. Ähnlich reagiert *o-Phenoxymethylbenzylchlorid* mit Mg zu Phenol u. einem farblosen polymeren KW-stoff, der wahrscheinlich mit dem oben erhaltenen ident. ist. Die **I**-isomere p-Verb. gibt mit Mg ebenfalls in abnormer Rk. eine farblose polymere Verb., die nicht wesentlich unter 200° erweicht. m-Methoxymethylbenzylchlorid dagegen bildet mit Mg eine n. Grignard-Verb. u. reagiert zu m-Methylbenzylmethyläther. Die abnorme Grignard-Rk. der o- u. p-Verbb. wird erklärt durch Rk. des Benzylrestes als A n i o n, aus dem ein Methoxyion abgespalten wird. Reagiert der Benzylrest als C a r b o n i u m i o n, verhält er sich gegenüber Mg normal. (Chem. and Ind. **1953.** 1153. 24/10. Cambridge, Univ., Chem. Labor.) E. Franck. B 225

A. M. Eastham, *Die Chemie des Äthylenoxyds.* 4. Mitt. *Die Kinetik der Reaktion von Äthylenoxyd in Pyridinlösungen von Halogenwasserstoffen.* (3. vgl. Canad. J. Chem. **29.** [1951.] 585.) Vf. untersucht titrimetr. die Kinetik der Rk. zwischen *Äthylenoxyd* (**I**), *Halogenwasserstoffen* u. *Pyridin* (**II**) bei 25°, die zu Äthylenhalogenhydrin u. 2′-Oxyäthylpyridiniumhalogenid führt. Die Rk. folgt der 2. Ordnung, die k-Werte ($k \cdot 10^3$ in Liter/Mol·min) betragen bei Ggw. von HCl 11,9—13,4, von HBr 77,0—83,2, von HJ 187—255. Es zeigt sich hierbei, daß die Abhängigkeit der Reaktionsgeschwindigkeit v mit zunehmender Säurekonz. von der 2. zur 1. Ordnung wechselt, wobei gleichzeitig der Anteil an gebildetem Halogenhydrin zunimmt. Zugabe von $NaClO_4$ zur Reaktionsmischung mit HJ führt zu einer scharfen Abnahme von v, woraus Vf. schließt, daß sowohl HJ als auch die gebildete $HClO_4$ unabhängig voneinander wirken (k für $HClO_4$ ca. $24 \cdot 10^{-3}$). Rkk. mit HJ, die in Ggw. von freier $HClO_4$ bzw. HNO_3 u. überschüssigem **I** durchgeführt wurden, brachten das gleiche Ergebnis u. zeigten, daß v nicht von der Ionenstärke, sondern von der $[J^-]$ abhängt, sowie daß die reaktiven Partikel Ionenpaare oder ähnliche Assoziate der Säuren sind. Der von King u. Mitarbeitern (J. Amer. chem. Soc. **71.** [1949.] 3498) vorgeschlagene ion. Mechanismus: Anlagerung von H^+ an das Epoxyd u. Rk. des Komplexes mit J^- bzw. **II** kann nur in verd. Lsgg. gelten, wo die Dissoziation groß ist u. die Rk. der 3. Ordnung folgt. Bei höheren Halogenidkonzz. erfolgt die Rk. dann über Ionenpaare, wobei der 1. schnelle Schritt wie nebenst. zu formulieren ist.

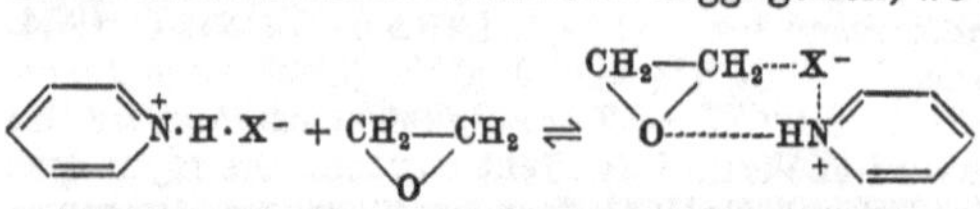

Der gebildete Komplex zers. sich anschließend langsam unter Bldg. entweder des Halogenhydrins oder durch Angriff des Lösungsmittels. Während die Wrkg. von NaJ als allg. Salzeffekt gedeutet wird, wirkt LiCl offenbar selbst als Katalysator ähnlich wie HCl, der k-Wert ist ca. 7 mal kleiner als der bei HCl-Katalyse. — Ferner wurde die Rk. zwischen *Äthylenchlorhydrin* u. **II** ebenfalls bei 25° untersucht. Diese Rk. ist 1. Ordnung u. ergibt 2′-Oxyäthylpyridiniumchlorid, $k_1 = 3 \cdot 10^{-5}$ min^{-1}. (J. chem. Soc. [London] **1952.** 1936—45. Mai. Ottawa, Can., Nat. Res. Council, Appl. Chem. Div.) B. Gnauck. B 225

William E. Parham und **Dale M. De Laitsch,** *Das Schützen von Oxygruppen.* 2. Mitt. *Bevorzugte Pyranylierung.* (1. vgl. C. **1948.** E. 57.) Neben aromat. u. aliphat. Oxyverbb., die sich leicht, wie früher (l. c.) berichtet, mit *Dihydropyran* (**I**) zu Acetalen umsetzen, reagieren auch SH-Gruppen mit **I**. Die Best. der relativen Reaktionsgeschwindigkeit von **I** mit *Phenol* (**II**), *Thiophenol* (**III**) u. *Äthylmercaptan* (**IV**) ergab, daß **II** wesentlich schneller als **III** u. **IV** mit **I** reagiert. **II** kann jedoch die Pyranylierung von **III** katalyt. so beschleunigen, daß als Reaktionsprod. bei Konkurrenz-Rkk. fast ausschließlich *Phenyltetrahydropyranyl-(2)-sulfid* (**V**) entsteht. Unterss. der Monopyranylierung von 4-substituierten Brenzcatechinderivv. zeigen, daß wohl eine Carbäthoxygruppe, nicht aber eine Methylgruppe, in 4-Stellung bevorzugte Rk. der am wenigsten sauren Hydroxylgruppe (in 2-Stellung) bewirken.

Versuche: *Phenyltetrahydropyranyl-(2)-sulfid* (V), $C_{11}H_{14}OS$, $Kp._4$ 130—131°, aus I durch Erhitzen mit III (9 Std.); n_D^{24} 1,5700; 71% Ausbeute. — *Äthyltetrahydropyranyl-(2)-sulfid*, $Kp._{20}$ 84—86°, analog vorst. Verb.; n_D^{23} 1,4850; 66%. — Bei Konkurrenz-Rk. von 0,2 Mol II u. 0,2 Mol III mit 0,2 Mol I in Ggw. von 0,00058 Mol äther. HCl wurden nach 20 Min. erhalten: 68% V, 71% II u. 1,3% III u. 2,8% *Ditetrahydropyranyl-(2)-äther*, $Kp._{24}$ 145—147°, n_D^{25} 1,5480. — Rk. von Phenyltetrahydropyranyl-(2)-äther (0,1 Mol) mit III (0,113 Mol) in Ggw. von 2 ml 6%ig. äther. HCl gab in 20 Min. 78% V. — 0,1 Mol Protocatechusäureäthylester (F. 130—131,5°) reagiert mit 0,6 Mol I in Ggw. von 1 Tropfen konz. HCl in 24 Std. zu 31% *2-[Tetrahydropyranyl-(2)]-4-carbäthoxybrenzcatechin* (Methylierung mit äther. CH_2N_2 u. nachfolgende Hydrolyse → *Isovanillinsäure*, F. 249—251°). — Bei Rk. von 0,121 Mol 4-Homobrenzcatechin mit 0,363 Mol I in Ggw. von HCl in 24 Std. wurden erhalten: *4-Homobrenzcatechin-bis-tetrahydropyranyl-(2)-äther*, $C_{17}H_{24}O_4$, F. 65—67° (Ae.), $Kp._3$ 171—176°, n_D^{25} 1,5200 sowie eine Mischung isomerer *Monotetrahydropyranyläther*, $C_{12}H_{16}O_3$, $Kp._3$ 150—151°, n_D^{25} 1,5291, die durch Veräthern mit CH_2N_2 u. Hydrolyse in ein Gemisch von 3-Methoxy-4-oxytoluol u. 3-Oxy-4-methoxytoluol übergeführt wird. Dieses besteht, wie aus dem F.-Diagramm der Benzolsulfonate hervorgeht, aus gleichen Teilen beider Isomeren. (J. Amer. chem. Soc. **76.** 4962—65. 5/10. 1954.) K. FABER. B 225

M. H. J. Wijnen, *Die Reaktion von Methylradikalen mit Methan und Äthan.* Vf. untersuchte die Rk. von CD_3-Radikalen, durch Photolyse von Aceton-d_6 (97%ig.) erhalten, mit C_2H_6 zwischen 160 u. 320°, sowie die analoge Rk. mit CH_4 bei 320°. Für die Rk. $CD_3 + C_2H_6 \rightarrow CD_3H + C_2H_5$ ergab sich eine Aktivierungsenergie E von 11,2 ± 0,3 kcal. Die Geschwindigkeit dieser Rk. ist bei 320° ca. 8mal so groß wie die von CD_3· mit CH_4. E dürfte dann für die Rk. $CD_3 + CH_4 \rightarrow CD_3H + CH_3$ bei gleichem ster. Faktor ca. 13 kcal betragen. (J. chem. Physics **23.** 1357. Juli 1955. Ottawa, Can., Nat. Res. Council, Div. of Pure Chem.) L. FISCHER. B 225

Avery A. Morton und **Edward J. Lanpher**, *Die Pyrolyse von Amylnatrium und die Isomerisierung von Alkenen durch natriumorganische Reagentien.* (Vgl. auch C. **1956.** 4392 u. früher.) Trockenes *Amyl-Na* wurde in festem Zustand im Vakuum therm. zersetzt. Dabei entstand in allen Fällen *Pentan* in großen Mengen, daneben bei 75 u. 90° auch *Penten-(1)* (I) u. *trans-Penten-(2)* (II). Die Ausbeute an II stieg mit abnehmender Temp. an, bei 50° bestand der olefin. Anteil des Reaktionsprod. ausschließlich aus diesem Isomeren. Da gezeigt werden konnte, daß I bei Raumtemp. durch *Pentenyl-Na* (III) rasch in II umgewandelt wird, kann angenommen werden, daß auch die oben angeführten Befunde auf die Wrkg. dieser ungesätt. Na-Verb. zurückzuführen sind. Weiter wurde die Isomerisierung einiger ungesätt. KW-stoffe unter dem Einfl. von III sowie die Isomerisierung von I durch verschied. Na-organ. Verbb. infrarotspektrophotometr. untersucht. Gradkettige Olefine [(untersucht I, II, *Hexen-(1)*, *Octen-(1)*] werden durch III (2 Mol-%) am schnellsten isomerisiert, es folgen verzweigte [*2-Äthylhexen-(1)*] u. cycl. Olefine (*β-Pinen*) u. zum Schluß *Diallyl* u. *4-Phenylbuten-(1)*. Die Abnahme der Reaktivität der RNa bei der Umwandlung I → II folgt der Reihe R = *Pentenyl, Benzyl, Octenyl, Amyl, Phenyl, Triphenylmethyl, Allyl, Fluorenyl, Diallyl*; NaH u. KOH waren ohne Wirkung. Bei C_6H_5Na wurde ein starker Einfl. des von der Darst. herrührenden NaCl, NaBr bzw. NaJ beobachtet. (J. org. Chemistry **20.** 839—44. Juli 1955. Cambridge, Mass., Inst. of Technol., Dep. of Chem.) G. LOHAUS. B 225

Harry S. Mosher und **Charles F. Wurster**, *Zersetzung von primären Hydroperoxyden. n-Butyl-* (I), *Isobutyl-*, *n-Amyl-*, *Isoamyl-*, *n-Heptyl-*, *n-Octyl-* u. *n-Decylhydroperoxyd* geben bei der Zers. durch Erhitzen der reinen Fll. ohne Katalysator auf 85 bzw. 100° als wesentlichstes gasförmiges Prod. H_2. O_2 wurde in keinem Fall in nennenswerter Menge gefunden. Eine Unters. an I ließ zwei Haupt-Rkk. erkennen, die zur Bldg. von H_2 u. *n-Buttersäure* (II) einerseits, *n-Buttersäure-n-butylester* (III) u. W. andererseits Anlaß geben. Als Zersetzungsprodd. von sorgfältig gereinigtem I (86°, 47 Std.) wurden identifiziert: H_2 (80%), CO_2 (4,4), *CO* (0,1), *Propan* (6,8), O_2 (0,5), *W.* (9,9), II (55,9), III (27,5), *n-Butanol* (3,7), *n-Butyraldehyd* (0,8), *Propionsäure* (0,9), *Propionsäure-n-butylester* u. *n-Buttersäure-n-propylester* in Spuren sowie eine unbekannte Oxy(?)säure (1,3). (J. Amer. chem. Soc. **77.** 5451—52. 20/10. 1955. Stanford, Calif., Univ., Dep. of Chem. and Chem. Engng.) G. LOHAUS. B 225

Chas. E. Waring und **Marshall Spector**, *Der Mechanismus der thermischen Zersetzung von Methyläthylketon.* Vff. untersuchten erneut (vgl. J. Amer. chem. Soc. **70.** [1948.] 4073) die therm. Zers. von *Methyläthylketon* (I, Kp. 78,9°, n_D^{23} 1,3762) allein u. in Ggw. von NO, Propylen (II) oder N_2 bei 550,00 ± 0,5° unter stat. Bedingungen u. bestimmten jeweils nach einem bestimmten Zeitabschnitt den Enddruck, $p^{(e)}$. Die Zers. verlief oberhalb 50 mm Anfangsdruck, $p_I^{(a)}$, als Rk. 1. Ordnung u. ging unterhalb in eine 2. Ordnung über. Für $0 < p_{NO} < 24$ mm wurde die Zers. von **I** katalysiert. **II** verminderte die Reaktionsgeschwindigkeit der Zers. von **I**, die mit wachsendem p_{II} einen konstanten Wert erreichte. Dieser war von $p_{I}^{(a)}$ abhängig u. betrug ca. 40% von dem der ungehemmten Reaktion. N_2 war bis zu $p_{N_2} = 200$ mm ohne Einfl.; ebenso konnte kein Oberflächeneffekt festgestellt werden. Das Verhältnis $p^{(e)}/p^{(a)}$ war konstant, gleichgültig ob die Rk. in Ggw. von NO, **II** oder ohne Zusatz ablief. Folgender Mechanismus würde sich den Ergebnissen am besten anpassen: $I \rightarrow CH_3 + CH_3CH_2CO$ (1), $CH_3CH_2CO \rightarrow C_2H_5 + CO \rightarrow CO + C_2H_4 + H$ (2), $CH_3 + I \rightarrow CH_4 + CH_3 \cdot CO \cdot CH_2 \cdot CH_2 \rightarrow CH_4 + C_2H_4 + CO + CH_3$ (3). Dabei wird noch angenommen, daß die Radikalketten kurz sind u. die CH_3-Radikale u. H-Atome als CH_4 u. H_2 abgefangen werden. An Stelle von (3) können noch folgende Einzelschritte auftreten: $CH_3 + I \rightarrow CH_4 + CH_2 \cdot CO \cdot CH_2 \cdot CH_3 \rightarrow CH_4 + CH_2CO + C_2H_5 \rightarrow CH_4 + CH_2CO + C_2H_4 + H$ (3') u. $CH_3 + I \rightarrow CH_4 + CH_3 \cdot CO \cdot CH \cdot CH_3 \rightarrow CH_4 + CH_3CHO + CH_3$ (3''). Der Beitrag der Rkk. (3), (3') u. (3'') bei gleichem (1) u. (2) beträgt 17,6, 35,3 bzw. 47,1%. (J. Amer. chem. Soc. **77**. 6453—57. 20/12. 1955. Storrs, Conn., Univ., Dep. of Chem.) L. Fischer. B 225

Earl E. Sommers und **Thomas I. Crowell,** *Die Geschwindigkeit der Pyrolyse von Sebacinsäure-bis-[2-äthylhexyl]-ester.* Als Prodd. der Pyrolyse von *Sebacinsäure-bis-[2-äthylhexyl]-ester* zwischen 261 u. 304° wurden *2-Äthylhexen-(1)* (Kp. 120—121°, $D.^{20}_{4}$ 0,7318, n_D^{26} 1,4120), *Sebacinsäure* u. ihr *Mono-[2-äthylhexyl]-ester*, $C_{18}H_{34}O_4$, identifiziert. Die Rk. verlief homogen in fl. Phase, zeigte keinerlei Induktionsperiode u. wurde durch konz. H_2SO_4 oder blankes Cu-Blech nicht katalysiert. Die Aktivierungsenergie beträgt 47,1 kcal·Mol^{-1}. Der Wert der Aktivierungsentropie von $-3{,}1$ cal·Mol^{-1}·Grad^{-1} ist in Einklang mit einem Zerfallsmechanismus mit cycl. Übergangszustand. (J. Amer. chem. Soc. **77**. 5443—44. 20/10. 1955. Charlottesville, Va., Univ. of Virginia, Cobb Chem. Labor.) G. Lohaus. B 225

R. J. P. Allan, R. L. Forman und **P. D. Ritchie,** *Untersuchungen über Pyrolysen. 4. Mitt. Modellsysteme für die Pyrolyse von Poly-[äthylenterephthalat] und verwandten Polyestern.* (3. vgl. C. **1936**. I. 42.) Da die Unters. der Pyrolyse von *Poly-[äthylenterephthalat]*, $H[O_2CC_6H_4CO_2CH_2CH_2]_nOH$ (**I**), auf Schwierigkeiten stößt, wurden vereinfachte Modellsysteme, die spezif. Ausschnitten [$C_6H_5CO_2CH_2CH_2O_2CC_6H_5$ (**II**), $C_6H_5CO_2CH_2CH_2O_2C \cdot C_6H_4CO_2CH_2CH_2O_2CC_6H_5$, $C_6H_5CO_2CH_2CH_2OCH_2CH_2O_2CC_6H_5$] oder carboxyl- bzw. hydroxylfunktionenhaltigen Endgruppen [$C_6H_5CO_2CH_2CH_2OH$] von **I** sowie auch endständigen Bruchstücken der pyrolysierten Kette mit a priori zu erwartenden neuen Endgruppen [$C_6H_5CO_2CH{=}CH_2$ (**III**)] entsprechen, herangezogen. Aus *Äthylendibenzoat* (**II**) entsteht bei 400—550° prim. in der Haupt-Rk. durch Alkyl–Sauerstoff-Spaltung Benzoesäure (**IV**) u. Vinylbenzoat (**III**) [Mechanismus A[1]], daneben durch Disproportionierung Benzoesäureanhydrid u. Acetaldehyd [D]. Die Zers. von **III** unter diesen Bedingungen verläuft vornehmlich über eine Umlagerung zu Benzoylacetaldehyd (**V**) [R] mit nachfolgender Decarbonylierung zu Acetophenon [C[1]], daneben auch über eine Decarboxylierung zu Styrol [C[2]] sowie über Alkenyl–Sauerstoff-Spaltung zu **IV** u. Acetylen [A[2]]. **V** konnte als einziges der angeführten Prodd. nicht aufgefunden werden, jedoch zerfiel auf unabhängigem Wege synthetisierter **V** unter den Versuchsbedingungen nach C[1]. Bei der Pyrolyse von *Vinylacetat* u. *Vinylisobutyrat*, die als Modellsubstanzen für rein aliphat. Polyester [z. B. *Poly-(äthylenmaleat)*] untersucht wurden, tritt zu den der Zers. von **III** analogen Rkk. als 4. Konkurrenz-Rk. in beträchtlichem Ausmaß noch eine Acyl–Sauerstoff-Spaltung zu Keten bzw. Dimethylketen (**VI**) u. Acetaldehyd [B[1]] hinzu. **VI** konnte unter den Reaktionsprodd. nicht isoliert werden, da es bei der Temp. bereits zerfällt, wohl aber seine Zersetzungsprodd. Propylen u. 2.3-Dimethylbuten-(2). Wurden die therm. Zerss. nicht in Rohren aus Pyrexglas, sondern solchen aus rostfreiem Stahl durchgeführt, so wurden unter den Reaktionsprodd. zusätzlich noch beträchtliche Mengen H_2, größtenteils wahrscheinlich durch katalysierte Pyrolyse von Äthylen u. Aceton entstanden, gefunden. Das wichtigste Ergebnis der Unterss. ist die unerwartete Umwandlung von Vinylestern in CO u. ein Methylketon [R/C[1]]. Für diese Rk. wird ein cycl. Übergangszustand vorgeschlagen. Extrapolation der Temperaturabhängigkeit der Bldg. von Acetophenon aus **III** läßt den Beginn der Zers. bei 190° erwarten. Demnach dürfte die Darst. des reinen Esters nach den üblichen Methoden grundsätzliche Schwierigkeiten bereiten. Alkenyl–Sauerstoff-Spaltung von Vinylestern zu Acetylenen u. Carbonsäuren nach A[2] scheint bisher noch nicht beobachtet worden zu sein, u. für die direkte Decarboxylierung von Estern nach C[2] existieren auch erst sehr wenige Beispiele. Da alle beschriebenen Pyrolysen in der Dampfphase im Strömungssyst. durchgeführt wurden, kann eine Anwendung der Resultate auf die therm. Zers. von geschmolzenem **I** nur mit Vorsicht erfolgen, denn in diesem Fall sind die „Kontaktzeiten" viel länger. Dennoch gestatten die Verss. eine Erklärung für viele früher gemachte Beobachtungen, wie z. B.

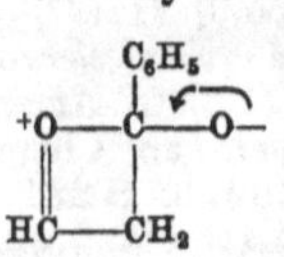

die Bldg. von CO, Anhydriden, Carbonsäuren u. Acetaldehyd bei der Pyrolyse von I, sowie die Abwesenheit von Vinylestern unter den Reaktionsprodukten. (J. chem. Soc. [London] **1955.** 2717–25. Aug. Glasgow, Roy. Techn. Coll., Techn. Chem. Dep.)
G. LOHAUS. B 225

R. J. Cvetanović, *Relative Löschwirksamkeit der Quecksilberresonanzstrahlung und ihre Temperaturunabhängigkeit. Mechanismus der durch Quecksilber photosensibilisierten Zersetzung von gesättigten Kohlenwasserstoffen.* Vf. verfolgte die durch Hg sensibilisierten Zersetzungs-Rkk. von bin. Gemischen aus *N_2O* u. *Äthan* (**I**), *n-Butan* (**II**) bzw. *Äthylen* (**III**) im stat. u. Strömungssyst. bei Zimmertemp. u. ca. 120°, indem er nach einer gewissen Zeit (1–2 Std.) die Quantenausbeuten des entstandenen H_2 u. N_2, Φ_{H_2} u. Φ_{N_2}, bestimmte. Experimentell ergab sich $(1/\Phi_{N_2}) = \alpha \cdot [1 + \beta \cdot RH/N_2O]$ unabhängig von Bestrahlungsdauer, Lichtintensität, Temp., Strömung oder Druck. β betrug bei **I** 0,009, **II** 0,255, **III** 2,10 u. α für alle Gemische ca. 1,3. Der Mechanismus der Zers. ließ sich durch folgende Einzelschritte beschreiben: $Hg + h\nu \rightarrow Hg^*$, $Hg^* + N_2O \rightarrow Hg + N_2 + O$ (1), $Hg^* + N_2O \rightarrow Hg' + N_2O$ (1'), $Hg^* + RH \rightarrow Hg +$ Prodd. (2), $Hg^* + RH \rightarrow Hg' + RH$ (2'), $Hg' + N_2O$ bzw. $RH \rightarrow$ Desaktivierung von Hg', gefolgt von Zerstreuung der Energie (3). Dabei entspricht Hg^* $Hg6(^3P_1)$, Hg' $Hg6(^3P_0)$ u. Hg $Hg6(^1S_0)$. β ist danach gleich $(k_2 + k_2')/(k_1 + k_1')$, d. h. β stellt den relativen Bruttowirkungsgrad der Löschung von Hg*dar. Aus den β-Werten wurden für N_2O, **I, II** u. **III** u. einige weitere Moll. die Löschungsquerschnitte berechnet. Die Werte stimmten im großen u. ganzen mit Literaturwerten überein. Eine weitere Bestätigung für den Mechanismus der Zersetzungs-Rk. ergab sich aus der Unters. des tern. Syst. N_2O–**II**–**III**, das sich analog durch $(1/\Phi_{N_2}) = (k_1 + k_1')/k_1 \cdot [1 + (k_2 + k_2')/(k_1 + k_1') \cdot [II]/[N_2O] + (k_3 + k_3')/(k_1 + k_1') \cdot [III]/[N_2O]]$ beschreiben ließ (Index 1, 2 u. 3 bezieht sich auf N_2O, **II** u. **III**). Für $k_1/(k_1 + k_1')$ (entspricht $1/\alpha$) ergab sich 0,78 ± 0,01 (bei 23°) u. 0,80 ± 0,01 (bei 120°), d. h. das Verhältnis derLöschung von $Hg^* \rightarrow Hg$ zur Gesamtlöschung von Hg* durch N_2O ist temperaturunabhängig. — Aus dem Syst. N_2O–**II** leitete sich die $1/\Phi_{N_2}$ entsprechende Gleichung für $1/\Phi_{H_2}$ ab. Der Wert für $k_2/(k_2 + k_2')$, d. h. der Bruchteil der Löschung von $Hg^* \rightarrow Hg$ zur Gesamtlöschung von Hg* durch **II**, berechnete sich zu 0,57, für k_2/k_1 wurde 0,18 gefunden. — Der geringe Abfall von Φ_{H_2} (bei konstantem Φ_{N_2}) bei abnehmender Hg-Dampfkonz. in N_2O–**II**-Gemischen u. **II** allein konnte auf die verringerte Lichtabsorption zurückgeführt werden. Bei den Verss. mit einem N_2O–**II**-Gemisch oder **II** allein im Strömungssyst. war Φ_{H_2} im Vgl. zu Verss., die stat. Bedingungen unterlagen, etwas größer, Φ_{N_2} jedoch blieb konstant. Um diesen Effekt zu erfassen, ersetzte Vf. versuchsweise (3) durch $Hg' + RH \rightarrow HgH + R$ (4), $R + HgH \rightarrow Hg + RH^*$ (5) u. $HgH \rightarrow Hg + H$ (6). Bei Zimmertemp. u. unter stat. Verhältnissen erfolgt der Energieausgleich durch (4) u. (5), während im Strömungssyst. (6) auf Kosten von (5) an Bedeutung zunimmt. (J. chem. Physics **23.** 1208–14. Juli 1955. Ottawa, Can., Nat. Res. Council; Div. of Appl. Chem.)
L. FISCHER. B 226

Ernst Fischer, Max Frankel und **Reuven Wolovsky,** *Abhängigkeit der Photoisomerisierungsgleichgewichte bei Azoverbindungen von der Wellenlänge.* Bei der Bestrahlung von *Azobenzol* (**I**), *1.1'-* (**II**), *1.2'-* (**III**) u. *2.2'-Azonaphthalin* (**IV**) in Toluol bei –25° mit Licht der Wellenlängen 365, 405, 436, 546 u. 578 mμ trat eine Photoisomerisierung auf. Die Einstellung des Gleichgewichtes war unabhängig von der Isomerenzus. vor Beginn der Bestrahlung. Der maximale Geh. an cis-Isomeren betrug bei **I** 91% (bei 365 mμ), **II** 95% (405 mμ), **III** 93% (405 mμ) u. **IV** 92% (365 mμ). Vermutlich wird die Lage des Photogleichgewichtes zwischen cis- u. trans-Isomeren in großem Maße durch das Verhältnis $\varepsilon_{cis}/\varepsilon_{trans}$ bei der betreffenden eingestrahlten Wellenlänge bestimmt: offensichtlich ist das Gleichgewicht zugunsten desjenigen Isomeren verschoben, das bei der betreffenden Wellenlänge das kleinere ε besitzt. (J. chem. Physics **23.** 1367. Juli 1955. Rehovoth, Israel, Weizmann Inst. of Sci., Photochem. Labor.; Jerusalem, Hebrew Univ., Dep. of Organ. Chem.)
L. FISCHER. B 226

Andrea Scipioni, *Über die Aktivität der Katalysatoren auf der Grundlage von Kupferoxyd und Chromoxyd bei der Hydrierung.* Die Änderung der Aktivität von Cu–Cr-Oxyd-Katalysatoren in Abhängigkeit von den Bedingungen des Erhitzens bei ihrer Herst. wird untersucht. Ein durch Fällen von (Cu + Cr)-Nitrat mit $(NH_4)_2CO_3$ u. Zers. des Gemisches von bas. Cu-Carbonat u. $Cr(OH)_3$ bei 230° hergestellter Katalysator (10 B) mit 55% CuO wird bis auf einen zur Kontrolle dienenden Anteil in verschied. Portionen bei wachsenden Tempp. verschieden lang erhitzt. Die Aktivität dieser Kontakte (geprüft an der Hydrierung von *Furfurol* bei 25 at u. 175°) nimmt ab mit steigender Erhitzungstemp. u. -dauer, parallel mit der Abnahme des Geh. an (im CO-Strom bei 170°) reduzierbarem CuO. Augenscheinlich ist ein Teil des CuO in nichtreduzierbarer Form an Cr-Oxyd gebunden, z. B. sind im ursprünglichen Kontakt 10 B mit 55% CuO nur 33,5% durch CO reduzierbar. — Diese Ergebnisse stützen die Erklärung der Aktivität dieser Kontakte durch akt. Zentren von Cu, die — durch oberflächliche Red. von CuO entstanden — an der Kontaktoberfläche feinverteilt sind u. durch Cr-Oxyd oder gegebenenfalls Cu-Chromit im akt. Zustand stabilisiert werden. Weitere Hinweise auf die Richtigkeit dieser Erklärung liefern Hydrierverss. (*Aceton*, 150°, 25 at) mit Kontakten auf Grundlage von CuO oder CuO + nicht reduzierbaren Metalloxyden, bei denen die anfangs geringe Aktivität im Verlauf der Hydrierung zunimmt (wahrscheinlich infolge Red. des CuO, wobei CuO u. Al_2O_3 als Promotor des metall. Cu wirken), um schließlich wieder zu sinken. Die Analysen des Kontakts bei Unterbrechung der Hydrierung in verschied. Stadien zeigen eine entsprechende Zunahme des Geh. an metall. Cu mit fortschreitender Hydrierung. (Chim. e Ind. [Milano] **33.** 285—87. Mai 1951. Padova, Univ., Ist. di Chim. ind.) G. v. DECHEND. B 227

W. K. Meerbott und **G. P. Hinds jr.**, *Selektive Behandlung mit Wasserstoff über dem Wolfram–Nickelsulfid-Katalysator. Reaktionsuntersuchungen mit Mischungen von reinen Verbindungen.* (Vgl. auch CASAGRANDE u. Mitarbeiter, C. **1956.** 1196.) Vff. hydrieren an einem Wolfram–Nickelsulfid-Katalysator bei 600° F, einem H_2-Druck von 75 lbs./sq.in., einem Mol-Verhältnis 2 H_2/ 1Mol KW-stoff u. einer Raumgeschwindigkeit von 1,4—8,3 Mischungen gleicher Gewichtsteile *n-Heptan* u. *Octen-(1)*, denen *n-Octan, Thiophen, n-Butylmercaptan, tert.-Butylphenol* oder *2-Methylpentadien-(1.3)* in geringen Anteilen zugesetzt wurde. Die Flüssigkeitsausbeute betrug bei allen Verss. 99—100% der Ausgangsprodd.; Crack-Rkk. u. Gasbldg. werden nicht beobachtet. Unter optimalen Hydrierungsbedingungen wird lediglich Isomerisation der Olefine durch Verschiebung der Doppelbindung festgestellt. Bei längerem Verweilen der Reaktionsgemische am Kontakt erfolgt weitgehend Absättigung der Olefine. Die Ggw. von schwefelhaltigen Verbb. in den Reaktionsgemischen verzögert die Absättigung der Monoolefine, nicht aber der Diolefine. Vff. finden, daß n-Olefine schneller hydriert werden als verzweigte. (Ind. Engng. Chem. **47.** 749—52. April 1955. Houston, Tex., Shell Oil Co.) K. FRENKLER. B 227

C. Präparative organische Chemie. Naturstoffe.

J. Berty und **L. Markó**, *Direkte Synthese von Alkoholen aus Olefinen mittels eines Gemisches aus Kohlenmonoxyd und Wasserstoff. Modifizierte Oxosynthese.* Vff. untersuchten den Temperatureinfl. auf die homogene katalyt. Red. von Butyraldehyd (**I**) mittels eines Gemisches von CO u. H_2 (40 at CO, dann bis 120 at H_2), mit Co-Stearat als Katalysator in Bzn. als Lösungsm., andererseits auf die Oxosynth. mit Cyclohexen (**II**) u. Crackbenzin (**III**; Kp. 21—147°, C_4–C_9, 28% Aromaten, 40% Olefine, 30% Paraffine + Naphthalin). Unter den Versuchsbedingungen der Oxo-Rk. kann **I** bei 150—155° prakt. 100%ig. red. werden, wobei das Reaktionsprod. nicht nur aus *Butylalkohol* besteht, da auch C_8- u. *höhere Alkohole* durch Neben-Rkk. entstanden sind. **II** wird bei 200—210° zu ca. 95% in *Benzylalkohol* übergeführt, **III** geht bei 220° zu ca. 90% in *Alkohol* über. (Acta chim. Acad. Sci. hung. **3.** 177—86. 1953. Budapest-Veszprém, Hung. Oil and Nat. Gas Res. Inst.) R. BORCHARDT. 460

E. Arundale und **L. A. Mikeska**, *Kondensation von Olefinen mit Aldehyden.* Inhaltlich ident. mit der C. **1955.** 7883 referierten Arbeit. (Успехи Химии [Fortschr. Chem.] **23.** 223—63. 1954.) O. LEBTAG. 470

Ss. N. Danilow und **K. A. Ogloblin**, *Untersuchung der Reaktionsprodukte von Nitrosylchlorid mit ungesättigten Kohlenwasserstoffen.* 1. Mitt. *Reaktion mit Trimethyläthylen.* Die Herst. des *Nitrosochlorids* von *Trimethyläthylen*, wie früher (WALLACH, Liebigs Ann. Chem. **245.** [1888.] 246; SCHMIDT, Ber. dtsch. chem. Ges. **35.** [1902.] 3727) als *Dimeres* $[C_5H_{10}ONCl]_2$ (**I**) erhalten, wird verbessert. Bei der Umwandlung von **I** in das *Oxim* (**II**) von *2-Chlor-2-methylbutanon-(3)* läßt sich die Ausbeute erhöhen, wenn die Rk. in äther. Lsg. unter Einleiten von katalyt. wirkender HCl durchgeführt wird. Bei großem Überschuß an NOCl liefert Trimethyläthylen *2-Methyl-2.3-dichlor-3-nitrosobutan* u. eine *Verb.* $C_5H_{10}Cl_2$ nicht ermittelter Konstitution. Auf der Beweglichkeit des Cl-Atoms beruht die leichte Überführbarkeit von **II** in die *Oxime* von *2-Methylbutanol-(2)-on-(3)* (**III**), seines *Methyläthers, Äthyläthers* u. *Acetats* u. das *Oxim* vom *Methylisopropenylketon* (**IV**). Beim Hydrieren entstehen aus den Oximen die entsprechenden *Amine*. **III**-*Oxim* liefert z. B. *2-Methyl-3-aminobutanol-(2)* (**V**) u. *Bis-[2-oxy-1-methylisobutyl]-amin.* Zum Vgl. wird das Oxim von 2-Methylbutanol-(1)-on-(3) hydriert; das entstehende *2-Methyl-3-aminobutanol-(1)* (**VI**) gibt beim Dehydratisieren *2-Methyl-3-aminobuten-(1)* (**VII**), ident. mit dem aus **V** beim Dehydratisieren gewonnenen Produkt.

V e r s u c h e: *Dimeres* (**I**) des *Nitrosochlorids* von *Trimethyläthylen*, F. 70—71,5°; in die Lsg. von 51,5 g Trimethyläthylen in 100 ml absol. Ae. wird unter Rühren u.

Kühlen mit Eis + NaCl NOCl (aus 160 g Nitrosylschwefelsäure u. 90 g NaCl) eingeleitet; 48,5 g (Ausbeute). — *Oxim* (**II**) von *2-Chlor-2-methylbutanon-(3)*, $C_5H_{10}ONCl$, F. 47—48°; a) man leitet durch eine Lsg. von 12,8 g **I** in absol. Ae. 1 Std. HCl-Gas u. läßt 24Std. bei Zimmertemp. einwirken; aus Bzn. Kristalle; 9,8 g; der in Bzn. unlösl. Anteil des Reaktionsprod. ist $NH_2OH \cdot HCl$; b) in die Lsg. von 37 g Trimethyläthylen in 50 ml absol. Ae. wird unter Rühren u. Kühlen NOCl (aus 100 g Nitrosylschwefelsäure u. 60 g NaCl) u. 20—25 Min. HCl-Gas eingeleitet; nach 2tägiger Einw. bei Zimmertemp. werden 14,65 g direkt u. 19,38 g durch Abkühlen der Mutterlauge erhalten. — *2-Methyl-2.3-dichlor-3-nitrosobutan*, $C_5H_9ONCl_2$, F. 103,5°; sublimiert bei 32—40°/7 mm; aus 32,5 g Trimethyläthylen in 50 ml absol. Ae. u. NOCl (aus 130 g Nitrosylschwefelsäure u. 70 g NaCl), 5 Tage bei Zimmertemp.; nach Absaugen von 7 g $NH_2OH \cdot HCl$ wird im Vakuum fraktioniert (oberhalb 69°/7 mm erfolgt stürm. Zers. unter Verharzung); blaue, zu Tränen reizende Kristalle von scharfem Geruch; sehr flüchtig an der Luft u. im Vakuum; die Schmelze ist blau; 2 g neben ca. 13 g der *Verb.* $C_5H_{10}Cl_2$, $Kp._{772}$ 114—117°; $Kp._{24}$ 22—35°; $D.^{20}{}_4$ 1,0082; $n_D{}^{20}$ 1,4210. — *Oxim* von *2-Methylbutanol-(2)-on-(3)* (**III**), F. 86—87° (Ae.); 2 g **II** werden 15 Min. mit 20 ml W. geschüttelt; nach Neutralisieren u. Sättigen mit NaCl wird mit Ae. extrahiert; 94,2%. — *Oxim* von *2-Methyl-2-methoxybutanon-(3)*, $C_6H_{13}O_2N$, F. 89—90° (Bzn.); durch 1std. Kochen von 11,4 g **II** mit 80 ml CH_3OH u. 20 g Marmor; 60,8%. — *Oxim* von *2-Methyl-2-äthoxybutanon-(3)*, $C_7H_{15}O_2N$, $Kp._8$ 84—85°; schwach riechende Fl.; $n_D{}^{20}$ 1,4465; 1,5 g aus 3 g **II**. — *Oxim* von *2-Methyl-2-acetoxybutanon-(3)*, F. 102—103°; aus **II** u. CH_3CO_2K, 4½ Std. in sd. Ae.; aus Ligroin Nadeln. — *Oxim* von *2-Methylbuten-(1)-on-(3)* (*Methylisopropenylketon*; **IV**), C_5H_9ON; a) feste Form: F. 43—44°; $Kp._{11}$ 65—67°; 16 g **II** werden ca. 6 Std. mit 20 g $NaHCO_3$ in sd. Ae. verrührt; 6,5 g; b) fl. Form: $Kp._{12}$ 67,5—71°; neben der festen Form aus **II** u. $NaHCO_3$ + Marmor in sd. Ae.; $D.^{19}{}_4$ 0,9529; $n_D{}^{19}$ 1,4833. — *2-Methyl-3-aminobutan*, $C_5H_{13}N$, $Kp._{761}$ 85—86,5°; a) aus **II** durch Red. mit $SnCl_2$ in HCl-haltigem, absol. Ae.; Ausbeute gering; b) durch Hydrieren von **IV**-*Oxim* (RANEY-Ni; absol. A.), aus der festen Form mit geringer, aus der fl. Form mit 44%ig. Ausbeute; c) aus dem Oxim von 2-Methylbutanon-(3) durch Hydrieren; 83,3%. Bewegliche Fl.; $D.^{23}{}_4$ 0,7478; $n_D{}^{23}$ 1,4047. *Hydrochlorid*, $C_5H_{13}N \cdot HCl$, F. 210° (Aceton). — *2-Methyl-2-methoxy-3-aminobutan*, $C_6H_{15}ON$, $Kp._{757}$ 133—133,5°; aus dem Oxim von 2-Methyl-2-methoxybutanon-(3); 0,3 g aus 2 g. — *2-Methyl-3-aminobutanol-(2)* (**V**), $C_5H_{13}ON$, $Kp._{764}$ 156—159°; aus **III**-Oxim; $D.^{19,5}{}_4$ 0,9256; $n_D{}^{29,5}$ 1,4497; 45,4% neben wenig *Bis-[2-oxy-1-methylisobutyl]-amin*, $(C_5H_{11}O)_2NH$, $Kp._7$ 75—76,5. — *Oxim* von *2-Methylbutanol-(1)-on-(3)*, $C_5H_{11}O_2N$, F. 42—44°; $Kp._{15}$ 134—135°; Kristalle. — *2-Methyl-3-aminobutanol-(1)* (**VI**), $C_5H_{13}ON$, $Kp._{770}$ 194°; aus vorst. Oxim; dicke Fl.; $D.^{20}{}_4$ 0,9389; $n_D{}^{20}$ 1,4576; 52,3%. — *2-Methyl-3-aminobuten-(1)* (**VII**), $C_5H_{11}N$, $Kp._{770}$ 88—89°; a) eine Lsg. von 6,1 g **V** in 6 g konz H_2SO_4 + 20 ml W. wird bei 30 mm u. langsam (ca. 4 Std.) von 90 auf 143° ansteigender Badtemp. dest.; leicht bewegliche, scharf ammoniakal. riechende Fl.; $D.^{20}{}_4$ 0,7785; $n_D{}^{20}$ 1,4274; 47%; b) analog aus **VI**; 0,8 g aus 6,5 g. *Hydrochlorid*, F. 153—153,5° (A. + Ae.). *Pikrat*, F. 171—172° (verd. A.); flache gelbe Nadeln. (Журнал Общей Химии [J. allg. Chem.] **22** (**84**). 2113—21. Dez. 1952. Leningrad, Univ., Wiss. Forschungsinst. für Chem.) H. SCHMEISS. 520

K. A. Ogloblin, *Untersuchung der Reaktionsprodukte von Nitrosylchlorid mit ungesättigten Kohlenwasserstoffen.* 2. Mitt. *Reaktion mit Isobutylen.* (1. vgl. vorst. Ref.) Das nach Literaturangaben aus Isobutylen u. NOCl zu erhaltende Dimere (**I**) des Oxims von α-Chlorisobutyraldehyd geht beim Behandeln mit W. u. gepulvertem Marmor in das Oxim von α-Oxyisobutyraldehyd (**II**) über. Mit Methanol, A. oder Propanol-(1) entstehen die *Oxime* der entsprechenden *Alkoxyderivv.*, mit K-Acetat das *Oxim* des *Acetats*. Die Oxime werden mit RANEY-Ni zu den entsprechenden Aminen hydriert. Aus 1-Amino-2-methylpropanol-(2) u. H_2SO_4 wird 1-Amino-2-methylpropen-(2) erhalten. 1-Nitro-2-nitroso-2-methylpropan, das Nebenprod. bei der Herst. von **I**, wird zu *1.2-Diamino-2-methylpropan* hydriert.

Versuche: *Dimeres* (**I**) des *Oxims* von *α-Chlorisobutyraldehyd*, F. 103—104°; man setzt unter Rühren bei —15° 35 g NOCl zu 25 g Isobutylen in 72 g Ae. zu, filtriert die Kristalle nach 16std. Einw. in der Kälte ab u. krist. aus Bzn. um; lange Nadeln; 39,2 g (Ausbeute). Die in der äther. Mutterlauge gelöste blaue Fl. liefert bei der Dest. im Vakuum *1-Nitro-2-nitroso-2-methylpropan*, $C_4H_8O_3N_2$, F. 82—83° (Bzl.); $Kp._{19}$ 68—70°. Hieraus beim Hydrieren (RANEY-Ni; A.) *1.2-Diamino-2-methylpropan*; Isolierung als *Dihydrochlorid*, $C_4H_{12}N_2 \cdot 2\,HCl$, F. 292—295° (A.). — *Oxim* von *α-Oxyisobutyraldehyd* (**II**), $C_4H_9O_2N$, $Kp._3$ 83—83,5°; $Kp._{10}$ 95—97,5°; aus **I** beim Erhitzen mit Marmor in W. auf 80°, anschließend Kochen; das Reaktionsprod, wird durch Extraktion mit Ae. (25 bis 30 Std.) isoliert; $D.^{20}{}_4$ 1,0655; $n_D{}^{20}$ 1,4625; 64%. — *Oxim* von *α-Methoxyisobutyraldehyd* (**III**), $C_5H_{11}O_2N$, F. 43—44°; $Kp._{15}$ 83—85°; man kocht **I** 1 Std. mit Marmor u. Methanol; aus PAe. Nadeln; 63%. — *Oxim* von *α-Äthoxyisobutyraldehyd* (**IV**), $C_6H_{13}O_2N$,

F. 38—40°; Kp.$_4$ 64—65,5°; D.$^{40}_4$ 0,9464; n_D^{40} 1,4323. — *Oxim* von *α-Propoxyisobutyraldehyd*, $C_7H_{15}O_2N$, Kp.$_8$ 85—86°; D.$^{20}_4$ 0,9420; n_D^{20} 1,4414; 39,5%. — *Oxim* von *α-Acetoxyisobutyraldehyd*, $C_6H_{11}O_3N$, Kp.$_3$ 89—92°; aus I u. K-Acetat in Eisessig bei 60—85°; D.$^{20}_4$ 1,0757; n_D^{20} 1,4503; 53%. — *1-Amino-2-methoxy-2-methylpropan*, $C_5H_{13}ON$, Kp.$_{753}$ 121,5—122,5°; aus III-Oxim durch Hydrieren (RANEY-Ni; A.; gewöhnlicher Druck u. Zimmertemp.); D.$^{20}_4$ 0,8677; n_D^{20} 1,4210; 68,2%. *Hydrochlorid*, $C_5H_{13}ON \cdot HCl$, F. 112—113° (A. + Ae.). — *1-Amino-2-äthoxy-2-methylpropan*, $C_6H_{15}ON$, Kp.$_{755}$ 132—133°; durch Hydrieren von IV-Oxim (RANEY-Ni; A.; 110 at; 18°); D.$^{20}_4$ 0,8497; n_D^{20} 1,4189; 59%. — *1-Amino-2-methylpropanol-(2)*, $C_4H_{11}ON$, Kp.$_{755}$ 149—150°; durch Hydrieren von II-Oxim (RANEY-Ni, A.; 80 at; 100°); D.$^{18}_4$ 0,9323; n_D^{18} 1,4460 (in einem anderen Vers. D.$^{20}_4$ 0,9278; n_D^{20} 1,4452); 53—60%. — *1-Amino-2-methylpropen-(2)*, Kp. 83—84°; aus vorst. Verb. durch Dehydratisieren mit H_2SO_4; 33%. *Hydrochlorid*, $C_4H_9N \cdot HCl$, F. 185,5—186,5°. *Pikrat*, F. 201—201,5° (A.); Tafeln. (Журнал Общей Химии [J. allg. Chem.] **22** (**84**). 2121—26. Dez. 1952.) H. SCHMEISS. 520

W. P. Golmow, *Über die Anlagerung von Bromwasserstoff an Diallyl.* Beim Einleiten von HBr (1 Mol) in Diallyl (2 Mol) unter Kühlen mit Eis + NaCl werden mit einer Gesamtausbeute von 60% *5-Bromhexen-(1)* (I), $C_6H_{11}Br$, Kp.$_{712}$ 138°; D.$^{20}_4$ 1,1997; n_D^{20} 1,4625, u. *6-Bromhexen-(1)* (II), $C_6H_{11}Br$, Kp.$_{712}$ 151°; D.$^{20}_4$ 1,2169; n_D^{20} 1,4672, erhalten; ein Destillationsrückstand besteht aus *Dibromhexanen*. I wird durch Vgl. mit einem aus Hexen-(1)-ol-(5) + PBr_3 synthetisierten Präp. identifiziert. II gibt mit $AgNO_2$ die Nitrolsäure-Rk., liefert mit KOH bei 3 std. Kochen in 95%ig. A. den *Äthyläther* von *Hexen-(1)-ol-(6)*, $C_8H_{16}O$, Kp.$_{713}$ 139—139,5°; D.$^{20}_4$ 0,7877; n_D^{20} 1,4144, u. mit Na-Acetat in sd. Eisessig *Hexen-(1)-yl-(6)-acetat*, $C_8H_{14}O_2$, Kp.$_{704}$ 169—170°; D.$^{20}_4$ 0,8992; n_D^{20} 1,4241, das zu *Hexen-(1)-ol-(6)*, $C_6H_{12}O$, Kp.$_{718}$ 155,5—156°; D.$^{20}_4$ 0,8453; n_D^{20} 1,4364, verseift wird. Die Anlagerung von HBr an I liefert die *meso-Verb.* von *2.5-Dibromhexan*, F. 38 bis 39°, u. fl. *2.5-Dibromhexan*, Kp.$_4$ 72—74°; D.$^{20}_4$ 1,5769; n_D^{20} 1,5018. (Журнал Общей Химии [J. allg. Chem.] **22** (**84**). 2132—36. Dez. 1952.) H. SCHMEISS. 520

Jean Colonge und **Maurice Reymermier**, *Oxydation mit Selenigsäureanhydrid.* 1. Mitt. *Alkohole mit endständiger Methylengruppe.* Die Acetate von Alkoholen mit endständiger CH_2=CH-Gruppe werden durch SeO_2 zu *Glykoldiacetaten* oxydiert. Jeder Alkohol liefert zwei stellungsisomere Glykole, die infolge einer Allylumlagerung entstehen.

Versuche: *Hexen-(5)-yl-(1)-acetat* (I), $C_8H_{14}O_2$, Kp.$_{750}$ 172°, Kp.$_{16}$ 69°, durch Pyrolyse von 202 g Hexandiol-(1.6)-diacetat bei 440° über Glaswolle (Durchsatz 30 g · Std.$^{-1}$); D.$^{21}_4$ 0,9015, n_D^{21} 1,4245; 48 g (Ausbeute), daneben 101 g des Ausgangsprod. zurück. — *Hexen-(5)-ol-(1)*, $C_6H_{12}O$, Kp.$_{25}$ 74°, durch Verseifung von I; D.$^{23,5}_4$ 0,834, $n_D^{23,5}$ 1,4341. — *Hexen-(5)-yl-(2)-acetat* (II), $C_8H_{14}O_2$, Kp.$_{750}$ 152°, aus 50 g Hexen-(5)-ol-(2) u. sd. Acetanhydrid in Ggw. von CH_3COONa (2 Std.); D.$^{18}_4$ 0,893, n_D^{18} 1,4211; 62 g. — *Hexen-(5)-ol-(3)*, Kp. 130—132°, aus Allyl-MgCl u. Propionaldehyd; 80%. *Acetat* (III), $C_8H_{14}O_2$, Kp.$_{750}$ 151°, D.$^{25}_4$ 0,889, n_D^{25} 1,4170. — *Undecen-(10)-yl-(1)-acetat* (IV), $C_{13}H_{24}O_2$, 133—134°, aus Undecen-(10)-ol-(1); D.$^{25}_4$ 0,879, n_D^{25} 1,4355. — *Hexen-(4)-ol-(3)*, Kp.$_{60}$ 70—72°, aus Crotonaldehyd u. C_2H_5MgBr; 70%. *Acetat* (V), $C_8H_{14}O_2$, Kp.$_{750}$ 153°, D.$^{20}_4$ 0,891, n_D^{20} 1,4222. — *Hexen-(5)-diol-(1.4)-diacetat* (VI), $C_{10}H_{16}O_4$, Kp.$_{13}$ 125—127°, aus I u. SeO_2 in sd. Acetanhydrid (6 Std.); D.$^{19}_4$ 1,040; n_D^{19} 1,4451; 17%. — *Hexen-(5)-diol-(1.4)*, $C_6H_{12}O_2$, Kp.$_{13}$ 136—138°, aus VI u. alkoh. KOH; D.$^{22}_4$ 1,021, n_D^{22} 1,4703. — *Hexandiol-(1.4)*, $C_6H_{14}O_2$, Kp.$_{12}$ 125—127°, aus vorst. Diol u. H_2/RANEY-Ni; D.$^{20}_4$ 1,4510. *Bis-phenylurethan*, $C_{20}H_{24}O_4N_2$, F. 154°. — *Hexen-(2)-diol-(1.6)-diacetat*, $C_{10}H_{16}O_4$, Kp.$_{13}$ 137—138°, aus I neben VI; D.$^{18}_4$ 1,055, n_D^{18} 1,4511; 22,5%. — *Hexen-(2)-diol-(1.6)*, $C_6H_{12}O_2$, Kp.$_{13}$ 148—150°, D.$^{22}_4$ 1,030, n_D^{22} 1,4741. — *Hexandiol-(1.6)*, $C_6H_{14}O_2$, F. 42° (Toluol), Kp.$_{12}$ 149—150°. — *Hexen-(5)-diol-(2.4)-diacetat* (VII), $C_{10}H_{16}O_4$, Kp.$_{13}$ 110—112°, aus II u. SeO_2 in sd. Acetanhydrid; D.$^{23}_4$ 1,019, n_D^{23} 1,4365; 80%. — *Hexen-(5)-diol-(2.4)*, $C_6H_{12}O_2$, Kp.$_{13}$ 112°, D.$^{23}_4$ 0,990, n_D^{23} 1,4582. — *Hexandiol-(2.4)*, Kp.$_{13}$ 106—108°, D.$^{23}_4$ 0,949, n_D^{23} 1,4400. — *Hexen-(2)-diol-(1.5)-diacetat*, $C_{10}H_{16}O_4$, Kp.$_{13}$ 122—124°, neben VII aus II; D.$^{23}_4$ 1,035, n_D^{23} 1,4450; 16%. — *Hexen-(2)-diol-(1.5)*, $C_6H_{12}O_2$, Kp.$_{13}$ 132—134°, D.$^{21,5}_4$ 1,006, $n_D^{21,5}$ 1,4710. — *Hexen-(5)-diol-(3.4)-diacetat* (VIII), $C_{10}H_{16}O_4$, Kp.$_{15}$ 106°, aus III; D.$^{25}_4$ 1,022, n_D^{25} 1,4354; 11%. — *Hexen-(5)-diol-(3.4)*, $C_6H_{12}O_2$, K.$_{15}$ 97—99°, D.$^{25}_4$ 0,985, n_D^{25} 1,4577; vgl. dagegen PRÉVOST (Bull. Soc. Chim. France, Mém. [5] **11**. [1944.] 222; möglicherweise Diastereoisomere). — *Hexandiol-(3.4)*, $C_6H_{14}O_2$, F. 87—88°, Kp.$_{14}$ 96—97°, aus vorst. Verb. u. H_2/RANEY-Ni. — *Hexen-(2)-diol-(1.4)-diacetat*, $C_{10}H_{16}O_4$, Kp.$_{15}$ 132—134°, neben VIII aus III (16%) oder aus V (20—26%); D.$^{25}_4$ 1,034, n_D^{25} 1,4430. — *Hexen-(2)-diol-(1.4)*, $C_6H_{12}O_2$, Kp.$_{15}$ 132—134°, D.$^{20}_4$ 0,992, n_D^{20} 1,4690; 81%. — *Hexandiol-(1.4)*, $C_6H_{14}O_2$, Kp.$_{14}$ 130 bis 132°, aus vorst. Verb. u. H_2/RANEY-Ni; n_D^{20} 1,4505. *Bis-phenylurethan*, $C_{20}H_{24}O_4N_2$,

F. 167° (Toluol–PAe.). — *α-Äthyltetrahydrofuran*, Kp.$_{755}$ 107°, aus vorst. Verb. durch Dest. über 85% ig. H_3PO_4; D.$^{22}_4$ 0,853, n_D^{22} 1,4138. — *Undecen-(10)-diol-(1.9) diacetat* (**IX**), $C_{15}H_{26}O_4$, Kp.$_{13}$ 175—178°, aus **IV** (8 Std.); D.$^{25}_4$ 0,969; n_D^{25} 1,4482; 22%. — *Undecen-(10)-diol-(1.9)*, $C_{11}H_{22}O_2$, Kp.$_{13}$ 173—176°, aus **IX** u. sd. wss.-alkoh. NaOH (1 Std.); D.$^{24}_4$ 0,399, n_D^{25} 1,4706; 88%. *Bis-phenylurethan*, $C_{25}H_{32}O_4N_2$, F. 98° (verd. A.). — *Undecandiol-(1.9)*, $C_{11}H_{24}O_2$, Kp.$_{13}$ 175—177°, aus vorst. Verb. u. H_2/RANEY-Ni; D.$^{24}_4$ 0,922, n_D^{25} 1,4561. — *Undecen-(2)-diol-(1.11)-diacetat*, $C_{15}H_{26}O_4$, Kp.$_{15}$ 190—193°, aus **IV** neben **IX**; D$^{25}_4$ 0,988, n_D^{25} 1,4540; 12%. — *Undecen-(2)-diol-(1.11)*, $C_{11}H_{22}O_2$, D.$^{25}_4$ 0,944, n_D^{25} 1,4739. *Bis-phenylurethan*, $C_{25}H_{32}O_4N_2$, F. 110° (verd. A.). — *Undecandiol-(1.11)*, $C_{11}H_{24}O_2$, F. 62° (Bzl.). (Bull. Soc. chim. France, Mém. [5] **1955**. 1531—35. Nov./Dez. Lyon, École de Chim. Ind. u. Fac. des Sci.) J. ROTHE. 570

Tadeusz Urbański und **Stanisława Kwiatkowska,** *Über das Penta- und Hexanitrat des Sorbits.* Bei der Nitrierung von Sorbit (**I**) mit HNO_3 in Ggw. von konz. H_2SO_4 oder Oleum entsteht bei +5° das *Hexanitrat* (**II**) u. bei —10° ein Gemisch aus **II** u. dem *Pentanitrat* (**III**). **II** wird beim Erhitzen mit alkoh. Pyridin teilweise denitriert.

V e r s u c h e: *Sorbithexanitrat* (**II**), $C_6H_8O_{18}N_6$, F. 54,5—55° (50%ig. A.), a) aus 15 g **I** in HNO_3 (D. 1,52) mit 20% ig. Oleum bei 0—3° innerhalb 1½ Std.; 8 g (Ausbeute), daneben 2 g *Sorbitpentanitrat* (**III**), $C_6H_9O_{16}N_5$, Öl; b) analog, aber mit konz. H_2SO_4 bei —10 bis —70°; 60%, daneben **III**. (Roczniki Chem. [Ann. Soc. chim. Polonorum] **25**. 312—14. 1951 Warszawa, Politechn., Zakład Technol. Organ.) K. HOINKIS. 590

A. W. Dombrowski, *Sulfurierung ungesättigter Verbindungen.* 1. Mitt. *Sulfurierung von Acrolein und Crotonaldehyd.* Die Einw. von Pyridinsulfotrioxyd auf Acrolein oder Crotonaldehyd bei 80—100° führt zur Polymerisation; bei Zimmertemp. erfolgt kaum Reaktion. Monosulfonsäuren dieser Aldehyde können jedoch mittels Dioxansulfotrioxyd (**I**) bei 0° erhalten werden. Prim. Reaktionsprodd. sind die in Dichloräthan lösl., von W. sofort hydrolysierten Dioxansalze der Sulfonsäuren. Aus ihnen erhält man die *Ba-Salze* u. hieraus die *K-Salze*; beide sind hygroskop., beständig, in W. sehr leicht lösl., geben die n. Rkk. ungesätt. Verbb. u. reduzieren $AgNO_3$ sowie FEHLINGsche Lsg., geben aber nicht die Rkk. auf die CO-Gruppe. Oxydation mit $KMnO_4$ in alkal. Lsg. gibt bebeiden Sulfonsäuren CO_2, K_2SO_4 u. *Oxalsäure*. In Ggw. von RANEY-Ni wird nur die CO-Gruppe hydriert. Die freie *Acroleinsulfonsäure* (**II**) ist in wss. Lsg. nur bei Zimmertemp. beständig; sie läßt sich im Vakuumexsiccator krist. erhalten. Die freie *Crotonaldehydsulfonsäure* (**III**) hält sich in wss. Lsg. nur wenige Stunden. Als Konstitutionsformel werden für **II** u. **III** $HO_3SCH{=}CHCHO$ bzw. $CH_3C(SO_3H){=}CHCHO$ angegeben.

V e r s u c h e: *Dioxansulfotrioxyd* (**I**); man löst bei 0° 15 g SO_3, dann in kleinen Anteilen 16,5 ml Dioxan in 80 ml Dichloräthan. — *Acroleinsulfonsäure* (**II**), man gibt die **I**-Lsg. portionsweise unter Kühlen bei 0° zu 10,5 g Acrolein in 20 ml Dioxan, beläßt 20—30 Min. bei Zimmertemp., neutralisiert mit 40 g $BaCO_3$ in 200 ml W., filtriert, dampft auf dem Wasserbad ein u. erhält 40 g *Ba-Salz*, $(C_3H_3O_4S)_2Ba$. *K-Salz*, $(C_3H_3O_4S)K$. — *Crotonaldehydsulfonsäure* (**III**), *Ba-Salz*, $(C_4H_5O_4S)_2Ba$; 36,5 g aus Crotonaldehyd. *K-Salz*, $(C_4H_5O_4S)K$. (Журнал Общей Химии [J. allg. Chem.] **22** (**84**). 2136—40. Dez. 1952. Tschernowitz, Univ., Lehrstuhl für organ. Chemie.) H. SCHMEISS. 600

František Šorm und **Jiří Smrt,** *Die Reaktion des Ketens mit Aldehydacetalen und mit Triäthylorthoformiat.* 1. Mitt. Vff. ermitteln die Bedingungen der vorst. genannten Rk.; als Universalkatalysator erwies sich Bortrifluoridätherat (**II**), im Fall des Acetaldehydacetals wirkt jedoch $ZnCl_2$ besser. Die in den A. PP. 2 449471; C. **1949**. II. 952 u. 2 436 286 erwähnten Katalysatoren, Triacetylborat, Triäthylborat, H_2SO_4, H_3BO_3 bewährten sich schlecht. Die Ketale reagieren unter den gleichen Bedingungen nicht mit Keten. Ein Reaktionsmechanismus wird vorgeschlagen.

V e r s u c h e: *Keten* (**I**) wurde durch Pyrolyse des Acetons in einer eingehend beschriebenen App. (30—40%) oder mittels einer Ketenlampe (30—50%, 0,2—0,3 Mol/Std.) erzeugt. — *β-Methoxypropionsäuremethylester*, $C_5H_{10}O_3$, Kp.$_{13}$ 43—45°, aus Formal, **I** u. **II** durch 24std. Stehen; 80% (Ausbeute). — *β-Äthoxybuttersäureäthylester*, $C_8H_{16}O_3$, Kp.$_{13}$ 60—65°, aus Acetaldehyddiäthylacetal, **I** u. $ZnCl_2$; 70%. — *β-Äthoxy-β-phenylpropionsäureäthylester*, $C_{13}H_{18}O_3$, Kp.$_{15}$ 140—144°, aus Benzaldehyddiäthylacetal, **I** in Ae. u. **II**; 32%. — *β-Methoxy-γ-phenylbuttersäuremethylester*, $C_{12}H_{16}O_3$, Kp.$_{17}$ 145—147°, aus Phenylacetaldehyddimethylacetal, **I** u. $ZnCl_2$; 30%. — *β.β-Diäthoxypropionsäureäthylester*, $C_9H_{18}O_4$, Kp.$_{13}$ 92—93°, aus Triäthylorthoformiat, **I** u. $ZnCl_2$; 92%. — *β-Äthoxyglutarsäurediäthylester*, $C_{11}H_{20}O_5$, Kp.$_1$ 96—97°, aus vorst. Verb., **I** u. **II** in Anisol durch Stehen über Nacht bei —30°; 22%. (Chem. Listy **47**. 413—17. März 1953. Praha, Čs. akad. věd, Ústav organ. chem., Oddělení organ. synth. [Orig.: tschech.])

J. KOVÁŘ/Prag. 800

Jiří Smrt und **František Šorm,** *Die Reaktion des Ketens mit Blausäure.* 2. Mitt. (1. vgl. vorst. Ref.) Bei der Rk. des Ketens mit HCN entsteht *α-Acetoxyacrylonitril* (I) u. *α-Acetoxy-α-methylmalodinitril* (II). Die Zus. des Prod. wird durch den Katalysator u. die Temp. beeinflußt. Steigende Tempp. begünstigen die Bldg. von II. Die Ausbeuten betrugen (Katalysator, Temp.; I u. II in %): Diäthylamin, -60^0; 61,5; 8. 0^0; 25; 10. Triäthanolamin, -60^0; 32; 29. -5^0; 0; 95. Triäthylamin, -60^0; 30; 18. Dimethylanilin, -60^0; 71; 8. -20^0; 31; 10. 0^0; 9; 40. Pyridin, -60^0; 11; 10. Natriumäthylat, -60^0; 54; 15. Kaliumacetat, -70^0; 31; 20. Zur Konstitutionsermittlung des I wurde dieses durch Behandeln mit HBr, Verseifen u. Verestern in *α-Oxy-β-brompropionsäureäthylester* übergeführt. I reagiert mit Br_2 unter Entstehung einer *Verb.* der Zus. *C_3H_2ONBr*, ist gegen W. u. A. beständig, reagiert jedoch mit Aminen heftig unter Acetylierung.

V e r s u c h e: *α-Acetoxyacrylonitril* (I), $C_5H_5O_2N$, Kp.$_{13}$ 62—64^0, aus HCN u. Keten in Ae. mit Diäthylamin bei -60^0 (4 Std.). — *α-Acetoxy-α-methylmalodinitril* (II), F. 70^0, Kp.$_{13}$ 105—107^0, aus HCN und Keten in Ae., Acetanhydrid u. Triäthanolamin bei -5^0 (4 Std.). — *α-Acetoxy-β-brompropionitril*, $C_5H_6O_2NBr$, Kp.$_{13}$ 106^0, n_D^{20} 1,4798, aus II u. HBr in Eisessig durch 6 Std. Erhitzen; 57% (Ausbeute). — *α-Oxy-β-brompropionsäureäthylester*, $C_5H_9O_3Br$, F. 41^0, Kp.$_{19}$ 97^0, aus vorst. Verb. durch 4std. Kochen mit wss. HBr, Abdampfen u. Verestern mit A. in Bzl. u. Sulfosalicylsäure; 50%. — *Acetylpiperidin*, Kp.$_{17}$ 106^0, aus 0,05 Mol I u. 0,1 Mol Piperidin in Ae. unter Kühlung; 93%. — Durch Einw. von Benzoylperoxyd polymerisiert I zu einem glasartigen Polymeren. (Chem. Listy **48.** 217—20. Febr. 1954. [Orig.: tschech.]) J. KOVÁŘ/Prag. 800

Jiří Beránek, Jiří Smrt und **František Šorm,** *Reaktionen des Ketens.* 3. Mitt. *Über die Reaktion des Ketens mit Säurechloriden.* (2. vgl. vorst. Ref.; 4. vgl. C. **1955.** 6958.) Vff. erhielten bei der Rk. des Ketens (I) mit negativ substituierten Säurechloriden Verbb., die mit A. die entsprechenden *Acetessigsäureäthylester* liefern. Der Einfl. der Temp. wurde untersucht. Die Rk. wird weder von sauren, noch von alkal. Katalysatoren beeinflußt. In 2 Fällen entstanden als Nebenprodd. *Derivv.* des *γ-Pyronons-(2)*. Phosgen u. Chlorameisensäureester reagieren nicht.

V e r s u c h e: *Acetondicarbonsäurediäthylester*, $C_9H_{14}O_5$, Kp.$_{0,5}$ 92^0, aus I u. Malonylchlorid in Chlf. bei -5 bis 0^0 ($3^1/_2$ Std.) u. Behandeln mit A.; n_D^{20} 1,4420, D.$^{20}_4$ 1,113; 90% (Ausbeute). *Semicarbazon*, F. 96^0. — *γ.γ.γ-Trichloracetessigsäureäthylester*, $C_6H_7O_3Cl_3$, Kp.$_9$ 100—102^0, aus Trichloracetylchlorid u. I in Chlf. (3 Std. bei 15^0) u. Einw. von A.; 19%. *Methylester*, $C_5H_5O_3Cl_3$, Kp.$_{12}$ 96—98^0, ebenso bei -5 bis 0^0 mit Methylalkohol; 5%. — *6-Trichlormethyl-γ-pyronon-(2)* (II; *6-Trichlormethyl-2.4-dioxo-2.3-dihydropyran*), $C_6H_3O_3Cl_3$, F. 191^0 (Zers.; aus Bzl.-A.), neben beiden vorst. Verbb.; 25 bzw. 18%. — *5.5.5-Trichlor-2.4-dioxopentancarbonsäurechlorid*, $C_6H_4O_3Cl_4$ (?), F. 67 bis 72^0, ebenso, aber ohne A.; geht durch Erwärmen in II über. — *Oxalessigsäurediäthylester*, $C_8H_{12}O_5$, Kp.$_{0,9}$ 83^0, aus Oxalylchlorid u. I in Chlf. ($1^1/_2$ Std. bei 60—65^0) u. A.; D.$^{20}_4$ 1,1324; n_D^{20} 1,4535; 44%. — *6-Carbäthoxy-γ-pyronon-(2)*, $C_8H_8O_5$, F. 165^0 (Bzl.-A.), aus Oxalsäureäthylesterchlorid u. I in Chlf. bei 15^0 u. Einw. von A.; 12%, neben 29% vorst. Verbindung. — *γ.γ-Dichloracetessigsäureäthylester*, $C_6H_8O_3Cl_2$, Kp.$_{11}$ 104—105^0, durch Einleiten des I in eine sd. Lsg. von Dichloracetylchlorid in Chlf. u. Einw. von A.; 13%. — *β.γ-Dioxovaleriansäureäthylester*, $C_7H_{10}O_4$, Kp.$_{10}$ 74—75^0, ebenso aus Brenztraubensäurechlorid; 15,4%. — *γ-Phenylacetessigsäureäthylester*, $C_{12}H_{14}O_3$, Kp.$_{11}$ 144^0, aus Phenylacetylchlorid u. I in sd. Chlorbenzol; 10%. (Chem. Listy **48.** 679—84. Mai 1954. [Orig.: tschech.]; Collect. czechoslov. chem. Commun. **19.** 1231—37. Dez. 1954. [Orig.: deutsch.]) J. KOVÁŘ/Prag. 800

K. I. Iwanow, I. W. Chwosstow und **K. P. Grinewitsch,** *Über Acylperoxyde. Dicaprinylperoxyd.* Durch Zutropfen von 10,2 g Caprinsäurechlorid zur energ. gerührten Mischung von 35 ml 3%ig. H_2O_2 u. 44 ml 5%ig. NaOH bei Zimmertemp. u. 24std. Einw. erhält man *Dicaprinylperoxyd* (*Didecanoylperoxyd*), $C_{20}H_{38}O_4$, F. 41^0 (A.); 5,6 g Ausbeute. (Журнал Общей Химии [J. allg. Chem.] **22** (**84**). 2126—28. Dez. 1952.) H. SCHMEISS. 810

Joginder Lal und **Richard Green,** *Darstellung einiger Ester der Methacrylsäure.* Vff. beschreiben einige neue *Ester* der *Methacrylsäure* (I), die durch direkte Esterifizierung von prim. u. sek. Alkoholen mit I bzw. durch Umsetzen von Methacrylsäurechlorid (II) mit tert. Alkoholen oder Phenolen gewonnen wurden. Fl. Methacrylsäureester lieferten beim Vermischen mit Methylpolymethacrylaten *Weichharze*, welche sich in einem durch Redoxmittel aktivierten Syst. langsam polymerisierten.

V e r s u c h e: *Methacrylsäurechlorid* (II), C_4H_5OCl, Kp.$_{772}$ 98,4^0, aus I u. $SOCl_2$ in Ggw. von CuCl; n_D^{25} 1,4405; 58—70% (Ausbeute). — M e t h a c r y l a t e, a) durch Kochen von I mit dem Alkohol in Bzl. oder Heptan unter Wasserabscheidung in Ggw. von Hydrochinon + N.N'-Di-β-naphthyl-p-phenylendiamin (als Inhibitor) u. p-Toluolsulfonsäure (als Katalysator); b) durch Zutropfen von **II** zum Alkohol bzw. Phenol u. verd. NaOH bei 0—5°: *4-Isopropylcyclohexyl-*, $C_{13}H_{22}O_2$, Kp.$_{0,7}$ 82—83°, nach a); n_D^{25} 1,4594, D^{25}_4 0,9371; 22%. — *4-tert.-Butylcyclohexyl-*, $C_{14}H_{24}O_2$, F. 30,5—31°, Kp.$_{1,7}$ 98—99°, a) n_D^{25} 1,4626; 42%. — *Tetrahydropyranyl-(2)-methyl-*, $C_{10}H_{16}O_3$, Kp.$_{2,7}$ 93°, a) n_D^{25} 1,4598, D^{25}_4 1,0237; 68%. — *Diisobutylmethyl-*, $C_{13}H_{24}O_2$, Kp.$_{12}$ 97°, a); n_D^{25} 1,4298, D^{25}_4 0,8608; 73%. — *1.1-Dimethyl-3-oxobutyl-*, $C_{10}H_{16}O_3$, Kp.$_1$ 60—61°, b); n_D^{25} 1,4400, D^{25}_4 0,9747; 36%. — *p-Phenylendi-*, $C_{14}H_{14}O_4$, F. 91—92°, b); 60%. — *Pyridyl-(2)-methyl-*, $C_{10}H_{11}O_2N$, Kp.$_{1,5}$ 96°, b); n_D^{25} 1,5115; 40%. — *Bis-4-methacryloxyphenylketon*, $C_{21}H_{18}O_5$, F. 112—112,5°, b); 30%. — *Bis-4-methacryloxyphenylsulfon*, $C_{20}H_{18}O_6S$, polymerisiert sich bei 100°, ohne zu schm., b); 43%. — *Äthylmethacrylthiolat*, $C_6H_{10}OS$, Kp.$_{43}$ 75°, b); n_D^{25} 1,4857; 66,6%. — *Phenylmethacrylthiolat*, $C_{10}H_{10}OS$, Kp.$_1$ 93°, b); n_D^{25} 1,5740; 68%. (J. org. Chemistry **20**. 1030—33. Aug. 1955. Philadelphia, Pa., H. D. Justi & Son, Inc., Polymer. Res. Dep.) B. GÖRLICH. 810

Alfred P. Collins und **Gail A. Wiese**, *Synthese und Untersuchung einiger Äthylen-bis-dithiocarbaminsäureester als Fungicide.* Durch Kondensation des Di-Na-Salzes der Äthylen-bis-dithiocarbaminsäure mit den entsprechenden Alkylhalogeniden wurden neue *Ester* dargestellt, die im Vgl. mit Undecylensäure gegen *M. audouini*, *A. schoenleinii*, *M. lanosum*, *M. gypseum* u. *T. rubrum* getestet wurden. Dabei war der *Diallylester* in allen Fällen der Undecylensäure überlegen, die *Bis-2-oxyäthyl-*, *Bis-3-oxypropyl-* u. *Di-n-propylester* gleich u. der *Dibenzylester* weniger wirksam.

Versuche: *Äthylen-bis-dithiocarbaminsäure, Di-Na-Salz*, a) aus Äthylendiamin in wss. NaOH mit CS_2 (3 Std. bei 30°), Verwendung als Lsg. (**a**); b) aus Äthylendiamin in absol. A. mit wss. NaOH u. CS_2 (2½ Std. bei 30°), Verwendung als mit A. u. Ae. gewaschener Nd. (**b**). *Bis-2-oxyäthylester*, $C_8H_{16}O_2N_2S_4$, F. 71—73° (A.-W.), aus **a** mit Äthylenchlorhydrin (3½ Std. bei 30—40°); 56% (Ausbeute). *Bis-3-oxypropylester*, $C_{10}H_{20}O_2N_2S_4$, viscoses Öl, aus **a** mit Trimethylenchlorhydrin; 45%. *Di-n-propylester*, $C_{10}H_{20}N_2S_4$, F. 44—46° (Ae.), aus **a** mit n-Propylbromid; 51,4%. *Diallylester*, $C_{10}H_{16}N_2S_4$, hellgelbes, viscoses Öl mit Knoblauchgeruch, aus **b** in W. mit Allylchlorid; 86%. *Dibenzylester*, $C_{18}H_{20}N_2S_4$, F. 114—116° (Aceton-W.), aus **b** mit Benzylchlorid; 76,5%. (J. Amer. pharmac. Assoc., sci. Edit. **44**. 310—13. Mai 1955. Iowa. City, Io., State Univ., Coll. of Pharm.) E. FRESE. 880

J. Staněk und **V. Letovský**, *Über die bis-quaternären Ammoniumsalze vom Typ des Zephirols.* Drei neue bis-quaternäre Ammoniumsalze vom Typ des Zephirols werden dargestellt, u. zwar *Polymethylen-bis-[dimethylbenzylammoniumbromid]* mit 8, 9 u. 10 Methylengruppen. Als Ausgangsmaterial dienten Kork-, Azelain- u. Sebacinsäure, deren Ester nach BOUVEAULT-BLANC zu den entsprechenden Glykolen red. u. dann in α.ω-Dibromide übergeführt wurden. Die Kondensation mit Dimethylbenzylamin (I) lieferte daraus die neuen Verbindungen.

Versuche: *Oktamethylen-bis-[dimethylbenzylammoniumbromid]*, $C_{26}H_{42}N_2Br_2$, F. 230°, aus 1.8-Dibromoctan u. **I**; 88%. — *Nonamethylen-bis-[dimethylbenzylammoniumbromid]*, $C_{27}H_{44}N_2Br_2$, F. 190°, aus 1.9-Dibromnonan u. **I**; 88%: — *Dekamethylen-bis-[dimethylbenzylammoniumbromid]*, $C_{28}H_{46}N_2Br_2$, F. 202°, aus 1.10-Dibromdecan u. **I**; 88%. (Collect. Trav. chim. Tchécoslov. **15**. 406—11. 1950. Prag, Karls-Univ. [Orig.: tschech.]) S. SEIDE. 910

I. L. Knunjanz und **W. W. Schokina**, *Neue Darstellungsmethode für Serin.* Es wird durch Anlagerung von HBr an α-Phenacetylaminoacrylsäure (**I**) *α-Phenacetylamino-β-brompropionsäure* dargestellt, die beim Kochen mit verd. HBr in Serinhydrobromid übergeht, woraus *Serin* mit NH_4OH gewonnen wird. Analog verläuft die Darst. von Serin aus α-Benzoylaminoacrylsäure über *α-Benzoylamino-β-brompropionsäure* (**II**) durch Hydrolyse mit 20%ig. HCl. Wird mit Säure geringerer Konz. hydrolysiert, so entsteht *O-Benzoylserin*, vermutlich über das sich intermediär bildende 2-Phenyl-4-carboxyoxazolin.

Versuche: *α-Phenacetylamino-β-brompropionsäure*, $C_{11}H_{12}O_3NBr$, F. 163° (Äthylacetat); man gibt zu 70 ml mit HBr gesätt. Eisessig 20,5 g **I**, läßt über Nacht stehen u. gießt in Eiswasser; 25,7 g (Ausbeute). — *Serin*, $C_3H_7O_3N$, F. 230° (W.; Zers.); a) man erwärmt 50 g vorst. Verb. in 300 ml W. mit 1 ml 40%ig. HBr bis zur Lsg. auf dem Wasserbad u. 3 Std. zum Sd., äthert aus (Entfernen von Phenylessigsäure), dampft ein, löst den Rückstand in 60 ml 80%ig. A. u. gibt NH_4OH hinzu; 78,5%; b) durch 2std. Kochen von **II** mit 20%ig. HCl; 70,6%. — *α-Benzoylamino-β-brompropionsäure* (**II**), $C_{10}H_{10}O_3$·NBr, F. 136—137° (Äthylacetat; Zers.); 66%. — *N-Phenacetylserin*, F. 130—131°; aus Serin nach SCHOTTEN-BAUMANN. — *O-Benzoylserin*, $C_{10}H_{11}O_4N$, F. 150°; analog Vorst. aus **II** nach a); 75%. (Журнал Общей Химии [J. allg. Chem.] **25** (**87**). 1228 bis 1231. Juni 1955. Inst. für organ. Chem. der Akad. der Wiss. der UdSSR.)

O. POLLAK V. EMHOFEN. 950

Václav Chvalovský und **Vladimír Bažant**, *Organosiliciumverbindungen.* 1. Mitt. *Spaltung von Arylverbindungen des Siliciums mit Salpetersäure.* Vff. geben eine Meth. für die selektive Abspaltung von Arylgruppen in Arylalkylsilanen u. Arylalkylsiloxanen an. Die Meth. ist für die semiquantitative Best. von Arylgruppen in monomeren u. polymeren Silanen anwendbar. Bei der Abspaltung entstehen Nitroderivv., die die Nitrogruppe am vorher am Si-Atom gebundenen C-Atom enthalten; daher kann auch die Lage der Substituenten im aromat. Kern bestimmt werden. Die Spaltung wird mit 71%ig. Salpetersäure in sd. Acetanhydrid durchgeführt. Zur völligen Abspaltung der Arylgruppen reichen in allen Arylsiliciumderivv. u. Siliconpolymeren 7 Std. aus. Die Ausbeuten (bezogen auf die Nitroderivv. betragen 70—95%. Mittels der GRIGNARDschen Synth. wurden folgende Silane dargestellt: *Phenyltrichlorsilan*, $C_6H_5SiCl_3$, Kp.$_{748}$ 200—202°, D.$^{20}{}_4$ 1,3256, $n_D{}^{20}$ 1,5243. — *Diphenyldichlorsilan*, $(C_6H_5)_2SiCl_2$, Kp.$_{747}$ 303—305°. — *p-Fluorphenyltrichlorsilan*, p-$FC_6H_4SiCl_3$, Kp.$_{738}$ 194,5—196,5°. — *Bis-[p-fluorphenyl]-dichlorsilan*, (p-$FC_6H_4)_2SiCl_2$, Kp.$_{738}$ 293—294, Kp.$_{29}$ 175°. — *p-Chlorphenyltrichlorsilan*, p-$ClC_6H_4SiCl_3$, Kp.$_{744}$ 240,5—245,5°, Kp.$_{35}$ 119—120°. — *Bis-[p-chlorphenyl]-dichlorsilan*, (p-$ClC_6H_4)_2SiCl_2$, Kp.$_{744}$ 364,5 bis 367,5°, Kp.$_{36}$ 342°, F. 71,2°. — *p-Bromphenyltrichlorsilan*, p-$BrC_6H_4SiCl_3$, Kp.$_{744}$ 264,5—265,5°, Kp.$_{30}$ 140—141°. — *Bis-[p-bromphenyldichlorsilan]*, (p-$BrC_6H_4)_2SiCl_2$, Kp.$_{24}$ 241—244°, Kp.$_{739,4}$ 389—397°, F. 87—88°. — *m-Tolyltrichlorsilan*, m-$CH_3C_6H_4SiCl_3$, Kp.$_{48}$ 126°. — *Phenyltrimethylsilan*, $C_6H_5Si(CH_3)_3$, Kp.$_{745}$ 171—171,5°, D.$^{20}{}_4$ 0,8692, $n_D{}^{20}$ 1,4904. — *Diphenyldimethylsilan*, $(C_6H_5)_2Si(CH_3)_2$, Kp.$_{45}$ 173°, Kp.$_{740}$ 276—276,5°, D.$^{20}{}_4$ 0,9867, $n_D{}^{20}$ 1,5226. — *p-Fluorphenyltrimethylsilan*, p-$FC_6H_4Si(CH_3)_3$, Kp.$_{745}$ 170 bis 171°, D.$^{20}{}_4$ 0,9656, $n_D{}^{20}$ 1,4751. — *Bis-[p-fluorphenyl]-dimethylsilan*, (p-$FC_6H_4)_2$·$Si(CH_3)_2$, Kp.$_{60}$ 184—185°, Kp.$_{739,9}$ 274°, D.$^{20}{}_4$ 1,1121, $n_D{}^{20}$ 1,5331. — *p-Chlorphenyltrimethylsilan*, p-$ClC_6H_4Si(CH_3)_3$, Kp.$_{43}$ 116,5°, Kp.$_{737}$ 209°, D.$^{20}{}_4$ 1,0022, $n_D{}^{20}$ 1,5097. — *Bis-[p-chlorphenyl]-dimethylsilan*, (p-$ClC_6H_4)_2Si(CH_3)_2$, Kp.$_{39}$ 225—228°, Kp.$_{740}$ 334 bis 336°, F. 47°. — *p-Bromphenyltrimethylsilan*, p-$BrC_6H_4Si(CH_3)_3$, Kp.$_{128}$ 157—159°, Kp.$_{725,2}$ 231—233°, D.$^{20}{}_4$ 1,2152, $n_D{}^{20}$ 1,5238. — *Bis-[p-bromphenyl]-dimethylsilan*, (p-$BrC_6H_4)_2Si(CH_3)_2$, Kp.$_{739,4}$ 363,5—367,5°, F. 74°. — *m-Tolyltrimethylsilan*, m-CH_3·$C_6H_4Si(CH_3)_3$, Kp.$_{725,2}$ 189—190°, D.$^{20}{}_4$ 0,8783, $n_D{}^{20}$ 1,4946. Außerdem werden folgende Siliconpolymere dargestellt: $[(C_6H_5)_{0,7}(CH_3)_{1,3}SiO]_n$, Kp. >200°, F. —48°, D.$^{20}{}_4$ 1,081, $n_D{}^{24}$ 1,5159; η_{20} 60,44 cSt. — $[(p\text{-}FC_6H_4)_{0,5}(CH_3)_{1,6}SiO_{0,95}]_n$, Kp.$_{760}$ >200°, F. —70°, D.$^{20}{}_4$ 1,1120, $n_D{}^{18}$ 1,4892; η 28,67 cSt. (Chem. Listy **46**. 158—63. 1952. Praha, Ústřední ústav chemický. [Orig.: tschech.]; collect. czechoslov. chem. Commun. **16**. 580—90. 1951. [Orig.: engl.]) K. SETÍNEK/Prag. 980

Jiří Rathouský, Václav Chvalovský und **Vladimír Bažant**, *Organosiliciumverbindungen.* 2. Mitt. *Darstellung von Methyläthoxysilanen und Methylpolysiloxanen aus Chloräthoxysilanen.* (1. vgl. vorst. Ref.) Die Darst. von Methyläthoxysilanen aus Chloräthoxysilanen u. CH_3MgCl hat einige Vorteile im Vgl. mit Methoden, die entweder vom $SiCl_4$ oder $Si(OC_2H_5)_4$ u. CH_3MgCl ausgehen. Es ist festgestellt worden, daß bei der Umsetzung der Chloratome der Chloräthoxysilane ein 5%ig. Überschuß an GRIGNARD-Reagens zur völligen Methylierung genügt. Bei größerem Überschuß findet Substitution der Äthoxygruppen statt. Durch Methylierung des in einem Falle isolierten Chloräthoxysilans konnte eine Ausbeute von 60—70% an *Methyläthoxysilan* festgestellt werden. Die selektive Methylierung des Gemisches von Chloräthoxysilanen ermöglicht die Darst. von Methylsilicon-Fll. von verschied. Struktur u. Zahl der Siloxaneinheiten. Die Resultate sind bis zu 15 Siliciumatomen in der Siloxankette reproduzierbar.

Versuche: *Trichloräthoxysilan* (**I**), $Cl_3SiOC_2H_5$, Kp. 102—105°, u. *Dichlordiäthoxysilan* (**II**), $Cl_2Si(OC_2H_5)_2$, Kp.133—136°, aus $SiCl_4$ u. absol. Alkohol. — *Trimethyläthoxysilan*, $(CH_3)_3SiOC_2H_5$, Kp. 73—78°, u. *Dimethyldiäthoxysilan*, $(CH_3)_2Si(OC_2H_5)_2$, Kp. 109—112, aus **I** bzw. **II** u. CH_3MgCl. — *Hexamethyldisiloxan* (**III**), $[(CH_3)_3Si]_2O$, Kp. 98—101°, aus **I** u. CH_3MgCl; 87,6% (Ausbeute). — *Tetrakis-[trimethylsiloxy]-silan*, $[(CH_3)_3SiO]_4Si$, Kp. 217—218,5°, D.$^{20}{}_{20}$ 0,879, $n_D{}^{20}$ 1,3871; 50%, daneben **III**. (Chem. Listy **47**. 1387—93. 1953. [Orig.: tschech.]) K. SETÍNEK/Prag. 980

Jiří Rathouský, Vladimír Bažant und **František Šorm**, *Organosiliciumverbindungen.* 3. Mitt. *Vergleich der Reaktivitäten der Alkoxysilane mit Grignardschem Reagens.* (2. vgl. vorst. Ref.) Bei der Unters. der Reaktionsfähigkeit der an Si gebundenen Alkoxygruppen mit CH_3MgCl wurde festgestellt, daß diese in der Reihe der Äthoxy-, n-Propoxy-, Isopropoxy-, n-Butoxy-, Isobutoxy-, sek.-Butoxy- u. tert.-Butoxygruppe mit steigendem Mol.-Gew. sinkt. Die sek.- u. tert.-Butoxygruppe reagiert auch nicht bei Anwendung eines Überschusses an CH_3MgCl. Die mangelnde Reaktivität der verzweigten Butoxygruppen ist durch ster. Hinderung dieser Gruppen verursacht. Bei der Methylierung von Methylalkoxysilanen oder Chloralkoxysilanen ist unter den angewandten Reaktionsbedingungen die letzte Alkoxygruppe gegenüber CH_3MgCl stabil. Diese Faktoren ermöglichen die Darst. einiger wichtiger Typen von Methylpolysiloxanen ohne Isolierung der reinen Monomeren.

Versuche: Aus $SiCl_4$ u. dem entsprechenden Alkohol wurden dargestellt: *Trichlorpropoxysilan*, $Cl_3SiOC_3H_7$, Kp. 125°; 50,2% (Ausbeute). — *Trichlorbutoxysilan*, $Cl_3SiOC_4H_9$, $Kp._{110}$ 87—92°. — *Dichlordibutoxysilan*, $Cl_2Si(OC_4H_9)_2$, $Kp._{110}$ 140—150°. — *Methyldichlorbutoxysilan*, $CH_3Cl_2SiOC_4H_9$, Kp. 146—147,5°. — *Methylchlordibutoxysilan*, $CH_3ClSi(OC_4H_9)_2$, $Kp._{22}$ 98—99°. — *Methylchlordi-sek.-butoxysilan*, CH_3ClSi (sek.-$OC_4H_9)_2$, $Kp._{15}$ 75—76°; 76,5%. — *Methyltriäthoxysilan*, $CH_3Si(OC_2H_5)_3$, Kp. 140—145°, n_D^{20} 1,3821; 68,2%. — *Methyltripropoxysilan*, $CH_3Si(OC_3H_7)_3$, Kp. 192°, n_D^{21} 1,3977; 60,9%. — *Methyltriisopropoxysilan*, $CH_3Si(iso\text{-}OC_3H_7)_3$, Kp. 161—162°, n_D^{22} 1,3846; 53,8%. — *Methyltributoxysilan*, $CH_3Si(OC_4H_9)_3$, $Kp._{15}$ 120°, n_D^{21} 1,4083; 81,8%. — *Methyltriisobutoxysilan*, $CH_3Si(iso\text{-}OC_4H_9)_3$, Kp. 214—216°, n_D^{22} 1,4040; 78,6%. — *Methyltri-sek.-butoxysilan*, $CH_3Si(sek.\text{-}OC_4H_9)_3$, Kp. 213—215°, n_D^{23} 1,4050; 67,8%. — *Methyltri-tert.-butoxysilan*, $CH_3Si(tert.\text{-}OC_4H_9)_3$, Kp. 192—195°, n_D^{21} 1,3972; 58,3%. — Bei der Methylierung von $CH_3Si(iso\text{-}OC_4H_9)_3$ wurde nach Hydrolyse ein azeotrop. Gemisch aus *Hexamethyldisiloxan* (79,41%) u. *Isobutanol* (20,59%) vom Kp. 89—90° (n_D^{19} 1,3830) erhalten. (Chem. Listy **48.** 1197—1204. 1954. [Orig.: tschech]; Collect. czechoslov. chem. Commun. **20.** 72—81. Febr. 1955. [Orig.: deutsch.])

K. SETÍNEK/Prag. 980

A. N. Pudowik und **N. M. Lebedewa,** *Anlagerung von Phosphonessigsäureester und seinen Homologen an ungesättigte elektrophile Reagentien.* Diäthylphosphonessigsäureäthylester (I) reagiert mit ungesätt. elektrophilen Verbb., wie Acrylsäurenitril (II), Acrylsäuremethylester (III), Methacrylsäuremethylester (IV), Maleinsäuredimethylester (V), Zimtsäureäthylester (VI), Benzalaceton (VII) u. Furfuralaceton (VIII), in Ggw. von C_2H_5ONa in A. unter Anlagerung an die Doppelbindung. Mit Mesityloxyd erfolgt sogar bei 250° keine Reaktion. Analoge Anlagerungsprodd. entstehen aus α-Diäthylphosphon-α-[n-butyl]-essigsäureäthylester (**IX**) u. α-Diäthylphosphon-α-methylessigsäureäthylester. Alle erhaltenen Verbb. sind dicke, oberflächenakt. Flüssigkeiten.

Versuche: *α-Diäthylphosphon-α-[β'-cyanäthyl]-essigsäureäthylester*, $C_{11}H_{20}O_5NP$, $Kp._4$ 185—186°; man tropft unter Kühlung mit W. gesätt. C_2H_5ONa-Lsg. zu 7,5 g **I** u. 3,45 g **II** in 20 ml A. u. fraktioniert; $D._4^{20}$ 1,1065; n_D^{20} 1,4470; 2,5 g (Ausbeute), neben 3 g nachst. Verbindung. — *α-Diäthylphosphon-α.α-di-[β'-cyanäthyl]-essigsäureäthylester*, $C_{14}H_{23}O_5N_2P$, $Kp._5$ 230—231°; $D._4^{20}$ 1,1307; n_D^{20} 1,4580. — *α-Diäthylphosphonglutarsäuremethylesteräthylester*, $C_{12}H_{23}O_7P$, $Kp._4$ 209°; aus 10,4 g **I** u. 4 g **III** auf Zusatz von 10 Tropfen C_2H_5ONa-Lsg.; $D._4^{20}$ 1,1474; n_D^{20} 1,4510; 5,85 g. — *α'-Diäthylphosphon-α-methylglutarsäuremethylesteräthylester*, $C_{13}H_{25}O_7P$, $Kp._{13}$ 199—201°; aus 13,12 g **I** u. 6,7 g **IV** in Ggw. von C_2H_5ONa-Lsg. beim Erhitzen auf dem Wasserbad; $D._4^{20}$ 1,1172; n_D^{20} 1,4450; 7,69 g. — *α-Diäthylphosphon-β-phenylglutarsäurediäthylester*, $C_{19}H_{29}O_7P$, $Kp._2$ 190—192°; aus 7 g **I** u. 5 g **VI** + 1 ml C_2H_5ONa-Lsg., 5 Std. auf dem sd. Wasserbad; $D._4^{20}$ 1,1272; n_D^{20} 1,4740; 3 g. — *α-Diäthylphosphon-α.β.γ-propantricarbonsäuredimethylesteräthylester*, $C_{14}H_{25}O_9P$, $Kp._3$ 173—175°; aus 8,2 g **I** u. 5,9 g **V** + 2 ml C_2H_5·ONa-Lsg. bei 2std. Erhitzen auf dem Wasserbad; $D._4^{20}$ 1,1730; n_D^{20} 1,4395; 1,7 g. — *α-Diäthylphosphon-β-phenyl-γ-acetobuttersäureäthylester*, $C_{18}H_{27}O_6P$, $Kp._6$ 207—210°; aus 10 g **I** u. 6,6 g **VII** + C_2H_5ONa-Lsg. bei kurzem Erhitzen auf dem Wasserbad; $D._4^{20}$ 1,1356; n_D^{20} 1,5019; 8 g. — *α-Diäthylphosphon-β-furyl-γ-acetobuttersäureäthylester*, $C_{16}H_{25}O_7P$, $Kp._3$ 138—139°; aus 10 g **I** u. 5 g **VIII** + 2 ml C_2H_5ONa-Lsg., 10 Std. im Rohr bei 130—135°; braune Fl., deren Dampf gelb ist; $D._4^{20}$ 1,109; n_D^{20} 1,4490; 1,5 g neben viel wiedergewonnenem Ausgangsmaterial. — *α-Diäthylphosphon-α-[n-butyl]-essigsäureäthylester* (**IX**), $C_{12}H_{25}O_5P$, $Kp._9$ 154—156°; aus der Na-Verb. von **I** (35 g **I**; 3,4 g Na; 150 ml Ae.) u. 24 g n-C_4H_9Br bei 2½ std. Erwärmen; $D._4^{20}$ 1,0406; n_D^{20} 1,4360; 21,2 g. — *α-Diäthylphosphon-α-[β'-cyanäthyl]-capronsäureäthylester*, $C_{15}H_{28}O_5NP$, $Kp._2$ 186—187°; aus 6 g **IX** u. 1,5 g **II** + 4 Tropfen C_2H_5ONa-Lsg., anfangs unter Kühlung mit Schnee, dann ½ Std. bei Zimmertemp.; $D._4^{20}$ 1,0641; n_D^{20} 1,4500; 5 g. — *α-Diäthylphosphon-α-[β'-cyanäthyl]-propionsäureäthylester* (im Original irrtümlich -essigsäureäthylester; der Referent), $C_{12}H_{22}O_5NP$, $Kp._5$ 176—178°; aus 5 g α-Diäthylphosphon-α-methylessigsäureäthylester u. 3 g **II**; $D._4^{20}$ 1,0960; n_D^{20} 1,4430; 3,6 g. — *α-Diäthylphosphon-α-[n-butyl]-glutarsäuremethylesteräthylester*, $C_{16}H_{31}O_7P$, $Kp._3$ 179—181°; aus 7 g **IX** u. 2 g **III**; $D._4^{20}$ 1,1002; n_D^{20} 1,4510; 7,2 g. — *α'-Diäthylphosphon-α-methyl-α'-[n-butyl]-glutarsäuremethylesteräthylester*, $C_{17}H_{33}O_7P$, $Kp._2$ 169—170°; aus 4 g **IX** u. 1,5 g **IV**; $D._4^{20}$ 1,0818; n_D^{20} 1,4490; 4,2 g. (Журнал Общей Химии [J. allg. Chem.] **22** (**84**). 2128—32. Dez. 1952. Kasan, Uljanow-Lenin-Univ.)

H. SCHMEISS. 980

Norbert Kreutzkamp, *Über Carbonyl- und Cyanphosphonsäureester.* 1. Mitt. *Darstellung von Phosphonoacetessigester und -malonester durch Acylierungsreaktionen.* Bei der

Umsetzung des Äthoxy-Mg-Salzes von Phosphonoessigsäuretriäthylester (I) mit Acetylchlorid (II) erhielt Vf. *α-Diäthylphosphonoacetessigsäureäthylester* (III), mit Chlorameisensäureäthylester (IV) *Diäthylphosphonomalonsäurediäthylester* (V). Die Alkalisalze von I lieferten mit Säurechloriden uneinheitliche Reaktionsprodd., da die intermediär gebildeten u. in kleiner Menge isolierten *C-Acylverbb.* größtenteils mit den Säurechloriden zu Verbb. weiterreagierten, die auch im Hochvakuum nicht unzers. destillierbar waren. III u. V konnten auch durch Acylierung von Acetessigsäureäthylester (VI) bzw. Malonsäurediäthylester mit Phosphorsäurediäthylesterchlorid (VII) erhalten werden.

Versuche: *α-Diäthylphosphonoacetessigsäureäthylester* (III), $C_{10}H_{19}O_6P$, Kp.$_1$ 129 bis 130°, Kp.$_{1,2}$ 130°, a) aus I in A. mit Mg in Ggw. von CCl_4 (nach Zusatz von Ae. 2 Std. kochen) u. anschließende Behandlung mit II in Ae. (1 Tag stehen); 75% (Ausbeute); b) aus VI u. VII mit $NaNH_2$ in absol. Ae.; 47%; c) aus Acetonphosphonsäurediäthylester u. IV wie unter b); 14%; entfärbt methanol. Br_2, mit methanol. $FeCl_3$ rotstichiggelbe Färbung. — *Diäthylphosphonomalonsäurediäthylester* (V), $C_{11}H_{21}O_7P$, Kp.$_1$ 128—129°, Kp.$_3$ 155°, a) mit IV analog III nach a); 67%; b) aus Äthoxy-Mg-Malonsäurediäthylester (vgl. LUND, Ber. dtsch. chem. Ges. **67.** [1934.] 935) in Ae. mit VII (3 Std. kochen, nach Abdest. des Ae. 2 Std. bei 70—80° u. 1 Tag stehen) 49%. (Chem. Ber. **88.** 195—98. 1955. Marburg/Lahn, Univ., Pharmazeut.-chem. Inst.) J. RICHTER. 980

William Bradley, James Forrest und Oliver Stephenson, *Die katalytische Übertragung des Chlorwasserstoffs von Chlorhydrinen auf Epoxyde. Eine neue Methode zur Darstellung von Glycid und einigen seiner Derivate.* Es wird die Kondensation von Epichlorhydrin (I) mit Phenolen unter Bldg. von *1-Aryloxy-3-chlorpropanolen-(2)* beschrieben. Die Rk. wird durch Basen katalysiert, von denen tert. Amine, wie Pyridin u. Triäthylamin, bes. geeignet sind. Stärker saure Phenole reagieren schneller als schwach saure. Als Nebenprodd. bilden sich *α.γ-Dichlorhydrin* (IV), *Glycerin-α.α'-diaryläther* u. *Glycidaryläther*, u. zwar spalten die Chlorhydrine HCl zu den Glycidaryläthern ab, welche mit den Phenolen weiterreagieren, IV entsteht aus I u. HCl. Unter ähnlichen Bedingungen findet allg. zwischen 1.2- u. 1.3-Chlorhydrinen u. Epoxyden ein Austausch von HCl unter Bldg. neuer *Epoxyde* u. *Chlorhydrine* statt, wobei das Epoxyd mit dem höheren Kp. als HCl-Acceptor dient. Als bes. wirksam erwiesen sich als Katalysatoren bei dieser Rk. quaternäre Ammoniumsalze, die unverändert zurückgewonnen wurden. Auch tert. Amine sind wirksam, sie werden während der Rk. in quaternäre Ammoniumsalze, von denen einige isoliert wurden, übergeführt, u. zwar reagiert das ursprünglich anwesende Epoxyd mit dem Amin unter Bldg. eines inneren Salzes. Das Reaktionsprod. aus Pyridin u. Glycid-β-naphthyläther wurde als *2'-Oxy-3'-β-naphthoxypropylpyridiniumpikrat* isoliert; das entsprechende *Chlorid* war ident. mit der Verb. aus 1-Chlor-3-β-naphthoxypropanol-(2) u. Pyridin. Die katalyt. Wrkg. von Alkalihydroxyden u. -carbonaten beruht wahrscheinlich auf der Freisetzung von Halogenionen aus den Chlorhydrinen.

Versuche: *1-Chlor-3-p-chlorphenoxypropanol-(2)* (II), $C_9H_{10}O_2Cl_2$, Kp.$_1$ 144 bis 148°, a) aus 112 g p-Chlorphenol u. 81 g I in Ggw. von 40%ig. NaOH (45 Tage bei Raumtemp.) u. Ansäuern mit CH_3COOH; 148 g (Ausbeute); b) wie a) in 24 Std. am Rückfluß; 52%; daneben *Glycerin-α.α'-bis-[p-chlorphenyläther]*, $C_{15}H_{14}O_3Cl_2$, F. 89—90° (PAe.), Kp.$_{0,5-1}$ 200—230°; 19 g. — *Glycerin-α.p-chlorphenyläther*, F. 76—78° (CCl_4), durch 5std. Kochen von 22,1 g II mit K_2CO_3 in W.; 19,5 g. — *α.γ-Dichlorhydrin* (IV), Kp. 160—175°, durch Erwärmen von 54 g β-Naphthol u. 23,2 g I in Bzl. bis zur Homogenität; Zugabe von 1 cm³ Pyridin u. 20std. Erhitzen auf 80—90°; 5,8 g. *Phenylurethan*, F. 73° (CH_3OH). — Erwärmen eines Gemisches von 188 g Phenol, 194 g I u. 2 g Pyridin auf 85—90° bis zum Einsetzen der exothermen Rk. u. 12 Std. auf 90° nach deren Beendigung u. fraktionierte Dest. gab 75 g IV [+ NaOH → I (Kp. 117°), + wss.-alkoh. NaOH u. Phenol → *Glycerin-α.α'-diphenyläther* (III; F. 81°)], 4 g *Glycidphenyläther* [V; Kp.$_1$ 89°, + Piperidin → *1-Phenoxy-3-piperidinopropanol-(2)*, $C_{14}H_{21}O_2N$, F. 55° (PAe.)], 175 g *1-Chlor-3-phenoxypropanol-(2)* (VI), 20 g Zwischenfraktion, 60 g III u. 15 g Rückstand. — Die Ausbeuten an *1-Aryloxy-3-chlorpropanolen-(2)* u. *Glycerin-α.α'-diaryläthern* aus Phenol, o-, m- u. p-Kresol, p-Chlor- u. o-Methoxyphenol sowie β-Naphthol u. I in Abhängigkeit von Art u. Menge des Katalysators, Reaktionszeit u. -temp. sind tabellar. angegeben. — *Glycid*, Kp.$_{14}$ 64—65°, a) durch Erhitzen von V u. α-Monochlorhydrin in Ggw. von Pyridinäthojodid (VIII) unter vermindertem Druck u. Abdest.; 96%; daneben V u. VI (90%; VI kann mit NaOH wieder in V verwandelt werden); b) ebenso aus Glycid-o-tolyläther (XI); 92%; daneben *1-Chlor-3-o-tolyloxypropanol-(2)* (X), Kp.$_{10}$ 160—165°; 85%; die Ausbeuten in Ggw. anderer Katalysatoren u. aus Glycid-p-chlorphenyl-(VII) u. -p-tolyläther sowie aus Hydrochinondiglycidäther (IX) sind angegeben. — *1.3-Epoxypropan*, Kp. 47°, durch Erhitzen von Trimethylenbromhydrin u. V in Ggw. von VIII unter Abdest.; 92%. — *1.2-Epoxy-3-[2-oxyäthoxy]-propan*,

$Kp._{0,5}$ 72°, $Kp._2$ 94°, a) durch Dest. von 41,8 g **VII**, 35 g 1-Chlor-3-[2-oxyäthoxy]-propanol-(2) u. 1 cm^3 Triäthylamin unter vermindertem Druck; 21 g; b) ebenso aus Glycid-β-naphthyläther; 90%. — *1-[2-Oxyäthoxy]-3-o-tolyloxypropanol-(2)*, $C_{12}H_{18}O_4$, $Kp._{0,5}$ 175°, aus vorst. Verb. u. o-Kresol in Ggw. von $(C_2H_5)_3N$ in 3 Wochen bei Raumtemp.; 86%. — *2.3-Epoxyisobutanol-(1)*, $Kp._{12}$ 63°, aus **V** u. 3-Chlorisobutandiol-(1.2) in Ggw. von **VIII**; 93%. — *O-Acetylglycid*, $Kp._{15}$ 64°, aus **VII** u. 1-Acetoxy-3-chlorpropanol-(2) in Ggw. von Chinolin; 61%. — *Äthylenoxyd*, aus **I** u. Äthylenchlorhydrin in Ggw. von **VIII**; 75%. — **XI**, $Kp._2$ 95°, a) aus **IX** u. **X** in Ggw. von Chinolin; ~100%; b) ebenso aus Glycid-β-naphthyläther u. **X**; 55—58%. — *2'-Oxy-3'-o-tolyloxypropylpyridiniumchlorid*, $C_{15}H_{18}O_2NCl$, F. 163—164° (Äthylacetat–CH_3OH), aus 20 g **XI** u. 25,6 g **II** in Ggw. von 4,8 g Pyridin (90 Min. bei 60°); 8,1 g. *Pikrat*, $C_{21}H_{20}O_9N_4$, F. 146—147° (CH_3OH). — *2'-Oxy-3'-phenoxypropylpyridiniumchlorid*, F. 137—138° (Äthylacetat–CH_3OH), wie vorst. aus 20 g **VI** u. 16,2 g **V**; 9,7 g (roh). *Pikrat*, $C_{20}H_{18}O_9N_4$, F. 151—152° (CH_3OH). — *2'-Oxy-3'-β-naphthoxypropylpyridiniumpikrat*, $C_{24}H_{20}O_9N_4$, F. 154—155° (CH_3OH + Dioxan), durch 1 std. Erwärmen von 40 g Glycid-β-naphthyläther mit 7,9 g Pyridin auf 60°, weiteres 1 std. Erwärmen nach Zugabe von 20 g **X** u. Versetzen des in Ae. unlösl. Prod. in W. mit Na-Pikrat; 2,7 g; aus der Ae.-Lsg. wurden **XI** (10,2 g) u. unveränderte Ausgangsstoffe isoliert. — Analog folgende Salze: *2'-Oxy-3'-m-tolyloxypropylpyridiniumchlorid*, $C_{15}H_{18}O_2NCl$, F. 127—128°. *Pikrat*, $C_{21}H_{20}O_9N_4$, F. 136—137° (CH_3OH). — *2'-Oxy-3'-p-tolyloxypropylpyridiniumchlorid*, F. 158—159°. *Pikrat*, F. 135° (CH_3OH). — *3'-p-Chlorphenoxy-2'-oxypropylpyridiniumchlorid*, $C_{14}H_{15}O_2NCl_2$, F. 176—177°. *Pikrat*, $C_{20}H_{17}O_9N_4Cl$, F. 164° (CH_3OH–Dioxan). — *2'-Oxy-3'-m-methoxyphenoxypropylpyridiniumpikrat*, F. 137—138° (CH_3OH). (J. chem. Soc. [London] **1951**. 1589—98. Juni. London, Brit. Drug Houses Ltd., Res. Dep.) U. Faass. 1060

Joseph E. Moody und **Paul J. Jannke**, *Notiz über Derivate des p-Thymotinalkohols.* Vff. beschreiben eine verbesserte Meth. zur Darst. von *p-Thymotinalkohol* u. einiger *Derivate*. Die Darst. der Phenyl- u. α-Naphthylurethane sowie von Sulfonaten gelang nicht, Oxydationen führten in jedem Fall zur Ringöffnung.

Versuche: *p-Thymotinalkohol*, F. 115—116° (Chlf.), aus Thymol in wss. NaOH mit 35%ig. CH_2O bei 15°; sublimiert bei 85—90°/2 mm; 57,84% (Ausbeute). *Diacetat*, $C_{15}H_{20}O_4$, $Kp._{25}$ 233°; n_D^{28} 1,4977; hellgelbes Öl. *Dibenzoat*, $C_{25}H_{24}O_4$, F. 93° (A.). *Bis-p-nitrobenzoat*, $C_{25}H_{22}O_8N_2$, F. 213,5—214,5° (Isopropanol). *Bis-3.5-dinitrobenzoat*, $C_{25}H_{20}O_{12}N_4$, F. 174—175°, aus Aceton–A. gelbe Kristalle. — *p-Thymotyloxyessigsäure*, $C_{13}H_{18}O_4$, F. 95°, mit Chloressigsäure in 30%ig. NaOH; aus W. Nadeln. — *Dibrom-p-thymotinalkohol*, $C_{11}H_{14}O_2Br_2$, $Kp._2$ 135—136°, in Chlf. mit wss. KBr–Br_2; gelbes Öl. — *Jod-p-thymotinalkohol*, F. 160—162° (A.–Chlf.), der J-Geh. der Verb. stimmt für kein mögliches Jodderivat. (J. Amer. pharmac. Assoc., sci. Edit. **44**. 316—17. Mai 1955. Storrs, Conn., Univ., School of Pharm.) E. Frese. 1070

M. Balasubramanian, V. Baliah und **T. Rangarajan**, *Synthese von β-Aminosulfonen und α.β-ungesättigten Sulfonen.* 2. Mitt. (1. vgl. C. **1954**. 9020.) Es wird die Darst. von β-Aminosulfonen u. α.β-ungesätt. Sulfonen aus Alkylsulfonylessigsäuren beschrieben. Kondensation dieser Säuren mit Salicylaldehyd führte zu *3-Alkylsulfonylcumarinen*. — Die *Alkylsulfonylessigsäuren* wurden aus den Alkylmercaptoessigsäuren mit überschüssiger 5%ig. $KMnO_4$-Lsg. in Aceton bei Zimmertemp. dargestellt. *Propylsulfonylessigsäure*, $C_5H_{10}O_4S$, F. 141°, ist hygroskopisch. *Benzylsulfonylessigsäure*, aus der Mercaptoverb. in Essigsäure mit 30%ig. H_2O_2. Diese Säuren wurden mit Aldehyden u. NH_3 (wie l. c. beschrieben) zu den folgenden Verbb. kondensiert: *[2-(3.4-Methylendioxyphenyl)-*, $C_{10}H_{13}O_4NS \cdot HCl$, F. 248—250° (Zers.); 11% (Ausbeute). *Freie Base* (**B**), $C_{10}H_{13}O_4NS$, F. 146—147°. — *[2-o-Chlorphenyl-*, $C_9H_{12}O_2NClS \cdot HCl$, F. 195—197°; 20%. **B**, $C_9H_{12}O_2NClS \cdot H_2O$, F. 77—79°. — *[2-m-Nitrophenyl-2-aminoäthyl]-methylsulfonhydrochlorid*, $C_9H_{12}O_4N_2S \cdot HCl$, F. 202—203°; 14%. — *[2-(3.4-Methylendioxyphenyl)-*, $C_{11}H_{15}O_4NS \cdot HCl$, F. 206—208° (Zers.); 20%. — *[2-o-Chlorphenyl-*, $C_{10}H_{14}O_2NClS \cdot HCl$, F. 209—210°; 21%. **B**, $C_{10}H_{14}O_2NClS \cdot H_2O$, F. 72—73°. — *[2-o-Nitrophenyl-*, $C_{10}H_{14}O_4N_2S \cdot HCl$, F. 220 bis 222° (Zers.); 18%. — *[2-m-Nitrophenyl-*, $C_{10}H_{14}O_4N_2S \cdot HCl$, F. 146—148°; 20%. **B**, $C_{10}H_{14}O_4N_2S$, F. 101—102°. — *[2-o-Oxyphenyl-2-aminoäthyl]-äthylsulfonhydrochlorid*, $C_{10}H_{15}O_3NS \cdot HCl$, F. 211—213° (Zers.); 14%. — *[2-o-Chlorphenyl-*, $C_{11}H_{16}O_2NClS \cdot HCl$, F. 208—210°; 23%. **B**, $C_{11}H_{16}O_2NClS$, F. 44—45°. — *[2-m-Nitrophenyl-2-aminoäthyl]-propylsulfonhydrochlorid*, $C_{11}H_{16}O_4N_2S \cdot HCl \cdot H_2O$, F. 144—146°; 30%. — *[2-(3.4-Methylendioxyphenyl)-*, $C_{13}H_{19}O_4NS \cdot HCl$, F. 164—166°; 7%. — *[2-o-Chlorphenyl-*, $C_{12}H_{18}O_2NClS \cdot HCl \cdot H_2O$, F. 192—194°; 11%. — *[2-m-Nitrophenyl-2-aminoäthyl]-butylsulfonhydrochlorid*, $C_{12}H_{18}O_4N_2S \cdot HCl$, F. 182—184°; 12%. — *[2-Phenyl-*, $C_{15}H_{17}O_2NS \cdot HCl$, F. 223—224°; 18%. **B**, $C_{15}H_{17}O_2NS$, F. 88—89°. — *[2-o-Chlorphenyl-*, $C_{15}H_{16}O_2NClS \cdot HCl$, F. 226—228°; 21%. **B**, $C_{15}H_{16}O_2NClS \cdot H_2O$, F. 100—102°. — *[2-p-Chlorphenyl-*, $C_{15}H_{16}O_2NClS \cdot HCl$, F. 228—230°; 20%. **B**, $C_{15}H_{16}O_2NClS$, F. 127—128°. — *[2-m-Nitro-*

phenyl-, $C_{15}H_{16}O_4N_2S \cdot HCl$, F. 277—279° (Zers.); 22%. — *[2-o-Oxyphenyl-2-aminoäthyl]-benzylsulfonhydrochlorid*, $C_{15}H_{17}O_3NS \cdot HCl$, F. 225—227° (Zers.); 7%. **B**, $C_{15}H_{17}O_3NS$, F. 153—154°. — Daneben entstanden folgende ungesätt. Sulfone u. Cumarine: *3.4-Methylendioxystyryl-*, $C_{10}H_{10}O_4S$, F. 129—130° (CH_3OH); 10%. — *o-Chlorstyryl-*, $C_9H_9O_2ClS \cdot H_2O$, F. 82—83° (CH_3OH); 3%. — *m-Nitrostyrylmethylsulfon*, $C_9H_9O_4NS$, F. 130—132° (CH_3OH); 16%. — *Styryl-*, $C_{10}H_{12}O_2S \cdot H_2O$, F. 66—67° (W.); 6%. — *3.4-Methylendioxystyryl-*, $C_{11}H_{12}O_4S$, F. 80—81° (W.); 5%. — *o-Nitrostyryl-*, $C_{10}H_{11}O_4NS$, F. 89—90° (W.); 4%. — *m-Nitrostyryläthylsulfon*, $C_{10}H_{11}O_4NS$, F. 124—125° (A.); 17%. — *o-Chlorstyryl-n-propylsulfon*, $C_{11}H_{13}O_2ClS \cdot H_2O$, F. 76—77° ($CH_3OH$); 6%. — *Styryl-*, $C_{15}H_{14}O_2S$, F. 144 bis 145° (CCl_4); 18%. — *3.4-Methylendioxystyryl-*, $C_{16}H_{14}O_4S$, F. 150—151° (A.); 7%. — *o-Chlorstyryl-*, $C_{15}H_{13}O_2ClS \cdot H_2O$, F. 111—112° ($CH_3OH$); 10%. — *p-Chlorstyryl-*, $C_{15}H_{13}O_2ClS \cdot H_2O$, F. 163—165° ($CCl_4$); 14%. — *m-Nitrostyrylbenzylsulfon*, $C_{15}H_{13}O_4NS$, F. 184—186° (A.); 20%. — *3-Methyl-*, $C_{10}H_8O_4S$, F. 184—185° (CH_3OH); 6%. — *3-Äthyl-*, $C_{11}H_{10}O_4S$, F. 163—164° (CH_3OH); 14%. — *3-n-Propyl-*, $C_{12}H_{12}O_4S$, F. 140—141° (CH_3OH); 12%. — *3-n-Butyl-*, $C_{13}H_{14}O_4S$, F. 122—123° (CH_3OH); 12%. — *3-Benzylsulfonylcumarin*, $C_{16}H_{12}O_4S$, F. 161—162° (CH_3OH); 20%. — *[2-Benzylamino-2-phenyläthyl]-methylsulfonhydrochlorid*, $C_{16}H_{19}O_2NS \cdot HCl \cdot H_2O$, F. 179—181° (A.–Ae.), durch Kochen (10 Min.) einer Mischung von 1,38 g Methylsulfonylessigsäure, 1,06 g Benzaldehyd u. 1,07 g Benzylamin in 2 ml Eisessig, Extrahieren mit Ae. u. Fällen mit HCl; 0,3 g. Daneben *Methyl-ω-styrylsulfon*, F. 79—80° (W.); 0,6 g. — *Benzyl-[2-benzylamino-2-phenyläthyl]-sulfonhydrochlorid*, $C_{22}H_{23}O_2NS \cdot HCl$, F. 187—189° (A.–Ae.), analog mit 2,14 g Benzylsulfonylessigsäure; 0,35 g [**B**, $C_{22}H_{23}O_2NS \cdot H_2O$, F. 108—109° (A.–W.)]. Daneben *Benzyl-ω-styrylsulfon*, 0,6 g. (J. chem. Soc. [London] **1955**. 3296—98. Sept. Annamalainagar, India, Annamalai Univ., Dep. of Chem.) G. Cleve. 1090

Jeremiah P. Freeman, William D. Emmons und **Robert M. Ross**, *Die Reaktionen des Mesitoylnitrats und anderer gehinderter Acylnitrate mit nucleophilen Reagentien.* Mesitoylnitrat (I) liefert mit sek. aliphat. Aminen die entsprechenden *Nitramine*; die besten Ergebnisse wurden mit verzweigten Aminen erhalten. Das bei der Rk. entstehende *Mesitoesäureanhydrid* kann nach Zugabe von Trifluoressigsäureanhydrid (II), wobei vermutlich das gemischte Anhydrid entsteht, hydrolysiert werden. Prim. Amine greifen dagegen nicht die Nitrogruppe von I, sondern die Carbonylgruppe an unter Bldg. von *Amiden*, nur tert.-Butylamin wurde nitriert. — Alkohole geben mit I hauptsächlich *Mesitoesäureester*. Mit tert.-Butanol wurde etwas *tert.-Butylnitrat* erhalten, vermutlich als Hauptprod., das aber bei der Aufarbeitung durch Solvolyse zers. wird. — Da offensichtlich die ster. Hinderung durch die o-ständigen Methylgruppen nicht genügt, den Angriff auf die Carbonylgruppe zu verhindern, wurden noch die aus den Säurechloriden u. $AgNO_3$ in Acetonitril oder Ae. erhältlichen *Pivalyl-* u. *Diäthylacetylnitrat* untersucht. Mit Octanol wurde *Octylnitrat* in 49- bzw. 75%ig. Ausbeute erhalten. Mit Aminen entstanden dagegen die Amide, nur mit Diisopropylamin wurde das Nitramin in geringer Ausbeute erhalten.

Versuche: *Mesitoylnitrat* (I), durch Zugabe von Mesitoylchlorid in absol. Ae. zu einer Suspension von trockenem $AgNO_3$ in absol. Ae. bei 0—10° u. 1std. Rühren im Eisbad. — *Di-n-propylnitramin*, $Kp._{0,06}$ 46—48°, durch Zugabe von Di-n-propylamin zu I in Ae. bei —20°, 5 Min. Rühren, Ausschütteln mit W., HCl u. NaOH, Eindampfen, Zugabe von II, 1std. Erwärmen auf 30°, Gießen in W., Zugabe von Alkali u. Ausäthern; n_D^{20} 1,4560; 56% (Ausbeute). — Analog *Diisopropylnitramin*, F. 106—109°; 40%. — *N-n-Butylmesitamid*, F. 83—87° (PAe.), aus n-Butylamin u. I in Ae. bei —20°, 5 Min. Rühren, Ausschütteln mit W., HCl u. NaOH, Eindampfen u. fraktionierte Kristallisation des erhaltenen Amid–Anhydrid-Gemisches; 15%. — Analog *N-Cyclohexylmesitamid*, $C_{16}H_{23}ON$, F. 171—172° (A.); 25%. — *tert.-Butylnitramin*, F. 41—42,5°, analog aus I u. tert.-Butylamin u. alkal. Extraktion neben *Mesitoesäure*; 20%. — Aus I in Ae. u. n-Hexanol bei —20° durch 15 Min. Rühren, Gießen auf Eis, Alkalizugabe, Eindampfen der äther. Lsg., Trennen vom Ausgangsmaterial mit SiO_2 in CH_2Cl_2, Eindampfen, Entfernung des *Mesitoesäureanhydrids* mit II u. fraktionierte Dest. wurden 12% *n-Hexylnitrat* ($Kp._{10}$ 86—88°; n_D^{25} 1,4172) u. 28% *Mesitoesäure-n-hexylester* ($C_{16}H_{24}O_2$, $Kp._{0,2}$ 79 bis 80°; n_D^{20} 1,4927) erhalten. (J. Amer. chem. Soc. **77**. 6062—64. 20/11. 1955. Huntsville, Ala., Rohm & Haas Comp., Redstone Arsenal Res. Div.) H. Ascherl. 1210

M. Z. Barakat, S. K. Shehab und **M. M. El-Sadr**, *N'-2.4-Dinitrophenyl-N.N-phthaloylhydrazin.* N'-Phenyl-N.N-phthaloylhydrazin (I) liefert mit N-Oxyden in Essigsäure oder mit rauchender HNO_3 in Essigsäure–H_2SO_4 *N'-2.4-Dinitrophenyl-N.N-phthaloylhydrazin*, das auch aus Phthalsäure (II) u. 2.4-Dinitrophenylhydrazin entsteht.

Versuche: *N'-Phenyl-N.N-phthaloylhydrazin* (I), F. 184° (A.), aus II u. Phenylhydrazin in Ggw. von $ZnCl_2$ in Dioxan (2 Std. kochen); 55% (Ausbeute). — *N'-2.4-Di-*

nitrophenyl-N.N-phthaloylhydrazin, F. 272—274° (Zers.), a) aus 0,8 g I in Eisessig + konz. H_2SO_4 mit HNO_3 (D. 1,45); 0,58 g; b) analog I aus II u. 2.4-Dinitrophenylhydrazin; gelbe Kristalle; 50%. (J. chem. Soc. [London] **1955.** 3299—3300. Sept. Abbassia, Ein-Shams Univ., Fac. of Med., Cairo Biochem. Dep.) B. Görlich. 1220

H. Bretschneider und **G. Sporidi**, *β-[4-Nitrophenyl]-α.α-dichlorhydracrylsäure.* Bei der Kondensation von 4-Nitrobenzaldehyd (I) mit Dichloracetonitril (II) wurde ein Prod., vermutlich ein *Methyliminoäther*, erhalten, dessen Hydrolyse *β-[4-Nitrophenyl]-α.α-dichlorhydracrylsäure* ergab. Sie ist ident. mit einer bereits früher (vgl. C. **1955.** 10263) dargestellten Substanz. Mit Dichloressigester ließ sich die Rk. nicht durchführen.

V e r s u c h e: *Methyliminoäther* (?) $C_{10}H_{10}O_4N_2Cl_2$, F. 145—146° (Zers.), aus I u. II in absol. CH_3OH mit Diäthylamin (72 Std. bei —2 bis +2°); schwach gelb gefärbte tafelförmige Kristalle aus Methanol; 46,4% (Ausbeute). Bei einem analogen, aber bei 45° durchgeführten Vers. wurden N-haltige, aber Cl-freie gelbe *Kristalle vom F. 193—200°* erhalten. — *α.α-Dichlor-β-[4-nitrophenyl]-hydracrylsäure*, $C_9H_7O_5NCl_2$, F. 199—200° (Zers.; W., Chlf. u. Ae.–PAe.), aus vorst. Verb. mit konz. HCl (1 Std. am Rückfluß); fast 100%. *Methylester*, F. 118—121° (Ae.–PAe.), mit CH_2N_2; $n_D^{118-121}$ 1,5301; 97%. (Mh. Chem. **85.** 1119—23. 1954. Innsbruck, Univ., Inst. für organ. u. pharmazeut. Chem.) H. Otterbach. 1250

John D. A. Johnson, *2.4.6-Trijodphenylisocyanat als Reagens für Oxy- und Aminogruppen.* Vf. beschreibt die Charakterisierung einer Reihe von Alkoholen u. Aminen durch Bldg. von *Urethanen* bzw. *Harnstoffderivv.* mit 2.4.6-Trijodphenylisocyanat (I), wobei die NH_2-Gruppe die größere Reaktionsfähigkeit gegenüber I besitzt. Nur prim. u. sek. Alkohole geben Deriv., tert. nicht. I ist für die Identifizierung von Phenolen ungeeignet; die ursprünglich bezweckte Trennung der Alkohole aus Bienenwachs konnte wegen der zu großen Löslichkeit der langkettigen Alkyl-2.4.6-trijodcarbanilate nicht erreicht werden.

V e r s u c h e: *2.4.6-Trijodphenylisocyanat* (I), $C_7H_2ONJ_3$, F. 129° (aus PAe. Nadeln) durch 6std. Einleiten von $COCl_2$ in 2.4.6-Trijodanilin in Toluol auf dem Dampfbad, Stehen über Nacht, 3std. Erhitzen, Einengen, Abfiltrieren nachst. Verb. u. Eindampfen; 79% (Ausbeute). — *symm.-Bis-[2.4.6-Trijodphenyl]-harnstoff*, $C_{13}H_6ON_2J_6$, F. >300°. — 2. 4. 6 - T r i j o d c a r b a n i l a t e, aus dem Alkohol u. I in PAe. (1 Std. auf dem Dampfbad): *Methyl-*, $C_8H_6O_2NJ_3$, F. 209°. — *Äthyl-*, $C_9H_8O_2NJ_3$, F. 194°. — *n-Propyl-*, $C_{10}H_{10}O_2NJ_3$, F. 162°. — *Isopropyl-*, F. 180°. — *n-Butyl-*, $C_{11}H_{12}O_2NJ_3$, F. 151°. — *Isobutyl-*, F. 140°. — *n-Amyl-*, $C_{12}H_{14}O_2NJ_3$, F. 120°. — *n-Heptyl-*, $C_{14}H_{18}O_2NJ_3$, F. 105°. — *n-Octyl-*, $C_{15}H_{20}O_2NJ_3$, F. 107°. — *n-Nonyl-*, $C_{16}H_{22}O_2NJ_3$, F. 105°. — *n-Decyl-*, $C_{17}H_{24}O_2NJ_3$, F. 108°. — *n-Dodecyl-*, $C_{19}H_{28}O_2NJ_3$, F. 112°. — *n-Hexadecyl-*, $C_{23}H_{36}O_2NJ_3$, F. 108°. — *2-Äthylbutyl-*, $C_{13}H_{16}O_2NJ_3$, F. 77°. — *Benzyl-*, $C_{14}H_{10}O_2NJ_3$, F. 175°. — *β-Phenyläthyl-*, $C_{15}H_{12}O_2NJ_3$, F. 170°. — *γ-Phenylpropyl-*, $C_{16}H_{14}O_2NJ_3$, F. 135°. — *β-Methoxyäthyl-*, $C_{10}H_{10}O_3NJ_3$, F. 146°. — *β-Äthoxyäthyl-*, $C_{11}H_{12}O_3NJ_3$, F. 142°. — *p-Methoxybenzyl-*, $C_{15}H_{12}O_3NJ_3$, F. 176°. — *β-Dimethylaminoäthyl-*, $C_{11}H_{13}O_2N_2J_3$, F. 115°. — *β-Diäthylaminoäthyl-*, $C_{13}H_{17}O_2N_2J_3$, F. 131°. — *Tetrahydrofurfuryl-*, $C_{12}H_{12}O_3NJ_3$, F. 137°. — *Allyl-*, $C_{10}H_8O_2NJ_3$, F. 178°. — *Cinnamyl-*, $C_{16}H_{12}O_2NJ_3$, F. 190°. — *sek.-Butyl-*, $C_{11}H_{12}O_2NJ_3$, F. 161°. — *Octyl-(2)-*, $C_{15}H_{20}O_2NJ_3$, F. 98°, ohne Lösungsm. in 30 Min. bei 150°. — *Cyclohexyl-*, $C_{13}H_{14}O_2NJ_3$, F. 145°. — *α-Phenyläthyl-*, $C_{15}H_{12}O_2NJ_3$, F. 179°, ohne Lösungsm. in 30 Min. bei 150°. — *Bornyl-*, $C_{17}H_{20}O_2NJ_3$, F. 171°. — (—)-*Menthyl-*, $C_{17}H_{22}O_2NJ_3$, F. 143°. — *Benzhydryl-*, $C_{20}H_{14}O_2NJ_3$, F. 195°. — *α-Carbäthoxyäthyl-*, $C_{12}H_{12}O_4NJ_3$, F. 154°. — *Phenyl-*, $C_{13}H_8O_2NJ_3$, F. 181°. — *Diäthylenglykol-bis-*, $C_{18}H_{14}O_5N_2J_6$, F. 222° (Zers.). — N′ - [2. 4. 6 - T r i j o d p h e n y l] - h a r n s t o f f e: *N-Methyl-*, $C_8H_7ON_2J_3$, F. 285—290° (Zers.). — *N-Phenyl-*, $C_{13}H_9ON_2J_3$, F. >271°. — *N-[p-Äthoxyphenyl]-*, $C_{15}H_{13}O_2N_2J_3$, F. 277° (Zers.). — *N-[o-Carbomethoxyphenyl]-*, $C_{15}H_{11}O_3N_2J_3$, F. >285°. — *N.N-Diäthyl-*, $C_{11}H_{13}ON_2J_3$, F. 163°. — *N.N-Diphenyl-*, $C_{19}H_{13}ON_2J_3$, F. 210°. — *N-[β-Oxyäthyl]-*, $C_9H_9O_2N_2J_3$, F. 260°. — *N-[2.4.6-Trijodphenylaminoformyl]-morpholin*, $C_{11}H_{11}O_2N_2J_3$, F. 262°. — *N-[2.4.6-Trijodphenylaminoformyl]-piperidin*, $C_{12}H_{13}ON_2J_3$, F. 205°. (J. chem. Soc. [London] **1955.** 3322—24. Okt.) G. Ziehmann. 1280

Henry Najer, Pierre Chabrier und **René Giudicelli**, *Neue Carbamate mit lokalanästhetischer Wirkung.* 1. Mitt. *Derivate der p-Aminobenzoesäure.* Die aus Phosgen u. den entsprechenden Alkoholen erhaltenen *Chlorameisensäureester* werden mit p-Aminobenzoesäure-β-diäthylaminoäthylesterhydrochlorid (I; Procain) bzw. -γ-dibutylaminopropylestersulfat (II; Butacainsulfat) bzw. mit p-Aminobenzoesäure-β-diäthylaminoäthylamid (III; Procainamid) in wss. Medium zu den entsprechenden *Carbamathydrochloriden* umgesetzt, deren Toxizität bestimmt wird. Sie übertreffen in ihrer lokalanästhet. Wrkg. Cocainhydrochlorid u. I. Die aus p-Aminobenzoesäure (**IV**) u. -salicylsäure (**V**) gewonnenen *Carbamate* besitzen dagegen keine lokalanästhet. Aktivität.

Versuche: Chlorameisensäureester: *-n-heptylester*, $C_8H_{15}O_2Cl$, Kp.$_7$ 70—71°, durch Einleiten von $COCl_2$ in n-Heptylalkohol bei 20—25° u. 17std. Stehen; 90% (Ausbeute). — *-n-hexylester*, Kp.$_7$ 60—61°; 93%. — *-n-octylester*, Kp.$_{11}$ 90 bis 91°; 83%. — *-n-decylester*, Kp.$_7$ 112—113°; 87%. — *-β-phenäthylester*, Kp.$_5$ 92—93°; 75%. — p-Carbalkoxyaminobenzoesäure-β-diäthylaminoäthylesterhydrochloride: *p-Carbo-n-butoxy-*, $C_{18}H_{29}O_4N_2Cl$, F. 157° (W.), durch 2std. Rühren von 11 g I in W. mit Chlorameisensäure-n-butylester bei 45—50°; 12,6 g. — *p-Carbomethoxy-*, F. 199°. — *p-Carbäthoxy-*, F. 171°. — *p-Carbo-n-propoxy-*, F. 159—160°. — *p-Carboisobutoxy-*, F. 144°. — *p-Carbo-n-amyloxy-*, F. 144°. — *p-Carbo-n-hexyloxy-*, F. 130°. — *p-Carbo-n-heptyloxy-*, F. 117°. — *p-Carbo-n-octyloxy-*, F. 119°. — *p-Carbobenzyloxy-*, F. 158°. — *p-Carbo-β-phenäthoxy-*, F. 157°. — p-Carbalkoxyaminobenzoesäure-γ-dibutylaminopropylesterhydrochloride: *p-Carbomethoxy-*, $C_{20}H_{33}O_4N_2Cl$, F. 179° (W.), aus 7,1 g **II** u. Chlorameisensäuremethylester in W. bei 50°; 7,1 g. — *p-Carbäthoxy-*, F. 154—155°. — *p-Carbo-n-propoxy-*, F. 154°. — *p-Carbo-n-butoxy-*, F. 152°. — *p-Carboisobutoxy-*, F. 163°. — *p-Carbo-n-amyloxy-*, F. 145°. — *p-Carbo-n-hexyloxy-*, F. 129°. — *p-Carbo-n-heptyloxy-*, F. 115°. — *p-Carbo-n-octyloxy-*, F. 116°. — *p-Carbobenzyloxy-*, F. 131°. — *p-Carbo-β-phenäthoxy-*, F. 139°. — p-Carbalkoxyaminobenzoesäure-β-diäthylaminoäthylamidhydrochloride: *p-Carbo-β-chloräthoxy-*, $C_{16}H_{25}O_3N_3Cl_2$, F. 154° (absol. A.), aus 2,75 g **III** in W. u. Chlorameisensäure-β-chloräthylester bei 50°; 2,7 g. — *p-Carbomethoxy-*, F. 223°. — *p-Carbäthoxy-*, F. 174—175°. — *p-Carbo-n-propoxy-*, F. 148°. — *p-Carbo-n-butoxy-*, F. 144°. — *p-Carboisobutoxy-*, F. 157°. — *p-Carbo-n-amyloxy-*, F. 142°. — *p-Carbo-n-hexyloxy-*, F. 149°. — *p-Carbo-n-heptyloxy-*, F. 162°. — *p-Carbo-n-octyloxy-*, F. 152°. — *p-Carbobenzyloxy-*, F. 176°. — *p-Carbo-β-phenäthoxy-*, F. 181°. — p-Carbalkoxyaminobenzoesäuren: *p-Carbo-n-hexyloxy-*, $C_{14}H_{19}O_4N$, F. 179° (A.), aus 3,4 g **IV** u. Chlorameisensäure-n-hexylester in 5%ig. HCl bei 50°; 1,7 g. — *p-Carbomethoxy-*, F. 207° (15%ig. A.). — *p-Carbäthoxy-*, F. 210° (A.). — *p-Carbo-n-propoxy-*, F. 198° (50%ig. A.). — *p-Carbo-n-butoxy-*, F. 187° (50%ig. A.). — *p-Carboisobutoxy-*, F. 203—204° (50%ig. A.). — *p-Carbo-n-amyloxy-*, F. 183° (50%ig. A.). — *p-Carbobenzyloxy-*, F. 225° (A.). — *p-Carbo-n-amyloxyaminosalicylsäure*, $C_{13}H_{17}O_5N$, F. 165° (50%ig. A.), aus 4,1 g **V** u. Chlorameisensäure-n-amylester in 4 Std. bei 50°; 4,5 g. — *p-Carbäthoxyaminosalicylsäure*, F. 224° (50%ig. A.). (Bull. Soc. chim. France, Mém. [5] **1955**. 1189—92. Okt.) R. Pasedag. 1280

Pierre Chabrier, Henry Najer und **René Giudicelli,** *Neue Carbamate mit lokalanästhetischer Aktivität.* 2. Mitt. *Derivate von p-Aminophenol und o-Aminophenol.* (1. vgl. vorst. Ref.) Aus p-Aminophenol (**V**) u. Chlorameisensäure (**IV**)-Estern über *p-Oxycarbanilsäureester* oder aus p-Nitrophenol (**VII**) über *4-[tert.-Aminoalkoxy]-aniline* werden *p-tert.-Aminoalkoxycarbanilsäureester* bzw. deren *Hydrochloride* erhalten. Analog liefern o-Amino- (**VI**) bzw. o-Nitrophenol die entsprechenden *o-Verbindungen.* Die Toxizität der Verbb. wird bestimmt. Die lokalanästhet. Wrkg. durchschreitet bei den *p-Morpholinoalkoxycarbanilsäureheptylesterhydrochloriden* ein Maximum. Geringe lokalanästhet. Aktivität zeigen auch die aus N.N-Dimethyl-p-phenylendiamin (**VIII**) gewonnenen *1-Dimethylaminobenzol-4-carbaminosäureesterhydrochloride.* **VIII** reagiert nicht mit **IV**-Amyl- oder -Hexylester.

Versuche: p-Oxycarbanilsäureester: *-n-hexylester* (**I**), $C_{13}H_{19}O_3N$, F. 118° (A.), durch 1std. Erhitzen von **V** in absol. Aceton mit **IV**-n-Hexylester auf dem Wasserbad; 97% (Ausbeute). — *-methylester*, F. 118°. — *-äthylester*, F. 127°; 97%. — *-n-propylester*, F. 104°; 84%. — *-n-butylester*, F. 108°; 98%. — *-isobutylester*, F. 119°; 84%. — *-n-amylester*, F. 110°; 82%. — *-n-heptylester*, F. 115°; 93%. — *-n-octylester*, F. 117°; 83%. — *-n-decylester*, F. 122°; 86%. — *-n-tetradecylester*, F. 124°; 51%. — *-benzylester*, F. 160°; 84%. — *-β-phenäthylester*, F. 156°; 95%. — o-Oxycarbanilsäureester: *-n-octylester*, $C_{15}H_{23}O_3N$, F. 59° (A.), aus **VI** u. **IV**-n-Octylester; 82%. — *-äthylester*, F. 88,5°; 92%. — *-n-butylester*, F. 89°; 94%. — *-n-hexylester*, F. 57—58°; 89%. — *-n-heptylester*, F. 55°; 97%. — *-benzylester*, F. 117°; 90%. — p-[β-Morpholinoäthoxy]-carbanilsäureester: *-n-hexylester*, $C_{19}H_{30}O_4N_2$, F. 64° (A.), durch 1std. Kochen von 47,6 g **I** u. β-Morpholinoäthylchlorid (**II**) in Ggw. von $NaOC_2H_5$; 67,5 g. *Hydrochlorid*, $C_{19}H_{31}O_4N_2Cl$, F. 147° (A.); 76%. — *-äthylester*, F. 92°. *Hydrochlorid*, F. 174°; 64%. — *-n-propylester*, F. 104°. *Hydrochlorid*, F. 178°. — *-n-butylester*, F. 94°. *Hydrochlorid*, F. 146°; 78%. — *-isobutylesterhydrochlorid*, F. 175°; 69%. — *-n-amylesterhydrochlorid*, F. 145°; 86%. — *-n-heptylester* (**III**), F. 67°. — *-n-octylester*, F. 68°. *Hydrochlorid*, F. 155°; 77%. — *-n-decylester*, F. 78°. *Hydrochlorid*, F. 159°; 29%. —

-benzylester, F. 103°. *Hydrochlorid*, F. 190°; 63%. — p-[γ-Morpholinopropoxy]-carbanilsäureester; *-äthylester*, F. 121°. *Hydrochlorid*, F. 220°; 58%. — *-n-propylester*, F. 107°. *Hydrochlorid*, F. 219°. — *-n-butylester*, F. 90°. *Hydrochlorid*, F. 204°; 82%. — *-n-amylester*, F. 80°. *Hydrochlorid*, F. 190°; 52%. — *-n-hexylesterhydrochlorid*, F. 186°; 54%. — *-n-heptylester*, F. 88°. *Hydrochlorid*, F. 180°; 45%. — *-benzylesterhydrochlorid*, F. 222°; 39%. — p-[β-Piperidinoäthoxy]-carbanilsäureester: *-äthylesterhydrochlorid*, F. 182°; 65%. — *-n-butylesterhydrochlorid*, F. 146—147°; 47%. — *-n-amylesterhydrochlorid*, F. 144°; 47%. — *-n-hexylesterhydrochlorid*, F. 160°; 46%. — *-n-heptylesterhydrochlorid*, F. 157°; 58%. — *-n-octylester*, F. 58°. *Hydrochlorid*, F. 159°; 56%. — *-n-decylesterhydrochlorid*, F. 143°; 82%. — *-n-tetradecylester*, F. 78°. *Hydrochlorid*, F. 144°; 69%. — *-benzylesterhydrochlorid*, F. 182°; 73%. — *-β-phenäthylester*, F. 106°. *Hydrochlorid*, F. 178°; 49%. — p-[β-Diäthylaminoäthoxy]-carbanilsäureester: *-äthylesterhydrochlorid*, F. 151 bis 152°; 68%. — *-n-propylesterhydrochlorid*, F. 154—155°; 71%. — *-n-butylesterhydrochlorid*, F. 162—163°; 70%. — *-isobutylesterhydrochlorid*, F. 155°; 58%. — *-n-amylesterhydrochlorid*, F. 146°; 68%. — *-n-hexylesterhydrochlorid*, F. 148°; 78%. — *-n-heptylester*, F. 59°. *Hydrochlorid*, F. 132°; 55%. — *-n-octylester*, F. 60°. *Hydrochlorid*, F. 135°; 81%. — *-n-decylester*, F. 48°. *Hydrochlorid*, F. 110°; 53%. — *-n-tetradecylester*, F. 61°. *Hydrochlorid*, F. 117°; 64%. — *-benzylesterhydrochlorid*, F. 196°; 85%. — *-β-phenäthylesterhydrochlorid*, F. 123°; 56%. — o-[β-Diäthylaminoäthoxy]-carbanilsäureesterhydrochloride: *-äthylester-*, F. 152°; 71%. — *-n-butylester-*, F. 122°; 47%. — *-n-hexylester-*, F. 70°; 55%. — *-benzylester-*, F. 120°; 39%. — o-[β-Piperidinoäthoxy]-carbanilsäureesterhydrochloride: *-äthylester-*, F. 182°; 95%. — *-n-butylester-*, F. 145°; 94%. — *-n-hexylester-*, F. 121°; 17%. — *-n-heptylester-*, F. 111°; 60%. — *-n-octylester-*, F. 106°; 58%. — *-benzylester-*, F. 190°; 85%. — o-[β-Morpholinoäthoxy]-carbanilsäureesterhydrochloride: *-äthylester-*, F. 222°; 93%. — *-n-butylester-*, F. 158°; 94%. — *-n-hexylester-*, F. 116°; 96%. — *-n-heptylester-*, F. 128°; 82%. — *-n-octylester-*, F. 137°; 78%. — *-benzylester-*, F. 188°; 79%. — Nitrobenzole: *4-[β-Morpholinoäthoxy]-*, $C_{12}H_{16}O_4N_2$, F. 89°, durch 1std. Kochen von **VII** u. **II** in Ggw. von $NaOC_2H_5$; hellgelbe Kristalle; 79%. *Hydrochlorid*, F. 199°, hellgelbe Kristalle. — *4-[β-Diäthylaminoäthoxy]-*, ölig. *Hydrochlorid*, F. 164°. — *4-[γ-Morpholinopropoxy]-*, F. 84°; 69%. — *4-[β-Piperidinoäthoxy]-*, F. 66°; 36%. — *2-[β-Diäthylaminoäthoxy]-*, *Hydrochlorid*, F. 140°; 57%. — *2-[β-Morpholinoäthoxy]-*, *Hydrochlorid*, F. 150°; 73%. — Aniline: *4-[β-Morpholinoäthoxy]-*, $C_{12}H_{18}O_2N_2$, F. 73°, $Kp._{0,4}$ 165—167°, durch Hydrierung der Nitroverb. bei 80 at in Ggw. von Pd-Kohle in A.; 85%. *Hydrochlorid*, F. 176°. — *4-[β-Diäthylaminoäthoxy]-*, $Kp._{0,5}$ 135—136°; 57%. *Hydrochlorid*, F. 145°. — *4-[γ-Morpholinopropoxy]-*, F. 49°, $Kp._{0,8}$ 180—181°; 87%. — *4-[β-Piperidinoäthoxy]-*, F. 65°, $Kp._{0,09}$ 145—146°; 90%. — *2-[β-Diäthylaminoäthoxy]-*, *Hydrochlorid*, F. 156°. — *2-[β-Morpholinoäthoxy]-*, *Hydrochlorid*, F. 167°. — **III**-*Hydrochlorid*, $C_{20}H_{33}O_4N_2Cl$, F. 153° (Methyläthylketon), aus dem Anilin u. **IV**-Heptylester in Methyläthylketon; 75%. — *p-[β-Morpholinoäthoxy]-carbanilsäuremethylesterhydrochlorid*, F. 225°, analog; 70%. — 1-Dimethylaminobenzol-4-carbaminsäureesterhydrochloride: *-n-propylester-*, $C_{12}H_{19}O_2N_2Cl$, F. 163° (absol. A.), durch Zugeben von **IV**-Propylester zu **VIII** in W. bei 50°, 12std. Rühren, Stehen über Nacht u. Einengen; 50%. — *-methylester-*, F. 212°; 56%. — *-äthylester-*, F. 194°; 59%. — *-n-butylester-*, F. 174°; 37%. (Bull. Soc. chim. France, Mém. [5] **1955**. 1353—62. Okt.) R. Pasedag. 1280

H. G. Khorana und **A. R. Todd,** *Carbodiimide.* 1. Mitt. *Untersuchungen über Phosphorylierung.* 11. Mitt. *Die Reaktion zwischen Carbodiimiden und sauren Estern der Phosphorsäure. Eine neue Methode zur Darstellung von Pyrophosphaten.* (10. vgl. Corby, J. chem. Soc. [London] **1952**. 1234.) Die Umsetzung von Dicyclohexylcarbodiimid (**I**) mit Dibenzylhydrogenphosphat (**II**) liefert neben *N.N'-Dicyclohexylharnstoff* (**III**) in guter Ausbeute *Tetrabenzylpyrophosphat.* In analoger Weise entsteht aus Di-p-tolylcarbodiimid (**IV**) u. Di-p-nitrophenylhydrogenphosphat (**V**) *Tetra-p-nitrophenylpyrophosphat.* Für den Mechanismus dieser allg. anwendbaren Rk. wird angenommen, daß aus dem Carbodiimid u. dem sauren Ester zunächst die Zwischenstufe **VI** gebildet wird, die mit dem Anion eines weiteren Estermol. reagiert. In Ggw. von W. sinkt die Ausbeute an Pyrophosphorsäureestern, doch beträgt ihre Ausbeute selbst bei Anwesenheit von 100 Mol W. noch 50%.

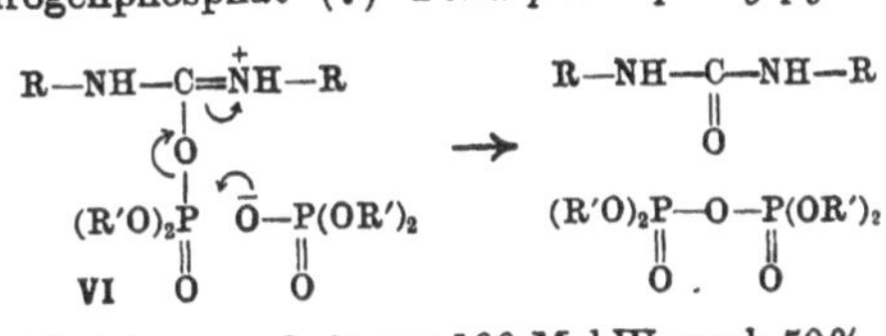

VI

Versuche: *Tetrabenzylpyrophosphat*, F. 61—62° (Chlf. + PAe.), aus 1,1 Mol **I** u. 2 Mol **II** in Ae., Bzl. oder Acetonitril (weniger gut in Dimethylformamid), Abtrennen von III u. Eindampfen des Filtrats; 90, 87 bzw. 82% (Ausbeute). Mit **IV** statt **I** betrug die Ausbeute 93%. — *Tetraphenylpyrophosphat*, viscoses Öl, analog. Gibt mit überschüssigem Cyclohexylamin 96% *Cyclohexylammoniumdiphenylphosphat* u. 92% *N-Cyclohexylphosphorsäurediphenylesteramid*. — *Tetra-p-nitrophenylpyrophosphat*, $C_{24}H_{16}O_{15}\cdot N_4P_2$, F. 126—127°, u. 146—148° (Dioxan), aus **V** u. **IV** in wenig Dioxan. Liefert mit Cyclohexylamin in Acetonitril 93% *N-Cyclohexylphosphorsäuredi-p-nitrophenylesteramid*, F. 174—176°, u. 91% *Cyclohexylammoniumdi-p-nitrophenylphosphat*. — *symm.-Diphenyldihydrogenpyrophosphat* aus **I** u. Phenyldihydrogenphosphat in Ae. u. Extrahieren des zunächst als Öl ausgefallenen Prod. mit Wasser. — *symm.-Bis-cyclohexylammoniumdiphenylpyrophosphat*, $C_{24}H_{38}O_7N_2P_2$, F. 250—255° (W.), aus vorst. wss. Extrakt mit Cyclohexylamin; Nadeln; 62—76%. (J. chem. Soc. [London] **1953**. 2257—60. Aug. Cambridge, Univ., Chem. Labor.) H. Gold. 1280

H. G. Khorana, *Carbodiimide.* 2. Mitt. *Die Reaktion von Sulfonsäuren mit Carbodiimiden. Eine neue Methode zur Darstellung von Sulfonsäureanhydriden.* (1. vgl. vorst. Ref.) Sulfonsäureanhydride können in einfacher Weise durch Umsetzung der Sulfonsäuren mit Dicyclohexyl- (I) oder Di-p-tolylcarbodiimid (II) gemäß $R—N=C=N—R + 2\,R'—SO_3 \rightarrow R'SO_2\cdot O\cdot SO_2R' + RNH—CO—NHR$ dargestellt werden. Diese Rk. verläuft bes. günstig bei der Verwendung von **II**, da bei der Ausführung in Bzl. der gebildete Di-p-tolylharnstoff vollkommen unlösl. ist. Die von Field (C. **1952**. 7000) mitgeteilte Darstellungsweise mit P_2O_5 hat den Nachteil der schwierigen Trennung der Reaktionsprodukte. Die gewonnenen *Anhydride* der *Methan-*, *Benzol-* u. *p-Toluolsulfonsäure* werden durch Überführen in die *Amide* u. *Aminsalze* charakterisiert.

Versuche: *Methansulfonsäureanhydrid*, F. 71—72° (Ae.), aus Methansulfonsäure u. **II** in absol. Bzl. bei Zimmertemp. u. Eindampfen des vom Di-p-tolylharnstoff befreiten Filtrats bei 30° im Vakuum; Nadeln; 92%. *Anilid*, F. 101°, mit Anilin in Bzl.; 96%, neben 97% *Aniliniummethansulfonat*. — *Benzolsulfonsäureanhydrid*, F. 88—91° (Bzl. mit Ae.), aus durch azeotrope Dest. in Bzl. getrockneter Benzolsulfonsäure u. **II** in Bzl. u. Fällen der benzol. Lsg. mit Ae.; Nadeln; 86%. *p-Toluidid*, F. 123° (wss. A.); 97%, neben *p-Toluidiniumbenzolsulfonat*. — *p-Toluolsulfonsäureanhydrid*, F. 134—135°, wie vorst. aus p-Toluolsulfonsäure unter geringem Erwärmen u. Fällen des Filtrats mit Ae., oder mit **I** in Ae.; 92%. *p-Toluidid*, F. 119—120° (wss. A.); 84%, neben *p-Toluidinium-p-toluolsulfonat*. (Canad. J. Chem. **31**. 585—88. Juni 1953. Vancouver, B. C., Brit. Columbia Res. Council, Chem. Labor.) H. Gold. 1280

H. G. Khorana, *Carbodiimide.* 3. Mitt. *Eine neue Methode zur Darstellung gemischter Ester der Phosphorsäure. Einige Beobachtungen über die basenkatalysierte Addition von Alkoholen an Carbodiimide.* (2. vgl. vorst. Ref.) Durch eine alkoholatkatalysierte Addition von Alkoholen an Diarylcarbodiimide in z. B. Dioxan als Lösungsm. konnten einige N.N'-Diaryl-O-alkylpseudoharnstoffderivv. (I) hergestellt werden; in Ggw. tert. Amine fand eine Addition nicht statt. Dicyclohexylcarbodiimid ist dieser Additions-Rk. nicht zugänglich. Die **I** reagieren mit Phosphorsäurediestern in Bzl. als Lösungsm. unter Bldg. von Phosphorsäuretriestern u. Diarylharnstoffen. Die direkte Darst. von Phosphorsäuredialkylestern nach dieser Meth. unter Verwendung von Phosphorsäuremonoestern war nicht möglich; in jedem Falle entstanden Triester.

Versuche: *Di-p-tolylcarbodiimid* (**II**), aus Di-p-tolylthioharnstoff u. gelbem HgO in warmer CS_2 (30 Min.), Zugabe von $CaCl_2$ u. Eindampfen des Filtrats; erstarrendes Öl; aus PAe. nach Zetzsche u. Nerger (Ber. dtsch. chem. Ges. **73**. [1940.] 467) Kristalle. — *N.N'-Di-p-tolylpseudoharnstoff-O-n-butyläther*, $C_{19}H_{24}ON_2$, F. 34° (PAe.), a) durch Zugabe einer Lsg. von **II** in Ae. zu Na-n-Butylat in n-Butanol unter Ausschluß von Luftfeuchtigkeit (15 Min.), aus der äther. Lsg. nach dem Waschen mit W. durch Eindampfen; 100%; b) analog in Dioxan; 100%. — Analog folgende *N.N'-Di-p-tolylpseudoharnstoff-O-alkyläther* (**III**): *Methyl-*, $C_{16}H_{18}ON_2$, Kp.$_2$ 120°. — *Äthyl-* (**IV**), $C_{17}H_{20}\cdot ON_2$, Kp.$_2$ 125°. — *β-Äthoxyäthyl-*, $C_{19}H_{24}O_2N_2$, F. 40° (PAe.). — *Gemischte Phosphorsäuretriester*, aus Phosphorsäurediestern u. **III** in sd. Bzl. (2½—3 Std.) unter Bldg. von *Di-p-tolylharnstoff* (80—95%) u. Eindampfen der durch Waschen mit wss. $NaHCO_3$ u. verd. HCl gereinigten äther. Lsg.: *Methyldibenzyl-*, $C_{15}H_{17}O_4P$, Kp.$_2$ 145—150°. — *Äthyldiphenyl-*, $C_{14}H_{15}O_4P$, Kp.$_2$ 135—140°. — *Äthyldibenzyl-*, $C_{16}H_{19}O_4P$, Kp.$_2$ 155 bis 160°. — *n-Butyldiphenyl-*, $C_{16}H_{19}O_4P$, Kp.$_2$ 140—145°. — *n-Butyldibenzyl-*, $C_{18}H_{23}\cdot O_4P$, Kp.$_2$ 170°. — *Diäthylphenyl-*, $C_{10}H_{15}O_4P$, Kp.$_2$ 100°, aus Phosphorsäuremonophenylester u. **IV**. (Canad. J. Chem. **32**. 227—34. März 1954.) H. Gold. 1280

H. G. Khorana, *Carbodiimide.* 4. Mitt. *Die Spaltung von N.N'-Di-p-tolyl-O-benzyl- und -O-allylpseudoharnstoffäther in Gegenwart von Säuren.* (3. vgl. vorst. Ref.) Die Umsetzung von N.N'-Di-p-tolylpseudoharnstoff-O-benzyläther (I) mit Säuren, wie Phosphorsäuredibenzylester (II), Phosphorsäurediphenylester, p-Toluolsulfonsäure (III) oder Essigsäure, führte nach der in vorst. Mitt. (l. c.) beschriebenen Rk. zur Bldg. der Ester der angewendeten Säure u. *Di-p-tolylharnstoff* (IV). Als erste Reaktionsstufe bei der Umsetzung von I mit II oder auch III wird die Bldg. des unbeständigen Kations V angesehen, das sich entweder unter Bldg. des orangerot gefärbten Benzylkations zers. oder sich in ein kernsubstituiertes *Benzylderiv.* (VI) von IV umlagert, das namentlich bei Zimmertemp. u. in sehr verd. Lsgg. beobachtet wird. Das Benzylkation bildet mit dem II-Anion den *Phosphorsäuretribenzylester.* Eine analoge Reaktionsfolge wurde auch bei der Umsetzung von N.N'-Di-p-tolylpseudoharnstoff-O-allyläther (VII) mit II u. III beobachtet.

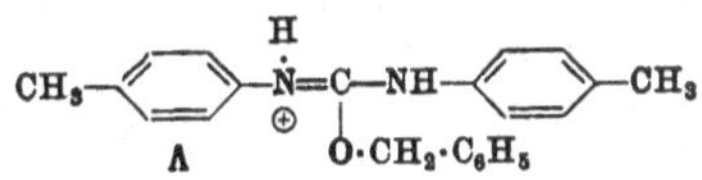

A

Versuche: *N.N'-Di-p-tolylpseudoharnstoff-O-benzyläther* (I), $C_{22}H_{22}ON_2$, F. 84 bis 85° (PAe.), aus Di-p-tolylcarbodiimid u. Na-Benzylat in Dioxan (vgl. l. c.); 81%. — *N.N'-Di-p-tolylpseudoharnstoff-O-allyläther* (VII), $C_{18}H_{20}ON_2$, Kp.$_{2}$ 135—140°, analog mit Allylalkohol; viscoses Öl; 97%. — *Phosphorsäuretribenzylester*, F. 64—65° (Ae. + PAe.), aus I u. II (1 : 1) in Bzl. in exothermer Rk. (Farbe der benzol. Lsg. gelb → orangerot), anschließendes Kochen bis zur Entfärbung (15 Min.), Abfiltrieren des als Nd. entstandenen Gemisches von IV + VI, Entfernen von II durch Waschen des Filtrats mit wss. $NaHCO_3$ u. Eindampfen der benzol. Lsg.; Nadeln, neben in A. schwer lösl. VI. — *Umlagerungsprod.* $C_{22}H_{22}ON_2$ (VI), F. 206—207° (A.), durch Zugabe einer benzol. Lsg. von 1,65 g I in eine sd. Lsg. von 0,95 g III in 120 cm³ Bzl. (10 Min.) unter vorübergehender Orangefärbung, Einengen auf 30 cm³, Stehenlassen bei Zimmertemp. u. Eindampfen des Filtrats; 0,38 g (Ausbeute); λ_{max} 6,12, 6,27 u. 6,47 μ (1635, 1595 u. 1563 cm^{-1}). Die Verwendung katalyt. Mengen II lieferte 51% I zurück. — *Umlagerungsprod.* $C_{18}H_{20}ON_2$, F. 200—202° (90%ig. A.), analog aus VII u. III in Bzl.; Rosetten feiner Nadeln. (Canad. J. Chem. **32.** 261—67. März 1954.) H. Gold. 1280

Corwin Hansch, *Nitrierung von o-Acetylaminoäthylbenzol.* Die Nitrierung von o-Acetylaminoäthylbenzol (I) mit rauchender HNO_3 u. Eisessig lieferte *3-* (II) u. *5-Nitro-2-acetylaminoäthybenzol* (III). Die Trennung erfolgte durch Hydrolyse von II u. III zu *3-* (IV) u. *5-Nitro-2-aminoäthylbenzol* (V) mit H_2SO_4 u. Wasserdampfdestillation. In schwefelsaurer Lsg. ergab die Nitrierung von I vorwiegend *4-Nitro-2-acetylaminoäthylbenzol* (VI).

Versuche: *o-Acetylaminoäthylbenzol* (I), F. 111—111,8°, aus 60 g o-Äthylanilin in Essigsäure u. Essigsäureanhydrid; 72 g (Ausbeute). — *3-Nitro-2-aminoäthylbenzol* (IV), $C_8H_{10}O_2N_2$, F. 31—32°, aus dem aus 100 g I mit rauchender HNO_3 u. Eisessig gewonnenen II–III-Gemisch (100 g) durch Wasserdampfdest. in schwefelsaurer Lsg., Chromatographie des Ae.-Extrakts des Destillats an Al_2O_3 u. Erhitzen mit Ligroin–Bzl. (2 : 1) u. Bzl.; 17,6 g; Sandmeyer-Rk. u. $KMnO_4$-Oxydation → *2-Chlor-3-nitrobenzoesäure*, F. 181 bis 184°. — *5-Nitro-2-aminoäthylbenzol* (V), F. 86—87°, neben IV bei weiterer Elution mit Ae.–Bzl. (1 : 1) u. Ae. u. aus dem Rückstand der Wasserdampfdest.; 30,15 g. — *2-Chlor-5-nitroäthylbenzol*, $C_8H_8O_2NCl$, Kp.$_{7}$ 120°, Kp.$_{730}$ 263—265° (Zers.), aus V nach Sandmeyer; $KMnO_4$-Oxydation → *2-Chlor-5-nitrobenzoesäure*, F. 165—167°. — *3-Nitro-2-acetylaminoäthylbenzol* (II), $C_{10}H_{12}O_3N_2$, F. 164—166°, aus IV mit Essigsäureanhydrid. — *5-Nitro-2-acetylaminoäthylbenzol* (III), F. 154,5—156°, aus V mit Essigsäureanhydrid. — *4-Nitro-2-aminoäthylbenzol*, F. 60,5—61,5°, durch Nitrierung von 10 g I in konz. H_2SO_4 u. Wasserdampfdest. in schwefelsaurer Lsg.; 3,7 g. *Acetylderiv.* (VI), F. 160,5 bis 161,5°. — *2-Chlor-4-nitrobenzoesäure*, F. 139—142°. (J. org. Chemistry **20.** 1026—29. Aug. 1955. Claremont, Calif.) B. Görlich. 1310

Roger P. Staiger und **E. C. Wagner,** *Isatosäureanhydrid.* 3. Mitt. *Reaktionen mit primären und sekundären Aminen.* (2. vgl. C. **1949.** I. 43.) Isatosäureanhydrid (I) wird durch prim. u. sek. Amine meist gleichzeitig in *substituierte Anthranilamide* u. *ω-substituierte Ureidobenzoesäuren* gespalten; das Verhältnis der Prodd. u. die Ausbeuten in Abhängigkeit von Konz., Mol-Verhältnis u. Konst. der Ausgangsstoffe werden untersucht. Die Rk. tritt schon bei Zimmertemp ein u. verläuft sehr schnell. Aus einigen aus prim. Aminen erhaltenen Ureidobenzoesäuren bilden sich beim Erhitzen mit Mineralsäuren *Benzoylenharnstoffe.*

Versuche (FF. aus verd. A.): *Isatosäureanhydrid* (I), F. 244° (Zers.; 95%ig. A.), aus Anthranilsäure u. $COCl_2$; Löslichkeit in 95%ig. A. bei 10° 0,273 (g/100 ml), 20° 0,454, 30° 0,655. — N'-Alkyl-o-ureidobenzoesäuren, aus I u. dem entsprechenden Amin in W. (15 Min. rühren), im Falle von Anilin u. Methylanilin in sd. A., u. Fällung mit verd. H_2SO_4; daneben die entsprechenden Anthranilsäurealkylamide (**B**): *N'-Methyl-*, F. 183°, mit CH_3NH_2; 8,9% (Ausbeute). — *N'-Äthyl-*, F. 189°, mit $C_2H_5NH_2$;

48,5%, daneben 25,6% **B.** — *N'-n-Propyl-*, F. 164°, mit n-$C_3H_7NH_2$; 37,6% u. 36,8% **B.** — *N'-Isopropyl-*, F. 183°, mit Isopropylamin; 89,2% u. 16,3% **B.** — *N'-n-Butyl-*, F. 164°, mit n-Butylamin; 46,4% u. 46,3% **B.** — *N'-sek.-Butyl-*, $C_{12}H_{16}O_3N_2$, F. 174°, mit sek.-Butylamin; 98,6% u. 7,3% **B.** — *N'-tert.-Butyl-*, F. 174—176°, mit tert.-Butylamin; 93% u. 9,7% **B.** — *N'-Allyl-*, $C_{11}H_{12}O_3N_2$, F. 166°, mit Allylamin; 17,5% u. 85,5% **B.** — *N'-Cyclohexyl-*, $C_{14}H_{18}O_3N_2$, F. 180°, mit Cyclohexylamin. — *N'-Benzyl-*, F. 192°, mit Benzylamin; 26,8%. — *N'-Phenyl-*, $C_{14}H_{12}O_3N_2$, F. 183°, mit Anilin; 8,7%. — *N'.N'-Diäthyl-*, $C_{12}H_{16}O_3N_2$, F. 151°, mit Diäthylamin; 80,7%. — *N'.N'-Di-n-propyl-*, $C_{14}H_{20}O_3N_2$, F. 146°, mit Di-n-propylamin; 87,5%. — *N'.N'-Pentamethylen-*, $C_{13}H_{16}O_3N_2$, F. 137—138°, mit Piperidin; 56,7%. — *N'.N'-Methylphenyl-*, F. 161°, mit Methylanilin; 48,5%. — *o-[Morpholinocarbonylamino]-benzoesäure*, $C_{12}H_{14}O_4N_2$, F. 164°, mit Morpholin; 24,5%. — 3-Alkylbenzoylenharnstoffe, aus der entsprechenden vorst. Verb. (die sek.-Butyl-, Allyl- u. Phenylderivv. reagierten nicht; das tert.-Butylderiv. gab unter Abspaltung der tert.-Butylgruppe *Benzoylenharnstoff*) mit 10%ig. H_2SO_4 in Ggw. von A.: *3-Methyl-*, F. 241°; 61%. — *3-Äthyl-*, F. 198°; 73%. — *3-n-Propyl-*, $C_{11}H_{12}O_2N_2$, F. 186—187°; 82%. — *3-Isopropyl-*, F. 188°; 41%. — *3-n-Butyl-*, $C_{12}H_{14}O_2N_2$, F. 156°; 87%. — *3-Cyclohexyl-*, $C_{14}H_{16}O_2N_2$, F. 270—271°; 48%. — *3-Benzyl-*, $C_{15}H_{12}O_2N_2$, F. 227°; 70%. — Die Infrarotspektren der substituierten Benzoylenharnstoffe sind angegeben. (J. org. Chemistry **18**. 1427—39. Okt. **1953**. Philadelphia, Pa., Univ. of Pennsylvania, Dep. of Chem.) K. LEHMSTEDT. 1350

A. W. Toptschijew, N. Ss. Nametkin und **W. I. Setkin,** *Darstellung von Hexaalkoxyderivaten von Cyclotrimethylentrisilan.* (Vgl. C. **1954**. 11420.) Durch Rk. von 1.1.3.3.5.5-Hexachlorcyclotrimethylentrisilan (I) mit CH_3OH wird *1.1.3.3.5.5-Hexamethoxycyclotrimethylentrisilan* (II) erhalten. Daneben entsteht durch Hydrolyse von II mit dem aus CH_3OH u. HCl gebildeten W. *Bis-[1.1.3.3.5-pentamethoxycyclotrimethylentrisilan]-oxyd.* I reagiert mit höheren Alkoholen analog, die Menge an Hydrolyseprodd. nimmt dabei infolge der geringeren Aktivität der höheren Alkohole bei den Rkk. mit HCl ab.

Versuche: *1.1.3.3.5.5-Hexamethoxycyclotrimethylentrisilan* (II), $C_9H_{24}O_6Si_3$, Kp.$_{1,5}$ 105—106°; man gibt zu 40 g CH_3OH u. 60 g Diäthylamin unter Kühlung 40 g I in Toluol u. erwärmt 3—3½ Std. auf 50—90°; D.$^{20}_{4}$ 1,1172; n_D^{20} 1,4376; 23 g (Ausbeute). Daneben *Bis-[1.1.3.3.5-Pentamethoxycyclotrimethylentrisilan]-oxyd,* $C_{16}H_{42}O_{11}Si_6$, Kp.$_5$ 198—203°; D.$^{20}_{4}$ 1,1628; n_D^{20} 1,4548; 14,5%. — *1.1.3.3.5.5-Hexaäthoxycyclotrimethylentrisilan,* $C_{15}H_{36}O_6Si_3$, Kp.$_5$ 132—133°; aus I u. A. analog Vorst.; D.$^{20}_{4}$ 1,0152; n_D^{20} 1,4336; 64%; neben *Bis-[1.1.3.3.5-pentaäthoxycyclotrimethylentrisilan]-oxyd,* $C_{26}H_{62}O_{11}Si_6$, Kp.$_5$ 230—235°; D.$^{20}_{4}$ 1,0621; n_D^{20} 1,4425; 16%. — *1.1.3.3.5.5-Hexapropoxycyclotrimethylentrisilan,* $C_{21}H_{48}O_6Si_3$, Kp.$_4$ 171—172°; D.$^{20}_{4}$ 0,9691; n_D^{20} 1,4372; 62,8%. — *1.1.3.3.5.5-Hexa-n-butoxycyclotrimethylentrisilan,* $C_{27}H_{60}O_6Si_3$, Kp.$_{1,5}$ 196—197°; D.$^{20}_{4}$ 0,9520; n_D^{20} 1,4431; 64%. (Доклады Академии Наук СССР [Ber. Akad. Wiss. UdSSR] **103**. 95—96. 1/7. 1955. Erdölinst. der Akad. der Wiss. der UdSSR.) O. POLLAK V. EMHOFEN. 1380

F. W. Shipley, *Reaktion von Kaliumbromid–Bromat-Lösung mit einigen Schwefelverbindungen. α.β-ungesätt. Sulfide, Sulfoxyde* u. verwandte Verbb. zeigen mit KBr/$KBrO_3$-Lsg. eine unerwartet hohe Bromaufnahme. Vf. gibt folgende allg. Regeln an: a) Nichtkonjugierte C=C-Doppelbindungen nehmen wie erwartet 2 Br-Atome auf. b) Das S-Atom (in gesätt. u. ungesätt. Verbb.) nimmt 2 Br-Atome auf, worauf Hydrolyse zum *Sulfoxyd* folgt (die Oxydation zum Sulfon ist unbedeutend). c) Eine C—S-Spaltung findet nicht statt bei gesätt. Verbb. oder solchen Sulfiden, in denen das dem S-Atom benachbarte Allyl-C prim. ist, gewöhnlich aber dann, wenn dieses C-Atom substituiert ist [Ausnahmen: Methyl-1-methylpropen-(2)-ylsulfid u. 1.1-Dimethylbuten-(2)-ylphenylsulfid]. d) Die C—S-Spaltung selbst erklärt die Aufnahme von 4 Br-Atomen unter Oxydation des schwefelhaltigen Teils zur *Sulfonsäure*; in Verbb. mit 2-Allylsubstituenten wird nur eine C—S-Bindung gespalten. e) Einfache gesätt. Ketone werden nicht angegriffen, Ketosulfide nehmen daher nur 2 Atome Br auf. Die Bldg. eines *Bromdioxycyclohexans* aus Äthylcyclohexen-(2)-ylsulfid an Stelle der erwarteten Tribromverb. erklärt Vf. mit der intermediären Bldg. von HOBr.

Versuche: Die Anzahl der aufgenommenen Br-Atome/Mol war bei der Titration in Eisessig, W. u. konz. HCl mit 0,1n KBr/$KBrO_3$-Lsg. bis zur schwachen Gelbfärbung für *Cyclohexylmethylsulfid* 2, *Cyclohexylmethylsulfoxyd* 0, *Cyclohexanon* 0, *2-Methylmercaptocyclohexanon* 2, *3-Methylmercaptocyclohexanon* 2, *n-Butyl-2-methylpropen-(2)-ylsulfid* 4, *n-Butylcrotylsulfid* 4, *Diallylsulfid* 6 (davon 2 Br-Atome schnell u. 4 in einigen Min.), *Allylphenylsulfoxyd* 2, *Methyl-1-methylpropen-(2)-ylsulfoxyd* 2, *Cyclohexen-(2)-ylmethylsulfid* 8, *Dicyclohexen-(2)-ylsulfid* 10, *Dicyclohexen-(2)-yläther* 4, *n-Butyl-1-methylbuten-(2)-ylsulfid* 8, *Cyclohexen-(2)-ylmethylsulfoxyd* 6, *Cyclopenten-1-thiolcarbonsäure-*

methylester 7,5—8, *Cyclopenten-1-carbonsäure* 2. — Nach der Rk. von *Cyclohexen-(2)-yl-phenylsulfid* mit 8 Atomen Br wurde *Benzolsulfonsäure* als *S-Benzylthiuroniumsalz* ($C_{14}H_{16}O_3N_2S_2$, F. 148°) isoliert; aus Äthylcyclohexen-(2)-ylsulfid (Rk. mit 8 Br) konnte Äthansulfonsäure nicht isoliert werden, Neutralisation mit NaOH, Eindampfen u. Chloroformextraktion gab ein *Bromdioxycyclohexan*, $C_6H_{11}O_2Br$, Kp.$_{0,01}$ 100° (Badtemp.). (J. chem. Soc. [London] **1955.** 3562—63. Okt.) G. ZIEHMANN. 1890

Charles J. Pennino, *Reaktionen von 2.3.4.4.5.5.6.6-Oktachlorcyclohexen-(2)-on-(1) mit Natriumhydroxyd und Natriumacetat.* 2.3.4.4.5.5.6.6-Oktachlorcyclohexen-(2)-on-(1) (I) wird durch 2nNaOH bei Raumtemp. u. Ansäuern fast quantitativ zu *Heptachlorhexadien-(2.5)-säure* (II) gespalten (vgl. dagegen ZINCKE [1894]). Die Spaltung tritt auch ein mit Na-Formiat, -Acetat oder -Propionat in Methanol bzw. A. u. Dioxan unter Bldg. des *Methyl-* (III) bzw. *Äthylesters*. Die Verseifung von III mit 2nNaOH lieferte bei Raumtemp. II, bei 60° dagegen das *Na-Salz der Pentachlor-4-oxohexadien-(2.5)-säure*, aus dem beim Ansäuern ein decarboxyliertes u. bei Destillationsverss. polymerisierendes Prod. entsteht. Über das II-*Chlorid* (IV) wurden außer III noch der *Allyl-* u. der *Phenylester* dargestellt. I ließ sich mit Na-Acetat in Eisessig nicht spalten, in Acetanhydrid entstand *Pentachlorphenylacetat*. — Vff. nehmen folgenden Reaktionsmechanismus für die Ringöffnung an: Anlagerung des betreffenden Anions an die Carbonylgruppe u. anschließende Ringöffnung unter gleichzeitiger Abspaltung eines Cl^--Ions. In Ggw. von $RCOO^-$ entsteht dabei intermediär ein gemischtes Säureanhydrid, das mit Alkohol den Ester liefert.

Versuche: *Heptachlorhexadien-(2.5)-säure* (II), $C_6HO_2Cl_7$, F. 135—137° (Bzl.), aus I durch 7tägiges Rühren mit 2nNaOH bei 20—30°, Ansäuern des abfiltrierten *Na-Salzes* [86,5% (Ausbeute)] u. der Mutterlauge; 96,3%; $p_K \approx 3$. *Methylester* (III), $C_7H_3O_2Cl_7$, F. 44—45° (Methanol), aus I u. Na-Acetat, -Formiat oder -Propionat in Dioxan u. Methanol, 4½ Std. Kochen oder 24std. Rühren bei Raumtemp.; 95%; oder aus II mit PCl_5 über das *Säurechlorid* (IV), das mit Methanol umgesetzt wurde; 1,8 g aus 2 g IV. *Äthylester*, $C_8H_5O_2Cl_7$, Kp.$_{0,5}$ 125—128°, durch 5std. Kochen von 10 g I u. Na-Acetat in A. u. Dioxan; 8,3 g. *Allylester*, $C_9H_5O_2Cl_7$, Kp.$_{0,3}$ 135—140°, aus 2 g IV u. Allylalkohol in Ggw. von Pyridin; 1,6 g. *Phenylester*, $C_{12}H_5O_2Cl_7$, F. 63—65° (Hexan u. Methanol), Kp.$_{0,5}$ 175—180°, durch Erwärmen von 7,4 g IV mit Phenol in Ggw. von Pyridin auf 60°; 6,4 g. — Aus III entstand mit 2nNaOH durch 7tägiges Rühren bei Raumtemp. II (1,1 g aus 3,3 g), durch 7std. Erhitzen auf 80—90° u. Ansäuern (→ CO_2) ein *Öl*, C_5HOCl_5, das bei Destillationsverss. polymerisiert. — *Pentachlorphenylacetat*, F. 150—151° (A.), durch 1std. Kochen von 18,6 g I mit Na-Acetat in Acetanhydrid; 13 g. — Infrarotspektren von II, III u. dem Verseifungsprod. aus III vgl. Original. (J. org. Chemistry **20.** 530—35. April 1955. Brecksville, O., B. F. Goodrich Comp., Res. Center.) H. ASCHERL. 2010

Josef Schmitt, Michel Suquet und **Pierre Comoy,** *Über einige neue, durch gemischte Kondensation von Phenylacetylchlorid mit sich selbst und mit einem geeigneten aromatischen Stoff unter den Bedingungen der Friedel-Crafts-Reaktion entstandene Verbindungen.* Ausführliche Wiedergabe der C. **1956.** 416 referierten Arbeit. Experimentelle Einzelheiten (Arbeitsweise, Ausbeuten) sind angegeben. (Bull. Soc. chim. France, Mém. [5] **1955.** 1055—59. Sept. Établissements Clin-Byla, Labor. de Rech.) J. ROTHE. 2470

C. F. Koelsch und **R. N. Flesch,** *Synthese und Eigenschaften von Fluorentrion-(1.4.9) und anderen Fluorenonderivaten.* Vff. beschreiben die Darst. von *Fluorentrion-(1.4.9)* (I) aus Anthranilsäureester über das *N-Nitroso-N-acetylderiv.*, das mit p-Dimethoxybenzol umgesetzt u. nach Verseifung der Estergruppe mit H_2SO_4 zu *1.4-Dimethoxyfluorenon* (II) kondensiert wird; II wird dann zu *1.4-Dioxyfluorenon* (III) hydrolysiert u. zu I oxydiert. I hat ein Normalpotential E_0' von 0,819 V, mit Cyclopentadien entsteht eine *Additionsverb.*, mit Acetanhydrid (IV) *1.2* (oder *3*)*.4-Triacetoxyfluorenon-(9)*. Die Nitrierung von II liefert das *2(?)-Nitroprod.* (V), das zum *Amin* (VI) red. wurde. VI läßt sich diazotieren, aber nicht weiter ins Phenol umwandeln, mit einem Überschuß von Nitrit wird die N_2-Gruppe durch die NO_2-Gruppe ersetzt unter gleichzeitiger Hydrolyse einer Methoxygruppe (vermutlich am $C_{(1)}$). V wird durch HCl nur teilweise hydrolysiert, wahrscheinlich auch am $C_{(1)}$. *2.3-Dimethoxyfluorenon* (VII) wurde aus Veratrol u. Benzoylchlorid über *3.4-Dimethoxybenzophenon*, das nitriert, red., diazotiert u. cyclisiert wurde (vgl. REISSERT, Arch. Pharmaz. Ber. dtsch. pharmaz. Ges. **270.** [1932.] 551) dargestellt u. zu *2.3-Dioxyfluorenon* hydrolysiert, das sich aber nicht zum Chinon oxydieren ließ. Weder die aus VII erhaltene *4(?)-Nitroverb.* noch das entsprechende *Amin* gaben eindeutige Prodd. mit $KMnO_4$. 2.3.4-Trioxyfluorenon konnte nicht analog VII dargestellt werden, da bei der Nitrierung von 3.4.5-Trimethoxybenzophenon nur *5-Nitropyrogalloltrimethyläther* erhalten wurde.

Versuche: *2'.5'-Dimethoxybiphenylcarbonsäure-(2)*, $C_{15}H_{14}O_4$, F. 155—157°, aus 133 g Äthylanthranilat u. IV in Eisessig (1 Std., 90°), Einleiten von N_2O_3 in das Gemisch bei 0—5° unter Bldg. von 150 g *N-Nitroso-N-acetylderiv.*, das innerhalb 4 Std. bei 57° unter Rühren zu 400 g geschmolzenem p-Dimethoxybenzol gegeben wurde, dann 12std. Rühren bei 55—60°, Dest., 1std. Kochen der Fraktion vom $Kp._{13}$ 165—200° (65 g) in wss.-alkoh. NaOH, Entfernung unlösl. Anteile mit Ae., Ansäuern → rotes kristallisierendes Öl (31 g) u. Reinigung einer alkoh. Lsg. an Al_2O_3; Kristalle; 18 g. — *1.4-Dimethoxyfluorenon* (**II**), $C_{15}H_{12}O_3$, F. 165—166°, aus 2 g vorst. Verb. in konz. H_2SO_4, 1 Std. bei 50°; gelbe Nadeln aus A. u. durch Sublimation; 1,65 g. — *1.4-Dioxyfluorenon* (**III**), $C_{13}H_8O_3$, F. 263—264°, aus 2 g **II** in HBr/CH_3COOH durch 22std. Kochen; orangefarbene Nadeln aus Ae./PAe. oder rotbraune Tafeln aus CH_3COOH; 1,2 g. Daneben vermutlich *5'-Acetoxy-2'-oxybiphenylcarbonsäure-(2)-lacton*, $C_{15}H_{10}O_4$, F. 140—142°, aus den HBr/CH_3COOH-Mutterlaugen durch weiteres 36std. Erhitzen u. 15 Min. langes Stehen in **IV** in Ggw. von H_2SO_4; aus Bzl./PAe. Nadeln. — *1.4-Diacetoxyfluorenon*, $C_{17}H_{12}O_5$, F. 175—176°; gelbe Nadeln aus Ae.; 0,6 g aus 0,5 g **III**. — *Fluorentrion-(1.4.9)* (**I**), $C_{13}H_6O_3$, F. 188 bis 189°, aus 1 g **III** u. Pb(IV)-Acetat in Toluol, 3std. Schütteln, Einengen, Zugabe von PAe. u. Sublimation des Nd. im Vakuum; rote Nadeln; 0,54 g. *Cyclopentadienaddukt* (1 : 1), $C_{18}H_{12}O_3$, F. 159—161°, in Toluol 3 Tage bei Raumtemp., Einengen u. Zugabe von PAe.; aus A. gelbe Nadeln. — *1.2(?).4-Triacetoxyfluorenon*, $C_{19}H_{14}O_7$, F. 211,5—213°, aus 1 g **I** in **IV** in Ggw. von H_2SO_4, 2 Tage bei Raumtemp.; gelbe Nadeln aus Bzl.; 1,26 g. Gibt mit $AlCl_3$ in Nitrobenzol keine FRIES-Rk. bei 36std. Stehen bei Raumtemp. oder 3std. Erhitzen auf 90—110°. — *1.2(?).4-Trioxyfluorenon*, $C_{13}H_8O_4$, F. 302—304°, aus vorst. Triacetat in methanol. H_2SO_4 (30 Min. kochen); kastanienbraune Nadeln aus CH_3COOH. Gibt in alkal. Lsg. mit O_2 kein krist. Produkt. Mit **IV** → vorst. Triacetat. Reagiert mit Diphenyldichlormethan (vgl. MASON, C. **1945.** II. 783) bei 115° nicht, bei 200° → amorpher, brauner, in Alkali unlösl. Körper. — *1.2.4(?)-Oxydimethoxyfluorenon*, $C_{15}H_{12}O_4$, F. 238—241°, aus vorst. Verb. u. CH_2N_2 in Ae. (24 Std. Stehen); rote Nadeln aus Bzl.; mit wss. KOH tiefe Blaufärbung. — *1.2(?).4-Trimethoxyfluorenon*, $C_{16}H_{14}O_4$, F. 144—146°, aus vorvorst. Verb. mit Dimethylsulfat in alkal. Lsg.; aus Bzl. orangefarbene Nadeln. — *1.4-Dimethoxy-2(?)-nitrofluorenon* (**V**), $C_{15}H_{11}O_5N$, F. 202—203°, aus 5 g **II** u. konz. HNO_3 in CH_3COOH, 1 Std. Rühren bei 30°; gelbe Nadeln aus verd. Essigsäure; 5 g. — *2(?)-Amino-1.4-dimethoxyfluorenon* (**VI**), $C_{15}H_{13}O_3N$, F. 161°, durch Zugabe von wss. Na_2S-Lsg. in ein sd. Gemisch von 2 g **V**, NH_4Cl u. A. innerhalb 30 Min., weitere 30 Min. kochen, Einengen u. Verdünnen mit W.; rotbraune Nadeln aus A. u. durch Sublimation; 1,7 g. — *2.1.4(?)-Aminooxymethoxyfluorenon*, $C_{14}H_{11}O_3N$, F. 280—240° (? der Referent), aus 1 g **VI** u. konz. HCl (5 Std., 200°); 0,69 g, oder mit HBr/CH_3COOH u. Sublimation im Vakuum; dunkelrotbraune Nadeln. Gibt dunkelblaue Lsg. in wss. NaOH. — *1-Oxy-4-methoxy-2-nitrofluorenon*, $C_{14}H_9O_5N$, F. 205—206°, aus **VI** durch Diazotierung mit einem Überschuß an $NaNO_2$, Stehenlassen der filtrierten Lsg. mit $CuSO_4$-Lsg. über Nacht bei 80° u. Sublimation des Nd.; orangefarbene Kristalle aus A.; 0,2 g. Gibt ein nahezu unlösl. *Na-Salz*. Mit Diazomethan entsteht **V**. — *2.3-Dioxyfluorenon*, $C_{13}H_8O_3$, F. 237—238°, aus Veratrol u. Benzoylchlorid in Bzl. mit $AlCl_3$ über *3.4-Dimethoxybenzophenon* (89%), Nitrierung nach REISSERT zu *2-Nitro-4.5-dimethoxybenzophenon* (85%), Red. mit H_2/Pt-Schwarz oder Fe/verd. CH_3COOH zu *2-Amino-4.5-dimethoxybenzophenon* (88 bzw. 70%), Diazotierung u. Cyclisierung nach REISSERT zu *2.3-Dimethoxyfluorenon* (**VII**; F. 160 bis 161°; 53%), das mit 47%ig. HBr/CH_3COOH 7 Std. gekocht wurde; orangefarbene Tafeln aus A. u. durch Sublimation; 3,55 g aus 4,4 g **VII**. *Diacetylverb.*, $C_{17}H_{12}O_5$, F. 169 bis 170°; gelbe Nadeln aus A.; 0,43 g aus 0,4 g. — *2.3-Benzhydrylidendioxyfluorenon*, $C_{26}H_{16}O_3$, F. 172—173°, aus 3 g Dioxyfluorenon u. Diphenyldichlormethan, je 2 Std. bei 80 u. 160° u. Fällen mit Ae.; orangegelbe Tafeln aus A., 3,5 g. — *4(?)-Nitro-2.3-dimethoxyfluorenon*, $C_{15}H_{11}O_5N$, F. 237—239°, aus **VII** in CH_3COOH durch Zugabe von konz. HNO_3 innerhalb 5 Min. bei 25° u. 7 Min. Rühren; orangefarbene Nadeln aus Essigsäure; 35%. — *4(?)-Amino-2.3-dimethoxyfluorenon*, $C_{15}H_{13}O_3N$, F. 207—209°, aus 1,2 g vorst. Verb. u. NH_4Cl in A. u. Na_2S in W., 2std. Kochen, Einengen u. Verdünnen mit W.; rotbraune Nadeln aus verd. A.; 0,8 g. — *4(?)-Carbäthoxyacetamido-2.3-dimethoxyfluorenon*, $C_{20}H_{19}O_6N$, F. 299—300°, durch Zugabe eines fünffachen Überschusses von Malonsäureäthylesterchlorid in Chlf. zu vorst. Amin in Chlf.; orangerote Nadeln aus Alkohol. Verändert sich nicht bei 1std. Kochen mit Na-Alkoholat in absol. Alkohol. — *4(?)-Chlor-2.3-dimethoxyfluorenon*, $C_{15}H_{11}O_3Cl$, F. 191—192°, durch Diazotierung von 2 g vorst. Amin in HCl u. 24std. Erhitzen der Lsg. mit 10%ig. $CuSO_4$-Lsg.; orangefarbene Nadeln aus A.; 0,4 g. Mit H_2SO_4 statt HCl entsteht eine andere alkaliunlösl. *Substanz vom F. 202—204°* (orangefarbene Nadeln aus A.). — *3.4.5-Trimethoxybenzophenon*, $C_{16}H_{16}O_4$, F. 78—79°, aus 65 g Trimethylgalloylchlorid u. Diphenylcadmium u. Reinigung durch Chromatographie an Al_2O_3; Nadeln aus Ae. bei —75°; 47 g. Nitrierungsverss. unter verschied. Bedingungen ergaben entweder keine Rk. oder *5-Nitropyrogalloltrimethyläther* (F. 99—100°). *2.4-Dinitrophenylhydrazon*, $C_{22}H_{20}O_7N_4$, F. 200—202°, aus A. orange-

farbene Nadeln. — *4.3.5(?)-Oxydimethoxybenzophenon*, $C_{15}H_{14}O_4$, F. 124—126°, durch Ansäuern des alkal. Extrakts u. des schwerlösl. Na-Salzes aus der Darst. vorst. Ketons; Tafeln aus Ae./PAe.; 7,8 g. — *4.3.5(?)-Acetoxydimethoxybenzophenon*, $C_{17}H_{16}O_5$, F. 188 bis 189°, aus vorst. Verb., **IV** u. wenig H_2SO_4; Nadeln aus Alkohol. (J. org. Chemistry **20**. 1270—76. Sept. 1955. Minneapolis, Minn., Univ. of Minnesota, School of Chem.)
H. ASCHERL. 2750

F. Bell und **J. A. Gibson**, *Die Chlorierung des 2-Acetamidofluorens.* Vff. zeigen, daß die Chlorierung des 2-Acetamidofluorens hauptsächlich oder ausschließlich in 3-Stellung erfolgt; das erhaltene *2-Acetamido-3-chlorfluoren* (II) wurde in *3-Chlorfluorenon* (I) übergeführt, welches nach 2 weiteren Methoden synthetisiert wurde. *1-Chlorfluorenon* wurde zum Vgl. hergestellt.

Versuche: *1-Aminofluorenon*, F. 109°, aus 7 g Fluorenon-1-carbonsäure über das Säurechlorid (mit $SOCl_2$) durch 8std. Kochen mit NaN_3 in Bzl., 2std. Kochen nach Zugabe von 3nNaOH, Eindampfen, Extraktion mit HCl u. Fällen mit NH_4OH; 1,1 g (Ausbeute). — *1-Chlorfluorenon*, $C_{13}H_7OCl$, F. 140°, aus 1,1 g vorst. Verb. durch SANDMEYER-Rk.; gelbe prismat. Nadeln aus A.; 0,7 g. — *2-Amino-4'-chlorbenzophenon*, $C_{13}H_{10}ONCl$, F. 102°, durch ½std. Rühren von 2-[p-Toluolsulfonamido]-benzoesäure, C_6H_5Cl u. PCl_5 bei 50°, Zugabe von $AlCl_3$ bei 25°, 6std. Erhitzen auf 110°, Gießen auf Eis, Entfernung des C_6H_5Cl mit Wasserdampf, 3std. Erwärmen des Rückstands mit H_2SO_4 auf dem Dampfbad, Gießen auf Eis u. Neutralisation mit NH_4OH; aus wss. A. gelbe Nadeln. — *3-Chlorfluorenon* (I), F. 159°, aus dem Diazoniumsulfat vorst. Verb. (20 Min. auf dem Dampfbad); aus A. gelbe Plättchen. — *2-Acetamido-5-chlordiphenyl*, F. 120—121° (Chlf.-PAe., wss. A.), durch Einleiten von Cl_2 in 13 g 2-Acetamidodiphenyl in Chlf.; 11,7 g. — *2-Amino-5-chlordiphenyl*, $C_{12}H_{10}NCl$, F. 51°, aus 11,5 g vorst. Acetylderiv. in A. u. konz. HCl (3 Std. kochen) u. Zers. des Hydrochlorids mit NH_4OH; aus CH_3OH bräunliche Nadeln; 7,2 g. — *5-Chlor-2-cyandiphenyl*, $C_{13}H_8NCl$, F. 100°, aus 7 g vorst. Verb. durch SANDMEYER-Rk.; dunkelrote Prismen aus A.; 3,8 g. — *5-Chlordiphenyl-2-carbonsäure*, $C_{13}H_9O_2Cl$, F. 152°, durch 7std. Kochen von 3,5 g des vorst. Nitrils in 10%ig. KOH-Glykol; Nadeln aus wss. A.; 2 g. Cyclisierung mit H_2SO_4 → **I.** — *2-Acetamido-3-chlorfluoren* (II), $C_{15}H_{12}ONCl$, F. 204° (etwas unrein), durch Einleiten von Cl_2 (mit CO_2 verd.) in 5 g 2-Acetamidofluoren in Chlf.; aus Essigsäure feine Nadeln; 2,5 g. — *2-Amino-3-chlorfluoren*, $C_{13}H_{10}NCl$, F. 131°, aus **II** durch Hydrolyse mit sd. A.-HCl; aus wss. A. Nadeln. — *3-Chlorfluoren*, $C_{13}H_9Cl$, F. 95°, aus vorst. Verb. durch Desaminierung mit A.-H_2SO_4-$NaNO_2$; glänzende Plättchen aus Methanol. — *2-Acetamido-3-chlorfluorenon*, $C_{15}H_{10}O_2NCl$, F. 260°, a) durch Oxydation von 1 g **II** mit $Na_2Cr_2O_7$ in Essigsäure (2std. Kochen); goldgelbe Nadeln aus Essigsäure; 0,5 g; b) durch Chlorierung von 2-Acetamidofluorenon in Essigsäure. — *2-Amino-3-chlorfluorenon* (III), $C_{13}H_8 \cdot ONCl$, F. 189°, aus 1 g vorst. Verb. in A. u. HCl (2½std. Kochen); aus dem erhaltenen gelben Hydrochlorid wurden die Basen durch NH_3OH in Freiheit gesetzt u. in heißem A. gelöst, beim Abkühlen fiel verunreinigtes *Dichlorderiv.* ($C_{13}H_7ONCl_2$, F. 238—239°, purpurfarbene Nadeln; 0,2 g) aus; aus dem Filtrat **III**, rote Nadeln aus A.; 0,3 g. Desaminierung von **III** u. Wasserdampfdest. → **I.** (J. chem. Soc. [London] **1955**. 3560—62. Okt.)
G. ZIEHMANN. 2750

André Étienne und **Jean Bourdon**, *Mesodiphenyliertes β.β'-Anthradiol. Fuchsone und entsprechende Derivate.* (Vgl. C. **1955**. 8612; 8614.) Ausführliche Wiedergabe der C. **1955**. 8615 u. eines Teiles der C. **1955**. 8841 referierten Arbeiten. Nachzutragen sind folgende Verbb.: *o-[3.4-Dioxybenzoyl]-benzoesäure*, F. 220—221° (30%ig. Essigsäure), durch 1std. Erhitzen von Phthalsäureanhydrid u. Brenzcatechin mit geschmolzenem $AlCl_3$-NaCl auf 130—140°; 46% (Ausbeute). — *2.3-Dioxyanthrachinon-(9.10)* (*Hystazarin*), F. 393—394° (Sublimation bei 350°, 8 Torr, gelbe Nadeln), aus vorst. Verb. u. der 10fachen Menge konz. H_2SO_4; 96%. *Diacetylderiv.*, F. 213° (aus sd. Essigsäure flache hellgelbe Nadeln); 81%. — *2-Keto-3.9-dioxy-2.9-dihydro-9.10-diphenylanthracen* (I)-*9-methyläther*, $C_{27}H_{20}O_3$, F. 238°, aus Bzl. orangerote Kristalle. — *2.3-Dioxy-9.10-dimethoxy-9.10-dihydro-9.10-diphenylanthracen*, $C_{28}H_{24}O_4$, F. 260—270° (durch Fällung mit Isopropyläther aus A. Kristalle), aus I in Methanol u. konz. H_2SO_4; 70%; wird beim Erhitzen auf 160° rot, F. dann 231°. — *2-Acetoxy-3-methoxy-9.10-diphenylanthracen*, $C_{29}H_{22}O_3$, F. 226°, aus Propanol Plättchen. — *2.3-Dimethoxy-9.10-diphenylanthracen*, F. 265° (Toluol). — *2.3-Diacetoxy-9.10-diphenylanthracen*, $C_{30}H_{22}O_4$, F. 223—224°, aus Essigsäure Plättchen. — *1'.4'-Diphenylnaphtho-[2'.3':2.3]-9.10-dihydrophenazin*, $C_{32}H_{22}N_2$, F. 260° (aus Bzl.-Cyclohexan gelbe Nadeln) bzw. F. 300—315° (desolvatisiert), aus 100 mg 9.10-Diphenylanthradiol-(2.3) (II), u. 45 mg o-Phenylendiamin bei 160 bis 170° (5 Min.); 80 mg; ist desolvatisiert instabil unter Bldg. von grünen u. blauen Verbindungen. — *1.4-Dichlor-2.3-diketo-1.2.3.4-tetrahydro-9.10-diphenylanthracendihydrat*,

$C_{26}H_{20}O_4Cl_2$, F. 162—164° (aus Essigsäure Nadeln), durch 10 Min. langes Rühren von **II** in Essigsäure mit Cl_2; 49%. — *1-Brom-2-keto-3-oxy-1.2-dihydro-9.10-diphenylanthracen*, $C_{26}H_{17}O_2Br$, F. 230° (aus Essigsäure kleine gelborangefarbene Prismen), aus **II** u. Br_2; 50—55%; in A. oder Essigsäure blaue Fluorescenz. (Bull. Soc. chim. France, Mém. [5] **1955**. 380—89. März. Paris, Coll. de France, Labor. de Chim. Organ.) E. ROTTER. 2800

André Étienne und **Jean Bourdon**, *3-Oxy-9.10-diphenylanthrachinon-(1.2)*. (Vgl. vorst. Ref.) Ausführliche Wiedergabe der C. **1954**. 7868 u. eines Teiles der C. **1955**. 8841 referierten Arbeiten. Nachzutragen sind folgende Verbb.: *3-Methoxy-9.10-diphenylanthrachinon-(1.2)-monophenylhydrazon*, $C_{33}H_{24}O_2N_2$, F. 249—250°, aus Ae.-A. violette Nadeln. *2'-Methyloxazolo-[4'.5':1.2]-3-oxy-9.10-diphenylanthracen*, $C_{28}H_{19}O_2N$, F. 314° (aus Essigsäure Plättchen), durch Kochen von 1-Acetylamino-9.10-diphenylanthradiol-(2.3) mit Essigsäure; 83% (Ausbeute); Lsgg. zeigen blaue Fluorescenz. — *3-Oxy-9.10-diphenylanthrachinon-(1.2)-dibromid*, F. 232°, große gelbe Kristalle, unrein, da sehr instabil, aus dem Oxychinon in Essigsäure u. Br_2; 60%. (Bull. Soc. chim. France, Mém. [5] **1955**. 389—95. März.) E. ROTTER. 2800

Ju. K. Jurjew, Je. G. Wendelstein und **L. A. Sinowjewa**, 35. Mitt. *Umwandlung von Butyrolacton in Thiophanon-(2), Pyrrolidon-(2) und 1-Phenylpyrrolidon-(2)*. Aus Butyrolacton (**I**) entstehen durch Einw. von H_2S, NH_3 bzw. Anilin bei 350° an einem Al_2O_3-Katalysator *Thiophanon-(2)*, *Pyrrolidon-(2)* u. *1-Phenylpyrrolidon-(2)*.

V e r s u c h e: *Thiophanon-(2)*, C_4H_6OS, Kp.$_{52}$ 110,5°; 8 g **I** werden im H_2S-Strom durch ein mit Al_2O_3 gefülltes, auf 350° erhitztes Rohr geleitet (12 Tropfen/Min.); Fl. mit Knoblauchgeruch; $D.^{20}_4$ 1,1635; n_D^{20} 1,5189; 6 g (Ausbeute). Die Ausbeuten betragen bei 325 bzw. 375° 38 bzw. 30%. *$HgCl_2$-Verb.*, F. 118,5° (A.). Liefert bei der Red. mit amalgamiertem Zn u. verd. HCl (1:1) *Thiophan*, Kp.$_{757}$ 116—122°; n_D^{20} 1,5021. *$HgCl_2$-Verb.*, F. 125° (A.). — *Pyrrolidon-(2)*, C_4H_7ON, Kp.$_5$ 102—104°; aus **I** u. NH_3 bei 350° analog Vorst.; $D.^{30}_4$ 1,106; n_D^{30} 1,4806; 15,5%. — *1-Phenylpyrrolidon-(2)*, $C_{10}H_{11}ON$, F. 66—67°; aus 7 g **I** u. 20 g Anilin im N_2-Strom bei 350°; 4,3 g. (Журнал Общей Химии [J. allg. Chem.] **22** (**84**). 509—13. März 1952. Moskau, Univ., Zelinsky-Labor. für organ. Chem.) U. WÖRFFEL. 3051

Ju. K. Jurjew, G. Ja. Kondratjewa und **A. I. Kartaschewski**, 36. Mitt. *Umwandlung von α.β'-Dimethylfuran und α.β'-Dimethylfuranidin in die entsprechenden Stickstoff und Schwefel enthaltenden Heterocyclen*. (35. vgl. vorst. Ref.) Aus α.β'-Dimethylfuran (**I**) entsteht mit NH_3 an einem Al_2O_3-Kontakt bei 330° *α.β'-Dimethylpyrrol*. Durch katalyt. Hydrierung (Pd-Asbest) von **I** wird *α.β'-Dimethylfuranidin* (**II**) erhalten. **II** reagiert mit NH_3 bei 300° bzw. mit H_2S bei 330° an einem Al_2O_3-Katalysator zu *α.β'-Dimethylpyrrolidin* bzw. *α.β'-Dimethylthiophan*.

V e r s u c h e: *α.β'-Dimethylfuran* (**I**), Kp.$_{742}$ 93—93,1°; $D.^{20}_4$ 0,8996; n_D^{20} 1,4387. *$HgCl_2$-Verb.*, F. 111°. — *α.β'-Dimethylpyrrol*, C_6H_9N, Kp.$_{758}$ 165—166°, aus 9,6 g **I** im NH_3-Strom an einem Al_2O-Kontakt bei 330°; $D.^{20}_4$ 0,9236; n_D^{20} 1,5048; 2,4 g (Ausbeute). *Pikrat*, F. 92,5—93° (Alkohol). — *α.β'-Dimethylfuranidin* (**II**), $C_6H_{12}O$, Kp.$_{759}$ 97,5 bis 97,7°; aus 40 g **I** im H_2-Strom an einem Kontakt von Pd-Asbest bei 150—155°; $D.^{20}_4$ 0,8433; n_D^{20} 1,4100; 30 g. — *α.β'-Dimethylpyrrolidin*, $C_6H_{13}N$, Kp.$_{761}$ 116—117°; aus 11,5 g **II** im NH_3-Strom an einem Al_2O_3-Kontakt bei 300°; $D.^{20}_4$ 0,8351; n_D^{20} 1,4347 4,7 g. *Pikrat*, F. 116—116,5° (A.). — *α.β'-Dimethylthiophan*, $C_6H_{12}S$, Kp.$_{742}$ 147—148°; aus 9 g **II** im H_2S-Strom bei 330°; $D.^{20}_4$ 0,9265; n_D^{20} 1,4818; 6,1 g. *$HgCl_2$-Verb.*, F. 89° (A.). (Журнал Общей Химии [J. allg. Chem.] **22** (**84**). 513—16. März 1952.) U. WÖRFFEL. 3051

H. Cecil Caldwell und **W. Lewis Nobles**, *Mannich-Basen von 5-Nitro-2-acetylfuran und 5-Nitrofurfuryliden-(2)-aceton*. Die Darst. von 11 *β-Aminoketonen* mittels der MANNICH-Rk. aus 5-Nitro-2-acetylfuran bzw. 5-Nitrofurfuryliden-(2)-aceton mit Paraformaldehyd u. Dialkyl- oder heterocycl. sek. Aminen (mit den Hydrochloriden in A. oder mit den freien Aminen in alkoh. HCl, 15 Min. kochen, nach Zusatz von weiterem CH_2O noch 30 Min. kochen) wird beschrieben.

V e r s u c h e (FF. aus A.–Aceton): 2 - [β - D i a l k y l a m i n o p r o p i o n y l] - 5 - n i t r o f u r a n h y d r o c h l o r i d e: *2-[β-Dimethylaminopropionyl]-*, $C_9H_{12}O_4N_2 \cdot HCl$, F. 195—197°; 20% (Ausbeute). — *2-[β-Diisopropylaminopropionyl]-*, $C_{13}H_{20}O_4N_2 \cdot HCl$, F. 192°; 63%. — *2-[β-Dibutylaminopropionyl]-*, $C_{15}H_{24}O_4N_2 \cdot HCl$, F. 177—179°; 25%. — *2-[β-Morpholinopropionyl]-*, $C_{11}H_{14}O_5N_2 \cdot HCl$, F. 194°; 51%. — *2-[β-Piperidinopropionyl]-*, $C_{12}H_{16}O_4N_2 \cdot HCl$, F. 202—203°; 50%. — *α-[β-(2-Methylpiperidino)-propionyl]-*, $C_{13}H_{18}O_4N_2 \cdot HCl$, F. 196°; 35%. — 5 - D i a l k y l a m i n o - 1 - [5 - n i t r o f u r y l - (2)] - p e n t e n - (1) - o n - (3) - h y d r o c h l o r i d e: *5-Dimethylamino-*, $C_{11}H_{14}O_4N_2 \cdot HCl$, F. 198—200°; 20%. — *5-Diisopropylamino-*, $C_{15}H_{22}O_4N_2 \cdot HCl$, F. 181°; 20%. — *5-Morpholino-*, $C_{13}H_{16}O_5N_2 \cdot HCl$, F. 196—198°; 58%. — *5-Piperidino-*, $C_{14}H_{18}O_4N_2 \cdot HCl$,

F. 205—207°; 53%. — *5-[2-Methylpiperidino]-*, $C_{15}H_{20}O_4N_2 \cdot HCl$, F. 210—211°; 44%. (J. Amer. pharmac. Assoc., sci. Edit. **44.** 273—75. Mai 1955. Univ. of Mississippi.)
E. FRESE. 3061

M. A. Fletcher, M. W. Lakin und **S. G. P. Plant,** *Die Pyrolyse einiger komplexer Urethane.* Die Darst. u. der Verlauf der Pyrolyse der *N-Methoxy-* u. *N-Äthoxycarbonylderivv.* von *Carbazol* (**I**) sowie der entsprechenden *Tetra-* u. *Hexahydroverbb.* wird beschrieben. *N-Methoxycarbonylcarbazol* gibt beim Kochen *9-Methylcarbazol* (**II**), in Ggw. von α-Naphthylamin oder β-Naphthol dagegen **I**; im letzteren Falle konnte dabei *Methyl-β-naphthyläther* isoliert werden. Bei Zusatz von α-Naphthonitril oder 7.8-Benzochinolin wurden **I** u. **II** erhalten. Die Pyrolyse von *Tetrahydrocarbazolcarbonsäure-(9)-methylester* liefert *Tetrahydrocarbazol* (**III**) u. viele harzige Prodd., die von *Hexahydrocarbazolcarbonsäure-(9)-methylester* gibt *CO_2, CH_3OH, Hexahydrocarbazol* (**IV**), *9-Methylhexahydrocarbazol* u. ein Harz. Die entsprechenden *Äthylester* geben bei der Pyrolyse außer *CO_2* u. *Äthylen* **I** bzw. **III**, im Falle des *Hexahydroderiv.* werden CO_2 u. C_2H_4 sowie *A.*, **IV** u. *9-Äthylhexahydrocarbazol* erhalten. Die Pyrolyse von α-Naphthylcarbaminsäuremethyl- u. -äthylester führt zu *N.N'-Di-α-naphthylharnstoff*, F. 286° (Cyclohexanon).

V e r s u c h e: *Carbazolcarbonsäure-(9), Methylester*, $C_{14}H_{11}O_2N$, F. 77°, aus 3 g **I** in Aceton mit wss. KOH u. Chlorameisensäuremethylester (**V**); aus A. Nadeln; 2,1 g (Ausbeute). 3 g geben beim 2std. Kochen *CO_2* u. 2,3 g *9-Methylcarbazol* (**II**), F. 87—88°, aus A. Nadeln; beim 1std. Kochen mit α-Naphthylamin 94% *Carbazol* (**I**), F. 240°, aus Aceton Tafeln; 3 g geben beim Kochen mit 30 g β-Naphthol *CO_2*, 0,6 g *Methyl-β-naphthyläther* u. 2,1 g **I**; 2 g geben beim Kochen mit α-Naphthonitril 0,3 g **I** u. 0,48 g **II**; 1 g gibt beim Kochen mit 7.8-Benzochinolin 0,6 g **I**. *Äthylester*, $C_{15}H_{13}O_2N$, F. 75—76°, aus CH_3OH Nadeln. Gibt beim Kochen fast quantitativ **I** sowie *Äthylen*, isoliert als *Äthylendibromid* (**VI**), Kp. 130°. — *Tetrahydrocarbazolcarbonsäure-(9), Methylester*, $C_{14}H_{15}O_2N$, F. 35°, $Kp._{12}$ 210°, aus 4,55 g **III** mit C_2H_5MgJ in Ae. u. anschließende Behandlung mit äther. **V**; 2 g. 3 g geben beim $1\frac{1}{2}$std. Kochen *CO_2* u. 0,9 g *Tetrahydrocarbazol* (**III**), F. 118° (CH_3OH). *Äthylester*, Darst. u. Pyrolyse analog dem Methylester. — *Hexahydrocarbazolcarbonsäure-(9), Methylester*,, $C_{14}H_{17}O_2N$, F. 68°, aus **IV** mit **V** u. KOH; aus CH_3OH Tafeln. 5 g geben beim $1\frac{1}{2}$std. Kochen *CO_2*, ca. 0,25 g *Methanol*, Kp. 65°, *Hexahydrocarbazol* (**IV** → 0,9 g *Benzoylderiv.*, F. 103°, aus A. Nadeln) u. *9-Methylhexahydrocarbazol* [→ 0,81 g *Methojodid*, F. 191° (Zers.; A.)]. *Äthylester*, $C_{15}H_{19}O_2N$, F. 42°, aus A. Tafeln. 5 g geben beim $1\frac{1}{2}$std. Kochen *CO_2*, C_2H_4 (→ 2,4 g **VI**), 0,12 g *A.*, 1,25 g Benzoyl-**IV** u. 0,9 g nachst. Methojodids. — *9-Äthylhexahydrocarbazol*, $C_{14}H_{19}N$, $Kp._{10}$ 146°, aus 60 g N-Äthyl-N-phenylhydrazin mit Cyclohexanon u. sd. 10%ig. H_2SO_4 u. anschließende Red. des gebildeten *9-Äthyltetrahydrocarbazols* ($C_{14}H_{17}N$, $Kp._{17}$ 188°; 50 g) in A. mit Sn u. konz. HCl; 39 g. *Methojodid*, $C_{15}H_{22}NJ$, F. 190° (Zers.), aus A. Tafeln. (J. chem. Soc. [London] **1953.** 3898—3902. Dez. Oxford, Univ., Dyson Perrins Labor.)
K. LEHMSTEDT. 3081

A. Je. Arbusow und **W. M. Soroasstrowa,** *Substituierte Amide von cyclischen Estern der phosphorigen Säure.* Es werden durch Rk. von Äthylenglykol- (**I**), Trimethylenglykol- (**II**) u. α-Methyltrimethylenglykolphosphorigsäurechlorid (**III**) einerseits sowie Dimethylamin (**IV**), Diäthylamin (**V**), Piperidin (**VI**), Anilin (**VII**) u. N-Methylanilin (**VIII**) andererseits verschied. *cycl. Phosphorigsäureamide* dargestellt. Das aus **I** u. **V** erhaltene *Äthylenglykolphosphorigsäurediäthylamid* (**IX**) wird durch H_2O_2 unter Bldg. von *Äthylenglykolphosphorsäurediäthylamid* (?) oxydiert, bei der Einw. von S entsteht *Äthylenglykolthiophosphonsäurediäthylamid.* Die bei der Einw. von S auf andere cycl. Phosphorigsäureamide erhaltenen Verbb. konnten nicht isoliert werden, da bei der Dest. Zers. eintrat. Mit Alkylhalogeniden reagieren die Phosphorigsäureamide vermutlich unter Spaltung der P—N-Bindung. Definierte Prodd. konnten nicht isoliert werden. Mit CuJ, CuBr u. CuCl entstehen z. T. gut kristallisierende Komplexverbindungen.

V e r s u c h e: *Äthylenglykolphosphorigsäuredimethylamid*, $C_4H_{10}O_2NP$, $Kp._{11}$ 61 bis 62°; man läßt unter Eiskühlung zu 13 g **IV** in 150 ml absol. Bzl. 15 g **I** in 20 ml Bzl. zutropfen; $D._0^{20}$ 1,1285; n_D^{20} 1,4730; 11,6 g (Ausbeute). Gibt mit CuJ (1: 1 Mol) *Komplexverb. mit CuJ*, $C_4H_{10}O_2NJPCu$, F. 108—109° (Butylacetat). Die mit CuCl entstehende Komplexverb. zers. sich beim Umkristallisieren aus Benzol. — *Äthylenglykolphosphorsäurediäthylamid* (**IX**), $C_6H_{14}O_2NP$, $Kp._{3,5}$ 66—67°; aus **V** u. **I** in Ae. (1 Std. Kochen); $D._0^{20}$ 1,0639; n_D^{20} 1,4680; 65,9%. Wird durch konz. HNO_3 unter Entflammen oxydiert. *Komplexverb. mit CuBr*, $C_6H_{14}O_2NBrPCu$, F. 108° (Bzl.-Gasolin-Gemisch); zers. sich an der Luft. Mit CuCl entsteht zähe, nicht kristalline Masse. — *Äthylenglykolthiophosphorsäurediäthylamid*, $C_6H_{14}O_2NSP$, $Kp._3$ 133—134,5°; aus 5 g **IX** u. 1 g S unter Kühlen; $D._0^{20}$ 1,1825; n_D^{20} 1,5050; 3g. — *Äthylenglykolphosphorsäurediäthylamid* (?), $C_6H_{14}O_3NP$, $Kp._{5,5-6}$ 132°; man läßt unter Kühlen mit Eis 10 g **IX** zu 2,5 g 100%ig. H_2O_2 in 100 ml absol. Ae. zutropfen; $D._0^{20}$ 1,1735; n_D^{20} 1,4522; 38,5%. — *Äthylenglykolphosphorigsäure-*

piperidid, $C_7H_{14}O_2NP$, Kp.$_{2,5-3}$ 89—90°; aus I u. VI in Ae. (1 Std. auf dem Wasserbad); D.$^{20}{}_0$ 1,1454; n_D^{20} 1,5040; 68,5%. *Komplexverb. mit CuCl*, $C_7H_{14}O_2NClPCu$, F. 128 bis 130° (Bzl.-Gasolin-Gemisch). — *Trimethylenglykolphosphorigsäurepiperidid*, $C_8H_{16}O_2NP$, Kp.$_4$ 96—97°; aus II u. VI in Ae. (½ Std. auf dem Wasserbad); D.$^{20}{}_0$ 1,1173; n_D^{20} 1,5020; 65%. *Komplexverb. mit CuBr*, $C_8H_{16}O_2NBrPCu$, F. 167—167,5° (Butylacetat). Aus vorst. Verb. durch Verseifen mit verd. HCl *Trimethylenglykolphosphorigsäure*, Kp.$_4$ 143—144°; n_D^{20} 1,4558. — *α-Methyltrimethylenglykolphosphorigsäuredimethylamid*, $C_6H_{14}O_2NP$, Kp.$_{13,5}$ 71°; aus III u. IV in Ae.; D.$^{20}{}_0$ 1,0423; n_D^{20} 1,4650; 57,8%. — *α-Methyltrimethylenglykolphosphorigsäure*, F. 48—49°; Kp.$_{3,5}$ 138°; durch Verseifen vorst. Verb. mit angesäuertem Wasser. — *α-Methyltrimethylenglykolphosphorigsäurediäthylamid*, $C_8H_{18}O_2NP$, Kp.$_2$ 69—70°; aus III u. V in Ae.; D.$^{20}{}_0$ 1,0050; n_D^{20} 1,4620; 55,3%. — *α-Methyltrimethylenglykolphosphorigsäurepiperidid*, Kp.$_3$ 95—96°; aus III u. VI in Ae.; D.$^{20}{}_0$ 1,0741; n_D^{20} 1,4930; 59,5%. Gibt beim Verseifen mit verd. HCl *α-Methyltrimethylenglykolphosphonsäure*. — *α-Methyltrimethylenglykolphosphorigsäureanilid*, $C_{10}H_{14}O_2NP$, Kp.$_2$ 136—137°; man läßt zu 12,94 g VII u. 3,2 g Na in 60 ml Xylol 21,5 g III zutropfen u. erhitzt unter Rühren 1 Std. auf dem Wasserbad; D.$^{20}{}_0$ 1,1748; n_D^{20} 1,5558; 3 g. *Komplexverb. mit CuJ*, F. 134—138° (Bzl.-Ligroin). — *α-Methyltrimethylenglykolphosphorigsäure-N-methylanilid*, $C_{11}H_{16}O_2NP$, Kp.$_3$ 133—134°; aus 10,7 g VIII, 2,3 g Na in 50 ml Xylol u. 12,64 g III; D.$^{20}{}_0$ 1,1382; n_D^{20} 1,5442; 5,1 g. (Известия Академии Наук СССР, Отделение Химических Наук [Nachr. Akad. Wiss. UdSSR, Abt. chem. Wiss.] **1952**. 789—99. Sept./Okt. Kasan, Uljanow-Lenin-Univ., Wiss. chem. Butlerow-Forschungsinst.) U. WÖRFFEL. 3091

J. O. Jilek und **M. Protiva**, *Synthese eines neuen Histaminanalogen: 2-[2'-Aminoäthyl]-dihydroglyoxalin. 2-[2'-Aminoäthyl]-4.5-dihydroglyoxalin* (**V**) wurde aus β-Benzamidopropionitril (**I**) synthetisiert. **I** wurde in das *β-Benzamidopropioniminoäthylätherhydrochlorid* (**II**) übergeführt, das mit Äthylendiamin (**III**) zu *2-[2'-Benzamidoäthyl]-4.5-dihydroglyoxalin* (**IV**) cyclisiert u. als *Pikrat* isoliert wurde. Dieses gab bei der Zers. mit HCl u. anschließender Hydrolyse das **V**-*Hydrochlorid*, aus dem die freie Base durch C_2H_5ONa gewonnen wurde. **V** hat weder Histamin- noch Antihistaminwirkung. — Der Vers., 4.5-Dihydroglyoxalinyl-(2)-essigsäureäthylester durch Rk. von **III**-Hydrat u. Carbäthoxyacetiminoäthyläther (**VI**) nach SONN (D. R. P. 615 227) darzustellen, mißlang; bei dieser Rk. entstand *N²-[2'-Aminoäthyl]-4.5-dihydroglyoxalinyl-(2)-acetamid*. Aus Carbamoylacetiminoäthyläther (**VII**)-Hydrochlorid u. **III** konnte *4.5-Dihydroglyoxalinyl-(2)-acetamid* erhalten werden, das weder durch $LiAlH_4$ noch katalyt. red. werden konnte. Die auf 4 Wegen versuchte Synth. von *4.5-Dihydroglyoxalinyl-(2)-acetonitril* gelang nicht, ebensowenig die des β-[4.5-Dihydroglyoxalinyl-(2)]-propionsäure-(**X**)-amids aus **III**-p-Toluolsulfonat u. β-Cyanpropionsäureäthylester; diese Synth. führte zu einem nicht trennbaren Gemisch der p-Toluolsulfonate von **X**-*Amid* u. **X**-*Äthylester*. Bei der Rk. zwischen β-Phthalimidopropioniminoäthyläther (**XI**) u. **III** in alkoh. Lsg. entstand kein Cyclisierungsprod., sondern *1.2-Diphthalimidoäthan* (**VIII**), dessen Konst. durch Hydrolyse zu *1.2-Bis-[o-carboxybenzamido]-äthan* u. *β-Phthalimidopropionsäureäthylester* (**IX**) aufgeklärt werden konnte. **VIII** entstand als einziges Reaktionsprod. aus **III**-p-Toluolsulfonat u. *β-Phthalimidopropionitril*. Die MANNICH-Rk. zwischen 1-Benzyl-2-methyl-4.5-dihydroglyoxalin, Piperidin oder $C_2H_5NH_2$ u. CH_2O gelang nicht.

Versuche (FF. korr.): *β-Benzamidopropioniminoäthylätherhydrochlorid* (**II**), durch Benzoylierung von β-Aminopropionitril (Kp.$_{20}$ 90—105°, aus NH_3 u. Acrylonitril) zu *β-Benzamidopropionitril* [**I**, F. 93—95°; 83% (Ausbeute)] u. dessen Rk. mit HCl u. A. in $CHCl_3$. — *2-[2'-Benzamidoäthyl]-4.5-dihydroglyoxalin* (**IV**)-*pikrat*, $C_{18}H_{18}O_8N_6$, F. 200—202,5°, durch 6std. Erhitzen von **II** mit trockenem **III** in absol. A. auf dem Wasserbad, Abfiltrieren vom **III**-*Hydrochlorid* (F. 335—340°, Zers.) u. Versetzen des eingeengten Filtrats mit Pikrinsäure; aus A.-Aceton (7:4) Kristalle. — *2-[2'-Aminoäthyl]-4.5-dihydroglyoxalin* (**V**), F. 66—68°, Kp.$_{0,5}$ 115—120°; a) durch Zers. von **IV**-Pikrat mit 3n HCl, Entfernung der Pikrinsäure mit Nitrobenzol, Ae.-Extraktion, Abspaltung der Benzoylgruppe durch 4std. Kochen der sauren Lsg. u. Eindampfen des Filtrats; der Rückstand (nicht trennbares Gemisch der Hydrochloride von **III** u. **V**) wurde mit C_2H_5ONa in A. zers.; b) aus **II** ohne Isolierung von **IV**; 19%; aus Bzl. hygroskop. Nadeln. *Dihydrochlorid*, $C_5H_{13}N_3Cl_2$, F. 219—221° (wss. A.). *Dipikrat*, $C_{17}H_{17}O_{14}N_9$, F. 193—195° (W.), *N²-[2'-Aminoäthyl]-4.5-dihydroglyoxalinyl-(2)-acetamid*, *Dihydrochlorid*, $C_7H_{16}ON_4Cl_2$, F. 193—194° (A.), durch 8std. Erhitzen von **VI**-*Hydrochlorid* (F. 111°, aus Cyanessigester, A. u. HCl in absol. Ae.) u. **III** in absol. A.; 75%. — *4.5-Dihydroglyoxalinyl-(2)-acetamidhydrochlorid*, $C_5H_{10}ON_3Cl$, F. 218° (Zers.), durch 4std. Erhitzen von **VII**-Hydrochlorid [F. 119—120° (Zers.), aus Cyanacetamid, A. u. HCl in Dioxan] u. **III** in absol. A.; aus 75%ig. A. Nadeln. *Freie Base*, $C_5H_9ON_3$, F. 158—159°, aus dem Hydrochlorid u. C_2H_5ONa in A.; aus A. Prismen. — *Carbamoylacetamidinhydrochlorid*, $C_3H_8ON_3Cl$, F. 176—177° (wss. A.), durch Behandlung von **VII**-Hydrochlorid in A. mit 8%ig. alkoh. NH_3. — *N.N'-Bis-[cyanacetyl]-äthylendiamin*, $C_8H_{10}O_2N_4$, F. 192 bis 193° (A.), aus Cyanessigester u. **III**; 95%. — *β-Phthalimidopropioniminoäthyläther* (**XI**)-*Hydrochlorid*, $C_{13}H_{15}O_3N_2Cl$, F. 250° (nach Erweichen bei 95—100° u. Erstarren), durch Sättigung einer Lsg. von β-Phthalimidopropionitril (aus Phthalimid u. Acrylonitril in Ggw. von Triäthylbenzylammoniumhydroxyd, F. 153—155°; 86%) in Chlf. u. A. mit HCl bei 0° u. 10 Tage Stehenlassen bei Raumtemperatur. — **XI**-Hydrochlorid u. **III** in A. geben *1.2-Diphthalimidoäthan* (**VIII**; $C_{18}H_{12}O_4N_2$, aus A., F. 238°) u. *β-Phthalimidopropionsäureäthylester* (**IX**, $C_{13}H_{13}O_4N$, aus PAe., F. 72—73°); aus der Mutterlauge von **VIII** wurde noch ein Gemisch der Dihydrochloride von **III** u. **IV** erhalten. Die Hydrolyse von **VIII** (3std. Erhitzen mit 20%ig. wss. NaOH in A.) u. Fällung mit HCl gibt *1.2-Bis-[o-carboxybenzamido]-äthan* (aus CH_3OH Kristalle; verliert bei 187—190° W. u. geht in **VIII** über). **IX**, F. u. Misch-F. 73—74° (PAe.), durch 12std. Stehenlassen von **XI**-Hydrochlorid mit der 20fachen Menge Wasser. — *2-Methyl-4.5-dihydroglyoxalin* (**XII**, *Lysidin*), $C_4H_8N_2$, F. 100—102°, Kp. 193—196°, durch Cyclisierung von *Monoacetyläthylendiamin* (Kp.$_{3-4}$ 125—130°) durch Erhitzen mit CaO bei 225° unter N_2; 52%, oder von *Diacetyläthylendiamin* (F. 173—175°) durch Erhitzen mit Mg-Pulver auf 270°; 68%. *Pikrat*, F. 204—206°. *Saures Succinat*, $C_8H_{14}O_4N_2$, F. 182—183° (A.). — *1-Benzyl-2-methyl-4.5-dihydroglyoxalin*, Kp.$_{18}$ 160—169°, aus **XII** u. Benzylchlorid; 22%. *Pikrat*, $C_{17}H_{17}O_7N_5$, F. 156—157° (A.). (Collect. Trav. chim. Tchécoslov. **15**. 659—70. 1950. Prag, SPOFA, United Pharmaceut. Works, Res. and Control Inst. [Orig.: engl.])

K. F. MÜLLER. 3122

L. Crombie und **K. C. Hooper**, *Die Reaktion von L-Cystin-bis-[3-phenylhydantoin] mit Natrium in flüssigem Ammoniak.* Die Behandlung von L-Cystin-bis-[3-phenylhydantoin] (**I**; Bis-[3-phenyl-L_5-hydantoinyl-(5)-methyl]-disulfid) mit Na in fl. NH_3 u. nachfolgende Benzylierung führte nicht zu S-Benzyl-L-cystein-3-phenylhydantoin (**III**; L_5-5-Benzylmercaptomethyl-3-phenylhydantoin), sondern zu *4-Benzylmercaptomethyltetrahydro-2-oxo-1-phenylglyoxalin* (**II**), das bei der Desulfurierung mit RANEY-Ni *4-Methyltetrahydro-2-oxo-1-phenylglyoxalin* gab, das auch aus N-[2-Aminopropyl]-anilin (**IV**) u. Phosgen erhalten wurde. Die Oxydation von **I** mit Perameisensäure lieferte instabiles *Cysteinsäure-3-phenylhydantoin*. Racemisierung von **III** trat schon beim Lösen in fl. NH_3 ein. Als Zwischenprod. konnte bei einer Red. von **III** *4-Benzylmercaptomethyltetrahydro-5-oxy-2-oxo-1-phenylglyoxalin* isoliert werden. Die UV- u. Infrarotspektren der dargestellten Verbb. in neutralem, saurem u. alkal. A. sind angegeben u. werden diskutiert, wobei bes. die Unterschiede bei den 3-Phenylhydantoinen hervorgehoben werden, die leicht bei alkal. Hydrolyse *3-Phenylhydantoinsäuren* lieferten.

Versuche: *L-Cystin-bis-[3-phenylhydantoin]* (**I**), $C_{20}H_{18}O_4N_4S_2$, F. 125—127° (A.), durch Zugeben von Phenylisocyanat zu L-Cystin in verd. NaOH unter Kühlung u. Schütteln, Filtration, Ansäuern u. 2std. Erhitzen der gebildeten *L-Cystin-bis-[phenylhydantoinsäure]* (F. 150°) mit 33%ig. HCl; $[\alpha]_D^{21}$ —98° (c = 0,21; A.); 62% (Ausbeute). Daraus durch Oxydation mit Perameisensäure in 1 Std., Einengen u. Versetzen der alkoh. Lsg. mit W. eine *flockige M. vom F. 120—128°*, nach Umkristallisieren aus A./PAe. F. 75—78°. 15 Min. Behandeln von **I** mit fl. NH_3 gab eine *glasige Masse*. — *4-Benzylmercaptomethyltetrahydro-2-oxo-1-phenylglyoxalin* (**II**), $C_{17}H_{18}ON_2S$, F. 135—136° (Essigester), a) durch Zugeben von Na zu der Lsg. von 0,8 g **I** in fl. NH_3 bis zum Bleiben der blauen Farbe, Eintropfen von Benzylchlorid, Aufnehmen des Rückstandes mit 2n HCl u. Extraktion mit Essigester; b) aus **III** analog a); $[\alpha]_D^{20}$ 0°; 0,5 g. — *S-Benzyl-L-cystein-3-methylhydantoin*, $C_{12}H_{14}O_2N_2S$, F. 117—118° (A.), durch Zusatz von Methylisocyanat zu 11 g S-Benzylcystein in verd. NaOH unter Schütteln, 15 Min. Stehen, Ansäuern mit HCl, Chloroformextraktion, 30 Min. Kochen des öligen Rückstandes mit 20%ig. HCl u. Zusatz von A.; $[\alpha]_D^{21.5}$ —35 ± 1° (c = 1,00; A.); 8,2 g (roh). Nach 15 Min. Behandeln mit fl. NH_3 wurde keine Änderung der Drehung festgestellt. — *S-Benzyl-L-cystein-3-phenylhydantoin* (**III**), F. 120° (A.), durch 90 Min. Kochen der rohen *S-Benzyl-L-cystein-3-phenylhydantoinsäure* (F. 147°, aus S-Benzyl-L-cystein u. C_6H_5NCO) mit 20%ig. HCl u. Aceton, Einengen u. Extraktion mit Essigester; $[\alpha]_D^{21}$ —72,8° (c = 0,88 in A.); 68%. — *S-Benzyl-DL-cystein-3-phenylhydantoin*, $C_{17}H_{16}O_2N_2S$, F. 154°, a) durch 15 Min. Behandeln vorst. Verb. mit fl. NH_3 u. schnelles Eindampfen; $[\alpha]_D^{20}$ 0°; b) aus S-Benzyl-DL-cystein wie vorst. Verb.; 75%. — *4-Benzylmercaptomethyltetrahydro-5-oxy-2-oxo-1-phenylglyoxalin* (?), $C_{17}H_{18}O_2N_2S$, F. 103—104°, durch Red. von 1 g **III** bei einem Ansatz; $[\alpha]_D^{21}$ +10° (c = 1; A.); 0,4 g. — *4-Methyltetrahydro-2-oxo-1-phenylglyoxalin*, $C_{10}H_{12}ON_2$, F. 102—103° (PAe./Ae.), sublimiert bei 98°/10^{-4} mm, a) durch 4std. Kochen von **II** mit RANEY-Ni in 90%ig. A., Zentrifugieren u. Einengen; b) durch Sättigen einer auf 0° gekühlten Lsg. von **IV** mit $COCl_2$, Einengen u. Behandeln mit Ae. u. PAe.; 18%.

Daraus durch 10std. Kochen mit $Ba(OH)_2$, Ansäuern im N_2-Strom, Alkalisieren u. Ae.-Extraktion ein *fl. Amin*, das eine intensive Ninhydrin-Rk. gab. — *DL-Alaninanilid*, Kp.$_{0,23}$ 133°, aus α-Brompropionylchlorid (aus α-Brompropionsäure u. $SOCl_2$) über *α-Brompropionanilid* [F. 99° (A.)], Suspendieren in alkoh. NH_3, Zugeben von fl. NH_3 u. 5tägiges Stehen bei 20°; n_D^{19} 1,5710; 76%. — *N-[2-Aminopropyl]-anilin* (**IV**), $C_9H_{14}N_2$, Kp.$_{0,4}$ 106°, durch Red. vorst. Verb. mit $LiAlH_4$ in Tetrahydrofuran, 2std. Kochen, Zers. mit W., Filtration u. Einengen; n_D^{20} 1,5638; 62%. *Pikrat*, $C_{15}H_{17}O_7N_5$, F. 155°, orangefarben. — *Phenylhydantoinsäure*, F. u. Misch-F. 196—197°, als Hydrolyseprod. des 3-Phenylhydantoins (0,5 g) beim 1std. Behandeln mit wss. NaOH unter Schütteln u. Ansäuern mit HCl; 0,46 g. — *L-Cystin-bis-hydantoin*, Zers. bei 310—360° (Dimethylformamid), durch Zugeben von KCNO zu der sd. wss. Suspension von L-Cystin ($[\alpha]_D^{22}$ —210° [c = 0,08; n-HCl]) u. 30 Min. Kochen der mit 10%ig. HCl versetzten Mischung; $[\alpha]_D^{20}$ —215° (c = 0,333; Dimethylformamid); 69%. 15 Min. Behandlung mit fl. NH_3 führte zu keiner Änderung der Drehwerte. — *S-Benzyl-L-cysteinhydantoin*, $C_{11}H_{12}O_2 \cdot N_2S$, F. 118° (A.), a) durch Lösen vorst. Verb. in fl. NH_3, Zugeben von Na, bis die Lsg. 10 Min. lang blau blieb, Zerstören des Überschusses mit NH_4Cl, Eintropfen von Benzylchlorid, Einengen nach 15 Min., Aufnehmen mit n-HCl, Filtration u. Chloroformextraktion; $[\alpha]_D^{20}$ —37° (c = 0,4; A.); 74%; bzw. $[\alpha]_D^{20}$ —20°; 84%; b) durch Eingießen von wss. KCNO in die Lsg. von S-Benzyl-L-cysteinäthylesterhydrochlorid in W. u. Kochen der gebildeten *Hydantoinsäure* mit HCl bis zur Lsg.; $[\alpha]_D^{20}$ —11° (c = 0,82; A.); 88%. — *S-Benzyl-DL-cysteinhydantoin*, F. u. Misch-F. mit der L-Form 118°, aus S-Benzyl-DL-cystein mit KCNO wie vorst.; $[\alpha]_D^{20}$ 0°; 72%. (J. chem. Soc. [London] **1955**. 3010—16. Sept. London, South Kensington, Imp. Coll. of Sci. and Technol., Organ. Chem. Dep.)

W. Gehrmann. 3122

C. Ainsworth, *Die Kondensation von Arylcarbonsäurehydraziden mit Orthoestern.* Vf. hat Vertreter der *2-Alkyl-5-aryl-* u. der bisher unbekannten *2-substituierten 1.3.4-Oxadiazole* durch Rk. von aromat. Carbonsäurehydraziden mit überschüssigen Orthoestern dargestellt. Picolinsäurehydrazid (**III**) u. Äthylorthoformiat (**I**) lieferten zunächst *1-Äthoxymethylen-2-picolinylhydrazin*, das bei 200° unter Verlust von A. in *2-[Pyridyl-(2)]-1.3.4-oxadiazol* überging u. daher als mögliches Zwischenprod. angesehen wird. Pyrazol-3(5)-carbonsäurehydrazid (**IV**) ergab mit **I** einerseits ein analoges Zwischenprod. u. andererseits *Pyrazolo-[1.5:d]-asymm.-triazin-(5H)-on-(4)*. Indol-2-carbonsäurehydrazid (**II**) führte nur zum *2-[Indolyl-(2)]-1.3.4-oxadiazol*. Die Rk. dürfte auch auf Thiocarbonsäurehydrazide übertragbar sein, da beim Umsatz von Thiobenzoesäurehydrazid (**V**) mit **I** *2-Phenyl-1.3.4-thiadiazol* erhalten wurde.

Versuche: Nachst. 1.3.4-Oxadiazole wurden durch Erhitzen von 20 g Carbonsäurehydrazid mit ca. 150 cm³ Orthoester u. Einengen im Vakuum gewonnen: *2-Phenyl-*, $C_8H_6ON_2$, F. 34—35°, Kp.$_{0,5}$ 110°; 70% (Ausbeute). — *2-[o-Methoxyphenyl]-*, $C_9H_8O_2N_2$, F. 47—49° Kp.$_{0,03}$ 125°; 79%. — *2-[p-Chlorphenyl]-*, $C_8H_5ON_2Cl$, F. 134 bis 135° (A.); 78%. — *2-[p-Nitrophenyl]-*, $C_8H_5O_3N_3$, F. 156—157° (A.); 79%. — *2-[α-Naphthyl]-*, $C_{12}H_8ON_2$, F. 65—66° (Bzl.–PAe.); 63%. — *2-[Pyridyl-(4)]-*, $C_7H_5ON_3$, F. 120 bis 121° (A.); 82%. — *2-[Pyridyl-(3)]-*, $C_7H_5ON_3$, F. 75—76° (Äthylacetat–PAe.); 68%. — *2-[Chinolyl-(2)]-*, $C_{11}H_7ON_3$, F. 174—175° (A.); 70%. — *2-Phenyl-5-methyl-*, $C_9H_8ON_2$, F. 67—68°; 70%. — *2-[Pyridyl-(4)]-5-methyl-*, $C_8H_7ON_3$, F. 150—151° (Bzl.); 70%. — *2-Phenyl-5-äthyl-*, $C_{10}H_{10}ON_2$, Kp.$_{0,1}$ 105°; 80%. — *2-[o-Methoxyphenyl]-5-äthyl-*, $C_{11}H_{12} \cdot O_2N_2$, Kp.$_{0,05}$ 135°; 79%. — *2-[p-Chlorphenyl]-5-äthyl-*, $C_{10}H_9ON_2Cl$, F. 93—94° (A.); 86%. — *2-[p-Nitrophenyl]-5-äthyl-*, $C_{10}H_9O_3N_3$, F. 133—134° (A.); 92%. — *2-[α-Naphthyl]-5-äthyl-*, $C_{14}H_{12}ON_2$, Kp.$_{0,1}$ 160°; 80%. — *2-[Pyridyl-(4)]-5-äthyl-*, $C_9H_9ON_3$, F. 57—58° (PAe.); 84%. — *p-Phenylen-bis-[1.3.4-oxadiazol-(2)]*, $C_{10}H_6O_2N_4$, F. 275° (Platten aus A.), aus Terephthalsäuredihydrazid u. **I**; 90%. — *2-[Indolyl-(2)]-1.3.4-oxadiazol*, $C_{10}H_7 \cdot ON_3$, F. 207—208°, aus **I** u. **II**; 50%. — *1-Äthoxymethylen-2-picolinylhydrazin*, $C_9H_{11} \cdot O_2N_3$, F. 87—88° (Würfel aus Äthylacetat), aus **I** u. **III**; Kp.$_{0,1}$ 140°; 90%. — *2-[Pyridyl-(2)]-1.3.4-oxadiazol*, $C_7H_5ON_3$, F. 115° (Nadeln aus A.), durch 3std. Erhitzen vorst. Verb. auf 210°. — *Pyrazolo-[1.5:d]-asymm.-triazin-(5H)-on-(4)*, $C_5H_4ON_4$, F. 265° (Nadeln aus W.), aus 100 cm³ **I** u. 6,3 g **IV**; 2,5 g. — *1-Äthoxymethylen-2-[pyrazol-3-carbonyl]-hydrazin*, $C_7H_{10}O_2N_4$, F. 177° (A.–Ae. u. Methanol), neben vorst. Verb.; 1 g. — *2-Phenyl-1.3.4-thiadiazol*, aus 20 cm³ **I** u. 1,5 g **V** durch 2tägiges Kochen; 1 g. (J. Amer. chem. Soc. **77**. 1148—50. 5/3. 1955. Indianapolis, Ind., Lilly Res. Labors.)

D. Klamann. 3163

A. C. Jain, **T. R. Seshadri** und **K. R. Sreenivasan**, *Eine neue Synthese von Flavonolen der Quercetagetinreihe.* 5-Oxy-3.7-dimethoxyflavon (**I**) liefert mit Hexamethylentetramin (**II**) in sd. Eisessig u. durch anschließende Hydrolyse mit HCl *5-Formyl-6-oxy-3.7-dimethoxyflavon* (**III**), das mit H_2O_2 nach Dakin in *5.6-Dioxy-3.7-dimethoxyflavon* übergeführt wird. Analog reagieren auch andere 6-Oxy-3.7-dimethoxyflavone. Die

5-Formylverbb. geben mit $FeCl_3$ eine rötlichbraune, mit konz. H_2SO_4 eine orangegelbe Färbung, die 5.6-Dioxyflavone mit $FeCl_3$ eine prächtig grüne, mit H_2SO_4 eine gelbe Färbung; Farb-Rk. mit 5%ig. wss. NaOH rot → blau → goldgelb mit blaugrüner Fluorescenz → braunen Nd. beim Erhitzen.

Versuche: *5-Formyl-6-oxy-3.7-dimethoxyflavon* (III), $C_{18}H_{14}O_6$, F. 194—195°, aus 1,9 g I u. II in Eisessig auf dem Wasserbad (8 Std.) u. ½std. Erhitzen mit verd. HCl; aus Methylacetat dicke gelbe Platten; 1,5 g (Ausbeute); *2.4-Dinitrophenylhydrazon*, F. 294° (Zers.), aus Eisessig orangegelbe Nadeln. — *5.6-Dioxy-3.7-dimethoxyflavon*, $C_{17}H_{14}O_6$, F. 171—172°, aus 1,12 g III in 6%ig. NaOH u. Pyridin mit 6%ig. H_2O_2 unter Schütteln bei 10° (¼ Std.) u. 2std. Stehen; aus CH_3OH gelbe, rechteckige Platten. *Acetylverb.*, F. 190—191°, aus CH_3OH rechteckige Platten u. Stäbe. — *3.5.6.7-Tetramethoxyflavon*, F. 110—111°, aus vorst. Flavon, Dimethylsulfat u. K_2CO_3 in sd. Aceton; flache Nadeln u. rechteckige Platten. — *5-Formyl-6-oxy-3.7.4'-trimethoxyflavon*, $C_{19}H_{16}O_7$, F. 211—212°, aus 2,1 g 6-Oxy-3.7.4'-trimethoxyflavon u. II; aus Methylacetat gelbe Prismen; 1,4 g. *2.4-Dinitrophenylhydrazon*, F. 296—297° (Zers.), aus Essigsäure tiefrote Nadeln. — *5.6-Dioxy-3.7.4'-trimethoxyflavon*, $C_{18}H_{16}O_7$, F. 176—177°, aus 1g der vorst. Verb.; aus A. goldgelbe rhomboedr. Platten; 0,45 g. *Diacetylverb.*, F. 170—172°, aus Äthylacetat Nadeln. — *3.5.6.7.4'-Pentamethoxyflavon* (*Tangeretin*), F. 153—154°, rechteckige Platten. — *5-Formyl-6-oxy-3.7.3'.4'-tetramethoxyflavon*, $C_{20}H_{18}O_8$, F. 202—203°, aus 5 g 6-Oxy-3.7.3'.4'-tetramethoxyflavon (F. 223—224°) u. II; aus Methylacetat goldgelbe rhomboedr. Prismen; 2,5 g. *2.4-Dinitrophenylhydrazon*, F. 286—287° (Zers.), aus Essigsäure orangerote Nadeln. — *5.6-Dioxy-3.7.3'.4'-tetramethoxyflavon*, $C_{19}H_{18}O_8$, F. 220—221°, aus 2,3 g der vorst. Verb.; aus Äthylacetat orangegelbe rhomboedr. Prismen; 1 g. *Diacetylverb.*, F. 223—224°, aus Äthylacetat rechteckige Stäbe u. prismat. Nadeln. — *Quercetagetinhexamethyläther*, F. 141—142°, aus vorst. Flavon, Dimethylsulfat u. K_2CO_3 in sd. Aceton (60 Std.); prismat. Nadeln. — *6-Oxy-3.7-dimethoxy-3'.4'-methylendioxyflavon*, $C_{18}H_{14}O_7$, F. 213—214°, aus 4 g 2.5-Dioxy-ω.4-dimethoxyacetophenon, 17 g Piperonylsäureanhydrid u. K-Piperonylat bei 180° im Vakuum (4 Std.) u. 2std. Kochen mit 10%ig. alkoh. KOH; aus A. Nadeln; 3,5 g; gibt mit HCl u. Mg eine rote, mit H_2SO_4 eine gelbe Färbung. *Acetylverb.*, F. 202°, aus Äthylacetat–Bzn. rechteckige Prismen. — *5-Formyl-6-oxy-3.7-dimethoxy-3'.4'-methylendioxyflavon*, $C_{19}H_{14}O_8$, F. 248—249°, aus 2,1 g der vorst. Verb. u. II; aus A. blaßgelbe Nadeln; 1,2 g. *2.4-Dinitrophenylhydrazon*, F. 299—300° (Zers.), kleine rote Prismen. — *5.6-Dioxy-3.7-dimethoxy-3'.4'-methylendioxyflavon* (IV), $C_{18}H_{14}O_8$, F. 218—219°, aus vorst. Verb. u. H_2O_2; aus Methylacetat blaßgelbe Nadeln; liefert beim Erhitzen der alkal. Lsg. ein orangefarbenes *Na-Salz*. *Acetylverb.*, F. 226—227°, aus Äthylacetat–Bzn. Nadeln. — *5-Oxy-3.6.7-trimethoxy-3'.4'-methylendioxyflavon* (*Melisimplin*), F. 234—235°, aus IV, Dimethylsulfat u. K_2CO_3 in sd. Aceton (8 Std.); aus Äthylacetat gelbe Nadeln; $FeCl_3$-Rk. grün, gibt mit HCl u. Mg eine rosa Färbung. *Acetylverb.*, F. 201—202°, aus A. Nadeln. — *3.5.6.7-Tetramethoxy-3'.4'-methylendioxyflavon* (*Melisimplexin*), F. 184—185°, aus IV, überschüssigem Dimethylsulfat u. K_2CO_3 in sd. Aceton (60 Std.); aus Äthylacetat abgeflachte Nadeln. (J. chem. Soc. [London] **1955**. 3908—10. Nov. Delhi, Univ.)

E. Hanschke. 3211

W. Wunderlich, *Acetoxyacetylpyridine.* Antiarthrit. wirksame *Acetoxyacetylpyridine* lassen sich aus Pyridincarbonsäuren sehr glatt durch Esterkondensation u. Bromierung des entstandenen *β-Ketoesters* gewinnen. Die Bromierung in HBr verläuft unter Decarboxylierung zum *Bromketon*, das mit K-Acetat zum *Ketolacetat* umgeestert wird. Die Acetoxyacetylpyridine sind sehr zersetzlich; Abnahme der Beständigkeit in der Reihe β- (I) > γ- > *α-Acetoacetylpyridin*; *2-Methyl-3-acetoacetyl-5.6.7.8-tetrahydrochinolon* ist beträchtlich stabiler als I.

Versuche: *Nicotinoylessigsäureäthylester* (II), $Kp._{0,35-1,0}$ 122—132°, nach Adkins u. Mitarbeitern (C. **1935**. I. 899) aus Nicotinsäureäthylester u. Essigsäureäthylester mit alkoholfreiem $NaOC_2H_5$ (6½ Std. bei 115°); 74% (Ausbeute). — *3-[Bromacetyl]-pyridinhydrobromid* (III), F. 191—192,5°, aus vorst. Verb. in HBr (D. 1,49) mit Br_2 bei 5—10° innerhalb 2½ Std., dann bei 75°; 90,1%. — *3-Acetoxyacetylpyridin* (I), F. 83—83,5° (Essigester), $Kp._{0,006-0,008}$ 88—93°, aus vorst. Verb. mit $KOOCCH_3$ in absol. A. (1 Std. kochen); 65%. — *Picolinsäureäthylester*, $Kp._{12}$ 116—117°, aus der Säure in absol. A. mit konz. H_2SO_4 u. 25%ig. Oleum (6 Std. kochen); 81%. — *Picolinoylessigsäureäthylester* (IV), $Kp._{0,1}$ 92—97° (geringe Zers.), durch 6std. Kochen von $NaOC_2H_5$ in Bzl. mit $C_2H_5OOCCH_3$ u. vorst. Verb.; 84,3%. — *2-Bromacetylpyridinhydrobromid*, F. 204—208° (Zers.; im geschlossenen Rohr), aus vorst. Verb. analog III; 89%. — *2-Acetoxyacetylpyridin*, $C_9H_9O_3N$, F. 43—43,7° (Pentan), $Kp._{0,006-0,008}$ 70—79°, aus 112 g vorst. Verb. analog I; 53,4 g. — *Isonicotinoylessigsäureäthylester* F. 58—61,5° (Cyclohexan), analog II mit Isonicotinsäureäthylester ($Kp._{11}$ 100,5—101,5°); 86,2%. — *4-Bromacetylpyridin-*

hydrobromid, F. 198—201° (geschlossenes Rohr), aus 19,3 g vorst. Verb. analog **III**; 17,5 g. — *4-Acetoacetylpyridin*, F. 65,5—66,5° (Ae.), $Kp._{0,003-0,004}$ 78—83°, aus vorst. Verb. analog **I**; dünne Blättchen. — *2-Methyl-5.6.7.8-tetrahydrochinolincarbonsäure-(3)-äthylester*, F. 21—23°, $Kp._{12}$ 164—168°, $Kp._{0,2}$ 103—115°, aus 2-Oxymethylencyclohexanon u. β-Aminocrotonsäureäthylester (8 Std. auf dem Dampfbad); 51,6%. — *β-[2-Methyl-5.6.7.8-tetrahydrochinolyl-(3)]-β-ketopropionsäureäthylester*, $C_{15}H_{19}O_3N$, F. 53—54° (Cyclohexan), $Kp._{0,2-0,4}$ 109—114°, aus vorst. Verb. analog **IV** (15 Std.); 31,5%. — *3-Bromacetyl-2-methyltetrahydrochinolinhydrobromid*, $C_{12}H_{15}ONBr_2$, F. 171—172,5°, aus vorst. Verb. analog **III**; 77,5%. — *3-Acetoacetyl-2-methyl-5.6.7.8-tetrahydrochinolin*, $C_{14}H_{17}\cdot O_2N$, F. 83,5—84,5° (Ae./Pentan); aus vorst. Verb. analog **I**; 94%. (J. prakt. Chem. [4] **2**. 302—07. Nov. 1955. Berlin-Adlershof, VEB Schering, Forschungslabor.)
H. Goebel. 3231

M. Viscontini, C. Ebnöther und **P. Karrer**, *Synthese des Pyridoxamin-5'-triphosphorsäureesters und Pyridoxamin-5'-monophosphorsäureesters.* Pyridoxamindihydrochlorid (**I**) geht bei der Behandlung mit HPO_3 in *Pyridoxamin-5'-triphosphat* (**II**) über, das mit heißem W. partiell zu *Pyridoxamin-5'-monophosphat* (**III**) hydrolysiert wird. Hydrolyse von **II** mit verd. HCl führt zu **III**-*Hydrochlorid.*

Versuche: *Pyridoxamin-5'-triphosphat* (**II**), $C_8H_{15}O_{11}N_2P_3\cdot H_2O$, aus **I** mit HPO_3 (½ Std. bei 60—70°). — *Pyridoxamin-5'-monophosphat* (**III**), *Orthophosphat*, $C_8H_{13}O_5N_2P\cdot H_3PO_4$, aus 200 mg **II** mit W. (2 Std. auf dem Wasserbad); 130 mg (Ausbeute). *Ca-Salz*, $C_8H_{11}O_5N_2PCa\cdot 3$ oder 4 H_2O, aus 200 mg **II** über das *Mg-Salz* (80 bis 95 mg); 25 mg, direkt 150 mg. *Hydrochlorid*, $C_8H_{14}O_5N_2ClP\cdot H_2O$, F. 222—224° (aus W. in Ggw. von HCl durch Eingießen in A.), aus **II** mit n-HCl (10 Min. bei 100°). (Helv. chim. Acta **34**. 2199—2202. 1/12. 1951. Zürich, Univ., Chem. Inst.) H.-A. Offe. 3231

A. H. Lutz und **O. Schnider**, *2.4-Dioxo-3.3-dialkyl-6-alkyl (aryl und aralkyl)-piperidine.* Die Einw. von Grignard-Verbb. oder Aryl-Li-Verbb. auf 2.4-Dioxo-3.3-dialkyltetrahydropyridine führt unter 1.4-Addition mit nachfolgender Hydrolyse zu *3.3.6-trisubstituierten 2.4-Dioxopiperidinen*, die im Tiervers. gute Schlafwrkg. zeigen. 1- bzw. 5-substituierte Verbb. reagieren analog. Die durch Hydrierung von 2.4-Dioxo-3.3-diallyl-6-methyltetrahydropyridin bei n. Druck in Ggw. von Pd erhaltene *3.3-Di-n-propylverb.* (**I**) wird unter Druck u. bei erhöhter Temp. zu *2.4-Dioxo-3.3-di-n-propyl-6-methylpiperidin* weiterhydriert. Letzteres ist ident. mit dem Reaktionsprod. aus 2.4-Dioxo-3.3-di-n-propyltetrahydropyridin (**II**) u. CH_3MgBr.

Versuche: 2.4-Dioxopiperidine: *3.3-Di-n-propyl-6-methyl-*, $C_{12}H_{21}\cdot O_2N$, F. 97—98° (Bzl./PAe.), a) durch 5std. Hydrieren von **I** in CH_3OH in Ggw. von Raney-Ni im Autoklaven bei 100°/70 atü; 81,5% (Ausbeute); b) durch 1std. Kochen von **II** mit CH_3MgBr in Ae.-Bzl. u. Hydrolyse mit 2n H_2SO_4; 92%. — *3.3-Dimethyl-6-phenyl-*, $C_{13}H_{15}O_2N$, F. 168—169° (verd. CH_3OH), durch 1std. Kochen von 2.4-Dioxo-3.3-dimethyltetrahydropyridin mit C_6H_5MgBr bzw. Phenyllithium in Ae./Bzl.; Einstellen mit 2n HCl auf kongosaure Rk. u. 30 Min. Rühren; 78%. — *1-Methyl-3.3-diäthyl-6-isopropyl-*, $Kp._{0,015}$ 91—92°, aus 1-Methyl-2.4-dioxo-3.3-diäthyltetrahydropyridin u. Isopropyl-MgBr; 95%. — *3.3-Dimethyl-6-isopropyl-*, F. 151—152°. — *3-Methyl-3-äthyl-6-phenyl-*, F. 123—124°. — *3.3-Diäthyl-6-methyl-*, F. 92—93°. — *3.3.6-Triäthyl-*, F. 72°. — *3.3-Diäthyl-5.6-dimethyl-*, F. 69—70°. — *3.3-Diäthyl-1.6-dimethyl-*, $Kp._{10,0}$ 143°. — *3.3-Diäthyl-6-n-butyl-*, F. 50—51°. — *3.3-Diäthyl-6-isopropyl-*, F. 100°. — *3.3-Diäthyl-6-[δ-methoxy-n-butyl]-*, F. 41°. — *3.3-Diäthyl-6-phenyl-*, F. 104°. — *3.3-Diäthyl-6-benzyl-*, F. 129°. — *3.3-Diäthyl-6-β-phenäthyl-*, F. 99—110°. — *3.3-Diäthyl-6-phenyl-1-methyl-*, $Kp._{0,04}$ 143°. — *3.3-Di-n-propyl-5.6-dimethyl-*, F. 96°. — *3.3-Diäthyl-6-allyl-*, F. 151 bis 152°. (Helv. chim. Acta **39**. 81—86. 1/2. 1956. Basel, F. Hoffmann-La Roche & Co. Akt.-Ges., Wiss. Labor.) R. Pasedag. 3231

D. O. Holland und **J. H. C. Nayler**, *Die Chemie der Pyrrocoline.* 7. Mitt. *Weitere Experimente mit 2-Methylpyrrocolin.* (6. vgl. C. **1948**. I. 1010.) Vff. vergleichen die Rkk. des *2-Methylpyrrocolins* (**I**) mit denen des Pyrrocolins (Scholtz u. Fraude [1913]). **I** reagiert mit $COCl_2$ unter Bldg. von *2-Methylpyrrocolincarbonsäure-(3)-chlorid* (**II**), das mit CH_3MgJ nur wenig **I** zurückliefert, mit $(CH_3)_2Cd$ in das *3-Acetylderiv.* (**III**) von **I** übergeführt wird. Mit NH_3 bzw. Anilin bildet **II** das *Säureamid* bzw. *-anilid*, kaltes wss. NaOH führt es in die *Säure* (**IV**) u. das *Säureanhydrid* über. Letzteres ist gegenüber sd. wss. NaOH-Lsg. stabil, wird aber durch wss.-alkoh. KOH zu **IV** verseift. Kurzes Erhitzen von **IV** auf die Temp. des F. bildet durch Decarboxylierung **I** zurück. Mit Benzoylchlorid bildet **I** das *3-Benzoylderiv.* (**V**), das sich zum *3-Benzylderiv.* red. läßt u. nur schwer ein *2.4-Dinitrophenylhydrazon* liefert. **I** reagiert mit Benzoldiazoniumchlorid zu einem dunkelroten Öl, mit diazotierter p-Aminobenzoesäure entsteht *3-[p-Carboxybenzolazo]-2-methylpyrro-*

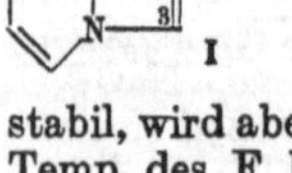

I

colin, das durch reduktive Acetylierung in p-Aminobenzoesäure u. *3-Acetamido-1-acetyl-2-methylpyrrocolin* (**VI**) übergeführt wird; **VI** liefert bei der Oxydation mit H_2O_2 *Picolinsäure-N-oxyd*. Eine andere Synth. von **VI** ging von **III** aus, das mit NH_3 in *3-Acetamido-2-methylpyrrocolin* (**VII**) übergeführt wird. Erhitzen von **VII** mit Acetanhydrid liefert **VI**. Analog läßt sich **V** in geringer Ausbeute in das *3-Benzamidoderiv.* von **I** überführen; das isomere 3-Carbonsäureanilid entsteht bei dieser Rk. nicht. Die Hydrolyse von **VII** mit verd. HCl zerstört das Mol. vollständig, verd. H_3PO_4 greift das Mol. nicht an, sd. NaOH gibt ein bas. Öl, das an der Luft sehr instabil ist. Die ROSENMUND-Red. von **II** in sd. Xylol verläuft nur sehr langsam, in sd. Anisol entsteht *Bis-[2-methylpyrrocolinyl-(3)]-keton*. Diese Verb. wird auch beim Kochen von **II** in Anisol unter N_2 gebildet. Verss. zur Red. des Ketons zum sek. Alkohol mit Zn u. alkoh. KOH bzw. Essigsäure, Al- bzw. Na-Isopropylat in sd. Xylol u. $NaBH_4$ in Methanol waren ergebnislos; $LiAlH_4$ in Ae. red. bis zum *Bis-[2-methylpyrrocolinyl(3)]-methan*, das ebenfalls aus **I** u. CH_2O entsteht. **III** u. **V** werden durch $LiAlH_4$ zu den *3-Äthyl-* bzw. *3-Benzylderivv.* von **I**, 1-Acetyl-2.3-dimethylpyrrocolin zu *1-Äthyl-2.3-dimethylpyrrocolin* reduziert. Oxalsäureesterchlorid gibt mit **I** *2-Methylpyrrocolinyl-(3)-glyoxylsäureäthylester*, der durch alkal. Verseifung in die *Freie Säure* übergeführt wird. Verss. zur Überführung der Säure mit Anilin in die SCHIFFsche Base gaben nur das *Anilinsalz*. Die freie ungeschützte Säure ließ sich nicht zum Formylderiv. decarboxylieren. **II** gibt mit Hydrazin das *Hydrazid*, das durch Erhitzen mit Na_2CO_3 in Äthylenglykol in *3-Formyl-2-methylpyrrocolin* übergeführt wird. Das *1.3-Diformylderiv.* von **I** wird durch Umsetzung von **I** mit Dimethylformamid u. $POCl_3$ erhalten; es bildet nur ein *Monoxim* u. *Monodinitrophenylhydrazon*.

Versuche: *2-Methylpyrrocolincarbonsäure-(3)-chlorid* (**II**), $C_{10}H_8ONCl$, F. 73°, citronengelbe Nadeln aus PAe., durch Zufügen von 30,7 g **I** in Toluol zu einer 12,5%ig. Lsg. von $COCl_2$ im gleichen Lösungsm. unter Kühlen, Absaugen vom **I**-Hydrochlorid, Eindampfen u. Extrahieren des Rückstandes mit PAe. (Kp. 60—80°); 25,0 g (Ausbeute). — *3-Acetyl-2-methylpyrrocolin* (**III**), $C_{11}H_{11}ON$, F. 83°, cremefarbene Nadeln aus PAe., durch Zusammenfügen der Lsgg. von $Cd(CH_3)_2$ (aus 10 g $CdCl_2$) u. 10 g **II** in Ae., anfänglich Erwärmen bis zum Einsetzen der Rk., dann 30 Min. Sieden, Zugeben von Eis u. 5n H_2SO_4, Neutralisieren der wss. Phase mit Na_2CO_3 u. Extrahieren mit Ae.; 48%. *2.4-Dinitrophenylhydrazon*, F. 253° (schwache Zers.). — *2-Methylpyrrocolincarbonsäure-(3)-amid*, $C_{10}H_{10}ON_2$, F. 185—187° (Äthylacetat), durch Schütteln der Suspension von 6 g **II** mit wss. NH_3; 4,51 g. — *2-Methylpyrrocolincarbonsäure-(3)-anilid*, $C_{16}H_{14}ON_2$, F. 142—143° (A.), durch ³/₄std. Erhitzen von 3 g **II** u. Anilin in Bzl. u. Eingießen in W.; 3,04 g. — *2-Methylpyrrocolincarbonsäure-(3)-anhydrid*, $C_{20}H_{16}O_3N_2$, F. 203—204° (Chlf.-Ae., dann Äthylacetat), durch 1½std. Schütteln von 16 g **II** in 10%ig. NaOH; 55%. — *2-Methylpyrrocolincarbonsäure-(3)* (**IV**), $C_{10}H_9O_2N$, F. 115° (Ae.-PAe., starke Zers.), durch Behandeln des wss. Filtrats vorst. Verb. mit Essigsäure; 28% (das feuchte Rohprod. decarboxyliert leicht beim Trocknen; Trocknen durch Aufnehmen in Ae. über Na_2SO_4); oder durch 1std. Kochen des Anhydrids mit A.-50%ig. wss. KOH (2:1), Einengen u. Verdünnen mit W.; 85%. Die Säure decarboxyliert zu **I** [F. 59° (Sublimation)] durch Erhitzen auf 130°/14 mm; 80%; oder durch ½std. Erhitzen in konz. HCl auf 60°; 85%. — *3-Benzoyl-2-methylpyrrocolin* (**V**), $C_{16}H_{13}ON$, F. 63°, flache gelbe Nadeln aus PAe., durch Stehen von 20 g **I** mit Benzoylchlorid in Bzl., Eintragen in wss. NaOH, Abtreiben des unveränderten **I** durch Wasserdampfdest., Extraktion des Rückstandes mit Chlf. u. Anreiben des daraus erhältlichen dunklen Öls mit PAe.; 33,1 g. *2.4-Dinitrophenylhydrazon*, $C_{22}H_{17}O_4N_5$, F. 288—290° (Zers.), schwarze Kristalle aus A.-Pyridin. — *3-[p-Carboxybenzolazo]-2-methylpyrrocolin*, $C_{16}H_{13}O_2N_3$, F. 249° (Zers.; aus 2-Äthoxyäthanol), durch Zufügen von diazotierter p-Aminobenzoesäure, die mittels NaOH-Lsg. auf p_H 8 eingestellt wird, zur der alkoh. Lsg. von 5,24 g **I** u. Verdünnen mit 10%ig. wss. Essigsäure; 95%. — *3-Acetamido-1-acetyl-2-methylpyrrocolin* (**VI**), $C_{13}H_{14}O_2N_2$, F. 190° (Äthylacetat); durch 20 Min. Kochen von 5 g vorst. Verb. in Eisessig-Acetanhydrid (1:1) unter Zufügen von Zn-Staub, Eindampfen der Filtrate, Behandeln des teerigen Rückstands mit NaOH-Lsg. u. Extraktion mit Chlf.; die wss. Phase liefert beim Ansäuern *p-Acetamidobenzoesäure* (F. 252°; 81%); die Chloroformlsg. wird nach Trocknung eingeengt, mit Bzl. verd. u. an Al_2O_3 chromatographiert. Entwickeln mit Bzl.-Aceton u. Eindampfen liefert aus der cremefarbigen Bande ein bei Behandlung mit Ae. kristallisierendes Öl; 0,24 g. *2.4-Dinitrophenylhydrazon*, $C_{19}H_{18}O_5N_6$, F. 265°, aus 2-Äthoxyäthanol purpurschwarze Nadeln. — *Picolinsäure-N-oxyd*, F. 161°, aus 0,25 g **VI** durch Oxydation mit 30%ig. H_2O_2 in Eisessig; 0,04 g. — *3-Acetamido-2-methylpyrrocolin* (**VII**), $C_{11}H_{12}ON_2$, F. 148° (Bzl.), durch Behandlung der Lsg. von 12,8 g **III** in Chlf. mit der Lsg. von NH_3 im gleichen Lösungsm., Eintropfen der Mischung in stark gerührte konz. H_2SO_4-Chlf. (1:2) bei —5 bis 0°, weitere 30 Min. Rühren, Gießen auf Eis u. Alkalisieren mit 40%ig. NaOH, Extraktion der wss. Phase mit Chlf., Eindampfen der Chloroformlsgg. u. Behandeln des Rückstands mit Ae.; 69%. 3std. Kochen mit Acetanhydrid in Ggw. von Na-Acetat gibt **VI**. — *3-Benzamido-2-methylpyrrocolin*, $C_{16}H_{14}ON_2$, F. 196°, hellgelbe Kristalle aus Bzl., analog **VII** aus 3,2 g **V** u. Reinigung des Rückstands der Chloroformextrakte durch Chromatographie in Chlf.–Bzl. (1:2) an Al_2O_3; 0,35 g. — *Bis-[2-methylpyrrocolinyl-(3)]-keton*, $C_{19}H_{16}ON_2$, F. 114—115°, gelbe Blättchen aus A. oder PAe., durch Einleiten von H_2 in die gerührte, sd. Lsg. von 7,5 g **II** in Xylol, die 5% Pd–$BaSO_4$-Kontakt enthält. Nach 16½ Std. Abkühlen u. unter H_2 Eindampfen 3,74 g, oder durch 14std. Kochen von 4,54 g **II** mit 6,15 g **I** in Bzl. unter N_2, Eindampfen, Wasserdampfdest. des Rückstands u. Extraktion mit Ae.; 70%. 1std. Erhitzen in konz. HCl führt das Keton in **I** über. — *Bis-[2-methylpyrrocolinyl-(3)]-methan*, $C_{19}H_{18}N_2$, F. 159—161° (Äthylacetat), aus 2 g vorst. Verb. durch Red. mit äther. $LiAlH_4$, Zufügen wss. NaOH, Extraktion der wss. Phase mit Chlf. u. Eindampfen; 75%, oder aus 1 g **I** in A. mit 40%ig. wss. HCHO; 95%. — *3-Äthyl-2-methylpyrrocolin*, Kp.$_9$ 116—118°, n_D^{18} 1,5973, durch Red. von 8,3 g **III** mit äther. $LiAlH_4$; 76%. *Chloroplatinat*, $C_{22}H_{28}\cdot N_2Cl_6Pt$, F. 174° (Zers.). — *3-Benzyl-2-methylpyrrocolin*, F. 93—94° (Sublimation bei 0,1 mm), analog aus 7,05 g **V**; 61%. *Chloroplatinat*, F. 178—179° (Zers.). — *1-Acetyl-2.3-dimethylpyrrocolin*, $C_{12}H_{13}ON$, Kp.$_{0,1}$ 130—140°, F. 81—82° (PAe.), aus 29 g 2.3-Dimethylpyrrocolin durch 7std. Kochen mit Acetanhydrid in Ggw. von Na-Acetat, Eindampfen, Zugeben von W. u. Extrahieren mit Chlf.; 50%. *Oxim*, $C_{12}H_{14}ON_2$, F. 216° (Zers.), hellgelbe Prismen aus Äthylacetat. — *1-Äthyl-2.3-dimethylpyrrocolin*, Kp.$_{0,2}$ 91 bis 92°, gelbes Öl, durch $LiAlH_4$-Red. vorst. Verb.; 67%. *Chloroplatinat*, $C_{24}H_{32}N_2Cl_6Pt$, F. 177—178° (Zers.). — *2-Methylpyrrocolinyl-(3)-glyoxylsäureäthylester*, $C_{13}H_{13}O_3N$, F. 105—106° (A.), aus 12 g **I** u. Oxalsäureäthylesterchlorid in Bzl. durch Stehen über Nacht oder 30 Min. Kochen, Gießen auf Eis u. Extraktion der wss. Phase mit Chlf.; 67%. — *2-Methylpyrrocolinyl-(3)-glyoxylsäure*, $C_{11}H_9O_3N$, F. 151° (Zers.), grünlichgelbe Prismen aus Chlf.–PAe., durch Schütteln der Suspension von 15 g Ester in 2n NaOH, dann ½std. Erhitzen auf 70° u. Fällen mit HCl; 93%. *Anilinsalz*, $C_{17}H_{16}O_3N_2$, F. 149 bis 150° (Zers.), gelbgrüne Nadeln aus A., durch ½std. Erhitzen von Säure u. Anilin in Wasser. — *2-Methylpyrrocolincarbonsäure-(3)-hydrazid*, $C_{10}H_{11}ON_3$, F. 167—169° (Äthylacetat), durch Eintropfen der äther. Lsg. von 25 g **II** in die gerührte alkoh. Lsg. von 90%ig. Hydrazinhydrat bei 0—10°; 87%. — *3-Formyl-2-methylpyrrocolin*, $C_{10}H_9ON$, Kp.$_{0,3}$ 102—107°, F. 56° (Vakuumsublimation), durch Zufügen von Benzolsulfonylchlorid zu der gerührten Suspension von 23,1 g vorst. Hydrazids in Pyridin bei —5° bis 0°, 1½std. Rühren bei Zimmertemp., Gießen auf Eis u. Absaugen des **IV**-*Benzolsulfonylhydrazids* [$C_{16}H_{15}O_3N_3S$, F. 183—184° (Acetonitril); 91%], Aufnehmen in Äthylenglykol, Erhitzen auf 140°, Zufügen von Na_2CO_3, Verdünnen mit heißem W., Abkühlen u. Eintragen in Wasser. Extrahieren mit Ae. liefert 77%. *2.4-Dinitrophenylhydrazon*, $C_{16}H_{13}\cdot O_4N_5\cdot ½C_5H_5N$, F. 267° (Zers.), schwarze Nadeln. — *1.3-Diformyl-2-methylpyrrocolin*, $C_{11}H_9O_2N$, F. 214—215° (A.); $POCl_3$ wird bei $<10°$ zu Dimethylformamid gegeben u. 12 g **I** portionsweise eingetragen. Nach ½std. Rühren bei 25—30° wird $CaCO_3$ eingetragen u. die Mischung vorsichtig erwärmt, wobei die Temp. nach einsetzender Rk. durch Kühlen auf 55—60° gehalten wird; Kühlen auf 10°, Zufügen von Na-Acetat u. W., Eingießen in 6%ig. NaOH, 2std. Kochen u. heiß Absaugen. Der Nd. wird mit heißem, das Filtrat mit kaltem Chlf. extrahiert; 28%. *Monoxim*, $C_{11}H_{10}O_2N_2$, F. 196—197° (wss. A.), *Mono-2.4-dinitrophenylhydrazon*, $C_{17}H_{13}O_5N_5$, Zers. $>315°$. (J. chem. Soc. [London] **1955**. 1504—11. Mai. Betchworth, Surrey, Beecham Res. Labors. Ltd., Med. Chem. Div., Organ. Dep.; London, Parke Royal, C. L. Bencard Ltd.) W. Ruske. 3231

D. O. Holland und **J. H. C. Nayler**, *Die Chemie der Pyrrocoline*. 8. Mitt. *Alkylderivate*. (7. vgl. vorst. Ref.) *2-substituierte Pyrrocoline* (**I**) werden nach Tschitschibabin [1927] aus einem entsprechend substituierten Pyridin durch Umsetzung mit einem α-Halogenketon zu dem *Anlagerungsprod.* **II** u. dessen Cyclisierung mit heißer $NaHCO_3$-Lsg. zu **I** erhalten. Die mitunter heftige Rk. von Bromketonen mit Pyridinen zu **II** kann durch Verdünnen mit Aceton gemäßigt werden. Auf diesem Wege wurden *2-Methyl-* (**III**), *1.2-* (**IV**), *2.3-* u. *2.7-Dimethyl-*, *1.2.3-Trimethyl-* (**V**), *3-Benzyl-2-methyl-* sowie (in geringer Ausbeute) *2.5-Dimethylpyrrocolin* dargestellt. Sowohl **I** als auch **II** bilden stabile, zur Charakterisierung geeignete *Chloroplatinate*. Das für die Darst. von **IV** u. **V** benötigte *2-Äthylpyridin* wurde durch Wolff-Kishner-Red. von 2-Acetylpyridin dargestellt; die Clemmensen-Red. des Acetylderiv. führt im Gegensatz zu den Angaben von Furst (J. Amer. chem. Soc. **71**. [1949.] 3550) nur zum *1-[Pyridyl-(2)]-äthanol*, von dem ein krist. *Hydrogenphthalat* u. *Pikrat* sowie ein öliges *Phenyl-*

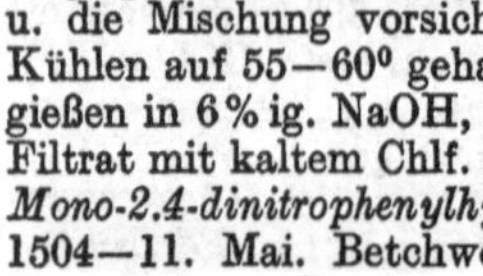

II X = Halogen

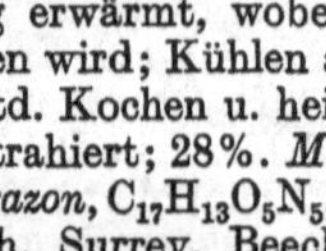

I

urethan erhältlich sind. Letzteres gibt ein krist. *Pikrat*. Erhitzen von **III** mit CH_3J führt zu einer *Verb. vom F. 180—181°*, die auch aus **V** bei der Umsetzung mit CH_3J bei Zimmertemp. erhalten wird. Diese Verb. stellt wahrscheinlich eine Mischung oder Molekülverb. von *1.1.2.3-* (**VI**) u. *1.2.3.3-Tetramethylpyrrocoliniumjodid* (**VII**) dar, da ihr UV-Spektr. einen zwischen den Spektren von **VI** bzw. seines 1-Äthylhomologen (**VIII**) u. **VII** bzw. seines 3-Äthylhomologen (**IX**) liegenden Typ aufweist. **V** gibt mit C_2H_5J unter Druck ein *Isomerengemisch*, aus dem eine Verb. rein isolierbar ist, die auch aus der Umsetzung von 1-Äthyl-2.3-dimethylpyrrocolin mit CH_3J isoliert wird u. daher *1-Äthyl-1.2.3-trimethylpyrrocoliniumjodid* (**VIII**) darstellen dürfte. Bei der Methylierungs-Rk. wird neben **VIII** ein *Isomeres* (**IX**) gebildet, das ein von **VIII** unterschiedliches UV-Spektr. zeigt. Die Methylierung von 3-Äthyl-2-methylpyrrocolin mit überschüssigem CH_3J führt zu *3-Äthyl-1.2.3-trimethylpyrrocoliniumjodid*, wie Vff. aus der Ähnlichkeit des Spektr. dieser Verb. mit dem des Jodids **IX** folgern. **III** liefert bei Zimmertemp. mit CH_3J nach Rossiter u. Saxton (C. **1955**. 10022) das *Hydrojodid* von **III** (**X**), das aus der Lsg. ausfällt, während das Methylierungsprod. als freie Base in Lsg. bleibt. **X** wird auch mit C_2H_5J oder mit HJ gebildet. Hydrojodide werden mit CH_3J auch von **IV**, 2.5- u. 2.7-Dimethylpyrrocolin erhalten. **X** gibt mit p-Dimethylaminobenzaldehyd (**XI**) einen blauen Farbstoff, für den nebenst. Konst. (bzw. das 1-substituierte Isomere) angenommen wird. Intensive Blau- oder Violettfärbung mit **XI** ist auch bei anderen Pyrrocolinen mit freier 1- oder 3-Stellung (vgl. Clemo, Fox u. Raper (C. **1954**. 8575) beobachtet worden.

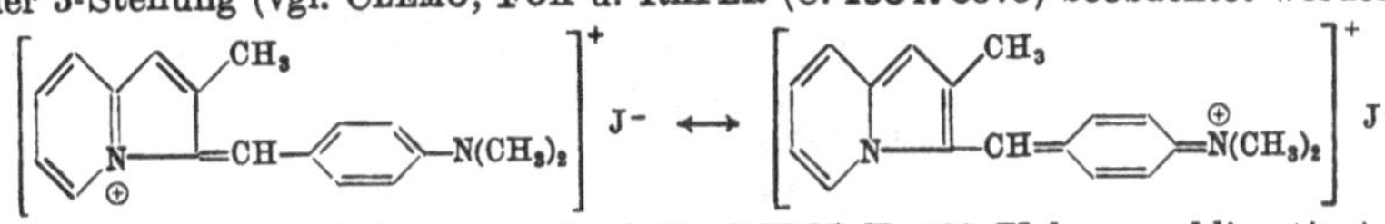

Versuche: *2-Methylpyrrocolin* (**III**), C_9H_9N, F. 59° (Vakuumsublimation), durch 1std. Kochen von 120 cm³ α-Picolin mit 167 g Bromaceton in Aceton, Absaugen des *1-Acetonyl-2-methylpyridiniumbromids* [$C_9H_{12}ONBr$, F. 196° (A.); 84% (Ausbeute)], Erhitzen des Bromids in wss. Lsg. mit $NaHCO_3$, Wasserdampfdest. u. Ae.-Extraktion des Destillats; 95%. — *1.2-Dimethylpyrrocolin* (**IV**), $C_{10}H_{11}N$, F. 63° (Sublimation), analog aus 2-Äthylpyridin u. Bromaceton in Aceton über das *1-Acetonyl-2-äthylpyridiniumbromid* [80%; *Chloroplatinat*, $C_{20}H_{28}O_2N_2Cl_6Pt$, F. 210° (Zers.)]; 92%. *Chloroplatinat*, $C_{20}H_{24}N_2Cl_6Pt$, F. (unscharf) bei 214° nach Verfärbung ab 175°. — *2.3-Dimethylpyrrocolin*, $C_{10}H_{11}N$, F. 37°, aus α-Picolin u. 1-Bromäthylmethylketon über das entsprechende **II**; 61%. Dieses **II** gibt mit H_2PtCl_6 *2-Methyl-1-[1-methyl-2-oxopropyl]-pyridiniumchloroplatinat*, $C_{20}H_{28}O_2N_2Cl_6Pt$, F. 201° (Zers.). — *2.7-Dimethylpyrrocolin*, $C_{10}H_{11}N$, F. 78 bis 79° (Vakuumsublimation), aus 2.4-Lutidin u. Bromaceton über das entsprechende **II**; 70%. Dieses gibt mit H_2PtCl_6 *1-Acetonyl-2.4-dimethylpyridiniumchloroplatinat*, $C_{20}H_{28}O_2N_2Cl_6Pt$, F. 219—220° (Zers.). *2.7-Dimethylpyrrocolinchloroplatinat*, $C_{20}H_{24}N_2 \cdot Cl_6Pt$, Zers. >200°. — *2.5-Dimethylpyrrocolin*, $C_{10}H_{11}N$, Kp.$_{14}$ 116—117°, analog aus 2.6-Lutidin u. Bromaceton. — *2-Äthyl-1-[1-methyl-2-oxopropyl]-pyridiniumbromid*, $C_{11}H_{16}ONBr$, F. 182—184° (A.-Ae.). — *1.2.3-Trimethylpyrrocolin* (**V**), Kp.$_{13}$ 135—137°, aus vorst. Verb.; *Chloroplatinat*, $C_{22}H_{28}N_2Cl_6Pt$, F. 179° (Zers.). — *3-Benzyl-2-methylpyrrocolin*, $C_{16}H_{15}N$, F. 93—94° (Sublimation bei 0,05 mm), durch 8std. Erhitzen von α-Picolin u. 1-Brom-2-phenyläthylmethylketon über das entsprechende **II**, das mit H_2PtCl_6 *1-[1-Benzyl-2-oxopropyl]-2-methylpyridiniumchloroplatinat*, $C_{32}H_{36}O_2N_2Cl_6Pt$, Zers. >170° liefert. 4std. Kochen dieses **II** mit $NaHCO_3$ führt zum Ringschluß. *Chloroplatinat*, $C_{32}H_{32}N_2Cl_6Pt$, F. 178—179° (Zers.). — *1-[Pyridyl-(2)]-äthanol*, C_7H_9ON, Kp.$_{747}$ 207°, durch Clemmensen-Red. von 2-Acetylpyridin. *Pikrat*, $C_{13}H_{12}O_8N_4$, F. 85 bis 86° (Äthylacetat). *Hydrogenphthalat*, $C_{15}H_{13}O_4N$, F. 134—136° (Aceton), aus dem Alkohol u. Phthalsäureanhydrid in sd. Aceton. Das *Phenylurethan* [*Öl*, aus dem Alkohol u. Phenylisocyanat in sd. Toluol] wurde als *Pikrat* [$C_{20}H_{17}O_9N_5$, F. 164—166° (A.)] charakterisiert. — *1.2.3-Trimethylpyrrocolinmethojodid* (**VI** + **VII**), $C_{12}H_{16}NJ$, F. 180—181°, citronengelbe Prismen aus A. oder Nadeln aus Isopropanol, aus 3,1 g **III**, CH_3J u. Methanol durch 7std. Erhitzen auf 120°; 4,83 g; oder aus 3,7 g **V** durch 1wöchiges Stehen in CH_3J u. Verdünnen mit Ae.; 2,73 g. — *1.2.3-Trimethylpyrrocolinäthojodid* (**VIII** + **IX**), $C_{13}H_{18}NJ$, F. 179—180° (Aceton–Ae.), aus 3,8 g **V**, C_2H_5J u. A. durch 8std. Erhitzen auf 120°; 2,4 g. 3 Kristallisationen aus A., dann 10 aus Isopropanol liefern aus dem Isomerengemisch *1-Äthyl-1.2.3-trimethylpyrrocoliniumjodid* (**VIII**), cremefarbene Nadeln vom F. 199—200°; 0,26 g. **VIII** wird auch durch Umsetzung von 3 g 1-Äthyl-2.3-dimethylpyrrocolin, CH_3J u. Methanol bei 110—120°, Eindampfen im Vakuum u. Behandeln des Rückstands mit Aceton erhalten; 24%. Aus dem Filtrat durch Verdünnen mit Ae. u. Anreiben des gefällten Öls *1-Äthyl-2.3.3-trimethylpyrrocoliniumjodid*, F. 179°, strohfarbene Kristalle aus Aceton–Ae.; 48%. — *3-Äthyl-1.2.3-trimethylpyrrocolinium-*

jodid (**IX**), $C_{13}H_{18}NJ$, F. 167—168° (Aceton–Ae.), aus 3-Äthyl-2-methylpyrrocolin (5 g) durch 7std. Erhitzen mit CH_3J u. Methanol auf 120°, Eindampfen im Vakuum u. Anreiben des Rückstands mit Aceton; 2,95 g. — Folgende *Hydrojodide* wurden durch Stehen der Dimethylpyrrocoline in Ae. mit CH_3J, Abtrennen des ausgeschiedenen Öls u. Anreiben mit Aceton erhalten: *2.5-Dimethylpyrrocolin-*, $C_{10}H_{12}NJ$, F. 188° (Zers.), aus A. hellgrüne Blättchen. *2.7-Dimethylpyrrocolin-*, F. 171—172°, aus A. grüne Nadeln. **IV**-, F. 177—179°, hellblaugrüne Nadeln aus A.–Äther. Jedes dieser Hydrojodide gibt mit **XI** in A. eine blaue oder violette Färbung. — *3*(oder *1*)-*[p-Dimethylaminobenzyliden]-2-methylpyrrocoliniumjodid*, $C_{18}H_{19}N_2J$, ohne definierten F., aus 2,62 g **III** u. **XI** in A. durch Behandeln mit 55%ig. HJ. (J. chem. Soc. [London] **1955.** 1657—62. Juni.)

W. RUSKE. 3231

Tadeusz Urbański, *Untersuchungen über Tuberkulosechemotherapeutica.* 2. Mitt. *Untersuchungen über Chinolinderivate.* 1. Mitt. *Darstellung und Eigenschaften von 5-[N-Sulfohydroxylamino]-8-oxychinolin.* (1. vgl. C. **1951.** I. 2045.) Das aus 8-Oxychinolinsulfat (**I**) durch Einw. von $NaNO_2$ u. H_2SO_4 erhaltene *5-Nitroso-8-oxychinolinsulfat* (**II**) gibt mit $NaHSO_3$ *5-[N-Sulfohydroxylamino]-8-oxychinolinmonohydrat* (**III**). **III** besitzt bei geringer Toxizität deutlich ausgeprägte antituberkulöse Eigg. in vitro u. in vivo gegen experimentelle Tuberkulose bei Mäusen. Beim Kochen von **III** mit 25%ig. HNO_3 entsteht *5.7-Dinitro-8-oxychinolin* u. durch dessen Red. mit $Na_2S_2O_4$ *5.7-Diamino-8-oxychinolin.* Durch $Na_2S_2O_4$ wird **III** ebenso wie **II** zu *5-Amino-8-oxychinolin* reduziert. Beim Kochen mit konz. HCl liefert **III** *6.7-Dichlor-5.8-dioxychinolin* (**IV**) u. zwei intensiv rot gefärbte aromat. *Basen*, die wahrscheinlich aus den Chinolinderivv. durch Sprengung des heterocycl. Ringes entstanden sind. **IV** wird mit HNO_3 zu *Chinolinsäure* oxydiert.

Versuche: *5-Nitroso-8-oxychinolinsulfat* (**II**), aus **I** in W. bzw. wss. NaOH mit $NaNO_2$ u. 40%ig. H_2SO_4 bei 12—15°. — *5-[N-Sulfohydroxylamino]-8-oxychinolinmonohydrat* (**III**; *N-[8-Oxychinolyl-(5)]-hydroxylamin-N-sulfonsäuremonohydrat*), $C_9H_8O_5N_2S \cdot H_2O$, Zers. bei 180°, aus **II** in W. mit wss. $NaHSO_3$ (½ Std. bei 56—60°); aus W. Nadeln, beim Kochen mit 10%ig. NaOH Entw. von NH_3, mit konz. H_2SO_4 oder H_3PO_4 Entw. von SO_2; mit $FeSO_4$ rosa, mit $FeCl_3$ blaue Färbung; 47—53% (Ausbeute). — *5.7-Dinitro-8-oxychinolin*, $C_9H_5O_5N_3$, F. 312—314° (Zers.), aus **III** oder 5-Sulfo-8-oxychinolin oder **I** mit 25%ig. HNO_3; aus Anilin, Pyridin u. Nitrobenzol goldgelbe Nadeln; 69—74%. — *5.7-Diamino-8-oxychinolindihydrochlorid*, $C_9H_9ON_3 \cdot 2HCl$, F. 280—282° (Zers.), aus vorst. Verb. mit $Na_2S_2O_4$ in Ggw. von NH_4OH bei 20—30°; aus 10%ig. HCl dunkelrote Nadeln; 34%. Reizt die Nasenschleimhaut stark. — *5-Amino-8-oxychinolindihydrochlorid*, $C_9H_8ON_2 \cdot 2HCl$, F. 238—240° (Zers.; 20%ig. HCl), aus **II**, **III** oder dem Azofarbstoff aus Benzoldiazoniumchlorid u. 8-Oxychinolin analog vorst. Verbindung. — *5.8-Dioxy-6.7-dichlorchinolin* (**IV**), $C_9H_5O_2NCl_2$, F. 180°, aus **III** mit sd. konz. HCl; aus A. W., dann aus A. Nadeln; Isolierung als Gemisch der Hydrochloride, daneben die *Hydrochloride* zweier *roter Basen.* Gibt mit wss. $FeSO_4$ eine dunkle, fast schwarze Färbung, die mit einem $FeSO_4$-Überschuß verschwindet. Gibt mit Dioxan ein gelbes *Additionsprod.*, F. >260s. *Hydrochlorid*, $C_9H_5O_2NCl_2 \cdot HCl$, Zers. bei 180—190° (bei ca. 175° Entfärbung infolge HCl-Abspaltung), aus 20%ig. HCl gelbe Kristalle; mit wss. $FeSO_4$ schwarzer Nd.; reizt die Schleimhäute. **IV** bzw. **IV**·HCl gibt mit 25%ig. HNO_3 36,6 bzw. 23,3% *Chinolinsäure*, F. 191—192°. (Roczniki Chem. [Ann. Soc. chim. Polonorum] **25.** 297—311. 1951. Warszawa, Politechn., Zakład Technol. Organ. u. Inst. Gruźlich.)

K. HOINKIS. 3231

Jekishan R. Parikh und **Alfred Burger,** *Nucleotidanaloge.* 1. Mitt. *Theophyllinylalkylphosphonsäuren und verwandte Verbindungen.* Um einen Einblick in den Ablauf der Synthesen der *Puringlykosidylphosphonsäure* zu erhalten, wurden *ω-[Theophyllinyl-(7)]-alkylphosphonsäuren*, die entsprechenden *Alkanole* u. *Alkylthiole* dargestellt. Die Synth. der Phosphonsäuren erfolgte aus *Dialkyl-ω-halogenalkylphosphonaten* u. *Ag-Theophyllin* (**I**) oder besser über die *ω-[Theophyllinyl-(7)]-alkyljodide* mittels der Rk. von MICHAELIS-ARBUSOW. Aus den ω-[Theophyllinyl-(7)]-alkyljodiden wurden die Alkanole über die *Acetate*, die Alkylthiole über die entsprechenden *Isothiuroniumsalze* dargestellt.

Versuche (FF. korr.): *3-Jodpropylphosphonsäure*, $C_3H_8O_3JP$, F. 1-2—1-3° (glänzende Platten aus verd. Aceton), durch 24std. Kochen von 3-Brompropylphosphonsäure u. NaJ in trockenem Aceton; 48% (Ausbeute . *Dimethylester*, mit Diazomethan in Ae.; Öl. — *3-[Theophyllinyl-(7)]-propylphosphonsäuredihydrat*, $C_{10}H_{15}O_5N_4P \cdot 2H_2O$, F. 187 bis 188° (absol. A.–Aceton), durch 6std. Erhitzen vorst. Dimethylesters mit einer Suspension von **I** in N.N-Dimethylformamid auf 140° unter Rühren, Filtrieren, Entfernen des Dimethylformamids u. Verdampfen der alkoh. Filtratlsg. im Vakuum, Lösen des Rückstands in Acetonitril, Verdampfen u. 3std. Hydrolyse mit heißer konz. HCl. — *1.4-Bis-[theophyllinyl-(7)]-butan*, $C_{18}H_{22}O_4N_8$, F. 294—295° (Cyclohexanon), a) aus 61 g 1-Chlor-

4-jodbutan u. 27,55 g **I** in S-freiem Xylol (24std. Kochen); 2,5 g; b) aus wasserfreiem Theophyllin in Butanol durch 19std. Kochen mit Na u. 1-Chlor-4-jodbutan; 52%. — *1-Chlor-4-[theophyllinyl-(7)]-butan*, $C_{11}H_{15}O_2N_4Cl$, F. 92—92,5° (Ligroin), aus dem Xylolfiltrat vorst. Verb. nach a); 77%. — *1-Jod-4-[theophyllinyl-(7)]-butan* (**V**), $C_{11}H_{15}O_2N_4J$, F. 105—105,5° (Bzl.-PAe.-A.), aus vorst. Verb. u. NaJ in Aceton (24std. Kochen in Ggw. von CuJ); 90%. — *4-[Theophyllinyl-(7)]-butylphosphonsäure, Diäthylester*, $C_{15}H_{25}\cdot O_5N_4P$, F. 118,5—119,5° (Nadeln aus Isooctan), aus vorst. Verb. in Triäthylphosphit (5std. Erhitzen auf 160—170° u. Stehen bei Raumtemp.); 88%. *Freie Säure*, $C_{11}H_{17}O_5N_4P$, F. 210—211° (A.), aus dem Ester mit konz. HCl (3std. Kochen); 75%. — *1-Chlor-5-[theophyllinyl-(7)]-pentan*, $C_{12}H_{17}O_2N_4Cl$, F. 79,5—80° (Nadeln aus Ligroin), aus **I** u. Pentamethylenchlorjodid in Dimethylformamid; 61%. — *1-Jod-5-[theophyllinyl-(7)]-pentan* (**II**), $C_{12}H_{17}O_2N_4J$, F. 81,5—82° (Bzl.-Isooctan), aus vorst. Verb. wie oben; 77%. — *1.5-Bis-[theophyllinyl-(7)]-pentan* (**III**), $C_{19}H_{24}O_4N_8$, F. 232,5—233° (A.), a) als Nebenprod. bei der Darst. von **II**; b) durch 4std. Erhitzen von 5,74 g **I** u. 4,7 g 5-Jodpentanol in Dimethylformamid auf 130—135°; 1 g. — *5-[Theophyllinyl-(7)]-amylphosphonsäure*, $C_{12}H_{19}O_5N_4P$, F. 222,5—224,5° (A.-Aceton), durch 6std. Erhitzen von **II** in Triäthylphosphit auf 160—170°, Extraktion der Benzollsg. des Eindampfrückstandes mit W., Eindampfen u. 3std. Kochen des Rückstands mit konz. HCl; 51%. — *4-[Theophyllinyl-(7)]-butylacetat* (**IV**), $C_{13}H_{18}O_4N_4$, F. 87,5—88,5° (Bzl.-Isooctan), durch 24std. Schütteln von **V** u. Ag-Acetat in Eisessig bei 25°; 91%. — *5-[Theophyllinyl-(7)]-amylacetat*, $C_{14}H_{20}\cdot O_4N_4$, F. 66—67° (Bzl.), analog vorst. Verb.; 87%. — *4-[Theophyllinyl-(7)]-butanol*, $C_{11}H_{16}O_3N_4$, F. 117—118° (Bzl.), durch 2std. Kochen von **IV** mit KOH in A. u. Extrahieren der wss. Lsg. des Eindampfrückstands mit Chlf.; 85%. — *5-[Theophyllinyl-(7)]-amylalkohol*, $C_{12}H_{18}O_3N_4$, F. 121—122° (Bzl.), a) analog vorst. Verb.; 94%; b) durch Extrahieren der konz. wss. Mutterlauge von **III** b) mit Chlf., Lösen des Rückstands in Methanol u. Eindampfen; 1,3 g. — *4-[Theophyllinyl-(7)]-butylisothiuroniumjodid*, $C_{12}H_{19}O_2N_6JS$, F. 218—219° (A.), durch 4std. Kochen von **V** u. Thioharnstoff nach JOHNSON u. SPRAGUE (J. Amer. chem. Soc. **58**. [1936.] 1348); 81%. — *5-[Theophyllinyl-(7)]-amylisothiuroniumjodid*, $C_{13}H_{21}O_2N_6SJ$, F. 216—217° (absol. A.), analog vorst. Verb.; 98%. — *4-[Theophyllinyl-(7)]-butanthiol*, $C_{11}H_{16}O_2N_4S$, F. 167—168° (50%ig. A.), durch Spaltung des Isothiuroniumsalzes mit NH_4OH (1 Tag) nach PHILLIPS u. SHAPIRO (J. chem. Soc. [London] **1942**. 584); 97%. — *5-[Theophyllinyl-(7)]-pentanthiol*, $C_{12}H_{18}O_2\cdot N_4S$, F. 129,5—130,5° (50%ig. A.), analog vorst. Verb.; 96%. — *Pentamethylen-1.5-bis-[isothiuroniumpikrat]*, $C_{19}H_{22}O_{14}N_{10}S_2$, F. 239,5—240,5° (A.), aus Pentamethylendibromid. — *5-Jodpentanol*, Öl, aus 25 g 5-Chlorpentanol u. 60 g NaJ in wasserfreiem Aceton durch 24std. Kochen in Ggw. von 1 g CuJ; 34,5 g. *Phenylurethan*, $C_{12}H_{16}O_2NJ$, F. 61,5 bis 62,5° (Nadeln aus PAe.). *1-Naphthylurethan*, $C_{16}H_{18}O_2NJ$, F. 84,5—85° (PAe.). — *1.5-Bis-[adenyl-(9)]-pentan*, aus 2 g Ag-Adenin in wasserfreiem Xylol durch Zugabe von 1,9 g 1-Chlor-5-jodpentan unter Rühren u. 24std. Kochen; 1,5 g. *Pikrat*, $C_{21}H_{21}O_7N_{13}$, F. 189,5—190,5° (A.). (J. Amer. chem. Soc. **77**. 2386—88. 5/5. 1955. Charlottesville, Va., Univ., Cobb Chem. Labor.) K. MAIER. 3272

Michel Polonovski, Marcel Pesson und **Pesia Rajzman**, *Untersuchungen über 5.6-Diaryl-1.2.4-triazine.* 2. Mitt. *Katalytische Hydrierung von 3-Oxy-5.6-diphenyl-1.2.4-triazin.* (1. vgl. C. **1955**. 4837.) Während die Hydrierung von 3-Oxy-5.6-diphenyl-1.2.4-triazin (**II**) in Ggw. von RANEY-Ni in wss.-alkal. Lsg. bzw. in Ggw. von Pt in alkal.-alkoh. Lsg. zu *3-Oxo-5.6-diphenyl-2.3.4.5-tetrahydro-1.2.4-triazin* (**I**) führt, konnten mit RANEY-Ni in alkal.-alkoh. Medium — die Bldg. von NH_3 u. *4.5-Diphenylimidazolon-(2)* (**III**) wird wahrscheinlich gemacht — u. mit Pt in essigsaurer Lsg. keine Prodd. isoliert werden. **I** ist mit CH_2N_2 nicht methylierbar u. seine Behandlung mit HBr/Essigsäure liefert *Benzil*, NH_3 u. **III**. Ein Reduktionsmechanismus wird diskutiert. In Ggw. von Pt werden das 2-Monoacetylderiv. von **II** (2-Acetyl-3-oxo-5.6-diphenyl-2.3-dihydro-1.2.4-triazin) zum *2-Acetylderiv.* von **I** u. das *2.4-Diacetylderiv.* von **I** zu dem *2.4-Diacetylderiv.* von *3-Oxo-5.6-diphenylhexahydro-1.2.4-triazin* (**IV**) hydriert. Letzteres Diacetylderiv. wird zu **IV** hydrolysiert u. zum *Triacetylderiv.* acetyliert. **IV** läßt sich mit Br_2/Essigsäure zu **I** bzw. **II** oxydieren. Die Hydrierung von 2-Methyl- (**V**) bzw. dem Hydrobromid (**VI**) von 2-[β-Piperidinoäthyl]-3-oxo-5.6-diphenyl-2.3-dihydro-1.2.4-triazin in Ggw. von RANEY-Ni bzw. von Pt führt zu den entsprechenden *2.3.4.5-Tetrahydro-1.2.4-triazinen.*

Versuche: *3-Oxo-5.6-diphenyl-2.3.4.5-tetrahydro-1.2.4-triazin* (**I**), $C_{15}H_{13}ON_3$, F. 274—276° (A.-Essigsäure), a) durch 2std. Hydrieren von 1,1 g Na-**II** in W. in Ggw. von RANEY-Ni; 0,7 g (Ausbeute); b) aus 1 g **II** in 2 Std. in A. u. n-NaOH in Ggw. von Pt; 0,9 g. *2.4-Diacetylderiv.*, $C_{19}H_{17}O_3N_3$, F. 140—141° (A.). *2-Acetylderiv.*, $C_{17}H_{15}O_2N_5$, F. 207—209° (Äthylacetat-A.), aus 2 g 2-Acetyl-**II** in Essigsäure (30 Min.; Pt); 0,8 g. — *Benzil*, $C_{14}H_{10}O_2$, F. 95°, durch 5std. Kochen von 1 g **I** mit Essigsäure-HBr (D. 1,78) unter Durchleiten von CO_2, Gießen in W. u. Extrahieren mit CCl_4; 0,35 g. — *4.5-Di-*

phenylimidazolon-(2) (**III**), $C_{15}H_{12}ON_2$, F. ~315⁰ (Zers.; Essigsäure), neben vorst. Verb. als Rückstand. *Acetylderiv.*, $C_{19}H_{16}O_3N_2$, F. 137⁰. — 5.6-Diphenyl-1.2.4-triazine: *3-Oxohexahydro-* (**IV**), $C_{15}H_{15}ON_3$, F. 293⁰ (A.–CH_3OH), aus 2 g 2.4-Diacetyl-**I** in Äthylacetat–Essigsäure (Pt) über das *2.4-Diacetylderiv.* ($C_{19}H_{19}O_3N_3$, F. 218—219⁰ [Äthylacetat]; 0,8 g), das 1 Std. mit alkoh. 2n KOH im Rohr auf 100⁰ erhitzt wird; 0,5 g. 5 Min. Kochen mit Br_2–Essigsäure → **I**. *Triacetylderiv.*, $C_{21}H_{21}O_4N_3$, F. 204⁰ (A.). — *3-Oxy-* (**II**), F. 225—226⁰ (A.), durch längeres Kochen von **IV** mit Br_2–Essigsäure. — *2-Methyl-3-oxo-2.3.4.5-tetrahydro-*, $C_{16}H_{15}ON_3$, F. 199⁰ (A.), aus 1 g **V** in A. (2 Std.; RANEY-Ni); 0,7 g. — *2-[β-Piperidinoäthyl]-3-oxo-2.3.4.5-tetrahydro-*, *Hydrobromid*, $C_{22}H_{26}ON_4 \cdot HBr$, F. 207—210⁰ (Äthylacetat–A.), aus 1 g **VI** in A. (Pt); 0,9 g. (Bull. Soc. chim. France, Mém. [5] **1955.** 1166—71. Okt.) R. PASEDAG. 3313

Michel Polonovski, Marcel Pesson und **Pesia Rajzman,** *Untersuchungen über 5.6-Diaryl-1.2.4-triazine.* 3. Mitt. *Katalytische Hydrierung von 3-Methoxy-5.6-diphenyl-1.2.4-triazin.* (2. vgl. vorst. Ref.) Die Hydrierung von 3-Methoxy-5.6-diphenyl-1.2.4-triazin (**III**) in alkoh. Lsg. in Ggw. von Pt führt zu *3-Methoxy-5.6-diphenyl-4.5-dihydro-1.2.4-triazin* (**II**), das zu *3-Oxo-5.6-diphenyl-2.3.4.5-tetrahydro-1.2.4-triazin* (**I**) hydrolysiert werden kann. Die energ. Acetylierung von **II** liefert unter Entmethylierung das *Diacetyl*-Deriv. von **I**, die milde dagegen *4-Acetyl*-**II**. Letzteres kann zu *4-Acetyl*-**I** entmethyliert werden, das nicht ident. ist mit dem bekannten *2-Acetyl*-**I**. **III** bzw. **II** lassen sich zu *3-Methoxy-5.6-diphenyl-1.4.5.6-tetrahydro-1.2.4-triazin* hydrieren, dessen saure Hydrolyse *3-Oxo-5.6-diphenylhexahydro-1.2.4-triazin* u. dessen Acetylierung das *1-Acetylderiv.* liefert. Das *4-Acetylderiv.* kann durch Hydrierung von 4-Acetyl-**II** erhalten werden. Die Hydrierung von 3-[β-Piperidinoäthoxy]-5.6-diphenyl-1.2.4-triazin (**IV**) in Ggw. von Pt führt in neutraler Lsg. zum *4.5-Dihydroderiv.*, in essigsaurer Lsg. dagegen zum *1.4.5.6-Tetrahydroderivat.*

Versuche: 5.6-Diphenyl-1.2.4-triazine: *3-Methoxy-4.5-dihydro-* (**II**), $C_{16}H_{15}ON_3$, F. 160—161⁰ (A.), durch 1std. Hydrieren von **III** in A. in Ggw. von Pt. *4-Acetylderiv.*, $C_{18}H_{17}O_2N_3$, F. 123—124⁰ (A.), durch 48std. Stehen von **II** bei Raumtemp. mit Acetanhydrid. — *3-Oxo-2.3.4.5-tetrahydro-* (**I**), $C_{15}H_{13}ON_3$, F. 275⁰ (A.), a) durch 30 Min. Kochen von 0,6 g **II** mit HBr–Essigsäure; 0,3 g (Ausbeute; längeres Erhitzen führt zu einem Gemisch von *Diphenylimidazolon* u. *Benzil*); b) durch 5std. Kochen von 0,4 g **II** mit Essigsäure; 0,35 g. *Diacetylderiv.*, $C_{19}H_{17}O_3N_3$, F. 142—143⁰ (A.), durch 2std. Kochen von **II** mit Acetanhydrid. *4-Acetylderiv.*, $C_{17}H_{15}O_2N_3$, F. 148—149⁰ (A.), durch 5std. Kochen von 0,5 g 4-Acetyl-**II** mit Essigsäure unter CO_2, Gießen in W. u. Lösen in Äthylacetat; 0,4 g. — *3-Methoxy-1.4.5.6-tetrahydro-*, $C_{16}H_{17}ON_3$, F. 181 bis 182⁰ (Äthylacetat), a) durch 1std. Hydrieren von 1 g **III** in Essigsäure in Ggw. von Pt; Nadeln; 0,9 g; b) analog aus 0,24 g **II**; 0,16 g. *1-Acetylderiv.*, $C_{18}H_{19}O_2N_3$, F. 203⁰ (Bzl.). *4-Acetylderiv.*, F. 172—172,5⁰ (A.), aus 1 g 4-Acetyl-**II** in Essigsäure in Ggw. von Pt; 0,8 g. — *3-Oxohexahydro-*, $C_{15}H_{15}ON_3$, F. 293⁰ (CH_3OH), durch 30 Min. Kochen von 0,3 g vorst. Triazins mit Essigsäure–HBr (D. 1,78), Gießen in W. u. Alkalisieren; 0,2 g. *Triacetylderiv.*, $C_{21}H_{21}O_4N_3$, F. 204⁰. — *3-[β-Piperidinoäthoxy]-4.5-dihydro-*, $C_{22}H_{26}ON_4$, F. 117—118⁰ (verd. A.), durch Hydrieren von **IV** (aus 2 g Hydrobromid durch Neutralisieren mit $NaHCO_3$) in A. in Ggw. von Pt; 1,6 g. — *3-[β-Piperidinoäthoxy]-1.4.5.6-tetrahydro-*, $C_{22}H_{28}ON_4$, F. 148—150⁰ u. ~160⁰ nach Wiederverfestigung, analog aus 2 g **IV**-Hydrobromid in Essigsäure; 1,5 g. (Bull. Soc. chim. France, Mém. [5] **1955.** 1171 bis 1175. Okt.) R. PASEDAG. 3313

Walter Ried und **Werner Höhne,** *Über heterocyclische Siebenringsysteme.* 2. Mitt. *Synthesen kondensierter 7gliedriger Heterocyclen mit 2 Stickstoffatomen.* (1. vgl. C. **1955.** 819.) Durch Rk. von Naphthylendiamin-(1.2) (**I**) mit Crotonsäure (**II**) bzw. Methacrylsäure (**III**) erhielten Vff. *5-* (**IV**) bzw. *6-Methyl-1.4-diazanaphtho-[1'.2':2.3]-cyclohepten-(2)-on-(7).* Als Nebenprod. entstand in beiden Fällen, wahrscheinlich infolge mehrfacher Eigenkondensation von **I**, eine rote, sehr schwer lösl. *Verb.* $C_{30}H_{24}N_4$. Rk. von **I** mit Acetessigsäuremethylester (**V**) lieferte ein Gemisch (**VI**) von *7-Methyl-1.4-diazanaphtho-[1'.2':2.3]-cycloheptadien-(2.6)-* u. *-(2.7)-on-(5)* u. *2-Acetonylnaphthimidazol* (**VII**). Bei Verwendung von frisch dest. **V** wurde der Anteil von **VI** gegenüber **VII** erhöht. Hydrierung von **VI** führte zu einem mit **IV** isomeren Produkt. Durch Kochen mit 4n HCl entstand aus **VI** *2-Oxynaphtho-[1'.2':4.5]-imidazol.* Aus Benzoylessigsäureäthylester (**VIII**) u. **I** wurde *7-Phenyl-1.4-diazanaphtho-[1'.2':2.3]-cycloheptadien-(2.6)-* bzw. *-(2.7)-on-(5)* erhalten. Die Rk. von Acetylaceton (**IX**), Benzoylaceton (**X**) u. Dibenzoylmethan (**XI**) mit **I** verlief analog der Umsetzung mit o-Phenylendiamin (vgl. THIELE u. STEINIG [1907]). Die gebildeten entsprechenden *1.4-Diazanaphtho-[1'.2':2.3]-cycloheptatrienhydrochloride* gingen in W. bei 50⁰ in substituierte *Naphthimidazole* über, während die freien Basen sehr beständig waren. Bei der Rk. von **I** mit **X** ohne Zusatz von HCl wurde das ringoffene Zwischenprod. der Kondensation isoliert, das durch 4—5std. Stehen in der Reaktionslsg. unter Abspaltung von *Acetophenon* in *2-Methylnaphthimidazol*, mit HCl in Eisessig/CH_3OH in *5-Methyl-7-phenyl-1.4-diazanaphtho-[1'.2':2.3]-cycloheptatrien* (**XIII**) überging. **VI** u. die aus **I** u. **IX** erhaltene *Verb.* (**XII**) wurden über RANEY-Ni zum entsprechenden *1.4-Diazanaphtho-[1'.2':2.3]-cyclohepten* (**XIV**) bzw. *-cycloheptenon* hydriert. **XIV** u. **IV** gaben die entsprechende *Di-* bzw. *Mononitrosoverb.*; die Isolierung der daraus mit Zn/Eisessig erhaltenen Prodd. gelang nicht.

Versuche: *4'.5'.7-Trimethyl-1.4-diazabenzo-[1'.2':2.3]-cyclohepten-(2)-on-(5)*, $C_{12}H_{16}ON_2$, F. 172°, durch 1std. Erhitzen von 4 5-Dimethyl-1.2-diaminobenzol mit **II** auf 150°; Nadeln aus Essigester; 58,1% (Ausbeute). — *5-Methyl-1.4-diazanaphtho-[1'.2':2.3]-cyclohepten-(2)-on-(7)* (**IV**), $C_{14}H_{14}ON_2$, F. 226°, a) aus **I** mit **II** (40 Min. bei 180°); aus Bzn. Nadeln; 60,1%; b) aus **I** mit **II** in konz. HCl (3 Std. auf dem Wasserbad); 56,6%; c) aus **I** u. **II** in sd. Xylol; 48,7%. — *6-Methyl-1.4-diazanaphtho-[1'.2':2.3]-cyclohepten-(2)-on-(7)*, $C_{14}H_{14}ON_2$, F. 212°, durch 2std. Erwärmen von **I** u. **III** in konz. HCl; kurze Nadeln aus Bzn.; 48,4%. — *Verb.* $C_{30}H_{24}N_4$, >300° Dunkelfärbung, als Nebenprod. bei vorst. u. vorvorst. Rk.; aus Pyridin ziegelrotes amorphes Pulver, in konz. H_2SO_4 dunkelgrün; 17—20%. — *5.7-Dimethyl-1.4-diazanaphtho-[1'.2':2.3]-cycloheptatrien-(2.5.7)* (**XII**), $C_{15}H_{14}N_2$, F. 106°, aus **I** in CH_3OH mit **IX** in Eisessig über das *Hydrochlorid* (violette Nadeln; 81,2%); hellgelbe derbe Kristalle aus Ae.; 80%. *Pikrat*, $C_{15}H_{14}N_2 \cdot C_6H_3O_7N_3$, F. 197°, aus A. tiefviolette Blättchen. — *5-Methyl-7-phenyl-1.4-diazanaphtho-[1'.2':2.3]-cycloheptatrien-(2.5.7)* (**XIII**), $C_{20}H_{16}N_2$, F. 127°, aus **I** u. **X** in CH_3OH/Eisessig über das *Hydrochlorid* (78,6%); schwach gelbe Kristalle aus Bzl.; 50,6%. *Pikrat*, $C_{20}H_{16}N_2 \cdot C_6H_3O_7N_3$, F. 243°, aus A. gelbe Blättchen. — *5.7-Diphenyl-1.4-diazanaphtho-[1'.2':2.3]-cycloheptatrien-(2.5.7)*, $C_{25}H_{18}N_2$, F. 158°, aus **I** u. **XI** in CH_3OH/Eisessig über das *Hydrochlorid* (82%); orangegelbe Nädelchen aus Bzl.; 16,6%. — *Zwischenprod.* $C_{20}H_{18}ON_2$, F. 157°, durch 1std. Stehen von **I** u. **X** in A./Eisessig; dünne hellgelbe Nadeln aus A.; 79,4%; geht durch 4—5std. Stehen in der Reaktionslsg. in nachst. Verb. (daneben *Acetophenon*) über. — *2-Methylnaphtho-[1'.2':4.5]-imidazol*, $C_{12}H_{10}N_2$, F. 169° (Ae.), a) durch Erhitzen von **XII**-Hydrochlorid in W. als *Hydrochlorid*, $C_{12}H_{10}N_2 \cdot HCl$ (94,3%); b) analog aus **XIII**-Hydrochlorid; 91%. — *7-Methyl-1.4-diazanaphtho-[1'.2':2.3]-cycloheptadien-(2.6)-* u. *-(2.7)-on-(5)* (**VI**), $C_{14}H_{12}ON_2$, F. 228°, a) aus **I** u. **V** analog **IV** c); derbe hellgelbe Spieße aus Xylol; 52,7%; daneben 31,6% *2-Acetonylnaphtho-[1'.2':4.5]-imidazol* (**VII**), $C_{14}H_{12}ON_2$, F. 198°, feine hellgelbe Nädelchen aus Xylol; b) analog, aber mit frisch dest. **V**; 70,9% u. 15,6% **VII**. — *7-Phenyl-1.4-diazanaphtho-[1'.2':2.3]-cycloheptadien-(2.6)-* u. *-(2.7)-on-(5)*, $C_{19}H_{14}ON_2$, F. 246°, aus **I** u. **VIII** analog **VI**; feine gelbe Nadeln aus Xylol; 46,2%. — *2-Oxynaphtho-[1'.2':4.5]-imidazolhydrochlorid*, $C_{11}H_8ON_2 \cdot HCl$, >320° Dunkelfärbung, durch 2std. Kochen von **VI** in 4n HCl; Nädelchen aus HCl; 78,2%. — *7-Methyl-1.4-diazanaphtho-[1'.2':2.3]-cyclohepten-(2)-on-(5)*, $C_{14}H_{14}ON_2$, F. 212°, durch Hydrierung von **VI** über RANEY-Ni in Essigester; Blättchen aus Dioxan. — *5.7-Dimethyl-1.4-diazanaphtho-[1'.2':2.3]-cyclohepten-(2)* (**XIV**), $C_{15}H_{18}N_2$, F. 147°, durch Hydrierung von **XII** über RANEY-Ni in Essigester bei 20 at u. 40—50°; Nadeln. — *4-Nitroso-5-methyl-1.4-diazanaphtho-[1'.2':2.3]-cyclohepten-(2)-on-(7)*, $C_{14}H_{13}O_2N_3$, F. 206° (Zers.; Dioxan), aus **IV** in Eisessig mit wss. $NaNO_2$ oder Isoamylnitrit; 83,7 bzw. 87,7%. Gibt bei der Hydrierung wieder **VI**. — *1.4-Dinitroso-5.7-dimethyl-1.4-diazanaphtho-[1'.2':2.3]-cyclohepten*, $C_{15}H_{16}O_2N_4$, F. 152° (Zers.; Dioxan), aus **XIV** in Eisessig mit Isoamylnitrit; 85,2%. Gibt bei der Hydrierung **XIV**. (Chem. Ber. **87**. 1801—10. 31/12. 1954. Frankfurt/M., Univ., Inst. für organ. Chem.) R. GOMPPER. 3370

Walter Ried und **Werner Höhne**, *Über heterocyclische Siebenringsysteme. 3. Mitt. Synthesen einfacher 7gliedriger Heterocyclen mit 2 Stickstoffatomen.* (2. vgl. vorst. Ref.) Vff. übertrugen l. c. beschriebene Rkk. auf aliphat. 1.2-Diamine. Aus Äthylendiamin (I) u. Crotonsäure (II) wurden *Piperazin* u. *2-Methylpiperazincarbonsäure-(3)*, die sich zum *Methylpiperazin* decarboxylieren ließ, erhalten. Acrylsäure u. Methacrylsäure polymerisierten sich unter den Bedingungen der Rk., Zimtsäure gab mit **I** nur *Dizimtsäureäthylendiamid.* Die Rk. von **I** mit Acetessigsäure- (**III**) bzw. Benzoylessigsäureäthylester (**IV**) lieferte *5-Methyl-* bzw. *5-Phenyl-1.4-diazacycloheptenon-(7)*. Kondensation mit Dibenzoylmethan führte zu keinem Erfolg.

Versuche: *2-Methylpiperazincarbonsäure-(3)*, $C_6H_{12}O_2N_2$, F. 169°, Kp.$_{0,2}$ 186°, durch 1std. Erhitzen von **I** mit **II** auf 200°; kleine glänzende Nadeln aus Essigester; 38,9% (Ausbeute), daneben *Piperazin*, F. 102,5—103° (*Pikrat*, Zers. bei 230°, gelbe Nadeln). — *2-Methylpiperazin*, F. 61—62°, durch Erhitzen vorst. Carbonsäure mit Cu-Pulver; 25,9%. *Pikrat*, F. 275°, gelbe Nadeln. *Hydrochlorid*, F. 246°, dünne Nadeln. — *Dizimtsäureäthylendiamid*, $C_{20}H_{20}O_2N_2$, F. 238°, durch 2std. Erhitzen von 30 g **I** mit 74 g Zimtsäure; Nadeln aus Essigester; 32 g (roh). — *5-Methyl-7-phenyl-1.4-diazacycloheptadien*, $C_{12}H_{14}N_2$, F. 183°, durch Erhitzen von **I** u. Benzoylaceton auf 120° unter portionsweisem Zusatz von Eisessig; glitzernde Blättchen aus CH_3OH; 88,1%. — *7-Me-*

thyl-1.4-diazacyclohepten-(7)-on-(5), $C_6H_{10}ON_2$, F. 129,5°, analog vorst. Verb. aus **I** u. **III** bei 130°; feine Nadeln aus CH_3OH; 74,5%. — *7-Phenyl-1.4-diazacyclohepten-(7)-on-(5)*, $C_{11}H_{12}ON_2$, F. 209—210°, durch Eintropfen von **I** in die auf 120° erwärmte Mischung aus **IV** u. Eisessig u. weiteres 2std. Erhitzen; Nadeln aus CH_3OH; 64,8%. (Chem. Ber. **87**. 1811—14. 31/12. 1954.) R. Gompper. 3370

Walter Ried und **Paul Stahlhofen**, *Über heterocyclische Siebenringsysteme. 4. Mitt. Synthesen und Eigenschaften von 4.5-Benzo-[hept-1.2.6-oxdiazinen].* (3. vgl. vorst. Ref.) Vff. konnten durch Vgl. mit auf eindeutigem Weg synthetisierten Indazolen zeigen, daß es sich bei den durch Behandeln der Oxime von o-Acylaminocarbonylverbb. mit konz. H_2SO_4 erhaltenen Verbb. um *4.5-Benzohept-1.2.6-oxdiazine* handelt. Dieselben Verbb. entstehen auch aus *o-N-Acylamino-O-carbäthoxybenzaldoximen*. Sie bilden *$HgCl_2$-Addukte*, dagegen keine Pikrate. Aus 2-[Carbäthoxyamino]-carbonyloximen sowie aus den durch Rk. der o-Aminocarbonyloxime mit Chlorameisensäureäthylester (**I**) in Pyridin erhaltenen *O.N-Dicarbäthoxy-o-aminocarbonyloximen* entstanden mit NaOH *7-Oxyheptoxdiazine*. Die an $C_{(7)}$ alkyl- oder arylsubstituierten Benzoheptoxdiazine gaben mit Säuren oder Laugen relativ leicht wieder die Ausgangsverbb., wesentlich stabiler waren die 7-Oxyheptoxdiazine, während 3-Oxy-4.5-benzoheptoxdiazine (vgl. Meisenheimer, Ber. dtsch. chem. Ges. **57**. [1924.] 1715) selbst gegen sd. 25%ig. NaOH oder konz. HCl beständig waren. Katalyt. Hydrierung von z. B. *7-Methyl-4.5-benzohept-1.2.6-oxdiazin* (**II**) mit Raney-Ni lieferte ebenso wie die von o-Acetamidobenzaldoxim (**III**) *2-Methyl-3.4-dihydrochinazolin*, das sich mit $Na_3[Fe(CN)_6]$ zu *2-Methylchinazolin* dehydrieren ließ. Nach diesem Verf. sind allg. *3.4-Dihydrochinazoline* u. *Chinazoline* zugänglich. Aus **II** entstand durch Kondensation mit Benzaldehyd in Ggw. von K-Methylat *7-Styryl-4.5-benzohept-1.2.6-oxdiazin*, das auch aus o-Cinnamoylaminobenzaldoxim zugänglich war.

Versuche: *5-Nitro-2-benzoylaminobenzaldehyd*, $C_{14}H_{10}O_4N_2$, F. 198°, aus 5-Nitro-2-aminobenzaldehyd u. Benzoylchlorid in Bzl.; aus A. dunkelgelbe Nadeln. *Oxim*, $C_{14}H_{11}\cdot O_4N_3$, F. 243°, rotbraune Nädelchen. — *5'-Nitro-7-phenylbenzo-[1'.2':4.5]-hept-1.2.6-oxdiazin*, $C_{14}H_9O_3N_3$, F. 196°, durch Erhitzen vorst. Oxims mit konz. H_2SO_4 bis zur Lsg.; aus W. citronengelbe Nädelchen. — *5-Nitro-2-acetamidobenzaldoxim*, $C_9H_9O_4N_3$, F. 238°, aus 5-Nitro-2-acetamidobenzaldehyd; aus A. bronzefarbene Kristalle. — *5'-Nitro-7-methylbenzo-[1'.2':4.5]-hept-1.2.6-oxdiazin*, $C_9H_7O_3N_3$, F. 178,5° (Zers.), durch 4tägiges Stehen vorst. Verb. in mit HCl gesätt. Eisessig; rotbraune Nadeln aus CH_3OH. — *7-Methyl-4.5-benzohept-1.2.6-oxdiazin* (**II**), $C_9H_8ON_2$, F. 170,5°, aus **III** in konz. H_2SO_4; aus Bzl.–PAe. lange Nadeln. *$HgCl_2$-Verb.*, F. 182° (Zers.). — *7-Phenyl-4.5-benzohept-1.2.6-oxdiazin* (**IV**), $C_{14}H_{10}ON_2$, F. 146°, aus o-Benzoylaminobenzaldehyd analog **II**; blaßgelbe Nadeln aus Bzl.; 90—95% (Ausbeute). *Hydrochlorid*, F. 140°. — *o-Propionylaminobenzaldoxim*, $C_{10}H_{12}O_2N_2$, F. 158°, durch 1std. Erwärmen von o-Aminobenzaldehyd (**V**) mit Propionsäureanhydrid auf dem Wasserbad u. Rk. des rohen *Aldehyds* mit $NH_2OH\cdot HCl$ u. NaOH in A.; aus A. lange Spieße. — *7-Äthyl-4.5-benzohept-1.2.6-oxdiazin* (**VI**), $C_{10}H_{10}ON_2\cdot H_2O$, F. 109°, $C_{10}H_{10}ON_2$, F. 132°, aus vorst. Verb. analog **II**; aus W. dünne Nadeln. *$HgCl_2$-Verb.*, F. 157° (Zers.), aus W. verfilzte Nadeln. — *6-Acetamidopiperonaloxim*, $C_{10}H_{10}O_4N_2$, F. 263° (Zers.), durch Überführung von 6-Aminopiperonal mit Acetanhydrid u. Na-Acetat in *o-Acetamidopiperonal* (F. 161°) u. anschließende Rk. mit $NH_2OH\cdot HCl$ u. NaOH in A.; aus A. oder W. lange verfilzte Nadeln. — *7-Methyl-4'.5'-methylendioxybenzo-[1'.2':4.5]-hept-1.2.6-oxdiazin*, $C_{10}H_8O_3N_2$, F. 250° (Zers.), durch 4tägiges Stehen vorst. Verb. in mit HCl gesätt. Eisessig; aus A. rotbraune Nadeln. — *o-Cinnamoylaminobenzaldehyd*, $C_{16}H_{13}O_2N$, F. 128°, aus **V** u. Zimtsäurechlorid in Pyridin; aus vorst. A. farnartig verwachsene Nadeln. *Oxim*, $C_{16}H_{14}O_2N_2$, F. 144°, aus Bzl. oder verd. A. Nadeln. — *7-Styryl-4.5-benzohept-1.2.6-oxdiazin*, $C_{16}H_{12}ON_2$, F. 188° a) aus vorst. Verb. mit Eisessig/HCl oder konz. H_2SO_4; b) aus **II** u. Benzaldehyd in CH_3OH mit 10%ig. $KOCH_3$; citronengelbe Nadeln aus CH_3OH. — *2-[Carbäthoxyamino]-benzaldoxim*, $C_{10}H_{12}O_3N_2$, F. 117°, aus **I** u. **V** in Pyridin unter Kühlung u. anschließende Rk. mit NH_2OH in W.–A.–Eisessig; aus Bzl. flache Prismen oder aus Bzl.–PAe. sternartig verwachsene Nadeln. — *N.O-Dicarbäthoxy-o-aminobenzaldoxim*, F. 92°, aus o-Aminobenzaldoxim mit **I** neben vorst. Verb.; aus A. kurze derbe Prismen. — *7-Oxy-4.5-benzohept-1.2.6-oxdiazin* (**VII**), $C_8H_6O_2N_2\cdot H_2O$, F. 244° (Zers.; W.), aus vorst. oder vorvorst. Verb. mit 2nNaOH. — *3-Methyl-7-oxy-4.5-benzohept-1.2.6-oxdiazin*, $C_9H_8O_2N_2$, F. 215° (Zers.), aus *O.N-Dicarbäthoxy-o-aminoacetophenonoxim* (F. 98°, aus o-Aminoacetophenonoxim u. **I** in Pyridin; Blättchen aus A.) analog vorst. Verb.; aus W. Nadeln. — *o-Acetamido-O-carbäthoxybenzaldoxim*, $C_{12}H_{14}O_4N_2$, F. 103°, aus **III** u. **I** in Pyridin; lange Nadeln aus A.; gibt mit konz. H_2SO_4 **II**. — *3-Phenyl-4.5-benzohept-1.2.6-oxdiazin*, $C_{14}H_{10}ON_2$, F. 168°, aus o-Aminobenzophenonoxim (**VIII**; F. 156°), durch 4—5std. Kochen mit Ameisensäure, neben *o-Formylaminobenzophenonoxim*; aus Bzl. kleine Nadeln. — *7-Methyl-3-phenyl-4.5-benzohept-1.2.6-oxdiazin* (**IX**), $C_{15}H_{12}ON_2$, F. 185—186°, durch

2tägiges Stehen von **VIII** in Eisessig/HCl u. Eintragen in NaOH; garbenartig zusammengelagerte Nadeln aus Bzl.–PAe.; 80%. — *2-Methyl-3.4-dihydrochinazolin*, aus **II** durch Hydrierung über RANEY-Ni in CH_3OH. *Hydrochlorid*, F. 312°. *Pikrat*, $C_9H_{10}N_2 \cdot C_6H_3O_7N_3$, F. 204—205°, aus A. gelbe Nadeln. Liefert ein *Chromat*, gelbrote Nadeln, ein orangegelbes *Chloroplatinat* u. ein *Methojodid*. — *2.3-Dimethyl-3.4-dihydrochinazolin*, F. 74°, aus vorst. *Methojodid* mit KOH; Nadeln. — *2-Methylchinazolin*, F. 41—42°, aus vorvorst. Verb. in KOH mit $Na_3[Fe(CN)_6]$ (1 Std. stehen); aus PAe. blaßgelbe flache Nadeln. *Pikrat*, F. 92°, aus A. gelbe Nadeln. — *2-Äthyl-3.4-dihydrochinazolin*, $C_{10}H_{12}N_2$, F. 103 bis 104°, aus **VI** durch Hydrierung über RANEY-Ni in Essigester; aus Bzl.–PAe. Nadeln. *Pikrat*, F. 176°, gelbe Kristalle. — *2-Phenyl-3.4-dihydrochinazolin*, $C_{14}H_{12}N_2$, F. 142°, aus **IV** analog vorst. Verb.; aus verd. A. Blättchen. *Hydrochlorid*, F. 256°, Nadeln. *Chloroplatinat*, F. 211° (Zers.), orangegelbe Nadeln. Bildet ein krist. *Pikrat* u. *Chromat*. — *2-Methyl-4-phenyl-3.4-dihydrochinazolin*, $C_{15}H_{14}N_2$, F. 168°, durch Hydrierung von **IX** über RANEY-Ni in A.; aus verd. A. Nadeln oder aus Bzl. Blättchen. — *2-Oxy-3.4-dihydrochinazolin*, $C_8H_8ON_2$, F. 240°, aus **VII** analog vorst. Verb.; aus W. oder A. Prismen. *Pikrat*, F. 156° (Zers.), gelbe Nadeln. (Chem. Ber. **87**. 1814—24. 31/12. 1954.)

R. GOMPPER. 3370

J. Fridrichsons und **A. McL. Mathieson**, *Die Struktur eines Kryptopleurinderivates*. (Vorl. Mitt.) Das Alkaloid *Kryptopleurin* (**I**) wurde von LANDE (Austral. J. exp. Biol. med. Sci. **26**. [1948.] 181) aus *Cryptocarya pleurosperma* isoliert u. findet wegen seiner vielseitigen physiol. Eigg. großes Interesse. Chem. u. spektrophotometr. Unterss. (Infrarot u. UV) konnten keine Konstitutionsaufklärung von **I** erbringen. Um Röntgendiagramme aufnehmen zu können, wurde zuerst das opt.-akt. Jodmethylat hergestellt, das in sehr feinen Nadeln kristallisierte. Durch Kochen mit 20%ig. KOH u. Kristallisation aus W. wurden geeignete Kristalle von rac. *dl-Isokryptopleurinjodmethylat* gewonnen u. mit Rotations- u. WEISSENBERG-Aufnahmen untersucht. Dimensionen der Elementarzelle: $a = 9{,}95$; $b = 24{,}2$; $c = 9{,}95$ Å; $\beta = 112°$, Raumgruppe $P\,2_1/n$ $Z = 4$, $C_{25}H_{30}O_3NJ$, $D_{\text{röntg.}}$ 1,548 berechnet. Das Jodatom wurde mit Hilfe von PATTERSON-Projektionen lokalisiert, die 24 leichten Atome, für die alle die gleiche Streukraft angenommen wurde, unter Benutzung von dreidimensionalen Daten nach einer neuen Meth. zugeordnet (vgl. COCHRAN u. DYER, C. **1953**. 2255). Daraus ergibt sich, daß Isokryptopleurin *2.3.6-Trimethoxyphenanthren-(9.10:b)-chinolizidin* ist u. sich von **I** wahrscheinlich nur durch die ster. Anordnung am N unterscheidet. (Nature [London] **173**. 732—33. 17/4. 1954. Melbourne, C. S. I. R. O., Div. of Ind. Chem., Chem. Phys. Sect.)

E. FRANCK. 3500

Georges Muller und **Léon Velluz**, *Über die Stellung der troponischen Carbonylgruppe im Colchicin*. Vff. berichten über einige Befunde, durch die für das Colchicin die Struktur **I** (CO-Gruppe in 14-, OCH_3-Gruppe in 15-Stellung) wahrscheinlich gemacht wird. Red. des Isothiocolchicins (**II**) mit RANEY-Ni führte zu einem einheitlichen *14-Desmethoxyhexahydroisocolchicin* (**III**), während Thiocolchicin 2 stereoisomere *15-Desmethoxyhexahydrocolchicine* lieferte (vgl. C. **1955**. 2908). Oxydation führte zu den entsprechenden *Ketonen*, die in die *Cyanhydrine* umgewandelt werden konnten. Diese ergaben durch Wasserabspaltung die zugehörigen *ungesätt. Nitrile*. Aus den UV-Spektren ergibt sich, daß im Nitril **IV** der Isocolchicinreihe ein konjugiertes Syst. vom aromat. Kern bis zur Nitrilgruppe vorliegt, daß diese mit hin in 15-Stellung stehen muß. Daraus folgt 15-Stellung der CO-Gruppe im Isocolchicin u. Struktur **I** für Colchicin.

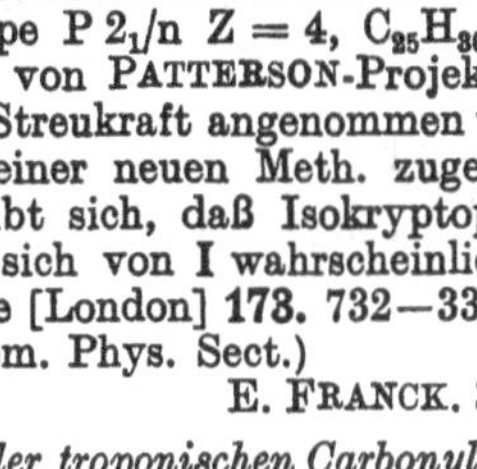

I

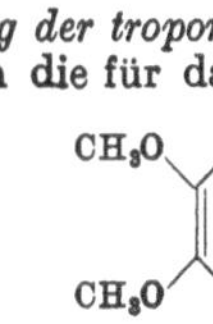

III

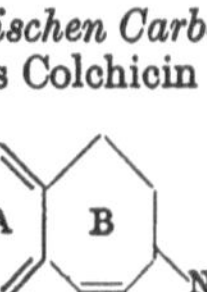

IV

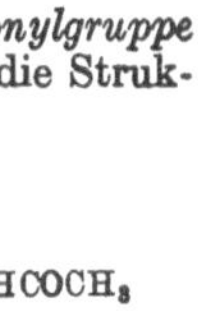

V

Versuche (mit **R. Bardoneschi**): *14-Desmethoxyhexahydroisocolchicin* (**III**), $C_{21}H_{29}O_5N$, F. 226° (Aceton), aus **II** u. H_2/RANEY-Ni in alkoh. NaOH (das RANEY-Ni enthielt 1% Pd); $[\alpha]_D$ —115° (c = 0,5; Chlf.); 70% (Ausbeute). *Acetylderiv.*, $C_{23}H_{31}O_6N$, F. 186°, $[\alpha]_D$ —127° (c = 0,25; Chlf.). — *14-Desmethoxytetrahydroisocolchicin* (**V**), $C_{21}H_{27}O_5N$, F. 191° (Essigester), aus **III** u. CrO_3/Pyridin (16 Std. bei n. Temp.); $[\alpha]_D$ —124° (c = 0,5; Chlf.) bzw. —154° (c = 0,5; A.); 60%. — *15-Cyan-14-desmethoxyhexahydroisocolchicin*, $C_{22}H_{28}O_5N_2$, F. 215—220° (Zers.; wss. Dimethylformamid), aus vorst. Verb. u. KCN in alkoh. CH_3COOH (16 Std. bei n. Temp.); $[\alpha]_D$ —162° (c = 0,5; A.); 60%. — *15-Cyan-14-desmethoxy-15-desoxytetrahydroisocolchicin* (**IV**), $C_{22}H_{26}O_4N_2$, amorph, aus vorst. Verb. u. $POCl_3$ in Pyridin (anfangs bei 0°, dann bei n. Temp.); $[\alpha]_D$ —86° (c = 0,5; Chlf.); 60%. — *15-Desmethoxytetrahydrocolchicin*,

$C_{21}H_{27}O_5N$, F. 143—144° (Aceton–PAe.), aus beiden Stereoisomeren des 15-Desmethoxyhexahydrocolchicins (vgl. l.c.) wie oben; $[\alpha]_D$ —178° (c = 0,5; A.); 30%. *Oxim*, $C_{21}H_{28}$·O_5N_2, F. 212°, $[\alpha]_D$ —8° (c = 0,5; Chlf.). — *14-Cyan-15-desmethoxyhexahydrocolchicin*, $C_{22}H_{28}O_5N_2$·CH_3OH, F. ca. 200° (Zers.; Essigester–Ae., dann mit CH_3OH angerieben), aus vorst. Verb. u. KCN wie oben; $[\alpha]_D$ —160° (c = 0,5; A.); 60%. — *14-Cyan-15-desmethoxy-14-desoxytetrahydrocolchicin*, $C_{22}H_{26}O_4N_2$, F. 210° (Essigester–Ae.), aus vorst. Verb. u. $POCl_3$ wie oben; $[\alpha]_D$ —106° (c = 0,5; A.) bzw. —42° (c = 0,5; Chlf.); 50%. (Bull. Soc. chim. France, Mém. [5] **1955.** 1452—54. Nov./Dez. Service de Rech. Roussel-Uclaf.) J. Rothe. 3500

Jean-Pierre Fourneau, *Colchicinderivate.* 1. Mitt. *Colchaminone und Desacetylcolchaminone.* Mit dem Endziel, die Beziehungen zwischen chem. Struktur, Toxizität u. biol. Aktivität verschied. Verbb. der Colchicinreihe aufzuklären, synthetisierte Vf. *N-Methyl, N-Äthyl-* u. *N-[2-Oxyäthyl]-colchaminon* („*-aminocolchicid*") sowie *N-Methyl-* u. *N-Äthyldesacetylcolchaminon.* Es gelang Vf. nicht, $N_{(10)}$-[2-Oxyäthyl]-desacetylcolchaminon als solches oder in Form von krist. Derivv. zu isolieren. — Zur Nomenklatur schlägt Vf. vor, den Rest R als Colch- oder Colcho- zu bezeichnen; Colchicein wäre dann „Colcholon", Colchicin „O-Methylcolcholon".

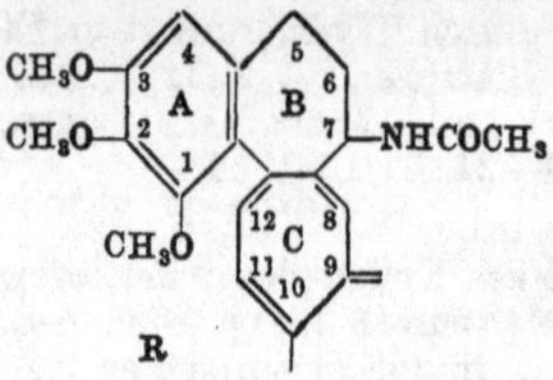

R

Versuche ($[\alpha] = [\alpha]_D^{20}$ für c = 1; Chlf.): *Desacetylcolchicin-D-tartrat* (I), F. 218° (90%ig. A.), nach Uffer u. Mitarbeitern (C. **1955.** 7685), aber Umkristallisation des Benzalisodesacetylcolchicins aus Essigester; $[\alpha]_D^{20}$ —195° (c = 1; W.). — *N-Methylcolchaminon* (*N-Methylcolchicamid, N-Methylcolchiceinamid, N-Methylaminocolchicid*), $C_{22}H_{26}O_5N_2$·H_2O, F. 192° (Essigester), aus Colchicin u. wss. CH_3NH_2 (24—48 Std. im Dunkeln bei Raumtemp.); $[\alpha]$ — 84°. — *N-Äthylcolchaminon*, $C_{23}H_{28}O_5N_2$·$^3/_4$ H_2O, F. 177°, gelbe Kristalle (Essigester), $[\alpha]$ — 96°. — *N-[2-Oxyäthyl]-colchaminon*, $C_{23}H_{28}$·O_6N_2·$^3/_4H_2O$, F. 189° Nadeln (Bzl.), $[\alpha]$ — 160°. — *$N_{(10)}$-Methyldesacetylcolchaminon*, $C_{20}H_{24}O_4N_2$, F. 162° (Essigester), aus I u. CH_3NH_2 wie oben; $[\alpha]$ —135°. — *$N_{(10)}$-Äthyldesacetylcolchaminon*, $C_{21}H_{26}O_4N_2$, F. 164° (Essigester), $[\alpha]$ —134°. (Bull. Soc. chim. France, Mém. [5] **1955.** 1569—71. Nov./Dez. Paris, Labor. Houdé, Serv. Sci.)
J. Rothe. 3500

Jean-Pierre Fourneau und **Israel Grundland**, *Colchicinderivate.* 2. Mitt. *2-Aminocolchimidazole (2-Iminocolchimidazoline).* (1. vgl. vorst. Ref.) Mit dem Ziel, polyfunktionelle Substanzen mit Affinitäten zu Proteinen u. Nucleoproteinen zu erhalten, versuchten Vff., Colchicin (I) mit Guanidin, Biguanid, Diaminoguanidin u. Glucosamin zu kondensieren. Nur Guanidin lieferte zwei Kondensationsprodd., ein *Aminocolchimidazol* (II) u. sehr wahrscheinlich ein *Colchimidazolylcolchaminon* (III) oder *Colchimidazolylcolchicamid* (IV).

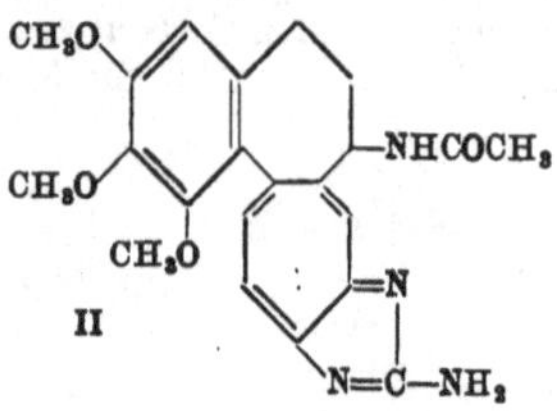

II

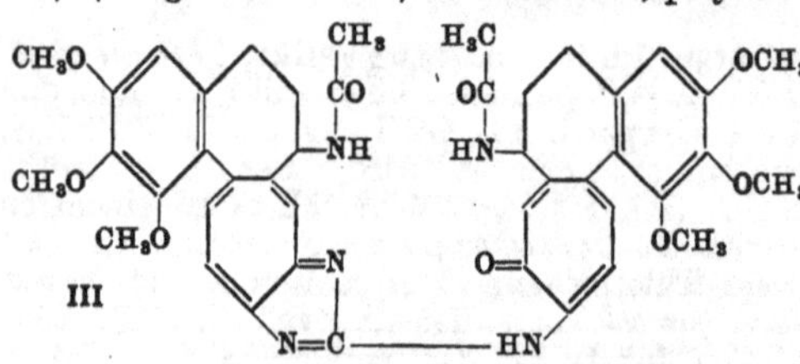

III

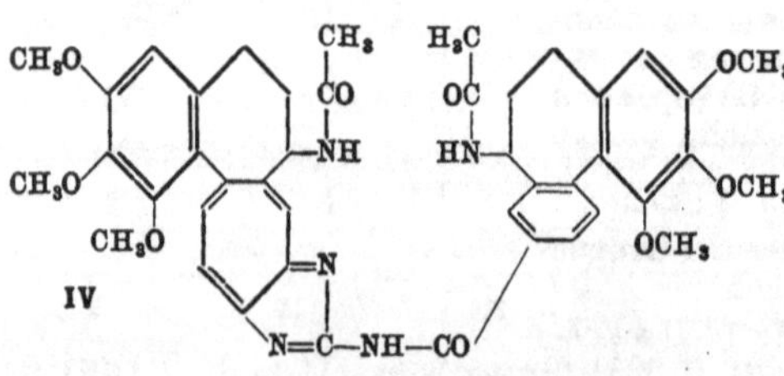

IV

Versuche: *2-Aminocolchimidazol* (*2-Iminocolchimidazolin*; II), *Pikrat*, $C_{28}H_{27}$·$O_{11}N_7$, F. 255° (Zers.), hellrot (Aceton oder CH_3OH), durch Filtrieren einer alkoh. Guanidinlsg. in eine Suspension von I in Toluol, Dest. bei 30—40 mm, Behandeln des Rückstandes mit Chlf. u. Na_2CO_3, Dest., Aufnehmen in Aceton u. Fällen mit Pikrinsäure. *Freie Base*, $C_{22}H_{24}O_4N_4$·$3H_2O$, F. 230° (W.), $[\alpha]_D^{24}$ — 310° (c = 1; Chlf.). — *N-Colchimidazolyl-(2)-colchaminon* (III) oder *N-Colchimidazolyl-(2)-colchicamid* (IV), *Oxalat*, $C_{43}H_{45}$·O_9N_5·$C_2H_2O_4$·$3H_2O$, Zers. bei 285°, orangerote nadelige Platten (wss. Butanon, wie II, aber mit anderen Mengenverhältnissen von I u. Guanidin. (Bull. Soc. chim. France, Mém. [5] **1955.** 1571—73. Nov./Dez.) J. Rothe. 3500

Robert Robinson (unter Mitarbeit von **J. D. Hobson** und **F. C. Finch**), *Zur Chemie des Ajmalins. Ajmalin* (**I**) gibt mit $KMnO_4$ *N-Methylisatinaceton* (Beweis für eine N-Methyldihydroindolstruktur von **I**). *Decarbonoajmalin* (**II**), $C_{19}H_{26}ON_2$, F. 203—204°, entsteht aus **I** u. RANEY-Ni in sd. Xylol unter CO-Abspaltung (30% roh [Ausbeute]), neben *Isoajmalin*, das ebenfalls in **II** übergeführt werden kann. In sd. Tetralin entsteht **II** neben *Desoxyajmalin* (**IV**), F. 311°. *N-Acetyldecarbonoajmalin*, F. 190—192°. **II**-*Jodmethylat*, $C_{20}H_{29}ON_2J$. Oxydation von **II** mit CrO_3 führt zu *Buttersäure*, weniger *Propionsäure* u. etwas *Essigsäure*. — **I**-*O-Dibenzoylderiv.*, $C_{34}H_{34}O_4N_2$, F. 215—217°; *Hydrochlorid*, F. 294° (Zers.). — **I**-Hydrochlorid gibt mit HNO_2 eine bas. *C-Nitrosoverb.*, $C_{20}H_{25}O_3N_3$, F. >330°, grüne Prismen. — **I**-*Sulfonsäure* oder *Schwefelsäureester*, $C_{20}H_{25}O_2N_2 \cdot SO_3H \cdot H_2O$, F. 320° (Zers.), aus **I** u. 80%ig. H_2SO_4 (100°); wird mit 45%ig. HBr wieder zurückgespalten. — *x-Bromajmalin*, $C_{20}H_{25}O_2N_2Br \cdot CH_3OH$, F. 184—188° (Zers.), aus **I** u. Br_2 in 80%ig. H_2SO_4 (100°); Prismen aus Methanol. — **I** wird nicht von $LiAlH_4$ reduziert. KBH_4 in wss. Methanol red. zu *Dihydroajmalin* (**III**), $C_{20}H_{28}O_2N_2 \cdot \frac{1}{2} H_2O$, Prismen, F. 200°. **III**-Hydrobromid, F. 272°, aus W. Stäbe. — *N-(b)-Methyldihydroajmalinhydrojodid*, F. 306° (Zers.), aus **III** u. CH_3J; kurze Stäbe. — *Dibenzoylderiv.* von **III**, F. 235°, aus A. Nadeln. 10 Min. Erhitzen von **III**-Hydrobromid auf 290° liefert *Desoxyajmalin*; 84%. — *Br-Deriv. von* **IV**, $C_{20}H_{25}ON_2Br$, F. 333°, aus A. Nadeln. — *Dihydroisoajmalin*, F. 188°. *Hydrobromid*, F. 269° (Zers.). *N-Methyldihydroisoajmalinhydrojodid*, F. 216°. *Desoxyisoajmalin*, F. 290°, aus A. Prismen. — Beim Vers. der Ringspaltung durch Pyrolyse der Methohydroxyde wird Methanol wieder abgespalten u. die Base zurückgebildet. — *Desoxydihydroajmalin*, mit Pd-Kohle erhitzt, ergibt eine mit N-(a)-Methylalstyrin isomere *Base* (*Pikrat*, $C_{20}H_{24}N_2 \cdot C_6H_3O_7N_3$). — Vf. nimmt an, daß **I** in neutraler u. saurer Lsg. als >NCH(OH)—, alkal. im Gleichgewicht mit etwas >NH CHO vorliegt. (Chem. and Ind. **1955**. 285—86. 12/3. Oxford, Dyson Perrins Labor.) W. SCHWENKE. 3500

Marvin Carmack, Bryce Douglas, Eric W. Martin und **Hanna Suss**, *Die verbleibenden Stereoisomeren der Sparteingruppe*. Die nach A.-Extraktion aus in Utah gesammelter, getrockneter *Lupinus sericeus Pursh* erhaltenen 1—2% Gesamtalkaloide ergaben bei der Dest. direkt *l-Spartalupin* (*l*-**I**), $C_{15}H_{26}N_2$, F. 32,2—32,4°, Kp.$_{0,03}$ 110°; $[\alpha]_D^{25}$ —15,4° (absol. A.); *Monoperchlorat*, $C_{15}H_{26}N_2 \cdot HClO_4$, F. 212°; *Dipikrat*, $C_{15}H_{26}N_2 \cdot 2\ C_6H_2(NO_2)_3 \cdot OH$, F. 133—133,5°. — Zum Beweis der Stereoisomerie von **I**, Spartein (**II**) u. d-Isospartein (**III**) wurde *l*-**I** mit Hg(II)-Acetat unter milden Bedingungen zu einer *Dehydrobase* dehydriert, die über Pt zu d-**II**; $[\alpha]_D^{28}$ +19,5° (A.), hydriert wurde; unter energ. Bedingungen entstand eine *Didehydrobase*, die zu d-**III**-*Monohydrat*, F. 110—115°; $[\alpha]_D^{28}$ +48,4° (Methanol), hydriert wurde. — Nach ŠORM u. KEIL (C. **1948**. E. 748) wurden 3 Dioxoverbb. erhalten: *Verb. A*, $C_{15}H_{22}O_2N_2$, F. 173—173,5°, *Verb. B*, F. 132 bis 133,5°, u. *Verb. C* als *Monohydrat*, F. 159—160°. Die $LiAlH_4$-Red. von Verb. A ergab dl-**I** [*Dipikrat*, $C_{15}H_{26}N_2 \cdot 2\ C_6H_2(NO_2)_3OH$, F. 220,5—221° (Zers.)], von Verb. B dl-**II** u. von Verb. C dl-**III**-*Monohydrat*. Die Identifizierung der Verbb. erfolgte durch die Infrarotspektren. (J. Amer. chem. Soc. **77**. 4435. 20/8. 1955. Bloomington, Ind., Univ., Chem. Dep.) A. SCHMIDT. 3500

E. Wenkert, *Strukturelle und biogenetische Beziehungen in der Diterpenreihe*. Das natürliche Vork. nur eines *7.8-Secopimaran*-Gerüstes bei den dicarbocycl. Diterpenen u. die Leichtigkeit des hypothet. Überganges von *Pimaran* (**I**) in *Abietan* unterstützen die Vermutung von RUZICKA (vgl. C. **1955**. 4357), daß das **I**-Gerüst der tricarbocycl. Diterpene der Vorläufer des Abietantyps ist. Die Leichtigkeit der WAGNER-MEERWEIN-Umlagerung, die für die Umwandlung des **I**-Syst. verantwortlich ist, dürfte von der Stereochemie der funktionellen Gruppen abhängig sein. Nur ein *Pimaradien* mit einer quasi-axialen Methyl- u. einer quasi-äquatorialen Vinylgruppe an $C_{(7)}$ kann Methylwanderung über ein Zwischenprod. mit geringerer Energie zu einem Abietadien vollziehen. Die Chemie des *Rimuens* (**II**), der *Dextropimarsäure* (**III**), der *Isodextropimarsäure* (**IV**) sowie die Tatsache, daß alle Dehydrierungen *Pimanthren* liefern, bestätigen die Ableitung aus dem **I**-Gerüst u. die Vermutung über die ster. Gruppierung am $C_{(7)}$. **II** wird wie nebenst. formuliert. Rk. mit HCOOH führt zu *Isophyllocladen* (der Reaktionsmechanismus ist angegeben). **II** ist somit Ursprung des *Phyllocladens* u. der *Garrya*-Alkaloide. Die Struktur des *Mirens* wird wie nebenst. angenommen. Bei der WAGNER-MEERWEIN-Umlagerung könnten auch die Gerüste des *Podocarprens* u. des Alkaloids *Atisin* entstehen. Die verschied. Ergebnisse der Säureumlagerung von **II** u. **III** werden diskutiert. **IV** kann als $C_{(7)}$-, wahrscheinlicher jedoch als $C_{(13)}$-Epimeres von **III** angesehen werden. (Chem. and Ind. **1955**. 282—84. 12/3. Ames, Io., State Coll., Dep. of Chem.) W. SCHWENKE. 3600

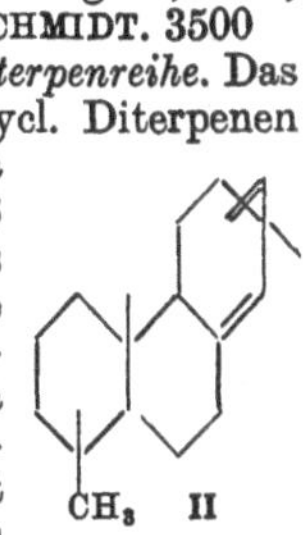

II

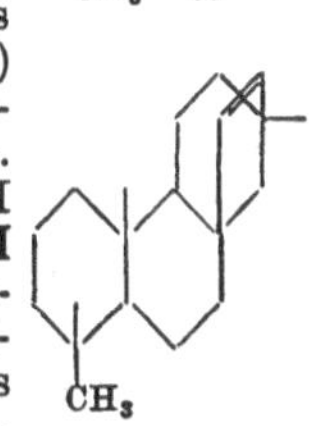

J. Douglas Easton und **F. S. Spring,** *Triterpenoide.* 35. Mitt. *Die Reaktionen von 12-Oxo-$\Delta^{9,11,14}$-isoursadien-3β-ylacetat.* (34. vgl. HENRY u. Mitarbeiter, C. **1956.** 4443.) Bei der nach RUZICKA u. Mitarbeitern (vgl. C. **1948.** II. 73) ausgeführten SeO_2-Oxydation von 12-Oxo-$\Delta^{9,11}$-ursen-3β-ylacetat (I) zu *12-Oxo-$\Delta^{9,11,14}$-isoursadien-3β-ylacetat* (II; *12-Oxoiso-α-amyradien-3β-ylacetat*), das als *Alkohol* charakterisiert wird, isolieren Vff. als Nebenprodd. Gemische von II u. wahrscheinlich „*12-Oxoiso-α-amyradien-3β-yl-II-acetat*“, die mit HCl in reines „*Oxodienyl-II-acetat*“ übergeführt werden. I liefert ein *Enolacetat,* das sich mit SeO_2 in geringer Ausbeute zu II oxydieren läßt, II dagegen bleibt beim Vers. der Enolacetylierung unverändert. Die $KMnO_4$-Oxydation von II führt zum *14.15-Epoxyd.* Die Hydrierungsprodd. von II variieren mit der Wahl des Lösungsmittels. In gereinigter Essigsäure entsteht ein Gemisch, aus dem 10% I u. *12-Oxoisoursan-3β-ylacetat* isoliert wurden, in Ggw. von HCl entstehen 36% I u. unreines *$\Delta^{9,11,12}$-Ursadien-3β-ylacetat* (III), während in Äthylacetat in Ggw. von Pt keine Hydrierung erfolgt. Die $LiAlH_4$- oder Pentylalkohol/Na-Red. von II gibt nach Acetylierung *$\Delta^{9,11,14}$-Isoursadien-3β.12-dioldiacetat,* das bei HCl-Behandlung I liefert. Die WOLFF-KISHNER-Red. von II führt zu dem nicht konjugierten $\Delta^{9,11,14}$- oder *$\Delta^{11,14}$-Isoursadien-3β-ylacetat,* das mit HCl in III übergeführt wird. Es werden Parallelen zur WOLFF-KISHNER-Red. von 12-Oxo-$\Delta^{9,11,14}$-isooleanadien-3β-ylacetat u. dem Verh. der Reduktionsprodd. gezogen.

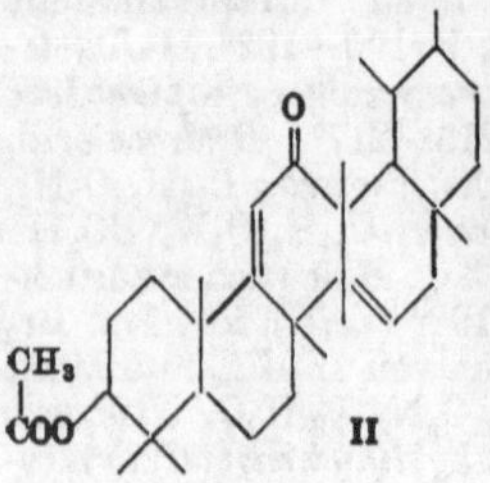

II

V e r s u c h e ($[\alpha] = [\alpha]_D$ in Chlf. bei Raumtemp.): *Enolacetat von* I, $C_{34}H_{52}O_4$, F. 257—258° (CH_3OH–Bzl.), a) durch 60std. Kochen von 790 mg I mit Acetanhydrid/Na-Acetat; Nadeln; [α] +231° (c = 0,5); 500 mg (Ausbeute); b) aus 12-Oxo-$\Delta^{9,11}$-ursen-3β-ol (F. 238—240° [wss. CH_3OH], Nadeln; [α] +77° [c = 0,6]). — *12-Oxo-$\Delta^{9,11,14}$-isoursadien-3β-ylacetat* (II), $C_{32}H_{48}O_3$, F. 221—222° (Chlf.-CH_3OH), a) durch 24std. Kochen von 2,0 g I in Eisessig mit SeO_2, Chromatographie u. Eluieren mit Bzl.–PAe.; Nadeln; [α] +7° (c = 0,5), +8° (c = 1,1). Daneben eine *2. Fraktion vom F. 228—230°* ([α] +19° [c = 0,9]; 150 mg) u. eine *3. vom F. 250—253°* ([α] +99° [c = 2,9]); 70 mg, die bei Behandlung mit HCl/Essigsäure „*Oxoisodienyl-II-acetat*“ (F. 269—271°; [α] +157° [c = 2,0]) geben; b) analog aus I-Enolacetat. *Freier Alkohol,* $C_{30}H_{46}O_2$, F. 116—119 (n-Hexan–Aceton), Nadeln; [α] —6° (c = 1,6; 1,8). — *14.15-Epoxy-12-oxo-$\Delta^{9,11}$-isoursen-3β-ylacetat,* $C_{32}H_{48}O_4$, F. 280—283° (Chlf.–CH_3OH), durch 1std. $KMnO_4$-Oxydation von 500 mg II in wss. Eisessig; Nadeln; [α] +56° (c = 1,2), +55° (c = 0,9); 300 mg. — *12-Oxoisoursan-3β-ylacetat,* $C_{32}H_{52}O_3$, F. 222—223° (Chlf.–CH_3OH), durch 20std. Hydrieren von 1,0 g II in Eisessig in Ggw. von Pt, zweifache Chromatographie aus Bzl.–PAe. u. Elution mit Bzl.–PAe.; Platten; [α] +93° (c = 0,9), +91° (c = 1,1); 70 mg. Daneben 59 mg I (F. 286—289° [Chlf.-CH_3OH]; [α] +89° [c = 1,0]) u. eine *Verb. vom F. 212—251°.* — Analog, aber in Ggw. von HCl, 420 mg unreines *$\Delta^{9,11,12}$-Ursadien-3β-ylacetat* (III) u. 156 mg I. — *$\Delta^{9,11,14}$-Isoursadien-3β.12-dioldiacetat,* $C_{34}H_{52}O_4$, F. 194 bis 195° (CH_3OH bzw. Chlf.–CH_3OH), a) durch 4std. Kochen von II mit $LiAlH_4$ u. Acetylieren; Platten; [α] +59° (c = 1,9), +60° (c = 1,5); b) durch 70 Min. Kochen von 500 mg II mit Pentylalkohol u. Na u. Acetylieren; [α] +58° (c = 2,0); 192 mg. 15 Min. Erhitzen von 300 mg in Essigsäure mit konz. HCl auf 90°, Stehen über Nacht u. Acetylieren oder 1std. Behandeln in Chlf. mit HCl u. 4tägiges Stehen → 20 mg I. — *$\Delta^{x,14}$-Isoursadien-3β-ylacetat,* $C_{32}H_{50}O_2$, F. 171—172° (CH_3OH), durch 13std. Erhitzen von II mit $N_2H_4 \cdot H_2O$ u. $NaOCH_3$ in CH_3OH auf 200° im Autoklaven u. Acetylieren; Nadeln; [α] +43° (c = 1,3), +42° (c = 1,0). — 45 Min. Einleiten von HCl in eine Chloroformlsg. vorst. Acetats u. 5tägiges Stehen bei Raumtemp. → III, $C_{32}H_{50}O_2$, F. 168—169° (Chlf.–CH_3OH), Nadeln; [α] +320° (c = 1,0). — Die λ_{max}-Werte aller Verbb. sind angegeben. (J. chem. Soc. [London] **1955.** 2120—25. Juli. Glasgow, Roy. Techn. Coll.)

R. PASEDAG. 3600

G. G. Allan und **F. S. Spring,** *Triterpenoide.* 36. Mitt. *Reaktionen von Δ^{12}-18α-Oleanen-3β-olderivaten und Beobachtungen über die Stereochemie von α-Amyrin.* (35. vgl. vorst. Ref.) 11-Oxo-Δ^{12}-18α-oleanen-3β-ylacetat (I Acetat) wird mit SeO_2 zum „O_5-Acetat“ (vgl. MCKEAN u. SPRING, C. **1956.** 735) oxydiert, wogegen mit Br_2 keine Umsetzung erfolgt. Die $LiAlH_4$-Red. führt nach Acetylierung zu *11β-Oxy-Δ^{12}-18α-oleanen-3β-ylacetat* (IV), das bei der Dehydratisierung mit Acetanhydrid/Na-Acetat bzw. Dimethylanilin ein Gemisch von *$\Delta^{9,11,12}$-18α-* (V) u. *$\Delta^{11,13,18}$-Oleanadien-3β-ylacetat* (III) liefert. Dieses konnte nicht getrennt werden u. wurde mit HCl/Essigsäure in III übergeführt, das auf gleiche Weise direkt aus IV entstand. Die katalyt. Hydrierung von IV gibt *Δ^{12}-18α-Oleanen-3β-ylacetat,* das einerseits durch Hydrolyse zum *freien Alkohol* u. Bldg. von *Estern,* sowie durch Oxydation mit SeO_2 oder N-Bromsuccinimid zu

$\Delta^{9.11.12.18}$-Oleanatrien-3β-ylacetat charakterisiert wird, u. andererseits nach einer verbesserten Meth. von BUDZIAREK u. Mitarbeitern (C. **1955**. 597) über *12-Oxo-* in *11β-Brom-12-oxo-18α-oleanan-3β-ylacetat* übergeführt wird. Letzteres wird mit Pyridin zu *12-Oxo-$\Delta^{9.11}$-18α-oleanen-3β-ylacetat* (**IIa**) dehydrobromiert. Während durch $LiAlH_4$-Red. von **IIa** nach Acetylierung *12α-Oxy-$\Delta^{9.11}$-18α-oleanan-3β-ylacetat* erhalten wird, das zu **V** dehydratisiert werden kann, führt die katalyt. Hydrierung zu *$\Delta^{9.11}$-18α-Oleanen-3β-ylacetat.* Die SeO_2-Oxydation von **IIa** in Essigsäure war erfolglos, dagegen entstand in Dioxan bei 200° ein Gemisch von *12.19-Dioxo-$\Delta^{9.11.13.18}$-oleanadien-* (**VII**) u. *-$\Delta^{9.11}$-18α-oleanen-3β-ylacetat.* Letzteres bleibt bei weiterer SeO_2-Behandlung unverändert u. entsteht wahrscheinlich durch Red. von **VII** mittels **IIa**, welches dabei in *12-Oxo-$\Delta^{9.11.13.18}$-oleanadien-3β-ylacetat* übergeht, das dann weiter mit SeO_2 zu **VII** oxydiert wird. Das verschied. Verh. von **IIa** im Vgl. mit seinem 18β-Isomeren (**IIb**) wird durch ster. Spezifität erklärt. Auf Grund des analogen Verh. von **IIb** u. 12-Oxo-$\Delta^{9.11}$-ursen-3β-ylacetat bei der SeO_2-Oxydation wird letzterem die Konfiguration **VIII** u. dem 12-Oxo-$\Delta^{9.11.14}$-isoursadien-3β-ylacetat Konfiguration **VI** zugesprochen. Demnach sind Ring D u. E im α-Amyrin in Übereinstimmung mit der Annahme von COREY u. URSPRUNG (Chem. and Ind. **1954**. 1387) cis-β verknüpft.

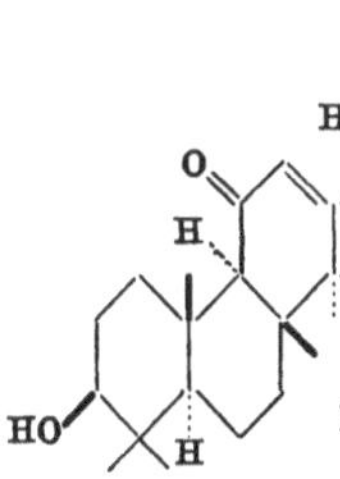
I

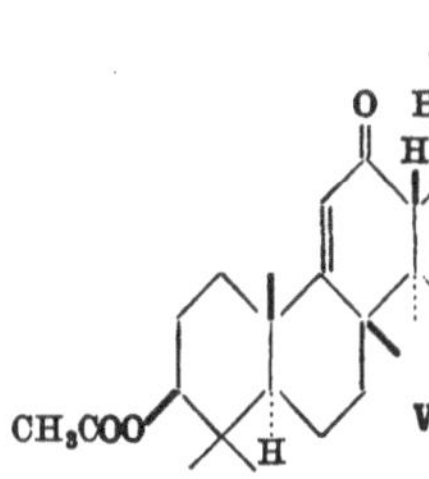
VIII

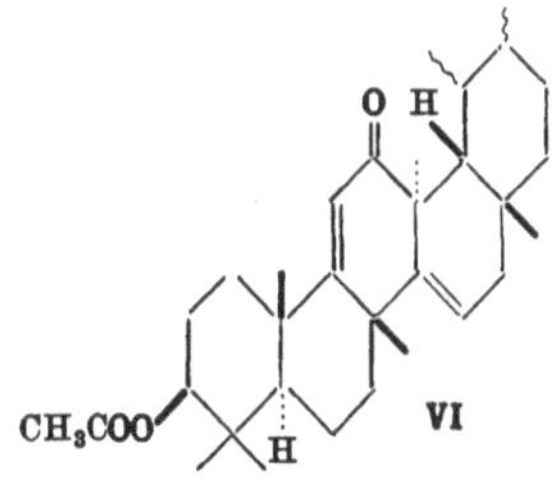
VI

Versuche ([α] = $[\alpha]_D$ in Chlf. bei Raumtemp.): *11-Oxo-Δ^{12}-18α-oleanen-3β-ylbenzoat*, $C_{37}H_{52}O_3$, F. 263—264° (Chlf.-CH_3OH), aus **I**; Platten; [α] +86° (c = 1,8). — „*O_5-Acetat*", $C_{32}H_{46}O_5$, F. 255—257° (CH_3OH), durch 20std. Kochen von 0,5 g **I**-Acetat in Eisessig mit SeO_2; Nadeln; [α] +33° (c = 1,1); 300 mg (Ausbeute). — *11β-Oxy-Δ^{12}-18α-oleanen-3β-ylacetat* (**IV**), $C_{32}H_{52}O_3$, F. 238—239° (Chlf.-CH_3OH), durch 2std. Kochen von 4 g **I**-Acetat in Ae. mit $LiAlH_4$ u. Acetylierung; Nadeln; [α] +46° (c = 1,3); 3,5 g. — *$\Delta^{11.13.18}$-Oleanadien-3β-ylacetat* (**III**), $C_{32}H_{50}O_2$, F. 227—228° (Chlf.-CH_3OH), durch 72std. Erhitzen von 270 mg **IV** in Eisessig mit HCl auf dem Wasserbad; Platten; [α] —63° (c = 1,1); 150 mg. — *Δ^{12}-18α-Oleanen-3β-ol*, $C_{30}H_{50}O$, F. 213—214° (Chlf.-CH_3OH), durch 16std. Hydrieren von 200 mg **IV** in Eisessig in Ggw. von Pt → *Acetat* (F. 243—244° [Chlf.-CH_3OH]; Platten; [α] +50° [c = 0,8]; 150 mg), das mit 5%ig. äthanol. KOH erhitzt wird; lange Nadeln; [α] +50° (c = 1,9). *Benzoat*, $C_{37}H_{54}O_2$, F. 223 bis 225° (Chlf.-CH_3OH); Platten; [α] +64° (c = 3,5). *Hexahydrobenzoat*, $C_{37}H_{60}O_2$, F. 210—211° (Chlf.-CH_3OH), aus dem Benzoat in Eisessig durch 48std. Hydrieren in Ggw. von Pt; Platten; [α] +48° (c = 2,3). — *$\Delta^{9.11.12.18}$-Oleanatrien-3β-ylacetat*, F. 184 bis 185° (Aceton), durch 3std. Kochen von 0,5 g vorst. Acetats mit N-Bromsuccinimid u. $CaCO_3$ in CCl_4; Platten; $[\alpha]_D$ +525° (c = 0,7); 300 mg. — *12-Oxo-18α-oleanan-3β-ol*, F. 307—309°, durch 1std. Rühren von 7 g vorvorst. Acetats in Äthylacetat mit 30%ig. H_2O_2 in HCOOH bei 50—60°, 24std. Stehen u. Einengen → *Acetat* ($C_{32}H_{52}O_3$, F. 286 bis 287° [CH_3OH]; Platten; [α] +77° [c = 1,5]; 3 g), das mit 5%ig. äthanol. KOH hydrolysiert wird; Stäbchen; [α] +91° (c = 0,7). *Benzoat*, $C_{37}H_{54}O_3$, F. 294—295° (Chlf.-CH_3OH); Platten; [α] +90° (c = 2,5). — *11β-Brom-12-oxo-18α-oleanan-3β-ylacetat*, F. 246—247° (Chlf.-CH_3OH), durch 1std. Zutropfen von Br_2 zu 0,8 g vorst. Acetats in Eisessig/40%ig. HBr bei 80° unter UV-Belichtung; Platten; [α] +19° (c = 0,7); 400 mg. — *12-Oxo-$\Delta^{9.11}$-18α-oleanen-3β-ol*, $C_{30}H_{48}O_2$, F. 318—320° (CH_3OH), durch 16std. Kochen von 250 mg vorst. Acetats in Pyridin u. Einengen → *Acetat* (**IIa**; $C_{32}H_{50}O_3$, F. 261—263° [CH_3OH]; Platten; [α] +145° [c = 0,7]; 125 mg), das hydrolysiert wird; Blättchen; [α] +138° (c = 1,3). *Benzoat*, $C_{37}H_{52}O_3$, F. 254—256° (Chlf.-CH_3OH); Nadeln; [α] +147° (c = 0,7). — *12.19-Dioxo-$\Delta^{9.11}$-18α-oleanen-3β-ylacetat*, F. 279 bis 281° (CH_3OH), durch 18std. Erhitzen von 200 mg **IIa** mit SeO_2 in Dioxan auf 200°; Nadeln; [α] +95° (c = 0,5); 25 mg. — *12.19-Dioxo-$\Delta^{9.11.13.18}$-oleanadien-3β-ylacetat* (**VII**), F. 240—241° (wss. CH_3OH), aus den Mutterlaugen vorst. Verb.; Platten; [α] —83° (c = 0,3); 100 mg. — *12α-Oxy-$\Delta^{9.11}$-18α-oleanen-3β-ylacetat*, $C_{32}H_{52}O_3$, F. 192—193° (wss. Aceton), durch 3std. Kochen von 1 g **IIa** in Ae. mit $LiAlH_4$ u. Acetylieren; Nadeln; [α] +140° (c = 1,4); 660 mg. — *$\Delta^{9.11.12}$-18α-Oleanadien-3β-ol*, $C_{30}H_{48}O$, F. 203—204°

(Aceton), durch 3std. Kochen von 400 mg vorst. Acetats mit Acetanhydrid/Na-Acetat → *Acetat* (**V**, $C_{32}H_{50}O_2$, F. 217—218° [wss. Aceton]; Platten; [α] +255° [c = 1,5]; 150 mg), das hydrolysiert wird; quadrat. Platten; [α] +262° (c = 1,7) *Benzoat*, $C_{37}H_{52}O_2$, F. 238 bis 239° (Chlf.-CH_3OH); Nadeln; [α] +250° (c = 0,5). 20std. Erhitzen von 100 mg **V** mit konz. HCl auf dem Wasserbad → 50 mg **III**. — *Δ⁹·¹¹-18α-Oleanen-3β-ol*, $C_{30}H_{50}O$, F. 215—217° (CH_3OH), durch 48std. Hydrieren von 125 mg **IIa** in Eisessig in Ggw. von Pt → *Acetat* ($C_{32}H_{52}O_2$, F. 248—249° [Chlf.-CH_3OH]; Platten; [α] +120° [c = 1,2]; 110 mg), das hydrolysiert wird; Nadeln; [α] +128° (c = 1,1). — Die λ_{max}-Werte der meisten Verbb. sind angegeben. (J. chem. Soc. [London] **1955**. 2125—31. Juli.)
R. PASEDAG. 3600

J. M. Beaton, F. S. Spring, Robert Stevenson und **J. L. Stewart,** *Triterpenoide.* 37. Mitt. *Die Konstitution von Taraxerol.* (36. vgl. vorst. Ref.) Auf Grund nachst. Rkk. wird für *Taraxerylacetat* (**III**) nebenst. Konst. bewiesen. Die Behandlung von **III** mit HCl liefert *β-Amyrinacetat* (**IV**). Nach TAKEDA (J. pharmac. Soc. Japan [Yakugakuzasshi] **63**. [1943.] 193. 197 u. früher) wird aus **III** *14α.15α-Epoxytaraxeran-3β-ylacetat* u. daraus durch Umlagerung mit Mineralsäure — ein Reaktionsmechanismus wird diskutiert — *Δ¹²-Oleanen-3β.15α-diol-3-acetat* (**II**) erhalten, das ein *Diacetat* u. bei der CrO_3-Oxydation *15-Oxo-Δ¹²-oleanen-3β-ylacetat* (**I**) gibt. Die Dehydratation von **II** führt zu *Δ¹²·¹⁵-Oleanadien-3β-ylacetat*, das sich katalyt. zu **IV** hydrieren läßt. **III** zeigt ausgesprochene Analogien zu

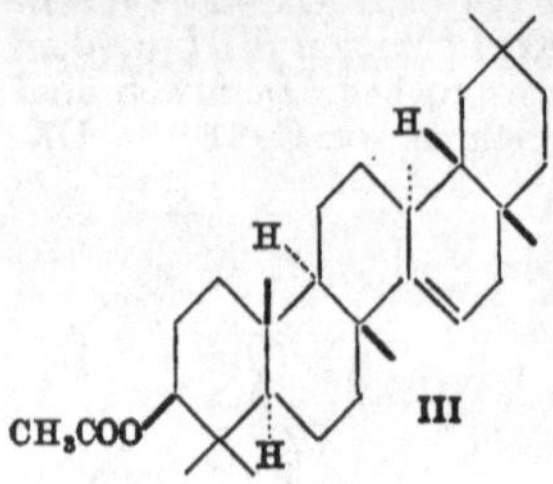

III

Δ⁹·¹¹·¹⁴-Isooleanadienylacetat (vgl. ALLAN u. Mitarbeiter, C. **1955**. 4113), das aus 12-Oxo-*Δ⁹·¹¹·¹⁴*-isooleanadien-3β-ylacetat (**V**; 12-Oxo-*Δ⁹·¹¹·¹⁴*-taraxeradien-3β-ylacetat) durch WOLFF-KISHNER-Red. erhalten wird. Die Red. von **V**, das aus **IV** zugänglich ist, mit Li in fl. NH_3 gibt *12-Oxo-Δ¹⁴-taraxeren-3β-ylacetat*, das durch modifizierte WOLFF-KISHNER-Red. zu **III** (*Δ¹⁴-Isooleanen-3β-ylacetat*; *Δ¹⁴-Taraxeren-3β-ylacetat*) red. wird. Das durch $LiAlH_4$-Red. von **I** hergestellte *Δ¹²-Oleanen-3β.15β-diol* gibt im Gegensatz zu **II** nur ein *3-Monoacetat*, das bei der CrO_3-Oxydation **I** zurückliefert. Hierdurch werden die angenommenen Strukturen bestätigt.

Versuche ([α] = $[\alpha]_D$ in Chlf. bei Raumtemp.): *Taraxerol*, F. 282—285° (Chlf.-CH_3OH oder Bzl.), durch $LiAlH_4$-Red. von Taraxeron; Platten oder Nadeln. *Acetat* (**III**), F. 303—305° (Chlf.-CH_3OH); Platten; [α] +10,5° (c = 1,8). — *14α.15α-Epoxytaraxeran-3β-ylacetat*, F. 257—260° (Chlf.-CH_3OH), durch 18std. Stehen von 150 mg **III** in Chlf. mit frisch hergestellter Perbenzoesäure bei 0°; Platten; [α] +43° (c = 1,0); 110 mg (Ausbeute). — *Δ¹²-Oleanen-3β.15α-diol-3-acetat* (**II**), $C_{32}H_{52}O_3$, F. 284—288° (Chlf.-CH_3OH), a) durch 1std. Erhitzen von 80 mg vorst. Acetats in Eisessig mit 2n H_2SO_4 u. Chromatographie; Nadeln; [α] +73° (c = 0,9), +72° (c = 1,5); 35 mg; b) durch 18std. Stehen von 135 mg vorst. Acetats in CH_3OH-Chlf. mit konz. HCl bei Raumtemp.; [α] +74° (c = 1,3); 80 mg. *Diacetat*, $C_{34}H_{54}O_4$, F. 203—205° (Chlf.-CH_3OH); Nadeln; [α] +51° (c = 0,8), +50° (c = 1,3). *Freies Diol*, $C_{30}H_{50}O_2$, F. 244—246° (wss. Aceton); Nadeln; [α] +82° (c = 0,95), +83° (c = 1,0). — *15-Oxo-Δ¹²-oleanen-3β-ylacetat* (**I**), $C_{32}H_{50}O_3$, F. 278—280° (Chlf.-CH_3OH), aus 100 mg **II** in Bzl. mit CrO_3/Essigsäure; Nadeln; [α] +27° (c = 1,2; 1,0); 70 mg. — *Δ¹²-Oleanen-3β.15β-diol*, $C_{30}H_{50}O_2$, F. 194—196° (wss. Aceton), durch 1std. Erhitzen von 207 mg **I** mit $LiAlH_4$ u. Stehen über Nacht; Nadeln; [α] +68° (c = 1,1; 0,9); 150 mg. *3-Acetat*, $C_{32}H_{52}O_3$, F. 273—276° (Chlf.-CH_3OH); Platten; [α] +65° (c = 0,9), +64° (c = 1,1). CrO_3-Oxydation → **I**. — *β-Amyrinacetat* (**IV**), F. 241—242° (Chlf.-CH_3OH), a) durch 10 Min. Erhitzen von 150 mg **III** in Eisessig mit konz. HCl auf dem Wasserbad; prismat. Nadeln; [α] +82° (c = 0,9); 80 mg; b) durch 14std. Hydrieren nachst. Verb. in Eisessig in Ggw. von Pt; 32 mg. — *Δ¹²·¹⁵-Oleanadien-3β-ylacetat*, $C_{32}H_{50}O_2$, F. 207—208° (Chlf.-CH_3OH), durch 2std. Kochen von **II** mit Pyridin-$POCl_3$; Nadeln; [α] +42° (c = 0,8). — *12-Oxo-Δ¹⁴-taraxeren-3β-ol*, $C_{30}H_{48}O_2 \cdot 1/4\, CH_3OH$, F. 276—278° ($CH_3OH$), durch 3 Min. Rühren von 2 g **V** in Ae. mit Li in fl. NH_3, Zugeben von Aceton u. Acetylieren → *Acetat* ($C_{32}H_{50}O_3$, F. 298 bis 300° [Chlf.-CH_3OH]; Nadeln; [α] —30° [c = 1,2], —29° [c = 1,1]; 700 mg), das 1 Std. mit 5%ig. methanol. KOH gekocht wird; Nadeln; [α] —45° (c = 1,1), —43° (c = 0,9). 42std. Erhitzen von 200 mg des Acetats mit Na in Äthylenglykol u. Hydrazin ansteigend von 180 auf 210° u. Acetylieren → 110 mg **III**. — Die λ_{max}-Werte der meisten Verbb. sind angegeben. (J. chem. Soc. [London] **1955**. 2131—37. Juli.) R. PASEDAG. 3600

G. G. Allan, J. M. Beaton, J. I. Shaw, F. S. Spring, Robert Stevenson, J. L. Stewart und **W. S. Strachan,** *Konstitution und Stereochemie der α-Amyrin-(Ursan)-Gruppe der Triterpenoide. Δ¹²-Ursen-3β-ol* (**I**) hat wahrscheinlich die nebenst. Konst. u.

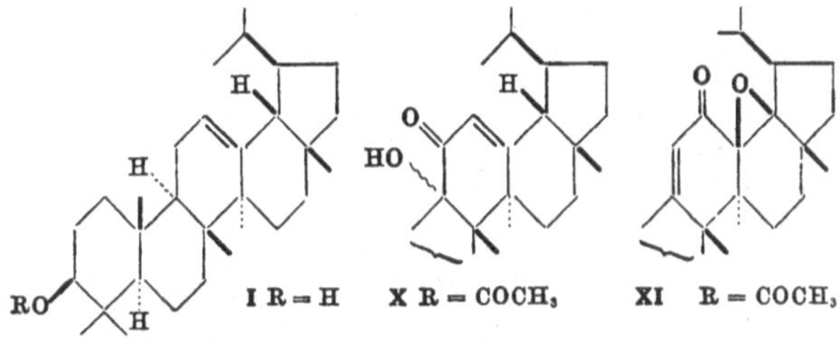

I R = H X R = COCH$_3$ XI R = COCH$_3$

Konfiguration. Behandlung von I-Acetat mit SeO_2 liefert $\Delta^{11.13.18}$-*Ursadienylacetat* (II), F. 203—204°; $[\alpha]_D$ —81° (c = 0,3) (alle $[\alpha]_D$ in Chlf.), dessen Hydrierung $\Delta^{13.18}$-*Ursenylacetat* ergibt, das mit Essigsäure–H_2SO_4 wieder I-*Acetat* liefert; F. 224 bis 225°; $[\alpha]_D$ +78° (Ring D u. E also in der stabileren Form verknüpft). — Δ^{12}-*11-Oxoursenylacetat* (III), F. 286 bis 288°; $[\alpha]_D$ +98° (c = 1,2), gibt ein *Enolacetat*, $C_{34}H_{52}O_4$, F. 213—214°; $[\alpha]_D$ +275° (c = 0,7), dessen Hydrolyse u. Acetylierung III zurückliefert (Ring B u. C also in der stabileren Form verknüpft). — CrO_3-Oxydation von $\Delta^{9,11.12}$-Ursadienylacetat liefert die schwerer lösl. Verb. X, $C_{32}H_{50}O_4$, F. 315—317°; $[\alpha]_D$ +55° (c = 2,2), die mit Zn-Essigsäure III gibt, u. die leichter lösl. Verb. XI, $C_{32}H_{48}O_4$, F. 269—270°; $[\alpha]_D$ +71, +73° (c = 1,1, 1,0), aus der mit Zn *12-Oxo-$\Delta^{9,11.13.18}$-dienylacetat*, $C_{32}H_{48}O_3$, F. 203 bis 205°; $[\alpha]_D$ —43° (c = 2,0), erhalten wird. Dessen katalyt. Hydrogenolyse führt zu *$\Delta^{9,11.13.18}$-Ursadienylacetat* (IV), $C_{32}H_{50}O_2$, F. 193—194°; $[\alpha]_D$ +72° (c = 1,8). *$\Delta^{9,11.13.18}$-Ursadienol*, $C_{30}H_{48}O$, F. 189—190°; $[\alpha]_D$ +61° (c = 1,8). — Behandlung von IV mit Eisessig-HCl liefert *$\Delta^{11.13.18}$-Oleanadienylacetat* (V), F. 226—228°; $[\alpha]_D$ —63° (c = 1,0) (erstes Beispiel der Umwandlung eines einfachen Ursanderiv. in ein Isomeres einer anderen Triterpenreihe). Die Umwandlung erfolgt über II, das unter milden Bedingungen isoliert u. dann zu V umgelagert werden kann. Auch $\Delta^{9,11.12}$-Ursadienylacetat liefert V [Konfiguration an $C_{(9)}$, $C_{(14)}$ u. $C_{(17)}$ in I also α bzw. α bzw. β). — Oxydation von I-Acetat mit O_3 oder H_2O_2 gibt *12-Oxo-13α-ursanylacetat* (VI), $C_{32}H_{52}O_3$, F. 209—211°; $[\alpha]_D$ +115° (c = 2,3); Hydrierung ($LiAlH_4$) u. Acetylierung liefert *13α-Ursan-3.12-diol-3-acetat*, $C_{32}H_{54}O_3$, F. 234—235°; $[\alpha]_D$ +66° (c = 1,7); daraus mit Pyridin–$POCl_3$ I-Acetat, mit CrO_3 VI. Isomerisierung von VI mit Säure gibt das isomere *12-Oxoursanylacetat*, das durch Br_2 zu *12-Oxo-$\Delta^{9,11}$-ursenylacetat* (VII) oxydiert wird. Ähnlich wird β-Amyrinacetat in *12-Oxo-$\Delta^{9,11}$-oleanenylacetat* (VIII) übergeführt. — *12-Oxo-$\Delta^{9,11}$-18α-oleanenylacetat* (IX), $C_{32}H_{50}O_3$, F. 261—263°; $[\alpha]_D$ +145° (c = 0,7), entsteht aus 11β-Brom-12-oxo-18α-oleananylacetat u. Pyridin. SeO_2 überführt VII u. VIII in *12-Oxo-$\Delta^{9,11.14}$-isoursadienylacetat* bzw. *12-Oxo-$\Delta^{9,11.14}$-isooleanadienylacetat*, während IX nicht angegriffen wird. Daraus schließen Vff., daß VII u. VIII an $C_{(18)}$ gleiche Konfiguration haben u. somit im α- u. β-Amyrin Ring D u. E cis-verknüpft sind. Die Isopropylgruppe in Ring E ist β-ständig u. schirmt so die Doppelbindung in I u. die CO-Gruppe in 12-Oxoursanylacetat ab. (Chem. and Ind. **1955**. 281—82. 12/3. Glasgow, Royal Techn. Coll.)

W. SCHWENKE. 3600

Joseph W. Goldzieher, John M. Bodenchuk und **Philip Nolan**, *Die Fluorescenzreaktionen von Steroiden.* (Vgl. C. **1954**. 5822.) Zur Entw. neuer Methoden für die Mikrobest. u. die Strukturaufklärung von Steroiden werden die Fluorescenzspektren folgender Steroide in konz. H_2SO_4 bei einer erregenden Wellenlänge von 436 mμ angegeben [maximale ausgestrahlte Energie (E_{max}) in relativen Einheiten pro γ-Verb. in ( ) u. die dazugehörige Wellenlänge (λ_{max}); Fluorescenzenergien bei 9 weiteren Wellenlängen vgl. Original. Zum Vgl. *Chinin* in 0,1n H_2SO_4 460 mμ (8,1) bei einer Erregerwellenlänge von 365 mμ]: *Androstan-3α-ol-17-on* (*Androsteron*), 485 mμ (8,1); *Ätiocholan-3α-ol-17-on*, 500 mμ (4,8); *Androstan-3β-ol-17-on* (*Isoandrosteron*), 490 mμ (6,0); *Δ^5-Androsten-3β-ol-17-on* (*Dehydroepiandrosteron*), 500 mμ (1,9); *Androstan-3.17-dion*, 490 mμ (0,13); *Ätiocholan-3.17-dion*, 478 mμ (0,26); *Δ^4-Androsten-3.17-dion*, 475 mμ (1,0); *Δ^4-Androsten-17α-ol-3-on* (*Testosteron*), 500 mμ (0,47); *Δ^4-Androsten-17β-ol-3-on* (*Epitestosteron*), 505 mμ (0,38); *17α-Methyl-Δ^4-androsten-17β-ol-3-on* (*Methyltestosteron*), 520 mμ (0,54); *17α-Methyl-Δ^5-androsten-3β.17β-diol* (*Methylandrostendiol*), 530 mμ (1,1); *Pregnan-3.20-diol*, 510 mμ (3,3); *Pregnan-3.20-dion*, 510 mμ (0,30); *Allopregnan-3.20-dion*, 510 mμ (0,11); *Δ^4-Pregnen-17α-ol-3.20-dion* (*Oxyprogesteron*), 520 mμ (0,048); *Δ^4-Pregnen-17α.20-diol-3-on*, 520 mμ (0,80); *Δ^4-Pregnen-17α.20.21-triol-3-on*, 520 mμ (1,4); *Δ^4-Pregnen-17α.21-diol-3.20-dion*, 520 mμ (0,48); *Allopregnan-3β-ol-20-on*, 500 mμ (2,3); *Δ^5-Pregnen-3β-ol-20-on*, 500 mμ (2,1); *Δ^4-Pregnen-21-ol-3.20-dion* (*Desoxycorticosteron*), 520 mμ (1,1); *Δ^4-Pregnen-21-ol-3.11.20-trion* (*Verb. A*), 558 mμ (0,80); *Δ^4-Pregnen-11.21-diol-3.20-dion* (*Corticosteron*), 470 mμ (10,0); *Δ^4-Pregnen-17α.21-diol-3.11.20-trion* (*Cortison*), 550 mμ (0,44); *Δ^4-Pregnen-11.17α.21-triol-3.20-dion* (*Hydrocortison*), 490 mμ (6,0); *Östron*, 480 mμ (160); *17α-Östradiol*, 490 mμ (27); *17β-Östradiol*, 458 mμ (129); *Östriol*, 480 mμ (71). — Danach wird die E_{max} durch die Konfiguration des H-Atoms am $C_{(5)}$ sowie durch den Ersatz der 17-Ketogruppe durch CH_3CO uneinheitlich bei den einzelnen Verbb. beeinflußt. E_{max} steigt mit der Zahl der Hydroxylgruppen im Mol., u. zwar ist sie für α-OH im allg. bedeutend stärker als für β-OH; lediglich bei Einführung einer 17β-C_2-Seitenkette u. bei Steroiden mit aromat. Ring A erzeugt ein 17β-OH eine stärkere E_{max} als ein 17α-OH. Eine Δ^4-Doppelbindung erniedrigt λ_{max} u. E_{max} bei 3-Ketosteroiden, eine Δ^5-Doppelbindung erhöht λ_{max} u. schwächt E_{max}. Ein Ersatz des $C_{(3)}$-OH gegen eine Ketogruppe verändert die Spektralkurve, der Einfl. auf λ_{max} ist wechselnd, E_{max} wird immer erniedrigt; Ersatz des $C_{(11)}$-OH gegen eine Ketogruppe erhöht λ_{max} u. schwächt E_{max}; die Umwandlung von $C_{(17)}$-OH in eine Ketogruppe verkürzt λ_{max} bei aromat. u. nichtaromat. Steroiden, E_{max} wird dabei bei nichtaromat. Steroiden geschwächt, bei aromat. erhöht; bei der analogen Veränderung am $C_{(20)}$ wird keine wesentliche Änderung des Spektr. u. eine Abnahme von E_{max} beobachtet. Ersatz von $C_{(21)}$-OH gegen H verändert kaum die Fluorescenz u. setzt E_{max} herab. (Analytic. Chem. **26.** 853—56. 19/5. 1954. San Antonio, Tex., Southwest Found. for Res. and Educat.; New York, N. Y., Farrand Optical Co.) H.-J. KOCH/Berlin. 3700

Erling Frederiksen und **Sv. Liisberg,** *Über die Rhodanierung von Steroiden.* 1. Mitt. *Die Rhodanierung von Cholesterin.* Behandelt man Cholesterin u. Cholesterylbenzoat unter Bestrahlung mit UV-Licht mit freiem Rhodan (im Dunkeln u. zerstreuten Tageslicht findet keine Rk. statt), so erhält man *7-Thiocyancholesterin* (I) u. *7-Thiocyancholesterylbenzoat* (II). Erhitzt man diese Verbb. in Ggw. von säurebindenden Mitteln, so entstehen unter Abspaltung von HSCN die entsprechenden *7-Dehydroderivv.*, während die Behandlung mit Alkalicarbonat u. W. zu den *7β-Oxyderivv.* führt. **II** geht beim Erhitzen mit starken Säuren oder mit NaJ in $\Delta^{2.4.6}$-*Cholestatrien* über, welches leicht das gelbe, *dimere Prod.* liefert. Red. man **I** mit $LiAlH_4$, so entsteht *7-Mercaptocholesterin*; es kann mit J_2 oxydiert werden zum *Di-[cholesteryl-(7)]-disulfid.*

Versuche (FF. korr.): *7-Thiocyancholesterin* (I), $C_{28}H_{45}ONS$, F. 139—140°, aus 25 g Cholesterin u. Rhodan in Ae. in Ggw. von Eisessig (1 Std. bei 10—15° unter Bestrahlung mit Hg-Licht); Kristalle aus Äthylacetat; $[\alpha]_D^{20}$ —350° (Chlf.); 20 g (Ausbeute). — *7-Thiocyancholesterylbenzoat* (II), $C_{35}H_{49}O_2NS$, F. 164—165°, durch 2 std. Bestrahlung von 50 g Cholesterylbenzoat u. Rhodan in Chlf. u. Ae.; Kristalle aus Chlf.-PAe.; $[\alpha]_D^{20}$ —224° (Chlf.); 40 g. — *7β-Oxycholesterin,* $C_{27}H_{46}O_2$, F. 184—185°, aus 1 g **I** durch ½ std. Kochen mit Sodalsg. u. Amylalkohol; Kristalle aus A.; $[\alpha]_D^{20}$ —84,6° (Chlf.); 0,8 g. — *7-Dehydrocholesterylbenzoat,* $C_{34}H_{48}O_2$, F. 139—140°, aus 10 g **II** u. einem sd. Gemisch aus Diäthylanilin u. BaO; 3 g. — $\Delta^{2.4.6}$-*Cholestatrien,* $C_{27}H_{42}$, F. 76—77°, aus 0,8 g **I** u. NaJ in Aceton, 2 Std. gekocht; Kristalle aus Aceton/Methanol; 3 g. — *Dimeres Cholestatrien,* $C_{54}H_{84}$, F. 255—256°, aus 1 g **I** u. konz. H_2SO_4 in A., 1 Std. gekocht; gelbe Kristalle aus Chlf./Aceton; $[\alpha]_D^{20}$ —284° (Chlf.); 0,3 g. — *7-Mercaptocholesterin,* $C_{27}H_{46}OS$, F. 143—144°, aus 0,55 g **I** u. $LiAlH_4$ in Ae., ½ Std. gekocht; Kristalle aus Aceton; $[\alpha]_D^{20}$ —182° (Chlf.); 0,36 g. — *Di-[cholesteryl-(7)]-disulfid,* $C_{54}H_{90}O_2S_2$, F. 230—231°, aus 4,2 g vorst. Verb. u. J_2 in A.; Kristalle aus Amylacetat; $[\alpha]_D^{20}$ —351° (Chlf.); 3,4 g. (Chem. Ber. **88.** 684—85. 9/5. 1955. Kopenhagen, Løvens Kemiske Fabrik.)
WALTER SIMON. 3700

Karl J. Sax und **Seymour Bernstein,** *7-Aminosteroide.* Bei der Rk. von Cholesterylbenzoat (I) mit N-Bromsuccinimid wird *7α-Bromcholesterylbenzoat* (**II**; vgl. BERNSTEIN u. Mitarbeiter, J. org. Chemistry **14.** [1949.] **433**) erhalten, das auch aus 7β-Oxycholesterylbenzoat mit PBr_3 erhalten werden kann. Vff. stellten aus **II** durch Kochen in Toluol oder Xylol mit prim. oder sek. Aminen die entsprechenden *7-Aminosteroide* dar, denen versuchsweise die 7β-Konst. zugeschrieben wird. Die freien Amine geben keine schwerlösl. Digitoninverbindungen.

Versuche (opt. Drehungen in 2 cm³ $CHCl_3$): *7α-Bromcholesterylbenzoat* (**II**), $C_{34}H_{49}O_2Br$, F. 147—149° (Zers.; PAe.), a) aus **I** mit N-Bromsuccinimid; b) aus 0,77 g 7β-Oxycholesterylbenzoat mit PBr_3 in Bzl. bei Zimmertemp.; $[\alpha]_D^{28}$ —174,6° (12,6 mg); 0,31 g (Ausbeute). — *7-Anilinocholesterin* (**III**), $C_{33}H_{51}ON$, F. 161—163° (CH_3OH), aus 6,9 g **IV** mit 5%ig. alkoh. K_2CO_3; $[\alpha]_D^{27}$ +132,6° (18,4 mg); 5,16 g. *Benzoat* (**IV**), $C_{40}H_{55}O_2N$, F. 187—189° (Aceton), a) aus 19,5 g **I** in sd. Toluol mit Anilin; $[\alpha]_D^{27}$ +132° (27,05 mg); 7,46 g; b) aus 9,8 g **I** ohne Isolierung von **II** (Meth. b); 1,56 g. *Acetat,* $C_{35}H_{53}O_2N$, F. 185—187° (Bzl.-Methanol), a) aus **III** durch Acetylierung; $[\alpha]_D^{27}$ +96,7° (27,75 mg); b) aus 11 g Cholesterylacetat analog **IV** nach b); $[\alpha]_D^{28}$ +98,2° (17,3 mg); 2,01 g. *3.5-Dinitrobenzoat,* $C_{40}H_{53}O_6N_3$, F. 196,5—198° (Bzl.-A.); $[\alpha]_D$ +113° (24,4 mg). *p-Toluolsulfonat,* $C_{40}H_{57}O_3NS$, krist. nicht. — *Tribrom-7-anilinodihydrocholesterin,* $C_{33}H_{55}ONBr_3$, F. 108° (Zers.), durch Bromierung von 0,5 g **III** in absol. Ae.; 0,35 g. *Cholestanylacetat,* $C_{29}H_{48}O_2$, F. 108—110° (CH_3OH), durch Hydrierung von 1 g vorvorst. Acetat über PtO_2 in Eisessig; 130 mg. — *7-[Pyridyl-(3)-amino]-cholesterin,* $C_{32}H_{50}ON_2$, F. 197,5 bis

199⁰ (Aceton–PAe.), aus dem Benzoat mit alkoh. K_2CO_3; $[\alpha]_{D5461}^{30}$ +135,8⁰ (22,4 mg). *Benzoat*, $C_{39}H_{54}O_2N_2$, F. 225—226,5⁰ (Bzl.–Aceton), aus 4,0 g II mit β-Aminopyridin in Essigester (2 Tage bei Zimmertemp.); $[\alpha]_D^{27}$ +139,8⁰ (5,15 mg); 0,4 g. — *7-Piperidinocholesterin*, $C_{32}H_{55}ON$, F. 150—152⁰, aus dem Benzoat mit alkoh. KOH; $[\alpha]_D^{27}$ +104,5⁰ (23,7 mg). *Benzoat*, $C_{39}H_{59}O_2N$, F. 165—167⁰ (Bzl.–Aceton), aus 15,0 g II mit Piperidin in sd. Toluol; $[\alpha]_D^{29}$ +92,2⁰ (14,75 mg); 9,6 g. — *7-Piperidinocholesterylbromid*, $C_{32}H_{54}$·NBr, aus 3 g 7α-Bromcholesterylbromid mit Piperidin in Toluol; krist. nicht; 0,33 g. — *7-[4'-Acetylaminoanilino]-cholesterylbenzoat*, $C_{42}H_{58}O_3N_2$, F. 223⁰ (Chlf.–CH_3OH), aus 39,6 g II in sd. Toluol mit p-Aminoacetanilid; $[\alpha]_D^{27}$ +142,5⁰ (23,3 mg); 2,15 g. *7-[4'-Carbäthoxypiperazino]-cholesterin*, $C_{34}H_{58}O_3N_2$, aus dem Benzoat mit alkoh. KOH; glasige Masse. *Benzoat*, $C_{41}H_{62}O_4N_2$, F. 134—136⁰ (Aceton–CH_3OH), durch 1std. Kochen von 20 g II in Bzl. mit N-Carbäthoxypiperazin; $[\alpha]_D^{30}$ +93,2⁰; $[\alpha]_{Hg}^{30}$ +113,9⁰ (28,1 mg); 3,75 g. — *7-Dehydrocholesterylbenzoat*, Doppel-F. 140—142,5⁰ u. 187⁰ (Aceton), aus 4 g II mit 2-Aminopyrimidin in Xylol (15 Min. kochen); 29%, daneben 0,13 g *$\Delta^{4.6}$-Cholestadienylbenzoat*, F. 121—125,5⁰ (Verlust von Lösungsm. bei 113⁰?). — Die UV-Absorptionsmaxima aller Verbb. sind angegeben. (J. org. Chemistry **16**. 1069—79. Juli 1951. Pearl River, N. Y., Amer. Cyanamid Co., Lederle Labors. Div.) H. SCHEURLEN. 3700

John A. Hartman, *Die Darstellung von vier 3.17β-Dioxyöstrenen.* Durch Red. von 17β-Oxy-$\Delta^{5,10}$-östrenon-(3) bzw. 19-Nortestosteronacetat-(17) mit $LiAlH_4$ entstehen *3β.17β-Dioxy-$\Delta^{5,10}$-östren* (I) bzw. ein Gemisch aus *3α.17β-* (II) u. *3β.17β-Dioxy-Δ^4-östren* (III), das durch Chromatographie der Diacetylverbb. an Al_2O_3 getrennt wurde. I u. sein Diacetylderiv. ließen sich nicht katalyt. hydrieren, das Diacetylderiv. von III gab *17β-Mono-* u. *3β.17β-Diacetoxyöstran.* Durch Red. von 3.17β-Diacetoxy-$\Delta^{3.5}$-östradien mit $NaBH_4$ wurde *3β.17β-Dioxy-Δ^5-östren* erhalten.

V e r s u c h e (opt. Drehungen in Chlf.): *3β.17β-Dioxy-$\Delta^{5,10}$-östren* (I), $C_{18}H_{28}O_2$, F. 208,0—209,4⁰, aus 17β-Oxy-$\Delta^{5,10}$-östrenon-(3) in Bzl. u. $LiAlH_4$ in Ae. (1 Std.), Extraktion der wss. Schicht mit Bzl. u. Ae., Einengen der organ. Lsg. u. Kochen des ausgefallenen Festkörpers mit CH_2Cl_2; das aus der Lsg. erhaltene Prod. [55% (Ausbeute)] war mit dem unlösl. Rückstand (22%) ident.; aus CH_2Cl_2 u. 95%ig. A. Kuben, aus Methanol diamantförmige Prismen; $[\alpha]_D^{26}$ +122,5⁰. *Diacetylverb.*, $C_{22}H_{32}O_4$, F. 120,4 bis 121,6⁰, Reinigung durch Chromatographie in Bzl. an Al_2O_3, Elution mit Bzl./PAe. (1 : 1) u. Bzl.; aus PAe. Nadeln oder Tafeln; $[\alpha]_D^{24}$ +122,8⁰; 66 mg aus 60 mg Diol. — Analog wurde aus 19-Nortestosteronacetat-(17) ein II–III-*Gemisch* (92%) erhalten, das acetyliert u. in Bzl. an Al_2O_3 chromatographiert wurde. Die Elution mit Bzl. gab *3α.17β-Diacetoxy-Δ^4-östren*, $C_{22}H_{32}O_4$, F. 112—113,5⁰, aus PAe. u. Methanol Nadeln; $[\alpha]_D^{25}$ +149,0⁰; 20%. Zwischenfraktion 5,5% *Gemisch* (Elution mit Bzl.). Die Elution mit Bzl./Ae. (2 : 1) gab *3β.17β-Diacetoxy-Δ^4-östren*, $C_{22}H_{32}O_4$, F. 139,2—140,2⁰, Nadeln aus PAe. u. Ae.; $[\alpha]_D^{25}$ —19,7⁰; 55%. — Durch 16std. Verseifung vorst. Verbb. bei Raumtemp. in methanol.-wss. KOH unter N_2, Neutralisation mit CH_3COOH u. Ausäthern wurden *3β.17β-Dioxy-Δ^4-östren* (III), $C_{18}H_{28}O_2 \cdot H_2O$ (sintert bei 145⁰, F. 169,4 bis 170,6⁰; aus Ae. Nadeln; $[\alpha]_D^{25}$ +28,2⁰; 81%) bzw. *3α.17β-Dioxy-Δ^4-östren* (II), $C_{18}H_{28}O_2$ (F. 206,0—207,8⁰; aus Aceton Nadeln; $[\alpha]_D^{24}$ +124,2⁰) erhalten. — *17β-Acetoxyöstran*, $C_{20}H_{32}O_2$, F. 76,2—77,2⁰, durch Hydrierung des Diacetylderiv. von III in Methanol in Ggw. von ADAMS-Katalysator bei Atmosphärendruck, Trennung von der nachst. Verb. durch Chromatographie in Ae. an Al_2O_3 u. Elution mit PAe./Bzl. (1 : 2); aus PAe. Nadeln; $[\alpha]_D^{25}$ +21⁰; 49%. Daneben *3β.17β-Diacetoxyöstran*, $C_{22}H_{34}O_4$, F. 140,2 bis 141,8⁰, aus den Benzoleluaten; Nadeln aus PAe.; $[\alpha]_D^{25}$ +4,4⁰; 22%. — *3β.17β-Dioxy-Δ^5-östren*, $C_{18}H_{28}O_2 \cdot H_2O$, F. 165,0—165,8⁰, aus 3β.17β-Diacetoxy-$\Delta^{3.5}$-östradien mit $NaBH_4$ in A.; $[\alpha]_D^{25}$ +11,7⁰; Reinigung des Rohprod. über die *Acetylverb.* ($C_{22}H_{32}O_4$, F. 136,2—137,0⁰, Nadeln aus PAe.; $[\alpha]_D^{26}$ —18,7⁰; 88%), die in PAe. an Al_2O_3 chromatographiert u. mit Bzl. u. Bzl./Ae. (2 : 1) eluiert wurde. — Die Infrarotabsorptionsmaxima der Acetylverbb. sind angegeben. (J. Amer. chem. Soc. **77**. 5151—54. 5/10. 1955. Detroit, Mich., Inst. of Cancer Res., Rollin H. Stevens Mem. Labor.) H. ASCHERL. 3750

F. W. Heyl und **M. E. Herr**, *$\Delta^{9,11}$-Dehydrotestosteron und Ester.* 11β-Oxytestosteron (I) wurde im Bzl./Ae.-Zweiphasensyst. mit 18%ig. HCl dehydratisiert zum *$\Delta^{9,11}$-Dehydrotestosteron* (II); dieses wurde mit Propionsäureanhydrid, Benzoylchlorid u. β-Cyclopentylpropionylchlorid verestert. Die CrO_3-Oxydation von II führt zum *$\Delta^{4,9,11}$-Androstadien-3.17-dion*, welches auch bei der Dehydratisierung von 11β-Oxy-Δ^4-androsten-3.17-dion entsteht. Andrenosteron reagiert mit Morpholin zum *3-Morpholino-$\Delta^{3.5}$-androstadien-11.17-dion.*

V e r s u c h e: *$\Delta^{9,11}$-Dehydrotestosteron* (II), $C_{19}H_{26}O_2$, F. 153—154⁰, durch 18std. Kochen eines Zweiphasensyst. aus Bzl., Ae., I, konz. HCl u. W. unter Rühren, Abtrennen der wss. Schicht, deren Extraktion mit Ae. u. Aufarbeitung der organ. Lsg.; Kristalle aus CH_2Cl_2/Skellysolve B; $[\alpha]_D^{23}$ +89° (Chlf.); 77% (Ausbeute). *Propionat*, $C_{22}H_{30}O_3$, F. 114°, aus 0,3 g **II** u. Propionsäureanhydrid in Pyridin (22 Std. bei 26°); Kristalle aus verd. Methanol; $[\alpha]_D^{23}$ +63° (Chlf.); 0,34 g. *Benzoat*, $C_{26}H_{30}O_3$, F. 175 bis 177°, aus 250 mg **II** u. Benzoylchlorid in Bzl. in Ggw. von Pyridin (5 Std. bei 26°); Kristalle aus Methanol; $[\alpha]_D^{23}$ +113° (Chlf.); 270 mg. *β-Cyclopentylpropionat* (**II**), $C_{27}H_{38}O_3$, F. 96°, aus 250 mg **II** u. β-Cyclopentylpropionylchlorid; Kristalle aus verd. Methanol; $[\alpha]_D^{23}$ +58° (Chlf.); 255 mg. — *$\Delta^{4.9,11}$-Androstadien-3.17-dion*, $C_{19}H_{24}O_2$, F. 203 bis 205°, aus 11β-Oxy-Δ^4-androsten-3.17-dion analog **II** oder aus **II** u. CrO_3 in Eisessig u. W. (2 Std. bei Zimmertemp.); Kristalle aus CH_2Cl_2/Skellysolve B; $[\alpha]_D^{23}$ +221° (Chlf.); 87 bzw. 64%. — *3-Morpholino-$\Delta^{3.5}$-androstadien-11.17-dion*, $C_{23}H_{31}O_3N$, F. ca. 230° (Zers.), aus Andrenosteron u. Morpholin in Skellysolve B in Ggw. von p-Toluolsulfonsäure (3½ Std. unter Rückfluß u. Wasserabscheidung); Prismen aus Aceton; $[\alpha]_D$ +26° (Chlf.). (J. Amer. chem. Soc. **77**. 488—89. 20/1. 1955. Kalamazoo, Mich., Upjohn Co., Dep. of Chem.) WALTER SIMON. 3750

Elliot L. Shapiro, David Gould und **E. B. Hershberg,** *α-Reduktion eines steroiden Δ^{16}-20-Ketons mit $LiAlH_4$.* Red. man Pregnadien-(5.16)-ol-(3β)-on-(20)-acetat mit $LiAlH_4$ in Tetrahydrofuran, so entsteht als Hauptprod. *Pregnadien-(5.16)-diol-(3β.20α)*, welches über das *Diacetat* gereinigt wurde. Bei der OPPENAUER-Oxydation geht es über in *16-Dehydroprogesteron*, u. bei der katalyt. Hydrierung entsteht *Allopregnandiol-(3β.20α)*, welches in sein *Diacetat* übergeführt wurde.

Versuche (FF. korr.): *Pregnadien-(5.16)-diol-(3β.20α)*, $C_{21}H_{32}O_2$, F. 174—176°, aus Pregnadien-(5.16)-ol-(3β)-on-(20)-acetat u. $LiAlH_4$ in Tetrahydrofuran, 30 Min. bei Zimmertemp., 5 Std. unter Rückfluß, Acetylierung des Rohprod. mit Acetanhydrid u. Pyridin, 20 Std. bei Zimmertemp., zum *Diacetat*, F. 138—140° (Methanol), $[\alpha]_D^{25}$ —59,98° (Chlf.), u. dessen Verseifung durch 3std. Kochen mit wss.-methanol. KOH; Kristalle aus Methanol; $[\alpha]_D^{25}$ —74,6° (Chlf.); 91,4% Ausbeute, bezogen auf Diacetat. — *16-Dehydroprogesteron*, F. 184—188°, aus vorst. Verb. u. Al-Isopropylat in Cyclohexanon u. Toluol (1 Std. unter Rückfluß); Nadeln aus Bzl./Hexan. — *Allopregnandiol-(3β.20α)*, F. 214—216°, aus dem Pregnadiendiol durch Hydrierung über PtO_2 bei 3 at; Kristalle aus Aceton. *Diacetat*, F. 165—168° (wss. A.); $[\alpha]_D^{25}$ —2,2° (Chlf.). (J. Amer. chem. Soc. **77**. 2912—13. 20/5. 1955. Bloomfield, N. J., Schering Corp., Chem. Res. Div.)
WALTER SIMON. 3750

G. M. Shull und **D. A. Kita,** *Mikrobiologische Umwandlung von Steroiden.* 1. Mitt. *Einführung der 11β-Oxygruppe in C_{21}-Steroide.* Mit Hilfe des Pilzes *Curvularia lunata* wurde eine 11β-Oxygruppe in C_{21}-Steroide eingeführt. Zu diesem Zweck rührte man die Suspension von 0,5 g Steroid in 2 Liter W. mit 5 g feuchtem Mycel, extrahierte mit Chlf. u. trennte durch Silicagelchromatographie, wobei A. als stationäre u. CH_2Cl_2 als bewegliche Phase dienten. — *17α-Oxycorticosteron*, $C_{21}H_{30}O_5$, F. 208,5—209,5°, aus 11-Desoxy-17α-oxycorticosteron (16 Std.); Kristalle aus Äthylacetat; $[\alpha]_D^{25}$ +165,7° (95%ig. A.). Daneben 4 mehr u. 3 weniger polare Umsetzungsprodukte. — *11β.17α-Dioxyprogesteron*, $C_{21}H_{30}O_4$, F. 226—228°, aus 17α-Oxyprogesteron (6 Std.); $[\alpha]_D^{25}$ +135,5° (Aceton). Gibt mit Acetanhydrid in Pyridin kein Acetat; CrO_3-Oxydation ergibt *17α-Oxy-Δ^4-pregnen-3.11.20-trion*, F. 231—232,6°; $[\alpha]_D^{25}$ +194° (Chlf.). Als Nebenprodd. 4 weniger u. 1 mehr polares Produkt. — *Corticosteron*, $C_{21}H_{30}O_4$, F. 178—180°, aus 11-Desoxycorticosteron (4 Std.); $[\alpha]_D^{25}$ +210,5° (95%ig. A.). — *11β-Oxyprogesteron*, $C_{21}H_{30}O_3$, F. 185—187°, aus Progesteron (6 Std.); $[\alpha]_D^{25}$ +213,6° (Aceton). Daneben 4 weitere Produkte. (J. Amer. chem. Soc. **77**. 763—64. 5/2. 1955. Brooklyn, N. Y., Chas. Pfizer & Co., Inc., Biochem. Res. Div.) WALTER SIMON. 3750

M. Viscontini, C. Ebnöther und **P. Karrer,** *Über einige Derivate des Pyridoxals.* Pyridoxalhydrochlorid (I) läßt sich mit p-Nitrobenzoylchlorid in Pyridin zum *Di-p-nitrobenzoylderiv. des Halbacetals* umsetzen. Die 4^1-p-Nitrobenzoylgruppe wird leicht verseift, das entstehende *3-p-Nitrobenzoylpyridoxal* wird mit dem Chlorid des Phosphorsäurediphenylesters in *3-p-Nitrobenzoylpyridoxal-4'-diphenylphosphat* verwandelt.

Versuche: *3.4^1-Di-p-nitrobenzoylpyridoxal*, $C_{22}H_{15}O_9N_3$, F. 99—102° (verd. Aceton), aus 3,5 g I in Pyridin mit 9,7 g p-Nitrobenzoylchlorid (2 Std. bei 20° u. 10 Min. bei 100°); 7,2 g (roh; Ausbeute). — *3-p-Nitrobenzoylpyridoxal*, $C_{15}H_{12}O_6N_2$, F. 210—211° (Aceton), aus 2 g vorst. Verb. mit HBr-gesätt. Essigsäure (1 Std. stehen); 1,05 g. — *3-p-Nitrobenzoylpyridoxal-4^1-diphenylphosphat*, $C_{27}H_{21}O_9N_2P \cdot 2\,H_2O$, F. zwischen 130 u. 140° (A.-W.), aus 100 mg vorst. Verb. mit Diphenylchlorphosphat in Eisessig in Ggw. von Pyridin (15 Min. bei Zimmertemp.); Nadeln; 100 mg. (Helv. chim. Acta **34**. 2438—39. 1/12. 1951. Zürich, Univ., Chem. Inst.) H.-A. OFFE. 3800

M. Viscontini und **G. Bonetti,** *Phosphorylierung mit hydratisiertem Phosphoroxychlorid (Chlorid der Metaphosphorsäure). Synthese von Pyridoxalacetal-3-pyrophosphat.* Durch Hydrolyse von $POCl_3$ mit W. (15 Tage) entsteht ein Hydrolyseprod., das wahrscheinlich *Diphosphorsäuretrichlorid, Triphosphorsäuretetrachlorid,* das *Trichlorid der cycl. trimeren Metaphosphorsäure* oder Gemische daraus enthält. Die Umsetzung eines solchen Prod. mit Pyridoxalacetal führt zu *Pyridoxalacetalpyrophosphat* (**I**; *Ba-Salz,* $C_{10}H_{12}O_9NP_2 \cdot Ba_{1,5} \cdot 4\,H_2O$), das als Codecarboxylase Tyrosin nicht schneller als Pyridoxalacetalphosphat u. 100mal langsamer als natürliche Codecarboxylase decarboxyliert. (Helv. chim. Acta **34.** 2435—37. 1/12. 1951. Zürich, Univ., Chem. Inst.) H.-A. OFFE. 3800

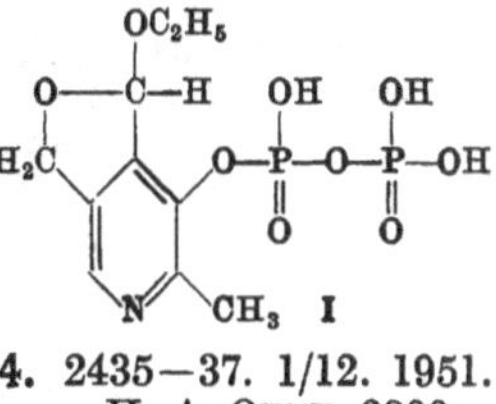
I

William O. Foye, Winthrop E. Lange, Joseph V. Swintosky, Robert E. Chamberlain und **Joseph R. Guarini,** *Metallchelate des Streptomycins.* Streptomycin (I) gibt mit Cu(II)-, Ni(II)- u. Co(II)-Salzen in wss. oder wss.-alkoh. Lsg. bei p_H 9 gefärbte *Chelate,* der *Mg-Komplex* war wasserlösl., mit Fe^{2+} wurde ein instabiles, $Fe(OH)_2$-haltiges Prod., mit Zn^{2+} gar kein Chelat erhalten. Die von Metallhydroxyd freie *Cu-Verb.* erzeugt beim Meerschweinchen einen länger anhaltenden Blutspiegel, ist aber wesentlich toxischer als **I**-Sulfat. Ferner wird das *Cu-Chelat* von Dihydro-**I** dargestellt. Alle Chelate zeigten im Plattentest eine bedeutend geringere antibiot. Wrkg. als ihrem **I**-Geh. entspricht; das *Co-Chelat* zeigte als einziges eine fungistat. Wirkung.

V e r s u c h e: *Streptomycin* (**I**), *Cu-Chelat,* $C_{21}H_{33}O_{12}N_7Cu_3 \cdot 6\,H_2O$, Zers. bei 165 bis 170°, aus **I**-Sulfat in W. u. 5%ig. NaOH (p_H 9), mit $CuCl_2$ in W.; hellblau; 75% (Ausbeute). *Ni-Chelat,* Zers. bei 160—165°, analog mit $Ni(NO_3)_2$; grün. *Co-Chelat,* Zers. bei 145—150°, mit $CoCl_2$; blaugrün. — *Dihydrostreptomycinkupferchelat,* Zers. bei 178 bis 183°; dunkelblau. (J. Amer. pharmac. Assoc., sci. Edit. **44.** 261—63. Mai 1955. Madison, Wis., Univ., School of Pharm., u. Philadelphia, Pa., Smith, Kline and French Laborr.) E. FRESE. 3900

H. G. Khorana, *Carbodiimide.* 5. Mitt. *Eine neue Synthese von Adenosindi- und triphosphat und P[1].P[2]-Diadenosin-5'-pyrophosphat.* Zugleich *Nucleosidpolyphosphate.* 1. Mitt. (4. vgl. C. **1956.** 5536.) Nach dem in der 1. Mitt. (vgl. C. **1956.** 5535) beschriebenen Verf. der Darst. von Polyphosphaten mittels Carbodiimiden werden durch Umsetzung von Adenosinmonophosphat (**I**) u. H_3PO_4 mit Dicyclohexylcarbodiimid bzw. Di-p-tolylcarbodiimid *Adenosindi-* (**II**) u. *Adenosintriphosphat* (**III**) dargestellt. Selbst bei der Verwendung stöchiometr. Mengen **I** u. H_3PO_4 entstand als Nebenprod. *P[1].P[2]-Diadenosinpyrophosphat* (**IV**). **IV** bildet sich aus **I** als symm. Prod. bei Abwesenheit von H_3PO_4 in 80%ig. Ausbeute; seine Identifizierung u. Best. erfolgte durch Papierchromatographie unter Verwendung von Isoamylalkohol + 5% Na_2HPO_4 oder Isopropylalkohol + 1% $(NH_4)_2SO_4$ (2 : 1), die Abtrennung von unverändertem **I** gelang in einer Ionenaustauscherkolonne durch fraktionierte Elution mit 0,01n bzw. 0,003n HCl oder durch fraktioniertes Fällen der Ba-Salze in wss. Alkohol. Neben 10% **IV** sind **II** und **III** die Hauptreaktionsprodd. bei der Umsetzung von **I** mit 5 Mol H_3PO_4 u. Dicyclohexylcarbodiimid; die Verwendung von 10 Mol H_3PO_4 unterdrückt prakt. die Bldg. von **IV**. Die Trennung von **II** u. **III** geschah durch Fällen der Hg-Salze mit LOHMANN-Reagens u. mittels einer Ionenaustauscherkolonne. Ihre Infrarotspektren u. ihre Aktivität in enzymat. Systemen (vgl. LEPAGE u. POTTER, J. biol. Chemistry **179.** [1949.] 1229) entsprechen denen der natürlichen Präparate. Durch chromatograph. Analyse konnte festgestellt werden, daß **III** offenbar durch *Adenosintetraphosphat* (?) verunreinigt ist. Trotz der guten Ausbeuten war die Menge an isoliertem **II** u. **III** beim Ionenaustauscherverf. nur gering (20%).

V e r s u c h e: *Diadenosinpyrophosphat* (**IV**), aus 0,1 g **I** u. 4 g Dicyclohexylcarbodiimid in wss. Pyridin (42 Std.), Extrahieren des Filtrats mit Ae. (80—85% in wss. Lsg.), Adsorbieren an einen Ionenaustauscher (Dowex 2, Chloridform), Eluieren des überschüssigen **I** (0,0187 g) mit 0,003n HCl, Eluieren des **IV** (80%) mit 0,01n HCl, Neutralisieren des Eluats mit LiOH bis p_H 5, Eindampfen im Vakuum bei 20—25° u. Verreiben des erhaltenen Sirups mit A. + Aceton (1 : 5) als *Li-Salz;* 0,08 g (Ausbeute). Wird in alkal. Lsg. bei 100° (2 Std.) zu **I** abgebaut. *Ba-Salz,* $C_{20}H_{24}O_{13}N_{10}P_2Ba \cdot 2\,H_2O$, durch Eindampfen der Reaktionslsg. von **I**, Behandeln des Rückstandes mit der berechneten Menge $Ba(OOCCH_3)_2$ u. Fällen mit A.; 0,1 g. Das Filtrat enthält noch 0,02 g Ba-Salz von **I**, die mit mehr A. gefällt werden können. — *Adenosindi-* (**II**) u. *Adenosintriphosphat* (**III**), aus 0,4 g **I**, 1,6 g H_3PO_4 u. 7 g Dicyclohexylcarbodiimid in 30 cm³ Pyridin u. 4,2 cm³ W., Fällen der Hg-Salze mit LOHMANN-Reagens bei 0° u. p_H 2 (verd. HNO_3), Zers. der Hg-Salze in W. mit H_2S bei 0° (20 Min.) u. Neutralisieren des Filtrats bis p_H 6; 33% **II** + 56% **III**. *Ba-Salz von* **II**, $Ba_3[C_{10}H_{12}O_{10}N_5P_2]_2 \cdot 8\,H_2O$, durch Adsorbieren der vorst. Lsg. an Dowex 2, Eluieren mit 0,01n HCl + 0,025n NaCl, Konzentrieren des Eluats im Vakuum, Fällen mit $Ba(OOCCH_3)_2$ u. nochmaliges Reinigen über das Hg-Salz; 8—13%. *Ba-Salz von* **III**, $C_{10}H_{12}O_{13}N_5P_3Ba_2 \cdot 6H_2O$, neben vorst. Salz durch Eluieren mit 0,01n HCl + 0,3n NaCl, analog; 15—20%; oder aus der vorst. beschriebenen, über die Hg-Salze erhaltene **II** + **III**-Mischung mit $Ba(OOCCH_3)_2$, verunreinigt mit dem Ba-Salz von **II**; bei nochmaligem Umfällen über die Hg-Salze wird der Reinheitsgrad verbessert. (J. Amer. chem. Soc. **76**. 3517—22. 5/7. 1954. Vancouver, Can., Brit. Columbia Res. Council, Chem. Div.) H. GOLD. 3950

Charles A. Dekker und **H. G. Khorana**, *Carbodiimide.* 6. Mitt. *Die Reaktion von Dicyclohexylcarbodiimid mit Hefeadenylsäure. Eine neue Methode zur Darstellung von Monoestern von Ribonucleosid-2'- und -3'-phosphaten.* (5. vgl. vorst. Ref.) Bei der Umsetzung von Hefeadenylsäure [**I**; Gemisch aus Adenosin-2'- (**Ia**) u. -3'-phosphat (**Ib**)] mit Dicyclohexylcarbodiimid in wss. Pyridin bildet sich das cycl. *Adenosin-2'.3'-phosphat* (**II**) als Hauptreaktionsprodukt. Bei längerer Einw. oder bei der Behandlung von isoliertem **II** mit Dicyclohexylcarbodiimid bildeten sich die **Ia** u. **Ib** entsprechenden „*N-Adenylylharnstoffe*" *P-[N.N'-Dicyclohexylureido]-adenosin-2'-* (**III**) u. *-3'-phosphat* (**IV**). Ihre Konst. ergab sich aus dem Vgl. ihrer UV-Spektren mit **II** u. ihrer R_F-Werte bei der Papierchromatographie mit Isopropylalkohol + NH_3 + W. (70 : 5 : 25) u. Isoamylalkohol + Na_2HPO_4. Die Infrarotspektren von **III**, **IV** im Vgl. zu Dicyclohexylharnstoff u. **I** ergaben Banden bei 6,14 μ u. 6,35 μ für NHCONH u. 8,17 μ für P=O, die bei **III** u. **IV** bis 6,06 u. 6,24 μ bzw. 8,3 μ verschoben sind. In 0,01n HCl bei Zimmertemp. erfolgt Rückbldg. von **II**; in starker HCl oder 0,5n NaOH geht die Hydrolyse zu **Ia** u. **Ib** weiter. Als Nebenprod. wurde *Dicyclohexylharnstoff* gebildet. Die Umsetzung der Pyridiniumsalzmischung von **III** u. **IV** mit Na-Benzylat in Benzylalkohol führte zu den *Monobenzylestern* von **Ia** u. **Ib** (1 : 4), die auch aus **II** unter den gleichen Bedingungen gebildet werden; **Ia** u. **Ib** bilden sich bei der alkal. Hydrolyse von **II** im Verhältnis 2 : 3.

Versuche: *Cycl. Adenosin-2'.3'-phosphat* (**II**), aus **I** in Pyridin + W. (2 : 1) u. Dicyclohexylcarbodiimid in Pyridin bei Zimmertemperatur. Die Best. erfolgte durch Papierchromatographie einer mit W. verd. u. mit Ae. extrahierten Probe u. Verwendung von Isopropylalkohol + NH_3 + W. (70 : 5 : 25, Lösungsm. 1); R_F-Werte von **I** 0,12, **II** 0,41 u. **III** + **IV** 0,95; 49,2% (Ausbeute; aus **I**, 1$^1/_2$ Std., 74% aus **Ia**, $^1/_2$ Std. u. 75% aus **Ib**, $^1/_2$ Std.). — „*N-Adenylylharnstoffe*" *P-[N.N'-Dicyclohexylureido]-adenosin-2'-* (**III**) u. *-3'-phosphat* (**IV**), $C_{23}H_{36}O_7N_7P$, verkohlt bei 210° (dunkelt bei 195°), a) aus 0,2 g **I** wie vorst. (24 Std.), Extrahieren des Filtrats mit Ae., Chromatographieren des Verdampfungsrückstandes der wss. Schicht in Isopropylalkohol + Pyridin + W. (70 : 5 : 30) in einer Cellulosekolonne u. Eluieren als 1. Fraktion. Nach dem Eindampfen der Fraktion bei 30° aus W. mit verd. HCl bei 0°, mikrokristalliner Nd.; 0,035 g, bestehend aus 75% **III** u. 25% **IV**, b) aus 1 g **I**, Waschen der Reaktionslsg. mit Toluol, Konzentrieren bei 30° auf 22 cm³ u. Ansäuern mit 0,1n HCl bis p_H 3 bei 5° (3 Tage); Nd., bestehend aus 73% **III** u. 27% **IV**; λ_{max} 259—260° (ε = 13300). **III** u. **IV** sind gegen wss. NH_4OH (D. 0,9) stabil; in 0,5n NaOH tritt Zers. unter Abscheidung von *Dicyclohexylharnstoff* (F. 226°) u. Bldg. von **I** ein. In 0,05n HCl bildet sich außerdem im wesentlichen **II**. — *Benzylester von* **Ia** u. **Ib**, aus den Pyridiniumsalzen von **III** u. **IV** in Benzylalkohol mit Na-Benzylat bei Zimmertemp. (7 Std.); 40—55%. Die Trennung erfolgte durch Papierchromatographie mit Isoamylalkohol + 5% Na_2HPO_4 u. Butanol + Eisessig + W. (4 : 1 : 5). Daneben 25% **I**. (J. Amer. chem. Soc. **76**. 3522—27. 5/7. 1954.) H. GOLD. 3950

Ross H. Hall und **H. G. Khorana**, *Carbodiimide.* 7. Mitt. *Nucleosidpolyphosphate.* 2. Mitt. *Eine Synthese von Uridin-5'-di- und -triphosphat.* (6. bzw. 1. vgl. vorst. bzw. vorvorst. Ref.) Analog der in der 5. Mitt. (vgl. vorvorst. Ref.) beschriebenen Adenosinphosphatsynthesen wird jetzt die Darst. von *Uridin-5'-di* (**I**) u. *Uridin-5'-triphosphat* (**II**) aus Uridin-5'-monophosphat (**III**) u. H_3PO_4 mit Dicyclohexylcarbodiimid durchgeführt (vgl. auch ANAND, CLARK, HALL u. TODD bzw. KENNER, TODD u. WEYMOUTH, C. **1954**. 101 bzw. 103). Die Bldg. von **I** u. **II** kann auch hier leicht durch Papierchromatographie mit Isopropylalkohol + 1% $(NH_4)_2SO_4$ (2 : 1) verfolgt werden; zur Trennung wurde die Ionenaustauscheradsorptionsmeth. verwendet. Die Unterss. der Reaktionsbedingungen ergaben, daß die Umsetzung schon nach kurzer Zeit (1 Std.) beendet ist u. mit fortschreitender Rk. die Bldg. von höheren Phosphaten, bes. auf Kosten von **I**, zunimmt. Die Verwendung von einem H_3PO_4-Überschuß führt zu *Pyrophosphorsäure* u. höher kondensierten anorgan. Phosphaten. Während durch fraktionierte Fällung der erhaltenen Reaktionsprodd. als Hg-, Ba- oder Mg-Salze eine Trennung nicht gelang u. die direkte Ionenaustauscherchromatographie auch nicht zum Ziele führte, konnten **I** u. **II** unter Materialverlust durch eine Dowex 50-Ionenaustauscherkolonne, wiederholtes Fällen ihrer alkoh. Lsgg. mit Ae., weiteres Trennen in einer Dowex 2-Kolonne u. Isolieren als Ba-Salze erhalten werden.

Versuche: *Uridin-5'-phosphat* (III), aus 2'.3'-Isopropylidenuridin in Pyridin u. Dibenzylchlorphosphat (erhalten aus Dibenzylphosphit u. N-Chlorsuccinimid in Bzl.) unter Kühlen u. Ausschluß von Luftfeuchtigkeit (3 Std.), später bei Zimmertemp. (16 Std.), Eindampfen im Vakuum bei 50—60° (2 Std.), Verseifen des erhaltenen Öls mit 15%ig. Essigsäure auf dem Wasserbad (2 Std.) u. Hydrieren des Verdampfungsrückstandes der essigsauren Lsg. in 50%ig. A. (+ wenig konz. HCl) in Ggw. von 10% Pd-Kohle mit 12 lbs./sq.in. H_2 (24—36 Std.). Nach Absorption des Verdampfungsrückstandes an einer Ionenaustauscherkolonne (Säureform) Eluieren mit W., Fällen der Verdampfungsrückstände der wss. Eluate in Aceton oder A. mit Ae. (4mal) u. Fällen des Li-Salzes mit $Ba(OOCCH_3)_2$ als *Ba-Salz*; 81% (Ausbeute). — *Uridindi-* (I) u. *Uridintriphosphat* (II), aus 0,5 g **III** u. 0,72 g 85%ig. H_3PO_4 in wss. Pyridin mit Dicyclohexylcarbodiimid (2 Std.), Extrahieren der vereinigten wss. Filtrate mit Ae., Aufarbeiten über eine Ionenaustauscherkolonne analog **III** u. Trennen der Na-Salze an einer Ionenaustauscherkolonne (Salzform) durch fraktioniertes Eluieren mit 0,01n HCl + 0,015n-NaCl (→ **III**), 0,01n HCl + 0,1n NaCl (→ **I**) u. 0,01n HCl + 0,25n NaCl (→ **II**). *Ba-Salz von* **II**, $C_9H_{11}O_{15}N_2P_3Ba_2 \cdot 4\,H_2O$, aus dem Na-Salz von **II** mit Ba-Acetat; 0,22—0,24 g. *Ba-Salz von* **I**, analog aus dem Na-Salz von **I**; 0,195 g. *Monobariumsalz*, $C_9H_{12}O_{12}N_2P_2 \cdot Ba \cdot 3\,H_2O$, aus vorst. Salz u. 0,05n HCl u. Fällen mit Alkohol. — Beschreibung der Papierchromatographie u. Tabellen über R_F-Werte vgl. Original. (J. Amer. chem. Soc. **76.** 5056—60. 20/10. 1954.) H. GOLD. 3950

F. E. King, C. B. Cotterill, D. H. Godson, L. Jurd und **T. J. King,** *Die Chemie der Extraktstoffe aus Harthölzern.* 13. Mitt. *Farblose Bestandteile von Pterocarpusarten.* (12. vgl. J. chem. Soc. [London] **1953.** 1192.) Die PAe.-Extraktion der Harthölzer *P. dalbergioides, P. macrocarpus, P. soyauxii, P. tinctorius* u. *P. angolensis* ergab *Pterostilben* (I) in den ersten 4, *Pterocarpin* (II) in den ersten beiden u. *Homopterocarpin* (III) in der 3. Art. In *P. angolensis* wurde keine der 3 Verbb. festgestellt, jedoch ergab die genaue Unters. des Extraktes *Prunetin, Angolensin,* ferner „*β*"-*Sitosterin, Acetyloleanolsäure,* ein neues Triterpen, *Muningol* (IV), u. ein weiteres *Sterin.* — **II** u. **III** kristallisieren aus dem PAe.-Extrakt, **I** (*3.5-Dimethoxy-4'-oxystilben*; vgl. SPÄTH u. SCHLÄGER C. **1940.** II. 2034), das in den harzigen Bestandteilen enthalten ist, konnte als *Acetat* (**Ia**) isoliert werden, das bei der $KMnO_4$-Oxydation *3.5-Dimethoxybenzoesäure,* bei der Ozonolyse *3.5-Dimethoxybenzaldehyd* u. *p-Oxybenzaldehyd* liefert. — **I** ist tox. gegenüber *Coniophora cerebelli,* nicht aber gegenüber *Polystictus versicolor*; **II** u. **III** haben keine fungicide Wirkung.

Versuche: Die 8std. Extraktion von 4,2 kg *P. dalbergioides* mit sd. PAe. (Kp. 60—80°) ergab 60 g Harz u. aus der abdekantierten PAe.-Lsg. *Pterocarpin* (II), $C_{17}H_{14}O_5$, F. 164,5°, Platten aus A.; $[\alpha]_D$ —214,5° (c = 0,53; Chlf.); 0,11% (Ausbeute). Die Behandlung des Harzes mit Acetanhydrid + Pyridin führte zu *Acetylpterostilben* (**Ia**, $C_{18}H_{18}O_4$, F. 128°; Nadeln aus A.; 0,55%). Analog entstanden aus 4 kg *P. macrocarpus* 0,12% **II** u. 85 g Harz gleicher Zus. mit 0,51% **Ia**; aus $3^1/_2$ kg *P. soyauxii* 67,6 g Harz u. 12 g *Homopterocarpin* (**III**; $C_{17}H_{16}O_4$, F. 71°, als Prismen, dann F. 87—88°, als Nadeln aus A.; $[\alpha]_D$ —199° [c = 0,896; Chlf.]) u. 0,2% **Ia** u. aus 280 g *P. tinctorius* 3 g Öl, das, in Ae. aufgenommen, mit NaOH ausgeschüttelt u. mit Essigsäure angesäuert, 0,3% **I** lieferte. — *Pterostilben* (I), F. 88—89°, aus **Ia** durch Erwärmen mit 2n NaOH u. Neutralisieren mit Essigsäure; aus PAe. Platten. *Benzoylderiv.*, $C_{23}H_{20}O_4$, F. 113—114°, aus A. Platten oder Prismen. *p-Nitrobenzoat,* $C_{23}H_{19}O_6N$, F. 166—167°, aus A. gelbe Nadeln. *3.5-Dinitrobenzoat,* $C_{23}H_{18}O_8N_2$, F. 242°, gelbe Platten aus Essigsäure. — *3.5.4'-Trimethoxystilben,* F. 57°, aus **I** u. $(CH_3)_2SO_4$ in Alkali. — *3.5-Dimethoxybenzoesäure,* $C_9H_{10}O_4$, F. 185°, aus 0,2 g **I** u. $KMnO_4$ in Aceton, Rühren mit W., Ansäuern u. Extrahieren des Nd. mit sd. W.; 0,03 g. Daneben eine *Säure vom F. 154—155°.* — *p-Oxybenzaldehyd* (*2.4-Dinitrophenylhydrazon,* F. 276°), aus 1,5 g **Ia** durch Ozonisieren in Äthylacetat, Vakuumabdampfen, Behandeln in W. mit Pd-Kohle, kurzes Erhitzen auf 100° u. dann mit 2n NaOH; als alkalilösl. Fraktion; aus A. rote Platten. *Semicarbazon,* F. 214°, gelbe Platten. Als neutraler Bestandteil *3.5-Dimethoxybenzaldehyd* (*p-Nitrophenylhydrazon,* F. 183—185°. *Semicarbazon,* F. 174—175°. *Oxim,* F. 115—116°). — 3 kg *P. angolensis* wurden 20 Std. mit sd. PAe. extrahiert u. von 25 g Harz abdekantiert. Aus der Lsg. krist. 15 g *Angolensin* (F. 117—118°, aus Bzl.–PAe.), aus dem Harz durch Chloroformextraktion 0,5 g *Prunetin* (F. 237—238°); aus der PAe.-Lsg. (**A**) durch Verteilen zwischen Ae. u. 2n NaOH, Aufarbeiten der NaOH-Lsg. u. Fraktionierung aus CH_3OH zunächst wenig einer *Verb. vom F. 78°,* dann 0,23 g *Acetyloleanolsäure* ($C_{32}H_{50}O_4$, F. 264 bis 265°; $[\alpha]_D$ +73,8° [c = 0,8; Chlf.], glänzende Nadeln aus CH_3OH. *Methylester,*

$C_{33}H_{52}O_4$, F. 221—223°; $[\alpha]_D$ +70,2° [c = 0,5; Chlf.]. *Oleanolsäure*, F. 303—304°); aus der Ae.-Fraktion durch Kochen mit alkoh. KOH als neutraler Bestandteil *Sitosterin* (F. 137—138° [CH_3OH]; $[\alpha]_D$ −23° [Chlf.]; gibt blaue LIEBERMANN-BURCHARD-Rk.; *Acetat*, F. 118—120°; $[\alpha]_D$ −21,8° [c = 2,6; Chlf.]. *3.5-Dinitrobenzoat*, F. 214°); aus der Mutterlauge hiervon ein *Sterin* der Zus. $C_{29}H_{50}O$ (F. 152—153°; $[\alpha]_D$ −41° [c = 0,45; Chlf.]; gibt blaue LIEBERMANN-BURCHARD-Rk.; *3.5-Dinitrobenzoat*, $C_{36}H_{52}O_6N_2$, F. 218 bis 219°, Platten aus CH_3OH–Aceton); aus der Mutterlauge der CH_3OH-Fraktionierung durch Fällen mit PAe. 0,2 g einer *Verb. vom F. 252—254°*, aus **A** nach der Alkaliextraktion durch Chromatographie an Al_2O_3 u. Ae.-Elution 0,9 g „*β*"-*Sitosterin* (F. 137—138°; $[\alpha]_D$ −35° [c = 2,5; Chlf.]. *Acetat*, $C_{31}H_{52}O_2$, F. 129—130°; $[\alpha]_D$ −41°. *3.5-Dinitrobenzoat*, $C_{36}H_{52}O_6N_2$, F. 195—196°); ferner aus dem Bzl.-Eluat 0,7 g *Muningol* (**IV**; $C_{30}H_{50}O$, F. 107°; Platten aus Essigsäure; Nadeln aus CH_3OH; $[\alpha]_D$ +44,2° [c = 3,7; Chlf.]. *p-Nitrobenzoat*, $C_{37}H_{53}O_4N$, F. 217°. *3.5-Dinitrobenzoat*, $C_{37}H_{52}O_6N_2$, F. 185—186°. *Acetat*, F. 116°. *Benzoat*, F. 127°). Aus der Mutterlauge durch Wasserdampfdest. u. Dest. ein *gelbes Öl vom Kp.*$_{15}$ *148—152°*. — *Dihydromuningol*, F. 106—107°, aus **IV** in Essigsäure durch Hydrieren über Pd-Kohle. *p-Nitrobenzoat*, $C_{37}H_{55}O_4N$, F. 220—221°. *3.5-Dinitrobenzoat*, $C_{37}H_{54}O_6N_2$, F. 187—188°. *Acetat*, F. 128°. (J. chem. Soc. [London] **1953**. 3693—97. Nov. Nottingham, Univ.) H. LEHWALD. 3950

F. E. King, T. J. King und **L. C. Manning**, *Die Chemie der Extraktstoffe aus Hartholzern. 14. Mitt.* *Die Konstitution des Jacareubins, eines Pyranoxanthons aus Calophyllum brasiliense.* (13. vgl. vorst. Ref.) Aus dem Holz von *Calophyllum brasiliense* Camb. konnte eine gelb gefärbte Verb. der Zus. $C_{18}H_{14}O_6$ isoliert werden, der der Name *Jacareubin* (**I**) gegeben wurde. **I** enthält eine reaktive Doppelbindung u. 3 phenol. OH-Gruppen. Ihr *Trimethyläther* (**II**) konnte zu einer *Dicarbonsäure* (**III**), $C_{21}H_{10}O_{10}$, oxydiert werden, die nach Hydrolyse mit kochender HBr *α-Oxyisobuttersäure* ergab. Dabei wurde der Kern entmethyliert u. zu einem 4wertigen *Phenol*, $C_{13}H_{18}O_6$, decarboxyliert, das durch Alkalischmelze direkt aus **I** erhalten u. durch Synthese (vgl. TANASE, J. pharmac. Soc. Japan [Yakugakuzasshi] **61.** [1941.] 341) als *1.3.5.6-Tetraoxyxanthon* (**IV**) identifiziert werden konnte. Auf Grund dieser Ergebnisse mußte **I** eine Pyranoxanthonstruktur zugeordnet werden, die wegen der Bldg. eines Methylenäthers zwei OH-Gruppen in o-Stellung enthielt. Da die restliche OH-Gruppe Chelatcharakter zeigte, konnte **I** als *1.5.6-Trioxy-2'.2'-dimethylpyrano-[5'.6';2.3* oder *4.3]-xanthon* angesehen werden.

Versuche: *Jacareubin* (**I**), $C_{18}H_{14}O_6$, F. 256—257° (Zers.), durch 24std. kontinuierliche Extraktion von 3,5 kg feingemahlenen Kernholzes mit Ae. u. Behandlung des Rückstandes mit kochendem PAe.; 24—25 g bröckelige, rotbraune M.; das Rohprod. entweder in Aceton lösen, konzentrieren u. 1—2 Wochen stehenlassen oder 18 g in einem Gemisch aus Aceton u. Eisessig (6 : 1) lösen u. im Vakuum auf 60 cm³ konzentrieren; aus Methanol hellgelbe Prismen; 8 g (Ausbeute); λ_{max} 2400, 2790 u. 3340 Å (ε = 12200, 40200 u. 18200 in A.). Mit $FeCl_3$ in A. grün; Farb-Rkk. mit Na-Amalgam–A., Mg–HCl, Zn–Essigsäure, starken Säuren u. Basen. — *Triacetyljacareubin*, $C_{24}H_{20}O_9$, F. 212—213°, mit Acetanhydrid–Pyridin; aus Methanol faserige Nadeln. — *O⁵.O⁶-Dimethyljacareubin*, $C_{20}H_{18}O_6$, F. 191—192°, aus 1,5 g **I** in Methanol u. Diazomethan in Ae. u. Zufügen von Essigsäure nach 8 Std.; hellgelbe, irrisierende, rechteckige Platten aus Methanol; 1,2 g. Mit $FeCl_3$ in A. grün. — *O.O.O-Trimethyljacareubin* (**II**), $C_{21}H_{20}O_6$, F. 182—183°, aus 5 g **I**, Dimethylsulfat u. K_2CO_3 in kochendem Aceton; 4,5 g. — *Dihydrojacareubin* (**V**), $C_{18}H_{16}O_6$, F. 145° (Zers.), durch Hydrierung von **I** in A. mit Pd-Kohle aus Methanol mattgelbe Prismen. — *Dihydro-O.O-dimethyljacareubin*, $C_{20}H_{20}O_6$, F. 138 bis 139°, durch Methylierung von **V** in Methanol mit Diazomethan in Ae.; aus Methanol hellgelbe, lattenförmige Kristalle. Mit $FeCl_3$ in A. dunkelgrün. — *O¹.O⁵.O⁶-Trimethyljacareubinsäure* (**III**), $C_{21}H_{20}O_{10}$, F. 249° (Zers.), durch 8std. Kochen von 5 g **II** mit $KMnO_4$ in Aceton, Abkühlen, Rühren des Nd. mit W. u. Behandlung der wss. Lsg. mit SO_2; aus wss. Methanol Nadelrosetten; 4,9 g. *Dimethylester*, $C_{23}H_{24}O_{10}$, F. 186—187°, mit Diazomethan; aus Methanol Nadeln. — *1.3.5.6-Tetraoxyxanthon* (**IV**), $C_{13}H_8O_6$, F. ca. 310° (Zers.), a) durch 2std. Kochen von 5 g **III** mit HBr, Abkühlen u. Verdünnen mit W.; aus Methanol gelbliche Nadeln; 2,85 g; b) durch 8std. Erhitzen von 0,2 g **I** mit 33%ig. KOH auf dem Wasserbad, Wasserdampfdest. u. Versetzen mit 2.4-Dinitrophenylhydrazin; 0,015 g *Aceton-2.4-dinitrophenylhydrazon* (F. 118°), Identifizierung durch Papierchromatographie. Nach Ansäuern der alkal. Lsg. Extraktion mit Ae. u. Versetzen mit K_2CO_3 Isolierung einer gelben *Substanz* (F. ~300° [Zers.; Methanol]), die mit Diazomethan in Ae. *1-Oxy-3.5.6-trimethoxyxanthon* (**VI**) ergab; c) durch 15 Min. Erhitzen von 1 g **I** mit KOH u. NaOH (1 : 1) auf 180° unter N_2, Lösen in W., Ansäuern u. Dest. bei 200°/5·10⁻⁴ mm; 0,05 g. Behandlung mit Diazomethan ergab wieder **VI**; d) durch 15 Min. Erhitzen von 4,5 g Phloroglucin u. 5 g 2.3.4-Trioxybenzaldehyd in Essigsäure u. konz. HCl u. Abtrennen des hellroten *1.3.5.6-Tetraoxyxanthyliumchlorids* nach 8 Std.; in kochendem Acetanhydrid nach u. nach bis zur schwachen Gelbfärbung mit Zn-Staub versetzen u. in W. gießen; die bröckelige M. in Acetanhydrid u. Essigsäure mit 5%ig. essigsaurem CrO_3 in 50%ig. Überschuß behandeln; aus 25%ig. wss. Essigsäure Nadeln von nachst. **VII**; 1,2 g. 1 g davon in H_2SO_4 unter Rühren lösen u. in W. gießen; 0,4 g. — *1.3.5.6-Tetraacetoxyxanthon* (**VII**), $C_{21}H_{16}O_{10}$, F. 246° (Zers.), aus **IV** u. Acetanhydrid–Pyridin; aus Aceton/Methanol faserige Nadeln. — *1-Oxy-3.5.6-trimethoxyxanthon* (**VI**), $C_{16}H_{14}O_6$, F. 181—182°, aus **IV** u. Diazomethan in Ae./Methanol; aus Methanol gelbe, lattenförmige Prismen. *Acetylderiv.*, $C_{18}H_{16}O_7$, F. 147—148°, aus Methanol Prismen. — *p-Bromphenacyl-α-oxyisobutyrat*, $C_{12}H_{13}O_4Br$, F. 155—157°, durch Sättigen des Filtrats von **IV** mit $(NH_4)_2SO_4$ u. Ae.-Extraktion; Ae. mit W. versetzen u. verdampfen, die wss. Lsg. neutralisieren, mit p-Bromphenacylbromid versetzen u. 1 Std. kochen; aus wss. Methanol Nadeln. — *1.3-Dioxy-5.6-dimethoxyxanthon*, $C_{15}H_{12}O_6$, F. 288—290° (Zers.), durch 5std. Erhitzen von 1,7 g **III** mit Chinolin u. Cu-Pulver unter N_2 (Gas in $Ba[OH]_2$ einleiten), Eingießen in Ae., Filtrieren u. Verdampfen des Ae.; aus Methanol schwach orangefarbene Nadeln; 0,5 g. *Diacetat*, $C_{19}H_{16}O_8$, F. 162—163°, aus Methanol Nadeln. — *1.3.5 6-Tetramethoxyxanthonmonohydrat*, $C_{17}H_{16}O_6 \cdot H_2O$, F. 151 bis 152°, durch 24std. Kochen vorst. Verb. mit Dimethylsulfat–K_2CO_3 in Aceton; aus Bzl. Nadeln. — *O⁵.O⁶-Diacetyljacareubin*, $C_{22}H_{18}O_8$, F. 173—174°, durch 3 Min. Erhitzen von **I** mit Borsäureacetanhydrid, Behandlung mit Ae. u. 2std. Stehen bei 0°; aus Methanol hellgelbe Nadeln. Mit $FeCl_3$ dunkelgrün. — *$O^5.O^6$-Diacetyldihydrojacareubin*, $C_{22}H_{20}O_8$, F. 172—173°, aus 2 g **V** wie vorst. Verb.; aus Methanol gelbe Nadeln; 1,7 g. Mit $FeCl_3$ grün. — *Dihydro-$O^1.O^5.O^6$-trimethyljacareubin*, $C_{21}H_{22}O_6$, F. 156—156,5°, durch 6std. Erhitzen von 2,25 g vorst. Verb. mit Dimethylsulfat u. K_2CO_3 in Aceton, Verdampfen u. $^1/_2$std. Schütteln mit Ae. u. 2n NaOH; aus Methanol Nadeln; 1,3 g. Durch Ansäuern der NaOH-Lsg. 1 g *Dihydro-$O^1.O^5$-(oder $O^1.O^6$)-dimethyljacareubin*, $C_{20}H_{20}O_6$, F. 217 bis 218°; aus Methanol Nadeln. Mit $FeCl_3$ gelb. — *Jacareubin-5.6-methylenäther*, $C_{19}H_{14}O_6$, F. 220°, durch Erhitzen von 0,5 g **I** in Aceton mit wss. NaOH auf 45° in einer CO-Atmosphäre, Zufügen von Dimethylsulfat unter Rühren u. Eingießen nach $^1/_2$ Std. in HCl; aus Methanol/Essigester hellgelbe, irrisierende, lattenförmige Kristalle. Mit $FeCl_3$ in A. grün. (J. chem. Soc. [London] **1953**. 3932—37. Dez.) E. FRANCK. 3950

F. E. King und **T. J. King**, *Die Chemie der Extraktstoffe aus Harthölzern.* 15. Mitt. *Die Konstitution des Vinhaticosäuremethylesters.* (14. vgl. vorst. Ref.) Der von KING, KING u. NEILL (J. chem. Soc. [London] **1953.** 1055) aus dem Kernholz von *Plathymenia reticulata* isolierte *Vinhaticosäuremethylester* (**I**), $C_{21}H_{30}O_3$, ist, wie die verschied. Abbauprodd. der mit S u. Se durchgeführten Dehydrierungsverss. beweisen, ein *Dodekahydrophenanthronfuran.* Seine partielle Ozonolyse führte zum *Oxymethylenketon* (**II**), $C_{20}H_{30}O_4$, das zu *Perhydro-1.8.12-trimethyl-6-oxophenanthren-1-carbonsäuremethylester* (**III**) u. Ameisensäure hydrolysiert wurde. Daraus ließ sich auf die Abwesenheit von Substituenten in 4.5-Stellung des Furanringes schließen. Durch Se-Dehydrierung von **III** wurde *1.8-Dimethylphenanthren* (**VIII**) erhalten u. durch Rk. mit Methyl-MgJ *1.3.8-Trimethylphenanthren*, so daß das O-Atom im Furanring in 3-Stellung zum Phenanthrenkern stehen muß. Die Stellung des Furansyst. in bezug auf den Phenanthrenkern wurde auf zwei verschied. Wegen bestimmt. Aus *1.4.11.12-Tetradehydrovinhaticosäuremethylester* (**IV**) u. dem von KING, KING u. NEILL (l. c.) durch Oxydation von **I** mit Perphthalsäure erhaltenen *Lacton* **V**, $C_{21}H_{28}O_4$, wurde als Abbauprod. in jedem Fall *1.2.8-Trimethylphenanthren* erhalten u. damit die der Formel **I** zugeordnete Konst. bewiesen. Die Carbomethoxy- u. Methylgruppe am $C_{(1)}$ wurden durch die üblichen Methoden nachgewiesen, die mit der Darst. von *1-Äthyl-8-methylphenanthren* ihren Abschluß fanden. Die für **I** angegebene Struktur läßt sich nicht in der üblichen Weise aus Isoprenresten zusammensetzen. Darum wurde an Modellsubstanzen untersucht, ob eine Wanderung der angulären C-Methylgruppe eingetreten sein könnte. Es ließ sich keine Bestätigung dafür finden.

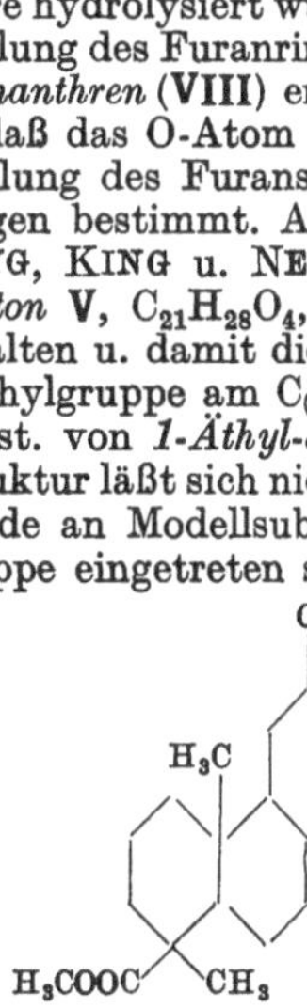

I

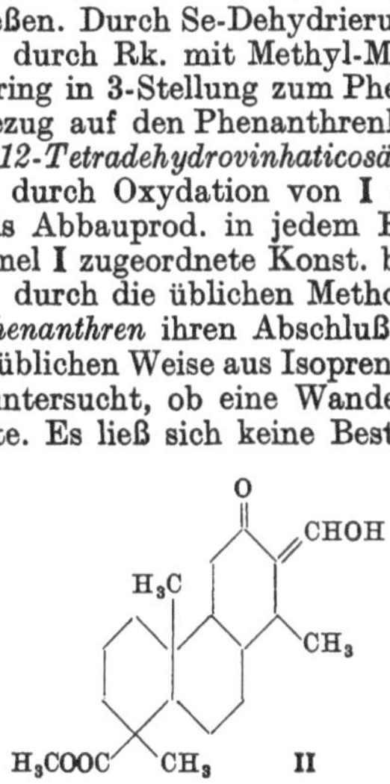

II

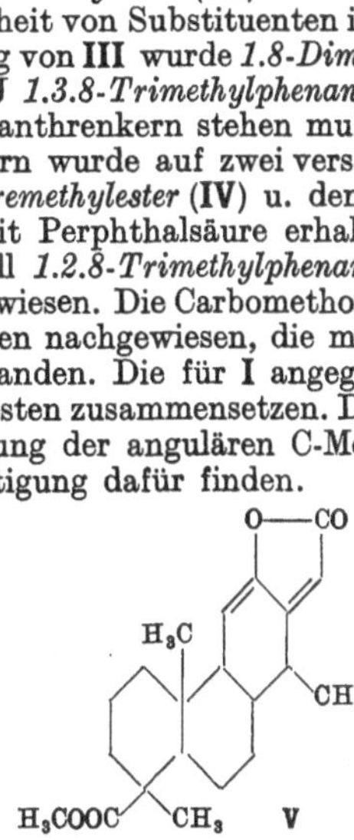

V

V e r s u c h e (angegebene Kp.-Tempp. = Badtempp.): *1.8-Dimethylfurano-[3′.2′:2.3]-phenanthren*, $C_{18}H_{14}O$, F. 145—146°, durch 90 Min. Erhitzen von **I** u. S auf 250°, Extraktion mit Ae., Dest. des Extraktes u. Überführen der Fraktion vom $Kp._{0,1}$ 220°

in das *Pikrat*, $C_{18}H_{14}O \cdot C_6H_3O_7N_3$, F. 182° (an 170° Erweichen); aus Bzl. orangerote Nadeln. Nach Regenerierung gelbliche Prismen; 30% (Ausbeute), 26% bei Vinhaticosäure als Ausgangsmaterial. *Trinitrobenzolat*, $C_{18}H_{14}O \cdot C_6H_3O_6N_3$, F. 184—185°, aus A. helle, orangerote Platten. — *2-Äthyl-1.8-dimethylphenanthren* (VI), $C_{18}H_{18}$, F. 113°, durch 48std. Erhitzen von 2 g I u. Se auf 340—360°, Lösen in Ae. u. fraktionierte Dest. (Fraktion vom $Kp._{0,2}$ 120—140°); aus A. Platten; 100 mg. *Pikrat*, $C_{18}H_{18} \cdot C_6H_3O_7N_3$, F. 148 bis 149°, aus A. orangerote Nadeln. *Trinitrobenzolat*, $C_{18}H_{18} \cdot C_6H_3O_6N_3$, F. 167°, aus A. gelbe Nadeln. — *2-Äthyl-1.8-dimethylphenanthrol-(3)*, $C_{18}H_{18}O$, F. 164°, neben **VI** aus der Fraktion vom $Kp._{0,2}$ 160—200°; aus Essigsäure u. PAe. dünne Nadeln; 1 g. Die Dest. mit Zn-Staub führt zu 40% **VI**, das durch Chromatographie an Al_2O_3 mit PAe. vom Ausgangsmaterial abgetrennt wurde. *Trinitrobenzolat*, $C_{18}H_{18}O \cdot C_6H_3O_6N_3$, F. 186—187°, aus Bzl. orangerote Blättchen. *Acetat*, $C_{20}H_{20}O_2$, F. 127—128°, mit Acetanhydrid–Na-Acetat; aus Methanol Platten. — *1.4.11.12-Tetradehydrovinhaticosäuremethylester* (IV), $C_{21}H_{26}O_3$, F. 182—184°, a) durch 1std. Erhitzen von I u. S auf 250°, Eingießen der Schmelze in PAe., Dekantieren, Extraktion des Rückstandes mit PAe. u. Eindampfen der vereinigten Extrakte; Reinigung der gelblichen Kristalle in $CHCl_3$ u. CCl_4 an Al_2O_3; aus PAe. u. Isopropanol glänzende Stäbchen; $[\alpha]_D^{18}$ +59,2° (c = 5; $CHCl_3$); 28%. In A. u. Essigsäure blaue Fluorescenz; b) beim Erhitzen von I mit Pd-Kohle auf 360—380°; 7%. — *Perhydro-1.8.12-trimethyl-6-oxo-7-oxymethylenphenanthren-1-carbonsäuremethylester* (II), $C_{20}H_{30}O_4$, F. 168—169°, durch Ozonisierung von I in Essigester bei —10°, Verdampfen des Lösungsm. im Vakuum u. Stehenlassen des Rückstandes über Nacht mit Zn-Staub; das Gemisch 1 Std. auf dem Wasserbad erhitzen, das W. abdekantieren, den Rückstand in Ae. aufnehmen, mit wss. $NaHCO_3$ u. 0,5n NaOH schütteln u. den NaOH-Extrakt ansäuern; aus A. Prismen; 9—13%. Mit $FeCl_3$ pupurrot. — *6-[1'-Carboxyäthyl]-5-carboxymethyl-1.10-dimethyldekahydro-α-naphthoesäuremethylester*, $C_{19}H_{30}O_6$, F. 203 bis 204°, durch Ansäuern vorst. $NaHCO_3$-Extraktes; aus Essigester–PAe. u. wss. Methanol Blättchen; 19,5%. *Trimethylester*, $C_{21}H_{34}O_6$, F. 92—93° (mit Diazomethan). — *Perhydro-1.8.12-trimethyl-6-oxophenanthren-1-carbonsäuremethylester* (III), $C_{19}H_{30}O_3$, F. 125—126°, durch 1std. Kochen von II mit einem kleinen Überschuß an 0,1n NaOH; aus dem Filtrat *Ameisensäure* (91%; *N.N'-Di-p-tolylformamidinhydrochlorid*, F. u. Misch-F. 270°); der Rückstand ergab Platten aus A.; 74%. *2.4-Dinitrophenylhydrazon*, $C_{25}H_{34}O_6N_4$, F. 206°, aus Essigsäure orangerote Nadeln. *Semicarbazon*, $C_{20}H_{33}O_3N_3 \cdot C_2H_6O$, F. 245°, aus A. Prismen. — *Perhydro-1.8.12-trimethylphenanthren-1-carbonsäure* (VII), $C_{18}H_{30}O_2$, F. 182°, durch 1std. Kochen von III mit Äthylenglykol, KOH u. 90%ig. Hydrazinhydrat, nach Dest. bis 188° 3std. Kochen, Eingießen in W., Ansäueren u. Aufnehmen in Ae.; aus A. Tafeln; 85%. *Methylester*, $C_{19}H_{32}O_2$, F. 71—72°, aus Methanol Platten. — *1.8-Dimethylphenanthren* (VIII), $C_{16}H_{14}$, F. 192—193°, a) durch 24std. Erhitzen von 0,6 g III mit 5 g Se auf 330—340° u. Extraktion mit Ae.; Sublimation bei 150—200°/0,1 mm; aus Essigsäure–Bzl. oder A. glänzende Platten; 250 mg; b) durch Se-Dehydrierung von **VII**; 74%. *Pikrat*, F. 152—153°. *1.8-Dimethylphenanthrenchinon*, F. 189—190° [*Chinoxalinderiv.*, $C_{22}H_{16}N_2$, F. 190° (Sintern bei 178°)]. — *Perhydro-6-oxy-1.6.8.12-tetramethylphenanthren-1-carbonsäuremethylester*, $C_{20}H_{34}O_3$, F. 140—142°, durch Zufügen von 1 g III in Ae. zu einer Lsg. von CH_3MgJ, Stehen über Nacht, 1std. Kochen u. Versetzen mit Eis u. HCl; aus A. Prismen; 0,3 g. — *1.3.8-Trimethylphenanthren*, $C_{17}H_{16}$, F. 116°, durch Behandlung des halbfesten Prod. aus vorst. GRIGNARD-Rk. mit GIRARD-T-Reagens, 1std. Erhitzen des nicht reagierenden Anteils mit Acetanhydrid, 18std. Erhitzen des erhaltenen Öls (0,6 g) mit Se auf 330° u. Dest. des benzollösl. Prod. bei ca. 150°/0,3 mm; aus A. Nadeln; 0,32 g. *Pikrat*, $C_{17}H_{16} \cdot C_6H_3O_7N_3$, F. 174—175°, aus A. orangerote Nadeln. *Trinitrobenzolat*, $C_{17}H_{16} \cdot C_6H_3O_6N_3$, F. 188°, aus A. lehmgelbe Nadeln. *1.3.8-Trimethylphenanthrenchinon*, $C_{17}H_{14}O_2$, F. 179—180°, aus Essigsäure orangerote Nadeln (*Chinoxalinderiv.*, $C_{23}H_{18}N_2$, F. 146—147°, aus A. oder Essigsäure gelbliche Nadeln). — *1.2.3.4.-9.10.11.12-Oktahydro-6-oxy-1-carbomethoxy-1.8.12-trimethyl-7-formylphenanthren*(IX), $C_{20}H_{26}O_4$, F. 132—133°, a) durch Ozonisieren von Tetradehydrovinhaticosäuremethylester (IV) in CCl_4 bei 0°, Entfernen des CCl_4 im Vakuum bei Raumtemp., Hinzufügen von W. u. Zn-Staub, nach 12 Std. 15 Min. Erhitzen u. Extraktion mit Ae.; aus Methanol Prismen; 30—35%. In 2n NaOH gelb, keine Zers.; mit $FeCl_3$ in A. grünlich-blau; b) durch Ozonisierung von **IV** u. reduktive Spaltung mit H_2-Platin; die Zers. ohne Zn u. Dest. ergaben 47% *Ameisensäure*. *2.4-Dinitrophenylhydrazon*, $C_{26}H_{30}O_7N_4$, F. 290° (Zers.), aus 2-Äthoxyäthanol gelbe Nadeln. *O-Methyläther* (X), $C_{21}H_{28}O_4$, $Kp._{0,05}$ 205—210°, durch 12std. Behandlung von **IX** mit CH_3J–K_2CO_3 in Aceton; brüchiges Harz; 72%. *2.4-Dinitrophenylhydrazon*, $C_{27}H_{32}O_7N_4$, F. 275° (Zers.), aus A. orangerote Nadeln. — *1.2.3.4.-9.10.11.12-Oktahydro-6-oxy-1.7.8.12-tetramethylphenanthren-1-carbonsäure*, $C_{19}H_{26}O_3$, F. 198°, durch Red. von 1,4 g **IX** nach WOLFF-KISHNER; 1,2 g; *Monohydrat*, $C_{19}H_{26}O_3 \cdot H_2O$, F. 120° (Schäumen; aus wss. Methanol); aus trockenem Bzl. Täfelchen. *Acetat*, $C_{21}H_{28}O_4$,

F. 208—209°, mit Acetanhydrid-Na-Acetat; aus Bzl.-PAe. oder Methanol Nadeln. — *3-Oxy-1.2.8-trimethylphenanthren*, $C_{17}H_{16}O$, F. 203°, durch 24std. Erhitzen von 1 g vorst. Verb. mit Se auf 310—340°, Extraktion mit Chlf. u. fraktionierte Dest. (Fraktion vom $Kp._{0,5}$ 180—220°); aus Chlf. Prismen; 550 mg. Die Methylierung mit CH_3J-K_2CO_3 führt zum *Methyläther* (**XI**). — *1.2.8-Trimethylphenanthren*, $C_{17}H_{16}$, F. 143—144°, a) neben vorst. Verb. aus der 1. Fraktion vom $Kp._{0,5}$ 120—140°; aus A. Platten; b) durch Zn-Staub Dest. vorst. Verb. u. Reinigen in PAe. an Al_2O_3 u. über das Pikrat neben **VIII**; 150 mg; c) durch Se-Dehydrierung von 1 g **V** bei 310—330° (24 Std.) u. Dest. bei 120—140°/0,5mm, aus Methanol Platten; 0,5 g. *Pikrat*, F. 164—165°, aus A. orangerote Nadeln. *Trinitrobenzolat*, $C_{17}H_{16} \cdot C_6H_3O_6N_3$, F. 191—192°. — *Verb.* $C_{21}H_{28}O_5$, F. 171° (Methanol), durch Ozonisieren von 2 g **V** in Essigester, Behandeln des Rückstandes mit Zn-Staub u. W. Aufnehmen in Ae., Fällen des *Na-Salzes* einer nicht kristallisierenden *Säure* mit $NaHCO_3$ u. Verdampfen des Ae.; Nadeln; 110 mg; daneben mit GIRARDs Reagens T ein gelbliches öliges *Keton vom* $Kp._{0,1}$ *150°* (*2.4-Dinitrophenylhydrazon*, F. 237—238°, aus Essigsäure orangerote Blättchen). — *Säureanhydrid* $C_{18}H_{26}O_5$, $Kp._{0,05}$ 130—140°, durch Oxydation von 3,5 g **V** in Aceton mit $KMnO_4$ Bldg. von 2,6 g einer öligen *Säure* (ohne CO-Gruppe) u. Dest. mit Acetanhydrid. — *Perhydro-1-oxymethyl-1.8.12-trimethylphenanthren*, $C_{18}H_{32}O$, $Kp._{0,1}$ 130°, durch 2std. Kochen von 0,85 g **VII** mit $LiAlH_4$ in Ae., Zers. mit Essigester u. Zufügen von verd. HCl; 0,77 g (harziges Prod.). *α-Naphthylurethan*, $C_{29}H_{39}O_2N$, F. 147—148°, aus Methanol wollige Nadeln. — *1-Äthyl-8-methylphenanthren*, $C_{17}H_{16}$, F. 106—107°, 2std. Kochen von 750 mg vorst. Verb. mit PCl_5 in Ae., Zufügen von Eiswasser, 10 Min. Kochen des rauchenden Öls mit Chinolin u. Dest. geben 400 mg eines *olefin. KW-stoffs*, $C_{18}H_{30}$, $Kp._{0,1}$ 120—125°; 360 mg davon 24 Std. mit Se auf 330—350° erhitzen, mit Ae. extrahieren u. bei 120°/0,1 mm dest.; aus A. glänzende Platten; 240 mg. *Pikrat*, $C_{17}H_{16} \cdot C_6H_3O_7N_3$, F. 124—125°, aus A. orangerote Nadeln. *Trinitrobenzolat*, $C_{17}H_{16} \cdot C_6H_3O_6N_3$, F. 146—147°, aus A. gelbe Nadeln. — *Diphenylcarbinol* aus **I**, $C_{32}H_{38}O_2$, durch 2std. Kochen von **I** u. C_6H_5MgBr in trockenem Ae., weiteres 2std. Erhitzen auf dem Wasserbad, Verdünnen mit eiskalter verd. H_2SO_4, Dest. mit Wasserdampf u. Digerieren des Rückstandes mit Methanol; aus Essigsäure dreieckige Tafeln; 40%. — *Pimanthren*, F. 85° (Methanol), durch Erhitzen von 1 g *Dihydronorisoagathensäure* ($C_{19}H_{32}O_2 \cdot C_2H_4O_2$, F. 166°, aus Essigsäure lattenförmige Kristalle) mit Se auf 330—350°; 600 mg. *Pikrat*, F. 131—132°. — *O-Acetonylpodocarpsäuremethylester*, $C_{21}H_{28}O_4$, F. 75—76°, durch 4std. Erhitzen von Podocarpsäuremethylester, Bromaceton u. K_2CO_3 in Aceton u. Verdampfen des Filtrats; aus Methanol Rhomben; 42%. — *Dehydrovinhaticosäuremethylester*, $C_{21}H_{28}O_3$, F. 137°, durch Hydrierung von 3,5 g **IV** mit PtO_2 in Essigsäure u. Verdampfen; aus PAe. u. A. glänzende Stäbchen; 2,55 g; $[\alpha]_D^{20}$ +52,1° (c = 10; Chlf.). — *7-Acetyl-6-methoxy-1-methylphenanthren*, $C_{18}H_{16}O_2$, F. 144 bis 145°, durch 4std. Erhitzen von 2 g 7-Acetyl-O-methylpodocarpsäuremethylester mit S auf dem Wasserbad, Extraktion mit Ae. u. Dest. bei 240—280°/0,2 mm; aus A. u. Ae. Nadeln; 260 mg. *Pikrat*, $C_{18}H_{16}O_2 \cdot C_6H_3O_7N_3$, F. 144—145°, aus A. orangerote Nadeln. *2.4-Dinitrophenylhydrazon*, $C_{24}H_{20}O_5N_4$, F. 239° (Zers.), orangerotes Pulver. — *7-Äthyl-6-methoxy-1-methylphenanthren*, $C_{18}H_{18}O$, F. 83—84°, durch 1std. Erhitzen von 150 mg vorst. Verb. mit KOH u. Hydrazinhydrat in Äthylenglykol, Konzentrieren bis 190°, weiteres 3std. Kochen, Eingießen in W. u. Extraktion mit Ae.; aus A. Stäbchen; 100 mg. *Pikrat*, $C_{18}H_{18}O \cdot C_6H_3O_7N_3$, F. 168—169°, aus A. orangefarbene Nadeln. — *3-Methoxy-1.2.8-trimethylphenanthren* (**XI**), $C_{18}H_{18}O$, F. 122—123°, durch 3std. Erhitzen von 1 g **X** mit S u. Dest., Überführung in das *Pikrat* ($C_{18}H_{18}O \cdot C_6H_3O_7N_3 \cdot C_6H_6$, F. 168—172°, aus Bzl. orangerote Blättchen) u. Zers.; aus A. Nadeln; 100 mg. (J. chem. Soc. [London] **1953**. 4158—68. Dez.) E. FRANCK. 3950

D. Makromolekulare Chemie.

Hiroshi Fujita, *Gegenionenverteilung in verdünnten Lösungen von festen sphärischen Makromolekülionen bei Fehlen von Salzzusatz.* Rein theoret. Arbeit, in der auf Grund einer Näherungsform für die POISSON-BOLTZMANN-Gleichung das elektrostat. Potentialfeld u. die zugehörige Verteilung der Gegenionen in verd. Lsgg. von sphär. Polyelektrolytionen bei Fehlen von Salzzusatz berechnet werden. Hiernach ist die Tendenz der Gegenionen zur Bldg. von Trauben in der Umgebung des Makroions auch bei sehr geringen Konzz. sehr stark ausgeprägt. Einige numer. Beispiele werden angegeben. (J. chem. Physics **23**. 837—46. Mai 1955. Maizuru, Japan, Kyoto Univ., Fac. of Agricult., Dep. of Fisheries.) O. FUCHS. 4000

R. A. Marcus, *Berechnung der thermodynamischen Eigenschaften von Polyelektrolyten.* Zur Berechnung der thermodynam. Eigg. der Lsgg. von Polyelektrolyten gibt Vf. ein vereinfachtes Verf. an. Berechnet werden so allg. die Koeffizienten der mittleren

Ionenaktivität eines der Lsg. zugesetzten einwertigen Salzes (für die beiden Fälle des Vorliegens von geknäuelten u. von mehr stäbchenförmigen Makroionen), der osmot. Druck des Salz–Polyelektrolyt-Syst., die Titrationskurve, die Gleichgewichtskonfiguration u. anderes. Die für das Stäbchenmodell berechneten Koeffizienten stimmen genügend mit experimentellen Ergebnissen überein. (J. chem. Physics **23.** 1057–68. Juni 1955. Brooklyn, N. Y., Polytechn. Inst., Dep. of Chem.) O. FUCHS. 4000

C. D. Niven, *Der Einfluß von Wärmestrahlung auf den elektrischen Widerstand von hydrophilen organischen Filmen.* Vf. untersuchte den Einfl. der von einer 25 Wattlampe ausgehenden Strahlung auf den elektr. Widerstand R folgender Filme: *Gelatine* (**I**), **I** mit Gerbsäure bzw. mit HCHO gegerbt, *Cellophan* (**II**), *Kartoffelstärke, Polyvinylalkohol, Casein, Zein, Gluten* u. *Eialbumin.* Der Abstand der Filme von der Lampe betrug 2 m. In allen Fällen nimmt R durch die Bestrahlung ab; die Erscheinung ist nicht an bestimmte Banden des Ultrarotspektr. gebunden. Der Effekt ist am größten bei **I** (gegerbt oder ungegerbt), so daß hiermit noch Strahlungsenergiedichten von 2 μWatt/cm^2 gemessen werden konnten. Die Filme weisen aber folgende Nachteile auf: Vorliegen eines starken Rauschpegels, Abhängigkeit von der Luftfeuchtigkeit u. von anderen noch unbekannten Einfll., schlechte Konstanz; die Filme sind daher weniger brauchbar als die üblichen anorgan. Detektoren. **I** u. **II** sprechen auch auf geringe Luftdruckschwankungen an (Abnahme von R bei Zunahme des Druckes). Hydrophobe Filme (Pliofilm, Polyäthylen, Celluloseacetat) zeigen keine R-Änderung beim Bestrahlen. (Canad. J. Physics **31.** 1095–1105. Nov. 1953. Ottawa, Nat. Res. Council, Div. of Phys.) O. FUCHS. 4000

Michio Kurata, Mikio Tamura und **Tatsuro Watari,** *Statistische Mechanik von Polymerlösungen.* 1. u. 2. Mitt. Vff. gehen von dem von FLORY angegebenen Gittermodell für die Lsgg. von Kettenpolymeren aus, wobei nun unter Berücksichtigung der von ihnen früher (vgl. C. **1954.** 951) erhaltenen Ergebnisse auch die weitreichenden Kräfte zwischen entfernteren Nachbarn berücksichtigt werden. Vff. erhalten so eine verbesserte Theorie der Hochpolymerlösungen. Für die Abhängigkeit der Verdünnungsentropie u. des osmot. Druckes werden Gleichungen erhalten, die besser als bisher mit den experimentellen Daten übereinstimmen. (J. chem. Physics **23.** 991–1003. Juni 1955. Kyoto, Univ., Fac. of Engng., Dep. of Ind. Chem.; Kamakura, Yokohama Univ., Fac. of Liberal Arts and Educat.) O. FUCHS. 4000

R. M. Joshi, *Der Einfluß der vorletzten Einheit bei der Copolymerisation mittels freier Radikale.* Vf. gibt eine mathemat. Ableitung der theoret. Kurven n – 1 gegen x (n = m_1/m_2; x = M_1/M_2) für Copolymerisationen u. vergleicht die mit den experimentell ermittelten Werten für Copolymerisationen der Systeme Styrol–Acrylonitril (**I**), α-Acetoxystyrol–**I**, α-Methylstyrol–**I**, Vinylacetat–Crotonsäure u. Styrol–Fumarodinitril. Aus der Diskussion folgt, daß bes. im Bereich kleiner Werte für x kein Einfl. der vorletzten Einheit auf die Zus. der Copolymeren, wie er von BARB (C. **1955.** 8640) u. HAM (C. **1955.** 3637) diskutiert wird, abzuleiten ist. (J. Polymer Sci. **17.** 125–29. Mai 1955. Poona, Nat. Chem. Labor. of India.) W. RUSKE. 4000

Richard J. Volungis und **Richard S. Stein,** *Temperaturabhängigkeit der statistischen Segmentgröße von Polyäthylen.* Eine Folie von *Polyäthylen* (DYNH) von 5 μ Dicke wurde mit Elektronenstrahlen vernetzt. Von der Folie wurde zwischen 120 u. 170° das Kriechverh. im Vakuum opt. untersucht; aus den Meßdaten berechnet sich schließlich die Doppelbrechung $\Delta b = C_{\parallel} - C_{\perp}$ (Hauptpolarisierbarkeiten des statist. Kettensegmentes längs u. senkrecht zur Kette, vgl. hierzu auch STEIN u. TOBOLSKY, C. **1954.** 6019). Bei 120° waren keine krist. Anteile mehr vorhanden. Δb (in Einheiten von 10^{24}cm^3) fällt von 5,33 bei 120° fast linear ab auf 4,93 bei 150° u. bleibt dann fast konstant (4,90 bei 170°). Daraus folgt, daß die Länge des statist. Segmentes bei steigender Temp. abfällt (vgl. hierzu aber das andersartige Verh. von Polyisobutylen, STEIN, HOLMES u. TOBOLSKY, C. **1955.** 10762). Die bei der Rotation der Segmente um die C–C-Bindung zu überwindende Potentialschwelle berechnet sich daraus zu 6,4 ± 0,7 kcal/Mol, in Übereinstimmung mit dem von NEWMAN (vgl. C. **1952.** 855) aus der magnet. Protonenresonanz von Polyäthylen gefundenen Wert. (J. chem. Physics **23.** 1179. Juni 1955. Amherst, Mass., Univ., Dep. of Chem.) O. FUCHS. 4010

C. S. Marvel und **Arjeh B. Galun,** *Einige Copolymerisationen von cis- und trans-Dibenzoyläthylen.* (Vgl. MARVEL u. Mitarbeiter, Ind. Engng. Chem. **45.** [1953.] 1532.) *Trans-Dibenzoyläthylen* [**I**; F. 111° (A.)] copolymerisiert mit *Butadien* (**II**), *Isopren* (**III**; Kp. 34°), *2.3-Dimethylbutadien-(1.3)* (**IV**; Kp. 70°) u. *Styrol* (**V**) in dem Emulsionssyst. mit Cumol–H_2O_2 als Initiator nach TROYAN u. TUCKER (India Rubber Wld. **121.** [1949.] 67) bei 0° sowie nach FRANK u. Mitarbeitern (C. **1948.** I. 180) bei 50°, jedoch tritt bei der höheren Temp. die DIELS-ALDER-Addition in den Vordergrund, so daß bei der

Copolymerisation mit Dienen die Addukte Hauptprodd. werden. I u. II bilden so *trans-4.5-Dibenzoylcyclohexen* [VI; $C_{20}H_{18}O_2$, F. 112° (A.)], I u. III *1-Methyl-4.5-dibenzoylcyclohexen* [$C_{21}H_{20}O_2$, F. 111° (A.)] sowie I u. IV *1.2-Dimethyl-4.5-dibenzoylcyclohexen* [$C_{22}H_{22}O_2$, F. 111—111,5° (A.)], das allein isoliert wurde. VI läßt sich mit II nicht copolymerisieren, so daß es kein Zwischenprod. der Poylmerisation darstellen dürfte. Die Diencopolymeren sind weniger gummiähnlich als die Dien-Homopolymeren u. lassen sich bei 20—40% I-Geh. pulverisieren. I verzögert die Polymerisation von V, da das Radikal aus I stabiler ist als das nach Addition eines Mol. V gebildete Radikal. I allein läßt sich in der Emulsion nicht polymerisieren u. verhindert die Polymerisation von Vinylacetat u. Acrylonitril (VII). II polymerisiert in der Emulsion in Ggw. von *cis-Dibenzoyläthylen* [VIII; $C_{16}H_{12}O_2$, F. 135° (A.), photochem. nach PAAL u. SCHULZE (1902) dargestellt], ohne daß jedoch VIII in das Polymere eingebaut wird. II bildet daher wohl leichter Radikale als VIII, das als nicht planares Mol. sowieso schwerer als das planare trans-Isomere Radikale liefert (vgl. LEWIS u. MAYO, C. **1949**. II. 856). Mit V copolymerisiert es ohne Verzögerungseffekt, es wird jedoch nur zu ~3% in das polymere V eingebaut. VII läßt sich in Ggw. von VIII in der Emulsion ohne Verzögerung polymerisieren. Ob ein Einbau von VIII erfolgt, konnte nicht definitiv bewiesen werden. Der bei den Emulsionspolymerisationen gebildete Latex wurde durch Filtration durch ein Drahtnetz gereinigt, das I bzw. VIII sowie die Dienaddukte zurückhielt u. koaguliert. Nach Aufschlämmen des Koagulats in W. u. Trocknen wurde aus Bzl. bzw. CS_2 mit Methanol gefällt. Der Einbau der Monomeren in das Copolymere wurde über Infrarot- u. UV-Analysen sowie über die Oximbldg. bestimmt. (J. Polymer Sci. **16**. 251—59. April 1955. Urbana, Ill., Univ., Noyes Chem. Labor.) W. RUSKE. 4010

A. E. Woodward und **G. Smets**, *Die Darstellung und Charakterisierung von Blockcopolymeren.* Zur Darst. von Blockcopolymeren, die aus miteinander zu linearen Makromoll. verbundenen Ketten zweier verschied. Monomerer bestehen, setzen Vff. *Styrol* (I) bzw. *Vinylacetat* (II) mit dem polymeren Phthalylperoxyd bei 75° um u. erhalten hierbei Polymere, die in der Endgruppe oder in der Kette des Mol. Peroxydbindungen enthalten. Ein so durch 5std. Polymerisation dargestelltes Polymeres aus I gibt in benzol. Lsg. bei 100° mit *Methylmethacrylat* (III) ein I-III-Blockpolymeres neben polymerem III. Das durch 15std. Polymerisation dargestellte polymere I hingegen führt nur zu geringer Blockpolymerisation mit III, da durch die längere Erhitzungszeit die Mehrzahl der Peroxydbindungen zers. wurden. Die Abtrennung der Block- von den daneben gebildeten Homopolymeren erfolgte über das Chlf.-Methanol-Fällungsverf. von LEWIS u. MAYO (J. Amer. chem. Soc. **66**. [1944.] 1594) u. ergab ein Prod. vom Mol.-Gew. 300000 mit einem Geh. von 25% I; das Mol.-Gew. des darin enthaltenen polymeren I berechnet sich zu 90000, was mit dem bei der reinen Blockpolymerisation von I gefundenen Wert 100000 gut übereinstimmt. Die in Toluol gemessenen Viscositäten nehmen für Polymere mit einem Geh. von 100% bis 22% I zu, bei weiterer Abnahme des I-Geh. nimmt die Viscosität wieder ab. Das polymere II gibt im Gegensatz zu den beschriebenen Ergebnissen mit monomerem I kein Blockpolymeres; hierbei entsteht zu 99% polymeres I, das durch Herauslösen des polymeren II mittels Methanol abgetrennt wurde. Wurde II jedoch mit Phthalylperoxyd in Bzl. polymerisiert u. dieses Prod. mit I umgesetzt, wurde durch Fällung mit Methyläthylketon-Methanol ein II-I-Blockpolymeres vom Mol.-Gew. 165000 mit 39% II isoliert; das Mol.-Gew. des darin enthaltenen II berechnet sich zu 64000. Mit Phthalylperoxyd polymerisiertes I gibt mit monomerem II oder mit *Vinylpyrrolidon* (IV) keine Blockpolymerisate, was darauf zurückgeführt wird, daß die prim. gebildeten Radikale aus II bzw. IV auf die Polystyrolkette unter Bldg. der stabileren Benzylradikale übertragen werden. (J. Polymer Sci, **17**. 51—64. Mai 1955. Louvain, Univ., Labor. de Chim. Macromol.) W. RUSKE. 4010

Masakazu Matsumoto und **Masayasu Maeda**, *Kettenübertragungskonstante von Benzoylperoxyd auf das Polyvinylacetatradikal.* Während der Polymerisationsgrad von *Polyvinylacetat* von der Polymerisationsgeschwindigkeit fast unabhängig ist, da Übertragungs-Rkk. zwischen den wachsenden Radikalen u. den Monomeren stattfinden, besteht eine solche Abhängigkeit bei Verwendung von Benzoylperoxyd als Initiator. Die Übertragungskonstante berechnet sich für diesen Fall bei der Block- u. Lösungspolymerisation in Methylacetat sowie Methanol zu 0,09. Die entsprechend berechnete Konstante für das *Polymethylmethacrylatradikal* hat den Wert $1{,}05 \cdot 10^{-4}$, was mit dem experimentell ermittelten Wert, der ca. 0 beträgt, gut übereinstimmt. (J. Polymer Sci. **17**. 438—40. Juli 1955. Kurashiki, Okayama, Kurashiki Rayon Co.) W. RUSKE. 4010

H. W. Melville und **G. M. Burnett**, *Geschwindigkeitskonstanten für Polymerisationsreaktionen.* Zusammenstellung der Geschwindigkeitskonstanten der Kettenstart-, Kettenabbruch- u. Übertragungs-Rk. sowie der Aktivierungsenergien zwischen Radikalen aus

Styrol, Methylmethacrylat, Vinylacetat u. *-chlorid, Methylacrylat, p-Methoxystyrol, Propyl-* u. *Butylmethacrylat* sowie *Butylacrylat* u. verschied. Monomerenmolekülen. (J. Polymer Sci. **13.** 417—26. Mai 1954. Edgbaston, Birmingham, Univ., Chem. Dep.)
W. Ruske. 4010

Ryohei Oda und **Takeo Saigusa,** *Durch ein Polyradikal initiierte Vinylpolymerisation.* 1. Mitt. Vff. setzen *Polymethylacrylat* (I) in sd. Bzl. mit 1—2 Mol PCl_5 um, wobei 22—38% der lateralen Ester- in Säurechloridgruppierungen umgewandelt werden. tert.-Butylhydrogenperoxyd überführt die Säurechloridgruppierungen in Ggw. von methanol. NaOH in tert.-Butylperestergruppen (4,9—6%), deren therm. Zers. Carboxylradikale liefert, die unter CO_2-Abspaltung Radikalstellen in der Kette von I hinterlassen. Erfolgt die therm. Zers. des perestergruppenhaltigen I in Ggw. von *Styrol* bei 70°, wird ein durch Polystyrolketten gepfropftes I erhalten. Dieses Polymere ist schwer in Bzl. löslich. 20std. Hydrolyse mit sd. wss. Alkali führt zu einem weder in Bzl. u. anderen organ. Lösungsmitteln noch in wss. Alkali lösl. Produkt. (Bull. Inst. chem. Res., Kyoto Univ. [Kagaku Kenkyusho Hokoku] **32.** 32—34. Jan. 1954. Oda Labor. [Orig.: engl.])
W. Ruske. 4010

K. Crauwels und **G. Smets,** *Copolymerisation von Methacrylsäurederivaten.* Die Einführung saurer oder bas. Gruppen verändert die Elektronendichte einer Doppelbindung. Dies zeigt sich bei Copolymerisationsverss., bei denen nach Alfrey u. Price (J. Polymer Sci. **2.** [1948.] 101) die Kettenwachstums-Rk. von der Reaktivität beider Komponenten u. der Polarität ihrer Doppelbindungen bestimmt wird. Vff. untersuchen die Copolymerisation von *Methacrylsäure* (**I**) u. *Methylmethacrylat* (**II**), *Methacrylamid* (**III**) u. **II** sowie **III** u. **I**, die jeweils in einer Konz. von Mol/Liter in W., A. oder Bzl. mit $K_2S_2O_8$ (W.) bzw. Benzoylperoxyd (A. oder Bzl.) als Initiator bei 65° umgesetzt werden. Der Geh. an I in den **I–II-** u. **I–III**-Copolymeren wurde konduktometr. sowie über die Löslichkeit in 0,1 n NaOH bestimmt. Aus den Ergebnissen werden die Reaktivitäten u. Polaritäten der Monomeren, bezogen auf Styrol, berechnet. Die Ergebnisse zeigen, daß die Amidgruppe in **III** einen weniger ausgeprägt elektrophilen Effekt ausübt als die Carbomethoxygruppe in **II**, weil NH_2 stärker bas. als OCH_3 ist. Die freie Carboxylgruppe in **I** erhöht die positive Polarisation der Doppelbindung, ihr saurer Charakter ist nur wenig geringer als der der Nitrilgruppe. Die Positivierung der Doppelbindung nimmt daher bei den Methacrylsäurederivv. in der Reihenfolge $CONH_2 < COOCH_3 < COOH < CN$ zu. (Bull. Soc. chim. belges **59.** 443—48. Aug./Sept. 1950. Leuven, Univ., Labor. voor Macromol. Scheikunde.)
W. Ruske. 4010

Robert E. Huffman, *Die „B-Stufen"-Reaktion von Harnstoff und Formaldehyd.* Überblick. Als „A-Stufen" wird bei der Kondensation von *Harnstoff* u. *Formaldehyd* die Bldg. von Mono- u. Dimethylharnstoff bezeichnet, als „B-Stufe" die Bldg. wasserlösl. linearer Kondensationsprodd. u. als „C-Stufe" die Vernetzung dieser Ketten. Vff. erwähnen als Möglichkeiten für den Mechanismus der B-Stufen die Polykondensation zwischen den alkoh. OH-Gruppen u. den Wasserstoffatomen der Amidgruppen, ferner die Vinylpolymerisation, die nach vorhergehender Bldg. von Methylolmethylenharnstoff u. Dimethylenharnstoff verläuft, u. den Reaktionstyp, der von Marvel u. Mitarbeitern (J. Amer. chem. Soc. **68.** [1946.] 1681—86) beschrieben wird (Bldg. von Methylen- u. Dimethylenimiden, die unter Bldg. von Sechsringen u. Ketten polymerisieren). Eine endgültige Lösung des Problems ist nach Ansicht der Vff. noch offen. (Off. Digest Federat. Paint Varnish Product. Clubs **1953.** 596—602. Sept. Texas A. u. M. Coll.)
J. Kleinwächter. 4010

A. Schallamach, *Oberflächenbeschaffenheit und elektrischer Widerstand bei Kautschukreibung.* Die frühere Vermutung (C. **1953.** 5588) konnte bestätigt werden, daß die oberste Schicht des Kautschuks bei gleitender Reibung beträchtliche Deformation erleidet, wobei die Eigg. dieser Schicht sich von denen des übrigen Materials unterscheiden. Bei Verwendung von elektr. leitfähigem Kautschuk wird der elektr. Widerstand sehr hoch. Wenn ein Gleichstrompotential zwischen Probe u. Gleitbahn während des Gleitens erzeugt wird, wird zwischen Probe u. Untergrund eine elektr. Anziehung hervorgerufen, die die Reibungskraft vergrößert. Die aus der Größe der elektrostat. Kraft ermittelte Dicke der obersten Schicht beträgt einige $^1/_{1000}$ cm. (Proc. physic. Soc., Sect. B **66.** 817—25. 1/10. 1953. Welwyn Garden City, Herts., Brit. Rubber Prod. Res. Assoc.)
R. Schäff. 4030

Kurt H. Meyer, A. J. A. van der Wyk und **Chen-Piao Feng,** *Über die Molekulargewichtsbestimmung von Polysacchariden.* 54. Mitt. *Untersuchungen über Stärke.* (53. vgl. Helv. chim. Acta. **36.** [1953.] 702; vgl. auch C. **1955.** 10544.) Vff. diskutieren die Eignung der Verff. zur Best. reduzierender Gruppen mit *3.5-Dinitrosalicylsäure* (I) nach Meyer, Noelting u. Bernfeld (C. **1948.** I. 1209) u. mit Hypojodit nach Willstätter-

Schudel zwecks Mol.-Gew.-Best. von Polysacchariden, wie *Stärke* u. *Amylopektin*, wenn je Mol. nur eine CHO-Gruppe anzunehmen ist. Es wird darauf hingewiesen, daß bestimmte, streng definierte Bedingungen eingehalten werden müssen, um reproduzierbare Werte zu erhalten. So muß mehrfach umkrist. I verwendet, das Untersuchungsmaterial von Begleitstoffen, wie SO_2, Fett, weitgehend befreit u. eine Mindesterhitzungszeit eingehalten werden. Abschließend wird darauf hingewiesen, daß die Best. des Mol-Gew. bzw. des Polymerisationsgrades nur die unteren Grenzwerte angibt u. dehalb von begrenztem Wert ist. Mit zunehmendem Polymerisationsgrad des Untersuchungsmaterials steigt der Fehler stark an. (Helv. chim. Acta **37.** 1619—27. 15/10. 1954.) F. Krusen. 4050

C. R. Masson und **D. A. I. Goring,** *Untersuchungen an Carraghenin: Der Einfluß der Schergeschwindigkeit auf die Viscosität.* Fortführung der C. **1955.** 1526 referierten Verss. von Masson u. Caines. Von den wss. Lsgg. eines *Carraghenin*-Präp. (I) des osmot. Mol-Gew. 2500000 wurde die Abhängigkeit von η_{sp}/c von der Konz. c von I, von dem Schergradienten β u. vom Elektrolytgeh. (Na-Phosphat ohne u. mit NaCl-Zusatz, je für p_H 7,0) bei 25° gemessen. Bei fallendem β steigt η_{sp}/c stark an, in salzfreiem W. stärker als in salzhaltigem. Eine Extrapolation von $[\eta]$ auf $\beta = 0$ ist wegen zu starker Krümmung der Kurven nicht möglich. η_{sp}/c geht in salzfreiem W. bei wachsendem c durch ein scharfes Maximum, dessen Lage unabhängig von β ist; bei Salzzusatz dagegen nimmt η_{sp}/c linear mit wachsendem c zu (nur ab $\beta = 60\ sec^{-1}$ tritt eine leichte Krümmung nach oben auf). Das Maximum in der η_{sp}/c, c-Kurve in salzfreiem W. ist durch die Ggw. von elektrolyt. Verunreinigungen bedingt. $[\eta]$ der NaCl-haltigen Phosphatlsg. ist kleiner als das der NaCl-freien. Die Hugginssche Wechselwirkungskonstante k' steigt mit fallendem β (z. B. von 0,117 für $\beta = 1000\ sec^{-1}$ auf 0,169 für $\beta = 200$) u. bei Erhöhung der Elektrolytkonz. an. Die Größen A u. D in $\eta_{sp}/c = A/(1 + B\sqrt{c}) + D$ (vgl. l. c.) nehmen bei fallendem β zu. Wird $1/\eta$ in Abhängigkeit von $\eta \cdot \beta$ aufgetragen, so werden für die salzfreien Lsgg. ähnliche Ergebnisse wie von Goldberg u. Fuoss (vgl. C. **1955.** 8172) für Poly-N-n-butyl-4-vinylpyridiniumsalz erhalten. Eine Extrapolation auf $\beta = 0$ ist auch hier nicht möglich, wohl aber für die NaCl–Phopshat-haltigen Lösungen. Die so für $\beta = 0$ gewonnenen η_{sp}/c-Werte steigen bei wachsendem c auf einer nach der c-Achse konvexen Kurve an. Über weitere am gleichen I ausgeführte Unterss. vgl. Goring u. Young (Canad. J. Chem. **33.** [1955.] 480). (Canad. J. Chem. **33.** 895—903. Mai 1955. Halifax, Nova Scotia, Nat. Res. Counc., Maritime Reg. Labor.) O. Fuchs. 4050

L. W. Komarowa und **A. G. Passynski,** *Über die Aggregation von Proteinmolekülen bei reversibler Denaturierung.* Durch osmot. Messungen wurde die Aggregation der Moll. von *Hämoglobin* (I) untersucht u. festgestellt, daß bei p_H 2,2 eine reversible Aggregation bis zum mittleren Teilchengewicht 100000 stattfindet. Unter der Annahme, daß die Aggregation vorwiegend zur Bldg. dimerer Formen führt, errechnet sich ein Aggregationsgrad von 0,47, eine Änderung der freien Aggregationsenergie ΔF_{12} (23°) von 5000 cal/Mol. Aus der von Schwert (vgl. C. **1949.** E. 255) nach den Verff. der Ultrazentrifugierung u. Diffusion untersuchten Aggregation von *α-Chymotrypsin* (II) errechnet sich für die dimere Aggregation bei p_H 3,86 ein ΔF_{12}-Wert von ca. 5200 cal/Mol. Für die dimere Aggregation von *Insulin* (III) erhielten Doty u. Myers (Discuss. Faraday Soc. **13.** [1953.] 56) einen ΔF_{12}-Wert von 4700—5000 cal/Mol. Trotz der ähnlichen ΔF_{12}-Werte von I, II u. III besteht ein wesentlicher Unterschied zwischen ihrer Assoziation, der theoret. gedeutet wird. (Український Біохімічний Журнал [Ukrain. biochem. J.] **27.** 330—34. 1955. Moskau, Bach-Inst. für Biochem. der Akad. der Wiss. der UdSSR; Jaroslawl, Med. Inst.) O. Lebtag. 4070

Julian M. Sturtevant, *Die Änderung des Wärmeinhaltes bei der Denaturierung.* Eine Zusammenstellung der bekannten Daten über die Abhängigkeit der Denaturierungswärme von *Pepsin* vom p_H-Wert bestätigt das früher (vgl. C. **1953.** 229) von Buzzel u. Vf. gefundene Maximum bei p_H 6,4 bei 35° (scharfes Maximum) bzw. bei 7,15 bei 15° (flacheres Maximum). Die Schärfe der Maxima läßt sich nicht durch ein gewöhnliches Ionisationsgleichgewicht erklären; dagegen ist eine Deutung analog der von Steinhardt u. Zaiser (vgl. C. **1956.** 2487, vgl. auch C. **1954.** 8144) für Ferrihämoglobin gegebenen möglich. (J. physic. Chem. **58.** 97—100. Febr. 1954. New Haven, Conn., Yale Univ., Sterling Chem. Labor.) O. Fuchs. 4070

H. Lindley und **J. S. Rollett,** *Eine Untersuchung der Insulinstruktur durch Modellbautechnik.* Entsprechend der von Sanger u. Tuppey (vgl. C. **1952.** 3986) u. Sanger u. Thompson (vgl. C. **1954.** 1499) angegebenen chem. Formulierung des *Insulin*-Mol. u. unter Zugrundelegung der α-Schraubenstruktur versuchten Vff. ein Modell des Mol. zu bauen. Das so erhaltene Modell stand zwar in keinem sichtlichen Widerspruch zu chem., physikal. oder kristallograph. Befunden, kann jedoch vorläufig nur als eine mögliche Versuchsstruktur angesehen werden. (Biochim. biophysica Acta [Amsterdam]

18. 183—93. Okt. 1955. Pasadena, Calif., Inst. of Technol., Gates and Crellin Labor. of Chem.) C. GOTTFRIED. 4070

Leon W. Cunningham, Robert L. Fischer und **Carl S. Vestling,** *Untersuchung über Bindung von Zink und Kobalt durch Insulin.* Der Umfang der Bindung von Zn u. Co durch amorphes Insulin (I) sehr niedrigen Zn-Geh. wurde mittels der Meth. der Gleichgewichtsdialyse untersucht u. die Wrkg. steigender Mengen gebundenen Metallions auf das elektrophoret. u. Sedimentationsverh. der Metall–I-Komplexe bestimmt. Die Best. der Metallkonzz. erfolgte unter Verwendung von ^{65}Zn u. ^{60}Co. Bei p_H 7,3 (Veronalpuffer) ist die von I gebundene Zn-Menge eine Funktion der Zn-Konzentration. Zunahme des gebundenen Zn bewirkt Erhöhung der Sedimentationskonstanten der resultierenden Zn–I-Komplexe. Elektrophoret. Unterss. wiesen auf die Ggw. von 2 Komponenten in amorphem I hin, deren relativer Anteil eine Funktion der Eiweißkonz. ist. Bei Bindung kleiner Zn-Mengen verschwindet die rascher wandernde Komponente vollständig. Die Zn–I-Wechselwrkg. ist, sehr niedrige Verhältnisse gebundenes Zn : I ausgenommen, reversibel. Co^{2+} wurde in wesentlich kleinerem Umfang an I gebunden als Zn. Die Bindung von Fe^{3+} durch I ähnelt der von Co^{2+}. Alle Befunde sind mit der Vorstellung vereinbar, daß mindestens 2 Typen von Zn–I-Bindungen existieren. Die bei relativ kleinen Zn-Mengen vorliegende erklärt den raschen Anstieg der Sedimentationskonstanten ($s_{20,w}$) von dem Wert des amorphen I auf ca. 3,5 S, den Verlust des α-Maximums bei der Elektrophorese, die Irreversibilität der Bindung unter den angewendeten Dialysebedingungen, Vorliegen der Bindung in Phosphatpuffer, wo starke Konkurrenz zwischen Phosphat u. I um Zn^{2+}-Ionen herrscht. Die 2. Bindung ist durch den linearen Anstieg von $s_{20,w}$ bei zunehmenden Mengen an gebundenem Zn, der Reversibilität bei Diylase u. der Nichtexistenz in Phosphatpuffer gekennzeichnet. Die Rk. von Co mit I führt zu einer der dem 1. Typ der Zn-Bindung entsprechenden, jedoch reversiblen Bindungsweise. Die Sedimentations- u. elektrophoret. Verss. zeigen, daß zwischen I-Submoll. sehr niedrigen Zn-Geh. Wechselwrkg. eintritt, u. zunehmende Proteinkonz. zu einer Partikelaggregation führt. (J. Amer. chem. Soc. **77.** 5703—07. 5/11. 1955. Urbana, Ill., Univ. of Illinois, Noyes Labor. of Chem., Div. of Biochem.) K. MAIER. 4070

D. M. Brown und **A. R. Todd,** *Nucleinsäuren.* Übersicht (bis Nov. 1954) über Nucleoside u. verwandte Verbb.: Ribonucleinsäuren (Mononucleotide, Ribonucleotidester, Internucleotidbindung, Nucleasen, Kettenverzweigung u. Nucleotidfolge) u. Desoxyribonucleinsäuren (Abbau u. Syntheseverss.). — 243 Literaturangaben. (Annu. Rev. Biochem. **24.** 311—38. 1955. Cambridge, Univ., Chem. Labor.) K. MAIER. 4090

Erwin Chargaff, *Desoxypentosenucleoproteine und ihre prosthetischen Gruppen.* Übersicht über die Klassifizierung der Desoxyribonucleinsäureproteine als *Nucleoprotamine, Nucleohistone* u. *Nucleoproteine* mit nichtbas. Protein, sodann deren Isolierung durch Salzextraktion, ihre Eigg. u. Spaltung, das Verh. von synthet. Nucleinsäure-Protein-Komplexen, u. die *Desoxyribonucleinsäure* (I). Die Regelmäßigkeiten in den Verhältnissen von Adenin zu Thymin, Guanin zu Cytosin (+ Methylcytosin), Purin zu Pyrimidin u. 6-Aminogruppen zu 6-Ketogruppen in der Zus. von I werden mit den Ergebnissen der WATSON-Theorie eines Modells von I verglichen. (Symposia Soc. exp. Biol. Nr. **9.** 32—48. 1955. Columbia Univ., Coll. of Phys. and Surg.) A. TREBST. 4090

P. Alexander und **S. F. Hitch,** *Ähnlichkeiten zwischen Thymonucleinsäure und einem Polyelektrolyten.* Durch elektrostat. Kräfte findet bei *Polymethacrylsäure* (I) eine vollkommene Dehnung des Mol. statt, wenn die Ionisation 50% überschreitet, während bei Werten darunter oder durch Erhöhung der Ionenstärke eine Knäuelung stattfindet. Die nicht-NEWTONsche Viscosität wird durch netzförmige Anordnung langer Ketten hervorgerufen, deren Bindung durch Harnstoffzusatz gelöst wird. Durch Scherkräfte wird die Viscosität von I erniedrigt. Da die gleichen Beobachtungen auch bei *Thymonucleinsäure* (II) gemacht werden können, läßt sich der Schluß ziehen, daß auch dieses Mol. biegsam u. seine Form durch die abstoßenden Kräfte der ionisierten Phosphatgruppen bestimmt wird. Wegen der umfangreichen Seitenketten sind die II-Elemente ziemlich starr, weswegen das Mol. auch noch im geknäuelten Zustand Asymmetrie u. daher Strömungsdoppelbrechung zeigt. (Biochim. biophysica Acta [Amsterdam] **8.** 224—25. Febr. 1952. London, Imp. Coll., Chem. Dep.) P. LOCH. 4090

E. Biologische Chemie. Physiologie. Medizin.

E_1. Allgemeine Biologie und Biochemie.

J. Bennett Clark, *Die mutagene Wirkung verschiedener Substanzen auf Micrococcus aureus.* 36 Substanzen wurden durch Testung an der Penicillin u./oder Streptomycinresistenz der Kulturen von *Micrococcus var. aureus* FDA 206 auf ihre mutagene Wrkg.

untersucht. Als wirksam erwiesen sich: *Ascorbinsäure, Katalase, Kristallviolett, Formaldehyd, Wasserstoffperoxyd, Oxyasparaginsäure, Menadion, Methylenblau, Nilblau, Na-Azid, Na-Bisulfit, Na-Nitrit* (saures p_H, dann neutralisiert), *Na-Sulfit* u. *Sulfanilsäure.* Nicht wirksam waren: Acenaphthen, Aceton, Benzoylperoxyd, Chlor, Colchicin, Cu-Sulfat, 1.2;5.6-Dibenzanthracen, Hydrochinon, Indolyl-(3)-essigsäure, Inosit, Jod, Mercurichlorid, Merthiolat, Methylcholanthren, K-Permanganat, Ag-Nitrat, Na-Formiat, Na-Hydrosulfit, Na-Nitrit (neutrales p_H), Na-Sulfid, Na-Thioglykolat u. tert.-Butylalkohol. — Da bisher nicht geklärt werden konnte, ob ein Stoff direkt mit dem Gen reagiert oder durch Eingriff in den Stoffwechsel wirkt, kann aus diesen oder ähnlich angelegten Verss. nicht auf die chem. Struktur des Gens geschlossen werden. (Proc. Oklahoma Acad. Sci. **34.** 114—18. 1953, ausg. Jan. 1955. Norman, Univ. of Oklahoma.) U. Baumann. 4130

Charles-Marie Gros, Pierre Cüer und **Roger Rechenmann,** *Über die Aufstellung einer Zellmarkierungsmethode radioaktiver Elemente; „histophotographische Markierung“.* Mit Hilfe einer histophotograph. Markierungsmeth., die eine genaue quantitative Erfassung von radioakt. Elementen (Beispiel Th u. ^{131}J u. ^{32}P) im Innern der Zelle ermöglichen, wird gegenüber sonstigen Autoradiographien jede Nekrose wegen der geringen benötigten Aktivität vermieden. Die allg. anwendbare Meth. wird im einzelnen beschrieben. (C. R. hebd. Séances Acad. Sci. **234.** 2236—38. 26/5. 1952.) D. Itzerott. 4150

A. Minganti, *Chemische Untersuchung der Gallerthülle von Amphibieneiern.* Die aus Eigallerte erhaltenen Monosaccharide sind bei Rana esculenta Galaktose (**I**) u. Fucose (**II**); bei Bufo vulgaris **I**, Glucose (**III**) u. **II**; bei Discoglossus pictus **III**, Mannose (**IV**) u. wahrscheinlich **II**; bei Axolotl **IV** u. **II**. Die Eigallerte von Bufo vulgaris enthält 37,8% Proteine, 40,4% Hexosamine, 10,4% **II**, 11,4% **I** + **IV**. (Exp. Cell Res., Suppl. **3.** 248—51. 1955. Palermo, Univ., Zoolog. Inst.) A. Dillmann. 4150

Alberto Monroy, *Optische Eigenschaften der aus der Gallerthüllsubstanz von Seeigeleiern erhaltenen Fibrillen.* Aus der Gallerthüllsubstanz der Eier von Arbacia lixula wurde durch Dialyse u. Gefriertrocknung oder durch A.-Fällung eine faserige Substanz erhalten, die positive Doppelbrechung bzgl. der Längsachse aufweist. (Exp. Cell Res., Suppl. **3.** 252—54. 1955. Palermo, Univ., Labor. für vergl. Anatomie.) A. Dillmann. 4150

M. M. Daly und **A. E. Mirsky,** *Histone mit hohem Lysingehalt.* Darst. (aus Thymuskernen) u. Eigg. von *Lysin* (**I**)-reichen *Histonen* (**II**) werden beschrieben. Sie kommen im Zellkern vor u. unterscheiden sich von den klass. *Arginin* (**III**)-reichen **II** durch ihre leichtere Abtrennbarkeit von *Desoxyribonucleinsäure,* ihre Löslichkeit im isoelektr. Bereich u. einen außerordentlich hohen **I**-Geh. bei niedrigem **III**-Gehalt. (J. gen. Physiol. **38.** 405—13. 20/1. 1955. Rockefeller Inst. of Med. Res.) R. Hähnel. 4150

Tore Hultin, *Der Einbau in vivo von markierten Aminosäurm in Subfraktionen von Lebercytoplasmafraktionen.* Cytoplasmateilchen, erhalten durch fraktioniertes Zentrifugieren von Hühner- oder Rattenleberhomogenaten, wurden durch verschied. Extraktionen u. Fällungen in Subfraktionen getrennt. Auch bei sehr kurz dauernden (1 Min.) Isotopenverss. enthielten alle Subfraktionen die vorher injizierten markierten Aminosäuren, aber in verschied. Menge. Der höchste Isotopengeh. fand sich immer in den Bicarbonatpufferextrakten (p_H 8,4) der Teilchen. Diese Subfraktionen enthielten auch den größten Teil der Ribonucleinsäuren der Partikel. (Exp. Cell Res., Suppl. Nr. 3. **1955.** 210—17. Stockholm, Univ., Wenner-Gren Inst. for Exp. Biol.) A. Dillmann. 4150

Philip Siekevitz und **Van R. Potter,** *Biochemische Struktur der Mitochondrien.* 1. Mitt. *Komponenten im Innern der Mitochondrien und oxydative Phosphorylierung.* Vff. arbeiten mit den säurelösl. Komponenten der Mitochondrien, deren maximale Absorption dem Purinring entsprechend bei 260 mμ liegt. — Im Extrakt werden chromatograph. folgende Bestandteile bestimmt: Adenosinmono-, -di- u. -triphosphat, Di- u. Triphosphorpyridinnucleotid, Inosinmono- u. -triphosphat, ein unbekanntes Nucleotid u. Mg^{2+}. — Die oxydative Phosphorylierung ist abhängig von Temp. u. Beschaffenheit des Mediums. Die durch Fluorierung oder Bebrütung in Rohrzuckerlsg. bei 30° behandelten Mitochondrien sind nicht mehr zur oxydativen Phosphorylierung befähigt. Hohe Mn^{2+}-Konz. u. anorgan. P verhindern ebenfalls oxydative Phosphorylierung u. bewirken außerdem Verlust an Adenosinnucleotiden. Pyrophosphat u. Arsenat bewirken Lsg. der Nucleotide aus den Mitochrondrien. Zusatz von Mg^{2+}, wenig Mn^{2+}, Hexokinase oder Glucose unterstützen die oxydative Phosphorylierung. Als Ort der Phosphorylierung werden die Bindungsstellen der Nucleotide in den Mitochondrien angenommen. (J. biol. Chemistry **215.** 221—35. Juli 1955. Madison, Wis., Univ. of Wisconsin, McArdle Mem. Labor.) R. Lenschau. 4150

A. Dalcq und **J. Pasteels,** *Photometrische Bestimmung des relativen Desoxyribonucleinsäuregehaltes der Kerne sich entwickelnder Eier von Ratte und Maus.* Mit Hilfe der

FEULGEN-Rk. wurde der relative Geh. an Desoxyribonucleinsäure (I) in den Kernen der Eizellen von Ratten u. Mäusen in verschied. Entwicklungsstadien (1—16 Blastomeren) photometr. gemessen u. auf den I-Geh. tetraploider Leberzellen des gleichen Tieres bezogen. Demnach erreichen die Pronuclei, ausgehend vom haploiden Niveau, zu einem bestimmten Zeitpunkt den diploiden Zustand, was zu einer insgesamt tetraploiden Metaphase führt. Die Tochterkerne sind dann diploid, werden aber gleich wieder tetraploid u. bleiben so bis zur nächsten Teilung. Die Synth. der I wird also im ersten Viertel der Interkinese vollzogen. (Exp. Cell Res., Suppl. Nr. 3. **1955.** 72—97. Brüssel, Univ., Méd. Fac., Labor. d'Embryologie.) A. DILLMANN. 4150

Norman I. Gold und **Somers H. Sturgis,** *Cytosin–Thymin-Verhältnisse bei Desoxypentosenucleinsäuren aus der Uterusschleimhaut.* Vff. gelang es, mit 75 mg feuchtem menschlichen Uterusschleimhautgewebe das Verhältnis *Cytosin* (**I**): *Thymin* (**II**) der *Desoxypentosenucleinsäuren* (**III**) zu bestimmen. Das Hydrolysat der **III** wurde durch Papierchromatographie getrennt u. die **I**- u. **II**-Flecken vom Papier eluiert u. spektrophotometr. bestimmt. Sie erhielten dabei **I** : **II** = 0,62, das gut mit den Werten für Thymusdrüse, Leber u. Sperma übereinstimmt. Dieses Verhältnis bleibt in den verschied. Cyclusphasen konstant. **I** : **II** verhält sich bei dem entsprechenden Gewebe des Hundes wie beim Menschen. (J. biol. Chemistry **196.** 143—50. Mai 1952. Boston, Mass., Peter Bent Brigham Hosp., Dep. of Surg.) H. SCHEURLEN. 4150

Thérèse Feyel-Cabanes, *Durch Chloramphenicol hervorgerufene Reizwirkungen verschiedener mesenchymatischer Gewebselemente.* Bei Muskelläsionen an jungen Kaninchen zeigte sich bereits am 4. Tag nach Zugabe von Chloramphenicol (**I**) in Dosen von 30 mg/kg u. pro die beschleunigte Phagocytose der Zellüberreste u. Neubldg. von Gefäßen. Mit *Cortison* (**II**) behandelte Tiere wiesen kaum Phagocytose, dagegen noch reichlich Zellüberreste auf. Bei gleichzeitiger **I**- u. **II**-Gabe ist reichliche Phagocytose aber Hemmung der Fibroblastenbldg. zu sehen. (C. R. hebd. Séances Acad. Sci. **234.** 2232—33. 26/5. 1952.) D. ITZEROTT. 4150

Nathan B. Friedman, James A. Sargent und **Eileen Drutz,** *Einige Wirkungen von Bestrahlung und Chemotherapie auf Zellteilung und Differenzierung.* Unters. der Vorgänge, die bei Bestrahlung oder Behandlung von Geweben mit chemotherapeut. Stoffen (Stickstofflost, Triäthylenmelamin, Aminopterin, Urethan, Colchicin) ablaufen, ergaben, daß dabei nicht nur die Zellteilung beeinflußt wird. In einigen Fällen wurde die Vervollständigung der Mitosis gehemmt bei Zellen, die vermehrungsfähig waren, bei manchen wurde der prämitot. Kernstoffwechsel beeinflußt u. bei einigen wurde eine Hemmung früher Phasen der Protoplasmasynth. beobachtet. Bei Strahlenbehandlung oder Behandlung von neoplast. Geweben mit selektiven Chemotherapeuticis ist mit einer Erhöhung der Tendenz zu Zelldifferenzierungen zu rechnen. (Cancer Res. **15.** 479—84. Aug. 1955. Los Angeles, Calif., Univ. of Southern California, Dep. of Pathol., u. Cedars of Lebanon Hosp., Div. of Laborr. and Dep. of Radiat. Therap.) H. GOEBEL. 4150

K. L. Moore und **M. L. Barr,** *Das Geschlechtschromatin in gutartigen Tumoren des Menschen und unter ähnlichen Bedingungen.* Die Beziehungen der X- u. Y-Chromosomen zum Geschlechtschromatin werden erörtert. Vff. glauben, mit einer geeigneten Technik Geschlechtsunterschiede an den Zellkernen erkennen zu können. Es soll sogar möglich sein, bei benignen Geschwülsten zu entscheiden, ob sie von männlichen oder weiblichen Individuen stammen. (Brit. J. Cancer **9.** 246—52. Juni 1955. London, Can., Univ. of West. Ontario, Dep. of Microscop. Anat.) D. NEUBERT. 4160

P. Emmelot und **L. Bosch,** *Der Stoffwechsel neoplastischer Gewebe: Synthese von Cholesterin und Fettsäuren aus Acetat durch transplantierte Mäusetumoren in vitro und in vivo.* Die Synth. von *Cholesterin* u. *Fettsäuren* mit hoher C-Atomzahl aus $^{14}C_{(1)}$-*Na-Acetat* wurde bei einer Reihe von transplantierten Mäuseovarialtumoren in vitro u. in vivo untersucht u. der Geh. an *Coenzym A* (in LIPMANN-E.) gemessen. Es konnte keine Beziehung zwischen letztem u. den biosynthet. Prozessen in den Tumoren festgestellt werden. (Brit. J. Cancer **9.** 327—38. Juni 1955. Amsterdam, Dep. of Biochem. and Dep. of Biol. and Endocrin., Antoni van Leeuwenhoekhuis, Netherlands Cancer Inst.) D. NEUBERT. 4160

P. Emmelot und **L. Bosch,** *Der Stoffwechsel neoplastischer Gewebe: Die Beziehung des Kohlenhydratverbrauchs zur Synthese von Cholesterin und von Fettsäuren in Tumorgewebeschnitten.* (Vgl. vorst. Ref.) Vff. untersuchten den Einfl. von *Glucose* (**I**) u. *Fructose* (**II**) auf den Einbau von radioakt. ^{14}C aus $^{14}C_{(1)}$-*Na-Acetat* in CO_2, *Proteine, Cholesterin* (**III**) u. *Fettsäuren* (**IV**) in vitro an überlebenden Mäusetumorgewebeschnitten. Während die Synth. von ^{14}C-haltigem **III** u. **IV** durch **I** u. auch **II** gefördert wurde, veränderte sich die Menge des gebildeten $^{14}CO_2$ nicht. Die Förderung der **III**- u. **IV**-Synth. scheint daher mit der anaeroben Glykolyse des Tumorgewebes zusammenhängen u. nicht mit der oxydativen Atmung. (Brit. J. Cancer **9**. 339—43. Juni 1955.) D. NEUBERT. 4160

P. Emmelot und **L. Bosch**, *Der Stoffwechsel neoplastischer Gewebe: Das Verhältnis von Acetat- und Pyruvatverwertung von überlebenden Mäusetumorgewebeschnitten.* (Vgl. vorst. Reff.) Der Einbau von radioakt. ^{14}C aus äquimol. Mengen von $^{14}C_{(1)}$-*Na-Acetat* u. $^{14}C_{(2)}$-*Na-Pyruvat* in CO_2, *Proteine, Fettsäuren* u. *Cholesterin* wurde an Gewebeschnitten von verschiedenartigen Mäusetumoren gemessen. Es ergaben sich deutliche Unterschiede zwischen den einzelnen Tumortypen. (Brit. J. Cancer **9**. 344—48. Juni 1955.) D. NEUBERT. 4160

H. G. Crabtree, *Verzögerung einer mit Azoverbindungen ausgelösten Carcinombildung durch nichtcarcinogene Azoverbindungen.* 7 Azo-Verbb., die im Organismus in *p-Aminobenzoesäure* übergehen können (*4.4-Azotoluol, 4-Oxyazobenzol-4'-carbonsäure, 4-Oxy-4'-methylazobenzol, 2-Amino-4'.5-azotoluol, 4-Dimethylaminoazobenzol-4'-carbonsäure, 4-Dimethylaminoazobenzol-3'-carbonsäure, 4-Dimethylaminoazobenzol-2'-carbonsäure*) üben eine starke wachstumsfördernde Wrkg. auf junge Ratten aus. Sie besitzen keine cancerogenen Eigg. u. sind in der Lage, die Tumorbldg. durch *4-Dimethylaminoazobenzol* (*Buttergelb*; I) oder *o-Aminoazotoluol* zu verzögern u. einen durch I verursachten Gewichtsverlust zu kompensieren. (Brit. J. Cancer **9**. 310—19. Juni 1955. London, Labor. of the Imp. Cancer Res. Fund.) D. NEUBERT. 4160

J. G. Chalmers, *Die Bindung von 3.4-Benzpyren und seinen fluorescierenden Abbauprodukten an Serumproteine.* Vf. konnte papierelektrophoret. nachweisen, daß *Benzpyren* (I) in vitro an die *Lipoprotein*-Fraktion des Serums gebunden wird. In vivo ist unverändertes I in der *Globulin*-, umgewandeltes I in der *Albumin*-Fraktion zu finden. Auch andere KW-stoffe wie *Fluoranthren, Methylcholanthren, Pyren, Cholanthren, 3.4-Benzphenanthren* u. *2'.6-Dimethyl-1.2-benzanthracen* wurden an β-Lipoproteine gekoppelt. (Brit. J. Cancer **9**. 320—26. Juni 1955. Glasgow, Cancer Res. Dep., Roy. Beaston Mem. Hosp.) D. NEUBERT. 4160

G. R. Clemo und **E. W. Miller**, *Die carcinogene Wirkung von Großstadtrauch.* (Vgl. C. **1956**. 749.) Isolierung von 3 chem. Fraktionen A, B, C aus Rauch. Durch Pinseln der Mäusehaut mit B u. C entwickelten sich bei 12 von 39 Tieren durchschnittlich nach 9 Monaten Tumoren. Durch A wurden lediglich Knoten in der Lunge erzielt. Die zum Vgl. mituntersuchten, aus Dieselmotorauspuffgasen gewonnenen Fraktionen waren unter denselben Versuchsbedingungen ohne carcinogene Wirkung. Aus den Unterss. wird geschlossen, daß Großstadtrauch eine bemerkenswerte carcinogene Wrkg. besitzt. (Chem. and Ind. **1955**. 38. 8/1. Newcastle-on-Tyne, Royal Victoria Infirmary, J. H. Burn Res. Labor.) H. ZELLER. 4160

I. Mackenzie, *Die Erzeugung von Mammacarcinomen bei Ratten mit Östrogenen.* Vf. behandelte 140 weibliche Ratten mit *Östradiol* (I), I-*Dipropionat* u. *Stilböstrol* (II) (2 Implantate von je 5—6 mg im Abstand von 1—3 Monaten) u. beobachtete bei 21 der Tiere das Auftreten maligner Tumoren. I war in diesen Verss. wirksamer als II. (Brit. J. Cancer **9**. 284—99. Juni 1955. Great Clifton, Cumberland, Clifton Hall.) D. NEUBERT. 4160

H. Barton, U. Heine, A. Graffi und **F. Jung**, *Versuche zur Beeinflussung der Cancerogenese durch 1-Isopropyl-5-methylazulen.* Vff. untersuchten den Einfl. von *1-Isopropyl-5-methylazulen* (*A 18*; I) auf die Wirkungskomponenten des cancerogenen *9.10-Dimethyl-1.2-benzanthracen* (II) an Mäusen. Dazu wurden 3 Tropfen 0,2% II in Aceton auf die Rückenhaut aufgetropft, I in gleicher Weise als 0,04 oder 0,2% ig. Lsg. in Aceton an derselben Hautstelle appliziert bzw. in einer Konz. von 0,04 oder 0,4 mg/0,5 ml einer 10% ig. Serum–NaCl-Emulsion unter der Tropfstelle injiziert. I zeigte keinen Einfl. auf die histolog. Veränderungen, verringerte bei den Tieren, denen es in höherer Konz. injiziert worden war, jedoch die Zahl der nach einem längeren Intervall durch *Crotonöl* (5% in Paraffinöl) provozierbaren gutartigen Geschwülste. Wurden jeden 2. Tag 3 Tropfen einer 0,004% ig. II in 0,04% I-Acetonlsg. insgesamt 50 mal appliziert, so wurde die Entstehung gut- u. bösartiger Tumoren nicht gehemmt. (Naunyn-Schmiedebergs Arch. exp. Pathol. Pharmakol. **223**. 443—49. 1954. Berlin, Dtsch. Akad. der Wiss., Inst. für Med. u. Biol., u. Charité, II. Med. Klinik.) H. HELGE. 4160

J. A. V. Butler, Ed. Progress in biophysics and biophysical chemistry. Vol. 6. London: Pergamon Pr. 1956. (VIII + 274 S. m. Abb., Diagr.) 63 s.

E₂. Enzymologie. Gärung.

Daniel Ludwig, Mary C. Barsa und **Carmen T. Cali**, *Die Wirkung von DDT auf die Aktivität der Cytochromoxydase.* Mit dem spektrophotometr. Verf. nach COOPERSTEIN u. LAZAROW (C. **1952**. 383) untersuchten Vff. die Beeinflussung der *Cytochromoxydase* (I)-Aktivität von Homogenaten von Mehlwürmern (Tenebrio molitor) u. von Beinmuskeln von Kellerasseln (Periplaneta americana). In Ggw. von 10^{-4} Mol *DDT* wurden bei Mehlwürmern unmittelbar keine, nach 2 Std. jedoch eine 28%ig. Hemmung festgestellt. Bei 10^{-3} Mol DDT betrug die Hemmung der I-Aktivität unmittelbar 26%, nach 1 Std. 43% u. nach 2 Std. 65%, bei Asselmuskeln waren die entsprechenden Zahlen 30, 50 u. 72%. In Ggw. von 10^{-3} Mol *DDT* wurde auch der O_2-Verbrauch der Mehlwurmhomogenate red., das Ausmaß der Verminderung war jedoch abhängig von der Homogenatmenge. Sie nahm mit steigender Menge ab u. war bei 10% nicht mehr nachweisbar, was mit der steigenden Menge an I erklärt wird. (Ann. entomol. Soc. America **48.** 165—70. Mai 1955. Fordham Univ., Dep. of Biol.) F. KRUSEN. 4210

Britton Chance, *Peroxydase–Häm-Bindungen.* Die von THEORELL u. PAUL (vgl. C. **1945.** I. 48) während des Ansäuerns von *Meerrettichperoxydase* (I) bei p_H 5,0 u. 4,0 gefundenen spektrograph. Veränderungen ließen sich auf die beiden ersten Schritte bei der Aufspaltung von I zurückführen u. mit den Verbb. A u. B von MAEHLY (vgl. C. **1952.** 7988) identifizieren. Die für die Existenz einer Bindung einer OH-Gruppe an das Häm in der I angeführte Beweis wird widerlegt. (Arch. Biochem. Biophysics **40.** 153—64. Sept. 1952. Philadelphia, Pa., Univ. of Pennsylvania, Johnson Res. Found.) H. G. SCHWEIGER. 4210

Harald F. Deutsch und **Tryggve Gustafson,** *Die Veränderungen der Katalase- und Cytochromoxydaseaktivität bei Seeigeleiern während der Entwicklung.* Im Lysat von bebrüteten (bei 21—23°) Seeigeleiern ließ sich 8 Std. nach der Befruchtung eine starke Abnahme der *Katalase* (I)-Aktivität feststellen. Es wurde ein thermostabiler I-Inhibitor nachgewiesen. Beim Stehen (30 Min.) des Lysats verschwand der Inhibitor. Die *Cytochromoxydase*-Aktivität stieg nach der Befruchtung zunächst an, um nach 4—6 Std. ebenfalls abzufallen. (Ark. Kemi **4.** Nr. 11. 221—31. 1952. Stockholm, Wenner-Gren's Inst. of Exp. Biol, and. Fiskebäckskil, Kristineberg's Zool. Stat.) H. G. SCHWEIGER. 4210

Enzo Boeri und **Roger K. Bonnichsen,** *Oxydation von Thiolgruppen durch Katalase. Katalase* (I) aus Meerschweinchenleber u. Pferdeblut oxydierte *Cystein* (II) bei Anwesenheit von O_2, während *Cytochrom* u. H_2O_2 fehlten. Die Abnahme der Thiolgruppen wurde nach der von KOLTHOFF u. STRICKS angegebenen Meth. (vgl. J. Amer. chem. Soc. **72.** [1950.] 1953) verfolgt. Die Oxydationsrate verhält sich umgekehrt wie der Quotient **II/I.** (Acta chem. scand. **6.** 968—69. 1952. Stockholm, Med. Nobel Inst., Biochem. Dep.) H. G. SCHWEIGER. 4210

Hans von Euler und **Armin Glaser,** *Enzymchemische Studien an Blättern von Espen und an Keimblättern von Gerste.* 1. Mitt. An aus röntgenbestrahlten u. nichtbestrahlten Pollen diploider u. triploider Espen entwickeltem Material wurde die Aktivität von *Katalase* (I), *Peroxydase, saurer Phosphatase, Isocitricodehydrase* u. *Aconitase* untersucht u. an den Keimblättern von chem. vorbehandeltem Gerstensamen die I-Aktivität u. der Entwicklungsgrad verglichen. (Ark. Kemi **3.** Nr. 49. 447—59. 1952. Stockholm, Univ., Vitamin-Inst. u. Inst. für organ.-chem. Forsch.) H.-G. SCHWEIGER. 4210

Hirohisa Omura, *Über Wasserstoffdonatoren der Seidenraupennitratreduktase.* Die aktivitätsmindernde Wrkg. von 1—2maliger Extraktion der wirksamen Gewebssuspension bzw. des Trockenpräp. scheint auf Entfernung einer *Dehydrogenase* zu beruhen, die H für die Red. liefert. Durch 2malige Extraktion geschwächte Gewebssuspensionen erlangen wirklich eine gewisse Reaktivierung durch Zusatz eines H-Donators, am meisten mit *Äpfelsäure,* dann auch mit Milchsäure, Weinsäure, Maleinsäure, Fumarsäure, Bernsteinsäure, Citronensäure u. 5 Zuckerarten. Auch Glutamin- u. Asparagindehydrogenase sind an der Nitratred. zu Nitrit bei der Seidenraupe beteiligt. (Sci. Bull. Fac. Agric., Kyushu Univ. **14.** 415—21. März 1954. [Orig.: japan., Auszug: engl.]) L. SCHULER. 4210

Hirohisa Omura, *Die Nitratreduktase der Ochsenleber und der Maus.* Gewebssuspensionen von Leber, Nieren, Herz, Milz u. Muskeln der Maus sowie von Ochsenleber (I) zeigten Nitratreduktasewirkung. Wie im Falle der Seidenraupe verminderte Wasserextraktion die Aktivität des festen Suspensionsanteils auf 40—60%, bzw. 35% bei 2maliger Extraktion, bei I jedoch gingen 90% der enzymat. Wrkg. in den Auszug. Optimales p_H in beiden Fällen 6,0—6,2. Reaktivierung geschwächter Suspensionen mit Zuckerarten ungefähr wie bei der Maus. Am wirksamsten reaktivierten die H-Donatoren *Acetaldehyd* (II) (8fach) u. A. (4,3fach), ferner Bernsteinsäure, Citronensäure, Milchsäure usw. sowie Glycin, Alanin u. Asparagin, u. α-Ketoglutarsäure (III). Die Oxime von **II** u. **III** wirken hemmend, da sie anscheinend H abfangen; dies spricht für die Identität von *Oxymase* u. Nitratreduktase. — 10 Tabellen. (Sci. Bull. Fac. Agric., Kyushu Univ. **14.** 423—34. März 1954. [Orig.: japan., Auszug: engl.]) L. SCHULER. 4210

Max A. Eisenberg, *Das acetataktivierende Enzym von Rhodospirillum rubrum.* Aus *Rhodospirillum rubrum* wurde ein Enzym (I)-Präp. erhalten, das die Bldg. von *Acetyl-*

coenzym A (**II**) aus Adenosintriphosphat, Acetat u. Coenzym A katalysiert u., in Abwesenheit hoher Salzkonzz., beständiger als das aus Hefe oder Herzmuskel ist. Die Reinigung erfolgte durch Fällen des rohen Zellextraktes mit $(NH_4)_2SO_4$ (Endkonz. 30%, dann 70% Sättigung) bei 0—2°, Dialyse der Phosphatpufferlsg. (p_H 7,4) des 2. Nd. gegen Puffer, Fällung von Verunreinigung mit Protaminsulfat, Fällen des Überstandes mit $(NH_4)_2SO_4$ (Endkonz. 50%, dann 70—90% Sättigung), Dialyse der 2. Fällung wie vorst., Behandlung mit $Ca_3(PO_4)_2$-Gel. Der Überstand enthielt die Enzymaktivität (Ausbeute 20%), die frei von Adenosintriphosphatase, **II**-*Deacylase* u. Pyrophosphatase war, jedoch noch Myokinase enthielt. **I** wirkt nur bei *Acetat* u. *Propionat*, während *Butyrat*, *Capronat* u. *Octanoat* nur durch das rohe **I**-Präp. aktiviert wurden. *Adenosinmonophosphat* u. *Pyrophosphat* sind Endprodd. u. Hemmstoffe der acetataktivierenden Reaktion. Die Eigg. des **I**-Syst. ähneln denen der entsprechenden Hefe-, Herzmuskel- u. Pflanzenenzyme. (Biochim. biophysica Acta [Amsterdam] **16.** 58—65. Jan. 1955. New York, N. Y., Columbia Univ., Coll. of Phys. and Surg., Dep. of Neurol.) K. MAIER. 4210

H. Kacser, *Spezifität und Kinetik der Aconitase.* (Vgl. FRIEDRICH-FRESKA u. MARTIUS, C. **1952.** 3668.) Unter der Annahme, daß für die Bindung *Aconitase* (**I**)-*cis-Aconitat* (**II**) nur eine Adsorptionsstelle nötig ist, u. daß die Reaktionsgeschwindigkeiten für **II** → Citrat (a) u. **II** → Isocitrat (b) gleich sind, werden die Gleichungen für die Kinetik der **I** abgeleitet u. der Schluß gezogen, daß die für die Rkk. a u. b notwendigen Wasseranlagerungen direkt aus der wss. Phase u. nicht über den Umweg einer prim. Adsorption von W. an **I** geschehen. Für die Reaktionsfolge im Tricarbonsäurecyclus unter physiol. Bedingungen wird folgendes Schema angegeben: → Citrat → **II** → D-Isocitrat →. (Biochim. biophysica Acta [Amsterdam] **9.** 406—15. Okt. 1952. Belfast, Northern Ireland, Queen's Univ.) H.-G. SCHWEIGER. 4210

R. A. Peters und **T. H. Wilson**, *Eine weitere Untersuchung über die Hemmung von Aconitase durch eine aus mit Fluoracetat vergiftetem Gewebe isolierte „Inhibitorfraktion".* (Vgl. C. **1952.** 7508.) Unter Verzicht auf maximale Aktivität zugunsten der Reproduzierbarkeit wurde die *Aconitase* (**I**) nach der Verdünnung des nach Vff. früher hergestellten Präp. 20 Min. lang stehengelassen, um den anfänglichen schnellen Aktivitätsverlust abzuwarten. Die Rkk. Isocitrat → cis-Aconitat u. Citrat → cis-Aconitat werden ebenso wie die andern Rkk. der **I** durch die „Inhibitorfraktion" (IH) gehemmt. Der kompetitive Charakter der Inhibition ließ sich aus den Rk.-Zeit-Kurven für mit IH vorincubierte **I** nach Substratzusatz bzw. aus den nach der graph. Meth. von LINEWEAVER u. BURK gewonnenen Kurven ablesen. (Biochim. biophysica Acta [Amsterdam] **9.** 310—15. Sept. 1952. Oxford, Univ., Dep. of Biochem.) H.-G. SCHWEIGER. 4210

C. H. Monfoort, *Das Verschwinden der Brenztraubensäure- und α-Ketoglutarsäuredecarboxylase aus dem Muskelgewebe der Taube bei thiaminarmer Kost.* Vf. stellt aus dem Brust- u. Herzmuskel von Tauben, die mit kohlenhydratreicher u. *Thiamin* (**I**)-haltiger (a), **I**-freier, 2 g *Casein*, 18 g *Saccharose* u. 0,2 Mineralsalze enthaltender (b) u. **I**-freier, aber fettreicher (8 g Erdnußöl) Kost (c) ernährt worden sind, Homogenate her u. incubiert sie unter anaeroben Bedingungen mit 2,5 mg *Brenztraubensäure* (Na-Salz) (**II**) bzw. 3,9 mg *α-Ketoglutarsäure* (Na-Salz) (**III**) (3 Std., 37,5°). Nach Zusatz von 10%ig. Metaphosphorsäure werden die Endprodd. des **II**- u. **III**-Stoffwechsels, *Acetoin* (**IV**) u. *Bernsteinsäurehalbaldehyd* (**V**), im Substrat bestimmt. Als Maß für die Wirksamkeiten der **II**- u. **III**-*Decarboxylasen* (**IIa** u. **IIIa**) wird die Geschwindigkeit der Bldg. von **IV** u. **V** aus **II** u. **III** angesehen. Es wird gefunden, daß bei **I**-Mangel **IIa** u. **IIIa** abnehmen, u. zwar **IIIa** langsamer als **IIa**. Ferner bestehen Unterschiede zwischen beiden Muskelarten. Auch die Ernährung besitzt einen Einfl. auf **IIa** u. **IIIa**. Im Brustmuskel ist die Aktivität von **IIa** nach Kost **b** viel höher als nach **c**, während im Herzmuskel keine derartigen Verschiedenheiten zu bestehen scheinen. Ebenso ist die **IIIa**-Wirksamkeit im Brustmuskel nach **b** größer als nach **c**, im Herzmuskel ist es dagegen meist umgekehrt. Der gegen Versuchsende feststellbare prozentuale Abfall von **IIa** ist stets erheblich größer als der von **IIIa**, doch gehen die Aktivitäten von **IIa** u. **IIIa** nie ganz verloren. Die Apoenzyme der Muskeln bleiben bei **I**-Mangel im allg. meistens erhalten oder nehmen nur in den letzten Versuchsstadien ab. (Biochim. biophysica Acta [Amsterdam] **16.** 219—28. Febr. 1955. Utrecht, Univ., Labor. for Physiol. Chem.) P. FAHRNLAENDER. 4210

A. O. M. Stoppani, A. S. Actis, J. O. Deferrari und **E. L. Gonzalez**, *Die wichtige Rolle der Thiolgruppen in der Carboxylase.* Die Aktivität der Hefe-*Carboxylase* (**I**) scheint von Thiolgruppen abzuhängen, die in engem Zusammenhang mit der Bldg. des **I**–Pyruvat-Komplexes stehen u. gegen Schwermetalle u. ihre Verbb. (z. B. Hg, Ag, p-Chlormercuribenzoat) äußerst, gegen 3wertige Arsenverbb., alkylierende oder oxydierende Verbb. (Methylarsenoxyd, 3-Amino-4-oxyphenylarsenoxydhydrochlorid, Jodacetat, Äthyljodacetat, Brombenzylcyanid, Chloracetophenon, Alloxan u. o-Jodosobenzoat) weniger empfindlich sind. (Nature [London] **170.** 842—43. 15/11. 1952. Buenos Aires, Univ., School of Med., Dep. of Biochem.) H. G. SCHWEIGER. 4210

Lester J. Reed und **Betty G. DeBusk,** *Liposäureconjugase.* (Vgl. C. **1953.** 2618.) Zellfreie Extrakte aus Escherichia coli enthalten eine *Liposäureconjugase* (**I**), welche *Lipothiaminpyrophosphat* (**II**) aus Thiaminpyrophosphat (**III**) u. gebundenem Liposäureamid (**IV**) bildet. **II, III** u. **IV** sind für die oxydative Decarboxylierung von Brenztraubensäure u. α-Ketoglutarsäure durch zellfreie Extrakte aus einer Mutanten von E. coli erforderlich. Der Verlust von **I** bedeutet offenbar den krit. Wechsel, der bei der Mutation des Elternstammes eintritt. (J. Amer. chem. Soc. **74.** 4727—28. 20/9. 1952. Austin, Tex., Univ. of Texas and Clayton Found. for Res.) A. HESSE. 4210

Roger G. Young und **F. J. Reithel,** *Reinigung der Kalbsdarmlactase. Lactase* wurde aus der bei Zimmertemp. 2 Tage lang der Autolyse unterworfenen Mucosa von Kalbsdarm herausgewaschen, filtriert u. mit der $(NH_4)_2SO_4$-Fraktion zwischen 0,45 u. 0,68 Sättigung ausgefällt, in wss. Lactoselsg. (0,5%) gelöst, zunächst gegen 0,10 mol. Phthalatpuffer bei p_H 5,0, dann gegen W. dialysiert. Nach Entfernung des präcipitierten inakt. Proteins ließ sich ein in der Kälte stabiles Trockenmaterial gewinnen. Durch A.-Fraktionierung des in Na-Acetat gelösten Trockenmaterials (p_H 5,0, 1,0mol.) konnte die Reinigung beachtlich gesteigert werden. Die Aktivitätssteigerung betrug für die gesamte Reinigung das 100fache. Das p_H-Optimum lag zwischen p_H 5,5 u. 6,0, der p_H-Wert für die maximale Stabilität bei p_H 5,0. *Glucose* hemmte das Ferment, aber nicht Galaktose. (Biochim. biophysica Acta [Amsterdam] **9.** 283—86. Sept. 1952. Eugene, Ore., Univ. of Oregon, Dep. of Chem.) H. G. SCHWEIGER. 4210

L. Rathbone, *Oxydativer Stoffwechsel bei Ascaris lumbricoides, isoliert aus dem Schwein.* (Vgl. auch C. **1955.** 11415; **1956.** 752.) In dem Muskel von A. lumbricoides wurde ein *Succinoxydasesyst.* nachgewiesen, dessen Geschwindigkeit der O_2-Aufnahme in reinem O_2 ca. 3mal so groß war wie in Luftatmosphäre. Zusatz von *Methylenblau* (**I**) bewirkte eine merkliche Beschleunigung der O_2-Aufnahme in reinem O_2, desgleichen Zusatz von **I** + *Äthylendiamintetracetat* + *DPN.* Salze der *α-Oxoglutarsäure, Fumar-, l-Äpfelsäure* u. *Bernsteinsäure* unterstützten die O_2-Aufnahme, bes. in Ggw. von **I**, während Salze der *Citronensäure, cis-Aconitsäure, Oxalessigsäure* u. *Brenztraubensäure* keine Wrkg. zeigten. Die Ggw. von *Cytochromoxydase* konnte nicht mit Sicherheit nachgewiesen werden. — 30 Literaturzitate. (Biochem. J. **61.** 574—78. Dez. 1955. London, Univ. Coll., Dep. of Biochem.) B. GÖRLICH. 4210

H. G. Hers, *Die Umwandlung von* $^{14}C_{(1)}$*-Fructose und* $^{14}C_{(1)}$*-Sorbit in Leber- und Muskelglykogen bei der Ratte.* Vf. gibt männlichen Ratten nach einer Hungerperiode von 24 Std. 1,5 ml 50%ig. *Glucose* (**I**)-Lsg. (oral) u. 20 Min. später $^{14}C_{(1)}$*-Fructose* (**II**), $^{14}C_{(1)}$-**I** u. $^{14}C_{(1)}$*-Sorbit* (**III**; 5%ig. Lsgg.) u. bestimmt die Verteilung der Radioaktivität im *Glykogen* (**IV**) der Leber u. des Muskelgewebes. Ferner werden Verss. mit isolierten Rattendiaphragmen unter aeroben Bedingungen (95% O_2, 5% CO_2) durchgeführt, die in KREBS-HENSELEIT-Bicarbonatpufferlsg. mit 200 mg **II** bei Abwesenheit oder in Ggw. von 1 E. *Insulin* (2 Std., 37°) incubiert werden. Es wird festgestellt, daß das aus **II** u. **III** gebildete Leber-**IV** ca. 55—60% der Radioaktivität in $C_{(1)}$ u. 30% in $C_{(6)}$ enthält. Eine ähnliche Verteilung findet sich im Muskel-**IV** vor. Bei Kontrollverss. mit $^{14}C_{(1)}$-**I** werden über 90% ^{14}C in $C_{(1)}$ des **IV**-Mol. gefunden. Aus diesem Ergebnis geht hervor, daß *Fructose* (**IIa**) in vitro nach dem von HERS u. KUSAKA (C. **1954.** 10737; Spaltung von **IIa**-*1-Phosphat* in 2 $C_{(3)}$-Bruchstücke) aufgezeigten Schema in **IV** umgewandelt u. Sorbit im n. Organismus zunächst zu **IIa** oxydiert wird. Die Bldg. von **IV** im Rattendiaphragma scheint bei Abwesenheit von **I** durch Einw. einer nichtspezif. Hexokinase verursacht zu werden. Bei Ggw. von **I** setzt im n. Tier die Wrkg. einer spezif. Fructokinase ein, wodurch nach vorangegangener Umwandlung von **IIa** in **I** in der Leber die Hauptmenge an **IV**, das aus **IIa** entsteht, im Muskel gebildet wird. (J. biol. Chemistry **214.** 373—81. Mai 1955. Berkeley, Calif., Univ., Coll. of Agric., Dep. of Plant Biochem.) P. FAHRNLAENDER. 4210

David S. Hogness, Melvin Cohn und **Jacques Monod,** *Untersuchungen über die induzierte β-Galaktosidasesynthese in Escherichia coli: Kinetik und Mechanismus des Schwefeleinbaues.* Die Unters. des Einbaues von ^{35}S (Sulfat) in das *β-Galaktosidase* (**I**)-Mol. während der durch *Methyl-β-D-thiogalaktosid* induzierten **I**-Synth. bei *E. coli* (Mutante *ML 32400*) ergab völlige Neusynth. des Enzyms ohne merkliche Beteiligung von Bausteinen aus anderen Zellproteinen u. keine meßbare Erneuerung des **I**-*S* in wachsenden Zellen, unabhängig davon, ob **I**-Bldg. erfolgt oder nicht. Die induzierte **I**-Synth. ist anscheinend ein prakt. irreversibler Prozeß. Die übrigen Zellproteine von *E. coli* sind ebenfalls extrem stabil u. werden während des Wachstums weder merklich abgebaut noch resynthetisiert, d. h., die Eiweißmoll. wachsender *E. coli*-Zellen befinden sich in einem *stat.* Zustand. Synth. u. Erhaltung der Proteine in wachsenden Zellen sind daher, entgegen der allg. Annahme, anscheinend nicht zwangsläufig an einen *dynam.* Zustand der Zellproteine gebunden. (Biochim. biophysica Acta [Amsterdam] **16.** 99—116. Jan. 1955. Paris, Inst. Pasteur, Serv. de Physiol. microbienne.) K. MAIER. 4210

Rolf M. Hochster, *Umwandlung von D-Xylose in D-Xylulosephosphat durch Extrakte von Pseudomonas hydrophila.* Vf. incubiert ein von *Nucleoprotein* u. *Nucleinsäuren* befreites Enzympräp. aus Pseudomonas hydrophila (1,8 ml) unter anaeroben Bedingungen (N_2-CO_2) in einem Substrat, bestehend aus 0,02 mol. $NaHCO_3$, 0,01 mol. $MgCl_2$ u. 0,026 mol. *Adenosintriphosphorsäure,* mit 0,018 mol. *D-Xylose* (**I**; Temp. 27°). Nach 90 Min. wird die Rk. durch Zusatz von Eisessig abgestoppt u. nach Entionisierung werden aus dem Reaktionsgemisch die Ba-Salze der Zuckerphosphate isoliert. Da sie sich auf papierchromatograph. Wege nicht voneinander trennen lassen, werden sie durch 1 std. Einw. eines Säurephosphatasepräp. (0,05 mol. Acetatpuffer, p_H 5,2, Temp. 30°) entphosphoryliert u. die nun gebildeten freien Zucker chromatograph. bestimmt. Als Hauptbestandteil wird *D-Xylulose* (**II**) gefunden (identifiziert als **II**-*p-Bromphenylhydrazon,* F. 128,5—129,5°), daneben sind Spuren von *D-Ribose* nachweisbar, die durch Br_2-Oxydation in *Ribonsäure* übergeht. Dieses Ergebnis beweist die Ggw. von **II**-*Phosphat* (**IIa**) in den Phosphorylierungsprodukten. Ihre Säureresistenz läßt die Annahme der 5-Stellung des PO_4-Restes in **IIa** zu. (Biochim. biophysica Acta [Amsterdam] **16.** 292—93. Febr. 1955. Ottawa, Ontario, Can., Nat. Res. Counc., Div. of Appl. Biol.) P. FAHRNLAENDER. 4210

L. Leon Campbell jr., *Reinigung und Eigenschaften einer α-Amylase aus fakultativ thermophilen Bakterien.* (Vgl. C. **1955.** 3402.) Aus 72 Std.-Kulturen von *Bacillus coagulans,* Stamm *43 P,* u. *B. stearothermophilus,* Stamm *1518* (Tryptose–Basamin–Stärke–Mineralsalz-Nährlsg.; 35 u. 55°) wurde eine *α-Amylase* (**I**) in gereinigtem Zustand (450—600 Anreicherung) isoliert. Die Reinigung erfolgte durch A.-Fällung bei p_H 6,8, Extraktion des Nd. mit 1%ig. NaCl-Lsg., Fällung mit $(NH_4)_2SO_4$ in Ggw. von Na-Acetat, Extraktion des Nd. mit NaCl-Lsg., A.-Fällung, Dialyse der wss. Lsg. des Nd., stufenweise Fällung bei p_H 7,0 mit Aceton (70%), Behandlung der Lsg. des **I**-Nd. mit *Amberlite IR 4 B* (vorbehandelt mit Na-Acetatlsg.), Fällung der **I**-Lsg. mit Aceton (70%). Der einzige Unterschied in den Eigg. der **I**-Präpp. aus bei 35 u. 55° gezüchteten Kulturen bestand in der therm. Stabilität bei 90°. Die 55°-Präpp. zeigten bei dieser Temp. nach 1 Std. nur eine 6—10%ig. Aktivitätsverminderung, die 35°-Präpp. dagegen eine 90 bis 92%ige. (Arch. Biochem. Biophysics **54.** 154—61. Jan. 1955. Berkeley, Calif., Univ. of California, Dep. of Plant Biochem.) K. MAIER. 4210

D. J. Bell und **D. J. Manners,** *Die Einwirkung kristalliner β-Amylase auf einige Glykogene.* Vff. fanden, daß bei Einw. krist. *β-Amylase* aus Süßkartoffeln auf *Glykogene* (**I**) mit ca. 12 Radikalen ca. 45% des Mol. in Maltose (**II**) übergeführt werden, während ein *β-Grenzdextrin* von der annähernden Kettenlänge 6,5 nicht angegriffen wird. Der in einzelnen Fällen beobachtete Verlust einer geraden oder gebrochenen Anzahl von Glucoseeinheiten in Form von **II** ist ein Zeichen für eine veränderliche äußere Kettenlänge u. eine unregelmäßig verzweigte Struktur. **I** bildet ein Makromol. aus mehreren 100 Ketteneinheiten von verschied. Länge (im Mittel 12), die durch 1.6-glucosid. Bindungen verknüpft sind. Das Verhältnis der äußeren zur inneren Kettenlänge eines aus 12 Einheiten aufgebauten **I** beträgt annähernd 2:1. **I** unterscheiden sich daher von *Amylopektinen* (**III**) hauptsächlich in der Länge ihrer Ketteneinheiten u. nicht in der relativen Stellung ihrer Verzweigungspunkte, obgleich *β*-Amylolyse einen relativ größeren Teil **III** (ca. 55%) als **I** (ca. 45%) entfernt. Letztere Tatsache beruht vermutlich auf der Art der Synth. dieser verzweigten Polysaccharide. (J. chem. Soc. [London] **1952.** 3641—45. Sept. Cambridge, Biochem. Labor.) D. AMELUNG. 4210

Karl Myrbäck, *Enzym–Substrat-Verbindungen und Aktivitäts-p_H-Kurven der Amylasen.* 1. Mitt. *Theoretische Betrachtungen.* — **Karl Myrbäck** und **Ebba Willstaedt,** 2. Mitt. *p_H-Kurven einer Schimmelpilzamylase.* Die für die *Saccharase* (**I**) u. *Urease* (**II**) bekannte Tatsache, daß die p_H-Aktivitätskurven in ihrem mit fallendem p_H-Wert absteigenden Ast mit zunehmender Substratkonz. eine Parallelverschiebung zur sauren Seite hin erfahren u. daß Substratkonzentrationsveränderungen den alkal. Teil der Kurve gar nicht oder nur wenig beeinflussen, wird auch für ein *Amylase* (**III**)-Präp. nachgewiesen. Wahrscheinlich wird auch bei der **III** wie bei **I** u. **II** das Substrat über ungeladene NH_2-Gruppen gebunden, während die sauren Gruppen zwar nicht an der Bindung beteiligt sind, aber in ungeladener Form für die enzymat. Aktivität unentbehrlich sind. (Ark. Kemi **3.** Nr. 48. 437—46. 1952.) H. G. SCHWEIGER. 4210

Hermann Niemeyer und **Enrique Figueroa,** *Der Einfluß des Glykogengehalts auf die Wirkung des 2.4-Dinitrophenols auf die Sauerstoffaufnahme von Rattenleberschnitten.* Bei

Verminderung des *Leberglykogens* (I) durch Nahrungsentzug bei Ratten oder durch Glykogenolyse in vitro hemmt 10^{-4}mol. *Dinitrophenol* (II) den Grund-O_2-Verbrauch von Leberschnitten, der dem I-Geh. proportional ist. Bei einem Anfangs-I-Geh. von 2% u. höher wurde die Oxydationsgeschwindigkeit vergrößert. Die Wrkg. verschied. II-Dosen (10^{-5} bis $0,5 \cdot 10^{-3}$mol.) war ebenfalls vom I-Geh. abhängig. Bei niedrigem I-Geh. ist bei allen II-Konzz. nur die Hemmwrkg. feststellbar, bei hohem Stimulierung der O_2-Aufnahme, bei mittlerem hemmte oder stimulierte II in Abhängigkeit von der angewandten Dosis. Die Hemmwrkg. von II auf die Atmung von Leberschnitten mit niedrigem I-Geh. verschwand oder ging in eine stimulierende über, wenn *Fructose-1.6-diphosphat, Pyruvat, Citrat, α-Ketoglutarat, Succinat, Malat, L(+)-Glutamat, L(+)-Asparaginat* oder *L(+)-Alanin* zugesetzt wurden. *Glucose, Fructose, Acetat, Butyrat* oder *Capronat* riefen keine Umkehrung der Hemmwrkg. hervor. Die meisten der verwendeten Substrate steigerten in verschied. Grade in Ggw. von II die O_2-Aufnahme, wenn der I-Geh. hoch war. *Adenosintriphosphat*-Zusatz (ca. 0,005mol.) zur Incubationslsg. hob die durch II hervorgerufene Blockierung des O_2-Verbrauchs in Leber mit niedrigem I-Geh., mit Butyrat oder ohne exogenes Substrat, auf. (Arch. Biochem. Biophysics **54.** 135—45. Jan. 1955. Santiago, Univ. de Chile, Escuela de Med., Inst. de Quím. Fisiól. y Patol.) K. MAIER. 4210

Joseph Larner, *Die Wirkung kristallisierter Muskelphosphorylase auf die äußeren Ketten von Glykogen und Amylopektin.* Der Mechanismus des Abbaues der äußeren *Glykogen* (I)- u. *Amylopektin* (II)-Ketten, die eine unregelmäßig verzweigte baumähnliche Struktur besitzen, durch krist. *Muskelphosphorylase* (III) wurde untersucht u. die Umwandlung der äußeren Ketten bei der Phosphorolyse in Einheiten von *Grenzdextrin* (IV)-Konfiguration enzymat. mittels *Amylo-1.6-glucosidase* verfolgt. Der Abbau biol. Makromoll. kann nach 3 Enzymmechanismen erfolgen: 1. Einzelkettenmechanismus. Das Enzym bleibt bis zur Erreichung einer Abbaugrenze (Einheit von IV-Konfiguration) an das Substrat gebunden, ehe ein neues Substratmol. oder eine neue Substrateinheit angegriffen wird. 2. Partieller oder unvollständiger Einzelkettenmechanismus, bei dem zwischen Enzym u. Substrat mehrere enzymat. Rkk. erfolgen, ohne daß eine Abbaugrenze erreicht wird. 3. Mehrkettenmechanismus. Vollständiger statist. Abbau mehrerer Moll. oder Einheiten durch das gleiche Enzymmol. durch Phosphorolyse der endständigen, nichtred. Glucosereste der äußeren Ketten. Bei Kaninchenleber-I ergaben sich, bezogen auf einen *1*-Mechanismus, hohe Ausbeuten an Einheiten der IV-Konfiguration. Während des Abbaues erfolgt bereits wieder Resynth. der letzteren zu längeren Ketten, wie sich aus der abnehmenden Ausbeute bei fortschreitender Phosphorolyse ergibt. Ein in Ggw. überschüssiger *Phosphomutase* ausgeführter Abbau bewirkt vermehrte Ausbeuten an Einheiten von IV-Konfiguration. Vorherige Incubation von Kaninchenleber-I mit III in Ggw. kleiner Mengen *Glucose-1-phosphat* („enzymat. Äquilibrierung", wobei Verteilungsänderung der Größe der äußeren Ketten eintritt) verminderte die IV-Ausbeuten. Kaninchenmuskel-I ergab ebenfalls geringere Ausbeuten, Weizen-II kein IV. Auf Grund dieser Ergebnisse wird angenommen, daß der Mechanismus der Phosphorolyse durch krist. Muskel-III nicht nach *1*, sondern nach *2* oder *3* abläuft. Die bei Kaninchenleber-I gefundenen hohen Ausbeuten beruhen möglicherweise auf einer asymm. Verteilung der äußeren Kettenlängen. (J. biol. Chemistry **212.** 9—24. Jan. 1955. St. Louis, Mo., Washington Univ., School of Med., Dep. of Biol. Chem.; Urbana, Ill., Univ., Noyes Labor. of Chem., Div. of Biochem.) K. MAIER. 4210

C. Terner, *Anaerobe und aerobe Glykolyse in der lactierenden Mamma und im Nervengewebe.* Im Milchdrüsengewebe von Ratten erwies sich die anaerobe *Milchsäure* (I)-Bldg. von der *Glucose* (II)-Phosphorylierung, der *Pyruvat* (III)-Bldg. u. der enzymat. Inaktivierung der *Cozymase* (IV) abhängig. Während bei Anwesenheit von II, III u. *Nicotinsäureamid* (V) die anaerobe I-Bldg. durch Rattenmilchdrüsengewebe (MG) sehr groß war, betrug sie im gleichen Syst. auch unter Zusatz von IV bei Verwendung von Kaninchen-MG nur ca. $^1/_3$. Die IV-Inaktivierung im Kaninchen-MG scheint durch *DPN-Pyrophosphatase* katalysiert zu werden (V hemmt den Abbau nicht). Steigerung der anaeroben I-Bldg. in Anwesenheit von III u. IV durch Kaninchen-MG ließ sich durch Ersatz der II durch *Hexosediphosphat* u. gegebenenfalls Zusatz von *Hexokinase* u. II erzielen. Die Steigerung der I-Bldg. durch *2.4-Dinitrophenol* war in Gehirnschnitten u. Ochsenretina mit Steigerung des II-Abbaus verbunden, aber im MG unabhängig davon. (Biochem. J. **52.** 229—37. Okt. 1952. Reading, Univ., Nat. Inst. for Res. in Dairying.) H.-G. SCHWEIGER. 4210

Otto Rosenthal, James C. Fahl, Harry M. Vars (unter techn. Mitarbeit von **Joan W. Zerbe** und **Beatrice G. Novack**), *Qualitative und quantitative Veränderungen der Aktivität der alkalischen Phosphatase in der regenerierenden Rattenleber.* Der postoperative Anstieg in Geh. u. Konz. der *alkal. Phosphatase* (I) in der Rattenleber nach partieller

Hepatektomie ist vor allem auf Vermehrung der *CN*-empfindlichen, *Mg*-unempfindlichen Komponenten zurückzuführen (vgl. C. **1952.** 4946), während die Konz. der CN-unempfindlichen, Mg-empfindlichen Komponente kaum zunimmt. Als mögliche Erklärung für die gesteigerte I-Aktivität der Leber wird die beeinträchtigte Ausschüttung der Plasma-I durch die Galle angesehen. (Amer. J. Physiol. **171.** 604—11. Dez. 1952. Philadelphia, Pa., Univ. of Pennsylvania, School of Med., Harrison Dep. of Surg. Res.) H.-G. SCHWEIGER. 4210

D. Naidoo und **O. E. Pratt,** *Thiaminpyrophosphatase-, saure und alkalische Phosphataseaktivität des Kükenhirns bei Vitamin-B_1-Mangel.* Es wurde die Gesamtaktivität u. die histol. Verteilung der *Thiaminpyrophosphatase* (I), der *sauren* u. *alkal. Phosphatase* (II) in Nervengewebe n. u. Aneurinmangelküken untersucht. Im Kükenhirn findet sich neben der sauren u. alkal. II eine durch Mg^{2+} aktivierbare I mit p_H-Optimum 8,4. Im Tectum des Mittelhirns von Aneurinmangelküken erfolgt eine deutliche Zunahme der I- u. der alkal. II-Aktivität, jedoch keine merkliche Veränderung der der sauren II. Es ist wenig wahrscheinlich, daß die Veränderungen in der Enzymaktivität auf einer Gewebezerstörung beruhen. Sie sind eher die Folge einer spezif. Stoffwechselstörung. (Biochim. biophysica Acta [Amsterdam] **16.** 75—81. Jan. 1955. London, Maudsley Hosp., Inst. of Psychiatry.) K. MAIER. 4210

E. A. Robbins, M. P. Stulberg und **P. D. Boyer,** *Die Magnesiumaktivierung der Pyrophosphatase.* Es wurde die Aktivität von Rattenhirn-*Pyrophosphatase* (I) bei verschied. Konzz. von zugesetztem Mg^{2+} u. anorgan. *Pyrophosphat* (II) untersucht. In Übereinstimmung mit früheren Befunden ergab sich eine ausgeprägte Hemmung der I-Wrkg. durch II u. eine schwächere durch überschüssiges *Mg*-II. Die unter den Versuchsbedingungen vorliegenden Konzz. von freiem u. gebundenem Mg^{2+} u. II wurden mit Hilfe einer scheinbaren Dissoziationskonstante von *Mg*-II berechnet. Die Konstante war durch spektrophotometr. Messungen der Konkurrenz-Rk. von II u. Äthylendiamintetraacetat um Mg^{2+} bestimmt worden. Die Mg^{2+}-Aktivierung von Rattenhirn-I beruht anscheinend auf einem Bedarf von I an *Mg*-II als Substrat. Die Notwendigkeit einer wesentlich höheren Mg^{2+}- u. II-Konz. zur Erzielung maximaler Aktivität unter gewissen Bedingungen beruht dann auf Entfernung von hemmend wirkendem, freiem II in Verbindung mit einer Zunahme der *Mg*-II-Konzz., da die Mg^{2+}-Konz. vermehrt wird. Die kinet. Daten sprechen für eine geringfügig dissoziierte Verb. von freiem II mit I. Freies Mg^{2+} scheint sich dagegen nicht fest mit dem akt. I-Zentrum zu verbinden. (Arch. Biochem. Biophysics **54.** 215—22. Jan. 1955. St. Paul, Univ. of Minnesota, Dep. of Agric. Biochem.) K. MAIER. 4210

S. Callaway, P. Dirnhuber und **K. M. Wilson,** *Eine neue Methode für die biologische Bestimmung von Cholinesteraseinhibitoren.* Es wird eine Meth. zur biol. Best. von Cholinesteraseinhibitoren mit Hilfe von Gammarus pulex deG angegeben. Die logarithm. Behandlung von Reaktionszeit (50% der angesetzten Tiere zeigt den Beginn unkoordinierter Bewegungen) u. Anticholinesterasekonz. führt bei graph. Darst. zu einander annähernd parallel verlaufenden Geraden für die einzelnen Substanzen. Vff. verglichen die biol. Aktivität von *Parathion* (*O.O-Diäthyl-O.p-nitrophenylthiophosphat*) u. seiner δ-Isomeren (*O.δ-Diäthyl-O.p-nitrophenylphosphat* u. *O.O-Diäthyl-S.p-nitrophenylphosphat*) nach dieser Methode. (Nature [London] **170.** 843—44. 15/11. 1952. Porton, Wlits, Chem. Defense Exp. Establ.) H.-G. SCHWEIGER. 4210

P. J. Fodor, A. Miller und **H. Waelsch,** *Enzymatische Spaltung und Synthese von Glutathion.* Die Aktivierung der Aufspaltung von *Glutathion* durch ein Enzympräp. aus Schafsniere (vgl. MORTON, C. **1951.** II. 2748) betrug (in % der Aktivierung durch die entsprechende Menge *Glutamin* [I]) für *Glycin* (II), *Glutaminsäure, Asparagin, Tyrosin, Phenylalanin* u. *Glycylglycylglycin* 0—30, für strukturelle Analoge des I (*γ-Äthylglutamat, Methionin, Äthionin* u. *Homocystein*) 120—210, für an der Aminogruppe des II substituierte Peptide (*Glutaminylglycin, Alanylglycin, Asparaginylglycin, Leucylglycin*) ca. 100 u. *Glycylglycin* u. *Glycylalanin* 220. In der Carboxylgruppe des II substituierte Dipeptide waren nur schwache Aktivatoren. (Nature [London] **170.** 841—42. 15/11. 1952. New York, N. Y., Columbia Univ., Coll. of Phys. and Surg.; New York State Psychr. Inst.) H.-G. SCHWEIGER. 4210

R. B. Beechey und **F. C. Happold,** *Die enzymatische gegenseitige Umwandlung von Pyridoxalphosphat und Pyridoxaminphosphat durch wässerige Escherichia coli-Extrakte. Pyridoxalphosphat* (I) aktiviert als einziger Vertreter der *Vitamin B_6*-Gruppe *Apotryptophanase* (II) unter sehr verschied. Bedingungen. Incubation von *Pyridoxaminphosphat* (III) mit wss. II-Extrakten bei p_H 8,2 ruft ebenfalls II-Aktivierung hervor, wobei Mg^{2+}-Ionen, optimal $2 \cdot 10^{-3}$mol., die Wrkg. steigern. Mn^{2+}, Co^{2+}, Zn^{2+}, Fe^{2+} u. Cu^{2+} aktivieren nicht. Die Verss. sprechen für eine III → I-Umwandlung. Die Absorption bei

320 mμ nimmt hierbei ab, die bei 390 mμ zu. Bei der I → III-Umwandlung wurde die Abnahme bei 390 mμ u. gleichzeitige Zunahme bei 320 mμ verfolgt. Mg^{2+} beschleunigt anscheinend nur die III → I-Umwandlung. (Biochem. J. **61.** XX. Dez. 1955. Leeds, Univ., Dep. of Biochem.) K. MAIER. 4210

Horst Kating, *Zur Rolle der γ-Aminobuttersäure im Stoffwechsel von Endomycopsis vernalis.* „Ruhende Kulturen" von Endomycopsis vernalis wurden mit einer Lsg. von 1% *α-Ketoglutarsäure* (**I**) u. 1% *γ-Aminobuttersäure* (**II**) versetzt. Papierchromatograph. wurde nach 8, 20 u. 50 Std. *Glutaminsäure* (**III**) nachgewiesen, die nur durch Transaminierung entstanden sein konnte. Weiter konnte nach vorheriger Hemmung der **III**-*Decarboxylase* (**IV**) durch Semicarbazid bei Zusatz von α-**I** u. Brenztraubensäure zur **III**-Lsg. die Reversibilität der Transaminierung gezeigt werden. Bei gleichzeitiger Hemmung der **IV** u. der Transaminasesysteme (Chinhydron) zeigte sich unter den gleichen Umständen kein Auftreten von **II**. In den Zellen von Endomycopsis vernalis bestehen enge Beziehungen der **II** zu dem koppelnden Transaminierungssyst. erster Ordnung. **II** ist nicht nur als Decarboxylierungsprod. der **III** aufzufassen, sondern spielt auch als ihr „Transaminierungspartner" eine zentrale Rolle bei der Assimilation der N-Quelle. (Naturwissenschaften **41.** 188. 2. April-H. 1954. Bonn, Univ., Pharmakognost. Inst.) H. BENISCHKE. 4210

Joseph R. Stern, Alice del Campillo und **Albert L. Lehninger,** *Enzymatische Racemisierung von β-Oxybutyryl-S-CoA und die Stereospezifität von Enzymen des Fettsäurecyclus.* Unter Verwendung von synthet. hergestelltem *l*- u. *d-β-Oxybutyryl-S-Coenzym A* (**I**) wurde die Stereospezifität der Enzyme, die die Rkk. *1*: *Crotonyl-S-Coenzym A* (**VI**) + H_2O ⇄ *d*-**I** (*Crotonase*) u. *2*: *d*-**I** + [*Diphosphopyridinnucleotid,* **II**]$^+$ ⇄ *Acetoacetyl-S-CoA* + **II**-H + H^+ (*β-Ketoreduktase*) katalysieren, nachgewiesen u. gefunden, daß Leber u. andere Organe ein Enzym oder Enzymsyst. enthalten, das die reversible Umwandlung von *l*-**I** ⇄ *d*-**I** katalysiert. Präpp. von Schweineherz- oder Rattenleber-**I**-*Dehydrogenase* (**III**) oxydieren synthet. *d*-**I** unter gleichzeitiger **II**-Red., während *l*-**I** durch **III** nicht oxydiert wird u. die *d*-**I**-Oxydation nicht hemmt. Gewisse Enzymfraktionen aus Rinder- u. Rattenleber, die *d*-**I** oxydieren, greifen auch *l*-**I** an, was auf Ggw. einer Racemase oder einer mit **II**$^+$ gekoppelten, *l*-**I**-spezif. Dehydrogenase hindeutet, die in Verbindung mit *d*-**I**-*Dehydrogenase* (**IV**) Racemisierung bewirkt. Eine dialysierte Ochsenleberfraktion katalysiert die *l*-**I** → *d*-**I**-Umwandlung u. die Umwandlung von *d*-**I** zu einem Prod., das nicht mehr direkt mit **II**$^+$ in Ggw. von *d*-**I**–**IV** reagiert, jedoch wieder bei Zusatz der Leberfraktion selbst. **I**-*Racemase*-Aktivität war in Mitochondrienextrakten aus Rattenleber, Niere, Herz u. Hirn sowie in Auszügen aus *R. rubrum* u. *Cl. acetobutylicum,* die alle *d*-**I**–**IV** enthalten, nachweisbar. Krist. *Crotonase* (**V**) dehydratisierte *d*-**I**, jedoch nicht *l*-**I**. Dehydratisierung von *l*-**I** erfolgte nur in Ggw. des Leberracemasesyst. u. von **V**. Krist. **V** hydratisiert *cis*-**VI** u. *trans*-**VI**. Die enzymat. Racemisierung von **I** spielt möglicherweise eine Rolle bei der Verknüpfung des Ketonkörperstoffwechsels mit dem Fettsäurecyclus. (J. Amer. chem. Soc. **77.** 1073–74. 20/2. 1955. New York, N. Y., Univ., Coll. of Med., Dep. of Pharmacol.; Baltimore, Md., Johns Hopkins School of Med., Dep. of Physiol. Chem.) K. MAIER. 4210

P. Desnuelle, M. J. Constantin und **J. Baldy,** *Potentiometrisches Verfahren für die Messung der Aktivität von Pankreaslipase.* Zur Best. der *Lipase* dient ein mit Gummi arabicum stabilisiertes Gemisch von Olivenöl, Taurocholat u. $CaCl_2$ mit einem Tris-[oxymethyl]-aminomethanpuffer. Die freigesetzte Säure wird potentiometr. bestimmt. (Bull. Soc. Chim. biol. **37.** 285–90. 1955. Marseille, Fac. des Sci., Labor. de Chim. Biol.) A. HESSE. 4210

Joseph L. Rabinowitz und **Robert M. Dowben,** *Die Biosynthese radioaktiven Östradiols.* 1. Mitt. *Synthese durch überlebende Gewebeschnitte und zellfreie Homogenate von Hundeovar.* Überlebende Gewebeschnitte u. Homogenate von Hundeovarien bauen $^{14}C_{(2)}$-*Acetat* (**I**) in *Östradiol* (**II**), *Östron* (**III**) u. *Cholesterin.* Unter vergleichbaren Bedingungen wurde mehr **I** in **II** als in **III** eingebaut. Die höhere Aktivität von **II** deutet darauf hin, daß **II** möglicherweise das im Ovar prim. gebildete Östrogen darstellt. Die Aktivität von **II** u. **III**, die aus Gewebe in der Proöstrusphase befindlicher Tiere hergestellt worden waren, lag höher als diejenige der Verbb. aus Tieren in der Anöstrusperiode. (Biochim. biophysica Acta [Amsterdam] **16.** 96–98. Jan. 1955. Philadelphia, Pa., Veterans Admin. Hosp., Radioisotope Unit.) K. MAIER. 4210

Aser Rothstein und **Harry Berke,** *Endogene alkoholische Gärung bei Hefe, hervorgerufen durch 2.4-Dinitrophenol.* Wird hungernde Hefe unter anaeroben Bedingungen ohne äußeres Substrat belassen, so produziert sie keine meßbare CO_2, dagegen bei Zusatz angemessener *2.4-Dinitrophenol* (**I**)-Konzz. oder von Azid tritt eine beachtliche CO_2-Produktion auf, zugleich mit A.-Erzeugung. Wenigstens $^1/_3$ des durch **I** vergärten

Substrats ist Glykogen, beinahe die Hälfte ist durch Säure hydrolysierbare, reduzierbare Kohlenhydratreserve. Die Vergärung von Glykogen durch I soll durch einen Entkopplungsmechanismus vor sich gehen. (Arch. Biochem. Biophysics **36.** 195—201. März 1952. Rochester, N. Y., Univ. of Rochester, School of Med. and Dent., Pharm. Dep., Div. of Radiat. Biol.) D. Itzerott. 4270

H. Chantrenne, *Die Bildung der Hämatinfermente bei der Bierhefe.* Die unter anaeroben Bedingungen kultivierte Hefe weist einen weitgehenden Mangel an Atmungsfermenten auf. Bei Belüftung wird das Atmungsfermentsyst. schnell resynthetisiert. Die Resynth. soll durch H_2O_2 induziert werden. Experimente zur Bestätigung dieser Hypothese werden gegenwärtig durchgeführt. (Meded. vlaamse chem. Veren. **16.** 100—03. Mai/Juni 1954. Brüssel, Univ. libre.) W. Scheler. 4270

Piotr P. Slonimski, *Porphyrinausscheidung der Hefe in der Anaerobiose.* Die Hefestämme 59 R (n.) u. 59 RA (Mutante) scheiden in der Anaerobiose $1-1{,}5\cdot10^{-7}$ Mol freie *Porphyrine* (I) aus im Gegensatz zu $0{,}15\cdot10^{-7}$ Mol in der Aerobiose, so daß in der Anaerobiose das Verhältnis von gebildetem I zu gebildeter Hefe 15—20mal größer ist als in der Aerobiose. Die Zahlen wurden durch Vgl. der UV-Absorption der I mit der von synthet. Hämatoporphyrinen ermittelt. In O_2-freiem, Glucose (II)-haltigem Phosphatpuffer findet I-Anhäufung auch bei fehlender Zellvermehrung statt; ihr Fehlen in der Aerobiose ist aber weder auf Adsorption noch auf spätere Veränderung zurückzuführen. Die I-Mengen, die in vollständigem, größere Mengen Difco-Hefeextrakt enthaltendem oder in synthet. Milieu frei werden, sind im wesentlichen gleich. Riboflavinzusatz hat keinen Einfluß. — Wenn man die gebildeten I-Mengen in Abhängigkeit von der Anfangs-II-Konz. aufträgt, erhält man eine diskontinuierliche Kurve. Diese sowie die Tatsache, daß die Kurve bei II-Konzz. von 1,5—2,0%, oberhalb deren in der Anaerobiose keine weitere lebende Materie gebildet wird, eine kurze Strecke fast waagerecht verläuft, zeigt, daß zwischen der Verwendung der II für das Wachstum u. für die I-Genese eine enge Beziehung besteht. — Die I sind Ae.-lösl. u. können mit 0,54%ig. HCl vollständig aus der Ae.-Phase extrahiert werden. Es besteht völlige Analogie zu *B. cereus,* u. die I-Anhäufung hat ihre Ursache in der Ausscheidung von Tetrapyrrolgruppen, die von den zur Synth. von bestimmten Cytochromen unfähigen Zellen nicht verwertet werden. — Da die Mutante nicht mehr I ausscheidet als der n. Stamm, kann man in Übereinstimmung mit den Ergebnissen anderer Autoren vermuten, daß die in der Anaerobiose frei werdenden I ausschließlich aus der Anomalität der *Cytochrom c*-Bldg. stammen. (C. R. hebd. Séances Acad. Sci. **235.** 1064—66. 3/11. 1952.) E. Frühwald. 4270

E₃. Mikrobiologie. Bakteriologie. Immunologie.

Seymour S. Cohen und **Hazel D. Barner,** *Untersuchungen über gestörtes Wachstum bei Escherichia coli.* Die *Thymin* (I) benötigende *E. coli-Mutante 15*T- synthetisiert nach Infektion mit *T 2*-Bakteriophagen als einzige Nucleinsäurepyrimidine I u. *5-Oxymethylcytosin.* Die Mutante verliert in synthet. I-freier Nährlsg. irreversibel die Fähigkeit zur Koloniebldg. (Absterben der Kulturen), wobei gleichzeitig morpholog. Veränderungen (Zunahme von Länge u. Durchmesser), Verdoppelung des *Ribosenucleinsäure* (II)-Geh., jedoch nur ganz geringfügige Zunahme der *Desoxyribonucleinsäure* (III) u. verstärkte Atmung eintreten. *RQ* bleibt im wesentlichen unverändert. Die Synthesen im Cytoplasma bleiben hiernach intakt, während die des Kerns (geringe III-Bldg.) gestört sind. *5-Bromuracil* ersetzt den I-Bedarf von *15*T- u. bewirkt eine lebhafte II- u. III-Synth., die jene in Abwesenheit von I vielfach übertrifft. Absterben durch I-Mangel wurde auch bei *E. coli,* Stamm *B,* durch Züchtung in Sulfanilamid erzielt. Der resultierende Folsäurebedarf ist teilweise durch Verbb., die biol. wichtige 1-C-Gruppen enthalten (*Methionin, Serin, Xanthin, Pantothenat,* I), behebbar. I-Eliminierung aus dem Kulturmedium hat Verlust der Koloniebldg. zur Folge. Ein *Uracil* (IV) benötigender Stamm, W_C-, starb ohne IV nicht ab, d. h. es erfolgte kein „gestörtes" anomales Wachstum. Quantitative Verss. mit einheitlich markierter ^{14}*C-Glucose* (V) ergaben, daß mindestens 98% des I-Geh. von *15*T- aus exogenem I stammen. Während des „gestörten" Wachstums in Ggw. radioakt. V scheiden die Bakterienzellen UV-absorbierende Verbb. in die Kultur-Fl. aus. Von 6 isolierten, krist. Verbb. wurden drei als IV, *Orotsäure* u. *Hypoxanthin* identifiziert. Da bei Stamm *15*T- die Bldg. von *Xyloseisomerase,* die die Bldg. des Gleichgewichts *D-Xylose* ⇌ *D-Xylulose* katalysiert, sowohl in Ggw. von I wie ohne I durch Züchtung in Xylose-haltiger Nährlsg. induziert werden kann, sind I- u. III-Synth. für den Induktionsvorgang oder die induzierte Enzymsyst. anscheinend nicht erforderlich. UV-bestrahlte *15*T--Zellen verlieren irreversibel die Fähigkeit zur Vermehrung mit ähnlicher Geschwindigkeit, wie dies beim Absterben der Zellen infolge gestörten Wachstums durch I-Mangel der Fall ist. Anscheinend wirkt Bestrahlung dann letal, wenn sie durch Hem-

mung der **III**-Synth. gestörtes Wachstum hervorruft (Bldg. eines tox. Prod. aus **III**?). (Proc. nat. Acad. Sci. USA **40.** 885—93. Okt. 1954. Philadelphia, Pa., Children's Hosp., Dep. of Pediatrics, and Univ. of Pennsylvania, School of Med., Dep. of Physiol. Chem.)
K. Maier. 4310

Jane Meiklejohn, *Mindest-Phosphat- und -Mg-Bedarf von stickstoffbildenden Bakterien.* Reine Kulturen von *Nitrosomonas europaea* (Ns) u. *Nitrobacter winogradskii* (Nb) wurden in ca. 100facher Verdünnung in Medien übertragen, in welchem entweder *Phosphat* (**I**) oder *Mg* fehlte. Ns überlebte 11 hintereinander folgende Übertragungen in Medien ohne **I** (a), Nb oxydierte Nitrit bei der 2. Übertragung nicht mehr, überlebte jedoch (b). — Bei Übertragung in Mg-freies Medium oxydierten beide Arten (c) NH_3 oder Nitrit bis zur 4. Übertragung u. überlebten ebenfalls. — In beiden Fällen waren die Medien allerdings nicht von Spuren der betreffenden Elemente gereinigt worden; der **I**-Betrag hätte aber bei a) theoret. nach 3 Übertragungen nur einen Bruchteil von 1 γ, bei b) bei der 2. Übertragung nur ca. 3 γ/Liter betragen können. Bei c) käme höchstens ein Mg-Geh. von 0,2 γ/Liter in Frage. (Nature [London] **170.** 1131. 27/12. 1952.) E. Frühwald. 4320

Alexander Miller, Amos Neidle und **Heinrich Waelsch,** *Chemische Stabilität und Verwertung von Asparaginpeptiden im Stoffwechsel.* *L-Leucyl-L-asparagin* u. *L-Asparaginyl-L-leucin* werden von *Leuconostoc mesenteroides P-60* ebenso gut wie *L-Asparaginylglycin* (**V**) u. *Glycyl-L-asparagin* (**VI**) verwendet. Die Wachstums-Rk. auf diese Peptide entspricht fast der auf *L-Asparaginsäure* (**I**) u. ist der auf *L-Asparagin* (**IV**) weit überlegen. *L-Asparagylglycin* u. *Glycyl-L-asparaginsäure* sind in hohen Konzz. **I** als Quelle für **I** überlegen. Die Glycinpeptide stellen bessere Glycin (**II**)-quellen als **II** selbst. Die Wachstums-Rk. auf Leucinpeptide gleicht derjenigen auf Leucin. Zellfreie *L. mesenteroides*-Extrakte besitzen eine starke *Asparaginase*-Aktivität. Beobachtungen über die enzymat. Spaltung der Asparaginpeptide (**III**) sprechen für einen Abbau zu Amid u. **II** oder Leucin sowie eine Desamidierung des freien Amids. Anscheinend beruht die bevorzugte **III**-Verwertung im Vgl. zu derjenigen von **IV** auf dem Unvermögen von **IV**, die Stellen der Bakterienzelle, wo seine Umwandlung erfolgt, zu erreichen. Die Instabilität von **VI** in saurer u. von **V** in alkal. Lsg. deutet darauf hin, daß in der α-Amidogruppe durch eine andere Aminosäure substituiertes **IV** das Amid-NH_3 unter milder sauerer Hydrolyse leichter abspaltet.

Versuche: *L-Asparaginsäuredibenzylesterhydrochlorid,* $C_{16}H_{19}O_4N \cdot HCl$, F. 124 bis 125° ($CH_3OH$–Ae.); 22 g (aus 13,3 g *L*-**I**). — *Carbobenzyloxyglycyl-L-asparaginsäuredibenzylester,* $C_{28}H_{28}O_7N_2$, F. 85—86°, 2 cm³ Chlorkohlensäureäthylester zu 4,4 g Carbobenzyloxyglycin in Dioxan + 5 cm³ Tributylamin geben (10°), nach 10 Min. 7,4 g vorst. Hydrochlorids in Dioxan + 5 cm³ Tributylamin zusetzen, nach 1 Std. bei Raumtemp. in W. gießen, Öl mit Ae. extrahieren; 79%. — *Glycyl-L-asparaginsäure,* $C_6H_{10}O_5N_2 \cdot H_2O$, aus vorst. Verb. durch Hydrierung mit Pd-Schwarz in 90%ig. A.; $[\alpha]_D^{25}$ 12° (5%, W.), R_F 0,14 (Phenol–W.). — *Carbobenzyloxy-α-L-asparagylglycindibenzylester,* $C_{28}H_{28}O_7N_2$, F. 98° (Ae.), aus 2 g Carbobenzyloxy-β-benzylasparaginsäure u. 1,14 g Glycinbenzylesterhydrochlorid; 1,4 g. — *α-L-Asparagylglycin,* $C_6H_{10}O_5N_2$, aus vorst. Verb. durch Hydrierung mit Pd-Schwarz in 90%ig. A.; $[\alpha]_D^{25}$ 38° (1,96%, W. + 1 Äquivalent HCl), R_F 0,19 (Phenol–W.); 50%. — *Carbobenzyloxy-L-asparaginyl-L-leucinbenzylester,* $C_{25}H_{31}O_6N_3$, F. 154° (50%ig. CH_3OH), 16 g L-Leucinbenzylesterhydrochlorid in absol. Ae. mit 12,5 g Triäthylamin 1 Std. schütteln, 9,7 g Diäthylchlorphosphit zusetzen, nach 3 Std. Filtrat eindampfen, öligen Rückstand in trockenem Toluol 2 Std. mit 16,5 g Carbobenzyloxyasparagin kochen, Toluol im Vakuum teilweise entfernen, Lsg. des gelatinösen Nd. in CH_3OH mit W. fällen; 25%. — *L-Asparaginyl-L-leucin,* $C_{10}H_{19}O_4N_3$, F. 227—237° (Zers.), 5 g vorst. Verb. mit Pd-Schwarz in 90%ig. CH_3OH hydrieren, aus wss. Lsg. mit CH_3OH fällen; $[\alpha]_D^{25}$ —9,8° (5%, W.), R_F 0,81 (Phenol–W.); 76%. — *Carbobenzoxy-L-leucyl-L-asparagin,* $C_{18}H_{25}O_6N_3$, F. 159° (Äthylacetat), 10 mMol Chlorameisensäureäthylester zu 10 mMol Carbobenzyloxy-L-leucin (Öl, Geh. titrimetr. bestimmt) u. 10 mMol Triäthylamin in Dioxan bei 10° geben, nach 10 Std. 10 mMol **IV** in 25 cm³ 0,4n NaOH zum gemischten Anhydrid geben, nach 15 Min. bei 10° ansäuern; 80%. — *L-Leucyl-L-asparagin,* $C_{10}H_{19}O_4N_3$, vorst. Verb. hydrieren, $[\alpha]_D^{25}$ 15,7° (5%, W.), R_F 0,80 (Phenol–W.) 93%. (Arch. Biochem. Biophysics **56.** 11—21. Mai 1955. New York, N. Y., State Psych. Inst., and Columbia Univ., Coll. of Phys. and Surgeons, Dep. of Biochem.)
K. Maier. 4320

Albert J. Wahba und **William Shive,** *Eine Funktion der Asparaginsäure bei der Purinbiosynthese.* Die einsparende Wrkg. von *Purinen* (**I**) u. der Purinvorstufe *5-Amino-imidazol-4-carboxamid* auf den *Asparaginsäure* (**II**)-Bedarf beim Wachstum u. auf die *Cysteinsäure*-Hemmung der **II**-Verwertung von *Lactobacillus arabinosus 17-5* spricht für eine Funktion von **II** bei der **I**-Biosynth. zu einem vor dem Einbau des $C_{(2)}$ gelegenen Zeitpunkt. Da Bicarbonat in Ggw. exogenen Biotins **II** bei der **I**-Biosynth. ersetzt, scheint eher eine C_4-Einheit (III) als NH_2–N der begrenzende Faktor bei der I-Synth. durch *L. arabinosus 17-5* zu sein. Die spezif. Funktion von **III** könnte die der N-Übertragung in die 1- oder 3-Stellung von Purin oder die einer Zwischenstufe bei der CO_2-Übertragung in die 6-Stellung von I oder beides sein. (J. biol. Chemistry **211.** 155—61. Nov. 1954. Austin, Tex., Univ. of Texas, Dep. of Chem. and Biochem. Inst. and Clayton Foundation for Res.) K. MAIER. 4320

Walter S. McNutt, *Der direkte Beitrag von Adenin zur Biogenese von Riboflavin durch Eremothecium ashbyii.* Die Unters. verschied. natürlich vorkommender *Purinnucleoside* u. *-nucleotide* (*Xanthosin, Inosin, Guanosin, Guanylsäure, Adenosin, Adenosin-3'-* u. *-5'-phosphorsäure*) auf die Fähigkeit, die *Riboflavin* (I)-Bldg. von *E. ashbyii* steigern zu können, ergab, daß diese in keinem Fall die I-Ausbeute mehr vergrößerten als die freien *Purine.* Es ist daher unwahrscheinlich, daß sie im Stoffwechsel von *E. ashbyii* in direkterer Weise als die Purine I-Vorstufen darstellen. *Adenin* (II) wird bei Zusatz zum Nährmedium vorwiegend in den *6.7-Dimethylisoalloxazin* (III)-Teil von I eingebaut. Der Ureido-C des **II**-Imidazolringes ($^{14}C_{(8)}$-**II** als Purinquelle) wird nur sehr beschränkt in das I-Mol. aufgenommen, d. h. die aus **II** entstehende I-Vorstufe enthält $C_{(8)}$ von **II** nicht. 55% des geringen ^{14}C-Geh. fanden sich in der Ribitylgruppe u. nur 45% im **III**-Anteil. Bei Verwendung von statist. markiertem **II** fanden sich 80% des ^{14}C von I im Ringanteil u. nur 20% im Ribitylrest. (J. biol. Chemistry **210.** 511—19. Okt. 1954. Nashville, Tenn., Vanderbilt Univ., Dep. of Biochem.) K. MAIER. 4320

E. G. Brown, T. W. Goodwin und **S. Pendlington,** *Weitere Beobachtungen zur Biosynthese von Riboflavin durch Eremothecium ashbyii.* Unter den von GOODWIN u. PENDLINGTON (Biochem. J. **56.** [1954.] XXIV) angegebenen Bedingungen steigert weder *5.6-Dimethylbenzimidazol* (I) noch *1.2-Dimethyl-4-amino-5-[D-1'-ribityl]-aminobenzol* (II) die *Riboflavin* (III)-Bldg. durch *E. ashbyii.* Es findet sogar eine geringe Hemmung statt. Die Ergebnisse sprechen dafür, daß ein *Purin* oder ein Deriv. die Vorstufe des N-haltigen **III**-Teils darstellt. **I** u. **II** hemmen bei *E. ashbyii* die Steigerung der **III**-Bldg. durch *Threonin* (**IV**) beträchtlich, beeinflussen dagegen die durch *Adenin* (**V**) bewirkte nur wenig. 0,002—0,2 mg/100 cm³ *4-Aminopterin* (**VI**) hemmen das *E. ashbyii*-Wachstum u. steigern gleichzeitig die **III**-Bildung. Diese Wrkg. wird durch erhöhte Peptonkonz. im Kulturmedium, nicht jedoch durch Folsäure, aufgehoben. **VI** hemmt ferner die **IV**- u. **V**-Stimulierung der **III**-Synthese. Ersatz von *Glucose* durch *Acetat* (**VII**) bewirkt 70%ig. Wachstumsverringerung, wobei die **III**-Bldg. in Mycel u. Kultur-Fl. unerheblich ist. Vermehrung der **VII**-Konz. von 1 auf 2% steigert die Entw., jedoch nicht die Bldg. von **III**. Bei 4% **VII** erfolgt kein Wachstum. *Pyruvat* (25 mg/100 cm³) stimuliert die **III**-Bldg.; *β-Oxybutyrat* u. *α-Oxobutyrat* waren ohne Wrkg.; *α.β-Dioxybutyrat, Crotonat* u. *n-Butyrat* wirken hemmend. (Biochem. J. **57.** XXVII. Aug. 1954. Liverpool, Univ., Dep. of Biochem.) K. MAIER. 4320

Ekkehard Krüger-Thiemer und **Andreas Lembke,** *Die Wirkung des Isonicotinsäurehydrazids auf die Zellmorphologie von Mycobakterien. Isonicotinsäurehydrazid* (I) hemmt die Zellteilung von Mycobakterien. Mkr. Bilder zeigen nach 2tägiger Vorkultur auf SAUTON-Agar u. Suspension der Zellen in W. bzw. I-Lsg. (100 mg/Liter) bei den mit I behandelten Zellen außer den endständigen auch mittelständige Granula. Mit I behandelte Zellen behalten ihre Länge, während die Zellen der Kontrollsuspensionen nach 72std. Bebrüten sich geteilt hatten u. verkürzt erscheinen. Die Ergebnisse können als Zeichen einer gehemmten Zellteilung nach vollzogener Teilung der Kernäquivalente gedeutet werden. (Naturwissenschaften **39.** 307—08. 1952. Kiel, Bundesversuchs- u. Forschungsanst., Bakteriol. Inst.) G. LENHARD. 4330

François Jacob, *Das Auftreten von Bakteriophagen durch die Wirkung von Methyl-bis-[chloräthyl]-amin auf lysogene Bakterien.* Wird einer lysogenen Kultur von *Pseudomonas pyocyanea* Methyl-bis-[chloräthyl]-amin zugegeben, so wird Bakteriolyse u. zugleich Freisetzung von Bakteriophagen bei fast allen Bakterien erzielt. (C. R. hebd. Séances Acad. Sci. **234.** 2238—40. 26/5. 1952.) D. ITZEROTT. 4331

Marguerite Davis und **Ernest Pollard,** *Inaktivierung von getrocknetem Penicillin durch Deuteronenbeschuß.* (Vgl. C. **1952.** 7184.) Verwandt wurde krist. *Na-Penicillin G* (I), gelöst in sterilem dest. W.; Trocknung auf Al-Scheiben in Proben zu 700 Einheiten; Beschuß im Cyclotron, Beurteilung der Wrkg. durch horizontale Diffusionsmethoden. Zur Inaktivierung von I ist starker Deuteronenbeschuß notwendig, weswegen zur Sterilisierung von I-Präpp. Behandlung durch Bestrahlung möglich sein dürfte. Unter der Annahme, daß das zufällige Auftreffen einer prim. Ionisation das Mol. inaktiviert, beträgt das Inaktivierungsvol. 700 Å³, das gewöhnliche Mol.-Vol. ist 400 Å³. Bzgl. der Strahlungswrkg. ist I also etwa in mol. Einheiten aufgebaut. (Arch. Biochem. Biophysics **37.** 112—16. Mai 1952. New Haven, Conn., Yale Univ., Sloane Phys. Labor., Div. of Biophys.) H. DOSSMANN. 4340

L. S. van Orden und **W. F. Kirchheimer**, *Die Wirkung von Streptomycin auf in Gegenwart von Putrescin oder Ammoniumsulfat wachsendes Mycobacterium smegmatis.* *Streptomycin* (I) wirkt auf *Mycobacterium smegmatis* um so stärker hemmend, je früher es der Bakterienkultur zugesetzt wird (quantitative Wachstumsunterss.). Absteigende Konzz. an N-Verbb. im Medium erhöhen die hemmende Wrkg. einer gegebenen I-Menge. Organismen, die in Ggw. von *Putrescin* oder $(NH_4)_2SO_4$ gewachsen waren, wurden durch I im gleichen Maße gehemmt. Es erscheint daher unwahrscheinlich, daß die I-Empfindlichkeit von M. smegmatis auf einer Hemmung der *Diaminoxydase* durch I beruht. (Amer. Rev. Tubercul. Pulmonary Diseases **71**. 743—51. Mai 1955. Chicago, Ill., Northwestern Univ., Med. School, Dep. of Bacteriol.) H. GOEBEL. 4340

H. E. Carter, R. K. Clark jr., Paul Kohn, John W. Rothrock, W. R. Taylor, C. A. West, George B. Whitfield und **William G. Jackson**, *Streptothricin.* 1. Mitt. *Darstellung, Eigenschaften und Hydrolysenprodukte.* *Streptothricin* (I), das von *Streptomyces lavendulae* gebildete Antibioticum, ist eine dreibas. Verb., $C_{20}H_{34}O_9N_8$, mit p_{K_a}'-Werten von 7,1, 8,2 u. 10,1. I enthält möglicherweise eine *Guanido*-Gruppe, jedoch keine O-, C- oder $N-CH_3$-Gruppen. Farb-Rkk.: BENEDICT +, FEHLING +, TOLLENS +, neutrales $KMnO_4$ +, SCHIFF —, $FeCl_3$ —, Biuret +, PAULY +, Ninhydrin +, SAKAGUCHI —, MOLISCH —, Anthron schwach +, ELSON-MORGAN +, HOPKINS-COLE —, MILLON —. I gehört nicht zu den Antibioticis mit Peptidstruktur, da bei der Hydrolyse keine α-Aminosäuren entstehen. Saure oder alkal. Hydrolyse gibt neben NH_3 u. CO_2 3 ninhydrinpositive, papierchromatograph. (75% Phenol–W. oder n-Propanol–Essigsäure–W. 2:1:1) trennbare Verbb. *A, B* u. *C*. Deren präparative Trennung ist an Cellulosepulver mit tert.-Butanol–Essigsäure–W.-Mischung (II) (2 : 1 : 1) möglich. *A* wurde als (+)-*β.ε-Diamino-n-capronsäure*, „*β-Lysin*", identifiziert u. besitzt *Antilysin*-Wirksamkeit. Für die Guanidoverb. *B* wird eine *Aminoimidazolin*-Struktur angenommen. *C* wirkt reduzierend. Saure oder alkal. Hydrolyse unter sehr milden Bedingungen liefert unter Abspaltung von 1 Mol CO_2 ein einziges Abbauprod., das Ninhydrin-positiv u. gegenüber *Mycobacterium 607* inakt. ist. Unter kräftigeren Hydrolysebedingungen wird nach CO_2-Abspaltung 1 Mol NH_3 frei.

Versuche: *Streptothricin–Helianthat*, $C_{20}H_{34}O_9N_8 \cdot (C_{14}H_{15}O_3N_3S)_3$; rohes I-Hydrochlorid (10,0 g) in CH_3OH (100 cm³) lösen, wss. Lsg. von Methylorange (8,0 g) zusetzen, Nd. aus wss. CH_3OH umkristallisieren; 7,26 g (32%). — *Streptothricin-tris-hydrochlorid*, $C_{20}H_{34}O_9N_8 \cdot 3\,HCl$; vorst. Verb. (5,0 g) in CH_3OH (30 cm³) suspendieren, tropfenweise mit konz. HCl (1 cm³) versetzen, durch Kohle filtrieren, mit Aceton (300 cm³) fällen; 1,21 g (55%); $[\alpha]_D^{25}$ —51,9° (W.). — Saure Hydrolyse von I; I-Sulfat (9,5 g), 145 cm³ W. u. 145 cm³ konz. HCl unter N_2 8 Std. am Rückfluß erhitzen (Farbumschlag → kirschrot → rubinrot → gelb), Eindampfrückstand (Vakuum) in W. lösen u. der Gefriertrocknung unterwerfen, lösen, bei p_H 6,5 durch *Amberlite IR–45* geben, Gefriertrocknung der neutralen Lsg. (8,8 g gelbes Pulver), in W. (20 cm³) lösen, an Cellulosepulver (1 kg) (Vorbehandlung: 2500 g mit 3mal 11 Liter n-HCl u. W. extrahieren, trocknen, 1232 g des Pulvers mit 6250 cm³ 0,5n HCl 90 Min. rühren, über Nacht stehenlassen, waschen, trocknen, 2mal mit 3,5 Liter II extrahieren, mit 16 Liter W. waschen, trocknen) adsorbieren, mit W. u. II fraktioniert eluieren; 0,946 g NH_3 + *A*, 2,91 g *A*, 0,951 g *A* + *B*, 2,118 g *B*, 2,159 g *C*. — I-Reinigung an Kohle: 37 Liter neutrale wss. Lsg. von 3,5 kg I-Sulfat durch eine Säule aus einem Gemisch von 41 kg *Darco G–60* u. 13,6 kg *Celite–545* geben, fraktioniert mit 15 Liter dest. W. u. dann mit dest. W. + 1 Vol.-% Aceton unter Druck eluieren, I-Geh. polarimetr. verfolgen, prakt. reines I-Sulfat im 521—600. Liter, im Vakuum einengen, Gefriertrocknung; 607 g. (J. Amer. chem. Soc. **76**. 566—69. 20/1. 1954. Urbana, Ill., Univ. of Illinois, Noyes Chem. Labor.; Kalamazoo, Mich., Upjohn Comp.) K. MAIER. 4340

G. Ivánovics, L. Alföldi und **E. Ábràhám**, *Das antibakterielle Spektrum des Megacins.* Unters. des Wirkungsspektr. von *Megacin* (I), das aus 2 verschied. Stämmen von B. megaterium durch UV-Bestrahlung gewonnen wurde, im Vgl. zu *Lysozym* (II). Alle gramnegativen Stämme waren I-resistent. Das Spektr. von I ähnelt demjenigen von II, eine Identität von I u. II wird nicht angenommen. Von den grampositiven Stämmen waren alle 41 untersuchten B. megaterium-Stämme I- u. II-empfindlich, ferner z. T. bedingt M. flavus, cinnabareus, aurantiacus; Unterschiede in der Empfindlichkeit gegenüber I u. II wurden bei B. subtilis u. B. anthracis festgestellt; 11 aus der Luft isolierte chromogene Kokkenstämme, Sarcina flavá, waren I-resistent, aber II-empfindlich. (Zbl. Bakteriol., Parasitenkunde, Infektionskrankh. Hyg., Abt., Orig. **163**. 274—80. Juli 1955. Szeged, Ungarn, Med. Univ., Mikrobiol. Inst.) H. DOSSMANN. 4340

G. G. F. Newton und **E. P. Abraham**, *Cephalosporin C, ein neues Schwefel und D-α-Aminoadipinsäure enthaltendes Antibioticum.* Aus Rohpräpp. von *Cephalosporin N* (I) wurde in Form eines krist. Na-Salzes ein **I** in gewissen physikal., chem. u. biol. Eigg. ähnliches, in anderen deutlich verschied. neues Antibioticum, *Cephalosporin C* (**II**), isoliert: $C_{16}H_{20}O_8N_3SNa \cdot 2\ H_2O$ (?), monokline Kristalle (wss. A.); λ_{max} 260 mμ, ε_{max} 9500, d 1,38, Raumgruppe $P\ 2_1$, Elementarzelle $a = 13{,}12$ Å, $b = 4{,}97$ Å, $c = 17{,}82$ Å, $\beta = 106^0\ 30'$, Ultrarotspektr. 2,94, 3,06, 5,61, 5,77, 6,05, 6,29, 6,57, 7,17, 7,36 μ, pK 3,1, $<2{,}6$ u. 9,8. **II** ist im Unterschied zu **I** u. Benzylpenicillin in wss. Lsg. von p_H 2,5 bei Raumtemp. beständig u. wird bei p_H 12 unter Verlust der charakterist. Absorption u. Bldg. von 2 saueren Gruppen/Mol rasch inaktiviert. *B. subtilis* (Stamm *569*)-*Penicillinase* (**III**) ist auf **II** ohne Wrkg., während ein Rohpräp. von *B. cereus* (NRRL *569*)-**III** unter Freisetzung einer saueren Gruppe u. Absorptionsverlust bei 260 mμ inaktiviert. Die **II**-Inaktivierung wird anscheinend durch ein von **III** verschied. Enzym (*Cephalosporinase*) bewirkt. Saure Hydrolyse von **II** gibt wie die von **I** 1 Mol CO_2 u. *D-α-Aminoadipinsäure* (**IV**). Das Umsetzungsprod. von **II** mit 1.2.4-Fluordinitrobenzol liefert bei der Hydrolyse eine Verb., die sich papierchromatograph. wie *Dinitrophenyl*-**IV** verhält, d. h. **II** enthält einen **IV**-Rest mit freier α-NH_2-Gruppe. Die Bldg. von *Penicillamin* (**V**) bei saurer Hydrolyse ist fraglich, jedoch scheint im **II**-Mol. das C-Skelett von **V** enthalten zu sein. Hydrolyse des aus **II** durch Hydrogenolyse mit RANEY-Ni gewonnenen Prod. führt außer zu **IV** zu einer papierchromatograph. sich wie Valin verhaltenden Aminosäure. **II** ist gegenüber den meisten Bakterien weniger wirksam als **I**. (Nature [London] **175**. 548. 26/3. 1955. Oxford, Univ., Sir William Dunn School of Pathol.) K. MAIER. 4340

Jean Jacquet, Rémy Richou, Lotti Steeg, Claude Gerbeaux und **Pierre Julienne,** *Über Charakter und Eigenschaften Eiter bildender Mikrokokken von Rinderherkunft.* Zur Best. der Eitererreger von Rinderherkunft lassen sich fast alle Teste für Staphylokokken menschlichen Ursprungs benutzen. Unter ihnen sind die wichtigsten die Unters. über Koagulation, Vergärung von Mannit, Erzeugung von Hämolysinen u. Gelatineverflüssigung, Stärke- u. Dextrinabbau. Es werden Einzelheiten über 64 Stämme mitgeteilt. (C. R. hebd. Séances Acad. Sci. **234**. 1920—21. 5/5. 1952.) D. ITZEROTT. 4350

I. Fürész, I. Mihályfi, B. Lányi und **K. Gál,** *Typenbestimmung, Virulenz und Fermentaktivität der Scharlachstreptokokkenstämme in Ungarn.* Vff. berichten über die Typisierung von 672 hämolyt. *Streptokokken*-Stämmen, von denen 659 zur Gruppe A (hauptsächlich Typ 4, 1 u. 6), 12 zur Gruppe C u. einer zur Gruppe G gehörten. Unter 150 untersuchten Stämmen war keiner penicillinresistent; 89% bildeten *Streptokinase* (**II**) u. 38% *Hyaluronidase* (**I**); Typ 1-Stämme zeigten keine **I**-Aktivität. 10 untersuchte Stämme waren, unabhängig von Typ oder Fermentaktivität, avirulent. 2 Stämme, die **I**- u. **II**-negativ waren, wurden nach 32 Mäusepassagen virulent, erwarben dabei jedoch keine Fermentaktivität. Zwischen Virulenz u. Fermentaktivität konnte also kein Zusammenhang festgestellt werden. (Acta microbiol. Acad. Sci. hung. **2**. 435—44. 1955. Budapest, Staatl. Inst. für Volksgesundheitswesen.) H. GOEBEL. 4350

H. L. Chance, *Eine Kernfärbung für Escherichia coli und verwandte Organismen.* Ausstriche von *E. coli* werden mit einer Lsg. von Neufuchsinbase in HNO_3, der Pyrogallol- u. H_3BO_3-Lsgg. zugemischt sind, behandelt. Anschließend wird mit wss. $Hg(NO_3)_2$-Lsg. gebeizt, mit Nigrosinlsg. nachbehandelt u. mit dest. W. gewaschen. Es handelt sich bei diesem Färbeprozeß um Redoxvorgänge, bei denen der p_H-Wert u. die vorhandenen Anionen eine ausschlaggebende Rolle spielen. Die Meth. ist leichter u. in kürzerer Zeit durchführbar als die FEULGEN-Technik. (Stain Technol. **29**. 185—88. Juli 1954. Norman, Okla., Univ. of Oklahoma, Dep. of Plant Sci.) K. KRAFT. 4360

W. E. van Heyningen, *Toxische Proteine.* Folgende tox. Proteine sind bisher isoliert u. mit den üblichen Methoden als einheitlich erkannt worden: *Diphtherietoxin* (**I**), *Botulinus Typ A-Neurotoxin, Tetanusneurotoxin,* SHIGA-*Neurotoxin, Ricin, Crotoxin, Cobra-Hämolysin.* Es werden die Kriterien angegeben, nach denen die Proteinnatur für die nichtisolierten Toxine wahrscheinlich gemacht werden kann. Zusammenfassend werden die Faktoren, welche die Giftigkeit beeinflussen, sowie die immunolog. Eigg. der Toxine behandelt. Die einzelnen Toxine werden unter Zusammenfassung in folgenden Gruppen abgehandelt: **I**, Hämolysine, Neurotoxine, Dehydrogenaseinhibitoren, Koagulantien, Antikoagulantien, Cytolysine u. Hämorrhagine, Schock auslösende Substanzen, „spreading"-Faktoren, polymol. Toxine. (Proteins **2**. 345—87. 1954. Oxford, Univ., Sir William Dunn School of Pathol.) K. HEYNS. 4370

Lolita Pannell, *Die Wirkung von oberflächenaktiven Substanzen auf die Toxizität von Extrakten von Pasteurella pestis.* Verwendet wurden: Na-Laurylsulfat, Triäthanolaminlaurylsulfat, Na-Desoxycholat, Na-Tetradecylsulfat, Na-Alkylsulfate, Cetyltrimethylammoniumchlorid, Laurylester von Colaminoformylmethylpyridiniumchlorid, Diisobutylcresoxyäthoxyäthyldimethylbenzylammoniumchlorid, Alkyldimethylbenzylammoniumchloride, Lauryldimethylbenzylammoniumchlorid, Ölsäureester von polymerisiertem Polyäthylenglykol, Polyätheralkohol, Triton X-45, Polyoxyalkylenäther von Laurinsäure- u. Stearinsäureester sowie von Sorbitmonooleat. Die Ergebnisse werden dargelegt. Im Gegensatz zu anderen Toxinen, die durch oberflächenakt. Substanzen inaktiviert werden, wird hier eine Erhöhung der Toxizität festgestellt. (J. infect. Diseases **96**. 54—56. Jan./Febr. 1955. Philadelphia, Pa., Jefferson Med. Coll., Dep. of Bacteriol.) E. Boye. 4370

J. Ungar, *Steigerung der antigenen Wirksamkeit von Toxoiden durch sympathicomimetische Mittel.* Zusatz von gefäßverengenden Mitteln steigert die antigene Wrkg. von *Diphtherietoxoiden* (**I**); getestet wurden am Meerschweinchen gegenüber dem reinen **I**: *β-Phenyläthylamin* 1/250 (**II**), *Phenyläthylaminacetat* 1/250 (**III**), *Benzedrinhydrochlorid* 1/250 (**IV**), *Ephedrinhydrochlorid* 1/250 (**V**), *Adrenalin* (**VI**) $1/10^3$ u. $1/2 \cdot 10^3$, *Histamin* 0,5 μg/ml (**VII**). **II** u. **III** sind keine Vasoconstrictoren u. unterscheiden sich in der Rk. auf den Reiz nicht von **I**, **VII** blieb in der Wrkg. hinter **IV**, **V**, **VI** zurück. (Brit. med. J. **1955**. II. 20. 2/7. Greenford, Middlesex, Glaxo Labors. Ltd.) H. Dossmann. 4370

John F. Largier, *Reinigung von Tetanustoxin durch mehrfach gefilterte Elektrodekantation.* Vf. führt die Reinigung von *Tetanustoxin* (**I**) auf elektrophoret. Wege mit Hilfe eines mehrfach gefilterten Elektrodekantationsapp. bei konstanter Fließgeschwindigkeit (1000 ml/Std.) u. einem isoelektr. Punkt von p_H 5,1 durch. Es werden 3 Liter des rohen **I**-haltigen Filtrates 48 Std. gegen 0,05 mol. Mg^{2+}-haltigen Acetatpuffer dialysiert (Spannungsabfall 4 V/cm). Der Reinheitsgrad wird auf elektrophoret. Wege u. durch Best. der Toxizität (ausgedrückt als DL_{50} (Maus)/mg Protein-N) ermittelt. Die Verss. zeigen, daß **I** bei einem einzigen Durchgang durch die App. eine 8fache Wirksamkeitssteigerung erfährt (von $2{,}3 \cdot 10^7$ auf $1{,}9 \cdot 10^8$ DL_{50}/mg N bzw. von 0,0035 auf 0,00037 mg N/ml). Verd. **I**-Lsgg. lassen sich auch im Elektrodekantierungsapp. bei einem isoelektr. Punkt von p_H 7,0 innerhalb 4 Std. auf ein geringeres Vol. konzentrieren (von $2 \cdot 10^4$ auf $2 \cdot 10^5$ DL_{50} pro ml). (Biochim. biophysica Acta [Amsterdam] **16**. 291—92. Febr. 1955. Cape Town, Univ., Dep. of Chem., Dep. of Pathol., Virus Res. Unit, South Afr. Counc. for Sci. and Ind. Res.) P. Fahrnlaender. 4370

Aldo Enrique Imbriano, *Experimentelle Neutralisation des Tetanustoxins durch Penicillin G.* An weißen Ratten wurde die Wrkg. des *Penicillins G* (**I**) auf die Folgen einer *Tetanustoxin* (**II**)-Injektion untersucht. **I** vermag die Wrkg. des **II** weitgehend zu hemmen. Diese Hemmung ist nicht temperaturabhängig, Kälte übt keinen Einfl. aus, während die Toxizität des **II** in Wärme herabgesetzt ist. Die gegenseitigen Beziehungen von **I** u. **II** sind dosisabhängig. **I** ist wirksamer als amorphes Penicillin. (An. Soc. ci. argent. **154**. 47—64. Aug. 1952. Litoral, Univ.) P. G. Scheurlen. 4370

M. Servi, *Beobachtungen über die experimentellen Veränderungen an Kaninchen durch eine von Streptokokken stammende Substanz, das Streptolysin „O“.* Kaninchen wurden 82—171 E. *Streptolysin* aus β-hämolysierenden Streptokokken der Gruppe A intravenös gespritzt. Histolog. fanden sich: im Myocard Fragmentierung der Muskelfasern, in Niere u. Milz hämorrhag. Infiltration u. in der Leber Vacuolen in den Zellen. (Boll. Ist. sieroterap. milanese **34**. 392—400. Juli/Aug. 1955. Rom, Ist. di Clinica Med.) G. Gerber. 4370

Samuel P. Martin und **S. N. Chaudhuri**, *Einfluß von Bakterien und ihren Produkten auf die Wanderung von Leukocyten. Salmonella typhosa* u. *Ps. aeruginosa* u. die *Polysaccharide* (**I**) dieser Bakterien u. von *Serratia marcescens* sowie ein Filtrat von *N. intracellularis* hemmen die Wanderung von menschlichen Leukocyten; *Micrococcus aureus* u. *Diplococcus pneumoniae Typ III* bzw. dessen **I** dagegen nicht. (Proc. Soc. exp. Biol. Med. **81**. 286—88. Okt. 1952. Durham, N. C., Duke Univ., School of Med., Dep. of Med. and Bacteriol.) W. Willenberg. 4370

R. Favilli, *Veränderter Mineralstoffwechsel bei der viruskranken Trifolium squarrosum L.* Vf. berichtet über Bestimmungen des Geh. der Asche von viruskranken *Trifolium squarrosum L.* an P_2O_5, K_2O, CaO, MgO. Im Vgl. zu gesunden Pflanzen ist der Aschengeh. allg. herabgesetzt, bes. bei K_2O u. CaO. (Ann. Fac. Agrar. Univ. Pisa [N. S.] **12**. 77—80. 1951. Pisa, Univ., Ist. di Patol. Vegetale, u. Ist. di Agron. gen. e Coltivazione Erhavee.) W. Reusse. 4374

Seymour S. Cohen, *Die chemische Pathologie der virusinfizierten Zelle.* Die Arbeit gibt eine Zusammenfassung der neueren Erkenntnisse über die Vermehrung der Coliphagen, bes. über das Verh. der Nucleinsäuresynthese. (Trans. Stud. Coll. Physicians Philadelphia [4] **22**. 87—93. Febr. 1955. Philadelphia, Pa., Children's Hosp.) G. Gerber. 4374

E. L. Patterson, H. P. Broquist, Alberta M. Albrecht, M. H. von Saltza und **E. L. R. Stokstad**, *Ein neues Pteridin im Urin, das für das Wachstum der Protozoen Crithidia fasciculata erforderlich ist.* Aus Urin wurde ein neues Pteridinderiv. isoliert, das für das

Wachstum von Crithidia fasciculata benötigt wird. Ihm wird auf Grund von Hydrolyse, UV-Spektr. u. KJO_4-Oxydation die Struktur eines *2-Amino-4-oxy-6-[1.2-dioxypropyl]-pteridins* zuerkannt. Die Substanz scheint mit einem von FORREST u. MITCHELL isolierten Pteridin aus Drosophila ident. zu sein. Es wird der Name *Biopterin* vorgeschlagen ($C_9H_{11}N_5O_3$; Zers. ohne Schmelzen von 250—280°; $[\alpha]_D^{25}$ —50° [c = 0,4; 0,1n HCl]). — UV: μ_{max}: 254 mμ, 363 mμ. — Ultrarot (in KBr)-Banden vgl. Original. (J. Amer. chem. Soc. **77**. 3167—68. 5/6. 1955. Pearl River, N. Y., Lederle Labors., Res. Div., Amer. Cyanamid Comp., Nutrit. and Physiol. Sect.) H. J. BESTMANN. 4380

R. M. Mackenzie und **R. P. Cook**, *Stickstoffstoffwechsel von Penicillium notatum.* Das Mycel von *Penicillium notatum* (Stamm 1249 B 21) enthält nach 20tägigem Wachstum auf einem chem. definierten Nährboden nach CALAM u. HOCKENHULL (vgl. J. gen. Microbiol. **3**. [1949.] 1), dessen N-Quelle $(NH_4)_2SO_4$ ist, hauptsächlich freie *Aminosäuren* u. nur wenig hochmol. Protein. Im Nährboden erscheint in den ersten Phasen des Wachstums *Glutaminsäure* u. *Valin.* (Biochem. J. **50**. III. Dez. 1951. Dundee, Univ. Coll., Dep. of Biochem.) R. RUTKOWSKI. 4380

Niels O. Frandsen, *Untersuchungen über Cercospora beticola.* 1. Mitt. *Verhalten des Pilzes in künstlicher Kultur.* Es werden die Kulturbedingungen für den Erreger der Cercospora-Blattfleckenkrankheit der Zuckerrübe (Cercospora beticola Sacc.) festgelegt. Als einzige C-Quelle werden Glucose, Saccharose, Stärke, Pektin u. Lactose, als einzige N-Quelle NH_4-Salze, Nitrate, Eialbumin, Casein–Pepton, Asparagin u. Tyrosin, aber nicht Harnstoff ausgenutzt. Cerc. bet. ist vitaminautotroph. Gelatine wird verflüssigt, Fett wird gespalten, Cellulose nicht ausgenutzt. Die proteolyt. Aktivität ist vom Stamm abhängig. (Zucker **8**. 451—56. 15/10. 1955. Vogelsang u. Rosenhof, Max-Planck-Inst. für Züchtungsforsch.) P. LOCH. 4380

Niels O. Frandsen, *Untersuchungen über Cercospora beticola.* 2. Mitt. *Pigmentbildung.* (1. vgl. vorst. Ref.) Cercospora beticola bildet (abgesehen von Melanin) zwei Exopigmente. Sie entstehen unabhängig von Licht u. p_H (5—8), doch ist die Temp. von Einfl. (Optimum bei 23°). Der rote Farbstoff wird bes. nach längerer Kultivierung gebildet, ist in organ. Lösungsmitteln lösl. u. schlägt bei p_H 10 in Grün um. Alle frisch isolierten Kulturen scheiden auf Hafer-Agar einen gelben Farbstoff aus, dessen Löslichkeitsverhältnisse von dem roten Farbstoff verschieden sind. (Zucker **8**. 469—72. 1/11. 1955. Köln-Vogelsang u. Rosenhof, Max-Planck-Inst. für Züchtungsforsch.) P. LOCH. 4380

Hans-Heinrich Reckeweg, Homotoxine und Homotoxikosen. Grundlagen einer Synthese der Medizin. Baden-Baden: Aurelia Verlag. 1955. (XVII + 483 S.) 8°. DM 36,—.

E_4. Pflanzenchemie. Pflanzenphysiologie. Pflanzenpathologie.

Josef Kisser und **Anton Steininger**, *Die mikroskopischen Grundlagen des Schwefelsäurekorrosionsverfahrens zur Bestimmung der Früh- und Spätholzanteile von Nadelhölzern.* Innerhalb der Jahresringe geglätteter Querschnitte von Nadelhölzern zeigen sich nach mehrstd. Einw. von konz. H_2SO_4 Unebenheiten, die auf die starke Zerstörung der weitlumigen u. dünnwandigen Tracheiden des Frühholzes u. die schwächere des Spät- u. Übergangsholzes (Lumenverschluß durch Quellen der dicken Wände) zurückzuführen sind. — Für Laubhölzer ist das Verf. weniger aufschlußreich. (Mikroskopie [Wien] **8**. 313—19. 1953. Wien, Hochschule für Bodenkult., Botan. Inst.; Österr. Holzforschungsinst.) K. BLUMRICH. 4400

Roger David, *Einfluß der Eintrocknung von vernalisierten Weizensamen auf die Entwicklung der aus ihnen hervorgehenden Pflanzen.* Durch Eintrocknen vernalisierter Weizensamen auf ihren ursprünglichen Wassergeh. wird die Vernalisation nicht rückgängig gemacht, die Entw. der aus den Samen hervorgehenden Pflanzen jedoch leicht verzögert. (C. R. hebd. Séances Acad. Sci. **234**. 982—84. 25/2. 1952.) F. RANG. 4404

C. J. L. Baker und **A. Eden**, *Untersuchungen über den Oxalatgehalt der Blätter bestimmter Varietäten von Beta vulgaris.* In allen Varietäten von *Mangold* (**I**), Zuckermangold u. *Zuckerrübe* (**II**) wurden die höchsten Konzz. an Gesamtoxalat während der Sommermonate gefunden. Die Mengen verminderten sich allmählich mit vorrückender Jahreszeit. Bei **I**-Blättern wurden 12% (bezogen auf Trockensubstanz), bei **II**-Blättern 9% im Juli gefunden. Diese Werte fielen auf 3% im Mittwinter. Diese Veränderung wird auf den Verlust der Außenblätter zurückgeführt. Ca. $^1/_3$ der Oxalate ist in wasserlösl. Form vorhanden. Die Zugabe von 1 (Teil) Kreide zu 1000 Blätter genügt theoret., um die lösl. Oxalate unwirksam zu machen, ist aber ungenügend bei Blättern, die frühzeitig in der Wachstumsperiode verfüttert werden. Beim Welken verändert sich das Verhältnis unlösl.:lösl. Oxalate. Die zuweilen unerwünschten Wirkungen bei der Verfütterung von Rübenblättern sind wahrscheinlich nicht den Oxalaten, sondern auch anderen Faktoren zuzuschreiben, die während des Welkens freigesetzt werden. (J. agric. Sci. **44.** 394—99. Aug. 1954. Anstey Hall, Trumpington, Cambridge, Min. of Agr. and Fisheries, Nat. Agr. Advisory Serv.) H. PATZSCH. 4420

H. J. Nicholas, C. L. Wadkins und **R. C. Hiltibran,** *Die Verbreitung von Triterpenen in Pflanzen (Chenopodium album).* Außer in ausgereiften Pflanzen von Plantago major (vgl. HILTIBRAN C. **1954.** 6752) kommt auch in den Blütenteilen von Chenopodium album das pentacycl. Triterpen *Oleanolsäure* (**I**) u. daneben *Sitosterin* vor; andere Teile reifer Pflanzen oder junge Pflanzen enthalten kein **I.**

Versuche: *Oleanolsäure* (**I**), $C_{30}H_{48}O_3$, F. 308—310°; Nädelchen; $[\alpha]_D^{27}$ +75° (Chlf.); durch Extraktion von 1362 g getrockneten Blütenteilen von Chenopodium album mit heißem A., Einengen, dann mit konz. HCl ca. 2n machen, 2 Std. kochen, mit W. verd. u. ausäthern. Ae.-Extrakt mit W., dann mit 5%ig. $NaHCO_3$ waschen u. anschließend mit 5%ig. KOH extrahieren, Extrakt ansäuern, Nd. (8,5 g grünliche Klumpen) mit Pyridin/Acetanhydrid acetylieren u. mit Bzl. versetztes Gemisch an Al_2O_3 chromatographieren, Säule mit PAe., dann mit 1% A. in PAe. waschen (Eluat verwerfen) u. mit 2% A. in PAe. eluieren; aus Methanol u. Aceton/W. bräunliche federige Nadeln von *Oleanolsäureacetat*, $C_{32}H_{50}O_4$, F. 268—270°; $[\alpha]_D^{27}$ +75° (Chlf.); 1,5 g (Ausbeute). — *Acetyloleanolsäuremethylester*, F. 224—225°; $[\alpha]_D^{27}$ +60° (Chlf.). — Aus den Neutralfraktionen wurde nach Verseifung u. Chromatographie *Sitosterol*, F. 137—139°, weiße Blättchen, isoliert. *Acetat*, F. 125—127°. (J. Amer. chem. Soc. **77.** 495—96. 20/1. 1955. Lawrence, Kans., Univ. of Kansas, Dep. of Biochem.) H. GOEBEL. 4420

George C. Potter und **Fred A. Kummerow,** *Chemische Ähnlichkeit und biologische Aktivität der aus Alfalfa und Sojabohnen isolierten Saponine.* Der Vgl. der aus Alfalfa u. Sojabohnen isolierten *Sapogenine* (**I**) ergibt eine weitgehende chem. Ähnlichkeit (Infrarotspektren u. FF.) u. biol. Aktivität (Wachstumshemmung bei Küken). — 7,4 kg Alfalfa-Blattmehl wurde 2mal mit heißem 95%ig. A. extrahiert, der Extrakt vom Lösungsm. befreit, die **I** nach bekannter Meth. isoliert u. hydrolysiert, die erhaltene Mischung (900 mg) in Bzl. über eine Al_2O_3-Säule zerlegt. Die oberste Schicht ergab nach Eluierung mit Methanol-Bzl. (20:80) 500 mg vom F. 247—248°; $[\alpha]_D$ +59°; aus Methanol krist. F. 258—259°; $[\alpha]_D$ +88,7°; der Misch-F. mit Sojasapoganol B (F. 257—258°) betrug 255—256°. Die mittlere Schicht ergab 11 mg vom F. 285—286°, die untere 30 mg vom F. 233—235°. (Science [Washington] **120.** 224—25. 6/8. 1954. Urbana, Ill., Univ. of Illinois, Dep. of Food Technol.) E. HANSCHKE. 4420

Alice P. Hall, Priscilla Wheeler, Aileen Thielen und **Agnes Fay Morgan,** *B-Vitamine in Walnüssen. Untersuchungen über Bestandteile des Vitamin-B-Komplexes in Walnußkernen.* (Vgl. C. **1955.** 3990.) In verschied. Varietäten u. Jahrgängen von Walnüssen wurden gefunden (Werte in mg%): 0,24—0,31 *Thiamin*, 0,10—0,17 *Riboflavin*, 0,58 bis 1,23 *Nicotinsäure*, 0,49—0,95 *Pantothensäure*, 0,13—0,23 *Folsäure* u. 0,87—1,05 *Vitamin B_6*. (Calif. Agric. **8.** Nr. 11. 15. Nov. 1954. Berkeley u. Davis, Calif., Univ. of California, Dep. of Home Economics.) F. KRUSEN. 4425

M. Goodman, A. A. Benson und **M. Calvin,** *Fraktionierung der Phosphate von Scenedesmus durch Anionenaustausch.* Die bei der Photosynth. entstehenden phosphorylierten Zwischenprodd. von Scenedesmus wurden mit den Ionenaustauscherharzen Dowex 1 u. 2 getrennt. Als Elutionsmittel wurden 0,15n NaCl + 0,05n HCl u. 0,1mol. $Na_2B_4O_7$ verwendet. Durch die Meth. wurden *Hexosemonophosphate, Phosphoglycerate, Hexosediphosphate* u. *Ribulosediphosphate* erfaßt. Vff. verwendeten ^{32}P-markierte Algenextrakte. (J. Amer. chem. Soc. **77.** 4257—61. 20/8. 1955. Berkeley, Calif., Univ. of California, Radiat. Labor. and Dep. of Chem.) S. HOTHORN. 4460

W. A. Andreae, *Wirkung von Scopoletin auf die Indolylessigsäureumwandlung.* Das für die blaue Fluorescenz von Haferwurzeln verantwortliche *Scopoletin* (**I**) wird im Kartoffelpflanzengewebe zu einem blauen, beim Stehen gelb werdenden Zwischenprod. oxydiert. Diese Rk. wird durch *Diäthyldithiocarbamat* u. *Mn*-Ionen gehemmt, aber weder im Licht noch im Dunkeln durch UV beeinflußt. Das p_H-Optimum liegt zwischen 6,0 u. 6,6. *Indolessigsäureoxydase* (**II**)-Extrakte zerstörten schnell **I** im Licht u. weniger schnell im Dunkeln. **II**-Extrakte u. **I** ergaben Farbveränderungen, ident. mit denen an Kartoffelpflanzen beobachteten. *Indolessigsäure* (**III**) verhindert nicht die Umwandlung von **I**, wohl aber hemmt **I** die Zerstörung von **III** durch **II**. Hohe Konzz. oder wiederholte kleine Zugaben von **I** verlängern die Periode der Wachstumshemmung. In Abwesenheit des Enzyms hat **I** keine Wrkg. auf **III**. **I** wirkt wie ein „Konkurrenzinhibitor“. Es scheint, daß **I** durch ein ähnliches Enzym oxydiert wird, oder daß beide Enzyme ident. sind, **I** aber vorzugsweise angegriffen wird. Es ist unwahrscheinlich, daß **I** als „Konkurrenzinhibitor" wirkt, wegen seiner Beziehungen zu den Zimtsäuren zu Auxin-ähnlichen Verbb. u. Cumarin, die alle keine meßbare Wrkg. auf **II** ausüben, während **I** mit **III** nicht verwandt ist. Analog den am Auxin gemachten Beobachtungen verzögert sich das Wurzelwachstum zeitweilig bei Erbsen, die man vor der Keimung in einer 50 p.p.m.-I-Lsg. quellen ließ. Viel schwächere Lsgg. (1 p.p.m.) bewirkten eine Wachstumsstimulierung. (Nature [London] **170.** 83—84. 12/7. 1952. London, Ontario, Can., Univ. of Western Ontario Sub. P. O., Sci. Serv. Labor.) E. ERBE. 4485

Chryssanthos Phouphas und **André Goris,** *Über die Veränderung des Saccharose- und Inulingehaltes im Gewebe von kultiviertem Topinambur in vitro unter dem Einfluß von Maleinsäurehydrazid.* Stücke aus dem Wurzelknollen von Topinambur wurden in KNOPscher Nährlsg. bei 20° 45 Tage lang mit Maleinsäurehydrazid in Konzz. von 10^{-8} bis 10^{-5} behandelt. Dabei wurde die Bldg. bzw. der Geh. an Inulin stark vermindert, von Saccharose dagegen entsprechend vermehrt, was Vff. auf eine Störung des kohlenhydratspeichernden Enzymsyst. zurückführen. (C. R. hebd. Séances Acad. Sci. **234.** 2002—04. 12/5. 1952.) F. V. GIZYCKI. 4495

E₅. Tierchemie. Tierphysiologie. Tierpathologie.

H. L. White und **Doris Rolf,** *Bestimmung von Elektrolyten in den Geweben normaler und adrenalektomierter Ratten.* Vff. bestimmen bei n. Ratten den Geh. des Blutes, der fast blutleeren Skelettmuskulatur, der Haut, der gesamten Eingeweide u. der Knochensubstanz an W., Fett, fettfreier Substanz, Na^+, K^+ u. Cl^- sowie die Mengen der obigen Gewebe selbst u. vergleichen die Änderung der Elektrolytmengen in den einzelnen Geweben nach erfolgter Adrenalektomie. Die abgeleiteten Werte von extra- u. intracellularem W. sowie die darin vorliegenden Elektrolytkonzz. u. die Elektrolytmengen pro 100 g fettfreie Substanz usw. werden nach den Gleichgewichtsunterss. von DONNAN für die oben genannten Gewebearten rechner. ermittelt. (Amer. J. Physiol. **180.** 287—95. Febr. 1955. New York City, N. Y., New York Univ., Dep. of Physiol.) H. KOCKERT. 4510

David H. Kling, Milton G. Levine und **Stanley Wise,** *Mucopolysaccharide in Gewebekulturen menschlicher und tierischer Synovialmembranen.* Im Gegensatz zu Kulturen von periarticulärem Gewebe zeigten $^2/_3$ der Kulturen von Menschen-, Affen-, Kaninchen-, Rinder-, Pferde-, Schweine-, Küken- u. Rattensynovialmembranen nach Ergebnissen der Fällbarkeit mit Essigsäure, deren Verhinderung durch Testes- u. bakterielle Hyaluronidase, u. auf Grund der TISELIUS-Meth. Ggw. von *Hyaluronsäure.* Schwefelsäurederivv. (*Chondroitinschwefelsäure*) u. *Heparin* fehlten. Keine Metachromasie. (Proc. Soc. exp. Biol. Med. **89.** 261—63. Juni 1955. Los Angeles, Calif., Boyar-Kling Arthritis Clin.) H. GIBIAN. 4520

J. C. Kendrew, *Strukturproteine.* 1. Mitt. Übersicht unter Berücksichtigung von Seidenfibroin (chem. Zus., Aufbau der Polypeptidkette u. Biosynth.), den Keratinen (Wolle, Fibrinogen–Fibrin, Epidermin, Bakterienflagella, synth. Polypeptide), den Kollagenen (Kollagene der Säugetiere, anderer Wirbeltiere u. Schwämme u. Sekretkollagene) sowie Elastin u. Bakterienpolyglutaminsäure. — 409 Literaturangaben. (Proteins **2.** 845—950. 1954. Cambridge, Cavendish Labor.) E. SCHWERDTFEGER. 4520

Kenneth Bailey, *Strukturproteine.* 2. Mitt. *Muskel.* (1. vgl. vorst. Ref.) Übersicht über die Strukturproteine der Skelettmuskulatur (Myosin, Actin, Tropomyosin), ihre Extraktion, Best., Aminosäurezus., Ergebnisse der Röntgenstrahlen- u. elektronenmkr. Unterss., über Modelle der Muskelkontraktion u. die biol. Aktivitäten des Sarkoplasmas. — 264 Literaturangaben. (Proteins **2.** 951—1055. 1954. Cambridge, Univ., Dep. of Biochem.) E. SCHWERDTFEGER. 4520

L. Ujejski und **R. E. Glegg,** *Kohlenhydrate in Thyreoglobulin und der Linsenkapsel.* Vff. hydrolysierten 100 mg *Thyreoglobulin* (**I**) aus Schilddrüsen u. 50 mg Linsenkapseln aus Augen von Rindern in Ggw. von Kationenaustauschharz (Permutit Q; Versuchsdauer 48 Std.). Die erhaltenen Hydrolysate werden nach dem Eindampfen zur Trockne u. Lösen in W. chromatographiert. Es werden mit Hilfe der Carbazol–H_2SO_4-Meth. in der Linsenkapsel *Galaktose* (**II**), *Glucose, Mannose* (**III**) u. *Fucose* (**IV**), im **I**: **II**, **III** u. **IV** gefunden. Ferner lassen sich in der ersten 1,4% *Hexosamin* (**V**) neben 11,8% Zuckern, in **I** 2,3% **V** neben 4,2% Kohlenhydraten nachweisen. Es wird vermutet, daß **II**, **III** u. **IV** in Form von Aldoseeinheiten in der Kohlenhydrathälfte des **I**-Mol. vorliegen. (Canad. J. Biochem. Physiol. **33.** 199—201. März 1955. Montreal, Quebec, Can., McGill Univ., Dep. of Anatomy.) P. FAHRNLAENDER. 4520

Ruth Blasius, Helmut Gastpar und **Walter Seitz,** *Schlierenoptische Beobachtungen über die elektrophoretische Wanderung von Bienengift und über die wechselseitige Beeinflussung der elektrophoretischen Eigenschaften von Serumeiweißkörpern und Bienengift.*

Die freischwebende elektrophoret. Wanderung einer 2% ig. Lsg. von hochgereinigtem Trockenbienengift im Veronal–Na-Veronal-Überschichtungspuffer von DOLE bei p_H 8,6 (65 V, 1,5 mA, 10,5°) zeigt, daß das Bienengift aus einer sauren u. einer etwa halb so großen, 3fachen bas. Grundkomponente besteht. Die bei der gemeinsamen Wanderung von Bienengift u. Serumeiweißkörper im Anodenschenkel auftretende Verzögerung, bes. der α- u. β-Globuline bzw. der im Kathodenschenkel beobachtete Ersatz der 3fachen bas. durch eine nur halb so schnell wandernde Komponente lassen auf eine Affinität beider Körper zur Bldg. von Komplexverbb. miteinander schließen. Bei Anwendung eines erheblichen Serumeiweißüberschusses verschwindet die zur Kathode wandernde Komponente. (Klin. Wschr. **32.** 1037–38. 15/11. 1954. München, Univ., Med. Poliklinik.) R. PASEDAG. 4520

Frederick A. Fuhrman, *Die Hemmung des aktiven Natriumtransportes in der isolierten Froschhaut.* Als Beitrag zur Kenntnis der akt. Ausscheidung von *Na* aus Zellen wurde der Einfl. verschied. Stoffe auf diese Vorgänge mit der Meth. des kurzgeschlossenen Froschhautpräp. nach USSING u. ZERAHN (vgl. C. **1952.** 2530) untersucht. Die Aufnahme u. Ausscheidung von Na u. Cl wurde mittels radioakt. Elemente bestimmt. In den meisten Fällen entsprach der auftretende elektr. Strom dem Na-Transport durch die Haut. Dieser wird durch *Thiocyanat, p-Benzochinon, Sulfanilamid, p-Toluolsulfonamid* u. *Dinitrophenol* gehemmt. Die 3 letzten Stoffe bewirken eine mäßige Steigerung der Permeabilität der Haut gegenüber Chlorwasser. Verminderung des Stromes u. demnach des akt. Na-Transportes wird auch durch *Acetylsulfanilamid, Prontosil rubrum, p-Aminobenzoesäure, p-Nitrophenol* u. *Hydrochinon* bewirkt. *Benzoesäure* u. *2.4.6-Trinitrophenol* sind unwirksam. Die wirksamen Stoffe verursachen nur teilweise eine Verminderung des O_2-Verbrauchs. Bei dem akt. Na-Transport spielen offenbar energiereiche Phosphatverbb. eine Rolle. (Amer. J. Physiol. **171.** 266–78. Nov. 1952. Copenhagen, Univ., Labor. of Zoophysiol.) J. SCHWAIBOLD. 4550

R. L. Shirley, M. A. Jeter, J. P. Feaster, J. T. McCall, J. C. Outler und **G. K. Davis,** *Placentarer Übergang von ^{99}Mo und ^{45}Ca beim Schwein.* ^{99}Mo wird nach oraler Anwendung von Sauen leicht aufgenommen u. verteilt sich weitgehend auf ihre Gewebe. Wenig oder nichts wurde in den verschied. Geweben der Foeten gefunden. Dies zeigt, daß eine placentare Sperre für dieses Element besteht. ^{45}Ca wird leicht auf die sich entwickelnden Foeten übertragen u. ein größerer Prozentsatz an ^{45}Ca wird in den foetalen Knochen pro Gewichtseinheit als in den Knochen der Sauen gefunden. Keine signifikanten Unterschiede wurden bei der Aufnahme u. Verteilung von ^{99}Mo u. ^{45}Ca durch Sauen zwischen der 1. u. 2. Trächtigkeit festgestellt. Ca. 55% des oral gegebenen ^{99}Mo wird mit dem Urin u. 8% mit den Faeces innerhalb 30 Std. ausgeschieden. Etwa die Hälfte des aufgenommenen ^{45}Ca wird mit den Faeces u. nur eine Spur mit dem Urin in der entsprechenden Zeit ausgeschieden. (J. Nutrit. **54.** 59–64. 10/9. 1954. Gainesville, Fla., Univ. of Florida, Dep. of Animal Husbandry and Nutrit.) H. PATZSCH. 4550

R. Defretin, *Über die Speichelsekretion der Chironoma-Larve und einige spezifische Polysaccharidreaktionen. Anwesenheit von alkalischer Phosphatase.* Im Speichelsekret der *Chironoma*-Larve sollen *Polysaccharide* (**I**) neben *Hyaluronsäure* (**II**) nachgewiesen werden. Um die die **I**-Nachweise störende **II** zu entfernen, werden die Präpp. zunächst mit *Hyaluronidase* behandelt. Die **I** konnten dann sowohl mit *Dinitrophenylhydrazin* als auch mit *Fuchsin* nachgewiesen werden. Es scheint, als ob die **I** hier als Aminoverbb. vorliegen. Die Ggw. von *alkal. Phosphatase* im Speichelsekret, nicht im Zellgewebe der Speicheldrüse, wird festgestellt. (C. R. Séances Soc. Biol. Filiales **146.** 1115–17. Juli 1952. Fac. de Sci., Inst. de Zool.) U. BAUMANN. 4555

R. Defretin, *Mögliche Anwesenheit von Polysacchariden an den Dictyosomen in der Speicheldrüse von Chironoma-Larven.* (Vgl. vorst. Ref.) Vf. findet in Speicheldrüsenschnitten von *Chironoma*-Larven viele kleine Vacuolen, in denen Fuchsinschweflige-Säure schwach gefärbt u. *Silbernitrat* red. wird. Das weist darauf hin, daß an diesen Stellen der Speicheldrüsen *Polysaccharide* vorliegen. (C. R. Séances Soc. Biol. Filiales **146.** 1118–19. Juli 1952. Fac. de Sci., Inst. de Zool.) U. BAUMANN. 4555

Josef Fried, Richard W. Thoma, David Perlman, Josef E. Herz und **Aleck Borman,** *Die Verwendung von Mikroorganismen bei der Synthese von Steroidhormonen und Hormonanalogen.* Übersicht: Hydroxylierungen in *16α-, 6β-, 7-, 14α-* u. *15*-Stellung; Seitenkettenabbau u. Dehydrogenierung in Ring *A*, Hydroxylierung in *11-, 17-* u. *21*-Stellung; bei Steroidumwandlungen beteiligte enzymat. Mechanismen; Synth. von *Cortison* u. *Hydrocortison* aus *11α*-hydroxylierten Steroiden; Synth. u. biol. Eigg. von *9α*-Halogensteroiden. — 89 Literaturangaben; Diskussionsbemerkungen. (Recent Progr. Hormone Res. **11.** 149–81. 1955. New Brunswick, N. J., Squibb Inst. for Med. Res.)
K. MAIER. 4558

A. L. Fisher, H. H. Keasling und **F. W. Schueler,** *Östrogene Wirkung einiger DDT-Analoga.* Verss. erwiesen, daß *DDT* u. *2.2-Bis-[p-methoxyphenyl]-1.1.1-trichloräthan* (*DMDT*) bei Ratten keine östrogene Wrkg. besitzen. *2.2-Bis-[p-oxyphenyl]-trichloräthan* besitzt dagegen eine siebenmal so starke Östruswrkg. wie das nichthalogenierte *2.2-Bis-[p-oxyphenyl]-äthan.* Der Grund wird in Feld- u. ster. Wirkungen der Trichlormethylgruppe angenommen. (Proc. Soc. exp. Biol. Med. **81.** 439—41. Nov. 1952. Iowa City, Io., State Univ., Dep. of Pharmacol., Coll. of Med.) W. LORENZ. 4559

E. Tschopp und **R. Meier,** *Triolandren, ein Gemisch von Testosteronestern mit rasch einsetzender und protrahierter Wirkung.* Durch Kombination von *Testosteronundecylenat, -n-valerianat* u. *-propionat* in Öl, die je allein verschied. Wirkungscharakteristika haben, konnte bei dem Mischungsverhältnis 15:8:2 der 3 Verbb. (*Triolandren;* **I**) mit einmaliger Dosis ein Wirkungstypus erzielt werden, bei dem ein schneller Wirkungsanstieg mit optimaler Wirkungshöhe u. -dauer gekoppelt war. Der Wachstumseinfl. von **I** wurde an der Schattenbildgröße des Kapaunenkamms ausgewertet. (Schweiz. med. Wschr. **84.** 1392—94. 11/12. 1954. Basel, Ciba Akt.-Ges.) H. DOSSMANN. 4559

Dora Jacobsohn, *Die Wirkung von Östradiolmonobenzoat auf die Milchdrüsen hypophysektomierter Kaninchen.* Die Milchdrüsen ganz oder teilweise hypophysektomierter kastrierter männlicher u. weiblicher Kaninchen wurden nach Injektion von *Östradiolmonobenzoat* auf Wachstum u. Sekretion geprüft. Die Ergebnisse stützen die Annahme, daß sowohl der Hypophysenvorderlappen als auch die östrogenen Hormone bei Wachstum u. Entw. der Milchdrüsen beteiligt sind. (Acta physiol. scand. **32.** 304—13. 1954. Lund, Univ., Inst. of Physiol.) A. DILLMANN. 4559

Giorgio Jelmoni, *Der Kohlenhydrat- und Cholesterinstoffwechsel unter der Wirkung des Dehydroisoandrosterons.* Vf. beobachtete unter Wrkg. von *Dehydroisoandrosteron* (**I**) eine leichte Verminderung des Grundstoffwechsels u. eine Erhöhung der Insulinempfindlichkeit, während die Glucosetoleranz wechselnd ausfiel. Der Cholesterinspiegel zeigte keine Änderungen unter **I**, die Resorption im Magen–Darmtrakt wurde begünstigt. (Minerva med. [Torino] **46.** I. 452—55. 17/2. 1955. Vimercate, Ospedale di Circolo.) P. G. SCHEURLEN. 4559

D. F. McDonald und **M. J. Latta,** *Anaerobe Glykolyse in Schnitten von humaner, gutartig hypertrophierter Prostata: Hemmung durch Testosteron.* In 50 Schnitten von humanen, gutartig hypertrophierten Prostatageweben fanden Vff. als Mittelwert eine anaerobe Glykolyse von 4,9 ± 1,3 Liter/mg/Stunde. Zusatz von *Testerosteron* (**I**)-Suspensionen zu den Gewebeschnitten hemmte im Bereich von 0,00007—1,75 millimol. proportional der Konz. die Glykolyse um 10—58%. Die Inhibition dauerte bis zu 4 Std. an u. konnte durch Auswaschen von **I** wieder rückgängig gemacht werden. Demnach verhält sich **I** in vitro entgegengesetzt seiner Wrkg. in vivo, wo es Wachstum u. Funktion der Prostata stimuliert. (J. appl. Physiol. **7.** 325—28. Nov. 1954. Seattle, Wash., Univ. of Washington, School of Med.; Div. of Genito-Urinary Surgery.) F. KRUSEN. 4559

J. M. Linazasoro Calvo, *Wirkung der Androgene auf die Stickstoffretention bei nephrektomierten Tieren.* Die nach Nephrektomie bei Ratten auftretende N-Retention konnte durch Gaben von *Testosteronpropionat* (**I;** 1,5 mg/100 g Körpergewicht) 24 Std. nach Nephrektomie gehemmt werden. Die Wrkg. war bei gleichzeitig kastrierten männlichen Tieren am deutlichsten. Vf. will daraus auf eine Beeinflussung des N-Stoffwechsels durch **I** schließen. (Rev. clín. españ. **54.** 8—9. 15/7. 1954. Madrid, Inst. de Invest. Méd.) P. G. SCHEURLEN. 4559

Burton L. Baker, *Die Bindegewebereaktion in der Umgebung implantierter Steroidhormone.* Vf. untersuchte histol. das orbitale Bindegewebe von Ratten, in das 10—12 Tage zuvor 0,5—1,5 mg eine der folgenden Substanzen implantiert worden war: *Cortisonacetat* (**I**), *11-Desoxycorticosteronacetat* (**II**), *Testosteronpropionat* (**III**), *α-Östradioldipropionat* (**IV**) u. *Cholesterin* (**V**). Die Fremdkörper-Rk. (epitheloide Makrophagen, Riesenzellen, Bldg. neuer Fibroblasten u. Makrophagen) trat bei **I** nur sehr wenig in Erscheinung, die durch **V** hervorgerufene wurde auch durch subcutane Injektion von **I** unterdrückt. **II** unterdrückte die Rk. nur, wenn sie als Implantat verabfolgt wurden. **IV** war in dieser Beziehung nur wenig wirksam, **III** förderte die Fremdkörper-Rk. sogar. (Anatom. Rec. **119.** 529—39. Aug. 1954. Ann. Arbor., Mich., Univ., Med. School, Dep. of Anatomy.) P. LOCH. 4559

Erika Tůmová, Oksana Siblíková-Zbudovská und **Oldřich Haně,** *Biochemische Oxydation der Pregnansteroide.* Vff. versuchen, mit Schimmelpilzen *Progesteron* (**I**) zu hydroxylieren, wobei sie feststellen, daß verschied. Schimmelpilzarten dazu fähig sind. Bes. bei den Aspergillaceen konnten im Substrat verschied. Stoffwechselprodd. von Steroidcharakter festgestellt werden. Von 35 Stämmen der Art Rhizopus u. Aspergillus konnten

Rh. nigrigans u. Rh. cohnii als intensivste Umwandler von I in *11-Oxyprogesteron* (II) festgestellt werden, wobei im Medium nach Zugabe von I nach 3 Std. II zu finden war. II wurde im Mycel nicht gefunden. Die Stoffwechselprodd. wurden mit formamidimprägniertem WHATMAN-Papier Nr. 1 aus Bzl.–Chlf. (4 : 1) chromatographiert. Als Reagens diente eine wss. Lsg. von 0,3% J_2 in 5%ig. KJ-Lsg., wobei sich I gelb, II blau färbt. Daneben wurden noch 5 weitere Stoffwechselprodd. bei Rh. nigrigans festgestellt, die noch nicht alle geklärt sind, u. a. Δ^5-Pregnen-3β-ol-20-on. II entsteht in 80%ig. Ausbeute u. konnte krist. erhalten werden. (Českoslov. Farmac. **4**. 65–68. März 1955. Praha, Výzk. úst. farm. biochem.) E. VEVERA. 4559

Betty L. Rubin, Ralph I. Dorfman und **Max Miller,** *Androgenausscheidung in der menschlichen Galle.* Nach oraler Anwendung von 1200 mg *Testosteronpropionat* für 2 Tage zeigte sich keine Erhöhung der Androgenausscheidung in der Galle, während die Ausscheidung im Urin n. war. Nach 200 mg *Östradioldipropionat* stieg die Ausscheidung im Urin um das 30fache, die in der Galle um das 10fache. (Endocrinology **51**. 463–68. Dez. 1952. Cleveland, O., Lakeside Hosp.; Western Res. Univ., School of Med., Dep. of Biochem. and Med.) G. WELTZIEN. 4559

Elizabeth J. D. Watson und **G. F. Marrian,** *Der Nachweis von 16-Oxo-17 β-östradiol im Urin schwangerer Frauen.* Die Ae.-lösl. neutralen u. phenol. Fraktionen sauer hydrolysierten Schwangerenharns wurden mit GIRARD-Reagens T (I) behandelt, aus der Ketonfraktion die phenol. Ketonfraktionen abgetrennt u. an Celite der Verteilungschromatographie (stationäre Phase: 70%ig. CH_3OH, bewegliche Phase: Bzl.–CH_2Cl_2, 75 : 25) unterworfen. Von 2 vorhandenen keton. KOBER-Chromogenen verhielt sich eines beim Eluieren wie *Östron*, das andere, stärker polare, wie synthet. *16-Oxo-17β-östradiol* (II), das möglicherweise die Vorstufe von *Epiöstriol* u. *Östriol* bildet. Incubation von Schwangerenharn bei p_H 4,6 mit einem Enzympräp. aus *Patella vulgata* (an Stelle der Säurehydrolyse) steigert die II-Ausbeuten um das 2–3fache. II ist in wss. Lsg. gegen 1std. Kochen mit 10 n HCl beständig, während es in Urin gelöst hierbei weitgehend zerstört wird, ebenso durch Erhitzen in äthanol. Lsg. mit Essigsäure u. I. (Biochem. J. **61**. XXIV. Dez. 1955. Edinburgh, Univ., Dep. of biochem.) K. MAIER. 4559

Nicholas E. Kontaxis, John R. Maher und **Donald E. Pickering,** *Die Wirkung von Temperatur, Licht und Ernährung auf die Empfindlichkeit des Rana pipiens-Männchens gegen exogenes Choriongonadotropin.* Im Hinblick auf die biol. Best. des *Choriongonadotropins* (I) wurde der Einfl. von Temp., Licht u. Ernährung auf die Empfindlichkeit von *R. pipiens*-Männchen gegen I (20 u. 40 I.E.) untersucht. Licht beeinflußt, im Sinne einer Steigerung, die Empfindlichkeit stärker als Temp., während die Wrkg. der Ernährung bei Tempp. von ca. 0° vernachlässigt werden kann. Für maximale Empfindlichkeit gegen exogenes I sollen die Tiere bei konstanter Beleuchtung, ca. 0° u. in gutem Ernährungszustand gehalten werden. (Science [Washington] **121**. 729–80. 20/5. 1955. Fort Baker, Calif., 6th Army Med. Labor., Chem. Branch; San Francisco, Univ. of California Med. Center, Pediatric Endocrine and Metabolic Labor.) K. MAIER. 4559

P. Lorenzini und **E. Nanni,** *Untersuchungen über die Leberfunktion mittels chemischer Bestimmung der im Urin ausgeschiedenen Östrogenstoffwechselprodukte.* In einer vorläufigen Mitt. wird über die Ausscheidung von Stoffwechselprodd. vom Typ des *Östradiol* (I), *Östron* (II) u. *Östriol* (III) im Urin bei mehreren Probanden berichtet. Bei Leberkranken konnte beobachtet werden, daß nach Verabreichung von I die einzelnen Fraktionen sich wie folgt verhalten: I 25%, II 30%, III 45%. Bei n. Versuchspersonen wurden demgegenüber nach Belastung mit I folgende Werte gemessen: I 56,7%, II 39%, III 4,3%. (Endocrinol. Sci. Costituz. **22**. 145–52. 1954. Bologna, Univ., Ist. Clin. Med. Gen.) P. G. SCHEURLEN. 4559

James Campbell, H. R. Hausler, J. S. Munroe und **I. W. F. Davidson,** *Wirkungen von Wachstumshormon bei Hunden.* (Vgl. C. **1955**. 3177.) Bei 4 n. Hunden riefen tägliche Injektionen von 3,5 mg/kg gereinigtem *Wachstumshormon* schwere Diabetes, verbunden mit Hyperglykämie, Glykosurie, Polyurie, Polydipsie, Ketonurie u. Lipämie, hervor. Ein Tier starb nach 7 Tagen im diabet. Koma, bei den übrigen verschwanden die Symptome innerhalb von 2 Tagen nach Aussetzen der Behandlung u. traten nur bei 2 nach erneuter Dosierung von 2 mg/Tag (6–8 Tage nach 30tägiger Pause) wieder auf. Bzgl. des Blutes fanden sich nach dieser Behandlung folgende Veränderungen: Gesamtplasmavol. erhöht, bei einer geringen Veränderung des Gesamtblutzellenvol., entsprechend eine Abnahme der relativen Erythrocytenzahlen u. des Hämoglobingeh.; Menge u. Konz. an Fibrinogen erhöht (erhöhte Produktion in der Leber); Gesamtmenge an Plasmaglobulin erhöht bei geringer Erhöhung der Konz.; Konz. an Plasmaalbumin erniedrigt; Blutsenkung beschleunigt; Gerinnungszeit des Blutes u. Prothrombinzeit des Plasmas verringert; Viscosität des Blutes verringert, des Plasmas erhöht; Auftreten von Leukocytose. Außerdem war das aus dem Pankreas extrahierbare Insulin in 3 Fällen auf 1—2%, bei dem am stärksten resistenten Tier auf 20% des n. Wertes erniedrigt. Der Lipidgeh. u. die fettfreie Trockenmasse der Leber waren erhöht, ebenso das Gewicht der Nieren. (Endocrinology **53.** 134—62. Aug. 1953. Toronto, Can., Univ. of Toronto, Dep. of Physiol.) H.-J. KOCH/Berlin. 4560

Jerome D. Stein jr., Leslie L. Bennett, Adrienne A. Batts und **Choh Hao Li,** *Natrium-Kalium- und Chloridretention durch Wachstumshormon bei Fehlen der Nebennieren.* Bei adrenalektomierten Ratten, die täglich 3 cm^3 eines Nebennierenrinden (NNR)-Extraktes erhielten, u. bei gesunden Ratten bewirkt Gabe von *Wachstumshormon* (I) Retention von Na^+, K^+, N u. Cl^-. Da dieser Effekt auch ohne Gabe des NNR-Effektes auftritt, scheint I nicht über eine Ausschüttung von NNR-Hormonen, sondern direkt auf die peripheren Gewebe u. bzw. oder die Zellen der Nierentubuli zu wirken. (Amer. J. Physiol. **171.** 587—91. Dez. 1952. Berkeley, Calif., Univ., Inst. of. Exp. Biol., Dep. of Physiol. u. Dep. of Biochem.) H. SCHEURLEN. 4560

D. C. Van Dyke, M. E. Simpson, J. F. Garcia und **H. M. Evans,** *Die Unwirksamkeit des Wachstumshormons zum Schutz gegen Anämie durch Hypophysektomie.* Hypophysektomierte Ratten, die täglich 1,25 mg *Wachstumshormon* erhielten, zeigten n. Wachstum, aber denselben Grad der Anämie wie hypophysektomierte unbehandelte Tiere. (Proc. Soc. exp. Biol. Med. **81.** 574—76. Dez. 1952. Berkeley, Calif., Univ., Inst. of Exp. Biol. and Donner Labor. of Med. Physics.) H. SCHEURLEN. 4560

Aaron B. Lerner und **Teh H. Lee,** *Isolierung von homogenem Melanocyten stimulierendem Hormon aus Schweinehypophyse.* (Vgl. A.M.A. Arch. Dermatol. Syphilol. **70.** [1954.] 669.) Bei der Papierelektrophorese (p_H 8,9) des vorgereinigten Materials konnten mit 1%ig. Bromphenolblau 4 Komponenten sichtbar gemacht werden. Das Prod., das am weitesten zur Kathode gewandert ist, wurde mit 20%ig. Essigsäure extrahiert u. erwies sich bei erneuter Papierelektrophorese (p_H 4,9) als einheitlich. Es besitzt eine melanocytenstimulierende Aktivität von $1{,}5—2{,}5 \cdot 10^{10}$ Einheiten pro g im Gegensatz zu $4—6 \cdot 10^7$ Einheiten pro g des Ausgangsmaterials. Der isoelektr. Punkt liegt nach papierelektrophoret. Messungen etwa bei p_H 10,5—11. Das Mol.-Gew. wurde zu 4500 bestimmt. Es besitzt wenig oder keine Vasopressin- oder ACTH-Aktivität. (J. Amer. chem. Soc. **77.** 1066—67. 20/2. 1955. Portland, Oregon, Univ. of Oregon Med. School, Div. of Dermatology.) H. R. SCHÜTTE. 4560

F. G. Sulman, *Die Wirkung von adrenocorticotropem Hormon auf die Chromatophoren.* Vf. untersuchte den durch Injektion verschied. Hypophysenhormone verursachten Farbwechsel (grün-braun) bei Fröschen. Dabei waren *adrenocorticotropes Hormon* (I) mit 0,01 γ, *Pitressin* mit 10 γ, *Thyreotropin, Prolactin* u. *Gonadotropin* mit je 100 γ wirksam. *Pitocin* u. *Somatropin* erwiesen sich als unwirksam. Die quantitativen Unterschiede der einzelnen Handelspräpp. entsprechen ungefähr ihrem Geh. an Hormoneinheiten. *Östrogene, Androgene, Progesteron, Corticoide, Thyroxin, Insulin, Adrenalin, Parathormon* u. 35 getestete Aminosäuren u. biogene Amine waren ebenfalls unwirksam. Die Ergebnisse sind nach Ansicht des Vf. eine Stütze für die Annahme einer Identität von I u. *Intermedin.* (Nature [London] **169.** 588—89. 5/4. 1952. Jerusalem, Univ., Hadassah Med. School, Dep. of Pharmacol.) H. SCHEURLEN. 4560

Choh Hao Li, *Darstellung und Eigenschaften eines hochaktiven ACTH-Präparates.* Dem Vf. gelang es mit Hilfe eigener u. Methoden von ASTWOOD u. Mitarbeitern (J. Amer. chem. Soc. **73.** [1951.] 2969) aus Hypophysen des Schafes ein sehr akt. ACTH-Präp. herzustellen. Seine Eigg. unterscheiden sich wesentlich von den von anderen Autoren angegebenen. Analyse: 16,1% *N,* 0,7% *S,* 3% *Tryptophan,* 5% *Tyrosin,* k e i n *Cystin.* Sedimentationskonstante $S_{20} = 0{,}8$ S. Teilhydrolyse durch Pepsin u. Säure bewirkt keinen Verlust der Aktivität gegen Ascorbinsäure. Elektrophorese zeigt, daß der isoelektr. Punkt der Komponente mit ACTH-Wirksamkeit unter dem von Lysozym u. in der Nähe von p_H 9 liegt. (J. Amer. chem. Soc. **74.** 2124—25. 20/4. 1952. Berkeley, Calif., Univ., Dep. of Biochem.) H. SCHEURLEN. 4560

John R. Mote, *Das corticotrope Hormon und die Nebennieren in normalem und pathologischem Zustand.* Übersicht über Wirkungsmechanismus u. Indikation. (Semana méd. **57.** Nr. 3. 67—73. 3/1. 1950. Min. de Salud Públ. de la Nac.) W. KIMPEL. 4560

Henry D. Kaine, *Vergleich der Wirkungen von ACTH verschiedener Herkunft beim gesunden Menschen.* Nach Injektion von *ACTH* verschied. Firmen (E. R. SQUIBB AND SON, UNITED LABORATORIES., LTD., WILSON LABORATORIES, NATIONAL DRUGS CO. u. ARMOUR CO.) wurden bei gesunden Menschen die Eosinophilen (E) u. die Ausscheidung von *17-Ketosteroiden* (I) im Urin untersucht. Es zeigte sich, daß die Veränderungen (Abnahme der E u. Zunahme der I-Ausscheidung) durch die Präpp. keineswegs gleich groß waren. Im Rattenvers. zeigten die verschied. Präpp. verschieden starke *Ascorbin-*

säure (II)-Ausscheidung. Die hierbei beobachtete Aktivität entspricht aber nicht der durch die Best. der E bzw. der I gefundenen, weswegen Vf. bezweifelt, ob der biol. Test auf ACTH-Wirksamkeit (II-Ausscheidung) überhaupt Aussagen über die Wirksamkeit am Menschen zuläßt. (Proc. Soc. exp. Biol. Med. **81.** 412—15. Nov. 1952. Univ. of Southern Calif., School of Med., Dep. of Med. and Los Angeles, County General Hosp.) H. SCHEURLEN. 4560

P. Brocq und **C. Stora,** *Der Einfluß von ACTH auf uterine Fibromatose des Kaninchens, hervorgerufen durch wiederholte Injektionen von Östrogenen.* Injektionen von *ACTH* (I) in täglichen Dosen von 25 mg während 16 Tagen konnten die durch Östrogene erzeugte Fibromatose zum Verschwinden bringen. Dieser Einfl. von I scheint zunächst auf einer direkten Wrkg. des Hormons auf das *Kollagen* zu beruhen, aber auch auf der Wrkg. der ausgeschiedenen *Corticoide* u. des *Progesterons.* (Ann. d'Endocrinol. **16.** 114—16. 1955.) H. AMAN. 4560

K. Hiraga, Y. Aizawa, S. Yonejima und **A. Niizuma,** *Über Chemocorticoide des Nebennierenrindenauszugs und deren biologische Wirksamkeit.* Zwischen der biol. bestimmten Aktivität u. der Art des Extraktionsverf. von *Chemocorticoiden* bei 9 Arten von Nebennierenauszügen ist kein eindeutiger Zusammenhang zu beobachten. Da die benutzten Verff. vorwiegend solche für Glucocorticoide sind, zeigen die Ergebnisse der Best. keine Übereinstimmung für die biol. Aktivität der Corticoide. Eine Norm für die biol. Verff. ist nötig; für die Charakterisierung sind noch weitere Verff. hinzuzuziehen. (Tokyo Jikeikai med. J. **69.** 191—95. 1/6. 1954. [Orig.: japan.]) L. SCHULER. 4561

I. M. Schapiro und **W. Ss. Newstrujewa,** *Änderungen im Blutzuckergehalt bei Kaninchen nach Entfernung beider Nebennieren und ihrer Autotransplantation.* In Verss. an Kaninchen führt die gleichzeitige Entfernung beider Nebennieren zu einer Abnahme des Blutzuckers (113 bzw. 50 mg%) am Tage nach der Operation; die Tiere gehen im Laufe der ersten 24 Std. ein. Nach Entfernung der Nebennieren u. Transplantation derselben ins subcutane Bindegewebe blieb von 10 Tieren nur 1 am Leben, während die übrigen 4—10 Tage nach der Operation starben. Die Blutzuckersenkung war zunächst gering, wurde dann aber bis zum Tode der Tiere stärker (108 bzw. 45 mg%). Nur beim überlebenden Tier stieg der Blutzucker vom 14. Tage an wieder an. Glucosezufuhr 1 Std. nach dem Eingriff beeinflußte die Blutzuckersenkung nur wenig. Bei Exstirpation der Nebennieren u. Transplantation derselben in die Gegend des unteren Nierenpols blieben alle Tiere am Leben u. die Blutzuckersenkung war relativ gering, dauerte bis zum 7.—10. Tag, begann erst am 21. Tage zuzunehmen u. war nach 3 Monaten wieder normal. Aus den Verss. wird geschlossen, daß zur Verwirklichung einer spezif. Nerven-Rk. der Kontakt des Inkrets mit dem Receptor u. eine reflektor. Übertragung der Erregung auf das Zentralnervensyst. erforderlich ist. (Бюллетень Экспериментальной Биологии и Медицины [Bull. exp. Biol. Med.] **40.** Nr. 9. 30—33. Sept. 1955. Moskau, Inst. für n. u. pathol. Physiol. der Akad. der Med. Wiss. der UdSSR.) E. RENTZ. 4561

D. M. Green, R. L. Craig, F. J. Saunders und **F. M. Sturtevant,** *Mechanismus der Desoxycorticosteronwirkung.* 8. Mitt. *Wirkungen der Nephrektomie.* (7. vgl. Amer. J. Physiol. **170.** [1952.] 107.) Totale Nephrektomie führt bei Ratten während der Behandlung mit *Desoxycorticosteronacetat* (I) zum Blutdruckanstieg, wenn die Tiere 0,86%ig. NaCl-Lsg. erhalten, zum Blutdruckabfall, wenn ihnen W. gegeben wird. Bei I-Hochdruckratten wird durch die Nephrektomie der Blutdruck gesenkt, gleichgültig, ob die Tiere W. oder NaCl-Lsg. erhalten. Drucksenkung u. Überlebenszeit sind größer, wenn W. gegeben wird. Bei nicht behandelten Kontrollratten wird der Blutdruck durch die Nephrektomie gesenkt. (Amer. J. Physiol. **170.** 477—85. Sept. 1952. Chicago, Ill., Div. of Biol. Res., G. D. Searle and Company.) H.-J. SCHÜMANN. 4561

D. M. Green, F. J. Saunders, C. G. van Arman, L. D. Calvin und **F. M. Sturtevant,** *Mechanismus der Desoxycorticosteronwirkung.* 9. Mitt. *Zeitliche Beziehungen zwischen Polyurie, Polydipsie, Natriumausscheidung und Hypertension.* (8. vgl. vorst. Ref.) Ratten wurden 20 mg *Desoxycorticosteronacetat* (I) subcutan implantiert. Es zeigt sich nach einer sehr kurzen Phase der *Natrium* (II)-Retention eine kompensator. gesteigerte Ausscheidung von II u. W. durch die Nieren. Der Blutdruck steigt. Dann hört die vermehrte II-Ausscheidung auf, und schließlich kommt es zu II-Retention, die zu einer negativen II-Balance u. zur Zunahme des II-Appetits führt. In einer Ausgleichsperiode nimmt der Salzappetit ab, während Blutdruck u. Appetit für W. steigen. Durch diese Serie von Mechanismen wird das II-Gleichgewicht wieder hergestellt, der Blutdruck auf höherem Niveau stabilisiert, während die Salz–W.-Aufnahme n. wird. Nach Beendigung der I-Medikation wird der Stimulus für den Ausgleich entfernt, aber die Störung des W.–II-Haushaltes bleibt. Diese Störung manifestiert sich in dem erhöhten Blutdruck, red. Salzhunger, gesteigertem Wasseraufnahmebedürfnis u. einer Gruppe anatom. Veränderungen an Arterien, Nieren u. Herz. (Amer. J. Physiol. **170.** 486—97. Sept. 1952.) H.-J. SCHÜMANN. 4561

W. W. Swingle, Joseph Perlmutt, Patrick Seay und **Elliott Collins,** *Intravenöse Injektionen von wasserlöslichem Desoxycorticosteronglucosid bei intakten und adrenalektomierten Hunden.* Die intravenöse Verträglichkeit des wasserlösl. *Desoxycorticosteronglucosids* (I) wird an einem nebennierenlosen u. 8 intakten Hunden bei K- u. Na-armer Diät untersucht. Bei 7 Hunden, die 25—80 mg I/kg intravenös täglich für 7—10 Tage erhielten, stieg der Serum-Na-, K- u. Cl-Geh. deutlich an. Zwei Tiere erhielten extreme Dosen (200 u. 284 mg/kg) über 24—30 Stunden. Neben den oben beschriebenen Veränderungen konnte nur bei einem Tier eine dauernde Nierenschädigung beobachtet werden. Der nebennierenlose Hund zeigte wie die n. Tiere keine Intoxikationserscheinungen. I ist demnach bei intravenöser Anwendung nur bei extrem hohen Dosen toxisch. (Amer. J. Physiol. **168.** 825—31. 1/3. 1952. Princeton, N. J., Princeton Univ., Sect. of Physiol., Biol. Labor.) H.-J. SCHÜMANN. 4561

H. Kief, W. Knothe und **E. Schürmeyer,** *Strukturelle Umbauvorgänge in der Milz beiderseitig epinephrektomierter Ratten nach hohen Dosen Cortison oder Desoxycorticosteron.* Unterss. anderer Autoren haben gezeigt, daß bei nebennierenlosen Ratten tägliche Dosen von 10 mg *Cortison* histol. in der Milz zu Lymphocytenschwund, regressiven Veränderungen des Reticuloendothels u. Organverkleinerung führen, während demgegenüber die Befunde der Vff. nach Gaben von 10 mg *Desoxycorticosteron*/Tag über 10—20 Tage an epinephrektomierte Ratten ebenfalls Lymphocytenschwund, aber Proliferation des reticulären Gewebes u. Organvergrößerung der Milz zeigen. (Virchow's Arch. pathol. Anatom. Physiol. klin. Med. **325.** 624—30. 1954. Münster/Westf., Univ., Pathol. Inst.) V. SACHS. 4561

Simon Zivin, Irving E. Steck, Max M. Montgomery, George D. Kaiser und **Granville A. Bennett,** *Zur Bewertung des Cortisoneinflusses auf die subcutanen Knoten von Patienten mit rheumatischer Arthritis.* Cortison, bei 8 Patienten z. T. bis zu einem Jahr angewendet, kann zu einer palpablen Erweichung der subcutanen Knoten führen, eine grundsätzliche Änderung des histol. Bildes dieser Knoten kann jedoch nicht beobachtet werden. (J. Lab. clin. Med. **43.** 70—78. Jan. 1954. Chicago, Ill., Univ., Coll. of Med., Dep. of Med., Surg. and Pathol., and Res. and Educat. Hosp.) H. P. FIEDLER. 4561

Zdeněk Pádr, Miloš Smíd und **Oksana Siblíková-Zbudovská,** *Bestimmung von reduzierenden Corticosteroiden aus den Extrakten der Nebenniere.* Vff. bestimmen die aus den Extrakten gewonnenen Corticosteroide papierchromatograph. u. colorimetr. nebeneinander. Colorimetr. Best.: 0,5%ig. Lsgg. von *2.3.5-Triphenyltetrazoliumchlorid* (I) u. *3.3'-Dianisol-bis-4.4'-*[*3.5-diphenyl*]*-tetrazoliumchlorid* (II) werden durch Auflösen in 96%ig. A. frisch hergestellt. Gearbeitet wird im Photometer nach HILGER u. WATTS. Für I wird die Absorption bei 490 mμ, bei II bei 230 mμ gemessen. Lösungsm.: 1%ig. Lsg. von $N(CH_3)_4OH$. Fehlergrenze $\pm 5\%$. Papierchromatograph. WHATMAN-Papier Nr. 1 mit Formamid imprägnieren als stationäre Phase, chromatographieren aus Bzl.-Chlf. (4:1). Entwickler: 0,2%ig. Lsg. von II u. 10%ig. NaOH. Auf dem Chromatogramm jeweils 2mal in Abstand nebeneinander die gleiche Substanz auftragen. Nach dem Chromatographieren u. damit vollzogener Trennung der Stoffe wird die 2. mitgewanderte Substanz herausgeschnitten, aus dem Papier gelöst u. colorimetr. bestimmt. (Československ. Farmac. **4.** 60—62. März 1955. Praha, Výzk. úst. farm. biochem.) E. VEVERA. 4561

Rudolf Gross, Arnst Adorf und **Karl Heinz Pfeffer,** *Versuche mit ACTH, Cortisonacetat und freiem Cortison an eosinophilen Pleuraexsudaten des Menschen.* Eosinophile Leukocyten aus Pleuraexsudaten von zwei Patienten wurden durch *Cortisonacetat* bzw. *Cortison* nicht direkt zerstört oder geschädigt. Nach Exposition der eosinophilenreichen Exsudate mit Steroiden wurde die Eosinophilenzahl, der Anteil der eosinophilen Abbauformen sowie das Phagocytosevermögen gegenüber Staphylokokken als Prüfung herangezogen. Bei einer 5tägigen *ACTH*-Behandlung sanken die Bluteosinophilen bei beiden Kranken schneller u. auf niedrigere Werte ab als die Exsudateosinophilen, deren langsame rückläufige Bewegung noch in den Wiederanstieg der Bluteosinophilen hineinreichte. (Klin. Wschr. **32.** 347—51. 15/4. 1954. Marburg a. d. Lahn, Univ., Med. Klinik.) F. LEUSCHNER. 4561

Vincent C. Kelley, Robert S. Ely, Richard B. Raile und **Patrick F. Bray,** *Ein Vergleich des Verhaltens der Eosinophilen und der 17-Oxycorticosteroide nach Gabe von Epinephrin und ACTH. ACTH*-Injektion bewirkt allg. Verminderung der Eosinophilen u. Vermehrung der *17-Oxycorticosteroide* (I) im Blut. Die bei Verss. an gesunden u. kranken Kindern gefundenen Ausnahmen (Eosinopenie ohne Zunahme der I oder fehlende Eosinopenie trotz Vermehrung der I) werden diskutiert. *Epinephrin* bewirkt wohl Eosinopenie, aber keine Steigerung der I-Konz. im Blut. (Proc. Soc. exp. Biol. Med. **81.** 611—14. Dez. 1952. Salt Lake City, Ut., Univ., Coll. of Med., Dep. of Pediatr. Lockhart-Memorial Labor.) H. SCHEURLEN. 4561

G. Hevesy und **G. Dal Santo,** *Einfluß des Adrenalins auf die Wechselwirkung zwischen Plasma- und Gewebebestandteilen.* Vor der intraperitonealen Injektion von ^{32}P an Mäuse verabreichtes *Adrenalin* (**I**) verursacht eine bemerkenswerte Verlagerung des im Plasma resorbierten ^{32}P in die Gewebe. Starke Dosen von Adrenoxyl führen zu etwas verstärktem Austritt des intravenös injizierten ^{32}P aus dem Kreislaufsystem von Kaninchen. Intraperitoneal injiziertes $^{59}FeCl_3$ verschwindet bei den mit **I** behandelten Mäusen sehr rasch aus dem Plasma u. findet sich zu einem großen Teil in der Leber wieder. Beim Zusatz von ^{59}Fe-β_1-Globulin zu einer Plasmatransfusion von einem Kaninchen zu einem anderen verschwindet ^{59}Fe nach **I**-Behandlung aus dem Kreislauf; entgegengesetzt wirkt Röntgenbestrahlung. **I** beschleunigt nicht den Austritt von intravenös verabreichtem ^{22}Na. (Acta physiol. scand. **32.** 339—53. 1954. Stockholm, Univ., Inst. für Biochem. u. Organ. Chem. u. Karolinska Inst., Pharmakol. Inst.) A. DILLMANN. 4561

J. Malméjac, G. Chardon, G. Neverre und **A. Gross,** *Über die eventuelle Sekretion von l-Noradrenalin (Arterenol) aus dem Nebennierenmark beim Hund.* Unter Normalbedingungen scheint *Adrenalin* das Hormon zu sein, das aus dem Nebennierenmark beim Hund vorwiegend frei wird. Bei den angegebenen Versuchsbedingungen ist die Sekretion von *Noradrenalin* zu gering, um den vasomuskulären Kreislauf wesentlich zu beeinflussen. (C. R. Séances Soc. Biol. Filiales **146.** 447—59. März 1952. Algier, Univ., Fac. de Méd. et de Pharm., Labor. de Physiol.) U. BAUMANN. 4561

J. Malméjac, G. Chardon, A. Gross und **G. Neverre,** *Ruft die zentrifugale Erregung des großen Nervus splanchnicus die Ausscheidung von l-Noradrenalin in das Blut aus der Nebenniere hervor?* Die Versuchsergebnisse deuten darauf hin, daß das Nebennierenmark beim Hund nach Erregung des *Nervus splanchnicus* ein Sympathicomimeticum absondert, das kein *Adrenalin*, sondern wahrscheinlich *Noradrenalin* ist. (C. R. Séances Soc. Biol. Filiales **146.** 450—52. März 1952. Algier, Univ., Fac. de Méd. et de Pharm., Labor. de Physiol.) U. BAUMANN. 4561

Kōji 'Suzuki, *Ein Herstellungsverfahren für Reninlösung.* Frische Nierenrinde wird nach Zerkleinern mit reinem A. (10 Min.) u. 20 Min. Trocknen bei 56° gepulvert u. kurz vor Gebrauch mit RINGER-Lsg. ausgezogen. Die Lsg. ist frei von der blutdrucksenkenden Komponente des *Renins.* — 20 Literaturangaben. (J. Kyoto prefect. med. Univ. **55.** 408—10. März 1954. [Orig.: japan., Auszug: engl. S. XL.]) L. SCHULER. 4561

Helge Laake, *Osteoporose in Verbindung mit Thyreotoxikose.* Diskussion der an 17 Patienten gemachten Beobachtungen. Es wird die Ansicht vertreten, daß bei Thyreotoxikose die Neubldg. von Knochengrundsubstanz (negative N-Bilanz) u. infolgedessen auch die Ablagerung von Ca-Salzen verhindert wird. (Acta med. scand. **151.** 229—35. 23/3. 1955. Oslo, Univ., Rikshosp., Med. Clin., Dep. B.) H. HELGE. 4562

Esko K. Näätänen, *Die Wirkung von großen Dosen Insulin auf die Nebennierenzellen von Kaninchen.* Zur Unters. der Wrkg. großer *Insulin* (**I**)-Dosen auf die verschied. Zellschichten der Nebennieren erhielten 25 männliche Kaninchen 1—4 intravenöse **I**-Injektionen von 4—400 E./kg. In allen Fällen wurden deutliche Veränderungen in der Zona fasciculata beobachtet (Schwellung der Zellen, Verschwinden des Cytoplasmas, Kerndegeneration). Bei kurzdauernder **I**-Einw. traten zuerst Veränderungen in den der Zona glomerulosa nächstgelegenen Zona fasciculata-Zellen auf, nach längerer oder mehrfacher schwollen fast alle Zona fasciculata-Zellen stark an, färbten sich infolge Verschwindens des Cytoplasmas nur schwach u. zeigten degenerative Kernveränderungen verschied. Grades. In der Zona glomerulosa u. Zona reticularis wiesen nur vereinzelte Zellen Degenerationserscheinungen auf. Anscheinend ruft **I** eine starke Aktivitätserhöhung der Zona fasciculata-Zellen hervor, die schließlich zur Degeneration führt. (Ann. Med. exp. Biol. fenn. **32.** 352—55. 1954. Helsinki, Univ., Dep. of Anat.) K. MAIER. 4564

Sara Schiller und **Albert Dorfman,** *Die Biosynthese von Mucopolysacchariden in der Haut von alloxandiabetischen Ratten.* Vff. geben diabet. Ratten [Diabetes hervorgerufen durch eine einmalige subcutane Injektion von 150 mg/kg *Alloxanmonohydrat* (5%ig. Lsg.)] eine subcutane Injektion von 1,2 ml eines isoton. Gemisches aus *Na-*^{14}*C-Acetat* (80 μC) (**I**) u. $Na_2{}^{35}SO_4$ (2,7 μC) u. bestimmen die Konzz. an *Hyaluron-* (**II**) u. *Chondroitinschwefelsäure* (**III**) in der Haut sowie den ^{14}C-Geh. durch Verbrennung von **II** u. **III** zu CO_2. Es wird gefunden, daß die aus der Haut von diabet. Tieren isolierten **I**- u. **II**-Mengen geringer sind als bei n., dabei ist die Erniedrigung der **II**-Konz. stärker ausgeprägt als die von **III**. Der durch **II** u. **III** bedingte Einbau von **I** in die Haut diabet. Ratten beträgt nur $^1/_3$ von dem in die Epidermis n. Tiere. Auch die Aufnahme von ^{35}S ist bei diabet.

Tieren erniedrigt. Aus den Ergebnissen geht hervor, das **II** auf *Insulin*-Mangel wegen ihres langsameren Übertragungsverhältnisses empfindlicher reagiert als **III** u. die Synth. von ***Mucopolysacchariden*** gehemmt ist. Daraus erklärt sich die verzögerte Wundheilung, die erniedrigte Resistenz gegen Infektionen u. die erhöhte Degeneration der Gefäße bei Diabetes mellitus. (Biochim. biophysica Acta·[Amsterdam] **16.** 304—05. Febr. 1955. Chicago, Ill., Univ., Dep. of Pediatrics and La Rabida Jackson Park Sanat.) P. FAHRNLAENDER. 4564

Harvey C. Knowles jr. und **George M. Guest,** *Gewebeelektrolyte bei alloxandiabetischen Ratten mit Ketoacidose.* 2 Gruppen von Ratten wurde nach 24—30std. Fasten *Alloxan* (**I**; 50 mg/kg) injiziert. Gruppe a) wurde 24 Std. später gefüttert, dann dem Hunger überlassen, Gruppe b) gefüttert u. täglich mit 3—5 E. *NPH-Insulin* bis zur Erreichung des ursprünglichen Gewichtes behandelt u. dann ebenfalls dem Hunger ausgesetzt. In der Regel entwickelte sich nach 3—4 Tagen schwere Ketoacidose. Im Serum wurden hohe Werte für Zucker u. Ketone u. niedrige p_H- u. CO_2-Werte ermittelt. Im Vgl. zu den n. Tieren war bei beiden Gruppen im Muskel die H_2O- u. K-Konz. gesunken, die N-Konz. leicht erhöht, die Na- u. Cl-Werte kaum verändert. Die Leber, die — wohl durch tox. Wrkg. des **I** — stark verfettet war [bei a) bes. stark], wies erhöhten H_2O-, *Na*- u. *N*-Geh. auf, die *Cl*- u. *K*-Konz. war unverändert. Daß der stark (15 bzw. 12%) erniedrigte K-Geh. des Muskels im Gegensatz zu K-Mangel, der durch Diät erzeugt ist, nicht durch erhöhte Na-Konz. ausgeglichen wird, mag in der Dehydration u. Acidose sowie der kurzen Dauer der Verss. begründet sein. (Proc. Soc. exp. Biol. Med. **79.** 552—54. März 1952. Cincinnati, Univ., Children's Hosp., Res. Found. and Dep. of Pediatrics.) E. FRÜHWALD. 4564

Kare Gundersen, Robert F. Bradley und **Alexander Marble,** *Serumphosphor- und Kaliumspiegel nach intravenöser Gabe von Glucose. Ihre Verwendung als diagnostisches Hilfsmittel bei diabetischen und nichtdiabetischen Personen mit und ohne Lebererkrankung.* An 11 gesunden freiwilligen Versuchspersonen u. an 41 Patienten wurde während eines Glucosetoleranztestes das Verh. von anorgan. Phosphat u. K im Serum untersucht. Auf Grund der Ergebnisse läßt sich eine Unterscheidung von diabet. u. nichtdiabet. Störungen des Kohlenhydratstoffwechsels nicht durchführen. (New England J. Med. **250.** 547—54. 1/4. 1954. Boston, New England Deaconess Hosp.) H.-G. SCHWEIGER. 4564

John H. Miller und **Morton D. Bogdonoff,** *Antidiurese, verbunden mit Insulingaben.* Entsprechende Verss. mit vorheriger Durstperiode von 16—18 Std. ergaben nach intravenöser Zufuhr von Glucose oder Mannit eine Verminderung der Urinausscheidung u. Erhöhung der Elektrolytkonz. des Urins durch *Insulin.* Diese antidiuret. Wrkg. des Insulins blieb aus, wenn zusätzlich W. zu trinken gegeben wurde. (J. appl. Physiol. **6.** 509—12. Febr. 1954. Bethesda, Md., Nat. Heart Inst., Nat. Inst. of Health, Baltimore, Baltimore City Hosp.) J. BROSEMANN. 4564

Pierre Jollès und **Claude Fromageot,** *Charakterisierung des β-Asparagin [—NH·CH·(COOH)CH₂·CO—]-Restes im Insulin.* Krist. *Insulin* (**I**) wurde mit $LiAlH_4$ red. u. mit 6n HCl hydrolysiert. In der Fraktion der neutralen Aminosäuren wurden die *Aminooxybuttersäuren* papierchromatograph. isoliert. Mikro-N-Bestimmungen (KJELDAHL- u. Perjodsäureverf.) zeigten, daß in je 12,000 g **I** 4 Asparaginsäurereste (**II**) enthalten sind, deren 2 Carboxylgruppen gegen jede Red. geschützt sind, sowie 2 **II**, deren Carboxylgruppe in α-Stellung frei u. in β-Stellung substituiert ist. (Biochim. biophysica Acta [Amsterdam] **9.** 416—18. Okt. 1952. Paris, Labor. de Chim. biol. de la Fac. des Sci.) H.-G. SCHWEIGER. 4564

Robert Raynaud, Jean Robert D'eshougues und **Paul Pasquet,** *Die Wirkung von Antikoagulantien und Liphormon auf das humorale Gleichgewicht bei Atherosklerotikern.* Übersicht. (Arch. Maladies Coeur Vaisseaux **47.** 426—32. Mai 1954.) H. KOCKERT. 4564

W. S. Peart, *Die Reinigung von Hypertensin.* Hypertensin, ein Peptid, wie durch Papierelektrophorese über ein ausgedehntes p_H-Gebiet bewiesen wird, wobei es Amphoterie mit einem isoelektr. Bereich von p_H 7,0—8,5 zeigt, wird zunächst aus seiner NaCl gesätt. Lsg. bei p_H 1,0 mit n-Butanol extrahiert. Bei anschließender Teilungschromatographie an einer Hyflosäule (Hy.) wird bei beweglicher Oberphase die Unterphase eines Gemisches aus n-Butanol–Essigsäure–W. (9 : 1 : 10) zurückgehalten. Diese akt. Substanz wird darauf an einer silanbehandelten Hy. chromatographiert, wobei die Oberphase einer n-Butanol-0,25%ig. Trichloressigsäuremischung (1 : 4 an Vol.) mit beweglicher Unterphase festgehalten wird. Von zwei erlangten Höhepunkten an Druckaktivität besitzt der rascher laufende 5% der Totalaktivität. Nach Adsorption des Haupthöhepunktes an einer Hy. u. Elution mit 0,02 mol. NH_4-Formiat resultiert bei Unterdruckdest. ein weißes Pulver, 1,5—3,0 mal so akt. wie *Noradrenalin.* Hydrolyse in 6n HCl u. Papierchromatographie ergaben *Leucin, Phenylalanin, Valin, Tyrosin, Prolin, Asparagin-*

säure u. *Histidin*, mit einer Spur *Alanin*; spektrophotometr. war kein *Tryptophan* nachzuweisen. Die Homogenität des erhaltenen Peptids wird durch Papierelektrophorese u. Hydrolyse der akt. Fraktionen gek., wobei die gleichen Aminosäuremuster auftreten. (Biochem. J. **60.** VI. Mai 1955. London, Med. Unit, St. Mary's Hosp., and Nat. Inst. for Med. Res.) Antje Schmidt. 4569

Nobuyuki Chujyo, *Acetylcholinbildung in der passiv gedehnten Darmwand.* Vf. bestimmt den *Acetylcholin* (I)-Geh. der Dünndarmwand von Meerschweinchen u. der Bad-Fl., in der die Darmstücke suspendiert waren, u. zwar einmal nach Dehnung u. einmal ohne Dehnung des Darmstückes. Es ergibt sich, daß die Bad-Fl. der nicht gedehnten Segmente prakt. kein I enthält, dagegen läßt sich am Froschrectus in der Bad-Fl. der gedehnten Stücke I nachweisen. Die Darmwand selbst enthält nach Dehnung 15 γ/g I, ohne Dehnung nur 10γ/g. Ob der vermehrte Geh. an I auf gesteigerte Bldg. oder verminderte Zerstörung zurückzuführen ist, läßt sich nicht entscheiden. Die mögliche Bedeutung der Befunde vor allem auch für die Auslösung des Peristaltikreflexes wird diskutiert. (Amer. J. Physiol. **170.** 668—72. Sept. 1952. Tokio, Univ., Labor. of Veterinary Pharmacol.) H. J. Schümann. 4569

W. Feldberg, *Einige physiologische Gesichtspunkte über Histamin.* Überblick über Unterss. zur Freisetzung von *Histamin* (I) in Geweben am Beispiel von d-Tubocurarin, Opiumalkaloiden, Tryptamin, 5-Oxytryptamin u. einem Kondensationsprod. von N-Methyl-p-methoxyphenyläthylamin mit Formaldehyd. Pharmakodynam. Gesichtspunkte werden in Beziehung zur Funktion des I in der Haut, der Magen- u. Darmwand, den Mastzellen, im Skelettmuskel, in der Leber u. der Lunge gesetzt. — 52 Literaturangaben. (J. Pharmacy Pharmacol. **6.** 281—301. Mai 1954. Mill Hill, London, Nat. Inst. for Med. Res.) F. Leuschner. 4569

I. Faredin, J. Borbola und **Gy. Bikich,** *Untersuchungen über das Magenschleimhaut-Histamin.* Die Magenschleimhaut des Hundes enthält beträchtliche *Histamin* (I)-Mengen: 3—103 μg I/g; dabei nimmt der Geh. vom Fundus zum Pylorus ab. Mit *Atophan* vorbehandelte Hunde zeigen ähnliche Werte wie n. Tiere. Beim Menschen schwanken die I-Gehh. der Magenschleimhaut zwischen 3 u. 17,5 μg/g. Die aus der Magenschleimhaut extrahierbare Substanz ist, wie Verss. zeigten, chem. u. biochem. mit I identisch. (Acta med. Acad. Sci. hung. **6.** 195—205. 1954. Szeged, Univ., Med. School, Ist. Dep. of Med.) H. P. Fiedler. 4569

Yves Cohen, *Schicksal von Histamin im Dünndarm der Ratte in vivo.* In vivo-Verss. an Rattendünndarmschlingen, die in situ belassen oder mit glucose- u. bicarbonathaltiger Tyrode (2 Teile)-*Blut* (1 Teil)-Lsg. durchströmt wurden, ergaben, daß *Histamin* (I) nur in geringem Maße durch *Histaminase* zerstört wird, wenn man es in einer Menge von 100 γ, gelöst in 0,5 ml Tyrode-Lsg., in das Darmlumen injiziert. Dabei ist der Funktionszustand des Darmes ohne Bedeutung. In Darmwand u. Durchströmungs-Fl. ließen sich nach 30 Min. nur ganz geringe I-Mengen nachweisen, 85—90% fanden sich im Darminhalt wieder. Unterschiede gegenüber früheren Ergebnissen erklären sich aus der Verwendung verschied. Fll. zur Durchströmung (Tyrode-*Blut* bzw. Tyrode-*Polyvinylpyrrolidon*; II). Histolog. Unterss. zeigen, daß II-Durchströmung eine Schädigung des Zottenepithels bewirkt. (J. de Physiol. **46.** 305—09. 1954. Paris, Univ., Fac. de Pharm., Labor. de Pharmacodynamie.) H. Helge. 4569

J. L. Parrot, D. A. Urquia und **C. Laborde,** *Histaminbindung durch normales menschliches Serum. Bindungsdefekt beim Serum Asthmakranker.* (Vgl. auch C. **1952.** 2023.) *Histamin* (I)-Best. am Meerschweinchenileum. Durch Dialyse einer I-Lsg. gegen menschliches Serum läßt sich zeigen, daß das letztere I reversibel bindet. Diese Eig. menschlichen Serums läßt sich durch Zugabe von 1—2 Vol. Asthmatikerserum beseitigen. *Globulin* (II)-Fraktionen aus n. u. Asthmatikerserum vermögen I zu binden. Es läßt sich ein γ-II isolieren, welches bei 0,5 mg/ml 0,2 μg I/mg II zu binden vermochte. Albumin (III)-Fraktionen von n. u. Asthmatikerseren vermögen die I-Bindung durch II zu hemmen. Dies gilt auch für gereinigtes III. (C. R. Séances Soc. Biol. Filiales **145.** 1045 bis 1047. Juli 1951.) F. Jung. 4569

Jean-Louis Parrot und **Claude Laborde,** *Bindung des Histamins durch Heparin.* (Vgl. vorst. Ref.) *Heparin* (I) enthaltende Lsgg. von *Histamin* (II) besitzen eine verminderte biol. Wrkg. am Meerschweinchendarm. Die II-Kontraktion wird durch I infolgedessen bei I-Zusatz sofort reduziert. Durch Dialyse läßt sich zeigen, daß die Bindung des II an I reversibel ist, u. daß ca. 1 mg I 1 μg II zu binden vermag. Wird *Putrescin* in an sich unwirksamen Mengen zugegeben, so wird weniger II durch I gebunden. Wird die Abhängigkeit der II-Bindung durch I quantitativ gemessen, so folgt sie etwa einer Freundlichschen Adsorptionsisotherme. (C. R. Séances Soc. Biol. Filiales **145.** 1047—51. Juli 1951.) F. Jung. 4569

Richard W. Schayer, Rosa L. Smiley und **Jean Kennedy,** *Die Wirkung der Adrenalektomie auf die Umsetzungsgeschwindigkeit von Histamin bei der Maus.* Verss. mit ^{14}C-markiertem *Histamin* (I) bei Mäusen zeigten, daß die zu verschied. Zeiten nach der Injektion gemessene Radioaktivität bei adrenalektomierten u. bei an anderen Stellen operierten Tieren sich, abgesehen von geringen Schwankungen, nicht unterschied. Der I-Abbau wird also durch die Adrenalektomie nicht verzögert. (Proc. Soc. exp. Biol. Med. **81.** 416—17. Nov. 1952. Chicago, Ill., Northwestern Univ., Med. School, Rheumatic Fever Res. Inst.) H. SCHEURLEN. 4569

Helmut Kewitz und **Karin Morgan,** *Über die Bedeutung des Histamins für die Phagocytose von Tuschepartikelchen durch Endothelien.* Vff. prüften die Bedeutung von *Histamin* (I) für die Phagocytosefunktion (Phf) von Endothelien, indem sie den Einfl. verschied. Antihistaminica u. Narkotica auf diese Rk. untersuchten. Verwendung fanden: *Antistin (2-[N-Phenyl-N-benzylaminomethyl]-imidazol), Neobridal* BAYER *(N-p-Methoxybenzyl-N'-[pyridyl-(2)]-N.N-dimethyläthylendiamin), Pyribenzamin* CIBA AKT.-GES. *(N'-Benzyl-N'-[pyridyl-(2)]-N.N-dimethyläthylendiamin), Thephorin* HOFFMANN-LA ROCHE *(1-Phenyl-4-methyl-3.4.5.6-tetrahydropyridinden), Dabylen* SCHI-WA *(Benzhydryl-β-dimethylaminoäthyläther), Avil* FARBWERKE HOECHST *(3-Phenyl-3-[pyridyl-(2)]-dimethylaminopropan), Phenergan (N-[β-Dimethylaminopropyl]-phenothiazin)* sowie *Urethan, Evipan, Bromural, Ae.* u. *Morphin.* Als Test der Phf dienten: 1. die Schwärzung einer mit I-Salbe eingeriebenen Stelle der Bauchhaut der Ratte nach Injektion einer 10%ig. Tusche-RINGER-Lsg. (2 ml/100 g); 2. das Verschwinden intravenös injizierter Tusche aus dem Blut der Ratte u. 3. die Tuscheretention der isoliert durchströmten Leber. Dabei wirkten die Narkotica u. die Antihistaminica mit narkot. Wrkg. anders als die übrigen Verbb., die eine erregende u. permeabilitätssteigernde Wrkg. haben sollen. Vff. glauben, daß die Änderung der Capillarpermeabilität die verschied. Ergebnisse erklärt, die damit gegen eine spezif. Mitwrkg. des I bei der Phf sprechen. (Naunyn-Schmiedebergs Arch. exp. Pathol. Pharmakol. **223.** 399—407. 1954. Berlin, Freie Univ., Pharmakol. Inst.) H. HELGE. 4569

F. Rényi-Vámos, P. Magasi und **E. Mátyus,** *Der Histamingehalt der hydronephrotischen Niere und dessen Bedeutung für die Pathophysiologie des Krankheitsbildes.* Die an Kaninchen durchgeführten Unterss. zeigen, daß bei n. Tieren kein oder 1—2 γ *Histamin* (I)/g Niere nachweisbar sind. In der hydronephrot. Niere kann dagegen I fast immer (35 von 41 Fällen) u. in höheren Konzz. (5 γ I u. mehr) nachgewiesen werden, wobei Rinden- u. Marksubstanz in beiden Fällen etwa die gleiche I-Menge enthalten. Bei Hydronephrose ist die Zunahme des I-Geh. auf die erhöhte I-Vermehrung zurückzuführen, gegebenenfalls kann eine geringe I-Abnahme angenommen werden. Der höhere I-Geh. der Niere sorgt bei hydronephrot. Tieren für eine Steigerung der Blutcapillarpermeabilität, die ihrerseits eine Steigerung der Eiweißzufuhr aus dem Blut in das Interstitium u. damit Ödem u. kompensator. Lymphgefäßerweiterung bewirkt. (Acta med. Acad. Sci. hung. **6.** 1—11. 1954. Budapest, Med. Univ., Urolog. Klinik.) H. P. FIEDLER. 4569

Gy. Bikich, J. Borbola und **G. Hetényi,** *Experimentelle Untersuchungen über die Rolle des Histamins beim Ulcus pepticum.* Die Angaben des Schrifttums u. die eigenen Unterss. sprechen dafür, daß *Histamin* (I) bei der Genese des Ulcus pepticum eine entscheidende Rolle spielt. Auch bei dem bei Hunden durch Cinchophen-Natrium künstlich gesetzten Ulcus können Änderungen des I-Geh. der Magenmucosa bzw. des -saftes ermittelt werden. Die Ergebnisse sprechen dafür, daß die durch Acetylcholinausschüttung bedingte Reizung des cholinerg. Nervensyst. der Magenwandung eine I-Bldg. auslöst, die ihrerseits das letzte humorale Stadium der Ulcusentstehung sein dürfte. (Acta med. Acad. Sci. hung. **6.** 207—17. 1954. Szeged, Univ., Med. School, 1st Dep. of Med.) H. P. FIEDLER. 4569

U. J. Lewis, *Die Säurespaltung der Blutproteine.* Vf. benutzt die Spaltung der Blutproteine mit Säure in Aceton zur Entw. einer Abtrennungsmeth., die den Grad der Häminspaltung mit einem bestimmten p_H-Wert in Beziehung bringt. Es werden die p_H-Werte für eine maximale Spaltung von *Metmyoglobin, Methämoglobin, Meerrettichperoxydase* u. *Katalase* angegeben. Steigende Cl^--Konz. erleichtert die HCl-Spaltung dieser Verbb.; der Gebrauch von H_2SO_4 statt HCl verschiebt den Punkt maximaler Spaltung aller 4 Proteine zu einem gemeinsamen p_H-Wert von 2,1. Die SO_4^{2-}-Konz. hat keinen Einfl. auf den Grad der Spaltung. Die Meth. ist wertvoll für die Beurteilung der Reinheit von Blutproteinzubereitungen, wenn das Chromoprotein ein Häm pro Mol. enthält. (J. biol. Chemistry **206.** 109—20. Jan. 1954. Stockholm, Med. Nobel Inst., Biochem. Dep.) L. REPPEL. 4572

Klaus Betke, *Vergleichende Messung der Oxydationsgeschwindigkeit von fetalem und Erwachsenenhämoglobin zu Hämiglobin durch Kaliumferricyanid.* Die Oxydation des *Oxyhämoglobins* aus Nabelschnurblut mittels $K_3Fe(CN)_6$ verläuft ca. 1,24—1,32mal so schnell wie die des Erwachsenenfarbstoffes. Die Oxydationsgeschwindigkeit ist proportional der Wasserstoffionenkonzentration. Die Oxydation des *red. Hämoglobins* (in verschlossener Küvette unter N_2) verlief momentan. Eine eventuelle Differenz zwischen der Oxydationsgeschwindigkeit von fetalem u. Erwachsenenhämoglobin ließ sich mit der zur Verfügung stehenden Meßmeth. nicht feststellen. (Naturwissenschaften **39.** 481—82. 1952. Freiburg, Univ., Kinderklinik.) W. SCHELER. 4572

Karl F. Guthe, *Die Formaldehydwirkung auf das Sauerstoffgleichgewicht des Hämoglobins.* Durch Einw. von *Formaldehyd* (**I**; 0,1 mol.) auf menschliches *Hämoglobin* (**II**) wird die O_2-Affinität gesteigert. Dies kommt in einer Linksverschiebung der O_2-Dissoziationskurve des **II** zum Ausdruck. Gleichzeitig sinkt der Sigmoidkoeff. der HILLschen Gleichung von 2,9 auf 1,5 u. weniger, was als Ausdruck einer verminderten Häm–Häm-Interaktion angesehen wird. Der BOHR-Effekt des n. **II** wird im Bereich von p_H 6—7 in **I**-Ggw. verstärkt. Die Veränderungen des O_2-Gleichgewichts des **II** werden auf Rkk. des **I** mit SH- u. N-Gruppen des Proteins zurückgeführt. (J. gen. Physiol. **37.** 775—80. 20/7. 1954. Cambridge, Harvard Univ., Biol. Labor.) W. SCHELER. 4572

E. G. Scolari, *Porphyrinbildung und Porphyrie.* Übersicht. (Sperimentale **104.** 135—55. 1954.) P. G. SCHEURLEN. 4572

Eunice V. Flock, Melvin A. Block, Frank C. Mann, John H. Grindlay und **Jesse L. Bollman,** *Der Einfluß von Glucose auf die Aminosäuren des Plasmas nach totaler Hepatektomie.* (Vgl. C. **1952.** 2535.) Nephrektomie hatte keinen Einfl. auf den Plasmaspiegel der freien *Aminosäuren* (**I**) beim Hund, auch nicht nach Hepatektomie. Große *Glucose*-Gaben verminderten den Anstieg des **I**-Spiegels nach Hepatektomie. (J. biol. Chemistry **98.** 427—37. Sept. 1952. Rochester, Mich., Univ., Mayo Foundat., Div. of exp. Med.) H.-G. SCHWEIGER. 4574

W. R. Middlebrook, *Die N-endständigen Reste des Rinderplasmakuchens.* Das Gerinnungsprod. von *Rinderplasma* (**I**) in Ggw. von Ca^{2+} u. Rinderfibrin (**II**) wurde nach der SANGERschen Meth. in die Dinitrophenylderivv. übergeführt u. auf N-endständige Reste untersucht. Ähnlich wie **II** besitzt **I** 2 Peptidketten mit N-endständigen Tyrosylresten, aber 3 an Stelle von 4 Peptidketten mit N-endständigen Glycylresten. Eine 6. Peptidkette mit einem N-endständigen Glycylrest (ein Prod. der Umwandlung von Fibrinogen in Fibrin durch Thrombin) wird an das **II**-Mol. stark adsorbiert, kann aber durch 30%ig. Harnstofflsg. oder Monochloressigsäurelsg. entfernt werden. Das Mol.-Gew. dieser Peptidkette ist klein genug, um die Diffusion durch eine Cellophanfolie zu erlauben. **I** u. **II** enthalten die gleiche Anzahl freier Lysin-ε-Aminogruppen. (Biochem. J. **59.** 146—48. Jan. 1955. Ames, Io., State Coll., Chem. Labor.) K. NEHRING. 4574

Richard Nailor, Frederick C. Bauer jr. und **Edwin F. Hirsch,** *Modifizierung der Hydroxamsäuremethode zur Bestimmung der veresterten Fettsäuren in kleinen Serummengen.* Die im Arch. Biochemistry **20.** [1949.] 242 beschriebene Meth. zur quantitativen colorimetr. Best. der gesamten veresterten *Fettsäuren* (**I**) in kleinen Serummengen wurde in verschied. Hinsicht modifiziert. — Ausführung: 0,5 cm³ frisches Serum tropfenweise in 15—20 cm³ A.–Ae.-Gemisch (1:1) geben, zu 25 cm³ mit A.–Ae. auffüllen, schütteln, nach 10 Min. filtrieren, 3 cm³ eindampfen (60°), mit 30 cm³ peroxydfreiem Ae., 0,3 cm³ 2,5%ig. äthanol. NaOH-Lsg. u. 0,3 cm³ 2,5%ig. äthanol. $NH_2OH \cdot HCl$-Lsg. abdampfen (60°), bei 30° 10 cm³ verd. *Fe*-Lsg. (Stammlsg.: 2 g Ferriperchlorathydrat in 10 cm³ W. lösen, 20 cm³ 71%ig. $HClO_4$ zugeben; unmittelbar vor Gebrauch 5 cm³ in 100 cm³ absol. CH_3OH geben) zugeben, nach 20 Min. bei 530 mμ colorimetrieren. Fettsäureestergeh. von 42 n., fastenden Personen: 8,6—12,3 Milliäquivalent/Liter (Mittel: 12,3). Da Cholinsterinester u. Phospholipidfettsäuren einen großen %-Satz der veresterten **I** ausmachen, wurde die Eichkurve mit Methyloleat aufgestellt. Bei sehr hohen Neutralfettkonzz. erfolgt die Best. besser unter Verwendung einer Neutralfett-Eichkurve (Tripalmitin). (Arch. Biochem. Biophysics **54.** 201—05. Jan. 1955. Chicago, Ill., St. Luke's Hosp., Henry Baird Favill Labor.) K. MAIER. 4574

Francis Tayeau und **Robert Nivet,** *Veresterung des Serumcholesterins und Lipoproteidassoziation.* Läßt man Blutserum 3 Tage bei 37° stehen, so vermindert sich der Geh. an freiem *Cholesterin* (**I**) unter Zunahme des veresterten (SPERRY, J. biol. Chemistry **111.** [1935.] 467). Vff. finden durch elektrophoret. Unters., daß hierbei der Geh. an α-*Lipoproteid* steigt, während der β-*Lipoproteid*-Geh. sinkt. *Gallensaure Salze* (**II**), *Saponine* (**III**), *Monobromacetate* (**IV**) u. *Phloridzoside* (**V**) verhindern bzw. vermindern diese Veränderung des Lipidogramms (Lp.). Wird das Serum 1 Std. auf 56° erwärmt, so erfolgt keine Änderung des Lp. Vff. schließen auf zwei verschied. Arten von Inhibitoren der

I-Veresterung im Serum: Solche, die das Lipoproteidsyst. verändern (**II**, **III**) u. solche, welche die *Lecithase*, die Fettsäuren in Freiheit setzt, hemmen (**IV**, **V**). (C. R. hebd. Séances Acad. Sci. **240**. 567–69. 31/1. 1955.) R. LAFFERENZ. 4574

D. M. Shepherd, W. Walker und **R. B. Hunter**, *Gerinnungshemmende Pharmaca der Cumarinreihe. Chemismus und Wirkungsmodus.* Vergleichender Überblick über die blutgerinnungshemmende Wrkg. folgender Cumarinderivv. u. anderer Verbb.: *Dicumarol, Tromexan, Phenylindandion, 3.3'-Methylen-bis-[cumarin], 3.3'-Methylen-bis-[4-oxy-6-methyl-α-pyron], 2.2'-Methylen-bis-[indandion], 1.3-Disalicylylpropan, 3.3'-Methylen-bis-[4-oxy-thiocumarin], 3.3'-Methylen-bis-[4-oxy-2-chinolon], Methyläther* des *2.2-Bis-[4-oxycumarinyl-(3)]-äthanols, 3-[α-Acetonylbenzyl]-4-oxycumarin, 3-[α-Naphthyl]-4-oxycumarin.* — 29 Literaturangaben. (Manufact. Chemist **25**. 5–9. Jan. 1954. Dundee, St. Andrews Univ., Med. School, Dep. of Pharmacol. and Therapeut.) E. SCHILDKNECHT. 4574

Ellen Aeffner und **Arno Voelkel**, *Zum Problem der Gerinnungsaktivität von Magnesiumglutaminat.* Die gerinnungsbeschleunigende Wrkg. des *Glutamins* ist imstande, die gerinnungshemmenden Eigg. von Mg zu überdecken. Mg-Glutaminat besitzt eine die Latenz- u. Gerinnungszeiten verkürzende, das fibrinolyt. Potential vermindernde sowie die Fibrinogen–Fibrin-Umwandlung beschleunigende Wirkung. — Diskussion. (Z. ges. inn. Med. Grenzgebiete **9**. 704–06. 15/7. 1954. Berlin-Nikolassee, Nervenklinik Waldhaus.) G. BRATFISCH. 4574

René Bourgain, Cecil Symons, Margaret Todd und **Irving S. Wright**, *Die Wirkung von phosphoryliertem Hesperidin auf die Blutgerinnung.* Die intravenöse Injektion von 100–150 mg phosphoryliertem *Hesperidin* ruft beim Kaninchen eine deutliche Hemmung der Blutgerinnung (Bg) hervor. Die Verb. scheint wie das *Heparin* (**I**) an der letzten Stufe des Bg-Mechanismus anzugreifen, u. die Wrkg. ist wie die des **I** durch intravenöse *Protamin*-Gaben aufzuheben. (J. Pharmacol. exp. Therapeut. **112**. 393–98. Dez. 1954. New York, N. Y., New York Hosp.; Cornell Univ., Med. Coll., Dep. of Med.) D. NEUBERT. 4574

Samuel I. Rapaport, Knut Aas und **Paul A. Owren**, *Die blutgerinnende Wirkung des Klapperschlangengiftes. Klapperschlangengift* verhält sich unter geeigneten Bedingungen ähnlich wie *Convertin* u. kann in Ggw. von Lipoid-Cofaktor der Blutplättchen Hämophilie A-, Hämophilie B- u. Proconvertinmangelplasma innerhalb von 5 Sek. zur Gerinnung bringen, während dies bei Proaccelerinmangelplasma nicht der Fall ist. — Durch seine vom Proconvertingeh. unabhängige Wrkg. eignet es sich zur Prothrombinzeit-Schnellbestimmungsmethode. (Blood **9**. 1185–94. Dez. 1954. Oslo, Norwegen, Univ. Hosp., Rikshosp., Dep. of Med.) V. SACHS. 4574

N. R. Ling, *Aminosäurekonjugate in dekationisiertem Harn.* 100 ml Harn wurden durch Passage einer 21 × 2 cm-Säule Amberlit IR-112 in der H-Form dekationisiert u. auf eine carbonatfreie Säule (30 × 1 cm) Amberlit IRA-400 in der OH-Form gegeben. Die Aminosäurekonjugate werden von dieser Säule mit 500 ml n/6 Essigsäure (**I**)–n/12-Ameisensäure (**II**), 200 ml n/4 **II** u. n/12 HCl–n/6 **II** in 6 ml-Fraktionen eluiert, wobei alle Lsgg. 10 Vol.-% Aceton enthielten. Nach Vakuumtrocknung u. Hydrolyse wurden die Aminosäuren papierchromatograph. bestimmt. Gruppe 1, die durch **I** verdrängt wurde, enthielt *α-Alanin* (**III**), *β-Alanin, γ-Amino-n-buttersäure, Asparaginsäure* (**IV**), *Glutaminsäure* (**V**), *Glycin* (**VI**), *Prolin* (**VII**), *Sarkosin* (**VIII**), *Serin* (**IX**) u. *Valin* (**X**). Gruppe 2, die durch **II** verdrängt wurde, enthielt **III**–**X**, *Threonin, Leucin* (**XI**) u. *Isoleucin.* Gruppe 3 u. 4, die ebenfalls durch **II** verdrängt wurde, enthielt **VI** bzw. **V**, u. Gruppe 5, die durch HCl verdrängt wurde, enthielt **III**–**VI**, **X**, **XI** u. *Tyrosin.* Konjugate der Gruppen 2, 3 u. 4 waren teilweise durch Äthylacetat extrahierbar. Bei Behandlung des dekationisierten Harns mit Aktivkohle (2 g/100 ml Harn) wurde Gruppe 2 teilweise, die Gruppen 3, 4 u. 5 zum größten Teil u. Gruppe 1 zu 40% entfernt. Diese adsorbierten Konjugate lassen sich von der wss. Kohlesuspension durch Behandlung mit 25 Vol.-% Benzylalkohol in Aceton (16 ml/100 ml Harn) wiedergewinnen. (Biochem. J. **59**. X–XI. Febr. 1955. Bath, Manor Hosp., Area Central Labor.) K. NEHRING. 4577

Fernand Kayser und **Roger Balat**, *Cholesterinurie: Normalwerte und pathologische Schwankungen.* Die Ausscheidung von *Cholesterin* (**I**) im Harn wurde nach einer eigenen Meth. bestimmt. Bei Normalen schwankte die **I**-Ausscheidung zwischen 0,3 u. 1,5 mg/Liter, im Mittel wurde 1mg ausgeschieden. Bei Schwangeren war die Ausscheidung schwankend. Bei Störungen der Nierenfunktion war bei Nephrose unter Umständen die Ausscheidung stark erhöht, bei Nephritis bestand keine Hypercholesterinurie. Bei Leberkranken konnte keine echte Vermehrung der **I**-Ausscheidung nachgewiesen werden, entsprechend waren die Ergebnisse bei Diabetes u. Herzkranken. Bei Infektionskranken erhöhte sich parallel dem Temperaturanstieg die **I**-Ausscheidung. Bei Carcinomkranken war manchmal eine leichte **I**-Erhöhung festzustellen. Ferner wurden Harne verschied.

Tierarten auf ihren I-Geh. untersucht. (C. R. Séances Soc. Biol. Filiales **146.** 1598—1600. Okt. 1952. Labor. de Chim., Fac. de Pharmacie.) WOLFGANG ALBRECHT. 4577

R. Maggio und **A. Monroy,** *Einige Versuche über den chemischen Mechanismus der Reaktion der Rinde bei der Befruchtung von Seeigeleiern.* Nach Zugabe von Lipovitellin zu Spermien von Arbacia werden Phospholipoide freigesetzt. Gleichzeitig kommt es zu einer hämolyt. Aktivität der Spermien. (Exp. Cell. Res. **8.** 240—44. Febr. 1955. Palermo, Labor. of Comparative Anatomy.) G. GERBER. 4582

A. Monroy, *Einige biochemische Aspekte der Aktivierung des Eies.* Es wird eine Anzahl von Befunden diskutiert, die für die Annahme sprechen, daß die Schlüssel-Rk. bei der durch die Befruchtung ausgelösten Aktivierung des Eies in einer Rk. des Spermas mit der Rindenschicht desselben besteht. Hierbei würde eine Substanz *X* frei, die direkt oder über eine Reaktionskette rasch eine Veränderung der *Cytoplasmaproteine* (**I**) u. eine Aktivierung von Enzymsystemen respirator. u. proteolyt. Natur bewirken könnte. Die proteolyt. Enzyme wirken dann möglicherweise auf die durch die Primär-Rk. mit *X* bereits modifizierten **I** u. führen weitere Umwandlungen derselben herbei. (Scientia [Asso] [6] **89** (**48**). 301—04. 1954. Palermo, Univ., Ist. di Anat. comparata „A. Giardina".) K. MAIER. 4583

J. Szepsenwol und **M. H. Partridge,** *Der Phosphorgehalt verschiedener Gewebe des Hühnerembryos.* Zur Klärung des unterschiedlichen Verh. von embryonalem u. ausgewachsenem Muskel (spontane bzw. durch Stimulation eintretende Kontraktion) wurden die P-Gehh. verschied. Organe vom 8. Tag der Bebrütung bis zum Schlüpfen untersucht (Gesamt-P, säurelösl. P u. dessen Fraktionen durch fraktionelle Hydrolyse). Bes. beim Skelettmuskel wurde gefunden, daß mit dem Übergang vom embryonalen zum ausgewachsenen Muskel (12.—18. Tag) die Phosphate stark zunahmen, ebenso auch nach Ergebnissen anderer Autoren Glykogen, Adenosintriphosphatase u. *N.* Vff. nehmen an, daß diese Stoffe bei der Entw. eines Regulationsmechanismus beteiligt sind, der die spontane Kontraktion des Muskels verhindert. (Amer. J. Physiol. **171.** 257—65. Nov. 1952. Georgia, Atl, Univ., School of Med., Dep. of Anatomy.) J. SCHWAIBOLD. 4583

Klaus Papendick, *Spurenelemente und Mangelkrankheiten.* Zusammenfassende Darst. des Fragenkomplexes der Spurenelemente, bes. Co, Cu, Mn, Fe, Ni, Mo u. Zn, u. Mangelkrankheiten bzgl. des Tieres sowie seiner Futtergrundlage im Zusammenhang mit Boden, Pflanze u. Tier. — Zahlreiche Angaben von Zahlenmaterial. (Beih. Arch. Tierernähr. **1955.** Nr. 6. 1—99. Donaueschingen, Staatl. Forschungs- u. Beratungsinst. für Höhenlandwirtschaft.) J. SCHWAIBOLD. 4585

Oswaldo de Lazzarini Peckolt, *Betrachtungen über die Bedeutung der Spurenelemente bei der Besserung des Ernährungsproblems in Brasilien.* (Rev. brasil. Farmácia **35.** 429—41. Nov. 1954.) P. G. SCHEURLEN. 4585

R. A. Wilcox, C. W. Carlson, Wm. Kohlmeyer und **G. F. Gastler,** *Die Verwertbarkeit von Phosphor aus verschiedenen Quellen für Truthühner bei Verfütterung gereinigter Diäten.* (Vgl. C. **1955.** 2939.) Analog den früheren durchgeführten Fütterungsverss. wurden Unterss. mit 15 verschied. P-Quellen durchgeführt, die ergaben, daß Truthühner empfindlicher gegenüber der Art des Phosphates sind als Hühner. Als sehr gut verwertbar erwiesen sich $CaHPO_4$, 2 defluorierte Phosphate u. einbas. Calciumphosphat, als relativ unverwertbar Rohphosphate u. koll. Phosphate, als mittelgut verwertbar gedämpftes Knochenmehl, ein defluoriertes Phosphat, β-Tricalciumphosphat, 2 Dicalciumphosphate u. ein 3bas. Calciumphosphat des Handels. (Poultry Sci. **33.** 1010—14. Sept. 1954. South Dakota, Coll. Stat., Agricult. Exp. Stat., Dep. of Poultry Husbandry and Stat. Biochem.) J. SCHWAIBOLD. 4585

H. J. Almquist, *Der Phosphorbedarf von jungen Hühnern und Truthühnern. Eine Übersicht.* Zusammenfassende Darst. der Ergebnisse zahlreicher Arbeiten seit 1944, wonach der P-Bedarf beim Huhn bis zum Alter von 4 Wochen 0,45 g, bis 10 Wochen 0,37 g leicht verwertbares P je 100 g Nahrung beträgt, beim jungen Truthahn 0,6 g. (Poultry Sci. **33.** 936—44. Sept. 1954. Modesto, Calif., Grange Co.) J. SCHWAIBOLD. 4585

S. C. Devadatta und **T. C. Appanna,** *Verwertbarkeit von Calcium bei einigen Blattgemüsen.* Es wurden vergleichende Fütterungsverss. mit Ratten durchgeführt, bei denen das genannte Ca in Form von Milch oder zur Hälfte in Form von Milch u. zur anderen Hälfte in Form einer Gemüsepflanze (getrocknet u. gepulvert) zugeführt wurde. Die Verwertbarkeit des Ca (Ca-Retention/Ca-Zufuhr in 60 Tagen) wurde bei Milch zu 0,85 u. bei 5 einheim. Gemüsepflanzen zu 0,54—0,79 gefunden. Solche Gemüse bilden demnach eine gute Ca-Quelle an Stelle des Milch-Ca für die menschliche Ernährung. (Proc. Indian Acad. Sci., Sect. B **39.** 236—42. Juni 1954. Vellore, Christian Med. Coll.) J. SCHWAIBOLD. 4585

Dino Spisni, *Chemische Zusammensetzung und biologischer Wert der Erdnuß. Kritische Betrachtung und experimentelle Untersuchungen.* Die bei Verfütterung sowohl der ganzen Samen als auch des fettextrahierten Mehles der Erdnuß beobachtete fettige Leberdegeneration beruht bei den fettfreien Prodd. wahrscheinlich auf der Verarmung an dem z. T. im Fettextrakt nachweisbaren *Methionin* (I); die im Vgl. zu dem Gesamtgeh. an I sehr geringe Ausbeute im Fettextrakt kann auf Verluste bei dessen hydrolyt. Aufarbeitung beruhen. Auch andere Methylgruppendonatoren werden möglicherweise durch die Extraktion entfernt. Die durch die Samen selbst hervorgerufenen tox. Erscheinungen beruhen auf anderen Faktoren, die entweder eine abnorm hohe I-Zufuhr erforderlich machen oder selbst tox. wirken. (Clin. veterin. **73**. 339—47. Nov. 1950.) W. KIMPEL. 4585

K. C. Sen, B. N. Premachandra, Noshir N. Dastur und **M. C. Rangaswamy**, *Wirkung von jodiertem Casein auf das Kälberwachstum.* Zwei Gruppen (A u. B) Kälber erhielten *jodiertes Casein* (I; bei A 1,25 g I/100 lbs. Lebendgewicht, bei B 0,75 g). Bei Anwendung von kleinen I-Dosen wird das Wachstum der Kälber verbessert. Bei höheren I-Dosen tritt die entgegengesetzte Wrkg. ein. (Current Sci. **23**. 294. Sept. 1954. Bangalore, Ind. Dairy Res. Inst.) H. PATZSCH. 4585

M. E. Winje, A. E. Harper, D. A. Benton, R. E. Boldt und **C. A. Elvehjem**, *Wirkung des Aminosäuregleichgewichtes im Futter auf die Fettablagerung in den Lebern von Ratten, die proteinarmes Futter erhielten.* In den Lebern von Ratten, die proteinarmes Futter mit Schweine- oder Rinderfleisch oder Eieralbumin erhielten, war das Fett red., wenn der Geh. an Futterprotein angestiegen war. Ergänzung dieses Futters mit *Gelatine* oder *Fibrin* (I) oder *Threonin* (II) u. *Glycin* erniedrigte den Fettgeh. der Lebern. *Lysin* bei zusätzlichen Gaben von *Histidin* u. II erniedrigte ferner den Fettgeh. der Lebern von Ratten, die ein proteinarmes Futter mit Eieralbumin erhalten hatten. Übermäßige Ablagerung von Fett in den Lebern wurde nicht beobachtet, wenn proteinarmes Futter mit I verfüttert wurde. Die Erhaltung einer n. Fettablagerung in den Lebern von Ratten, die proteinarmes Futter mit *Cholin* erhielten, hing wahrscheinlich von der Anwesenheit eines spezif. Verhältnisses der Aminosäuren zueinander im Futter ab. (J. Nutrit. **54**. 155—66. 10/9. 1954. Madison, Wis., Univ. of Wisconsin, Dep. of Biochem.) H. PATZSCH. 4585

S. B. Tove, F. H. Smith, C. T. Young und **F. W. Sherwood**, *Wirkung des Futterproteins auf die ungesättigten Fettsäuren im Körperfett der Ratte.* Die Zus. der ungesätt. Fettsäuren des Futterfettes ist der Primärfaktor, der auf die Fettsäurezus. des Depotfettes der Ratte einwirkt. Ersatz des gereinigten Proteins im Rattenfutter entweder durch mit Ae. extrahiertes Sojabohnenmehl oder durch mit Ae. extrahiertes Baumwollsaatmehl bewirkt einen Anstieg des Geh. an Diäthensäuren u. eine Abnahme des Geh. an Monoäthensäuren im Körperfett. Diese Wirkungen scheinen nicht auf in den Schroten zurückgebliebenen Resten von Pflanzenölen zu beruhen. Wahrscheinlich enthalten Sojabohnen- u. Baumwollsaatmehl einen Faktor, der zur Veränderung des Stoffwechsels ungesätt. Fettsäuren in der Ratte befähigt ist. (J. Nutrit. **54**. 49—57. 10/9. 1954. Raleigh North Carol. Agr. Exp. Stat., Animal Nutr. Sect. of Dep. of Animal Ind.) H. PATZSCH. 4585

M. F. Ellmore und **J. C. Shaw**, *Die Wirkung der Verfütterung von Sojabohnen auf das Blutplasmacarotin und Vitamin A bei Milchviehkälbern.* Bei Verfütterung eines Futters mit 30% *Sojabohnen* (roh oder gekocht) u. bei einer *Carotin* (I)-Zufuhr von 32 γ/lb. Körpergewicht war der Geh. des Kälberplasmas an *Vitamin A* (II) niedriger als bei den Kontrollen. Ein Minimum von ca. 64 γ I/lb. Körpergewicht ist erforderlich, um für Kälber einen Sicherheitsfaktor zu haben, wenn Sojabohnen zu 30% im Futter mitverfüttert werden. Der II-Geh. des Blutplasmas wurde außerdem bei Verfütterung von Sojabohnen herabgedrückt, wenn II in Form der II-Ester zugeführt wurde. *Thyroprotein* konnte das Absinken des Plasma-II-Geh. bei Sojabohnenverfütterung nicht verhindern. (J. Dairy Sci. **37**. 1269—72. Nov. 1954. College Park, Md., Maryland Agric. Exp. Stat., Dairy Dep.) H. PATZSCH. 4585

J. E. Rousseau jr., Cecilia M. Dembiczak, K. L. Dolge, H. D. Eaton, Geoffrey Beall und **L. A. Moore**, *Beziehung zwischen Plasma-Vitamin A und Leber-Vitamin A bei Kälbern, die mit Vitamin-A-freiem Futter, und bei Kälbern, die mit einem Futter mit einem Minimalgehalt an Vitamin A oder Carotin gefüttert wurden.* Wenn der Geh. des Plasmas an *Vitamin A* (I) u. der I-Geh. der Leber als log angegeben wird, wird eine positive lineare Beziehung zwischen diesen beiden Variablen gefunden. Bei Kälbern, die mit I-freiem Futter gefüttert wurden, war der I-Geh. des Blutplasmas bei einer gegebenen I-Konz. in der Leber niedriger als bei Kälbern, die ein Futter mit einem Minimalgeh. an I oder *Carotin* (II) erhalten hatten. Positive lineare Beziehungen des log der I-Konz.

in der Leber zum log der I-Konz. im Plasma wurden abgeleitet, um I-Ablagerungen in den Lebern von Kälbern, die mit I-freiem Futter, u. von Kälbern abzuschätzen, die mit einem Futter mit einem Minimalgeh. an I oder II gefüttert wurden. Es wurden ca. 3,6 u. 25,8 γ I/100 ml Blutplasma berechnet. — 26 Literaturangaben. (J. Dairy Sci. **37.** 1376—82. Nov. 1954. Univ. of Connecticut, Statistics Dep., Storrs Agric. Exp. Stat., Animal Ind. Dep.) H. PATZSCH. 4587

N. L. Jacobson, R. S. Allen, J. T. Blake und **P. G. Homeyer,** *Die Wirkung der Anwendungsmethode auf die Resorption und Ablagerung von Vitamin A bei Milchviehkälbern.* Junge Milchviehkälber, die vorher von *Vitamin-A* (I)-Reserven entblößt wurden, wurden mit einem natürlichen I-Esterkonzentrat nach verschied. Methoden gefüttert, um die relative Wrkg. auf I-Resorption u. -Ablagerung kennenzulernen. I in Öl u. I in Öl + Tween 80 wurden in Milch mit Saugflasche u. in Kapseln gegeben. Die I-Resorption u. -Ablagerung, gemessen am I-Geh. des Blutplasmas, war viel größer, wenn I in einer wss. Dispersion als in einer Öllsg. gegeben wurde. Die I-Anwendung in Milch mit Saugflasche war viel wirksamer als bei Kapselanwendung. (J. Nutrit. **54.** 143—53. 10/9. 1954. Ames, Io., Iowa Agric. Exp. Stat.) H. PATZSCH. 4587

E. C. de Renzo, J. J. Oleson, B. L. Hutchings und **J. H. Williams,** *Vitamin-B_1-Aktivität der Disulfidformen des Thiamins.* Die Vitamin-B_1-Aktivität des *Thiamins* (I), *Allithiamins* (II) u. *Propylallithiamins* (III) wurde verglichen. Nach Injektionen riefen I—III bei Ratten u. Küken gleiches Wachstum hervor. Ein besseres Wachstum wurde mit den Disulfidformen erzielt als mit einer äquivalenten Menge des I-Mononitrates, wenn die Stoffe mit dem Futter gegeben wurden. Dies wird durch Unterss. des I-Geh. der Lebern nach einer I- oder II-Gabe bestätigt. Bei Ratten wurde nahezu der gleiche Hemmungsindex für Oxy-I beobachtet wie für I—III. Die orale Anwendung der Disulfidformen beim Menschen ruft eine größere I-Ausscheidung durch den Urin hervor als die einer äquivalenten I-Menge. (J. Nutrit. **54.** 133—41. 10/9. 1954. New York, N. Y., American Cyanamid Co., Lederle Labor. Div.; Pearl River, Chem. and Biol. Res. Sect.) H. PATZSCH. 4587

Y. Matsui, *Über in Begleitung von Sensibilisierungs- und Schockinjektionen auftretende Schwankungen von Vitamin B_1 im Blutplasma.* Bei Sensibilisierung von Kaninchen mit *Eialbumin* (I), LUGOLscher Lsg. u. $K_2Cr_2O_7$ bis zum Auftreten von Schock zeigt der *Vitamin-B_1* (II)-Geh. im Blutplasma beim Auftreten der Überempfindlichkeit eine leichte Senkung, 6 Std. nach der wiederholten Injektion des Antigens deutlichen Abfall u. nach 24 Std. nahezu den ursprünglichen Wert, am ausgeprägtesten im Falle von I. Der Geh. an Antikörper sinkt nach dem Schock erheblich ab u. zeigt dann Neigung zum Ansteigen; damit parallel läuft der II-Gehalt. — 10 Literaturangaben. (Tokyo Jikeikai med. J. **69.** 277—82. 1/6. 1954. [Orig.: japan.]) L. SCHULER. 4587

Lotte Arnrich und **Agnes Fay Morgan,** *Die Ausnutzung von Carotin durch hypothyroide Ratten.* An jungen wachsenden oder an reifen Ratten, die mit *Thiouracil* hypothyroid gemacht wurden, wurde die Umwandlung des *Carotins* (I) zu *Vitamin A* (II) u. die Verteilung des II untersucht. Bei Anwendung kleiner I-Dosen wurde eine relativ größere II-Menge in den Lebern der Versuchs- als in denen der Kontrolltiere gefunden. Von einer gegebenen Dosis an I in Öl wurden aus dem Gastrointestinaltrakt bei n. u. Versuchstieren fast gleiche Mengen entfernt. Normale männliche Ratten waren fähig, meßbare II-Mengen in ihren Nieren nach I-Ergänzung anzusammeln. Weder n. noch hypothyroide weibliche Ratten waren dazu befähigt. (J. Nutrit. **54.** 107—19. 10/9. 1954. Berkeley, Calif., Univ. of California, Dep. of Home Econ.) H. PATZSCH. 4587

William van B. Robertson und **Valmore Cross,** *Kollagenbildung bei Ratten mit Vitamin-A-Defizit.* Das Wachstum von Granulationsgewebe bei Ratten wird durch subcutane Injektionen von Irländisch-Moos-Extrakt stimuliert. Die Kollagenkonz. dieses Gewebes war dieselbe bei n. Ratten, bei Ratten mit *Vitamin-A* (I)-Defizit u. bei Ratten mit I-Defizit, die aber zusätzlich *Ascorbinsäure* erhalten hatten. Die Ergebnisse stützen nicht die Ansicht, daß Skorbut bei der Ratte von einer I-Avitaminose begleitet ist. (J. Nutrit. **54.** 81—86. 10/9. 1954. Burlington, Vt., Univ. of Vermont, Coll. of Med., Div. of Exp. Med. and Dep. of Biochem.) H. PATZSCH. 4587

Albert I. Mendeloff, *Die Wirkungen einer Mahlzeit und einer Scheinmahlzeit auf die Resorption von Vitamin-A-Palmitat beim Menschen.* Bei fastenden Versuchspersonen kann der *Vitamin-A* (I)-Toleranztest negativ sein. Vf. fand, daß trotzdem bei n. wie gastrektomierten Personen der I-Serumanstieg durch eine Mahlzeit oder Scheinmahlzeit herbeigeführt werden kann. Atropin hemmt den I-Eintritt in das Blut teilweise. Für die Abgabe des aufgenommenen I an das Blut wird ein Mechanismus vermutet, der nicht an das Lumen des Magen-Darm-Traktes gebunden ist. (J. clin. Invest. **33.** 1015—21. Juli 1954. Washington, D. C., Univ., School of Med., Nutrit. Res. Labor., Dep. of Prevent. Med.) F. LEUSCHNER. 4587

Melquiades Cabal, *Thyreoidea, Infektionen und Tuberkulose.* Pathophysiol. orientierte Betrachtungen über die Bedeutung der *A-Hypovitaminose* u. der *Hypocholesterinämie* bei Hyperthyreosen, die Infektionen u. bes. tuberkulösen Lungenaffektionen ausgesetzt sind. (Med. clín. [Barcelona] **19** (**10**). 331–34. Nov. 1952. Langreo, Oviedo, Centro Secundario de Higiene Rural.) P. G. SCHEURLEN. 4587

K. Someswara Rao, M. K. Ramanathan, A. D. Taskar und **S. V. Phansalkar**, *Das Versagen von Vitamin B_{12}, das Wachstum bei unterernährten indischen Kindern zu fördern.* Tägliche orale Anwendung einer Ergänzung der Nahrung mit 20–25 µg *Vitamin B_{12}* (I) bei unterernährten ind. Kindern für 14–15 Wochen hatte keine nachweisliche Wrkg. auf das Wachstum dieser Kinder. N-Retention blieb unbeeinflußt, da I keinen Einfl. auf die Verdaulichkeit u. Ausnutzung des Nahrungsproteins dieser Kinder ausübt. (Indian J. med. Res. **43**. 277–83. April 1955. Coonoor, S. India, Indian Council of Med. Res., Nutrit. Res. Labor.) H. PATZSCH. 4587

W. R. Pitney und **M. F. Beard**, *Vitamin-B_{12}-Mangel nach totaler Gastrektomie.* Bei einem Patienten sank nach totaler Gastrektomie der *Vitamin-B_{12}*-Geh. im Serum in 20 Monaten infolge nachgewiesener gestörter Resorption von 150 auf 30 mγ/ml ab. (A. M. A. Arch. intern. Med. **95**. 591–93. April 1955. Louisville, Ky., Univ., School of Med., Dep. of Med., Sect. of Hematol.) F. KRUSEN. 4587

H. Goldeck und **Ch. Weiss**, *Blutkonzentration und Harnexkretion nach intravenöser Belastung mit Vitamin B_{12}.* Vff. untersuchten an 5 Gesunden, 3 Patienten mit Verlustanämie, 4 mit perniciöser Anämie, 2 mit Leukosen u. 3 mit malignen Neubildungen die Blutkonz. u. Nierenexkretion nach intravenöser *Vitamin-B_{12}* (I)-Belastung mit mikrobiol. I-Test (Euglena gracilis). Bei den Gesunden findet sich ein steiler Anstieg der Serumkonz. von I mit folgendem mäßig protrahiertem Abfall. Bei den Verlustanämien ist der I-Serumwert vor der Belastung mäßig erhöht u. zeigt dann stark protrahierten Abfall. Bei perniciöser Anämie u. den blastomatösen Erkrankungen ist die I-Gesamtmenge im Serum stark erniedrigt. Außer bei den Kranken mit malignen Neubildungen scheiden alle Untersuchten das zugeführte I bereits innerhalb der ersten 6 Std. nach der Zufuhr wieder aus, während bei den malignen Neubildungen die Ausscheidung in den auf die ersten 6 Std. folgenden 24 Std. am größten ist. (Z. klin. Med. **151**. 503–20. 1954. Hamburg, Univ., II. Med. Klinik u. Poliklinik.) K. BÖHM. 4587

V. M. Doctor und **J. R. Couch**, *Bioautographische Analyse des Blutes mittels Wachstumsaktivierung von L. leichmannii.* In Blutautolysaten von Huhn, Truthahn, Taube, Schaf, Schwein u. Kuh konnte mittels Papierchromatographie u. anschließender Bioautographie mit L. leichmannii gezeigt werden, daß *Vitamin B_{12}* u. bei Huhn, Truthahn u. Taube noch drei weitere Wachstumsfaktoren für dieses Bakterium vorkommen. Es handelt sich hierbei um Desoxyriboside, wovon eins als *Hypoxanthindesoxyribosid* identifiziert wurde. (Proc. Soc. exp. Biol. Med. **81**. 222–24. Okt. 1952. Texas Agric. and Mechan. Coll. System, Coll. Stat.; Dep. of Biochem. and Nutrit. and Poultry Husbandry.) H. MATTHIES. 4587

Tadahiko Andō und **Yōnosuke Ikeda**, *Untersuchungen über ein eindimensionales Diffusionsverfahren zur Bestimmung von Vitamin B_{12}.* Innerhalb eines Bereichs von 2–100 γ/cm³ wurde der *Vitamin-B_{12}* (I)-Geh., im Vgl. zur Standard-Wachstumskurve (SWK), durch die Länge der Bewuchszone von Lactobacillus lactis Dorner ATCC (LLD) 8000 in 0,066 Mol I enthaltender Phosphatpufferlsg. bestimmt. LLD wurde im leicht modifizierten CASWELL-Medium + 1,5% Agar mit 0,02% Polyoxyäthylensorbitanmonooleat als Oberflächenaktivator gezüchtet. Die SWK berechnete sich nach MASUYAMA's empir. Formel $y(x) = G[1 - e^{-r(x-a)}]$, worin y die Wachstumslänge, x die I-Konz., G, r u. a Konstanten sind. Der Einfl. von *Streptomycin* (II), das bis zu 1000 E./cm³ zugegen sein kann, wurde durch Zusatz eines Antagonisten, wie *Cystein*, oder papierchromatograph. Abtrennung oder durch Benutzung eines gegen II resistent gemachten Bacillus ausgeschaltet. (Rep. sci. Res. Inst. [Kagaku-Kenkyujo-Hokoku] **28**. 380–86. Nov. 1952. [Orig.: japan.]) L. SCHULER. 4587

Andrew W. Breidenbach und **Francis E. Ray**, *Einflüsse der Ascorbinsäure auf die Magensekretion bei Meerschweinchen.* (Vgl. C. **1955**. 11239.) Vff. untersuchten an männlichen Meerschweinchen mit einer Magenfistel den Einfl. von *Ascorbinsäure* (I) auf die Magensekretion. Sie bestimmten die Normalität, die Sekretionsgeschwindigkeit u. den I-Geh. der Magen-Fl. bei präskorbut. (A) u. nichtskorbut. (B) Tieren nach intraperitonealer Injektion von *physiol. NaCl-Lsg.* (II), I in II oder *Histamindiphosphat* (III) in II. Die Sekretionsgeschwindigkeit war bei A u. B etwa gleich, jedoch lag der I-Geh. bei A mit höchstens 1,5 mg% bedeutend niedriger als bei B (4,5–5,0 mg%). Ebenso war die Normalität bei A im Vgl. zu B (0,1 n) mit 0,077–0,082 n um ca. 20% gesenkt. II-Gaben hatten in beiden Gruppen keinen Einfluß. I-Gaben bewirkten dagegen in beiden Gruppen einen Anstieg der Normalität um ca. 20% sowie eine Erhöhung des **I**-Geh., während die Sekretion unbeeinflußt blieb. Nachfolgende Injektion von **III** hatte Anstieg der Normalität u. der Sekretionsgeschwindigkeit zur Folge, bei Verminderung des **I**-Geh. (Verdünnung). Die Höchstwerte der Normalität bei A u. B differierten bei **III**-Stimulierung nur um 0,004 Milliäquivalent/ml. (Amer. J. Physiol. **180.** 637—40. März 1955. Gainesville, Fla., Univ., Cancer Res. Labor.) HANS THIELE. 4587

Yngve Ericsson, *Die Wirkung der Oxydation von Ascorbinsäure auf mucoide Substanzen und Bakterien in Körperflüssigkeiten.* Die Oxydation von *Ascorbinsäure* (I) verursacht eine deutliche Spaltung von mucoiden Substanzen in Körperflüssigkeiten u. hat einen bakterieiden Effekt, welcher mit einer möglichen Depolymerisation von Polysacchariden in den Bakterien erklärt wird. Ein Zusammenhang zwischen dieser Wrkg. u. dem I-Einfl. auf Infektionen u. tox. Zustände wird diskutiert. (Acta pathol. microbiol. scand. **35.** 573—83. 1954. Stockholm, State dental Coll., Dep. of operative Dentistry.) WOLFGANG ALBRECHT. 4587

Joseph Neumann, Jean Fabianek und **Jean Lavollay,** *Zum Begriff des Vitamins P. Beim künstlich ohne Flavon- und Tanninverbindungen ernährten Meerschweinchen ist die Fixierung der Ascorbinsäure normal.* Die Best. von *Ascorbinsäure* (**I**) in Nebenniere, Milz, Niere u. Leber von Meerschweinchen, denen mit einer bes. gereinigten Nahrung täglich 20 mg **I** verabreicht wurde, ergab, daß die genannte Menge völlig zur Vorbeugung von Skorbut ausreicht. Die Fixierung der **I** in den Organen ist normal. Es besteht demnach keine Notwendigkeit, die Ggw. eines anderen Faktors anzunehmen. (C. R. hebd. Séances Acad. Sci. **234.** 1407—09. 24/3. 1952.) R. KÖNIG. 4587

Ivo Andrijić, *Die Bedeutung der Vitamine in der modernen Therapie und Prophylaxe. (Zum 40. Jahrestag der Entdeckung des ersten Vitamins.)* Kurzer Überblick über Eigg. u. Anwendung der Vitamine. (Farmac. Glasnik **8.** 365—76. Nov. 1952.) S. BECKMANN. 4587

Paavo Roine, *Die Bedeutung der Mikroorganismen für den Vitaminhaushalt der Menschen und Tiere.* Übersicht über die Vitaminsynth. durch die Mikroorganismen der Verdauungswege u. über den Einfl der Nährstoffe u. Antibiotica auf die Vitaminsynthese. — 29 Literaturangaben. (Suomen Kemistilehti A **25.** 53—63. 1952.) S. BECKMANN. 4587

Nils Åke Diding, *Mikroorganismen und Vitamine.* Zusammenfassender Vortrag über die Bedeutung der Vitamine für verschied. Typen von Mikroorganismen, die Beziehungen der Mikrorganismen zur Vitaminsynthese u. die mikrobiol. Best. von Vitaminen. (Farmac. Revy **54.** 429—35. 14/7. 1955.) R. K. MÜLLER. 4587

D. W. Taylor, *Resorption durch den Darm von Ratten mit einer blinden, sich selbstfüllenden Darmtasche.* Die Resorption von *Glucose* u. von *L-Glutaminsäure* im Rattendarm zeigt keinen bemerkenswerten Unterschied, ob man n. oder operierte Ratten, die man zuvor mit einer blinden, sich selbst füllenden Darmtasche versehen hat, nimmt. (Nature [London] **170.** 81. 12/7. 1952. Aberdeen, Univ., Dep. of Physiol.) E. ERBE. 4594

Doris Howes Calloway und **Harry Spector,** *Stickstoffausnutzung während einer Calorieneinschränkung.* 1. Mitt. *Die Wirkung des Fettgehaltes der Nahrung.* In Fütterungsverss. mit erwachsenen Ratten war der Körpergewichtsverlust umgekehrt proportional dem Caloriengeh. des Futters u. wurde durch die Zus. des Futters beeinflußt. Die Tiere mit eingeschränktem Calorienverzehr zeigten ein negatives N-Gleichgewicht, das in direkter Beziehung zur Calorieneinnahme stand. Hinsichtlich des N-Geh. waren die Verluste am geringsten bei den Tieren, die Vollfutter erhielten, größer, aber annähernd gleich bei den Tieren, die 50 u. 25% des Calorienbedarfes erhielten, u. am größten bei den Fastentieren. Der Fettgeh. war direkt proportional der Calorieneinnahme. Es bestand keine konstante Beziehung zwischen Gewebeverlust u. Fett- oder Proteingeh. des Futters. (J. Nutrit. **56.** 533—43. 10/8. 1955. Chicago, Ill., Quartermaster Food and Container Inst. for the Armed Forces.) H. PATZSCH. 4595

Doris Howes Calloway und **Harry Spector,** *Stickstoffausnutzung während einer Calorieneinschränkung.* 2. Mitt. *Die Wirkung der Veränderung in der Stickstoffeinnahme.* (1. vgl. vorst. Ref.) Der Grad des negativen N-Gleichgewichts war umgekehrt proportional der N-Einnahme, ein positives Gleichgewicht wurde aber nicht erreicht. Die N-Ausnutzung verminderte sich, weil größere Mengen Nahrungsprotein für Energiezwecke in Anspruch genommen wurden. Zwischen Leber-N-Verlust u. N-Gleichgewicht bestand keine signifikante Korrelation. (J. Nutrit. **56.** 545—54. 10/8. 1955. Chicago, Ill., Quartermaster Food and Container Inst. for the Armed Forces.) H. PATZSCH. 4595

Albert Schilling und **Daniel Laszlo,** *Die Höhe der Calciumausscheidung im Harn nach intravenöser Verabreichung als Indicator für den Knochenstoffwechsel.* In einer Reihe von

Verss. an gesunden u. knochenerkrankten Menschen wurde die Ca-Ausscheidung im Harn nach intravenöser Infusion in Form von Ca-Gluconat untersucht. Unternormale Werte wurden bei Patienten mit vermehrter Neigung zur Knochenablagerung gefunden, verstärkte bei Patienten mit osteolyt. Aktivität. (Proc. Soc. exp. Biol. Med. **78.** 286—89. Okt. 1951. New York City, Montefiore Hosp., Div. of Neoplastic Diseases.) K. NEHRING. 4596

William E. Hatton, William H. Nebergall und **Joseph C. Muhler,** *Die Aufnahme von Fluor aus verdünnten Lösungen von Natriumfluorid durch gepulverten Zahnschmelz.* Gepulverter Schmelz nimmt aus einer verd. Lsg. von SnF_2 mehr F auf als aus einer NaF-Lsg. mit stöchiometr. gleichem F-Geh. (2—50 μg/ml). Diese Erscheinung wird mit der größeren Wasserstoffionenkonz. der SnF_2-Lsg. erklärt. (J. Dental Res. **34.** 350—57. Juni 1955. Bloomington, Del., Indiana Univ., Dep. of Chem.) G. KLESSE. 4596

Takehiko Kikuchi, Gyoichi Wakisaka, Tsuyoshi Kono, Hiroshi Goto, Hiroaki Akagi, Tsunehisa Yamamasu und **Isamu Sugawa,** *Untersuchungen über den Stoffwechsel von Spaltungsprodukten.* 1. Mitt. *Untersuchungen über den Stoffwechsel von radioaktiven Aschen vom Schiff Nr. 5 Fukuryu Maru.* In Verss. mit Mäusen wurde gefunden, daß bei Verfütterung der Gesamtasche hauptsächlich alkal. Erden als Radioisotope resorbiert u. nach 24 Std. vorwiegend in den Knochen abgelagert wurden. Bei Zufuhr per os der Radioisotope der Asche nach Entfernung der alkal. Erden wurden bes. radioakt. Schwermetalle wie *Rn* u. *Rh* hauptsächlich in Niere, Leber, Lunge u. Milz abgelagert. Die Schwermetalle werden hauptsächlich durch die Niere ausgeschieden. Nach subcutaner Injektion entsprechender Präpp. aus der Asche wurden Seltene Erden bes. in den Knochen abgelagert u. durch die Niere u. den Verdauungskanal ausgeschieden. Die Stoffe im HCl-Extrakt aus der radioakt. Asche wurden nach subcutaner Zufuhr in den Knochen u. verschied. Organen abgelagert sowie durch Niere u. Darmkanal ausgeschieden. (Bull. Inst. chem. Res., Kyoto Univ. [Kagaku Kenkyusho Hokoku], Suppl. **1954.** 75—82. Nov. Kyoto, Univ., Fac. of Med., 2. Med. Clinic.) J. SCHWAIBOLD. 4596

Takehiko Kikuchi, Gyoichi Wakisaka, Tsuyoshi Kono, Hiroshi Goto, Hiroaki Akagi, Tsunehisa Yamamasu und **Isamu Sugawa,** *Untersuchungen über den Stoffwechsel von Spaltungsprodukten.* 2. Mitt. *Untersuchungen über den Stoffwechsel der in den radioaktiven Aschen vom Schiff Nr. 5 Fukuryu Maru enthaltenen Radioisotope.* (1. vgl. vorst. Ref.) Mittels einer Austauscherharzmeth. unter Verwendung von Amberlite JR 120 wurden ^{91}Y, $^{141,144}Ce$, ^{144}Pr, ^{45}Ca, $^{89,90}Sr$, $^{103,106}Rn$, ^{106}Rh, ^{95}Zr, ^{95}Nb u. ^{131}Z aus der radioakt. Asche isoliert. Von diesen Elementen wurden Sr, Ca u. Y bes. in den Knochen angereichert. Die Ausscheidung von Sr war sehr langsam. Bei Zufuhr per os wurden Sr u. Ca gut resorbiert, Y dagegen nur wenig. Unter den untersuchten Elementen erscheint Sr als das wichtigste Element, das biol. Störungen verursacht, wenn radioakt. Asche per os aufgenommen wird. (Bull. Inst. chem. Res., Kyoto Univ. [Kagaku Kenkyusho Hokoku], Suppl. 1954. 84—98. Nov.) J. SCHWAIBOLD. 4596

Takehiko Kikuchi, Gyoichi Wakisaka, Masaru Suenaga, Tsuyoshi Kono, Hiroaki Akagi, Hiroshi Goto, Takashi Matsuki und **Yasuo Yoshimine,** *Untersuchungen über den Stoffwechsel von Spaltungsprodukten.* 3. Mitt. *Radioautographische Untersuchungen über die Lokalisation von Radiostrontium und Radiocalcium in den Knochen.* (2. vgl. vorst. Ref.) Nach Zufuhr von ^{45}Ca oder $^{89,90}Sr$ subcutan oder intracardial bei Mäusen bzw. Meerschweinchen wurde die in 10—13 Std. erfolgte Ablagerung dieser Elemente in den Knochen untersucht. Es wurde eine starke Lokalisation dieser Elemente in den Knochen festgestellt, bes. in der Epiphyse. Von dem intracardial zugeführten Ca fanden sich nach 10 Std. etwa 2,8% je g Gewebe des Knochens am Kniegelenk, etwa 0,038% im Serum. Keine merklichen Veränderungen des Blutbildes wurden in 5 Tagen nach einer solchen Ca-Gabe beobachtet. (Bull. Inst. chem. Res., Kyoto Univ. [Kagaku Kenkyusho Hokoku], Suppl. 1954. 99—105. Nov.) J. SCHWAIBOLD. 4596

Takehiko Kikuchi, Gyoichi Wakisaka, Tsuyoshi Kono, Hiroaki Akagi, Tsunehisa Yamamasu und **Isamu Sugawa,** *Untersuchungen über den Stoffwechsel von Spaltungsprodukten.* 4. Mitt. *Die Wirkungen von EDTA-Na auf den Stoffwechsel von Radiostrontium und Radioyttrium bei Mäusen.* (3. vgl. vorst. Ref.) Die Toxizität von *Äthylendiamintetraessigsäure* (**I**; Na-Salz) bei subcutaner Anwendung wurde festgestellt, ebenso diejenige von $Sr(NO_3)_2$ u. $Ba(NO_3)_2$. Gleichzeitige Injektion von **I** hatte keinen Einfl. auf die Verteilung von radioakt. *Sr* in den Knochen. Die Verteilung von radioakt. *Y* zeigte unter der Wrkg. von **I** eine gewisse Verminderung. Bei den Seltenen Erden war eine deutliche Verminderung feststellbar. (Bull. Inst. chem. Res., Kyoto Univ. [Kagaku Kenkyusho Hokoku], Suppl. 1954. 106—11. **1954.** Nov.) J. SCHWAIBOLD. 4596

Arthur F. Dratz und **Philipp Handler,** *Renaler Phosphat- und Kohlenhydratstoffwechsel, untersucht mit Radiophosphor.* Das Absinken der Aktivität des anorgan. Phosphats im Plasma von Katzen nach Injektion von ^{32}P-Phosphat wurde weder durch *Phlorrhizin* (**I**)- noch durch *Glucose* (**II**)-Gaben beeinflußt. Die spezif. Aktivität–Zeit-Kurven für anorgan. P u. labilen P des *ATP–ADP* in der Niere führten zu dem Schluß, daß diese in heterogener Verteilung vorliegen. Die Aktivität beider Verbb. begann nach Erreichen eines Maximums schon innerhalb von 5 Min. nach der Injektion abzufallen; innerhalb von 2 Std. war ein Gleichgewicht mit dem Plasmaphosphat erreicht. Dieser Vorgang konnte durch **I**- bzw. **II**-Gabe beschleunigt werden. Die Aktivität von *Glucose-1-phosphat* (**III**) war größer als die von *Glucose-6-phosphat* (**IV**) u. erreichte das Gleichgewicht mit dem Plasmaphosphat schneller (2 Std. bzw. mehr als 4 Std.). Durch **II**-Gaben wurde die Aktivität von anorgan. Phosphat u. ATP, aber nicht von **III** u. **IV** erhöht. Die Aktivität von ATP war nach 20 Min. erhöht, aber im Gegensatz zu den anderen P-Verbb. unabhängig vom Ausmaß der Glucosurie. (J. biol. Chemistry **197**. 419—31. Juli 1952. Durham, N. C., Duke Univ. School of Med., Dep. of Biochem. and Nutr.)
H.-G. SCHWEIGER. 4596

A. Baird Hastings, Albert E. Renold und **Ching-Tseng Teng,** *Die Wirkungen von Ionen und Hormonen auf den Kohlenhydratstoffwechsel.* Überblick über eigene Unterss. der Vff.: Unterss. am Muskel, an der Leber (Wrkg. von Elektrolyten, Wrkg. von Hormonen auf den Glucose (**I**)- u. Pyruvatstoffwechsel, Best. der Gesamtglucosephosphorylierung, Beziehung zwischen Insulin (**II**) u. Glucose-6-phosphatase (**III**)-Aktivität), Vgl. der mit Ionen- u. hormonalen Faktoren zusammenhängenden Stoffwechselveränderungen. Red. der intracellulären K-Konz. der Leber bewirkt im Kohlenhydratstoffwechsel der n. Leber diabetesähnliche Veränderungen. **II**-Mangel verringert die **I**-Aufnahme von Muskel u. Leber u. erhöht die **I**-Abgabe der Leber. Die erhöhte **I**-Abgabe wird durch Adrenalektomie u. Hypophysektomie aufgehoben. **II**-Zufuhr wirkt beim Muskel sofort, bei der Leber verzögert. Die Wrkg. von **II** auf die Leber erfolgt wenigstens teilweise durch der enzymat. Adaptation ähnliche Veränderungen. Z. B. nimmt die **III**-Aktivität bei Diabetes beträchtlich zu u. reagiert auf **II** adaptiv. — 41 Literaturangaben; Diskussionsbemerkungen. (Recent Progr. Hormone Res. **11**. 381—400. 1955. Boston, Mass., Harvard Med. School, Dep. of Biol. Chem.) K. MAIER. 4596

K. Guggenheim und **J. Mayer,** *Untersuchungen über den Pyruvat- und Acetatstoffwechsel beim erblichen Fettsucht–Diabetes-Syndrom der Mäuse.* Ausführungen an Hand der Literatur über das physiol.-chem. Verhalten von erblich fettsüchtigen Mäusen, bei denen der Blutzuckerspiegel in Abhängigkeit von der Diät stark veränderlich ist. Es werden vergleichende Verss. mit n. u. mit fettsüchtigen Tieren durchgeführt, indem die Verwertung von *Acetat* (**I**; Vorläufer für die Lipoide) u. von *Pyruvat* (**II**) geprüft wird. Haltung u. Fütterung der Tiere, Erzeugung von Alloxandiabetes, Verabfolgung von $CH_3{}^{14}COONa$ bzw. $CH_3{}^{14}CO \cdot COONa$ vgl. Original. Ermittlung des respirator. CO_2 u. seiner Aktivität; bei den Fütterungsverss. mit isotopem **I** (3 Tage lang) wird die Radioaktivität der Leberfettsäuren u. des Cholesterins bestimmt. Es zeigt sich, daß die nichtfettsüchtigen Tiere deutlich mehr ($^1/_3$) $^{14}CO_2$ während 3 Std. ausatmen als die fettsüchtigen. Das verfütterte isotope **I** tritt während der 3tägigen Veruchsperiode bei den fettsüchtigen Mäusen in mehr als dem doppelten Betrag in den Leberfettsäuren auf als bei den n. Tieren. Die **II**-Oxydation ist bei den fettsüchtigen Mäusen herabgesetzt, aber in geringerem Ausmaß als bei alloxandiabet. Mäusen. Die partielle Blockierung der **I**-Verwertung u. die damit verknüpfte vermehrte Lipogenese werden als die prim. erbliche biochem. Läsion bei dem beschriebenen Syndrom betrachtet. (J. biol. Chemistry **198**. 259—65. Sept. 1952. Boston, Mass., Harvard School of Public Health, Dep. of Nutrit.) K. TÄUFEL. 4596

U. Principe und **H. Elzenbaum,** *Die Mucopolysaccharide im Knochen während des Wachstums.* Vff. untersuchten mit der histolog. Meth. nach MCMANUS-HOTCHKISS den Geh. der distalen Femurmetaphysen von Meerschweinchen an *Mucopolysacchariden* (**I**). Nach der Lokalisation der **I** ist es möglich, zwischen enchondraler metaphysärer u. periostaler diaphysärer Verknöcherung zu unterscheiden, auch bestehen Unterschiede des Knorpel–Knochen-Wachstums bei Hypophysektomie, Kastration oder Teilresektion der Schilddrüse. (Sperimentale **104**. 278—91. 15/12. 1954. Firenze, Univ., Ist. Clin. Chirurg.)
P. G. SCHEURLEN. 4596

Alvin I. Krasna, Pincus Peyser und **David B. Sprinson,** *Die Verwertung von $^{14}C_{(2)}$-L-Threonin für die Synthese von Harnsäure* (Vgl. C. **1953**. 8127.) Die Synth. von $^{14}C_{(2)}$-*L-Threonin* (**I**) erfolgte nach einer Modifikation der von ELLIOT (vgl. C. **1954**. 8553) angegebenen Methode. Nach Injektion von **I** bei einer Taube war die Aktivität des C-Atoms 5 der aus den Exkreten gewonnenen *Harnsäure* ca. 4mal so groß wie die der C-Atome 2 u. 8, während die Aktivität der C-Atome 4 u. 6 gering war. Die Aktivitätsverteilung nach

I-Gabe entspricht der nach Applikation von α-markiertem Glycin (III). Nach Verfütterung von *^{14}C-^{15}N-L-Threonin* (II) an Ratten war der Quotient ^{14}C/^{15}N im III-Anteil der ausgeschiedenen Hippursäure genau so groß wie im verfütterten II. (J. biol. Chemistry **198.** 421–26. Sept. 1952. New York, N. Y., Columbia Univ., College of Physicians and Surgeons, Dept. Biochem.) H.-G. SCHWEIGER. 4596

Seishiro Kawamoto, *Untersuchung über intermediären Eiweißstoffwechsel und Chloridverteilung.* Im Vgl. zum n. Zustand ist bei Leber- oder Nierenerkrankung oder Lungentuberkulose im Blut der Jodsäurewert (JW) erhöht u. der *Chlorid*-Geh. (CG) verändert, u. zwar gleichlaufend mit Art u. Schwere der Erkrankung. Bei Versuchstieren mit experimentell erzeugten entsprechenden Erkrankungen zeigen sich ähnliche Veränderungen. Bei Fehlen parenchymaler Schäden bleiben die Symptome bisweilen aus. Bei Leberschäden sind im Lebergewebe JW u. CG erhöht, im Nierengewebe erniedrigt. Bei Nierenschäden sind im Nierengewebe beide erhöht, im Lebergewebe erniedrigt. Bei tuberkulösen Tieren ist der JW in Leber u. Niere erhöht, der CG erniedrigt. Der intermediäre Eiweißstoffwechsel in erkrankten Organismen wird also durch die Dysfunktion der Leber, Stoffwechselabfallprodd. zu verwerten bzw. zu entfernen, beeinflußt. Ferner besteht eine ausgleichende Regelung zwischen Leber u. Niere; auch Störungen in der Lunge greifen in den Mineralstoffwechsel ein. — 62 Literaturangaben. (J. Kyoto prefect. med. Univ. **54.** 539–59. Juni 1954. [Orig.: japan., Auszug: engl. XLV.]) L. SCHULER. 4596

Günther Weitzel, Harald Schön, Friedrich Gey und **Hans Kalbe,** *Stoffwechselversuche mit Fettsäuren mittlerer Kettenlänge.* 1. Mitt. *Fettsäuren mittlerer Kettenlänge im Hautstoffwechsel.* Überprüfung der Frage, inwieweit verfütterte Fettsäuren mittlerer Kettenlänge bis in die Haut gelangen u. dort gegebenenfalls angereichert werden. Die Verss. werden an Ratten durchgeführt, die neben der Normalkost entweder ein Futter mit 37 Gew.-% eines Mischglycerides der C_8-, C_{10}- u. C_{12}-Fettsäuren oder aber reines *Octansäure-* (I), *Decansäure-* (II), *Undecan-* (III) oder *Undecylensäure* (IV)-*Glycerid* verabreicht bekamen. Extraktion des Hautfettes (nicht des von den Talgdrüsen sezernierten Hautoberflächenfettes), getrennt nach Cutis- u. Subcutisfett, mit Aceton, Wasserdampfdest., Charakterisierung der Fettsäuren durch VZ. oder JZ. u. durch papierchromatograph. Trennung. Parallel hierzu einige Verss. an menschlicher Leichenhaut. — Im Rattenhaut-Cutisfett sind geringe Mengen I (ca. 0,1%) u. II (ca. 0,1%), dagegen größere Mengen Dodecansäure (ca. 0,5%) nachweisbar. Auch in der menschlichen Haut sind Fettsäuren mittlerer Kettenlänge, z. T. in größeren Mengen als in der Rattenhaut, nachweisbar, doch zeigen die Werte hinsichtlich der Körperregion, vielleicht auch bedingt durch Alter u. Geschlecht, erhebliche Unterschiede. Die Fütterungsverss. zeigen, daß die genannten Fettsäuren in das Hautfett gelangen u. dort gespeichert werden, I u. II machen nunmehr bis zu 7% der Gesamtfettsäuren aus, auch III u. IV werden im Hautfett angereichert. Die Zunahme der Fettsäuren läuft mit der Dauer der Verfütterung von Fettsäuren mittlerer Kettenlänge deutlich parallel. Auch das Unterhaut-(Subcutis)-fettgewebe nimmt die Fettsäuren bis auf I, die nur in der Cutis gespeichert wird, auf. Es wird gefolgert, daß die Fettsäuren mittlerer Kettenlänge von C_8 an von der Cutis, von der Subcutis jedoch erst ab C_{10} gespeichert werden können. Der I wird eine besondere Hautfreundlichkeit nachgesagt. (Hoppe-Seyler's Z. physiol. Chem. **301.** 118–31. 26/7. 1955. Göttingen, Med. Forschungsanst. [Biochem. Abt.] der Max-Planck-Ges.) H. P. FIEDLER. 4596

Friedrich Gey, Harald Schön, Hans Kalbe und **Günther Weitzel,** *Stoffwechselversuche mit Fettsäuren mittlerer Kettenlänge.* 2. Mitt. *Mittlere Fettsäuren im Hautstoffwechsel bei cholinarmer Kost.* (1. vgl. vorst. Ref.) Es wurde geprüft, inwieweit bei Verabreichung einer cholinarmen Kost mit hohem Angebot an Fettsäuren mittlerer Kettenlänge (10–40%) Änderungen im Fettstoffwechsel der Rattenhaut feststellbar sind. Zunächst konnten bei diesen Verss., wenn überhaupt, nur geringgradige Leberverfettungen beobachtet werden. Die in Cutis u. Subcutis abgelagerten bzw. nachweisbaren Fettmengen unterschieden sich nicht von den bei cholinsuffizienter Kost festgestellten Fettmenge, u. zwar auch dann nicht, wenn eine durch Cholinmangel bedingte Leberverfettung nachgewiesen werden konnte. Da darüber hinaus die Zus. der Fettsäuren des Cutis- u. Subcutisfettes gegenüber den in der vorst. Mitt. mitgeteilten Befunden keine Abweichung aufweist, wird gefolgert, daß eine Ausdehnung des Begriffes der Lipotropie auch auf die Haut unzulässig ist, da Cholin den Fettstoffwechsel der Haut weder direkt noch indirekt zu beeinflussen vermag. (Hoppe-Seyler's Z. physiol. Chem. **301.** 132–42. 26/7. 1955. Göttingen, Med. Forschungsanst. [Biochem. Abt.] der Max-Planck-Ges.) H. P. FIEDLER. 4596

Harald Schön, Friedrich Gey, Franz-Josef Strecker und **Günther Weitzel,** *Stoffwechselversuche mit Fettsäuren mittlerer Kettenlänge.* 3. Mitt. *Fütterungsversuche mit*

Laurinsäureestern. (2. vgl. vorst. Ref.) Das eingehende Literaturstudium läßt erkennen, daß die *Laurinsäure* (I) im Stoffwechselgeschehen eine besondere Rolle spielt, weshalb in Fortsetzung der vorst. Verss. einheitliche I-Ester, I-*Triglycerid*, I-*Äthyl*, u. I-*Methylester* an Ratten in z. T. sehr hohen Dosen (bis zu 40 Gew.-% der Kost) verfüttert wurden. Die Ergebnisse zeigen, daß auch I im Cutis- bzw. Subcutisfett (bis zu 7% der Gesamtfettsäuren) abgelagert wird, wobei wiederum die Subcutis ein höheres Speicherungsvermögen zeigt als die Cutis, was bes. bei niedrigerem I-Angebot offenbar wurde. Auch bei diesen Verss. konnte kein Cholineinfluß auf die I-Speicherung in Cutis- oder Subcutisfett beobachtet werden. Die sonst bei I-Verabreichung beobachteten Herzmuskelschädigungen werden bestätigt, wenngleich die für die vorliegenden Verss. verwendeten Tiere etwas weniger empfindlich reagierten. Da I eine hohe antimikrobielle Wrkg. besitzt, wird angenommen, daß I die Darmflora bis zum Aussetzen der notwendigen Wirkstoffsynth. schädigt, wodurch durch Ausfall der Vitamine der B-Gruppe u. des Vitamins K die Stoffwechselsituation eine wesentliche Verschärfung erfährt. (Hoppe-Seyler's Z. physiol. Chem. **301.** 143—55. 26/7. 1955. Göttingen, Med. Forschungsanst. [Biochem. Abt.] der Max-Planck-Ges.) H. P. Fiedler. 4596

John G. Coniglio, Carl E. Anderson und **C. S. Robinson,** *Verteilung biosynthetisierter Fettsäuren in normalen und hungernden Ratten.* Bei n. ernährten u. hungernden (72 Std.) Ratten konnten Vff. kaum einen Unterschied in der Verteilung der biosynthetisierten Fettsäuren (I) innerhalb der Neutralfett (N.F.)- u. Phospholipid (P.L.)-Fraktionen der verschied. Gewebe feststellen. Die Tiere bekamen radioakt. Acetat injiziert (einige Tiere jeder Gruppe erhielten nichtisotop. Na-Pyruvat). In den Därmen zeigten die P.L.-I eine höhere spezif. Aktivität (sp.A.) als die N.F.-I. Die N.F.-I des intramuskulären Gewebes hatten eine höhere sp.A. als die P.L.-I, während es beim subcutanen Gewebe umgekehrt war. Im Körperfett fand bei hungernden Ratten ein stärkerer Einbau von markiertem Acetat in gesätt. I statt als bei gefütterten Tieren. Die sp.A. der ausgeschiedenen fäkalen I war höher als die bei den hungernden Tieren. (Amer. J. Physiol. **177.** 69—72. April 1954. Nashville, Tenn., Vanderbilt Univ. School of Med., Dep. of Biochem.) H. Benischke. 4596

E6. Pharmakologie. Therapie. Toxikologie. Hygiene.

Lars Ehrenberg, *Ionisierende Strahlen: Wirkungsmechanismus und Dosimetrie.* Zusammenfassender Bericht über direkte u. indirekte Wirkungen ionisierender Strahlen auf biol. Objekte, den Mechanismus dieser Wrkg., die spezif. Eigg. der verschied. Strahlenarten, ihre Erzeugung u. Dosimetrie. — 73 Literaturstellen. (Acta Agric. scand. **4.** 365—95. 1954. Stockholm, Univ., Inst. of Org. Chem. and Biochem.) W. Reusse. 4601

Paul Desaive, *Einflüsse von Bestrahlungsart, Hypophysektomie, gonadotropen Hormonen und chemischen Strahlenschutzmitteln auf die Reaktion des Kaninchenovars auf Röntgenstrahlen.* Bei Kaninchen wurde unter Pb-Abdeckung des übrigen Körpers ausschließlich das rechte Ovar von der Lumbalseite her röntgenbestrahlt (165 kV, 4 mA, Filter: 5 mm Al, FHA 28 cm). Die angewandte Dosis betrug 1750, 2000, 2250, 2500, 2750 oder 3000 r, bei einem Teil der Tiere jeweils in einer Sitzung verabreicht, bei einem anderen Teil in 5 gleichen Teilbeträgen an aufeinanderfolgenden Tagen. Nach 100—160 Tagen wurden die Tiere getötet u. die Ovare untersucht. Es zeigte sich, daß mit 2500 r das Ovar zu sterilisieren ist u. daß in der Mehrzahl der Fälle der Follikelapparat völlig zerstört wird, wenn einzeitig bestrahlt wird. Bei fraktionierter Bestrahlung beträgt die Grenzdosis für die Sterilisierung 2000 r, die Dosis für die völlige Zerstörung 2250 r. Schädigt man vor der Bestrahlung die Hypophyse (z. B. durch implantiertes Rn) oder gibt man *Gonadotropin,* dann ändert sich der Befund nach Bestrahlung nicht. Gibt man kurz vorher intravenöse Injektionen von *β-Mercaptoäthylamin* (25 mg/kg Körpergewicht), dann erhöhen sich die Grenzdosen auf 2750 r für Sterilisation u. 3000 r für die völlige Zerstörung. Die Befunde werden diskutiert u. die Abhängigkeit der Strahlensensibilität des Follikelapp. vom Zeitfaktor u. von künstlich hervorgerufenen indokrinen Veränderungen diskutiert. Das Strahlenschutzmittel scheint danach auf cellulärer Basis wirksam zu sein. (Acta radiol. [Stockholm] **41.** 545—57. Juni 1954. Liège, Univ., Centre anticancéreux.) W. Reusse. 4601

J. P. Guimaraes, L. F. Lamerton und **W. R. Christensen,** *Die Spätfolgen einer Thorotrastbehandlung. Überblick und experimentelle Beobachtungen.* Vff. behandelten Mäuse mit intravenösen *Thorotrast*-Injektionen (koll. Lsg. von *Thoriumdioxyd*) u. teilweise zusätzlich mit Röntgenbestrahlung. Sie stellten Tumoren in Leber, Milz u. Lunge fest. — 31 Literaturangaben. (Brit. J. Cancer **9.** 253—67. Juni 1955. London, Radiotherapy and Physics Dep., Royal Marsden Hosp.) D. Neubert. 4601

Erik Odeblad und **Harry Boström,** *Eine Untersuchung über den Einfluß von ³⁵S enthaltendem Natriumsulfat auf die Fertilität von Mäusen.* Ca. 300 ♀ Mäuse (3—6 Monate alt) erhielten Injektionen mit 0,5—60 μC ^{35}S/g Körpergewicht in Form von trägerfreier Sulfatlösung. Nach einer Woche wurden die ♀ Tiere mit ♂ gepaart u. die Zahl der trächtigen Tiere u. die der Embryos bestimmt. Ferner wurden Ovarien u. Uteri histol. untersucht. Auch bei den höchsten applizierten Dosen von 50 μC/g trat keine völlige Hemmung der Fertilität auf, u. die Zahl der Embryos pro Tier zeigte keine Abnahme gegenüber Kontrolltieren ohne ^{35}S oder mit geringeren ^{35}S-Gaben. Eine histol. Schädigung der Ovarien konnte nicht mit Sicherheit beobachtet werden. (Acta radiol. [Stockholm] **41.** 525—28. Juni 1954. Stockholm, Sabbatsbergs Sjukhus, Dep. of Gynaecology u. Karolinska Inst., Chem. Dep. II.) W. REUSSE. 4601

Amber L. S. Cheng, Mark Ryan, Roslyn Alfin-Slater und **Harry J. Deuel,** *Die Bedeutung des Fettgehaltes der Nahrung auf die Ernährung.* 11. Mitt. *Die Schutzwirkung verschieden hoher Dosen von Äthyllinoleat gegen mehrfache subletale Röntgenbestrahlungen bei der Ratte.* (10. vgl. DEUEL u. Mitarbeiter, C. **1955.** 9376.) Junge ♂ Albinoratten erhielten fettarme Diät. Nach 9—12 Wochen erreichten die Tiere konstant bleibendes Gewicht. Sie wurden dann in vier Gruppen eingeteilt, die bei Einhaltung der gleichen Diät folgende Mengen an *Äthyllinoleat* (I) u. *Äthyllaureat* (II) zusätzlich zweimal wöchentlich oral erhielten: Gruppe 1 0 mg I u. 0,1 ml II; Gruppe 2 10 mg I u. 0,1 ml II; Gruppe 3 50 mg I u. 0,15 ml II; Gruppe 4 100 mg I u. 0,3 ml II. Nach Verlauf von 8 Wochen wurden die Tiere je Woche einmal während 10 Wochen mit 200 r totalbestrahlt. Während dieser Zeit wurden Diät u. Zusatzkost (I u. II) beibehalten. Beobachtungen der Überlebensdauer der Tiere ergaben eine Schutzwrkg. des I gegen die Wrkg. der Röntgenbestrahlung, u. zwar steigt diese mit wachsender Menge I. Um einen Totalschutz der Tiere sicherzustellen, müssen mehr als 100 mg I pro Tag gegeben werden. (J. Nutrit. **52.** 637—43. 10/4. 1954.) W. REUSSE. 4601

William V. Trowbridge, A. E. Bayless und **J. D. French,** *Untersuchung über den praktischen Wert von Helium als encephalographisches Medium.* Bei 40 Schädelaufnahmen wurde nach Abnahme der Cerebrospinalflüssigkeit entweder *He* oder Luft eingefüllt, u. daran anschließend wurden die Röntgenkontrastaufnahmen durchgeführt. Alle Patienten hatten unabhängig vom eingeführten Gas Beschwerden (Kopfschmerzen). Auch hinsichtlich der Gasresorption im Gehirn ergaben sich keine Unterschiede. He bietet danach als Kontrastmittel für encephalograph. Röntgenaufnahmen keine Vorteile. (J. int. Coll. Surgeons **21.** 441—46. April 1954. Long Beach, Calif., Veterans Administration Hosp., Neurosurgery Section.) W. REUSSE. 4601

Arthur A. Porporis, Gladden V. Elliott, George L. Fischer und **C. Barber Mueller,** *Der Mechanismus der Urokonausscheidung.* An ausgewachsenen Bastardhunden wurden Injektionen mit *Urokon* (I) in einer Form vorgenommen, wie sie bei Kontrastaufnahmen üblich ist. Untersucht wurde der Einfl. des I auf die Ausscheidung von *p-Aminohippursäure* (II) u. *Inulin* (III), ferner die Konz. des I im Plasma u. im Urin. Die Best. von II u. III erfolgte vor u. nach I-Injektion. Bei einer zweiten Versuchsreihe wurde mit ^{131}J markiertes I gegeben u. die Harnausscheidung von I sowie nach Tötung der Tiere der I-Geh. verschied. Organe mit einem Scintillationszähler bestimmt. Der Geh. des Plasmas an II u. III erwies sich unmittelbar nach I-Injektion als deutlich erniedrigt, nach 24 Std. zeigt II erneuten Anstieg. Die Wirkung ist proportional der injizierten I-Menge. Je Std. u. kg Körpergewicht werden ca. 0,15 mg I durch die Tubuli ausgeschieden. Etwa 66% I werden in 5 Std. durch den Harn direkt, 20% durch die Leber in die Gallenblase u. das Intestinum abgegeben u. dann durch den Harn ausgeschieden. Die Diskussion der Befunde führt zu dem Schluß, daß die Ausscheidung des I vorwiegend durch glomeruläre Filtration erfolgt. (Amer. J. Roentgenol., Radium Therapie Nuclear Med. **72.** 995 bis 1003. Dez. 1954. St. Louis, Mo., Washington Univ. School of Med., Mallinckrodt Inst. of Radiol. u. Dep. of Surg.) W. REUSSE. 4601

Jacques Loeper und **Jacqueline Loeper,** *Wirkung von Natriumhyposulfit auf die Ausscheidung von Methylcholanthren durch die Galle.* Bei vergleichenden Unterss. an Kaninchen wurde festgestellt, daß eine injizierte isoton. $Na_2S_2O_4$-Lsg. eine Erhöhung des Gallensaftvol. u. eine vermehrte Ausscheidung von gleichzeitig injiziertem *Methylcholanthren* hervorruft. Vff. deuten die verschied. Reaktionsmöglichkeiten dieses Ausscheidungsprozesses an. (C. R. Séances Soc. Biol. Filiales **149.** 74—76. Jan. 1955.) H. KOCKERT. 4606

C. Holten und **K. Lundbaek,** *Niereninsuffizienz und schwere Calcinose infolge übermäßiger Alkalieinnahme.* Vff. beschreiben die Entw. einer renalen Insuffizienz u. Calcinose mit Kalkablagerungen in der Haut bei einem Patienten, den sie 9 Jahre lang beobachten konnten, bevor er an einer Urämie starb. Dieser hatte während der ganzen

Zeit wegen eines Magenleidens regelmäßig große Mengen $NaHCO_3$ eingenommen. — Diskussion der Zusammenhänge. (Acta med. scand. **151.** 177—83. 23/3. 1955. Aarhus, Denmark, Univ., Kommunehosp., Intern. Clin.) H. HELGE. 4606

Je. I. Korenewskaja, *Zur Frage des Einflusses hoher Lufttemperatur auf die Giftwirkung von Kohlenoxyd.* Verss. an Kaninchen ergaben, daß hohe Lufttempp. (40—45°), welche die Wärmeregulation des Organismus stören, die Giftigkeit von eingeatmetem *CO* (0,1—0,4 mg/Liter Luft) deutlich steigern, während bei Lufttempp. unter 35°, welche die Wärmeregulation nicht beeinträchtigen, die Steigerung der CO-Toxizität unbedeutend ist u. auf die erhöhte Lungenventilation zurückgeführt wird. Bei hoher Temp. bleibt der Anstieg des Carboxyhämoglobinspiegels hinter den klin. Merkmalen der Vergiftung zurück. Bei der Kombination von Hyperthermie u. CO-Intoxikation läßt sich auch eine herabgesetzte Widerstandskraft des Organismus der Versuchstiere gegenüber Temperatureinwirkungen feststellen. (Гигиена и Санитария [Hyg. u. Sanitätswes.] **1955.** Nr. 9. 19—24. Sept. Moskau, 1. Med. Inst., Lehrstuhl für allg. Hyg. E. RENTZ. 4606

C. L. Rose, P. N. Harris und **K. K. Chen,** *Wirkung von Cyanidvergiftung auf das Zentralnervensystem von Ratten und Hunden.* Vff. untersuchten an Ratten u. Hunden den Einfl. von prolongierter *KCN* (I)-Vergiftung auf das Zentralnervensyst. (ZNS). Bei Ratten finden sich in ca. 10% der Fälle nach I Hirnveränderungen, die aber auch gleich häufig nach täglichen Injektionen von K-Thiocyanat auftreten. Na-Nitrit ruft bei Ratten keine Veränderungen am ZNS hervor. Hunde, die I mit oder ohne Nitrit-thiosulfattherapie erhielten, zeigten n. Verh.; wenn sie nach I starben, waren die Gehirne gewöhnlich n. u. unverändert. (Proc. Soc. exp. Biol. Med. **87.** 632—36. Dez. 1954. Indianopolis, Ind., Lilly Res. Labor., Eli Lilly and Co.) K. BÖHM. 4607

Toshiro Koga, *Eine experimentelle Untersuchung über die vermutete Toxizität von Methan.* Tierexperimentelle Unterss. mit 20% O_2 u. 50% *Methan* (I) enthaltenden Gasgemischen als Atemluft zeigten, daß I keine tox. Wrkg. auf den Organismus ausübt. Die auf Beobachtungen in Bergwerken zurückzuführende Vermutung einer Toxizität von I beruht lediglich auf der Tatsache, daß ansteigende I-Konzz. meist mit Abnahme des O_2-Geh. der Luft einhergehen. (Fukuoka Acta med. [Fukuoka-Igaku-Zassi] **45.** 42—45. April 1954. Kyushu Univ., Fac. of Med., Dep. of Hygienics. [Orig.: japan., Auszug: engl.]) F. KRUSEN. 4607

E. Boyland und **D. Papadopoulos,** *Der Stoffwechsel des Methylcarbamats.* (Vgl. BOYLAND u. RHODEN, Biochem. J. **44.** [1949.] 528.) *Methylcarbamat* (I) wird nach intraperitonealer Gabe, ähnlich wie es für Äthylcarbamat (II) u. Äthanol schon bekannt ist, in der Niere nicht konzentriert. Die Eliminierung von I aus dem Körper erfolgt auf dem Stoffwechselwege. Die Stoffwechselrate für I ist halb so groß wie die für II. Die Konzentrationsabnahme in tumortragenden Tieren ist halb so groß wie in normalen. (Biochem. J. **52.** 267—69. Okt. 1952. London, Chester Beatty Res. Inst.) H.-G. SCHWEIGER. 4607

Ivan Bertrand und **D. Quivy,** *Über an der Ratte nach Injektionen von Urethan beobachtete Spätschädigungen.* Die Verss. ergaben, daß intraperitoneale Applikation von *Äthylurethan* (I; 0,4 mg/g/Tag) bei der erwachsenen Ratte verschied. Schädigungen an Lunge, Leber u. Milz hervorruft. Trotz eines oft n. Befundes der Genitalien nimmt die Fertilität ab. Junge Tiere, die von mit I behandelten Tieren abstammten, zeigten Schädigungen an der Milz u. an den Genitalien. (C. R. Séances Soc. Biol. Filiales **146.** 638—40. Mai 1952. École des Hautes-Études, Labor. de Physiol. pathol.) R. KÖNIG. 4607

Georges Paulet, *Zellstoffwechsel und Hautschädigung durch Dichlordiäthylsulfid (Yperit). Bedeutung des Kohlenhydratstoffwechsels.* (Vgl. C. **1956.** 3323.) Bei Meerschweinchen u. Hunden, die mit *Yperit* geschädigt wurden, führen tägliche Gaben von 20 mg *Aneurin*/kg Körpergewicht, 8 Tage lang gegeben, zu verstärkter Blasenbldg. u. Substanzverlusten. *Na-Pyruvat* 80 mg/kg Körpergewicht, unter den gleichen Bedingungen gegeben, verringert leicht die Heftigkeit der Blasenbldg. u. beschleunigt die Heilung. Die Störung des Kohlenhydratstoffwechsels ist vielleicht nicht die erste biochem. Manifestation des cellulären Angriffs, hat aber Bedeutung für die endgültige Schädigung. Die Synth. des *Aneurinpyrophosphats* u. der Abbau der *Brenztraubensäure* erfordern viel O_2. Die Verlangsamung dieser zwei Rkk. könnte teilweise auf der günstigen Wrkg. auf die Blasenbldg. durch celluläre Hypoxämie oder auf der Ggw. eines reduzierenden Körpers beruhen. (C. R. Séances Soc. Biol. Filiales **146.** 1078—80. Juli 1952. Labor. de Thérap. expériment. du Centre d'Études du Bouchet.) K. BÖHM. 4607

R. H. de Meio und **Lydia Tkacz,** *Bindung von Phenol durch Schnitte und Homogenate der Rattenleber.* (Vgl. C. **1952.** 3363.) Durch Verss. mit Schnitten von Rattenleber wurde festgestellt, daß die Bildungsgeschwindigkeit des Phenylglucuronids nur ca. $^1/_3$—$^2/_5$

der des Phenylsulfats (I) beträgt. Leberhomogenat vermag in Ggw. von α-Ketoglutarsäure u. Adenylsäure (AMP) 70—80% des Phenols als Sulfat u. 5—10% als Glucuronsäure zu binden. Nach wiederholtem Gefrieren u. Auftauen verschwindet die Aktivität, ebenso in einem hypoton. Medium. In Ggw. von Sulfat nimmt die Aktivität um 90% ab, ebenso wenn die Luft durch O_2 ersetzt wird. Auch Fluorid hat hemmende Wirkung. I hydrolysiert in den angegebenen Medien nur sehr wenig. 2.4-Dinitrophenol hemmt bei einer Konz. bei $2 \cdot 10^{-4}$ mol. zwischen 69 u. 82%. Andere Phenole (*o-Nitrophenol, Salicylat, Acetylsalicylat, l-Tyrosin*) verhalten sich ähnlich (bis 60% bei Konzz. von 2 bis $5 \cdot 10^{-4}$ mol.). Nach dem Zentrifugieren in der Kälte sind Bodensatz u. überstehende Fl. inakt.; nach dem Vermischen der beiden Fraktionen wurde wieder Aktivität beobachtet, nicht aber, wenn die überstehende Fl. vorher gekocht worden war. (J. biol. Chemistry **195**. 175—84. März 1952. Philadelphia, Pa., Jefferson Med. Coll., Dep. of Biochemistry). R. KÖNIG. 4607

Ernst Kirberger und **Theodor Bücher**, *Ausscheidung von p-Oxyphenylessigsäure nach Belastung mit p-Oxyphenylbrenztraubensäure beim Kaninchen.* Im Harn von Kaninchen, die mit *p-Oxyphenylbrenztraubensäure* (I) belastet wurden, konnte bis zu 40% der I *p-Oxyphenylessigsäure* (II) nachgewiesen werden. II entstammt Umsetzungen des Intermediärstoffwechsels. Die Stellung der II zur Kette des oxydativen Abbaus der aromat. Substanzen wird im Anschluß an Belastungsverss. unter Einfl. von *Ascorbinsäure* diskutiert. (Biochim. biophysica Acta [Amsterdam] **8**. 294—301. März 1952. Hamburg, Univ., Physiol.-chem. Inst.) K. J. SCHMERSAHL. 4607

A. Chamorro, N. P. Buu-Hoï und **N. D. Xuong**, *Biologische Wirkungen des p-Oxybutyrophenons.* Verss. an jungen, unreifen Ratten mit der subcutanen Injektion des *Propionsäureesters* des *p-Oxybutyrophenons* ließen eine schwache östrogene Wrkg. von der Größenordnung der des *p-Oxypropiophenons* erkennen. Intraperitoneale Applikation (0,5—1 mg/g) ruft eine Betäubung hervor. Die subcutane Anwendung führt zu einer Hypertrophie der Hypophyse mit Verminderung der basophilen Zellen, einer Atrophie der Keimdrüsen, einer Hypertrophie der Nebenniere bei den Männchen, einer Atrophie der Samenblasen u. Prostata sowie einer Hypertrophie des Uterus. (C. R. Séances Soc. Biol. Filiales **146**. 402—04. März 1952. L'Inst. du Radium, l'Inst. Pasteur et Coll. de France.) R. KÖNIG. 4607

C. Marnay, *Mechanismus der Tyrosinintoxikation bei der Ratte: Wirkung auf die Acetylierungsfähigkeit.* Bei Ratten, bei denen durch Verabreichung einer 10% *Tyrosin* (I) enthaltenden Diät die bekannten Intoxikationserscheinungen (Ödeme, pseudoacrodynam. Syndrom, Augensymptome) hervorgerufen wurden, konnte jedoch mittels der Best. von freiem u. acetyliertem p-Aminophenylsulfamid in Blut u. Harn vor u. nach I-Zufuhr keine Störung der Acetylierung gefunden werden. (C. R. Séances Soc. Biol. Filiales **146**. 525—26. April 1952. Fac. de Pharm., Labor. d'Hyg.) F. KRUSEN. 4607

D. F. Cole, *Die Wirkung von Glutathion auf die Kaliumtoxizität bei Ratten.* Die Unters. der K-Ausscheidung durch die Nieren u. der K-Konzz. in Skelett- u. Herzmuskel nach einer Einzelinjektion von KCl bei Ratten, mit u. ohne *Glutathion* (I)-Vorbehandlung, bestätigte die Schutzwrkg. von I gegen K-Vergiftung, während keine Zunahme der K-Ausscheidung u. keine Abhängigkeit der I-Wrkg. von der K-Konz. des Skelett- oder Herzmuskels zu beobachten war. In dieser Hinsicht unterscheidet sich der I-Schutz von der Desoxycorticosteron- oder Nebennierenrindenextraktwirkung. Das Auftreten tox. Effekte hängt nicht ausschließlich von den K-Konzz. der Gewebe ab, denn von intakten u. adrenalektomierten Ratten, die K-reiche Diät erhielten, zeigten nur letztere K-Vergiftungserscheinungen. Der I-Schutz hängt möglicherweise von Veränderungen des Gewebestoffwechsels ab, die von den durch Mineralocorticoide hervorgerufenen verschieden sind. (Biochem. J. **61**. XXI—XXII. Dez. 1955. Newcastle-on-Tyne, Univ. of Durham, Med. School, Dep. of Med.) K. MAIER. 4607

L. W. Roth, R. K. Richards, I. Shemano und **B. B. Morphis**, *Ein Vergleich der analeptischen, zirkulatorischen und anderer Eigenschaften von d- und l-Desoxyephedrin.* Vff. untersuchten an Kaninchen, Hunden, Katzen u. Ratten vergleichend die Wirkungen von *d-* (I) u. *l-Desoxyephedrin* (II). Die Gefäßwirkungen sind bei I u. II etwa gleich. Bei den Wirkungen auf das Zentralnervensyst. ist II mehrfach stärker wirksam. Die DL_{50} für Mäuse verhält sich wie 1:5 bei intraperitonealer u. wie 1:4 bei intravenöser Verabreichung. (Arch. int. Pharmacodynam. Thérap. **98**. 362—68. 1/7. 1954. North Chicago, Ill., Dep. of Pharmacol., Abbott Labor.) K. BÖHM. 4607

V. Erspamer, *Biologische Aktivität einiger dem Enteramin verwandter Substanzen.* Die Wrkg. verschied. *Enteramin* (I)-verwandter Substanzen wurde an Ratten (antidiuret. Funktion), am Blutdruck der Rückenmarkskatze (Hypertension), am isolierten Östrusuterus der Ratte u. in situ an der Harnblase des Hundes (stimulierende Wrkg.)

untersucht. Die Wrkg. von *5-Methoxytryptamin* (**II**) war qualitativ u. quantitativ der Wrkg. von **I** angenähert, *Bufotenin* (*N.N-Dimethylenteramin*; **III**) war viel weniger wirksam. Von geringer, nicht bei allen Organen einheitlichen Wrkg. waren *Bufotenidin, Bufothionin, Dehydrobufotenin, Tryptamin, 1-Methyltryptamin, N-Methyltryptamin, N.N-Dimethyltryptamin*, als völlig wirkungslos erwiesen sich *Indol, Skatol, 5-Methoxyindol, Indolyl-(3)-essigsäure, β-Indolyl-(3)-propionsäure, γ-Indolyl-(3)-n-buttersäure, Tryptophan, Tryptophanol* u. *Hypophorin*. Nach den Unterss. des Vf. ist von den Indolalkylaminen **I** am wirksamsten auf die Diurese u. den Uterus der Ratte u. auf die Harnblase des Hundes. **I** schädigt die betreffenden Organe in keiner Weise, während **II** u. **III** die glatte Muskulatur stark schädigen. Für die antidiuret. u. uterusanregende Wrkg. von **I** scheinen die spezielle Struktur der Seitenkette von **I** u. die freie phenol. Oxygruppe in Stellung 5 maßgebend zu sein. (Nature [London] **170**. 281—82. 18/8. 1952. Univ. of Bari, Inst. of Pharmacol.) WOLFGANG ALBRECHT. 4607

Herbert McKennis jr., Jesse H. Weatherby und **Lloyd B. Witkin**, *Untersuchungen über Ausscheidung von Hydrazin und Stoffwechselprodukten*. In biol. Fll. läßt sich der Hydrazin-N nachweisen durch Behandlung mit überschüssiger, wss. HJO_3. Der entstehende N_2 kann in einer WARBURG- oder VAN SLYKE-NEILL-App. volumetr. bestimmt werden. Speichel u. Mageninhalt von hydrazinbehandelten Hunden enthielten wenig oder keinen Stickstoff, dagegen war im Urin 1 Std. nach Hydrazin (**I**)-Injektion N nachweisbar; die Ausscheidung hielt mehrere Tage lang an. Nach **I**-Gabe schieden anästhesierte Hunde in den ersten 4 Std. 5—11% **I** (Dosis 15 mg/kg) aus, nicht anästhesierte ca. 50% innerhalb von 2 Tagen (gleiche Dosen). Der größte Teil des Exkrets dürfte in Form des freien **I** vorliegen, wie die Bldg. von *Dibenzalhydrazin* nach Zusatz von Benzaldehyd zum Harn beweist. (J. Pharmacol. exp. Therapeut. **114**. 385—90. Aug. 1955. Richmond, Va., Med. Coll., Dep. of Pharmacol.) G. SEELIGER. 4607

Allan S. Yard und **Herbert McKennis jr.**, *Der Einfluß der Struktur von Hydrazinderivaten auf die Fettleberbildung*. An folgenden Verbb. wurde die Fähigkeit untersucht, am fastenden Kaninchen Fettleberbldg. zu erzeugen: *Hydrazin* (**I**), *Benzalhydrazin* (**II**), *Phenacetylhydrazin* (**III**), *L-γ-Glutamylhydrazin* (**IV**), *Carbazinsäure* (**V**), *Methylhydrazin* (**VI**), *Meso-α.β-diaminobernsteinsäure* (**VII**). Fettinfiltration wurde nachgewiesen bei: **I, II, III** u. **V**. Der Effekt blieb aus bei: **VI, IV** u. **VII**. **VII** wird im Kaninchen nicht zu einem bestimmbaren **I** abgebaut. Nach Gabe von **II** wurden 14—21%, nach **I** 17—25% als Hydrazin-N im Harn innerhalb von 30 Std. ausgeschieden u. nach der Meth. von MCKENNIS u. Mitarbeiter (vgl. vorst. Ref.) mit HJO_3 nachgewiesen. (J. Pharmacol. exp. Therapeut. **114**. 391—97. Aug. 1955. Richmond, Va., Med. Coll., Dep. of Pharmacol.) G. SEELIGER. 4607

John B. Thiersch, *Die Wirkung von 6-Mercaptopurin auf den Rattenfötus und die Fortpflanzung der Ratte*. Die Unters. der Wrkg. von *6-Mercaptopurin* (**I**) auf den Rattenfötus (LONG-EVANS-Stamm) ergab, daß bei oralen, nichttox. **I**-Gaben an die Muttertiere Absterben der Föten u. Entwicklungshemmung der überlebenden eintrat. Der Fötus war während der Implantation u. 24 Std. später oder am 7. u. 8. Trächtigkeitstag für die **I**-Wrkg. am anfälligsten. Während dieser Periode lösten 2mal 5 mg **I**/kg Absterben u. Resorption der Hälfte aller Föten u. 2mal 10 mg/kg 90%ig. Resorption aus. Am 4., 5., 12. u.13. Tag hatten selbst höhere Dosen nur geringe Wirkung. Am 7. u. 8. Tag gleichzeitig mit **I** gegebenes *Leucoverin* bewirkte keinen Schutzeffekt gegenüber **I**. Bei 10 Dosen zu 2,5 mg/kg war, wenn am 5.—14. Tag der Trächtigkeit gegeben, keine Kumulierung der Wrkg. feststellbar. Vor der Paarung mit 3mal 30 mg **I**/kg behandelte Ratten hatten eine geringe Zunahme in der Entw. zurückgebliebener u. resorbierter Föten zur Folge. (Ann. New York Acad. Sci. **60**. 220—27. 6/12. 1954. Seattle, Wash., Univ. of Washington, School of Med., Dep. of Pathol.) K. MAIER. 4607

Norbert Brock, Jutta Kottmeier, Dietrich Lorenz und **Helmut Veigel**, *Zur Frage der antiphlogistischen Wirkung von Azulenen im Tierversuch. Ein Beitrag zur Prüfungsmethodik entzündungswidriger Substanzen. Kamillenöl, alkoh. Kamillenextrakt, Chamazulen* (*1.4-Dimethyl-7-äthylazulen*), *Guajazulen* (*1.4-Dimethyl-7-isopropylazulen*) u. *A 18* (*1-Isopropyl-5-methylazulen*) ließen bei Verwendung subjektiver u. objektiver Testmethoden an der Senfölconjunctivitis von Kaninchen u. Meerschweinchen sowie an der durch exakt dosierte UV-Bestrahlung am Augenlid des Kaninchens hervorgerufenen Entzündung keine antiphlogist. Eigg. erkennen. $CaCl_2$ (50 mg/kg, 6mal täglich) dagegen entfaltete eine ausgeprägte Schutzwrkg. Vff. lehnen die weitverbreitete Ansicht ab, daß die antiphlogist. Wrkg. von Kamillenzubereitungen durch ihren Geh. an Azulenen bestimmt wird. (Naunyn-Schmiedebergs Arch. exp. Pathol. Pharmakol. **223**. 450—64. 1954. Brackwede/Westf., Asta-Werke A. G., Pharmakol. Abt.) H. HELGE. 4607

S. Pradhan, M. R. G. K. Nair und **S. Krishnaswami**, *Lipoidlöslichkeit als Faktor der Toxizität von Kontaktinsekticiden*. Um die Löslichkeit von Insekticiden in Cuticularwachsen (I) von Insekten zu ermitteln, wurden die I von Euproctis lunata (a) u. Trogoderma granaria (b) in kaltem Chlf., Bzl. u. Xylol extrahiert (wenig lösl. in A. u. Aceton) u. die Extrakte auf Glasplatten gebracht. Die zurückbleibenden ca. 10 μ dicken I-Filme wurden mit DDT-Suspension (in Aceton–W.) besprüht u. die Kristalle mkr. beobachtet. Die Kristalle sanken bei a in 1 Min., bei b in 15—30 Min. ein. Bei a zeigte sich eine starke Auflsg. der Kristalle, bei der resistenten b-Art waren die DDT-Kristalle noch nach einer Woche zu erkennen. Beim a-Wachs waren bei 32° in einer Std. sämtliche Kristalle zers., dagegen bei 10—15° in 24 Std. nur eine sehr geringe Anzahl. Beim b-Wachs war bei beiden Tempp. nur eine schwache Veränderung zu bemerken. (Nature [London] **170.** 619—20. 11/10. 1952. New Delhi, Ind. Agric. Res. Inst., Div. of Entomol.) W. KNÖPKE. 4607

N. I. Ssokolow, *Die Anwendung einer Nadelholz–Chlorophyll–Carotin-Paste bei Vaginitis und Endometritis der Kühe.* Aus Tannen- u. Fichtennadeln wurde durch Extraktion mit organ. Lösungsm. u. anschließende Verseifung eine Paste gewonnen, die *Chlorophyllin, Carotin,* balsam. Stoffe u. *Phytoncide* enthielt. Bei 19 Kühen mit Vaginitis u. 26 Kühen mit Endometritis wurde die Paste mit Erfolg angewandt. (Ветеринария [Tierheilkunde] **32.** Nr. 2. 60—61. Febr. 1955. Leningrad, Vet.-Inst.) F. DU MANS. 4608

Noël Rist und **Françoise Grumbach,** *Über die experimentelle antituberkulöse Wirksamkeit des Isonicotinsäurehydrazids.* In vitro-Verss. an verschied. Tuberkulosestämmen ergaben, daß *Isonicotinsäurehydrazid* (*INH*) 10—20mal wirksamer ist als *Streptomycin* (I). In 1 Fall wurde eine Resistenz gegenüber INH beobachtet. Bei in vivo-Verss. an mit dem Tuberkulosestamm H 37 Rv (0,05 mg) infizierten Mäusen erwies sich INH mindestens 5mal so akt. wie I. Die DL_{50} für die Maus beträgt, oral oder subcutan, 150 mg. Das *Nicotinsäurehydrazid* zeigt in vivo u. in vitro keine Wirksamkeit. Der Wirkungsmechanismus von INH ist anders geartet als der der Thiosemicarbazone. (C. R. Séances Soc. Biol. Filiales **146.** 564—66. April 1952.) R. KÖNIG. 4610

Constantin Levaditi, Aron Vaisman und **Henriette Chaigneau-Erhard,** *Heilwirkung von Isonicotinsäurehydrazid bei der experimentellen Mäusetuberkulose.* Orale u. subcutane Verabreichung von *INH* an mit Tuberkulose infizierte Mäuse ergab bei Dosen von 0,5 mg/Tag vollkommene Heilung. *Dihydrostreptomycin* in Dosen von 1000 E./Tag subcutan verabreicht (Mortalität: 5%) zeigte einen anderen Wirkungsmechanismus. Handelt es sich hier mehr um eine Abwehr-Rk., so scheint INH auf die Tuberkelbacillen eine direkte Schockwrkg. auszuüben. (C. R. hebd. Séances Acad. Sci. **234.** 2400—02. 9/6. 1952.) R. KÖNIG. 4610

V. Beneforti, *Über die Hyperthermie nach Isonicotinsäurehydrazid.* Vf. berichtet über einen Fall, der cycl. mit Streptomycin, PAS u. *Isonicotinsäurehydrazid* (I) behandelt wurde u. jeweils während der Verabreichung von I Fieber bis 39,5° zeigte. (Athena [Rass. mens. Biol., Clin. Terap.] **20.** 366. Okt./Nov. 1954. Siena, Univ., Ist. di Clin. Med.) P. G. SCHEURLEN. 4610

Eisaburo Konishi, *Untersuchung über Glykolyse im Blut mit besonderer Beziehung zur Störung der Lungenfunktion.* Bei leichten Fällen von Tbc wird die *Blutglykolyse* (BG) gefördert, bei mäßigen u. schweren unterdrückt. *Streptomycin* (I) u., weniger, *PAS* verstärken, *TBI* unterdrückt die BG. In vitro ist bei Blut von Gesunden I ohne Einfl., bei Tbc-Kranken fördernd auf die BG, in abnehmender Reihe $10 > 100 > 1000 > \gamma$; PAS, TBI u. INH wirken hemmend auf die BG. Durch Anlegen eines Pneumothorax wird bei Kaninchen die BG 3 Tage lang unterdrückt, bei beidseitigem Pneumothorax bleibt die Veränderung 13 Tage bestehen. Pneumonie (experimentell durch $AgNO_3$) unterdrückt die BG bis zum 5. Tag. — Über 120 Literaturangaben. (J. Kyoto prefect. med. Univ. **55.** 309—45. März 1954. [Orig.: japan., Auszug: engl. S. XXXIII—IV.]) L. SCHULER. 4610

A. E. Wilder Smith, *Die Wirkung von Phosgen auf Säurehydrazide im Hinblick auf die Entstehung von für die Tuberkulosebehandlung wichtigen 1.3.4-Oxdiazolone.* Behandlung von *Isonicotinsäurehydrazid* (I) in inertem Lösungsm. oder wss. HCl mit Phosgen bei Zimmertemp. liefert in guter Ausbeute *2-Pyridyl-(4)-1.3.4-oxdiazolon-(5)* (**II**), F. 265° (Zers.). In ähnlicher Rk. bildet sich aus Benzhydrazid u. Phosgen *2-Phenyl-1.3.4-oxdiazolon* (**III**), F. 138°. **II** ist in wss. Säuren u. Alkalien, **III** nur in Alkalien löslich. **II** zerfällt bei längerer Hydrolyse mit konz. HCl; bei in vitro-Testen zeigt es eine etwas geringere Aktivität gegen M. tuberculosis als **I.** Bei in vivo-Testen an Meerschweinchen, die mit H 37 Hv-Stämmen infiziert waren, ist **II** jedoch etwas aktiver als **I** (Gewichtszunahme u. histolog. Unterss.). Bei der Maus betrug die DL_{50} von **II** (subcutan) etwa das 10fache von der des **I,** beim Kaninchen (per os) das 3fache. Die 4fache therapeut. Dosis (während 2 Monaten verabreicht) zeigte beim Meerschweinchen günstige Gewichtszunahme u. keine patholog. Veränderungen. Beim Kaninchen ergibt die 10fache therapeut. Dosis (per os) keine patholog. Veränderungen. Bestimmte Derivv. von **II** (nicht ausgelegte Patentanmeldung) zeigten einen hohen Grad von in vitro-Aktivität gegen I-beständige Stämme von M. tuberculosis. (Science [Washington] **119.** 514. 16/4. 1954. Wolhusen, Switzerland, Ed. Geistlich Sons Ltd., Chemical Works.) H. Gehm. 4610

Louis Chedid und **Fernand Boyer,** *Zugabe von Cortison zum Chloramphenicol beim experimentellen Typhoid der Ratte.* Vff. infizierten Ratten oral mit *Salmonella enteritidis var. Danysz*, entfernten 5 Tage später die Nebennieren u. behandelten am nächsten Tage, beginnend mit 100 mg *Chloramphenicol* (**I**). Von diesen Tieren starben mehr als von den Kontrollen (I-Kollaps). Wurden 12,5 mg *Cortison* (**II**) subcutan zugegeben, so überlebten erheblich mehr Tiere. Bei wiederholten kleinen Dosen von **I** (50 mg 1.—2. Tag, dann 25 mg weitere 6 Tage) u. **II** waren die Erfolgsquoten am besten. Beim Menschen verbessern wiederholte Dosen von **II** ebenfalls den Gesamtzustand, vermindern aber die Resistenz des Organismus gegen die Infektion. (C. R. hebd. Séances Acad. Sci. **234.** 2108—11. 19/5. 1952.) K. Böhm. 4611

Th. Feyel-Cabanes, *Chloramphenicol bei Entzündungen.* Verss. bei experimentellen sterilen Entzündungen an Ratten u. Kaninchen ergaben, daß Chloramphenicol (**I**) die Mobilisierung der Zellen u. ihre Umwandlung in Phagocyten aktiviert, daß es die Phagocytose vermehrt, die Vervielfältigung der Fibroblasten u. die frühzeitige Bldg. von Interfibrillarsubstanz hervorruft, die Entstehung von Gefäßneubildungen begünstigt, z. T. dem inhibitor. Effekt von *Cortison* entgegenwirkt. Diese Wirkungen von **I** spielen sich ab in Abwesenheit von Hypophyse u. Nebennieren. (Arch. int. Pharmacodynam. Thérap. **100.** 219—33. 1/12. 1954. Paris, Dep. physiol., Laborr. Roussel-Uclaf.) H. Aman. 4611

C. E. French, J. A. Uram, R. H. Ingram und **R. W. Swift,** *Die Wirkung hoher Gehalte an Terramycin und Streptomycin auf die Langlebigkeit der Ratte.* Es wurde versucht, die bei alternden Ratten gewöhnlich zu beobachtende chron. Pneumonie durch ständige Anwendung von hohen Gaben *Streptomycin* (0,02%) u. *Terramycin* (0,04%) im Futter mit Beginn des 11. Monats zu vermindern. Hierbei nahm die durchschnittliche Lebensspanne der Albinoratten beiderlei Geschlechts um ca. 10% ab. Weder günstige noch schädliche Wirkungen der Antibioticaergänzung wurden bei der histol. Unters. festgestellt. (J. Nutrit. **54.** 75—80. 10/9. 1954. Pennsylvania State Univ., State Coll., Dep. of Animal Nutrit.) H. Patzsch. 4611

C. Levaditi und **A. Vaisman,** *Das Aureomycin als neues Antisyphiliticum.* Vff. finden bei Kaninchen nach experimenteller Syphilis nach 5tägiger oraler Gabe von insgesamt 640 mg/kg Aureomycin (I) oder nach intramuskulärer Injektion der wss. oder Ölsuspension von 400—1500 mg/kg **I** in 2—3 Tagen schnellen Rückgang u. Vernarbung der Syphilome in 7—15 Tagen, Verschwinden der Erreger innerhalb von 1—7 Tagen sowie restlose Unterdrückung der Virulenz der Lymphe. Ebenso verschwinden bei der infizierten Maus mit 100 mg **I**/Tier (20 g) über 5 Tage oral oder 80 mg innerhalb von 2 Tagen subcutan in Öl die Erreger. (Athena [Rass. mens. Biol., Clin. Terap.] **16.** 37—39. März/April 1950. Paris, Ist. Alfred Fournier u. Ist. di Igiène.) W. Kimpel. 4611

Joseph C. Turner und **Theodora J. Lannon,** *Wirkungen der Antibiotica auf Daphnien.* Vff. empfehlen zur Feststellung der Toxizität der *Antibiotica* (**I**) die Austestung an Daphnien. Sie stellten fest, daß die Empfindlichkeit der Daphnia auf tox. Wirkungen der **I** etwa parallel der des Menschen geht. Als Maßstab wurde das Überleben von 12 Daphnien bzw. ihr Absterben in verschied. Konzz. von **I** angenommen. Am Beispiel des *Neomycins* (**II**) wird dargestellt, daß es im üblichen Tierexperiment fast keine tox. Erscheinungen zeigte, beim Menschen aber Schädigungen hervorrief. Bemerkenswert ist nun, daß auch Daphnien empfindlich auf **II** reagierten. (Proc. Soc. exp. Biol. Med. **80.** 684—88. Aug./Sept. 1952. New York, N. Y., Columbia Univ., Coll. of Phys. and Surgeons and Presbyterian Hosp.) L. Berger. 4611

H. George Mandel, Nicholas M. Cambosos und **Paul K. Smith,** *Anwesenheit von Aspirin im menschlichen Plasma nach oraler Gabe.* Nach oraler Gabe von $^{14}C_{(1)}$- bzw. $^{14}C_{(COOH)}$-*Aspirin* (**I**) wurde das Auftreten von **I** u. *Salicylsäure* (**II**) im Plasma durch Best. der Radioaktivität u. der Fluorescenz im UV-Licht nach papierchromatograph. Trennung verfolgt. Der **I**-Plasmaspiegel betrug nach ca. 2 Std. $>$ 2 mg%. Vff. nehmen an, daß das Auftreten von **II** in den ersten 2 Std. nach der **I**-Gabe der Hydrolyse von **I** nach der Resorption zuzuschreiben ist. (J. Pharmacol. exp. Therapeut. **112.** 495—500. Dez. 1954. Washington, D. C., George Washington Univ., School of Med., Dep. of Pharmacol.) D. Neubert. 4615

Akira Horita und **James M. Dille,** *Pyretogene Wirkung des Lysergsäurediäthylamides.* Subcutane Injektionen von 50 mg/kg von *Lysergsäurediäthylamid* (**I**) bewirkten am Kaninchen einen Anstieg der Mastdarmtemp. innerhalb von 10—20 Min.; der Höchstwert wurde nach 2—4 Std. erreicht. Die Gesamtdauer der pyretogenen Wrkg. betrug 7 bis

9 Stunden. Auch an Katzen u. Hunden erhöht I die Körpertemperatur. Der Temperaturerhöhung wirkt *Na-Pentobarbital* entgegen, jedoch nicht *Antipyrin* oder adrenerg. Blockmittel. Der mögliche Mechanismus des Zustandekommens der pyretogenen Wrkg. wird besprochen. (Science [Washington] **120.** 1100—01. 31/12. 1954. Seattle, Washington, Univ., School of Med., Dep. of Pharmacol.) H. AMAN. 4616

F. M. Berger, *Die pharmakologischen Eigenschaften von 2-Methyl-2-n-propyl-1.3-propandioldicarbamat (Miltown), einem interneuralen Blocker.* Durch Blockierung der prim. OH-Gruppe im *Mephenesin* (I) durch *Dicarbamat* können Verbb. gewonnen werden, die eine viel längere Wirkungsdauer (Wd.) als I haben, da eine schnelle Oxydation nicht mehr stattfindet. Unter den synthet. Verbb. besaß bes. das *Miltown* (*2-Methyl-2-n-propyl-1.3-propandioldicarbamat*; II) eine starke sedative u. muskelrelaxierende Wrkg.; die Wd. ist ca. 8mal so lang wie bei I. Es verhindert in nichtlähmenden Dosen die Krämpfe u. den Tod nach *Pentylentetrazol* u. *Strychnin* u. die ton. Phase von Elektrokrämpfen. Die Barbituratnarkose (*Hexobarbital*) wird verlängert. Gute Resorption nach oraler Gabe, geringere Toxizität als I. (J. Pharmacol. exp. Therapeut. **112.** 413—23. Dez. 1954. New Brunswick, N. J., Wallace Labor., Div. of Carter Products, Inc.) D. NEUBERT. 4620

Amedeo S. Marrazzi und **E. Ross Hart,** *Verhältnis von Halluzinogenen zu adrenergischen cerebralen Nervenwirkstoffen.* Hinweis auf die chem. Verwandtschaft von *Adrenalin, Amphetamin, Mescalin, Adrenochrom, Lysergsäurediäthylamid* (*LSD-25*) u. *Serotonin* (I), die als Inhibitoren der cerebralen Synapsen u. mit Ausnahme von I als Halluzinogene (Ha) wirken. I ist der stärkste Inhibitor der Gruppe, hat jedoch den Ha gegenüber einen antagonist. Effekt. (Science [Washington] **121.** 365—67. 11/3. 1955. Maryland, Army Chem. Center, Chem. Corps Med. Labor. Clinic. Res. Div. and Neurol. Branch.) D. ZEMKE. 4620

Hans-Joachim Schmidt, *Erfahrungen mit einem neuartigen Parasympathicolyticum in der Behandlung Ulcus- und Gastritiskranker.* Die Behandlung von 50 Fällen mit Ulcus duodeni, Ulcus ventriculi u. Gastritis mit *Antrenyl* (I; *Phenylcyclohexyloxyessigsäurediäthylaminoäthylesterbrommethylat*, CIBA) in einschleichenden Dosen von täglich 3mal 2,5 mg, später 3—4mal 5 mg, führte in 41 Fällen zu objektiver Heilung u. in 46 Fällen zu subjektiver Beschwerdefreiheit. Bei 72% von 29 in dieser Hinsicht untersuchten Fällen wurde durch die I-Therapie die Magenacidität gesenkt. (Z. ges. inn. Med. Grenzgebiete **9.** 651—53. 1/7. 1954. Köln-Kalk, Ev. Krankenh.) F. KRUSEN. 4620

S. R. Das Gupta und **G. Werner,** *Hemmung der Vasomotorenreflexe durch Ajmalin.* An Katzen, denen verschied. Regionen des Zentralnervensyst. herausgeschnitten waren, wurde die zentrale vasomotorenreflexblockierende Wrkg. des Alkaloides *Ajmalin* (I) aus *Rauwolfia serpentina* untersucht. Es zeigte sich, daß bei intakt bleiben des Rhinencephalons 0,5—1 mg I eine vollständige Unterdrückung des Pressorreflexes auf elektr. Reizung des Nervus ischiadicus bewirkte, während am anästhetisierten Tier (60 mg Chloralose/kg) mit intaktem Zentralnervensyst. 2,5 mg/kg I keine Wrkg. ergibt. Pressor. Rk. auf elektr. Reizung des Hypothalamus am anästhetisierten Tier wurde durch I nicht unterdrückt; desgleichen nicht die als „sham-rage" beschriebene reizbare Übererregbarkeit der großhirnexstirpierten Katze. (Indian J. med. Res. **42.** 393—97. Juli 1954. Calcutta, School of Trop. Med., Dep. of Pharmacol.) R. LAFFERENZ. 4620

V. Donnet, P. Zwirn und **J. L. Ardisson,** *Wirkung von Chlorpromazin auf das autonome Nervensystem.* Bei Reizung eines zum ortho- oder parasympath. Syst. gehörenden Nerven (Hund) verringert sich die Rk. nach Injektion von *Chlorpromazin* in dem Maße, wie die Menge an chem. Überträger abnimmt. (C. R. Séances Soc. Biol. Filiales **149.** 156—58. Jan. 1955.) H. KOCKERT. 4620

A. Balestrieri und **E. Fadiga,** *Die Wirkung von Largactil und Antipar auf die Projektionsfelder der Hirnrinde.* Durch elektroencephalograph. Unterss. mit verschied. Abnahmestellen an der Großhirnrinde u. in der Substantia reticularis konnten Vff. bei der Katze feststellen, daß *Largactil* (II; *Hydrochlorid des 3-Chlor-N-[dimethylaminopropyl]-phenothiazins*) u. *Antipar* (II; *Hydrochlorid des N-[Dimethylaminoäthyl]-phenothiazins*) die Frequenz der elektr. Wellen herabsetzen u. deren Amplitude vergrößern. I hemmt die Rk. auf direkte Reizung der Substantia reticularis u. des Ischiadicusnerven. Gehörreize werden durch I nicht beeinflußt. Auch II zeigt hier keinen Effekt. II zeigt auch nur geringe oder keine Wrkg. gegenüber direkter Reizung. Es wird angenommen, daß I vorwiegend die afferenten, II die efferenten Nervenbahnen hemmt. (Boll. Soc. ital. Biol. sperim. **30.** 1241—42. Dez. 1954. Bologna, Univ., Ist. Fisiol. Umana.) P. G. SCHEURLEN. 4620

A. Balestrieri und **E. Fadiga,** *Über die Wirkung einiger Phenothiazinderivate auf das Zentralnervensystem.* Vff. untersuchten Katzen nach Gaben von 1—15 mg/kg *Largactil* (I) bzw. 2—20 mg/kg *Antipar* (II) mit dem Elektroencephalogramm. I bewirkt intravenös gegeben eine Abnahme der Frequenz u. eine Amplitudenzunahme. Bei hohen Dosen verschwinden die langsamen Wellen. Wird am N. ischiadicus gereizt, so treten Wellen von schnellerem Rhythmus auf. **I** u. **II** verkürzen den Reizzustand u. beschränken das Auftreten abnormer Wellen auf die Zeit des Nervenreizes, wobei eine gewisse Abhängigkeit von der angewandten Menge **I** im Sinne einer verschieden hohen Reizschwelle besteht. Ähnliche Erscheinungen beobachtet man auch bei Reizung über die Substantia reticularis. **II** erwies sich hier als wirkungslos. Bei Reizung über den N. acusticus verhielt sich **I** wirkungslos. (Arch. Scienze biol. **38.** 620—32. Nov./Dez. 1954. Bologna, Univ., Ist. Fisiol. Umana.) P. G. SCHEURLEN. 4620

Jean Thuillier und **Julien Salle,** *Pharmakologie von quartären Ammoniumverbindungen einiger Adipinsäureester. Ganglioplegische Wirkung von Adipinsäure-bis-[β-triäthylammonioäthylesterjodid]* (*B. T. 5201*). Die an weißen Mäusen bestimmte DL_{50} von *B. T. 5201* (**I**) beträgt 0,04 g/kg bei intravenöser Injektion. Am anästhesierten Hund wird durch 5 mg **I**/kg eine fast völlige Hemmung der Herzwrkg. von Reizen am peripheren Ende des durchtrennten Nervus pneumogastricus bewirkt. Die durch Lobelin provozierte Hypotension wird durch 5 mg **I**/kg weitgehend unterdrückt. Demnach ist **I** ein wirksames Parasympathicolyticum ohne Hypertensionswirkung. (C. R. Séances Soc. Biol. Filiales **146.** 535—38. April 1952. Paris, Fac. de Méd., Hôp. St.-Anne.) F. KRUSEN. 4620

Julien Salle und **Jean Thuillier,** *Pharmakologie von quartären Ammoniumverbindungen einiger Adipinsäureester. Wirkung von Adipinsäure-bis-[β-triäthylammonioäthylesterjodid]* (*B. T. 5201*) *auf das Nerven–Muskel-System.* (Vgl. vorst. Ref.) Vff. konnten sowohl am Nervus phrenicus-Diaphragma-Präp. als auch in situ eine curareähnliche Wrkg. von *B. T. 5201* auf die gestreifte Muskulatur feststellen. (C. R. Séances Soc. Biol. Filiales **146.** 538—39. April 1952. Paris, Fac. de Méd., Hôp. St.-Anne.) F. KRUSEN. 4620

William H. Funderburk und **Roscoe T. Woodcock,** *Einige Wirkungen von N-Methyl-α-phenylsuccinimid* (*Milontin*) *auf das Zentralnervensystem.* Die Wrkg. von *Milontin* (*PM 334; N-Methyl-α-phenylsuccinimid* [**I**]), auf das Zentralnervensyst. (ZNS) wurde an Katzen untersucht u. verglichen mit der des *Trimethadions.* Keine der beiden Substanzen hat in Dosen, die sonst am ZNS wirksam sind, einen Effekt auf das Rückenmark, getestet am Patellarsehnenreflex. Dem **I** kommt eine milde sedative Wrkg. zu (Auftreten von Schlafspindeln im Elektroencephalogramm). (J. Pharmacol. exp. Therapeut. **112.** 404—12. Dez. 1954. Traverse City, Mich., Traverse City State Hosp.) D. NEUBERT. 4620

Bruno Botta, *Untersuchungen über synthetische Analeptica.* 1. Mitt. *Die Wirkung des 3-Methoxy-4-oxybenzoesäurediäthylamido und des 3-Äthoxy-4-oxybenzoesäurediäthylamids als Stimulans der Atmung.* Bei intravenöser Verabreichung betrug die DL_{50}, gemessen an der weißen Maus, für *3-Methoxy-4-oxybenzoesäurediäthylamid* (**I**) 15 mg/kg u. für *3-Äthoxy-4-oxybenzoesäurediäthylamid* (**II**) 9 mg/kg. Bei intraperitonealer Dosierung war die Letaldosis entsprechend höher. **I** u. **II** zeichnen sich durch eine rasche Wrkg. als Atmungsstimulans aus, die Wrkg. hält 10—15 Min. an. Da die Spanne zwischen Letal- u. Minimaldosis sehr groß ist u. sich bei **I** wie 15 : 1, bei **II** wie 18 : 1 verhält, eignen sich beide Präpp. für die klin. Anwendung. Vf. prüfte die analept. Wrkg. von **I** u. **II** gegenüber der durch Morphin, Barbiturate u. a. hervorgerufenen Atmungshemmung im Tierexperiment. (Arch. Ist. biochim. ital. **16.** 3—34. Sept./Dez. 1954. Inst. Biochem. Italiano, Reparti Ricerche.) P. G. SCHEURLEN. 4622

F. M. Berger und **T. E. Lynes,** *Die analeptische Wirkung von 1-n-Butylamino-3-p-toluidino-2-propanol* (*W 181*) *auf Schlaf und Lähmungen, die mit gewissen auf das Zentralnervensystem depressorisch wirkenden Stoffen hervorgerufen wurde. W 181* (*1-n-Butylamino-3-p-toluidino-2-propanol*), ein naher Verwandter des *Mephenesins* (**I**), kann die durch **I** hervorgerufene Anästhesie u. Paralyse aufheben. Die Verb. zeigt ein eigentümliches Verh. anderen Schlafmitteln u. Muskelrelaxantien gegenüber. Während beim *Phenobarbital* u. *Benzimidazol* eine Weckwrkg. schon mit Dosen möglich ist, die unter der Krampfdosis liegen ($< DL_{50}$) sind zur Erreichung des gleichen Effektes beim *Pentobarbital* u. *Hexobarbital* Dosen von ca. 2 DL_{50} u. beim *Chloralhydrat* u. *Thiopental* sogar noch größere Dosen notwendig. (J. Pharmacol. exp. Therapeut. **112.** 399—403. Dez. 1954. New Brunswick, N. J., Wallace Labor., Div. of Carter Products, Inc.)

D. NEUBERT. 4622

Pierre Wertheimer, Jean Courjon und **Georges Allegre,** *Untersuchungen über elektroencephalographische Veränderungen, die durch intravenöse Novocaininjektion bei schweren kraniellen Verletzungen hervorgerufen werden.* Beschreibung der Veränderungen im Elektroencephalogramm bei Schädelverletzten nach intravenöser Injektion von 20—40 cm^3 einer 1%ig. *Novocain*-Lösung. (C. R. hebd. Séances Acad. Sci. **234.** 486—88. 21/1. 1952.) H. PATZSCH. 4627

H. Le Roy Brockman und **Russel A. Huggins,** *Herzunregelmäßigkeiten verursachende Faktoren während der Cyclopropannarkose.* Vff. untersuchten die Herzeffekte von intravenösen *Epinephrin* (I)- u. *Norepinephrin* (II)-Injektionen während der Cyclopropannarkose am Hund. Sie fanden, daß I hinsichtlich der Auslösung von Herzarrhythmien eine stärkere Wrkg. als II besitzt. Durch Blutentzug hypotensiv gemachte Versuchstiere neigten weniger zu Herzunregelmäßigkeiten. Die präliminare Anwendung von I u. II hatte eine Verringerung der nach Reinjektion von I u. II auftretenden Arrhythmien zur Folge, jedoch erst bei so massiven Dosen, daß sie zu einer Leistungsminderung des Herzmuskels führten. (Arch. int. Pharmacodynam. Thérap. **99.** 395—406. 1/10. 1954. Houston, Tex., Baylor Univ., Coll. of Med.) L. BARTH. 4627

Walter M. Booker, A. H. Maloney, James R. Tureman und **Claudia Ratliff,** *Der Einfluß einiger Stoffwechselfaktoren auf den Verlauf der Thiopentalanästhesie beim Hund.* Verss. an Hunden, die mit n., an Kohlenhydraten (I) u. *Proteinen* (II) reicher Kost ernährt wurden, zeigten, daß zur Erzielung einer Narkose von 3 Std. verschied. Mengen *Thiopental* (III) benötigt werden. Außerdem wurde der Einfl. des *Insulins* (IV) untersucht. Die größten Mengen wurden benötigt bei II-reicher Kost, sowie bei I-reicher Kost + IV u. bei n. Kost + IV. Vff. schließen daraus, daß für dieAbbaugeschwindigkeit des III in der Leber deren Geh. an *Glykogen* weitgehend verantwortlich ist. (Amer. J. Physiol. **170.** 168—72. Juli 1952. Washington, D. C., Howard Univ., School of Med., Dep. of Pharmacol.) A. DAUTZENBERG. 4627

Juan Leon und **Auramarina Colmenarez,** *Geburtshilfliche Analgesie mit Amytalnatrium und mit Seconalnatrium allein und in verschiedenen Kombinationen.* Die zur Einleitung des Dämmerschlafes bei der Geburt verwendeten Barbitursäurederivv. Amytal-Na (I) u. Seconal-Na (II) verlieren ihre ungünstige Excitationsnebenwrkg. bei Kombination mit Chloral (III), Scopolamin (IV), Demerol (V) oder $MgSO_4$-Atropinsulfat (VI). Mit II + V sowie II + VI wird im Gegensatz zu allen anderen die Pulsfrequenz des Fötus nicht beeinträchtigt, mit II + V Excitation nur noch in 2% der Fälle u. keine Störungen der Uteruskontraktionen mehr beobachtet, die auch bei II + VI auf 3,8% absanken. Mit II + VI wird bei 42,8% völlige Analgesie u.˙ bei 89,2% Beschleunigung der Geburt erreicht; der Blutverlust ist dabei mit durchschnittlich 300 cm^3 ebenfalls günstig. Amnesie tritt bei II + IV am stärksten, bei II + V am geringsten auf. Mit I u. seinen Kombinationen waren die Resultate ungünstiger; bei II + III starb ein Säugling 48 Std. nach der Geburt infolge gastrointestinaler Blutungen. (Semana méd. **57.** Nr. 2. 38—43. 12/1. 1950. Buenos Aires, Argerich- u. Churruca-Hosp.) W. KIMPEL. 4627

R. Trèvoux, *Derzeitiger Stand der Analgesie und Anästhesie in der Geburtshilfe.* Übersichtsreferat. (Anesthésie et Analgésie **10.** 125—58. Juni. 279—314. Sept. 1953. Paris.) A. DAUTZENBERG. 4627

M. Carron und **J. Tabart,** *Kontraktionshemmende Wirkung des Kresoxypropandiols auf das isolierte Uterushorn des Meerschweinchens.* Am isolierten Meerschweinchenuterus wird durch *Kresoxypropandiol* der Tonus der glatten Muskulatur stark herabgesetzt, u. die Spontankontraktionen werden je nach Dosis in der Frequenz verringert bis zur völligen Unterdrückung. Die durch *Acetylcholin, Histamin* u. *Hypophysenhinterlappenextrakt* ausgelösten Kontrakturen können durch *Kresoxypropandiol* völlig aufgehoben werden. (C. R. Séances Soc. Biol. Filiales **146.** 816—19. Juni 1952.) A. DAUTZENBERG. 4628

P. G. Marshall und **D. K. Vallance,** *Anticonvulsa-Aktivität. Derivate von Succinimid, Glutarimid, Thiazolidindion, Methanol und einigen anderen Verbindungen.* Die Unters. der krampflösenden Wrkg. von 66 Verbb. auf den Leptazolkrampf (60 mg/kg, intravenös) von Mäusen ergab als günstigste Verbb. *Methyläthyläthinylcarbinol* (I), *Methyl-n-propyläthinylcarbinol* (II) u. *α-Methyl-α-phenylglutarimid* (III). Als Vergleichssubstanz diente *Aloxidone, 3-Allyl-5-methyloxazolidindion* (IV). Geprüfte Verbb.: *Succinimidderivv.*: *Succinimid,* mittlere Schutzdosis (DL_{50}) > 510 mg/kg (oral), Aktivitätsverhältnis (IV = 1,0) < 0,4, *N-Allylsuccinimid,* 280, 0,6, *α-Phenyl-N-allylsuccinimid,* > 510, < 0,4, *α-Benzylidensuccinimid,* > 510, < 0,3, *α-Benzyliden-N-methylsuccinimid,* > 510, < 0,3, *α-Benzyliden-N-allylsuccinimid,* > 510, < 0,3, *α-Benzyliden-N-phenylsuccinimid,* > 510, < 0,3, *α-Benzyliden-N-benzylsuccinimid,* > 510, < 0,3, *α-Benzyliden-N-cyclohexylsuccinimid,* > 510, < 0,3, *α-Spirocyclohexansuccinimid,* krampfauslösende Wrkg., *α-Spirocyclohexyl-N-methylsuccinimid,* krampfauslösende Wrkg., *α-Spirocyclohexyl-N-allylsuccinimid,* > 510, < 0,3, *α-Spirocyclohexyl-N-oxyäthylsuccinimid,* > 510, < 0,3, *α-Spirocyclohexyl-N-phenylsuccinimid,* > 510, < 0,3, *α-Spirocyclohexyl-N-benzylsuccinimid,* 340, 0,4, *α-Spirocyclohexyl-N-cyclohexylsuccinimid,* > 510, < 0,3, *α.α-Dimethylsuccinimid,* 280, 0,5, *α.α-Dimethyl-N-methylsuccinimid,* 130, 1,1, *α.α-Dimethyl-N-allylsuccinimid,* 220, 0,7, *α.α-Dimethyl-N-phenylsuccinimid,* 150, 0,9, *α.α-Dimethyl-N-benzylsuccinimid,* > 510, < 0,3, *α.α-Dimethyl-N-cyclohexylsuccinimid,* > 510, < 0,3, *α-Methyl-α-phenyl-N-methylsuccinimid*, < 150, > 1,5, *α-Methyl-α-benzylsuccinimid*, 165, 0,9, *α-Methyl-α-benzyl-N-methylsuccinimid*, 220, 0,7, *α-Methyl-α-benzyl-N-allylsuccinimid*, > 510, < 0,3, *α-Methyl-α-benzyl-N-phenylsuccinimid*, > 510, < 0,4; Glutaminderivv.: **III**, > 70, < 1,9, *α-Methyl-α-phenyl-N-methylglutarimid*, 110, 1,2, *β-Phenylglutarimid*, 340, 0,3, *β-Phenyl-N-methylglutarimid*, 380, 0,4, *β-Phenyl-N-benzylglutarimid*, > 510, < 0,2, *β.β-Dimethyl-N-methylglutarimid*, 510, 0,3, *β.β-Dimethyl-N-allylglutarimid*, 240, 0,5, *β.β-Dimethyl-N-benzylglutarimid*, > 510, < 0,3, *Thiazolidindion-(2.4)* (**V**)-*Derivv.*: **V**, > 510, < 0,3, *N-Allylthiazolidindion-(2.4)*, 290, 0,5, *5-Methylthiazolidindion-(2.4)*, > 510, < 0,3, *5-Methyl-N-allylthiazolidindion-(2.4)*, 300, 0,7, *5-Methyl-N-benzylthiazolidindion-(2.4)*, > 510, < 0,4, *5.5-Dimethylthiazolidindion-(2.4)*, 280, 0,8, *5.5-Dimethyl-N-methylthiazolidindion-(2.4)*, 340, 0,6, *5.5-Dimethyl-N-allylthiazolidindion-(2.4)*, > 510, < 0,4; *Carbinole*: *Dimethyl-n-propylcarbinol*, 150, 1,2, *Dimethylisobutylcarbinol*, 150, 1,9, *Diäthylmethylcarbinol*, 150, 0,9, *Methyläthyl-n-propylcarbinol*, 200, 0,9, *Methyldi-(n-propyl)-carbinol*, 210, 1,3, *Triäthylcarbinol*, > 150, < 0,8, **I**, 60, 2,3, **II**, 55—67, 2,2-bis 1,6, *Methylisobutyläthinylcarbinol*, 190, 0,8, *Methyl-n-amyläthinylcarbinol*, > 510, < 0,4; *Phenylacetamid*, 340, 0,4, *N-Methylphenylacetamid*, 430, 0,3, *N-Acetylphenylacetamid*, > 510, < 0,3, *N-Methyl-N-acetylphenylacetamid*, > 510, < 0,3, *5-Methyl-N-benzyloxazolidindion-(2.4)*, 210, 0,8, *5-Methyl-N-[Δ^2-pentenyl]-oxazolidindion-(2.4)*, > 510, < 0,3, *5-Methyl-2-iminothiazolidindion-(2.4)*, > 510, < 0,3, *2-Iminothiazolidindion-(2.4)*, > 510, < 0,4, *N-Methylmaleinsäureimid*, > 510, < 0,3, *Δ^4-Cyclohexen-1.2-dicarbonsäureimid*, > 510, > 0,2, *N-Methyl-Δ^4-cyclohexen-1.2-dicarbonsäureimid*, 340, 0,4, *N-Phenyl-Δ^4-cyclohexen-1.2-dicarbonsäureimid*, 510, 0,3, *1-Methylcyclohexanol*, 190, 0,8, *1-Äthylcyclohexanol*, 170, 0,8. (J. Pharmacy Pharmacol. **6.** 740—46. Okt. 1954. Alderley Edge, Cheshire, Brit. Schering Res. Labors. Ltd., Brit. Schering Res. Inst.) K. MAIER. 4628

F. Bovet-Nitti, *Untersuchungen über oxytocinähnliche Eigenschaften in der Ergotaminreihe. Pharmakologische Wirkung des N^β-Tetralyl-(2)-N^β-methyl-N'-[1-oxyisopropyl]-β-alaninamids (833 I. S.) und des $N^\alpha.N^\alpha$-Diäthyl-N'-tetralyl-(2)-glycinamids (621 I. S.).* In vivo u. in vitro wurden folgende Derivv. des *Tetralyl-(2)-amins* hinsichtlich ihrer Wrkg. auf den Uterus des Kaninchens u. Meerschweinchens untersucht: *N^β-Tetralyl-(2)-N^β-methyl-N'-[1-oxyisopropyl]-β-alaninamid* u. *$N^\alpha.N^\alpha$-Diäthyl-N'-tetralyl-(2)-glycinamid.* Die Toxizität erwies sich als 40mal geringer als die des Ergometrins (Kaninchen), auch wurden keine vasomotor. Nebenerscheinungen beobachtet. Dagegen entspricht die Dosis der der Mutterkornpräparate. (Rend. Ist. super. Sanità **15.** 953—88. 1952. Roma, Ist. Sup. di Sanità, Labor. di Chim. Terap.) P. G. SCHEURLEN. 4628

Jean Thuillier und **Paule Mouillé**, *Die anticonvulsive Wirkung von N-Methyl-α-phenylsuccinimid. N-Methyl-α-phenylsuccinimid* (**I**) stellt einen weißen, krist., leicht synthetisierbaren Körper dar, F. 72—73°. **I** ist in W. unlösl. u. nur wenig lösl. in physiol. Lösungsmitteln (Tween-Propylenglykol). **I** wird nur bei oraler oder rectaler Applikation resorbiert. Die akute Toxizität ist gering (DL_{50} bei Meerschweinchen 2 g/kg) u. die Verträglichkeit auch bei chron. Applikation gut, ohne störende Nebenwirkungen. Die Schutzwrkg. von **I** gegen experimentell erzeugte Cardiazol- bzw. Elektrokrämpfe bestätigt die auf Grund seiner chem. Struktur erwarteten anticonvulsiven Eigenschaften. (C. R. Séances Soc. Biol. Filiales **146.** 428—29. März 1952. Paris, Hôp. St. Anne, Labor. de la Clin. des Maladies mentales et de l'Encéphale.) H. BARTH. 4628

K. Boettge, *Ätherische Öle und Spasmolyse.* Literaturübersicht über spasmolyt. Eigg. von äther. Ölen unter Hinweis auf die Präpp. *Rowatin* u. *Rowachol* (ROWA-WAGNER KG., Köln). — 51 Literaturhinweise. (Med. Mschr. **8.** 444—46. Juli 1954. Wiesbaden.) H. WUNDERLICH. 4628

Václav Trčka, *Fortschritte in der Pharmakotherapie gegen hohen Blutdruck.* Vf. bespricht die blutdrucksenkenden Mittel u. stellt fest, daß es bis jetzt kein Heilmittel gibt, das spezif. u. ohne Nebenwrkg. heilend wirkt. — 195 Literaturangaben. (Českoslov. Farmac. **4.** 87—92. März 1955. Praha, Výzk. ust. farm. biochem.) E. VEVERA. 4630

D. Della Bella und **G. F. Zuanazzi**, *Beobachtungen zur Frage der Tachyphylaxie durch die adrenalinähnlichen Substanzen.* Das *β-Ketonderiv.* (**I**) des *Nor-m-sympatols* (**II**) besitzt die Eig. der Tachyphylaxie, d. h. daß bei wiederholten Gaben die ursprünglich blutdrucksteigernde Wrkg. verlorengeht, während **II** auch bei wiederholter Verabreichung stets eine Blutdrucksteigerung hervorruft. Die durch **I** bedingte Tachyphylaxie ist nun nicht nur auf dieses Deriv. allein beschränkt, sie tritt auch auf, wenn im Anschluß an **I** *Adrenalin* oder **II** oder *Noradrenalin* in Dosen gegeben werden, die beim unbehandelten Tier deutlich den Blutdruck erhöhen. Durch Atropin kann die Tachyphylaxie gehemmt werden. (Boll. Soc. ital. Biol. sperim. **30.** 1393—95. Dez. 1954. Milano, Univ., Ist. Farmacol.) P. G. SCHEURLEN. 4630

D. Della Bella und **R. Villani,** *Über die pharmakologischen Eigenschaften einiger Derivate des Normetasympatols: Das β-Keto- und das N-Isopropylderivat.* Das dem Noradrenalin ähnliche *Nor-m-sympatol* (**I**; *m-Oxyphenylaminoäthanolhydrochlorid*) besitzt dem Adrenalin (**II**) ähnliche sympathicomimet. Eigenschaften. Vff. untersuchten die pharmakol. Wrkg. des *β-Ketoderiv.* des **I** (**III**) u. des *N-Isopropylderiv.* des **I** (**IV**), die eine geringere sympathicomimet. Wrkg. als **I** oder **II** besitzen. **III** besitzt in bezug auf die Blutdrucksteigerung bei der Ratte nach intravenöser Anwendung eine 6—800fach geringere Wrkg. als **II**. Werden die Gaben auf kleine Dosen verteilt, so bleibt die Blutdrucksteigerung ganz aus. Durch Regitin (**V**) kann der Effekt ebenfalls gehemmt werden. Am isolierten Froschkreislaufpräp. besitzt **III** bei einer Konz. von 10^{-4} dieselbe Wrkg. wie 10^{-8} **II**. Am isolierten Froschherzen wirkt **II** positiv inotrop bei einer Konz. von 10^{-5}. An der Meerschweinchentrachea wird die Acetylcholinwrkg. durch Dosen von 10^{-4} (bei **II** 10^{-6}) gehemmt. **III** hemmt die Uteruskontraktionen bei Konzz. von 10^{-5}. Die Bluteosinophilen werden nicht beeinflußt. Bei intravenöser Anwendung führt **IV** in Dosen zwischen 0,1 u. 1,0 mg/kg zu einer Blutdrucksenkung, höhere Dosen **IV** (10 bis 20 mg/kg) steigern den Blutdruck. Die blutdrucksenkende Wrkg. kleinerer Dosen **IV** wird durch **V** umgekehrt, die Blutdrucksteigerung nach höheren Dosen nicht beeinflußt. Am isolierten Froschherzen wirken 10^{-7} deutlich positiv inotrop, am isolierten Kreislaufpräp. sind 10^{-4} notwendig. Auch am Tracheapräp. des Meerschweinchens zeigt **IV** eine stärkere Wrkg. als **III**. Am isolierten Uterus entspricht die Wrkg. des **IV** nahezu derjenigen des **II** u. **I**. Auch **IV** verändert den Eosinophilenspiegel im Blut nicht. (Boll. Soc. ital. Biol. sperim. **30**. 1385—88. Dez. 1954. Milano, Univ., Ist. Farmacol.)
P. G. SCHEURLEN. 4630

H. Gross, *Zur Frage der Prüfung der Wirksamkeit einiger Kreislaufmittel in der Kinderheilkunde. Effortil, Suprifen, Carnigen, Corvasymton* u. *Percorten* wurden hinsichtlich ihrer Blutdruck- u. Pulsfrequenzwirkungen sowie ihrer capillaren Veränderungen untersucht u. als hinreichend wirksam in bezug auf von ihnen bereits bekannte Kreislaufwrkg. befunden. (Z. Kreislaufforsch. **44**. 45—55. Jan. 1955. Wien, Univ., Kinderklinik.)
H. JORDAN. 4630

Arthur E. Prevedel, V. Montgomery und **Henry Swan,** *Einfluß einer Herzdurchströmung mit Prostigmin auf das Ventrikelflimmern am hypothermischen Hund. Prostigmin* (**I**) scheint eine antifibrillator. Wrkg. am hypotherm. Hund zu haben. Die Wrkg. von **I** ist stärker, wenn es das Herz durchströmt, als wenn es intravenös gegeben wird. Wenn Kammerflimmern am ungeschützten Tier auftritt, ist es möglich, bei Durchströmung des Herzens mit **I** durch Massage u. elektr. Reiz wieder den n. Rhythmus herzustellen. Vff. nehmen an, daß die antifibrillator. Wrkg. von **I** auf eine Anhäufung von *Acetylcholin* zurückzuführen ist. (Proc. Soc. exp. Biol. Med. **85**. 596—97. April 1954. Denwer, Colo., Univ. of Colorado, School of Med., Halsted Labor. for Exp. Surg. and Deps. of Surg. and Physiol.) H. AMAN. 4630

G. Marchetti und **G. Dozio,** *Wirkung der Pentamethonium- und Tetraäthylammoniumsalze auf die mechanische Leistung des Herzens.* Am Herz–Lungen-Präp. nach STARLING konnte nachgewiesen werden, daß *Pentamethonium* das n. Herz nicht beeinflußt, während das dekompensierte Herz in seiner Leistung verbessert wird. *Tetraäthylammonium* wirkt auf das n. u. das dekompensierte Herz. (Gazz. int. Med. Chirurg. **58** (**59**). 635—40. 15/6. 1954. Pavia, Univ., Ist. Fisiol.) P. G. SCHEURLEN. 4630

Martin Kramer, *Pharmakologie und therapeutische Verwendung des herzwirksamen Glykosids Thevetin.* Übersichtsreferat. *Thevetin* (**I**) ist ein Herzglykosid mit raschem Wirkungseintritt u. geringer Kumulationsneigung u. bei gleicher therapeut. Breite weniger wirksam als andere Herzglykoside. Im Katzenvers. zeigte sich eine beträchtliche Streuung der Empfindlichkeit. Die enterale Resorption war bei der Katze besser als die des *Strophanthins.* Klin. besteht gute enterale Resorption u. eine bes. ausgesprochene Beeinflussung der Dyspnoe. Experimentell wurde eine Verstärkung der Acetylcholinwrkg. auf die Coronararterien festgestellt. Vielleicht kann **I** die Lücke der oralen Applikationsmöglichkeit eines Glykosids mit den wertvollen Eigg. des *Strophanthins* ausfüllen. — 44 Literaturangaben. (Aerztl. Wschr. **10**. 131—36. 11/2. 1955. Berlin, Freie Univ., Pharmakol. Inst.)
K. MAIER. 4630

D. Quivy und **Th. Gayet-Hallion,** *Über die unmittelbare Herzwirkung einer organischen Quecksilberverbindung beim Kaninchen.* Die früher beim Hund nach intravenöser Applikation von 15—20 mg/kg *Novurit* (**I**; *Theophyllin* + *Na-Quecksilberoxyallylamidomethoxytrimethylcyclopentandicarbonat*) beobachteten Elektrocardiogrammänderungen treten beim Kaninchen erst bei Dosen von 90—170 mg **I**/kg auf. Es kommt zur Bldg. von ventriculären Rhythmen unter vorübergehendem Ausbleiben der auriculären Wellen. Bei höheren Dosen tritt der Tod unter ventriculärer Asystole ein. (C. R. Séances Soc.

Biol. Filiales **146.** 1036—39. Juli 1952. École pratique des Hautes-Études, Labor. de Physiol. pathol.) F. KRUSEN. 4630

A. L. C. Maggi, J. J. Dumas, M. Meeroff und **E. Iovine,** *Beitrag zum Wirkungsmechanismus eines neuen Diureticums: Diamox.* Die diuret. Wrkg. von *Diamox* wurde an 26 Kranken mit Ödemen verschied. Ätiologie geprüft. Einheitlich wurde eine Zunahme der Diurese mit einer Steigerung der Na-Ausscheidung beobachtet. Auch K nahm im Urin zu, während die Cl-Diurese im allg. vermindert war. Die Acidität des Magensaftes wurde nicht beeinflußt. (Prensa méd. argent. **41.** 2354—67. 13/8. 1954. Buenos Aires.) P. G. SCHEURLEN. 4634

A. Lindner, W. Schneider, G. Friedrich, E. Kerschbaum und **F. Wessely,** *Über zwei Isomere der 3.7.12-Triketocholansäure (Dehydrocholsäure) mit verschiedener biologischer Aktivität.* Vff. fanden bei der Prüfung von Lsgg. von dehydrocholsaurem Na an der Ratte choleret. wirksame u. unwirksame Proben. Durch Erwärmen im Wasserbad konnten die inakt. Lsgg. aktiviert werden, wobei auch der bittere Geschmack nach dem Erwärmen erheblich zugenommen hatte. Bei den chem. Unterss. für dieses verschied. biol. Verh. ergab sich, daß *Dehydrocholsäure* (**I**) vom F. 237°, mit wss. NaOH in der Kälte oder Hitze versetzt, ein choleret. akt. Na-Salz gibt. Versetzt man **I** in alkoh. Suspension mit überschüssiger wss. NaOH, so scheidet sich ein schwerer lösl. Na-Salz ab, das keine choleret. Wrkg. besitzt, durch Erhitzen aber in die akt. Form übergeht. Säuert man die Lsg. des schwer lösl., nicht erhitzten Na-Salzes an, so erhält man eine Verb. vom F. 281—284° u. der Zus. der **I**, die sich auch im UV nicht von ihr unterscheidet. Diese Verb. wurde als „*Pseudodehydrocholsäure*" (**II**) bezeichnet. Es wird Stereoisomerie vermutet. Für **I** wird trans-Verknüpfung, für **II** werden cis-ständige Ringe angenommen, was durch weitere Unterss. überprüft werden wird. (Mh. Chem. **83.** 1094—97. 15/8. 1952; S.-B. österr. Akad. Wiss., math.-naturwiss. Kl., Abt. IIb **161.** 1094—97. 1952. Wien, Univ., Pharmakol. Inst. u. II. Chem. Labor., u. Labor. der Fa. Sanabo.) K. BÖHM. 4640

Frank A. Ehrenford, Alice B. Richards, Benedict E. Abreu, Earl R. Bockstahler, Lawrence C. Weaver und **Carl A. Bunde,** *Trichuriasisaktivität von Phthalofyne und einigen verwandten Verbindungen.* „*Phthalofyne*" (*Phthalsäuremono-[3-Methylpentin-(1)-yl-(3)-ester]*; **I**) ist spezif. u. sicher wirksam gegen Trichuris vulpis in einmaliger oraler Gabe. *Phthalsäuremono-[pentin-(1)-yl-(3)-ester], Di-n-butylphthalat, Diäthylphthalat, 3-Methylpentin-(1)ol-(3)* u. *Phthalsäureanhydrid* zeigen keine Wrkg.; der anthelmint. Effekt wird deshalb dem intakten **I**-Mol. zugeschrieben. Tox. Wrkg. von **I** beim Hund: Emesis (450 mg/kg), Anorexie (475 mg/kg), Somnolenz (500 mg/kg), bei den anderen Verbb. ähnlich. PJ = DT_{50}/DC_{50} = 3,7 beim Hund. Der starke emet. Effekt ist wirksamer Schutz gegen Vergiftung, deshalb DL_{50} beim Hund nicht realisierbar, bei der Maus DL_{50} 1500 $\pm$ 95 mg/kg (6,09 $\pm$ 0,38 mMol/kg). (J. Pharmacol. exp. Therapeut. **114.** 381—84. Aug. 1955. Indianapolis, Ind., Pitman-Moore-Comp., Div. of Allied Labor., Res. Dep.) G. SEELIGER. 4649

R. J. Ortlepp, *Phenothiazin: ein Mittel bei inneren Parasiten.* Vf. empfiehlt *Phenothiazin* zur Bekämpfung von Wurminfektionen bei Nutztieren u. gibt folgende Dosierungsvorschriften: Schaf- u. Ziegenlämmer 10—15 g, ausgewachsene Tiere 20—25 g, Kälber 15—20 g, Rinder 30—40 g, 9 Monate alte Fohlen 10 g, Jährlinge 15 g u. ausgewachsene Pferde 25 g, Schweine je nach Gewicht 5—30 g u. Hühner 5 g. (Farming South Africa **29.** 299—300. Juni 1954. Onderstepoort, Div. of Veterinary Serv.) F. KRUSEN. 4649

Raoul Lecoq, *Über die Wirkungsweise von Apomorphin bei der Behandlung chronischer Alkoholiker.* Durch Verabreichung von *Tetraäthylthiuramdisulfid* (buccal) u. *A.* (intravenös) bzw. *Na-Pyruvat* (intravenös) an Kaninchen wurde festgestellt, daß *Apomorphin,* vorher intramuskulär u. intravenös gegeben, nicht nur eine brecherregende Wrkg. hat, sondern gleichzeitig die tox. Wrkg. der Zwischenprodd. (Acetaldehyd, Brenztraubensäure) des gestörten Alkoholabbaus zu hemmen vermag. (C. R. hebd. Séances Acad. Sci. **234.** 560—62. 28/1. 1952.) R. KÖNIG. 4670

W. A. Ssaiko, *Behandlung der Serumkrankheit durch Mikrodosen von Calciumchlorid.* In 40 Fällen von Serumkrankheit subcutan angewandtes $CaCl_2$ (**I**; beginnend mit 1 ml der 0,25%ig. Lsg. in physiol. NaCl-Lsg. u. täglich um 1 ml steigernd) bewirkte bei der Mehrzahl der Patienten ein Verschwinden der Symptome nach der 2.—3. Injektion. Bei der prophylakt. Anwendung von **I** per os bei 22 Patienten dauerte die Serumkrankheit im Mittel beinahe 2mal länger als bei subcutaner Applikation. (Клиническая Медицина [Klin. Med.] **33** (**36**). Nr. 10. 84. Okt. 1955. Pjatigorsk, Infektionskrankenhaus, Diagnost. Abt.) E. RENTZ. 4670

M. Cefalu' und **G. D'Ambrosio,** *Neue Untersuchungen über die durch Nitrate hervorgerufene Methämoglobinämie bei Kindern. Ergebnisse einer Untersuchung in der Provinz Trapani.* Die durch Attacken von Cyanose ausgezeichnete Methämoglobinämie der

Kinder kann durch *Nitrate* (I) der Nahrung hervorgerufen werden. I sind nach den Unterss. der Vff. nicht in der Frauen- oder Kuhmilch enthalten. Die von Vff. beobachteten Krankheitsfälle traten bei künstlich ernährten Kindern auf, so daß angenommen wird, daß die im W. enthaltenen I aufgenommen werden. (Nuovi Ann. Igiene Microbiol. **5.** 404—11. Nov./Dez. 1954. Palermo, Univ., Ist. Igiene Microbiol.) P. G. SCHEURLEN. 4675

J. P. Caley und **I. A. Kellock,** *Geheilte akute Vergiftung mit gelbem Phosphor.* Eine 71jährige zeigte 4 Tage nach Aufnahme von 500 mg *gelbem P* in Form eines Rattengiftes schwere Vergiftungserscheinungen mit Leberschäden u. Kreislaufstörungen. Zur Erhaltung des Kreislaufes wurde *l-Noradrenalin-Lsg.* (4 mg/Liter) erfolgreich infundiert. Weitere Therapie mit *Vitaminen, Na-Glutamat* u. Diät führte zur Wiederherstellung. (Lancet **268.** 539—40. 12/3. 1955. Manchester, Royal Infirm.) F. KRUSEN. 4675

C. Liébecq, *Über die funktionelle Bedeutung des Tricarbonsäurecyclus. Untersuchungen über die Fluoracetatvergiftung.* Übersicht über den möglichen Wirkungsmechanismus des Fluoracetats. — 34 Literaturangaben. (Meded. vlaamse chem. Veren. **16.** 90—99. Mai/Juni 1954. Liège, Univ. Labor. de Biochim.) W. SCHELER. 4675

Shintethu Kubota, *Eine experimentelle Untersuchung über Bleivergiftung.* Zur *Pb*-Best. in Blut empfiehlt Vf. das polarograph. Arbeitsverf., wobei zur Aufarbeitung der Blutproben eine verbesserte Meth. unter Verwendung von H_2O_2 angegeben wird. Zur Best. sind je nach der vorhandenen *Pb*-Konz. 2—10 ml Blut erforderlich. Unterss. mit diesem Verf. an experimentell mit *Pb* vergifteten Kaninchen u. an Bleiarbeitern ergaben keine Proportionalität zwischen *Pb*-Konz. im Blut u. Ausmaß der Vergiftungserscheinungen. (Fukuoka Acta med. [Fukuoka-Igaku-Zassi] **45.** 31—41. April 1954. Kyushu Univ., Fac. of Med., Dep. of Hyg. [Orig.: japan.; Auszug: engl.]) F. KRUSEN. 4675

G. Kuschinsky und **E. Muscholl,** *Die Behandlung der experimentellen Quecksilbervergiftung mit 2.3-Dimercaptopropionsäure.* Die Best. der Toxizität von *Dimercaptopropionsäure* (I) u. *Dimercaptopropanol* (*BAL*; II) ergab, daß I etwa doppelt so tox. ist wie II (DL_{50} für Mäuse 47 mg/kg bzw. 103 mg/kg). Vergiftungserscheinungen treten nach tox. Dosen I eher auf als nach II, klingen infolge schnellerer Ausscheidung aber auch früher ab; I kann in therapeut. Dosis daher häufiger gegeben werden als II. Eine Menge von 8,7 mg I/kg bzw. 20 mg II/kg (jeweils 22% der DL_{50}) ließ eine gleich günstige Wrkg. auf die $HgCl_2$-Vergiftung erkennen, wenn I oder II vor oder gleichzeitig mit $HgCl_2$ injiziert wurde. Blutdruck- u. Elektrocardiogrammveränderungen, wie sie nach tox. Gaben (10—50 mg/kg intravenös) von *Salyrgan* (*Na-Salz des 3-Hydroxymercuri-2-methoxypropylamids des Salicylsäureglykolsäureäthers*; III) auftreten, wurden durch I u. II in gleicher Weise unterdrückt. III-Dosen, die sonst zu einem Herzstillstand führen, wurden noch ertragen. Einen ähnlichen, aber schwächeren Einfl. hatten, intravenös gegeben, *Adrenalin* (70 γ/kg), *Cystein* (IV; 100 mg/kg) u. $Na_2S_2O_3$ (100 mg/kg) auf die EKG.-Störungen. Der Blutdruckabfall nach III konnte durch IV zwar verhindert, durch I aber auch bei späterer Applikation wieder normalisiert werden. (Naunyn-Schmiedebergs Arch. exp. Pathol. Pharmakol. **223.** 408—19. 1954. Mainz, Univ., Pharmakol. Inst.) H. HELGE. 4675

K. Hohenner und **A. Hörauf,** *Beitrag zur akuten peroralen E 605-Vergiftung.* Vff. zeigen an 7 beschriebenen Fällen von *E 605*-Vergiftung die zweckmäßigste Therapie. Ein Überleben der Aufnahme einer letalen *E 605*-Dosis ist nur zu erwarten, wenn innerhalb 15—20 Min. Magenspülung u. Zufuhr von Tierkohle oder *Apomorphin*-Injektion erfolgt. In der 2. Behandlungsphase muß zur Bekämpfung der Acetylcholin-Wirkungen *Atropin* in Dosen von 2 mg intravenös oder intramuskulär in Abständen von 3—15 Min., gegebenenfalls zusammen mit *Lobelin* u. *Luminal*, gegeben werden. In der ca. 1 Std. nach Giftaufnahme beginnenden 3. Behandlungsphase steht die Kreislaufstützung im Vordergrund. (Med. Klin. **50.** 1554—57. 16/9. 1955. Fürth/Bay., Stadtkrankenhaus.) F. KRUSEN. 4675

E. Brunner und **F. Wewalka,** *Erfahrungen bei zwei akuten Vergiftungen mit E 605.* Auf Grund ihrer Erfahrungen empfehlen Vff., bei schweren E 605-Vergiftungen außer der *Atropin*-Zufuhr sofortige Bluttransfusionen vorzunehmen. (Wiener med. Wschr. **104.** 875—77. 30/10. 1954. Wien, Univ., I. Med. Klinik.) F. KRUSEN. 4675

Seymour Heymann, S. N. Javett und **A. M. Rudolph,** *Salicylatüberdosierung und -vergiftung bei Säuglingen und Kleinkindern.* Bericht über 26 Fälle von zufälliger Aufnahme größerer *Salicylat* (I)-Mengen durch Kleinkinder, bei denen es jedoch zu keinen Todesfällen kam. Bei 15 Kindern, die I therapeut. in Überdosierung erhielten, z. T. in Kombination mit *Sulfonamiden,* traten jedoch 7 Todesfälle auf. Die Toxizitätserscheinungen u. deren Ausmaß sind weitgehend abhängig von Alter, Ernährungszustand u. Art der behandelten Krankheit. Das wichtigste Symptom der I-Vergiftung ist die

Hyperventilation; therapeut. wird Infusion von RINGER- u. 5% ig. *Dextrose*-Lsg. sowie Austauschtransfusion empfohlen. (South African med. J. **28.** 1092—99. 25/12. 1954. Johannesburg, Transvaal Mem. Hosp. for Children.) F. KRUSEN. 4675

Albert G. Smith und **George Margolis,** *Camphervergiftung. Anatomische und pharmakologische Untersuchung; Bericht über einen tödlichen Fall; experimentelle Untersuchung der Schutzwirkung von Barbiturat.* Bericht über ein 19 Monate altes Kind, das 5 Tage nach Aufnahme eines Teelöffels 20% *Campher* (I) enthaltendem Baumwollsaatöl starb. Neben den bekannten Vergiftungserscheinungen wurde bei der Autopsie eine bisher nicht beschriebene neuronale Nekrosis beobachtet, die auch experimentell bei Mäusen durch mehrfache I-Verabreichung hervorgerufen werden konnte. Der Wirkungsmechanismus der I-Vergiftung ist noch nicht geklärt, es wird ein Eingriff in das *Cytochromoxydase*-Syst. u. die Oxydation energiereicher P-Verbb. vermutet. Weitere Tierverss. zeigten, daß *Barbiturat* in Dosen, in denen es die Konvulsionen der I-Vergiftung verhindert, auch gegen die neuronalen Schäden schützt, weshalb es zur Therapie bei I-Vergiftungen beim Menschen empfohlen wird. — 71 Literaturangaben. (Amer. J. Pathol. **30.** 857—69. Sept./Okt. 1954. Durham, N. C., Duke Univ., School of Med., Dep. of Pathol.) F. KRUSEN. 4675

Douw G. Steyn und **P. H. B. Talbot,** *Ein neuer giftiger Pilz: Lepista caffrorum (Kalchbr. und MacOwan Singer).* Bei 1 Person traten 24 Std. nach Verzehr einer Probe von Lepista c. Vergiftungserscheinungen auf, die denen nach Aufnahme von Amanita sehr ähnlich waren. In Fütterungsverss. mit 2 Kaninchen zeigte der Pilz tox. Eigg. von letaler Wirkung. Vff. weisen darauf hin, daß dieser Pilz bisher häufig ohne nachteilige Wirkungen verzehrt wurde. (South African med. J. **28.** 952—53. 6/11. 1954. Pretoria, Univ., Dep. of Agric.) F. KRUSEN. 4675

H. Gohr und **W. Bönniger,** *Untersuchungen über die Erhöhung des Kieselsäurespiegels des Blutes und der Kieselsäureausscheidung im Harn bei der Silicose und ihre Bewertung.* Die *Kieselsäure* (I)-Konz. des Blutes u. des Harns ist bei Silicosepatienten im Durchschnitt erhöht, u. zwar betragen die Mittelwerte beim Blut 2,03 mg% SiO_2 u. im Harn 3,94 mg% SiO_2, während die Durchschnittswerte beim Gesunden im Blut 1,6 mg% SiO_2 u. im Harn 3,6 mg% SiO_2 betragen. Die I-Konz. des Harns steigt mit zunehmendem spezif. Gewicht an. Die größten I-Werte wurden im sauren Harn gefunden, während im alkal. Harn die Werte kleiner u. im neutralen Harn die Werte am geringsten waren. Die Unterss. gaben wohl einen weiteren Einblick in das Krankheitsgeschehen der Silicose, lassen aber eine diagnost. oder prodiagnost. Verwertung der gefundenen SiO_2-Werte im Einzelfall nicht zu. (Z. ges. inn. Med. Grenzgebiete **7.** 435—39. 1952. Bardenberg, Knappschaftskrankenhaus; Köln, Krankenanstalt Lindenburg.) F. BRAUKMANN. 4681

Ricciardo Ricciardi-Pollini, *Berufspathologie des Nickels.* Über die patholog. Wrkg. von *Ni* u. seinen anorgan. Salzen in der einschlägigen Industrie wird zusammenfassend berichtet. Bes. tritt als tox. Ni-Verb. das *Nickeltetracarbonyl* (I) in Erscheinung. In größerer Konz. inhaliert, erzeugt es Lungenödeme, in schweren Fällen mit letalem Ausgang. Ferner kann es zu Neoplasmen im Luftweg kommen. Da bei der industriellen Anwendung von I in der Mineralölraffinerie gleichzeitig As-Spuren als tox. Stoffe auftreten, kann deren Wrkg. neoplasmenbildende Einfll. des I vortäuschen. (Rass. Med. ind. **23.** 157—65. Mai/Juni 1954. Milano, Univ., Chimica del Lavoro.) W. REUSSE. 4681

S. W. Lilejewa, K. Ss. Panfilowa und **M. Ss. Chlopina,** *Über chronische Quecksilbervergiftungen des medizinischen Personals der zahnärztlichen Laboratorien.* In der Luft mehrerer zahnärztlicher Laborr. der Stadt Jaroslawl fanden sich bis zu 0,00007 mg/Liter Hg (zulässiger Grenzwert 0,00001 mg/Liter) u. im Spülwasser der Arbeitstische, Wände u. Fußböden Hg-Mengen bis zu 0,04 mg/cm³ u. im Harn des untersuchten medizin. Personals bis zu 0,7 mg/Liter. Ursache der Vergiftungen war die Nichtbeachtung der Arbeits- u. Aufbewahrungsvorschriften für Hg. (Гигиена и Санитария [Hyg. u. Sanitätswes.] **1955.** Nr. 9. 24—27. Sept. Jaroslawl, Med. Inst., Therapeut. Fakult.-Klinik u. Städt. San. Epidemiol. Stat.) E. RENTZ. 4681

G. A. Engelien, *Rezidivierende Intoxikation durch E 605.* Bei Spritzwarten, die wochenlang mit *E 605* Spritzarbeiten durchführten, wurden Kopfschmerzen, Magenbeschwerden, Atemnot, Herzbeklemmungen, Bronchitis, Schwitzen, Sehstörungen u. cyanot. Lippen beobachtet, die sich nach Beendigung der Spritzarbeiten innerhalb von 3 Wochen zurückbildeten. Die Symptome werden als Intoxikation mit E 605 gedeutet. Bei zwei Patienten allerg. Ekzem. Prophylaxe: Mullmaske, Handschutz u. leichte Schutzkleidung; dadurch Verschwinden der Beschwerden. (Münchener med. Wschr. **97.** 111. 28/1. 1955. Havetoft, Kr. Schleswig.) H. ZELLER. 4681

Joulia und **L'épée,** *Dermatosen bei Arbeitern der Lebensmittelindustrie und der Landwirtschaft.* (Arch. Maladies profess. Méd. Travail Sécurité soc. **16.** 175—79. 1955. Bordeaux.) P. LOCH. 4681

A. Midana, P. Zeglio und **G. Zina,** *Berufsdermatosen in der Reis verarbeitenden Industrie.* (Arch. Maladies profess. Méd. Travail Sécurité soc. **16.** 183—91. 1955. Turin.) P. LOCH. 4681

Cl. Huriez, Serre, F. Desmons und **P. Martin,** *Berufsdermatosen bei Arbeiten der Erdölgewinnung.* — 21 Literaturangaben. (Arch. Maladies profess. Méd. Travail Sécurité soc. **16.** 143—53. 1955.) P. LOCH. 4681

Charles William Rees, Problems in amoebiasis. Springfield, Ill.: C. C. Thomas. 1955. (120 S. m. Abb.) 8° $ 4,75.

F. Pharmazie. Desinfektion.

Johannes Arends, *Die Extrakte. Beschreibung und Kritik, auch im Hinblick auf das DAB 7.* Eingehende Beschreibung der Herst. (4 Apparaturabb.) u. der Eigg. der verschied. Extraktformen des DAB 6 u. Diskussion moderner Extraktionsmethoden. Für die Herst. von *Extractum Ferri pomati, Gentianae, Cardui benedicti, Trifolii fibrini, Aloes, Belladonnae, Hyoscyami, Chinae spirituosum, Colocynthidis, Faecis, Opii* u. *Strychni* werden die Angaben des DAB 6 teilweise krit. erläutert. (Pharmaz. Ztg.-Nachr. **89.** 21—26. 5/1. 1953.) M. NEGWER. 4750

F. von Bruchhausen und **W. Küssner** (unter Mitarbeit von **F. Reiff** und **H. W. Voigtländer**), *Über die Prüfung einiger Alkaloide und Glykoside, die für einen Nachtrag zum DAB 6 bzw. DAB 7 in Frage kommen.* Unter Bezugnahme auf frühere Veröffentlichungen (C. **1955.** 8914) stellen Vff. einen Entwurf zur Prüfung des *Digitoxins* zur Diskussion. (Pharmaz. Ztg., verein. Apotheker-Ztg. **91/100.** 1193. 20/10. 1955. Braunschweig u. Darmstadt.) W. BARZ. 4750

Józef Cymer, *Unverträgliche Rezeptformeln.* An 25 Beispielen erläutert. (Farmacja polska **7.** 133—36. Juni 1951.) E. FISCHOEDER. 4750

K. R. Capper, *B.P.C.-Normen für N. F.-Zubereitungen.* Eingehende Diskussion u. Erläuterung, inwieweit die Fehlergrenzen des B.P.C. (British Pharmaceutical Codex 1954), die durchschnittlich $\pm 5\%$ betragen, für die Herst. von N.F. (National Formulary)-Zubereitungen berechtigt erscheinen u. inwieweit in manchen Fällen Erhöhungen derselben vertretbar wären. (Pharmac. J. **175** ([4] **121**). 577—79. 31/12. 1955.) M. NEGWER. 4750

J. W. Hadgraft, *The national formulary 1952.* Kurze Besprechung. (Chemist and Druggist **157.** 450. 29/3. 486. 5/4. 1952.) M. NEGWER. 4750

Hans W. Mayer, *Apparatur zum Verreiben und Vermischen von Pulvern.* Beschreibung der auf dem Prinzip von Kugelmühlen beruhenden App. (2 Abb.), die zum Anschluß an das Stada-Allzweckgerät oder BAUKNECHT-Allzweckgerät gedacht ist. (Dtsch. Apotheker-Ztg. **93.** 127—28. 20/2. 1953. Furtwangen, Stadt-Apotheke.) M. NEGWER. 4758

Walter Merz, *Über die Verwendung von Siliconöl als Gegenklebemittel bei der Herstellung von Tabletten.* Die Gegenklebemittel („Antiadhäsionsmittel") haben die Aufgabe, das Kleben der Tablettenmasse an Stempel u. Matrize zu verhindern. Durch Verss. wurde festgestellt, daß 20 g Siliconöl z. B. für 10 kg Zuckermasse voll „antiadhäsiv" wirken. Ob die Silicone die Zerfallszeit von peroral zu applizierenden Tabletten nachteilig beeinflussen, bleibt weiteren Unterss. vorbehalten. (Dtsch. Apotheker-Ztg. **95.** 1243. 29/12. 1955. Reutlingen, Hirsch-Apotheke.) W. BARZ. 4766

M. St. Mokranc und **B. Medaković,** *Beitrag zur Kenntnis der chemischen Zusammensetzung der Lindenblätter (Tilia argentea Desf.).* Die Lindenblätter wurden mit 96%ig. A. extrahiert. Mit 60%ig. A. u. KOH wurde der eingedampfte harzige dunkelfarbige Rückstand von Verunreinigungen befreit u. in 96%ig. A. umkrist., wobei die reinen Kristalle bei 244° schmolzen. Bei einer weiteren chromatograph. Trennung über Al_2O_3 u. Elution mit Bzl. u. Bzl.–Chlf. konnte eine sehr geringe Menge einer Verb., $C_{32}H_{52}O_2$, F. $\sim 200°$, Mol.-Gew. 468,74, isoliert werden. Verss., die ursprüngliche Verb. zu hydrolysieren (im alkal. oder sauren Medium), ließen sie unverändert. Sie gab die LIEBERMANN-BURCHARD-Rk. (rotviolett → blauviolett) u. die SALKOWSKY-HESSE-Rk. (citronengelb in Chlf.). Acylieren u. Benzoylieren gelang nicht; es ist keine CO-u. COOH-Gruppe nachzuweisen. Die Verb. gehört anscheinend zur Gruppe der Sterine oder Triterpene. Reine, farblose Kristalle ohne Geruch u. Geschmack, leicht lösl. in Chlf., Bzl., Ae., Pyridin, Aceton, Acetanhydrid, Eisessig; schwer lösl. in kaltem 96% ig. A., bedeutend mehr in sd. Alkohol. (Гласник Хемиског Друштва Београд [Ber. chem. Ges. Belgrad] **19.** 521—26. 1954. Belgrad, Chem. Inst. der Serb. Akad. der Wiss.) A. v. WILPERT. 4782

H. C. Ferguson, *Vorläufige Mitteilung über einen Extrakt der Wurzel von Cucurbita foetidissima.* Nach Ausfällung einer krist. u. einer amorphen Substanz zeigt der alkoh. Extrakt der Wurzel von Cucurbita foetidissima (I) im pharmakol. Vers. eine oxytoc. Wirkung. I wirkt auf die Coronargefäße des Rattenherzens kontrahierend u. auf den isolierten Darm der Ratte u. Maus krampferregend. I wirkt stark reizend. (J. Amer. pharmac. Assoc., sci. Edit. **44.** 440—42. Juli 1955. Albuquerque, N. Mex., Univ. of New Mexico, Coll. of Pharm.) F. Neuwald. 4782

J. Bouquet, *Cannabis.* (Vgl. C. **1951.** II. 2219.) Übersicht über die Wrkg. u. die Verbreitung der Sucht. (Bull. on Narcotics **3.** 22—45. Jan. 1951.) A. Hotzel. 4782

Joseph Gurland, *Notiz über die Korrosionsresistenz von gewissen Legierungen gegenüber Jodtinktur U.S.P.* Die Korrosionswrkg. von Jodtinktur U.S.P. XIV wurde bei einigen Metallegierungen (Hastelloy A, B u. C, Stellite No. 6, Stainless 304, 316 u. 317) geprüft, um ihre Brauchbarkeit zur Herst. von Behältern für Jodlsgg. festzustellen. Chromhaltige Legierungen, wie sie im rostfreien Stahl vorliegen, zeigten die geringsten Korrosionserscheinungen. (J. Amer. pharmac. Assoc., sci. Edit. **43.** **444.** Juli 1954. Columbus, O., Battelle Mem. Inst.) F. Neuwald. 4790

I. W. Grote und **Maribelle Woods,** *β-Phenyläthylalkohol als Konservierungsmittel für Augentropfen.* 0,3%ig. wss. Lsgg. von β-Phenyläthylalkohol wirkten am Kaninchenauge nicht reizend, hemmen die natürliche antisept. Wrkg. des Lysozyms in der Tränen-Fl. nicht u. besitzen eine geringere Oberflächenspannung als W., so daß eine bessere Penetration der Augentropfen möglich ist. (J. Amer. pharmac. Assoc., sci. Edit. **44.** 9—11. 1955. Chattanooga, Tenn., Univ. of Chattanooga.) F. Neuwald. 4790

W. Kamedulski, *Versuche zur Verwertung der Abfälle bei der Morphinherstellung aus Opium.* Die Opiumabfälle der Kalkmilchextraktion werden mit H_2SO_4 aufgenommen; im eingeengten Auszug werden mit NH_3 die Alkaloide (Codein bleibt gelöst) gefällt. Der Nd. wird in Chlf. oder Bzl. umkristallisiert. Es werden 2,3% (auf Ausgangsopium) Alkaloide, F. 136°, in der Hauptsache ein Gemisch aus *Narcotin* (I) u. *Papaverin* (II) (3 :1) erhalten. Die Trennung von I u. II gelingt durch Extraktion einer Lsg. in Bzl. mit Lauge. Der alkal. Auszug wird angesäuert u. mit Carbonat gesätt., worauf I, F. 174°(A.), ausfällt. Durch Dest. des benzolhaltigen Rückstandes u. Umkristallisation in Aceton erhält man II, F. 145°. (Фармация (София) [Pharmazie (Sofia)] **1955.** Nr. 4. 23—25. Juli/Aug.) O. Pollak v. Emhofen. 4790

F. Biedebach, *Natriumlactat in Infusionslösungen.* Es werden Vorschriften zur Bereitung reiner Na-Lactatlsgg. nach dem Dän. Arzneibuch u. der USP XIV gegeben, ferner von Ringer-Lsgg. mit Lactatzusatz nach der B.P. 1953 u. USP XIV sowie über K-reiche Lactatlsgg. nach dem Dän. Arzneibuch u. von Darrowscher Lsg. u. Butlerscher Lösung. — Hinweise auf die physiol. Wrkg. von Na-Lactatlsgg. im Organismus u. Angaben über Herst. u. Haltbarkeit gebrauchsfertiger Infusionslösungen. (Pharmaz. Ztg. **91/100.** 1160—62. 13/10. 1955. Frankfurt/M., Labor. der Landesapothekenkammer.) W. Barz. 4790

W. Mohrschulz, *Über Probleme bei der Bereitung von Injektionsarzneien.* Vortrag. — Behandelt werden folgende Probleme: 1. Das Lösungsm. (W., nichtwss. Lösungsmittel), 2. der Arzneistoff (Löslichkeit, Löslichmachung durch chem. Eingriff u. durch Lösungsvermittler), 3. die Lsg., Herst., Stabilisierung (Filtration, Sterilisation, Verträglichkeit, Haltbarkeit), 4. Behälterfragen, therm. u. chem. Widerstandsfähigkeit, 5. Kontrolle, 6. Folgerungen für die Praxis. (Dtsch. Apotheker-Ztg. **93.** 504—10. 9/7. 1953.) M. Negwer. 4800

—, *Neue Arzneimittel. Epar-vit 12* (Laboratori Biochimico-Farmaceutici Smit, Turin): Leberextrakt mit Vitamin B_{12}. — *Co-As* (Instituto Profilattico & Farmaceutico Candioli, Turin): Grippemittel mit Codein, Acetylsalicylsäure, Vitamin C, Coffein. (Minerva med. [Torino] **42. I.** 262. 10/2. 1951.) A. Hotzel. 4800

D. Barković, *Über Isonicotinsäurehydrazid und einige ähnliche Substanzen.* Übersicht über Eigg., Darst., Analytik, Anwendung, therapeut. Wrkg., Nebenwirkungen u. einige biochem. Unterss. des *Isonicotinsäurehydrazids,* über einige Derivv. u. verwandte Prodd., kombinierte Präpp. mit anderen Tuberkulostaticis u. einige Hydrazide von Derivv. der Chinolin-4-carbonsäure mit tuberkulostat. Wirkung. — 34 Literaturangaben. (Farmac. Glasnik **11.** 47—55. Febr. 1955. Zagreb, Fac. of Pharmacy, Inst. for Pharmaceut. Chem.) S. Beckmann. 4806

A. A. Noshenko, *Zur Methodik der maximalen Extraktion von Carotin aus Mohrrüben.* Zur besseren Gewinnung des Carotins aus vermahlenen Mohrrüben empfiehlt Vf., die Extraktion durch ein organ. Lösungsm. (nicht näher angegeben) im Verlaufe von 45 Min. in 3 Stufen durchzuführen, wodurch eine durchschnittliche Ausbeute von 91% (Maximum 99%) erreicht werden kann. (Известия Академии Наук Латвийской ССР [Nachr. Akad. Wiss. LettSSR] **1955.** Nr. 4. 93—94. Inst. für exp. Med. der Akad. der Wiss. der LettSSR.) M. Ulmann. 4808

D. G. Chapman, R. Crisafio und **J. A. Campbell,** *Die Beziehung zwischen der Zerfallsgeschwindigkeit von zuckerüberzogenen Tabletten in vitro und der physiologischen Verwertbarkeit von Riboflavin.* Das nach USP XIV zur Best. der Zerfallszeit in Tabletten vorgesehene Gerät wird abgewandelt, indem Gummischeiben eine reibende Wrkg. auf die Tabletten ausüben, die sich erst in einem magensaftähnlichen, dann alkal. Medium befinden. Biol. Verss. mit dem 8 Std.-Urinausscheidungstest (der dem 24 Std.-Test vorzuziehen ist) ergaben einen Zusammenhang zwischen der physiol. Verwertung von Riboflavin (I) in mit einem Überzug versehenen Tabletten u. ihrer Zerfallsgeschwindigkeit. I-Tabletten, die nicht innerhalb von 60 Min. zerfielen, waren nicht völlig ausnutzbar. (J. Amer. pharmac. Assoc., sci. Edit. **43.** 297—304. Mai 1954. Ottawa, Can., Dep. of Nat. Health and Welfare, Food and Drug Labor.) W. Spitaler. 4808

G. Mohnike, G. Schnuchel und **W. Langenbeck,** *Die Einwirkung von Hexamethylendiisocyanat und Phosgen auf Insulin.* Durch Molekülkopplung von *Insulin* (I) (Alt-I, Novo, Kristall-I, Schering) mit *Hexamethylendiisocyanat* (II) bzw. *Phosgen* (III) wurde Depot-I mit der Wrkg. eines Surfen-I erhalten. Mit steigender II-Menge ($\geqq$0,5 mg/200 mg I) u. Alkalität nimmt die I-Inaktivierung zu. Die Aktivität von I-Ultrafiltraten nimmt mit der Filterporengröße (200—5 mμ) ab, u. zwar bei II–I stärker als bei den entsprechenden Filtraten n. I, wahrscheinlich wegen eines größeren akt. Querschnittes (infolge intermol. Verknüpfung) der II-I-Moleküle. III wirkt wie II, jedoch weniger stark inaktivierend. In Ggw. von Protamin scheint III–I eine bes. breite Depotwrkg. zu haben. (Naturwissenschaften **38.** 333—34. Juli 1951. Rostock, Univ., Chem. Inst.) G. Bressau. 4808

Shukuo Kinoshita, Osamu Terada und **Kiyoshi Nakayama,** *Untersuchungen über Bacitracingärung.* 1. Mitt. *Nährbodenauswahl für die Gärung.* Bei der Unters. der Bacitracingärung (Stamm ATCC 10716) wurden verschied. Nährböden (Kohlenhydrate, N-haltiges Material, Salze organ. Säuren) verwendet. Dextrin u. Inulin wirkten stärker u. anhaltender als Glucose, Lactose u. Saccharose. Sojabohnenmehl zeigte beim Stickstoffnährboden die beste Aktivierung des Antibioticums, weniger Reis–Weizen-Kleie, getrocknete Hefe u. Malz. Na-Acetat, Na-Pyruvat, Ca-Gluconat, Ca-Lactat brachten eine günstige Wrkg. bei Zugabe von 0,25—0,5%. K-Citrat u. NH_4-Tartrat wirkten über 0,5% hemmend, ebenfalls Na-Oxalat bei niedriger Konzentration. (J. Antibiotics [Tokyo], Ser. A **7.** 61. März 1954. Keio, Univ., Dep. of Appl. Chem. [Orig.: engl.]) H. Hennersdorf. 4810

Ken Katagiri, *Untersuchung über Chlortetracyclin. Verbesserung eines Chlortetracyclin erzeugenden Stammes durch mehrere Methoden.* Von dem verwendeten Streptomyces-Stamm Nr. W 227 wurden verschied. Kolonien einfach isoliert oder die Konidien bzw. Kolonien wurden auf Chlortetracyclin (I) enthaltende Agarplatte überimpft oder mit Stickstofflost oder mit UV-Strahlen behandelt. Es wurde ein Stamm R–9–70 gefunden, der nach Isolierung von einer I enthaltenden Agarplatte eine 4mal höhere I-Erzeugung brachte als der ursprüngliche Stamm. Dieser Stamm wurde auf ein Sojabohnenmehlsubstrat u. mit UV-Licht bestrahlt, wobei eine Ausbeute von 1,560 γ/ml erreicht wurde. (J. Antibiotics [Tokyo], Ser. A **7.** 45—52. März 1954. Tohoku, Univ., Dep. of Bacteriol. [Orig.: engl.]) H. Hennersdorf. 4810

E. A. North und **W. C. Newman,** *Die Verwendung eines synthetischen Ölsäureesters („Tween 80") bei der Herstellung von im gefrorenen Zustand getrockneten BCG-Vaccinen.* (Vorl. Mitt.) Aus den auf Sautonnährboden gewachsenen Kulturen werden die BCG-Bakterien durch Filtration u. Auspressen als halbtrockene M. gewonnen, in eine Suspensions-Fl., die 5,75% Lactose, verschied. Salze u. 0,05% Tween 80 enthält, eingebracht u. nur 1 Min. geschüttelt. Die völlig homogene Aufschwemmung wird gefroren u. getrocknet. Die Trockenvaccine löst sich in dest. W. sehr leicht u. enthält noch nach 3 Monaten fast ebensoviel lebende Bakterien wie eine frisch zubereitete Vaccine. Sie hat sich klin. bewährt. (Tubercle **32.** 251—53. Nov. 1951. Melbourne, Commonwealth Serum Labors.) E. Fischoeder. 4812

M. Bianco, F. Belloni und **G. Verga,** *Verhalten der Aktivität der Kohlensäureanhydrase im Citratblut, das mit Promethazin konserviert wurde.* Um die Hypothese zu prüfen, daß *Promethazin* (I; N-[β-Dimethylamino-β-methyläthyl]-phenothiazin) die Fermentaktivität hemmt, wenn es zur Konservierung von Blut verwandt wird, bestimmten Vff. die Aktivität der *Kohlensäureanhydrase* (II) nach Zusatz von I zu Konservencitratblut. Bei verschied. Konzz. von I konnten keine Unterschiede im Verh.

der II gegenüber gewöhnlichem Citratblut festgestellt werden. Eine Wrkg. des I auf die Enzyme scheint deshalb nicht wahrscheinlich. (Boll. Soc. ital. Biol. sperim. **30.** 1270—72. Dez. 1954. Pavia, Univ., Ist. Clin. med.) P. G. Scheurlen. 4812

H. S. Bean und **H. Berry,** *Die baktericide Aktivität von Phenolen in wässerigen Seifenlösungen.* 2. Mitt. *Die baktericide Aktivität von Benzylchlorphenol in wässerigen Kaliumlauratlösungen.* (1. vgl. C. **1951.** I. 1634.) Es wird eine Meth. zur Best. der baktericiden Aktivität von Lsgg., die ein schwer lösl. Phenol, *Benzylchlorphenol* (*5-Chlor-2-oxydiphenylmethan*) (I), u. eine Seife (II), *K-Laurat,* enthalten, angegeben, wobei eine standardisierte Inokulatmenge zu einem bestimmten Vol. I-Lsg. gegeben, die Mischung sofort in sterile Röhrchen verteilt, die Rk. zwischen I u. Bakterien durch Zusatz steriler Bouillon nach den gewünschten Zeiten unterbrochen u. anschließend durch 3tägige Bebrütung bei 37^0 auf Sterilität geprüft wird. Für schwächere Lsgg. findet *Bacterium coli,* für stärkere *Pseudomonas pyocyanea* als Testorganismus Verwendung. I- u. II-Lsgg. zeigen für sich allein nur ganz geringe baktericide Wirksamkeit. Erhöht man von einem niedrigen Wert ausgehend die Konzz. von I u. II der Lsgg. im gleichen Verhältnis, so nimmt die Aktivität zuerst beträchtlich zu, dann folgt plötzlich ein Abfall u. anschließend ein weiterer allmählicher Anstieg. Erhöhung des I/II-Verhältnisses der Lsgg. ruft eine beträchtliche Steigerung der baktericiden Aktivität hervor. Letztere steht zur I-Konz. in den II-Micellen in Beziehung u. ist von der Gesamtkonz. in den Lsgg. unabhängig. Die maximale Aktivität eines baktericiden Mittels, das aus einem durch eine wss. Seifenlsg. in Lsg. gebrachten halogenierten Phenol besteht, wird bei der „krit. Konz." der Seife, bei der die Ionen zu Micellen agglomerieren, erreicht. (J. Pharmacy Pharmacol. **3.** 639—55. Okt. 1951. London, Univ., School of Pharm., Dep. of Pharmaceut.) K. Maier. 4832

M. Sprössig und **I. Stephan,** *Vergleichende Untersuchungen über die baktericiden Eigenschaften von Natriumäthylmercurithiosalicylat (Merthiolat) und Phenol.* Merthiolat (Natriumäthylmercurithiosalicylat) erwies sich im Lochtest nach Redish auf der Agarplatte gegen Coli, Pyocnaneus, Staphylokokken u. Keime der Typhus–Paratyphus-Gruppe in 1$^0/_{00}$ig. Lsg. dem Phenol (2%) überlegen. Im Händewaschvers. mit Coli besaß die 1$^0/_{00}$ig. Lsg. etwa gleich keimtötende Fähigkeit wie Tego 103 S u. Sagrotan 2%. Optal 40% war wirksamer u. Phenol 2% u. C 4 2% weniger wirksam. Die baktericide Konz. in Bouillon beträgt beim Merthiolat gegen Staphylokokken 1 : 500 (Phenol 1 : 500) u. gegen Coli 1 : 32000 (Phenol 1 : 500). (Pharmazie **9.** 30—34. Jan. 1954. Greifswald, Hyg.-Inst.) G. Gerber. 4832

G. N. Perschin, Ss. N. Milowanowa und **A. L. Mikerina,** *Diocid, ein neues Präparat für die Behandlung der Hände des Chirurgen.* Vff. untersuchten eine Mischung (1 : 2) aus den synthet. Präpp. RW–2 u. 3022, die sie *Diocid* (I) nannten (Zus. nicht angegeben). Die Lsgg. von I zeigen bakteriostat. u. baktericide Wrkg. auf die meisten der üblichen Eitererreger, außerdem auf Milzbrandsporen u. säurefeste Bacillen; eine fungicide Wrkg. konnte gegenüber Mikrosporon, Trichophyton u. Achorion festgestellt werden. I reizt die Haut auch bei längerer Verwendung nicht. Es zeigt deutliche baktericide Wrkg. beim Waschen der Hände, u. zwar noch in der Verdünnung 1 : 5000. Die Lsg. säubert außerdem die Hände nicht schlechter als Seife. Nach 2—5 Min. Waschen bleiben die Hände bis zu 2 Std. völlig keimfrei. *Präp. 3022* ist ein geruchloses weißes Pulver, F. 65—67^0; leicht lösl. in heißem W. unter Bldg. einer stark schäumenden Lösung. *RW–2* ist eine farb- u. geruchlose Substanz, F. 155^0; lösl. in A., Methylalkohol u. H_2O (wenig). (Фармакология и Токсикология [Pharmakol. u. Toxikol.] **18.** Nr. 1. 31—36. Jan./Febr. 1955. Allunions Ordshonikidse-Forschungsinst. für pharmaz. Chem.) F. du Mans. 4832

Bernh. Schmidt, *Die Herstellung pyrogenfreier Lösungen im Apothekenbetrieb durch Membranfiltration.* In Ergänzung früherer Verss. (C. **1954.** 9092) wurde festgestellt, daß nicht nur Seitz-Asbestfilter EKS, sondern auch Membranfilter kleinerer Porenweite zur Entfernung pyrogener Stoffe aus Fll. geeignet sind. Bei Kaninchenverss. mit Pyrifer verschied. Konz. als Testpräp. bewährten sich die Membranfilter 25—30 sec (maximaler Porendurchmesser 300 mμ) u. 40—60 sec (maximaler Porendurchmesser 250 mμ). Diese beiden Membranfilter können zur Verwendung in der Apotheke empfohlen werden. (Pharmaz. Ztg. **91/100.** 1194—95. 20/10. 1955. Berlin, Freie Univ., Inst. für Hyg. u. med. Mikrobiol.) W. Barz. 4832

L. W. Hazleton, *Die tierische Haut zur Austestung von Chemikalien.* Um die Eignung eines Rohstoffes für dermatolog. oder kosmet. Zwecke vorzuprüfen, eignet sich die tier. Haut ohne weiteres, wobei allerdings das verschied. Reaktionsvermögen der Kaninchen-, Ratten-, Meerschweinchen- u. auch der Schweinehaut berücksichtigt werden muß. Reizungen u. Sensibilisierungen lassen sich in jedem Falle feststellen. Bei der Übertragung der Ergebnisse auf die menschliche Haut muß allerdings vieles beachtet werden, worauf Vf. im einzelnen ausführlich hinweist. (Drug Cosmet. Ind. **75.** 618–19. 714–17. Nov. 1954. Falls Church, Va., Hazleton Labor.) H. P. FIEDLER. 4880

Paul E. Portner, *Die Bestimmung eines konservierenden Zusatzes von Phenol in Seren, Vaccinen und Eiweißlösungen.* Es wird eine App. angegeben, mittels der *Phenol* (**I**) aus biol. u. Eiweißlsgg. durch Wasserdampfdest. abgetrennt u. mit Bromat–Bromid-Lsg. titriert wird. Bei Ggw. von Na-Formaldehydsulfoxylat, das bei der Dest. H_2S bildet, der die Titration stört, wird während der Dest. neutrales Pb-Acetat zugesetzt. 1–20 mg zugesetztes **I** wurden quantitativ gefunden. (Analytic. Chem. **22.** 570–72. April 1950. Marietta, Pa., Wyeth, Inc.) K. MAIER. 4880

J. Richard Stockton und **Richard Zuckerman,** *Potentiometrische Bestimmungsmethode für Natrium-p-aminosalicylat (Na-PAS).* Bei der angegebenen potentiometr. Bestimmungsmeth. wird die wss. Lsg. des Natrium-p-aminosalicylates (**I**) in einem Gefäß mit Rührwerk mit einer Äthylenglykol–Isopropylalkohol-Mischung (1 : 1) (**II**) versetzt u. unter ständigem Rühren mit 0,4–1,0n Perchlorsäure (**III**) in **II** aus einer Mikrobürette unter Verwendung eines p_H-Messers titriert. Die Zugabe von **III** erfolgt in kleinen Mengen, wobei der jeweilige Wert der p_H-Messung graph. registriert wird. Gleichzeitig kann neben der Gehaltsbest. der Grad der Zers. ermittelt werden. Die Meth. erlaubt die Best. von **I** in Tabletten, Granula u. in Mischung mit Streptomycin u. Dihydrostreptomycin. Die Berechnung der Ergebnisse wird erläutert. (J. Amer. pharmac. Assoc., sci. Edit. **43.** 273–75. Mai 1954. Los Angeles, Calif., Hyland Labors.) W. SPITALER. 4880

J. Richter, *Beitrag zur photometrischen Bestimmung von Acetanilid, Lactophenin, Phenacetin, Rodilone, Tibatin und Tebethion in Arzneimitteln.* Ein einfaches Verf. zur photometr. Best. von *Acetanilid* (**I**), *Lactophenin* (**II**), *Phenacetin* (**III**), *Rodilone* (**IV**), *Tibatin* (**V**) u. *Tebethion* (**VI**) besteht in deren Verseifung zu prim. Aminen u. Diazotierung mit anschließender Kupplung zu Azofarbstoffen. Ausführung: Kleine Menge des Arzneimittels (Tabletten, Pulver, Zäpfchen; Fll.; 1–100 mg der wirksamen Substanz enthaltend) auf einem Deckgläschen einwiegen, mit 20 cm^3 12,5%ig. HCl 5 Min. kochen, 50 cm^3 W. u. 20 cm^3 NaOH oder 25 cm^3 KOH (15%ig) zugeben, ad 100 cm^3 auffüllen, 10 cm^3 mit 5 cm^3 0,5%ig. $NaNO_2$-Lsg. u. 5 cm^3 0,1n HCl versetzen, nach 3 Min. 5 cm^3 0,1%ig. Thymollsg. (in 1,5%ig. NaOH) zugeben, nach 2 Min. mit Filter S 47 (**I, II, III**) bzw. S 50 (**IV, V, VI**) (Schichtdicke 1 bzw. 0,5 cm) gegen Blindansatz Extinktion messen (falls Konz. $>$2 mg%, stärker verd.). Störungen durch Pyrazolonderivv. u. Salicylsäureverbb. wurden nicht beobachtet. (Z. analyt. Chem. **142.** 277–79. 1954. Leipzig, Karl-Marx-Univ., Pharmaz. Inst.) K. MAIER. 4880

Karl Heinz Wallhäusser, *Wertbestimmung von Antibiotica und Desinfektionsmitteln im Schnelltest mit Triphenyltetrazoliumchlorid.* In Ergänzung zur Verwendung von *Triphenyltetrazoliumchlorid* (**I**) im Diffusionsplattentest (C. **1951.** II. 3605) wird eine Meth. zur schnellen Konzentrationsbest. von Antibiotica, speziell von *Aureomycin,* in Körper-Fll. beschrieben, die bereits nach 40–60 Min. brauchbare Werte liefert. Die Best. der Hemmstoffkonz. erfolgt auf Würze–Pepton–Agar-Platten, die mit einer dichten Suspension von *Subtilis-* oder *Mycoides*-Sporen besprüht u. 24 Std. bei 25–30° bebrütet werden. Filterscheibchen mit 2 Tropfen einer Verdünnungsstufe (Verdünnungsreihe der Körper-Fl.) werden 40–60 Min. einwirken gelassen u. nach dem Entfernen die Platten mit 1%ig. **I**-Lsg. überschichtet. Die Färbung (tiefrot) unterbleibt, wo die Organismen geschädigt wurden. Festgestellt wird die Verdünnung oder Konz., bei der eben noch eine Schädigung beobachtbar ist (Eichung mit einer Standardverdünnungsreihe). Zur Best. der Abtötungszeit geht man von *einer* Konz. des Hemmstoffs aus u. legt die Filterscheiben in verschied. Zeitabständen auf (Weiterbehandlung wie vorst.). Ferner wird ein Verf. zur genauen Best. des jeweiligen Schädigungsgrades, der von bestimmten Konzz. oder nach verschied. Zeitabständen bewirkt wird, angegeben, wobei das gebildete *Formazan* colorimetr. ermittelt wird. (Naturwissenschaften **38.** 237–38. Mai 1951. Göttingen, Univ., Inst. für Mikrobiol.) K. MAIER. 4880

N. V. Algemeene Norit Maatschappij, Amsterdam, Holland, *Tabletten aus Aktivkohle* mit einem *Überzug* aus Cellulosecarboxyalkyl-(methyl- oder -äthyl)-äther durch Aufsprühen einer Lsg. der Cellulosederivv. u. Trocknen. Es können auch Granulate überzogen werden. (**E. P. 729 007** vom 16/6. 1953, ausg. 27/4. 1955. Holl. Prior. 17/6. 1952.) K. HEINZE. 4767

Centre d'Études pour l'Industrie, Seine, Frankreich, *Sonnenschutzmittel* für die Haut bestehen aus Derivv. des 4.5-Diphenylglyoxalons-(2) oder -glyoxalthions-(2) der allg. Formel **I**, worin R u. R′ H, Alkyl, Aryl, Aralkyl, X O oder S bedeuten. Die Prodd.

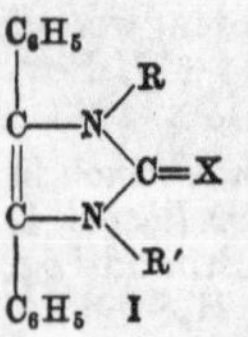
I

werden durch Sulfonieren lösl. gemacht u. tier., pflanzlichen oder Paraffinölen zugesetzt. — Z. B. sulfoniert man 4.5-Diphenylglyoxalon-(2) u. setzt 5 (Teile) dieses Prod. einem Gemisch aus 10 Propylenglykol, 10 Rhizinusöl, 5 Walrat, 2 Bienenwachs, 5 Stearinsäure, 8 Diäthylenglykolstearat, 1 Triäthanolamin u. 0,2 Methyl-p-oxybenzoat zu. Man schm. im Wasserbad u. ergänzt nach u. nach mit W. zu 100. Man erhält eine leicht abwaschbare Hautschutzcreme. — Als Verbb. der allg. Formel **I** sind ferner 1.3.4.5-Tetraphenyl- u. 1.3-Dimethyl-4.5-diphenylglyoxalon-(2), sowie 4.5-Diphenylglyoxalthion-(2) angegeben. (**F. P. 1 025 884** vom 12/10. 1950, ausg. 21/4. 1953.) S. Meier. 4793

Dow Chemical Co., Midland, Mich., V. St. A., *Trialkalimetalltrijodäthylendiamintetraacetathydrat*, $M_3(C_{10}H_{12}N_2O_8J) \cdot J_2 \cdot 2H_2O$, worin M ein Alkalimetall bedeutet. Man setzt eine konz. wss. Lsg. von Äthylendiamintetraalkaliacetat mit mindestens 1 Mol J_2 um. Metall. glänzende Kristalle, zers. sich $>100^0$, lösl. in Wasser. *Baktericide Wrkg.*; *Pharmazeutica.* (**E. P. 735 462** vom 19/12. 1952, ausg. 24/8. 1955. A. Prior. 20/12. 1951.) G. Langer. 4807

Chimie et Atomistique, Seine, Frankreich (Erfinder: **David Libermann** und **André Rouaix**), *Herstellung neuer Chinone* der allg. Formel **I**, worin R H, Alkyl- oder Acylgruppe, R_1, R_2, R_3 H, Halogen, Amino-, Oxy-, Alkyl-, Sulfonyl- oder Carboxylgruppe, R_1 u. R_2 außerdem einen cycl. Rest (unter Ausbldg. eines Naphthalin- oder Anthracensyst.) bedeuten. Man kondensiert eine Arylsulfinsäure mit einem Chinon zu einem Sulfohydrochinon, das mit Ag_2O, Alkalidichromat oder HNO_3 zum Sulfochinon oxydiert wird. — Beispiel: Man löst unter Rühren u. Kühlen 20 g 4-Acetylaminobenzolsulfinsäure in 100 (cm³) W. u. 50 A., setzt 10 g Benzochinon-(1.4) in 300 Dioxan zu u. erwärmt ½ Stunde. Das entstehende *4-Acetylamino-2'.5'-dioxydiphenylsulfon* wird umgefällt, dann aus 50%ig. A. krist.; F. 272—273° (Zers.); Ausbeute 20 g. 3 g davon werden mit 5 g $MgSO_4$ in 300 cm³ Dioxan ³/₄ Std. unter Rühren auf 45 bis 50° erwärmt u. Ag_2O, das aus 5,8 g $AgNO_3$ mit verd. NaOH gefällt wird, zugesetzt. Man dampft ein, wäscht mit W., Aceton u. Ae., dest. das Filtrat u. kühlt die äther. Lsg. 24 Std.; es krist. *4-Acetylamino-2'.5'-chinondiphenyl-1.1'-sulfon*, F. 200° (Dioxan; Zers.); 2,5 g. — Ebenso *4-Acetylamino-2.'5'-chinon-3'.6'-dioxydiphenyl-1.1'-sulfon*, aus 2.5-Dioxybenzochinon-(1.4) über *4-Acetylamino-2'.3'.5'.6'-tetraoxydiphenylsulfon*. — *4-Acetylaminophenyl-1'.4'-naphthochinon-1.2'-sulfon*, F. 230—240°, aus 1.4-Naphthochinon über *4-Acetylaminophenyl-1'.4'-dioxynaphthylsulfon-(1.2')*, F. 215—216°. Die Prodd. haben *antisept.* u. *baktericide* Wirkung. (**F. P. 1 022 812** vom 20/2. 1950, ausg. 10/3. 1953.) S. Meier. 4807

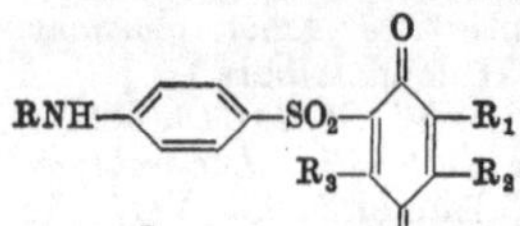
I

Cassella Farbwerke Mainkur Akt.-Ges. (Erfinder: **Paul Ochwat**), Frankfurt/M., *Therapeutisch wertvolle Aminosalicylsäurederivate*, dad. gek., daß man 2.3-Dichlornaphthochinon (I) oder seine Derivv. mit einer Aminosalicylsäure umsetzt. — *Tuberkulostatica.* — Man erhitzt **I**-*5-sulfonsaures Na* mit *p-aminosalicylsaurem Na* in W. auf 90°. Tiefdunkelbraunes Pulver, leicht lösl. in Wasser. (**D. B. P. 929 426** Kl. 12q vom 1/5. 1953, ausg. 27/6. 1955. Anmeldung bekanntgemacht 9/12. 1954.) G. Langer. 4807

Farbwerke Hoechst Akt.-Ges., vormals Meister Lucius & Brüning (Erfinder: **Gustav Ehrhart, Walter Aumüller, Walter Bestian** und **Heinrich Leditschke**), Frankfurt/M., *p-Aminosalicylate von Antihistaminbasen*, dad. gek., daß man p-Aminosalicylsäure mit Verbb. der Formel $C_6H_5 \cdot CH(R_3) \cdot CH_2 \cdot CH_2 \cdot N(R_1)(R_2)$ oder der Formel **I**, wobei R_1 u. R_2 für Methyl stehen oder $-N(R_1)(R_2)$ einen Pyrrolidinorest bedeutet u. R_3 für Pyridyl oder Thiazolyl steht, in äquimol. Mengen umsetzt oder Alkali- oder Erdalkalisalze der p-Aminosalicylsäure mit Salzen der genannten Antihistaminbasen u. anorgan. Säuren zur doppelten Umsetzung bringt. — *Antihistaminica.* (Vgl. auch Holl. P. 74 271; C. **1956.** 1673. **D. B. P. 928 530** Kl. 12q vom 6/9. 1949, ausg. 2/6. 1955. Anmeldung bekanntgemacht 31/12. 1952.) G. Langer. 4807

I

Rheinpreussen Akt.-Ges. für Bergbau und Chemie, Homberg/Ndrh., *N-substituierte Aminoalkoholester von Oxyaminobenzoesäuren*, worin der Alkoholrest die Formel $-R-N \cdot (R_1)(R_2)$ hat, u. wobei R einen gesätt. aliphat. KW-stoffrest mit höchstens 6 C-Atomen, R_1 H u. R_2 Alkyl, Aryl, Aralkyl oder Alkaryl oder R_1 u. R_2 beide Alkyl, Aryl, Aralkyl oder Alkaryl mit je höchstens 8 C-Atomen oder R_1 u. R_2 gemeinsam mit dem N-Atom einen heterocycl. Rest bedeuten, entstehen aus einer Oxyaminobenzoesäure durch Rk.

mit einem Aminoalkohol in Ggw. einer konz. anorgan. Säure oder einer Arylsulfonsäure oder durch Rk. mit einem halogenierten Alkohol in Ggw. einer konz. anorgan. Säure oder einer Arylsulfonsäure bei nachfolgender Rk. mit einem prim. oder sek. Amin, oder durch Rk. mit einem halogenierten Amin, oder aus einem niederen Oxyaminobenzoesäureester durch Umestern mit einem N-substituierten Aminoalkohol. — 2-Oxy-3-aminobenzoesäure + 2-Diäthylaminoäthylalkohol → *2-Oxy-3-aminobenzoesäure-(2-diäthylaminoäthylester)*. — 2-Oxy-3-aminobenzoesäure + Chloräthylalkohol → 2-Oxy-3-aminobenzoesäure-(2-chloräthylester) + Diäthylamin → *2-Oxy-3-aminobenzoesäure-(2-diäthylaminoäthylester)*. — 2-Oxy-5-aminobenzoesäure + Na-Isopropylat + Diäthyl-(2-chloräthyl)-amin → *2-Oxy-5-aminobenzoesäure-(2-diäthylaminoäthylester)*, Öl; *Hydrochlorid*, F. 174—175°. — Verwendung als *Anästhetica* u. *Fällungsmittel für Penicillin*. (**E. P. 722 795** vom 23/10. 1950, ausg. 2/2. 1955. D. Priorr. 22/10. 1949 u. 31/7. 1950.)
G. Langer. 4807

Rheinpreussen Akt.-Ges. für Bergbau und Chemie, Homberg/Ndrh., *Aminoalkylester von Aminooxybenzoesäuren wirken lokalanästhetisch*. Man red. einen Halogenalkylester einer Nitrooxybenzoesäure zum Aminooxybenzoesäurehalogenalkylester u. setzt mit einem prim. oder sek. Amin um. — 4-Nitro-2-oxybenzoesäure + Äthylenchlorhydrin → *4-Nitro-2-oxybenzoesäure-(2-chloräthylester)* (F. 86°) + H_2+Pt-Oxyd → *4-Amino-2-oxybenzoesäure-(2-chloräthylester)* (F. 118°) + Diäthylamin → *4-Amino-2-oxybenzoesäure-(2-diäthylaminoäthylester)*, Öl; *Hydrochlorid*, F. 154°. — Analog werden erhalten: *4-Amino-2-oxybenzoesäure-(2-piperidinoäthylester)*, F. 68°; *Monohydrat*, F. 73°; *Hydrochlorid*, F. 227°. — *5-Nitro-2-oxybenzoesäure-(2-chloräthylester)* (F. 92°) → *5-Amino-2-oxybenzoesäure-(2-diäthylaminoäthylesterhydrochlorid)*, F. 163°. (**E. P. 722 943** vom 1/8. 1952, ausg. 2/2. 1955. D. Prior. 16/8. 1951.)
G. Langer. 4807

American Cyanamid Co., New York, N. Y., übert. von: **James Robert Vaughan jr.**, Darien, Conn., und **Joyce Ann Eichler**, New York, N. Y., V. St. A., *1.3.4-Thiadiazol-5-sulfonamide*. Durch Rk. von 2-Amino-1.3.4-thiadiazol-5-sulfonamid mit Benzolsulfochlorid in Ggw. von NaOH-Lsg. erhält man *2-Benzolsulfonamido-1.3.4-thiadiazol-5-sulfonamid*, F. 238—241° (Zers.). Entsprechend werden dargestellt: *2-(p-Acetylaminobenzolsulfonamido)-* (F. 285—290°, Zers.); *2-(p-Brombenzolsulfonamido)-*, (F. 271—272°, Zers.); *2-(p-Chlorbenzolsulfonamido)-* (F. 270—271°, Zers.); *2-(p-Toluolsulfonamido)-* (F. 267 bis 268°, Zers.); *2-(3'.4'-Dichlorbenzolsulfonamido)-1.3.4-thiadiazol-5-sulfonamid*, F. 274 bis 276° (Zers.). — *Diuretica*. (**A. P. 2 721 204** vom 7/5. 1954, ausg. 18/10. 1955.)
A. Brösamle. 4807

Wellcome Foundation Ltd. und **Donald Wallace Adamson**, London, England, *Tertiäre Aminoalkane* der allg. Formel I (R_1 = 2 Pyridyl, R_2 = Phenyl, Chlorphenyl, NR_3R_4 = Dimethylamino-, Pyrrolidin-) erhält man durch katalyt. Hydrierung der entsprechenden Alkanylamine in Ggw. von Pd-Kohle in Alkohol. — *3-Dimethylamino-1-(2'-pyridyl)-1-phenylpropan*, Kp.$_{0,05}$ 104—106°; neutrales *Oxalat*, F. 154° (aus A.), erhält man z. B. aus 3-Dimethylamino-1-(2'-pyridyl)-1-phenylpropen-(1). — *3-Dimethylamino-1-(4'-chlorphenyl)-1-(2''-pyridyl)-propan*, Kp.$_{0,01}$ 120—121°. — *3-N-Pyrrolidin-1-(4'-chlorphenyl)-1-(2''-pyridyl)-propan*, Kp.$_{0,01}$ 155—160°; *Oxalat*, F. 148 bis 149°. — *Spasmolytica*. (**E. P. 689 290** vom 19/7. 1949, ausg. 25/3. 1953. **Zusatz zu E. P. 689 234; C. 1956. 801.**)
U. Sievers. 4807

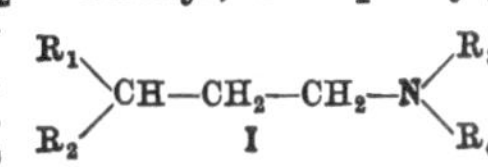

Dr. A. Wander Akt.-Ges., Bern, Schweiz, *Herstellung basisch substituierter Chromone*. Man kondensiert o-Oxyacetophenon mit γ-Pyridincarbonsäureäthylester (I) oder mit α-Picolinsäureäthylester, oder man kondensiert 2-Oxy-4-methoxyacetophenon mit I u. schließt das gebildete Diketon mit konz. HCl zum Chromonring. So erhält man *2-[Pyridyl-(4')]-chromon*, F. 142—143°; *2-[Pyridyl-(2')]-chromon*, F. 134°, u. *2-[Pyridyl-(4')]-7-methoxychromon*, F. 192°. — *Arzneimittel*. (**Schwz. PP. 304 309, 304 310** u. **304 311** vom 12/10. 1951, ausg. 1/3. 1955. **Zusätze zu Schwz. P. 301 248; C. 1955. 100 90.**)
K. Fabel. 4807

Dr. Karl Thomae GmbH., Biberach/Riss, *Nicotinsäureester* erhält man durch Rk. von Nicotinsäure oder ihren Derivv. mit Monoalkyläthern des Äthylenglykols in Ggw. wasserentziehender oder säurebindender Mittel. — *β-Methoxyäthylester*, Kp.$_{0,2}$ 100°. — *β-Äthoxyäthylester*, Kp.$_{0,4}$ 104—105°. — Mittel mit *hyperämisierender* Wirkung. — Vgl. D. B. P. 858 401; C. **1953**. 1690. (**Schwz. PP. 305 039** u. **305 040** vom 4/10. 1951, 16/7. 1955. **Zusätze zu Schwz. P. 301 953; C. 1955. 117 48.**)
R. Link. 4807

F. Hoffmann-La Roche & Co. Akt.-Ges., Basel, Schweiz, *Das p-aminosalicylsaure Salz von Isonicotinsäurehydrazid*, gelbe Nadeln. F. 135—140° (aus Methanol, Zers.), UV-Absorptionsspektr. in A., Maxima bei 272 (mμ), $[E^{1\%}_{1\,cm}]$ = 550; 303, 445; Minima bei 250, 350 u. 291, 410, erhält man, wenn man Isonicotinsäurehydrazid u. p-Aminosalicylsäure oder ihre Salze in W. oder einem organ. Lösungsm. (Methanol oder A.) umsetzt u. das erhaltene Reaktionsprod. gegebenenfalls schwach ansäuert. — *Heilmittel* zur Bekämpfung der *Tuberkulose*. (**Schwz. P. 303 085** vom 4/4. 1952, ausg. 17/1. 1955.) R. LINK. 4807

Wellcome Foundation Ltd., London (Erfinder: **George Herbert Hitchings** und **Peter Byrom Russell**, Tuckahoe, Wetchester, N. Y., V. St. A.), *5-substituierte 2-Thio-4-aminopyrimidine* der Zus. **I** erhält man nach dem Verf. des D. B. P. 831 994; C. **1956.** 803 aus NH_3 oder den entsprechenden 2.4-Dithiopyrimidinen mit prim. Aminen. — Z. B. werden 5,5 (g) 2.4-Dithio-5-methylpyrimidin in 85 cm^3 konz. NH_3 24 Std. im Einschlußrohr auf 100° erhitzt u. aus W. 95% *2-Thio-5-methyl-4-aminopyrimidin*, F. 273—274° (Zers.), erhalten. — *2-Thio-5-methyl-4-anilino-*, F. 232—234°. — *2-Thio-5-methyl-4-n-amylamino-*, F. 198°. — *2-Thio-5-benzyl-4-methylamino-*, F. 247—248°. — *2-Thio-5-phenoxy-4-aminopyrimidin*, F. 270°. — *2-Thio-4-aminochinazolin*, F. 290—293°. — *Pharmazeutica*. (**D. B. P. 831 995** Kl. 12p vom 27/9. 1949, ausg. 18/2. 1952. A. Prior. 17/6. 1948.) O. MÜLLER-MEININGEN. 4807

I 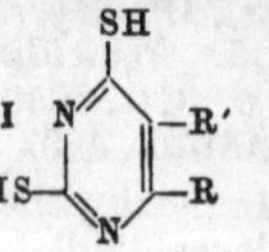

Franz Gottwalt Fischer, Würzburg, *5-Diazobarbitursäure* (**I**), $C_4H_2O_3N_4$, stark lichtbrechende, sechseckige, häufig zu Rosetten verwachsene Plättchen, merklich lösl. in A. u. Aceton, erhält man durch Rk. von 5-Aminouracil-4-sulfonsäure (**II**) mit HNO_3 oder HNO_2 nach nebenst. Reaktionsschema; Ausbeute 80—85%. Bei schnellem Erhitzen im Cu-Block bersten die Kristalle bei 255°, bei 270° schmelzen unter Gasentw. u. Zers.; Erhitzen über freier Flamme bewirkt Verpuffung. **II** wird z. B. nach D. B. P. 927 631; C. **1956.** 1451 hergestellt. — Zwischenprod. zur Herst. von therapeut. wertvollen Pyrimidinderivaten. (**D. B. P. 930 564** Kl. 12p vom 27/4. 1952, ausg. 18/7. 1955. Anmeldung bekanntgemacht 23/12. 1954.) G. KRAUSS. 4807

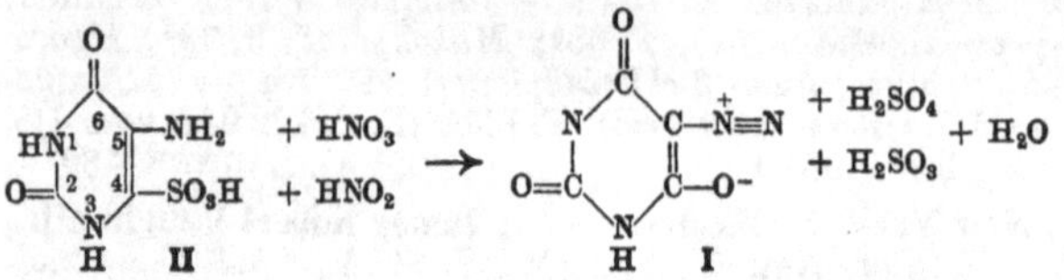

Farbenfabriken Bayer Akt.-Ges., Leverkusen (Erfinder: **Hans Henecka, Walter Simon** und **Wolfgang Wirth**, Wuppertal), *Herstellung von 5.5-disubstituierten Thiobarbitursäurederivaten*, dad. gek., daß man Dicrotylmalonsäureester bzw. -cyanessigester in an sich bekannter Weise mit zum Thiobarbitursäureringschluß geeigneten Kondensationsteilnehmern ringschließend kondensiert, bes. in Ggw. von Na-Alkoholaten. Verwendet man Cyanessigester, so wird am Schluß noch mit konz. HCl hydrolysiert. Man kann auch die auf übliche Weise hergestellten 5.5-Dicrotylbarbitursäuren durch Behandlung mit S-abgebenden Mitteln, wie P_2S_5, in die entsprechenden Thioderivv. überführen. — Aus 1 (Mol) Dicrotylmalonsäurediäthylester (aus Malonsäurediäthylester + Crotylbromid in Ggw. von Na-Alkoholat, $Kp._9$ 136—138°) u. 1,2 Thioharnstoff in Ggw. von 1,2 Na in Methanol bei 70—80° nach 5 Std., Ansäuern mit konz. HCl u. Ausäthern → *5.5-Dicrotylthiobarbitursäure* (**I**) aus Bzl. F. 104°, vermutlich Gemisch aus cis-trans-Isomeren, da nach mehrmaligem Umkristallisieren F. 114°. — Dicrotylcyanessigsäuremethylester (aus Cyanessigsäuremethylester + Crotylbromid in Ggw. von Na-Methylat, $Kp._7$ 120—122°) → *5.5-Dicrotyl-4-iminothiobarbitursäure*, die dann mit 20% ig. H_2SO_4 hydrolysiert wird. — Dicrotylbarbitursäure + P_2S_5 in Bzl. → **I**. — Die Verbb. bewirken bei ihrer Anwendung nach Beendigung des chirurg. Eingriffs ein bes. *rasches Erwachen* des Patienten aus der Narkose, weshalb sie für die ambulante Praxis geeignet sind. (**D. B. P. 931 283** Kl. 12p vom 2/4. 1953, ausg. 4/8. 1955. Anmeldung bekanntgemacht 9/12. 1954.) G. KRAUSS. 4807

G. D. Searle & Co., Chicago, übert. von: **John A. Cella**, Skokie, Ill., V. St. A., *Lactone der Androstanreihe* erhält man durch Grignardierung von 17-Äthinyl-5-androsten-3.17-diol (**I**), Kondensation mit CO_2 zur entsprechenden 17-Äthinylandrostan-

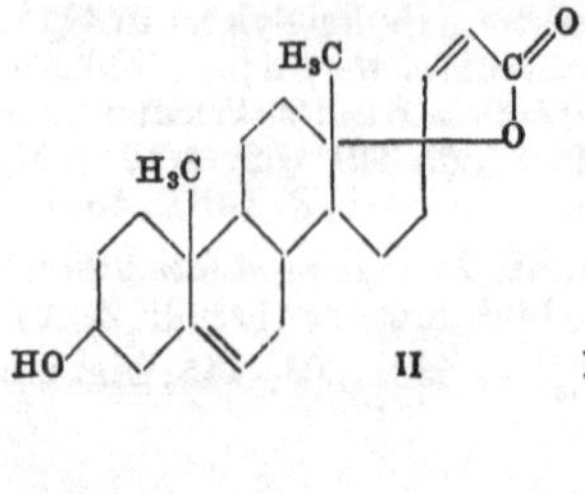

II

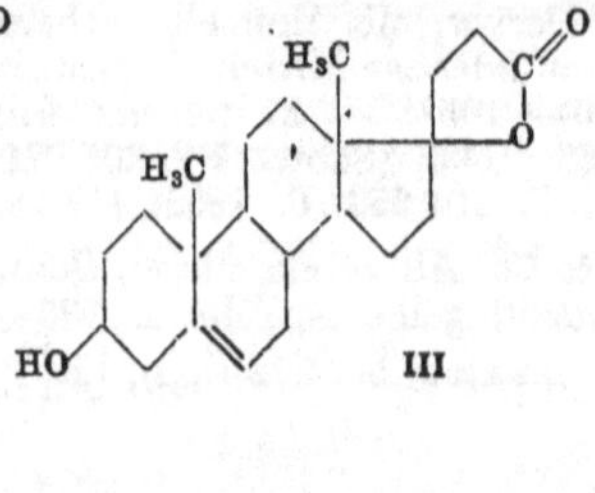

III

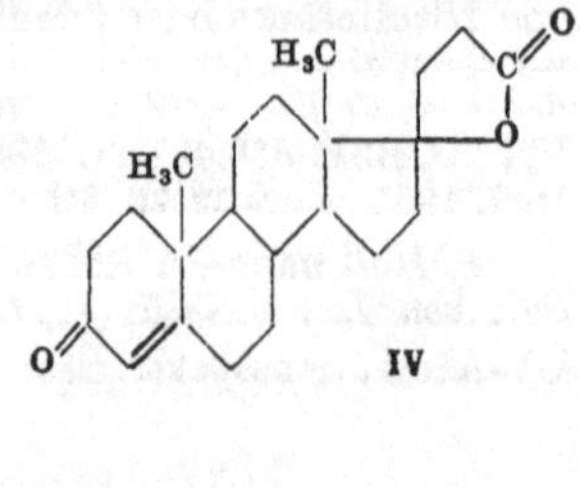

IV

carbonsäure u. anschließende Lactonisierung. — Man setzt z. B. **I** mit $C_2H_5MgBr + CO_2$ um → *17-(Carboxyäthinyl)-5-androsten-3.17-diol*, F. 234—235°; $[\alpha]_D$ —132,5°, u. behandelt mit H_2, Pd u. HCl → *5-Androsten-3.17-diol-17-acrylsäure-γ-lacton* der Formel **II**; **II** ergibt bei der Oxydation nach OPPENAUER *5-Androsten-17-ol-3-on-17-(acrylsäure-γ-lacton)*, F. 153,5—154,5°; $[\alpha]_D$ +203,5°. — **II** + H_2/Pd/ Kohle → *5-Androsten-3.17-diol-17-(propionsäure-γ-lacton)* der Formel **III**, F. 187—189°. — **III**, oxydiert nach OPPENAUER → *4-Androsten-17-ol-3-on-17-(propionsäure-γ-lacton)* der Formel **IV**, F. 148 bis 149°. — *Herzwirksame Heilmittel.* (**A. P. 2 705 712** vom 21/9. 1953, ausg. 5/4. 1955.) U. SIEVERS. 4807

N. V. Philips' Gloeilampenfabrieken, Eindhoven, Holland, *Stabilisieren wässeriger Lösungen von Vitaminen des B-Komplexes* durch Zusatz von 0,05—5% Thioverbb., wie Thioglykol- oder Thiomaleinsäure, Thioharnstoff, Allylthioharnstoff, Thiophencarbonsäure u. Thiodibuttersäure, oder von Glykokoll oder Asparagin. Wenn das W. keine Schwermetallionen enthält. u. die Lsg. auf p_H 2—7 eingestellt wird, werden hitzesterilisierbare Lsgg. erhalten. (**E. P. 736 371** vom 24/4. 1953, ausg. 7/9. 1955. Holl. Prior. 29/4. 1952.) K. HEINZE. 4809

Shionogi & Co. Ltd., Osaka, übert. von: **Shojiro Uyeo** und **Masao Tomita**, Sakyoku, Kyoto-shi, und **Tokuo Kubota**, Naruo, Naruo-mura, Muko-gun, Hyohgo Pref., Japan, *Folsäure* von *besonderem Reinheitsgrad* erhält man, indem man in wss. Medium bei p_H ca. 4 äquimol. Mengen von 2.4.5-Triamino-6-oxypyrimidin (**I**), 4-Aminobenzoylglutaminsäure u. reinem 1.1.3-Trichloraceton, 1.1.3-Trichloracetondihydrat oder 1.1-Dichlor-3-bromacetondihydrat in Ggw. von $NaHSO_3$ (1 Mol je Mol **I**) miteinander kondensiert u. das Reaktionsgemisch in üblicher Weise aufarbeitet. (**A. P. 2 719 157** vom 20/6. 1951, ausg. 27/9. 1955.) A. BRÖSAMLE. 4809

Merck & Co., Inc., Rahway, übert. von: **Donald E. Wolf**, Princeton, und **Karl Folkers** und **Robert L. Peck**, Plainfield, N. J., V. St. A., *ε-N-(D-Biotinyl)-L-lysin* (**I** = „Biocytin"). Man bringt eine alkal. Lsg. von d-Lysin-Cu mit Biotinsäurechlorid, das in $CHCl_3$ suspendiert ist, in innige Berührung u. hält einen p_H-Wert von 8 in dem Reaktionsgemisch durch Zugabe von wss. NaOH bei —15 bis 20° aufrecht. Dann wird der gebildete **I**-Cu-Komplex mit einer anorgan. Säure behandelt, das Cu als unlösl. Salz entfernt u. **I** gewonnen. (**A. P. 2 720 527** vom 12/10. 1951, ausg. 11/10. 1955.) A. BRÖSAMLE. 4809

Upjohn Co., übert. von: **Barney J. Magerlein** und **Robert H. Levin**, Kalamazoo, Mich., V. St. A., *Pregnan-11β.17α-diol-3.20-dion*, F. 213—221°, erhält man durch Überführung von Pregnan-17α-ol-3.11.20-trion (**I**) in ein cycl. 3.20-Diketal, Red. der 11ständigen Ketogruppe u. Hydrolyse der 13 u. 20 ständigen Ketalgruppen. — Man setzt z. B. **I** mit Äthylenglykol in Ggw. von p-Toluolsulfonsäure um → **I**-*3.20-äthylenglykoldiketal*, F. 185—186°, red. anschließend mit $LiAlH_4$ u. hydrolysiert die Ketalgruppen mit H_2SO_4/Aceton bei n. Temperatur. — *Zwischenprod.* für die Herst. von *Steroidhormonen.* (**A. P. 2 708 672** vom 27/10. 1952, ausg. 17/5. 1955.) U. SIEVERS. 4809

Upjohn Co., übert. von: **John A. Hogg, Philip F. Beal III** und **Frank H. Lincoln**, Kalamazoo, Mich., V. St. A., *4.9(11).17(20)-Pregnatrien-21-ol-3-on und dessen Ester* erhält man durch Wasserabspaltung aus entsprechenden 11β-Oxyverbb. oder deren funktionellen Derivv. mit einer mit W. mischbaren starken Säure. — Man behandelt z. B. das durch Red. von 4.17(20)-Pregnadien-3.11-dion-21-carbonsäuremethylester-3-äthylenketal mit $LiAlH_4$ erhaltene 11-LiAl-Alkoholat mit HCl (1 : 1) u. erhält *4.9(11).17(20)-Pregnatrien-21-ol-3-on*, F. 142—143°; $[\alpha]_D^{23}$ +154°; *21-Acetat*, F. 107—108°. — *Zwischenprodd.* für die Herst. von *Steroidhormonen.* (**A. P. 2 707 711** vom 2/9. 1953, ausg. 3/5. 1955.) U. SIEVERS. 4809

Schering Akt.-Ges. (Erfinder: **Karl Rohde** und **Gerhard Zühlsdorf**), Berlin, *1(2).4(5)-Androstadien-3.17-dion*, F. 130—134°, erhält man durch Bromierung von Androstan-3.17-dion u. anschließende Wasserabspaltung aus dem erhaltenen 2.4-Dibromandrostandion (**I**), wobei bei der stufenweise erfolgenden Bromierung das 1. Br-Atom bei Tempp. bis ca. 25° eingeführt u. dann bei $>$25°, bes. bei 35—40°, weiterbromiert wird. Hierbei sollen nicht mehr als ca. 95% der theoret. erforderlichen Br_2-Menge u. zur HBr-Abspaltung nicht mehr als etwa die doppelte Gewichtsmenge der Base, bes. Collidin, bezogen auf **I**, angewendet werden. Die Ausbeuten liegen 12—19% über den bisher erzielten. (**D. B. P. 934 169** Kl. 12o vom 14/2. 1953, ausg. 13/10. 1955. Anmeldung bekanntgemacht 14/4. 1955.) U. SIEVERS. 4809

Mosche Grotto, Tel-Aviv, Israel, *Steroidhormonlösungen* in Propylenglykol, gek.. durch einen Zusatz von Alkylarylpolyäthoxyäthanol, z. B. Äthylphenyl- oder Äthylbenzylpolyäthoxyäthanol (Triton X). Die Lsg. kann zusätzlich Urethan, Propylenglykol, Methylacetamid u. Benzylalkohol enthalten. (**E. P. 736 103** vom 2/12. 1952, ausg. 31/8. 1955.) K. Heinze. 4809

Consortium de Produits Chimiques et de Synthèse (Soc. An.), Seine-et-Oise, Frankreich, *Lösen von quaternären Ammoniumsalzen in Mineralölen.* Man vermischt das Ammoniumsalz (z. B. Alkyldimethylbenzylammoniumchlorid, Trimethylcetyl-, Äthyldimethylalkylammoniumbromid, Cetyl- oder Dodecylpyridiniumchlorid, Dodecyldimethylcarbäthoxyammoniumchlorid) mit einem Fettalkohol mit 12—18 C-Atomen (z. B. Lauryl-, Myristyl-, Palmityl-, Oleylalkohol) u. löst das Gemisch in Mineralöl. — Z. B. schm. man bei 60° ein Gemisch von 1 (Teil) Lauryldimethylbenzylammoniumchlorid u. 2 Oleylalkohol u. verleibt dieses Gemisch in 20000 Öl ein, welches zu 82(%) aus Mineralöl u. zu 18 aus einem in Öl lösl. Emulgator (sulfoniertes Petroleum) besteht. Diese Emulsion unterbindet völlig das Wachstum von Staphylococcus aureus. (**F. P. 1 045 186** vom 16/11. 1951, ausg. 24/11. 1953.) T. Oppermann. 4833

Ludwig Brunner KG., Deutschland, *Herstellung von 8-Oxychinolinthiocyanat*, dad. gek., daß man zu einer frisch bereiteten Thiocyansäurelsg. während 20 Min. unter Rühren bei 10—20° die äquimol. Menge 8-Oxychinolin zufügt, dann erwärmt man auf 40°. Beim Stehenlassen in der Kälte scheidet sich das *8-Oxychinolinthiocyanat* in Form gelber Kristalle ab, die man bei 5° absaugt, mit Eiswasser wäscht u. trocknet; F. 140 bis 149°; Ausbeute 93%; lichtempfindlich, lösl. in Alkohol. Die alkoh. Lsg. oder eine gepulverte Mischung mit inerten oder auch anderen akt. Stoffen werden als *Desinfektionsmittel* gebraucht. (**F. P. 1 013 502** vom 29/6. 1948, ausg. 30/7. 1952.) S. Meier. 4833

Fritz Büttner, Giftkunde, Giftgesetz. Vorbereitung zur Giftprüfung. Leipzig: Fachbuchverl. 1955. (148 S.) 8°. DM 4,80.

Louis Vidal, Dictionnaire de spécialités pharmaceutiques. 1956. Paris: Office de vulgarisation pharmaceutique. 1955. (XVI + S. 3228—90.) 8°. fr. 1400,—.

G. Analyse. Laboratorium.

Miloš Kraus, *Herstellung eines Aufbewahrungsgefäßes, das als Gasreservoir für kleine Volumina verwendet wird.* Die Herst. wird derart ausgeführt, daß ein Glasrohr innerhalb des Gefäßes an der Mündung des oberen Hahnes zugeschmolzen wird. In der vertikalen Lage dient der App. als Mariottesche Flasche. Die Sperr-Fl. fließt über konstant gehaltenes Flüssigkeitsniveau hinaus. Der Flüssigkeitshöhe gemäß kann das Gefäß mit Überdruck, mit atmosphär. oder mit vermindertem Druck arbeiten. Die Größe des Gefäßes wird durch die Größe der angewendeten Hähne bestimmt. Der App. eignet sich für Gasvoll. bis 500 ml. (Chem. Listy **49**. 929. 1955. Praha, Chem. ústav Českoslov. akad. věd. [Orig.: tschech.]) K. Setínek/Prag. 5006

T. M. Dauphinee und **H. Preston-Thomas**, *Ein Kupferwiderstandsthermometer.* Feiner käuflicher Cu-Draht, mit *Formallack* auf eine Cu-Unterlage geklebt, gibt genügend stabile u. reproduzierbare Widerstandswerte, um ihn als Widerstandsthermometer im Temperaturbereich 20—320° K verwenden zu können. Guter therm. Kontakt ist bei dieser Konstruktion erreicht worden. Ungewöhnlich große Hitze kann von diesem Thermometer ertragen werden. Widerstand u. Temperaturkoeff. des Widerstands sind tabelliert u. die Grenzen der Genauigkeit werden diskutiert. (Rev. sci. Instruments **25**. 884—86. Sept. 1954.) G. Maier. 5016

V. H. Stott, *Aussichten der Forschungsarbeiten bei hohen Temperaturen.* Hohe Tempp. werden in elektr. Öfen durch Heizung von außen u. durch in metall. Schmelzgut induzierten Strom erzeugt. Temperaturmessungen bereiten Schwierigkeiten, da Thermoelemente über 1500° unzuverlässig sind u. Glühfadenpyrometer einen schwarzen Körper verlangen. Die Anwendbarkeit von Gasheizung bis 1800° wird durch die chem. Beschaffenheit der Schmelze entschieden. Bis 3000° kann mit O_2-Acetylen geheizt werden. Über 2000° verwendet man elektr. Öfen mit Widerstandsheizung mit Kohle oder Seltenen Erden, hauptsächlich ZrO_2 oder einer Mischung aus 4 TaC + HfC bis 4000°. Solaröfen schm. kleine Mengen in sehr kurzer Zeit. Materialfragen bilden die Hauptschwierigkeit bei hohen Tempp.: Schamotte muß in oxydierender Atmosphäre durch Oxyde von Al, Mg, Zr, Th oder Metalle der Pt-Gruppe ersetzt werden, während Mo u. W in H_2-Atmosphäre brauchbar sind. Ti kann auf einem wassergekühlten Cu-Herd im W-Ti- oder C-Ti-Lichtbogen unter A geschmolzen werden. Im Stahlofen mit offenem Herd wird mit Eintauchpyrometern im Quarz-Schutzrohr in Sek. gemessen, bis das Quarz zusammenfällt u. ersetzt werden muß. Die besonderen Schwierigkeiten bei der Herst. hochfeuerfester Keramiken werden zum Schluß erörtert. (Research **6**. 454—57. Dez. 1953. Teddington, Nat. Phys. Labor.) H. Miething. 5028

I. Kössler, *Laboratoriumskolonnen mit automatischer Regulierung.* Es wurde eine automat. diskontinuierliche Laboratoriumskolonne entwickelt. Außer der Füllung der Destillierblase mit der zu destillierenden Fl. u. der Entnahme des Destillates sind alle Funktionen der Kolonne völlig automatisiert. Die Kolonne wird entweder mit einem elektr. geheizten oder evakuierten Mantel versehen. Im Falle des elektr. geheizten Mantels wird die Heizung nach der Dampftemp. der eben destillierenden Fl. reguliert. Ein Hg-Kontaktmanometer reguliert die Heizung in der Destillierblase in Abhängigkeit vom Druck in der Kolonne. Der Rücklaufverteiler wird durch ein elektr. Zeitrelais betätigt u. hält die Menge des Rücklaufes im Laufe der Dest. konstant. Der Kp. des abgenommenen Destillates wird mit einem Hg- oder Widerstandsthermometer kontrolliert. Die Regulierung ist so eingerichtet, daß die einzelnen Regulierungselemente ausschaltbar sind, u. die Regulierung von Hand ausgeführt werden kann. Den Druck in der Kolonne regulieren zwei Kontaktmanometer, u. zwar vom atmosphär. bis zum 5 mm Hg-Druck. Die Einrichtung der Kolonne ermöglicht die Dest. von Fll. mit Kpp. von -20 bis $+250^0$. Im Laufe der Verss. wurden mit der beschriebenen Einrichtung folgende Fll. dest.: *Methylmethacrylat, Butylmethacrylat, Methacrylsäure, Anilin, Kresole* u. verschied. Lösungsmittel. (Chem. Listy **49.** 1228—34. Aug. 1955. Praha, Československ. akad. věd., Ústav fysik. chem. [Orig.: tschech.]) K. Setínek/Prag. 5038

Z. Kotásek, F. Bělohradský, K. Motyčka und **T. Gabriel,** *Ein einfacher automatischer Fraktionssammler.* Vff. beschreiben einen automat. Fraktionssammler für die Abnahme beliebig veränderlicher Voll. (10—250 ml) mit der Genauigkeit $\pm 1\%$. Die Verschiebung eines Drehtisches mit 75 Vorlagen erfolgt in 3 konzentr. Kreisen durch elektromagnet. Steuerung. Durch einfache Umschaltung der App. wird eine Abnahme kleinerer Fraktionen (1—10 ml) in Zeitintervallen von 4 Sek. bis 6 Min. ermöglicht. (Chem. Listy **49.** 1087—90. Juli 1955. Otrokovice, Výzkum. ústav kožedělný. [Orig.: tschech.]) J. Vaněček/Prag. 5038

Antonio Rovere, *Die Genauigkeit experimenteller Messungen und ihre Nachprüfung.* Die Ermittlung des relativen u. des absol. Fehlers wird an Beispielen erläutert. (Chimica [Milano] [N. S.] **9** (**30**). 227—31. Juli 1954.) R. K. Müller. 5050

P. Chiotti, *Messungen des elektrischen Widerstandes von Metallen und Legierungen bei hohen Temperaturen.* Es wird eine Meth. beschrieben, die gestattet, potentiometr. den elektr. Widerstand von Metallen u. Legierungen bei hoher Temp. mit Wechselstrom zu messen. Das Potential, das sich zwischen zwei Sonden einstellt, zwischen denen das Teststück eingespannt ist, wird gegen ein Potential gemessen, das in der Sekundärspule eines Transformators erzeugt wird. Die Primärspule des Transformators ist in Serie mit dem Teststück geschaltet. Das Teststück wird in Form eines Barrens zwischen wassergekühlte Cu-Elektroden montiert u. durch einen hochgespannten 60 Hz-Strom erhitzt. Der Widerstand wird direkt gemessen. Ein Ofen, ein automat. Schreiber u. andere Kontrollinstrumente, die in Verbindung mit dieser Meth. gebraucht werden, werden beschrieben. (Rev. sci. Instruments **25.** 876—83. Sept. 1954. Ames, Io., Iowa State Coll., Inst. for Atom. Res. u. Dep. of Chem.) G. Maier. 5054

Frances D. Pidgeon und **Charles Dodd,** *Die Verwendung des Mikroskops zum genauen Messen der Oberfläche kleiner Teilchen.* (Vgl. C. **1955.** 6347.) Nach einer verbesserten Meth. von Fairs wird die projizierte Fläche möglichst vieler (nicht poröser) Teilchen von mehr als $3\ \mu$ Größe in ungeordneter Lage (in viscoser Fl. suspendiert) durch Vgl. mit bekannten, kreisförmigen Flächen eines Okularnetzes gemessen. Ihre 4fache Summe entspricht statist. der Gesamtoberfläche der Teilchen. — Vgl. der erhaltenen Werte für die spezif. Oberfläche von Quarzpulvern mit Ergebnissen anderer Verff. (Gasadsorption usw.). (Peintures, Pigments, Vernis **29.** 818—22. Okt. 1953. Chicago, Ill., Univ., Meteorol. Dep., Cloud Phys. Projekt.) K. Blumrich. 5056

Horst-Hilmar Driesen, *Das Lackabdruckverfahren in der mikroskopischen Technik.* Anleitung zum Beobachten von Oberflächenstrukturen als Abdrücke auf Kollodiumlacken im Hellfeld oder Phasenkontrast. — Beispiele: Identifizieren von Haaren durch ihre Beschuppung; Entscheiden, ob Strukturen auf polierten Stahlanschliffen vertieft oder erhaben sind. (Mikrokosmos **44.** 238—40. Juli 1955. Wetzlar.) K. Blumrich. 5058

G. Werner, *Eine Apparatur zur Hochspannungspapierelektrophorese.* Es wird eine App. zur Hochspannungspapierelektrophorese für Spannungen bis zu 10000 V beschrieben. Der bis zu 100 cm lange Papierstreifen ist in einer feuchten Kammer, die zur Ableitung der Stromwärme einseitig von Kühlsole bespült wird, untergebracht. Durch eine besondere Walzenpresse ist eine gleichmäßige Durchfeuchtung der Streifen möglich. Es werden Beispiele für die Trennung von Aminosäure- u. niedermol. Peptidgemischen, Hydrolysaten bakterieller Proteine, Urinkonzentraten u. von Borsäurekomplexen von hydraten gegeben. (Recueil Trav. chim. Pays-Bas **74**. 613—26. Mai 1955. Säckingen, Dr. A. Wander-Forschungsinst.) E. Moisar. 5062

Giuseppe Cetini, *Elektrochromatographie anorganischer Ionen auf Stärke.* 1. Mitt. Vf. entwickelte eine App. aus Plexiglas zur Elektrochromatographie auf Stärkestreifen, die die gleichzeitige Durchführung von 4 Verss. erlaubt. Untersucht wurde die Ionenwanderung von anorgan. Ionen verschied. analyt. Gruppen, um die Meth. zur Trennung u. Identifizierung anorgan. Ionen heranzuziehen. Die Streifen werden meist mit einer Lsg. aus Milchsäure u. NaOH vom p_H 3,5 getränkt, oder vom p_H 6,5 bzw. einer Lsg. aus saurem K-Phthalat u. NaOH vom p_H 4,5 bei der Trennung der Kationen. Bei der Anionentrennung werden die Stärkestreifen mit einer NH_4-Acetatlsg. vom p_H 7 getränkt. Diese Lsgg. haben den Vorteil, daß unter den Elektrolysebedingungen noch sehr kleine Strommengen hindurchgehen u. sich der Streifen während des Vers. nicht zu stark erhitzt. Bei der Kationentrennung arbeitet man bei 800 V Elektrodenspannung 20—30 Min. bei 10—15 mA zu Beginn bis zu 25—30 mA am Schluß des Vers., bei der Anionentrennung bei 300 V Elektrodenspannung während 45—60 Minuten. Zur Durchführung benötigt man 10 mm^3 der zu untersuchenden 0,1—0,2n Lösung. Die Kationen trennen sich in Banden von 2—3 mm Breite, nur Cu^{2+} u. Co^{2+} geben doppelt so breite Streifen, Cu^{2+}, Pb^{2+} u. Mg^{2+} können von allen anderen Ionen abgetrennt werden. Die übrigen Ionen können nur mehr oder minder gut voneinander getrennt werden. Eine weitere Auftrennung ist jedoch durch Änderung des p_H möglich, da hierdurch die Ionenwanderungsgeschwindigkeit einzelner Ionen für die Trennung günstig beeinflußt wird. Eine weitere Möglichkeit zur Trennung ist durch Komplexbldg. eines Ions gegeben unter der Voraussetzung, daß der Komplex unlösl. ist. So kann Ni^{2+} vom Co^{2+} nach Behandeln mit α-Nitroso-β-naphthol abgetrennt werden. In Ggw. von Cl^- wandert Hg^{2+} gegen die Anode. Die Wanderungsgeschwindigkeit leicht hydrolysierbarer Ionen ist stets kleiner als die der anderen Ionen. — Bei den Anionen lassen sich die Ionenpaare Br^-–Cl^-, Br^-–$S_2O_3^{2-}$, Cl^-–$S_2O_3^{2-}$, Br^-–$[Fe(CN)_6]^{4-}$ u. Cl^-–$[Fe(CN)_6]^{4-}$ nur unvollständig voneinander trennen. Über die Trennung der Ionen $[Fe(CN)_6]^{3-}$, $[Fe(CN)_6]^{4-}$, Cl^-, Br^-, J^-, JO_3^-, AsO_4^{3-}, S^{2-} u. SCN^- wird berichtet. Das Ionenpaar JO_3^-–J^- kann nach der Entw. mit KJ–HCl am Ionenwanderungsverhältnis 1,9 erkannt werden. Über die anzuwendende Nachweistechnik muß auf das Original verwiesen werden. (Ann. Chimica **45**. 216—26. Febr./März 1955. Torino, Univ., Ist. di Chim. e di Chim. fis.) H. Nöth. 5062

Göran Carleson, *Die Trennung kleiner Mengen anorganischer Kationen durch chromatographische Methoden.* 1. Mitt. *Einführende Experimente mit inaktiven Kationen.* Es wurden chromatograph. Methoden eingehend untersucht, um schnelle Analysenverff. zur vollständigen Trennung radioakt. Elemente zu entwickeln: 1. Auf einem Kationenaustauscher (*Dowex 50*) konnte Cu quantitativ von Co u. Ni mit 0,7n HCl als Eluiermittel getrennt werden. Die Elution erfolgt sehr langsam. 2. Wesentlich bessere Ergebnisse wurden erzielt bei Verteilungselution mit *Methyl-n-propylketon* (I) im Gemisch mit HCl $>$7,5molar. Bei sukzessiver Änderung der Zus. des Eluiermittels (zunehmender HCl-Geh.) während der Elution ließen sich vollständig trennen: Bi–Cd, Zn–Cu–Co–Mn–Ni–Ba. Die Ggw. von Fe bereitet dabei noch Schwierigkeiten. Die Ergebnisse dieser Verss. stehen teilweise im Widerspruch mit den n. Anschauungen über den Ionenaustauschmechanismus. Es wurde deshalb eine neue 3-Phasenionenaustauschtheorie eingeführt. Bei Annahme einer stationären wss. Phase (innere Lsg.) auf dem Harz (feste Phase) u. einer beweglichen Ketonphase lassen sich die experimentellen Ergebnisse — u. die älterer Arbeiten — deuten. 3. Sehr umfangreiche Unterss. wurden über Papierstreifenchromatographie mit 6 verschied. Lösungsmitteln durchgeführt (**I**, *Methylisopropylketon* u. *Methylisobutylketon* im Gemisch mit verschied. Mengen HCl $>$7,5mol.). Die R_f-Werte von über 50 Kationen für diese Lösungsmittel werden tabellar. angeführt. Vf. weist bes. darauf hin, daß zur Beurteilung der Trennwrkg. die R_f-Werte sowohl für die vordere als auch für die hintere Front des Fleckens angegeben werden müssen. Außer dem Elutionsmittel, der Gleichgewichtseinstellung u. dem Papier hat die Zus. der „Atmosphäre" in den Gefäßen einen sehr großen Einfl. auf die R_f-Werte. Vf. arbeitet mit variabler „Atmosphäre"; ihre Zus. ist von dem Verhältnis der Partialdampfdrucke des Eluiermittels verschieden. Es werden Bedingungen angegeben, unter denen vollständige u. reproduzierbare Trennungen für zahlreiche Ionenkombinationen mit **I** + HCl in weniger als 1 Std. erzielt werden. Auf die große Ähnlichkeit der Papierstreifentrennungen mit der Verteilungselution auf einer Ionenaustauschkolonne (3-Phasentheorie) wird hingewiesen. (Acta chem. scand. **8**. 1673—92. 1954. Uppsala, Univ., Gustav Werner Inst. for Nucl. Chem.) F. Umland. 5062

Göran Carleson, *Die Trennung kleiner Mengen anorganischer Kationen durch chromatographische Methoden.* 2. Mitt. *Ein Gerät zur automatischen Auswertung von Radio-*

papierchromatogrammen. (1. vgl. vorst. Ref.) Die Konstruktion einer empfindlichen u. gut auflösenden Zählrohranordnung („Scanner") zur Auswertung von Radiopapierchromatogrammen wird beschrieben. Die Leistungsfähigkeit des Gerätes wird am Nachw. der papierchromatograph. getrennten Spaltprodd. des Cu (Ni, Mn, Co, Cu, Zn, Fe) demonstriert. Das Gerät erlaubt den Nachw. von z. B. ca. $5 \cdot 10^{-7}$ mC ^{60}Co. Die R_f-Werte derart kleiner Mengen konnten auf $\pm 10\%$ genau ermittelt werden. Sie stimmen mit den im Makrovers. (vgl. vorst. Ref.) gefundenen überein. (Acta chem. scand. **8.** 1693—96. 1954.) F. UMLAND. 5062

Göran Carleson, *Die Trennung kleiner Mengen anorganischer Kationen durch chromatographische Methoden.* 3. Mitt. *Spaltung von Kupfer mit 60 MeV-Protonen.* (2. vgl. vorst. Ref.) Eine 0,1 mm dicke Folie aus Elektrolyt-Cu wurde 30—60 Min. mit 60 MeV-Protonen bestrahlt, dann in heißer HCl + H_2O_2 gelöst, das Cu mit H_2S gefällt u. durch Zentrifugieren von der Lsg. getrennt. Die Lsg. wurde eingedampft u. auf 2 Streifen papierchromatograph. analysiert. Als Lösungsmittel dienten *Methyl-n-propylketon* (I) + 15% 8n HCl zur Trennung von Co, Zn, Fe u. Cu-Verunreinigungen u. I + 15% 10n HCl zur Trennung von Mn u. Ni (vgl. vorvorst. Ref.). Die genaue Lage der einzelnen Flecken wurde mit Hilfe des im vorst. Ref. erwähnten Gerätes festgestellt, die Flecken wurden ausgeschnitten, das Papier verascht u. der Rückstand der radiometr. Analyse (Absorptionsmessungen u. Best. von Halbwertszeiten) unterworfen. Der Isotopenverlust beträgt bei dieser Art der Isolierung $(7 \pm 2)\%$. Die vollständige Trennung der gesamten Gruppe dauert 3—4 Stunden. Dabei konnten die Ausbeuten der Isotope mit Halbwertszeiten über 30 Min. bestimmt werden. Im einzelnen wurden folgende radioakt. Kerne identifiziert: ^{62}Zn, ^{65}Zn, (^{63}Zn konnte wegen zu kurzer Halbwertszeit nicht aufgefunden werden); ^{60}Cu, ^{61}Cu, ^{62}Cu, ^{64}Cu; ^{57}Ni; ^{56}Co, ^{57}Co, ^{58}Co, ^{60}Co, ^{61}Co (die Ausbeute des kurzlebigen ^{62}Co konnte nicht bestimmt werden); ^{55}Fe, ^{59}Fe, ^{60}Fe; ^{56}Mn u. eine sehr schwache ^{54}Mn-Aktivität. ^{52}Mn sowie Cr- u. V-Aktivitäten wurden nicht gefunden. In der Fe-Zerfallskurve wurde eine neue Aktivität entdeckt, die wahrscheinlich einem ^{60}Fe-Isotop zuzuschreiben ist. Die Halbwertszeit beträgt 8,1—8,3 Std.; die β-Energie ergab sich aus Absorptionsmessungen zu $1,6 \pm 0,2$ MeV, sie steht in Übereinstimmung mit der Energie des Tochterelements ^{60}Co. (Acta chem. scand. **8.** 1697—1700. 1954.) F. UMLAND. 5062

P. S. Rao und **E. E. Dickey,** *Methode der waagerechten Ausbreitung in der Papierchromatographie.* Die durch RAO u. BERI (Proc. Indiana Acad. Sci. **34.** [1951.] 368) verbesserte Meth. von RUTTER zur Entw. von ringförmigen Papierchromatogrammen wird kurz beschrieben. — Ihr besonderer Wert beim Identifizieren unbekannter Stoffe. (Science [Washington] **117.** 666—67. 12/6. 1953. Appleton, Wisc., Inst. of Paper Chromat.) K. BLUMRICH. 5062

V. K. Mohan Rao, *Eine Modifikation für die Horizontalpapierchromatographie.* Wird bei der Rundfilterchromatographie die mobile Phase nicht im Mittelpunkt, sondern an einem Punkt nahe der Peripherie zugeführt, u. werden die Proben auf einem Kreis ($r = 1,5$ cm) um diesen Punkt aufgetragen, werden meist die doppelten Trennabstände zwischen den Zonen erzielt wie bei der üblichen Rundfiltertechnik, wie Vf. an einem *Aminosäuren-* u. *Zuckergemisch* zeigt. (Experientia [Basel] **9.** 151—52. 15/4. 1953. Lucknow, India, Central Drug Res. Inst.) H. ENDRASS. 5062

J. Moreno Calvo, *Über eine neue Eigenschaft der Papierchromatographie: Berechnung der Geschwindigkeitskonstante einer Reaktion.* Wenn in einer homogenen Lsg. eine Rk. abläuft, in der ein Reaktionsprod. papierchromatograph. abgetrennt werden kann, beobachtet man, wenn man zu verschied. Zeiten an mit der Mikropipette aufgetropften gleichen Lösungsmengen dic chromatograph. Trennung vornimmt, daß das festzustellende Reaktionsprod. bei gleicher Laufzeit Flecken im gleichen Abstand vom Auftragspunkt gibt, deren Länge, wenn ihre Breite gleich ist, proportional dem log der Konz. anwächst. Wenn man den größten Durchmesser des Flecks (seine Länge) mit l bezeichnet, die Reaktionsdauer mit t, ist für ein ideales Chromatogramm $\Delta l/\Delta t$ eine Konstante, deren Prüfung die Genauigkeit des Verf. bzw. die Einheitlichkeit der Rk. verbürgt. Aus den Gesetzen der Reaktionsgeschwindigkeit nach ARRHENIUS läßt sich ableiten, daß die Konstante K_n für eine Rk. der Ordnung n durch $K_n = 2,3026\, \Delta l / a^n f \Delta t$ berechnet werden kann, wenn a die Anfangskonz. der Muttersubstanz u. f eine Konstante bedeuten. Anwendungsmöglichkeiten: Unters. von biochem. Rkk. (Gärvorgänge, Lebensmittelkonservierung). (Euclides [Madrid] **15.** 47—53. Febr. 1955.) W. METZENER. 5062

Franco Savoia, *Schnelle und genaue Bestimmung von R_f-Werten.* Die Verwendung einer Art von Winkellineal, dessen Winkel nach Einstellung auf den Nullpunkt konstant gehalten wird, zur Best. von R_f-Werten wird erläutert. (Chimica [Milano] [N. S.] **9 (30).** 223. Juli 1954. Genova, Labor. di Terap. speriment. A. Bruschettini.) R. K. MÜLLER. 5062

Å. Grudemo, *Ein automatisches Registrierdensitometer.* Beschreibung eines automat. Registrierdensitometers zur Ausmessung von Röntgenbeugungsdiagrammen u. opt. Spektren (Schemaskizze vgl. Original). (Appl. sci. Res. **B 4.** 3—9. 1954. Stockholm, Swedish Cement and Concrete Res. Inst.) W. Günther. 5063

Otto Warburg, *Über die Messung des Energieumsatzes bei der Photosynthese mit dem Großflächen-Bolometer.* Vf. weist auf Fehlerquellen hin, die durch Lichtzerstreuung bei Absorptionsmessungen mit dem Bolometer, wie sie bei der Best. des Quantenbedarfs der Photosynthese durchgeführt werden, entstehen können. (Biochim. biophysica Acta [Amsterdam] **18.** 163—64. Sept. 1955. Berlin-Dahlem, Max-Planck-Inst. für Zellphysiol.) F. Krusen. 5063

Slobodan Ristić, *Löschung und Intensitätsverminderung der Cyanbanden bei der emissionsspektrographischen Analyse.* Bei der Emissionsspektralanalyse, bes. von Seltenen Erden, Th u. U, stören vielfach die CN-Banden. Die bisher in der Literatur vorliegenden Verff. zu ihrer Unterdrückung bzw. Löschung sind teils unzuverlässig, teils nur in Sonderfällen anwendbar. Wesentlich erscheint in jedem Falle die Verwendung einer N_2-freien Atmosphäre. Als Beispiel (Abb.) wird die Analyse des Ce-Bogenspektr. in N_2-freier CO_2-Atmosphäre erläutert. Bzgl. des Einfl. von Alkalisalzen werden ähnliche Ergebnisse erzielt, wie sie nach Abschluß dieser Arbeit von Keenan u. White (C. **1954.** 6548) mitgeteilt wurden. (Гласник Хемиског Друштва Београд [Ber. chem. Ges. Belgrad] **19.** 397—403. 1954. Belgrad, Univ., Boris Kidrić-Inst. für Kernwiss. u. Physik.-chem. Inst.) R. K. Müller. 5063

Jerzy Kroh, *Bedeutung und Methodik einiger physikalisch-chemischer Messungen auf dem Gebiet der Photoluminescenz.* Es wird die moderne Methodik der Messung von Luminescenzausbeute, Aufnahme der Absorptions- u. Emissionsspektren sowie bes. eingehend die Messung der Leuchtdauer behandelt. — 16 Literaturangaben. (Wiadomości chem. **8.** 382—405. 1954. Łódź, Zakł. chem. Fiz. Politechn.) F. Urban. 5063

Werner Schmitz, *Analytische Schnellmethoden.* 1. Mitt. *Grundlagen und Wirkungsweise des Flammenphotometers.* Übersicht, bes. im Hinblick auf Serienanalysen. (Bergbau-Rdsch. **7.** 34—38. Jan. 1955. Essen.) H.-G. Moslé. 5064

L. Erdey, E. Bodor und **M. Pápay,** *Anwendung von Ascorbinsäuremaßlösung und Variaminblau-Indicator in der Jodometrie.* Zur Endpunktsbest. in der Jodometrie wird an Stelle der üblichen Stärkelsg. der Farbumschlag vorgeschlagen, den *Variaminblau* (*4-Amino-4'-methoxydiphenylamin*) zwischen p_H 2—7 mit Jodlsg. ergibt. Außerdem wird gezeigt, daß $Na_2S_2O_3$ in den meisten Fällen durch eine Ascorbinsäurelsg. ersetzt werden kann. Die Bereitung der Lsg. wird beschrieben u. die Brauchbarkeit der Meth. an folgenden Beispielen gezeigt: Cl_2, Br_2, BrO_3^-, ClO^-, Chlorogen, Chloramin, H_2O_2, MnO_2, PbO_2, Mn, Co, $Cr_2O_7^{-2}$, MnO_4^-, NO_2^-, im W. gelöster O_2, Fe, CNS^-, CN^-, CH_2O, Glycerin, Cu, SO_2, SO_3^{2-}, J^-, Hg, S^{2-}, Sn, Pyramidon u. Jod-Bromzahl. (Acta chim. Acad. Sci. hung. **5.** 235—54. 1955. Budapest, TU, Inst. für Allg. Chem.) R. Neeb. 5066

K. Schwabe und **H. Sieber,** *Über eine neue Methode der amperometrischen Analyse.* Vff. beschreiben eine apparativ sehr einfache amperometr. Meth., bei der in einer mit Bodenquecksilber (als Kathode), Pt-Blechanode, Rührer u. Gasein- u. -ableitungsrohr versehenen Elektrolysierzelle nach Anlegen einer zur Red. des in der Lsg. befindlichen Depolarisators ausreichenden Spannung die anfängliche, maximale Stromstärke gemessen wird, die der Konz. des Depolarisators proportional ist. Es werden folgende Bestimmungen beschrieben: *γ-Hexachlorcyclohexan* neben den Isomeren, *Benzotrichlorid* neben Benzal- u. Benzylchlorid u. O_2 in wss. Lsgg. sowie eine Unters. von *carzinomatösen Seren.* (Z. anorg. allg. Chem. **279.** 157—64. Juni 1955. Dresden, TH, Inst. für Elektrochem. u. phys. Chem.) E. Moisar. 5066

N. Bett, W. Nock und **G. Morris,** *Ein automatisches coulometrisches Titrimeter.* Eingehende Beschreibung der Konstruktion, Handhabung, Wirkungsweise u. Genauigkeit einer App. zur coulometr. Titration von Säuren u. Basen mit extern erzeugten Titranten sowie von verschied. Zusatzgeräten zur automat. Arbeitsweise u. Registrierung der Elektrizitätsmengen durch Integration (Skizzen). Die Ergebnisse (Tabelle) sind bei Verwendung des automat. Titrimeters für Routineanalysen innerhalb $\pm 0,2\%$ reproduzierbar. Auf Titrationen mit coulometr. gebildetem J_2 wird eingegangen. (Analyst **79.** 607—16. Okt. 1954. Stevenston, Ayrshire, Imp. Chem. Ind. Ltd., Res. Dep., Nobel Div.) H. Hofmann. 5066

G. Brunisholz, *Elektrolytbrücke und Bezugselektrode für potentiometrische Titrationen.* Vf. beschreibt eine einfache Elektrolytbrücke u. eine Tauchelektrode für potentiometr. Titrationen, bei denen ein Flüssigkeitsfilm zwischen den Schliffteilen an den Enden des Hebers u. der Elektrode die leitende Verb. herstellt. So wird jegliche Diffusion ausgeschaltet, während der elektr. Widerstand jedoch genügend niedrig bleibt. (Analytica chim. Acta [Amsterdam] **10.** 470—73. Mai 1954. Lausanne, Univ., Labor. de. Chim. minér. et analyt.) S. LANZ. 5066

James L. Hall, John A. Gibson jr., Harold O. Phillips und **Frank E. Critchfield,** *Einige Bewertungen der Hochfrequenztitration.* Die Meßgenauigkeit von üblichen Leitfähigkeitsinstrumenten wird mit der von Hochfrequenzinstrumenten verglichen. Die für Messungen mit den letzten bes. geeigneten Bereiche u. Umstände werden dargelegt. Die Vorteile der Hochfrequenztitration liegen in der Möglichkeit des Arbeitens ohne metall. Oberflächen in Kontakt mit der zu untersuchenden Lsg. u. in der Bequemlichkeit, mit der die Rk. an den Meßinstrumenten verfolgt werden kann. (Analytic. Chem. **26.** 1539—42. Okt. 1954. Morgantown, W. Va., West Virginia Univ.) PH. FRESENIUS. 5066

A. Distèche und **M. Dubuisson,** *Vorübergehendes Ansprechen einer Glaselektrode auf Änderungen des p_H-Wertes.* Es wird ein Gleichstromverstärker mit eingebautem Elektrometer beschrieben, der es möglich macht, p_H-Änderungen auf einem Oscillographenschirm zu zeigen, u. der für physiol. Unterss. geeignet ist. Empfindlichkeit 0,003 p_H-Einheiten/cm Zeigerausschlag. Um sehr schnelle p_H-Änderungen an der Elektrode zu erzeugen, wird ein einfacher hydraul. Mechanismus benutzt. Es wird gezeigt, daß sich die Einstellgeschwindigkeit der Elektrode einer endlichen Grenze nähert, wenn die Geschwindigkeit der p_H-Änderung ansteigt. Die Rkk. der Elektrode auf die p_H-Änderungen sind unabhängig von der Membrandicke (5—10 μ). Sie sind vergleichbar dem Verh. eines wenig durchlässigen RC-Filters bei einer entsprechenden Spannungsänderung, wenn R u. C Widerstand u. Kapazität der Glasmembran bedeuten. Aus einer Analyse der Elektroden-Rk. auf Spannungsänderungen ergibt sich RC $\simeq$ 30 mSek. in Übereinstimmung mit dem experimentellen Resultat. (Rev. sci. Instruments **25.** 869—75. Sept. 1954. Liège, Univ., Labor. of Gen. Biol.) G. MAIER. 5066

Shinichi Kikuchi, Kenichi Honda und **Seckchill Kim,** *Entfernung gelösten Sauerstoffs durch Natriumsulfit. Anwendung bei polarographischen Messungen.* Vff. berichten über quantitative Unterss. bei der Entfernung gelösten Sauerstoffs mittels Na_2SO_3 aus Lsgg. mit verschied. Elektrolyten bei polarograph. Messungen. Am wirksamsten zeigte sich Na_2SO_3 in neutralen Lsgg., mit steigendem p_H-Wert läßt die Wirksamkeit nach. In Lsgg., die A., Glykokoll, Aldehyde u. ähnliche enthalten, ist die Wirksamkeit stark herabgesetzt. Im neutralen u. schwach alkal. p_H-Bereich wird schon durch einen 0,5%ig. Zusatz von Na_2SO_3 der p_H-Wert merklich verändert, so daß ein Nacheichen sogar in gepufferten Lsgg. nötig erscheint. Ein Einfl. auf die reduzierbaren Stoffe wurde nicht festgestellt. Die Na_2SO_3-Stammlsg. sollte möglichst frisch eingesetzt werden, zu frische Lsgg. (10 Min. nach dem Zusammensetzen) sind allerdings kaum wirksam. (Bull. chem. Soc. Japan **27.** 65—68. Febr. 1954. Tokyo, Labor. of Elektro- and Photochem., Inst. of Ind. Sci. [Orig.: engl.]) H. MARSEN. 5066

Joseph G. Feibig und **James C. Warf,** *Wasserbestimmung in leicht hydrolysierbaren Fluoriden.* Hydrolyt. Bldg. von HF verursacht unrichtige Werte bei der Wasserbest. in Fluoriden durch Erhitzen. Bei ThF_4, UF_4 u. BeF_2 gelang in einem App. aus 2 durch kon. Verschraubung verbundenen, mit wassergekühlten Gummistopfen verschlossenen, elektr. beheizten Ni-Rohren [einem liegenden auf 500° erhitzten (15 cm lang, 12,7 mm Durchmesser) zur Aufnahme der Probe (1—10 g) im Ni-Schiffchen u. einem aufsteigenden, 300° heißen, mit geschmolzenem u. gekörntem Na_2CO_3 beschickten (19 cm lang, 25,4 mm Durchmesser)] im getrockneten N_2-Strom den gebildeten HF an Na_2CO_3 zu W. umzusetzen, das wie bei der Verbrennungsanalyse üblich durch Absorptionsrohr aufgefangen u. gewogen wurde. Eine Na_2CO_3-Füllung reicht für 10—50 Analysen. (Analytic. Chem. **26.** 927—28. 19/5. 1954. Ames, Io., Iowa State Coll., Inst. for Atomic Res.) H. MÜHLMEISTER. 5074

Robert E. Snyder und **Ralph O. Clark,** *Bestimmung von Spuren Kohlenoxysulfid in gasförmigen Kohlenwasserstoffen.* Die Best. beruht auf der Umsetzung von COS mit einer alkoh. Piperidinlsg. zu „Piperidinoxythiocarbamat", das spektrophotometr. bei 230 mμ gemessen wird. Die Meth. ist anwendbar für gasförmige KW-stoffe, die H_2S u. SO_2 u. bis zu 50 p.p.m. Aromaten enthalten, bei höheren Aromatengehh. nur dann, wenn diese bekannt oder bes. bestimmt werden. Bei Gasmischungen mit 2—75 p.p.m. COS liegen die Abweichungen unter 5%. App. zur Analyse u. zur Reindarst. von COS werden beschrieben. (Analytic. Chem. **27.** 1167—71. Juli 1955. Pittsburgh, Pa., Gulf Res. & Dev. Co.) W. LUCHSINGER. 5086

Marcello Morgantini, *Bestimmung kleiner Mengen Schwefelsäureanhydrid in Schwefeldioxydgas.* Das zu untersuchende Gas wird durch eine DRECHSEL-Flasche mit 200 cm³ dest. W. geleitet (0,5 Liter/Min., insgesamt 20 Liter); die Lsg. wird nach Zusatz von 20 cm³ 0,1 n H_2SO_4 10 Min. zum Sieden erhitzt, um SO_2 auszutreiben; dann wird 0,04 n

$KMnO_4$-Lsg. zugegeben, bis die Lsg. schwachrosa gefärbt ist, u. SO_4^{2-} mit $BaCl_2$ gravimetr. bestimmt. Bei der Auswertung ist die zugesetzte u. die durch Oxydation des restlichen SO_2 mit $KMnO_4$ gebildete H_2SO_4-Menge abzuziehen. (Chimica [Milano] [N. S.] **9** (30). 224. Juli 1954. Arezzo, Ist. Tecn. M. Buonarotti.) R. K. MÜLLER. 5086

George D. Clayton und **Paul M. Giever**, *Instrumentelle Messung des Sichtvermögens bei Untersuchungen der Luftverunreinigung.* Eine Vorr., die die Lichtdurchlässigkeit der Luft mißt (Transmissometer), wurde bei Unterss. über die Verunreinigungen der Luft benutzt. Das Verf. besteht darin, daß man den Lichtstrom, der von einer genormten u. geregelten Lichtquelle ausgeht, über eine Entfernung von 400 m bis 1,5 km laufend registriert. Vff. geben Versuchsergebnisse an, bei denen die Lichtdurchlässigkeit der Atmosphäre mit dem „Verschmutzungsgrad", gemessen durch ein Standard-Luftfilter, u. mit dem Gewichtsanteil der Aerosole in der Raumeinheit verglichen wurde. Eine Korrelation der drei Ergebnisse konnte nicht festgestellt werden. (Analytic. Chem. **27.** 708—13. Mai 1955. Detroit, Mich., U. S. Public Health Serv.) G. WILLE. 5088

Chester T. O'Konski und **George J. Doyle**, *Lichtstreuungsmessungen in Aerosolen mit einem neuen Zählphotometer.* Es wird ein Gerät beschrieben, in dem ein registrierendes Photometer u. eine elektron. Teilchenzählmaschine kombiniert sind. Zur Eichung wurde die Lichtstreuung der gefilterten Gase He, H_2, N_2, CO_2, SO_2 u. CH_3Cl benutzt. Testverss. wurden mit isodispersen Aerosolen durchgeführt, die aus Zerstäubungsprodd. durch eine Trockentechnik gewonnen wurden. Die Empfindlichkeitsgrenze des Photometers lag bei $3 \cdot 10^{-11}$ g Aerosol von 0,3 μ Durchmesser je Liter. Die Größe der Teilchen wird aus der Amplitude des elektr. Signals, das die Photokathode als Funktion des durch das Aerosol abgelenkten Lichtstroms liefert, bestimmt. Verss. mit Testaerosolen von 0,33; 0,5 u. 1 μ ergaben, daß die Amplituden dem Quadrat der Teilchendurchmesser proportional sind. (Analytic. Chem. **27.** 694—701. Mai 1955. Berkeley, Calif., Univ. of California, Dep. of Chem. and Chem. Engng.) G. WILLE. 5088

Earl R. Gerhard und **H. F. Johnstone**, *Mikromessung von Schwefelsäureaerosolen.* Zur Best. des Anteils von H_2SO_4-Aerosolen in Luft wurde eine Technik entwickelt, bei der die Aerosolteilchen durch einen Strahl mit Schallgeschwindigkeit auf einen Film geblasen werden, der mit einem organ. Farbstoff imprägniert ist. Die besten Ergebnisse wurden mit *Bromkresolgrün* u. *Thymolblau* erzielt. Der Farbumschlag unter der Wrkg. der H_2SO_4-Tröpfchen wurde mit einem photoelektr. Colorimeter gemessen. Die Eichung der Filme erfolgte mit bekannten Mengen von H_2SO_4-Aerosol. Die Meth. ermöglicht es, Säuremengen von 0,01—0,2 γ zu bestimmen. Jedes Säureaerosol kann auf diese Weise nachgewiesen werden, auf saure Gase spricht jedoch die beschriebene Meth. nicht an. Alkal. Gase, die die Säuretröpfchen neutralisieren können, beeinträchtigen die Genauigkeit des Verfahrens. (Analytic. Chem. **27.** 702—03. Mai 1955. Urbana, Ill., Univ. of Illinois.) G. WILLE. 5088

a) Elemente und anorganische Verbindungen.

François Patti und **Paul Bonet-Maury**, *Colorimetrische Mikrobestimmung von Wasserstoffsuperoxyd.* H_2O_2 wird in Mengen von wenigstens 0,02 γ/0,5 cm³ W. nach Zusatz von 1 Tropfen 0,01n Ferrosalzlsg. in 3n H_2SO_4 mit der durch 0,25 cm³ wss. 10 mol. KSCN-Lsg. eintretenden Rotfärbung photometr. bei 4800 Å bestimmt. (C. R. hebd. Séances Acad. Sci. **239.** 976—78. 18/10. 1954.) PH. FRESENIUS. G 241

Robert B. Fischer und **T. Ben Rhinehammer**, *Schnellfällung von Bariumsulfat.* Vff. arbeiten eine SO_4^{2-}-Best. aus, die innerhalb von kurzer Zeit mit einem Fehler von ± 1‰ durchgeführt werden kann. Ferner wird der Einfl. der SO_4^{2-}- u. Ba^{2+}-Konzz., des $BaCl_2$-Überschusses, des p_H-Wertes, von Fremdionen u. der Vorbehandlung der $BaCl_2$-Lsg. auf die Kristallform des $BaSO_4$ untersucht. Die mit Hilfe des Elektronenmikroskopes erhaltenen Vergrößerungen werden abgebildet. Die Größe der Kristalle nimmt mit fallender K_2SO_4- u. $BaCl_2$-Konz. u. fallendem p_H ab. — Meth.: 150—200 ml 0,02 mol. $BaCl_2$-Lsg. von 95° werden schnell in ca. 0,01 mol. SO_4^{2-}-Lsg. von 95° u. p_H 1 (mit HCl eingestellt) bzw. p_H 5 in Ggw. von viel Alkaliionen mit 10—20%ig. Überschuß des $BaCl_2$ gegeben. 2—3 Min. wird intensiv gerührt. Dann wird filtriert u. der Nd. bei 600—800° geglüht. (Analytic. Chem. **25.** 1544—48. Okt. 1953. Bloomington, Ind., Indiana Univ., Dep. of Chem.) H.-G. MOSLÉ. G 253

Jan Doležal und **Josef Čadek**, *Bestimmung kleiner Selenmengen in Pyriten und verwandtem Material.* Nach Dest. wurde Se polarograph. in ammoniakal. Lsg. (p_H zwischen 7,5 u. 9,5) bestimmt. (Chem. Listy **49.** 1152—57. Aug. 1955. Praha, Karlova Univ., Ústav pro chem. anal. a mineralog. ústav. [Orig.: tschech.]) P. ZUMAN/Prag. G 254

E. L. Simons, E. W. Balis und **H. A. Liebhafsky**, *Die endgültige Analyse von Dekaboran.* Vff. erzielen sehr genaue Analysenergebnisse durch therm. Zers. von $B_{10}H_{14}$ in

Pd-Kapseln, wobei der gebildete H_2 durch das Pd diffundiert u. als Gewichtsverlust bestimmt wird. Die Gewichtsdifferenz gegenüber dem leeren Röhrchen entspricht der Menge B. Zur Ausführung der Analyse wird ein Pd-Röhrchen auf 900° im Vakuum erhitzt, in der hydraul. Presse an einem Ende geschlossen, wieder auf 900° im Vakuum erhitzt, nach dem Erkalten mit 250 mg Dekaboran beschickt, evakuiert u. in der hydraul. Presse vakuumdicht geschlossen. Die Kapsel wird gewogen u. in einer Vakuumapp. im elektr. Ofen erhitzt. Sobald der H_2-Druck in der App. nicht mehr zunimmt, wird noch 2—3 Std. unter dauerndem Pumpen auf 900° erhitzt. Es wurden 5 Bestimmungen ausgeführt, die ein mittleres Atomverhältnis H/B = 1,400 ergaben bei einer Standardabweichung s_m = 0,002. Dem angegebenen Atomverhältnis entspricht die Formel $B_{10}H_{14}$. In allen Fällen wird nach der therm. Zers. ein Rückstand erhalten, der aus glänzenden, schwarzen Körnchen besteht, von denen viele in der Wand des Röhrchens eingebettet sind. Röntgenuntersuchungen ergaben nur diffuse Linien, was auf amorphen Charakter hindeutet. Der Pd-Geh. des Rückstandes beträgt 4,9%, was annähernd dem Atomverhältnis 1 Pd/200 B entspricht. (Analytic. Chem. **25.** 635—36. April 1953. Schenectady, N. Y., General Electric Co., Res. Labor.) HILDEGARD SCHULZ. G 258

Pierre Jolibois und **Marthe Doniné-Bergès**, *Analyse von Calciumphosphaten durch Elektrolyse.* 50 mg eines durch ein Sieb von 4900 Maschen/cm² gegangenen marokkan. Phosphats der Zus. 33,3% P_2O_5 u. 54,1% *CaO* werden in einer früher beschriebenen App. (vgl. C. R. hebd. Séances Acad. Sci. **230.** [1950.] 888) elektrolysiert. Zu Beginn beträgt der Elektrolysierstrom 2 mA u. die Spannung ca. 300 V; am Ende steigt die Spannung bis 3000 V an bei gleichzeitigem Absinken des Stromes auf 0,3 mA. Die Kurve (erhaltene H_3PO_4-Menge in % in Abhängigkeit von der Zeit) zeigt, daß nach 8 Tagen die Extraktion vollständig ist u. daß im allg. bereits eine Elektrolysierdauer von 24 Std. genügt. Des weiteren werden eine große Anzahl verschied. Prodd. wie natürliche Mineralien, Substanzen definierter Zus. u. Handelsprodd. untersucht u. die Ergebnisse in einer Tabelle zusammengestellt. Auf Grund der Verschiedenheit der Röntgendiagramme gleichartiger Proben schließen Vff. auf eine merkliche Kornorientierung als Folge eines Diffusionsprozesses. (C. R. hebd. Séances Acad. Sci. **231.** 1375—78. 18/12. 1950.)
H. SURAWSKI. G 264

J.-A. Gautier und **J. Renault**, *Fehlerquelle bei der gravimetrischen Calciumbestimmung als Sulfat.* Wird Ca als Oxalat gefällt, zu CaO geglüht u. dann in das Sulfat übergeführt, so können Fehler dadurch entstehen, daß trotz H_2SO_4-Überschusses ein Teil des CaO bzw. $CaCO_3$ von dem sich bildenden Sulfat mechan. eingeschlossen u. nicht mehr umgewandelt wird. Vff. schlagen vor, das Oxalat in das Carbonat, dieses in das Nitrat u. das letzte schließlich in das Sulfat überzuführen, unter welchen Bedingungen genaue Werte erhalten werden. (Ann. pharmac. franç. **10.** 315—16. April 1952.)
H. P. FIEDLER. G 283

Velmer A. Fassel, Beverly Quinney, Laird C. Krotz und **Carl F. Lentz**, *Quantitative spektrographische Analyse von Seltenen Erdelementen.* 8. Mitt. *Bestimmung von Holmium, Erbium, Yttrium und Terbium in Dysprosium, Bestimmung von Yttrium, Dysprosium und Erbium in Holmium und Bestimmung von Yttrium, Dysprosium, Holmium, Thulium und Ytterbium in Erbium.* (4.—7. Mitt. vgl. C. **1954.** 10547.) Vff. verwenden den Gleichstromkohledauerbogen (250 V, 17—18 A) zur Anregung der Gemische der Seltenen Erdoxyde mit Kohlepulver. Spektrograph: JARRELL-ASH 3,4 m stigmat. Gitterspektrograph. Verwendete Analysenlinien: Dy als Grundelement: Tb 4318,85/Dy 4319,21 (Konzentrationsbereich 0,2—2,0% Tb_2O_3), Y 3601,92/Dy 3611,90 (0,02—1,0% Y_2O_3), Ho 3456,00/Dy 3443,46 (0,02—1,0% Ho_2O_3), Er 4007,97/Dy 4005,48 (0,02—1,0% Er_2O_3). Ho als Grundelement: Y 4374,94/Ho 4379,14 (0,01—1,0% Y_2O_3), Y 3982,59/Ho 3966,85 (0,01—1,0% Y_2O_3), Dy 4221,10/Ho 4221,62 (0,05—1,0% Dy_2O_3), Er 3906,32/Ho 3910,30 (0,01—1,0% Er_2O_3); Er als Grundelement: Y 4374,94/Er 4382,17 (0,01—1,0% Y_3O_2), Dy 3898,54/Er 3891,65 (0,01—1,0% Dy_2O_3), Ho 3456,00/Er 3436,95 (0,01—1,0% Ho_2O_3), Tm 3362,61/Er 3328,30 (0,01—1,0% Tm_2O_3), Yb 3987,99/Er 3977,57 (0,005—0,2% Yb_2O_3), Yb 2970,56/Er 2986,69 (0,01—1,0% Yb_2O_3). Fehlerstreuungen zwischen 1,2 u. 6,3%. Konzz. von Verunreinigungen über 1% können spektrophotometr. bestimmt werden. Im Gegensatz zu Angaben der MIT-Wellenlängentabellen (HARRISON) wird Er 4007,967 durch Dy nicht gestört. Dy 3898,544, Y 4374,935 u. Yb 3987,994 sind völlig frei von Er-Störungen; Dy 4221,104 koinzidiert nicht mit Ho-Linien. Ho 3456,00 (für Best. von Ho in Dy u. Er) u. Er 3906,32 (für Best. von Er in Ho) werden durch sehr schwache Linien der Grundsubstanzen gestört, weisen jedoch noch eine maximale Nachweisempfindlichkeit auf. Er 4007,97 kann für quantitative Messungen infolge Überlagerung durch Ho 4008,28 nicht herangezogen werden. Zur Best. von Yb in Er bei Konzz. $>0,2\%$ kann Yb 3987,99 wegen starker Selbstumkehr nicht verwendet werden; Vff. arbeiten deshalb mit Yb 2970,56 zur Yb-Best. bis zu 1%. Bei Y-Best. in Ho wird die empfindlichste (Ho-freie) Y-Linie 4374,94 durch Dy gestört, sofern der Dy-Geh. 2% übersteigt; in solchen Fällen empfehlen Vff. Y 3982,59. Ein ungewöhnlicher Fall von Selbstumkehr der Ho-Linie 3456,00 wird besprochen. (Analytic. Chem. **27.** 1010–14. Juni 1955. Ames, Io., Iowa State Coll., Inst. for Atomic Res., Dep. of Chem.) D. ERTEL. G 303

Charles V. Banks und **R. E. Edwards,** *Trennung und Bestimmung von Thorium und Aluminium.* Vff. haben 2 Methoden ausgearbeitet. Die eine ist für die Trennung u. Best. von Th–Al-Gemischen bzw. -Legierungen gedacht u. bedient sich der quantitativen Fällung des Th als Oxalat in Ggw. auch größerer Al-Mengen. Erforderlich ist die Ggw. von genügend Dimethyloxalat u. Oxalsäure, um Al komplex in Lsg. zu halten. Im Filtrat wird nach Zerstörung des Oxalats durch Kochen mit HNO_3 u. $HClO_4$ das Al mit 8-Oxychinolin quantitativ gefällt u. bestimmt. Die andere Meth. ist zur laufenden, genauen Schnellbest. vieler Th–Al-Mischungen bzw. -Legierungen geeignet; sie beruht auf der spektrophotometr. Best. von Th mittels Äthylendiamintetraessigsäure u. Chromazurol S als Indicator. Diese Meth. erfordert lediglich eine Eichkurve, eine $Th(NO_3)_4$-Standardlsg., eine einzige p_H-Einstellung sowie nur je eine Lichtabsorptionsmessung für jede Th-Bestimmung. Die Abtrennung von Th erfolgt aus HNO_3-saurer Lsg. durch Extraktion mit Mesityloxyd in Ggw. von $LiNO_3$ als Aussalzreagens; Al wird anschließend wie oben mit 8-Oxychinolin bestimmt. Störend für die Th-Best. nach diesem Extraktionsverf. wirken Zr, Fe, Sn u. Phosphat. (Analytic. Chem. **27.** 947–49. Juni 1955. Ames, Io., Iowa State Coll.) D. ERTEL. G 324

N. A. Bogdanow und **W. F. Funke,** *Methode zur Analyse von Chromlegierungen mit Niob auf Grund der Intensität der reflektierten β-Strahlung.* Beschreibung des von den Vff. angewendeten Verf. zur Schnellbest. des Nb-Geh. in Cr–Nb-Legierungen, dessen Grundlage die verschied. Rückstrahlungsintensität der von Nb bzw. Cr reflektierten β-Strahlung des Isotops ^{204}Tl bildet, wobei zur Verstärkung des Streueffekts zwischen dem gegen direkte Strahlung abgeschirmten GEIGER-Zähler u. der Probe ein Al-Filter zwischengeschaltet wird, das für die vom Nb reflektierte Strahlung stärker durchlässig ist als die vom Cr reflektierte Strahlung. An Hand von Messungen an gepreßten Pulverproben mit 8,89–100% Nb wird das Bestehen einer linearen Abhängigkeit zwischen dem Nb-Geh. u. der Intensität der reflektierten β-Strahlung nachgewiesen, sofern die Dichte der Preßproben 35% u. mehr beträgt. Das Verf. ist im gleichen Maße auch für gesinterte u. gegossene Proben anwendbar u. auf eine Reihe anderer bin. Legierungen mit stark unterschiedlicher Kernladungszahl der Komponenten (z. B. Fe–W) übertragbar. (Заводская Лаборатория [Betriebs-Lab.] **21.** 181–83. 1955. Moskau, Stalin-Stahlinst.) V. EHMCKE. G 331

H. Titze und **F. Hecht,** *Über die photometrische Bestimmung des Kupfergehaltes eines Eisenmeteoriten.* Es wird eine photometr. Meth. zur Best. kleiner Cu-Mengen in Fe-Meteoriten beschrieben. Cu wird mit H_2S aus der mit Na-Acetat u. Monochloressigsäure gepufferten Lsg. der Chloride gefällt, CuS naß verbrannt, der Glührückstand in HCl aufgenommen, ammoniakal. gemacht, Cu als $[Cu(Py)_2][SCN]_2$ (Py=Pyridin) mit Chlf. extrahiert u. der grüne Komplex photometriert. Die Auswertung erfolgt durch Eichkurve. (Mikrochim. Acta [Wien] **1954.** 453–59. Wien, Univ., II. Chem. Labor.) H. HOFMANN. G 358

Duncan G. Foster, *Elektrolytische Kupferbestimmung mit einer isolierten Anode.* Vf. beschreibt eine elektrolyt. Meth. mit isolierter Anode zur Best. von Cu in *Bronze.* Das von DIEHL („Electrochem. Analysis with graded cathode potential control", Columbus, O. [1948]) beschriebene Verf. wird durch die Einführung eines magnet. Rührers verbessert. (Analytic. Chem. **25.** 1557–58. Okt. 1953. Swarthmore, Pa., Swarthmore Coll.) H.-G. MOSLÉ. G 358

Saburō Kitahara, *Bestimmung der in Eisenlegierungen enthaltenen Elemente in metallischem und verbundenem Zustand.* 1. Mitt. *Ferromangan.* In *Ferromangan* ließen sich am besten bestimmen: metall. Fe mit wss. $HgCl_2$; metall. Mn mit $HgCl_2$ in warmem A., FeS durch Best. des Rest-S nach Tauchung in warme $FeCl_3$-Lsg., MnS durch Differenz zwischen Gesamt-S u. S im FeS; Fe_3P durch den Rest-P nach Eintauchen in warme $FeCl_3$-Lsg., Mn_5P_2 als Differenz zwischen Gesamt-P u. P-Geh. des Fe_3P; die Oxyde u. Silicate durch Behandlung mit FeJ_2–Jod-Lsg. u. Calcinieren des Rückstands; die Carbonate als gebundener C; Fe in Fe_3C durch Differenz von Gesamt-Fe u. nicht-carbid. Fe u. Berechnung des C im Fe_3C; C in Mn_3C_2 (Mn_3C fehlt) durch Differenz von C in Fe_3C u. gebundenem C; daraus Berechnung des Mn_3C_2. (Rep. sci. Res. Inst. [Kagaku-Kenkyujo-Hokoku] **29.** 130–35. März 1953. [Orig.: japan.]) L. SCHULER. 5282

N. W. Logwinenko und **N. K. Sabolotnaja,** *Diagnostik der Carbonatmineralien mit der Anfärbemethode.* Krit. Würdigung der üblichen Anfärbeverff. zwecks sicherer Unterscheidung der Carbonatmineralien (Kalkspat, Aragonit, Dolomit, Magnesit, Siderit, Ankerit, Breunnerit). Als grunddiagnost. Verff. werden die Anfärbemeth. neben der Immersionsanalyse empfohlen; von den Anfärbeverff., bes. LEMBERGs-Rk. [$FeCl_3$ u. $(NH_4)_2S$], MAHLERs-Rk. [$Cu(NO_3)_2$], ferner Co-Nitrat, Eosin, p-Nitrobenzolazoresorcin. Tonmineralien (Mergel) stören die Farbreaktionen. (Записки Всесоюзного Минералогического Общества [Schr. Allunions mineralog. Ges.] [2] **83.** 218—25. 1954. Charkow, Berginst., Lehrstuhl für Geologie.) A. v. WILPERT. 5290

W. Klöpping, *Schnellmethode zur Ermittlung des Chlormagnesium- bzw. Carnallitgehalts in Kalirohsalzen und Bestimmung von Wassergehalten in wasserlöslichen und wasserunlöslichen Stoffen, deren spezifisches Gewicht über 1 liegt.* Die Schnellmeth. beruht darauf, daß ein kristallwasserhaltiges Salz ein größeres spezif. Vol. hat als ein wasserfreies. Rohkalisalze enthalten wechselnde Mengen Mg als Carnallit mit 6 H_2O. 250 g Rohsalz werden in einen Meßkolben gegeben u. nach Aufsetzen eines Meßrohres mit 555 ml W. übergossen u. geschüttelt. Das sich einstellende Vol. wird am Meßrohr, das auf % $MgCl_2$ geeicht ist, abgelesen (1,5 ml = 1% $MgCl_2$). Kieserit stört nicht, da er in der Kälte schwer lösl. ist. Analog wird der Wassergeh. von Salzen bestimmt. (Chem. Techn. **6.** 339. Juni 1954. Merkers, Rhön, VEB Kalikombinat „Ernst Thälmann".) R. LACMANN. 5292

b) Organische Verbindungen.

J. H. Beynon, *Qualitative Analyse organischer Verbindungen durch Massenspektrometrie.* Massenspektrometer können nicht nur zur quantitativen Analyse von Gemischen bekannter Komponenten, sondern auch zur qualitativen Analyse unbekannter Verbb. verwendet werden. An der Strukturaufklärung von *α-Pyrrolidon, 6.6-Dimethyl-1.5.7-trioxa-3.5-spirononan,* sowie einer weiteren Verb., wird die Meth. erläutert. Bes. in Verbindung mit der Infrarotspektroskopie ist die Massenspektrometrie zur Strukturaufklärung kleiner Mengen organ. Verbb. geeignet. (Nature [London] **174.** 735—37. 16/10. 1954. Blackley, Manchester, Imp. Chem. Ind. Ltd., Dyestuffs Div.) K. F. MÜLLER. 5350

P. Baertschi und **M. Thürkauf,** *Verbrennungsmethode für flüchtige organische Verbindungen zur Isotopenanalyse des Kohlenstoffs.* Es wird eine Meth. (Skizze der App.) zur Best. von C in vielen flüchtigen C-markierten organ. Verbb., bes. in KW-stoffen u. deren Halogenderivv., kurz beschrieben u. diskutiert. Die Substanz wird im abgeschlossenen Kolben mit vorgelegter $Ba(OH)_2$-Lsg. im O_2-Überschuß an einem Hochspannungsfunken verbrannt, wobei das gebildete CO_2 quantitativ absorbiert wird. Die Best. von ^{14}C erfolgt durch Aktivitätsmessung am ausgeschiedenen $BaCO_3$. Die relative Häufigkeit von ^{13}C wird durch massenspektrometr. Messung an CO_2 ermittelt, das aus dem $BaCO_3$ durch wasserfreie H_3PO_4 entwickelt wird. Die Verbrennung erfolgt um so schneller, je größer der Dampfdruck der Verb. über der $Ba(OH)_2$-Lsg. ist. Das Verf. ist daher u. a. auf saure Verbb. nicht anwendbar. Die Streuung der $^{13}C/^{12}C$-Verhältnisse liegt für CCl_4 innerhalb der Meßgenauigkeit von $\pm 0{,}02\%$ des Massenspektrometers (CONSOLIDATED-NIER 21-201). (Helv. chim Acta **39.** 79—81. 1/2. 1956. Basel, Univ., Phys.-Chem. Inst.) H. HOFMANN. 5354

Theo Eckert, *Zur Identifizierung substituierter aliphatischer Amine.* Es wird eine Farb-Rk. zur Unterscheidung prim. von sek. u. tert. Aminen u. zur Abgrenzung methylierter von höher alkylierten Aminen angegeben. Dazu wird das freie Amin 10 Min. auf 200° erhitzt u. dann gebildetes Pyrrolderiv. durch Rotfärbung mit p-Dimethylaminobenzaldehyd (I) in salzsaurer Lsg. nachgewiesen. Prim. Amine u. Dimethylaminoderivv. reagieren negativ. Freie Stadacainbase gibt nach 2tägigem Stehen an Licht u. Luft bereits ohne Erhitzung positive Reaktion. Basen, die bereits unter 200° sd., werden $^1/_2$ Std. unter Rückfluß gekocht u. reagieren dann mit **I** positiv. Gleichzeitig vorhandene aromat. Aminfunktionen stören durch Bldg. gefärbter Azomethine mit **I.** (Dtsch. Apotheker-Ztg. **95.** 646—47. 7/7. 1955. Frankfurt/M., Univ., Pharmazeut. Inst.) PH. FRESENIUS. G 910

K. V. Giri, K. Krishnamurthy und **T. A. Venkitasubramanian,** *Trennung und Identifizierung von Aminosäuren aus Proteinhydrolysaten durch Rundfilterpapierchromatographie.* In aus Casein mit 6n H_2SO_4 gewonnenen Hydrolysaten, die 5,6 mg Amino-N/cm^3 enthalten, werden nach Neutralisation mit $Ba(OH)_2$ durch Rundfilterpapierchromatographie nach GIRI (Current Sci. **20.** [1951.] 295) u. Vgl. mit bekannten Aminosäuren *Histidin, Asparaginsäure, Prolin, Leucin, Lysin, Threonin, Phenylalanin, Arginin, Glutaminsäure, Methionin, Glycin, Serin, Valin, Isoleucin, Alanin, Cystin* u. *Tyrosin* charakterisiert. Eine verbesserte Meth. zum Aufsaugen der Lösungsmittelfront wird beschrieben. (Current Sci. **21.** 11—12. Jan. 1952. Bangalore, Ind., Inst. of Sci., Dep. of Biochem.) R. PASEDAG. G 950

Lawrence R. Jones und **John A. Riddick**, *Colorimetrische Bestimmung von 2-Nitro-2-brom-1-methoxy-1-phenylpropan. 2-Nitro-2-brom-1-methoxy-1-phenylpropan* (I) läßt sich nach Hydrolyse mit Fe(III)-Chlorid-Lsg., ähnlich wie 2-Nitro-1.1-bis-(p-chlorphenyl)-alkane, colorimetr. bestimmen. 5 ml I-Lsg. in Butanol (mit nicht mehr als 2,5 mg I) werden mit 1 ml 0,5n methylalkoh. NaOH-Lsg. versetzt u. auf dem Dampfbad 10 Min. auf 100° erhitzt. Nach hierbei erfolgter Hydrolyse wird abgekühlt u. mit 3 ml $FeCl_3$-Reagens (10 g $FeCl_3 \cdot 6 H_2O$ in W. auf 2 Liter gelöst + 1 Liter 0,6n methylalkoh. HCl) versetzt. Die nur ca. 5 Min. stabile auftretende Färbung wird im BECKMAN-Spektrophotometer, Modell DU, colorimetr. ausgewertet. Um Fehler durch ähnliche Färbungen anderer Substanzen auszuschalten, wird eine Vergleichslsg. genau so ohne Erhitzen auf 100°, vielmehr 10 Min. bei Raumtemp. belassen, behandelt u. die gegebenenfalls auftretenden Färbungen werden von der der 1. Lsg. in Abzug gebracht. — Angaben über Extraktion des I aus verschied. pharmazeut. Zubereitungen vor Durchführung der colorimetr. Bestimmung. (J. Amer. pharmac. Assoc., sci. Edit. **43**. 679—80. Nov. 1954. Terre Haute, Ind., Commercial Solvents Corp., Res. and Developm. Dep.) M. NEGWER. G 1070

M. Vraný und **M. Bohdanecký**, *Bestimmung von Cyclopentadien in flüssigen und gasförmigen Gemischen organischer Stoffe.* In gasförmigen Stoffen läßt sich *Cyclopentadien* (I) direkt, in fl., wo es als Dimer, *Dicyclopentadien*, anwesend ist, nach Depolymerisation photometr. bestimmen. Die Depolymerisation nach UHRIG u. Mitarbeitern (C. **1947**. 1014) ist nicht quantitativ, u. deshalb wurden der Depolymerisationsapp. u. Analysengang abgeändert. Schema der App. wird angegeben. Die Dämpfe aus dem Depolymerisationskolben gehen über eine Widerstandsspirale, die auf 300—320° geheizt wird, direkt in die alkal., alkoh. Lsg. von Benzaldehyd, wo *Phenylfulven* entsteht, das colorimetriert wird. Die Gasgemische mit freiem I werden in die Benzaldehydlsg. direkt geleitet. (Chem. Listy **49**. 936—38. Juni 1955. Pardubice, Výzkumný ústav synth. pryskyřic. [Orig.: tschech.]) J. HORÁČEK/Prag. G 1810

Ju. A. Basskakow und **N. N. Melnikow**, *Die Analyse der technischen α-Naphthylessigsäure und ihrer Methylester.* Als Hauptverunreingung der techn. *α-Naphthylessigsäure* (I) tritt neben anorgan. Salzen, W. u. Naphthalin *1.5-Naphthylendiessigsäure* (II) auf. Der Methylester von I ist durch den Methylester von II verunreinigt. Die vorgeschlagene Meth. besteht in der quantitativen Extraktion von I aus verd. wss. Lsgg. durch Bzl., wobei II in minimalen Mengen mitextrahiert wird.

Versuche: 0,16—0,22 g chem. reine I (F. 132°) wurde in 100—150 ml W. unter Zugabe von 1 ml 25%ig. NH_3 gelöst, im Meßkolben bis 400 ml aufgefüllt, zu 100 ml dieser Lsg. wurden 4 ml 10%ig. H_2SO_4 zugegeben u. 3mal im Scheidetrichter mit Bzl. extrahiert. Die Benzolextrakte wurden mit 50 ml W. gewaschen u. mit 2 g Na_2SO_4 getrocknet; dekantiert; Na_2SO_4 mit 15 ml Bzl. gewaschen, welches zum ersten Benzolgemisch zusammen mit 30 ml W. zugegeben wurde. Bei 70—75° mit 0,05n NaOH titriert. — Reines II wurde unter denselben Bedingungen extrahiert, u. zwar nicht mehr als 6%. Die quantitative Best. von II kann aus wss. Lsgg. durch Extrahieren mit Ae. durchgeführt werden. In diesem Falle wurde genau wie bei der Best. von I verfahren, nur daß nach dem Extrahieren der Ae. abdest. wurde u. die Titration nach Zugabe von neutralem A. beim Kochen mit 0,05n NaOH durchgeführt wurde. — Für die Analyse des techn. Methylesters (III) von I wird folgende Meth. vorgeschlagen: 0,15—0,20 g III werden in einem 50 ml-Rundkolben mit Rückflußkühler eingewogen. Nach Zugabe von 15 ml 0,3n KOH wird 1 Std. gekocht. Nach Verseifung wird das Gemisch in einen Meßzylinder von 750—1000 ml umgefüllt u. auf 400 ml gebracht. Zu 200 ml werden 8 ml 10%ig. H_2SO_4 zugegeben u. 3mal mit je 25 ml Bzl. extrahiert. Die mit 30 ml W. gewaschene Benzollsg. wird mit 2 g Na_2SO_4 20 Min. getrocknet, dekantiert u. mit 15 ml, die zum Waschen von Na_2SO_4 benutzt wurden, vereinigt. Es werden 30 ml W. hinzugefügt u. bei 70—75° mit 0,05n NaOH titriert. Die Best. des Methylesters (IV) von II wird ganz analog der vorherigen durchgeführt. (Химическая Промышленность [Chem. Ind.] **1954**. Nr. 2. 47—49. März. Physiol. Timirjasew-Pflanzeninst. der Akad. der Wiss. der UdSSR.) A. AMBURGER. G 2700

P. Cerletti und **N. Siliprandi**, *Elektrophoretische Trennung und Bestimmung von Flavinen.* Eine Mischung von je ≦7 μg *Flavin-Adenin-Dinucleotid* (I), *Flavin-Mononucleotid* (*Riboflavin-5-phosphat*; II), *Lumiflavin* (III), *Lumichrom* (IV) u. *Riboflavin* (V) wurde der Papierelektrophorese in 0,05mol. Na-Acetatpuffer p_H 5,1 6 Std. im Dunkeln unterworfen. Die angelegte Spannung betrug 380 V, der Stromdurchgang 1,2 mA/cm. I u. II wandern zur Anode, I schneller als II; V, IV u. III zur Kathode. Indentifizierung im UV-Licht. Zur quantitativen Best. werden die Flecke mit W. eluiert u. fluorometr. mit reinen Lsgg. verglichen. Hierbei wird I konstant nur zu 71%, II zu 58%, V zu 49% wiedergefunden. Die fluorometr. Messung ist aber 30mal empfindlicher als die Best. der

Extinktionskoeffizienten bei 260 u. 450 mμ, die für **I**, **II** u. **V** die theoret. erwarteten Zahlen liefert. — Größere Mengen (bis zu 1,5 mg je Verb.) lassen sich an einer Cellulosesäule (50×3 cm) trennen. Ihr oberes Ende wird Kathode. Als Elutionsmittel dient Acetatpuffer p_H 5,1 oder NH_4-Formiatpuffer p_H 4,8. Zur quantitativen Auswertung wurden die Extinktionskoeffizienten der Teileluate herangezogen, zur Identifizierung die Papierelektrophorese. — Die elektrophoret. Analyse ist der chromatograph. Trennung überlegen. **I** u. **II** lassen sich chromatograph. überhaupt nicht unterscheiden. (Biochem. J. **61.** 324—28. Okt. 1955. Rom, Univ., Inst. of Biol. Chem.) D. DRESSLER. G 3272

John Kahan, *Die Bestimmung von Herzglykosiden in Gegenwart anderer Sterinderivate. Herzglykoside* (**I**) u. ihre Abbauprodd. lassen sich an einer *Dowex-50*-Säule quantitativ trennen. Da andere Sterinderivv. mit den **I** eluiert werden, wurde eine spezif. Meth. zur Best. der **I**, die auf der Best. des Zuckerbruchstückes beruht, ausgearbeitet. Gewöhnliche Zucker werden durch die angewandten Lösungsmittel nicht eluiert. Die Meth. ermöglicht die Best. von prim. u. sek. Glykosiden u. von Aglykonen. Experimentelle Angaben fehlen. (Acta chem. scand. **9.** 196—97. 1955. Stockholm, Karolinska Inst., Dep. of Pharmacol.) K. F. MÜLLER. G 3450

John Kahan, *Eine spezifische Methode zur Bestimmung von Desoxymethylpentose enthaltenden Glykosiden. Desoxymethylpentosen* (**I**), welche die spezif. in Herzglykosiden (**II**) vorkommenden Zuckerbruchstücke darstellen, geben mit Orcin eine Rk., welche die quantitative Best. der **II** ermöglicht. Der Test ist in seiner modifizierten Form (über die nähere Angaben fehlen) für die **I** spezif. u. ermöglicht die genaue Best. der **II** auch in Ggw. von 1000fachem Überschuß gewöhnlicher Zucker. Die Rk. wird von prim. u. sek. **II**, wie k-Strophantin u. Oleandrin, gegeben, jedoch nicht von Ouabain u. Scilla-Glykosiden, die eine Methylpentose enthalten. Aglykone, Saponine u. andere Sterine stören nicht. 0,5—60 γ **I**, die 1—100 γ **II** entsprechen, können bestimmt werden. (Acta chem. scand. **9.** 198. 1955. Stockholm, Karolinska Inst., Dep. of Pharmacol.) K. F. MÜLLER. G 3450

Erich Wegner, *Über die Trennung und den Nachweis von Nicotin, Nornicotin und Anabasin auf papierchromatographischem Wege.* Inhaltlich im wesentlichen ident. mit der C. **1956.** 3670 referierten Arbeit. — Verwendet man nach dem Verf. von KRAFT (C. **1955.** 5144) unter Beibehaltung der sonstigen Arbeitsweise an Stelle von Anilin das *1-Phenyl-3-methylpyrazolon* u. *BrCN* (**IV**), so erhält man folgende Farben (vor u. nach Sodabehandlung): *Nicotin* (**I**) erikafarben, Farbe verblaßt, *Nornicotin* (**II**) u. *Anabasin* (**III**): erikafarben, violett. Bei Verwendung von *Barbitursäure* u. **IV** erhält man bei **I**: rosa, Farbe verblaßt, bei **II** u. **III**: rosa, rosa. Verwendet man *Thiobarbitursäure* u. **IV**, so erhält man bei **I** hellrot, Farbe verblaßt, bei **II** u. **III**: hellrot, erikafarben. (Naturwissenschaften **40.** 580—81. Nov. 1953. Forchheim, Bundesanst. f. Tabakforsch.)
E. BRINKMANN. G 3500

H. Michl, *Über die Zonenelektrophorese von Proteinen bei erhöhten Spannungsgefällen.* Vf. untersucht systemat. die bei der Elektrophorese unter erhöhtem Spannungsgefälle (bis 20 V/cm) bes. bei Proteinen auftretenden Störungen u. erprobt verschied. method. Veränderungen zu ihrer Beseitigung. Für die Trennung empfindlicher Proteine u. biol. akt. Substanzen (Blattenzyme, Schlangengifte) erwies sich die Elektrophorese in dünnen Stärkeplatten als geeignet. Hierbei konnte ein Spannungsgefälle bis zu 50 V/cm angewendet werden unter Erhaltung der biol. Aktivität bis zu 70%. — *Ausführung:* 1 Teil Stärke wird mit 2 Teilen Pufferlsg. aufgeschwemmt u. nach 30 Min. dekantiert. Nach fünfmaligem Dekantieren wurde die zähfl. M. auf eine dünne Glasplatte gegossen u. ca. 10 Min. bei 50° getrocknet. Die so erhaltene dünne Schicht ließ sich gut kühlen u. besser handhaben als die bisher beschriebenen Stärkeblöcke. (Mh. Chem. **85.** 1251—60. 15/12. 1954. Wien, Univ., II. Chem. Labor.) U. FREIMUTH. G 4070

F. Turba und **G. Gundlach,** *Abtrennung des Dinitrophenols von Dinitrophenylaminosäuren und -peptiden.* Vff. trennen an Säulen von anionotropem Al_2O_3 quantitativ Dinitrophenylaminosäuren u. Dinitrophenylpeptide von Dinitrophenol. Das anionotrope Al_2O_3 wird durch 10 Min. Schütteln von Al_2O_3 mit 1 n HCl u. säurefrei Waschen mit W. erhalten. Nach Umsetzen der Aminosäuren bzw. Peptide mit Fluordinitrobenzol wird das Reaktionsgemisch mit Ae. extrahiert, mit HCl angesäuert, u. die Reaktionsprodd. werden in Äthylacetat aufgenommen. Nach Vertreiben des Lösungsm. wird der Rückstand in wenig Methanol aufgenommen u. auf eine Säule (1·10 cm) von anionotropem Al_2O_3 gegeben. Durch Entw. mit 2%ig. Essigsäure geht das Dinitrophenol ins Filtrat, während die DNP-Aminosäuren oder -peptide zunächst mit wenig 0,1 n NaOH u. dann mit 1%ig. $NaHCO_3$-Lsg. eluiert u. spektrophotometr. bestimmt werden können. (Biochem. Z. **326.** 322—24. 16/3. 1955. Mainz, Univ., Pharmakol. Inst.)
E. SCHWERDTFEGER. G 4070

c) Bestandteile von Pflanzen und Tieren.

W. Peters, *Die Einbettung biologischer Objekte in den Kunststoff Celodal unter dessen Umhüllung mit einem Mantel aus Gießharz-P-Marken.* Technik u. gute Bewährung des Einschließens verschied. Objekte in Celodal I von Bayer, Leverkusen, u. der Umhüllung der Blöcke (nach genügender Abtrocknung) mit Gießharzen (bes. P 6) der BASF an Stelle eines Glasmantels zum Verhindern sonst allmählich auftretender Einziehungen. (Z. wiss. Mikroskop. mikroskop. Techn. **62.** 327—33. Mai 1955. Gütersloh, Staatl. Fleischbeschauamt.) K. Blumrich. 5661

H. Köhler, *Zur Technik der Silberimprägnation nach Bielschowsky-Gros.* Anleitung für die Vorbereitungen von Geräten u. Lsgg. u. für die Arbeitsweise zur Erzielung guter Ag-Imprägnierungen, bes. der vegetativen Ganglien. (Z. wiss. Mikroskop. mikroskop. Techn. **62.** 311—22. Mai 1955. Hannover, Tierärztl. Hochsch., Pathol. Inst.) K. Blumrich. 5661

P. F. Ceccaldi, R. Weill und **O. de Charpal,** *Histoautoradiographie durch Fällen von Silberhalogeniden in situ.* Radioakt. Isotope enthaltende Stellen in Geweben werden sichtbar gemacht durch 5 Min. langes Einlegen der Schnitte in 5%ig. $AgNO_3$-Lsg., Spülen mit W., 30 Sek. lange Einw. von 0,2%ig. KBr-Lsg., gründliches Spülen, Trocknen, mehrtägiges Liegenlassen über P_2O_5 im Dunkeln u. photograph. Entwicklung. — Schärfere Bilder als nach bisherigen Techniken. (Bull. Microscopie appl. [2] **5.** 39—41. März/April 1955. Paris, Fac. de Méd., Labor. de Biol.) K. Blumrich. 5661

W. Sandritter, *Die Nachweismethoden der Nucleinsäuren.* Zusammenfassende Übersicht der Arbeiten über die Chemie der Nucleinsäuren, ihren Nachw. nach Feulgen (spezif. für DNS), durch Anfärben mit bas. Farbstoffen (auch in Verb. mit der Einw. von Nucleasen u. Säuren; z. T. relativ spezif. u. quantitativ, bes. bei Anfärben mit Gallocyanin–Chromalaun) u. durch Lichtabsorptionsmethoden (auch neue Arbeiten des Vf. u. direkte Mikrospektrometrie ungefärbter Schnitte im UV u. gefärbter Schnitte im sichtbaren Licht). — 184 Literaturangaben. (Z. wiss. Mikroskop. mikroskop. Techn. **62.** 283—304. Mai 1955. Frankfurt/Main, Univ., Senckenberg. Pathol. Inst.) K. Blumrich. 5661

d) Medizinische und toxikologische Analyse.

Jiří R. Pěknice, *Spektrophotometrische Bestimmung der Nicotinsäure durch Chloramin T.* Die Intensität der durch Rk. von *Nicotinsäure* (I) mit *Chloramin T* (II) bei Ggw. von Cyaniden auftretende Gelbfärbung läßt sich spektrophotometr. bis zu einer Konz. von 10 γ/cm^3 mit $\pm$4% Genauigkeit bestimmen. Bis zu einer Konz. von 10 γ/cm^3 verläuft die Eichkurve entsprechend dem Lambert-Beerschen Gesetz linear. Träger der Farb-Rk. ist die *1-[p-Toluolsulfonimido]-penten-(2)-5-[p-toluolsulfonamido]-carbonsäure-(4).* — 4 cm^3 einer 100 γ I enthaltenden Lsg. werden mit 2,7 cm^3 Phosphatpufferlsg. (Sörensen), 2,7 cm^3 15%ig. (II)-Lsg. u. 0,6 cm^3 5%ig. KCN-Lsg. versetzt, durchgemischt u. 5 Min. in Eiswasser gekühlt, dann 3 Min. bei 20° im Wasserbad belassen. Die Intensität der Gelbfärbung muß hierauf in einem verdunkelten Raum innerhalb von 2 Min. bei 440 mμ spektrophotometr. gemessen werden. (Českoslov. Farmac. **2.** 354—57. 1953. Praha, Úst. hyg.) K. Steiner. 5725

Jiří R. Pěknice, *Spektrophotometrische Bestimmung von Nicotinsäure durch Chloramin T in einigen tierischen Organen.* (Vgl. vorst. Ref.) Die Isolierung der *Nicotinsäure* (I) erfolgt nach Bandier (On Nicotinic Acid, Kopenhagen 1940), die Best. von I nach vorst. Referat. Es wurden folgende Mengen I in mg % festgestellt: Schweinsleber 15,20 $\pm$ 0,31, Rindsleber 13,77 $\pm$ 0,53, Schweinsniere 6,81 $\pm$ 0,12, Rindsniere 7,60 $\pm$ 0,18, Schweinsherz 6,36 $\pm$ 0,13, Rinderherz 6,36 $\pm$ 0,72. (Českoslov. Farmac. **2.** 357—60. 1953.) K. Steiner. 5725

K. D. Ebbinghaus und **H. Otte,** *Biologischer und chemischer Nachweis von Curare. Curare* (I) ist auf biol. Wege, durch Überimpfen der Exkrete curarisierter Tiere auf weiße Mäuse, wobei bei diesen eine I-Vergiftung hervorgerufen wird, nachweisbar. Durch Kochen u. Eindampfen wird I nicht zerstört. Die Rk. ist am stärksten im Urin. Der n. Urin zerstört I nicht u. mindert seine Wrkg. nicht. Die medizin. Folgen werden besprochen. Die chem. Methoden sind nicht genau genug u. daher für die Klinik nicht brauchbar. Die letale Dosis für weiße Mäuse wurde mit 0,24—0,32 E. bei intramusculärer Gabe, bei Kaninchen bei intravenöser Gabe mit 0,2—0,3 E. bestimmt. Hunde vertragen relativ hohe Gaben. (Anaesthesist **3.** 110—13. Juni 1954. Würzburg, Univ., Chirurg. Klinik.) H. Benischke. 5725

S. Markees, *Über die Genauigkeit der Brenztraubensäurebestimmung als 2.4-Dinitrophenylhydrazon. Vergleich der direkten colorimetrischen mit der quantitativchromatographischen Methode.* Durch Vgl. mit einer quantitativen chromatograph. Meth. wird gezeigt, daß für Routineunterss. die rasch arbeitende colorimetr. Meth. zur Best. der *Brenztraubensäure* (I) in *Blut* u. Stoffwechselprodd. mittels 2.4-Dinitrophenylhydrazin ausreichend genau ist. Die Miterfassung anderer Ketosäuren spielt für die quantitative Best. keine wesentliche Rolle. Für sehr genaues Arbeiten, das die Ermittlung von Absolutwerten für die I erfordert, empfiehlt es sich, auch bei der direkten Colorimetrie Zusätze von bekannten I-Mengen vorzunehmen. Ausführung der quantitativen Papierchromatographie des I-2.4-Dinitrophenylhydrazons: 4 ml ungeronnenes Vollblut mit Zusatz von Liquemin werden mit 20 ml 10% ig. Trichloressigsäurelsg. enteiweißt u. zentrifugiert. Das klare Zentrifugat wird 5 Min. in sd. W. gestellt. Nach dem Abkühlen auf Raumtemp. werden 15 ml mit 2,5 ml 0,2% ig. 2.4-Dinitrophenylhydrazinlsg. versetzt u. 5 Min. stehengelassen. Dann wird 1 Min. mit 15 ml Toluol ausgeschüttelt. 12 ml des mit wenig W. gewaschenen u. getrockneten Toluolextrakts werden bei 30° im Vakuum eingedampft. Der Rückstand wird in 4 ml Essigester gelöst; 1 ml dieser Lsg. wird auf WHATMAN-Papier Nr. 1 aufgetropft. Anschließend 14 Std. aufsteigende Chromatographie mit Butanol, das mit 3% ig. NH_4OH gesätt. ist. Die beiden Flecken A u. B, die isomeren Formen des I-Dinitrophenylhydrazons entsprechen, werden in Form 3×4 cm großer Rechtecke ausgeschnitten u. gemeinsam durch 2std. Schütteln mit 8 ml 10% ig. $NaHCO_3$-Lsg. bei Raumtemp. im Dunkeln eluiert. 6 ml des abgenutschten Extraktes werden mit 1,5 ml 2nNaOH versetzt. Nach 2 Min. wird bei 490 mμ u. 2 cm Schichtdicke photometriert. Auswertung durch Eichkurve, die nach Zusatz von bekannter Menge Na-Pyruvat zu Blut gewonnen wurde. Um den Geh. in γ/ml zu erhalten, ist mit $^8/_3$ zu multiplizieren. (Experientia [Basel] **11.** 205—08. 15/5. 1955. Basel, F. Hoffmann-La Roche & Co., AG., Med. Labor.) K. F. MÜLLER. 5727

Harry Svensson und **Börje Olhagen,** *Elektrophorese von Serum und Plasma in freier Lösung ohne vorhergehende Dialyse.* Vergleichende Verss. zur Elektrophorese von Serum u. Plasma in 8 Proben mit u. ohne vorhergehende Dialyse zeigen, daß die Dialyse im allg. entbehrlich ist. Bei n. u. in den meisten patholog. Fällen mit einem Gesamtproteingeh. von 5—9% eignet sich ein Verdünnungsverhältnis 1 : 4, bei extremer Hypo- oder Hyperproteinhämie wählt man das Verhältnis 1 : 2,5 bzw. 1 : 6. (Sci. Tools [Stockholm] **1.** 9—10. Sept. 1954. Stockholm, LKB-Produkter Fabriksaktiebolag and Koning Gustaf V.'s Forskningsinst.) H. ENDRASS. 5728

W. Mulligan und **F. W. Jennings,** *Eine Halbmikromethode für die Bestimmung von Serumcalcium durch direkte Titration.* Es wird nur 0,5 cm^3 Serum benötigt. Die Titration wird mit 0,004mol. Lsg. von *Di-Na-Äthylendiamintetraacetat* in einer eigens konstruierten App. vorgenommen, während Luft durchgesprudelt wird. Auf die Schwierigkeit, den Endpunkt der Titration zu erfassen, wird hingewiesen. Bei hämolysierten Seren wird das Eiweiß vorher durch Trichloressigsäure ausgefällt. Vgll. mit Bestimmungen nach der Meth. von CLARK u. COLLIP sind befriedigend. (J. comparat. Pathol. Therapeut. **63.** 283—85. Okt. 1953. Glasgow, Univ. of Glasgow School.) H. BENISCHKE. 5728

Günter Kahle und **Eckhard Reif,** *Die Bestimmung von Kupfer, Blei und Zink im Blutplasma unter Anwendung der Polarographie und des Kationenaustauschers.* Vff. beschreiben ein Verf. zum polarograph. Nachw. von Cu, Pb u. Zn im Plasma bzw. Blutserum. Für den Aufschluß wird die feuchte Veraschung mit folgender Dephosphatierung durch den Kationenaustauscher *Wofatit* oder die Isolierung dieser Elemente aus dem Blutplasma bzw. -serum durch unmittelbare Anwendung des Kationenaustauschers beschrieben. Unter sonst gleichen Bedingungen gaben beide Arbeitsweisen übereinstimmende Ergebnisse. Die angewandte polarograph. Untersuchungsmeth., bei der ein eigens konstruierter Tintenschreiber angewandt wurde, wird ausführlich beschrieben. (Biochem. Z. **325.** 380—88. 1954. Berlin, Rudolf-Virchow-Krankenhaus.) J. SCHWAIBOLD. 5728

M. J. Schulte, *Ein Sublimattrübungsverfahren als Ersatz für den Sublimattiter.* Ein Vgl. des von KELER, BACOKA u. MIRA u. MIKAC, DEVIC u. DUSANKA vorgeschlagenen Verf. (Acta med. scand. **149.** [1954.] 237) zur Best. der *γ-Globulin* (I)-Fraktion im Serum (Ausflockung durch $HgCl_2$ bei p_H 7,2) mit dem $HgCl_2$-Titer nach STOLTE (C. **1941.** I. 1203) zeigt, daß einer Erhöhung des I-Geh. eine Verstärkung der $HgCl_2$-Trübung entspricht. In einigen Fällen trat die Flockungsverstärkung auf, obgleich der I-Geh. n. war. Beide Verff. haben nur orientierenden Wert. Das einfache u. zeitsparende Flockungsverf. verdient den Vorzug vor dem $HgCl_2$-Titer. (Pharmac. Weekbl. **90.** 549—54. 30/7. 1955. Arnheim, Gemeente-Ziekenhuis.) W. WESLY. 5728

A. A. Wilson, *Die Anwendung von Äthylendiamintetraacetat (EDTA) für die Bestimmung von Calcium und Magnesium in Urin.* Eine schnelle u. einfache Titriermeth. zur Best. von Ca u. Mg in Urin mit Äthylendiamintetraacetat (EDTA) wird gegeben. Für Ca dient als Indicator NH_4-Purpurat (Murexid), während für Ca u. Mg zusammen Eriochrom Schwarz T. (Solochrome Black WFDA, ICI) genommen wird. Es wird die Ca-Konz. u. die Gesamtkonz. von Ca u. Mg bestimmt u. aus der Differenz die Konz. von Mg berechnet. Bei menschlichem, Phosphat enthaltendem Urin wird dieses zuvor durch Titration mit Uranylacetat ausgefällt u. abfiltriert. Die Fehlerbreite beträgt im letzten Falle 5%, sonst 2%. (J. comparat. Pathol. Therapeut. **63.** 294—99. Okt. 1953. Thurgarton, Notts, Vet. Sci. Div., Res. Dep., Boots Pure Drug Co. Ltd.) H. BENISCHKE. 5732

H. Rosenmund, *Potentiometrische Chloridbestimmung im Blutserum, Liquor cerebrospinalis und im Urin.* Vf. empfiehlt zur Cl^--Best. in biol. Fll. eine potentiometr. Titration ohne Entproteinisierung. Zur Best. werden 0,2 ml der Fl. mit 0,5 ml W. verd. u. mit n/100 $AgNO_3$-Lsg. unter magnet. Rühren titriert. (Recueil Trav. chim. Pays-Bas **74.** 537—42. Mai 1955. Zürich, Kantonsspital.) F. KRUSEN. 5732

W. F. Donath, *Ein einfacher Apparat zur halbquantitativen Bestimmung von Koproporphyrin im Harn.* Da bei erhöhter Pb-Aufnahme in den Organismus meist eine erhöhte Ausscheidung von *Koproporphyrin III* (**I**) im Harn stattfindet, bevor klin. nachweisbare Anzeichen von Pb-Intoxikation stattfinden, wurde für den Betriebsarzt ein einfacher, transportabler App. konstruiert, durch den bei Betriebsarbeitern schnell eine zu hohe **I**-Ausscheidung festgestellt werden kann. Die anzuwendende, einfache fluorometr., halbquantitative Best. des **I** beruht auf folgendem Prinzip: 10 ml frischer Harn werden in einem nicht fluorescierenden Reagensglas mit 2 ml eines Gemisches aus 9 Teilen Ae. + 1 Teil Eisessig ausgeschüttelt. Die Ae.-Schicht wird 10 Min. mit UV-Licht bestrahlt. Die auftretende Fluorescenz wird mit derjenigen von fluorescierenden Papierstreifen, die mit „Uvitex RT“ (opt. Aufhellungsmittel der CIBA) u. Rhodamin B präpariert sind, verglichen. Die 8 verschied. Papiere entsprechen **I**-Mengen von 0—5000 γ **I**/Liter. (Recueil Trav. chim. Pays-Bas **74.** 551—55. Mai 1955. Den Dolder.) K. F. MÜLLER. 5732

Arthur E. Pasieka und **Joseph F. Morgan**, *Der Nachweis von Homocystein in biologischen Systemen.* Werden Papierchromatogramme, die *Homocystein* (**I**) enthalten, zunächst mit 0,2—0,4%ig. Ninhydrinlsg. in wassergesätt. n-Butanol angesprüht, bei 110° getrocknet, danach in gesätt. $Hg(NO_3)_2$-Lsg. getaucht u. erneut bei 110° getrocknet, so bildet **I** einen kirschroten Fleck mit dunkelblauem Rand. Bei der Behandlung mit $Hg(NO_3)_2$ werden die übrigen Ninhydrin-positiven Flecken rosa u. verbleichen. Die Nachweisgrenze beträgt ca. 100 μg **I**. 80 untersuchte Verbb. von physiol. Bedeutung, darunter 28 S-haltige (auch Homocystin u. **I**-Thiolacton), reagierten negativ. Methionin, das durch seine bläuliche Ninhydrinfärbung zu Verwechslungen Anlaß geben kann, unterscheidet sich aber in den R_F-Werten wesentlich von **I**. Die Farb-Rk. wird durch eine Reihe anorgan Salze, von denen bes. die Anionen Cl^- u. PO_4^{3-} wirksam sind, katalysiert. (Biochim. biophysica Acta [Amsterdam] **18.** 236—40. Okt. 1955. Ottawa, Dep. of Nat. Health and Welfare, Labor. of Hyg.) E. SCHWERDTFEGER. 5750

R. Opfer-Schaum, *Kombination von Mikrosublimation und Absaugverfahren nach Kofler und Wannenmacher in der toxikologischen Analyse.* Verunreinigte Analgetica, Barbitale, Alkaloide u. wasserdampfflüchtige Arzneistoffe, die sich durch Mikrosublimation allein nicht genügend reinigen lassen, um durch F. usw. identifiziert werden zu können, wurden durch Aufdrücken des entsprechend erwärmten Sublimats auf gehärtetes Filtrierpapier weiter gereinigt. (Z. wiss. Mikroskop. mikroskop. Techn. **62.** 340—41. Mai 1955. Rodheim-Bieber.) K. BLUMRICH. 5764

Paul Hugo Schulitz, *Mikrotitration von Quecksilberjodid und metallischem Quecksilber im Rahmen der toxikologischen Quecksilberbestimmung.* Da die anhaltende Ausscheidung von $> 10\,\gamma$ Hg/Liter Harn auf die Möglichkeit einer chron. Hg-Vergiftung mit Schädigung des Nervensyst. hinweist, ist der Nachw. auch kleinster Mengen Hg in Organteilen u. Körper-Fll. erforderlich. Vf. gelang es, HgJ_2 in kleinsten Mengen mit ausreichender Genauigkeit titrimetr. zu erfassen. Zu diesem Zweck wird der Belag, der sich nach der STOCKschen Meth. bildet, in A. gelöst u. mit JCl zu $HgCl_2$ u. elementarem J_2 umgesetzt u. dieses dann mit wenig CCl_4 ausgeschüttelt u. mit n/200 KJO_3-Lsg., bei sehr kleinen Mengen mit n/400 KJO_3-Lsg. aus einer 2 ml-Mikrobürette mit $^1/_{100}$-Teilung titriert. Reaktionsschema: $HgJ_2 + 2\,JCl \rightarrow HgCl_2 + 2\,J_2$; $2\,J_2 + KJO_3 + 6\,HCl \rightarrow KCl + 5\,JCl + 3\,H_2O$. — Die Herst. der Reagenslsgg. u. die Arbeitsvorschrift werden ausführlich beschrieben. (Arch. Pharmaz. Ber. dtsch. pharmaz. Ges. **286/58.** 506—09. 1953. Hamburg, Allg. Krankenhaus Barmbek.) H. P. FIEDLER. 5764

M. Florkin et **Gh. Duchateau**, Cent Manipulations biochimiques simples. 2e édit. revue et augmentée d'une introd. aux principes et aux instruments de la titrimétrie. Paris. Masson et Cie. 1955. (116 S. m. 6 Abb.) fr. 1000,—.

Heinrich Moritz, Spektrochemische Betriebsanalyse. Mit praktischen Ratschlägen für die Ausführung spektrochemischer Analysen im Betriebslaboratorium. 2. verb. Aufl., Stuttgart: Enke. 1956. (XV + 240 S. m. 65 Abb. u. 19 Zahlentaf.) 8°. = Die chemische Analyse. Bd. 43. DM 55,—.

H. Angewandte Chemie.

I. Allgemeine chemische Technologie.

H. Reiner, *Neue metallische Werkstoffe für die chemische Industrie.* Die Korrosions- u. Zunderbeständigkeit der rost- u. säurefesten Stähle beruht auf der durch den Cr-Geh. hervorgerufenen Passivität. Mo erhöht die Passivität u. die Zähigkeit. Ni verbessert die Säurebeständigkeit u. die mechan. Eigenschaften. Ti steht auf Grund seiner geringen D. den Leichtmetallen, auf Grund der übrigen Eigg. den legierten Stählen nahe. Nach einem neuen Verf. ist eine Sn-lose homogene Verbleiung möglich, die das Arbeiten mit einer einzigen Schicht erlaubt u. eine Verbesserung der Wärmeleitzahl bewirkt. Eine neue Legierungstechnik gestattet die Herst. von Cu-Sonder-Pb, das die Korrosionsbeständigkeit u. die mechan. Festigkeit von Cu-Fein-Pb übertrifft. (VDI-Z. **97.** 1109—10. 1/11. 1955. Frankfurt/M.-Höchst.) W. WESLY. 5804

R. A. Mott, *Ultrafeinmahlen von Koks und anderen Materialien.* Das trockene Mahlen von Kohle u. anderen Materialien in einer Kugelmühle erfährt durch Verbacken eine Feinheitseinschränkung. Das nasse Mahlen eröffnet daher größere Möglichkeiten, bes. durch Zusatz von Chemikalien. Verss. mit Koks, bei dem Verbacken nicht so schnell eintritt, werden durchgeführt, um Zeit, Kugelform u. -material, sowie Mahlfeinheit zu erfahren. Naßmahlen (nach 50 Std.) ergibt 60 mμ Teilchengröße (gegen 125 mμ trocken), bei leichten Chargen sogar 30 mμ. Beim Naßmahlen wird ein Verhältnis Fl. zu Gut wie 10: 1 u. als Fl. dest. W. mit Zusätzen z. B. von 0,6—2% Ammoniak (Tabelle) als Korrosionsschutz für die Kugeln, Dispersions- u. Filterhilfe angewendet. (J. Soc. chem. Ind. **69.** 346—49. Nov. 1950. London, Brit. Coke Res. Assoc.) J. MILLER. 5820

G. W. Minard und **A. I. Johnson,** *Grenzbelastung und Flüssigkeitsinhalt einer Sprühkolonne.* Für eine Sprühkolonne nach ELGIN wird unter der Annahme gleichbleibender Tropfengröße, kugelförmiger Tropfen u. gleichbleibender Tropfenabstände eine Formel für die Grenzbelastung u. den Flüssigkeitsinhalt abgeleitet u. an 12 Stoffpaaren mit Düsen von 21—97 Bohrungen mit 0,040—0,228″ Durchmesser bei Dichteunterschieden von 0,1—0,595 der beiden Phasen u. Zähigkeiten der kontinuierlichen Phase von 0,9 bis 36 cP geprüft. Die genannten Versuchsvariablen werden als die wichtigsten Bestimmungsgrößen festgestellt, wobei die Tropfengröße eine Funktion der Düsenbohrungen ist. Die Ergebnisse werden in 2 Formeln dargestellt, wobei eine Art der Darst. den schwer zu messenden Tropfendurchmesser nicht enthält, der durch eine empir. bestimmte „Düsenkonstante" ersetzt wird. Die Ergebnisse werden mit der Formel von ELGIN u. FOUST verglichen u. in guter Übereinstimmung gefunden. — 12 Literaturzitate. (Chem. Engng. Progr. **48.** 62—65. Febr. 1952.) W. BLAUHUT. 5864

Jan Marek, *Rektifikation mit gleichzeitiger chemischer Reaktion.* 1. Mitt. *Berechnung stetig arbeitender Rektifiziersäulen mit Austauschböden.* Es wird eine Meth. zur Berechnung von Rektifiziersäulen abgeleitet, in denen die Rektifikation von einer chem. Rk. begleitet wird. Die Berechnung beruht auf Stoff- u. Wärmebilanzen, in denen der Einfl. der chem. Rk. durch entsprechende Glieder berücksichtigt wird. Es wird vorausgesetzt, daß die chem. Rk. nur in fl. Phase vor sich geht. Die abgeleiteten Beziehungen ermöglichen die Berechnung von Säulen, wenn die Reaktionskinetik, die Gleichgewichtsbeziehungen zwischen Dampf u. Fl., die Molvolumina u. die Enthalpiedaten bekannt sind. Die allg. Meth. wird weiter auf die Rektifikation von Dreistoffgemischen angewandt. Die Berechnung geschieht teils numer., teils graph., wobei zwei Gleichgewichtsdiagramme benutzt werden. Das Verf. wird an drei Zahlenbeispielen besprochen, welche folgende Fälle umfassen: 1. Rektifikation von Dreistoffgemischen ohne chem. Rk., 2. mit chem. Rk., die ohne Änderung der gesamten Molmenge verläuft, 3. mit chem. Rk., die von einer Änderung der gesamten Molmenge begleitet wird. (Chem. Listy **48.** 971—88. Juli 1954 [Orig.: tschech.]; Collect. czechoslov. chem. Commun. **19.** 1055—73. Dez. 1954. Praha, Vys. škol. chem., Ústav chem. inženýr.) M. RYBA/Prag. 5864

A. E. Williams, *Ultraschallwellen in der chemischen Industrie.* Allg. kurzgefaßte Einführung mit 9 Literaturangaben. (Chem. Products chem. News **16.** 233—37. Juni 1953.) H. LEHWALD. 5878

A. R. Aikman, J. McMillan und **A. W. Morrison,** *Statisches und dynamisches Verhalten von Industriethermometern in Schutzmänteln.* Eingehende theoret. u. experimentelle Unterss. des Verh. von Widerstandsthermometern, Thermoelementen u. Dampfdruckthermometern in verschied. metall. Schutzmänteln, bes. der Anzeigeverzögerungen u. der Fehlanzeigen. Die Trägheit kann auf Grund der konstruktiven Daten der Meßanordnung vorausgesagt werden; durch einen intensiven therm. Kontakt des empfindlichen Teils mit der Mantelwand wird sie herabgesetzt. Schutzmäntel aus nichtrostendem

Stahl ergeben geringere Fehlanzeigen als solche aus gewöhnlichem Stahl. Die Fehler durch Wärmestrahlung werden durch große Strömungsgeschwindigkeiten des zu messenden Mediums, Fehler durch Wärmeleitung durch genügende Eintauchtiefe des Mantels vermindert. (Trans. Soc. Instruments Technol. **5**. 138—59. Dez. 1953. I. C. I. Ltd., Centr. Instrument Sect.) D. Bredtschneider. 5886

Marius Arthur Victor Chartrain, Puy-de-Dôme, Frankreich, *Herstellung von flüssigem Holz oder Holzpasten.* Man mischt Polyvinylalkohol oder dessen Derivv. (Polyvinylacetat, -chlorid) in Lsg. mit Holz-, Leder- oder Korkmehl. (**F. P. 60 508** vom 29/3. 1949, ausg. 9/11. 1954. **Zusatz zu F. P. 952 574; C. 1950. II. 1988.**) M. Pankow. 5817

Heinrich Kämper, Lippstadt/Westf., *Filtern von Flüssigkeiten, besonders Ölen, und Gasen,* indem leicht auswechselbare Filtereinsätze verwendet werden, deren Siebe in einem mit auf der Ein- u. Austrittsseite versetzt zueinander angeordneten Schlitzen versehenen Behälter untergebracht sind, wobei jedesmal zwischen einem versetzt zueinander angeordneten Ein- u. Austrittsschlitz ein Sieb angeordnet ist. — Abbildungen. (**D. B. P. 934 042** Kl. 12d vom 20/9. 1952, ausg. 13/10. 1955. Anmeldung bekanntgemacht 15/10. 1953.) K. Demmler. 5831

Farbenfabriken Bayer Akt.-Ges. (Erfinder: **Alfred Haltmeier**), Leverkusen, *Filtrieren von Flüssigkeiten,* indem diese unter dem Einfl. der Schwerkraft an einer mit Haaren, Borsten oder dgl. bestandenen, schräg angeordneten Fläche (Samtfilter) herablaufen, wobei diese Fläche auch ein endloses Band oder eine rotierende konkave Schale sein kann; die zwischen den Haaren abgeschiedenen Feststoffteilchen werden durch Erschütterung, z. B. durch Klopfen auf die unbehaarte Seite des Filterelements, entfernt. — Abbildungen. (**D. B. P. 935 542** Kl. 12d vom 11/2. 1951, ausg. 24/11. 1955. Anmeldung bekanntgemacht 26/6. 1952.) K. Demmler. 5831

Kurt Fischer, Schwarzenberg, und **Karl Fischer,** Raschau, *Filterboden,* bes. *für Getränkefiltration,* mit auf einer gebrochenen Auflagefläche des Filterbodens ruhendem Filterblatt, dad. gek., daß die durchbrochene Auflagefläche von den abgerundeten Spitzen von vom Filterboden aufragenden Pyramiden oder Kegeln gebildet wird, wobei die Durchlaufgeschwindigkeit des Filtrates durch eine unter dem z. B. aus Porzellan bestehenden Filterboden gelagerte drehbare Lochscheibe regelbar ist. — Abbildungen. (**D. B. P. 935 790** Kl. 12d vom 8/8. 1953, ausg. 1/12. 1955. Anmeldung bekanntgemacht 2/6. 1955.) K. Demmler. 5831

Hawley Products Co., übert. von: **Russell H. Curtis,** St. Charles, Ill., V. St. A., *Herstellung von aus Fasern bestehenden röhrenförmigen Filterkörpern.* Ein röhrenförmiger, mit gelochten Flächen versehener Formkörper wird in eine wss. Suspension des Fasermaterials (Wolle, Baumwolle, synthet. Fasern, Mineralien) eingetaucht u. durch Anlegen eines Vakuums W. aus dem Innern des Formkörpers abgesaugt, wobei sich die Fasern auf die gelochten Flächen des Formkörpers aufschwemmen u. unter Ausfüllung des Hohlraumes den Filterkörper bilden. — Abbildungen. (**A. P. 2 700 326** vom 29/7. 1949, ausg. 25/1. 1955.) K. Demmler. 5831

Aktivkohle-Union Verwaltungs-Gesellschaft m. b. H., in Liqu. (Erfinder: **Wilhelm Herbert, Wendelin Vollmer,** Frankfurt/M., **Helmut Rüping,** Bad Homburg v. d. H., und **Wilhelm Krah,** Neu-Isenburg), *Trocknen und Kühlen von Adsorbentien* in hintereinandergeschalteten Adsorbern mittels Abgases eines in Beladung befindlichen Adsorbers unter Anwendung einer größeren Gasmenge zur Kühlung des einen Adsorbers als zur gleichzeitigen Trocknung des anderen Adsorbers nach D. R. P. 741 851, dad. gek., daß in Abänderung des Hauptverf. ohne Kreislaufführung des Gases derart gearbeitet wird, daß die Trocknung u. Kühlung nach einiger Zeit unterbrochen u. von da an nur noch gekühltes Gas durch die Adsorber geführt wird. (**D. B. P. 887 193** Kl. 12e vom 25/6. 1940, ausg. 20/8. 1953. Anmeldung bekanntgemacht 24/7. 1952. **Zusatz zu D. R. P. 741 851; C. 1953. 1539.**) A. Heinsen. 5849

Frank Sprague, Springfield, Mass., V. St. A., *Abscheiden von flüssigen oder dampfförmigen Teilchen aus Luft auf elektrischem Wege.* Der zu reinigende Luftstrom wird in einem röhrenförmigen Behälter aus dielektr. Material durch mehrere netzartige Elektroden hindurchgeführt, wobei die zu Tropfen vereinigten dampfförmigen Teilchen durch einen auf der Unterseite des Behälters angeordneten Spalt abgeleitet werden. — Vorrichtung. (**A. P. 2 701 621** vom 11/3. 1953, ausg. 8/2. 1955.) K. Demmler. 5851

Lodge-Cottrell Ltd., Birmingham, England (Erfinder: **Bernard Tate**), *Reinigen von Ofengasen,* bes. von *Hochofengasen,* indem die Gase durch Waschtürme u. anschließend in einer Rohrleitung, die auch dem Abfluß des Waschwassers der Waschtürme zu den Kläranlagen dient, zu den elektrostat. Filtern geleitet werden. — Abbildungen. (**E. P. 729 260** vom 13/4. 1953, ausg. 4/5. 1955.) K. Demmler. 5851

British Oxygen Co. Ltd., London (Erfinder: **Thomas John Webster**, Ashford, Middlesex), England, *Trennung von Luft* durch Verflüssigung u. anschließende Rektifikation, dad. gek., daß der CO_2-Geh. der Luft auf nicht > 100 Teile pro Million vermindert, die Luft auf mindestens 40 at komprimiert, in Wärmeaustauschern gekühlt u. mindestens ein Teil der komprimierten u. gekühlten Luft verflüssigt wird, wobei sich das restliche CO_2 niederschlägt, aus der fl. Luft entfernt u. letztere zu einer Rektifikationszone geführt wird. Verringerung der Reinigungsanlage u. des Chemikalienverbrauchs. (**D. B. P. 935 307** Kl. 17g vom 17/10. 1952, ausg. 17/11. 1955. Anmeldung bekanntgemacht 12/5. 1955. E. Prior. 25/10. 1951.) H. SCHINDLER. 5857

Eastman Kodak Co. (Erfinder: **Kenneth Claude Devereux Hickman**), Rochester, N. Y., V. St. A., *Durchführung von Vakuum- und Hochvakuumdestillationen*, bei welchen die zu destillierende Fl. auf den mittleren Teil einer kreisförmigen, rotierenden erhitzten Verdampfungsoberfläche (I) aufgebracht wird, die Fl. durch die Zentrifugalkraft nach außen über die I in dünnem Film ausgebreitet wird u. die von der I entwickelten Dämpfe auf einer Kondensationsfläche kondensiert werden, die gegenüber der I getrennt gelagert ist, gek. durch getrennt kondensierende u. getrennt gesammelte Destillationsfraktionen, verdampft von den verschied. konzentr. Zonen der einzigen verdampfenden Oberfläche, die in bestimmten Abständen von der Einführungsstelle der Fl. hintereinander angeordnet sind. (**D. B. P. 899 494** Kl. 12a vom 30/11. 1940, ausg. 14/12. 1953. Anmeldung bekanntgemacht 19/3. 1953.) A. HEINSEN. 5865

Fritz Ullmann's Encyklopädie der technischen Chemie. Hrsg. v. **Wilhelm Foerst**. 3., völlig neu gestaltete Aufl. Sachregister f. d. Bde. 3—5. Bd. 6. München, Berlin: Urban & Schwarzenberg. 1955. 6. Dimethyläther bis Extraktion. (XI + 827 S. m. 402 Abb. u. e. farb. Taf.) 4°. DM 108,—.

III. Elektrotechnik.

Gustav Weissenberg, Marburg, *Dielektrikum*. In oder an der Oberfläche von Körpern aus Einbettungsmitteln, die selbst Dielektrika sind, werden koll. Teilchen von festen Oxyden der Elemente der 5. Gruppe des Period. Syst. durch elektr. oder magnet. Felder orientiert. Diese Orientierung wird z. B. durch Änderung des Aggregatzustandes des Einbettungsmittels festgehalten. (**D. B. P. 914 138** Kl. 21c vom 18/2. 1941, ausg. 28/6. 1954. Anmeldung bekanntgemacht 6/8. 1953. **Zusatz zu D. B. P. 909 215; C. 1955. 11 065.**) H. KESSEL. 5957

Jean Marie Joseph Édouard Serpette de Bersaucourt, Seine, Frankreich, *Elektrischer Isolator*. Zur Isolierung in Stromspulen, Kondensatoren u. Zündkerzen dienen Kunstharzprodd. aus der Gruppe der Melaminformaldehydharze oder ungesätt. Polyester, die bei ca. 120° dünnfl. sind u. durch Polymerisation bei 130—180° irreversibel erhärten, u. zwar ohne Volumenänderung u. Rißbldg. u. unter guter Haftung an Metallteilen. (**F. P. 1 014 934** vom 22/3. 1950, ausg. 25/8. 1952.) B. SCHMIDT. 5957

Electric Storage Battery Co., Philadelphia, Pa., V. St. A., *Hochporöse Kunstharzkörper*, die durch Mischung von gequollener Stärke mit einer Lsg. eines thermoplast. Kunstharzes erhalten sind, werden hinsichtlich der Porosität verbessert, wenn die Entfernung der gequollenen Stärketeilchen aus der M. bei Tempp. unter dem Erweichungspunkt des porösen Körpers erfolgt; bei Polyvinylchlorid als Kunstharz z. B. bei 70—80°. — Der gewaschene, getrocknete u. geformte Körper kann zur Herst. eines Diaphragmas noch nacheinander mit einer Na-Silicatlsg. u. mit einer Lsg. von $Al_2(SO_4)_3$ behandelt werden, worauf die gefüllten Poren durch Wärmeeinw. geschrumpft werden. Die Prodd. eignen sich bes. als *Trennwände für Sammler* hoher Entladungsdichte bei niedrigen Temperaturen. (**E. P. 718 390** vom 24/1. 1952, ausg. 10/11. 1954. A. Prior. 16/5. 1951.) H. MÖLLERING. 5971

International Standard Electric Corp., New York, N. Y. (Erfinder: **Robert F. Durst**, Orange, **Gerald C. Florio**, Montclair, und **Donald W. Black**, Pompton Plains, N. J.), V. St. A., *Se-Gleichrichter*. Das zur Herst. einer künstlichen Sperrschicht aus der Lsg. eines Polyamids in einem Nitroparaffin (I) nach dem D. B. P. 917 439 dienende I enthält 0,25—1% SeO_2. (**D. B. P. 921 095** Kl. 21g vom 20/12. 1952, ausg. 9/12. 1954. Anmeldung bekanntgemacht 15/4. 1954. A. Prior. 29/12. 1951. **Zusatz zu D. B. P. 917 439; C. 1955. 10 346.**) H. KESSEL. 5977

Standard Telephones & Cables Ltd., London, England (Erfinder: **Igor Vladimir Feldhusen**), *Anordnung zum Registrieren*, dad. gek., daß sie aus mehreren ortsfesten Elektroden, einer beweglichen Elektrode u. einem nichtleitenden, trockenen Papier besteht, das ein- oder beidseitig mit einer Emulsion von Pb-Thiosulfat oder komplexem NaPb-Thiosulfat in einem Bindemittel besteht. Beim Durchgang des Papiers zwischen den beiden Elektrodenarten schlägt ein Funke durch die Schicht. Zur Erhöhung des Farbenkontrastes wird die Registrierschicht zweckmäßig noch gefärbt. (**E. P. 718 115** vom 30/11. 1951, ausg. 10/11. 1954. **Zusatz zu E. P. 711 607; C. 1955. 11 066.**) G. VOGEL. 5979

IV. Wasser. Abwasser.

F. H. Waring, *Öffentliche Wasserversorgung und Verhütung der Wasserverschmutzung in Ohio.* Die Entw. der Wasserversorgung u. die Art der Aufbereitung seit 1830 mit heute 249 Werken für 5,7 Millionen Einwohner sowie die Reinigung der Abwässer in 146 Anlagen werden beschrieben u. mit statist. Angaben belegt. (Ohio State Univ. Stud., Engng. Ser., Engng. Exp. Stat. Circ. **24.** 1—36. Sept. 1955. Ohio Dep. of Health.) H. MÜHLMEISTER. 6010

V. J. Calise, *Entwurf von Wasser-Klär- und -Enthärtungsanlagen.* Die Bedingungen für die Bldg. schnell ausfallender u. absetzender Ndd. werden eingehend theoret. behandelt. Sie finden ihre Nutzbarmachung bei der Klärung durch Ausflocken oder bei der Enthärtung in einem *Graver-Reactivator,* in dem durch geeignete Umwälzung die Chemikalien innig mit dem W. gemischt u. durch Ausnutzung des bereits ausgefällten Schlammes als Kristallisationskeime große u. schwere Ndd. erzielt werden, die schnell absetzen. Einige Ausführungen dieser Einrichtung mit Durchfluß bis zu 110 Liter/m²/Min. bei der Enthärtung u. 102 Liter bei der Ausflockung werden beschrieben. (Water Sewage Works **102.** 342—48. Aug. 1955. New York, N. Y., Graver Water Condit. Co.) H. MÜHLMEISTER. 6024

M. Bourbillon, *Behandlung des Hochdruckkesselspeisewassers durch völlige Entsalzung.* Nach Besprechung des Anionen- u. Kationenaustausches mit Harzaustauschern u. der dabei eintretenden Rkk., sowie der starken u. schwachen Austauschertypen, ihrer Anordnung in 1—4 Stufen, ihrer Vor- u. Nachteile u. der mit ihnen zu erzielenden Entsalzung kommt Vf. zu dem Schluß, daß nach dem heutigen Stande bei laufenden Abschlämmen des Kessels von 1—2% ein SiO_2-Geh. des Kesselwassers von 5 mg/Liter einen Druck bis 80 atü erlaubt. (Bull. Assoc. franç. Techniciens Pétrole **1955.** Nr. 113. 447—65. 30/9. Marine-Stat.) H. MÜHLMEISTER. 6030

Werner N. Grune, *Abwasserchlorung im Rückblick.* Mit 31 Literaturangaben u. vielen Beispielen wird ein Überblick über die Behandlung häuslichen Abwassers mit Cl_2 u. Chloramin gegeben. Die Wirksamkeit der Chlorung ist begrenzt; allein reicht sie nicht aus, wenn ein hoher Grad der Behandlung verlangt wird, eignet sich aber ausgezeichnet als Ergänzung anderer Verfahren. (Water Sewage Works **102.** 350—57. Aug. 1955. Atlanta, Ga., Georgia Inst. of Technol.) H. MÜHLMEISTER. 6042

József Lesenyei, *Neutralisierung von säurehaltigen Abwässern mittels Bruchkalkstein.* Die Neutralisation säurehaltiger Abwässer mit Bruchkalkstein wurde in einem Reihenvers. geprüft u. dabei festgestellt, daß H_2SO_4 gar nicht, HNO_3 u. HCl nur bei Konzz. über 5% durch Bruchkalkstein neutralisiert werden. Bei Essigsäure sind prakt. 10%ig. Lsgg. erforderlich. Da Abwässer im allg. mit 1—2% Säuregeh. anfallen, ist Bruchkalkstein zu deren Neutralisation ungeeignet. (Hidrol. Közlöny [Z. Hydrol.] **35.** 331—35. Sept./Okt. 1955.) R. SCHRAUF. 6042

K.-E. Quentin, *Ermittlung des Gesamtgehaltes an Mineralstoffen in der Wasseranalyse.* Eine genaue Best. des Gesamtmineralstoffgeh. der Wässer ist nur durch Summenbldg. der Gesamtanalyse möglich. Annähernd richtige Werte ergibt bei mineralarmem W. ($<$ 1 g/kg) die Berechnung der Summe Abdampfrückstand + ½ Hydrogencarbonat (beides in mg/kg), letzteres zweckmäßig durch Titration mit 0,1 n HCl mit Indicator nach COOPER bzw. MORTIMER ermittelt (20 mg Methylrot + 100 mg Bromkresolgrün in 100 cm³ 96 % ig. A., sehr scharfer Umschlag bei p_H 4,4—4,3 von Blaugrün über Grau nach Rot). Die Sulfatkontrolle durch Abrauchen des Abdampfrückstandes mit H_2SO_4 u. anschließendes Glühen wird besser u. einfacher durch die Best. der mval-Summe der Anionen oder der Kationen mit Ionenaustauschern ersetzt. Zur Best. der Kationen wird eine Wassermenge von möglichst $<$ 50 mval Mineralstoffgeh., nicht behandelt oder mit HCl austitriert, nach u. nach durch den Kationenaustauscher gegeben, mit doppelt dest. W. bis zum neutralen Ablauf nachgewaschen u. mit 0,1 n NaOH u. MORTIMER-Indicator titriert. Im Anionenaustauscher ist die OH-Form wegen Ausfallens von Ndd. unbrauchbar, sie wird mit NaCl-Lsg. vorher in die Cl-Form übergeführt. Im Filtrat wird Cl^- mit $AgNO_3$ u. K_2CrO_4-Indicator titriert. Organ. Substanz, die im Abdampfrückstand mitgewogen wird, beeinflußt die Rk. im Austauscher nicht. Bei einem Durchschnittsäquivalentgewicht von 50 für die Anionen u. 25 für die Kationen ergibt sich ein ungefährer Geh. an festen gelösten Stoffen ohne H_3BO_3 u. SiO_2 aus Kationen-mval-Summe + Anionen-mval-Summe · 38 bzw. aus mval-Gesamtwert der Anionen · 76. (Z. analyt. Chem. **146.** 18—29. 1955. München, Univ., Balneol. Inst., Chem. Abt.) H. MÜHLMEISTER. 6060

John V. Slater, *Die quantitative Bestimmung gelöster organischer Stoffe in natürlichem Wasser.* Bei der Best. gelöster organ. Substanz in See- u. Süßwasser erwies sich $(NH_4)_2Ce(NO_3)_6$ (I) in $HClO_4$ (II) brauchbarer als $KMnO_4$. Wirksam ist das aus ihnen gebildete Komplexion $[Ce(ClO_4)_6]^{2-}$, dessen Überschuß mit Na-Oxalat (13,412 g in 1 Liter 0,1 n **II**) u. *Nitro-o-phenanthrolin–$FeSO_4$* (*Nitro-Ferroin*) als Indicator zurücktitriert wird. Die sorgfältig durch Papier u. BERKEFELD-Filter filtrierten Wasserproben (100 cm^3) werden zur Trockne eingedampft, wobei Verkohlen zu vermeiden ist, u. mit 25 cm^3 einer Lsg. 0,1 Mol **I** in 4 Mol **II** versetzt. Nach 45 Min. Einw. bei 26° wird zurücktitriert, wobei Orange allmählich in Blau übergeht; der Endpunkt ist scharf durch Umschlag in Karmin. $CaCO_3$-Geh. beeinflußt die Genauigkeit nicht, die an Glucoselsgg. geprüft wurde. Vf. untersuchte Süß- u. Seewasserproben aus verschied. Tiefen nach dieser Meth. u. bespricht die Ergebnisse unter dem Gesichtspunkt der Ernährung der im W. lebenden niederen Organismen. Da Protozoen die gelöste organ. Substanz als Aufbau- u. Energiequelle verwerten, kommt ihr eine beachtliche Wichtigkeit als Nährquelle im W. zu. (Trans. Amer. microscop. Soc. **73.** 416—23. Okt. 1954. Gainesville, Univ. of Florida.) H. MÜHLMEISTER. 6060

José Oca Pastor, *Härtebestimmung des Wassers nach der Methode Wartha-Pfeiffer.* Vf. beschreibt die Ausführung der Härtebest. des W. nach WARTHA-PFEIFFER mit Formeln u. Berechnungen. (Farmac. nueva **19.** 493—95. Okt. 1954.) B. KRAFT. 6062

A. A. Maso und **W. P. Terentjewa,** *Einige Bemerkungen zur Bestimmungsmethode der Härte von Wasser mit Hilfe von Trilon B.* Die Härtebest. mit Trilon B eignet sich für W. mit beliebigem Geh. an Ca u. Mg. Die Boratmischung mit dem p_H 12,3 ist günstiger als die ammoniakal. Pufferlsg. vom p_H 10. Die Notwendigkeit, die Wasserprobe auf 100 ml aufzufüllen, entfällt. Vf. variiert die Indicatormenge u. erhält mit u. ohne Auffüllen dieselben Resultate. (Гигиена и Санитария [Hyg. u. Sanitätswes.] **1955.** Nr. 10. 44. Okt.) E. STEINBERG. 6062

John Finch, *Bestimmung von anionaktiven synthetischen Reinigungsmitteln.* Nach einer in England vorgeschlagenen Standardmeth. werden Wasserproben mit 20—150 g (?, wohl γ, der Referent) anionakt. Detergentien (100 cm^3) in einem Scheidetrichter mit 10 (cm^3) einer Lsg. von 10 g Na_2HPO_4/Liter (p_H 10 durch NaOH) + 5 von 0,35 g Methylenblau (**I**)/Liter + 15 Chlf. geschüttelt, die Chloroformschicht in einem 2. Scheidetrichter mit 110 dest. W. + 5 von 0,35 g **I** u. 6,5 H_2SO_4/Liter behandelt, Chlf. von nochmaligem Waschen u. vom Nachspülen mit dem ersten vereinigt u. zu 50 mit Chlf. aufgefüllt. Bei Ggw. von Sulfid muß dieses vor der 1. Operation mit H_2O_2 oxydiert werden. Die opt. Dichte des Chloroformextraktes wird im photoelektr. Absorptiometer mit passenden Mengen einer 1 : 10 verd. Standardlsg. von 0,1 g Manoxol O. T. (Dioctylsulfosuccinat)/Liter verglichen u. die opt. Dichte eines Blindvers. berücksichtigt. Eine aus diesen Werten gezeichnete Kurve gestattet die Ablesung des Geh. an Detergentien. (Water Sewage Works **102.** 361. Aug. 1955. Rotherham, England, Sewage Disp. Dep.) H. MÜHLMEISTER. 6068

A. A. Rosen und **F. M. Middleton,** *Identifizierung von Abfällen der Erdölraffinerien in Oberflächenwasser.* Durch Chromatographie von Isooctan (**I**)-Auszügen von Oberflächenwasser (vgl. BRAUS u. Mitarbeiter, C. **1952.** 2903, u. RUCHHOFT u. Mitarbeiter, C. **1955.** 1813) an Kieselgel, Eluieren mit **I**, Bzl. u. einer 1 : 1-Mischung aus Chlf. u. Methanol wurde infrarotspektroskop. der Anteil an neutralen, aliphat. u. aromat. Bestandteilen von Raffinerieabwässern ermittelt. Angegeben sind die Infrarotspektren zwischen 5 u. 16 μ der genannten Fraktionen. Mehrere Beispiele sind angegeben, wobei die Infrarotspektren für die entsprechenden Fraktionen stets die für eine Charakterisierung wichtigen, gleichen Banden zeigten. Zum Teil wurde eine Anreicherung an organ. Substanz durch Filtration über Aktivkohle erreicht. Zur Prüfung der Meth. wurde eine Mischung gleicher Teile von n-Octadecan, 1-Methylnaphthalin u. Methylstearat verwendet. (Analytic. Chem. **27.** 790—94. Mai 1955. Cincinnati, O., U. S. Public Health Serv., Robert A. Taft Sanitary Engng. Center.) B. GNAUCK. 6068

V. Anorganische Industrie.

Metallgesellschaft Akt.-Ges., Frankfurt/M. (Erfinder: **Richard Bayer,** Friedberg/Hessen), *Herstellung CO-armer Gase aus CO-reichen Gasen* durch 2stufige Wasserdampfkatalyse nach D. B. P. 886 892, dad. gek., daß das Gas–Dampf-Gemisch der 2. Stufe vor seinem Eintritt in den Reaktionsraum dieser Stufe durch in den Reaktionsraum der 1. Stufe eingebaute Regeneratorrohre geleitet wird, die vorzugsweise als Doppelrohre ausgebildet sind. — Abbildung. (**D. B. P. 895 893** Kl. 12i vom 17/3. 1943, ausg. 9/11. 1953. Anmeldung bekanntgemacht 8/1. 1953. **Zusatz zu D. B. P. 886 892; C. 1956. 304.**) R. SCHREINER. H 238

Deutsche Gold- & Silberscheideanstalt vormals Roessler, Frankfurt/M., *Wasserstoffgewinnung durch Konvertierung von Kohlenmonoxyd.* Das gegebenenfalls durch Waschen, z. B. mit Druckwasser, von CO_2 befreite CO wird bei 520—620° unter Überleiten mit NH_3 über eine Kontaktmasse [z. B. aus 70—95 (%) Al_2O_3; 2—10 ZnO; 0,5 bis 2 CoO u. NiO oder 1—3,5 V_2O_3] in H_2, HCN u. CO_2 übergeführt u. das restliche CO mit Dampf darin zu CO_2 konvertiert. — Zeichnung. (**E. P. 728 475** vom 19/2. 1953, ausg. 20/4. 1955. D. Prior. 12/3. 1952.) W. Matthaes. H 238

Marjorie Clay Bingham, Chippenham, und **Francis Charles Greaney,** London, England (Erfinder: **Charles Henry Bingham**), *Gewinnung von Sauerstoff oder sauerstoffangereicherter Luft* durch teilweises Lösen von Luft in W. unter Druck, gegebenenfalls unter Wiederholung des Löseverf., dad. gek., daß die unter Druck stehenden, an O_2 bzw. N_2 angereicherten Gase entspannt u. die dabei auftretende Temperaturerniedrigung für die Kühlung des Lösungsm. ausgenützt wird. — Vorrichtung. (**E. P. 732 818** vom 27/8. 1953, ausg. 29/6. 1955.) K. Demmler. H 239

Laporte Chemicals Ltd., London, England (Erfinder: **Kenneth Michael Hack** und **William Stanley Wood**), *Kreisprozeß zur Herstellung von Wasserstoffperoxyd* durch Oxydation eines Anthrachinhydrons oder Anthrahydrochinons in einem Lösungsm., das einen Ester, bes. einen Dialkyl- oder Diarylester der Phthalsäure, mit F. nicht $> 50^0$ enthält. (**E. P. 734 204** vom 19/9. 1952, ausg. 27/7. 1955.) K. Demmler. H 241

Mathieson Chemical Corp., Baltimore, Md., V. St. A. (Erfinder: **J. F. Haller**), *Stabile Chlordioxydmischung.* Das Gemisch enthält fl. ClO_2 u. fl. Cl_2 im Verhältnis von mindestens 1 : 2, bes. höchstens 27 Gew.-% ClO_2. (**Schwed. P. 138 207** vom 18/4. 1950, ausg. 25/11. 1952. A. Prior. 6/5. 1949.) K. H. Kähler. H 247

Gulf Research & Development Co., Pittsburgh, übert. von: **Russell G. Hay,** Penn., Township, Pa., V. St. A., *Erhöhung der Korngröße von Silicagel,* das durch Erhitzen auf 700—1300° F erhalten wurde. Man bringt das Silicagel in eine NH_4OH-Lsg. ein u. erhitzt diese auf $< 325^0$ F. Nach längerer Einw. entfernt man das NH_3 im Vakuum. (**A. P. 2 699 376** vom 1/8. 1950, ausg. 11/1. 1955.) H. Nebelsiek. H 261

Niagara Alkali Co., New York, N. Y., V. St. A., *Gewinnung von Ätzalkalien, Chlor, Wasserstoff und Kaliumchlorid durch Elektrolyse* wss., NaCl u. KCl enthaltender Lsgg., bes. solcher, bei denen die Konz. der Alkalichloride größer als 5,5 Mol/Liter ist u. deren KCl-Geh. mindestens 12,5 u. höchstens 80% beträgt, wobei Cl_2 u. H_2 gewonnen werden. Der Elektrolyt wird nach der Elektrolyse durch Eindampfen in mehreren Stufen konz., wobei in der ersten Stufe KCl u. in den folgenden KCl u. NaCl ausfallen, die der Elektrolyse wieder zugeführt werden. Die nach Abtrennung der Chloride verbleibende Sole enthält im wesentlichen NaOH. (**E. P. 731 107** vom 16/3. 1953, ausg. 1/6. 1955. A. Prior. 8/4. 1952.) K. Wolk. H 272

Verkaufsgemeinschaft Deutscher Kaliwerke G. m. b. H. (Erfinder: **Hans Autenrieth** und **Heinz Rieke**), Hannover, *Erzeugung von staubfreiem, grobkörnigem und abriebfestem Chlorkalium* nach D. B. P. 926 783 unter wesentlicher Verringerung des Unterkornanfalls, dad. gek., daß bei der Abkühlung unter Zusatz von unterkornfreien kub. Saatkristallen der zu kristallisierenden Lsg. lösl. Pb-Salze bei p_H 7,5 oder weniger in Mengen von bes. 0,05—0,2 g/Liter zugegeben werden. Die Abkühlung der heißen Lsg. wird in 2 parallel betriebenen Kühlanlagen durchgeführt, von denen die eine der Erzeugung kub. u. unterkornfreier Saatkristalle ohne Pb-Salzzusatz dient; diese Saatkristalle werden in die 2. Anlage gemeinsam mit der restlichen heißen Lsg. eingeführt, die unter Pb-Salzzusatz dann direkt das grobkörnige, unterkornarme Fertigkorn liefert. (**D. B. P. 929 126** Kl. 12l vom 10/7. 1952, ausg. 20/6. 1955. Anmeldung bekanntgemacht 30/9. 1954. **Zusatz zu D. B. P. 926 783; C. 1955. 10 836.**) H. Karst. H 275

Sylvester Process, Inc., Solon, O., übert. von: **Robert A. Schoenlaub,** Cleveland, O., V. St. A., *Herstellung und Abtrennung von magnetischem Periklas.* Das Magnesiamaterial wird durch hinreichend langes Erhitzen mit Fe_2O_3 auf 2800 bis ca. 3200° F in kristallinen Periklas mit mindestens 5% Eisenoxyd und einer Korngröße von mindestens 10 μ übergeführt u. dann langsam gekühlt, wobei die Kühlung im Bereich von 1600—1700° F mindestens eine halbe Std. dauern soll. Nach einer Zerkleinerung wird schließlich der magnet. Periklasanteil vom nichtmagnet. Rückstand getrennt. (**A. P. 2 691 443** vom 12/10. 1949, ausg. 12/10. 1954.) W. Hauswald. H 282

Hans-Heinrich-Hütte G. m. b. H., Frankfurt/M. (Erfinder: **Egon Wiberg** und **Max Schmidt,** München), *Verfahren zur Herstellung von Lithiumaluminiumhydrid* gemäß D. B. PP. 893 789 u. 930 203; C. **1955.** 11 656, dad. gek., daß aus den gewonnenen Lsgg. das gelöste LiBr, z. B. durch Aussalzen, abgetrennt wird. Durch Entfernen des Lösungsm. kann das $LiAlH_4$ in fester Form gewonnen werden. (**D. B. P. 931 527** Kl. 21i vom 15/7. 1952, ausg. 11/8. 1955. Anmeldung bekanntgemacht 5/1. 1955. **Zusatz zu D. B. P. 893 789; C. 1955. 904.**) W. Matthaes. H 294

Badische Anilin- & Soda-Fabrik Akt.-Ges. (Erfinder: **Leo Schlecht**), Ludwigshafen/Rh., *Herstellung von Eisencarbonyl* durch Einw. von CO auf Fe, das durch Red. reduzierbarer, Fe-haltiger Rohstoffe, bes. von Eisenoxyden, erhalten wurde. Dabei

mischt man den Rohstoffen vor der Red. Alkali-, Erdalkali- oder Ammonsulfat oder mehrere dieser Sulfate, zweckmäßig in wss. Lsg., zu u. behandelt die red. Rohstoffe bei verhältnismäßig niedrigem Druck u. niedriger Temp. mit CO. (**D. B. P. 935 007** Kl. 12n vom 8/1. 1953, ausg. 10/11. 1955. Anmeldung bekanntgemacht 21/4. 1955.)
H. NEBELSIEK. H 354

VI. Silicatchemie. Baustoffe.

William L. Spix und **Frank R. Bacon,** *Wirkung der Wärmebehandlung auf gelbes Flaschenglas.* Vff. stellen fest, daß die Farbe u. die Lichtdurchlässigkeit von Glas, das mit Kohle u. S gefärbt ist, bei der Abkühlung nach Erwärmung auf 500—600° ein gewisses Gleichgewicht aufweisen, bei geringerer Erwärmung ändern sich die diesbzgl. Bedingungen, es ergibt sich ein spezif. Absorptionsgebiet bei 650 mμ u. ebenso stärkere Absorption im Violett u. UV. In Tabellen u. graph. Darstellungen werden die Ergebnisse im einzelnen dargelegt. Wenn auch die prakt. Auswirkungen der Verss. nicht sehr groß sind, zeigen sie doch die Wichtigkeit der Herst. gleichmäßiger Bedingungen in der Fabrikation. (J. Amer. ceram. Soc. **36.** 377—83. 1/11. 1953.) L. KÜHNERT. 6200

M. Boffé, *Löslichkeit von Gläsern und Silicaten in Wasser und verschiedenen wässerigen Lösungen im Autoklaven.* Vf. verweist auf die bisher gewonnenen Erkenntnisse, die sich auf Glaspulver beziehen, u. dehnt seine eigenen Verss. auf Glasplättchen aus. Er beschreibt zunächst den verwendeten Autoklaven u. dann das Verh. der Glasplättchen darin bei Drucken bis zu 200 atü. Diese bedecken sich bei der Verwendung von W. mit einer weißen Haut, deren chem. Zus. gegeben wird, ebenso wird der Gewichtsverlust untersucht, den die Glasprobe erleidet. Dieselben Verss. werden mit einer Reihe von Laugen u. Salzlsgg. durchgeführt. Es ergeben sich in verschied., deutlich abgegrenzten Druckgebieten unterschiedliche Angriffe bei W., die durch den Zusatz von Salzen verstärkt werden. (Verres et Réfractaires **9.** 251—63. Sept./Okt. 1955.) L. KÜHNERT. 6200

Samuel Wein, *Die Verwendung von Hydrazin in der Spiegelherstellung.* Vf. geht kurz auf die Geschichte des Hydrazins ein u. gibt eine Reihe von Rezepten zur Verwendung des Hydrazinsulfats als Reduktionsmittel für die Fällung des Ag in der Spiegelherstellung. Einzelne Rezepte werden eingehend auch in ihrer Anwendung besprochen u. durch eine große Zahl von Literaturangaben belegt. (Glass Ind. **36.** 413—42. Aug. 1955.)
L. KUHNERT. 6202

Rudolf Märker, *Emailfarbkörper.* Herst. u. Verarbeitung von Emailfarbstoffen werden geschildert. Die Farbkörper werden zu 1—8% auf der Mühle dem Email beigefügt. Bedingungen für gute Qualität der Farbkörper sind: gute Deckkraft auch bei niedriger Konz., größtmögliche Kornfeinheit, geringe Löslichkeit im Emailfluß u. Beständigkeit des Farbtons beim Einbrennen. Hellere, Pastell- u. Grautöne entstehen durch Mischen mit Weiß oder dem Trübungsmittel. Prüfung der Farbkörper durch Schlamm-, Sedimentations- oder Siebanalyse nach DIN 1171 u. durch die Brennprobe. Es werden Mischkombinationen angegeben für: Schwarz-, Braun-, Rotbraun-, Rot-, Gelb-, Grün-, Blau- u. Violettfärbung. Besondere Erwähnung von Signal-, Chrom- u. Pinkrot, Cassiusschem Goldpurpur, Post-, Neapel- u. Chromgelb, Rinmans Grün, Chromgrün u. grüner Signalfarbe. (Silikattechnik **6.** 69—71. Febr. 1955. Schwarzenberg.) I. ZOEKE. 6212

Heinz Anders, *Keramische Werkstoffe und deren Geeignetheit für die chemische Industrie.* Allg. Betrachtungen über therm. Eigg. der keram. Werkstoffe u. ihr Verh. gegenüber therm. Beanspruchungen; spezif. Wärme, Hitze- u. Feuerbeständigkeit keram. Werkstoffe; mechan. Eigg.; konstruktive Gestaltung u. Beachtung des Toleranzproblems. (Sprechsaal Keram., Glas, Email **88.** 290—91. 5/7. 1955.) K. PISTOR. 6216

F. H. van Beek, *Die Verwendung von Natrium–Carboxymethylcellulose in keramischen Massen.* Die Verwendung von Na-Carboxymethylcellulose (CMC) in Glasuren u. Engoben ist bekannt. Vf. stellt lediglich fest, welche Arten von CMC für die verschied. Zwecke der Glasur- u. Engobetechnik am besten geeignet sind. In der Hauptsache beschäftigt sich die Arbeit mit der Verwendung von CMC in keram. Massen, u. zwar wird der Einfl. eines CMC-Zusatzes sowohl bei Steingut- als auch bei Weich- u. Hartporzellanmassen untersucht. Es ist festgestellt worden, daß die niedrigviscosen Sorten für Massen am besten geeignet sind. Es wurde untersucht, wie sie die Trockenbiegefestigkeit, die Eigg. beim Trocknen u. beim Verformen beeinflussen. Es wurde auch ihre Wrkg. in Gießmassen untersucht u. festgestellt, daß dabei der günstigste Elektrolytgeh. in Beziehung zu dem CMC-Geh. gebracht werden muß. Abschließend wurde die Klebewrkg. bei Garniermassen untersucht. (Sprechsaal Keram., Glas, Email **88.** 287—90. 5/7. 311—14. 20/7. 332—35. 5/8. 1955.) K. PISTOR. 6216

Erik V. Meyer, *Gummizementmörtel.* Vf. stellt Verss. mit Gummizementmörtel an u. gibt zunächst die von ihm verwendeten Zuss. an, die von 15—25% Latexzusatz gehen.

Daraus geformte zylindr. Probekörper wurden Biege- u. Druckproben von mehrtägiger Dauer unterworfen, wobei sich zeigte, daß die Druckfestigkeit mit dem Latexgeh. beträchtlich abnimmt, die einzelnen Werte werden in Tabellen gegeben. Für 16 verschied. Verbb. bzw. techn. Fll. wird die Angriffsfestigkeit untersucht u. die Ergebnisse im einzelnen angegeben. (Beton-Tekn. **21.** 85—95. 1955.) L. KÜHNERT. 6222

Erik V. Meyer, *Luftgemischter Beton.* An Hand eines Diagramms zeigt Vf. die Änderung der Druckfestigkeit bei einem Luftgeh. bis 8% für verschied. Betonsorten. Es ändert sich zugleich die Schwindung. Während der n. Luftzusatz die Festigkeit nicht ändert, ergibt sich bei dem für die Frostbeständigkeit notwendigen Luftgeh. von 3,5 bis 6% eine geringe Verringerung der Festigkeit, während die gleichzeitige Red. des Wassergeh. für die mehr mageren Sorten eine Verbesserung der Festigkeit bewirkt. (Beton-Tekn. **21.** 103—06. 1955.) L. KÜHNERT. 6224

—, *Ein Schnellanalysenverfahren zur Bestimmung von Aluminiumoxyd, Eisenoxyd und Titanoxyd in feuerfestem Material mittels organischer Farbreagentien auf photometrischem Wege.* Zur brauchbaren Schnellbest. von Al_2O_3, Fe_2O_3 u. TiO_2 in feuerfesten Materialien wurde ein Verf. entwickelt, dem das LAMBERT-BEERsche Gesetz zugrunde liegt (die Extinktion eines absorbierenden Stoffes ist seiner Konz. u. Schichtdicke proportional). Als geeignete Farbreagentien wurden für Al: Eriochromcyanin, für Fe: Sulfosalicylsäure u. für Ti: H_2O_2 gefunden. (Forschungsber. Wirtschafts- u. Verkehrsministeriums Nordrhein-Westfalen Nr. **59.** 5—28. **1954.** Bonn, Forschungs-Inst. der Feuerfest-Industrie.) R. WALCKER. 6256

Ohio State University Research Foundation, übert. von: **Henry H. Blau,** Columbus, O., V. St. A., *Kieselsäurefreie Gläser.* Diese bestehen im wesentlichen aus PbO u. GeO_2, Rest La_2O_3; u. zwar können in ihnen bis zu 72 (Gew.-%) PbO, 28—99,9 GeO_2 u. bis zu 13 La_2O_3 enthalten sein. Letzteres läßt sich ganz oder z. T. durch Al_2O_3 u. ZrO_2 ersetzen. Auch geringe Zusätze von MnO_2 können benutzt werden. Eine zweite Gruppe von kieselsäurefreien Gläsern besteht bis zu 79 aus PbO, 18—99,9 GeO_2 u. bis zu 3 ZrO_2. — Beispiele für derartige Glaszuss.: 1. 65,4 PbO, 30,0 GeO_2, 4 La_2O_3 u. 0,6 MnO_2; 2. 70,0 PbO, 29,0 GeO_2 u. 1 ZrO_2. Die Gläser zeichnen sich durch gute Durchlässigkeit für infrarotes Licht aus. — Diagramm. (**A. PP. 2 691 599** vom 14/11. 1950, ausg. 12/10. 1954, u. **2 701 208** vom 14/11. 1950, ausg. 1/2. 1955.) HANS HOFFMANN. 6201

Vitreous Research Corp., Painted Post, übert. von: **Frederick R. Rogers,** Hornby, N. Y., V. St. A., *Glas, insbesondere zum Verschmelzen mit Metallen.* Das Glas besteht zu 30—65 (Gew.-%) aus einer Mischung von Metaboraten, u. zwar aus wenigstens 10 $Al(BO_2)$ u. 5—25 $Zn(BO_2)_2$ u./oder $Mg(BO_2)_2$, 5—40 $Ba(BO_2)_2$, $Ca(BO_2)_2$, $Sr(BO_2)_2$ u./oder $Pb(BO_2)_2$, 5—30 $NaBO_2$, KBO_2 u./oder $LiBO_2$ u. 5—20 SiO_2. — Beispiel für eine Glaszus.: 36,2 $Al(BO_2)_3$, 11,6 $Zn(BO_2)_2$, 20,1 $Ca(BO_2)_2$, 6,0 KBO_2, 10,0 $LiBO_2$ u. 16,1 SiO_2. Wärmeausdehnungskoeff. $54{,}6 \cdot 10^{-7}$, Erweichungstemp. 641°. (**A. P. 2 693 423** vom 23/3. 1950, ausg. 2/11. 1954.) HANS HOFFMANN. 6201

Bausch & Lomb Optical Co., Rochester, übert. von: **Harold C. Hafner,** Webster, **Gordon F. Brewster,** Williamson, und **Robert A. Weidel,** Rochester, N. Y., V. St. A., *Optisches Glas.* Zur Herst. von opt. Glas wird ein Versatz erschmolzen, der im wesentlichen aus BaO, SiO_2, PbO, ZnO, K_2O u. bis zu 0,1 (Gew.-%) aus KJ oder KBr besteht. Als Versatz kommen aber auch Zuss. von 19—50 BaO, 30—60 SiO_2, 3—18 B_2O_3, 1—9 Al_2O_3, 0,01—0,1 KJ oder KBr, Rest ZnO, CaO, K_2O, Na_2O, Li_2O u./oder TiO_2 in Frage. — Beispiele: 1. 16,0 BaO, 45,3 SiO_2, 22,59 PbO, 8,3 ZnO, 7,8 K_2O u. 0,01 KJ. 2. 29,8 BaO, 48,1 SiO_2, 3,7 B_2O_3, 1,0 Al_2O_3, 8,8 ZnO, 1,5 K_2O, 1,0 Na_2O, 6,0 Li_2O u. 0,1 KBr. (**A. P. 2 702 749** vom 16/3. 1951, ausg. 22/2. 1955.) HANS HOFFMANN. 6201

British Thomson-Houston Co. Ltd., London, England (Erfinder: **Alan Edward Dale**), *Einschmelzglas.* Dieses besteht aus 5—60 (Gew.-%) CdO, 15—55 ZnO u. 25—45 B_2O_3 sowie bis 10 SiO_2 u./oder Al_2O_3 u./oder ZrO_2 u. bis zu 5 Alkali- oder Erdalkalioxyden, gegebenenfalls unter Zusatz von färbenden Oxyden, wie CoO, NiO oder Cr_2O_3. Es soll einen Wärmeausdehnungskoeff. zwischen 45 u. $60 \cdot 10^{-7}$ u. einen Erweichungspunkt von ca. 700° besitzen. — Beispiel für eine Glaszus.: 29 ZnO, 28 CdO, 38 B_2O_3 u. 5 Al_2O_3; Wärmeausdehnungskoeff. $55 \cdot 10^{-7}$. (**E. P. 723 087** vom 30/12. 1952, ausg. 2/2. 1955.) HANS HOFFMANN. 6201

Raytheon Mfg. Co., Newton, übert. von: **Leo J. Cronin,** Natick, Mass., V. St. A., *Herstellung von Quarzkörpern mit metallischem Überzug.* Quarzpulver wird unter Druck in eine Form gepreßt, deren innere Wandungen mit einer Mo-haltigen Paste bedeckt sind. Der Preßling wird in reduzierender Atmosphäre ca. 15 Min. auf 1800° erhitzt u. weist danach einen festhaftenden metall. Überzug auf. (**A. P. 2 696 652** vom 25/7. 1951, ausg. 14/12. 1954.) HANS HOFFMANN. 6203

Fritz Albrecht, Albert Maucher, München, und **Wilhelm Eppler,** Freyung vorm Wald, *Herstellen borfreier Mulliterzeugnisse.* Tonerde- u. kieselsäurehaltige Gemische werden in Ggw. von Borsäure bei Tempp. unter 1800°, bes. zwischen 1550—1600°, gesintert. Durch die Anwesenheit der Borsäure wird die zum Sintern notwendige Temp. herabgesetzt, die Borsäure verflüchtigt sich im Laufe der Sinterung. Die Prodd. sind für feuerfeste Steine, Glasschmelzhäfen, Zündkerzen u. feuerfeste Anstrichmassen verwendbar. (**D. B. P. 929 113** Kl. 80b vom 21/5. 1953, ausg. 20/6. 1955. Anmeldung bekanntgemacht 25/11. 1954.) F. REINHART. 6219

Babcock & Wilcox Co., Jersey City, N. J., V. St. A., *Feuerfeste Mulliterzeugnisse.* Mullitschamotte, die aus gut ausgebildeten, ineinander verzahnten Mullitkristallen besteht u. über 1 (Gew.-%) Eisen- u. Titanverunreinigungen enthält, wird mit einem Bindemittel versetzt, das aus gepulvertem Ton, z. B. Kaolin, u. feinverteiltem, reinem Al_2O_3 besteht, dessen Korngröße zu 50—95 unter 0,04 mm liegt. Die M. wird geformt u. bei Tempp. von 1560—1790° gebrannt. Die M. wird z. B. aus 78,5 grobkörnigem Mullit, 12,5 Al_2O_3 u. 9,0 Kaolin bereitet u. nach Zusatz von 7,0 W. geformt. Die Erzeugnisse sind hochfeuerfest, druck-, feuer- u. volumenbeständig. (**E. P. 716 265** vom 5/6. 1952, ausg. 29/9. 1954. A. Prior. 13/6. 1951.) F. REINHART. 6219

Feldmühle, Papier- und Zellstoffwerke Akt.-Ges., Düsseldorf, *Herstellen von keramischen Formlingen.* Unplast. keram. Stoffe, wie Al_2O_3, MgO, BeO oder ZrO_2, werden z. T. in eine aktivierte thixotrope M. übergeführt, die aus dem feuchten, krümeligen Zustand durch Vibrieren zum Fließen gebracht u. in eine ebenfalls vibrierende Form eingefüllt wird. Mit dem Aufhören der Vibration erstarrt der Formling u. kann entformt werden. Er wird gegebenenfalls nach Trocknen bei hohen Tempp. gebrannt. Die Prodd. eignen sich als Zündkerzenisolatoren, Teile von Gasturbinen u. dergleichen. (**Schwz. P. 303 969** vom 27/7. 1951, ausg. 1/3. 1955. D. Prior. 1/10. 1948.) F. REINHART. 6221

Comp. Générale de Télégraphie sans Fil, übert. von: **Jean Day,** Paris, Frankreich, *Keramische dielektrische Stoffe* bestehen aus 48—85 (%) $CaTiO_3$, 14—50 $BaTiO_3$, 1 bis 10 $BaCeO_3$ u. bis zu 5 eines Flußmittels, wie Zn- u. Cd-Titanat oder Bleiborat. Zur Herst. von Körpern werden die Bestandteile fein gemahlen, mit W. u. gegebenenfalls einem organ. Bindemittel versetzt, geformt u. bei ca. 1300° gebrannt. Die Prodd. haben eine günstige DK. u. einen niedrigen TK, der Verlustwinkel bei ein MHz beträgt höchstens $2{,}5 \cdot 10^{-4}$. (**A. P. 2 689 186** vom 14/6. 1952, ausg. 14/9. 1954. F. Prior. 21/6. 1951.) F. REINHART. 6221

Clevite Corp., Cleveland, O., V. St. A., übert. von: **Edwin Joseph Brajer,** *Dielektrisches keramisches Material.* 96—98,5 (Gew.-%) $BaTiO_3$ werden mit 1,5—4 ZrO_2 vermengt, auf keram. Wege geformt u. bei Tempp. von 1300—1400° gebrannt. Beim Abkühlen werden die Körper bei etwa Zimmertemp. durch Anlegen eines hochgespannten Gleichstroms in bestimmter Richtung polarisiert. Die Körper zeigen danach bei Zimmertemp. elektromechan. Umwandlungseigg., u. zwar haben sie einen elektromechan. Umwandlungskoeff. über $7 \cdot 10^{-3}$ V·m/Newton für mechan. Drucke u. entsprechende Spannungen im rechten Winkel zur Polarisationsrichtung, wobei elektr. Spannungen in Richtung der Polarisation hervorgebracht werden. (**E. P. 716 046** vom 5/12. 1951, ausg. 29/9. 1954. A. Prior. 10/2. 1951.) F. REINHART. 6221

Carborundum Co., Niagara Falls, übert. von: **Ernst Hediger,** Youngstown, N. Y., V. St. A., *Siliciumcarbidkörper,* durch Erhitzen eines geformten Gemisches von C u. eines anderen leichtflüchtigen kohlenstoffhaltigen Materials, wie Weizenmehl oder dgl., wird ein stark poriger, skelettartiger Körper hergestellt, der bei Tempp. von über 1800° in Si-Dampf erhitzt wird. Der C reagiert mit dem Si unter Bldg. von SiC u. schlägt sich teilweise in geschmolzener Form in den Poren des skelettartigen Körpers nieder. Um dieses Si zum großen Teil wieder zu entfernen, wird ein Gas, z. B. Luft, unter Druck durch den porigen Körper getrieben. Die Prodd. sind bes. als Schutzrohre für Thermoelemente geeignet. (**A. P. 2 691 605** vom 15/9. 1950, ausg. 12/10. 1954.) F. REINHART. 6221

Soc. Nationale d'Étude et de Construction de Moteurs d'Aviation, Paris, Frankreich (Erfinder: **Roger Jacques Wellard, Yves Pierre Le Sech** und **Raymond Joseph Antoine Perfettini**), *Herstellen von metallkeramischen Körpern.* Feinverteilte keram. u. metall. Bestandteile werden in geschmolzenem oder erweichtem Zustand mit Druckgasstrahlen, z. B. mindestens zwei Spritzpistolen, auf eine Unterlage geschleudert, auf der sie sich vereinigen. Die Bestandteile können gleichzeitig oder nacheinander auf die Unterlage aufgebracht u. von dieser abgenommen oder mit ihr zu einem gemeinsamen Körper vereinigt werden. Die Körper werden gegebenenfalls zum Glasieren oder Sintern einer nachträglichen Erhitzung bei 800—1500° unterworfen. (**Schwz. P. 303 970** vom 11/11. 1952, ausg. 1/3. 1955. F. Prior. 8/12. 1951.) F. REINHART. 6221

Gordon Fisher, Manchester, England, *Verbesserungen in der Behandlung von Zement und Beton.* Man fügt beim Mischen von Zement u. Sand neben einer kleinen Menge eines verseiften Harzes noch bes. Farbstoffe, z. B. rotes oder gelbes Eisenoxyd, zu, um farbige Betonböden, Wandverputz oder dgl. zu erhalten. (**E. P. 727 280** vom 8/11. 1952, ausg. 30/3. 1955.) H. NEBELSIEK. 6225

Walter Schynschetzky, Wiesbaden, und **Ernst Sundh,** Avesta, Schweden, *Hydraulisches Bindemittel.* Man mischt dem Zement zum Schutz gegen schädliche Substanzen, wie Huminsäuren, Schwefel u. dgl., neben $CaCl_2$ u. $CuCl_2$ eine schwache Säure, wie H_3PO_4, zu, um dem Gemisch einen p_H-Wert von 3,5 zu geben. Außerdem können noch Tylose oder Monomethylcellulose, Braunstein, V-haltige Doppelsilicate des K u. Al, sowie $MgSO_4$ oder Kainit zugesetzt werden. (**E. P. 727 277** vom 10/10. 1952, ausg. 30/3. 1955.) H. NEBELSIEK. 6227

John Lorenz, New York, N. Y., V. St. A., *Bildsame Masse.* Etwa 100 (Gewichtsteile) weißer Portlandzement werden mit ca. 1—2,6 Natriummetasilicat u. so viel W. versetzt, daß beim Mischen ein Brei entsteht. Der Brei wird kräftig gerührt, bis sich eine nicht absetzende M. bildet, die, in Formen gegossen, nach 1—2 Std. erstarrt. Es können *Bauplatten, -steine* u. *-ornamente* hergestellt werden. (**A. P. 2 695 850** vom 31/7. 1950, ausg. 30/11. 1954.) F. REINHART. 6229

VII. Agrikulturchemie. Schädlingsbekämpfung.

Paul Köster, *Der Wert der Stadtmüllkomposte.* Die Gewinnung von Humusdüngern oder wertvollen Komposten aus dem deutschen Stadtmüll ist ein noch ungelöstes Problem, da derselbe im allg. überwiegend aus Kohlenasche besteht u. zuwenig organ. Abfallstoffe enthält u. eine Abtrennung der letzteren auf wirtschaftliche Weise bisher nicht möglich ist. (Dtsch. Weinbau **9.** 736—37. 20/12. 1954. Hamburg-Blankenese, Labor. für Erdbereitung.) E. KIELHÖFER. 6294

F. Smithson, *Die Mikromineralogie der Böden von North Wales.* Mkr. Unters. von Böden u. Gesteinen in North Wales ergaben, daß die mineralog. Zus. des Sandanteils der Böden in den wenigsten Fällen mit den erwarteten Verwitterungsprodd. der entsprechenden Gesteine übereinstimmt. Überwiegend wurde starke Vermischung u. Abschwemmung durch die pliozäne Vereisungsperiode festgestellt. — 26 Literaturstellen. (J. Soil Sci. **4.** 194—210. Juli 1953. Bangor, Univ., Coll. of North Wales.) G. v. PILINSZKY. 6300

C. Bloomfield, *Die Verteilung von Eisen- und Aluminiumoxyden in Gleyböden.* Der Fe-Geh. gefleckter Gley (**I**)-Böden befindet sich hauptsächlich in den Ockerflecken, die vermutlich durch Sekundärwrkg. bei der **I**-Bldg. entstehen. Im Torf-**I** oder in der grauen **I**-Fraktion bewirkt die **I**-Bldg. extensive Fe-Mobilisierung. — Im vom Vf. untersuchten **I**-Boden ist leicht extrahierbares Al gleichartig verteilt wie freies Fe_2O_3. Offensichtlich wird die Al-Konz. im wesentlichen durch für die Bldg. der Ockerflecken verantwortliche Ursachen gesteuert, da in Torf-**I**-Böden mit intensiverem Geh. an Fe-Lsg. der Geh. an extrahierbarem Al durch das Profil hindurch konstant bleibt, ungeachtet der Ggw. von noch nicht angegriffenem Fe_2O_3 in den tieferen Schichten. — Vermutlich besteht die graue **I**-Masse mindestens z. T. aus einem Sorptionskomplex zwischen organ. Fe(II)-Verbb. u. Tonmineral. (J. Soil Sci. **3.** 167—71. Juli 1952. Rothamsted, Exp. Stat., Pedol. Dep.) F. RANG. 6300

R. W. Pearson, *Versorgungsvermögen von acht Alabamaböden mit Kalium.* Acht Böden mit sehr verschied. chem. u. mineralog. Zus. wurden bzgl. des Überganges von K zwischen austauschbarer u. nichtaustauschbarer Form nach Standardmethoden untersucht. — Es ergeben sich folgende Schlußfolgerungen: Bzgl. des Freisetzungsgrades von K zeigen sich zwischen den Böden beträchtliche Unterschiede. — Es besteht keine klare Beziehung zwischen dem Freisetzungsvermögen von K aus der nichtaustauschbaren Form u. dem Gesamt-K-Geh. bzw. seiner Verteilung zwischen den abgeschiedenen Teilchengrößen; ebensowenig zwischen K-Freisetzung u. dem ursprünglichen Geh. an austauschbarem K. Dieser bestimmt jedoch in erster Linie die Gesamt-K-Mengen, die von Versuchspflanzen (Sudangras, Rüben, Sonnenblume, Erdnüsse) adsorbiert werden. — Unter bestimmten Verhältnissen wird dem Ackerboden verabreichtes K auch bei grober Textur beträchtlich gespeichert. — Für die Kraft, mit der verabreichtes K durch verschied. Böden gegenüber der Bodenlsg. festgehalten wird, besteht ein weiter Spielraum. Montmorillonitböden geben fixiertes K leichter ab als Kaolinitböden. (Soil Sci. **74.** 301—09. Okt. 1952. U. S. Dep. of Agric.) F. RANG. 6304

F. J. Sowden, Doreen I. Parker und **H. J. Atkinson,** *Vergleich der Fraktionen der organischen Substanz von drei Bodentypen.* Die organ. Substanz von Podsol (**a**), dunkelbraunem Prärieboden (**b**) u. Schwarzerde (**c**) wurde fraktioniert u. analysiert. Einige Fraktionen zeigten beträchtlichen, durch Extraktion mit W., 1%ig. HCl bzw. konz.

H_2SO_4 nicht erheblich reduzierbaren Aschegehalt. Auch nach wiederholten Extraktionen waren in den KCl-Flocken noch große Mengen an C u. N enthalten; sogar die Polyuronidkomplexe ließen sich hierbei nicht entfernen. Die **c**-Fraktionen enthalten mehr *Lignin* (I) u. C u. weniger Methoxyl u. uronsauren C als die **a**- u. **b**-Fraktionen. Die C- u. N-Mengen sowie das Gesamtgewicht der durch W. u. 1% ig. HCl aufgelösten Substanz ist bei **c**-Fraktionen niedriger als bei **a**- u. **b**-Fraktionen. Der Geh. an in A.-Bzl. lösl. Substanz ist bei **a** höher als bei **b** bzw. **c**. Die **b**-Fraktionen sind am stärksten, die **c**-Fraktionen geringer u. die **a**-Fraktionen am geringsten durch anorgan. Substanzen verunreinigt. Die Ansicht, daß eine bestimmte Gruppe von Kolloiden der Bodenfraktionen für die Bodenfruchtbarkeit von besonderer Bedeutung ist, konnte nicht bestätigt werden. (Sci. Agric. **32.** 127—34. März 1952. Ottawa, Can., Canada Dep. of Agric., Sci. Serv.) F. RANG. 6304

Doreen I. Parker, F. J. Sowden und **H. J. Atkinson,** *Stickstoffverteilung und Aminosäuregehalt der Fraktionen der organischen Substanz bestimmter Böden.* Ausgeprägte Unterschiede in der N-Verteilung (Best. nach VAN SLYKE) wurden weder zwischen den untersuchten Böden (Podsol, Schwarzerde u. dunkelbrauner Prärieboden) noch zwischen den Humatfraktionen derselben festgestellt. Auch bei den durch Papierverteilungschromatographie bestimmten *Aminosäuren* (I) bestehen bei den verschied. Humatfraktionen keine scharfen Unterschiede. Glutaminsäure, Glycin, Threonin, Valin u. Leucin wurde in fast allen, Asparaginsäure, Serin u. Lysin in ca. $^2/_3$ u. Histidin (II), Prolin, Oxyprolin, Arginin (III) u. Phenylalanin in $< ^1/_3$ der Humatfraktionen nachgewiesen. Im Gegensatz zu den Pflanzenproteinen wurden in den Humatfraktionen keine S-haltigen **I** u. nur sehr, sehr geringe Mengen **II** u. **III** gefunden. (Sci. Agric. **32.** 163—69. März 1952. Ottawa, Can., Canada Dep. of Agric.) F. RANG. 6304

F. E. Allison, Janet H. Doetsch und **Luann D. Sterling,** *Bildung von Stickstoffgas durch Wechselwirkung zwischen Nitriten und Aminosäuren.* Es wurde im VAN SLYKE-App. die Rk. von $NaNO_2$ mit Alanin unter Bldg. von N_2 in auf verschied. p_H-Werte gepufferten u. in NO-Atmosphäre gehaltenen Lsgg. untersucht. — Im p_H-Bereich 2,1—6,2 wird N_2-zum mindesten geringfügig gebildet. Die Anfangs- u. Endmenge nimmt mit fallender Acidität u. $NaNO_2$-Konz. ab. Nur bei der höchsten Aciditätsstufe (p_H 2,1) u. $NaNO_2$-Konz. (126mal theoret. Wert der für die Rk. mit Alanin erforderlichen Menge) wird der Amino-N innerhalb von 3 Tagen vollständig in N_2 umgewandelt. Bei den Bodenwerten angenäherter Nitritkonz. wird während 1 std. Versuchsdauer bei $p_H < 4,1$ kein N_2 gebildet u. auch bei höheren p_H-Werten nur zu 9% des Amino-N. In Luft wird HNO_2 so schnell zers., daß sich hierbei noch weniger Gelegenheit für die Rk. bietet. Demnach scheint erhebliche Abgabe von N_2 durch Böden als Folge der beschriebenen Rk. unwahrscheinlich. (Soil Sci. **74.** 311—14. Okt. 1952. U. S. Dep. of Agric.) F. RANG. 6304

E. Eriksson, *Das physikochemische Verhalten von Nährstoffen in Böden.* Das physikochem. Verh. von Ionennährstoffen in Böden (austauschbare Ionen; als feste Verbb. im Gleichgewicht befindliche Ionen: Ca- u. Mg-Verbb., $Al^{\cdots}$- u. $Fe^{\cdots}$-Hydroxyde, H_2PO_4'-Verbb., $Fe^{\cdot\cdot}$ u. $Mn^{\cdot\cdot}$) wurde auf Grund einer Reihe von Beziehungen, deren Ableitung aus Literaturangaben über p_H, Löslichkeitsprodd., Dissoziationskonstanten u. Redoxpotentiale erfolgte, untersucht. Auf Grund dieser Beziehungen wurden Betrachtungen über die Wahrscheinlichkeit der Bldg. verschiedenartiger Verbb. u. die Größenordnung der Gleichgewichtskonzz. verschied. Nährstoffe bei variierenden Bodenbedingungen angestellt. — 12 Literaturhinweise. (J. Soil Sci. **3.** 238—50. Juli 1952. Aberdeen, Macaulay Inst. for Soil Res.) F. RANG. 6304

Phil. Rupp, *Zur Herbstdüngung der Weinberge.* Prakt. Ratschläge über die zur Weinbergsdüngung zu verwendenden Düngerarten u. Düngermengen. (Dtsch. Weinbau **9.** 677—78. 20/11. 1954. Mainz.) E. KIELHÖFER. 6304

G. W. Cooke, *Ersatzmittel für Superphosphat.* Es wird an Hand von 3jährigen Düngungsverss. die Verwendbarkeit von Rohphosphaten, Silicophosphat, Dicalciumphosphat u. Nitrophosphaten zu verschied. Nutzpflanzen auf engl. Böden als Ersatzmittel für Superphosphat besprochen. (Agriculture [London] **62.** 27—30. April 1955. Harpenden, Herts., Rothamsted Exp. Stat.) F. RANG. 6304

W. E. Martin, J. Vlamis und **J. Quick,** *Über den Einfluß der Ammonisierung auf die Verfügbarkeit des Phosphors in Superphosphaten.* In Unterss., die in Gewächshäusern durchgeführt wurden, behandelten Vff. 6 phosphorarme Böden Californiens mit verschied. Phosphordüngern. Ammonisierung des Superphosphates hatte auf die „chem. verfügbare" Menge P_2O_5 einen geringen Einfl., wohl aber beeinträchtigte eine starke Ammonisierung die Wasserslöslichkeit des Phosphates sehr. Die Ernteergebnisse bei einer Düngung mit einem leicht ammonisierten Superphosphat lagen über denen, die mit einer Düngung mit einem n. Superphosphat erzielt wurden. (Soil Sci. **75.** 41—49. Jan. 1953. Univ. of California.) W. LORENZ. 6304

Rufino L. Santos und **N. L. Galvez,** *Wirksamkeit der Düngung mit Ammoniumphosphat und Ammoniumsulfat zur Erhöhung der Fruchtbarkeit des Untergrundes von tonigem Lipa-Lehm.* Durch Düngung von Reistopfkulturen auf tonigem Lipa-Lehm mit 15, 20 u. 25 kg N in Form von Ammoniumphosphat bzw. Ammoniumsulfat wurde — wie sich an den Korn- u. Stroherträgen zeigte — die Fruchtbarkeit des Bodens verbessert. Die Düngemittel waren wirksamer, wenn sie in die Ackerkrume u. nicht den Untergrund eingebracht wurden. Der N-Geh. des Bodens wurde durch alle Düngergaben zur Zeit des Ährenschiebens erhöht; anschließend nahm er jedoch bis zur Reife stufenweise ab. — 15 Literaturangaben. (Philippine Agriculturist **37.** 273—79. Okt./Nov. 1953. Centr. Exp. Stat.) F. Rang. 6304

Valeriano C. Calma und **Camilo N. Calacala,** *Nachwirkung von verschiedenen Mengen von Düngerkombinationen auf den folgenden Maisertrag.* Die Maiserträge von zur Vorfrucht (ebenfalls Mais) mit verschied. Mengen u. Kombinationen von N–P–K-Dünger gedüngten Parzellen ließen keine Nachwrkg. der Düngung erkennen. (Philippine Agriculturist **37.** 311—16. Okt./Nov. 1953.) F. Rang. 6304

B. M. Church, *Neuere Richtungen der Düngungspraxis in England und Wales. 1. Mitt. Die nationale Lage.* Übersicht über die Entw. der Düngungsmethoden (N-, P- u. K-Düngemittel) in England u. Wales von 1944—1950. — 9 Literaturhinweise. (Empire J. exp. Agric. **20.** 249—56. Juli 1952. Harpenden, England, Rothamsted Exp. Stat.) F. Rang. 6304

G. A. Cowie, *Kalidüngemittel.* Behandlung einiger die Anwendung von Kalidüngemitteln betreffender Fragen. (Agriculture [London] **62.** 236—38. Aug. 1955.) F. Rang. 6304

Henry C. Harris, W. G. MacIntire, C. L. Comar, W. M. Shaw, S. H. Winterberg und **S. L. Hood,** *Anwendung von mit ^{45}Ca markiertem Calciumcarbonat bei der Bestimmung der Anteile von nativem und zugesetztem Calcium in Lysimeterwässern und bei der Aufnahme durch die Pflanze.* Ausführlichere Fassung der C. **1954.** 8652 referierten Arbeit. (Soil Sci. **73.** 289—98. April 1952.) F. Groh. 6304

G. W. Cooke und **H. L. Nixon,** *Der Wert von Klärschlammasche als Phosphordünger.* Im Gefäßvers. mit Radieschen wurden im Vgl. mit Superphosphatdünger *Klärschlammaschen* (I) geprüft. Bei 350° gewonnene I zeigten etwas P-Geh., bei 600° erzeugte I von 2 digerierten Klärschlammproben, die etwas $CaCO_3$ enthielten, waren wertlos. Aus Klärschlamm mit Wollerückständen nach Säurefällung bei 900° erhaltene I war als P-Dünger ebenfalls nur geringwertig. Die Citratlöslichkeit gab keine Unterscheidung der I-Proben. (J. Sci. Food Agric. **6.** 79—82. Febr. 1955. Harpenden, Herts., England, Rothamsted Exp. Stat., Chem. Dep.) H. Carls. 6304

Robert J. Speer, Seward E. Allen, Margaret Maloney und **Ammarette Roberts,** *Verwertung zinkhaltiger Nährstoffe durch Pflanzen auf Houston-Schwarzton.* In Gefäßverss. wurde Raygras u. Inkarnatklee auf Houston-Schwarzton mit durch ^{65}Zn markiertem $Zn(NO_3)_2$, $Zn(NH_3)_4(OH)_2$ bzw. Na_2ZnO_2 (in wss. Lsg.) gedüngt. Der Verwertungsgrad der Zn-Verbb. durch nach 60 bzw. 90 Tagen abgeerntete Pflanzen wurde nach der radiochem. Meth. bestimmt. — Die 3 Zn-Verbb. wurden von beiden Versuchspflanzen trotz ihrer ausgeprägten chem. Verschiedenheit ($Zn^{\cdot\cdot}$, $Zn(NH_3)_4^{\cdot\cdot}$, ZnO_2'') leicht aufgenommen. Schäden durch hohe Zn-Gaben oder durch Strahlung wurden bei den Pflanzen nicht beobachtet. (Soil Sci. **74.** 291—93. Okt. 1952. Renner, Texas Res. Found.) F. Rang. 6304

Joseph N. Brusca und **A. R. C. Haas,** *Zinkwirkung auf Citrus und Avocado.* Bei auf reinem Sand bzw. Boden kultivierten Citrus- u. Avocadopflanzen wurden durch Gaben von bis zu 15 p.p.m. *Zn* in Form von $ZnSO_4$ Zn-Mangelerscheinungen behoben, Blattfläche u. Blattgrüngehalt vergrößert u. das Pflanzenwachstum stark angeregt. (Calif. Citrograph **40.** 384—85. Aug. 1955. Univ. of California, Citrus Exp. Stat., Dep. of Plant. Biochem.) F. Rang. 6304

S. W. Melsted, *Die Bewirtschaftung der organischen Substanz.* Die Bewirtschaftung der *organ. Substanz* (I) ist hauptsächlich ein Problem der richtigen Verwertung von N u. Ernterückständen. Die I des Bodens kann nur aufrechterhalten werden, wenn genügend N zugeführt wird. N allein genügt aber nicht, sondern er muß durch organ. Rückstände ergänzt werden. Um die höchstmöglichen Erträge zu erreichen, muß der Farmer stets mehr Nährstoffe zuführen, als durch die geernteten Pflanzen entfernt werden. (Commerc. Fertilizer **90.** Nr. 4. 25—29. April 1955. Univ. of Illinois.) A. Jacob. 6304

F. D. Smith, *Mittel zur Vernichtung von Sträuchern.* Eine Anzahl von Unkrautsträuchern (Rubus spp.) kann durch Spritzen mit *2.4-D* bzw. *2.4.5-T* in Öl (Winterspritzung) oder W. (Sommerspritzung) bekämpft werden. (Agriculture [London] **62.** 221—24. Aug. 1955. Teddington, Glos.) F. Rang. 6312

Shona M. Maclean und **F. Helen Thornton,** *Verträglichkeit von Weidegräsern gegenüber TCA. TCA* ist ein selektives Mittel zur Vernichtung von Gräsern; es ist wertvoll für die Bekämpfung von Unkräutern, die normalerweise durch Hormonmittel nicht vernichtet werden. Es wurde das Verhalten verschied. Weidegräser untersucht, wobei sich ergab, daß Thimothee am widerstandsfähigsten war, wenn die Anwendung des Unkrautvernichtungsmittels 8 Monate nach der Aussaat erfolgte. (New Zealand J. Agric. **90.** 593. Juni 1955.) A. JACOB. 6312

P. Eduardo Vitoria, *Das Insekticid DDT.* Ausführliche Übersicht über Anforderungen an Insekticide, Synthesen des *DDT*, seine industrielle Herst., Wrkg. als Räuchermittel, Kontaktgift, Wrkg. von Analogen, Wrkg. im Organismus der Insekten, physikal. u. chem. Eigg. des DDT, Vgl. mit einigen anderen synthet. Prodd. wie *Parathion.* — 68 Literaturhinweise. (Afinidad [3] **28.** 193—204. Sept./Okt. 241—49. Nov./Dez. 1951.) J. ALTPETER. 6312

G. F. Ludvik, W. E. Snow und **W. B. Hawkins,** *Die Empfindlichkeit von Anopheles quadrimaculatus gegen DDT nach fünf Jahre durchgeführter Behandlung im Tennesseeflußtal.* Bei den Larven von Anopheles quadrimaculatus wurden keine, bei den Adulten sehr leichte Resistenzerscheinungen festgestellt. (J. nat. Malaria Soc. **10.** 35—43. März 1951. Wilson Dam, Alabama, Tennessee Valley Authority, Division of Health and Safety, Malaria Control Branch.) A. LIEBNER. 6312

F. Tattersfield, Jill R. Kerridge und **Jean Taylor,** *Die Wirkung wiederholter Spritzungen gegen Insekten auf die Zunahme ihrer Resistenz gegenüber Insekticiden.* 1. Mitt. *Entstehung einer Resistenz gegenüber DDT bei einer Population von Drosophila melanogaster Meig.* Aufeinanderfolgende Spritzungen mit *DDT* (**I**)-Suspensionen gegen ausgewachsene Tiere einer Wildpopulation von Drosophila melanogaster (D. m.) u. die Nachkommenschaft der überlebenden Tiere erhöhten die Resistenz gegenüber **I.** Während dieser Verss. entwickelte D. m. auch eine Empfindlichkeit gegen CO_2. (Ann. appl. Biol. **40.** 498—522. Sept. 1953. Harpenden, Herts, Rothamsted Exp. Stat., Dep. of Insecticides and Fungicides.) M. PATZSCH. 6312

M. M. H. Wallace und **J. A. Mahon,** *Webwurmschaden auf Weiden im Südwesten von Westaustralien.* Webwurmlarven (wahrscheinlich Talis pedionoma Meyr.) wurden auf Kleegrasweiden durch DDT erfolgreich bekämpft. (J. Austral. Inst. agric. Sci. **18.** 91—94. Juni 1952. Nedlands, W.-A., Inst. of Agric.) F. RANG. 6312

G. H. Hammond, *Rückstandswirkung verschiedener Insekticide gegen Käfer und Larven von Phyllophaga-Spezies.* Bei Bekämpfungsverss. auf Grünland mit *BHC, DDT, Chlordan, Aldrin* u. *Dieldrin* erwies sich BHC (3% γ-Wert) gegen Käfer u. Larven von Phyllophaga weitaus am wirksamsten. (Sci. Agric. **32.** 143—49. März 1952. Marmora, Ont., Field Crop Insect Labor.) F. RANG. 6312

Helmut Becker und **Hans Brückbauer,** *Untersuchungen zur Entseuchung von Topf- bzw. Kartonagepfropfreben mit modernen Insekticiden.* Zur vorbeugenden Entseuchung der Pflanzerde ist das Hexamittel „*Lindan*" am besten geeignet, u. zwar in einer Konz. von 2 kg Lindanstreumittel je m^3 Erde, da hierbei einerseits Sicherheit vor Reblausbefall gewährleistet ist u. andererseits keine Gefahr für das Wachstum der Pfropfreben besteht. (Weinwissenschaft **9.** 17—29. Febr. 1955. Neustadt/Weinstr., Forschungsinstitut für Reblausbekämpfung u. Wiederaufbau bei der Landeslehr- u. Forschungsanstalt für Weinbau u. Gartenbau.) E. KIELHÖFER. 6312

G. I. Keen, *Möhrenanbau im East Riding von Yorkshire.* Die Möhrenfliege wird durch Behandlung der Möhrensamen mit 2 oz./1 lb. 50%ig. *Lindan* (99% γ-BHC) in Leichtöl sehr wirksam bekämpft. (Agriculture [London] **62.** 82—85. Mai 1955. Yorks u. Lanes Prov., Nat. Agric. Advis. Serv.) F. RANG. 6312

W. Stephen Smith, *Vergiften von Ratten mit „1080" (Natriumfluoracetat).* Übersicht über die Eigg. u. Anwendung von „*1080*" (*Na-Fluoracetat*) als Rattenbekämpfungsmittel. (J. Dep. Agric. South Australia **58.** 434—35. Juni 1955.) F. RANG. 6312

J. A. Shrader und **H. R. Allen,** *Ein Wasserbad konstanter Temperatur zur Anwendung bei der Bestimmung der nutzbaren Phosphorsäure in Düngemitteln.* Beschreibung mit Abbildung. (J. Assoc. off. agric. Chemists **36.** 1023—24. 15/8. 1953. Lexington, Ky., Kentucky Agricultural Exp. Stat.) R. BEYTHIEN. 6322

W. P. Matthews, *Ein Dauerrüttelbad von großem Fassungsvermögen zur Verwendung bei Bestimmungen citratunlöslicher Phosphorsäure.* Beschreibung mit 3 Abbildungen. (J. Assoc. off. agric. Chemists **36.** 1024—26. 15/8. 1953. Raleigh, N. C., North Carolina Department of Agriculture.) R. BEYTHIEN. 6322

L. J. Hardin, *Die Anwendung des Überchlorsäure–Salpetersäure-Aufschlusses bei der Bestimmung von Phosphorsäure in Düngemitteln.* Der Aufschluß mit $HClO_4/HNO_3$ ergibt auch bei Vorliegen von viel organ. Material (z. B. Baumwollsaatmehl, Harnstoff) sehr genaue Werte für P_2O_5, während Aufschluß mit H_2SO_4/HNO_3 oder Königswasser zu wesentlich niedrigeren führt. (J. Assoc. off. agric. Chemists **36**. 874—79. 15/8. 1953. Knoxville, Tenn., Univ. of Tennessee, Agric. Exp. Stat.) R. BEYTHIEN. 6322

H. R. Allen, *Direkte Bestimmung der nutzbaren Phosphorsäure in Düngemitteln.* Die Best. nutzbarer Phosphorsäure wird in Mischdüngern u. Superphosphat direkt im Gemisch des wasserlösl. u. des citratlösl. Extraktes durch Fällung mit Ammoniummolybdat vorgenommen. Die Ausfällung wird in schwach salpetersaurer Lsg. in einem ständig in einem Wasserbad von 50° geschüttelten Kolben durchgeführt. NH_4NO_3 wird hierbei nicht benötigt. Für $Ca(PO_3)_2$ ist die Meth. nicht geeignet. (J. Assoc. off. agric. Chemists **36**. 872—74. 15/8. 1953. Lexington, Ky., Kentucky Agric. Exp. Stat.) R. BEYTHIEN. 6322

Robert T. Teague jr., *Ein abgeändertes spektrometrisches Verfahren für die direkte Bestimmung von nutzbarer Phosphorsäure in Düngemitteln als Heteropolyphosphorvanadinmolybdatkomplex.* Wasserlöslicher u. citratlöslicher Extrakt werden im wesentlichen gemäß offizieller (A. O. A. C.) Meth. hergestellt u. vereinigt; hierin wird durch Erhitzen mit H_2SO_4 unter späterer Zugabe von $NaNO_3$ die organ. Substanz zerstört u. die Phosphorsäure in die Orthoform übergeführt. Aliquote Teile der Lsg. werden mit Vanadinmolybdatreagens zwecks Bldg. des Farbkomplexes versetzt u. dessen Lsg. spektrophotometr. auf Absorption geprüft. Zur Kontrolle dienen Lsgg. von etwa gleichem P_2O_5-Geh. wie die Einwaage. Sulfate stören die Durchführung der Meth. nicht, deren Ausführung gegenüber der offiziellen nur die halbe Zeit benötigt, mit deren Ergebnissen sie sich durchaus deckt. Die Meth. ist geeignet für Dünger mit Geh. an organ. Phosphaten u. Metaphosphaten. (J. Assoc. off. agric. Chemists **36**. 880—85. 15/8. 1953. Raleigh, North Carolina Analytical Div., North Carolina Dep. of Agriculture.) R. BEYTHIEN. 6322

H. C. Austin jr., W. P. Denson und **E. A. Epps jr.,** *Apparative Methoden für die Bestimmung von nutzbarer Phosphorsäure und Kali in Düngern.* Die photometr. Meth. für nutzbares P_2O_5 ergibt gleiche Genauigkeit wie die offizielle *A.O.A.C.*-Methode. Das gleiche gilt bzgl. der flammenphotometr. Meth. für K_2O. Beide Methoden arbeiten sehr rasch. Der Zeitaufwand kann noch dadurch verringert werden, daß die für die photometr. Best. von P_2O_5 hergerichtete Lsg. auch zur flammenphotometr. Best. von K_2O dient. Beide photometr. Methoden werden für Schnellunterss. von Handelsdüngern empfohlen. (J. Assoc. off. agric. Chemists **36**. 885—90. 15/8. 1953. Baton Rouge, La., Louisiana Agric. Exp. Stat., Univ. Stat.) R. BEYTHIEN. 6322

R. C. Crooks, *Bestimmung von Kalium in Mischdüngern.* Orientierende Best. von K in Mischdüngern kann flammenspektrometr. rasch u. exakt durchgeführt werden. Eine Wellenlänge von 767 mμ u. ein möglichst enger Schlitz werden empfohlen. (J. Assoc. off. agric. Chemists **36**. 891—98. 15/8. 1953. Fallahassee, Fla., Florida Dep. of Agric.) R. BEYTHIEN. 6322

Gordon Hart, *Bericht über Schwefel in Mischdüngern.* Durch Verbrennen des in Kunstdüngern enthaltenen freien S in einer PARR-Bombe u. Wägung des gefällten $BaSO_4$ wird weniger S erfaßt als durch Extraktion mit CS_2. (J. Assoc. off. agric. Chemists **35**. 680—81. 15/8. 1952. Tallahassee, Fla., Dep. of Agric.) H. GUDE. 6322

Noah J. Halbrook, *Bestimmung von Kupfer und Zink in Düngemitteln mit dem Polarographen.* Die Düngemittelprobe wird in konz. H_2SO_4 u. konz. HNO_3 (1 : 1) gelöst. Aus der Lsg. wird Fe mit Ammoniumhydroxyd u. Filtration, O_2 mit Na_2SO_3 entfernt. Von den in Düngemitteln vorkommenden Ionen stört nur Co durch Erhöhung der Zinkwelle. Mit dem SARGENT-HEYROVSKY-Polarographen (Modell XII) wurden Ergebnisse, die nur 0,07% unter den mit dem *A.O.A.C.*-Verf. erhaltenen Werten liegen, erzielt. (J. Assoc. off. agric. Chemists **35**. 791—95. 15/8. 1952. Tallahassee, Fla., Florida State Dep. of Agric., Chem. Div.) H. GUDE. 6322

W. A. Morgan und **R. D. Kralovec,** *Chemische Bestimmungsmethode für nutzbaren Düngerstickstoff in Harnstoff-Formaldehyd-Polymerisaten.* N wird nach KJELDAHL im kaltwasserunlösl. u. im in heißer Phosphatpufferlsg. (KH_2PO_4 u. K_2HPO_4; p_H 7,5) unlösl. Anteil bestimmt. Der Prozentsatz des in kaltem W. unlösl. N, welcher sich in der Phosphatlsg. löst, ist ein Anhalt für die Nutzbarkeit des in kaltem W. unlösl. N. (J. Assoc. off. agric. Chemists **36**. 907—14. 15/8. 1953. Wilmington, Del., Polychem. Dep. E. I. du Pont de Nemours & Co., Inc.) R. BEYTHIEN. 6322

P. Prevot, *Die Grundlagen des Blattestes, Anwendung auf Arachis.* Eingehende krit. Ausführungen über den sogenannten Blattest zur Ermittlung des Bedarfes einer Pflanze an Mineraldünger bzw. zur Best. des Mangels eines Kulturbodens an Mineraldünger; behandelt werden die pflanzenphysiol. Grundlagen dieses Testes, die Reichweite seiner Gültigkeit u. seiner Anwendbarkeit unter Anführung von prakt. Beispielen, die schrittweise Übertragung in die agronom. Praxis bei der Kultur von Erdnüssen. Die Unters. der unter vorgeschriebenen Bedingungen geernteten Arachisblätter lehrt, daß der „krit." Nährstoffgeh. derselben, bezogen auf das Trockengew., in Annäherung u. im Durchschnitt beträgt 4 (%) N, 0,2 P, 1 K. Diese Werte sind die Grundlage für die rationelle Bemessung der anzuwendenden Dosen von Mineraldünger. (Oléagineux **8.** 67—71. Febr. 1953. Liège, Univ.) K. TÄUFEL. 6322

L. D. Swindale und **M. Fieldes**, *Schnelle Halbmikromethode für Kationenaustauschkapazitäten von Tonen und Böden mit dem Flammenphotometer.* Eine Meth. zur Best. der Ionenaustauschkapazität kleiner Ton- u. Bodenproben mit dem Flammenphotometer wurde beschrieben (aufeinanderfolgendes Auslaugen der Proben mit n. K-Acetat [p_H 7], 95%ig. A. u. n. neutralem NH_4-Acetat; die Best. wird an 0,2n HCl-Lösungen durchgeführt). Da nur 0,1 g je Probe benötigt wird, ist die Best. der Austauschkapazität von Tonen mit geringem Tongeh. ohne vorherige zeitraubende Abschlämmung großer Bodenmengen möglich. Die Best. von 24 Proben dauert weniger als 5 Std., wobei die Ergebnisse gute Übereinstimmung mit anderen Methoden zeigen. (Soil Sci. **74.** 287—90. Okt. 1952. New Zealand, Dep. of Sci. and Ind. Res.) F. RANG. 6324

A. Mehlich und **R. J. Monroe**, *Bericht über Kaliumanalysen mittels flammenphotometrischer Verfahren.* Die Analysenergebnisse bei K-Bestimmungen mit den Flammenphotometern PERKIN-ELMER-52 A, PERKIN-ELMER-18, BECKMAN u. UNIVERSAL durch verschied. Analytiker an verschied. Orten werden hinsichtlich Fehlergröße ausgewertet. Bei der K-Best. in Bodenauszügen werden auch die Fällungen mit Natriumkobaltnitrit zum Vgl. herangezogen. Das chem. Verf. gibt höhere Werte bei Böden mit geringem K-Geh. u. niedrigere bei Böden mit sehr hohem K-Gehalt. Die Auslaugung erfolgt meist mit n Ammoniumacetatlsg., auch mit n$NaNO_3$-Lsg.; Ca u. Mg stören nur beim PERKIN-ELMER-18-Flammenphotometer. — 4 Tabellen. (J. Assoc. off. agric. Chemists **35.** 588—96. 15/8. 1952. Raleigh, N. C., North Carolina Agric. Exp. Stat.) H. GUDE. 6324

T. W. Walker, *Die Bestimmung des Kalkbedarfs von Böden. Boden- und Pflanzenertragsangaben von Harper Adams- und anderen Kalkungsversuchen.* Boden- u. Ertragsangaben eines Kalkungsvers. des Harper Adams Agric. Coll. [1928—1944] werden wiedergegeben u. diskutiert. — Kalkung in Höhe etwa der halben, ganzen u. doppelten Bedarfszahl nach HUTCHINSON-MCLENNAN (25, 50 bzw. 100 cwt./acre) hatte in den ersten Versuchsjahren auf den Ertrag säureempfindlicher Pflanzen ziemlich gleichmäßige Wirkung. Veränderungen im p_H-Wert u. Geh. an austauschbarem Ca sowie die Kalk (I)-Bedarfszahl zeigten an, daß die Maximalwrkg. der I-Gaben auf diese Bodenwerte mit 2—3jähriger Verzögerung eintritt. Bis zur erfolgten Sorption der I-Gaben durch den Bodenkomplex erscheint die Best. von austauschbarem Ca u. freiem $CaCO_3$ als beste Meth. zur Veranschlagung des I-Bedarfs. Nach den mit Resultaten anderer Vff. über einstimmenden Ergebnissen können die Pflanzenerträge über einen weiten Kalkungsspielraum beträchtlich verbessert werden. Falls die verschied. an der I-Wrkg. beteiligten Faktoren bekannt sind, ist fast jede zur I-Bedarfsbest. geeignete Meth. anwendbar, sofern frisch gekalkte Böden ausgeschlossen werden. Gemahlener I-Stein u. Brannt-I sind in äquivalenten Mengen gleich wirksam, bei etwas geringerer Wrkg. grobkörniger Formen. Diskussion der in England üblichen Methoden zur Best. des I-Bedarfs u. der zu beachtenden Faktoren. — 27 Literaturangaben. (J. Soil Sci. **3.** 261—76. Juli 1952. West Midland Prov., N. A. A. S.) F. RANG. 6324

L. J. Hardin, *Bericht über die Bestimmung des Fluorgehalts der Böden.* In Glasgefäßen wird im direkten Verf. bei 165° aus dem mit H_2SO_4 + W. (im Verhältnis 1 : 1) durchtränkten Boden das Fluor als HF mit Wasserdampf ausgetrieben u. in Natronlauge aufgefangen. Das Destillat wird eingedampft u. nach Zusetzen von 70%ig. $HClO_4$, die 0,2% Ag_2SO_4 enthält, bei 135° im Wasserdampfstrom destilliert. In einem 2. Verf. wird erst mit der doppelten Menge CaO-Pulver bei 500° geglüht (CaF_2-Bldg.) u. dann wie oben HF abdestilliert. In beiden Verff. wird die Vorlage mit 0,02n $Th(NO_3)_4 \cdot 4 H_2O$ gegen Alizarinrot S titriert. Die mit der ersten Meth. gefundenen F-Werte waren im allg. höher als die mit der zweiten Meth. ermittelten. (J. Assoc. off. agric. Chemists **35.** 621—33. 15/8. 1952. Knoxville, Tenn., Univ., Agric. Exp. Stat.) H. GUDE. 6324

Howard A. Jones, **H. J. Ackermann** und **Marion E. Webster**, *Die colorimetrische Bestimmung des Piperonylbutoxyds.* Piperonylbutoxyd (I) gibt in Petroleum mit einer Lsg. von Tannin in Phosphorsäure–Eisessig in der Hitze eine mit dem KLETT-SUMMERSON-Colorimeter bei 625 mμ photometrierbare Blaufärbung. Die Schwächung der Lichtabsorption durch Pyrethrin u. durch Weizenkeimöl wird durch Verseifen der Probe u. die gleiche Behandlung des I-Standards aufgewogen. DDT, Chlordan, Benzolhexachlorid, chlorierte Kamphene stören nicht, aber deren Lösungsmittel, wie alkylierte Naphthaline, Cyclohexanon. I enthaltendes Mehl wird mit Bzl. extrahiert, aus dem I mittels Aktivkohle u. Fullererde abgetrennt wird. (J. Assoc. off. agric. Chemists **35.** 771—80. 15/8. 1952. Baltimore, Md., Div. of Nat. Distillers Prod. Corp., U. S. Ind. Chem. Co.) H. GUDE. 6328

Boyd L. Samuel, *Bericht über Piperonylbutoxyd.* Im Verf. nach HARRIS werden 80% des techn. Piperonylbutoxyds (I) in einem engen Bereich des Säulenchromatogramms erfaßt u. wandern in etwa derselben Weise wie das *γ-Benzolhexachlorid* (II). Bei der säulenchromatograph. Trennung des I aus Handelsinsekticiden bleibt es außer mit II auch mit *Methoxychlor* (III), Isobornylthiocyanoacetat (IV) u. wenig *Piperonylcyclonen* (V) verunreinigt. I kann durch Absorptionsmessung bei 290 mμ von II u. IV unterschieden werden, die bei dieser Wellenlänge absorbieren. III u. V absorbieren dagegen stark. III kann aber durch Cl-Best. erfaßt werden, u. von V ist nur wenig vorhanden. Die UV-Absorption kann als tauglich zum Vers. des weiteren Ausbaus zu einer quantitativen I-Best. gelten. Zur I-Best. hat sich auch das colorimetr. Verf. nach JONES, ACKERMANN u. WEBSTER (vgl. vorst. Ref.) in Verbindung mit der chromatograph. Trennung mit gereinigter Gerbsäure bewährt. (J. Assoc. off. agric. Chemists **35.** 391—92. 15/5. 1952. Richmond, Va., Virginia Dep. of Agric., Div. of Chem.) PH. FRESENIUS. 6328

R. Hill und **A. G. Jones,** *Der Gebrauch eines Differentialrefraktometers zur Bestimmung der Reinheit von festen organischen Verbindungen mit besonderer Berücksichtigung von γ-Hexachlorcyclohexan.* Zur Best. des Reinheitsgrades von *γ-Hexachlorcyclohexan* (I) bei Proben, die um 100% liegen, benutzen Vff. ein Differentialrefraktometer. Das Prinzip beruht auf dem Vgl. der Refraktion einer gesätt. Lsg. von reinem I mit derjenigen einer Lsg. der Probe mit einem geringen Bodenkörper von I. Der Unterschied in der Refraktion ist ein genaues Maß für den Geh. an Verunreinigungen unter der Voraussetzung, daß diese aus anderen Isomeren des Hexachlorcyclohexans bestehen. Die verwendete App. ist genau beschrieben, desgleichen die Herst. der einzelnen Lösungen. Als Lösungsm. für die gesätt. Lsg. von I wurde eine Mischung von 50% n-Butylacetat + 50% n-Butanol angewandt. Der Analysengang ist ausführlich beschrieben, u. die Genauigkeit der Meth. ($\pm$0,1%) wird mit zahlreichen Ergebnissen aus der Best. genau definierter Proben belegt. (Analyst **80.** 339—46. Mai 1955. Widnes, Imperial Chem. Ind. Ltd., Res. Dep., Gen. Chem. Div.) W. KNÖPKE. 6328

Best Fertilizers Co., Oakland, übert. von: **Floyd B. Hornibrook,** Piedmont, Calif., V. St. A., *Granulierung von flüssigen, breiartigen Phosphatdüngemittelmassen.* Pulverisierte Polyphosphate werden mit wss. Lsgg. von H_2SO_4 u. $(NH_4)_2SO_4$, deren Säurekonz. ca. 18—30° Bé, deren Geh. an $(NH_4)_2SO_4$ ca. 8—24 (%) u. deren Wassergeh. $>$30 beträgt, ca. 1 Std. bei 101—107° unter Rühren aufgeschlossen, worauf die breiförmige M. mit anhydr. NH_3 neutralisiert, mit Kalisalzen, bes. KCl oder K_2SO_4, vermischt, unter ständigem, weiterem Rühren granuliert u. in streufähige, körnige Düngemittel übergeführt wird. An Stelle von $(NH_4)_2SO_4$ können auch NH_4NO_3 oder $(NH_4)_2HPO_4$ verwendet werden. Ca. 96% u. mehr des P_2O_5-Geh. der Rohphosphate liegen in für Pflanzen aufnehmbarer Form vor. (**A. P. 2 700 605** vom 10/11. 1951, ausg. 25/1. 1955.) H. KARST. 6283

Yrjö Kauko, Helsingfors, Finnland, *Verhinderung von Stickstoffverlusten aus Jauche,* bes. bei ihrer Lagerung, dad. gek., daß das p_H des zu konservierenden Harns bzw. der Jauche durch Einleiten von CO_2 oder CO_2-enthaltenden Gasen auf $<$7, bes. nicht $>$6,8 eingestellt wird. Rauchgase, deren CO_2-Partialdruck ca. 10^{-1} at beträgt, sind bes. geeignet. Zusätzlich werden der Jauche noch Salze, z. B. $CaCl_2$, $Ca(NO_3)_2$ u. Superphosphat zugefügt, die unlösl. Carbonate bilden. Zur Verhinderung einer rückläufigen Rk. werden die ausgefallenen schwerlösl. Carbonate von der Jauche abgetrennt. Zur Verbesserung des Düngewertes der Jauche werden Kalisalze oder dgl. zugesetzt. Durch Überdecken mit einer dünnen Ölschicht werden weitere N-Verluste beim Lagern der Jauche vermieden. (**D. B. P. 934 593** Kl. 16 vom 8/11. 1952, ausg. 27/10. 1955. Anmeldung bekanntgemacht 5/5. 1955. Finn. Priorr. 6/11. 1951 u. 23/1. 1952.) H. KARST. 6295

Boyce Thompson Institute for Plant Research, Inc., New York, übert. von: **Frank Earl Denny,** Yonkers, N. Y., V. St. A., *Behandlung von Pflanzen.* Zur Verzögerung des Wachstums werden im Ruhezustande befindliche Knollen, Zwiebeln, holzige Gewächse, Gräser, Rasenflächen u. dgl. mit *p-Bromdiphenyläther, γ-Brompropylphenyläther, o-Nitroanisol, o-Nitrophenetol, Äthylanisat* oder *Isoeugenolmethyläther* behandelt. Behandlungsmengen bei Knollen ca. 0,1—1,0 g je kg. Anwendung in Form von Lsgg. in organ. Lösungsmitteln, von Dispersionen oder im Gemisch mit festen Trägerstoffen, bes. Talkum. Verzögerung der Keimbldg., bes. bei Kartoffeln. (**A. P. 2 708 624** vom 21/8. 1952, ausg. 17/5. 1955.) H. KARST. 6297

Douglas Chemical and Supply Co., übert. von: **Ward A. Graham**, Kansas City, Mo., V. St. A., *Insekticides Mittel*, bes. zur Behandlung von Reis, Weizen u. dgl., bestehend aus 0,32—1,6 (Gew.-%) Pyrethrum, 3,2—16 Piperonylbutoxyd, 2,48—12,4 Kerosin oder Naphtha, 1,5—5 Pflanzenöl, z. B. Olivenöl, u. 65—93 Lösungsm., z. B. CCl_4 oder Äthylendichlorid. (**A. P. 2 706 700** vom 22/10. 1951, ausg. 19/4. 1955.) H. NEBELSIEK. 6313

VIII. Metallurgie. Metallographie. Metallverarbeitung.

Makoto Shima, *Geochemisches Prospektieren nach Erzlagern von Gold, Silber, Kupfer, Blei und Zink. 1. Mitt. Geochemisches Prospektieren nach Gold- und Silbererzen.* Der Zn-Geh. des Oberflächenwassers diente als Indicator für die angenäherte Lage des Erzlagers. Aus Zn- u. Cu-Analysen von filtrierten 0,01n HCl-Auszügen der Boden- u. Gesteinsproben konnte auf den ungefähren *Ag*-Geh. geschlossen werden, der zur Aufsuchung der *Au*- u. *Ag*-Adern führte. (Rep. sci. Res. Inst. [Kagaku-Kenkyujo-Hokoku] **29.** 111—15. März 1953. [Orig.: japan.]) B. SCHULER. 6354

Makoto Shima, *Geochemisches Prospektieren nach Erzlagern von Gold, Silber, Kupfer, Blei und Zink. 2. Mitt. Geochemisches Prospektieren nach Zink- und Manganerzlagern.* (1. vgl vorst. Ref.) *Zn*- u. *Mn*-Erzlager wurden aus der Analyse von Oberflächenwasser auf Geh. an *Zn* (mittels Dithizons), *Mn* (mit NH_2OH colorimetr.) u. *Fe* (mit NH_4CNS colorimetr.) festgestellt. In den Erzen kam gewöhnlich Zn u. Mn zusammen vor, nicht immer Fe. (Rep. sci. Res. Inst. [Kagaku-Kenkyujo-Hokoku] **29.** 116—120. März 1953. [Orig.: japan.]) B. SCHULER. 6354

Wilhelm Wilke, *Der elektrische Roheisenofen.* Überblick über den Aufbau, die Ausrüstung, den Betrieb u. die Leistung von elektr. Roheisenöfen. (Demag-Nachr. **1951.** Nr. 124. 7—14. Jan. Berlin-Siemensstadt.) H. HOCHSTEIN. 6370

Róbert Forbáth, *Die industrielle Verwertung von Hüttenschlacken.* Vf. bespricht die Verwertungsmöglichkeiten der Hochofen-, MARTIN- u. Kupolofenschlacken. Es wird die Calciumaluminatschlacke erwähnt, welche bei der Verhüttung von Bauxit entsteht, viel Al_2O_3 u. wenig SiO_2 enthält u. zur Herst. von feuerfestem Zement geeignet ist. Aus dieser wurden nach entsprechendem Mischen Gußformen hergestellt, welche 20- bis 30mal verwendet wurden u. glatte Gußstücke lieferten. (Magyar Technika **7.** 246—49. Mai 1952.) J. PLANK. 6382

Albert Portevin, *Gase und dadurch bedingte (oder endogene) Gasblasen gleichen Ursprungs in Gußstücken.* Es wird ein Überblick über die in fl. gegossenen u. erstarrten Metallen u. Legierungen, bes. in *Cu* u. *Stahl*, vorhandenen Gase, ihre Herkunft, ihr Verh. bei der Erstarrung u. die möglichen Ausbildungsformen der Gasblasen gegeben, u. die Maßnahmen zu ihrer Vermeidung werden erörtert. (Fonderie **1953.** 3457—79. Juni.) H. HOCHSTEIN. 6382

F. Deichmüller, *Ermüdungserscheinungen metallischer Werkstoffe.* Überblick mit 39 Schrifttumsangaben. (Industrie-Anz. **73.** 84—86. 30/1. 1951. Hannover.) H. HOCHSTEIN. 6388

Deichmüller, *Zum Alterungsproblem von Stahl und Legierungen.* Es wird ein geschichtlicher Überblick darüber gegeben, wie Forschung u. Praxis schrittweise vorgegangen sind, um die wahren Ursachen des Alterns zu ergründen bzw. deren Auffindung näherzukommen. (Industrie-Anz. **72.** 416—19. 12/5. 1950.) H. HOCHSTEIN. 6388

Paul Bastien, *Wasserstoff im Gußeisen — ein Vergleich mit den Stählen.* Nach einem Überblick über die verschied. H_2-Bestimmungsverff. für Stahl u. ihre Eignung bei den Unterss. von Gußeisen wird auf Grund von Schrifttumsangaben der Einfl. von H_2 auf den Erstarrungsvorgang von Gußeisen, auf die Bldg. von Gasblasen, auf die Graphitbldg. beim Tempern sowie auf die Verformungskapazität erörtert. (Fonderie **1953.** 3579—98. Sept.) H. HOCHSTEIN. 6402

M. R. Nelson, *Verwendung von Meehaniteguß für Biegewalzen.* Beschrieben werden Vorverss. u. die betriebliche Durchführung der Herst. von Walzen aus *Meehanit*-Guß zum Biegen von Blechen bis 65 mm Dicke zu Kesselschüssen. (Iron Age **171.** Nr. 22. 135—37. 28/5. 1953. Denver, General Iron Works Co.) H. HOCHSTEIN. 6404

Paul Bastien und **Pierre Azou**, *Korrosion von Gußeisen mit und ohne vorherige Oxydation in Zinkschmelzen.* Untersucht werden verschied. Gußeisensorten mit 1. 3,31 (%) Gesamt-C, davon 2,75 gebundener C, 2,11 Si, 0,73 Mn, 0,20 P, 0,09 S; 2. 3,55 Gesamt-C, davon 3,27 gebundener C, 2,47 Si, 0,84 Mn, 0,11 P, 0,07 S; 3. 2,08 Gesamt-C, davon 1,75 gebundener C, 1,8 Si, 0,40 Mn, 0,09 P, 0,07 S; 4. 2,74 C, 2,04 Si, 0,70 Mn,

0,10 P, 0,10 S, 6,59 Cr, 0,11 Ni; 5. 1,28 C, 0,78 Si, 0,02 Mn, 0,12 P, 0,02 S, 32,04 Cr, 0,27 Ni; 6. 2,75 Gesamt-C, davon 1,74 gebundener C, 1,171 Si, 0,76 Mn, 0,09 P, 0,10 S, 0,10 Cr, 1,03 Mo, 0,11 Ni u. 7. 2,49 Gesamt-C, davon 1,71 gebundener C, 2,13 Si, 0,72 Mn, 0,10 P, 0,10 S, 0,09 Cr, 2,49 Mo, 0,73 Ni u. zum Vgl. damit einen *Stahl* mit 0,07 C, 0,36 Mn, 0,016 P, 0,027 S, 0,06 Cr u. 0,18 Ni hinsichtlich ihres Verh. u. des Gewichtsverlustes bei 1- oder 7std. Angriff von 650° warmen Zn-Schmelzen. Der Einfl einer Voroxydation des Gußeisens durch 8std. Erwärmen auf 850° u. durch 3std. auf 1100° in Luft wird ermittelt. (Fonderie **1952**. 2831—45. März.) H. HOCHSTEIN. 6404

C. E. A. Shanahan, *Ist Entschwefelung vor dem Siemens-Martin-Ofen zweckmäßig?* Festgestellt werden die S-Gehh. im Roheisen vor u. nach einer Entschwefelungswrkg. im Roheisenmischer. Die Betriebszahlen von sieben Mischern werden mitgeteilt. Die Entschwefelungswrkg. bei dem akt. Mischer beträgt 7—45%, bei dem inakt. Mischer 1 bis 25%. Die Entphosphorung des geschmolzenen Roheisens vor der Zugabe in den Siemens-Martin-Ofen ist wirtschaftlich. (Iron Age **170**. Nr. 3. 136—37. 17/7. 1952. Sheffield, England, British Iron & Steel Res. Assoc.) H. HOCHSTEIN. 6408

Alb. Stähler, *Fehlerquellen im Stahl infolge falscher Verarbeitung.* (Vgl. C. **1955**. 2761). Folgende auf falsch durchgeführte Verarbeitung von Stahlgegenständen zurückzuführende Fehlerquellen werden erörtert: Flockenbldg., Trennen auf derTrennmaschine, Überhitzung, Verbrennung, Längsrinne, Gefügestreckung, Schmiedekreuz, ungleiche Bruchkorngröße, grobkörnige Rekristallisation, Weichfleckigkeit, Entkohlung, Einfl. der Haltezeit beim Härten u. Anlassen, Anlaßsprödigkeit, borkige Oberfläche nach dem Zementieren, Bearbeitungsriefen, Einfl. der Hohlkehlen, Einfl. stumpfer Werkzeuge, Schleifrisse, Beizsprödigkeit u. -blasen sowie Aufkohlung beim Schweißen. (Industrie-Anz. **74**. 929—33. 30/9. 939—42. 3/10. 1952. Hagen.) H. HOCHSTEIN. 6408

I. E. Boberg, *Die Verwendung von Qualitätsbaustahl in Druckkesseln.* Übersicht über die für diesen Zweck zur Verfügung stehenden Baustähle u. Vgl. der Festigkeitseigg. der beiden Normstähle *A 283 C* u. *A 285 C*. (Welding J. **32**. 413-5—16-5. Aug. 1953. Chicago, Ill., Chicago Bridge & Iron Co.) H. HOCHSTEIN. 6408

H. A. Unckel, *Kaltverfestigung und Alterung. Das Verhalten von einigen handelsüblichen niedriggekohlten Stählen.* Die Ergebnisse von Zugverss. u. von Härtemessungen an Stählen mit 0,04, 0,07, 0,12 u. 0,41% C nach einem Kaltwalzen mit einer 5—60%ig. Verformung u. nach einem anschließenden Lagern bei Raumtemp. bis zu zwei Monaten oder nach einem Anlassen bis zu 2 Std. auf 500, 550 u. 600° werden mitgeteilt. Die gleichen Messungen werden nach einem Abschrecken von 700° oder von 900—970° in Salzwasser u. nach einem Lagern bei Raumtemp. bis zu 3 Monaten ausgeführt. Die erhaltenen Ergebnisse zeigen, daß die Abschreckalterung durch C u. die Alterung nach der Kaltverfestigung durch N hervorgerufen wird. Eine mögliche Erklärung für die Abnahme der Abschreckalterung mit zunehmendem C-Geh. oberhalb der Löslichkeitsgrenze wird darin gesehen, daß die Ausscheidung an schon vorhandenen Carbiden in den Stählen erfolgt, die größere Perlitmengen im Gefüge besitzen. — 12 Schrifttumsangaben. (Iron and Steel **25**. 273—78. 1952. Finspong, Schweden.) H. HOCHSTEIN. 6408

I. W. Kudrjawzew und **N. M. Ssawwina,** *Erhaltung des Einflusses von Restspannungen auf die Ermüdungsfestigkeit von Stahlteilen bei langer Lagerung.* Vff. führten Biegewechselfestigkeitsverss. mit gekerbten u. ungekerbten zylindr. Probestählen aus normalisiertem C-Stahl (ca. 0,40% C) durch, die durch Kaltwalzen in einer Tiefe bis zu 1,2 mm verfestigt worden waren. Ein Vgl. der Ergebnisse nach sofortiger Prüfung mit dem nach 1—2jähriger Auslagerung zeigt, daß eine Herabsetzung der Ermüdungsfestigkeit der kaltverfestigten Proben durch das Auslagern nicht stattgefunden hat. (Журнал Технической Физики [J. techn. Physik] **24**. 412—16. März 1954.) V. EHMCKE. 6408

N. K. Ipatow, *Über die relative Zuverlässigkeit der Bewertungsverfahren der α-Phase in nichtrostendem Stahl.* Die in der Praxis üblichen Verff. zur Feststellung des α-Fe-Geh. in nichtrostendem austenit. Stahl: an dem ausgeschmiedeten Blöckchen aus der Schamotteprobe während des Vergießens (A), der empir. Berechnung aus dem C-, Cr-, Ni-, Ti- (u. Mn-) Geh. (B) u. der Best. am fertigen Walzprod. (C), liefern untereinander differierende Ergebnisse, woraus sich eine Unsicherheit in der rechtzeitigen Beurteilung der Schmelze nach A bzw. B ergibt. In großzahlmäßiger Auswertung von an 200 Schmelzungen des Stahles 1 Cr 18 Ni 9 T nach den 3 Verff. gewonnenen Ergebnissen wird festgestellt, daß der niedrigste Geh. der α-Phase nach C, der höchste nach A gefunden wird. Es wird gefolgert, daß die Feststellung des ungefähren Geh. der α-Phase in der Vorprobe nach A, als genügend zuverlässig u. sicherer als die nach B, zur schnellen Vorbewertung der Schmelze anzusehen ist. (Заводская Лаборатория [Betriebs-Lab.] **21**. 198—99. 1955. Tscheljabinsk, Metallurg. Werk.) V. EHMCKE. 6410

H. Wiegandt, *Kältebehandlung von Stahl.* Anwendung des Verf. zur Umwandlung von Austenit in Martensit bei Tempp. unter 0°, bes. bei Tempp. von −75 bis −85°, zum Stabilisieren der Maßhaltigkeit von Lehren oder Präzisionsteilen oder von feintolerierten Maschinenteilen sowie zur Härtesteigerung von Schnellstählen. (Industrie-Anz. **72.** 833—35. 22/9. 1950. Gloucester, England.) H. HOCHSTEIN. 6410

H. Haller, *Die gebräuchlichsten Stähle für Hammergesenke.* Die in Deutschland gebräuchlichen Gesenkstähle sind den amerikan. gegenübergestellt. Sowohl die angewandte Festigkeit, auf die die Blöcke vergütet werden, als auch die Legierungsbestandteile erweisen sich hierbei im wesentlichen als gleich. Durch Hartverchromen der Gravuroberflächen sollen bei den amerikan. Stählen gute Durchsatzleistungen erzielt worden sein. Die größere Standfestigkeit der amerikan. Gesenke wird auf die Aufteilung der gesamten Formgebungsarbeit in mehrere Gravuren zurückgeführt, während in Deutschland wegen der kleineren Stückzahlen das Schmieden in Mehrfachgravuren nicht üblich ist. (Industrie-Anz. **73.** 1008—10. 16/11. 1951. Hagen.) H. HOCHSTEIN. 6410

W. Haufe, *Einbauhärte von Warmarbeitswerkzeugen.* Erörtert werden die Beanspruchung von Werkzeugen für Warmarbeit u. der Einfl. der durch Wärmebehandlung erreichbaren Vergütungsfestigkeit auf die Höhe der Warmfestigkeit von Warmarbeitsstählen. Hierbei zeigt sich u. a., daß die Kerbzähigkeit mit sinkender Festigkeit, d. h. mit steigender Anlaßtemp. verbessert wird. Als Voraussetzung gilt, daß Warmarbeitsstähle so zusammengesetzt sein müssen, daß eine Verschlechterung der Warmzähigkeit durch Anlaßsprödigkeit vermieden wird, wenn die Gebrauchstemp. in dem für die Anlaßsprödigkeit krit. Gebiet von 450—600° liegt. Die zweckmäßigsten Gebrauchsfestigkeiten werden in Abhängigkeit von der Werkzeuggruppe u. der Stahlart angegeben. (Industrie-Anz. **74.** 623—25. 1/7. 1952. Düsseldorf/Bochum.) H. HOCHSTEIN. 6410

Arend, *Die Versprödung von gehärteten Stählen beim Anlassen.* An Hand des Schrifttums werden die Ansichten über die Gründe für das Auftreten der Anlaßsprödigkeit u. der Nitridversprödung besprochen. Danach liegt die Ursache der Versprödung gehärteter Stähle beim Anlassen im Temperaturbereich von 250—400° darin, daß sich Cr- oder Mn-Nitride bilden, die im Mischkristall lösl. sind u. beim Anlassen ausgeschieden werden. Diese ausgeschiedenen Nitride rufen die Versprödung hervor. Durch Zusatz von Al wird der gesamte N zu einer im Mischkristall unlösl. Al-Nitridverb. abgebunden, so daß sich ausscheidungsfähige Nitride, die eine Versprödung beim Anlassen im niedrigen Temperaturbereich herbeiführen könnten, nicht mehr bilden. — Schrifttumsangaben. (Industrie-Anz. **72.** 1067—69. 8/12. 1950.) H. HOCHSTEIN. 6410

F. J. Feely jr., D. Artko, S. R. Kleppe und **M. S. Northup,** *Bericht über Sprödbruchuntersuchungen.* Die an Vorratstanks als Sprödbrüche auftretenden Fehler werden auf die Verwendung ungeeigneter *Stähle* zurückgeführt; jedoch können auf Grund von nur geringen vorliegenden Versuchsproben keine Richtlinien für eine bessere Werkstoffauswahl gegeben werden. (Welding J. **33.** 99s—111s. Febr. 1954. Elizabeth, N. J., Standard Oil Development Co.) H. HOCHSTEIN. 6410

Helmut Thielsch und **W. E. Pratt,** *Hochlegierte nichtrostende Stähle sind säurebeständiger.* Ermittelt wird die Korrosionsgeschwindigkeit von Stählen mit $<$ 0,07 (%) C, 0,75—3,5 Si, 0,4—1,5 Mn, 14,5—25,0 Cr, 1,0—4,5 Cu, 2—3,5 Mo, 20—37 Ni u. 0 oder 0,75—1,1 Nb in 0- bis 100%ig. H_2SO_4-Lsgg., teils mit Zusätzen an $Fe_2(SO_4)_3$ u. Na_2CrO_4 bei Tempp. bis zum Siedepunkt. Die Verss. ergaben, daß die hochlegierten Stähle eine hohe Beständigkeit gegen H_2SO_4-Lsgg. sowie eine gute Schweißbarkeit besitzen. Jedoch kann das Auftreten der σ-Phase u. Cu-reichen Phasen die Beständigkeit der Legierungen gegen hochakt. Lsgg. stark herabmindern. Als zweckmäßigste Wärmebehandlung wird eine Glühung bei 1040—1150° mit nachfolgender Abschreckung in W. angegeben. (Iron Age **170.** Nr. 2. 135—39. 10/7. 1952. New York, N. Y., Welding Res. Council bzw. Harrison, N. J., Worthington Corp.) H. HOCHSTEIN. 6410

Georges Blanc und **Pierre-Julien Le Thomas,** *Die Entfernung von in Bronzen enthaltenem Aluminium.* Bei n. Sn-Bronzen mit einem Anfangs-Al-Geh. zwischen 0,6 u. 0,9% bleibt nach der Al-Entfernungsbehandlung stets ein Al-Rest zurück, dessen Höhe vom Al-Anfangsgeh. abhängig ist. Die Entfernung von Al erfolgt durch stark oxydierende Mittel, wie KNO_3 oder MnO_2, zweckmäßig bei Tempp. von 1200° unter Umrühren der Schmelze. Der hierbei stattfindende Oxydationsvorgang von Al wird im einzelnen beschrieben. Die Oxydationsmittel können entweder als reine Verbb. oder zusammen mit einem Flußmittel zugesetzt werden, welches jedoch die Bldg. einer leichtfl. oder pastösen Schlacke gewährleisten muß. Das Umrühren der Schmelze bei 1200° soll zweckmäßig 5 Min. dauern. (Fonderie **1952.** 3091—3106. Sept.) H. HOCHSTEIN. 6432

A. Kalveram, *Welche Möglichkeiten bieten Bleibronzeverbundlager und Sonderbronzen bei der Buntmetalleinsparung?* Richtlinien für die Verwendung u. den Einbau

von Bleibronzen, u. zwar von der vollkommen Sn-freien Zweistoffbleibronze *PbCa 25* nach DIN 1716, die nur in Verbundgußausführung mit Stahlstützkörpern verwendet werden kann, sowie von der Mehrstoffbleibronze *PbSoBz 25* nach DIN 1716, die hauptsächlich in Massivgußausführung, aber auch ausnahmsweise in Sonderfällen für Verbundgleitlager verwendet wird. (Bergbautechnik **3.** 527–28. Okt. 1953. Leipzig.)
H. HOCHSTEIN. 6432

Georges Blanc, *Beitrag zur Untersuchung der Einwirkung von Gasen auf die Festigkeitseigenschaften und die Dichtigkeit von Bronzen.* Zur Erzielung hoher Festigkeitswerte von *Bronze* mit 10% Sn muß in einer oxydierenden Atmosphäre geschmolzen werden. Wenn jedoch in einer reduzierenden Atmosphäre geschmolzen wird, dann muß eine anorgan. oxydierende Behandlung, z. B. ein Durchblasen von Luft, oder ein Zusatz eines oxydierenden Flußmittels folgen. Auch kann eine entgasende Behandlung, wie ein Durchblasen von N_2, zur Erhöhung der Festigkeitseigg. vorgenommen werden. Ein starkes Umrühren des Schmelzbades führt stets zu einer Festigkeitssteigerung. Der Zusatz von feuchter Holzkohle auf die Badoberfläche oder Feuchtigkeit in der Gießpfanne können die Festigkeitseigg. beträchtlich erniedrigen. Dagegen hat das Trocknen der Gießform darauf nur geringen Einfluß. Bei der oxydierenden Behandlung der Schmelze tritt eine ziemlich starke Abnahme des Sn-Geh. der Bronze auf; ebenso wird auch eine beträchtliche Cu-Menge oxydiert. — 26 Schrifttumsangaben. (Fonderie **1954.** 3897—3909. April.)
H. HOCHSTEIN. 6432

Arant H. Sherman und **Marvin Pesses,** *Rückgewinnung von Nickel und Kobalt aus Alnico-Abfällen. Alnico*-Teilchen in einer schwerschmelzbaren Schlacke sowie *Alnico*-Drehspanabfälle von der Magnetfabrikation, welch letztere mit W., Öl u. Schleifmittel verschmutzt sind, werden gereinigt, getrocknet, geschliffen u. nach der Zerkleinerung magnet. aufbereitet. Darauf wird Al als Desoxydationsmittel zugesetzt. Außerdem werden SiO_2 u. Na_2SiO_3 zur Schlackenbldg. zugesetzt, u. das Gemisch wird eingeschmolzen. Kurz vor dem Abguß wird Eisenoxyd zur Entfernung von überschüssigem C u. Si zugesetzt. Die Schmelzen können 3000—4000 lbs. betragen, die in Blöckchen gegossen werden. Das Schmelzen findet in Induktionsöfen statt. (Iron Age **170.** Nr. 1. 115—19. 3/7. 1952. Davenport, Io., Alter Co.)
H. HOCHSTEIN. 6434

Pierre Silvestre, *Eine Legierung von großer Dichte.* Die Sinterlegierung „*Ponderam*" besteht aus 90% W sowie aus einem aus Ni u. Cu bestehenden Rest. Diese Legierung ist von hoher D. (16,5—17,3) u. besitzt bei einer *Brinell*-Härte von 300 eine Zugfestigkeit von 65 kg/mm². Außerdem ist sie leicht bearbeitbar. (Rev. gén. Mécan. **34.** 262. Juli 1950.)
H. HOCHSTEIN. 6440

Anton Pomp, *Untersuchung von Leichtmetallnietungen.* Ermittelt wird das Festigkeitsverh. von Leichtmetallnietungen bei stat. Beanspruchung. Hierbei wird auf Grund von Unterss. über die günstigste Nietteilung festgestellt, wie unterschiedlich bei hintereinanderliegenden Nieten die einzelnen Nieten beansprucht werden. Ferner werden Dauerfestigkeitsunterss. ausgeführt. Während bei stat. Beanspruchung das günstigste Verhältnis von geschwächtem Blechquerschnitt zu Nietquerschnitt bei 0,59 liegt, zeigt sich bei Schwingungsbeanspruchung ein zu höheren Werten hin verschobenes Verhältnis. (Industrie-Anz. **75.** 213—16. 3/3. 1953. Aachen.)
H. HOCHSTEIN. 6442

R. C. Cornell, *Magnesium-Spritzguß-Legierungen.* Allg. Angaben über das Schmelzen u. die leichte Brennbarkeit. Für das Gießen ist es nachteilig, daß das Metall einen geringen Wärmeinhalt u. ein großes Erstarrungsintervall besitzt, wodurch leicht Warmrisse entstehen. Angaben über die Bearbeitung u. die dabei anzuwendenden Vorsichtsmaßregeln. (Amer. Foundryman **19.** Nr. 4. 75—77. April 1951. Jackson, Mich., Litemetal Dicast, Inc.)
K. STEIN. 6444

Marcel Bardot, *Untersuchung der Mikrolunker in Gußstücken aus Aluminiumlegierungen.* Erörtert wird das Aussehen der in Al-Legierungen auftretenden Mikrolunker, u. festgestellt wird der Einfl. metallurg. Faktoren, des Zustands der Form, der Höhe der verlorenen Köpfe u. ihrer Vorwärmung sowie der Form des Gußstücks auf die Art u. Menge ihres Auftretens. Es wird nachgewiesen, daß durch Mikrolunker die Festigkeitseigg. der Gußstücke stark herabgesetzt werden. Es werden Angaben über die Dichtigkeit u. die Wichte von mit Mikrolunkern durchsetzten Gußstücken aus Al-Legierungen gemacht. (Fonderie **1952.** 3207—26. Dez.)
H. HOCHSTEIN. 6446

R. L. Hatschek, *Reinigung von Germanium durch Zonenschmelzung.* Ge wird mit 99,99999999% Reinheit durch eine längs des Blockes oder Stabes verlaufende langsame Bewegung einer durch Erhitzung erzeugten engbegrenzten Schmelzzone hergestellt, wobei die sich bewegende Schmelzzone die Verunreinigungen mit sich fortträgt u. sie am Block- bzw. Stabende konzentriert. Das so hergestellte sehr reine Ge wird als Werkstoff für Transistoren verwendet. (Iron Age **173.** Nr. 10. 78—79. 11/3. 1954.) H. HOCHSTEIN. 6448

L. H. Whitney und **R. Talmage,** *Verlängerung der Lebensdauer von Gliederketten durch Kettenbolzen aus Sinterstahl.* Kettenbolzen aus Sinterstahl mit 0,75 (%) C u. 5 Cu können größere Mengen Öl in ihren Poren aufnehmen, welches dann bei durch Reibung verursachter Temperaturerhöhung wieder aus den Poren austritt u. Notlaufeigg. der Kettenbolzen bewirkt. (Iron Age **171.** Nr. 26. 125—27. 25/6. 1953, Hartford, Whitney Chain Co., u. New Canaan, Conn.) H. HOCHSTEIN. 6474

A. Merz, *Aufbau, Eigenschaften und Anwendung der Sinterhartmetalle.* Überblick mit 19 Schrifttumsangaben. (Technik **7.** 295—99. Juni 1952. Immelborn/Thüringen.) H. HOCHSTEIN. 6476

Walter L. Keene, *Plattierte Metalle und Erzeugung plattierter Metalle.* Übersicht über die Plattierverff. (Pressen, Gießen, Walzen, Sintern, Schmelzflußauflage) u. die Anwendungen plattierter Metalle. (Steel Processing **39.** 647—53. Dez. 1953. Superior Steel Corp.) W. WESLY. 6478

Frank E. Weise jr., *ACSR-Draht.* Überblick über die Herst. u. Wärmebehandlung des mit Zn überzogenen Bewehrungskerns für Al-Leiter aus Stahldraht mit 0,5 bis 0,75 (%) C, 0,5—1,1 Mn, 0,1—0,3 Si, bis 0,05 S u. 0,04 P. (Wire and Wire Products **27.** 1023—26. 1130—31. Okt. 1952. Portsmouth, O., Detroit Steel Corp.) H. HOCHSTEIN. 6478

E. Siebel, *Übertragbarkeit von Erkenntnissen der Materialprüfung auf die Bewährung der Bauteile im praktischen Betrieb und auf das Verhalten bei der Formgebung.* Die Anwendung der bei ruhender u. schwingender Beanspruchung gewonnenen Festigkeitskennwerte in der Festigkeitsrechnung hat sich mit einigen Einschränkungen bewährt, nachdem durch die Schaffung entsprechender Festigkeitshypothesen die Voraussetzungen dafür geschaffen waren. Auch bzgl. des Festigkeitsverh. in der Wärme stehen Materialprüfung u. Betriebsbewährung im Einklang. Keine Klarheit herrscht jedoch hinsichtlich der Zähigkeitseigg. u. ihres Einfl. auf die Betriebsbewährung. Noch schwieriger liegen die Verhältnisse bei den technolog. Eigg., z. B. dem Verschleißwiderstand. Bzgl. der bildsamen Formgebung ist zu beachten, daß das Formänderungsvermögen eines Werkstoffs weitgehend durch die Beanspruchungsverhältnisse beeinflußt wird, unter welchen die Formgebung vor sich geht. — 15 Schrifttumsangaben. (Industrie-Anz. **74.** 909—12. 23/9. 1952. Stuttgart, Staatl. Materialprüfungsamt an der TH.) H. HOCHSTEIN. 6480

Georges Vidal und **Pierre Lescop,** *Der Einfluß der Temperatur auf den Youngschen Modul von Legierungen für Düsenmotore.* Durch Messung der Schallfortpflanzungsgeschwindigkeit wird der Elastizitätsmodul u. dessen Veränderung mit der Temp. für *Leichtmetallegierungen* im Bereich von Raumtemp. bis 400° u. für ferrit. u. austenit. *Stähle* im Bereich von Raumtemp. bis zu 1000° ermittelt. Die Ergebnisse zeigen, daß die Verringerung des Elastizitätsmoduls mit der Temp. für die bei hohen Tempp. arbeitenden Maschinen von großer Bedeutung ist, weil im Untersuchungsbereich die Verminderung des Elastizitätsmoduls für Leichtmetallegierungen 10%, für ferrit. Stähle 12% u. für austenit. Stähle bis zu 30% beträgt. (Rev. gén. Mécan. **34.** 170—72. Mai 1950.) H. HOCHSTEIN. 6480

W. Scholz, *Praktische Spannungsanalyse.* Überblick über die verschied. Spannungsmeßverfahren. (Industrie-Anz. **75.** 332—35. 7/4. 1953. Köln.) H. HOCHSTEIN. 6480

R. S. Zeno und **J. L. Dolby,** *Der Einfluß der Probenabmessungen auf die Kerbschlagzähigkeitsübergangstemperatur.* Durchgeführt wird eine statist. Unters. der Abhängigkeit der Übergangstemp. von Schlagarbeit, Brucheinschnürung u. Bruchaussehen bei verschieden großem Querschnitt. Es werden Kerbschlagbiegeverss. zwischen +100 u. —100° an normalgeglühten genormten Rund- u. Spitzkerbproben mit voller, halber u. viertel Höhe aus *Stahl* mit 0,20 (%) C, 0,05 Si, 0,83 Mn, 0,020 P u. 0,040 S ausgeführt. (Welding J. **32.** 190s—97s. April 1953. Schenectady, N. Y., General Electric Co.) H. HOCHSTEIN. 6480

F. F. Witman, N. A. Slatin, W. A. Stepanow und **L. M. Schesstopalow,** *Bestimmung von mechanischen Eigenschaften von Metallen mit Hilfe eines kleinen konischen Eindruckes und flacher Ritzung.* Nach einer krit. Sichtung des dieses Thema behandelnden Schrifttums wird über eigene, an einer Reihe von Metallen (Al, Cu, Messing, Stahl verschied. Zus.) durchgeführte Unterss. berichtet. Es wird die Möglichkeit aufgezeigt, auf Grund von Messungen des durch eine Hartmetallspitze bewirkten Eindruckes bzw. Ritzlinie mit für die Praxis häufig genügender Genauigkeit, auch solche Eigg., wie

Streckgrenze, Festigkeit, wahre Zerreißfestigkeit zu errechnen. (Журнал Технической Физики [J. techn. Physik] **24.** 388—99. März 1954.) V. EHMCKE. 6480

C. L. Cobarg, *Zerstörungsfreie Werkstoffprüfung.* Übersicht über die wichtigsten Verfahren. (Industrie-Anz. **73.** 1018—19. 20/11. 1951. Schleswig.) H. HOCHSTEIN. 6480

E. B. Ellis, *Ultraschallprüfung. Ihre Anwendung bei der Erzeugung gegossener Walzen.* Die zweckmäßigen Arbeitsbedingungen werden beschrieben u. die Schallbilder bei der Prüfung von Walzen mit dem Impulsechoverf. ausgewertet. (Iron and Steel **25.** 429—32. Okt. 1952. W. G. Armstrong Whitworth & Co.) H. HOCHSTEIN. 6480

Gerhard Lucas und **Adolf Lutsch,** *Bestimmung der Seigerungszonen im Gußblock einer Aluminium–Magnesium–Silicium-Legierung mit dem Ultraschallreflexionsverfahren.* Da die an einem Gußblock der Gattung *AlMgSi* gemessene Schallgeschwindigkeit 6% größer ist als die in *Al 99,5,* gestattet dieser durch die Legierungselemente bedingte Effekt die Best. von Seigerungszonen im AlMgSi-Gußblock durch genaue Schallgeschwindigkeitsmessungen. Das Meßverf. wird besprochen. Während Seigerungen bei Reihenunterss. erkannt werden können, werden texturbedingte Einfll. nicht beobachtet. (Z. Metallkunde **45.** 158—60. April 1954. Nürnberg bzw. Erlangen.) H. HOCHSTEIN. 6480

Ernst Zehender, *Erfahrungen mit einer neuen Interferenzmethode zur Untersuchung von Oberflächen.* Zur Prüfung der Leistungsfähigkeit des Abdruckfilm-Interferenzverf. wurden mit der Meth. die Rauhtiefen von Proben verschieden feiner Bearbeitung bestimmt. Die Ergebnisse wurden mit denen von Tastschnittaufnahmen des LEITZ-FORSTER-Oberflächenprüfers verglichen. Die Ergebnisse stimmen bei Rauhtiefen von 0,4—11 μ überein. (Metalloberfläche, Ausg. A **8.** 49—52. April 1954. Stuttgart.) H. HOCHSTEIN. 6482

Berthold von Sothen und **Gerhard Eichert,** *Erfahrungen mit einem Schnellardometer beim Haspeln von Warmbändern.* Es wird nachgewiesen, daß mit einem Schnellardometer fast verzögerungsfrei die Oberflächentempp. von Warmbändern gemessen werden können. Durch die besondere Anordnung des Gerätes mit lichtelektr. Verstärker u. Linienschreiber u. durch eine spezif. Eichung ist es möglich, opt. annähernd wahre Tempp. bis unter 500° zu messen. (Stahl u. Eisen **75.** 356—57. 24/3. 1955.) H. HOCHSTEIN. 6490

Hans Winterkamp, *Herstellungsverfahren von warm gewalztem Breitband, unter besonderer Berücksichtigung der Steckelstraße.* (Stahl u. Eisen **74.** 1492—1502. 4/11. 1954. Dortmund.) H. HOCHSTEIN. 6490

W. D. Pritchard, *Tiefziehen einer Eisenlegierung mit 17% Chrom.* Zur Vermeidung von Riefenbldg. beim Tiefziehen von Eisenlegierungen mit 17% Cr wird als Preßstempel eine Al-Bronze, „*Narite*", verwendet, die eine BRINELL-Härte von 400 u. eine geregelte Korngröße besitzt. (Sheet Metal Ind. **31.** 300. April 1954. Long Eaton, Wallis & Co. Ltd.) H. HOCHSTEIN. 6490

Werner Lueg und **Karl-Heinz Treptow,** *Der Einfluß der Schmierstoffe auf die Ziehkraft beim Ziehen von Stabstahl.* Der Einfl. wird bei Stabstahl aus unlegiertem Stahl mit 0,43% C u. einem hochlegierten nichtrostenden Cr–Ni–Mo-Stahl festgestellt, wobei als Schmierstoffträger Kalk, Borax, Alkali, Elektrographit, KW-stoffpolymerisat u. ein Silicon benutzt werden, bei dem hochlegierten Stahl auch Überzüge, die Eisen oder FeO in Pulverform enthalten, sowie Trägerschichten aus Eisenoxalat. Als Schmierstoffe standen neben Rüböl u. Petroleum verschied. Ziehöle, Ziehfette, Elektrographit, MoS_2, ein KW-stoffpolymerisat u. Silicone zur Verfügung. Mit Kalk als Schmierstoffträger auf Ziehstäben aus dem unlegierten Stahl ergab sich nur bei dem KW-stoffpolymerisat eine um 8% geringere Ziehkraft als bei Rüböl, während alle übrigen Schmierstoffe größere Ziehkräfte erforderten, also schlechtere Schmiereigg. hatten. Bei den Ziehölen war die Ziehkraft größer als bei Rüböl. Während die Ziehkraft bei Elektrographit fast die gleiche wie bei Rüböl war, schnitten alle Silicone gegenüber Rüböl sehr ungünstig ab. Beim Vgl. der Schmierstoffträger Kalk, Elektrographit, Borax, Alkali, Polymerisat u. einem der Silicone ergaben sich bei Verwendung von Rüböl Ziehkrafterhöhungen von weniger als 10% gegenüber Kalk mit Ausnahme des Silicons, das einen Mehrbedarf an Ziehkraft von über 50% verursachte. Alkali mit Rüböl ergab bei den Verss. mit dem nichtrostenden Stahl die geringsten Ziehkräfte u. den besten Oberflächenzustand der Ziehstäbe nach dem Zug. Die physikal. u. chem. Kennwerte der untersuchten Ziehöle sind in ihrer Eignung für den Stangenzug von Stahl am besten durch ihren Anteil an Verseifbarem gek., u. zwar derart, daß der höchste Anteil an Verseifbarem die niedrigste Ziehkraft erfordert u. umgekehrt. Eine Auswertung früherer Drahtziehverss. ergab, daß beim Mehrfachziehen von Stahldraht der Standfestigkeit der Schmierstoffschicht eine größere Bedeutung zukommt als beim Stangenzug u. daß diese eindeutig mit dem Geh. des Schmierstoffs an geeigneten S-Verbb. als sogenanntem Hochdruckzusatz einhergeht. (Stahl u. Eisen **74.** 1334—42. 7/10. 1954. Düsseldorf, Max-Planck-Inst. für Eisenforschung.) H. HOCHSTEIN. 6490

Herbert Kuntze und **Anton Pomp,** *Vergleich verschiedener Schmiermittelträger beim Ziehen von Drähten aus nichtrostendem Stahl.* Drähte aus nichtrostendem Stahl mit 0,1 (%) C, 0,52 Si, 1,49 Mn, 18,17 Cr, 0,40 Mo u. 8,70 Ni wurden vom Walzdraht mit 5 mm Durchmesser mit Kochsalz–Kalk-, *Edelstahl-Bonder-188-* u. *SB*-Trägerschichten in 6 Zügen ohne Erneuerung der Schichten auf 2,1 mm Durchmesser mit Calciumstearat als Schmiermittel durch Ziehsteine gezogen. Die Herst. der drei Schmiermittelträgerschichten wird beschrieben. Die Eignung wurde durch den sich ergebenden Verschleiß der Ziehkohle an Hand von *Alfameter*-Aufnahmen festgestellt. Die Versuchsergebnisse von Drähten mit Kochsalz–Kalk sowie *Edelstahl-Bonder-188* sind ziemlich gleichartig. Ungünstiger war der Einfl. der *SB*-Trägerschicht. Beim betrieblichen Einsatz von Kochsalz–Kalk ergaben sich Nachteile, die trotz höherer Kosten durch das Beizverf., Zusatz chem. Stoffe u. Abgabegebühren den Gebrauch der *Edelstahl-Bonder-188*-Schicht geeigneter erscheinen lassen. (Stahl u. Eisen **74.** 1325—34. 7/10. 1954. Aachen.) H. HOCHSTEIN. 6490

A.-G. Ligier, *Wesentliche Technik für eine bessere Verwendung von Stahl bei der Federherstellung.* Behandelt wird die Verbesserung des Nutzungskoeff. von Spiralfedern dadurch, daß dem Federstab durch Kalttorsionsverformung eine Vorspannung erteilt wird. (Rev. gén. Mécan. **36.** 1—7. Jan. 1952.) H. HOCHSTEIN. 6490

J. R. Roubik, *Hartmetallfräsen unter Verwendung von Schneidflüssigkeiten.* Die Härte eines Stahls kann als Anhaltswert für die Schnittgeschwindigkeit u. den Vorschub dienen, wenn keine Standzeitwerte verfügbar sind. Beim Fräsen von Stählen mittleren C-Geh. ist eine Zunahme von der Härte von 200 auf 300—400 kg/mm² allg. mit einer geringen Zunahme der Leistungsaufnahme u. einem starken Standzeitabfall verbunden. Beim Fräsen harter Stähle erhöht eine Verminderung der Schnittgeschwindigkeit u. des Vorschubs je Zahn die Standzeit. Stirnfräsen von Stahl mittleren C-Geh. jeder Härte mit Hartmetall unter Anwendung einer Emulsion (40:1) gibt keine Verbesserung der Oberfläche. Oft wird hierbei auch die Standzeit herabgesetzt. — 12 Schrifttumsangaben. (Industrie-Anz. **75.** 324—28. 7/4. 1953. Milwaukee, Wis.) H. HOCHSTEIN. 6490

E. Brödner, *Das Fließpressen von Stahl.* Es werden die Ergebnisse amerikan. Verss. beim Fließpressen oder Spritzziehen von Stahl mitgeteilt u. diese mit deutschen Veröffentlichungen neuerer Zeit verglichen. (Industrie-Anz. **73.** 55—57. 19/1. 1951. Zürich.) H. HOCHSTEIN. 6490

H. M. Hiller, *Beheizte Blockaufnehmer zum Strangpressen von Leicht- und Buntmetallen.* Die Voraussetzungen für die zweckmäßige Verwendung beheizter Blockaufnehmer beim Strangpressen von Leicht- u. Buntmetallen werden beschrieben. Aus dem Einfl. der Temperaturspannungen ergibt sich, daß die Aufnehmer für Leicht- oder Buntmetalle verschieden geschrumpft werden müssen. — Schrifttumsangaben. (Metall **8.** 923—29. Dez. 1954. Hagen, Stahlwerke Südwestfalen Akt.-Ges.) F. VIER. 6490

H. H. Finkelnburg, *Moderne Verfahren der mechanischen Feinbearbeitung von Metallen.* Überblick. (Metall **8.** 459—62. Juni 1954. Mettmann.) F. VIER. 6490

H. Wilh. Grönegreß, *Brenner und Brenngase für die örtliche Oberflächenhärtung.* Überblick. — Schrifttumsangaben. (Industrie-Anz. **74.** 897—900. 19/9. 1952. Gevelsberg.) H. HOCHSTEIN. 6492

H. Arend, *Anwendungsgebiete der induktiven Erwärmung.* Überblick. (Industrie-Anz. **74.** 85—86. 29/1. 1952. Mülheim.) H. HOCHSTEIN. 6492

E. Brödner, *Die Erwärmung durch Wechselströme hoher Frequenz (HF-Erwärmung).* Kennzeichen der induktiven Erhitzung elektr. leitender Stoffe sowie der kapazitiven, elektr. Erhitzung nichtleitender Stoffe beim Durchhärten u. Oberflächenhärten, Glühen, Hartlöten, Weichlöten, Schmelzen, Schweißen u. Sintern. — Schrifttumsangaben. (Industrie-Anz. **72.** 980—81. 7/11. 988—89. 10/11. 1950.) H. HOCHSTEIN. 6492

Franz Wever und **Adolf Rose,** *Zur Frage der Wärmebehandlung der Stähle auf Grund ihrer Zeit–Temperatur-Umwandlungsschaubilder.* Die Anwendung der isotherm. Zeit–Temp.-Umwandlungsschaubilder u. der Zeit–Temp.-Umwandlungsschaubilder für kontinuierliche Abkühlung bei der Wärmebehandlung von Stählen u. Gußeisen wird an einer Reihe grundsätzlicher Beispiele gezeigt. Isotherm. Umwandlungsschaubilder sind bes. für das isotherm. Glühen auf Perlit u. für verschied. Formen der Zwischenstufenumwandlung u. der Warmbadhärtung von Bedeutung. Das kontinuierliche Umwandlungsschaubild wird angewendet auf Abkühlungsvorgänge zur Bldg. perlit. Gefüge u. von

Mischgefügen mit überwiegendem Anteil an Zwischenstufengefüge sowie auf den Übergang des Abschreckhärtens. Es werden die Beziehungen zwischen den Härtbarkeitsprüfungen u. dem Schaubild für kontinuierliche Abkühlung dargestellt. — Diskussion. (Stahl u. Eisen **74.** 749—60. 3/6. 1954. Düsseldorf, Max-Planck-Inst. für Eisenforsch.) H. HOCHSTEIN. 6492

W. Haufe, *Die Vorteile der Warmbadhärtung.* Überblick. (Industrie-Anz. **74.** 43—45. 15/1. 1952. Düsseldorf.) H. HOCHSTEIN. 6492

Adalbert Rühenbeck, *Das Ölwarmbad als neues Abschreckmittel für praktisch verzugsfreies Härten.* Die metallurg. u. härtetechn. Besonderheiten eines neuen Abschreckmediums, des Ölwarmbades, werden erörtert. Durch Vgl. mit den bisher bekannten Abschreckverff. wird gezeigt, warum beim Abschrecken im Ölwarmbad prakt. kaum Verzugsspannungen auftreten. Als Nachteil dieses Verf. gilt die Alterungsneigung des Öls. Beliebig große Teile können nicht im Ölwarmbad abgeschreckt werden. (Industrie-Anz. **75.** 341—44. 10/4. 1953. Hannover.) H. HOCHSTEIN. 6492

R. F. Harvey, *Vorzüge einer geregelten Bewegung von Warmabschrecksalzbädern.* Bei der Abschreckhärtung von Stahl muß zwischen der Härtbarkeit des Stahles, der Werkstückgröße u. der Abschreckwrkg. des Bades eine zweckmäßige Beziehung bestehen. Zur Erzielung einwandfreier Härtungen wird ein tern., aus KNO_3, $NaNO_2$ u. $NaNO_3$ bestehendes Salzgemisch verwendet, dessen F. durch Wasserzusatz erniedrigt werden kann, so daß dieses Gemisch für Betriebstempp. von unter 350° F verwendbar ist. Durch Propeller kann das Bad in Wallung gebracht werden, wobei diese Bewegung die Größe der Einhärtetiefe regelt. Die Abhängigkeit der Badbewegung u. der Einhärtetiefe wird bei ein u. demselben Stahl kurvenmäßig dargestellt. (Steel Processing **40.** 519—24. Aug. 1954. Brown and Sharpe Mfg. Co.) H. HOCHSTEIN. 6492

E. N. Case und **A. M. White,** *Salzschmelzbad mit Wasserzusatz zum Abschrecken.* Zu einem Salzbadgemisch aus KNO_3, $NaNO_2$ u. $NaNO_3$ für Abschreck- u. Anlaßbäder bei Badtempp. unter 150° wird ein Wasserzusatz gemacht, wodurch eine vergrößerte Abschreckwrkg. erreicht wird. Dieser Wasserzusatz erniedrigt den E. u. Kp. des Salzgemischs. (Metal Progr. **64.** Nr. 4. 122—24. Okt. 1953. New York bzw. Stamford, American Cyanamid Co.) H. HOCHSTEIN. 6492

Adalbert Rühenbeck, *Zur Abschrecktechnik von Stählen.* Die PETER/ROSE-Abkühlungskurven (mit der Silberkugel) werden als Maß für die erforderlichen Abkühlungsgeschwindigkeiten mit den sogenannten S-Kurven verglichen u. die Kennzeichen der gebräuchlichen Abkühlmedien (W., Salzwasserlsg., *Aquasal,* Härteöle, wss. HNO_3-Lsgg., Salzwarmbad *As 135* u. Ölwarmbad) angegeben. Es wird auf die Vorteile der unterbrochenen Härtung hingewiesen. (Industrie-Anz. **76.** 119—21. 2/2. 1954. Hannover.) H. HOCHSTEIN. 6492

Willy Haufe, *Die Tauchzeit beim Härten von Schnellstahl.* Untersucht wird der Einfl. der Tauchzeit auf die Grobkornbldg. u. Überhitzung beim Härten von Schnellstahl in Salzbädern. Zwecks Vermeidung einer Überzeitung ist eine Vorwärmung der Schnellstahlwerkzeuge auf 500—900° von besonderem Vorteil. Bei der Herst. von Spiralbohrern mit mit festgelegten Tauchzeiten gearbeitet. (Industrie-Anz. **74.** 919—21. 26/9. 1952. Düsseldorf/Bochum.) H. HOCHSTEIN. 6492

Heinz Glaubitz, *Neue Zahnradhärteverfahren.* Erörtert werden die Vorzüge der Induktionshärtung von Zahnrädern einerseits sowie der Brennhärtung derselben andererseits in bezug auf ihr Festigkeits- u. Verschleißverhalten. Es wird eine Übersicht über die hierfür in Frage kommenden Normvergütungsstähle gegeben. (Industrie-Anz. **73.** 670—73. 31/7. 1951. Schiewecke.) H. HOCHSTEIN. 6492

Eduard M. H. Lips und **H. van Zuilen,** *Verbesserte Härtetechnik.* Eine ungewöhnlich hohe Streckgrenze u. Kriechfestigkeit, die von einer guten Kaltbildsamkeit begleitet werden, werden dadurch erzielt, daß die Bldg. von Martensit oder Bainit aus einem verformten Austenitgefüge heraus stattfindet. Dies geht bei einer Temp. unterhalb der Rekristallisationstemp. vor sich. Das Verf. wird bei der Herst. von Spannbetondrähten, Bändern für Werkzeuge, von Klingen, Federn oder Nadeln angewendet. (Metal Progr. **66.** Nr. 2. 103—04. 1/8. 1954. Eindhoven, N. V. Philips Incandescent Lamp Works.) H. HOCHSTEIN. 6492

Heinrich Arend, *Das Glühen nach Kaltformung.* Überblick über Zweck u. Wrkg. einer Glühbehandlung nach der Kaltverformung von *Stahl,* u. zwar werden im einzelnen behandelt das Weichglühen, das Spannungsfrei- u. Rekristallisationsglühen sowie das Umwandlungs- oder Normalglühen. (Industrie-Anz. **74.** 186—88. 29/2. 1952. Mülheim.) H. HOCHSTEIN. 6492

Josef Wohak, *Vereinfachtes Blankglühverfahren.* Mit dem blanken Glühgut, z. B. Ringe aus kaltgezogenem Draht oder kaltgewalztem Band, wird eine geringe Menge eines brennbaren Mittels, z. B. Holzkohle oder ein in Öl getauchter Lappen, in den Glühtopf eingebracht, der mit einem Deckel verschlossen wird. Beim Aufheizen entzündet sich der vorerwähnte Brennstoff u. bindet bei seiner Verbrennung den im Glühtopf eingeschlossenen Luftsauerstoff. Nach beendeter Glühung wird ein aus Blech gefertigter Ring am Glühtopf angehängt, Hierauf wird Koks, Holzkohle oder dgl. auf den Glühtopfdeckel kranzförmig aufgehäuft. Dieser Brennstoff entzündet sich am glühenden Deckel u. bindet den O_2 der an ihm vorbeistreichenden, in den langsam abkühlenden Glühtopf eindringenden Außenluft. (Industrie-Anz. **72.** 160—61. 21/2. 1950. Mengkofen.) H. HOCHSTEIN. 6492

Adalbert Rühenbeck, *Richtiges Badnitrieren von Schnellstahlwerkzeugen.* Die Schnellstahlwerkzeuge werden erst nitriert, nachdem sie in neutralen Salzbädern gehärtet u. angelassen worden sind. Es wurden die Vor- u. Nachteile der Badnitrierung, die hierfür geeigneten Stahllegierungen sowie die metallurg. Vorgänge in den Schneidkanten der Werkzeuge beim Härten u. Nitrieren erörtert. — 12 Literaturstellen. (Metalloberfläche, Ausg. A **9.** 65—68. Mai 1955. Schwelm/Westf.) F. MARKHOFF. 6492

Johannes Müller, *Über das Weichnitrieren, ein Verfahren zur Verbesserung der Verschleißfestigkeit von Stahloberflächen.* Verschleißunterss. zeigten eine beträchtliche Erhöhung des Verschleißwiderstands von C-Stählen, die einer „Weichnitrierung" unterworfen worden waren. Das Verf. hat sich z. B. bei gußeisernen Zylinderlaufbüchsen für Dieselmotoren bewährt. (Metalloberfläche, Ausg. B **9.** 52—55. April 1955. Frankfurt/M., Durferrit-Versuchsanst. der Degussa.) F. MARKHOFF. 6492

Friedhelm Seiffe, *Ausglühen von Schweißnähten mit Netzfrequenz auf induktivem Wege.* Beim Ausglühen von Verbindungsschweißnähten an großen Stahlrohren mittels induktiver Erwärmung kann jeder gewünschte Temperaturverlauf durch einen Regler eingehalten werden. Wichtig ist hierbei, daß die Induktionswicklung fast keinen Raum benötigt. Durch langsames Glühen in einem Arbeitsgang werden sämtliche durch Schweißen entstandenen mechan. Spannungen ausgeglichen. (Werkstatt u. Betrieb **87.** 133—36. März 1954. Dortmund.) H. HOCHSTEIN. 6492

W. Mielentz, *Die Aussichten des autogenen Entspannens von Schweißnähten bei der Einführung in den Kessel- und Druckbehälterbau.* Die Verwendbarkeit des *KENT*-(kontrolliertes Entspannen bei Niedrigtemp.) Verf. bei weichem Schweißgut, bes. bei wechselbeanspruchten Bauteilen, wird erörtert. Die Normalisierung bzw. Vergütung wird aus technolog. wie metallurg. Gründen, das Nichtglühen aus wirtschaftlichen Gründen nicht ersetzt werden können. Für das Spannungsfreiglühen bei 600—650° bietet das autogene Entspannen keinen vollwertigen Ersatz, da es keine Erhöhung der Zähigkeit, wie das Spannungsfreiglühen, mit sich bringt. — Schrifttumsangaben. (Schweissen u. Schneiden **5.** 268—69. Juli 1953. Düsseldorf.) H. HOCHSTEIN. 6492

G. K. Burton, *Einige Bemerkungen über die Oberflächenhärtung von Stählen und über die Verwendung von Kupferüberzügen zu ihrer Abschirmung.* Zur Vermeidung von Aufkohlungen durch feste Mittel, z. B. Holzkohle, geschmolzene NaCN-Bäder u. KW-stoffhaltige Gase sowie von Nitrierungen durch NH_3 wird die Stahloberfläche örtlich mit galvan. Cu-Überzügen versehen, u. die Bedingungen hierfür (Vorbehandlung, Stromdichte, Badtemp., Nachbehandlung) werden erörtert. (Sheet Metal Ind. **29.** 367—68. 370. April 1951.) H. HOCHSTEIN. 6492

Oskar Gönner, *Das Brennschneiden im Vorrichtungs- und Werkzeugbau.* Allg. Richtlinien. (Industrie-Anz. **72.** 257—58. 21/3. 1950. Hilzingen.) H. HOCHSTEIN. 6502

H. Anders, *Zur Technik des Lötens.* Behandelt wird das Hart- u. das Weichlöten. (Industrie-Anz. **76.** 344—46. 16/3. 1954. Berlin.) F. VIER. 6504

Björn Kjellberg, *Das Lichtbogenschweißen in Skandinavien.* Überblick über Verwendung der verschied. Schweißelektrodentypen in Hinsicht auf Stromart u. geschweißtes Material (Flußstahl, Baustahl, hochlegierter Stahl, Gußeisen u. Stahlguß, Cu- u. Al-Legierungen). Anwendungen im Maschinenbau, für Druck- u. drucklose Behälter, für rollendes Material im Eisenbahn- u. Kraftfahrzeugwesen, im Brücken- u. Schiffbau. Verhältnis der verschied. Schweißverfahren. (Métallurgie Construct. mécan. **87.** 37 bis 43. Jan. 1955.) D. BREDTSCHNEIDER. 6506

L. Tamisey, *Gegenwärtige Richtungen der elektrischen Lichtbogenschweißung. Die Möglichkeiten der französischen Technik.* Allg. Ausführungen. (Rev. gén. Mécan **34.** 230—32. Juni 1950. Comp. Electro-Mécanique.) H. HOCHSTEIN. 6506

Frank G. Harkins, *Lichtbogenschweißverfahren mit Schutzgas bei niedriggekohlten und niedriglegierten Stählen.* Bei Verwendung von austenit. Stahlelektroden mit 25 (%) Cr u. 20 Ni werden bei Anwendung des Verf. gute Schweißergebnisse hinsichtlich Korngröße u. Festigkeitseigg. erzielt. Bes. ein Gemisch von 95 Ar u. 5 O_2 bewährte sich als Schutzgas gut. (Welding J. **32.** 683—89. Aug. 1953. San Diego, Calif., Solar Aircraft Co.) H. HOCHSTEIN. 6506

Glenn J. Gibson, *Erfordernisse für die Gasströmung bei Lichtbogenschweißungen mit Schutzgasumhüllung.* An Schlierenaufnahmen wird der wirksamste Schutz durch Schutzgase (Ar oder He) bei Lichtbogenschweißungen ermittelt. Für die erforderlichen Strömungsgeschwindigkeiten werden Richtlinien angegeben. Im Verh. von Ar u. He zeigen sich Unterschiede. So sind die Strömungsgeschwindigkeiten bei ausreichendem Gasschutz mit He das doppelte von denen mit Ar. Der Gasschutz mit Ar wächst zunächst mit der Strömungsgeschwindigkeit, bleibt dann aber konstant. Ein Gasgemisch aus 80(%) He u. 20 Ar erfordert Strömungsgeschwindigkeiten, die mitten zwischen denen der reinen Gase liegen. (Welding J. **32.** 198s—208s. April 1953. Murray Hill, N. J., Air Reduction Labor.) H. HOCHSTEIN. 6506

Ernest F. Nippes und **Alexander Lesnewich,** *Einflüsse von Elektroden und Wärmebehandlungen auf Schweißungen von niedriggekohlten Stählen.* Die Dehnbarkeit von mit den Elektroden *E 6010* u. *6016* an mit Si beruhigten Stählen hergestellten Schweißungen wurden untersucht u. dabei festgestellt, daß nur bei einem Stahl mit 0,25% C u. Verwendung der Elektrode E 6010 eine wesentliche Verbesserung auftrat, während bei allen anderen Stählen vor u. nach einer Wärmebehandlung Unterschiede nicht beobachtet wurden. Als Wärmebehandlung wird ein 1std. Glühen bei 620° zur Spannungsentfernung empfohlen. Schweißungen mit durch Wärmebehandlung erzieltem Feingefüge wiesen die höchsten Dehnungswerte auf. (Welding J. **32.** 353s—74s. Aug. 1953. Troy, N. Y., Rensselaer Polytechnic. Inst.) H. HOCHSTEIN. 6506

Oskar Gönner, *Die neuere Entwicklung der elektrischen Widerstandsschweißung.* Überblick über die Entw. der elektr. Widerstandsschweißgeräte. (Industrie-Anz. **74.** 538—40. 13/6. 550—52. 17/6. 1952. Hilzingen.) H. HOCHSTEIN. 6506

L. K. Stringham, *Neue Entwicklung der Flußmittel für automatisches Schweißen und Auftragsschweißungen harter Oberflächenschichten.* Es werden die Vorzüge der Herst. eines Gemischs aus feingemahlenen Flußmittelteilchen u. einem geeigneten Bindemittel sowie der Trocknung dieses Gemischs erörtert. (Welding J. **33.** 132—36. Febr. 1954. Cleveland, O., Lincoln Electric Co.) H. HOCHSTEIN. 6506

K. L. Zeyen, *Werkstoffe und Zusatzwerkstoffe für die Schmelzschweißverfahren.* Überblick u. allg. Richtlinien für die Wahl einer Elektrode in Abhängigkeit von dem zu schweißenden Werkstoff. Die Umhüllungstypen werden erörtert u. Angaben über den Spannungszustand geschweißter Konstruktionen sowie über Schweißprüfungen u. -proben gemacht. — 33 Schrifttumsangaben. (Industrie-Anz. **74.** 455—59. 20/5. 465—69. 23/5. 477—79. 27/5. 487—90. 30/5. 1952. Oberhausen-Sterkrade.) H. HOCHSTEIN. 6506

A. Matting, *Hochwertige Schweißarbeiten an verschleißfesten Werkzeugen.* Zur Verlängerung der Lebensdauer schadhafter oder abgenutzter verschleißfester Werkzeuge haben sich Preß- u. Schmelzschweißverff. eingeführt. Zur Verbindung gleich dicker Teile, auch unterschiedlicher Zus., wird die Abbrennschweißung verwendet. Seltener werden Verbb. durch Schmelzschweißung mit austenit. Zusatzstoffen hergestellt. Die große Bedeutung der Aufschweiß- u. Auftropfverff. unter Verwendung von Zusatzstoffen aus Hartmetallcarbiden, *Stellit* oder Schnellstahl, zur Herst. verschleißfester Schichten wird erörtert. — Schrifttumsstellen. (Industrie-Anz. **73.** 362—63. 27/4. 404—07. 11/5. 1951. Hannover, TH, bzw. Madrid.) H. HOCHSTEIN. 6506

W. R. Apblett und **W. S. Pellini,** *Die die Warmrißbildung von Schweißen beeinflussenden Faktoren.* Die Entw. von Warmrissen in Schweißungen rühren von den vereinten Wirkungen metallurg. u. mechan. Einfll. her. Von den metallurg. Einfll. sind von besonderer Bedeutung: die Erstarrungsbedingungen des Metalls, die Korngröße u. die Ggw. von niedrigschm. eutekt. Filmen; von den mechan. Einfll. ist die in der Schweiße während der Abkülung erzeugte Spannung von Bedeutung. Es wird ein Prüfverf. für die Warmrißbldg. in Schweißen beschrieben u. gezeigt, daß bestimmte hitzebeständige Legierungen infolge der ihnen eigentümlichen Erstarrungsbedingungen zur Warmrißbldg. neigen. (Welding J. **33.** 83s—90s. Febr. 1954. Washington, Naval Res. Labor.) H. HOCHSTEIN. 6506

George L. C. Dehn, *Magnaflux für die Güteprüfung von Schweißungen an Rohrleitungen.* An Beispielen wird die gute Eignung des Prüfverf. nachgewiesen. (Welding J. **32.** 721—27. Aug. 1953. Dallas, Tex., Magnaflux Corp.) H. HOCHSTEIN. 6506

Melvin Mark, *Qualitative Untersuchungen von Restspannungen in Schweißungen nach der photoelastischen Methode.* Der Betrag, bis zu dem Restspannungen in Schweißstellen auftreten, hängt von der Größe der bleibenden Verformung ab, die im Gefüge durch während der Schweißung erzeugte Wärmespannungen verursacht wurde. Diese Spannungen können nach dem photoelast. Verf. untersucht werden. (Welding J. **32.** 374s—377s. Aug. 1953. Newton, Mass., Raytheon Mfg. Co.) H. HOCHSTEIN. 6506

Kurt Frölich, *Vorbehandlung von Metalloberflächen.* Überblick. Behandelt wird das Entfetten mit anorgan. Reinigungsmitteln, das Reinigen u. Trocknen mit organ. Lösungsmitteln, das Mineralsäurebeizen, das Phosphorsäurebeizen u. Passivieren sowie Phosphatieren von Eisen, Stahl u. Leichtmetallen. (Industrie-Anz. **76.** 337—41. 16/3. 1954. Stuttgart.) F. VIER. 6512

H. Kemper und **W. Pomaska,** *Der Einfluß des Flammstrahlens auf die Eigenschaften von Stählen.* Die beim Flammstrahlen austretenden Gase, Stäube u. Dämpfe werden untersucht u. die NO_2- u. CO-Konzz. in 20 u. 100 cm^3 Abstand von der Brennerflamme festgestellt. Die Art u. Menge des ablösbaren Rostes wird in Abhängigkeit von der Austrittsgeschwindigkeit der Flammgase sowie von dem Mischungsverhältnis von O_2 u. C_2H_2 ermittelt. Temperaturmessungen werden nach ein- u. zweimaligem Flammstrahlen durchgeführt, wobei die Größe u. der zeitliche Verlauf der Tempp. ermittelt werden. Die mechan. Prüfung unbehandelter u. geflammstrahlter Proben aus *St 37, St 52* u. *St 70* (Zug-, Falt- u. Biegeverss. sowie Hebelprobe) zeigt, daß geringfügige Unterschiede in den Versuchsergebnissen keine Rückschlüsse auf eine Beeinträchtigung der Beanspruchbarkeit geflammstrahlter Stahlkonstruktionen zulassen. Die beim Flammstrahlen auftretenden Eigenspannungen werden mechan. u. röntgenograph. ermittelt. Hieraus wird gefolgert, daß der Brenner in Richtung der größten Beanspruchung geführt werden soll. Mittels Dauerschwingverss. wird der Einfl. des Flammstrahlens auf die Dauerschwingfestigkeit von Baustählen festgestellt, wobei sich zeigt, daß diese bei geflammstrahlten nicht mit Rost behafteten Proben etwas niedriger als bei unbehandelten Proben liegt, was auf die Entstehung von Zugspannungen zurückgeführt wird. Eine entscheidende Beeinträchtigung der Dauerfestigkeit eines Bauteils liegt dann vor, wenn sich der mechan. Beanspruchung ein Korrosionsangriff überlagert. Entwickelt wird ein therm.-chem. Entrostungsverf. mit erhöhtem Korrosionsschutz, bei dem auf die verbleibende Rostschicht ein chem. Mittel aufgebracht wird, welches mit dem vorhandenen Rost unter Bldg. einer korrosionsschützenden Schicht reagiert. — 16 Schrifttumsangaben. (Schweissen u. Schneiden **5.** 201—09. Juni. 256—67. Juli 1953. Berlin-Dahlem, Chem.-Techn. Reichsanstalt vereinigt mit Materialprüfungsamt.) H. HOCHSTEIN. 6512

Marshall Sittig, *Erfolgreiche Entzunderung von Titan mit Natriumhydrid.* Die Gegenstände werden in einem Bad auf NaH von 680—720° F (360—382°) kurzzeitig, ca. 15 Min., behandelt, dann mit W. abgeschreckt u. schließlich nacheinander mit einer H_2SO_4-Lsg. u. mit einer HNO_3/HF-Lsg. behandelt. Die Einhaltung der Temp. ist von besonderer Bedeutung. Bei dem Verf., das von der UNIVERSAL-CYCLOPS STEEL CORP. OF BRIDGEVILLE, Pa., entwickelt wurde, besteht keine Gefahr der Wasserstoffsprödigkeit. (Iron Age **172.** Nr. 25. 137—39. 17/12. 1953. New York, N. Y., Ethyl Corp.) F. MARKHOFF. 6512

Heinz W. Dettner, *Die nichtmechanischen Polierverfahren.* Überblick über die chem. u. elektrolyt. Glänzverf. mit 21 Schrifttumsstellen. (Industrie-Anz. **76.** 341—43. 16/3. 1954. Karlsruhe.) F. VIER. 6512

Horst von Uslar, *Neuzeitliche Verfahren zum Oberflächenschutz von Metallen.* Behandelt wird der Einsatz von Filtergeräten für die Reinigung der zur Herst. elektrolyt. Metallüberzüge dienenden Elektrolyten. Ein Glockenapp. für die Massenverchromung von Kleinteilen wird beschrieben. Auf das unter dem Namen *Ferroxin „Ha"* in Deutschland eingeführte *Mark-2-Blackverfahren* zum Schwarzfärben von Eisen wird hingewiesen. Zum Glänzen von Al hat sich das *Alupolverf.* bewährt. (Industrie-Anz. **73.** 14—15. 5/1. 1951.) F. VIER. 6512

Horst von Uslar, *Nickeleinsparung in der Oberflächenveredlung.* In der Galvanotechnik ist bei Verwendung von Ni-Glanzbädern Einsparung von Ni möglich, da das Polieren u. damit das Abtragen von Ni wegfällt. Ni kann weiter eingespart werden durch den Einsatz von verstärkten Cu- oder von Zn-Zwischenschichten beim Verchromen. (Industrie-Anz. **73.** 920—21. 16/10. 1951. Bielefeld.) F. VIER. 6514

Marvin J. Udy, Niagara Falls, N. Y., V. St. A., *Gewinnung von Eisen als $FeSO_4$ aus FeS-haltigem Material* durch Auslaugen mit verd. H_2SO_4, dad. gek., daß sulfid. Erze, die außer *FeS* noch Sulfide von *Ni, Co, Cu* u. *Zn* enthalten können, oder Konzentrate solcher Erze unter Beigabe von Zuschlägen zu Stein u. Schlacke verschmolzen, der Stein von der Schlacke getrennt u. mit H_2SO_4 ausgelaugt werden. Dabei entsteht gasförmiger H_2S, eine wss. Lsg. von $FeSO_4$, die prakt. alles Fe aus dem Stein enthält, u. ein fester Rückstand aus den Sulfiden der anderen Metalle, gegebenenfalls mit Edelmetallen. Die Lsg. wird abgetrennt u. erwärmt, wodurch sich neben Mutterlauge festes $FeSO_4$ bildet, das von der Mutterlauge getrennt wird. Diese wird mit H_2SO_4 u. W. versetzt u. zur Auslaugung des Ausgangsguts in den Prozeß zurückgeführt. — Verfahrensstammbaum. (**E. P. 656 144** vom 1/12. 1947, ausg. 15/8. 1951. A. Prior. 9/12. 1946.) G. APEL. 6391

Aktiengesellschaft für Unternehmungen der Eisen- und Stahlindustrie, Deutschland, *Werkstoff für Tübbings für den Schachtausbau.* Verwendet wird hierfür ein Gußeisen mit Kugelgraphitausbildung. (**F. P. 1 094 192** vom 2/3. 1954, ausg. 13/5. 1955. D. Prior. 7/3. 1953.) H. HOCHSTEIN. 6405

Gutehoffnungshütte Oberhausen Akt.-Ges., Oberhausen, *Behandlung von Eisenwerkstoffen in flüssigem Zustande.* Eisenwerkstoffe, z. B. *Gußeisen* zur Erzielung von Kugelgraphit, werden in fl. Zustande mit einem Reaktionsstoff, welcher mit der Schmelze unterhalb ihrer Oberfläche in Berührung gebracht wird, derart behandelt, daß der Reaktionsstoff, vorzugsweise *Mg*, zwischen vollkommen reiner u. mindestens zu 40% Geh. vorlegierter Form, in ebenfalls fl. Zustande von einer außerhalb des Behandlungsgefäßes angeordneten Vorr. her an mindestens einer möglichst tiefliegenden Stelle in jeweils spezif. kleinsten, den Verhältnissen angepaßten Mengen, also mit der Gesamtdosierung über eine bestimmte Zeitdauer verteilt, regelbar in die zu behandelnde Schmelze eingedrückt wird. — Abbildungen. (**Oe. P. 178 920** vom 24/12. 1952, ausg. 25/6. 1954. D. Priorr. 24/12. 1951, 28/4. u. 4/8. 1952.) H. HOCHSTEIN. 6405

New Jersey Zinc Co., New York, N. Y., übert. von: **Robert K. Waring** und **Luther D. Fetterolf,** Palmerton, Pa., V. St. A., *Schmelzen von zinkhaltigem Gut.* Eine *ZnO*- u. Fe_2O_3-haltige Charge, die mindestens 50 (%) Zn u. bis zu 25 Fe, berechnet auf die Zn-freien schlackenbildenden Bestandteile, enthält, wird mit so viel z. B. festem C-haltigen Reduktionsmittel gemischt, daß mindestens 95% des ZnO zu metall. Zn, aber nicht alles Fe_2O_3 zu geschmolzenem Fe red. wird; ferner wird ein Flußmittel aus *Kalk* u. SiO_2 in einer Menge zugesetzt, daß in dem schlackenbildenden Anteil der Beschickung das Verhältnis $CaO:SiO_2 = 0{,}6:1$ bis 1:1 beträgt. Das Ganze wird in einem elektr. Lichtbogenofen unter Vermeidung direkter Berührung mit dem Lichtbogen geschmolzen. Es entsteht so eine Schlacke, die bis zu 25% Fe_2O_3, berechnet als Fe, enthält, u. metall. Zn-Dampf, der zu geschmolzenem Zn kondensiert werden kann. (**A. P. 2 693 410** vom 2/6. 1953, ausg. 2/11. 1954.) G. APEL. 6427

National Smelting Co., London, übert. von: **Stanley Robson,** Enfield, und **Leslie Jack Derham,** Severn Beach, England, *Gewinnung von Zink aus einer bei der Kondensation von Zn-Dampf mittels geschmolzenem Pb erhaltenen Pb–Zn-Schmelze,* dad. gek., daß die Kondensation so lange fortgesetzt wird, bis die Schmelze an Zn gesätt. ist. Alsdann wird die Schmelze aus der Kondensationszone in eine Zn-Abscheidungszone geleitet u. dort von einer Temp. oberhalb des E. des Zn auf eine Temp. abgekühlt, bei der das Zn gerade abgeschieden wird u. an die Oberfläche der Schmelze steigt. Es entsteht so eine obere Schicht aus geschmolzenem Zn u. eine untere Schicht aus Zn-armem Pb. Das Zn wird oben entfernt, während das Zn-arme Pb am Boden des Behälters kontinuierlich abgezogen u. zur Kondensation weiteren Zn-Dampfes wiederverwendet wird. — Zeichnungen. (**A. P. 2 671 725** vom 11/3. 1949, ausg. 9/3. 1954.) G. APEL. 6427

Chemical Construction Corp., New York, übert. von: **Patrick J. McGauley,** Glen Cove, N. Y., V. St. A., *Gewinnung von Kupfer und Nickel aus Flotationskonzentraten.* Die Ausgangsstoffe, die neben *Cu* mindestens eins der Metalle *Ni* oder *Co* enthalten, von denen mindestens ein Teil als Sulfid vorliegen muß, werden einer sauren oxydierenden Laugung in Ggw. von $Fe_2(SO_4)_3$ unterworfen, NH_3 zugesetzt u. der Rückstand mit dem ausgeschiedenen $Fe(OH)_3$ abfiltriert. Dem Filtrat wird $(NH_4)_2SO_4$ u. NH_3 zugesetzt, wobei das $CuSO_4$ in Lsg. bleibt, während die *Sulfate* von *Ni* u. *Co* als unlösl. NH_4-*Doppelsalze* ausfallen. — Verfahrensstammbaum. (**A. P. 2 647 827** vom 4/6. 1949, ausg. 4/8. 1953.) G. APEL. 6433

British Driver-Harris Co., Ltd., Harrison, N. J., übert. von: **James M. Lohr,** Morristown, N. J., V. St. A., *Nickel-Chrom-Eisen-Legierungen* bestehen aus 35 (%) *Ni*, 20 *Cr*, 0,001—0,2 *Ca*, 0,01—1 *Al*, bis 0,5 *Seltene Erdmetalle*, Rest *Fe*. Die Legierungen eignen sich für elektr. Widerstände. (**A. P. 2 687 954** vom 23/9. 1949, ausg. 31/8. 1954.) C. GÖTZE. 6435

British Driver-Harris Co., Ltd., Manchester, England, *Widerstandselemente und Ofenteile* bestehen aus 18—22 (%) *Cr*, 1—2 *Nb*, 1—2 *Si*, 0,2—2 *Fe*, bis 2 *Mn*, 0,02—0,15 *C*, Rest *Ni* mit weniger als 1 Verunreinigungen. Die Legierungen haben einen hohen elektr. Widerstand u. sind sehr oxydationsbeständig. (**E. P. 722 405** vom 11/10. 1950, ausg. 26/1. 1955.) C. GÖTZE. 6435

United States of America, übert. von: **Russell C. Buchl** und **Miles B. Royer,** Pittsburgh, Pa., V. St. A., *Kreisprozeß zur Herstellung reicher synthetischer Manganerze durch Oxydation geschmolzener Eisen–Mangan-Legierungen.* Mn-armes Gut, wie Stahlwerksschlacke, Mn-haltige Fe-Erze, Spiegeleisen u. ähnliches Material, das Mn, Fe u. P enthält, wird geschmolzen, die Schmelze oxydiert, wobei das Mn u. ein Teil der unerwünschten

Metalle in die Schlacke gehen. Diese wird dann von der Schmelze getrennt, nochmals mit einer neuen Schmelze der ersten Art versetzt, dadurch von den unerwünschten Elementen befreit u. abgezogen. So wird z. B. geschmolzenes P-haltiges Spiegeleisen in einen bas. Konverter gegeben, mit Luft verblasen, bis eine Mn-reiche Schlacke u. eine weniger als 3%-haltige Schmelze entsteht. Der Konverter wird dann ausgegossen, neues Spiegeleisen eingesetzt, die Mn-reiche Schlacke vom vorhergehenden Schmelzgang eingebracht u. nochmals verblasen, bis das Verhältnis von Mn:Fe in der Schlacke ca. 15 u. der P-Geh. weniger als 0,17% beträgt. Die Schlacke wird dann abgezogen. (**A. P. 2 687 952** vom 1/7. 1952, ausg. 31/8. 1954.) G. APEL. 6437

United States of America, übert. von: **John Harry Jackson,** Columbus, O., V. St. A., *Raffination von Beryllium in Gegenwart eines Flußmittels.* Be wird in inerter Atmosphäre, bes. *Ar*, geschmolzen, ein geschmolzenes raffinierendes Flußmittel aus 45—65 (%) *BeF_2*, 7—20 *BaF_2*, 7—20 *CaF_2* u. 7—20 *LiF* bei ca. 2300° F (1260° C) zugesetzt u. bei ca. 2700° F (1482° C) vergossen. Das Raffinationsmittel besteht vorzugsweise aus 57 (%) BeF_2, 14 BaF_2, 14 CaF_2 u. 14 LiF. (**A. P. 2 686 946** vom 14/8. 1947, ausg. 24/8. 1954.) G. APEL. 6443

Kaiser Aluminum & Chemical Corp., Oakland, Calif., V. St. A., *Röstverfahren.* Zur Rückgewinnung von Kryolith, Flußspat u. Al_2CO_3 aus im Verlaufe der *Al-Schmelzflußelektrolyse* mit C verunreinigtem Material wird dieses zerkleinert, mit genügend W. versetzt, um Nitride u. Carbide zu zers., auf eine Temp. von weniger als 600° F (315° C) in Ggw. eines freien O_2 enthaltenden Gases genügend lange erhitzt, um NaOH in Na_2CO_3 umzuwandeln, u. schließlich auf Tempp. nicht über 1150° F (621° C) weitererhitzt, um allen freien u. gebundenen C zu oxydieren. — Vgl. auch F. P. 1 052 892; C. **1955.** 921. (**E. P. 714 191** vom 30/1. 1952, ausg. 25/8. 1954. A. Prior. 23/2. 1951.) G. APEL. 6447

Kennecott Copper Corp., New York, N. Y., übert. von: **Gerald G. Hatch,** Chicago, Ill., V. St. A., *Gewinnung von hochschmelzenden Metallen,* bes. von *Ti*, aus einem Gemisch aus feinverteiltem Metall, *Hg* u. *NaCl*, dad. gek., daß das Gemisch gegen eine kon. perforierte Wandung eines Behälters gedrückt u. auf eine Temp. unter dem F. des NaCl erhitzt wird, wodurch alles Hg durch die Durchbohrungen hindurch ausgepreßt wird. Die vom Hg befreite M. wird dann in einen an den kon. Teil anschließenden zylindr., ebenfalls durchlochten Raum gedrückt, hier auf eine Temp. oberhalb des F. des NaCl erhitzt, wobei das NaCl ausgepreßt wird, u. schließlich die verbleibende M. aus dem zylindr. Ende entnommen. Diese M., die die Gestalt eines festen Stabes angenommen hat, enthält mindestens 35% metall. Ti. (**A. P. 2 676 882** vom 31/3. 1950, ausg. 27/4. 1954.) G. APEL. 6449

Walter Schmidt, V. St. A., *Elektrolytische Erzeugung von Titan.* Als Elektrolyt dient eine Schmelze anorgan. Salze von niedrigem F., z. B. von 14 (%) *NaCl*, 6 *KCl* u. 80 *$AlCl_3$*, der eine kleine Menge *$TiCl_4$* zugesetzt wird; z. B. soll der Elektrolyt 2,5% $TiCl_4$ enthalten. Arbeitstemp. 120—125°. Die Abscheidungsspannung des Ti (1,8 V) ist kleiner als die von Al, so daß nur kleine Mengen von Al neben Ti abgeschieden werden. Als Kathodenmaterial dient Hg. Das $TiCl_4$ reagiert mit dem Hg u. dem Al unter Bldg. von *$TiCl_3$*, *HgCl* u. *$AlCl_3$*. Das $TiCl_3$ ist in der Schmelze besser lösl. als $TiCl_4$, so daß dadurch genügend Ti-Ionen zur Verfügung stehen, um eine Abscheidung von Ti zu gewährleisten. (**F. P. 1 083 641** vom 23/6. 1953, ausg. 11/1. 1955. E. Prior. 24/6. 1952.) F. MARKHOFF. 6449

Joseph Peppo Levy, David Harry Pickard und **Lionel Pickard,** London, England, *Herstellung von reinem Titan oder Zirkonium,* dad. gek., daß das *Tetrachlorid* des betreffenden Metalls in Gasform in Ggw. eines strömenden inerten Gases, wie Ar, mit dampfförmigem *Mg* zur Rk. gebracht wird u. die Reaktionsprodd. beim Eintritt in das inerte Gas durch eine Kühlzone geleitet werden, um das entstandene $MgCl_2$ auszuscheiden, bevor sich die anderen Bestandteile absetzen. Das inerte Gas dient als Träger zur Fortbewegung sowohl der Reaktionsbestandteile in die Reaktionszone als auch der Abführung der Reaktionsprodd. aus dieser. — Zeichnung. (**E. P. 722 184** vom 4/9. 1951, ausg. 19/1. 1955.) G. APEL. 6449

Julien Dufour und **Alphonse Bistos,** Marseille, Frankreich, *Verminderung eines Bestandteils in Legierungen.* Späne der Legierungen werden in einem wss. Bad aus einer anorgan. oder organ. Säure behandelt, das ein Salz gelöst enthält, welches weniger positiv ist als das zu entfernende Metall. Um z. B. den Pb-Geh. einer *Bronze* zu vermindern, werden Bronzespäne 5 Min. lang in einer sauren, Cu-Salz enthaltenden Lsg. geschüttelt. Die Metallionen der Lsg. ersetzen dabei die aus der Metallegierung ausgetretenen Ionen. (**Schwz. P. 301 029** vom 9/4. 1952, ausg. 1/11. 1954.) C. GÖTZE. 6471

Glacier Metal Co. Ltd., Alperton, Middlesex, England, *Herstellen von Lagerkörpern.* Auf *Stahl* wird eine porige *Cu*-Schicht, z. B. durch Aufspritzen, aufgebracht u. in nichtoxydierender Atmosphäre in geschmolzenem *Pb* bei 850° gesintert. Dabei wird die Temp. so lange aufrechterhalten, bis die Poren vollständig mit Pb gefüllt sind, so daß eine Nachverdichtung nicht nötig ist. Dann wird bis dicht über den F. von Pb abgekühlt u. nach Entnahme aus dem Pb-Bad weiter in neutraler Atmosphäre erkalten gelassen. Durch Zusätze von *Sn* bis 10 (%), von *Ag* oder *Ni* bis 2 u. von *As* oder *Si* bis 1 kann die Oberflächenspannung der Cu-Schicht u. damit der Pb-Geh. des Lagers verändert werden. — Vorrichtung. (**E. P. 714 681** vom 5/2. 1951, ausg. 1/9. 1954.) F. Vier. 6517

Westinghouse Electric Corp., East Pittsburgh, Pa., übert. von: **Alexander Korbelak**, Bloomfield, N. J., V. St. A., *Schutz von hitzebeständigen Metallen, wie Molybdän und Wolfram, gegen die Oxydation bei hohen Temperaturen.* Auf das Grundmetall wird eine sehr dünne, ca. 0,00002 in. (0,0005 mm) betragende *Cr*-Schicht elektrolyt. niedergeschlagen, die dann mit *Pt* oder *Ni* überzogen wird. — Abbildungen. (**A. P. 2 697 130** vom 30/12. 1950, ausg. 14/12. 1954.) F. Markhoff. 6519

Pechiney Comp. de Produits Chimiques et Électrométallurgiques, Frankreich, *Vorbehandeln von Aluminium und seinen Legierungen vor der galvanischen Glanzvernicklung.* Nach der üblichen Reinigung, Entfettung u. Beizung wird eine Eintauchverzinkung vorgenommen, u. zwar mittels einer *Zinkat*-Lsg., der ein *Alkalicyanid* u. *Schwermetallcyanid* zugesetzt sind, bes. $Cu(CN)_2$. Das Verhältnis Alkalicyanid zu $Cu(CN)_2$ soll oberhalb 4 liegen. Auf die so erzeugte Zn-Schicht wird dann eine Glanznickelschicht galvan. niedergeschlagen. (**F. P. 62 477** vom 18/2. 1952, ausg. 14/6. 1955. **Zusatz zu F. P. 1 034 060; C. 1954. 10 814.**) F. Markhoff. 6521

David Perlman, New York, *Herstellung von leitfähigen Oberflächenschichten auf nichtleitenden Körpern.* Die Gegenstände werden mit absol. *A.* behandelt, in dem *Ag-Pulver* mit einer Teilchengröße von einigen μ mit 5—7% *Stearinsäure* suspendiert ist. Das Verf. kann z. B. Verwendung finden zum Leitendmachen von Abdrücken in der Dentaltechnik oder von Elektrodenhaltern in der Galvanotechnik. (**A. P. 2 683 670** vom 7/5. 1949, ausg. 13/7. 1954.) F. Vier. 6527

Karl Petrik, Leonding bei Linz, Österreich, *Entzundern, Entrosten und Verhindern des Nachrostens von Eisen und Stahl.* Die Gegenstände werden in einer Lsg. aus 5 (Teilen) *W.*, 2 H_2SO_4, 1 *HCl*, 1 anorgan. Salzen, bes. *Carbonaten, Chloriden, Sulfaten* u. *Sulfiten* des *Na*, die auf eine D. von 1,18—1,22 eingestellt ist, gebeizt u. dann neutralisiert u. passiviert in einer Lsg. aus 8 (Teilen) *W.*, 0,2 Na_2SO_4, 0,3 Na_2CO_3 u. 1,5 $NaNO_2$. Die Beizlsg. verhindert Beizsprödigkeit u. vermindert die Beizdauer. Die Passivierungslsg. läßt man auf der Fe-Oberfläche antrocknen. Der sich bildende Überzug schützt vor Korrosion auf längere Zeit. (**Oe. P. 179 943** vom 20/7. 1950, ausg. 25/10. 1954.) F. Markhoff. 6529

Soc. Continentale Parker, Frankreich, *Erzeugen von Schutzschichten auf Metallen, besonders Eisen und Stahl.* Die Gegenstände werden in Lsgg. behandelt, die *Oxalsäure*, HBF_4 oder deren Salze sowie ein Oxydationsmittel, wie $NaClO_3$, enthalten, gegebenenfalls auch noch $Al_2(SO_4)_3$. p_H-Wert der Lsgg. soll zwischen 0,7 u. 2 liegen. (**F. P. 1 089 750** vom 18/12. 1953, ausg. 21/3. 1955.) F. Markhoff. 6529

IX. Organische Industrie.

J. T. Karbosky und **M. L. Henderson**, *Wirtschaftliche Äthylenherstellung.* Bebilderter Bericht über Arbeitsweise u. Ausbeute im gestaffelten Erhitzungsofen. (Petroleum Processing **10.** 1211—15. Aug. 1955. Phillips Petroleum Co., u. Selas Corp. of America.) K. O. Müller. H 520

R. Häfeli, *Herstellung von Fettalkoholen aus Fettsäuren, Estern oder Glyceriden bei besonderer Berücksichtigung der Hochdruckhydrierung.* Übersichtsbericht. Besprochen werden: 1. Das Verf. von Bouveault u. Blanc, das techn. für solche Redd. angewendet wird, in welchen der ungesätt. Charakter des Ausgangsmaterials erhalten bleiben soll. 2. Das katalyt. Druckverf. mit H_2 bei Verwendung von $Cr_2O_3 \cdot 2\,CuO$ zur Red. von Glyceriden, Estern u. Fettsäuren u. der Reaktionsverlauf. 3. Die Herst. des $Cr_2O_3 \cdot 2\,CuO$-Katalysators nach Blatt, Org. Syntheses Coll. Vol. II. [**1946.**] 142 mit (in %) 39,9 Cu u. 29,2 Cr statt der theoret. Werte von 40,8 Cu u. 35,5 Cr, der bei 550° noch immer gut wirksam ist, bei 800° aber keine Aktivität mehr besitzt. Hinweise auf andere Katalysatoren mit Zusätzen. — 14 Literaturangaben. (Von Roll Mitt. [Gerlafingen] **12.** 106—12. Juli/Dez. 1953.) K. Steiner. H 560

J. Świderski und **F. Sokołowski**, *Reinigen technischer Milchsäure.* 50%ig. techn. *Milchsäure* (**I**) erhitzt man auf sd. Wasserbad unter 20 mm Hg Druck. Nach Überdestillieren von 80 g W. je 400 g Ausgangsmilchsäure wird das Erhitzen unterbrochen. Die Veresterung erfolgt durch Einströmenlassen von ca. 1 kg CH_3OH (**II**) als Dampf in die entwässerte I. Aus dem übergehenden Gemisch von Methyllactat, II-Überschuß u. W. wird der Ester bei Ölbadtemp. von 160° rektifiziert, dann durch Dest. (58°, 20 mm Hg) gereinigt u. mit der 5fachen Menge W. unter Rückfluß durch Kochen verseift. I u. W. werden im Vakuum abdestilliert. Die Reinheit der so gewonnenen 96 Gew.-%ig. I entspricht allen Bedingungen. (Farmacja polska **10.** 42—43. Febr. 1954. Warszawa, Zakł. Chem. Organ. Wydz. Farm, Akad. Med.) H. FREYTAG. H 850

Michele Giua und **Guido Polla,** *Über die Reaktion von Balbiano und ihre Anwendung auf technisches Dicyclopentadien.* Es wurden einige physikal. Werte des rohen *Dicyclopentadiens* (I) u. seiner durch Dest. bei Normaldruck erhaltenen Fraktionen bestimmt. Durch Einw. einer gesätt. wss. Lsg. von Hg-Acetat auf I bzw. seine Fraktionen wurde das *Aceto-Hg-Deriv.* von I u. daraus die *HgCl-Verb.* von I erhalten. Das UV-Spektr. von I, seinen Fraktionen u. der Hg-Verbb. weist keine kennzeichnenden Bande auf.

Versuche: Das rohe *Dicyclopentadien* (I) lieferte (in%) folgende Hauptfraktionen: 45,8 bei 150—60°, $D._{20}$ 0,9134, n_D^{20} 1,4938, JZ. (HÜBL) 401,3; 30,9 bei 160—165°, $D._{20}$ 0,9344, n_D^{20} 1,4980, JZ. 405,6; 10,6 bei 165—170°, $D._{20}$ 0,9377, n_D^{20} 1,5055. Beim Stehen nehmen D u. n zu. — *Verb.* $C_{12}H_{16}O_3Hg$ durch Versetzen von 10,4 g I oder einer Fraktion davon mit 100 cm³ einer 25%ig. Hg-Acetatlsg., Nadeln, F. 74° u. oktaedr. Kristalle gleicher Zus., F. 130°. Gibt mit CS_2 Gelbfärbung u. Abscheidung von HgS. — *Verb.* $C_{10}H_{13}OClHg$ aus 1 g vorst. Verb. in 15 cm³ A. u. 0,143 NaCl in W., weiße Nadeln aus Ae., F. 103°. (Chim. e Ind. [Milano] **35.** 888—89. Dez. 1953. Torino, Univ., Ist. di chim. organ. ind.) K. STEINER. H 2950

J. M. Folz, J. E. Mahan und **D. H. White,** *Synthese von Pyridinen in einer erdölchemischen Fabrik als neue Bezugsquelle für knappes Teerbeiprodukt.* In einer neuen erdölchem. Fabrik wird *2-Methyl-5-vinylpyridin* (I) hoher Reinheit synthet. als Grundstoff für eine neue Faser gewonnen. Das Vorprod. 2-Methyl-5-äthylpyridin (II) dient als Ausgangsmaterial für die Herst. von Niacin, einem Vitamin des B-Komplexes. Andere Pyridine werden für die Erzeugung von Pharmazeutica, Synthesegummi u. Dichtungsstoffen verwendet. In der ersten Stufe der Fabrikation wird Acetaldehyd in Ggw. von wenig H_2SO_4 zu Paraldehyd (III) kontinuierlich trimerisiert, wobei die Reaktionswärme laufend durch Kühlwasser abgeführt wird. Nach Neutralisierung der Säure wird III redest., dann in fl. Phase mit $1^1/_3$ Mol NH_3 zu II umgesetzt, wobei wenig Nebenprodd. entstehen. Das überschüssige NH_3 geht nach Abscheidung zur Rk. zurück. II wird durch Fraktionierung rein abgetrennt, dann über einen Katalysator zu I dehydriert, wobei eine Reihe von Nebenprodd. entsteht. Die App. besteht im wesentlichen aus C-Stahl; Cu-Legierungen müssen vermieden werden. Zur Analyse wird ein Infrarotspektrophotometer verwendet, auch Orsatanalyse u. colorimetr. Methoden. (Petroleum Processing **7.** 1802—04. Dez. 1952. Bartlesville, Okla., Phillips Chemical Co.) F. SCHMELING. H 3231

Joh. Heinr. Helberger (Erfinder: **Joh. Heinr. Helberger, Rudi Wilhelm Joachim Heyden** und **Georg Manecke**), Berlin, *Verfahren zur Herstellung von Sulfonaten,* dad. gek., daß man Sultone mit Metallverbb. von organ. Verbb. mit mindestens einer alkoh. u./oder mindestens phenol. OH-Gruppe umsetzt. — Butansulton (I; hergestellt nach D. B. P. 887 341; C. **1955.** 11292) + Na-Äthylat → $C_2H_5OCH_2CH_2CH(SO_2ONa)CH_3$. — Ähnliche Prodd. liefert Tolylsulton. — Na-Dodecylat + I → $C_{12}H_{25}OCH_2CH_2CH(CH_3)$—$SO_2ONa$. Ähnliches Prod. mit Na-Octadecylat. — Na-Cellulose + I → leichte, in W. lösl. M. mit Faserstruktur. — I + Na-Phenolat → $C_6H_5OCH_2CH_2CH(CH_3)SO_2ONa$. — I + p-Nitrophenol → *Oxybutansulfonsäure-p-nitrophenoläther.* — I + β-Naphthol → *Oxybutansulfonsäure-β-naphtholäther. Netz-, Reinigungs-, Dispergiermittel, Pharmazeutica* u. Zwischenprodukte. (**D. R. P. 743 570** Kl. 12o vom 15/10. 1940, ausg. 22/4. 1954.) G. KRAUSS. 6567

Abraham Baniel und **Israel Mining Industries,** Israel, *Herstellung organischer Sulfonate und saurer Sulfate,* dad. gek., daß man Hydroperoxyde in wss. Lsg. mit Alkalibisulfiten umsetzt. Man geht von Erdölfraktionen, Kp. 150—450°, aus, die man von Aromaten u. S-Verbb. befreit u. mit O_2 oder Luft in Ggw. von Alkali- oder Erdalkalistearaten oder -naphthenaten bei 80—150° peroxydiert, oder von pflanzlichen Ölen, z. B. Olivenöl, das bei 40—45° peroxydiert wird. Zur Herst. von *Sulfonsäuren* verwendet man 35% mehr als die theoret. 2 Mol Bisulfit, zur Herst. von *sauren Schwefelsäureestern* 10% weniger als 1 Mol. Die Rk. wird unter Rühren bei 30—35° durchgeführt. Nach längerem Stehen bilden sich 3 Schichten, von denen in beiden Fällen die mittlere die gewünschten Prodd. enthält, die mit Bzl. extrahiert werden. (**F. P. 1 071 071** vom 6/8. 1952, ausg. 24/8. 1954, Israel. Priorr. 7/8. 1951 u. 29/1. 1952.) S. MEIER. 6567

Metallgesellschaft Akt.-Ges., Deutschland, *Herstellung von Aldehyden, Ketonen und Alkoholen.* Die Synth. erfolgt in 2 Stufen. Zunächst stellt man aus CO u. H_2 bei 550—700°

in Ggw. von Metalloxyden, -nitraten oder -carbonaten der 2.—7. Gruppe (z. B. Zn, Al, Mn, Cr, Th, Mo, W, Ti, Si, Mg, Ce usw., die einzeln oder in Gemischen verwendet werden, *ungesätt. KW-stoffe* her. Diese werden durch Auwaschen u. Adsorption getrennt u. die Prodd. mit niederem Mol.-Gew. bei 60—250° u. >40 kg/cm² (z. B. 80, 100, 150) in Ggw. von Katalysatoren der Fe-Gruppe, bes. Co [Kieselgur mit $Co(NO_3)_2$ getränkt] einer Oxo-Rk. unterworfen. In einer 3. Stufe können die gebildeten *Aldehyde* mit H_2 zu *Alkoholen* red. werden. — Zeichnung. (**F. P. 1 072 363** vom 29/10. 1952, ausg. 13/9. 1954. D. Prior. 2/11. 1951.) S. MEIER. H 560

Badische Anilin- & Soda-Fabrik, Deutschland, *Reinigung von Aldehyden und Ketonen* über die *Bisulfitverbb.* durch Behandlung mit wss. Lsgg. neutraler Sulfite des K, NH_4, organ. Basen (Alkanolamin) u. einer schwachen Säure, wie Molybdän-, Wolframsäure, Glykokoll u. Alanin, oder sek. Na-Citrat u. Na_2HPO_4 im Mol-Verhältnis 1:1. Bei Anwendung von Borsäure genügt 1 g auf 2—3 Mol Sulfit, wenn deren Acidität durch Mannit, Glykol oder Butylen-1.3-glykol erhöht wird. Glycerin erhöht die Oxydationsbeständigkeit der Lsg. u. setzt die Löslichkeit der Carbonyl–Bisulfit-Verbb. (I) herab. Man arbeitet mit Konzz., bei denen bei 10—50° I gelöst bleibt, trennt in W. unlösl. Verunreinigungen nach bekannten Verff. ab u. äthert die in W. lösl. (z. B. niedere Alkohole) aus. I ist in W. unlösl., es wird filtriert, das Filtrat gereinigt u. beides zur Spaltung von I erhitzt. Die Sulfit–Säure-Mischung kann weiterverwendet werden. — In einem 10 Liter-Mischer sättigt man unter Rühren 1,3 (kg) Na_2SO_3 in 4 W. mit CO_2 bei Raumtemp., gibt eine Mischung von 80% Isobutyraldehyd (II) u. 20% n-Hexan (III, das abgetrennt werden soll) zu. Nachdem kein CO_2 mehr absorbiert wird, läßt man Absitzen, trennt die obere, II enthaltende Schicht ab, erhitzt unter Rühren langsam zum Sieden, dabei entweicht CO_2 u. I dest. über. — Weitere Beispiele. (**F. P. 1 070 349** vom 5/2. 1953, ausg. 22/7. 1954. D. Prior. 22/2. 1952.) O. KAYSER. H 670

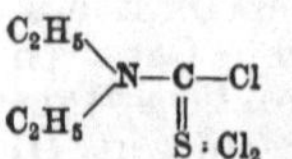
I

Sharples Chemicals, Inc., Philadelphia, Pa., V. St. A., *Perchloride von Thiocarbamylchloriden* erhält man durch Einw. von Cl_2 auf N-substituierte Thiocarbamylchloride unter wasserfreien Bedingungen. Aus Diäthylthiocarbamylchlorid erhält man ein Perchlorid der vermutlichen Zus. I. — Zwischenprodd., Chlorierungsmittel. (**E. P. 743 559** vom 30/7. 1953, ausg. 18/1. 1956. A. Prior. 2/8. 1952.) A. BRÖSAMLE. H 880

American Cyanamid Co., New York, N. Y., übert. von: **Ingenuin Hechenbleikner,** Stamford, Conn., V. St. A., *Tetraalkylguanylharnstoffe* erhält man durch Einw. von Alkali (NaOH) auf die wss. Lsg. von Tetraalkylguanylchlorameisensäureamidinhydrochloriden. — Beispiel: Tetramethylguanylchlorameisensäureamidinhydrochlorid → *1.1.5.5-Tetramethylguanylharnstoff*, $C_6H_{14}ON_4$, F. 93—94°. Analog: *1.1.5.5-Tetraäthyl-* (F. 78 bis 80°), *1.1.5.5-Tetraisopropyl-* (F. 135—136°), *1.1.5.5-Tetra-n-octyl- u. 1.1.5.5-Tetradodecylguanylharnstoff.* — Zwischenprodukte. (**A. P. 2719174** vom 11/8. 1953, ausg. 27/9. 1955.) A. BRÖSAMLE. H 880

Montecatini Soc. Gen. per l'Industria Mineraria e Chimica (Erfinder: **Lido Porri** und **Gioachino Boffa**), Mailand, Italien, *Tetraäthylenpentamin.* Man setzt vorzugsweise im Überschuß vorhandenes Äthylendiamin mit einem Hydrohalogenid, vorzugsweise dem Hydrochlorid des 2.2'-Dichlordiäthylamins, bei erhöhter Temp., vorzugsweise bei Siedetemp., um, dest. das gegebenenfalls noch vorhandene Äthylendiamin ab u. behandelt den Rückstand mit Alkalihydroxyd; $Kp._{13-14}$ 186—192°. — Zwischenprod. für Ionenaustauschharze. (**D. B. P. 934 650** Kl. 12q vom 23/6. 1953, ausg. 3/11. 1955. Anmeldung bekanntgemacht 5/5. 1955. It. Prior. 17/7. 1952.) G. LANGER. H 910

Phrix-Werke Akt.-Ges., Hamburg, *Reindarstellung von Aminocarbonsäuren aus linearen ω-Aminocarbonsäurekondensaten*, dad. gek., daß man die Kondensate mit starker H_2SO_4 in Ggw. solcher Metallsalze verseift, die wie die des Fe, Al u. Cr gelartige, hochadsorbierende Oxydhydrate zu bilden vermögen, worauf man durch Zugabe von Oxyden, Hydroxyden oder Carbonaten der Erdalkalien, vorzugsweise von $Ca(OH)_2$- oder $Ba(OH)_2$-Lsg., neutralisiert, abfiltriert u. aus dem Filtrat in an sich bekannter Weise die ω-Aminocarbonsäure isoliert. — *ε-Aminocapronsäure* aus *Polyamidabfällen.* (**D. B. P. 932 372** Kl. 12q vom 1/5. 1943, ausg. 29/8. 1955. Anmeldung bekanntgemacht 9/7. 1953.) G. LANGER. H 950

Glenn L. Martin Co., Maryland, Md., V. St. A., *P-, N- und Halogene enthaltende Polymerisationsprodukte* erhält man aus Verbb. der allg. Formel I oder II durch Polymerisation der monomeren Verbb. mit anschließendem Halogenieren oder umgekehrt, wobei im letzteren Falle in Ggw. von Metallen (Zn, Na) kondensiert wird. Man kann auch eine halogenierte Verb.

I

II

mit einer nichthalogenierten zur Rk. bringen. Verwendung als feuersichere Überzugsmittel, Plastifikatoren, Schmierölverbesserungsmittel, Korrosionsverhinderer, hydraul. Fll., Insekticide u. Fungicide. In I u. II bedeuten R_a ungesätt. aliphat. Reste mit 3—5 C-Atomen, R_1 = H, eine Alkyl- oder Oxyalkylrest mit 1—3 C-Atomen oder einen ungesätt. aliphat. Rest mit 3—5 C-Atomen, R_2 ungesätt. aliphat. Rest mit 3—5 C-Atomen, m eine ganze Zahl von 1—5. (**E. P. 699 951** vom 30/8. 1949, ausg. 18/11. 1953. **Zusatz zu E. P. 688 372; C. 1956. 2056.**) G. KÖNIG. H 980

Minister of Supply, London, England (Erfinder: **Harold Coates** und **Philip Rufus Carter**), *Alkylphosphortetrafluoride* (I) erhält man durch Rk. einer aus Alkylchlorid PCl_3 u. wasserfreiem $AlCl_3$ erhaltenen Komplexverb. mit HF entsprechend der Gleichung: $CH_3Cl \cdot PCl_3 \cdot AlCl_3 + 7\ HF \rightarrow CH_3PF_4 + AlF_3 + 7\ HCl$. Die I können mit W. in Alkylphosphonsäuren oder mit SO_2 in Alkylphosphonyldifluoride umgewandelt werden. (**E. P. 734 187** vom 9/8. 1951, ausg. 27/7. 1955.) J. MÜHLEISEN. H 980

General Electric Co., Schenectady, N. Y., V. St. A., übert. von: **W. A. Schwenker,** *Kontinuierliche Hydrolyse von Organohalogensilanen.* Eine Mischung des Silans u. des Hydrolysierungsmittels, bes. W., leitet man in ein zirkulierendes Syst., bis ein teilweise Überlaufen des Siloxans u. des säurehaltigen W. eintritt. Das Gemisch wird dann getrennt u. das säurehaltige W. mit gegebenenfalls noch nicht vollständig abgetrenntem Siloxan mit frischem W. u. Silan in den Kreislauf zurückgeführt. — Zeichnung. (**Belg. P. 519 112** vom 10/4. 1953, ausg. 1/4. 1955. A. Prior. 11/4. 1952.) J. MÜHLEISEN. H 980

Karl Ziegler (Erfinder: **Karl Ziegler** und **Roland Köster**), Mülheim/Ruhr, *Herstellung von Aluminiumkohlenwasserstoffen,* bes. Al-Trialkylen, neben Kryolith nach D. B. P. 921 450, dad. gek., daß man die bei der therm. Zers. der Reaktionsprodd. sich bildenden Al–KW stoffe (I) möglichst rasch aus der Reaktionsmischung entfernt. Zweckmäßig werden die I unter vermindertem Druck abdest. u. wird die Zers. der Vorprodd. u. das Abtreiben der I unter Durchleiten von überhitzten indifferenten Gasen oder Dämpfen vorgenommen. Die Zers. kann im Fließbett erfolgen. (**D. B. P. 934 649** Kl. 12o vom 12/6. 1953, ausg. 3/11. 1955. Anmeldung bekanntgemacht 5/5. 1955. **Zusatz zu D. B. P. 921 450; C. 1955. 8264.**) J. MÜHLEISEN. H 980

Monsanto Chemical Co., St. Louis, übert. von: **Charles M. Eaker,** Affton, und **Ferdinand B. Zienty,** Brentwood, Mo., V. St. A., *Reinigung von p-Caproylaminobenzolsulfonoxamid,* dad. gek., daß das Rohprod. aus einer Lsg. umkrist. wird, die ein bas. reagierendes Alkalisalz enthält, z. B. Na-Acetat, K-Propionat, $NaHCO_3$ oder K_2CO_3. Man kann auch das durch n. Umkristallisation erhaltene Prod. mit einer derartigen Lsg. waschen. (**A. P. 2 568 994** vom 14/2. 1949, ausg. 25/9. 1951.) O. SCHÖN. H 1090

Monsanto Chemical Co., St. Louis, übert. von: **Charles M. Eaker,** Affton, und **Ferdinand B. Zienty,** Brentwood, Mo., V. St. A., *Reinigung von p-Caproylaminobenzolsulfonoxamid,* dad. gek., daß das Rohprod. aus einer auf p_H 5—9, bes. 6—8, gepufferten Lsg. umkrist. oder damit gewaschen wird. (**A. P. 2 568 993** vom 14/2. 1949, ausg. 25/9. 1951.) O. SCHÖN. H 1090

Farbwerke Hoechst Akt.-Ges. vormals Meister Lucius & Brüning (Erfinder: **Heinrich Greune** und **Ludwig Bicker**), Frankfurt/M., *Herstellung von β-Chloräthylarylsulfonen,* dad. gek., daß man Äthylen (I) an Arylsulfochloride in Ggw. von FRIEDEL-CRAFTS-Katalysatoren ($AlCl_3$, $FeCl_3$, BF_3), bes. bei erhöhter Temp. unter Rühren, nötigenfalls unter Druck oder in Ggw. von geeigneten Verdünnungs- bzw. Lösungsmitteln (Ae., Dibutyläther, Tetrachloräthan) anlagert. — Aus 0,5 (Mol) Benzolsulfochlorid in Ggw. von 0,55 wasserfreiem $AlCl_3$ bei 60—80° nach 40std. Einleiten von getrocknetem I unter Feuchtigkeitsausschluß → *β Chloräthylphenylsulfon,* Nadeln, F. 55—57°. — p-Toluolsulfochlorid + I → *4-Methylbenzol-β-chloräthylsulfon,* Kristalle, F. 78—79°. — p-Chlorbenzolsulfochlorid + I → *4-Chlorbenzol-β-chloräthylsulfon,* Nadeln, F. 96—98°. — 2.4-Dichlor-1-methylbenzol-5-sulfochlorid → *2.4-Dichlor-5-methylbenzol-β-chloräthylsulfon,* Nadeln, F. 93—95°. — o-Nitrobenzolsulfochlorid → *2-Nitrobenzol-β-chloräthylsulfon,* gebliche Kristalle, F. 95—97°. — *3-Nitrobenzol-β-chloräthylsulfon,* gelbe Nadeln, F. 105—106°. — Naphthalin-2-sulfochlorid → *Naphthyl-(2)-β-chloräthylsulfon,* Nadeln, F. 98—99°. — Zwischenprodd. zur Herst. von Farbstoffen u. Schädlingsbekämpfungsmitteln. (**D. B. P. 926 965** Kl. 12o vom 10/10. 1952, ausg. 28/4. 1955. Anmeldung bekanntgemacht 7/10. 1954.) G. KRAUSS. H 1090

Olin Mathieson Chemical Corp., New York, N. Y., übert. von: **Kathryn A. Losee,** New Brunswick, und **William A. Lott,** Maplewood, N. J., V. St. A., *Quaternäre Ammoniumsalze von N-β-Aminoäthylcarbamaten.* Durch Rk. von Diäthyl-2-(heptadecyloxycarbonylamino)-äthylamin mit $C_6H_5CH_2Br$ erhält man *Benzyldiäthyl-2-[N-carboheptadecyloxyamino]-äthylammoniumbroid,* $C_{17}H_{35}OCONHCH_2CH_2N(Br)(C_2H_5)_2CH_2C_6H_5$.

Analog erhältlich das entsprechende *Chlorid* u. *Benzyldiäthyl-2-[N-(carbo-p-octylphenoxy)-amino]-äthylammoniumchlorid.* — Kationakt. Reinigungsmittel, Baktericide. (**A. P. 2 721 208** vom 30/11. 1951, ausg. 18/10. 1955.) A. BRÖSAMLE. H 1280

Badische Anilin- & Soda-Fabrik, Deutschland, *Sekundäre aromatische Amine* erhält man durch Entalkylierung oder Entarylierung tert. aromat. Amine u. gleichzeitiger Alkylierung oder Arylierung prim. aromat. Amine bei Einw. von $^1/_5$—$^1/_2$ der stöchiometr. Menge trockenen Halogenwasserstoffs bei 180—240°, z. B. aus aromat. tert. Amin u. der äquivalenten Menge des entsprechenden prim. aromat. Amins. — In einer eisernen Retorte leitet man in eine Mischung von 412 (Gewichtsteile) N.N-Diäthyl-o-toluidin u. 588 o-Toluidin (I) 30 HCl, erhitzt 12—15 Std. auf 180°, wäscht nach dem Erkalten mit ca. 10%ig. NaOH u. W. u. trocknet. Bei der Vakuumdest. erhält man 320 I zurück u. 680 99—99,5%ig. *N-Monoäthyl-o-toluidin.* — Die Darst. von *N-Monobutylanilin* aus N.N-Dibutylanilin u. Anilin (**II**) u. die Darst. von *N-Monobenzylanilin* aus N.N-Dibenzylanilin u. **II** wird beschrieben. (**F. P. 1 070 320** vom 4/2. 1953, ausg. 22/7. 1954. D. Prior. 21/2. 1952.) O. KAYSER. H 1310

Haarmann & Reimer Chemische Fabrik zu Holzminden G. m. b. H., Holzminden (Erfinder: **Wilhelm Schuler,** Hamburg, und **Artur Blank,** Hetlingen über Wedel/Holst.), *2-Phenyl-3-methylaminobutanol-(2)* (I) u. *2-Phenyl-3-methylaminobutan* (II) entstehen nebeneinander, wenn man ein Gemisch aus 2-Phenylacetoin u. Methylamin mit akt. Al oder mit H_2 u. Hydrierungskatalysatoren reduziert. Trennen durch Fraktionieren der Hydrochloride aus Chloroform. — I-*Hydrochlorid,* F. 239—240°; II-*Hydrochlorid,* F. 158°. (**D. B. P. 833 042** Kl. 12q vom 2/10. 1948, ausg. 13/9. 1954.) G. LANGER. H 1320

Montclair Research Corp. und **Ellis-Foster Co.,** übert. von: **John B. Rust** und **Charles A. MacKenzie,** Montclair, N. J., V. St. A., *Organohalogensilane* erhält man unter Verwendung von $HSiCl_3$ als Ausgangsmaterial. Man kann damit GRIGNARD-Reagentien umsetzen oder $HSiCl_3$ einstufig mit Mg oder Li in Ggw. eines KW-stoffhalogenids in Rk. bringen. — Man gibt 1 (Mol) C_2H_5MgBr in Ae. zu einer eiskalten Lsg. von 1 $HSiCl_3$ in 500 cm³ Ae., rührt 1 Std. bei Zimmertemp., trennt die Ae.-Schicht ab u. destilliert. Man erhält $C_2H_5HSiCl_2$, Kp. 74°, $D^{25}{}_4$ 1,095. In analoger Weise erhält man $C_6H_5HSiCl_2$, Kp. 180—182°, $D^{25}{}_4$ 1,225. (**A. P. 2 698 334** vom 27/3. 1945, ausg. 28/12. 1954.) J. MÜHLEISEN. H 1380

Günther O. Schenck (Erfinder: **Günther O. Schenck,** Göttingen, und **Karl Ziegler,** Mülheim/Ruhr), *Ascaridolähnliche Peroxyde* erhält man durch Photooxydation von ähnlich wie α-Terpinen gebauten Dienen, bes. der Terpenreihe (Terpinolen), in Ggw. von sensibilisierende, die Anlagerung von O_2 fördernden Stoffen. — Aus α-Phellandren entsteht in Isopropanol mit Methylenblau unter O_2 u. Belichtung mit einer 300 W-Lampe *Phellandrenendoperoxyd,* Kp.$_{0,01}$ 62—64°; n_D^{20} 1,4812; D.$^{20}{}_4$ 1,0139, neben einem blaugefärbten peroxyd. Rückstand. — Cyclohexadien-(1.3) → *Cyclohexadienperoxyd,* Kp.$_{0,01}$ 36°; n_D^{20} 1,5028; D.$^{20}{}_4$ 1,1564. — α-Pyronen → *α-Pyronenendoperoxyd,* Kp.$_{10^{-4}}$ 41—48°; n_D^{20} 1,477, D.$^{20}{}_4$ 1,02. — β-Pyronen → *β-Pyronenendoperoxyd,* n_D^{20} 1,49. (**D. B. P. 913 892** Kl. 12o vom 24/12. 1943, ausg. 21/6. 1954. Anmeldung bekanntgemacht 19/11. 1953. **Zusatz zu D. R. P. 752 437; C. 1955. 11048.**) G. KRAUSS. H 1810

Farbenfabriken Bayer Akt.-Ges., Leverkusen, übert. von: **Harry Welz,** Krefeld, *Oxime. Acetaldehydoxim* erhält man durch Einw. von Al auf Nitroäthan-Na bei —10 bis +80° in salzsaurer Lsg. u. in Ggw. von 3,6% der theoret. zur Red. des Nitroäthans erforderlichen Menge $SnCl_2$. Ähnlich erhält man *Cyclohexanonoxim* mittels Zn-Staub (statt Al); ferner *Butandioxim-(2.3)* aus 2.3-Dinitrobutan. (**A. P. 2 721 219** vom 5/12. 1951, ausg. 18/10. 1955. D. Prior. 9/12. 1950.) A. BRÖSAMLE. H 1960

Sinclair Refining Co., New York, N. Y., übert. von: **Frank A. Apgar,** Chicago, Ill., V. St. A., *Reinigung von Rohnaphthalin.* Das Rohprod. wird mit einer wss. Lsg. eines in geringer Menge darin enthaltenen anion. oberflächenakt. Mittels, z. B. Alkylarylsulfonate, Bernsteinsäurederivv. oder Alkoholsulfate, in Berührung gebracht u. hierauf mittels Zentrifuge wieder abgetrennt u. gewaschen. — Zeichnung. (**A. P. 2 704 779** vom 10/4. 1950, ausg. 22/3. 1955.) E. KAHLES. H 2700

Farbenfabriken Bayer Akt.-Ges. (Erfinder: **Heinz-Werner Schwechten** und **Otto Bayer**), Leverkusen, *Herstellung von Derivaten des Anthracens,* dad. gek., daß man die chinonartig reagierenden Einwirkungsprodd. (I) von SO_3 auf *1.4-Diaminoanthrachinon* u. seine Kernsubstitutionsprodd. mit H_2, Laugen, NH_3, Aminen, Mercaptanen, Phenolen, Bisulfit, Alkalicyaniden oder Dienen umsetzt. — In den Beispielen werden beschrieben Umsetzungen von I mit H_2 (Zn-Staub + Eisessig), Mercaptoessigsäure, p-Thiokresol, Naphthol-(2), $NaHSO_3$, KCN, Butadien sowie Umsetzungen von Einwirkungsprodd. von Oleum auf *1.4-Diamino-2.3-di-*

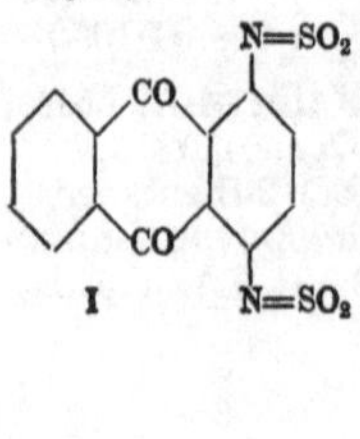

I

chloranthrachinon u. NaOH, NH_3, 1-Aminoanthrachinon. — Zwischenprodukte zur Gewinnung von Küpen-, Acetatseiden- u. sauren Wollfarbstoffen. (**D. B. P. 931 830** Kl. 12q vom 20/7. 1951, ausg. 18/8. 1955. Anmeldung bekanntgemacht 24/2. 1955.) G. LANGER. H 2800

Parke, Davis & Co., Detroit, Mich., V. St. A., *pseudo-1-p-Nitrophenyl-2-acetamidopropandiol-(1.3)* (**I**). — *dl-pseudo-2-Methyl-5-phenyl-4-carbäthoxy-Δ^2-oxazolin* (**II**). Aus dl-pseudo-Phenylserinäthylester u. Acetimidoäthylätherhydrochlorid in Chlf. bei 25°. Öl. — *dl-pseudo-2-Methyl-5-phenyl-4-oxymethyl-Δ^2-oxazolin* (**III**), aus **II** durch Red. mit $LiAlH_4$ in Ae., F. 114°. — *dl-pseudo-2-Methyl-5-phenyl-4-acetoxymethyl-Δ^2-oxazolin* (**IV**), beim Behandeln von **III** mit Acetanhydrid in Pyridin, F. 160°. — *dl-pseudo-2-Methyl-5-p-nitrophenyl-4-acetoxymethyl-Δ^2-oxazolin* (**V**), aus **IV** u. konz. HNO_3 bei 0—5°. — *dl-pseudo-2-Methyl-5-p-nitrophenyl-4-oxymethyl-Δ^2-oxazolin* (**VI**), beim Verseifen von **V** mit verd. NaOH in Aceton, F. 157—158°. — *dl-pseudo-1-p-Nitrophenyl-1-acetoxy-2-aminopropanol-(3)* (**VII**), durch Einw. von verd. HCl auf **VI** bei n. Temp., F. 164—165°. — **I**: Durch Einw. von W. auf **VII** u. Versetzen mit NH_3 in der Kälte, F. 166,5—167,5°. — **I** entsteht auch beim Kochen von **VI** mit Wasser. (**Schwz. P. 302 011** vom 22/5. 1950, ausg. 1/12. 1954. **Zusatz zu Schwz. P. 297 831; C. 1955. 8034.**) G. LANGER. H 3132

Parke, Davis & Co., Detroit, Mich., V. St. A., *dl-pseudo-1-p-Nitrophenyl-2-aminopropandiol-(1.3)* (**I**). *dl-pseudo-2.5-Diphenyl-4-carbäthoxy-Δ^2-oxazolin* (**II**). Aus pseudo-Phenylserinäthylester u. Benzimidoäthylätherhydrochlorid in Chlf. bei 25°, F. 83—84°. — *dl-pseudo-2.5-Diphenyl-4-oxymethyl-Δ^2-oxazolin* (**III**), durch Red. von **II** mit $LiAlH_4$ in Ae., F. 156°. — *dl-pseudo-2.5-Diphenyl-4-acetoxymethyl-Δ^2-oxazolin* (**IV**), aus **III** u. Acetanhydrid in Pyridin. — *dl-pseudo-2-m-Nitrophenyl-4-acetoxymethyl-5-p-nitrophenyl-Δ^2-oxazolin* (**V**). Aus **IV** u. konz. HNO_3 unter Kühlung. — **I**: Beim Kochen von **V** mit verd. HCl, F. 140,5°. — Analog: *dl-pseudo-2-Methyl-5-phenyl-4-carbäthoxy-Δ^2-oxazolin*, Öl. — *dl-pseudo-2-Methyl-5-phenyl-4-oxymethyl-Δ^2-oxazolin*, F. 114°. — *dl-pseudo-2-Methyl-5-phenyl-4-acetoxymethyl-Δ^2-oxazolin*, F. 160°. — *dl-pseudo-2-Methyl-5-p-nitrophenyl-4-acetoxymethyl-Δ^2-oxazolin*. (**Schwz. P. 302 012** vom 22/5. 1950, ausg. 1/12. 1954. **Zusatz zu Schwz. P. 297 831; C. 1955. 8034.**) G. LANGER. H 3132

Monsanto Chemical Co., St. Louis, Mo., V. St. A., *Herstellung substituierter Dihydropyrane* (**III**) durch Rk. von ungesätt. Estern (**I**) mit Vinyläthern (**II**), vgl. Reaktionsschema, worin bedeuten: R^1 u. R^2 = H oder CH_3, R u. R_4 = gesätt. oder aromat. KW-stoffreste mit 1—12 C-Atomen u. R^3 einen gesätt. KW-stoffrest mit 1 bis 18 C-Atomen. — Z. B. ergeben *β*-Acetylacrylsäuremethylester u. Äthylvinyläther bei erhöhtem Druck u. ca. 200° *2-Äthoxy-6-methyl-3.4-dihydro-1.2-pyran-4-carbonsäuremethylester*, Kp.$_{12}$ 110—112°. Analog erhält man *2-Äthoxy-6-phenyl-3.4-dihydro-1.2-pyran-4-carbonsäuremethylester*, Kp.$_1$ 145°. — Zwischenprodukte. (**E. P. 733 805** vom 24/11. 1952, ausg. 20/7. 1955. A. Prior. 23/11. 1951.) K. FABEL. H 3211

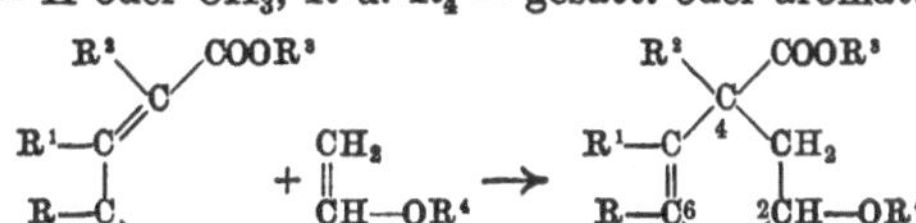

I II III

Nepera Chemical Co., Inc., Yonkers, N. Y., übert. von: **Roland G. Benner**, Bronxville, und **Irving Hochhauser**, Bronx, N. Y., V. St. A., *Verfahren zur Abtrennung von β-Pyridylnitril* (**I**) u. Nicotinsäureamid (**II**) aus wss. Lsgg., die Nicotinsäure (**III**) enthalten u. welche gewonnen werden, wenn man **III** mit NH_3 zu **II** umsetzt u. dieses anschließend mit z. B. $(NH_4)_2HPO_4$ zu **I** dehydratisiert. Die **I**, **II** u. **III** enthaltnde wss. alkal., bes. ammoniakal., Lsg. wird mit einem mit W. nicht mischbaren organ. Lösungsm. (aromat. KW-stoffe, wie Bzl., Toluol, Xylol) bei vorzugsweise 25—50° in einer Menge extrahiert, daß die Konz. des **I** im organ. Lösungsm. wenigstens 30, bes. 50—60% beträgt; **III** bleibt vollständig in der wss. Schicht zurück. Anschließend wird das neben **II** im organ. Lösungsm. enthaltene **I** mit W. u. Soda in **II** von sehr hohem Reinheitsgrad übergeführt. (**A. P. 2 685 586** vom 13/3. 1952, ausg. 3/8. 1954.) R. LINK. H 3231

Pierre Chabrier und **Jan Marcel Didier Aron-Samuel**, Seine, Frankreich, *Herstellung von Phosphorsäureestern tertiärer Aminoalkohole.* Man stellt die Monoorthophosphate von tert. Aminoalkoholen her, indem man Orthophosphorsäure (**I**) mit den Alkoholen in Ggw. eines inerten Lösungsm. verestert, das mit W. ein azeotropes Gemisch bildet (Toluol, Xylol). Man kann auch vom Hydrochlorid des Aminoalkohols ausgehen u. einen Katalysator (Acetylchlorid) zusetzen. — Beispiel: Man erwärmt 6 Std. ein Gemisch aus 1,5 (Teilen) **I**, das man durch Zusatz einer genügenden Menge P_2O_5 wasserfrei hält, 1,5 *β*-Morpholinoäthanol u. 6 Xylol. Wenn die berechnete Menge W. mit Xylol übergegangen ist, trennt man den Ester als *Ba-Salz* ab; Ausbeute 95—100%. Es wurden ferner die *Monoorthophosphate des β-Dimethylaminoäthanols*, *β-Diäthylaminoäthanols*, *β-Piperidinoäthanols* u. *γ-Dialkylamino-β-oxypropanols* hergestellt. (**F. P. 1 018 577** vom 25/5. 1950, ausg. 9/1. 1953.) S. Meier. H 3282

Comptoir des Minéraux & Matières Premières, Seine, Frankreich, *Herstellung von Spartein* aus Ginster durch Extraktion. Man behandelt Ginster mit Alkali u. extrahiert die entstandene Brühe mit warmem Petroleum, wobei Spartein (I) in Lsg. geht. Man rührt die sd. Lsg. 5 Min. mit wss. $FeSO_4$. Nach Filtration scheiden sich 2 Phasen ab. Die eine, das reine Lösungsm., geht in den Prozeß zurück, die andere, die das Salz des I enthält, wird mit einer starken Base behandelt, wonach man I durch Dekantation abtrennen kann. Oder man behandelt die Lsg. mit einem organ. Lösungsm. u. destilliert. Das Konzentrat wird durch Umsatz mit einer wss. Metallsalzlsg. unter Rühren der sd. Lsg. in ein Salz übergeführt u. das reine I daraus mit einer Base in Freiheit gesetzt. Zur Verwendung in der Pharmazie wird I durch Behandeln mit 25% reiner H_2SO_4 in Acetonlsg. in das Sulfat übergeführt. (**F. P. 1 031 504** vom 9/7. 1948, ausg. 30/7. 1952.) S. Meier. H 3500

Badische Anilin- & Soda-Fabrik Akt.-Ges., Ludwigshafen/Rh. (Erfinder: **Richard Kuhn** und **Irmentraut Löw,** Heidelberg), *Gewinnung von Steroiden aus Tomatenpflanzen.* Das aus Tomatin gewonnene Diacyltomatidin, bes. Diacetyltomatidin, F. 186—187°, wird mit CrO_3 in Eisessig oxydiert, wobei man nach dem Chromatographieren des gebildeten zähen gelblichen Öles über Al_2O_3 (mit Methanol inaktiviert) vermutlich *3-Acetyltigogeninlacton* erhält, sublimiert bei 160—170°/0,001 mm, Nadeln, F. 214—215°; Ausbeute 42%. Verwendung in der *Pharmazie* u. *Kosmetik.* (**D. B. P. 913 893** Kl. 12o vom 29/11. 1951, ausg. 21/6. 1954. Anmeldung bekanntgemacht 19/11. 1953. **Zusatz zu D. B. P. 911 260; C. 1956. 2315.**) G. Krauss. H 3700

Farbwerke Hoechst Akt.-Ges. vormals Meister Lucius & Brüning (Erfinder: **Josef Schmidt-Thomé**), Frankfurt/M., *17-Ketone der Testan- und Androstanreihe* erhält man durch Beckmannsche Umlagerung von 17-Oxy-20-ketoximen der Pregnan- u. Allopregnanreihe, bes. in Ggw. eines Lösungsm., wie Pyridin. — 5-Pregnen-3β.17α-diol-20-on-3-acetat-20-oxim + $POCl_3$ + Pyridin bei 0° → *Dehydroepiandrosteronacetat,* F. 171°. — Allopregnan-3β.17α-diol-20-on-3-acetat-20-oxim, F. 256°, → *Epiandrosteron,* F. 173°; [α] +88,5°. — Pregnan-3α.17α-diol-20-on-3-acetat-20-oxim → *Testan-3α-ol-17-on-3-acetat,* F. 96°, freier Alkohol, F. 144°; $[\alpha]_D^{20}$ 110°. (**D. B. P. 934 591** Kl. 12o vom 27/2. 1953, ausg. 27/10. 1955. Anmeldung bekanntgemacht 14/4. 1955.) U. Sievers. H 3700

X. Färberei. Organische Farbstoffe.

André und **Joseph Martinet,** *Farbe und Mesomerie.* Vff. geben an Hand von ausgewählten Beispielen aus der anorgan. u. organ. Chemie eine allg. Erklärung des Begriffes Mesomerie. Er entspricht der Erkenntnis über die Elektronenverteilung im Mol. zwischen den durch verschied. klass. Strukturformeln wiedergegebenen Verteilungszuständen. Für diese Grenzzustände u. die Zwischenphasen ist es charakterist., daß die Reihenfolge der Atome in ihnen jeweils die gleiche ist, daß auch die Betätigung der σ-Bindungselektronen zwischen den Atomen dieselbe bleibt. Der Unterschied der Zustände beruht auf der Anordnung der beweglichen π-Elektronen. In ausführlicher Weise wird der Zusammenhang dieser theoret. Erklärungen mit der Konst. der Stoffe u. ihrer Farbigkeit aufgezeichnet, im Anschluß daran das Wesen des Farbstoffchromophors u. die Funktionen der auxochromen Gruppen in ihrer Wechselwrkg. miteinander bzgl. der π-Elektronenschwingungen, die von maßgeblichem Einfl. auf die Lichtabsorption sein können. An einer großen Reihe von in der Farbstoffsynth. gebräuchlichen Verbb. u. an einigen bes. typ. Farbstoffen werden diese Grunderkenntnisse deutlich veranschaulicht. Die Farbigkeit anorgan.-chem. Stoffe wird im gleichen Sinne als eine Ladungsänderung durch Abgabe u. Aufnahme von π-Elektronen erklärt. — 77 Literaturangaben. (Teintex **18.** 467—85. 15/8. 523—39. 15/9. 597—621. 15/10. 1953.) E. Wagner. 7002

Howard J. White jr., *Die Thermodynamik der Adsorption durch Fasern aus Mehrkomponentenbädern der Art der Farbstoffbäder.* Beim Eintauchen einer Faser in eine Farbstofflsg. (bestehend aus beliebig vielen Komponenten) stellt sich ein Gleichgewicht zwischen den gelösten u. den an der Faser adsorbierten Farbstoffen ein. Die entsprechenden Gleichungen des Vorganges (Aktivität der gelösten bzw. adsorbierten Farbstoffe, Einfl. der Farbstoffkonz. u. des Dampfdruckes des Lösungsm., Änderung der freien Energie u. der Entropie) werden in allg. Form abgeleitet. Mangels experimenteller Daten ist ein quantitativer Vgl. zwischen berechneten u. gemessenen Werten nicht möglich. (J. physic. Chem. **59.** 528—31. Juni 1955. Princeton, N. J., Textile Res. Inst.) O. Fuchs. 7002

Giorgio Saenger, *Das „Standfast"-Verfahren zum kontinuierlichen Färben in flüssigem Metall.* Beschreibung der App., Arbeitsweise u. Vorteile des von der Standfast Dyers

& Printers Co. Ltd. entwickelten Kontinue-Färbeverf. mit Hilfe eines auf 95—100° gehaltenen Metallbades einer Pb-Sn-Bi-Cd-Legierung vom F. 71°. (Fibre e Colori 1. 19—21. Okt. 1951.) A. Sander. 7020

Ernest Caswell, *Anmerkungen zum Färben in Packform.* Inhaltlich ident. mit der in C. **1956.** 4853 referierten Arbeit. (Amer. Dyestuff Reporter **44.** P561—P565. 15/8. 1955.) I. Schoenmann. 7020

Antal Pataki, Iván Bozsó und **Frau László Feleki,** *Untersuchung der Diazotierungs- und Zersetzungsreaktion der bei der auf der Faser entwickelten Färbung verwendeten Basen und die kontinuierliche Diazotierung.* Die Diazotierung der untersuchten Basen p-Chloranilin, Anilinhydrochlorid, Echtrot B, Echtrot TR, Echtorange GC u. Rot EB ist eine sehr schnell verlaufende Rk., sie kann aber kontinuierlich vorgenommen werden, ohne die Zerfallsverluste der diskontinuierlichen Diazotierung in Kauf zu nehmen. Gemessen wurde die Zerfallsgeschwindigkeit, indem $NaNO_2$ u. die salzsaure Basenlsg. in eine alkal. Lsg. gegossen wird, die Diazotierung bleibt stehen u. der Kupplungsvorgang tritt ein. Die in W. lösl. Azofarben werden photometr. ausgemessen. Die Konz. der Base ist 0,001n, bei größeren Konzz. versagt die Methode. Bei betrieblichen Konzz. über 0,05mol. ist die Geschwindigkeit der Rk. so groß, daß sie innerhalb 1 Min. beendet ist. Temp., Säurekonz. u. Nitritkonz. haben keinen Einfl. auf den Ablauf der Rk., doch wächst mit der Temp. der Zerfall der Basen. Der kontinuierliche Ablauf der Diazotierung erfolgt durch kontinuierliches Mischen der salzsauren Basenlsg. mit der $NaNO_2$-Lsg., die Mischung wird innerhalb 1—2 Min. mit Na-Acetat gepuffert u. die Lsg. gelangt auf der Faser zur Kupplung. Vorteile des Verf. werden beschrieben. (Magyar Textiltechn. (Ung. Textiltechn.) **1955.** 214—17. Juni.) E. Kiss. 7020

W. Flügel, A. Peter und **H. Egli,** *Das Sandocrylverfahren zum Färben von Polyacrylnitrilfasern nach der Cuproionenmethode.* (Textil-Rdsch. [St. Gallen] **9.** 509—14. 1 Tafel. Okt. 1954. — C. **1955.** 9200.) R. K. Müller. 7020

N. Je. Fedorowa und **I. B. Migatschewa,** *Ein neues Druckverfahren mit Diphenylschwarz.* Um Faserschädigungen beim Bedrucken von Baumwollgeweben mit *Diphenylschwarz* zu vermeiden, wurde zur Erzeugung der für die oxydative Kondensation des p-Aminodiphenylamins (**I**) erforderlichen HCl Leukotrop 0 (**II**) zugesetzt. Es wird folgendes Rezept für die Druckfarbe empfohlen: 60 (g) **I**, 40 Äthylenglykol oder Glycerin, 120 30%ig. Essigsäure. Nach sorgfältigem Mischen werden hinzugefügt: 450 Verdickungsmittel (Stärke), 50 $KClO_3$, 100 W., 30 **II** (trocken), 100 Wasser. Nach Bedrucken u. Trocknen wird das Gewebe 1—2 Min. bei 98—100° gedämpft, mit kaltem W., Seife u. Soda, nochmals mit kaltem u. warmem W. ausgewaschen. An Stelle des Chlorhydrats von **I** kann auch seine Base verwendet werden. (Текстильная Промышленность [Textil-Ind.] **15.** Nr. 3. 30—32. März 1955.) N. Stscherbina. 7022

A. N. Davidson und **R. Preston,** *Die Wirkung von Chlor auf gefärbtes Nylon.* Für Verss. über das Verh. von *Nylon* bei Cl-Einw. werden ungefärbte u. gefärbte Garnproben aus Nylon, Wolle u. Mischungen im Verhältnis 33 : 77 im Naß- u. Trockenverf. behandelt: Nylon bindet Cl fester als Wolle; in Mischung übt die Wolle bei der Aufnahme von Cl durch Nylon eine pufferähnliche Wrkg. aus, wodurch die Nylonfaser weniger angegriffen wird. Durch die Cl-Absorption werden die Festigkeitseigg. von Nylon gemindert u. die Viscosität von Nylonlsgg. in m-Kresol erniedrigt. Die Unterss. der gefärbten Fasern (mit Chrom-, sauren, neutralfärbenden sauren, lösl. Acetat- u. direktziehenden Farbstoffen) haben für Chromfarbstoffe genügende Cl-Echtheiten ergeben; während die hellen Färbungen mit neutralfärbenden sauren Farbstoffen unbrauchbar werden, nehmen die anderen eine Mittelstellung ein. Eine geringe Verbesserung der Echtheitseigg. zeigen fast alle Farbstoffe bei Chlorierung im Naßverfahren. Die Ergebnisse werden graph. dargestellt u. tabellar. zusammengefaßt. (J. Soc. Dyers Colourists **71.** 235—43. Mai 1955.) I. Schoenmann. 7028

G. Schwen, J. Eisele und **S. Hafenrichter,** *Bewertung der Echtheitseigenschaften von Textilfarbstoffen.* Zur Prüfung der Echtheitseigg. von Farbstoffen ist es erforderlich, die Farbtiefe genau zu definieren, um Vergleichswerte zu erhalten. Während die Farbtiefe (Hilfstypstärke) in der ECE festgelegt ist, ist die Prüfung in anderen Farbtiefen freigestellt. Vff. geben Vorschläge für die Herst. von Färbungen, die das Vielfache bzw. nur Bruchteile der Hilfstypstärke darstellen. Die unter Berücksichtigung des von der gewünschten Farbtiefe abhängenden unterschiedlichen Ziehvermögens der jeweiligen Farbstoffe ausgefärbten Färbungen wurden so abgestimmt, daß sie auch opt. einander entsprachen. (Melliand Textilber. **35.** 281—83. März; Färgeriteknik **30.** 114—16. Mai 1954.) H. G. Fröhlich. 7028

G. N. Rautian, *Die colorimetrische Analyse von Eichmustern für Farbechtheit.* Mit Hilfe des trichromat. Colorimeters GOI (FM-18) wurden die Farbänderungen von Eichproben für Farbechtheit gemessen u. die Farbmeßzahlen α, β u. γ berechnet. Während die Proben selbst nur geringe Farbänderungen zeigten, traten die Farbunterschiede bei gleichzeitig mitbehandeltem weißem Gewebe deutlich zutage (Ausbluten der Farbe). (Текстильная Промышленность [Textil-Ind.] **15.** Nr. 11. 33—34. Nov. 1955.)

N. STSCHERBINA. 7028

Stabilimenti Di Ponte Lambro S. p. A., Ponte Lambro, Como, Italien, *Färben von tierischen, pflanzlichen oder synthetischen Fasern für Tarnungszwecke.* Um aus diesen Fasern hergestellte Fabrikate bei n. u. Infrarotlicht unkenntlich zu machen, färbt man diese durch lokales Aufbringen mit verschied. Farben, von welchen jede für sich aus einer Mischung von färbenden Bestandteilen zusammengesetzt ist, die aus Pigmenten u./oder Küpenfarbstoffen bestehen u. deren Mengenanteile so ausgesucht sind, daß die Mischungen alle den gleichen Absorptionsgrad für Infrarotstrahlen besitzen u. z. B. bei der Bestrahlung einen grauen Farbton ergeben. Die Fabrikate können auch vorher mit Küpen-, Direkt- oder Pigmentfarbstoffen gefärbt u. mit einem Al-Salz wasserdicht imprägniert sein. (**E. P. 733 094** vom 2/12. 1952, ausg. 6/7. 1955. It. Priorr. 22/3. u. 19/6. 1952.) H. V. SCHILLER. 7021

Eric Haslam, Dunscar, Lancaster, England, *Färben von Textilien mit Küpen- oder Schwefelfarbstoffen.* Das mit einer den Farbstoff u. ein Reduktionsmittel enthaltenden Lsg. imprägnierte Material wird durch einen geschlossenen App. geleitet, der nur mit H_2 gefüllt ist. Anschließend wird der red. Farbstoff auf der Faser oxydiert. — Zeichnung der Apparatur. (**E. P. 733 065** vom 4/12. 1951, ausg. 6/7. 1955.) H. V. SCHILLER. 7021

Imperial Chemical Industries Ltd., London, England (Erfinder: **Harry Rose Hadfield** und **Norman Legg**), *Triazene* der Formeln I u. II, worin der Benzolring Substituenten

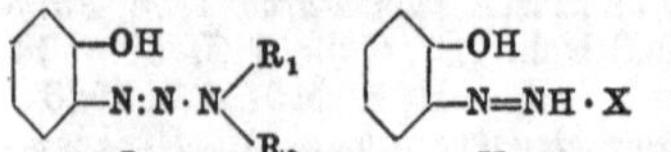

I II

außer der Carboxyl- u. Sulfonsäuregruppe tragen kann u. worin R_1 H oder einen substituierten oder unsubstituierten Alkyl-, Aralkyl- oder Cycloalkylrest u. R_2 einen substituierten oder unsubstituierten Alkyl-, Aralkyl- oder Cycloalkylrest oder R_1 u. R_2 gemeinsam mit dem N-Atom einen Heteroring u. X Cyan, Guanyl oder eine substituierte Guanylgruppe bedeuten, dad. gek., daß man diazotiertes o-Aminophenol mit einem Amin der Formel $NH(R_1)(R_2)$, Cyanamid, Guanidin oder einem substituierten Guanidin in alkal. Medium umsetzt. *Färbeverf. für Textilien*, dad. gek., daß man in saurem Medium mit den genannten Triazenen u. einer aromat. Oxyverb., die frei von Carboxyl- u. Sulfonsäuregruppen ist, oder einem 1-Aryl-3-methyl-5-pyrazolon färbt u. die entstandenen Azofarbstoffe metallisiert. — Beispiele für Kupplung von diazotiertem *5-Nitro-2-aminophenol, 4-Nitro-2-aminophenol, 4-Chlor-5-nitro-2-aminophenol, 4-Chlor-2-aminophenol, 4-Methansulfonyl-2-aminophenol* mit *Piperidin, Diäthylamin, Diäthanolamin, Morpholin, Guanidinnitrat, Benzylamin, Äthylamin, Dicyandiamid.* Umsetzen des Triazens mit *2.7-Dioxynaphthalin, 2-Naphthol* oder *1-Phenyl-3-methyl-5-pyrazolon* u. Chromen oder Kupfern, wobei *Nylon* in braunen Tönen angefärbt wird. (**E. P. 730 653** vom 25/6. 1952, ausg. 25/5. 1955.) G. LANGER. 7021

Ciba Soc. An., Schweiz, *Monoazofarbstoffe.* Diazotierte Aminodiphenyläther der

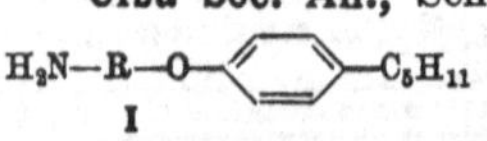

I

Formel I (R = Benzolrest; NH_2 in o- oder p-Stellung zum —O—; C_5H_{11} = n- oder tert.-Amylrest), z. B. 2-Amino-4'-tert.-amyldiphenyläther, werden mit 2-Oxynaphthalin-3.6-disulfonsäure gekuppelt. (**F. P. 60 699** vom 20/9. 1950, ausg. 22/11. 1954. **Zusatz zu F. P. 979 544; C. 1954. 5179.**) G. HOPPE. 7053

Sandoz Akt.-Ges., Basel, Schweiz, *Anthrachinonfarbstoffe* der allg. Zus. I (X = H oder C_2H_5, Hal = Cl oder Br, A = H, Cl oder Br), die auf Wolle (**B**) u. anderen Textilien

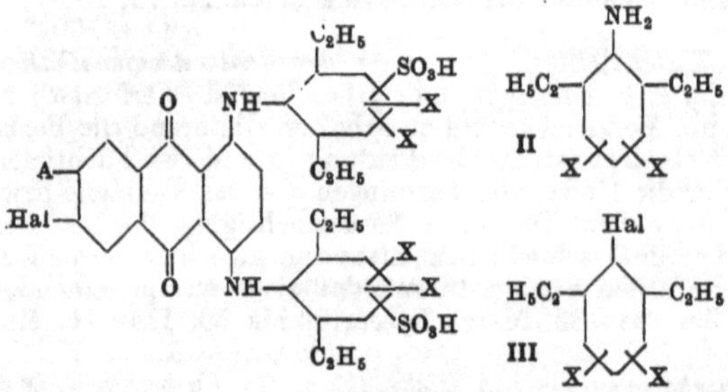

aus neutralem Bade lebhafte blaue, sehr echte Töne von guter Abendfarbe ergeben, erhält man dadurch, daß man in an sich bekannter Weise entweder Anthrachinonderivv., die in 1- u. 4-Stellung austauschbare Substituenten tragen u. die außerdem in 6- u./oder 7-Stellung durch Cl oder Br substituiert sind, mit Aminen der Zus. II oder indem man 1.4-Diaminoanthrachinone, die in 6- u./oder 7-Stellung mit Cl oder Br substituiert sind, mit Halogenbenzolen der Zus. III umsetzt u. die erhaltenen Kondensationsprodd. sulfoniert. — So erhält man Farbstoffe durch Sulfonieren der Reaktionsprodd. aus: 6.7-Dichlorchinizarin (**IV**) u. 2.4.6-Triäthylanilin (**V**) oder 1.4-Diamino-6.7-dichloranthrachinon u. 1-Brom-2.4.6-triäthylbenzol oder **IV** u. Leuko-**IV** u. **V**. 1.4-Di-(2'.4'.6'-triäthylanilido)-6.7-dichloranthrachinon, dunkle, bronzierende Kristalle, färbt als Disulfonsäure **B** Nylon (**P**) u. Naturseide (**C**) lebhaft blau; 6-Chlorchinizarin (**VI**), Leuko-**VI** u. **V** färben **B**, **C** u. **P** lebhaft blau; 6-Bromchinizarin (**VII**), Leuko-**VII** u. **V** färben **B**, **C** u. **P** lebhaft blau; **VI**, Leuko-**VI** u. 2.3.6-Triäthylanilin färben **B**, **C** u. **P** in lebhaften blauen Tönen. **Schwz. PP. 281 757** vom 6/4. 1950, ausg. 1/7. 1952, **285 999** vom 6/4. 1950, ausg. 16/4. 1953, **286 000**, **286 001**, **286 002** u. **286 003** [Zusatzpatente] vom 6/4. 1950, ausg. 2/2. 1953.) O. ROICK. 7059

Southern Dyestuff Corp., Charlotte, N. C. (Erfinder: **Ewen D. Robinson** und **David F. Mason**), V. St. A., *Konzentrierte anwendungsfertige flüssige Farbstoffpräparate aus Schwefelfarbstoffen der Indophenolreihe* erhält man durch Zugabe einer geringen Menge (3—15% der Endlsg.) eines hydrotropen Mittels zu der alkal. wss. Lsg. des Farbstoffs. Als hydrotrope Mittel können z. B. verwendet werden: Harnstoff, Thioharnstoff, Hexamethylentetramin oder das Na-, K- oder NH_4-Salz von Xylol- oder p-Toluolsulfonsäure, Tetrahydronaphthalinsulfonsäure, Sulfanil- oder Metanilsäure. — *Hydronblau*: Wenn man 25 (Teile) xylolsulfonsaures Na in 50 W. löst, die Lsg. mit 70 des Filterkuchens versetzt, den man durch Filtrieren des mit einem Polysulfid geschwefelten Carbazolindophenols erhält, 70 40%ig. NaHS zugibt, 1—2 Std. bei 90—100° rührt u. von Verunreinigungen abfiltriert, so erhält man eine konz. fl. Lsg. des Hydronblaus, die ohne Zugabe von Alkali u. anderer reduzierender Mittel sofort zum Färben verwendbar ist. Gibt man 20 der konz. Lsg. zu 1500—2000 W., so erhält man ein Färbebad, das 100 Baumwolle in den dunkelblauen Tönen des Hydronblaus färbt. — Weitere Beispiele. (**E. P. 735 714** vom 6/10. 1952, ausg. 24/8. 1955.) O. ROICK. 7071

XIa. Farben. Anstriche. Lacke. Naturharze.

—, *Lackieren von Gegenständen durch Tauchen.* Neuzeitliche Tauchlackierung u. deren Anwendungsgebiete. — 11 Abbildungen. (Ind. Finishing **29.** Nr. 1. 58—60. 63. 67. 68. 70. 72. 74. 76. 77. Nov. 1952.) B. SCHEIFELE. 7090

R. B. Waterhouse und **J. H. Schulman,** *Die Adhäsion amphipathischer Moleküle auf Metallflächen.* Die Adhäsion einfacher amphipath. Moll. kommt durch physikal. Adsorption, Chemisorption u. Bldg. eines unlösl. Nd. zustande. Die Adhäsion des Nd. ist viel geringer als die der Chemisorption, die für die Haftung von Anstrichfilmen erforderlich ist. Als amphipath. Verbb. dienten bei den Verss. der Vff. *Caprylsäure, Na-Dodecylsulfat* u. *Dodecyltrimethylammoniumbromid,* deren 10^{-3}mol. wss. Lsgg. bei verschied. p_H auf elektropolierte Flächen von Cu, Al u. Fe einwirkten. Es wurde der Kontaktwinkel eines Tropfens Bzl. u. der Reibungskoeff. zwischen 2 Metallflächen gemessen. (J. Oil Colour Chemists' Assoc. **38.** 646—51. Okt. 1955. Cambridge, Dep. of Colloid Sci.) B. SCHEIFELE. 7090

Carlos Eckmann, *Natürliche und synthetische Harze in der Lackindustrie.* 1. Mitt. *Ester, Polymere und hydrierte Derivate des Kolophoniums.* Übersicht. (Olii minerali, Grassi Saponi, Colori Vernici **30.** 47—48. März 1953.) K. STEINER. 7090

W. Robert Price jr., *Die Einwirkung der Teilchengröße von Kaolin und der Pigmentvolumenkonzentration auf die wichtigen Eigenschaften verschiedener Anstrichsysteme.* 1. u. 2. Mitt. Der Einfl. der Teilchengröße u. -verteilung mehrerer Kaolinstreckpigmente auf Glanz, Kontrastverhältnis u. Viscosität von Butadien-Styrol-Latex-Anstrichen, Halbglanz-Weichharz-Lack, Polyvinylacetat- u. Acrylsäureemulsionsanstrichen wird in Zahlentafeln u. Diagrammen wiedergegeben. (Paint Varnish Product. **45.** Nr. 7. 27—35. Juni. Nr. 8. 23—31. 68. Juli 1955. Elizabeth, N. J., Georgia Kaolin Co.) W. WESLY. 7090

W. G. B. Mills, *Pigmentbindemittelbeziehungen.* Rheolog. Unterss.; Glanz u. Filmoberfläche; Pigmentsuspension u. Lagerfähigkeit; mechan. Festigkeit u. Haltbarkeit; Einfl. von Feuchtigkeit u. UV-Licht; anwuchsverhindernde u. antikorrosive Anstrichfarben. (Paint, Oil Colour J. **121.** 24—28. 4/1. 223—26. 25/1. 352—56. 8/2. 519—22. 29/2. 1952.) B. SCHEIFELE. 7090

A. Pass, *Zinkstaub als Schutzpigment.* 1. Mitt. Erweiterte u. ergänzte Wiedergabe der C. **1953.** 9001 referierten Arbeit. — 16 Literaturangaben. (J. Oil Colour Chemists' Assoc. **35.** 241—61. Juni 1952. Dartford, Kent, Amalgamated Oxides [1939] Ltd.) B. SCHEIFELE. 7092

E. G. Shur, *Untersuchungen über die Flockung von Phthalocyaninblau.* Fällungs-, rheolog. u. photomikrograph. Unterss. über die Einw. der Zus. des organ. Dispersionsmediums auf die Flockung von Cu-Phthalocyaninblaupigment (**I**) in Mineralöl u. Ricinusöl zeigen, daß die Polarität der dispergierenden Phase u. das Lösungsm. allein, in Abwesenheit von oberflächenakt. Stoffen, die Flockungsneigung beeinflussen. Alkylacetatester wirken der Flockung von I stärker entgegen als alle anderen gebräuchlichen Lösungsmittel. — Aussprache. — 57 Literaturhinweise. (Paint Varnish Product. **45.** Nr. 5. 30—33. April. Nr. 6. 30—39. 70. Mai 1955. Elizabeth, N. J., Interchem. Corp., Finishes Div.) W. WESLY. 7092

Robert Nordgren, M. H. Baker und **Louis Champlin jr.,** *Allylstärke.* Allg. Überblick über Bedeutung u. Anwendungsmöglichkeiten der Allylstärke, speziell auf den Gebieten des Anstrichs u. der Druckertinten sowie ihre Verträglichkeit mit den verschied. Plastifizierungsmitteln. (Paint, Oil chem. Rev. **114.** Nr. 2. 15—16. 36—38. 18/1. 1951. General Mills Res. Labors.) G. DALL'ASTA. 7096

Chr. Korf, *Aluminiumalkoxyde und Alkoxyaluminiumseifen.* Übersicht über die Rkk. von Al-Alkoxyden (**I**), $Al(OR)_3$, mit COOH- u. OH-Gruppen u. die Anwendung von I zur Herst. von thixotropen, auch in dicken Schichten gut trocknenden Anstrichen. (Verfkroniek **28.** 137—42. Mai 1955. Chem.-techn. Adviesbureau.) W. WESLY. 7096

R. J. Polack und **E. H. Holmstrom,** *Flammenhemmender Weichmacher für Schutzüberzüge.* Unter der Bezeichnung „Celluflex CEF" (Tri-β-chloräthylphosphat) wurde ein neues Zusatzmittel für Celluloselacke u. dgl. herausgebracht, dessen brandhemmende Wrkg. an einer Reihe von Beispielen mit Abb. u. Versuchsdaten geschildert wird. (Paint Varnish Product. **45.** Nr. 9. 35—37. 80. Aug. 1955. Celanese Corp. of America.) H. ECKHARD. 7096

—, *Washprimer.* Washprimer dient als Metallkonditionierer oder Vorbehandlungsmittel, um die Haftung zwischen Metall u. Grundier- bzw. Deckfarben zu verbessern. Der n. übliche Washprimer besteht aus bas. Zn-Chromat in Polyvinylbutyral, dem vor der Anwendung Phosphorsäurelsg. zugesetzt wird. — Anwendungsweisen des Washprimers. (Ind. Finishing **29.** Nr. 1. 26. 28. 30. Nov. 1952.) B. SCHEIFELE. 7096

E. P. Rittershausen, *Erdölverdünnungsmittel für die Anstrichindustrie.* Übersicht über Quellen, chem. u. physikal. Eigg. u. Anwendung von Erdölverdünnungsmitteln für die Anstrichindustrie (aliphat., alkylierte aromat. u. Isoparaffin-KW-stoffe). (Paint Varnish Product. **45.** Nr. 4. 25—29. März 1955. Brooklyn, N. Y., Socony-Vacuum Labors., Techn. Serv. Dep.) W. WESLY. 7100

Luigi Angelino, *Holzlacke.* Öl-, Kunstharz- u. Nitrocelluloselacke für die Lackierung von Möbeln, Haushaltsgegenständen, Spielwaren usw. (Pitture e Vernici **8.** Nr. 1. 33—39. Jan. 1952.) B. SCHEIFELE. 7106

J. I. Broeker, *Entwicklung von Außenanstrichfarben für Holz.* Die Haltbarkeit von Außenanstrichfarben wird auf an 3 Orten (Miami, Wilmington, Los Angeles) exponierten Probetafeln u. anschließend auf Holzhäusern im Neu- u. Erneuerungsanstrich ermittelt. Versuchsdauer 10—15 Jahre. Resultate: Für weiße Außenfarben eignet sich ein relativ stärker kreidendes Titanpigment, für bunte Anstriche ein kreidefestes TiO_2 mit Zusatz von $CaCO_3$, das Schmutz- u. Pilzansatz unterdrückt. Als Bindemittel für Außenfarben auf Holz dient Leinölstandöl (Viscosität $< X$; SZ. < 7) mit Zusatz von unverdicktem Leinöl. Statt Leinöl können auch Sojaöl, Sojaöl–Holzöl u. andere Kombinationen verwendet werden. Für starke Feuchtigkeitseinw. eignen sich Dispersions- (Emulsions-) Farben, die für Wasserdampf viel durchlässiger sind als Öl- oder Alkydharzfarben u. weniger zum Blasenwerfen u. Abblättern neigen. (Paint, Oil chem. Rev. **118.** Nr. 11. 16. 17. 20. 2/6. 1955. E. I. du Pont de Nemours & Co., Inc., Pigments Dep.) B. SCHEIFELE. 7106

H. C. Fletcher und **A. Partington,** *Einige praktische Gesichtspunkte für Überzüge der in das Wasser eintauchenden Bauteile von Handelsschiffen.* Übersicht über Ursachen der Unterwasserkorrosion u. -verschmutzung von Schiffen u. die Maßnahmen zu ihrer Bekämpfung. — 19 Schrifttumsangaben. (Peintures, Pigments, Vernis **31.** 411—24. Mai 1955.) W. WESLY. 7106

G. Dechaux und **E. Segol,** *Korrosion von angestrichenem, in Meerwasser eintauchendem Stahl und deren Verhinderung.* Verss. über den Korrosionsschutz von Schiffskielen durch Anstriche, die anod. u./oder anod. u. kathod. Pigmente als Korrosionsinhibitoren (bas. Mg-Chromat) enthalten, zeigen: Passivierung tritt ein, wenn $2\,p_H + r_H \geqq 48{,}3$. Zwei Anstrichschichten sind wirksamer als eine Schicht von gleicher Gesamtdicke. Die Schutzwrkg. von Grundierungsschichten (washprimers), die an sich durchlässig sind, wird durch einen Pigmentschutzanstrich erhöht. Die bei verschied. p_H u. r_H auftretenden Rostarten u. die Messungen von Potentialen u. Widerständen werden erörtert. (Peintures, Pigments, Vernis **31.** 436—46. Mai 1955. Toulon, Arsénal, Labor. „Corrosion".) W. WESLY. 7106

A. Doncesco, *Einfluß der spektralen Zusammensetzung der Infrarotstrahlung auf das Trocknen von Farbanstrichen.* Das Trocknen von Anstrichen u. Lösungsmitteln durch Infrarotstrahlen bei niederer (400°) u. hoher (2200°) Temp. wird untersucht. Feuchte Anstriche absorbieren Infrarotstrahlen niederer Temp. an der Oberfläche weniger u. trocknen daher infolge tieferen Eindringens derselben um 15—25% schneller als solche hoher Temp., während die Wrkg. bei Lösungsmitteln selbst gerade umgekehrt ist. Die Absorption durch die Dämpfe des Lösungsm. ist für die Trockendauer ohne Bedeutung. (Peintures, Pigments, Vernis **30.** 558—71. Juli 1954. Paris, Gaz de France, Labor. phys. gen.) K. STEINER. 7106

W. W. Kittelberger und **A. C. Elm,** *Diffusion von Natriumchlorid durch verschiedene Farbanstrichsysteme.* Frühere Unterss. der Vff. (C. **1947.** 935; **1948.** I. 175) hatten ergeben, daß die korrosionsschützende Wrkg. eines Anstrichfilms nicht so sehr auf seine Wasserundurchlässigkeit als auf seinen Widerstand gegen das Auftreten korrodierender Ströme zurückzuführen ist. Die früher beschriebene Meth. zur Best. der Diffusionsgeschwindigkeit von Elektrolyten durch Anstrichfilme wird bei der Diffusion von NaCl-Lsgg. verschied. Konz. durch Filme mit verschied. Pigmenten u. verschied. Bindemitteln angewendet. Die weitaus bessere Widerstandsfähigkeit von Leinölfilmen gegenüber Kunstharzfilmen wird abermals bestätigt. Als Pigmente bewährten sich am besten Mennige, ZTO-Chromat, ZnO u. Zn-Staub, doch ist es wichtiger, zu beurteilen, welches Pigment das ursprüngliche Schutzvermögen des Bindemittels am wenigsten verschlechtert. Die gute Schutzwrkg. von Zinkgelbanstrichen ist auf den passivierenden Effekt der Chromationen zurückzuführen. (Ind. Engng. Chem. **44.** 326—29. Febr. 1952. Palmerston, Pa., New Jersey Zinc Co.) K. STEINER. 7106

G. F. Biadene, *Ein charakteristisches Produkt der venezianischen Alpen: Lärchenterpentin.* Bericht über die Gewinnung von Lärchenterpentin in den venezian. Alpen. (Riv. ital. Essenze, Profumi, Piante officin., Olii veget., Saponi **37.** 196—99. 15/4. 1955. Bolzano.) H. P. FIEDLER. 7140

A. Davidsohn, *Eine vereinfachte Methode zur Analyse von Alkydharzen.* Die Analysemeth. von KAPPELMEIER (Farben-Ztg. **40.** [1935.] 1141; **41.** [1936.] 161), bes. die Best. von Phthalsäureanhydrid, wurde vereinfacht. (Paint Technol. **19.** 301. Sept. 1955. Haifa, Israel.) B. SCHEIFELE. 7154

Raoul Pantaleoni, *Die Geruchsprüfung von Anstrichen.* Zur Einteilung der von den zahlreichen Anstrichmitteln ausgehenden Gerüche ist eine aus 12 „Grundgerüchen" bestehende Skala zusammengestellt worden, in die der Geruch des Anstriches eingereiht wird. Art u. Menge des zur Neutralisation zuzusetzenden Riechstoffes müssen sorgfältig ausgewählt werden, um das Verh. des Anstriches (Trocknen u. a.) nicht zu stören. Zur Eignungsprüfung des gewählten Geruchsbeseitigers fügt man ihn in verschieden großen Mengen zu 3 Proben des Anstrichmittels, die mit einer 4., unbehandelten Probe auf die Innenseite von 4 gewellten Papierschachteln gestrichen werden. Nach 16 u. 48 Std. bestimmen 1 Mann u. 1 Frau (Frauen unterscheiden Gerüche besser als Männer) die mit einem Decknamen versehene Schachtel, die keinen oder den geringsten Geruch aufweist. Konzz. von 0,025% Geruchsbeseitiger genügen, um den Geruch von Latexanstrichen zu verdecken. Zusätze über 0,1% sind selten erforderlich. (Paint Varnish Product. **45.** Nr. 4. 32—33. 78. März 1955. New York, N. Y., van Ameringen-Haebler, Inc., Ind. Div.) W. WESLY. 7158

J. K. Wirth und **W. Machu,** *Quantitative elektroosmotische Untersuchungen des Feinbaues von Farbfilmen.* Die C. **1954.** 4992 beschriebene Meth. wurde zur Unters. der Größenverhältnisse bei Farbfilmen angewendet. Bei Bewässerung war die Abnahme des Capillarenquerschnitts durch Zuquellen bei Leinöl-ZnO (**I**) größer als bei Leinöl-Pb_3O_4 (**II**). Die Gesamtporenfläche bei **I** u. **II** betrug ca. 0,0001 cm^2/cm^2. Die Porenzahl beim Beginn der Bewässerung war bei **II** $4{,}2\cdot10^{-2}/cm^2$, bei **I** $3{,}2\cdot10^{-3}/cm^2$ u. steigt nach 1 Woche bei **II** auf $9{,}2\cdot10^{-2}$ cm^2 bei **I**, das wesentlich kleinere Capillaren hat, auf $1{,}6\cdot10^{-5}/cm^2$. Die Porenentfernung war bei **II** 0,5 mm, bei **I** 0,17 mm u. fiel auf 0,17 bzw. 0,025 mm. Die Größe der Wasserverschiebung von anod. zu kathod. Gefügeteilen war bei **II** 2,38 cm^3 je A-sec, bei **I** 0,25 cm^3 je A-sec u. fällt ebenfalls bedeutend bei der Bewässerung. Bes. wichtig für das Auftreten von Korrosionsvorgängen ist neben den elektrolyt. Lösungsdrucken der Metalle noch der elektrokinet. Potentialsprung in der Grenzschicht Capillarwandung/Capillar-Fl., also das sogenannte ζ-Potential bzw. eine noch unbekannte ladungstrennende Kraft, die diesen herbeiführt. Dieser Potentialsprung entzieht sich jeder unmittelbaren Messung. Er zeigt sich jedoch durch elektroosmot. u. elektrophoret. Vorgänge, die den eigentlichen Korrosionsverlauf eines mit Deckschicht oder Farbfilm versehenen Metalls steuern. Als bestes Substrat für Rostschutz-Ölgrundierungen wird

Schiefermehl empfohlen. (Werkstoffe u. Korrosion 3. 453—60. Dez. 1952. Bad Doberan u. Cairo.) K. STEINER. 7158

R. S. Dantuma, *Über den wahren Wert der Erichsen-, Ritz- und Biegeprobe bei der Bewertung von Lacken und Anstrichen für die Praxis.* Ein Vgl. der ERICHSEN-, Ritz- u. Biegeprobe u. der dazu verwendeten Geräte zur Beurteilung von Lacken u. Anstrichen zeigt, daß diese Verff. u. Geräte für genaue Unterss. nur begrenzten Wert haben. Das zur Ausführung der Biegeprobe für Flugzeuglack dienende vereinfachte Gerät liefert nicht immer eine reine zylindr. Verformung des Probestückes. Daher zeigen Anstriche, die nur einen kleinen Überschuß an erforderlicher Dehnbarkeit aufweisen, manchmal befriedigende, manchmal unbefriedigende Werte. Für eine quantitative Beurteilung der Anstriche müßten die Versuchsbedingungen systemat. festgelegt werden. (Verfkroniek 28. 227—36. Aug. 1955. Sassenheim, Sikkens' Lakfabrieken N. V., Phys. Labor.) W. WESLY. 7158

Badische Anilin- & Soda-Fabrik, Deutschland, *Herstellung von gefärbten organischen, als Pigmente verwendeten Kondensationsprodukten.* Man läßt bei Tempp. unter 100° aromat. KW-stoffe oder ihre Substitutionsprodd. (z. B. ihre alkylierten, Oxy- oder Halogenderivv.) mit nitrierten aromat. Verbb. in Ggw. von geschmolzenen, bei n. Tempp. fl. $AlCl_3$-Massen miteinander reagieren. — Z. B. trägt man in eine geschmolzene M. von 300 (Teilen) $AlCl_3$ u. 75 Harnstoff bei 25° zuerst 20 Bzl. u. dann 24 Nitrobenzol mit einer solchen Geschwindigkeit ein, daß keine merkliche Temperaturerhöhung eintritt. Dann rührt man noch 2 Std. bei 25—30°, bringt die geschmolzene M. sofort in Eiswasser u. säuert mit verd. HCl an. Die weitere Aufarbeitung ergibt ein Pulver mit 4,3 (%) N u. 4,4 Cl von unbekannter Zusammensetzung. (**F. P. 1 078 568** vom 31/3. 1953, ausg. 19/11. 1954. D. Prior. 1/4. 1952.) T. OPPERMANN. 7093

Farbenfabriken Bayer Akt.-Ges. (Erfinder: **Hermann Wolz** und **Fritz Eichler**), Leverkusen, *Verfahren zur Herstellung hochchlorierter Lackharze* durch Chlorierung des hochsd. Rückstandes der Diphenylherst. in Ggw. von Kernchlorierungskatalysatoren (I), dad. gek., daß man die Rückstände zunächst nur bis zu einem Chlorierungsgrad von ca. 5—30% Cl-Geh. vorchloriert, dann dest. u. nach der Dest. die Chlorierung bis zum gewünschten Cl-Geh. zu Ende führt. Als I verwendet man J_2 oder sulfid. Verbb., z. B. Sb_2S_5, die keine Verfärbungen verursachen. (**D. B. P. 934 669** Kl. 39c vom 1/1. 1953, ausg. 3/11. 1955. Anmeldung bekanntgemacht 5/5. 1955.) J. MÜHLEISEN. 7107

Farbenfabriken Bayer Akt.-Ges., Leverkusen, *Lösliche Polyisocyanate,* die mehr Urethan- als Isocyanatgruppen enthalten, erhält man durch Rk. eines 3 wertigen Alkohols (gegebenenfalls im Gemisch mit einem 2-wertigen) mit einem Diisocyanat in solchen Mengen, daß >1 u. <2 Isocyanatgruppen je OH-Gruppe vorhanden sind. — Man erhitzt z. B. 1000 (Teile) Toluylendiisocyanat u. ein Gemisch aus 85 Trimethylolpropan u. 340 1.3-Butylenglykol in Äthylacetat auf 70°. Nach 10 Std. liegt eine ölige, gelbliche Lsg. mit 2,9% NCO-Geh. vor, die mit OH-gruppenhaltigen Polyestern wertvolle *Lacklsgg.* ergibt. (**E. P. 742 501** vom 29/5. 1953, ausg. 30/12. 1955. D. Prior. 3/7. 1952.) A. BRÖSAMLE. 7107

Hercules Powder Co., Wilmington, Del., V. St. A., *Mischpolymerisate* erhält man aus Verbb., die mindestens 2 durch benachbarte Carbonylgruppen aktivierte, olefin. Doppelbindungen enthalten, z. B. Äthylendiacrylat, Methylen-bis-acrylsäureamid, Polyäthylenmaleat, u. Verbb., die mindestens 2 akt. H-Atome tragen, wie Alkyl- u. Arylamine, Diamide, Amide u. Sulfonamide, Polymethylendimercaptane, Di- u. Polyalkohole, prim. u. sek. Nitroalkane, Dicarbonsäureester oder Diketone. Die Rk. erfolgt in Ggw. bas. Katalysatoren, z. B. Na- oder K-Metall, deren Hydroxyde, Alkoholate, Amide, oder quaternäre NH_4OH-Verbindungen. In den Mengenbeispielen werden zahlreiche Kombinationen der Komponenten beschrieben. — *Überzüge,* Klebemittel. (**E. P. 729 527** vom 12/5. 1953, ausg. 4/5. 1955. A. Prior. 20/5. 1952.) H. SCHINDLER. 7107

C. S. Francis jr., West Harwich, Mass., V. St. A., *Überziehen von Gegenständen mit Filmen oder Herstellung von selbsttragenden Filmen.* Man läßt die Unterlage über eine Trommel laufen u. führt dieser auf dem sich aufwärts drehenden Teil die hinreichende Menge Fl. zur Filmbldg. so zu, daß gerade die notwendige gleichmäßige Verteilung erzielt wird, aber keine Fl. ungenutzt von der Trommel herabläuft. Die Zuführung erfolgt mit Hilfe eines federnd gehaltenen Troges; die Vorr. dient bes. zum Überziehen von Filmen aus regenerierter Cellulose mit einer geschmolzenen Mischung aus Wachs u. Kautschuk, die anschließend gehärtet wird. Weiter wird das Aufbringen von Celluloseacetatbutyratfilmen auf Textilgeweben, sowie die Herst. von Überzügen aus Polyvinylacetat auf Papier beschrieben. (**Schwed. P. 138 308** vom 2/1. 1946, ausg. 2/12. 1952. A. Prior. 2/1. 1945.) K. H. KÄHLER. 7107

American Motors Corp., Maryland, übert. von: **Luther L. Yaeger**, Madison, V. St. A., *Überzugslack für plastisches Material*, bes. aus Polystyrol, enthalten Celluloseester, bes. *Celluloseacetobutyrat* (**I**), sowie Nitromethan (**II**) als Lösungsmittel. — Beispiele: a) 7 (Gewichtsteile) **I**, 27 **II**, 6 Äthylenglykolmonoäthylätheracetat (**III**), 11 Methyläthylketon, 77 Äthylenglykolmonoäthyläther, 6 Äthyllactat; b) 7 Celluloseester mit 35 (%) Acetyl-, 15 Butyryl- u. 15 Propionylgeh., 10 **II**, 49 Äthylenglykolmonomethyläther (**IV**), 30 Diacetonalkohol (**V**), 10 **III**; c) 5 **I**, 10 Polyacrylsäureharz, 20 Nitroäthan, 5 A., 30 **IV**, 20 **V**. Die Lacke haften gut. (**A. P. 2 702 255** vom 28/1. 1948, ausg. 15/2. 1955.) M. BÖTTCHER. 7107

—, Arbeiten über die Bestimmung des Gebrauchswertes von Lackfilmen durch physikalische Prüfungen aus d. Forschungsinstitut f. Pigmente u. Lacke, Stuttgart. Köln, Opladen: Westdtsch. Verl. 1955. (58 S. m. Abb.) 4°. = Forschungsberichte des Wirtschafts- u. Verkehrsministeriums Nordrhein-Westfalen. Nr. 169. DM 15,—.

XIb. Plaste (Kunstharze. Plastische Massen).

B. Persoz, *Farbe und Kunststoffe*. Allg. Ausführungen über Färbung von Kunststoffen. Anforderungen an Pigmente, Best. des Deckvermögens mit dem Kryptometer, Formeln zur Herst. von Farbmischungen, verschied. Verwendungsbeispiele, aktuelle Fragen. (Ind. Plast. mod. **5**. Nr. 6. 40—44. Juni 1953.) K. STEINER. 7170

H. Pischke, *Schweißverfahren für thermoplastische Kunststoffe*. Überarbeitete Fassung der C. **1952**. 453 referierten Arbeit. (Schweissen u. Schneiden **5**. 41—46. Jan. 1953.) G. TREWENDT. 7170

K. E. C. Buyn, *Die Anwendung von Kunststoffen im graphischen Betrieb*. Allg. Übersicht. — 106 Literaturangaben. (Plastica **8**. 180—84. April. 236—39. Mai. 288—92. Juni. 344—49. Juli 1955. Haarlem, Joh. Enschede en Zonen Grafische Inrichting N. V.) G. TREWENDT. 7170

F. Ranalli, *Studium der Durchlässigkeit von Polyäthylen*. Unter Verwendung eines mit Polyäthylenscheiben verschlossenen zylindr. Behälters wurde die Durchlässigkeit des Polyäthylens für verschied. Flüssigkeitsdämpfe u. Gase ermittelt. Polyäthylen ist für alle gasförmigen Stoffe mehr oder weniger durchlässig. Einfl. von Temp., Löslichkeit u. Polymerisationsgrad auf die Permeabilität. (Materie plast. **21**. 736—44. Sept. 1955.) B. SCHEIFELE. 7172

W. D. Iwanow und **N. K. Fedorowa**, *Die Verwendung von Polychlorvinylharz für die Konservierung von Netzmaterial*. 840 t Anthracenöl, 100 kg *PVC* (Marke PB-4), 50 kg Mittelpech u. 10 kg Cu-Seife wurden in einem dampfbeheizten Kessel bei 95—100° vermischt, mit Na_2CO_3 neutralisiert u. in einen mit Wringwalzen u. Wringvorr. versehenen Imprägnierungskessel abgelassen. Geflochtenes Netzmaterial (aus Baumwollfäden $^{20}/_{12}$) wurde bei 90—95° durch den Imprägnierungskessel durchgelassen (Verweilzeit 1 Min.) u. nach Auspressen in einer dampfbeheizten Trocknungsvorr. getrocknet. Die Imprägnierung von Netzmaterialien (Baumwolle, Leinen) mit solchen PVC-Lsgg. führt zu einer wesentlichen Erhöhung der Fäulnisbeständigkeit. (Рыбное Хозяйство [Fischerei-Wirtsch.] **31**. Nr. 8. 57—59. Aug. 1955. Allunions Wiss. Forschungsinst. für Fischwirtsch. u. Ozeanographie, Labor. für Konservierung von Netzen.) W. DAWYDOFF. 7172

R. N. Haward (unter Mitarbeit von **D. R. Crabtree**), *Neue Entwicklungen auf dem Polystyrolgebiet*. Die physikal. Eigg. von Polystyrol werden durch den Geh. an Monomerem u. Fließmitteln sowie durch das Mol.-Gew. der Polymeren beeinflußt. Die zur Aufklärung dieser Beziehungen angewandte Laboratoriumstechnik, einschließlich Fließmessung durch ein Hochdruckviscosimeter, werden beschrieben. — Diskussionsbemerkungen. (Plast. Inst., Trans. and J. **23**. Nr. 51. 61—76. Jan. Nr. 52. 139—44. April 1955. Petrochemicals Ltd.) E. PREU. 7172

L. Korfhage, *Die Copolymerisation von Styrol mit trocknenden Ölen in wässeriger Emulsion*. Die Copolymerisation von Styrol mit trocknenden Ölen erfolgt außer durch Blockpolymerisation (DOW-Prozeß), Lösungsmittelpolymerisation (BERGER-Prozeß) vorwiegend durch Emulsionspolymerisation. Eingehende Unterss. von BEZMAN u. BROWNING (C. **1952**. 3574) ergaben, daß Anzeichen für die Copolymerisation von Styrol mit oxydiertem Leinöl u. Sojaöl vorliegen u. daß die Rk. mit fortschreitendem Oxydationsgrad des Öles anwächst. Weitere Verss. zeigen, daß die Vorpolymerisation die Möglichkeit einer echten Copolymerisation mit Styrol bietet, die Konjugation allein aber nicht. — 15 Literaturzitate. (Fette Seifen einschl. Anstrichmittel **54**. 95—97. Febr. 1952. Münster.) B. SCHEIFELE. 7172

Robert H. Runk, *Darstellung trocknender Harze aus ölmodifiziertem Phthalsäureglycerinester. Untersuchung der Monoglyceridmethode*. Bei einer Temp. von 235—275° C findet in Ggw. eines Katalysators (PbO, CaO) zwischen Fettsäureestern u. mehrwertigen Alkoholen eine Umesterung statt; es bilden sich Monoester, Um den Reaktionsverlauf dieser Alkoholyse zu verfolgen bzw. die Menge des gebildeten Monoesters (Monoölsäureglycerids) festzustellen, die nötig ist, um die Veresterung seiner beiden freien OH-Gruppen mit Phthalsäure einzuleiten, wird eine empir. Testmeth. angegeben. Sie beruht auf dem Löslichkeitsverhältnis des Monoglycerids zu Methanol. Löslichkeitskurve u. Herstellungsvorschrift. (Ind. Engng. Chem. **44.** 1124—26. Mai 1952. East Pittsburgh, Pa., Westinghouse Res. Labor.) I. SCHOENMANN. 7176

W. Schäfer und **H. Jahn,** *Metallverklebungen mit Epoxydharzen.* 3. Mitt. *Über Epoxydharze.* (2. vgl. C. **1955.** 2313.) Bericht über Verarbeitung u. technolog. Eigg. der neuen Epoxydklebharze *AK 1, AK 2, AK 3* u. *AK 4* (keine näheren Angaben bzgl. der Zus.) sowie ihre Anwendungsmöglichkeiten zum Kleben von Metallen. (Plaste u. Kautschuk **2.** 52—58. März. 84—85. April 1955.) M. WINIKER. 7176

A. Gazpar, *Normen für das Gießen von Nylon.* Nach allg. Darlegungen über die Entw. u. die Bedingungen des Gießens von Nylon werden im einzelnen die Eigg. der IMPERIAL CHEMICAL INDUSTRIES LTD. (*Mouldrit,* Typen A-100 M, B-101 M, L-48, LA-38, DA, LA-29) beschrieben. (Rev. Plásticos **6.** 283—84. Sept./Okt. 1955. Azamón S. A.) R. K. MÜLLER. 7180

J. V. P. Torrey, *Volan(114)-Überzugsmaterial.* Schichtstoffe unter Verwendung von *Volan-114*-Material (Methacrylatchromichlorid) sind in Naßfestigkeit den Schichtstoffen aus unbehandeltem Gewebe stark überlegen. Bei Volanbehandlung konnten Polyesterschichtstoffe mit 12 Schichtlagen u. 40—41% Harzgeh. erzielt werden, die Trockenfestigkeiten von 66—68,000 lbs./sq.in. u. Naßfestigkeiten (3 Std. Kochung) von 56 bis 58,000 lbs./sq.in. aufwiesen. (Mod. Plastics **30.** Nr. 3. 154. Nov. 1952. E. I. du Pont de Nemours & Co., Inc.) B. SCHEIFELE. 7204

G. A. Clark, *Bewertung von Überzügen für Glasfasern.* Polyesterschichtstoffe, die unter Verwendung von Glasgewebeüberzug 114 hergestellt sind, fallen in mechan. Festigkeit bei hoher Feuchtigkeit stark ab. Wird 114 durch *Bjorksten-*, *Garan* -oder *OC-136*-Überzüge ersetzt, so ergeben sich bei hoher Feuchtigkeit günstige Werte für Biegefestigkeit, Reißfestigkeit u. Druckfestigkeit. — Tabellar. Wiedergabe der Resultate. (Mod. Plastics **30.** Nr. 3. 142—44. 218. Nov. 1952. Wright Air Developm. Center, Materials Labor.) B. SCHEIFELE. 7204

Badische Anilin- & Soda-Fabrik, Deutschland, *Herstellung von Folien und Überzügen aus Vinylchloridpolymeren* mit matter u. lederartiger Oberfläche. Man gibt zu Polyvinylchloridweichmacherpasten eine wss. 20—60% ig. Paraffinemulsion, die auch höhere Alkohole, Öle, Wachse, Harze enthalten kann. — Man gibt 10 (Teile) einer 60% ig. Paraffinemulsion zu einer Paste aus 55 Polyvinylchlorid u. 45 einer Mischung aus gleichen Teilen Dioctylphthalat u. Diäthylhexyladipat, überzieht mit der Paste Gewebe u. erhitzt auf 160° (**F. P. 1 072 858** vom 10/3. 1953, ausg. 16/9. 1954. D. Prior. 13/3. 1952.) M. PANKOW. 7173

Monsanto Chemical Co., St. Louis, übert. von: **Joachim Dazzi,** Dayton, und **Joseph R. Darby,** Webster Groves, Mo., V. St. A., *Weichmachungsmittel für Polyvinylchlorid,* bestehend aus den Addukten von Alkyl- oder Alkoxyalkylfumaraten u. Aryl- oder Aralkylestern von ungesätt. Fettsäuren mit 10—24 C-Atomen, z. B. Phenyl-, Kresyl-, Benzyl-, 2-Phenyläthyl- oder 4-Tolyloleat, -linoleat-, -decylenat oder -undecylenat (Kp. 220—260°; gute Wärme- u. Kältebeständigkeit (bis —49,1°). (**A. P. 2 683 701** vom 28/11. 1952, ausg. 13/7. 1954.) G. SALZMANN. 7173

DEHYDAG Deutsche Hydrierwerke G. m. b. H., Düsseldorf (Erfinder: **Winfried Hentrich,** Riehen, Schweiz, **Wilhelm Jakob Kaiser,** Düsseldorf, und **Hans Höllerer,** Grenzach), *Lösungs-, Weichmachungs- und Gelatinierungsmittel für Vinylpolymerisate,* bestehend aus Polykohlensäureestern (I) mehrwertiger Alkohole, die in der Kohlenstoffolge durch Heteroatome (-gruppen) unterbrochen sein können, oder Phenolen einerseits u. acycl. oder cycl. Alkoholen mit wenigstens 5 C-Atomen im Mol. bzw. aromat. Oxyverbb., z. B. das Dikresyl- bzw. Dinaphthylcarbonat des Äthylenglykols oder 1,6-Hexandiols. — Durch Verkneten, z. B. von 25 (Gewichtsteilen) I, mit 100 Polyvinylchlorid bei ca. 140° zu einer homogenen M. u. Verarbeitung derselben in bekannter Weise erhaltene Folien haben hohes elektr. Isoliervermögen u. gute Kältebeständigkeit. (**D. B. P. 934 500** Kl. 39b vom 2/4. 1941, ausg. 27/10. 1955. Anmeldung bekanntgemacht 27/3. 1952.) G. SALZMANN. 7173

E. I. du Pont de Nemours & Co., Wilmington, Del., übert. von: **John E. Bristol,** Niagara Falls, N. Y., V. St. A., *Herstellung von Polyvinylalkohol.* Eine Lsg. von 1 (Mol) Polyvinylacetat (I) in 1,3—60 Methanol wird unter Zusatz von Alkalialkoholat (0,1 bis

3 Gew.-% bezogen auf I) zu einem Film von 0,1—10 mm gegossen oder durch Einrühren in einen KW-stoff zu Einzelteilchen von höchstens 10 mm Durchmesser verformt. Unter Beibehaltung dieser Formen werden Alkohol u. Methylacetat unter Erhitzen entfernt, bis der gewünschte Grad der Alkoholyse erreicht ist. Mengenbeispiele. (**A. P. 2 700 035** vom 26/8. 1950, ausg. 18/1. 1955.) H. SCHINDLER. 7173

Lewis Berger & Sons Ltd., London, England, *Mischpolymerisate aus aromatischen Vinylverbindungen und natürlichen oder synthetischen ungesättigten Ölen oder ölmodifizierten Alkydharzen* erhält man durch stufenweise Polymerisation von z. B. Styrol (I) mit trocknenden Ölen oder ähnlichen Stoffen. — Es wird z. B. ein Mischpolymerisat aus I mit Leinöl modifiziertem Alkydharz u. ein Mischpolymerisat aus **I**, Standöl u. dehydriertem Ricinusöl zusammengebracht u. dann die Mischung mit I polymerisiert. Kurze Reaktionszeiten, schnell trocknende, nicht spröde werdende Produkte. — Mengenbeispiele. (**E. P. 727 423** vom 30/6. 1952, ausg. 30/3. 1955. D. Prior. 2/7. 1951.) H. SCHINDLER. 7177

Badische Anilin- & Soda-Fabrik, Deutschland, *Herstellung von Polyacrylnitril-lösungen*. Man erhitzt das Lösungsm. auf mindestens 50° u. gibt unter Rühren das Polymere, vorteilhaft in kleinen Anteilen, zu, zweckmäßig unter N_2. (**F. P. 1 072 895** vom 12/3. 1953, ausg. 16/9. 1954. D. Prior. 4/10. 1952.) M. PANKOW. 7181

Charles Maxime Gorce, St.-Imier, Schweiz, *Glatte und glänzende Kunstharzpreßkörper*, z. B. Figuren, Uhrgehäuse u. dgl., erhält man durch Verpressung des Gemisches aus einem *Polyvinylharz* u. einem üblichen Füllmittel bei Mitverwendung von puderförmigem *MgO*. Das verwendete Kunstharz soll einen Erweichungspunkt von 140—160° aufweisen. (**Schwz. P. 298 895** vom 18/3. 1954, ausg. 16/4. 1955.) H. MÖLLERING. 7205

Owens-Corning Fiberglas Corp., Toledo, O. (Erfinder: **Lawrence Paul Biefeld, Marshall C. Armstrong, Richard Frederick Shannon, James Slayter** und **Thomas Evans Philipps**), V. St. A., *Form- und Baukörper* werden aus einem Gemisch von Glasfasern (I), W., einem Kunstharzbindemittel u. einem Zementpulver, letztere im Verhältnis 75—96 : 25—5 Teile geformt. — Geeignet ist z. B. ein Ansatz aus 100 (Teilen) Gipszement, 25 Melamin–CH_2O-Harz, 7,5 **I**, 18 W., 1 Zn-Stearat, 0,5 hydrolysiertes Keratin u. 2,5 $NaHSO_4$. Das Gemisch ist ca. 3—4 Std. gieß- u. formfähig u. wird bei 104—149° u. 35—350 at verpreßt. (**E. P. 717 109** vom 11/11. 1952, ausg. 20/10. 1954.) H. MÖLLERING. 7205

Josef Hausen, Kunststoffe. Murnau, München, Innsbruck, Olten: Lux. 1954. (68 S. m. Abb.) kl. 8°. = Orionbücher. Bd. 72. DM 1,50.

Heinz Jungnickel u. Heinz Wippenhohn, PVC-Kunststoffe für Industrie und Handwerk. 2., verb. Aufl. Leipzig: Fachbuchverl. 1955. (X + 178 S. m. 209 Abb.) 8°. DM 9,80.

XII. Kautschuk. Guttapercha. Balata.

Géza Schay und **Péter Ször**, *Die Beziehung zwischen Spannung und Dehnung bei Kautschukblöcken unter Druckbeanspruchung*. Für die Beziehung zwischen Spannung u. Dehnung von verschieden geformten Kautschukblöcken (Zylindern u. Prismen) unter Druckbeanspruchung wurde eine allg. anwendbare Gleichung entwickelt. Damit ist es bei Kenntnis des Kautschukschubmoduls u. einer empir. Konstante, die sich mit der Form des Blockquerschnitts nur wenig ändert u. durch eine einzige Messung bestimmt werden kann, möglich, die Deformationskurve zu berechnen. Der Ableitung liegt der Gedanke zugrunde, daß die Kompressionsarbeit auch gegen die Spannung, die durch die Zunahme der freien Oberfläche entsteht, geleistet werden muß. In dieser Gleichung ist die Spannung nicht nur eine Funktion des Kompressionsverhältnisses, sondern auch eine Funktion des Verhältnisses der fixierten zur freien Oberfläche. Die Gültigkeit der erhaltenen Gleichung wurde durch Messungen an Kautschukzylindern sowie durch Literaturdaten von quadrat. Prismen nachgeprüft. Es wird gezeigt, daß die berechneten Werte innerhalb der Fehlergrenze gut mit den experimentellen Daten übereinstimmen. (Acta chim. Acad. Sci. hung. **2**. 317—30. 1952. Budapest, Central Res. Labor. of Rubber Ind.) R. SCHÄFF. 7220

S. A. Brazier, *Verwendung von Gummi und verwandten Produkten in der chemischen Industrie*. Compounds mit Naturkautschuk; Gummibeläge auf Metall; Gummiauskleidung von Behältern aus Eisenbeton oder Holz; Kunststoffe (Neopren, Butylkautschuk, Polyvinylchlorid, Siliconkautschuk) u. ihre Anwendungen. Gummi für Schläuche, Lager, Dichtungen, Filterpressenplatten. Vorteile des Gummis: Hoher Abreibewiderstand, Stoß- u. Vibrationsabsorption; niedere Hysterese, hoher elektr. Widerstand, Feuchtigkeitsbeständigkeit, hohe Chemikalienresistenz. Kunststoffe werden dort eingesetzt, wo Öl- u. Lösungsmittelbeständigkeit in den Vordergrund treten. (Trans. Instn. chem. Engr. **30**. 46—57. 1952. Manchester, Dunlop Rubber Co., General Rubber Goods Div.) B. SCHEIFELE. 7220

Ss. M. Maschtakow, T. N. Kulakowskaja und **Ss. M. Goldina,** *Über die Kautschukführung der wildwachsenden Formen des Kok-Saghyz.* Vergleichende Aussaaten von 7 verschied. Wildartsamen des Kok-Saghyz u. von 3 Kultursorten im Nesterverf. auf kultiviertem Torf–Moor-Boden ergaben Pflanzen, unter welchen die Wildformen in bezug auf den *Kautschuk* (**I**)-Geh. die Kultursorten überragten. Untersucht wurde die Zus. des Latex, der Durchmesser der Latexteilchen, der **I**-Geh. in den Wurzeln, die **I**-Ausbeute von einer bestimmten Kulturfläche u. der Aufbau des Milchsyst. der Wurzeln. Wenn auch die Wurzelernte bei den Wildformen durchschnittlich um 20—40% kleiner ist, so wird dieser Nachteil durch einen höheren **I**-Geh. aufgewogen. Von den Selektionsformen ist Nr. 485 mit 130,3 kg/ha **I** am besten, ein Wert, der auch von 4 Wildformen erreicht wird. (Доклады Академии Наук СССР [Ber. Akad. Wiss. UdSSR] **103.** 341—**44.** 11/7. 1955.) M. ULMANN. 7222

A. Springer, *Über das Dreistoffsystem Kautschuk–Füllstoff–Weichmacher.* Die Eigg. (Defohärte, Elastizität in %, Zerreißfestigkeit, Kerbzähigkeit u. Abrieb) sowie der Kostenfaktor von Dreistoffsystemen aus Buna, Aktivruß (Ruß E) u. Weichmacher (Kautschol bzw. Weichmacher MH) werden in Form von Schichtliniendiagrammen in Dreieckskoordinaten dargestellt u. erörtert. An Hand paarweiser Diagramme werden Unterschiede zwischen den beiden untersuchten Weichmachern aufgezeigt. Da die angegebene Auswertungsmeth. gestattet, die physikal. u. mechan. Eigg. mit den wirtschaftlichen Faktoren gut aufeinander abzustimmen, liegt ihr besonderer Vorteil in der Entwicklungsmöglichkeit rationellerer Rezepturen. (Plaste u. Kautschuk **2.** 40—44. Febr. 1955. Fürstenwalde/Spree, VEB Reifenwerk, Forschungsstelle.) R. SCHÄFF. 7224

B. Morison, *Die Leistung der Mischmaschine in der Kautschukindustrie.* Hinweise zur besseren Ausnutzung der Mischmaschinen durch Thermoplastifizierung des Kautschuks bzw. Verwendung von Peptisationsmitteln. (Rev. gén. Caoutchouc **32.** 526—28. Juni 1955.) M. WINIKER. 7230

George S. Laaff, *Weichmacherfreie Vinylharze und Kautschuk–Harz-Mischungen: Verarbeitungsverfahren und Anwendungen.* Übersicht über Verarbeitung u. einige Anwendungen für Hart-*Polyvinylchlorid* (**I**) u. **I**-Kautschukmischungen. Die Verarbeitung solcher Mischungen ist etwas schwieriger als die von reinem **I**. Die Entw. der modifizierten kerbschlagzäheren **I**-Typen ermöglicht neue Anwendungen. (Plastics Ind. **12.** Nr. 11. 20—22. Nov. 1954. Lawrence, Mass., Gen. Tire & Rubber Co., Bolta Prod. Div.) R. SCHÄFF. 7230

L. C. Bateman, *Modifizierte Kautschuke.* Vf. erörtert das Problem der Naturkautschukmodifizierung z. B. durch Methacrylsäuremethylester bzw. durch Säuren zum Cyclokautschuk. (Arch. Rubber Cultivat. **31.** 185—87. Aug. 1954.) R. SCHÄFF. 7230

Ss. N. Bagajew, *Besonderheiten des Blühens und Fruchttragens des Warzenspindelbaumes* (*Evonymus verrucosa scop.*). Die Vermehrung des *Guttapercha* führenden *Warzenspindelbaumes* stößt auf Schwierigkeiten, da trotz reichlichem Blühen nur sehr wenig Samen gebildet werden. Wird dagegen durch Wegschneiden jüngerer Triebe vor der Öffnung der Blütenknospen der Zustrom von Nährlsgg. aus den vegetativen Organen in die reproduktiven begünstigt, so erreicht man einen guten Samenansatz. (Доклады Академии Наук СССР [Ber. Akad. Wiss. UdSSR] **103.** 511—12. 21/7. 1955.) M. ULMANN. 7240

Standard Oil Development Co., Del., übert. von: **Addison W. Hubbard,** Elizabeth, **Max W. Hill** und **Robert L. Zapp,** Somerville, N. J., V. St. A., *Kunstkautschukelastomere* mit feindispergiertem Ruß erhält man z. B. aus 100 Teilen eines Mischpolymerisats aus 97% Isobutylen (**I**) u. 3% Isopren (oder Butadien–Styrol), 30 Teilen Ruß u. als Dispergiermittel ein mit P_2S_5 bei 95—300° behandeltes, polymerisiertes **I** (Mol.-Gew. 1200) (bzw. Mineralöl, Wachs), das anschließend mit Guanidin umgesetzt wird. Mittels Heptan werden 10%ig. Lsgg. hergestellt. (**A. P. 2 684 958** vom 12/9. 1951, ausg. 27/7. 1954.) G. SALZMANN. 7225

General Electric Co., übert. von: **John J. Whelton,** Schenectady, N. Y., V. St. A., *Unbrennbarer Siliconkautschuk.* Ein Organopolysiloxan (**I**) mit Alkyl-, Aryl-, Aralkyl- oder halogenierten Arylgruppen wird mit $CaCO_3$, TiO_2, Lithoponen, Fe_2O_3 oder Diatomeenerde u. Benzoylperoxyd sowie mit 0,5—100% (bezogen auf **I**) einer pulverisierten, niedrig, jedoch nicht unter 300° schm. Glasfritte (**II**) vermischt. Man kann auch das **I** u. **II** in Toluol dispergieren u. Glasgewebe damit imprägnieren. (**A. P. 2 684 349** vom 17/12. 1952, ausg. 20/7. 1954.) G. SALZMANN. 7225

Dynamit Akt.-Ges. vormals Alfred Nobel & Co. (Erfinder: **Fritz Schmidt**), Troisdorf, *Verfahren zur Herstellung kautschukartiger Kunststoffe,* dad. gek., daß man Polyester aus zweibas. Carbonsäuren u. zweiwertigen Alkoholen mit Verbb. umsetzt, die 2 Alkyleniminreste enthalten, u. eine geringe Menge eines mehr als bifunktionellen reaktionsfähigen Stoffes bei oder nach der Herst. der Polyester oder bei der Rk. der Polyester mit den 2 Alkyleniminreste enthaltenden Verbb. mitverwendet. — 75 Teile des Polyesters aus β-Methylhexamethylenglykol u. Adipinsäure u. wenig Trimethylolpropan werden mit 25 Hexamethylendiäthylenharnstoff (erhalten aus Hexamethylendiisocyanat u. Äthylenimin) vermischt. Die Mischung wird 20 Std. in offener Form erhitzt u. gibt kautschukartige Formkörper. (**D. B. P. 934 502** Kl. 39c vom 10/6. 1944, ausg. 27/10. 1955. Anmeldung bekanntgemacht 7/4. 1955.) J. Mühleisen. 7225

Comp. de Produits Chimiques et Électrométallurgiques Alais, Froges et Camargue, Seine, Frankreich (Erfinder: **Honoré Thibon** und **Henri Mathieu**), *Tonerdefüllstoff für Kautschuk.* Man erhitzt Tonerdehydrate in Ggw. von sauren Lsgg. 2—4 Std. im Autoklaven auf 120—250°, bes. > 160°, z. B. ein sehr feines Trihydrat in wss. Suspension bei p_H 4 2 Std. auf 210°, u. erhält das Monohydrat. (**F. P. 59 736** vom 19/10. 1949, ausg. 16/7. 1954. **Zusatz zu F. P. 983 101; C. 1952. 3581.**) M. Pankow. 7227

Farbenfabriken Bayer, Leverkusen (Erfinder: **Paul Schneider,** Opladen, und **Guido Fromandi,** Leverkusen), *Plastifizieren von synthetischem Kautschuk,* dad. gek., daß dem Kautschuk zu Beginn der Mastifikation gleichzeitig mit dem Plastifiziermittel aromat. Polyoxyverbb. zugesetzt werden, z. B. Brenzcatechin, Resorcin, Hydrochinon, Dioxynaphthaline, Pyrogallol, Oxyhydrochinon u. Dioxyanthrachinone, bes. Hydrochinon u. 1.3-Dioxynaphthalin. (**D. B. P. 931 499** Kl. 39b vom 4/1. 1952, ausg. 11/8. 1955. Anmeldung bekanntgemacht 17/2. 1955. **E. P. 721 796** vom 23/12. 1952, ausg. 12/1. 1955. D. Prior. 3/1. 1952.) W. Overbeck. 7227

American Cyanamid Co., New York, N. Y., V. St. A., *2-Benzothiazolylsulfenmorpholid* erhält man durch Rk. von 2-Benzothiazolyldisulfid in einem inerten organ. Lösungsm. (Toluol) mit äquimol. Mengen N-Chlormorpholin u. Morpholin in Ggw. eines Amins (Morpholin) als Säureacceptor. — *Vulkanisationsbeschleuniger.* (**E. P. 737 252** vom 27/11. 1953, ausg. 21/9. 1955. A. Prior. 12/12. 1952.) A. Brösamle. 7229

XIII. Ätherische Öle. Parfümerie. Kosmetik.

D. Iwanow, Il. Ognjanow und **N. Nikolow,** *Über das bulgarische Öl aus den Blättern von Geranium macrorrhizum.* Das bulgar. Öl aus Geranium macrorrhizum L. wird durch Dest. mit Wasserdampf gewonnen u. durch Ausfrieren (bei —15°) leicht in *Eläopten* (**I**) u. (über 50%) *Stearopten* getrennt. Es werden die physikal.-chem. Konstanten von Öl- u. **I**-Proben angeführt. Etwa 80% **I** bestehen aus KW-stoffen u. Sesquiterpenalkoholen. (Доклады Болгарской Академии Наук [C. R. Acad. bulgare Sci.] **5.** Nr. 2/3. 33—36. April-Juni/Okt.-Dez. 1952. Sofia, Univ., Lehrstuhl für organ. Chem.) A. v. Wilpert. 7262

H. K. Thomas, *Azulen und seine Derivate.* Inhaltsgleich mit der C. **1955.** 7335 referierten Arbeit. (Indian Soap J. **20.** 301—06. Mai 1955.) H. Mühlmeister. 7284

W. Schweisheimer, *Wachse in kosmetischen Präparaten.* Besprechung der Grundstoffe *Ozokerit, Bienen-* u. *Carnaubawachs* u. *Wollfett* u. der Einsatzmöglichkeiten dieser Wachse in verschied. kosmet. Präparaten. (Parfümerie u. Kosmet. **36.** 207—08. Mai 1955.) H. P. Fiedler. 7284

Herbert C. Janowitz, *Wie werden Gesichtsmasken gemacht?* Ausgehend von der Wrkg. der Gesichtsmaske u. ihrer physiol. Grundlage werden Vorschriften für trockene u. fettige Haut u. Rezepte für S-, Wachs-, Gelatine-, Pepsin- u. andere Masken u. Lsgg. gegeben. (Amer. Perfumer essent. Oil Rev. **65.** 24—26. Jan. 1955. Tel Aviv, Israel.) H. Mühlmeister. 7284

H. C. Friederich und **R. Wiehl,** *Über die Verträglichkeit von 1.2-Propylenglykol an der menschlichen Haut.* Die Verträglichkeit von 1.2-Propylenglykol (**I**) wurde an 100 hautgesunden u. hautkranken Versuchspersonen, je 50 Frauen u. Männern, geprüft durch Auflegen mit **I** getränkter Läppchen auf die Rückenhaut. Auf **I**, techn. rein, reagierte in diesem Epicutantest niemand positiv, auf **I**, chem. rein, 2 Frauen; bei diesen lag eine Verstärkung der individuellen Reaktionsbereitschaft vor, die sich auch gegenüber anderen Salben usw. äußerte. Gegenüber Lippentesten mit **I**, Ricinusöl u. wachsartiger Grundmasse blieben auch diese Personen reaktionslos. Aus den Unterss. ist zu entnehmen, daß bei epicutaner Anwendung von **I** mit geringer Anzahl fakultativer Schäden zu rechnen ist. (Seifen-Oele-Fette-Wachse **81.** 37—39. 19/1. 1955. Tübingen, Univ., Hautklinik.) H. Mühlmeister. 7284

Sergius Morgulis, Omaha, Nebr., V. St. A., *Hautschutzmittel aus einem Gemisch* aus Nitrocellulose, Organopolysiloxan u. Öl, das in einer Salbengrundlage, bes. in einem Stearatcreme, emulgiert wird. (**A. P. 2 698 824** vom 4/8. 1953, ausg. 4/1. 1955.) K. Heinze. 7285

Karl H. Schuster, Hamburg, *Dermatologische Packungen.* In eine aus Gelatine (I) u. Methylcellulose (II) bestehende Grundmasse sind organ. pulverförmige Stoffe von sperrigem Feinbau, wie Talkum (III), Zink-, Titanoxyd u. Tonerdehydrat, eingebettet. — Beispiel: 50 (Teile) II u. 12 I in 1000 W. lösen u. mit 180 III, das ganz oder teilweise durch Asbestmehl ersetzt sein kann, 180 ZnO u. 50 Stärke kalt zu einer homogenen M. verrühren. (**D. B. P. 934 606** Kl. 30h vom 15/4. 1950, ausg. 27/10. 1955. Anmeldung bekanntgemacht 14/2. 1952.) E. PETERSEN. 7285

Gillette Co., Boston, Mass., V. St. A., *Dauerwellmittel*, bestehend aus einer wss. Lsg., die 0,35—0,8 (Mol/Liter) einer Mercaptanverb., bes. NH_4-Thioglykolat, 0,5 bis 4,0 Harnstoff, Methyl- oder Äthylharnstoff, u. gegebenenfalls 0,25—2,0 eines nichttox. NH_4-Salzes, bes. NH_4Cl enthält. — Vgl. auch F. P. 1 062 508; C. **1955**. 3506. (**E. P. 723 917** vom 18/4. 1952, ausg. 16/2. 1955. A. Prior. 23/4. 1951.) E. PETERSEN. 7285

Gillette Co., Boston, Mass., übert. von: **Louis E. de Mytt**, Chicago, und **Agathe M. Hannigan**, Moline, Ill., V. St. A., *Dauerwellmittel*, bestehend aus einer wss. Lsg., die 0,4—1,0 (Mol) einer in W. lösl. Mercaptanverb., bes. Thioglykolsäure, sowie 0,1—0,9, bes. 0,25—0,6 $(NH_4)_2CO_3$, gegebenenfalls im Gemisch mit NH_4HCO_3, enthält, deren p_H-Wert mit konz. NH_3 auf 7,7—9,0, bes. 8,6—8,7, eingestellt ist. (**A. P. 2 708 940** vom 27/7. 1953, ausg. 24/5. 1955.) E. PETERSEN. 7285

XIV. Zucker. Kohlenhydrate. Stärke.

A. Ssantschess, *Der Einfluß von Hexachloran und Granosan auf Ernteertrag und Zuckergehalt der Zuckerrübe.* Bepuderung der Zuckerrübensamen mit 10 kg/t *Hexachloran* (I) bewirkte eine Erhöhung der Keimfähigkeit von 71,2 auf 89,6%; bei 15 kg/t I stieg die Keimfähigkeit bis 91—93%. Noch stärker war die Wrkg. bei Behandlung mit I u. *Granosan* (II). Die Pflanzen von den behandelten Samen zeichneten sich durch größere Widerstandsfähigkeit gegen Drahtwurm, Erdfloh, Rüsselkäfer u. andere Schädlinge aus. Die Erträge u. der Zuckergeh. der Rübe betrugen: auf den mit nichtbehandeltem Saatgut bestellten Parzellen 147,2 dz/ha u. 17,20%; auf den mit I (15 kg/t Saatgut) behandelten 182 dz/ha bzw. 17,70%, auf den mit II behandelten 198,3 dz/ha bzw. 17,81%. (Земледелие [Ackerbau] **3**. Nr. 5. 113—15. Mai 1955. Rjasan, Landwirtsch. Inst.) M. GORDIENKO. 7406

H. Lüdecke, *Mehrjährige Aussaatzeit- und Aussaatmengenversuche mit Zuckerrüben unter besonderer Berücksichtigung des Monogermsamens.* Anlaß der Verss. war die Möglichkeit einer erheblichen Ertragssteigerung bei früher Aussaat. Verglichen wurde Normalsamen mit segmentiertem Samen (Monogermsamen). Bei beiden Samensorten verursachte in den Versuchsjahren eine 14 Tage spätere Aussaat einen erheblichen Ertragsausfall. Die Ausnutzung des mit der Frühsaat verbundenen Vorteils hat eine bestimmte Bodenbearbeitung zur Voraussetzung. (Zucker **8**. 107—14. 15/3. 126—27. 1/4. 1955.) F. TÖDT. 7406

W. M. Wolochwjanski, *Über Ionitreinigung des Saftes.* Die in der Praxis übliche Behandlung einer Hälfte des Zuckerrübensaftes mit dem Anioniten TM u. deren nachträgliche Vermischung mit der anderen Safthälfte wird abgelehnt, da hierbei als Folge der Zerstörung des Invertzuckers durch die Lauge die Färbung des Sirups im Vgl. zum Saft um 235% verstärkt wird. Vf. empfiehlt, den gesamten Saft der Anionitbehandlung zu unterziehen. (Сахарная Промышленность [Zucker-Ind.] **29**. Nr. 6. 15—17. 1955.) OTTO MAIER. 7412

B. Bernadac, *Über moderne Verfahren der Saftreinigung in der Zuckerfabrik.* Nach dem Verf. von WERQUIN werden die Diffusionssäfte bei 20—40° mit der optimalen Menge Kalkmilch versetzt. Nach 10 Min. wird auf 85° erhitzt u. dann mit CO_2 bis auf 1 g CaO/Liter carbonisiert. Die Vorzüge dieses Verf. werden besprochen. (Ind. agric. aliment. **70**. 379—84. Mai 1953.) R. RUTKOWSKI. 7412

E. Moebes und **L. Wieninger**, *Bericht über die Nutzungsmöglichkeiten von Rübenmelassen der Reinheit 45 bis 50.* Es wird festgestellt, daß diese Melassen im n. Arbeitsverf. zu A. vergoren werden können. Für Fütterungszwecke bieten sie den Vorteil, daß bei ihrer Anwendung wegen ihres geringeren K-Geh. Ernährungsstörungen durch zu große Gaben nicht zu erwarten sind. (Zucker **8**. 170—71. 15/4. 1955.) R. RUTKOWSKI. 7418

E. T. Moss, *Massenlagerung und Transport von Zucker.* Allg. Überblick. (Chem. and Ind. **1954**. 1189—94. 25/9. Keston, Ravensbourne, Tate and Lyle Ltd., Res. Labor.) M. ULMANN. 7438

I. R. Rominski und **P. W. Golowin**, *Die Fructose — ein neuer industriell zu gewinnender Zucker.* Als Rohstoff für die *Fructose*-Gewinnung werden Erdbirne (Topinambur) sowie „Topinsonnenblume" (Hybride aus Erdbirne u. Sonnenblume) empfohlen. Durch chromatograph. Analyse wurden neben Inulin noch andere Fructosane in der Topinamburknolle nachgewiesen. — Die Knollen werden zerhackt u. im Diffusionsapp. ausgelaugt, mit $Ca(OH)_2$ u. CO_2 gefällt, durch Filterpressen u. Anionit filtriert (zwischendurch erhitzt) u. bei vermindertem Druck eingedampft. Es wird ein 85% ig. Sirup erhalten. (Природа [Natur] **44.** Nr. 9. 92—94. Sept. 1955. Inst. für organ. Chem. der Akad. der Wiss. der UkrSSR.) A. v. WILPERT. 7460

Jerzy Zaleski, *Zuckerbestimmung in der Rübe auf dem Wege kalter Digestion durch Schütteln.* Die Zeit für eine Zuckerbest. läßt sich von 1 Std. auf ca. 20 Min. verkürzen, wenn man die Zuckerrübenschnitzel nicht heiß, sondern kalt unter Schütteln auslaugt. Voraussetzung ist ein feines Zerreiben der Rübe. Zerkleinerungsvorr. u. ein einfacher Schüttelapp. werden angegeben. (Gaz. Cukrownicza **57.** Nr. 4. 5. 52—53. Mai 1955.) F. URBAN. 7472

Vl. Nossberger, *Aussehen, Farbe und Glanz von Handelsstärken und Derivaten.* 2. Mitt. (1. vgl. C. **1954.** 3591.) Die objektive Best. des Glanzes von Handelsstärke erfolgt mit dem LANGEschen Glanzmesser. Zur Best. der Farbe von Puddingstärke, lösl. Stärke, weißer u. gelber Dextrine sowie von British Gum dient der LANGEsche Reflexionsmesser. Eine subjektive Best. kann mit gemessenen Standardproben erfolgen. (Listy Cukrovarnické **69.** 227—32. 16/10. 1953. Praha, Výzk. úst. kvasn. prům., Skup. prům. bramb.) K. STEINER. 7490

XV. Gärungsindustrie.

W. L. Jarowenko, *Einfluß der Bedingungen auf die Durchmischung der Flüssigkeit in den Gefäßen der Gärungsbatterien.* Die Form des Gärgefäßes für Zuckerlsgg., die Konz. der Lsg. u. die Geschwindigkeit der Flüssigkeitsbewegung haben keinen Einfl. auf die Bewegung der Fl. in den Batterien. Die Intensität der Durchmischung ist der wichtigste Faktor. (Спиртовая Промышленность [Spirituosen-Ind.] **21.** Nr. 3. 15—19. 1955. Allunions Wiss. Forschungsinst. der Zuckerind.) OTTO MAIER. 7500

Max Lindemann, *Über die Inhaltsstoffe der Hefezelle.* Überblick über Zus. u. physiol. Funktionen der Hefezelle (Brauwelt, Ausg. B **95.** 752—54. 7/10. 6. 1955.) H. G. SCHULTZE-BERNDT. 7506

M. Ja. Kaljushny, *Kontinuierliche Vergärung der Sulfitlaugen durch an Cellulosefasern adsorbierte Hefen.* Zellstoffasern, wie sie in Sulfitlaugen vorliegen, vermögen aus Gärmaischen ein gleiches Gewicht oder auch mehr an Hefen zu adsorbieren. Wie Vf. durch Laboratoriums- u. techn. Verss. findet, zeigen derartig adsorbierte Hefen eine stimulierende Wrkg. auf die Gärungsprozesse u. weisen eine hohe Vergärungsenergie auf. Im heterogenen Medium (bei Adsorption an Cellulosefasern) arbeiten Hefen nicht nur schneller, sondern geben auch höhere Ausbeuten an A. als in einem homogenen Medium. Unter Ausnutzung dieser Vorteile wird von Vf. ein kontinuierliches Gärverf. angegeben, das mit einer Faserhefemasse von 40—50 g/Liter bei leichter, jedoch ständiger Durchmischung mit Luft arbeitet. Es wird beim Arbeiten mit 2 miteinander verbundenen Gärbottichen eine um 2—5% höhere Konz. an A. erzielt als bei diskontinuierlicher Arbeitsweise. (Микробиология [Mikrobiologie] **24.** 462—67. Juli/Aug. 1955. Leningrad, Allunions Wiss. Forschungsinst. der Hydrolysen- u. Sulfitspritind.) M. ULMANN. 7506

A. L. Maltschenko, F. B. Krischtul und **A. I. Skirstymonski,** *Die Verwertung der Schlempe von Spritfabriken, die Zuckerrübenmelasse verarbeiten.* Allg. Ausführungen über den heutigen Stand dieser Frage. (Спиртовая Промышленность [Spirituosen-Ind.] **21.** Nr. 3. 6—11. 1955.) OTTO MAIER. 7536

E. Urion und **L. Chapon,** *Die Auslösung der Gerstenkeimung.* Mit der Gerstensorte Aurore vom Seine-Oise-Gebiet werden Ankeimungsverss. gemacht. Die Hauptmenge keimt innerhalb von 3 Tagen (98%). Vff. berichten über Einfl. von Feuchtigkeit u. Luftzufuhr auf die Keimgeschwindigkeit. Beide Faktoren wirken durch die Schalen verzögernd. Das Anfeuchten der Körner u. Aussetzen anaerober Bedingungen hat verzögernde Wrkg. auf das Keimvermögen. Der Stoffwechsel der Körner unter Stickstoff wird durch volumetr. u. quantitative Messungen der erzeugten Menge Kohlensäure u. A. verfolgt. (Brasserie **10.** 58—64. April 1955. Nancy, Wiss. Fak. u. Brauereischule.) J. MILLER. 7540

Lorand Macher, *Die mikroskopische Überprüfung der Verzuckerung.* Die makroskop. Jodprobe gibt kein zuverlässiges Bild über den Grad der Verzuckerung in Maische u. Trebern. Vf. macht den Vorschlag, Bottich- u. Kochmaischen mkr. auf vorhandene Stärke zu untersuchen. Stärke in diesen Maischen bedeutet Verluste u. Trübung der Läutermaische. Die mkr. Unters. zeigt, inwieweit die Stärkekörner angegriffen sind, wobei makroskop. vielfach Jodnormalität bestehen kann. Eine mkr. jodnegative Maische erübrigt die Unters. der Würze u. Treber. Auch Mißfärbungen werden durch mkr. Prüfung aufgeklärt. Es wird geraten, die Verzuckerungszeit bei der Malzanalyse nach dem Kongreßverf. zu bestimmen, weil dieses besser mit der mkr. Unters. übereinstimmt. (Brauwelt, Ausg. B **1955.** 273–77. 8/3.; französ. Übersetzung: Petit J. Brasseur **63.** 318–23. 13/5. 1955. München, Spatenbräu, Labor.) J. MILLER. 7540

F. Purtschert und **F. Caratsch,** *Über Versuche zur Hopfenextraktion mittels Ultraschall.* Bei 5 Verss. wurde die Beschallung mit um 28,3% verminderter Hopfenmenge in der Würzepfanne durchgeführt. Dauer der Beschallung 30 Min. bei Leistung von 280 Schallwatt. Keine Unterschiede zum Vergleichssud wurden hinsichtlich Bruch, Endvergärungsgrad u. Filtrationseffekt gefunden, dagegen geringfügige Zunahme von Trubmenge u. Farbe bei beschallter Würze. Die Erhöhung der Bitterstoffausbeute scheint 10–30% zu betragen. Kältebeständigkeit, p_H u. ITT-Wert des Bieres waren durch Beschallung nicht beeinflußt, die Haltbarkeit war verschlechtert u. die Bittere schwächer. (Brauwelt, Ausg. B **95.** 805–12. 17/21. 6. 1955.) H. G. SCHULTZE-BERNDT. 7540

L. Narziss, *Erfahrungen mit der Heiß- und Kaltfiltration der Würze.* Heiß- u. Kühltrub, ihre Wirkungen auf das Bier sowie Möglichkeiten ihrer Entfernung werden besprochen. Neben Kühlschiff u. Setzbottich dienen hierzu beim Heißtrub Zentrifuge, Hopfentrub- u. Heißtrubfiltration nach JAKOB, beim Kühltrub Kaltsedimentation u. Kieselgurfiltration. Bei Vergleichssuden, von denen 2 aufgeführt werden, waren Biere aus heiß u. kalt filtrierten Würzen den Setzbottichbieren im Geschmack bei verkürzter Gär- u. Lagerzeit deutlich überlegen. Bei Kieselgurfiltration rechnet man 8–10 hl/Std./m^2 Filterfläche u. 30–100 g Kieselgur/hl. — 21 Literaturangaben. (Brauwelt, Ausg. B **95.** 754–60. 7/10. 6. 1955. Weihenstephan, Brautechn. Prüf- u. Versuchsanst.)
H. G. SCHULTZE-BERNDT. 7544

Karl Lense, *Die Grundlagen des dunklen Bieres.* Überblick über Rohstoffe u. Herstellung. (Brauwelt, Ausg. B **95.** 750–51. 7/10. 6. 1955.)
H. G. SCHULTZE-BERNDT. 7550

A. W. Korotkewitsch, *Die Weinlagerung in luftdichten Behältern.* Für die Lagerung von Weinen wird der Bau von Zisternen unter freiem Himmel vorgeschlagen, die mit einer Glasemaille ausgekleidet sind. Zur Beschleunigung der Weinreifung wird die notwendige Menge O_2 eingeleitet. Bes. wichtig ist die luftdichte Lagerung des Weines. Bei einer 4monatigen Aufbewahrung von Madeirawein in nicht ganz vollen Fässern im Freien betrug der Weinverlust 9%. (Виноделие и Виноградарство СССР [Weinbereit. Weinbau UdSSR] **11.** Nr. 5. 61. Mai 1951. Mittelasiat. Zweigstelle des Inst. „Magaratsch".)
O. LEBTAG. 7554

Italo Cosmo und **Mario Polsinelli,** *Riesling Italico.* Herkunft u. Beschreibung der Rebsorte Riesling Italico (Synonyme: Wälschriesling, Rismi, Risli, Riesli). Beschaffenheit u. Analysen von daraus gewonnenen Weinen. — Abb., Literaturangaben. (Ann. Sperimentaz. agrar. [N. S.] **9.** XXXIII–XLIII 1955.) E. KIELHÖFER. 7554

E. Kielhöfer, *Nachweis eines Zuckerzusatzes zum Wein?* Kurze Stellungnahme zu den Arbeiten von GROSBÜSCH (C. **1956.** 2329). (Dtsch. Wein-Ztg. **88.** Wein u. Rebe **34.** 190. 15/5. 1952. Trier.) M. WINIKER. 7606

XVI. Nahrungs-, Genuß- und Futtermittel.

R. N. Robertson, *Pflanzenphysiologische Forschung und Lebensmitteltechnologie.* Vortrag, in dem Vf. die Bedeutung pflanzenphysiol. Unterss. für die Lebensmitteltechnologie am Beispiel der Qualitätsverbesserung von Obst-u. Gemüse aufzeigt. — 4 Literaturhinweise. (Food Technol. Australia **7.** 311–13. 315. 317. 331. Juni 1955. Homebush, N. S. W., C. S. I. R. O., Div. of Food Preservat. and Transport.)
H. GERTH. 7690

F. Kelch, *Desinfektion in Schlachthäusern und fleischverarbeitenden Betrieben.* Unterss. mit Kulturen von Salmonellaarten, Coli, Kokken u. Proteusbakterien an Holzplättchen ergaben, daß kalte, 0,1%ig. *Chloramin* (I)-Lsgg. eine prakt. vollständige Desinfektionswrkg. haben. 1%ig. Lsgg. von *Tego-51* waren nur bei Tempp. von 60° u. längerer Einwirkungsdauer von zufriedenstellender Wirkung. Unter Verhältnissen der Praxis durchgeführte Unterss. zeigten, daß zur Erzielung einer zufriedenstellenden Desinfektion vorherige gründliche Reinigung der Arbeitstische u. -geräte mit möglichst heißer 3%ig. Na_2CO_3-Lsg. erforderlich ist. Mit UV-Strahlen läßt sich ein baktericider Effekt nur auf völlig glatten Flächen erzielen. (Fleischwirtschaft **6.** 349–52. Sept. 1954. Berlin, Freie Univ., Inst. für Lebensmittelhyg.) F. KRUSEN. 7750

H. O. Halvorson, *Betriebliche und wirtschaftliche Einflüsse bei der Untersuchung der Abwasserfrage einer Fleischkonservenfabrik.* Gründliche Durchforschung der Betriebsvorgänge u. deren Verbesserung in einer Fleischwarenfabrik von 680 t Lebendgewicht täglicher Verarbeitung ermöglichte die Verringerung der Verluste u. damit der in den

Abwässern zu beseitigenden organ. Substanz auf mehr als die Hälfte, indem die Abwässer mit einem Geh. über 14 g/Liter BSB (biol. Sauerstoffbedarf) für sich gehalten, eingedampft u. so verwertet wurden. (Sewage ind. Wastes **25.** 170—76. Febr. 1953. Urbana, Ill., Univ. of Illinois, Dep. of Bact.) H. MÜHLMEISTER. 7750

N. Ssawinowski und **P. Djatschenko,** *Natriumalginat und -caseinat als Stabilisatoren von Speiseeis.* Die Anwendung von Na-Alginat (I) ermöglicht die kontinuierliche Speiseeisfabrikation. Mit I wird das W. vom Speiseeis länger zurückgehalten als bei der Stabilisierung mit Gelatine. Ist die Acidität der Mischung höher als 22—24° (THÖRNER), so löst sich I nicht vollständig. Am zweckmäßigsten werden fein zerkleinerte I-Blättchen mit kaltem W. übergossen, die Lsg. dem Gemisch bei 70—72° zugesetzt. Caseinat darf nur bis zu 2% des Speiseeisgewichtes zugesetzt werden. (Холодильная Техника [Kälte-Techn.] **30.** Nr. 2. 29—34. April/Juni 1953.) H. SCHMEISS. 7756

A. J. G. Barnett, *Die Bildung von Milchsäure in Gras–Wasser-Gemischen.* An einem Gemisch von feingehacktem Gras mit W. wurde in einem besonderen Aspirator die Gärung beobachtet. Innerhalb der ersten 4 Tage fiel der p_H-Wert von ca. 6 auf < 4, während *Milchsäure* (I) während der ersten 8 Tage in maximaler Menge bei Tempp. zwischen 18 u. 21° gebildet wurde. Diese Ergebnisse sprechen gegen die Ansicht, daß zur Erreichung einer entsprechenden I-Produktion bei der Gärfutterbereitung relativ trockenes Material benutzt u. im Silo eine Temp. von 37° erreicht werden sollte. Zusatz von Glutaminsäure bzw. Leucin hatte auf die I-Bldg. geringen hemmenden, Zusatz von Melasse keinen Einfluß. (Biochem. J. **50.** I. Dez. 1951. Aberdeen, Univ., Div. of Agric. Biochem.) H.-G. SCHWEIGER. 7782

W. A. P. Black, *Seetang in Futtermitteln.* 1. Mitt. *Verwertbarkeit und Zusammensetzung.* Übersicht über die Zus. von Laminaria- u. Ascophyllum-Mehlen nebst Diskussion ihrer Verwertungsmöglichkeiten für landwirtschaftliche Nutztiere. — 15 Literaturhinweise. (Agriculture [London] **62.** 12—15. April 1955. Inveresk, Midlothian, Inst. of Seaweed Res.) F. RANG. 7786

W. A. P. Black, *Seetang in Futtermitteln.* 2. Mitt. *Fütterungs- und Verdaulichkeitsversuche.* (1. vgl. vorst. Ref.) Durch Zusatz von bis zu 10% Seetangmehl zum Futter von Schweinen, Milchkühen u. Legehennen können den Tieren Spurenelemente, Vitamine u. Wuchsstoffe zugeführt werden. Nachteilige Wirkungen eines derartigen 10%ig. Zusatzes wurden nicht beobachtet. — 18 Literaturangaben. (Agriculture [London] **62.** 57—62. Mai 1955.) F. RANG. 7786

E. I. Johnson und **R. D. H. Polhill,** *Die Benutzung von Natriumhexametaphosphat zur Bestimmung von Bleispuren in Lebensmitteln.* Vff. beschreiben eine Meth. zur Best. von Pb in Lebensmitteln neben größeren Mengen von Ca oder Mg-Phosphaten. Zur Verhinderung eines Nd. von $MgNH_4PO_4$ wird das Na-Hexametaphosphat zugesetzt, so gaß die Dithizonextraktion in alkal. Lsg. stattfinden kann. Die organ. Substanz wird mit H_2SO_4 u. kleinen Mengen HNO_3 zerstört. Die Asche wird mit 5n HCl gekocht, nach der Abkühlung mit NH_4-Citratlsg. u. Na-Hexametaphosphat versetzt u. gegen Thymolblau mit NH_4OH auf p_H 9—9,5 eingestellt. In einem Scheidetrichter wird die Lsg. mit Chlf. u. Dithizon extrahiert bis eine grüne Färbung anzeigt, daß das gesamte Blei im Chloroformanteil ist. Die wss. Phase wird verworfen u. der Chloroformextrakt mit HNO_3 geschüttelt. Nach der Trennung wird die wss. Phase mit einer Lsg. aus NH_4OH, 2%ig. $(NH_4)_2SO_3$, 10%ig. KCN u. W., Chlf. u. Dithizon versetzt u. geschüttelt. Ein Teil der Chloroformschicht wird in einer 1 cm-Zelle in einem Spektrophotometer gegen Chlf. bei 520 mμ gemessen. (Analyst **80.** 364—67. Mai 1955. London, Dep. of Government Chemist, Government Labor.) W. KNÖPKE. 7788

Arthur L. Brandon, *Bericht über Kupfer in Lebensmitteln. Bestimmung mit Dithizon.* Cu-Bestimmungen mittels Dithizon nach BENDIX-GRABEN-STETTER (Ind. Engng. Chem., analyt. Edit. **15.** [1943.] 649) u. nach GREENLEAF (J. Assoc. off. agric. Chemists **30.** [1947.] 144) durch drei Mitarbeiter hatten abweichende Ergebnisse. (J. Assoc. off. agric. Chemists **35.** 542—43. 15/8. 1952. St. Louis, Mo., Anheuser-Busch Co., Inc.) H. GUDE. 7788

Richard M. Roberts, *Spektrophotometrischer Nachweis gewisser Arten von Fälschungsmitteln in Vanille.* Behandlung zahlreicher zur Verfälschung von Vanille u. Vanilleextrakten verwendeter natürlicher u. synthet. Duftstoffe, die häufig aromat. Verbb. mit Seitenkette enthalten. Durch Rk. mit H_2SO_4 lassen sich hieraus Sulfonierungsprodd. mit Farbstoffcharakter gewinnen. Ihre Lsgg. haben charakterist. Absorptionskurven, die sie von entsprechend gewonnenen Sulfonierungsprodd. echter Vanillegehaltsstoffe spektrophotometr. unterscheiden. Hierdurch lassen sich manche Vanilleverfälschungen, z. B. durch Piperonal, erkennen, während der Nachw. von Piperonal mittels der Farb-Rk. nach LABAT versagt. (J. Assoc. off. agric. Chemists **36.** 958—67. 15/8. 1953. Los Angeles, Calif., Standard Vanilla Comp.) R. BEYTHIEN. 7794

Jonas Carol und **L. L. Ramsey,** *Nachweis und Bestimmung von Pastinak als Verfälschung von Meerrettichzubereitung durch Infrarotspektrophotometrie.* Das flüchtige Öl des Meerrettichs ist im wesentlichen Allylisothiocyanat, das flüchtige Öl des Pastinak ist hiervon deutlich durch sein Infrarotspektr. zu unterscheiden. Hierdurch ist spektrophotometr. Erkennung u. Best. möglich. Die Ergebnisse decken sich gut mit mkr. Schätzung des Pastinakanteils. (J. Assoc. off. agric. Chemists **36.** 967–69. 15/8. 1953. Washington, D. C. Food and Drug Administrat., Dep. of Health, Educat. and Welfare.) R. Beythien. 7794

Dorothy B. Scott, *Eine neue Flotationsmethode zur Bestimmung von durch Insekten befallenem Weizen.* Der Weizen wird mit einem flüchtigen Silicon (Mischung von Dimethyldichlorsilan u. Methyltrichlorsilan) behandelt. Hierdurch wird seine Netzbarkeit herabgedrückt, die Durchführung der Flotationsmeth. erleichtert u. ihre Genauigkeit erhöht. (J. Assoc. off. agric. Chemists **36.** 1026–27. 15/8. 1953. Washington, D. C., Div. of Microbiol., Food and Drug Administr., Dep. of Health, Educat. and Welfare.) R. Beythien. 7796

J. Frank Nicholson, O. L. Kurtz und **Kenton L. Harris,** *Röntgenuntersuchung zwecks Feststellung von internem Insektenbefall von Mais.* Innerer Insektenbefall von Mais läßt sich durch Röntgenaufnahmen qualitativ u. quantitativ feststellen. Die Meth. führt zu gleichen Resultaten wie das Schrotflotationsverf., ist aber viel weniger zeitraubend. (J. Assoc. off. agric. Chemists **36.** 993–1001. 15/8. 1953. Washington, D. C., Food and Drug Administrat., Dep. of Health, Educat. and Welfare.) R. Beythien. 7796

Helen C. Barry, *Bericht über Harnsäure in Getreideerzeugnissen.* Nach Extraktion des Mehles mit Chinolin wird die Harnsäure (der Insektenexkrete) in der Lsg. mit 2.6-Dichlorchinonchlorimid gefärbt. (J. Assoc. off. agric. Chemists **35.** 528. 15/8. 1952. New Orleans, La., Food & Drug Administrat.) H. Gude. 7798

Jan Micka, *Zelenys Sedimentationsprüfung von Biscuit- und Keksmehlen.* Die Korrelation zwischen scheinbarer Viscosität u. Sedimentationsvol. schwankt mit dem Zeitintervall für die Sedimentation. Die 10 Min.-Sedimentation gibt die am besten mit der scheinbaren Viscosität vergleichbaren Werte, u. zwar sowohl mit der Viscosität nach 0 Min. als der nach 60 Minuten. (Trans. Amer. Assoc. Cereal Chemists **10.** 188–92. Okt. 1952. Chicago, Ill., United Biscuit Co. of America.) H. Haevecker. 7798

W. O. Winkler, *Bericht über Zersetzung in Früchten und Obsterzeugnissen.* Zur Beurteilung des Verlusts von Früchten ist die Best. ihres Geh. an Galakturonsäure geeignet. Bisher wurde hierfür die Rk. mit *Naphthoresorcin* (**I**) in salzsaurer Lsg. (bei 50°) benutzt. In Anbetracht gewisser Nachteile des Verf. (z. B. Unbeständigkeit der **I**-Lsg.) wird vorgeschlagen, die Best. mit *Carbazol* (**II**), das in Ggw. von konz. H_2SO_4 eine Violettfärbung gibt, die spektrophotometr. ausgewertet wird, durchzuführen. Die Durchführung der **II**-Meth. u. mit ihr gemachte Erfahrungen wurden beschrieben. (J. Assoc. off. agric. Chemists **35.** 513–20. 15/8. 1952. Washington, D. C., Food and Drug Administrat.) H. Gude. 7808

Halver C. van Dame, *Bericht über Bernsteinsäure in Tomaten* (Vgl. C. **1954.** 8695.) Bericht über Unterss. des Zusammenhangs zwischen dem Verderb von Tomaten u. ihrem Geh. an *Bernsteinsäure* (**I**). Identifizierung der **I** als Anilinderivat. 100 g Tomaten hatten im frischen Zustand 2,6 mg **I**, als Püree des Handels 26 mg **I** u. nach 100%ig. Verschimmelung bis 94 mg **I**. (J. Assoc. off. agric. Chemists **35.** 528–30. 15/8. 1952. Cincinnati, O., Food & Drug Administrat.) H. Gude. 7808

Doris H. Tilden, *Bericht über Harnsäure in Obsterzeugnissen* (*chromatographische Isolierung*). (Vgl. C. **1954.** 7309.) Hintereinandergeschaltete Säulen mit *Duolit-Harzen C-3* u. *A-4* konzentrieren aus Fruchtsirupen *Harnsäure,* die den Rohstoffen in kleinsten Mengen durch Insekten beigebracht ist. Trotz karamelartiger Begleitstoffe in der Auswaschung mit 4%ig. HCl nach deren Alkalisierung mit Li_2CO_3 papierchromatograph. Erfolge. (J. Assoc. off. agric. Chemists **35.** 526–28. 15/8. 1952. San Francisco, Calif., Food and Drug Administrat.) H. Gude. 7818

Paul A. Mills, *Bericht über Galakturonsäure im Erdbeersaft.* H_2O_2 verstärkt die Farb-Rk. des *Naphthoresorcins* mit Galakturonsäure (vgl. Winkler, drittvorst. Ref.). (J. Assoc. off. agric. Chemists **35.** 520–24. 15/8. 1952. San Francisco, Calif., Food and Drug Administrat.) H. Gude. 7818

C. O. Willits, Mildred Gaspar und **J. Naghski,** *Gemeinschaftliche Überprüfung von Tabakuntersuchungsmethoden. Nicotin und Feuchtigkeit.* Auf Grund krit. gesichteter Beleganalysen werden Vorschläge für eine Standardmeth. zur Unters. von Tabak gemacht. Bzgl. der Best. der Feuchtigkeit ist Temp. u. Dauer der Trocknung festzulegen, bei ca. 105° nicht länger als 3 Stunden. Für die Best. von *Nicotin* (I) sind mehr als 2 g Einwaage erforderlich. Die Dest. ist mit mehr als 0,1 Mol NaOH auf 100 ml Fl., unter Zusatz von NaCl, auszuführen. MgO ergibt zu niedrige Werte. Die Vorlage muß mehr als 2 ml konz. HCl enthalten. Zur Ausfällung des I sind mehr als 0,2 ml Kieselwolframsäure (120 g/Liter) je mg I anzuwenden. (J. Assoc. off. agric. Chemists **36.** 1004—18. 15/8. 1953. Washington, D. C. Food and Drug Administrat., Dep. of Health, Educat. and Welfare.) R. BEYTHIEN. 7836

Erich Wegner, *Zur Anwendung der Papierchromatographie für Aufgaben der Tabakforschung. Beitrag zur Trennung und zum Nachweis der Zucker, Polyphenole und Alkaloide.* Bericht über erfolgreiche Verss. einer Anwendung papierchromatograph. Methoden zum Nachw. von Zuckern, Polyphenolen u. Alkaloiden. Bei der Herst. der Tabakauszüge erfolgte die Extraktion des Tabaks entweder mit W. oder mit 95%ig. Alkohol auf dem Wasserbad. Zur Herst. der Chromatogramme (nach der aufsteigenden Meth.) wurden die Papiersorten WHATMAN Nr. 1 oder SCHLEICHER & SCHÜLL Nr. 2043b verwendet. — Trennung u. Nachw. von Fructose, Glucose u. Saccharose: Lösungsmittelmischung aus 50 (cm^3) Essigester, 30 Pyridin, 20 W.; Entwickler Anilinphthalat sowie Naphthoresorcin–HCl. — Trennung u. Nachw. von Polyphenolen: Lösungsmittelmischung aus 50 W., 40 Butanol u. 10 Eisessig (die abgetrennte organ. Phase wird mit 10% ihres Vol. Äthylenglykol versetzt); Entwickler 1%ig. methanol. $FeCl_3$-Lsg. sowie alkoh. Ammoniaklösung. — Trennung u. Nachw. der Alkaloide (Nicotin, Nornicotin, Anabasin): Lösungsmittelmischung aus 100 Butanol, 20 W. u. 10 Eisessig; Entw. mittels der Bromcyanreaktion. (Tabak-Forsch. **1953.** 57—59. März. Forchheim.) M. WINIKER. 7836

T. C. Tso und **R. N. Jeffrey,** *Papierchromatographie der Alkaloide und ihrer Umwandlungsprodukte im Marylandtabak.* Vff. berichten über Verss. zur Trennung u. Identifizierung von Alkaloiden u. alkaloidähnlichen Verbb. in Marylandtabak durch aufsteigende Papierchromatographie u. durch UV-Absorptionsspektren. Vorher Aufbereitung des Tabaks durch selektive Extraktion u. Dest. (schemat. Darst. der Trennungen). Papier: WHATMAN-Nr. 1, Lösungsmittelsysteme: n-Butanol/Bzl./Puffer (85 : 5 : 30) (Puffer p_H 2,75, 5,6, 6,8); n-Butanol/p_H 2,75, 5,6, 6,8-Puffer (50 : 50); n-Amylalkohol/p_H 5,6-Puffer (50 : 50); tert. Amylalkohol/p_H 5,6-Puffer (50 : 50) (I). Puffer: 0,2 mol. Acetatlösung. Beste Resultate mit I. Färbungsreagentien: $K_2[PtJ_6]$-Lsg.; *β*-Naphthylamin–CNBr; *p-Aminobenzoesäure* (II)–CNBr. Quantitative Unterss. der identifizierten Substanzen mit UV-Spektrometer nach BECKMANN. Das Material wurde aus dem Chromatogramm mit angesäuertem W. extrahiert u. in schwach saurem oder schwach bas. Gebiet untersucht. Untersuchungsergebnisse der Modellsubstanzen in I mit II–CNBr: *Nornicotin* (III), [R_F] 0,17, dunkleres Orangegelb; *Anabasin* (IV) 0,21, orangegelb; *Nicotin* (V) 0,33, citronen- bis orangegelb; *Nicotinsäure* (VI) 0,51, gelbliches Orange; *Myosmin* (VII) 0,92, hellgelb; *2.3'-Dipyridyl* (VIII) 0,95, lichtes gelbliches Braun. R_F- u. Farbwerte stimmen mit den Werten der anschließenden Unters. des UV-Absorptionsspektr. überein. Anwendung verschied. Sprühreagentien nacheinander notwendig, da häufig 2 Substanzen mit ähnlichen R_F-Werten gleiche Farbe mit dem 1. Reagens zeigen. Ergebnis: von 9 bekannten u. 15 chem. noch unbekannten Alkaloiden im Tabak wurden die R_F-, Farb- u. UV-Absorptionswerte ermittelt. Häufigkeit der identifizierten Alkaloide in Gew.-%: **III** 1,42, **V** 0,48, **IV** 0,27, **VII** 0,14, **VI** 0,08, *Oxynicotin* 0,05, **VIII** 0,006, *3-Acetylpyridin* 0,003. Vork. weiterer Pyridinderivv. möglich. Vork. von geringen Mengen *Nicotinamid* u. *Anabasin* (R_F 0,47, rotbraun) wahrscheinlich. Für qualitative Tabakunterss. wurden 2 chromatograph. Schnellmethoden entwickelt: A) Extraktion von 10 g Tabak in 8 cm^3 7,5%ig. NaOH mit PAe. rühren, 12 Std. stehenlassen. Ergibt 8 Flecken bei der anschließenden Papierchromatographie, einschließlich **III, IV** u. **V.** B) 5 Min. Extraktion mit 80%ig. Aceton. Ergibt 11 Chromatogrammflecken. Meth. A) nur mit getrocknetem, B) auch mit grünem Tabak. (Arch. Biochem. Biophysics **43.** 269—85. April 1953. Beltsville, Md., United States Dep. of Agric., Med. and Special Crops, Div. of Tobacco.) H. TOEPSCH. 7836

F. J. Stevens und **R. A. Chapman,** *Bericht über Stärke in Fleischprodukten.* Verschied. in der Literatur vorgeschlagenen Verff. zur Stärkebest. in Fleisch werden diskutiert u. eine Meth. erprobt, bei der zur völligen Entfernung von Zuckern und Dextrinen, die einen zu hohen Stärkegeh. vortäuschen können, mittels Zn-Acetat- u. $K_4Fe\cdot(CN)_6$-Lsg. vor der Hydrolyse extrahiert wird. Die Meth. bedarf weiterer Bearbeitung, bes. hinsichtlich der Dauer der Extraktion u. der Hydrolysebedingungen. — 6 Literaturangaben. (J. Assoc. off. agric. Chemists **35.** 345—51. 15/5. 1952. Ottawa, Canada, Dep. of National Health u. Welfare, Food u. Drug Labor.) PH. FRESENIUS. 7850

David W. Williams, *Bericht über Fisch (Indol in Krebstieren). Indol als ein Anzeichen der Zersetzung bei Cancer magister.* Bericht über Erfahrungen mit der Indolmeth. zur

Best. des Verderbs von Krebsfleisch. (J. Assoc. off. agric. Chemists **35.** 525—26. 15/8. 1952. San Francisco, Calif., Food and Drug Administr.) H. GUDE. 7852

Curtis R. Joiner, *Bericht über Sedimentuntersuchungen bei Milch und Rahm.* Die Herst. von Standard-Sediment-Scheiben u. von Test-Sediment-Scheiben wird beschrieben. Als künstliches Sediment dient eine Mischung von Kuhdung, Gartenerde u. Kohle bestimmter Siebung. — 5 Literaturangaben. (J. Assoc. off. agric. Chemists **35.** 340—44. 15/5. 1952. St. Louis, Mo., Food u. Drug Administr., Federal Sec. Agency.) PH. FRESENIUS. 7856

Hugh M. Boggs, *Bericht über gefrorene Süßspeisen.* Es wird empfohlen, bei der Fettbest. in Eiscreme die Einwaage unmittelbar in die MOJONNIER-Flasche u. nicht erst in einen Becher vorzunehmen. (J. Assoc. off. agric. Chemists **35.** 212—16. 15/5. 1952. Philadelphia, Pa., U. S. Food u. Drug Administr.) PH. FRESENIUS. 7858

Dorothy B. Scott, *Bericht über Fremdmaterial in Milchprodukten.* Die Wege zur Ermittlung von Resten von Futterpflanzen u. von Kuhdung in Käse werden besprochen u. ein Verf. dazu angegeben. Der Schleim auf der Außenseite der Dungfragmente ist zur Diagnose wichtig. Anleitungen zur Auswertung der mkr. Bilder werden gegeben. Eine neue Färbetechnik (GRAICHEN-HARROW) verwendet eine wss. Lsg. von 0,2% EosinYS, 0,05% Wollviolett 5 BN u. 0,15% Blauindex Nr. 518. (J. Assoc. off. agric. Chemists **35.** 330—34. 15/5. 1952. Washington, D. C., Food u. Drug Administr., Federal Sec. Agency.) PH. FRESENIUS. 7860

A. I. Magee und **Wm. Kalbfleisch,** *Bestimmung des Wassergehaltes von Silofutter, Heu und Getreidekörnern.* Verschied. Methoden wurden auf die Genauigkeit ihrer Ergebnisse (als Vergleichszahlen dienten durch Trocknung der Stoffe im elektr. Ofen erhaltene Werte) u. auf ihre Brauchbarkeit für die landwirtschaftliche Praxis geprüft. Mit der CaC_2-Meth. wurden ziemlich genaue ($\pm$3,0%) u. schnelle Ergebnisse bei Stoffen mit 20—75% Wassergeh. erhalten, mit der Auspreßmeth. jedoch nur bei 60—75% Wassergehalt. Bei Schnelltrocknung durch Zufuhr künstlicher Hitze wurden bei Stoffen mit ca. 15—75% Wassergeh. zuverlässige Ergebnisse festgestellt. Die visuelle Best. des Wassergeh. entweder durch Schütteln des Stoffes mit NaCl oder durch Best. der relativen Feuchtigkeit des Stoffes mit Hilfe von 2 Thermometern mit trockener bzw. mit angefeuchteter (gesätt. NaCl-Lsg.) Kugel ist zur raschen Feststellung der Lagerungsfähigkeit von Getreidekörnern, nicht aber zur Feuchtigkeitsbewertung von Heu geeignet. (Sci. Agric. **32.** 117—26. März 1952. Ottawa, Can., Centr. Exp. Farm, Div. of Field Husbandry, Soils and Engng.) F. RANG. 7866

W. T. Mathis, *Bericht über spektrographische Methoden.* Die Ergebnisse aus etwa 10 Laboratorien bei der Unters. von Alfalfamehl werden verglichen. Zur Best. von K sind die Funken- (**a**) u. die Flammen (**b**)-Meth. gleichwertig oder besser als chem. Verff., für Ca sind **a** u. **b** chem. Verff. gleichwertig, verlangen jedoch sorgfältige Normierung des K-Einfl.; das Bogen (**c**)-Verf. ist für Ca unbrauchbar. Für Mg sind **a**, **b** u. **c** den chem. Verff. überlegen. Für P sind **a** u. **c** den chem. Verff. gleichwertig, jedoch muß der Einfl. von K u. Ca bes. beachtet werden. **a** u. **c** sind den colorimetr. Methoden zur P-Best. überlegen. Für Spurenelemente ist **a** vorzuziehen; für Na bleibt die Entscheidung offen. (J. Assoc. off. agric. Chemists **35.** 406—18. 15/5. 1952. New Haven, Conn., Agricult. Exp. Station.) PH. FRESENIUS. 7868

Norman S. Eppell, Chicago, Ill., V. St. A., *Überziehen genießbarer Lebensmittel mit einem Schutzüberzug.* Man bringt ein Geliermittel in feuchtem Zustand auf die Oberfläche des Lebensmittels, überzieht dieses unmittelbar darauf mit der Lsg. eines Alkalimetallpektinates u. von Methylcellulose, bringt einen weiteren Überzug des Geliermittels über die Lsg. u. trocknet die verschied. Überzüge. (**A. P. 2 703 286** vom 16/12. 1949, ausg. 1/3. 1955.) H. MAASS. 7635

General Aniline & Film Corp., V. St. A., *Verminderung unerwünschter Nicotinwirkungen.* Man mischt den Tabak in irgendeiner Phase der Verarbeitung mit 2—4% *Poly-N-vinylpyrrolidon* (**I**) oder leitet den Rauch durch ein damit getränktes Filter. **I** bindet die aus dem Tabak frei werdenden teerigen u. harzigen Bestandteile. (**F. P. 1 081 017** vom 8/7. 1953, ausg. 15/12. 1954.) G. WELTZIEN. 7735

A. Beythien, Einführung in die Lebensmittelchemie. 4., völlig neubearb. Aufl. v. **W. Heimann.** Dresden, Leipzig: Th. Steinkopff. 1956. (XVI + 443 S. m. Abb.) 8°. DM 20,—.

Wolfgang Hoerburger, Versuche zur Biosynthese von Eiweiß aus Kohlenwasserstoff aus dem Institut für Gärungswissenschaft und Enzymchemie der Universität Köln. Köln u. Opladen: Westdtsch. Verl. 1955. (22 S.) 4° = Forschungsberichte des Wirtschafts- und Verkehrsministeriums Nordrhein-Westfalen. Nr. 131. DM 6,90.

Hans Lück u. **F. J. Joubert,** Untersuchungen zur H_2O_2-Behandlung der Milch. Mitt. 2. — Nürnberg: Carl. 1955. (18 S. m. 4 Abb.) 8°. = Bibliotheca lactis. DM 1,60.

XVII. Fette. Seifen. Wasch- u. Reinigungsmittel. Wachse. Bohnermassen usw.

Chiduo Yonese, *Über Fettspaltung im Autoklaven.* 2. u. 3. Mitt. (1. vgl. J. chem. Soc. Japan, ind. Chem. Sect. [Kōgyō Kagaku Zassi] **53.** [1950.] 313 u. 343; vgl. **49.** [1947.] 133.) Bei der Autoklavenbehandlung (Anfangsdruck 10—40 at) von *Cocosnußöl* ohne Katalysator mit H bei 180—185° war die Spaltung in einem gewöhnlichen Stahlautoklav größer als in einem aus rostfreiem Stahl. Geringe Fe-Spuren aus dem Gefäß scheinen katalyt. Wrkg. zu haben. Die Beobachtungen in einem Autoklav aus rostfreiem Stahl deuten auf stufenweise Spaltung. (J. chem. Soc. Japan, ind. Chem. Sect. [Kōgyō Kagaku Zassi] **54.** 53—57. Jan. 1951. [Orig.: japan.]) L. SCHULER. 7888

Chiduo Yonese, *Über Fettspaltung im Autoklaven.* 3. u. 4. Mitt. *Mechanismus. Zwischenprodukte.* (2. u. 3. vgl. vorst. Ref.) In den Fraktionen, die durch Molekulardest. von teilweise im Autoklaven gespaltenem *Cocosnußöl* erhalten wurden, konnten als Zwischenprodd. *Mono-* u. *Diglyceride* isoliert u. papierchromatograph. bestimmt werden, z. B. *Monolaurin,* F. 50°, in der Fraktion $Kp._{0,001}$ 140° u. *Dilaurin* in der Fraktion $Kp._{0,001}$ 170°. — Durch wiederholte Dest. des Prod. mit höchster AZ. bei $Kp._{0,5}$ 180 bis 200° wurde *α-Monolaurin* isoliert. (J. chem. Soc. Japan, ind. Chem. Sect. [Kōgyō Kagaku Zassi] **54.** 50—53. Jan. 1951. [Orig.: japan.]) L. SCHULER. 7888

D. K. Chowdhury, M. M. Chakrabarty und **B. K. Mukherji,** *Untersuchungen über einige Samenfette aus der Familie der Cucurbitaceae.* Unter Hinweis auf das einschlägige Schrifttum, dessen Angaben über die Zus. der Samenfette der Cucurbitaceae teils unzulänglich, teils unbefriedigend sind, werden Unterss. mittels der UV-spektrometr. Meth. in Verknüpfung mit der Tieftemperaturfraktionierung durchgeführt; herangezogen werden die Samenöle von Cucurbita maxima (**I**), Lagenaria vulgaris (**II**), Citrullus vulgaris (**III**) u. Benincasa cerifera (**IV**), dargestellt durch Extraktion der reifen Saat mit PAe. (40—60°); **I**: Ölgeh. 48%, Verseifungsäquivalent 300,7; JZ. (WIJS) 98,3; Unverseifbares 0,9%; freie Fettsäure (Ölsäure) 0,8%; **II**: Ölgeh. 45,1%; Verseifungsäquivalent 301,6; JZ. 126,5; Unverseifbares 0,7%; freie Fettsäure 0,5%; **III**: Ölgeh. 69,4%; Verseifungsäquivalent 298,2; JZ. 116,2; Unverseifbares 0,8%; freie Fettsäure 0,9%; **IV**: Ölgeh. 48,3%; Verseifungsäquivalent 301,3; JZ. 126,8; Unverseifbares 0,8%; freie Fettsäure 0,3%. Unter Vgl. mit den bisherigen Literaturangaben wird folgende Zus. der Gesamtfettsäuren mitgeteilt: **I**: Palmitin- (16,9%), Stearinsäure (14,0%); **II**: (**III**; **IV**) Gesamtgeh. an Palmitin- u. Stearinsäure: 17,8% (22,7; 15,8); **I** (**II**; **III**; **IV**) Ölsäure 24,7% (18,2; 18,7; 21,9), Linolsäure 44,4% (64; 58,6; 62,3). Krit. Betrachtungen über die Versuchsergebnisse im Vgl. mit der Literatur; Hinweis, daß der Aufbau der Fette der geprüften Vertreter aus der Familie der Cucurbitaceae hinsichtlich der konstituierenden Fettsäuren relativ einfach ist u. daß Triene nicht vorhanden sind; es wird hervorgehoben, daß die Zus. der Öle von den Bedingungen der Umgebung abhängig ist. (J. Amer. Oil Chemists' Soc. **32.** 384—86. Juli 1955. Calcutta, India, Univ. Coll. of Sci. and Technol., Dep. of Appl. Chem.) K. TÄUFEL. 7892

Cesare Carola, *Für eine bessere Verwendung des aus Reisspelzen gewonnenen Öls.* Übersicht. Besprochen werden: Eigg., Lagerung u. Verarbeitung der Reisspelzen; Raffination u. Merkmale des Reisöls (**I**). **I** läßt sich als Speiseöl, als Ersatz für Baumwollsaatöl (dem es wegen des niedrigeren E. überlegen ist) u. im gehärteten Zustand verwenden. — 30 Literaturhinweise. (Olii minerali, Grassi Saponi, Colori Vernici **30.** 56—61. April 1953. Stazione sperimentale olii e grassi.) K. STEINER. 7894

Giovanni Cordella, *Das Öl von Pistacia Lentiscus.* Das Öl der *Pistacia Lentiscus* (**I**) unterscheidet sich vom Olivenöl (**II**) weder durch physikal.-chem. Konstanten noch durch Farb-Rkk.; ein Zusatz von **I** zu **II** läßt sich daher nicht feststellen. (Chim. e Ind. [Milano] **35.** 912—13. Dez. 1953. Sassari, Univ., Ist. di Chim. Farmac. e Tossicol.) K. STEINER. 7894

S. P. Pathak und **G. D. Pande,** *Die konstituierenden Säuren und Glyceride des indischen Krokodilfettes* (*Gavialis gangeticus*). Aus dem Fettdepot eines Ganges-Krokodils werden 1300 g Fettgewebe gewonnen u. daraus erst durch Extraktion mit Aceton u. anschließend durch Behandlung mit PAe. insgesamt 1000 g Reinfett dargestellt; Entfernung der Phosphatide durch wiederholtes Umlösen aus Aceton bei 0° (470 g Fett der JZ. 72,0). Die Gesamtfettsäuren werden nach der TWITCHELL-Meth. in alkohollösl. u. in alkoholunlösl. Vertreter zerlegt u. dann der fraktionierten Dest. ihrer Methylester in üblicher Weise unterworfen; analyt. Charakterisierung der Fettsäuren nach Art u. Menge; es werden ermittelt Palmitin- (25,8%), Stearin- (8,7), Myristin- (4,2), Laurinsäure (0,2), an ungesätt. Fettsäuren C_{14} (2,0%), C_{16} (11,6), C_{18} (35,5), C_{20} (10,0), C_{22} (2,0). Zur Erkennung der konstituierenden Glyceride wird das Neutralfett aus Aceton bei Zimmertemp. bis herab zu —18° fraktioniert umkrist.; die erhaltenen 3 Fraktionen werden hinsichtlich der aufbauenden Fettsäuren nach Art u. Menge bestimmt u. daraus die Glyceridzus. errechnet; es werden ermittelt dreifach gesätt. Glyceride (7,5%), einfach ungesätt. zweifach gesätt. (27,7), einfach gesätt. zweifach ungesätt. (64,8). (J. Sci. Food Agric. **6.** 48—53. Jan. 1955. Banaras, India, Hindu Univ., Coll. of Technol.) K. TÄUFEL. 7896

W. M. Gearhart und **B. N. Stuckey**, *Ein Vergleich der gewerbsmäßig verwendeten phenolischen Antioxydantien bei tierischen Nahrungsfetten.* Unter Heranziehung von tert.-butyliertem Oxyanisol (BHA), tert.-butyliertem Oxytoluol (BHT) sowie Propylgallat (PG), deren wichtigste physikal. Kennzahlen (auch Geruch) mitgeteilt werden, erfolgen systemat. Verss. an Schweineschmalz einmal nach dem SWIFT-Test (AOM; Active Oxygen Method, Oil and Soap **10.** [1933.] 105), zum anderen — zur Ermittlung des „Carry Through-Effektes" — nach dem SCHAAL-OVEN-Test; bei letzterem werden herangezogen im Schmalz gebratene Kartoffelschnitzel, ferner Pasteten sowie Keks. Die Antioxydantien werden teils einzeln, teils in Kombination jeweils in dosierter Menge zugesetzt. Prüfung der Stabilität sowohl des Schmalzes (Peroxydzahlbest.) direkt wie auch der damit hergestellten Zubereitungen (organolept.) bei der Lagerung. Aus den graph. mitgeteilten Ergebnissen ist abzuleiten, daß PG allein bzw. in Kombination mit BHA oder BHT im AOM-Test die beste Wrkg. bei ca. 0,2% Zusatz herbeiführt. BHA u. BHT gleichen einander in niedriger Dosierung; ersteres entfaltet optimalen Effekt bei 0,1%. BHA verstärkt durch synergist. Wrkg. die Stabilitätssteigerung des PG; diese Kombination eignet sich bes. für die Lagerhaltung von Schmalz. Die Mischung von BHA u. BHT hingegen zeigt den optimalen Carry Through-Effekt, vor allem wenn höhere Tempp. zur Einw. kommen. (J. Amer. Oil Chemists' Soc. **32.** 386—90. Juli 1955. Kingsport, Tenn., Eastman Chem. Prod., Inc.) K. TÄUFEL. 7896

Manoj Mukherjee und **A. N. Saha**, *Salze von verzweigten Fettsäuren in Lösung.*

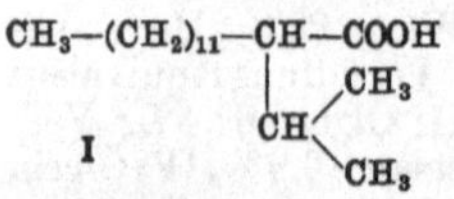

I

Es werden Oberflächenspannungs-Konz.-Kurven aufgenommen u. Leitfähigkeitsmessungen u. Solubilisierungsverss. an dem Na-Salz der synthet. gewonnenen Säure I durchgeführt. Die Oberflächenspannung zeigt bei 0,25%ig. Lsg. ein Minimum u. die Äquivalentleitfähigkeit bei gleicher Konz. einen starken Abfall. Die Solubilisierung des Salzes ist ziemlich hoch (319 mg Xylol/10 cm^3 0,25n-Lsg.). (Indian Soap J. **20.** 159—60. Dez. 1954. Calcutta, Univ., Dep. of Appl. Chem.) H. SPOHN. 7908

H. Stähli, *Über die Bestimmung der Jodzahl.* Sehr eingehende krit. Ausführungen an Hand des Schrifttums über den Chemismus der Jodzahlbest. u. der darauf Einfl. nehmenden, vor allem der störenden Faktoren (Substitutions-Rkk., ster. Hinderung der Anlagerung bei konjuenen polyolefin. Prodd. usw.); Hinweis auf die Hydrierjodzahl als Standardwert für den wahren Grad des Ungesättigtseins der Fette; Bedürfnis der Praxis nach einer zuverlässigen Schnellmethode. In krit. Weise werden experimentell überprüft die Arbeitsweisen nach HANUS (Schweiz. Lebensmittelbuch), nach KAUFMANN (bromometr. Verf.), nach WIJS (teilweise in abgewandelter Methodik), ferner das Verf. der Best. der Hydrierjodzahl. An Hand der Ergebnisse von Unterss. an 15 verschied. Fetten u. Ölen sowie 3 Fettsäuren (Öl-, Linol-, sogenannte Isoölsäuren) wird festgestellt, daß die Best. nach HANUS unzuverlässige Werte liefert. Die JZ. nach WIJS wird als richtig hingestellt, verglichen mit den Werten der Hydrierjodzahl. Als Reaktionslsg. wird vorgeschlagen: 20 g JCl_3 in 3 Liter einer Mischung aus 70% Eisessig, 30% CCl_4 gelöst; davon werden 25 ml, nach Verdünnen mit W. auf 100 ml u. Zugabe von 15 ml KJ-Lsg. (15%ig.), mit 0,1n $Na_2S_2O_3$-Lsg. titriert; daraus wird die Menge an J berechnet, die zuzusetzen ist, um eine WIJS-Lsg. mit einem Überschuß von 7 g J/l Liter zu erhalten; das zugesetzte J wird durch Schütteln in Lsg. gebracht. Nach 2std. Einwirkungszeit dieser Lsg. auf das Fett — von dem angewandten Halogen müssen 70% nach Abschluß der Addition noch vorhanden sein — erhält man die richtige JZ.; Ausdehnung der Reaktionszeit auf 24 Std. führt nicht zu störender Substitution. Setzt man beim Arbeiten mit der vorgenannten abgewandelten WIJS-Lsg. zusätzlich 10 ml einer 2,5%ig. Lsg. von Hg-Acetat in Eisessig dem Reaktionsgemisch zu, dann ist die Jodanlagerung nach ca. 5 Min. prakt. beendet. (Mitt. Gebiete Lebensmittelunters. Hyg. [Bern] **46.** 121—62. 1955. Steffisburg, Schweiz, Astra Fett- u. Ölwerke, Labor.) K. TÄUFEL. 7932

T. R. Kasturi, N. L. Narayanamurty und **B. H. Iyer**, *Mikrobestimmung der Hydrierjodzahl in pflanzlichen Ölen.* In Ergänzung zu der C. **1954.** 10616 referierten Arbeit geben Vff. folgende Einzelheiten bekannt: Tabelle mit Vergleichswerten der JZZ. nach HÜBL u. WIJS u. der Hydrierjodzahlen (HJZZ.) von Erdnußöl, Kakaonußöl, Öl der Kakaonußmilch, Neemöl, Ricinusöl, Tungöl, Olivenöl, Sesamöl, Sojabohnenöl, hydriertem Erdnußöl u. Methyloleat sowie der HJZZ. von Monomethylfumarat u. Maleinsäure. Beschreibung eines Analysenganges u. des „TOWER"-Mikrohydrierungsapparates.

(J. Indian Inst. Sci. Sect. A **35.** 339—42. Okt. 1953. Bangalore, Indian Inst. of Sci., Dep. of Org. Chem.) R. Kiessig. 7932

Helmut K. Mangold, Beverly G. Lamp und **Hermann Schlenk,** *Indicatoren für die Papierchromatographie von Lipiden.* Mit der Zielsetzung, weitere Möglichkeiten zum differenzierenden, ausreichend empfindlichen Nachw. von Lipiden auf einem Papierchromatogramm zu entwickeln, werden systemat. Verss. in verschied. Richtung angestellt. Als Papier dienen Streifen (12,5 cm breit, 44 cm lang) der Sorte Whatman Nr.1, die nach Trocknung bei 200° (1 Std.) durch eine 5%ig. Lsg. von Silicon in Ae. gezogen, an der Luft getrocknet u. im Exsikkator in Vorrat gehalten werden; die aufzubringende Lipidmenge (in Ae. gelöst) wird je nach Art u. Fragestellung auf 20—500 μg bemessen; aufsteigende Arbeitsweise bei 20° ca. 16 Std., wobei eine Steighöhe von ca. 20 cm erreicht wird. Es werden Chromatogramme mit 39 verschied. Substanzen mit 75%ig. Essigsäure, mit Tetrahydrofuran/W. (3 : 2) bzw. mit $CHCl_3$/Methanol (1 : 3) entwickelt u. die R_F-Werte ermittelt. — Als Indicator für gewisse Lipide wird eine Lsg. von 1% α-Dextrin in 30%ig. A. benutzt; mit dieser Lsg. besprüht man die Chromatogramme, trocknet, hängt dann 1 Std. in eine feuchte Kammer u. setzt sie anschließend Joddämpfen aus. Gesätt. Alkohole, Fettsäuren, ihre Ester u. Monoglyceride bilden mit α-Dextrin Einschlußverbb. u. bleiben bei Jodbehandlung ungefärbt; ungesätt. Verbb. verfärben sich allmählich über Gelb nach Braun; der Untergrund ist durch den gebildeten α-Dextrin-Jod-Komplex violett gefärbt; 20 μg sind auf diese Weise erkennbar. Di- u. Triglyceride werden nach der Jodtechnik nachweisbar, wenn man durch Besprühen des Chromatogrammes mit 1%ig. wss. Lsg. von Pankreatin (24 Std. bei 37° in feuchter Kammer) eine Hydrolyse der Glyceride vollzieht; bis herunter zu ca. 200 μg reicht die Empfindlichkeit. — Ungesätt. Alkohole, Fettsäuren, Ester u. Glyceride können auf dem Chromatogramm durch unmittelbare Behandlung mit Joddampf sichtbar gemacht werden; es erscheinen gelbe bis braune Flecke auf weißem Untergrund; Empfindlichkeit 20 μg Lipid. — Freies Glycerin u. Monoglyceride werden erkannt durch Behandlung des Chromatogramms mit Bleitetraacetat; diese Verbb. markieren sich durch weiße Flecke (Glykolspaltung) auf braunem Untergrund (Bldg. von PbO_2). Eingehende theoret. u. experimentelle Betrachtungen zu den entwickelten Nachweisverfahren. (J. Amer. chem. Soc. **77.** 6070—72. 20/11. 1955. Austin, Minn., Univ., Hormel Inst.) K. Täufel. 7932

Georges Bourjol, *Analyse von Glycerinwässern.* Es wurden folgende Methoden zur Best. von *Glycerin* (I), sowie von I in Ggw. von Polyglycerinen u. Glykol eingehend untersucht: die Meth. von Hehner (Oxydation mit Chromschwefelsäure), die Meth. von Benedikt u. Cantor (Triacetinmeth.), die Meth. von Zeizel u. Fonto (Isopropyljodidmeth.), die Meth. von Hoepe u. Treadwell (Best. von I in Ggw. von 1.2-Propylenglykol u. Äthylenglykol durch Perjodatoxydation; Titration der I entsprechenden HCOOH u. Best. des Gesamtaldehyds u. des CH_2O) u. die Meth. von Raugier (Best. von I in Ggw. von Polyglycerinen). — Eine Meth., I u. die Glykole von den Polyglycerinen durch Behandlung mit Wasserdampf zu trennen, wird beschrieben. (Mém. Poudres **32.** 45—64. 1950. Poudrerie Nat. de Saint-Chamas.) K. F. Müller. 7936

N. W. Tschoegl, *Analyse von wasserlöslichen synthetischen Seifen.* Übersicht von oberflächenakt. (kation., anion. u. nicht-ion.) Verbb., der Methoden ihrer quantitativen Analyse. Für Anionenseifen werden die Differenz-, Kationenaustausch-, Extraktions-, Barium-, Veraschungs-, Säuretitrations-, *Amin-*, *o-Toluidin-*, tensimetr., polarograph., CMC (Critical-micell-concentrations)-, Farbstoff-Antagonisten-, Seifen-Antagonisten-Meth.; für Kationenseifen die argentometr., Aussalz-, Kjeldahl-, Perchlorsäure-, turbidimetr. u. Farbstoff-Antagonisten-Meth., sowie Methoden mit anorgan. Reagentien; für nicht-ionogene u. wasserlösl. Seifen werden Verff. angegeben (Klassen- u. Gruppenteste). Ein qualitativer Analysengang wird beschrieben. — 141 Literaturzitate. (Rev. pure appl. Chem. **4.** 171—206. Sept. 1954. Sydney, New South Wales Univ. of Technol.) J. Miller. 7942

XVIII a. Holz. Cellulose. Zellstoff. Papier. Papierdruck. Celluloid. Linoleum.

Ruth Eicke, *Was können elektronenmikroskopische Bilder über den Vorgang der Verkieselung fossiler Hölzer aussagen?.* Von fossilen Hölzern wurden Oberflächenabdrucke mittels Kohlehaut nach König gemacht u. danach die verkieselten Zellen mit HF weggelöst. Die so aufgezeigte Textur der Zellwand u. des Hoftüpfels wurde als übereinstimmend mit der spezif. Textur bei rezenten Hölzern gefunden. Wurde eine Abdruckfolie nicht mit HF gereinigt, so zeigte sie an der Stelle des Hoftüpfels eine runde, nicht durchstrahlbare Fläche, die als ein Steinkern gedeutet wird, der den Hoftüpfel ausfüllte u. mit der Folie herausgehoben wurde. Aus allem wird der Schluß gezogen, daß es sich bei der Verkieselung um einen mol. Austausch der Cellulose gegen Kieselsäure handelt. (Z. wiss. Mikroskop. mikroskop. Techn. **61.** 302—05. März 1953. Berlin, Techn. Univ.) W. SCHEFFELS. 7952

V. Ch. Dalitz, *Abdruckverfahren zur Beobachtung von Holz im Übermikroskop.* Ein direktes Abdruckverf. für Holz wird beschrieben. Nach Entfernen von Harz u. Lignin werden die ca. 0,1 mm dicken Schnitte Pt-bedampft u. mit einer Kohlehülle versehen. Das Holz wird unter wiederholtem Aufbringen auf die Oberfläche von 96%ig. H_2SO_4 bis zur jeweiligen Braunfärbung u. anschließendem Eintauchen in dest. W. gelöst. Ein Abdruckbild von Kiefernholz wird gezeigt. (Z. wiss. Mikroskop. mikroskop. Techn. **61.** 292. März 1953. Delft, Techn. Physikal. Dienst, TNO & TH.) W. SCHEFFELS. 7952

John W. Andrews, *Flüchtigkeit von einigen Verbindungen des Kresols, das aus einem Hochtemperaturteer gewonnen wurde.* Zweck der Verss. war es, einen Weg zu finden, das Verdampfen von Imprägnierölen auf Kresolbasis aus damit imprägnierten Hölzern zu verhindern bzw. zu verlangsamen. Zu diesem Zweck hat Vf. einzelne u. bin. Systeme benzolartiger KW-stoffe auf ihre relative Neigung untersucht, aus Kiefernsplintholz bei 45° zu verdampfen. Diese Verbb., die normalerweise in Kresol enthalten sind, unterscheiden sich in ihrer Neigung der Verdampfungsgeschwindigkeit von typ. niedrig sd. KW-stoffen, z. B. Naphthalin (I) zu beeinflussen. Die Methylnaphthaline, das Diphenyl u. Acenaphthen, also unterhalb 250° sd. Verbb., gehören zu einer Gruppe, die keine Änderung in der Verdampfungsgeschwindigkeit von **I** bewirken, während demgegenüber die KW-stoffe, die oberhalb 300° sd., z. B. Phenanthren, Pyren, Fluoranthren, wirkungsvolle Mittel sind, die Geschwindigkeit der **I**-Verdampfung im Verhältnis zu ihrer mol. Fraktion in bin. Gemisch zu vermindern. Die Verss. werden mit Holzwürfeln von ca. 2 cm Kantenlänge durchgeführt, wobei die Stirnseiten des Holzes bes. gut mit feinstem Schmirgelleinen behandelt wurde. Die Tränkungs- u. Verdampfungsverss. sind in ihren festgelegten Daten beschrieben, Versuchsergebnisse tabellar. u. graphisch. (Proc. annu. Meeting Amer. Wood Preservers' Assoc. **48.** 85—98. 1952. Pittsburgh, Pa., United Steel Co., Res. and Developm. Labor.) K. O. MÜLLER. 7952

J. Schurz, *Zur Ultraviolett-Absorption der Cellulose.* Es werden einige Verss. zur Eigenabsorption der Cellulose mitgeteilt, die jedoch das Problem weiterhin unentschieden lassen. Dagegen kann man eine Gruppe von oxydierten Cellulosen, die bei 3770—3840 mm^{-1} ein UV-Absorptionsmaximum zeigen, zu einem eigenständigen Komplex zusammenfassen, für den die Bezeichnung, Oxycellulose I, vorgeschlagen wird. Es wird weiterhin folgendes gezeigt, Oxycellulose bildet sich bei der H_2O_2-Oxydation sowie bei der UV-Schädigung von nativer u. regenerierter Cellulose. Je nach Kettenlänge ist sie unlösl., in Lauge lösl. oder in W. löslich. Oxycellulose I ist der wesentliche Bestandteil der sogenannten Resthemi u. daher der Hauptträger der faserschädigenden Wrkg. von Hemicellulosen. Oxycellulose I ist ein Zwischenprod. bei der Vergilbung der Cellulose. Diese verläuft so, daß unter Einw. von Licht u. O_2 zuerst Oxycellulose I gebildet wird u. diese dann weiterhin zu stark gefärbten niedermol. Verbb. abgebaut wird. (Svensk Papperstidn. **59.** 98—103. 15/2. 1956. Graz, Univ., Inst. für theoret. u. physikal. Chem.) P. ECKERT. 7954

J. L. Snyder und **T. E. Timell,** *Moleküleigenschaften nativer Balsamfichtencellulose.* Durch 100std. direktes Nitrieren von Balsamfichtenholz bei 17° erhält man zu 48% eine Cellulose mit einem Polymerisationsgrad von 4500, der höher als bei der Weißfichte ist u. fast den von Linters- u. Flachscellulose erreicht. Bei fraktionierter Fällung aus Aceton findet man 2 Maxima bei einem Polymerisationsgrad von 1000 u. 2500, so daß die Kettenlängenverteilung ähnlich wie bei der Weißfichte u. Papierbirke ist. (Svensk Papperstidn. **58.** 851—59. 15/12. 1955. Nanaimo, B. C., MacMillan & Bloedel Ltd.) H. BECKER. 7954

Hans Wilhelm Giertz und **John McPherson,** *Die Umkehrung des Glanzes von gebleichtem Zellstoff.* 2. Mitt. *Alkaliextraktion von vergilbtem Material.* (Vgl. ROLLINSON, C. **1955.** 11710 u. **1956.** 5161.) Ein mit Hypochlorit gebleichter Sulfitzellstoff wurde durch Erwärmen auf 110° gealtert u. die so hervorgerufene Gelbfärbung durch Extraktion mit 10,9%ig. LiOH-Lsg. entfernt. α- u. β-Cellulose wurden hierbei reinweiß erhalten, während die Lsg. von γ-Cellulose tief orange gefärbt war. Diese Fraktion wurde weiter aufgeteilt, wobei eine weiße hochmol. Fraktion erhalten wurde. Die gefärbten Prodd. zeichnen sich durch einen hohen Geh. an CO-Gruppen u. durch eine stark saure Rk. aus. Bei der Red. des Zellstoffs mit Na-Borhydrid tritt beim darauffolgendem Erwärmen eine bedeutend schwächere Gelbfärbung auf. Diese Ergebnisse deuten darauf hin, daß die in gebleichten Zellstoffen vorhandenen Substanzen, welche die Gelbfärbung verursachen, vermutlich Abbauprodd. der Hemicellulosen sind u. daß die durch Oxydation während des Bleichprozesses entstehenden CO-Gruppen eine entscheidende Rolle bei der Gelbfärbung des

Zellstoffes spielen. (Svensk Papperstidn. **59.** 93—97. 15/2. 1956. Stockholm, Swedish Forest Products Res. Labor., Dep. of Wood Chem.) P. ECKERT. 7962

Heinrich Meckbach, *Über das Lösungsverhalten von Celluloseacetobutyrat.* Vf. weist auf Besonderheiten hin, die Acetobutyrate (I) in ihren Löslichkeitseigg. aufweisen. Diese treten bei einem Buttersäuregeh. von 20—25% u. mehr auf, bes. bei I mit 42—44% Buttersäure u. OH-Geh. von 0,5%, die für die Verss. benutzt werden. Auf die Eigg., in den niederen Alkoholen (Methanol, Äthanol u. Propanol), die bei Zimmertemp. Nichtlöser sind, bei 50 u. 60° vollkommene Lsgg. mit n. Viscositätsverlauf zu geben, macht er bes. aufmerksam. Aus diesen Lsgg. scheidet sich beim Abkühlen das I in „quasi-kristalliner" Form ab. Günstige Verschnitteigg. der Lsgg. von I u. weitere Eigentümlichkeiten im Viscositätsverh., auf die Vf. eingeht, die er aber nicht befriedigend deuten kann, regen zu weiterer Unters. an. (Dtsch. Farben-Z. **8.** 316—21. Aug. 1954.) A. MÖHRING. 7970

Isamu Yoshino, *Untersuchung über die Naßfestigkeit von Papier.* 10. Mitt. *Untersuchungen mittels HJO_4- und NO_2-Oxydation über den Chemismus der Naßfestigkeitszunahme von Papier durch Hitzebehandlung.* 2. Mitt. (9. bzw. 1. vgl. C. **1956.** 3451.) Je geringer der *Lignin* (I)-Geh. des ursprünglichen Papiers, desto besser ist die Entw. der Naßfestigkeit (NF) des erhitzten Papiers, doch kommt dem I selbst eine gewisse Bindekraft zu, die rasch wirkt. NO_2-Behandlung verursacht Quellung der Papierfaser u. begünstigt die Bldg. von H-Bindungen zwischen den OH-Gruppen der Cellulosehauptketten, was der Hauptfaktor der Entw. der NF durch NO_2-Behandlung zu sein scheint, der durch COOH-Gruppenbldg. noch erhöht wird. Die Hauptwrkg. scheint von den OH-Gruppen in 6-Stellung der Glucosereste auszugehen, bzw. von den OH- u. COOH-Gruppen in 6 bei NO_2-behandeltem Papier; die OH in 2.3-Stellung wirken schwächer. (J. Soc. Textile Cellulose Ind., Japan [Sen-i Gakkaishi] **10.** 97—101. März 1954. [Orig.: japan.; Auszug: engl.]) L. SCHULER. 7984

Ss. A. Scheluchina und **Je. D. Brailowskaja,** *Chemische Analyse von Lösungen für das Ätzen von Tiefdruckformen.* Die zum Ätzen der Tiefdruckformen benutzten Bäder (30—45%ig. Lsgg. von $FeCl_3$) verändern während des Ätzens von Cu ihre Zus.; bes. nachteilig ist ein großer Überschuß an freier HCl. Es wurde eine Meth. zur Best. von $FeCl_2$, $FeCl_3$, Cu u. freier HCl ausgearbeitet. Die Analyse dauert $2^1/_2$—3 Stunden. Fe^{2+} u. Fe^{3+} werden nach den üblichen Methoden bestimmt (Titration mit $KMnO_4$). Cu wird colorimetr. bestimmt (als koll. Suspension von Cu-Diäthyldithiocarbamat, stabilisiert durch Gelatine; Fe wird durch Zugabe von $Na_2P_2O_7$ in Lsg. gehalten). Die Best. der freien HCl erfolgt so, daß ein bestimmtes Vol. der verd. Lsg. des Bades über einen Ionenaustauscher (SBS) gegeben wird, der die Kationen absorbiert. Filtrat u. Waschwasser werden gegen Methylorange mit KOH titriert. (Полиграфическое Производство [Polygraph. Betr.] **1955.** Nr. 4. 22—24. Juli/Aug.) W. OESTREICH. 8014

Vivitex Corp., New York, übert. von: **Mortimer R. Meyer,** Flushing, N. Y., V. St. A., *Wasserfeste und wärmedämmende Polsterplatte* für polierte Flächen, z. B. *Tische,* bestehend aus einem unteren, die Politur nicht angreifenden Polyäthylenfilm, einer *Baumwollwatteschicht* u. einem wasserfesten abdeckenden Polyvinylchloridfilm, die mit einem Polyvinylklebstoff verbunden u. zusätzlich durchgesteppt sind. (**A. P. 2 670 567** vom 12/5. 1951, ausg. 2/3. 1954.) H. MÖLLERING. 7953

Monie Sanders Hudson, Spartanburg, S. C., V. St. A., *Vermeidung von Explosionen bei der Dampftrocknung und Konservierung von Holz,* bei denen das Holz in einem Kessel bei höheren Tempp. zunächst mit einem zur Bldg. explosionsfähiger Dampf–Luft-Gemische befähigten organ. Dampf behandelt und zwecks Erzeugung des für die Imprägnierung erforderlichen Druckes Luft in den Kessel eingelassen wird dadurch, daß nach der Dampfbehandlung Wasserdampf solchen Druckes in den Kessel eingeführt wird, der mindestens gleich dem Partialdruck des im Kessel vorhandenen organ. Dampfes ist. (**E. P. 732 810** vom 20/3. 1953, ausg. 29/6. 1955.) K. WOLK. 7953

Robert Saucier Aries und **Arthur Pollak,** V. St. A., *Wiedergewinnung der Chemikalien aus Abfallaugen der Cellulosegewinnung.* Die bei der Verdampfung, der Carbonisation, sowie bei der Red. anfallenden, geschmolzenen Ablaugerückstände, welche vor allem Na_2SO_4 u. Na_2CO_3 enthalten, läßt man in eine im Kreislauf bewegte konz. Na_2S-Lsg. einlaufen, welche Na_2CO_3 in Suspension enthält. Man setzt stetig W. in solcher Menge zu, daß aus dem Na_2SO_4-Geh. des Rückstandes neue Mengen Na_2S gebildet werden, während entsprechende Mengen Na_2CO_3 in Suspension gehen, wobei man gleichzeitig der M. einen Teil des konz. Na_2S u. des in Suspension befindlichen Carbonates entzieht u. das suspendierte Carbonat abscheidet. — 2 Vorrichtungen. (**F. P. 1 044 799** vom 20/6. 1951, ausg. 20/11. 1953.) R. GLAFEY. 7967

Inventa Akt.-Ges. für Forschung und Patentverwertung, Luzern, Schweiz, *Katalytische Hydrierung von Lignin* erfolgt mit H_2 in Ggw. eines Katalysators bei ca. 200 bis

500°, bes. 310—380°, u. wenigstens 200 at. — 600 (g) Lignin, das bei der Holzverzuckerung mit verd. H_2SO_4 entstanden ist, werden mit 40 NH_4-Molybdat in 1,5 Liter W. 15 Std. in der Kugelmühle vermahlen. Die M. wird dann bei 120° getrocknet u. nochmals 4 Std. in der Kugelmühle vermahlen. Man mischt dann 200 des Pulvers mit 20 $MgCl_2$ u. hydriert bei 375° u. 300 at in strömendem H_2, wodurch die Hydrierungsprodd. aus dem Reaktionsraum entfernt werden. Durch Auswaschen der Gase mit Ae. oder W. erhält man ein braunes Öl, das aus Phenolen, Säuren, Alkoholen, Äthern u. KW-stoffen besteht. (**Holl. P. 74 471** vom 8/9. 1950, ausg. 15/4. 1954.) G. KRAUSS. 7967

Wasag-Chemie Akt.-Ges., Essen (Erfinder: **Fritz Hartmann**, Karlsruhe, und **Gustav M. Lange**, Lutzelsachsen/Brenz), *Formkörper, Flächengebilde, Folien oder Schläuche aus Nitrocellulose* erhält man durch Verformen von konz. Nitrocelluloseemulsionen oder deren Gemischen mit andern Emulsionen u./oder Füllstoffen, u. Koagulieren in der Wärme. Herst. von Korkersatz, Werkstoff für die Schuhindustrie, Verpackungsmaterial, Kunstleder oder Wachstuch. (**D. B. P. 934 724** Kl. 39b vom 5/12. 1942, ausg. 3/11. 1955. Anmeldung bekanntgemacht 25/3. 1954.) G. SALZMANN. 7971

Wolff & Co. K.G. auf Aktien (Erfinder: **Richard Weingand**, Walsrode, **Ewald Junge**, Bomlitz, **Albert Wagner**, Benefeld, und **Richard Bösel**, Fallingbostel), *Kontinuierliche Denitrierung schlauchförmiger, aus Nitrocellulose erzeugter Gebilde*, dad. gek., daß der Schlauch in gequollenem u. gleichzeitig flachgelegtem, prakt. keine Lösungsmittel- u. keine Luft- oder sonstige Gaseinschlüsse mehr enthaltenden Zustand in das Denitrierbad eingeführt u. durch dieses u. die üblichen nachfolgenden Behandlungsbäder hindurchgeleitet wird. (**D. B. P. 936 005** Kl. 53c vom 30/8. 1952, ausg. 1/12. 1955. Anmeldung bekanntgemacht 7/4. 1955.) H. MAASS. 7971

Rayonier, Inc., Shelton, Wash., V. St. A., *Zellstoff mit hohem α-Cellulosegehalt*, dem für die Herst. von *Viscose* oder *Celluloseacetat* bis zu 0,5% eines nichtionogenen, in W. lösl. Polypropylenoxyd–Polyäthylenoxyd-Polymerisationsprod. zugesetzt worden sind. Dieses soll wenigstens einen lyophilen Polypropylenoxydrest, der sich von einem in W. unlösl. Polypropylenoxyd, z. B. Chlor- oder Methoxypolypropylenoxyd, ableitet, u. wenigstens 1 hydrophilen Polyäthylenoxydrest enthalten. (**E. P. 735 481** vom 31/3. 1953, ausg. 24/8. 1955. A. Prior. 24/5. 1952.) K. FABEL. 7971

British Celanese Ltd., London (Erfinder: **Joseph Billing** und **Cyril Bostock**), England, *Für den Versand oder Lagerung verdichtete polymere Celluloseäther oder -ester*. Das bei Celluloseacetat z. B. in Flocken anfallende Material wird gemahlen u. in der Wärme, aber unterhalb der Erweichungstemp. zu 85, zweckmäßig 75% Raumerfüllung umfassenden Blöcken gepreßt. Die Blockoberfläche kann durch Aufbringen u. anschließendes Verdampfen eines Lösungsm., z. B. Aceton, verdichtet u. abgeschlossen werden. Für den Verbrauch bestimmte Mengen lassen sich von solchen Blöcken leicht abbröckeln. (**E. P. 736 956** vom 5/9. 1951, ausg. 14/9. 1955.) H. MÖLLERING. 7971

Hercules Powder Co., übert. von: **William B. Hewson**, Wilmington, Del., V. St. A., *Cellulosemischester* mit einem geringen Geh. an *Sorbinsäure* (**I**), die in einer Mischung von 9 CH_2Cl_2 u. 1 A. lösl. sind u. unter der Einw. von Benzoylperoxyd unlösl. werden. Man behandelt Cellulose, die mit z. B. Essigsäure vorbehandelt worden ist, mit einer Mischung von z. B. Acetanhydrid (**II**), CH_2Cl_2, einem erhitzten Gemisch aus **I** u. **II**, $HClO_4$ u. $ZnCl_2$ u. fügt nach Beendigung der Veresterung wss. Na-Acetat-Lsg. hinzu. Dann löst man in Aceton u. fällt mit CH_3OH. Die so erhältlichen Ester haben einen Sorboylgeh. von 0,01—0,35 Gruppen auf 1 $C_6H_{10}O_5$ u. sind alle voll verestert. (**A. P. 2 710 288** vom 30/12. 1950, ausg. 7/6. 1955.) K. FABEL. 7971

Hercules Powder Co., Wilmington, Del., übert. von: **Herbert C. Miller jr.**, Hopewell, Va., V. St. A., *Herstellung von frei fließenden, pulverförmigen Celluloseäthercarbonsäuren*, z. B. celluloseglykolsaurem Na. Man rührt den noch faserförmigen Celluloseäther (**I**), der wss. Alkohol (z. B. Isopropanol) einer solchen Konz. enthält, daß beim Trocknen ein lockeres, faserförmiges Prod. entstehen würde, u. führt gleichzeitig eine wss. Fl. (W., Salzlsg., wss. Alkohol) zu, bis die Fl. in **I** eine solche Konz. erhalten hat, daß sie bei einem Wassergeh. von 67,5% als akt. Lösungsm. für **I** wirkt. Die gesamte Menge an Fl. in der M. soll unter 4 Teilen, bezogen auf 1 **I**, liegen. Man rührt weiter, bis die faserige Struktur zerstört ist u. sich gelförmige Teilchen gebildet haben, die dann getrocknet werden. Vorher kann die lösende Fl. durch eine an W. ärmere, nichtlösende Fl. verdrängt werden. (**A. P. 2 715 124** vom 29/6. 1953, ausg. 9/8. 1955.) K. FABEL. 7971

Deutscher Verlag und **Ernst Strunk**, Berlin (Erfinder: **Ernst Strunk**), *Herstellung von Hoch- und Tiefdruckformen*, bei denen eine Unterlage, z. B. eine Metallplatte, mit einer zu ätzenden Kunststoffschicht überzogen wird, dad. gek., daß das Aufbringen des Kunststoffes auf die Unterlage in fl. Form in mehreren Schichten von verschied. Zusammensetzung u./oder Viscosität geschieht, z. B. als Lsgg. von Polymerisations- oder Polykondensationsprodd. oder Acetylcellulose. (**D. R. P. 763 608** Kl. 151 vom 27/2. 1937, ausg. 24/5. 1954.) F. LAASS. 7989

A. B. Dick Co., Niles, Ill., V. St. A. (Erfinder: **Allan I. Roshkind**, Glenview, Ill., **Gail Vivian Larson, Glen Ellyn**, Ill., und **Helen M. Rosenberger**, Chicago, Ill.), *Herstellen von Vervielfältigungsschablonen*, dad. gek., daß ein farbenundurchlässiges Blatt, das aus einer verfilzten Schicht einer Mischung von in der Wärme zerstörbaren Fasern, z. B. aus Zellstoff, u. einem kleineren Teil gegen Wärme unempfindlicher Fasern, z. B. aus Glas oder synthet. Fasern, besteht, fest in Oberflächenkontakt mit Schriftzeichen gebracht wird, die einen wärmeerzeugenden Stoff enthalten, worauf an Infrarot reiche Strahlen von solcher Intensität u. Dauer auf die Schriftzeichen gerichtet werden, daß die wärmeempfindlichen Fasern nur an den Stellen der Schriftzeichen zerstört werden. (**D. B. P. 934 173** Kl. 15b vom 6/1. 1952, ausg. 13/10. 1955. Anmeldung bekanntgemacht 14/4. 1955. A. Prior. 5/1. 1951.) F. LAASS. 7989

Farbenfabriken Bayer Akt.-Ges. (Erfinder: **Fritz Schmidt** und **Heinrich Seibert**, Leverkusen), *Aufschlußmittel für Farbbasen und Fixiermittel für basische Farbstoffe.* Man verwendet Kondensationsprodd. mit aromat. KW-stoffen, CH_2O u. aromat. Oxycarbonsäuren. — Beispiel: 10 (Gewichtsteile) eines bas. Farbstoffes, z. B. Chrysoidin, Auramin, Diamantgrün B, Rhodamin B, werden in 80 A. unter Zusatz von 15 eines Kondensationsprod. aus Xylol, Salicylsäure u. CH_2O gelöst; die Lsg. wird filtriert u. nach dem Anilin- oder Gummidruckverf. verdruckt. (**D. B. P 930 168** Kl. 22h vom 21/7. 1951, ausg. 11/7. 1955. Anmeldung bekanntgemacht 13/11. 1952.) M. BÖTTCHER. 7991

XVIIIb. Textilfasern.

Frau Josef Dévay, *Das Bleichen mit stabilisiertem Hypochlorit.* Es werden die Theorien des Bleichvorganges von KAUFMANN, WEISS u. SILOV besprochen. Nach SILOV ist der Bleichvorgang eine Chlorierung, deren akt. Agentien Cl_2, Cl_2O u. HOCl sind. Dies ist in Verss. mit organ. Farbstoffen bewiesen worden. Die Oxydation im Laufe der Bleichung ist schlecht lenkbar, man muß also die OH-Gruppen der Cellulose (**I**) vor Angriff schützen. Dazu sind Silicate (**II**) als „Stabilisatoren" verwendbar. Die **II**-Ionen werden oberflächenchem. an die OH-Gruppen der **I** gebunden, dadurch kann HOCl die OH-Gruppen nicht mehr angreifen. Am geeignetsten ist Pb-Silicat, Na-Silicat zeigt eine ähnliche Wirkung. Die **II** der Erdalkalien sind nicht zu gebrauchen, Mischsilicate, z. B. Pb–Ca- oder Pb–Mg-**II** sind weniger wirksam, weil diese im nachfolgenden Waschvorgang nicht zu entfernen sind. Die optimale Technologie des Bleichvorganges ist: 0,3—0,6 g/Liter akt. Cl_2, 3—6 ml/Liter Wasserglas, 0,05—0,2 g/Liter $Pb(NO_3)_2$. Die Anfangstemp. ist 20—30°, kann aber 40—50° erreichen. Selbst bei 60° tritt keine Schädigung der **I** ein. Dauer 1 Stunde. Im Grunde genommen ist von einem Faserschutz die Rede, nicht von einer Stabilisierung der HOCl. (Magyar Textiltechn. [Ung. Textiltechn.] **1955.** 111—13. März.) E. KISS. 8026

L. A. Munro, *Der Vergleich von Netzmitteln.* Abweichend von der Meth. nach DRAVES (DRAVES u. CLARKSON, Amer. Dyestuff Reporter **23.** [1934.] 1938) verwendet Vf. beim Vgl. von Netzmitteln zwecks Materialersparnis durch geringere Konz. u. Lösungsmittelmenge ein Capillarröhrchen als Sinkkörper. Am unteren Ende des Röhrchens befindet sich eine Drahtschleife, an die eine 15 mm lange Rolle von Leinengarn befestigt ist. Als Gefäß dient ein einfacher Meßzylinder. Man kommt mit wesentlich kleineren Konzz. aus, als dies bei der Meth. von DRAVES der Fall ist. Die erhaltenen Ergebnisse sind gut. (J. chem. Educat. **31.** 85—86. Febr. 1954. Kingston, Ontario, Queen's Univ.) K. G. HACKSTEIN. 8028

P. A. Ssimigin, *Die Qualität wasserabstoßender Gewebe ist zu erhöhen.* Nach Unters. der Bedingungen für die Herst. stabiler Emulsionen wurden die nach dem Zweibadverf. (1. Paraffin–Seifen-Emulsionen; 2. Lsgg. von Al-Salzen) auf verschied. Art imprägnierten Baumwollgewebe hinsichtlich ihrer wasserabstoßenden Eigg., bes. durch Bewetterung bis zu 3 Monaten, erprobt. Als nachteilig erwies sich das zu wenig intensive Imprägnieren bei nur einer Passage. Bessere Resultate ergibt die Verwendung von 3—4 Passagen, sowohl für das 1. als auch für das 2. Bad. Die wasserabstoßenden Eigg. der Gewebe werden durch eine dem Imprägnieren vorangehende fäulnisverhütende Behandlung erheblich verbessert. Sie besteht in 3 Passagen durch ein Bad (80°) mit 35 g Eichengerbstoffextrakt/Liter, 2 Passagen durch ein Bad mit 16 g $CuSO_4$/Liter u. 4 g $K_2Cr_2O_7$/Liter bei

80°, 30 Min. Lüften, Auswaschen in heißem u. kaltem W., Abpressen, Trocknen. (Текстильная Промышленность [Textil-Ind.] **15.** Nr. 3. 27–30. März 1955.)
N. STSCHERBINA. 8036

P. S. Nagar, *Elastische Eigenschaften von Textilfasern. Eine grundlegende Betrachtung über die Leistungswerte von Garn und Gewebe.* 1. Mitt. Übersicht über die mechan. Eigg. von Textilfasern. (Man-Made Textiles **32.** Nr. 375. 48–51. Aug. 1955.)
I. SCHOENMANN. 8040

P. S. Nagar, *Elastische Eigenschaften von Textilfasern. Eine grundlegende Betrachtung über die Leistungswerte von Garn und Gewebe.* 2. Mitt. (1. vgl. vorst. Ref.) Kurvenmäßige Darst. der Elastizitätseigg. verschied. Textilfasern. (Man-Made Textiles **32.** Nr. 376. 54–58. Sept. 1955.) I. SCHOENMANN. 8040

William R. Bátorffy, *Die brasilianische Mocó-Baumwolle.* 1. Mitt. *Botanik und Produktion der Mocó-Baumwolle.* Es werden die Botanik, der Anbau, die technolog. Eigg. sowie die wirtschaftlichen Aussichten der feinen langstapeligen *Mocó*-Baumwolle kurz besprochen. (Melliand Textilber. **35.** 339–40. April 1954.)
H. G. FRÖHLICH. 8044

George M. Gantz, *Neuzeitliche Entwicklungen auf dem Gebiet der Baumwollausrüstung.* Überblick über die Naßbehandlungen bis zum Ausrüsten, Ausrüstungen für die verschied. Gebrauchszwecke u. die chem. Modifikation der Baumwolle. (Amer. Dyestuff Reporter **44.** P 550–56. 15/8. 1955. New York, Antara Chem. Div., General Aniline and Film Corp.) I. SCHOENMANN. 8044

Hector C. Borghetty, *Die Anwendung der Knitterfestausrüstung auf Baumwolle.* Prakt. Hinweise über die Anwendungsmöglichkeiten neuer, Cl-resistenter Harzausrüstungen, einer Kombination von thermoplast. Harzen als Pigmentbinder u. wärmehärtenden Harzen für den gewünschten Ausrüstungseffekt, die das Färben u. Ausrüsten in einem kontinuierlichen Arbeitsgang ermöglichen. Der Einfl. der Harzmenge u. die Mitverwendung von Aufbaustoffen, Weichmachern, Polymeremulsionen u. der Trockentechnik auf die physikal. Eigg. der Baumwolle. Die Verteilung u. das Fixieren der Harze. (Amer. Dyestuff Reporter **44.** P 557–P 560. 15/8. 1955. Philadelphia, Rohm and Haas Comp.)
I. SCHOENMANN. 8044

John D. Guthrie, George L. Drake jr. und **Wilson Reeves,** *Anwendung des THPC-Verfahrens zum Schwerentflammbarmachen von Baumwollstoffen.* Übersicht über die Verwendung von Tetrakisoxymethylphosphoniumchlorid als flammenverzögerndes Mittel durch Klotzen von Baumwollstoffen mit einer wss. Lsg. von THPC, Methylolmelamin, Harnstoff u. Triäthanolamin. Die Wrkg. der einzelnen Komponenten u. der damit behandelten Stoffe werden ausführlich erörtert. (Amer. Dyestuff Reporter **44.** P 328–32. 9/5. 1955. New Orleans, South. Reg. Res. Labor.) A. SANDER. 8044

E. A. Mitscherlich, Walter Frenzel, Nicolae Atanasiu und **Klaus-Christoph Menzel,** *Ertrags- und fasertechnologische Untersuchungen an verschiedenen Flachssorten.* Der Einfl. gesteigerter Düngung mit N, P u. K ist durch Gefäßverss. überprüft worden. Mit Erhöhung der Düngergabe wächst der Faserertrag. Vor Erreichung eines Ertragsoptimums verringern sich aber die Ausbeute u. vor allem die Qualität der Faser. Die Einw. von P auf die Gestaltung der morpholog. Eigg. scheint bes. die Ausbeute zu beeinträchtigen. — 17 Literaturangaben. (Faserforsch. u. Textiltechn. **6.** 456–65. Okt. 1955. Berlin-Paulinenaue, Dtsch. Akad. der Wiss., Inst. zur Steigerung der Pflanzenerträge; Pirna-Copitz, Inst für Technol. der Fasern.) E. WAGNER. 8050

D. H. Simmonds, *Die Aminosäurezusammensetzung von Keratinen.* 1. Mitt. *Die Aminosäureanalyse von Merinovirginwolle von 64er Qualität.* Die Wollprobe enthielt 50,23% C (Trockengewicht); 8,13% H; 16,62% N; 3,68% S (Trockengewicht); 0,01% Asche u. 11,55% Wasser. Die Hydrolyse erfolgte mit 6n HCl 16 Stunden. Die meisten Aminosäuren wurden durch Säulenchromatographie an Dowex 50 nach MOORE u. STEIN bestimmt, Cystin nach SHINOHARA, Methionin nach BAERNSTEIN, Tryptophan spektrophotometr. nach GOODWIN u. MORTON. Als Mittelwerte wurden erhalten (% N in % des Gesamt-N): Alanin 3,51; Arginin 20,32; Asparaginsäure 4,24; Amid-N 7,46; Cystin 7,93; Glutaminsäure 8,58; Glycin 5,80; Histidin 1,46; Isoleucin 1,97; Leucin 4,90; Lysin 3,25; Methionin 0,39; Phenylalanin 1,75; Prolin 5,33; Serin 7,25; Threonin 4,61; Tryptophan 1,73; Tyrosin 2,97; Valin 3,57. Die Werte werden mit Literaturangaben verglichen. (Austral. J. biol. Sci. **7.** 98–110. Febr. 1954. Melbourne, Wool Text. Res. Labor., C. S. I. R. O., Biochem. Unit.) K. NEHRING. 8060

Sutezō Kuriyama und **Eiichiro Shiratsuchi,** *Xanthogenierung von Alkalicellulose.* 1. Mitt. *Chemismus. Druckeinfluß.* Für die Xanthogenierung von *Alkalicellulose* in überschüssigem CS_2 wurde jeweils die opt. Phasendifferenz u. der Xanthogenierungsgrad bestimmt. Je kleiner der Überdruck, um so rascher die Xanthatbildung. Bei Annahme einer Permutit-Rk. wird die Geschwindigkeit der Xanthogenierung von der inter- u. intramicellaren Diffusion des CS_2 beherrscht. Die Phasendifferenz nimmt mit dem Fortschreiten der Xanthogenierung ab u. mit der Xanthatzers. zu. Bei 100% Xanthogenierung wird die Faser als nicht mehr kristallin angesehen. (J. chem. Soc. Japan, ind. Chem. Sect. [Kōgyō Kagaku Zassi] **54.** 62—64. Jan. 1951. Kyushu Univ. [Orig.: japan.]) L. SCHULER. 8074

Ikutaro Suzuki und **Haruo Sanuki,** *Untersuchungen über die Eigenschaften von gestärkten Reyongarnen.* 1. Mitt. *Physikalische Eigenschaften von verschiedenen Reyongarnen, die mit dem gleichen Schlichtematerial behandelt wurden.* Für jede Konz. der *Weizenstärke* (I)-Schlichte wird für das Garn hinsichtlich der Elastizität der Gewebeart folgende abnehmende Reihe erhalten: Bembergseide (II) → Viscose → Vinylon → Amylan → Acetatseide (III). An Hand der maximalen Deformation u. des Garndurchmessers (t) ließ sich der Einfl. der Schlichte nachweisen. Bei osmot. gut wirksamen Fasern ist der Schluß des Garnbündels proportional der Konz. der I. Bei gemischten Garnen von II u. III nimmt der Garnschluß mit zunehmendem III-Geh. ab. Zumischung anderer Fasern bis zu $^1/_6$ zeigten keine Wirkung. Der Zusammenhang zwischen Druck (Belastung) u. Zeit wird durch eine Gleichung ausgedrückt. — 1 Skizze. (J. Soc. Textile Cellulose Ind., Japan [Sen-i Gakkaishi] **10.** 166—72. April 1954. [Orig.: japan., Auszug: engl.]) L. SCHULER. 8074

J. A. Woodruff, *Dauerhafte Ausrüstungen von Reyon und Reyonmischgewebe.* Eine Anzahl Rezepte u. Gebrauchsanweisungen für Reyon u. Mischungen mit Wolle u. Arylfasern auf der Basis der Avcosetprodd. mit anschließender Diskussion über die prakt. Erfahrungen. (Canad. Textile J. **72.** Nr. 12. 51—61. 17/6. 1955.) I. SCHOENMANN. 8074

L. F. H. Breens und **T. H. Morton,** *Trageeigenschaften von Geweben aus Viscosezellwolle mit Harzausrüstung. Eine Untersuchung des Problems über Voraussage vorzeitiger Zerstörung stark beanspruchter Bekleidung aus Viscosezellwolle und Viscosemischgeweben hat ergeben, daß die üblichen, abschätzenden Labormethoden unzulänglich sind. BFT Maschine.* Beschreibung u. Skizze eines Gerätes mit einem Abnutzungsmechanismus, der die Gebrauchsbedingungen der Gewebe weitgehend wiedergibt. (Canad. Textile J. **72.** Nr. 21. 57—60. 21/10. 1955. Bocking, Eng. Textile Res. Labor., Courtaulds.) I. SCHOENMANN. 8074

Masamichi Katayama und **Shu Kanbara,** *Untersuchungen über Acrylnitrilfasern.* 13. Mitt. *Behandlung von Acrylnitrilfasern mit trockner Hitze.* (12. vgl. C. **1954.** 7086.) Zugfestigkeit u. Dehnung von gereckter u. nichtgereckter *Polyacrylnitrilfaser* änderten sich bei Behandlung bei 100—190° (Tabelle, Kurvenbilder). Der Umwandlungspunkt 2. Art (90—100°) u. der Bereich der elast. Temp. (130—170°) entsprechen der Änderung der inneren Struktur, verursacht durch Energie- bzw. Entropiewirkungen. — 4 Röntgenbilder. (J. Soc. Textile Cellulose Ind., Japan [Sen-i Gakkaishi] **10.** 3—7. Jan. 1954. [Orig.: japan., Auszug: engl.]) L. SCHULER. 8080

I. Marshall und **A. B. Thompson,** *Das Strecken von Terylene.* Es wird eine Meth. zur Unters. des Streckvorganges hochpolymerer Verbb. auf Grund des Kraft–Dehnungs-Verh. in Abhängigkeit von der Temp. angegeben. Die Verss. sind an Polyäthylenterephthalatfasern (Terylene, I) ausgeführt worden. Für I werden quantitative Angaben in Form von Kraft–Dehnungs-Diagrammen u. dreidimensionalen Kraft–Dehnungs–Temperatur-Schaubildern gemacht. Eine App. zum Strecken von I-Fasern unter verschied. Bedingungen wird beschrieben. (J. appl. Chem. **4.** 145—53. April 1954. Imperial Chemical Industries Ltd., „Terylene" Council, Welwyn, Hertfordshire.) P.-F. FÖRSTER. 8080

Daniel Sassi, *Eine Schnellmethode zur Identifizierung von Textilfasern in Mischungen.* Inhaltlich ident. mit der C. **1956.** 3184 referierten Arbeit. (Tinctoria [Milano] **50.** 171—77. Mai 1953.) R. K. MÜLLER. 8096

Th. N. Kleinert und **J. Bauer,** *Neue Aufschlußmethode bei der Bestimmung von gebundenem Formaldehyd in Cellulosetextilien.* Es wird eine neue Aufschlußmeth. zur Best. von gebundenem CH_2O in Cellulosematerialien beschrieben, wonach 30 mg Fasermaterial mit 5 cm^3 bei Zimmertemp. gesätt. $ZnCl_2$-Lsg. in der eigens hierfür beschriebenen App. (vgl. Abb.) versetzt u. anschließend unter Durchleitung eines N_2-Stromes mittels eines Ölbades während 5 Min. auf 120—130° erhitzt werden. Hierbei tritt völlige Auflösung der Fasern ein. Daran anschließend wird dann in derselben App. nach Zusatz von 15—20 cm^3 dest. W. der entstehende CH_2O innerhalb 30 Min. in eine Vorlage übergeführt u. hierin wie üblich quantitativ bestimmt. App. sowie die genaue Arbeitsvorschrift werden angegeben. (Melliand Textilber. **35.** 374. April 1954.) H. G. FRÖHLICH. 8096

Genichiro Osawa und **Hiromu Nakamichi,** *Verfahren zur Messung des Verdrehungsmoments von Faser und Garn.* 2. Mitt. *Über andere auf die Schwerkraft gegründete Ver-*

fahren. (1. vgl. J. Soc. Textile Cellulose Ind., Japan [Sen-i Gakkaishi] **9.** [1953.] 173.) Zu einem früher beschriebenen auf Schwerkraft beruhenden Verf. werden 2 weitere neu beschrieben (mehrere Apparaturskizzen). Die Meßnadel ist in der Mitte senkrecht zum horizontalen Probestück aufgehängt. Bei einem Verf. werden die beiden Halteklammern gleichzeitig in derselben Richtung gedreht, beim andern wird die Meßnadel selbst um die Achse der Probe gedreht. Beide Verf. bieten einen grundsätzlichen Vorteil, sind aber schwieriger zu handhaben u. ergänzen das frühere Verfahren. (J. Soc. Textile Cellulose Ind., Japan [Sen-i Gakkaishi] **10.** 196—201. April 1954. Gumma Univ. [Orig.: japan., Auszug: engl.]) L. SCHULER. 8096

H. Zahn und **K. Traumann,** *Zur Cystinanalyse von Wolle, Arbeitsvorschriften und Anwendungsbeispiele.* Es wird eine detaillierte, colorist. Meth. zur Best. des Cystingeh. in Wolle sowie Mischgespinsten unter Verwendung von Polyamiden, Polyacrylnitrilfasern sowie Caseinfasern mitgeteilt. In diesem Zusammenhang wird darauf hingewiesen, daß die Best. des Cystingeh. zur Ermittlung u. Feststellung von chem. Veränderungen der Wolle beim Waschen, Chloren usw. äußerst wertvolle Dienste leistet. Die Grundlagen der Arbeitsmethoden sowie die hierfür benötigten Chemikalien einschließlich der Geräte sind beschrieben u. angegeben. (Melliand Textilber. **35.** 1069—73. Okt. 1954. Fibre e Calori **5.** 417—22. Nov. 1955.) H. G. FRÖHLICH. 8108

Emanuel Horowitz und **William S. Connor,** *Veränderlichkeit des Wollgehaltes bei einer Anzahl Wolldecken.* Proben einer Anzahl Wolldecken aus 2 Spinnereien mit einem Geh. von 10% Wolle werden nach der NaOH-Meth. zur Best. ihres Wollgeh. analysiert, um die Faktoren, welche die Veränderlichkeit der Analysenwerte bedingen, statist. zu ermitteln. Die Ergebnisse werden tabellar. zusammengestellt u. ausgewertet. (ASTM Bull. **1955.** 42—45. Sept.) I. SCHOENMANN. 8108

Horst Frind, *Die Bestimmung des Molekulargewichtes von Polyacrylnitrilen* (*PAcN*). Es wurden osmometr. Mol.-Gewichte für Polyacrylnitril in Dimethylformamid ermittelt, u. es wurde gefunden, daß eine Serie von Polymerisaten von verschied. Mol.-Geww. u. ident. Herstellungsweise gleiche Uneinheitlichkeit besitzen. Die Best. der Uneinheitlichkeit wurde aus der viscosimetr. Best. des Mol.-Gew. nach HOUTZ (C. **1951.** I. 1821) nach der Gleichung $[\eta] = 1{,}75 \cdot 10^{-3} \cdot M^{0{,}66}$ u. der osmometr. Messung des Vf. errechnet. Vf. stellt eine Formel für die Best. des Zahlenmittels auf viscosimetr. Wege auf, bezogen auf Polymerisate der gleichen Herkunft. Die Übereinstimmung der nach der Formel $[\eta] = 2{,}50 \cdot 10^{-3} \cdot M^{0{,}66}$ viscosimetr. bestimmten Werte u. der osmometr. bestimmten Werte ist gut. Es wird ein Nomogramm zur Best. der Grenzviscositätszahl aus der Viscosität bei gegebener Konz. wiedergegeben. (Faserforsch. u. Textiltechn. **5.** 540. Dez. 1954.) A. HUNYAR. 8116

Hans Heinrich Bühler und **Helmut Zahn,** *Über einen mikroskopischen Nachweis von Polyesterfasern.* Vff. beschreiben eine Färbe-Rk. zum mkr. Nachw. von Polyesterfasern. Danach wird die Faserprobe 60 Sek. lang in einem Uhrglas bei Zimmertemp. mit Sudanphenolrot (0,5 g Sudanrot 7 B + 20 cm^3 80% Phenol) behandelt, kurz mit W. abgespült u. 2mal 5 Sek. in A. ausgewaschen, um die überschüssige Farbstofflsg. zu entfernen. Die Faserprobe wird sodann in 50% Glycerin eingebettet u. bei mittlerer Vergrößerung unter dem Mikroskop betrachtet. Hierbei zeigen Polyesterfasern je nach Typ u. Herkunft folgende Befunde: 1. Fasern sind kelchartig aufgequollen u. ziemlich intensiv purpurfarben gefärbt u. 2. Fasern in einzelnen Fällen außerdem mehr oder weniger durchgefärbt. Alle anderen untersuchten u. geprüften Fasern ergaben ein völlig anderes Bild, so daß oben beschriebener Nachw. als typ. für Polyesterfasern angesehen werden kann. (Melliand Textilber. **36.** 542. Juni 1955.) H. G. FRÖHLICH. 8116

Ciba Soc. An., Schweiz, *Veredeln von Textilien.* Man behandelt sie mit ungefärbten oder kaum gefärbten Verbb. (1.3.4-Oxdiazolen), welche am Tageslicht oder im UV-Licht eine blaugrüne bis violette Fluorescenz besitzen. — Z. B. behandelt man ein gebleichtes

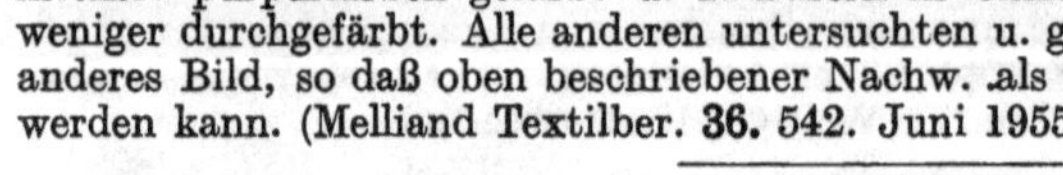

I

Baumwollgewebe mit einer Lsg., welche 0,4 g/Liter des *Na-Salzes* des *2.5-Bis-[sulfostyryl]-1.3.4-Oxdiazols* (I) enthält. Weitere derartige opt. Bleichmittel sind z. B. *2.5-Bis-[sulfo-4'-methylstyryl]-5-sulfostyryl-2-[5'-sulfostyryl-1'.3'.4'-oxdiazolyl-(2')]-*, *2.5-Bis-[sulfodiphenyl-(4')]-*, *2.5-Bis-[sulfo-2'-* oder *4'-chlorstyryl]-*, *2.5-Bis-[naphthyl-(1')]-*, *2-Sulfostyryl-5-sulfodiphenyl-(4')-*, *2.5-Bis-[4''-carboxydiphenyl-(4')]-*, *2.5-Bis-[4'-dimethyl-* oder *äthylaminophenyl]-*, *2.5-Bis-[4'-sulfomethylaminophenyl]-1.3.4-oxdiazol*, *1.4-Bis-[5'-sulfostyryl-1'.3'.4'-oxdiazolyl-(2')]-benzol*, *α.β-Bis-[5-sulfostyryl-1.3.4-oxdiazolyl-(2)]-äthylen* oder deren *Na-Salze.* Sie können auch Waschmitteln zugesetzt sein. (**F. P. 1 080 106** vom 20/5. 1953, ausg. 7/12. 1954. Schwz. Priorr. 21/5. 1952 u. 5/5. 1953.) T. OPPERMANN. 8033

Frederick R. Elias, North Canton, O., V. St. A., *Dressing für Angelschnüre*, bestehend aus einer Lsg. von 24 (lbs.) weißer Vaseline u. 8 Ceresinwachs in 16 Gallonen CCl_4, wobei 12 Unzen einer 5%ig. Graphitdispersion in Mineralöl u. gegebenenfalls 28 Unzen Polydimethylsiloxan (*DC 200* fl. der DOW CORNING CORP.) zugesetzt werden können. Der Überzug verhindert eine Aufnahme von Schmutzteilen aus dem W. durch die Schnur. (**A. P. 2 698 808** vom 13/4. 1950, ausg. 4/1. 1955.) H. MÖLLERING. 8037

Moulded Products Corp., übert. von **Robert J. Nebesar**, Bristol, Tenn., V. St. A., *Überzogene Gewebe*, z. B. aus Nylon, Orlon oder Glasfäden. Man überdeckt das Gewebe mit einem thermoplast. Film aus die Fasern nicht imprägnierenden, wohl aber in die Gewebezwischenräume unter Hitze u. Druck eindringenden Kunstharzen, bes. Polyäthylen bzw. Polymerisat aus Monochlortrifluoräthylen mit einem Mol.-Gew. von ca. 25000. Bei Glasgewebe wird ein vorhandenes Schmälzmittel zweckmäßig vorher abgebrannt. Die Gewebe können vor der Überdeckung mit zur Imprägnierung geeigneten Harzen, z. B. Alkydharzen oder Poly- (chlor-) styrol, imprägniert sein. Das sehr wetterbeständige Schichtmaterial eignet sich zum Schutz von Radarantennen, für Flugzeuge u. elektr. Ausrüstungen. (**A. P. 2 625 499** vom 22/11. 1949, ausg. 13/1. 1953.) H. MÖLLERING. 8037

Glenn L. Martin Co., Middle River, Md., V. St. A., *Flammfestmachen von brennbaren Materialien*, bes. von natürlichen oder künstlichen *Fasern* u. *Textilien*. Das Verf. des E. P. 688 372, nach welchem das Material mit einem organ., nichtionogenen P u. Halogen enthaltenden Polymeren überzogen oder imprägniert wird, das durch unvollständige Polymerisation mit anschließender Halogenierung oder durch zuerst stattfindende Halogenierung u. anschließende Polymerisierung einer Verb. mit der Gruppe $(RO)_2P(:O)\,X$ (R = ungesätt. Rest mit 3—5 C-Atomen, X = OR oder NH_2) erhalten ist, wird dahin abgeändert, daß die polymere Verb. in dem zu schützenden Material erzeugt wird. Dieses wird mit einer Lsg. oder Dispersion der monomeren oder partiell polymerisierten Verbb. des E. P. 688 372 behandelt, wobei bei Verwendung von Monomeren diese teilweise im Material polymerisiert werden. Nach Trocknung wird das Material durch ein Gefäß geleitet, das Halogen in Lsg. oder Dampfform enthält, anschließend durch verd. Alkalilsg. u. dann getrocknet. Die monomere Verb. kann einen Peroxydkatalysator, z. B. Benzoylperoxyd (I), enthalten. Polymerisation erfolgt vorteilhaft durch Erhitzen, z. B. auf 90° in N_2. — Flammfest zu machendes Textilmaterial wird mit einer Lsg. von 50 (Teilen) Triallylphosphat in 150 Bzl. u. 1,5 imprägniert. Nach Verdampfen des Lösungsm. wird in N_2-Atmosphäre bei 90° 30 Min. polymerisiert, so daß noch ca. $^1/_3$ der ursprünglichen Doppelbindungen vorhanden sind. Die BrZ. ist dann ca. 30. Dann wird in ein Bad aus gleichen Teilen Br_2 u. CCl_4 eingetaucht. Das überschüssige Br_2 wird abgequetscht, das Material in verd. Alkalilsg. getaucht, mit W. gespült u. bei 100—110° getrocknet. Br_2-Aufnahme: ca. 70 Gew.-% des aufgenommenen Triallylphosphats. Das flammfeste Material kann 3 Std. in W. u. $1^1/_2$ Std. in 1%ig. K-Oleatlsg. gekocht werden, ohne an Schutzwrkg. zu verlieren. Auch die Zerreißfestigkeit wird verbessert. — Vgl. A. P. 2660542; C. **1954.** 11578. (**E. P. 700 604** vom 25/11. 1949, ausg. 9/12. 1953. **Zusatz zu E. P. 688372; C. 1956. 2056.**) J. MÜHLEISEN. 8037

Esso Research and Engineering Co., Del., V. St. A., übert. von: **Lorne W. Sproule**, Sarnia, und **Warren C. Pattenden**, Courtright, Can., *Gut auswaschbare Wollschmälze*, bestehend aus 85,3—90,2(%) Mineralöl, 8—12 in Öl lösl. Petroleumsulfonat u. 1,8 bis 2,7 Kondensat aus ca. 7 Mol Äthylenoxyd mit 1 Mol Ölsäure. (**A. P. 2 706 713** vom 13/6. 1952, ausg. 19/4. 1955.) H. MÖLLERING. 8061

N. V. Onderzoekingsinstituut Research, Arnheim, Holland, *Verbesserung des Spinnvorgangs bei der Herstellung von Viscosekunstseide*, dad. gek., daß man dem sauren Spinnbad oder der Viscose geringe Mengen von im Spinnbad bzw. in der Viscose lösl. organ. Stoffen, z. B. 0,03% p-Toluyl-p-xylylendiäthylsulphoniumjodid, Toluolazophenyltrimethylammoniumjodid oder Amylnaphthalinmethyltriäthylammoniumchlorid, zusetzt, welche im Kation eine solche Mol.-Gruppe außer einer Fettgruppe enthalten, die oberflächenakt. Eigg. zu äußern vermag. Die Spinndüsen setzen sich kaum zu. (**D. B. P. 933 050** Kl. 29b vom 1/2. 1936, ausg. 15/9. 1955. Anmeldung bekanntgemacht 10/9. 1953. **Zusatz zu D. R. P. 709497; C. 1941. II. 3279.**) G. SALZMANN. 8075

North American Rayon Corp. (Erfinder: **Rudolph S. Bley**), New York, N. Y., V. St. A., *Kunstseide hoher Festigkeit aus Viscose.* Während im 1. Bad das Verhältnis Salz:Säure so gewählt wird, daß keine vollständige Regeneration der Viscose stattfindet, wird der Faden im 2. Bad von geringerer Konz. (60°) aber einem Geh. an Alkalipersulfat zwecks Abgabe von H_2S u. geringerer ZnS-Bldg. gestreckt. — Beispiel: 1. Bad: 9,5(%) H_2SO_4, 17,3 Na_2SO_4, 4,9 $MgSO_4$, 2,8 $ZnSO_4$ u. 65,5 W.; 2. Bad: 2 (g/Liter) H_2SO_4, 0,97 $ZnSO_4$, 6,7 Na_2SO_4 u. 3 $(NH_4)_2S_2O_8$. (**E. P. 736 588** vom 14/9. 1951, ausg. 14/9. 1955.) G. SALZMANN. 8075

Merck & Co., Inc., Rahway, übert. von: **Herman Emil Wilde**, Westfield, N. J., V. St. A., *Waschbeständige, Insekticide fixierende Textilstärke.* In einem organ. Lösungsm. gelöste *Allylstärke* (I) mit einem Substitutionsfaktor 1,80—1,85 wird mit 1% (bezogen auf die Menge I) Na-Laurylsulfat (II) in W. dispergiert. — Lagerfähig ist z. B. einAnsatz aus 20(%) I, 27—30 Toluol, 0—3 Isobutanol, 49,5 W. u. 0,5 **II**. Eine damit fixierbare Insekticidzubereitung besteht z. B. aus 11,5(%) H_2SiF_6, 24 Triäthanolamin, 1 HF, 0,5 $Al_2(SO_4)_3$, 62,5 W. u. 0,5 II. — Die Ausrüstung ist bes. für *Eiweißfasern* gedacht. (**A. P. 2 707 689** vom 14/4. 1951, ausg. 3/5. 1955.) H. Möllering. 8079

Koppers Co., Inc., Del., übert. von: **Gaetano F. D'Alelio**, Pittsburgh, Pa., V. St. A., *Acrylnitril–Itaconsäuremonoester-Mischpolymerisate* stellt man in üblicher Weise aus 60—99,9% Acrylnitril u. 0,1—40% Itaconsäuremonoester, bes. Methylester, unter eventuellem Zusatz anderer Vinylderivv. her. Die Verfahrensprodd. können zu mit bas. Farbstoffen oder Celluloseacetatfarbstoffen anfärbbaren *Fasern* im Trocken- oder Naßspinnverf. verarbeitet werden. — Löslichkeitsangaben. (**A. P. 2 583 325** vom 6/1. 1949, ausg. 22/1. 1952.) O. Schön. 8081

Koppers Co., Inc., Del., übert. von: **Gaetano F. D'Alelio**, Pittsburgh, Pa., V. St. A., *Acrylnitril–Itaconsäuremonoester-1.3-dien-Mischpolymerisate.* Man polymerisiert in üblicher Weise 60—97,9(%) Acrylnitril, 0,1—5 Itaconsäuremonoester u. 2—39,9 1.3-Diene. Die Verfahrensprodd. sind mit bas. oder Celluloseacetatfarbstoffen anfärbbar. Bei höherem Diengeh. sind sie gummielast. u. vulkanisierbar. — Verarbeitung zu *Fasern* u. geformten Artikeln, die bei höherem Acrylnitrilgeh. gereckt werden können. (**A. P. 2 583 326** vom 6/1. 1949, ausg. 22/1. 1952.) O. Schön. 8081

Glass Fibers, Inc., übert. von: **Dominick Labino**, Waterville, O., V. St. A., *Glas zur Herstellung feiner Fasern.* Dieses besteht aus 54,3—54,75(%) SiO_2, 6,35—7,43 CaO, 3,98—4,12 MgO, 10,2—10,5 B_2O_3 u. 9—10,5 CuO, PbO u. Al_2O_3. Ein derartiges Glas kann erschmolzen werden aus einem Versatz, der aus 194,8 (Gewichtsteilen) Sand, 37,6 CaO, 69,6 Ton, 89,2 B_2O_3, 42,0 $Al(OH)_3$, 6,0 CaF_2, 3,2 Salzkuchen u. 40,0 CuO besteht. (**A. P. 2 685 526** vom 15/6. 1951, ausg. 3/8. 1954.) Hans Hoffmann. 8083

Hughes Aircraft Co., Del., übert. von: **Charles T. Forbes**, Playa Del Ray, u. **Donald M. Hatch jr.**, Lomita, Calif., V. St. A., *Verbundkörper. Glasgewebe* werden mit einem nicht fertig kondensierten Phenolharz 1 Min. ohne Druck auf 148° erhitzt, anschließend 5 Min. unter einen Druck von ca. 9 at gesetzt u. in der Wärme auskondensiert, bis sie blasenfrei sind. (**A. P. 2 683 105** vom 25/8. 1952, ausg. 6/7. 1954.) G. Salzmann. 8083

Josef Hausen, Synthetische Fasern. Murnau, München, Innsbruck, Olten: Lux. 1955. (73 S. m. Abb.) kl. 8°. = Orionbücher. Bd. 86. DM 1,—.

XIX. Brennstoffe. Erdöl. Mineralöle.

F. W. Smith, D. E. Wolfson, D. A. Reynolds, B. E. Naugle und **G. W. Birge**, *Verkokbarkeit der Kohlen des Armstrong-Reviers, Pennsylvania.* Kohlen einiger Ober- u. Niederbänke des Armstrong-Reviers liefern einen Koks, der in bezug auf seine Härte den gegenwärtigen Anforderungen an gasreiche Mischkohlen für metallurg. Zwecke gerecht wird. Durch Mischen mehrerer, relativ weichen Koks liefernden Armstrong-Kohlen mit gasarmer Kohle einer bestimmten Zeche kann die Härte des Kokses wesentlich gesteigert werden. Mit Ausnahme einer teer- u. gasreicheren entsprechen die Kohlen mit ihren erzielbaren Ausbeuten an Teer, Leichtöl u. Gas den in der Metallurgie verwendeten gasreichen Kohlen. (U. S. Dep. Interior, Bur. Mines, Rep. Invest. **1954**. Nr. 5101. 1—20. Dez.) M. Noetzel. 8126

F. W. Smith und **D. A. Reynolds**, *Der Einfluß von Temperatur, Schüttgewicht und Zusammensetzung der Gemische auf die Verkokbarkeit der Kohle.* Es wird festgestellt, daß viele bituminöse Kohlen verschied. Ursprungs gewisse Übereinstimmungen in ihrer Verkokbarkeit aufweisen. Es ist möglich, an Hand einer einzigen Verkokungsprobe über Auswirkungen von Änderungen der Tempp., Schüttgewichte u. Chargenzuss. gasreicher Kohlen auf die physikal. Eigg. des anfallenden Kokses Rückschlüsse zu ziehen. Die BM-AGA (BM-AGA = Bureau of Mines–American Gas Association) hat vor kurzem ein vereinfachtes Prüfverf. ausgearbeitet, nach dem Kohlenzechen u. Kokereibetriebe sich leicht über früher unbekannte Verkokungseigg. der Kohlen informieren können. (U. S. Dep. Interior, Bur. Mines, Rep. Invest. **1955.** Nr. 5110. 1—24. Febr.) M. Noetzel. 8126

Ikutaro Sawai, Masanaga Kunugi und **Hiroshi Jinno**, *Über die Verbrennungsgeschwindigkeit von Koksbriketts im Brennstoffbett.* Nach theoret. Betrachtungen wird auf Verss. eingegangen, bei denen die Temp. u. die Gaszus. in verschied. Höhen des Brennstoffbettes gemessen wurden. Die unter Berücksichtigung der Diffusion u. des chem. Umsatzes errechneten Verhältnisse wurden prakt. bestätigt; die Gaszus. wurde aus der einfachen

C-Verbrennungs-Rk. u. dem BOUDOUARDschen Gleichgewicht errechnet. (Mem. Fac. Engng., Kyoto Univ. **13.** 95–107. Juli 1951. [Orig.: engl.]) F. SCHUSTER. 8128

M. W. Thring, *Die Verbrennung atomisierter Brennstoffe.* Zur Berechnung von Verbrennungssystemen u. -räumen, z. B. Gasturbinen, berechnet Vf. die Verbrennungsgeschwindigkeit von unter Druck mit Hilfe von Luft oder Dampf oder durch Zentrifugalkraft atomisierten Brennstoffen u. deren Mischung mit der Verbrennungsluft. (Petroleum Times **59.** 1051–54. 14/10. 1103–05. 28/10. 1955. Sheffield, Univ., Fuel Technol.) K. O. MÜLLER. 8128

A. Parker, *Die Vorbehandlung der Kohle vor der Verkokung.* Vortrag. Vf. gibt eine Zusammenfassung über die verschied. Maßnahmen zur Verbesserung der Kohle vor dem Einsetzen in den Koksofen: Aufbereitung, Mischung, Brikettierung, Stampfen. Es werden verschied. Verff. kurz geschildert, die geeignet sind, aus einer schlecht backenden Kohle einen guten Koks zu gewinnen. (Gas J. **284** (**107**). 115–18. **136.** 12/10. 1955.) F. ROSENDAHL. 8142

R. W. Campbell, *Untersuchung der Prüfungsmethoden für die Wertbestimmung von Koks.* (Vgl. C. **1956.** 2342.) Im Hinblick auf die Verwendung als Hochofenkoks sind vom COKE EVALUATION COMMITTEE folgende Eigg. des Kokses für verbindlich erklärt worden: Feuchtigkeit, flüchtige Bestandteile, Asche- u. S-Geh., Körnung, Sturzfestigkeit nach 400 Umdrehungen in der Trommel u. das Schüttgewicht. (Iron Steel Engr. **29.** 121–24. Aug. 1952.) H. SCHÖBERL. 8144

F. A. Oetken, *Druckvergasung fester Brennstoffe.* Bericht über die Entw. des LURGI-Druckvergasungsverf. u. Einzelheiten des Werks der RUHRGAS A. G. in Dorsten, sowie der geplanten Werke in Südafrika u. Pakistan. — 22 Abbildungen. (J. Fuel Soc. Japan **33.** 394–402. Aug. 1954. Lurgi Co. [Orig.: japan.; Auszug: engl.]) L. SCHULER. 8148

D. P. Dodgson, *Die Verwendung von auf Basis von Erdölkohlenwasserstoffen hergestellten Additiven.* Bei der Herst. von Additiven werden Erdöl-KW-stoffe als Lösungsvermittler, Lösungsm. u. Säurekomponente mitverwendet. Die verschied. Verff. werden besprochen. (Chem. and Ind. **1953.** S 65–S 68. 10/8. Monsanto Chemicals Ltd.) K. O. MÜLLER. 8192

D. P. Thornton jr., *Atomenergie zur Messung des Katalysatorstandes in Crackanlagen.* Beschreibung des Baus u. der Wirkungsweise einer als Gagetron bezeichneten, γ-Strahlen aus einem Radiumpräp. u. einen GEIGER-Zähler benutzenden Vorr. zur Anzeige des Standes von Fll. u. fluidisierten Feststoffen. Anwendung z. B. in Houdriflow-Anlagen zur Messung der strömenden Katalysatormenge. (Petroleum Processing **5.** 941–45. Sept. 1950.) A. HELMS. 8196

William R. Power, *Die untaugliche Induktionsperiode.* Vf. greift die *ASTM*-Meth. 525 als Vorschrift für die Voraussage der Lagerfähigkeit von Kraftstoffen an. Durch eingehende Verss. (bebilderter Bericht) weist Vf. nach, daß ein der *ASTM*-Meth. entsprechendes Bzn. einen Kupferschalentest von 47 mg Harz in 100 ml Bzn. besitzt, was seines Ermessens nach zu hoch ist u. zu starken Ablagerungen an den Ventilen u. Kolbenböden führt. (ASTM Bull. **1954.** Nr. 200. 58–61. Sept. East Chicago, Ill., Ind. Cilias Service Oil Co.) K. O. MÜLLER. 8200

R. W. Donahue, *Beziehungen von Induktionstesten zu der Stabilität von Motorkraftstoffen.* Vf. vertritt den Standpunkt, daß man mit dem Induktionstest über eine ausreichende Lagerstabilität von Kraftstoffen Aussagen machen kann, wenn man die Zus. des Bzn., den Geh. an Tetraäthylblei u. den Typus des Alterungsschutzmittels kennt. Er belegt seinen Standpunkt mit Verss. u. Diagrammen. (ASTM Bull. **1954.** Nr. 200. 61–63. Sept. Manns Hook, Pa., Sun Oil Co., Res. and Develop. Dept.) K. O. MÜLLER. 8200

L. D. Rampino und **M. J. Gorham,** *Das Süßen von Benzinen mit Inhibitoren. Grundsätzliches über den Reaktionsmechanismus des Prozesses, seine guten und schlechten Eigenschaften.* Vff. weisen durch Verss. nach, daß die alte Meth., die darin besteht, ein saures, Mercaptane enthaltendes Bzn. mit einem Alterungsschutzmittel auf Basis eines Phenylendiamintypes zu behandeln u. dann mit NaOH zu waschen u. zu lagern bis das Mercaptan verschwunden ist, zur Peroxyd- u. Harzbldg. führt. Sie schlagen vor, ein mit einem Inhibitor auf Basis eines Phenylendiamintyps versetztes saures Spaltbenzin in Ggw. von NaOH so lange mit Luft zu blasen, bis das Süßen erreicht ist. Weiter fanden sie, daß es eine Grenze gibt, bis zu der der Peroxydgeh. mit dieser Meth. erniedrigt werden kann; da die meisten Spaltbenzine beträchtliche Mengen Mercaptane enthalten, die schwer zu extrahieren sind u. darüber hinaus die Benzinperoxyde zu wenig reaktionsfähig sind, um mit den Mercaptanen in Ggw. von NaOH zu reagieren. Reaktionsmechanismus wird erläutert u. Verss. werden beschrieben. (Petroleum Processing **10.** 1147–49. 1 Tafel. Aug. 1955. Tide Water Assoc. Oil Co.) K. O. MÜLLER. 8200

Kazutami Yasunaga und **Tsunetada Manabe,** *Vorrichtung zur Wiedergewinnung von Leichtöl.* Beschreibung u. Anordnungsskizze für 2 Koksöfen. Verbrauch von 3,8 t Dampf/t Leichtöl. (J. Fuel Soc. Japan **33.** 402—07. Aug. 1954. Fuji Eisen u. Stahl Co. [Orig.: japan.; Auszug: engl.]) L. SCHULER. 8200

Kunio Terao, *Der Zündmechanismus im Dieselmotor.* 2. Mitt. (1. vgl. C. **1956.** 899.) Die Wahrscheinlichkeit (W_z) für die Zündung in DIESEL-Motoren, die mit der Zeit nach Einspritzen des Brennstoffs (I) zunimmt, hängt von der Verdampfung u. Diffusion des **I,** der D. u. der Temp. der Luft u. der Art der chem. Rk. ab. Bei sehr großem Zündverzug wird W_z konstant, weil die Luft-I-Mischung vollkommen homogen geworden ist. W_z ist Null, wenn es sich bei der Rk. nur um eine Vergrößerung des Zündkernes handelt. Das Klopfen im DIESEL-Motor wird darauf zurückgeführt, daß beim Zündvorgang zu wenig Zündpunkte, vielleicht sogar nur einer, vorhanden sind. Eigene Verss. des Vf. mit verschied. **I** unter Variierung der Bedingungen bestätigen weitgehend die theoret. Überlegungen. (J. physic. Soc. Japan **10.** 304—12. April 1955. Isuzu Motor A. G., Techn. Labor. [Orig.: deutsch.]) E. ROEDER. 8212

G. W. Winogradow, M. M. Kussakow, Ju. Ss. Sasslawski und **E. A. Rasumowskaja,** *Untersuchung der Reaktion von Schmierölen mit Metallen.* Untersucht wurde die Einw. geschwefelter Öle auf Cu u. Stahl, wobei ^{35}S u. GEIGER-MÜLLER-Zählverf. Anwendung fanden. Zunächst wurde Nigrol mit S bei 140—170° geschwefelt, wonach das Prod. 2,3—2,5% S aufwies. Vom erhaltenen Prod. wurde 1% dem Schmieröl zugesetzt. — Die chem. Einw. des S-haltigen Öls auf Cu beginnt bereits unterhalb 50° u. nimmt oberhalb 100° stark zu. Nach dem Zählverf. wurde festgestellt, daß der gebildete S-Film an Cu bei 50° ca. 2, bei 100° 10 u. bei 100—150° über 30 γ S/cm² enthält. Die Einwirkungstempp. gegenüber Stählen liegen wesentlich höher, ihr Bereich wird mit 180—200° angegeben, wobei die Empfindlichkeit der Stahlsorten sehr unterschiedlich ist. So sind manche Stahlsorten bei den gewählten Konzz. an akt. S als prakt. unempfindlich anzusehen, während andere Sorten im Sulfidfilm S-Gehh. von ca. 6 γ S/cm² bei Reaktionstempp. von 240° aufweisen. (Вестник Академии Наук СССР [Nachr. Akad. Wiss. UdSSR] **25.** Nr. 9. 35—40. Sept. 1955.) A. HOYNINGEN-HUENE. 8220

G. Costantinides und **S. Valussi,** *Thermische Differentialanalyse in Anwendung auf die festen Paraffine des Erdöls.* 3. Mitt. *Verhalten von Isoparaffinklassen mit verschiedenem Symmetriegrad.* (2. vgl. C. **1956.** 302.) Ein Handelsparaffin vom F. 55,6°, Mol.-Gew. 475, n_D^{90} 1,4385, wird durch Umsetzung mit 15 Mol-% Harnstoff zerlegt, wobei 45% in Lsg. gehen, die restlichen 55% (Weichparaffin) keine n. Paraffine enthalten. Auch im Hartparaffin liegen neben n. Paraffinen Isoparaffine von geringem Asymmetriegrad vor. Die Weichparaffinfraktion wird bei 50—60° nochmals mit Harnstoff im Unterschuß (1 : 5) behandelt. Die 2 Paraffinklassen werden getrennt der fraktionierten Kristallisation aus symm. Dichloräthan (1 ; 4) unterworfen. Für die so erhaltenen 18 Fraktionen werden tabellar. F., Mol.-Gew., C-Zahl u. n_D^{90}, Asymmetriegrad (Aw), Summe (Sw) der Kennwerte u. Cyclisationsgrad (Differenz Sw — Aw) mitgeteilt. Alle abgeschiedenen Fraktionen, auch solche, die durch Chromatographie getrennt wurden, zeigen Übergangserscheinungen, die auch durch das Ultrarotabsorptionsspektr. bestätigt werden. (Riv. Combustibili **9.** 595—606. Juli 1955. Trieste, Univ., Ist. di Chim. appl.) R. K. MÜLLER. 8226

Margit Weltner, *Plastometrische Steinkohlenprüfung mit der Methode von Saposhnikow.* Überblick über die Anwendbarkeit der plastometr. Meth. von SAPOSHNIKOW zur Vorausbest. des Verkokungsablaufes von Steinkohlen. (Magyar Kémikusok Lapja [Z. Ver. ung. Chemiker] **9.** 282—84. Sept. 1954.) R. BIRTHLER. 8246

B. Tejnický und **Vl. Müller,** *Kritische Bemerkungen zur plastometrischen Bestimmung der Verkokungsfähigkeit nach L. M. Saposhnikow.* Verss. ergeben, daß vorst. Meth. auf tschechoslovak. Steinkohlen weder nach der Orginalfassung noch nach der poln. Variante anwendbar ist, da die plast. Schicht bei den weniger verkokungsfähigen tschech. Kohlen infolge geringer Stärke (< 6 mm) plastometr. schlecht zu erfassen ist. Als Hilfsgrößen kommen die Volumenkurven in Frage, die jedoch ebenfalls nicht charakterist. genug ausfallen. (Paliva **35.** 228—33. Aug. 1955. Prag, Untersuchungsanstalt für Brennstoffe.) O. POLLAK V. EMHOFEN. 8246

R. G. Rekers und **D. S. Villars,** *Flammenzonenspektroskopie von festen Treibstoffen.* 2. Mitt. (1. vgl. C. **1955.** 1416 u. 7585.) (Sitzungsbericht.) (Physic. Rev. [2] **100.** 963. 1/11. 1955. U. S. Naval Ordnance Tests.) H. LIEPACK. 8246

H. Pauling, Reichertshofen, *Entfernen von sauren Verunreinigungen aus Gasen, insbesondere von H_2S* durch Waschen mit alkal. Lsgg., indem man der alkal. Lsg. nach der Wäsche so viel NH_3, gasförmig oder fl., zusetzt, daß die ausgewaschenen sauren

Verbb. in Form von Ammonsalzen gebunden werden, die durch Einleiten von Wasserdampf ausgetrieben werden. (**Belg. P. 518 617** vom 21/3. 1953, ausg. 4/3. 1955. D. Prior. 31/3. 1952.) K. DEMMLER. 8173

Petrolite Corp. Ltd., Wilmington, Del., übert. von: **Melvin De Groote**, University City, **Arthur F. Wirtel** und **Owen H. Pettingill**, Kirkwood, Mo., V. St. A., *Brechung von Erdölemulsionen* (Wasser-in-Öl-Typ). In Abänderung des Verf. gemäß A. P. 2 549 434; C. **1956.** 305 wird an Stelle des α-Terpineols β-Terpineol verwendet. (**A. P. 2 549 435** vom 11/8. 1949, ausg. 17/4. 1951.) E. KAHLES. 8191

Petrolite Corp. Ltd., Del., übert. von: **Melvin De Groote**, University City, Mo., V. St. A., *Brechen von Erdölemulsionen.* In Abänderung des Verf. nach A. P. 2 626 918; C. **1956.** 307 wird an Stelle der monomeren Triaminverb. eine Diaminverb. verwendet. (**A. P. 2 626 919** vom 14/5. 151, ausg. 27/1. 1953.) E. KAHLES. 8191

Edeleanu-G. m. b. H., Frankfurt/M., und **Deutsche Erdöl-Akt.-Ges.**, Hamburg (Erfinder: **Alfred Hoppe**, Frankfurt/M.), *Entparaffinieren von Mineralölen und Teeren* mit Chlor-KW-stoffen u. Trocknung des umlaufenden Lösungsm. auf einen Wassergeh. von 0,03% u. darunter nach D. B. P. 917 865, wobei der 1. Filtratverdampfer bei unter 100°, bes. bei 80—90° betrieben wird. (**D. B. P. 918 651** Kl. 23b vom 3/2. 1952, ausg. 30/9. 1954. Anmeldung bekanntgemacht 11/2. 1954. **Zusatz zu D. B. P. 917 865; C. 1955. 11 132.**) P. UNGER. 8195

Phillips Petroleum Co., übert. von: **John A. Weedman**, Bartlesville, Okla., V. St. A., *Abtrennung von Naphthenen aus einer Mischung mit gesättigten Kohlenwasserstoffen,* vor allem von Naphthenen mit 6 C-Atomen aus Paraffinen eines ähnlichen Siedebereiches (z. B. Methylcyclohexan u. n-Heptan) durch Behandlung der Mischung mit Methanol, das 5—20% W., bezogen auf CH_3OH, enthält. Man trennt eine Raffinatphase, Paraffine enthaltend, u. eine Extraktphase, die die Naphthene enthält, voneinander u. gewinnt aus der Extraktphase die Naphthene mit 6 C-Atomen. Gegenstrombehandlung bei 80—120° F. — Zeichnung. (**A. P. 2 695 322** vom 24/10. 1949, ausg. 23/11. 1954.) P. UNGER. 8195

Yorkshire Tar Distillers Ltd., Knottingley, England, übert. von: **David William Milner** und **Ernest Clifford Holdsworth**, *Korrosionsverhinderung bei der Destillation von Kohlenwasserstoffen.* Die Dest. wird in Ggw. einer NaOH-Dispersion in einem Nichtlösungsm. (Bzl., Toluol), das mit dem mit Säure behandelten Bzn. mischbar ist, durchgeführt. Der dest. KW-stoff kann auch ein Nitril, z. B. Benzonitril, enthalten. Die Dest. kann auch mit Dampf durchgeführt werden. (**E. P. 729 872** vom 21/7. 1953, ausg. 11/5. 1955. P. UNGER. 8195

Karl Asboth, Österreich, *Entschwefeln von Mineralölen.* Man entschwefelt die Öle bei weniger als 9 at u. weniger als 350° in Ggw. eines Mo- oder W-Sulfidbimssteinkatalysators. Zur Herst. des Katalysators imprägniert man akt. Bimsstein mit NH_4-Molybdat, trocknet bei vorzugsweise 110° u. verwandelt das Molybdat in Mo-Oxyd. Letzteres behandelt man bei vorzugsweise 250° mit einem Gemisch von 60—65 (Vol.-%) H_2S u. 30—35 H_2. Dann erhitzt man den Katalysator vorzugsweise auf 700°. (**F. P. 1 027 016** vom 24/10. 1950, ausg. 6/5. 1953. Oe. Prior. 21/7. 1950.) T. OPPERMANN. 8195

Houdry Process Corp., Philadelphia, übert. von: **John W. Wetzel**, Chester, Pa., V. St. A. , *Spaltende Hydrierung von stickstoffhaltigen Kohlenwasserstoffölfraktionen,* dad. gek., daß die KW-stoff-Fraktion, welche heterocycl. N-Verbb., wie Pyridin oder Chinolin, enthält, bei 800—1000° F u. einem Druck von 500—3000 lbs./sq. in. u. einer Reaktionsdauer von 15 Min. in Abwesenheit eines Katalysators umgesetzt wird, wobei 5—20 Mol H_2 je Mol Ölfraktion verbraucht werden. Die heterocycl. N-Verbb. werden jedoch nicht aufgespalten. — Zeichnung. (**A. P. 2 704 758** vom 22/11. 1949, ausg. 22/3. 1955.) E. KAHLES. 8197

N. V. de Bataafsche Petroleum Mij., Den Haag, Holland, *Kreislaufführung von Feststoffen im Wirbelschichtverfahren.* Der Feststoff fließt zwischen dem Regenerator u. dem Reaktor, die in gleicher Höhe nebeneinander angeordnet sind, durch parabelförmige Verbindungsleitungen, wobei im Abstromschenkel ein Regelventil u. darunter, aber noch über dem Scheitelpunkt der Leitung, eine Zuleitung für das gasförmige Transportmittel vorgesehen ist. — Beispiel: *Katalyt. Crackung.* — Zeichnung. (**E. P. 736 485** vom 23/11. 1953, ausg. 7/9. 1955. A. Prior. 25/11. 1952.) W. MATTHAES. 8197

Karl Asboth, Österreich, *Spaltverfahren für flüssige Chargen.* Die zur Durchführung der Spaltung nötige Wärme wird in dem Reaktionsgemisch selbst durch Verbrennen eines Teiles dieses Gemisches mit O_2 erzeugt. — Z. B. verdampft man 300° heißes Rohöl in einen 700° heißen, aus Spaltgas des Rohöls gebildeten Gasstrom u. leitet in das aus Öldämpfen u. Spaltgas bestehende Gemisch je kg Öl 120 Liter O_2 ein. — An Prodd. erhält man aus den Spaltgasen durch Kondensation u. Dest. mehr als 50 (%) aromat. Prodd. von niedrigem Kp. u. ca. 5 O-haltige Prodd., bes. Säuren u. Aldehyde. (**F. P. 1 026 393** vom 23/10. 1950, ausg. 27/4. 1953. Oe. Prior. 21/7. 1950.) T. OPPERMANN. 8197

Metallgesellschaft Akt.-Ges., Frankfurt/M. (Erfinder: **Oskar Dorschner**, Bad Homburg, **Wilhelm Herbert** und **Heinz Eisenlohr**, beide Frankfurt/M.), *Abbau von organischen Schwefel- und Stickstoffverbindungen*, die in $<400^0$ sd. Prodd. der trockenen Dest. von Brennstoffen, der Vergasung, Crackung oder Hydrierung von Brennstoffen enthalten sind, in Ggw. S-fester Katalysatoren u. eines H_2 u. CO enthaltenden Gases unter Druck nach D. B. P. 930 223. Dabei verwendet man Kontaktöfen, in denen der Katalysator zwischen Kühlelementen (Schichthöhen 3—15 m, Stärke 30, zweckmäßig 50 bis 150 mm) angeordnet ist. Die Strömungsgeschwindigkeit des Gas–Dampf-Gemisches durch den Katalysator beträgt $>0{,}5$, bes. 2—15 m/Sek., wobei das Gasvol. auf Normaldruck, 0^0 u. den frei gedachten Strömungsquerschnitt berechnet wird. — Zeichnung. (**D. B. P. 931 616** Kl. 23b vom 1/12. 1953, ausg. 11/8. 1955. Anmeldung bekanntgemacht 23/12. 1954. **Zusatz zu D. B. P. 930 223; C. 1956. 1774.**) P. UNGER. 8203

Esso Research and Engineering Co., Delaware, übert. von: **Gordon D. Duncan**, Westfield, **William E. Lifson**, Elizabeth, und **Joseph P. Haworth**, Westfield, N. J., V.St. A., *Treibstoff* auf der Basis eines KW-stoffes im Siedebereich des Gasolins, gek. durch einen Geh. von 2,5 Vol.-% Dimethylformamid. — Schutzmittel gegen Vereisung. (**A. P. 2 706 677** vom 28/6. 1950, ausg. 19/4. 1955.) E. DREWS. 8205

Henri Castanié, Seine, Frankreich, *Herstellung von Ölen mit einer Dichte größer als 1*, z. B. Schmieröle, hydraul. Flüssigkeiten. Man vermischt ein oder mehrere Öle (Pflanzen-, tier., Mineralöle) mit organ. Verbb. hoher Dichte. — Z. B. stellt man ein Gemisch her aus 30 (%) Ricinusöl, 20 Trikresylphosphat, 15 o-Dichlorbenzol, 20 Äthylphthalat u. 15 Butylglykol. Man erhält eine homogene, stabile, ölige Fl. mit einer D. von 1,10. (**F. P. 1 045 401** vom 23/11. 1951, ausg. 26/11. 1953.) T. OPPERMANN. 8221

Braunschweigische Maschinenbauanstalt Akt.-Ges., Braunschweig, übert. von: **Hans Kroepelin** und **Hans Steinbrecher**), *Farbloses und lichtbeständiges Paraffinwachs* u./oder *Ceresin* aus dunkelgefärbten rohen Rückständen aus der Mineralöl- u. Teerverarbeitung. Die Rückstände werden entölt, in einem Lösungsm. (z. B. PAe. oder Aceton) gelöst u. in Lsg. mit Bleicherde oder A-Kohle behandelt (**E. P. 734 200** vom 8/8. 1952, ausg. 27/7. 1955. D. Priorr. 10/8. 1951 u. 3/6. 1952.) P. UNGER. 8227

K. Krejci-Graf, Erdöl. Naturgeschichte u. Rohstoffe. 2., umgearb. Aufl. Berlin, Göttingen, Heidelberg: Springer-Verl. 1955. (165 S. m. 32 Abb.) 8° = Verständliche Wissenschaft. Bd. 28. DM 7,80.

XXIV. Photographie.

J. F. Hamilton, F. A. Hamm und **J. W. Castle**, *Verschiebung des latenten Bildes in photographischen Emulsionskörnern.* (Sitzungsbericht.) (Physic. Rev. [2] **98.** 1557. 1/6. 1955. Eastman Kodak Comp.) G. RUBAN. 8594

Charles A. Duboc, *Theorie der Silberhalogenidphotolyse.* (Sitzungsbericht.) (Physic. Rev. [2] **98.** 1557. 1/6. 1955. Eastman Kodak Comp.) G. RUBAN. 8598

Edgar W. Clark, *Ein Ersatz für Tusche beim Anfertigen von Diagrammen für photographische Reproduktion.* Der Zeichenstift „Mars Lumograph" (STAEDTLER, Inc.) ermöglichte sehr gute Bilder, bes. auf Hochkontrastfilmen. (Science [Washington] **117.** 665—66. 12/6. 1953. Los Angeles, Calif., Univ. of California, Dep. of Zool.) K. BLUMRICH. 8644

P. Pizon, *Eine vergleichende Untersuchung von Röntgenfilmen.* Vf. beschreibt eine Vergleichsmeth. zur Best. von Kontrast u. Empfindlichkeit bei Röntgenemulsionen, die auf der Verwendung eines Stufenkeiles aus Aluminium beruht. — 8 Literaturhinweise. (J. Radiol. Électrol. Arch. Électr. méd. **35.** 858—60. 1954. Paris.) W. GÜNTHER. 8660

Herausgeber u. verantwortlich für den Inhalt: Prof. Dr. Maximilian Pflücke, Berlin N 4, Schiffbauerdamm 19, Fernsprecher: 425571. Redaktion: Chefredakteure Dr. Eugen Klever und Prof. Dr. Maximilian Pflücke. Verlag: Akademie-Verlag GmbH, Berlin W 8, Mohrenstraße 39 (Fernsprecher 200386, Postscheckkonto Berlin 35021), u. Verlag Chemie, GmbH, Weinheim/Bergstraße (Fernsprecher 2017 u. 2965, Postscheckkonto Frankfurt/M. 145314 u. Berlin-West 7430). Bestell- u. Verlags-Nr.: 1007/127. Das Chemische Zentralblatt erscheint wöchentlich. Preis des Jahrganges einschl. Autoren-, Patent-, Sach- und Formelregister: DM 680,—; einseitig bedruckte Ausgabe: DM 750,—. Abgabe der Zeitschrift nur mit sämtlichen Registern.
Satz u. Druck: VEB Leipziger Druckhaus, Leipzig, III/18/203. V. 56.
Veröffentlicht unter der Lizenznummer 1212 des Amtes für Literatur und Verlagswesen der Deutschen Demokratischen Republik.
Printed in Germany.

Prof. Dr. FRANZ RUNGE, Halle

Einführung in die Chemie und Technologie der Kunststoffe

(Nachdruck)

(Scientia Chimica, Bd. 5)

Das Buch gibt einen Abriß über die chemische Entstehung hochmolekularer Verbindungen, welche die Grundsubstanzen der Kunstharze und der daraus durch technologische Maßnahmen entstehenden Kunststoffe und Werkstoffe darstellen. Somit werden die Vorgänge der Polymerisation, der Polyaddition und der Polykondensation behandelt.

Die besonderen physiko-chemischen Verhältnisse werden besprochen, wie sie in den hochmolekularen Verbindungen zu finden sind, die sich für Kunststoffe eignen.

Ferner werden die physikalischen und chemischen Eigenschaften der Kunststoffe selbst behandelt, sowie die mechanische Verarbeitung der Kunstharze zu Kunststoffen. Der Verfasser bringt im Anschluß hieran einen Überblick über die technische Darstellung der Ausgangsstoffe und bespricht die Eigenschaften der einzelnen Kunststoffe.

VIII, 156 Seiten · 38 Abbildungen · 3 Tafeln · 6 Tabellen · gr. 8°
1955 · Ganzleinen 12,— DM

Bestellungen durch eine Buchhandlung erbeten

AKADEMIE-VERLAG · BERLIN

FSC
www.fsc.org
MIX
Papier | Fördert gute Waldnutzung
FSC® C083411

Zeitfracht Medien GmbH
Ferdinand-Jühlke-Straße 7
99095 Erfurt, Deutschland
produktsicherheit@kolibri360.de